JN260869

1001 WINES
YOU MUST TRY BEFORE YOU DIE

GENERAL EDITOR **NEIL BECKETT**

死ぬ前に飲むべき 1001ワイン

厳選された1001本の世界ワイン図鑑

日本語版監修
渋谷 康弘／中本 聡文／柳 忠之／大越 基裕
編集協力：遠藤 誠
翻訳：乙須 敏紀／大田 直子

本書の活用法

本書は、1001本を全て飲むための本ではありません。

同じ飲むならおいしくて話題のワインを

選択するためのチェック事典です。

生涯ワインの友としての永久保存版です。

A Quint**essence** Book

Copyright © 2008 Quint**essence**

All rights reserved. No part of this publication may be reproduced, stored in a retrieval system or transmitted in any form or by any means, electronic, mechanical, photocopying, recording, or otherwise, without the permission of the copyright holder.

Senior Editor	Jodie Gaudet
Editor	Frank Ritter
Editorial Assistant	Andrew Smith
Copy Editor	Rebecca Gee
Art Director	Akihiro Nakayama
Designer	Jon Wainwright
Image Editor	Stuart George
Editorial Director	Jane Laing
Publisher	Tristan de Lancey

The moral right of the contributors of this Work has been asserted in accordance with the Copyright, Designs and Patents Act of 1988.

目 次

序文 ヒュー・ジョンソン 6

はじめに ニール・ベケット 8

生産地域別索引 12

SparklingWines（発泡性ワイン）................................. 20

WhiteWine（白ワイン）... 122

RedWines（赤ワイン）... 410

FortifiedWines（酒精強化ワイン）............................ 848

用語解説 934

生産者別索引 938

価格別索引 945

寄稿者一覧 956

Picture credits 959

序文 ヒュー・ジョンソン

　ワイン愛好者の間に古くから伝わる格言に、「偉大なワインなどない、偉大なボトルがあるだけだ」というのがある。この格言は、どのワインをセラーの宝物にするかについて著されるすべての書物の巻頭に飾られるべきものであろう。言うまでもなくその意味するところは、ワインはそれ自身の生命を持つ液体であり、それゆえ、同じ樽から出たボトルであっても、あるものは素晴らしく美味しく、あるものは苦い落胆を残すだけだということがありえるということである。また同時に、それは飲み手にもよりけりということを意味している。つまり偉大であるかどうかは、認識の問題である。最高と評されているワインが、あまり気に入られない場合もあれば、あまり高く評価されていないワインが、思いがけずとても美味しく、豊かなひと時を与えてくれる場合もある。

　ワイン業者は、ワインの質はある程度客観的なものであり、計測可能であると、われわれを納得させることに関心を持っているが、われわれはそのようなものはないということを知っている。好きだから好きなのだ。

　すると最終的な判断において、唯一残された計測可能な基準は、価格ということになる。価格は合意によって成り立っている——それこそが市場の役目である。しかしワインの質に関係のない様々な事柄が、市場を動かしていることも事実だ。

　こういうわけで、本書の題名は、『世界で最も優秀な1001本のワイン』とはなっていない。本書が重要視しているのは、多様性である。ワインは神秘的な飲み物である。熟した葡萄を発酵させる、ただそれだけのことであるが、葡萄の品種によって、それが育つ土地によって、ワインが造られた年によって、そしてその造り手が誰かによって、この世にただ1本しかないワインとなる。

　とはいえ、世界中のすべてのワインには、ある予測可能な結果というものがある。特許権を取得することのできない味というものがあり、そのような味は模倣される場合がある——ある程度までは。しかし独自性は保証されている。あるワインが生み出された状況を正確に再現することなど不可能である。もしそれが可能だとしたら、ワイン小売業の全体系、それゆえワイン世界という存在それ自体が瓦解する。シャトー・ラフィットは、けっしてシャトー・ラトゥールを造ることはできない、これが結論である。

　美味しいと思えるワインに私が最初に出会ったのは、いまから50年ほど前のことであるが、当時はもうそれでほとんど話は終わっていた。出会う価値のあるワインが数100本はあったかもしれないが、1000本には程遠かった。しかしこの50年間に起こったことは、大方の予想——すべてのワインは似たような味に収束するだろう——とは反対の方向に進んだ。ワインに関する科学的分析が長足の進歩を遂げ、意欲ある人々が次々と現れ、新しい生産地域が登場し、より多くの資金が投入されるようになると、ワインが提供しなければならない独創的な体験のリストは詳細を極めるようになった。あらゆる世代の葡萄栽培家と醸造家がこれに貢献した。また、一度記憶に刻まれたワインが、リストから脱落することはめったになかった。

われわれは先人に比べ、多様性が増大し、選択の幅が大きく広がった恵まれた時代を生きている。

World Atras of Wine（『地図で見る世界のワイン』）の初版において、私は世界を、40を少し上回る地域に分けて紹介するだけで済んだが、それからほんの35年しか経っていないにもかかわらず、ワイン地図は私が想像さえしなかった方向に変化していった。

この拡大の大部分は、飲むに足るものならどこにでも新しい井戸を探すという試みによって実現されてきた。オーストラリアの人々が、水（マレー川からの）をワインに変える方法を発見したことは、少なくとも私にとっては、それほど大きな驚きではなかった。葡萄樹がただ単に、糖分の多い水を汲み出すポンプのような役目を果たしている地域から生まれるワインに、私は少しも興味をそそられない。以前も、そして今も私が最も深い関心を寄せているのは、葡萄が完熟できるかどうかというぎりぎりの線で行われる葡萄と人の営みである。近年を通して、冷涼な気候は、新世界のワイン生産者にとって最後の晩餐に供すべき聖なる器となっている。来るべき数年間、われわれにとって探索すべきは冷涼な気候かもしれない、ということを本気で熟考する必要があるのではないだろうか？

それゆえ、本書で取り上げたワインの多くが、緯度が高い地域か、標高の高い地域からのワインとなっている。上はアンデスの高地から、下はケープタウンまで、北は太平洋沿岸から、南はニュージーランドのフィヨルド・ランドまで。またナイアガラの滝のすぐ近くまでも擦り寄っている。極端さを好むのは葡萄樹ではなく、ワイン生産者のほうである。そしてもちろん、きわめて高い要求を突きつけるワイン愛好者たちである。

現在のワイン地図が、祖父のそのまた祖父の地図のほぼ倍近くの頁数を要することになっていることは、まさにこの上ない喜びである。シャトー・ラフィットの切り枝が中国の大地に植えられている光景を想像して読者はどう感じるだろうか？「イッピー！」と歓声を上げるのは少し古いだろうか？

本書には、新しく登場したワインから、50年以上も前に称えられた質を今も変わらず維持し続けているヴィンテージものまで、幅広いワインの中から選び出された逸品ばかりが並んでいる。世界中から毎年毎年生み出されるワインのすべてを賞味し、リストに付け加えることは誰であろうと不可能である。しかしここに載せられたワインは、すべてが秀逸なものである。

そしてそれよりももっと大切なことは、これらのワインはどれも独特の個性を持っているということである。そのすべてを賞味するのは無理かもしれないが、今からでも遅くはない。

はじめに　ニール・ベケット（監修者）

1001本のワインというのは、少なすぎるようでもあるし、多すぎるようでもある。少なすぎるというのは、ヒュー・ジョンソンが序文の中で強調しているように、本格ワインの生産がかつてないほどの広がりを見せており、もう1000本追加するのはいともたやすいことだからである。多すぎるというのは、1本のワインがどれほど深い悦びをもたらしてくれるかを忘れる恐れがあるからである。

比較と対照は、他のもの同様にワインについても興味深いことである。そしてわれわれの好みは、グラスの1杯ごとに変化しており、その結果最後には好みなどというものは最初から無く、その時々の人格の相違があるだけだということに気づかされる。そしてそれがまた、ワインを飲む悦びを倍化させてくれる。しかしそのような至福の時はめったに無い。2本のワインの間でさえ、そして3、4、5、6本の間でわれわれの好みを競う豪華な高級ワイン・ディナーではなおさら、危険性は、ワインのいずれか1本だけが"勝者"になることに潜んでいる。悲しいことに、そしてそれは不当なことであるが、残りのすべてが"敗者"となる。「最良は良の敵」というフランスの諺がぴったり当てはまりそうだ。ここに記載されている1001本のワインが、あなたの持っている1本のワイン、あるいは一杯のワインの価値を台無しにすることがありませんように。

ある1種類のワインについて語ることでさえ、まだ一般的すぎる。ここでもまた、ヒューが思い出させてくれた格言、「偉大なワインなどない、偉大なボトルがあるだけだ」が当てはまる。それはワインについてこれまで言われたり書かれたりしたことの中で最も深遠な言葉である。それはただ単に、同一ワインの異なったボトルが、化学的に、物理的に、異なった運命をたどるということだけを意味しているのではない。同じシャンパンに見えたものが、異なった回数デコルジュマン（澱の除去）されているかもしれない。またある1回分のリリースが、他のリリースよりも長く澱の上に寝かされるということもある。そうなれば味わいも大きく異なってくる。また多くの古いワイン（1970年代までのボルドー、ブルゴーニュおよび古典的な酒精強化ワイン）の場合、壜詰めの時期だけではなく、壜詰めの場所も違っている可能性がある。次にもちろん、コルク栓に関連した相違点も出てくる。ワインを劣化させるトリクロロアニソール（TCA）による汚染がない場合でも、コルク栓作業の過程で壜に残留する酸素の量は多くの場合一定ではない。そしてその影響は、ワインの輸送および保管の過程での管理状態によって大きく左右される。それゆえ同じケースのボトルでも、異なった味わいになる場合がある。

ワインはまた主観的な意味でも異なった味わいになる。パーティーに出席

本書で使用している略語

略語	意味
ABV	アルコール度数
AG	アウスレーゼ・ゴルトカプセル
ALG	アウスレーゼ・ランゲ・ゴルトカプセル
BA	ベーレンアウスレーゼ
C.	カベルネ
Ch.	シャトー
DC	デゥージィエーム・クリュ（第二級）
Dom	ドメーヌ
GC	グラン・クリュ
LBV	レイト・ボトルド・ヴィンテージ
NV	ノン・ヴィンテージ
P.	ピノ
PC	プルミエ・クリュ
S.	ソーヴィニョン
SGN	セレクション・ド・グレイン・ノーブル
ST	シュペトレーゼ・トロッケン
T.	トゥーリガ
TBA	トロッケンベーレンアウスレーゼ
VORS	ヴェリィ・オールド・レア・シェリー
VOS	ヴェリィ・オールド・シェリー
VT	ヴァンダンジュ・タルディヴ
VV	ヴィエイユ・ヴィーニュ

記号	価格
ⓢ	10ポンド以下（以下1ポンドは約212円）
ⓢⓢ	10-20ポンド
ⓢⓢⓢ	21-50ポンド
ⓢⓢⓢⓢ	51-100ポンド
ⓢⓢⓢⓢⓢ	101ポンド以上

するとき、われわれの心身の状態はいつも変化している。食欲、関心、経験、慣れ、健康、ユーモア、受容力、共感等々。また、風邪を引いている、熱がある、空腹すぎる、忙しすぎる、疲れすぎているなどの状態にあるとき、あるいは客の振る舞いに我慢できないときや、男性の整髪料や女性の香水が強すぎるときなどは、普段ワインに感じることができる深さや複雑さの半分も感じられないかもしれない。さらには、気圧、湿度、室温とワインの温度、1日のうちのどの時刻か、グラスの形状や質、前に飲んだワイン、水、ウエイターの個性、デキャンティングをしているかどうか、その時間──これらを含むあらゆる変数によって、同一のワインであっても二度と同じ味わいになることはありえないのである。

これこそが、「偉大なボトルがあるだけだ」という金言の最も素晴らしい点である。それはワインが持つ"存在の刹那性"という核心をついている。われわれの1001シリーズで取り上げている他の価値ある主題──アルバム、本、映画、絵画、クラシック音楽──とは違い、ワインは楽しまれるためには、破壊されなければならない。ある人々にとっては、存在の刹那性はその価値を低めるものだと感じられるかもしれない。しかし"存在の刹那性"こそ、ワインの魔力の1つなのである。北極星は何度でも確認することができ、われわれの現在地を教えてくれる。しかし流星はそれよりもはるかに魅惑的である。それはわれわれが向かっている地平を指し示す。その存在はほんの瞬間的なものであるが、それはわれわれが生きている限り記憶に残り続ける。それは刹那的な存在であると同時に、時を超越した存在でもある。

「偉大なボトルがあるだけだ」という金言の知恵にとっては、すべてのボトルが、何かを示す地球上で唯一本のボトルである。本書の偉大なワインの中にも、多くのノン・ヴィンテージ・ワイン（たとえば、最高級シャンパン、マデイラ、ポルト、シェリーなど）があるが、大半はラベルに記載されている年に造られたヴィンテージ・ワインである。ヴィンテージによって、ワインの質とスタイルが大きく変わる場合がある。1945は今でも美味しく、この先何年もその状態が続くものもあるだろうが、1946（あるいは1956）は、多くがもう飲めない。もちろん価格も大きく変わる。1945の価格が、1946の価格の何倍もするワインがある。

ヴィンテージによってワインは変わるということは、同一ワインについて、同程度に良いヴィンテージというものがないということを意味しているわけではない。"偉大なヴィンテージ"と言われているもの──たとえばボルドーの2000、2003、2005など──に対する最近の妄想は、ワイン愛好家にとっては、必ずしも良い関心の持ち方とはいえない。1年ごとのワインの違い、すなわちヴィンテージごとに新しいワインが生まれるということは、ワインの持つ豊かな多様性の一部を構成している。そしてこれまで以上に現在では、多くのヴィンテージがそれ自体語るに足る物語を持っている。

本書が"偉大なヴィンテージ"というとき、それを偉大だとする理由が必ずある。しかしその理由も多様である。そのワインにとって特に意味のある偉大なヴィンテージを挙げているが、誰からも承認されている古典的な偉大なヴィンテージと一致している場合が多い。この

シリーズの意図するところからすれば、読者に、各ワイン名の末尾に記したヴィンテージを飲んでいただければ、これ以上の喜びはない。そこにそのワインの精髄があり、すべてが表現されているからだ。また特に、そのワインが一貫して高い質を保持しており、多くのヴィンテージから1つを選ばなければならなかった場合、選ばれているのは歴史的な意味を持った——最初または最後——ヴィンテージであるか、特に伝えるべき逸話を持つヴィンテージである。またある時は、あえて最高のヴィンテージ——それが結局例外的なものであると思われる場合は——を選ばなかった場合もある。その場合は、非常に良く、より現在に近く、より典型的なヴィンテージを選んでいる。またある時は、あえてあまり良くないヴィンテージを選んだ場合もある。理由は、そのようなヴィンテージでも、最高のワインがどれほどの真価を発揮できるかを示したかったからである。多くの場合、そのようなヴィンテージものは特別高い値段がついている。また、それ以外にも何らかの理由で探す価値のあるヴィンテージについては、本文中に記してある。しかし特定されていない他の多くのヴィンテージのものでも、たいていは試してみる価値は大いにある。なぜなら、ヴィンテージよりも造り手のほうが重要だからである。

　必ずしも"最高の"ヴィンテージにこだわらなかったように、われわれは必ずしも、"最高の"ワインにもこだわらなかった。有名な醸造家の多くが本書に登場し、"クレーム・デ・ラ・クレーム（最高）"のワインの多くが含まれているが、本書は1001本の"最も偉大な"ワインを列記しているわけではない——そんなことをすれば非常に幅の狭いリストになり、同じワインの異なったヴィンテージが並ぶことになる。われわれは同じ醸造家の手による複数のワイン（多くの場合唯一の違いはヴィンテージの違いということになったであろう）を選びたいという誘惑と戦わざるを得なかった。それは特にボルドー・シャトーの場合、最も顕著で、最も厳しかった。ラフィットの、ラトゥールの、あるいはディケムのあるヴィンテージが他よりも優れているということができるだろうか？しかしながら、1人の醸造家が、特に秀逸な複数のワインを生み出した場合、時によってわれわれは2または3本のワインを並べた。とはいえそれでも多くの場合、全部ではない。ブルゴーニュやドイツでは、単一ヴィンテージの中で、1人の醸造家が10種類前後の素晴らしいワインを生み出すことはざらである。われわれはまた、一般的に"最上の"ワインと見なされているものを並べたわけではない。われわれはどちらかといえば、グラン・クリュよりもプルミエ・クリュを、リザーブやセレクトよりも普通のボトルを、そしてトロッケンベーレンアウスレーゼよりもアウスレーゼを選ぶ傾向が強かったかもしれない。

　本書が最も偉大なワインのリストではないとするならば、ましてや、最も好まれているワインのリストでもない。時にわれわれは、評価が分かれ、好きな人もいれば嫌いな人もいるワイン（たとえばシャトー・パヴィ2003）を選んでいる場合もある。どちらが正しいかという判断は、読者にゆだねられており、実際に飲んでいただく以外にない。もし美味しいと感じたら、それは良いことであるが、気に入らなければ、少なくとも今後このワインにお金をつぎ込まずに済むことになる。またごくまれにではあるが、歴史的なブランドであり、何らかの意

味で非常に影響力の強かったワイン（ブルー・ナン、マテウス・ロゼ、ジェイコブス・クリーク・シャルドネ）を選んでいる場合もある。これらのワインが偉大なワインであることに異議をさしはさむ人はいないと思うが、これらのワインは別の意味で興味深く、ワイン愛好家を自負するなら一度は飲んでみるべきワインである——なぜあんなにも軽蔑されているのかを確かめてみるためにも。

　何であれ1001もの数をこなすのは大変なことであるが、われわれは読者が、できるだけ多くのワインを買い求め、試して見られることを願っている。ここに選んだすべてのワインは、たとえそれがどれほど古く、稀少であったとしても（バルベイト・テランテス1795など）、購入可能である——オークションやインターネット通販でしか購入できないにしても、また少しばかり値が張るが。またすべてのワインは、たとえそれがどれほど古いものであったとしても、少なくとも飲んで楽しいものばかりである（もし状態が良ければの話だが）。ただ古くて珍しいからという理由で選んだものは１本もない。また若いワインの多くは、今でも飲めるものばかりであるが、少なくとも数年は置いておいて欲しいものも多くある。

　本書は、単なるバイヤーズ・ガイド以上のものを目指している。またワイン雑誌や大方の新聞のワイン・コラムは、ショッピング・リストの域を出ていないものが多い。それに対して本書は、大きな愉悦を与えてくれる商品としてだけワインを捉えているのではなく、独特の方法で、造り手の人格を、特別な風土を、そして特別な時代を表現する商品としてワインを捉えている。本書は"実践主義的快楽主義"の人々に捧げられていると同時に、味わいの奥にある物語を楽しむことによってそれを倍化したいと考える人々にも捧げられている。

　本書で紹介しているワインは、解説を読むだけで十分楽しめるものばかりである。私はエベレストやK2を見たことも、登ったこともないが、それについて知りたいと思う。これと同様に、ワインの文化を吸収することは、その頂点を知ることにつながり、多くのワインをそこから俯瞰することが可能となるだろう。

　偉大なワインというものは、葡萄樹からグラスにいたる1001のディテールの結果である。葡萄栽培や醸造におけるディテールの解説はそれ自身で完結するものではなく、なぜそのワインがそんなにも美味しいのかを説明するためのものである。高度や土壌の種類、収量、ドサージュ、エルヴァージュ、酵母などについて述べているのは、それらがワインの香りや味わいに大きな意味を持っているからである。

　こうした選択につきものであるが、何人かの人にとっては納得できない洩れというものがあるかもしれない。われわれは今後も今までと同様に、ここに掲載されていないすべての生産者、すべてのワイン、すべてのヴィンテージ、さらにはすべての国、地域にも意識を向けていくつもりである。そして洩れた隙間を満たすことは、グラスを満たすことと同じくらい楽しいことだと思う。本書が読者に、読者を悦ばせ、時にからかい、時にスリルを与えてくれるワインを、そして飲むだけでなく、読み、語り合う価値のあるワインを紹介できることを、本書に関わったすべての人間はこの上ない喜びと感じている。

生産地域別索引

ARGENTINA（アルゼンチン）
Calchaquí Valley
  Colomé, Bodega 501
  Yacochuya de Michel Rolland 844
Mendoza
  Achával Ferrer 416
  Alta Vista 418
  Altos Las Hormigas 419
  Catena Alta 481
  Clos de Los Siete 494
  Terrazas/Cheval Blanc 804
Patagonia, Río Negro Valley
  Noemía de Patagonia 702

AUSTRALIA（オーストラリア）
New South Wales
  Clonakilla 493
Hunter Valley
  Brokenwood 465
  De Bortoli 181
  Lake's Folly 270
  McWilliam's 282
  Tyrrell's 389
South Australia
Adelaide Hills
  Shaw + Smith 362
Barossa Valley
  Burge, Grant 466
  Greenock Creek 578
  Jacob's Creek 243
  Lehmann, Peter 637
  Melton, Charles 666
  Penfolds 724–5
  Ringland, Chris 760
  Rockford 762
  St. Hallett 772
  Torbreck 810
  Turkey Flat 822
  Yalumba 844
Clare Valley
  Barry, Jim 131, 440
  Grosset 219
  Mount Horrocks 302
  Wendouree 838

Coonawarra
  Balnaves 439
  Katnook Estate 602
  Majella 648
  Parker 714
  Penley Estate 726
  Wynn's 842
Eden Ridge
  Mountadam 305
Eden Valley
  Buring, Leo 150
  Henschke 593
McLaren Vale
  Battle of Bosworth 442
  Coriole Lloyd 506
  D'Arenberg 517
  Hardys 584
  Mount Hurtle 689
Wrattonbully
  Tapanappa Whalebone 794
Tasmania
  Domaine A 522
Victoria
Beechworth
  Giaconda 213, 565
Gippsland
  Bass Phillip 441
Goulburn Valley
  Tahbilk 374
Grampians
  Mount Langi Ghiran 691
Heathcote
  Jasper Hill 598
  Wild Duck Creek 841
Mornington Peninsula
  Stonier Estate 367, 788
Nagambie Lakes
  Mitchelton 300
  Traeger, David 384
Rutherglen
  Chambers 864
  Morris Wines 898–9
  Stanton & Killeen 924
Western Victoria
  Seppelt Great Western 112
Yarra Valley
  Chandon, Domaine 40
  Coldstream Hills 498
  Mount Mary 691
  Yarra Yering 845

Western Australia
Great Southern
  Howard Park 237
Margaret River
  Cullen 512
  Leeuwin Estate 271
  Moss Wood 687
  Pierro 324
  Vasse Felix 829

AUSTRIA（オーストリア）
Burgenland
Neusiedlersee
  Kracher 256
  Opitz, Willi 704
  Umathum 823
Neusiedlersee-Hügelland
  Feiler-Artinger 198
  Prieler 742
  Schröck, Heidi 359
Lower Austria
Kamptal
  Bründlmayer 149
  Heidler 235
  Loimer 277
  Schloss Gobelsburg 355
Kremstal
  Nigl 311
  Salomon-Undhof 351
Thermenregion
  Stadlmann, Johann 364
Wachau
  Alzinger 125
  Freie Weingärtner Wachau 212
  Hirtzberger 236
  Knoll 253
  Nikolaihof 311
  Pichler, F.X. 320
  Prager 328
Weinviertel
  Graf Hardegg V 215
  Pfaffl, R & A 320
Styria
  Polz, E & W 327
  Tement, Manfred 377

CANADA（カナダ）
British Columbia
Okanagan Valley
  Inniskillin 240
  Mission Hill 300

CHILE （チリ）
Aconcagua
　Casablanca, Viña 476
　Errázuriz/Mondavi 540
　Matetic 659
Central Valley
　Viñedos Orgánicos
　　Emiliana 836
Colchagua Valley, Apalta
　Casa Lapostolle 475
Maipo Valley
　Antiyal 426
　Concha y Toro 502
　Cousiño Macul, Viña 511
　El Principal, Viña 538
　Haras de Pirque, Viña 583
　Paul Bruno, Domaine 717
　Santa Rita, Viña 776
Santa Cruz, Colchagua
　Montes 676–7

CROATIA （クロアチア）
Peljesac
　Grgic, Miljenko 578

ENGLAND （イギリス）
West Sussex
　Nyetimber 95

FRANCE （フランス）
Alsace
　Blanck, Paul 136
　Bott Geyl, Domaine 144
　Deiss, Domaine Marcel 182
　Hugel 239
　Josmeyer 244
　Kreydenweiss, Marc 258
　Muré, René 307, 695
　Ostertag, André 315
　Rolly-Gassmann 344
　Schlumberger 359
　Trimbach 387
　Weinbach, Domaine 400
　Zind-Humbrecht, Dom. 406, 407
Beaujolais
　Duboeuf, Georges 530
Bordeaux
　Côtes de Bourg
　　Falfas, Château 544
　　Roc de Cambes, Château 761
　Côtes de Castillon
　　Domaine de l'A 522
　Graves
　　Clos Floridène 169
　Haut-Médoc
　　Sociando-Mallet, Château 784
　Listrac
　　Fourcas-Hosten, Château 553
　Margaux
　　Angludet, Château d' 420
　　Brane-Cantenac, Château 462
　　Durfort-Vivens, Château 537
　　Giscours, Château 566
　　Margaux, Château 289, 651
　　Palmer, Château 710
　　Rauzan-Ségla, Château 754
　Montagne St.-Emilion
　　Montaiguillon, Château 675
　Moulis
　　Poujeaux, Château 740
　Pauillac
　　Grand-Puy-Lacoste, Château 574
　　Lafite Rothschild, Château 617
　　Latour, Château 626
　　Lynch-Bages, Château 647
　　Mouton Rothschild, Château 693
　　Pichon-Longueville, Châteaux 735
　　Pontet-Canet, Château 740
　Pessac-Léognan
　　Carmes-Haut-Brion, Les 473
　　Chevalier Blanc, Domaine de 162
　　Chevalier, Domaine de 488
　　Haut-Bailly, Château 588
　　Haut-Brion, Château 230, 590
　　La Louvière, Château 260
　　La Mission-Haut-Brion 615
　　Laville Haut-Brion, Château 270
　　Malartic-Lagravière, Château 284
　　Pape-Clément, Château 712
　　Smith-Haut-Lafitte, Château 363
　Pomerol
　　Bon Pasteur, Château Le 452
　　Conseillante, Château La 502
　　Eglise-Clinet, Château L' 537
　　Evangile, Château L' 540
　　Gazin, Château 561
　　Hosanna, Château 596
　　Lafleur, Château 618
　　La Fleur-Pétrus, Château 611
　　Latour à Pomerol, Château 628
　　Le Pin 631
　　Petit-Village, Château 729
　　Pétrus 730
　　Providence, Château La 744
　　Trotanoy, Château 820
　　Vieux Château Certan 834
　Premières Côtes de Bordeaux
　　Lezongars, L'Enclos de Château 642
　St.-Emilion
　　Angélus, Château 419
　　Ausone, Château 436
　　Beauséjour Duffau-Lagarrosse 443
　　Beau-Séjour Bécot, Château 444
　　Bélair, Château 446
　　Berliquet, Château 447
　　Canon, Château 469
　　Canon-La-Gaffelière, Château 471
　　Cheval Blanc, Château 487
　　Clos de l'Oratoire 493
　　Figeac, Château 550
　　La Dominique, Château 611
　　La Gomerie, Château 613
　　La Mondotte 615
　　Le Dôme 628
　　Magdelaine, Château 648
　　Pavie, Château 718
　　Pavie-Macquin, Château 720
　　Tertre-Roteboeuf, Château 807
　　Troplong-Mondot, Château 818
　　Valandraud, Château 824
　St.-Estèphe
　　Calon-Ségur, Château 468
　　Cos d'Estournel, Château 509
　　Haut-Marbuzet, Château 592
　　Montrose, Château 682
　　Pez, Château de 733
　St.-Julien
　　Branaire-Ducru, Château 462
　　Ducru-Beaucaillou, Château 532
　　Gruaud-Larose, Château 581
　　Lagrange, Château 621
　　Léoville-Barton, Château 638
　　Léoville-Las Cases, Château 640
　　Léoville-Poyferré, Château 640
　　Talbot, Château 792
　Sauternes
　　Climens, Château 166
　　Coutet, Château 174
　　Doisy-Daëne, Château 185
　　Fargues, Château de 197
　　Filhot, Château 204
　　Gilette, Château 214
　　Guiraud, Château 220
　　La Rame, Château 263

Lafaurie-Peyraguey, Château 266
Malle, Château de 284
Nairac, Château 308
Rabaud-Promis, Château 332
Rayne-Vigneau, Château 335
Riessec, Château 341
S de Suduiraut, Château 368
Suduiraut, Château 370
Tour Vlanche, Château La 382
Yquem, Château d' 405
Yquem, Y de Château d' 405

Burgundy
Chablis
Dauvissat, René & Vincent 181
Droin, Domaine 188
Fèvre, Domaine William 202
Long-Depaquit, Domaine 277
Raveneau, Domaine 335
Côte Chalonnaise
Auvenay, Domaine d' 129
Villaine, Domaine A. et P. de 394
Côte de Beaune
Angerville, Dom. Marquis d' 420
Armand, Domaine du Comte 430
Boillot, Domaine Jean-Marc 138
Bonneau du Martray, Dom. 141
Bouchard Père et Fils 146
Carillon, Domaine 154
Coche-Dury, Domaine 172
Darviot-Perrin, Domaine 180
Drouhin, Domaine Joseph 189
Jobard, Domaine François 244
Lafarge, Domaine Michel 617
Lafon, Dom. des Comtes 268, 269, 618
Leflaive, Domaine 273
Montille, Domaine Hubert de 680
Ramonet, Domaine 334
Rollin, Domaine 763
Romanée-Conti, Dom. de la 347
Roulot, Domaine Guy 347
Sauzet, Domaine Etienne 352
Vogüé, Dom. Comte Georges de 397
Côte de Nuits
Bachelet, Domaine Denis 438
Barthod, Domaine Ghislaine 441
Bouchard Père & Fils 458
Cathiard, Domaine Sylvain 482
Clos de Tart 494
Drouhin, Domaine Joseph 525
Dugat, Domaine Claude 534

Dugat-Pÿ, Domaine 534
Dujac, Domaine 535
Engel, Domaine René 539
Fourier, Domaine 553
Gouges, Domaine Henri 568
Grivot, Domaine Jean 579
Gros, Domaine Anne 579
Jayer, Domaine Henri 599
Lamarche, Domaine 622
Lambrays, Domaine des 624
Leroy, Domaine 642
Liger-Belair, Dom. du Vicomte 644
Maume, Domaine 660
Méo-Camuzet, Domaine 669
Mugnier, Domaine J.-F. 695
Ponsot, Domaine 327, 739
Rémy, Domaine Louis 759
Romanée-Conti, Dom. de la 765–6
Roumier, Domaine Georges 767
Rousseau, Domaine Armand 768-9
Mâconnais
Fuissé, Château de 212
Guffens-Heynen, Domaine 220
Lafon, Héritiers du Comte 268
Thévenet, Jean 378
Verget, Maison 392

Champagne
Billecart-Salmon 28
Bollinger 32, 35
Dom Pérignon 52, 54
Gosset 68
Gratien, Alfred 70
Heidsieck, Charles 71
Henriot 72
Laurent-Perrier 86
Michel, Bruno 90
Côte des Bar
Drappier 59
Mathieu, Serge 89
Moutard 91
Côte des Blancs
Agrapart 22
Cazals, Claude 40
Dampierre, Comte Audoin de 45
De Sousa 47
Delamotte 48
Diebolt-Vallois 51
Gimonnet, Pierre 62
Krug 80
Larmandier-Bernier 86
Lilbert-Fils 88

Mumm 92
Perrier-Jouët 96
Peters, Pierre 98
Pol Roger 101
Pommery 103
Robert, Alain 107
Roederer, Louis 109
Salon 111
Selosse, Jacques 112
Taittinger 114
Veuve Fourny 120
Massif de St. Thierry
Boulard, Raymond 35
Montagne de Reims
Billiot, Henri 28
Cattier 38
Clouet, André 42
Deutz 51
Dom Ruinart 56, 57
Egly-Ouriet 59
Giraud, Henri 64
Jacquesson 77
Krug 78, 82, 83
Philipponnat 98
Prévost, Jérôme 104
Vilmart 120
Vallée de la Marne
Beaumont des Crayères 24
Billecart-Salmon 26
Collard, René 45
De Meric 47
Pouillon, Roger 103
Tarlant 116
Veuve Clicquot 118

Jura/Savoy
Arlay, Château d' 129
Dupasquier, Domaine 194
Grange des Pères 576
Labet, Domaine 264
Macle, Jean 280
Prieuré de St.-Jean de Bébian 743
Puffeney, Jacques 329
Quenard, André et Michel 330
Tissot, André & Mireille 379

Languedoc-Roussillon
Borie de Maurel 457
Gauby, Domaine 559
La Rectorie, Domaine de 890
Le Soula 271
Mas Amiel 895
Mas Blanc 896

Mas de Daumas Gassac 654
Matassa, Domaine 293
Négly, Château de la 698
Prieuré St.-Christophe, Dom. 743
Tour Vieille, Domaine La 813

Loire
Anjou-Saumur
Baudouin, Domaine Patrick 134
Baumard, Domaine des 134
Bouvet-Ladubay 36
Clos de la Coulée de Serrant 169
Gratien & Meyer 71
Langlois Château 84
Pithon, Domaine Jo 326
Central Vineyards
Bourgeois, Domaine Henri 148
Cotat Frères 174
Crochet, Lucien 176
Dagueneau, Didier 180
Meín, Viña 294
Mellot, Alphonse 294
Pellé, Domaine Henry 317
Pinard, Vincent 325
Pays Nantais
Ecu, Domaine de l' 194
Pierre-Bise, Château 323
Touraine
Champalou, Didier et Catherine 157
Chidaine, Domaine François 162
Clos Naudin, Domaine du 170
Couly-Dutheil 510
Druet, Pierre-Jacques 525
Huet, Domaine 72, 237
Marionnet, Henri 289
Taille aux Loups, Dom. de la 376

Provence
Bandol
Tempier, Domaine 800
Bouches du Rhône
Trévallon, Domaine de 814
Palette
Simone, Château 782

Rhône
Northern
Chapoutier, Domaine 158–9, 486
Chave, Domaine J.-L. 161, 487
Clape, Domaine Auguste 492
Graillot, Alain 573
Grillet, Château 216
Guigal 582

Jaboulet Aîné, Paul 597
Perret, André 319
Rostaing, René 766
Sorrel, Marc 786
Vernay, Georges 393
Verset, Noël 834
Southern
Beaucastel, Château de 135, 442
Bonneau, Henri 454
Cayron, Domaine du 483
Chapoutier, M. 484
Clos des Papes 495
Gourt de Mautens, Domaine 214
Mordorée, Domaine de la 683
Rayas, Château 758
Vieux Télégraphe, Dom. du 835

Southwest
Cahors
Cèdre, Château du 484
Lagrézette, Château 621
Gaillac
Plageoles, Robert & Bernard 326
Jurançon
Cauhapé, Domaine 155
Clos Uroulat 170
Madiran
Brumont 466
Montus, Château 682
Monbazillac
Tirecul, Château 379

GERMANY（ドイツ）
Ahr
Meyer-Näkel 670
Franken
Sauer 351
Mosel-Saar-Ruwer
Busch, Clemens 151
Christoffel 164
Grans-Fassian 215
Haag, Fritz 224
Heymann-Löwenstein 235
Hövel, Weingut von 236
Karthäuserhof 247
Kesselstatt, Reichsgraf von 249
Loosen, Dr. 279
Maximin Grünhauser 293
Müller, Egon 306
Prüm, J.J. 328–9
Richter, Max Ferd. 341
Schaefer, Willi 352

Schloss Lieser 356
Selbach-Oster 360
Vollenweider 397
Volxem, Weingut van 390
Zilliken 406
Nahe
Diel, Schlossgut 182
Dönnhoff, Hermann 188
Emrich-Schönleber 197
Pfalz
Bassermann-Jordan, Dr. von 132
Buhl, Reichsrat von 150
Bürklin-Wolf, Dr. 151
Christmann 163
Koehler-Ruprecht, Weingut 254
Müller-Catoir 306
Rebholz 336
Rheingau
Breuer, Georg 148
Staatsweingüter Kloster Eberbach 253
Staatsweingüter Kloster Eberbach Assmannhäuser 608
Künstler, Franz 260
Schloss Vollrads 356
Weil, Robert 398
Rheinhessen
Blue Nun 136
Gunderloch 224
Heyl zu Herrnsheim, Freiherr 233
Keller, Weingut 249
Wittmann, Weingut 402

GREECE（ギリシャ）
Gaia Eatate 213, 557
Gerovassiliou 562
Santorini
Arghyros, Yannis 126

HUNGARY（ハンガリー）
Tokaj
Disznókö 185
Gróf Dégenfeld 219
Hétsölö 233
Királyudvar 250
Oremus 314
Royal Tokaji Wine Co. 348
Szepsy 372

INDIA（インド）
Sahyadri Valley
Omar Khayyam 95

ITALY（イタリア）

Abruzzo
  Valentini 389, 826
Alto Adige
  Abbazia di Novacella 125
  Lageder, Alois 269
  Mayr, Josephus 662
  Niedrist, Ignaz 700
Basilicata
  D'Angelo 517
  Fucci, Elena 556
  Paternoster 716
  Tenuta Le Querce 803
Campania
  Colli di Lapio 173
  Cuomo, Marisa 176
  Ferrara, Benito 201
  Feudi di San Gregorio 202
  Mastroberardino 659
  Molettieri, Salvatore 672
  Montevetrano 679
Emilia Romagna
  Castelluccio 480
  Medici Ermete 90
  Zerbina, Fattoria 846
Friuli Venezia Giulia
  Collio
    Borgo del Tiglio 143
    Colle Duga 172
    Gravner, Josko 216
    Schiopetto 355
  Colli Orientali del Friuli
    Felluga, Livio 198
    Le Due Terre 629
    Miani 296, 670
  Isonzo
    Vie di Romans 393
Lazio
  Castel de Paolis 154
  Falesco 544
  Fiorano 206
Lombardy
  Franciacorta
    Bellavista 24
    Cà del Bosco 36
    Cavalleri 38
  Valtellina
    Negri, Nino 699
Marche
  Bucci 149
  La Monacesca 263

Piedmont
  Asti
    Braida 460
    Coppo 506
    La Morandina 84
  Gavi
    Soldati La Scolca 114
  Langhe
    Accornero 414
    Altare, Elio 418
    Azelia 438
    Ca'Viola 468
    Cascina Corte 476
    Cavallotto 482
    Clerico, Domenico 492
    Conterno, Giacomo 504
    Conterno Fantino 505
    Correggia, Matteo 507
    Dogliotti, Romano 52
    Gaja 558
    Giacosa, Bruno 565
    Grasso, Elio 576
    Grasso, Silvio 577
    La Spinetta 616
    Malvirà 88, 286, 649
    Marcarini 649
    Mascarello, Bartolo 656
    Mascarello, Giuseppe 656
    Moccagatta 671
    Nada, Fiorenzo 698
    Oberto, Andrea 703
    Paitin 707
    Parusso 716
    Pelissero, Giorgio 723
    Produttori del Barbaresco 744
    Rinaldi, Giuseppe 760
    Sandrone, Luciano 775
    Scavino, Paolo 778
    Vajra, Azienda Agricola G.D. 824
    Vigneti Massa 394
    Voerzio, Roberto 838
Puglia
  Candido 469
Sardinia
  Capichera 153
  Còntini, Attilio 173
  Romangia
    Dettori, Azienda Agricola 520
  Santadi
    Santadi 777
  Serdiana-Cagliari

    Argiolas 429
Sicily
  COS 508
  Palari Faro 710
  Tasca d'Almerita 796
  Marsala
    De Bartoli 867
    Florio 876
    Pellegrino, Carlo 908
  Mount Etna
    Tenuta delle Terre Nere 802
  Pantelleria
    Donnafugata 186
    Murana, Salvatore 307
Trentino Alto Adige
  Ferrari, Giulio 60
  Foradori 552
  Terlano, Cantina di 377–8
Tuscany
  Castello dei Rampolla 477
  Fontodi 552
  Isole e Olena 596
  Petrolo 729
  Tenuta Sette Ponti 804
  Vecchie Terre di Montefili 829
  Bolgheri
    Antinori 422, 425
    Ca'Marcanda 467
    Castello del Terriccio 478
    Grattamacco 577
    Le Macchiole 629
    Satta, Michele 778
    Tenuta dell'Ornellaia 801
    Tenuta San Guido 803
  Carmignano
    Capezzana, Villa di 472
    Piaggia 734
  Castagneto Carducci-Maremma
    Tua Rita 822
  Chianti
    Castello di Ama 480
    Fattoria La Massa 548
    Fèlsina Berardenga 548
    Montevertine 679
    Querciabella, Agricola 746
  Colline Lucchesi
    Tenuta di Valgiano 802
  Massa Marittima
    Moris Farms 684
  Montalcino

Argiano 429
Banfi 439
Biondi Santi 448
Costanti, Andrea 509
Pacenti, Siro 706
Pieve di Santa Restituta 737
Podere 738
Salvioni 774
Soldera 784
Montepulciano
  Avignonesi 131
  Boscarelli 458
  Poliziano 739
  Valdipiatta 826
San Gimignano
  Cesani, Vincenzo 155
Sant'Angelo in Colle
  Lisini 644
Umbria
Montefalco
  Caprai, Arnaldo 473
Veneto
Breganze
  Maculan 282
Illasi
  Dal Forno, Romano 516
  Quintarelli 752
  Serafini e Vidotto 780
Soave
  Anselmi, Roberto 126
  Inama, Stefana 240
  Nardello, Daniele 308
  Pieropan 323
  Tamellini 376
Valdobbiadene
  Adami 22
  Bisol 30
  Col Vetoraz 44
Valpolicella
  Allegrini 417
  Bussola, Tommaso 467

LEBANON （レバノン）
Bekaa Valley
  Kefraya, Château 604
  Ksara, Château 609
  Musar, Château 697

LUXEMBOURG （ルクセンブルグ）
Moselle Luxembourgeoise
  Duhr, Mme. Aly, et Fils 192

NEW ZEALAND （ニュージーランド）
Auckland
Kumeu
  Kumeu River 258
Waiheke Island
  Goldwater 568
  Stonyridge 791
  Te Motu 800
Central Otago
  Felton Road 549
  Mount Difficulty 689
  Peregrine 319
  Rippon 761
Gisborne
  Millton Vineyard 298
Hawke's Bay
  Craggy Range 511
  Te Mata 798
  Trinity Hill 816
Marlborough
  Cloudy Bay 171
  Framingham 211
  Fromm Winery 556
  Herzog 595
  Hunter's 239
  Isabel 242
  Jackson Estate 243
  Montana 91
  Seresin 362
Martinborough
  Ata Rangi 432
  Dry River 190, 526
Nelson
  Neudorf 309

PORTUGAL （ポルトガル）
Alentejo
  Cortes de Cima 508
  Herdade de Cartuxa 593
  Herdade de Mouchão 594
  Herdade do Esporão 594
  Quinta do Mouro 749
Bairrada
  Pato, Luís 717
Dão
  Quinta dos Roques 750
Douro
  Barca Velha 440
  Chryseia 491
  Croft 867
  Delaforce 869
  Dow's 872, 874
  Duas Quintas 528
  Fonseca 879
  Graham's 885
  Mateus 89
  Niepoort 310, 700, 702, 899, 900
  Quinta do Côtto 748
  Quinta do Noval 902, 904
  Quinta do Portal 912
  Quinta do Vale Meão 749
  Ramos Pinto 917
  Rosa, Quinta de la 918
  Sandeman 922
  Smith Woodhouse 924
  Taylor's 926, 928
  Vesúvio, Quinta do 935
  Warre's 935
Madeira
  Barbeito 857–8
  Blandy's 861
  Cossart Gordon 866
  Henriques & Henriques 887
  Leacock's 891
Setúbal
  Fonseca, José Maria da 879
Minho
  Soalheiro 364

SLOVENIA （スロヴェニア）
Kozana
  Kogl Estate 256
  Simčič, Edi 363

SOUTH AFRICA （南アフリカ）
Boberg
  KWV 890
Cape Point
  Cape Point Vineyards 153
Coastal Region
  Boekenhoutskloof 450
Constantia
  Klein Constantia 252
  Steenberg 367
Elgin
  Cluver, Paul 171
  Oak Valley 313
Franschhoek
  Chamonix 157
Paarl
  Nederburg 309
Simonsberg-Stellenbosch
  Kanonkop 601
Stellenbosch
  Bredell's 862

Index by region of origin | 17

De Trafford 518
Els, Ernie 539
GS 581
Klein Constantia/Anwilka 606
Le Riche 632
Meerlust 664
Morgenster 683
Rudera Robusto 350
Rust en Vrede 771
Rustenberg 771
Thelema 809
Vergelegen 392, 832
Swartland
Fairview 542
Sadie Family 350, 772
Walker Bay
Bouchard-Finlayson 460
Hamilton Russell Vineyards 226
Western Cape
Solms-Hegewisch 786

SPAIN（スペイン）
Alicante
Gutiérrez de la Vega 886
Mendoza, E. 668
Andalusia
Calvente 152
Aragón
Calatayud
San Alejandro 774
Campo de Borja
Borsao 457
Somontano
Viñas del Vero 835
Basque Country
Bizkaiko Txakolina
Itsasmendi 242
Bierzo
Palacios, Descendientes de J. 709
Tares, Dominio de 796
Tilenus 809
Valtuille 828
Castilla
Más Que Vinos 655
Mauro 660
Castilla-La Mancha
La Mancha
Casa Gualda 475
Manchuela
Finca Sandoval 551
Méntrida

Canopy 471
Catalonia
Can Ràfols dels Caus 152
Castillo de Perelada 481
Colet 44
Torres 813
Montsant
Capçanes, Celler de 472
Venus 832
Priorat
Clos Erasmus 495
Clos Mogador 496
Costers del Siurana 510
Mas Doix 654
Mas Martinet 655
Palacios, Alvaro 709
Vall Llach 828
Sant Sadurní d'Anoia
Cordoníu, Jaume 42
Freixenet 60
Gramona 70
Origan, L' 96
Raventós i Blanc 107
Torelló, Agustí 116
Sot 787
Yecla
Castaño 477
Galicia
Rías Baixas
Ferreiro, Do 201
Fillaboa Selección 206
Lusco do Miño 280
Palacio de Fefiñanes 316
Pazo de Señoras 317
Ribeiro
Mein, Viña 294
Rojo, Emilio 343
Valdeorras
Guitián 222
Jerez de la Frontera
Bodegas Tradición 861
Domecq, Pedro 870
El Maestro Sierra 876
Garvey 880
González Byass 882
Hidalgo, Emilio 888
Luque, M. Gil 891
Marqués del Real Tesoro 895
Paternina 907
Rey Fernando de Castilla 917
Sánchez Romate 921

Valdespino 930–2
Williams & Humbert 936
Jumilla
Olivares Dulce 906
Lanzarote
El Grifo 874
Majorca
Ànima Negra 422
Málaga
Ordoñez, Jorge & Co 313
Rodríguez, Telmo 343
Montes de Toledo
Marqués de Griñón 652
Montilla-Moriles
Aguilar de la Frontera
Toro Albalá 930
Montilla
Alvear 855
Péres Barquero 911
Murchia
Casa Castillo 474
El Nido 538
Finca Luzón 550
Navarra
Chivite 163
Guelbenzu 582
El Puerto de Santa María
Gutiérrez Colosía 886
Osborne 906, 907
Ribera del Duero
Aalto, Bodegas 412
Alión 416
Atauta, Dominio de 434
Hacienda Monasterio 583
Moro, Emilio 687
Pagos de los Capellanes 706
Pesquera, Tinto 726
Pingus, Dominio del 737
Sastre, Viña 777
Silos, Cillar de 782
Vega Sicilia 830
Yerro, Alonso del 845
Rioja
Allende 417
Artadi 430
Contador 504
Contino 505
CVNE 178, 514
Izadi, Viña 597
La Rioja Alta 616
López de Heredia 279, 646

Marqués de Murrieta 290, 652
Marqués de Riscal 653
Martínez-Bujanda 653
Mendoza, Abel 668
Muga 693
Remelluri 338
Remirez de Ganuza 758
Roda, Bodegas 763
San Vicente 775
Rueda
Belondrade y Lurton 135
Ossian 314
Palacio de Bornos 315
Sanlúcar de Barrameda
Argüeso 855
Barbadillo 857
Delgado Zuleta 869
Hidalgo-La Gitana 889
Lustau 892
Péres Marín 912
Romero, Pedro 918
Sánchez Ayala 921
Toro
Gago Pago La Jara 557
Maurodos 661
Pintia 738
Vega de Toro 830
Valdeorras
Palacios, Rafa 316
Valencia
Mustiguillo, Bodega 697
Roure, Celler del 767

SWITZERLAND（スイス）
Germanier, Jean-René 561
Mercier, Denis 669

UKRAINE（ウクライナ）
Massandra Collection 898

UNITED STATES（アメリカ）
California
Calistoga
Schram, J. 111
Livermore Valley
Cellars, Kalin 247
Madera County
Quady 914
Mendocino
Roederer Estate 109
Napa Valley
Araujo 426
Beaulieu Vineyards 443
Beringer 447
Chappellet 486
Chateau Montelena 159
Chimney Rock 491
Colgin Cellars 501
Corison 507
Dalla Valle 516
Diamond Creek Vineyards 520
Dominus 523
Duckhorn Vineyards 532
Dunn Vineyards 535
Far Niente 546
Freemark Abbey 554
Frog's Leap 554
Grace Family Vineyards 570
Harlan Estate 586
Heitz Wine Cellars 592
Jade Mountain 598
La Jota Vineyard Company 613
Mayacamas 661
Mondavi, Robert 301, 672
Montelena, Château 675
Newton Vineyards 310
Niebaum-Coppola Estate 699
Opus One 704
Pahlmeyer 707
Phelps, Joseph 734
Ramey Hyde Vineyard 334
Rutherford
Caymus 483
Quintessa 752
Screaming Eagle 779
Shafer 780
Stag's Leap Wine Cellars 787
Stony Hill 369
Thackrey, Sean 807
Turley Wine Cellars 823
Santa Barbara
Au Bon Climat 434
Fiddlehead 549
Ojai Vineyard 703
Qupé 753
Santa Clara County
Ridge 759
Santa Cruz
Bonny Doon 141, 143, 456
Bruce, David 465
Mount Eden 301
Santa Rita Hills
Sanford 776
Santa Ynez Valley
Qupé 330
Sonoma County / Sonoma Valley
Dutton Goldfield 194
Flowers 208, 551
Gloria Ferrer 66
Hanzell 228
Hirsch Vineyards 595
Iron Horse 74
Kistler 252
Landmark 624
Littorai Wines 646
Marcassin 286
Marimar Torres Estate 380
Michael, Peter, Winery 296, 671
Peay Vineyards 723
Pride Mountain 742
Radio-Coteau 753
Ravenswood 756
Rochioli, J. 762
Seghesio 779
Swan, Joseph 791
Williams Selyem 841
New York
Finger Lakes
Frank, Dr. Konstantin 211
Long Island
Channing Daughters 158
Lenz 273
Macari Vineyard 647
Paumanok 718
Oregon
Willamette Valley
Beaux Frères 446
Drouhin, Domaine 523
Eyrie Vineyards 542
Texas
Llano Estacado 274
Washington State
Columbia Valley
Chateau Ste. Michelle 161
K Vintners 599
L'Ecole No. 41 634
Leonetti Cellars 637
Quilceda Creek 748
Yakima Valley
DeLille Cellars 518

URUGUAY（ウルグアイ）
Carrau, Bodegas 474

CHAMPAG

KRU

A REIMS - FRAN

BRUT

GRANDE CUV

PRODUIT DE FRANCE - PRODUCE OF F

ÉLABORÉ PAR KRUG S.A. REIMS, FRANC

12%vol

750 ml

Sparkling *Wines*

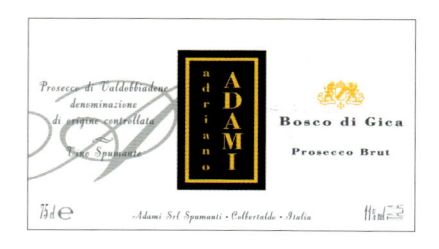

Adami *Prosecco di Valdobbiadene Bosco di Gica Brut* NV

アダミ　プロセッコ・ディ・ヴァルドビアデーネ・ボスコ・ディ・ジーカ・ブリュット NV

産地　イタリア、ヴェネト、ヴァルドビアデーネ
特徴　スパークリング辛口白ワイン、アルコール分11%
葡萄品種　プロセッコ97%、シャルドネ3%

　1920年、現オーナーのフランコとアルマンドの祖父であるアベーレ・アダミ氏が、美しい円形競技場の形をした葡萄畑をバルビ・ヴァリエ伯爵から買った。これがアダミ・ワイナリーとその優れたプロセッコの誕生につながる。プロセッコはもともとイタリア北東端のスロベニアとの国境近くに位置するトリエステ県の品種のようで、地元ではグレラと呼ばれている。しかしこの葡萄を最もよく理解しているのはトレヴィーゾ県であり、この地が生む美味しく喉の渇きを癒してくれるフルーティーなワインは、多くの人々から愛されている。

　アダミ・ボスコ・ディ・ジーカはほぼ100%プロセッコから造られるが、ほんの数%のシャルドネが最終的なブレンドに少し深みを与えるために用いられる。シャンパン型のボトルにだまされて、プロセッコがお祝いや大事な乾杯用のワインだと思ってはいけない。このワインの本当の役割は、毎日の小さな喜びを与えること。思いがけず訪ねてきた友人を歓迎するために開けよう。生ハムとメロンと合わせてみると、このワインの用途の広さがわかる。この組み合わせを味わえば、必ずあなたもこのワインのとりこになり、すぐにもっと欲しくなるだろう。**AS**

🍾 飲み頃：現行リリースを1-2年以内

Agrapart *L'Avizoise* 2002

アグラパール　ラヴィゾワーズ 2002

産地　フランス、シャンパーニュ、コート・デ・ブラン
特徴　スパークリング辛口白ワイン、アルコール分12%
葡萄品種　シャルドネ

　パスカルとファブリスのアグラパール兄弟はオジェ、クラマン、オワリー、そしてアヴィズ——ずばぬけて優秀なシャルドネの産地——に、ほとんどがグラン・クリュのきわめて優れた葡萄畑を9.5ha所有している。そして、そのすばらしいテロワールをグラスの中に完璧に表現するために、あらゆる努力がなされている。アグラパール家の入念な畑の手入れ法として、たとえば、土の生物学的生命力を豊かにするために、馬を使って耕している。キュヴェの1つ——ヴェヌス——には、アヴィズのリュー＝ディ・レ・フォセでこの仕事をしている美しい白い雌馬にちなんだ名前がつけられている。アグラパールのシャンパンは、このレ・フォセその他のリュー＝ディでの厳格な醸造、自生酵母の使用、そしてドゥミ・ミュイと呼ばれる600 ℓ のオーク樽での長期間熟成から生まれる。この樽は大きくて古い（平均8年もの）のでオークの香りが強くなりすぎない。

　ラヴィゾワーズは兄弟の最も有名なシャンパンで、アヴィズのレ・ロバール畑の葡萄だけで造られている。この畑はワインに力強さを与える粘土質に富んでいる。しかしこの2002年産の価値は、その円熟味、レースのような優美さ、そしてハーモニーにある。これらの特徴が実によく示されているこの優れたヴィンテージは、1982年と同様最高レベルに位置づけられる。**ME**

🍾🍾🍾 飲み頃：2009年-2020年

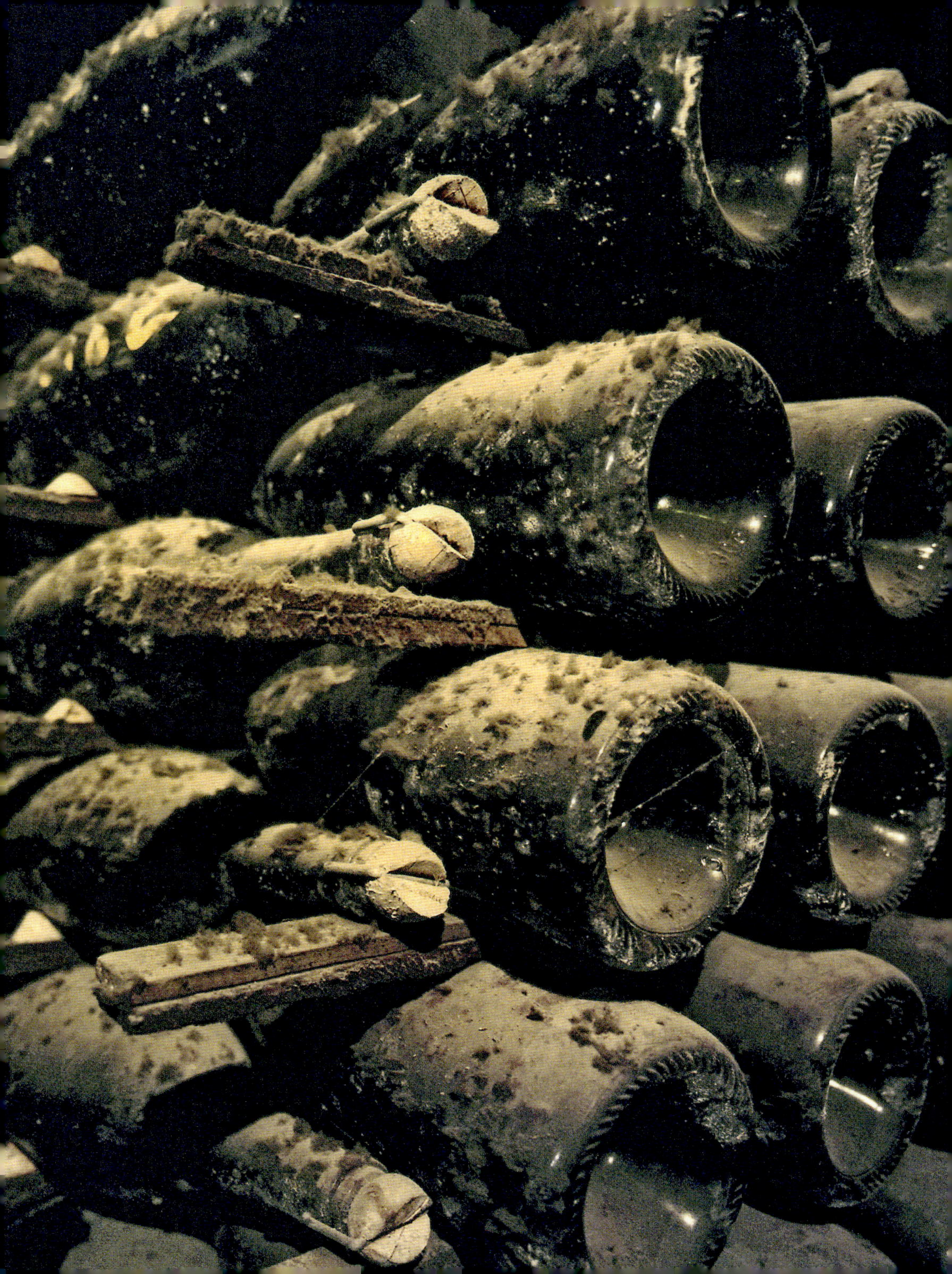

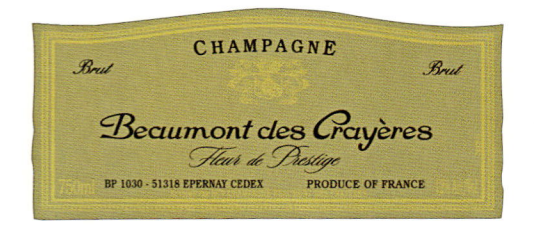

Beaumont des Crayères
Fleur de Prestige 1996

ボーモン・デ・クレイエール
フルール・ド・プレスティージュ 1996

産地 フランス、シャンパーニュ、ヴァレ・ド・ラ・マルヌ
特徴 スパークリング辛口白ワイン、アルコール分12%
葡萄品種 シャルドネ50%、ピノ・ノワール40%、ピノ・ムニエ10%

ボーモン・デ・クレイエールは、エペルネ近くのマルデュイユ村に設立された評判の高い珠玉のシャンパーニュ協同組合の著名ブランド。主にキュミエールとマルデュイユの日当りのよい斜面で、247軒の組合員が95haの見事な葡萄畑を耕す。このプルミエ・クリュは、つやのある実をたわわにつけるピノ・ノワールと、非常に洗練されたピノ・ムニエで知られている。

ボーモンのシェフ・ド・カーヴ(醸造最高責任者)ジャン=ポール・ベルテュス氏は、1987年から着実に、エレガントで魅惑的なシャンパンを造っている。なかでも抜群なのがフルール・ド・プレスティージュ。ボーモンの幅広いヴィンテージの中で最も安い。このフルール1996は、爽快な酸味と穏やかな成熟味が一体となった、ずばぬけて優れた食前酒だ。深い黄金色のなかにきらめく明るいグリーンに、シャルドネの強い存在感が出ている。泡はレースのようで、まろやかでありながらなかなか消えない。春の花の香りにサンザシとスイカズラの生垣のかぐわしさが混ざり合う。ワインの温度が少し上がると、芳香に洋ナシと桃と若いヘーゼルナッツが加わる。後味にレモンのさわやかさがあふれる。

普段に飲むならボーモンのノンヴィンテージのグランド・レセルヴ。ムニエ主体のシャンパンがどれだけ良質になりえるかのよい見本である。**ME**

🍾🍾🍾 飲み頃：2020年まで

Bellavista
Gran Cuvée Brut 1999

ベラヴィスタ
グラン・キュヴェ・ブリュット 1999

産地 イタリア、ロンバルディア、フランチャコルタ
特徴 スパークリング辛口白ワイン、アルコール分12.5%
葡萄品種 シャルドネ72%、ピノ・ノワール28%

ベラヴィスタは1976年、ヴィットリオ・モレッティ氏が小さな家族経営の「農園」を今日のような世界クラスのワイナリーに変えようと決意したときに生まれた。彼を支えているのが、2004年にイタリア最優秀醸造家賞を獲得したマッティア・ヴェッツォーラ氏だ。ヴェッツォーラ氏は、自分のワインに対して節度のある非常に上品な技量を見せる——その個性とスタイルは、初心者向けのキュヴェでもはっきりわかる。

グラン・キュヴェ・ブリュット1999のようなワインに出会うと、興奮とはどういうことなのかがわかる。最終的にブレンドされるワインの35%は新しいオーク樽で発酵されたもの。ブレンドと壜内2次発酵の後、36ヵ月以上寝かされる。その結果、かすかに緑色を帯びた淡い麦わら色のワインが生まれる。泡は非常にきめ細かくクリーミー、濃密で調和が取れている。フルーティーなシャルドネの香りと、もっと円熟したパンと生イーストの香りが鼻をくすぐる。活気に満ちた爽快さが口に広がると同時に、柔らかい泡が味わいを支えるように、非常に長いフィニッシュの間もずっと香りが続く。**AS**

🍾🍾🍾 飲み頃：2017年まで

ベラヴィスタ・ワイナリーでみられる装飾的な彫刻が施された樽のふた。

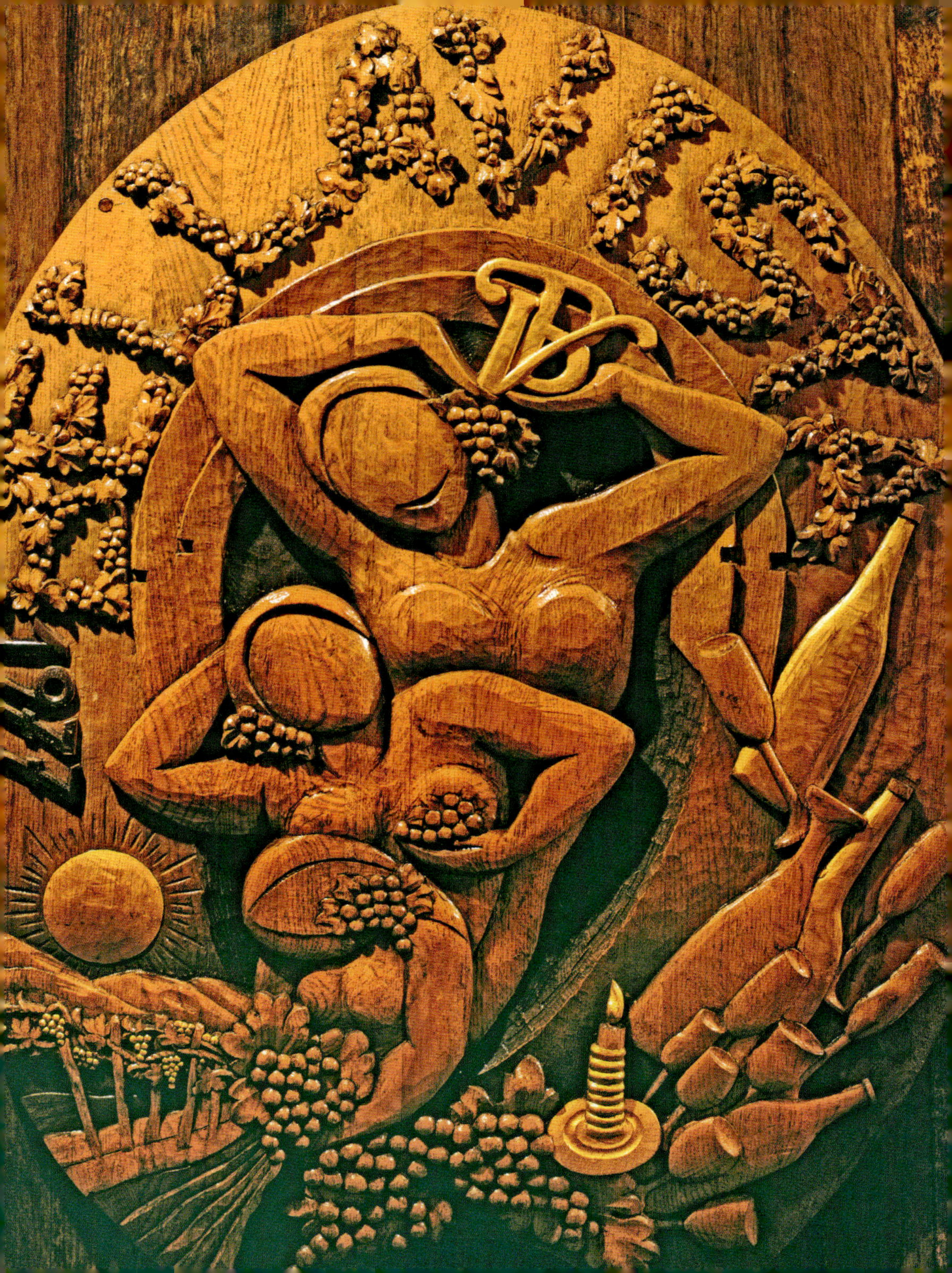

Billecart-Salmon
Clos St.-Hilaire 1996

ビルカール゠サルモン
クロ・サン゠ティレール 1996

産地 フランス、シャンパーニュ、ヴァレ・ド・ラ・マルヌ
特徴 スパークリング辛口白ワイン、アルコール分12％
葡萄品種 ピノ・ノワール

　この名高い小さなシャンパンハウスはつねに革新的で、最も新しくラインナップに加えられたものが、またとりわけ胸躍る新たな冒険である。フランソワとアントワーヌのロラン゠ビルカール兄弟は、バランスとエレガンスとフィネスで高く評価されていることを誇りに思っているが、もっとリッチでがっしりしたワインも造れることを示したいと考えた。クロ・サン゠ティレールはそれを鮮やかに証明している。

　マレイユ・シュール・アイ村のビルカール・サルモンのワイナリーの近くにあり、村の守護聖人にちなんで名づけられた広さ0.97haのクロ・サン゠ティレールは、長いあいだ特別な場所とされてきた。1964年にまずピノ・ノワールのマサル・セレクションが栽培され、25年間、ロゼ用の赤ワインの生産に使われていた。東向きはふつう理想的とはされないが、村に近いこと、その石垣、そして深く肥沃な土壌によって、葡萄が豊かに実る。収穫量を制限することによって濃度が高められ、クール・ド・キュヴェ（プレスランの最高の部分）だけが使われる。

　1995で輝かしいデビューを飾ったが、1996はさらに見事だ。10年後に澱抜きされ、このきらめくヴィンテージの鋭さを和らげるために、4.5g/ℓのドサージュを加えてエクストラ・ブリュットに仕上げられている。ビルカール゠サルモンにとって、これは同社で生産された最も優れたシャンパンだ。ボランジェのヴィエイユ・ヴィーニュ・フランセーズ、ジャクソンのヴォーゼル・テルム、フィリポナのクロ・デ・ゴワセと並んで、このブラン・ド・ノワールは希少で特別なスタイルの究極の表現である。**NB**

🍾🍾🍾🍾 飲み頃：2025年過ぎまで

ビルカール゠サルモンは200年近くシャンパンを造っている。

LECART

le CHAMPAGNE
qui franchit les siècles

HERVÉ MORVAN

L'ALCOOL EST DANGEREUX POUR LA SANTÉ, CONSOMMEZ AVEC MODÉRATION

Billecart-Salmon
Cuvée Nicolas François Billecart 1982

ビルカール゠サルモン
キュヴェ・ニコラ・フランソワ・ビルカール 1982

産地 フランス、シャンパーニュ
特徴 スパークリング辛口白ワイン、アルコール分12%
葡萄品種 ピノ・ノワール60%、シャルドネ40%

　1982は史上最も優れたヴィンテージというより、現代のビルカールの最も優れたヴィンテージと言える。現代のビルカールは、2度のデブルバージュ（清澄）とごく長期間にわたる涼しい場所での1次発酵が特徴といえる。これが自己分解に悪影響を与え、キャンデーや風船ガムのような甘いアミル基の匂いが生じるおそれもある。しかし実際には、このプロセスが高度のフィネスにつながっている。もう1つの革新は、大樽を小さい樽と取り替えたことだ。そのため、ビルカールでは区画ごとに醸造できる。

　これらの改革の責任者は、1976年から85年までシェフ・ド・カーヴ（最高醸造責任者）を務めたジェームズ・コフィネ氏だ（その後99年に引退するまで、ポール・ロジェで同じくらい優れたシャンパンを造った）。コフィネ氏はすばらしいワイン醸造家だったが、シャンパンに夢中になりすぎてしょっちゅう物にぶつかっていた。痛々しいほどやせていて、頭に巻いた包帯がトレードマークになっていた彼は、ワイン醸造家というより戦いに疲れ果てた兵士のようだったが、最高にバランスのとれたビルカール゠サルモンの1982 キュヴェ・ニコラ・フランソワが証明するとおり、最も偉大なシャンパンのマエストロの1人だ。**TS**

🍾🍾🍾🍾　飲み頃：2020年まで

Henri Billiot & Fils
Cuvée Laetitia NV

アンリ・ビリオ・エ・フィス
キュヴェ・レティシア NV

産地 フランス、シャンパーニュ、モンターニュ・ド・ランス
特徴 スパークリング辛口白ワイン、アルコール分12.5%
葡萄品種 ピノ・ノワール、シャルドネ

　セルジュ・ビリオ氏の5.5haのドメーヌは、シャンパーニュの小さな宝の1つだ。彼が所有しているのはアンボネイ村のグラン・クリュだけだが、毎年3700ケースほどのすばらしいワインを造っている。アンボネイは贅沢でクリーミーなシャンパンで知られているが、ビリオの複雑で焦点が定まったワインは、まっすぐ立ちのぼる純粋なエネルギーで口蓋を押し上げるように感じられる。

　キュヴェ・レティシアは真のテート・ド・キュヴェであり、ビリオ氏の娘が誕生した1967年に醸造が始められた（その名は娘の名前にちなんでいる）。2000年にはヴィンテージは11に増えていた。このワインは基本的にソレラで、十分な品質のベースワインがあるときに新酒が足されていく。最近のレティシアのボトルはシャルドネの割合が増えているようだ。

　何年も前、このワインは底の知れない不可解とさえ言える途方もないワインで、グラスに注いで30分以上待たなくてはならなかった。今日では表面的にはもっと「現代的」になっている。スパイシーで、西洋スモモの香味とサンザシの芳香があり、かすかにホタテとサフランが香る。アンボネイのチェリートマトとイチゴと林床の風味とともに、ビリオ独自のスタイルの非常に活発な生気と濃密さを感じられる。**TT**

🍾🍾🍾🍾　飲み頃：リリース時、または5〜7年熟成させる

HOMMAGE de la CORPORATION du CHAMPAGNE et des INDUSTRIES ANNEXES

REIMS
HAUTVAL
ÉPERN

Bisol *Cartizze Prosecco* 2005
ビゾル　カルティッツェ・プロセッコ 2005

産地　イタリア、ヴェネト、ヴァルドッビアデーネ
特徴　スパークリング白辛口ワイン
葡萄品種　プロセッコ

　イタリアは昔から第1級のスパークリングワイン生産に携わってきたわけではない。ピエモンテのアスティには熱心なファンがいるが、もっと辛口のものを求めるならプロセッコに期待するしかなかった。ヴェネトでは、トゥッティフルッティ（果物の砂糖漬け）を思わせる平凡な果物風味のワインが、コストをかけずに熱心に造られていた。

　ところが1990年代、卸業者が醸造手法を考え直し、適切な葡萄畑をもっと厳密に区分し、ビゾルのような生産者が品質本位のアプローチをとった結果、プロセッコは注目を集めるようになった。

　家族経営のビゾル・ワイナリーは、16世紀半ばからこの地域でワインを造っていて、原料を供給する葡萄畑をすべて所有している。カルティッツェのワインは革命を雄弁に物語っている。葡萄の成熟が驚くほど遅い（収穫は一般に10月半ばに始まる）プロセッコのクリュの、もろくて石の多い土壌で栽培された葡萄から、シャルマ方式と呼ばれるタンク内2次発酵で造られる。フロントラベルにヴィンテージは表示されないが、単一収穫年のワインだ。

　このビゾル・カルティッツェ・プロセッコは気をそそるようなアロマを放ち、ほのかにアーモンドと洋ナシが香る。口に含むと、さわやかでいて成熟した酸味、軽めのアルコール分（11.6%）、そして安定してしっかりしたフィニッシュが、優しい泡をいっそう引き立てる。25g/ℓの糖分によって、甘口ではない柔らかさが加わっている。軽く焼いたホタテの前菜のような料理に合うスパークリングワインだ。**SW**

🍷🍷 飲み頃：現行リリースを1～2年以内

さらにお勧め
同生産者のワイン
クレーデ、デジデリオ・コルメイ、デジデリオ・ジェイオ、ガルネイ、ヴァルドッビアデーネ・ヴィニェティ・デル・フォルl
他のプロセッコ生産者
カルペネ・マルヴォルティ、アダミ・アドリアーノ、フラテッリ・バルトリン

ヴァルドッビアデーネ近くのプロセッコ畑を見下ろす古い城。

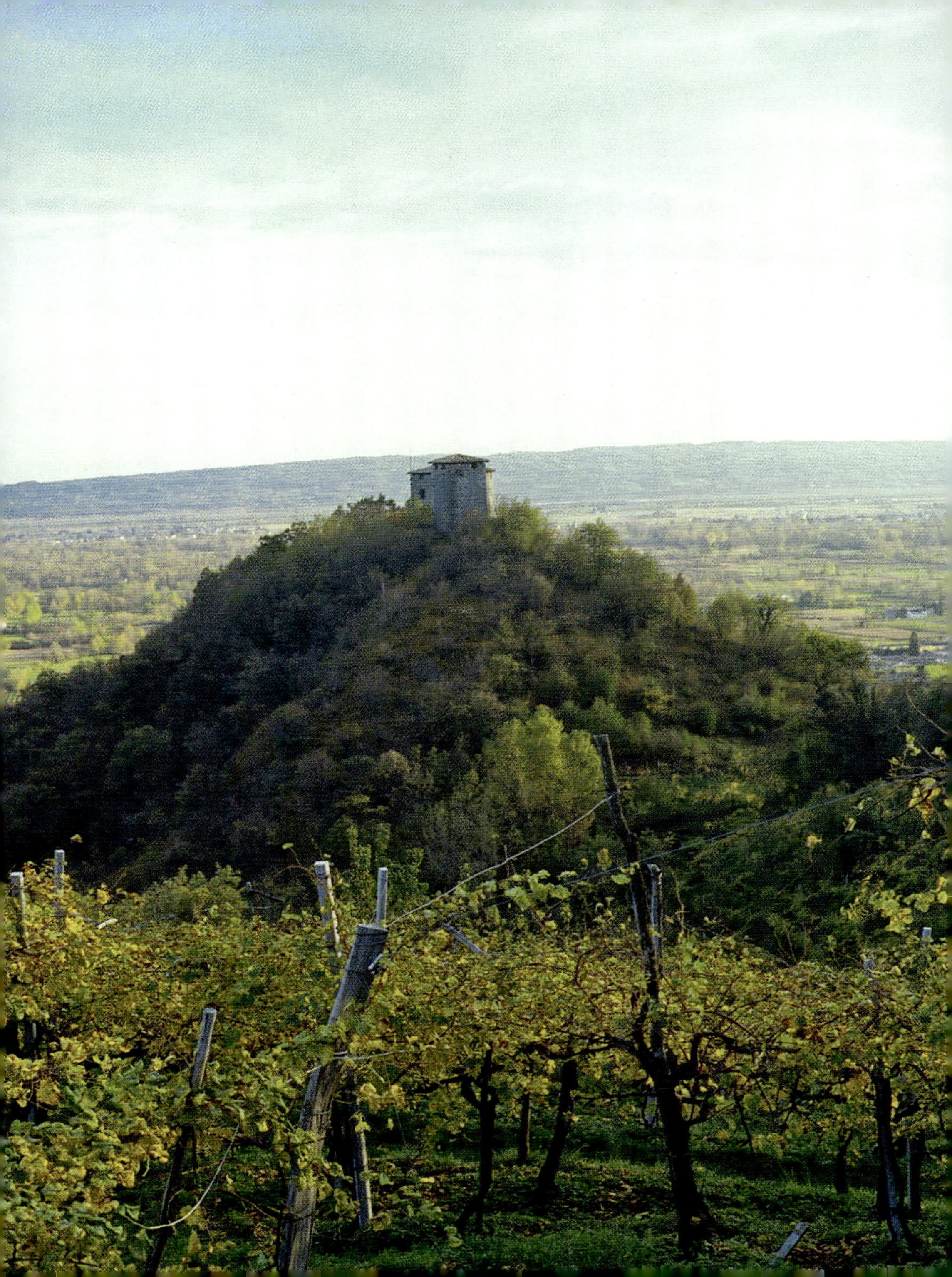

Bollinger R.D. 1996
ボランジェ RD　1996

産地 フランス、シャンパーニュ
特徴 スパークリング辛口白ワイン、アルコール分12%
葡萄品種 ピノ・ノワール70%、シャルドネ30%

　RD（「最近澱抜きした」）シャンパンはボランジェ独自のコンセプトだ。ごくたまに、ずばぬけて優れたワインを熟成期間のかなり遅い時期に澱抜きするハウスもあるが、この高級メーカーが1952年からやっているように、精力的かつ巧みに定期的に行っているところはない。最終的にRDになる前、このワインはグラン・ダネ（ボランジェの高級ヴィンテージ・シャンパン）だが、8年から20年、ときにはもっと長い期間、熟成されたものである。RDは長く寝かされている間にえもいわれぬ複雑なアロマを醸し、ボランジェの優れたピノ・ノワールを表現するユニークなスタイルのワインができ上がるが、ブレンドの3分の1にも満たないエレガントなシャルドネのおかげで、上品さも兼ね備えている。

　1996年の天候は尋常でなかった。ほとんど霜の下りないすがすがしく乾燥した冬。暑い4月半ばに芽吹き、1976年を思い起こさせる雨不足と高温。6月にシャルドネがなかなか花をつけず、8月半ばまで非常に暑い夏で、その後は雨。9月は不安定で夜の気温がぐっと下がった。そして雲ひとつない晴れ渡った空の下での収穫。その結果、天然の糖度も酸も高いという希少な組み合わせが生まれた。最初にグラン・ダネとして発売された1996は、ピノによる深い果実味と関連する並はずれた生気と活力を感じさせた。そしてRDになると、依然として活気にあふれているものの、後から生まれたダークチョコレートとスパイスの複雑さが鼻をくすぐり、口に含むと、その口あたりがアロマを裏づけ、独特の味わいと絹のようなきめ細かさが広がり、フィニッシュが非常に長く続く。このRDはまだ進化し、まだ向上している。**ME**

🍷🍷🍷🍷🍷　飲み頃：2025年過ぎまで

さらにお勧め
他の優良ヴィンテージ
1966・1981・1982・1985・1988・1990
同生産者のワイン
スペシャル・キュヴェ（NV）、2003バイ・ボランジェ、グラン・ダネ、グラン・ダネ・ロゼ、ヴィエイユ・ヴィーニュ・フランセーズ

アイ村にあるシャンパーニュ・ボランジェの壮麗な本社。

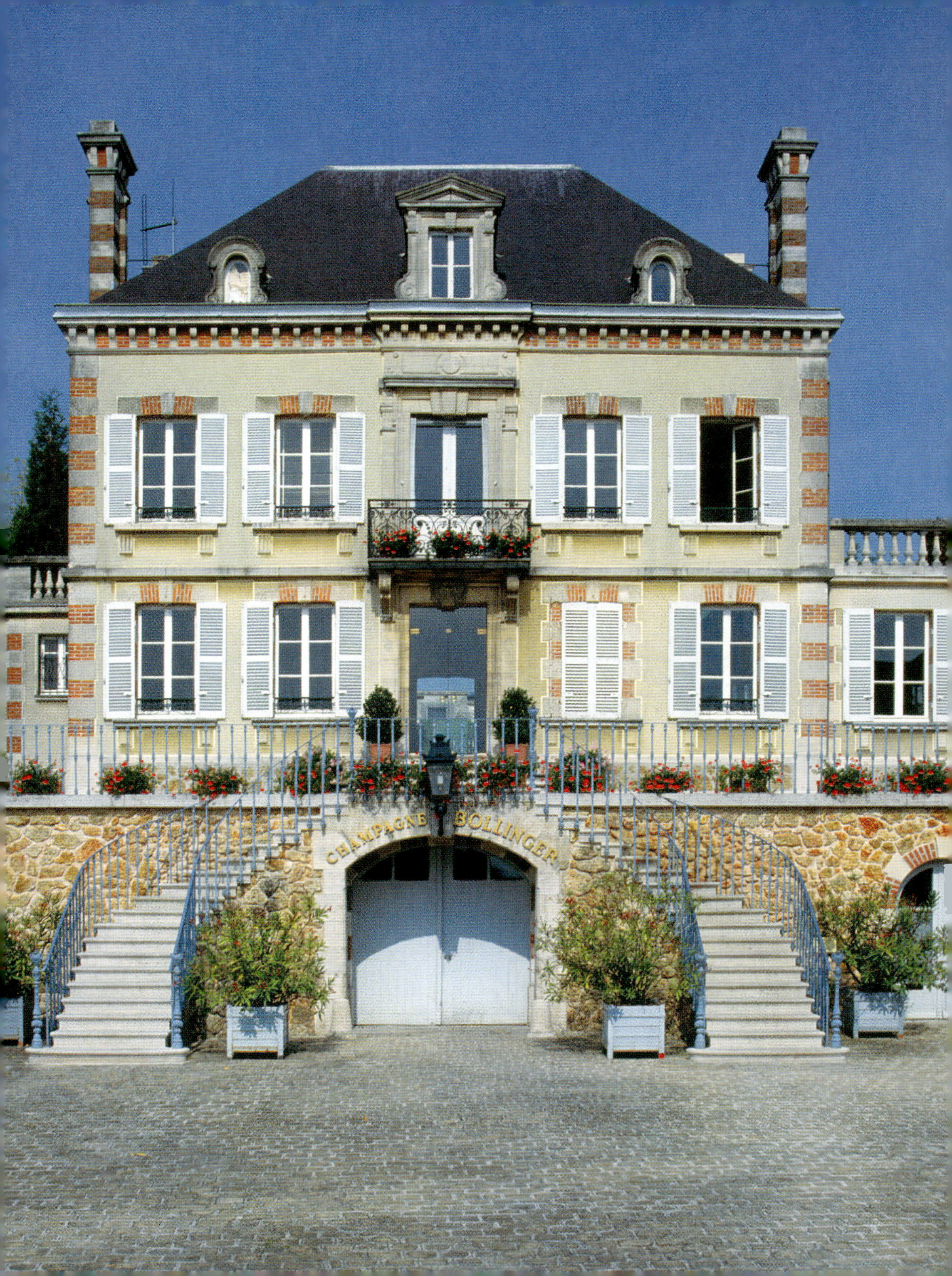
CHAMPAGNE BOLLINGER

4T 1000-4000
1T 4535- 568
14-3-89

Bollinger *Vieilles Vignes Françaises*
Blanc de Noirs 1996
ボランジェ　ヴィエイユ・ヴィーニュ・フランセーズ・ブラン・ド・ノワール 1996

産地　フランス、シャンパーニュ
特徴　スパークリング辛口白ワイン、アルコール分12%
葡萄品種　ピノ・ノワール

　これはボランジェの大物ワインであり、ブラン・ド・ノワールはすべて大きいという嘘を生み出したワインだ。（他のブラン・ド・ノワールはほとんどが典型的なシャンパンのストラクチャーであり、比較的軽いものもある）。ヴィエイユ・ヴィーニュ・フランセーズがそれほど大きいのには、絡み合う2つの理由がある。接木をしていない葡萄の樹から収穫された葡萄、そして融通の利かないシャンパーニュのお役所仕事だ。融通の利かないお役所仕事のおかげで、このブラン・ド・ブランはつねに過熟の葡萄から造られることになり、結果として並はずれた品質の超凝縮したシャンパンが生まれたのだ。

　2005年までヴィエイユ・ヴィーニュ・フランセーズは3つの小さな区画——ショード・テール（実はアイ村にあるボランジェの裏庭）、クロ・サン＝ジャック（これもアイ村だが西のはずれにある石垣で囲われた畑）、そしてクロワ・ルージュ（ルーヴォワに続く道沿いでブージーを出てすぐの一角）——の接木していない樹の葡萄から造られていた。しかし2004年、クロワ・ルージュの樹がフィロキセラにやられてしまったため、2005年からヴィエイユ・ヴィーニュ・フランセーズは単一畑になる。死ぬまでに飲むべきヴィンテージを1つだけ選び出すのは難しいが、1996はとても重厚だ——香りが非常に強く、ほとんどのヴィンテージより長く残る。**TS**
🍾🍾🍾🍾　飲み頃：2025年まで

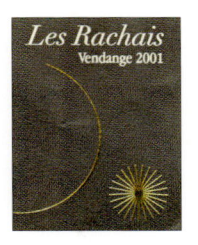

Raymond Boulard
Les Rachais 2001
レイモン・ブーラール　レ・ラシェ 2001

産地　フランス、シャンパーニュ、サン・ティエリー丘陵
特徴　スパークリング辛口白ワイン、アルコール分12%
葡萄品種　シャルドネ

　優秀なシャンパン生産者の多くがグラン・クリュを所有していることで成功しているのに対し、ブーラールはそれほど質の高くないテロワールから、経験と知識と洞察力によってどれだけのものを達成できるかを示す、刺激的な見本だ。キュヴェ・ペトレアと並んで、彼らのワイン造りを最も大胆かつ衝撃的に表現しているのがレ・ラシェだ。ブーラールの葡萄栽培は有機的な部分が多いが、これはバイオダイナミック農法で栽培された葡萄（2004年以降正式に認められている）から造られた最初のワインだ。葡萄は1967年に植えられたブルゴーニュ・シャルドネから収穫される葡萄で、ブーラールのキュヴェ・ブラン・ド・ブランと同じ区域（サン・ティエリー丘陵）のものだが、2つのワインはまったく似ていない。

　このキュヴェにとって初ヴィンテージである2001年は、天然アルコール度が平均8%しかなかったが、それでもバイオダイナミック農法の葡萄は10%近くに達し、マロラクティック発酵を組み合わせることによってノンドゼ（甘みを加えない）でリリースすることができた。優れたブルゴーニュの白を思わせる複雑な香りのする、この快活で滑らかなワインは、爆発的なフィニッシュへと盛り上がる。デビューヴィンテージに限って言えば、この力作はシャンパーニュでもとりわけ人気の高いワインと呼ぶにふさわしい。**NB**
🍾🍾　飲み頃：2020年過ぎまで

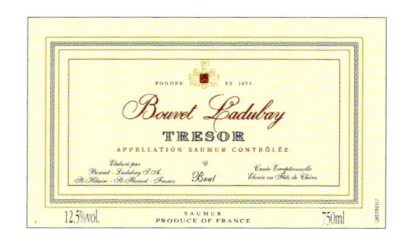

Bouvet Ladubay
Cuvée Trésor Brut NV
ブーヴェ・ラデュベ
キュヴェ・トレゾール・ブリュット NV

産地 フランス、ロワール、ソーミュール
特徴 スパークリング辛口白ワイン、アルコール分12%
葡萄品種 シュナン・ブラン80%、シャルドネ20%

　ロワール川流域を愛する人たちにとって、ソーミュールは特別な場所だ。この壮大な川の温和な気候に守られて、「ホワイトタウン」とその周囲の葡萄畑は何世紀もの間シュナン・ブラン栽培の中心地だった。19世紀末、エティエンヌ・ブーヴェ氏は自分が生産したワインを収めるために、地元のトゥッフォ岩で巨大な建物を築いて、地下のセラーに電灯をつけ、労働者のためにきちんとした宿泊設備を建てた。世紀が変わるまでに、ブーヴェ・ラデュベは発泡性のソーミュール・ブリュットのトップ生産者になっていた。その地位は今日も変わらない。
　キュヴェ・トレゾールはブーヴェの高級ブレンドで、ソーミュール周辺の四角形の土地（14×28km）で造られた最良のワインで構成されている。その数120以下の選ばれた葡萄生産者は、真の「シュナンの庭師」と愛情を込めて呼ばれている。ワインはまず新しいトロンセ産オーク樽で発酵されることによって、緑色を帯びた黄金色に輝く。エキゾチックなスパイスの香りのあと、力強さと繊細さを兼ね備えた、非常にシュナンらしい、芳醇で品性豊かなすばらしい風味が広がる。シャルドネの成分がフィネスを添えており、とくに驚くほど上品なフィニッシュにそれが表れている。他のブレンドの中では、ステンレスタンクで発酵されたサフィール・ブリュットが良質でお値打ち。**ME**
🍷🍷　飲み頃：現行リリースを5年以内

Cà del Bosco
Cuvée Annamaria Clementi 1996
カ・デル・ボスコ
キュヴェ・アンナマリア・クレメンティ 1996

産地 イタリア、ロンバルディ、フランチャコルタ
特徴 スパークリング辛口白ワイン、アルコール分12.5%
葡萄品種 シャルドネ60%、Pブラン20%、Pノワール20%

　アンナマリア・クレメンティは、カ・デル・ボスコの創始者であるマウリツィオ・ザネッラ氏の母親にちなんで名づけられた高級キュヴェ。ワイナリーの名前も同じように感傷的で、母親が1965年にフランチャコルタの大きな「森の中の家（カ・デル・ボスコ）」に移り住んだことに由来する。そのときザネッラ氏はこの土地に惚れ込み、そこでワイン造りを始めることにした。公式には「マウリツィオ・ザネッラ氏はボルドーのワイン醸造学部で学んだあと、伝統的手法でスパークリングワイン造りを始めることを決意した」とされているが、アンナマリア・クレメンティの初ヴィンテージは1979年で、彼がボルドーで学んだのは1980年のことだ。
　このキュヴェを一口飲むたびに、この地域の無限の可能性が証明される。この1996は、美しい黄金色を帯びた濃い麦わら色を背景に、上質な泡がいつまでも消えない。輪郭のはっきりした完成された香りに魅了される。最初に広がるフルーティーな（柑橘と洋ナシの）香りが花の芳香へと変わり、それが繊細なイーストとかすかなヴァニラの香りでまろやかになる。口に含むと、酸と泡の完璧な相乗作用が香りとともに口蓋を覆い、数分間もそこにとどまるように思える。**AS**
🍷🍷🍷🍷　飲み頃：2017年過ぎまで

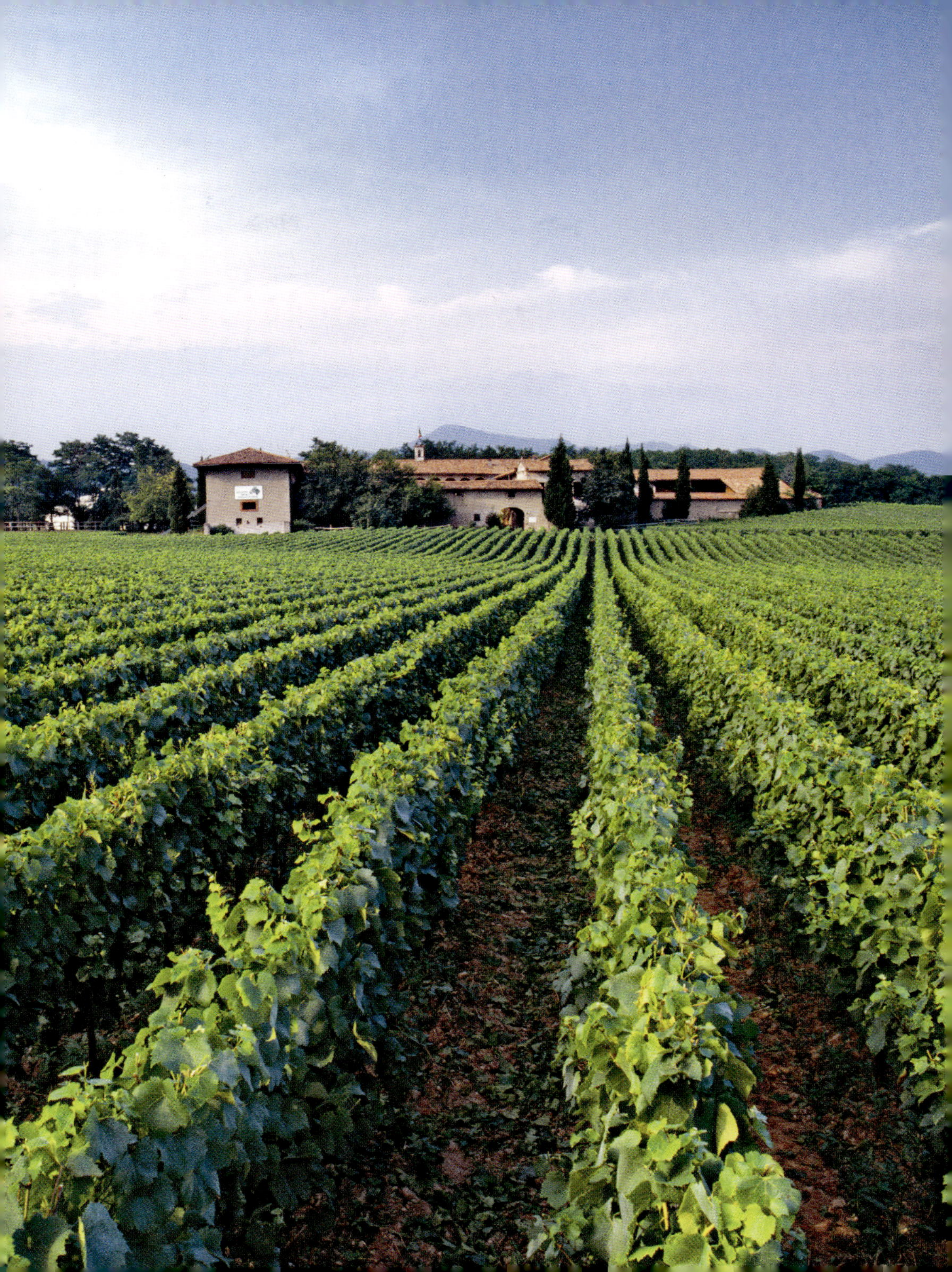

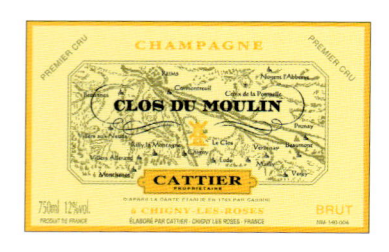

Cattier
Clos du Moulin NV
キャティエ
クロ・デュ・ムーラン NV

産地 フランス、シャンパーニュ、モンターニュ・ド・ランス
特徴 スパークリング辛口白ワイン、アルコール分12%
葡萄品種 ピノ・ノワール50%、シャルドネ50%

　花で飾られたすてきなシニー・レ・ローズ村が18世紀以来キャティエ家の故郷だ。家の下にシャンパーニュでも屈指の深いセラーがある。深さ30mまで掘られた地下3階のセラーには、ゴシック式、ルネサンス式、ローマ式の壮麗な丸天井も見られる。

　ここで造られるシャンパンはこの地方の環境にふさわしい。クロ・デュ・ムーランの葡萄で造られたワインは、とくにそれが言える。この区画のシャンパンはつねに3種類の良質のヴィンテージをブレンドして造られる。最新リリースは1996年、1998年、1999年で構成され、ピノ・ノワールとシャルドネがほぼ同じ割合だ。緑を帯びた麦わら色、アロマは比較的円熟していて、ほのかにビスケットの香りがする。口に含むとまだティーンエージャーのような硬さがあり、さまざまな要素が沈黙を守っている。空気に触れて10分後、ようやくピノ・ノワールが存在を示し、口の中に豊かに広がる。

　最近、キャティエはとても上質のブラン・ド・ノワールをデビューさせた。豊かな黒葡萄の香りと勢いのいい快活さが特徴だ。**ME**
💲💲💲 飲み頃：現行リリース

Cavalleri
Brut Satèn Blanc de Blancs 2003
カヴァッレーリ
ブリュット・サテン・ブラン・ド・ブラン 2003

産地 イタリア、ロンバルディア、フランチャコルタ
特徴 スパークリング辛口白ワイン、アルコール分12.5%
葡萄品種 シャルドネ

　カヴァッレーリの初ヴィンテージ（スティルワインの）は1905年だったが、当時、このイタリアの大物ワイナリーの生産は費用もかけず、とくに活気づいてもいなかった。しかし1967年、この地域がDOCの地位を獲得するとともに、他に類のない土壌と気候の組み合わせが認められるようになり、運命が変転する。ロンバルディア北部へと続く氷河作用によるモレーンは、葡萄にとって理想的だ。深い砂礫土は水はけがよくて有機物質が少ない。夜の涼しさと昼間のそよ風は両方とも近くのアルプス山脈の賜物で、両者があいまって酸を高品質なスパークリングワインの生産に理想的なレベルに保つ。

　葡萄は手摘みされ、さらに手で選別されてから圧搾される。ノンヴィンテージのフランチャコルタDOCGの場合、澱に触れさせる熟成期間は最低で18ヵ月だが、最上の収穫年のシャルドネだけで造られるサテンは、30ヵ月以上熟成される。2次発酵のための加糖は最高18g/ℓと決められているサテンのスタイルは、フランスのクレマンに似た繊細な泡を生む。カヴァッレーリ・サテンは繊細でありながら滋味にあふれ、シャルドネの柑橘感が優れたスパークリングワイン特有の心地よい複雑さによってバランスを保っている。**MP**
💲💲💲 飲み頃：3-5年以内

カヴァッレーリのセラーでボトルのキャップの上に澱が集められている。

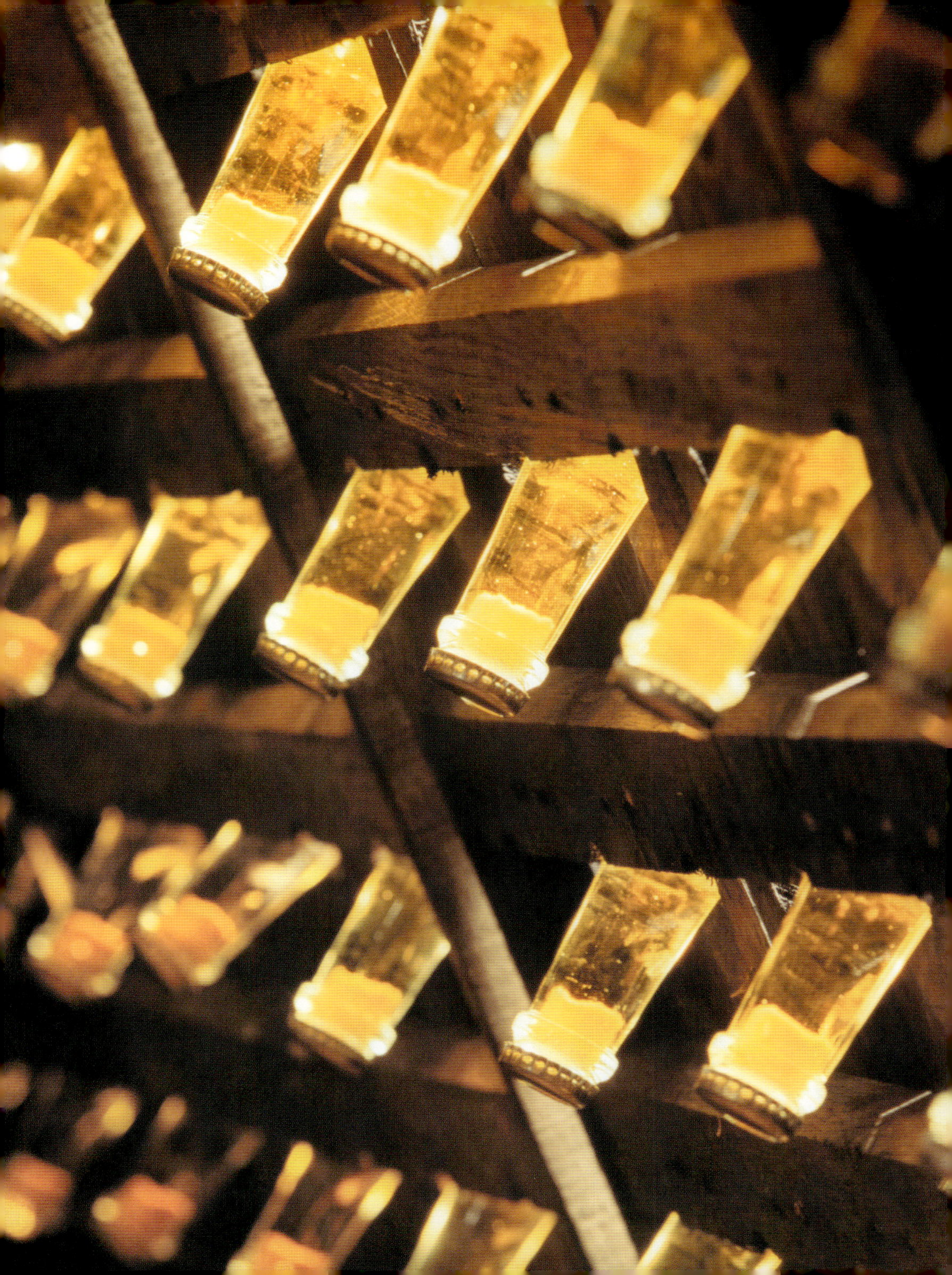

Claude Cazals
Clos Cazals 1996

クロード・カザル
クロ・カザル 1996

産地 フランス、シャンパーニュ、コートデ・ブラン
特徴 スパークリング辛口白ワイン、アルコール分12.5%
葡萄品種 シャルドネ

　1897年に南フランス出身の樽職人エルネスト・カザル氏によって設立されたクロード・カザルが所有する、すべてシャルドネ種の自社畑がコート・デ・ブランに9ha広がっている。ほとんどがル・メニルとオジェのグラン・クリュだが、ヴェルテュとヴィルヌーヴ＝レンヌヴィルのプルミエ・クリュもある。この珠玉の畑の中でも最も広く日当たり良好なのが、オジェにある3.7haのクロ・カザルだ。カザル家の住居を取り囲む畑だということもあって、ここで殺虫剤が使われたことは一度もない。かなり前の1947年に植えられた葡萄の樹もあり、平均天然アルコール度は他の区画より1度高い。これらのヴィエイユ・ヴィーニュ（古木の葡萄樹）から厳選された葡萄が伝統的なコカールの圧搾機で圧搾され、クロ・カザルとして別に壜詰めされる。その数は良年でもわずか2,000本だ。
　クロ・カザルは1995年が初ヴィンテージだが、その格別の原料と入念な製法のおかげで、すでにシャンパーニュ屈指のワインになっている。最初の3年（1995年、1996年、1997年）はすべて見事にバランスがとれ、濃密にしてエレガント、繊細でミネラルに富み、豊かで円熟し、生気に満ちている。その後のリリースも、どれも同じように求める価値があるにちがいない。**NB**
$S$$S$$S$ 飲み頃：2020年まで

Domaine Chandon
Green Point NV

ドメーヌ・シャンドン
グリーン・ポイント NV

産地 オーストラリア、ヴィクトリア、ヤラ・ヴァレー
特徴 スパークリング辛口白ワイン、アルコール分12.5%
葡萄品種 シャルドネ、ピノ・ノワール、ピノ・ムニエ

　モエ・エ・シャンドンはニューワールドに投資するヨーロッパの生産者の最前線にいるが、シャンパーニュの巨大企業が海外の子会社にワインを造らせているだけだと考えてはならない。現地の生産者が主体となって造っているのであって、親会社はたまたまその株式を持っているだけなのだ。
　そのことを如実に表している好例が、草分けのトニー・ジョーダン博士によって造られた、オーストラリアのドメーヌ・シャンドンの最良発泡ワイン、グリーン・ポイントだ。伝統方式で造られるこのノンヴィンテージワインには、味わいをふくらませるために古いヴィンテージのリザーヴワインが最高30％入っており、シャルドネが際立つ優雅なフィネスに深みと重々しさを加えている。このリザーヴワインは一種のソレラ・システムに蓄えられている。ピノとシャルドネの両方があり、一部はオーク樽で熟成される。
　さまざまなヴィンテージ・キュヴェも造られているが、本家のシャンパーニュと同じように、スパークリングワイン生産者は最有力ブランドの品質を死守しなくてはならない。グリーン・ポイントの血統のよさは、毎年の念入りなアッサンブラージュ（調合）によって輝き、さらにリリース後も1年ほど壜内で発展を続けるという事実に示されている。**SW**
$S$$S$ 飲み頃：現行リリースを3年以内

ヴィクトリア州グリーン・ポイントにあるドメーヌ・シャンドンの近代的なテイスティングルーム。

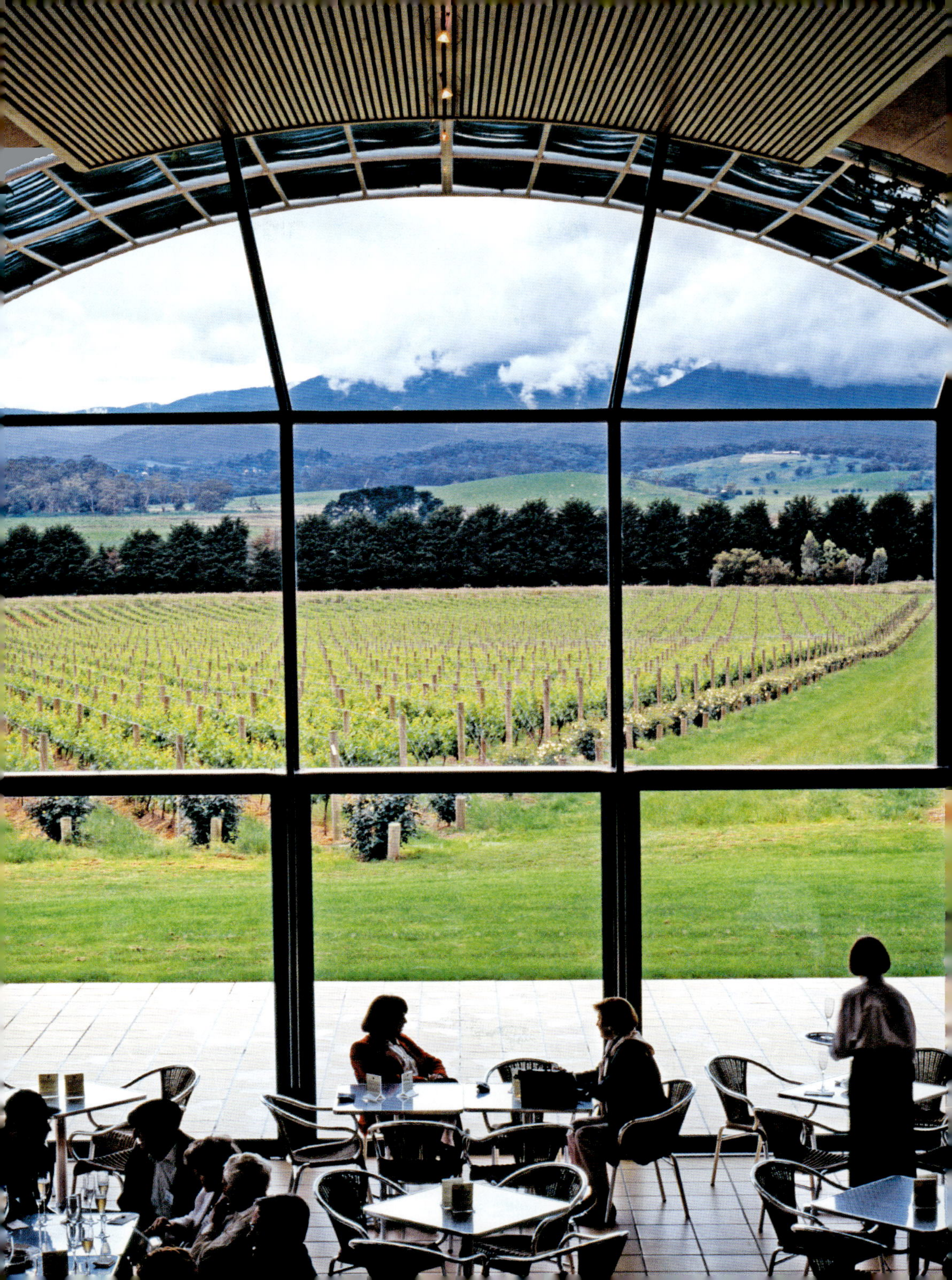

André Clouet
Cuvée 1911 NV

アンドレ・クルエ
キュヴェ1911 NV

産地 フランス、シャンパーニュ、モンターニュ・ド・ランス
特徴 口スパークリング辛口白ワイン、アルコール分12%
葡萄品種 ピノ・ノワール

　1911年のある日、アンドレ・クルエ当主の曽祖父が、ヴェルサイユでルイ15世の宮廷付き印刷工をしていたワイナリーの創立者に対する敬意のしるしとして、すばらしく華麗なアンシャン・レジームのラベルをデザインした。そのラベルは今、マネの絵画「フォリー・ベルジェールのバー」――そこでは相変わらずキュヴェ1911を置いている――にすてきに描かれているような、郷愁をそそる愛すべき陽気なワインを広める大使の役割を果たしている。
　このシャンパンはラベルよりさらに良質だ。8haのドメーヌの高級ブレンドとして10区画のワインで構成されており、すべてブージーのグラン・クリュのピノ・ノワールだ。色は鮮やかで深みのある黄金色。アロマは見事なまでに新鮮な花の芳香だが、続くブーケは非常にピノらしい果実（とくにモモ）の香り。しっかりと口蓋に広がる口あたりだが、見事にバランスがとれていて、それが爽快かつ滑らかな泡と新鮮さによってさらに高められる。独特の風味がある高品質ブラン・ド・ノワールだ。生産量はきっちり1,911本。ピエール・サン＝クルエ氏と世界中を飛び回っている息子のジャン＝フランソワには、ユーモアのセンスがあるようだ。
　彼らは並はずれたブラン・ド・ノワール・エクストラ・ブリュットも造っており、評判のアメリカ人鑑定家マット・クレーマー氏に「これまで味わった中で最高」と評された。**ME**

🍷🍷🍷　飲み頃：2015年過ぎまで

Jaume Codorníu
Brut NV

ハウメ・コドーニュ
ブリュット NV

産地 スペイン、ペネデス、サン・サドゥルニ・ダノイア
特徴 スパークリング辛口白ワイン、アルコール分11.5%
葡萄品種 シャルドネ、マカベオ、パレリャーダ

　カバとコドーニュという名前は対をなしている。コドーニュの歴史はカバの歴史でもある。なにしろスペインで最も有名なスパークリングワインのスタイルは、1872年に当時コドーニュ・ワイナリーのトップだったホセップ・ラヴェントス氏によって伝統方式でつくり上げられたのだ。彼の子孫が今もカバを造り、ワイナリーを経営している。ワイナリーそのものも、1898年にホセップ・マリア・プッチ・イ・カダファルが設計したカタルーニャのモダニズム建築の傑作で、現在、国定記念物になっている。世界屈指の広さを誇るセラーは、地下5階で24km以上の深さがある。
　ハウメ・コドーニュ・ブリュットは、澱の上で長期間熟成されたカバだ。半分はシャルドネ、残りは伝統的なカバ品種のマカベオとパレリャーダ。少し緑がかった黄金色のワインで、香りもちょうどよい強さ。いりゴマの香りが前面に出ていて、トロピカルフルーツとイーストとミネラルが背景に感じられる。ミディアムボディで爽快な酸と生き生きした果実味、そして見事なフィニッシュ。ワイナリー450周年の特別バージョンはシャルドネとパレリャーダのみから造られ、マグナムボトルだけがリリースされた。**LG**

🍷🍷　飲み頃：現行リリース

ポブレ修道院近くの丘陵に広がるコドーニュの葡萄畑。

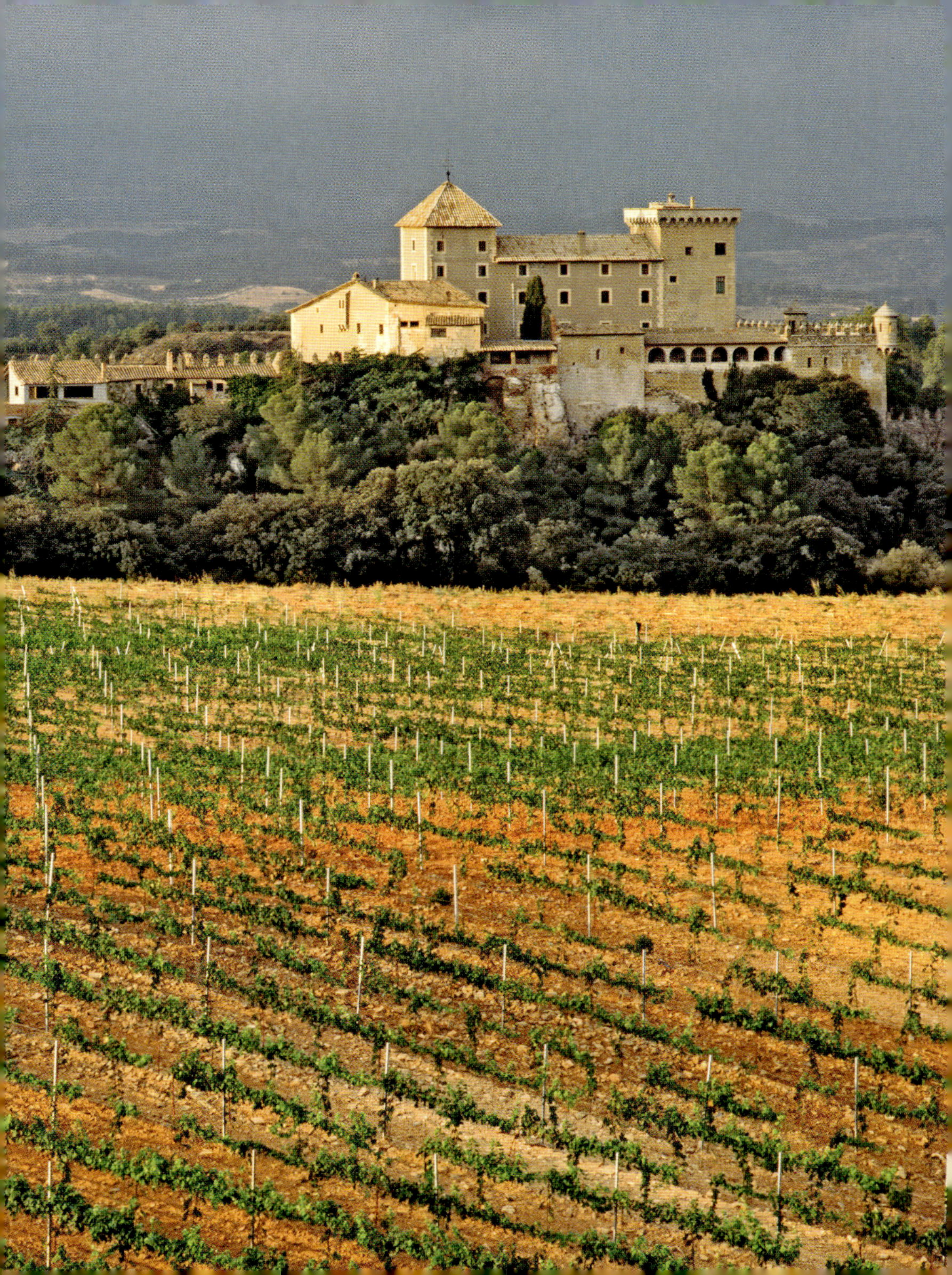

Col Vetoraz
Prosecco Extra Dry NV
コル・ヴェトラーツ
プロセッコ・エクストラ・ドライ NV

産地 イタリア、ヴェネト、ヴァルドッビアデーネ
特徴 スパークリング辛口白ワイン、アルコール分11.5%
葡萄品種 プロセッコ

　コル・ヴェトラーツのセラーは、サント・ステファノ・ディ・ヴァルドッビアデーネのプロセッコ栽培地の中心に位置する。トレヴィーゾ県（ヴェニスの北）のこの地域は、イタリアでは必須の食前酒と思われるプロセッコの生産で知られている。気軽に飲める良質ワインの好例だ。笑顔でコルクを抜いて陽気にやろう。
　プロセッコはイタリアで数少ない葡萄品種の名がついたワインだが、実際のプロセッコは最終的に他の品種とブレンドされていることが多い。とくによく組み合わされるのはヴェルディーソ、そしてペレーラとボスケーラだが、少量のピノ・ブランとシャルドネもブレンドされる。2次発酵はシャルマ（タンク）方式で行われるので、生産から販売までの時間が大幅に短縮される。ここで大切なのは、プロセッコのすべてともいえる最初のアロマを保持することだ。
　コル・ヴェトラーツのエクストラ・ドライは、通常スパークリングワインに期待されるよりも少し糖度が高く、モモと洋ナシの繊細な新鮮さ、甘く熟した果実のほのかな香りが、ややオフドライな味わいとクリーミーな泡に完璧にはまっている。**AS**
　飲み頃：現行リリース

Colet
Assemblage Extra Brut NV
コレット
アッサンブラージュ・エクストラ・ブリュット NV

産地 スペイン、ペネデス、パクス・デル・ペネデス
特徴 スパークリング辛口ロゼワイン、アルコール分11.5%
葡萄品種 ピノ・ノワール、シャルドネ

　コレット家は、スペインでも最高の小規模栽培者兼生産者の見本と言えるかもしれない。彼らの台頭によって近年シャンパーニュが再活性化されている。このリーダーシップのおかげでコレット家が国内外で格別の信望を得たのは、統合的な生産ボデガになって10年も経たないうちのことだ。コレット家は2世紀以上にわたって他のワイナリーのために葡萄を栽培してきたが、ワインメーカーになったのはつい1994年のことで、初リリースを市場に出したのは1997年だった。
　葡萄栽培からワイン造りに手を広げることを決めたのはセルジュ・コレット氏だった。積極的な起業家精神に突き動かされて、彼はこのアッサンブラージュのような独特の感動的なワインを造るようになった。フレッシュだがクリーミーで表情豊かなこのスパークリングワインは、厳密には白でもロゼでもない。ラベルにヴィンテージは記されていないが、単一年のワインのみから造られている。まさにこの種のワインを造っているからこそ、セルジュはカバという名称に縛られることに違和感を覚え、テロワールを重視しながらも革新を受け入れるペネデスDOに移行したのだ。**JB**
　飲み頃：現行リリースを3年以内

René Collard
Cuvée Réservée Brut 1969

ルネ・コラール
キュヴェ・レゼルヴェ・ブリュット 1969

産地 フランス、シャンパーニュ、ヴァレ・ド・ラ・マルヌ
特徴 スパークリング辛口白ワイン、アルコール分12%
葡萄品種 ピノ・ムニエ

　ルネ・コラール氏は父親が設立したドメーヌを1943年に継ぎ、50年以上も伝統的な葡萄栽培とワイン造りにあくまでもこだわってきた。除草剤、殺虫剤、病虫害防除剤をいっさい使わず、大きなオーク樽で発酵させ、マロラクティックは用いず、600 ℓ のドゥミ・ミュイで数年間熟成させたワインだけを壜詰めする。ワインはそれからさらに白亜層の地下室で、澱とともに寝かされる。ようやくリリースされても、在庫のうちのかなりの割合が保存された。

　1年に1度澱抜きされるこの見事な古酒は、甘みを加えるドサージュが必要ないほど円熟していて、同じワインを注ぎ足される。40年の歳月を経た1969はまだすばらしく繊細でフレッシュな香りを漂わせ、上質な酸味がハチミツのような豊かな味わいを引き締めていた。続くヴィンテージも同様の完璧なハーモニーと統一性を備えており、ルネの最後のワイン――その名もキュヴェ・ユルティム・ブリュット・ナチュール（優良な88年、90年、93年のブレンド）――も同じように、彼が信念を持った有力で有能なワインの造り手であったことの何よりの証となっている。**NB**

☺☺☺ 飲み頃：2010年過ぎまで

Comte Audoin de Dampierre
Family Reserve GC Blanc de Blancs 1996

コント・オードワン・ド・ダンピエール
ファミリー・リザーヴ・GC・ブラン・ド・ブラン 1996

産地 フランス、シャンパーニュ、コート・デ・ブラン
特徴 スパークリング辛口白ワイン、アルコール分12%
葡萄品種 シャルドネ

　オードワン・ド・ダンピエール伯爵は、貴族階級の少し風変わりなシャンパノワだ。一家とこの地方との関係は700年以上も前から続いている。誇るに足る家訓――「怯めず臆せず」――にしたがって行動する彼は、グラン・クリュとプルミエ・クリュの葡萄だけを買い、それに応じて自分の造るワインが高価になることを悪びれることもない。

　彼のワインを買う余裕がある人は、たとえば世界各国の大使や、時には国王や女王、大統領、そして首相たちだ。確かに42人の大使が間違うはずはないし、キュヴェ・デ・アンバサドゥールNVは優れたシャルドネとピノ・ノワールのブレンドだが、伯爵の趣味もいい。彼のファミリー・リザーヴは当然のことながら最上級ワインだ。

　このブラン・ド・ブランの原料は、グラン・クリュのアヴィズ（50%）、ル・メニル・シュール・オジェ（40%）、クラマン（10%）の葡萄のみ。ステンレスタンクで発酵されたワインは、その抜群の原料を反映している。申し分ない1996の泡はごくきめ細かく、舌触りは滑らかで、フィニッシュは生き生きとしている。ワインのラベルは19世紀にデザインされたもので、コルクは撚りひもでボトルに手結びされている。**NB**

☺☺☺ 飲み頃：2015年過ぎまで

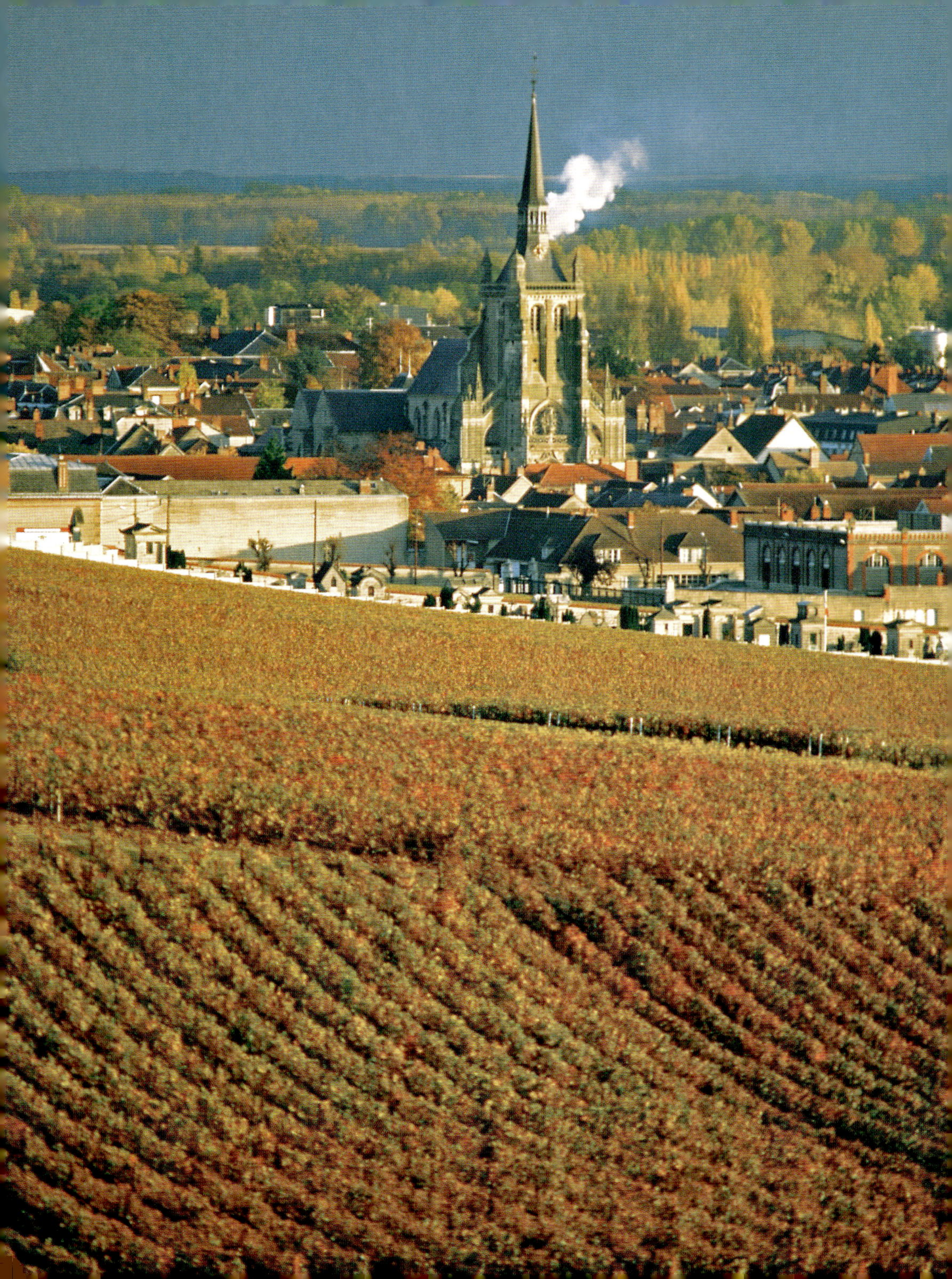

De Meric
Cuvée Catherine NV
ド・メリック
キュヴェ・カトリーヌ NV

産地 フランス、シャンパーニュ、ヴァレ・ド・ラ・マルヌ
特徴 スパークリング辛口白ワイン、アルコール分12%
葡萄品種 ピノ・ノワール60%、シャルドネ40%

　アイ村を本拠地とする小さなシャンパンハウスのド・メリックは、近年劇的な変化を遂げた。1997年、このブランドはクリスチャン・ベスラ氏によって、ダニエル・ギンズバーグ氏率いるシャンパン愛好家のアメリカ人、フランス人、ドイツ人8人のグループに売却された。ド・メリックの新社長は1961年のルネ・コラールを味わってから古いシャンパンのとりこになり、彼を新たな事業の「心の父」として、同じように伝統的なワインを造り始めた。

　このハウスは12の栽培者から葡萄（ヴァン・クレールではなく）を買い付けている。キュヴェだけが使われ、60％以上のワインが古いブルゴーニュの樽で発酵・熟成されるが、マロラクティック発酵は行われず、澱は撹拌される。ドサージュは少量で、精留された濃縮葡萄マストが加えられる（リキュールにするためのリザーブワインの在庫があまりないハウスでよく用いられるようになっている手法）。

　旧体制のときに生産された最も優れたワインが、希少なキュヴェ・カトリーヌだ。非常に厳しく精選されるため、生産量は10年でわずか1万から2万本。すべてアイ・グラン・クリュで、60％がピノ・ノワール、40％がシャルドネ、だいたい2年連続の優良ヴィンテージのブレンドになっている。1995/1996のキュヴェは最高に安定したワインで、2つの葡萄品種と2つのヴィンテージの最高品質が実に見事に結合している。その前のリリースはとびきり上等の1988/1989で、繊細さはわずかに劣るかもしれないが、もっとリッチだ。単一ヴィンテージの1999は伝統から外れていて、初めて100％樽発酵されたワインだ。**NB**

❂❂❂　飲み頃：リリース時から20年以上

De Sousa
Cuvée des Caudalies NV
ドゥ・スーザ
キュヴェ・デ・コーダリー NV

産地 フランス、シャンパーニュ、コート・デ・ブラン
特徴 スパークリング辛口白ワイン、アルコール分12%
葡萄品種 シャルドネ

　グラン・クリュのアヴィズ村を本拠地とするこのハウスは、今やシャンパーニュでもとりわけ活気に満ちた栽培者である。3代目のオーナーであるエリック・ドゥ・スーザ氏の意欲と決断力のおかげだ。アヴィズの葡萄栽培学校の卒業生である彼は、1986年にハウス経営のために戻った。譲り受けた遺産はすばらしい──8.5haの地所、コート・デ・ブランとモンターニュ・ド・ランスに6つのグラン・クリュ、さらに2.5ha以上の非常に古い葡萄樹、現在それぞれ別々に醸造されている。

　ボランジェとクリュッグに敬服しているエリックは、小さい樽を導入。バイオダイナミック農法に切り替え、発酵に天然酵母を用い、すべてのワインにマロラクティック発酵を施す。自己分解を促進するためにポワニェタージュを用いる──壜を振って澱を撹拌するのに手首（ポワニェ）を使うことに由来する古い用語で、かつてはアヴィズで一般的だったが、時間がかかるので今ではあまり行われない。

　すばらしいラインナップのトップに位置するのが有名なキュヴェ・デ・コーダリーだ。その説明的な名前は、フィニッシュの長さを表す単位のコーダリー（秒）に由来する。通常NVで、アヴィズの樹齢50年以上のシャルドネが100％。糖を加えずに樽発酵させ、1996年から「ソレラ」で熟成させている。濃密で果実味が強く、円熟していて非常に滑らかなこのワインは、まさにその名にふさわしい。例外的な年──おそらく10年に2、3回──にはヴィンテージ版があり、ブレンドと処置法が年によって異なるが、品質はつねに非常に高い。**NB**

❂❂❂　飲み頃：現行リリースを10年強以内

◧ アイ村の境界を定めている葡萄畑。

Delamotte *Blanc de Blancs* 1985
ドゥラモット　ブラン・ド・ブラン 1985

産地　フランス、シャンパーニュ、コート・デ・ブラン
特徴　スパークリング辛口白ワイン、アルコール分12%
葡萄品種　シャルドネ

鑑定家の間で評価が非常に高い、創立1760年のこのこぢんまりした小さなシャンパンハウスにとって、優れたシャルドネを見事に表現したこの強烈な1985年産のワインほど優秀な看板商品はない。その年は早春の霜害で収穫量が少なかったが、収穫期の天候が完璧で、葡萄は秋の陽光をたっぷり浴びた。さらにすばらしいことに、仕上がったシャンパンは現在20回目の誕生日もとっくに過ぎたが、依然としてとてもフレッシュだ。色は若々しく生気に満ちた緑色を帯びた金色。泡は非常にきめ細かく、とても控えめなので目にはほとんど見えないが口の中では確かに活気にあふれている。香りは快活で輪郭がはっきりしているが、白い花の芳香からもっと熟したアンズと洋ナシの感じが生まれてくるマルチトーン。味わいにはあらゆるものが含まれる——繊細さ、ハチミツのような豊かさ、しかも新鮮さが充満している。理想を言えば、このすばらしく上質なシャンパンの複雑さを解きほぐすためには、愛する人と2時間かけて飲む必要がある。

これほど非凡なワインの秘密は、葡萄の並はずれた品質にある。ル・メニルを本拠地とするドゥラモットは、オジェ、クラマン、そして地元メニルのグラン・クリュに無比の供給源を擁している。1999は1985に続いて優れていて、スーボワ（下生え）の特別な香り、とくに野生のマッシュルームの香りがかぐわしい。コート・デ・ブランを訪れる人は、村にあるル・メニル・レストランの有能なシェフ、セドリック・ブーロー氏が料理する生きのいいアンコウなどと合わせてドゥラモットのヴィンテージを味わい、自分で評価を下すことができる。ME

🍾🍾🍾 飲み頃：2015年過ぎまで

さらにお勧め
他の優良ヴィンテージ
1982・1996・1999
他のブラン・ド・ブラン
カザル・クロ・カザル、ゴッセ・セレブリス・ブラン・ド・ブラン　クリュッグ・クロ・デュ・メニル、ポル・ロジェ・ブラン・ド・シャルドネ

1900年の広告には緊張をときほぐすシャンパンの特性が描かれている。

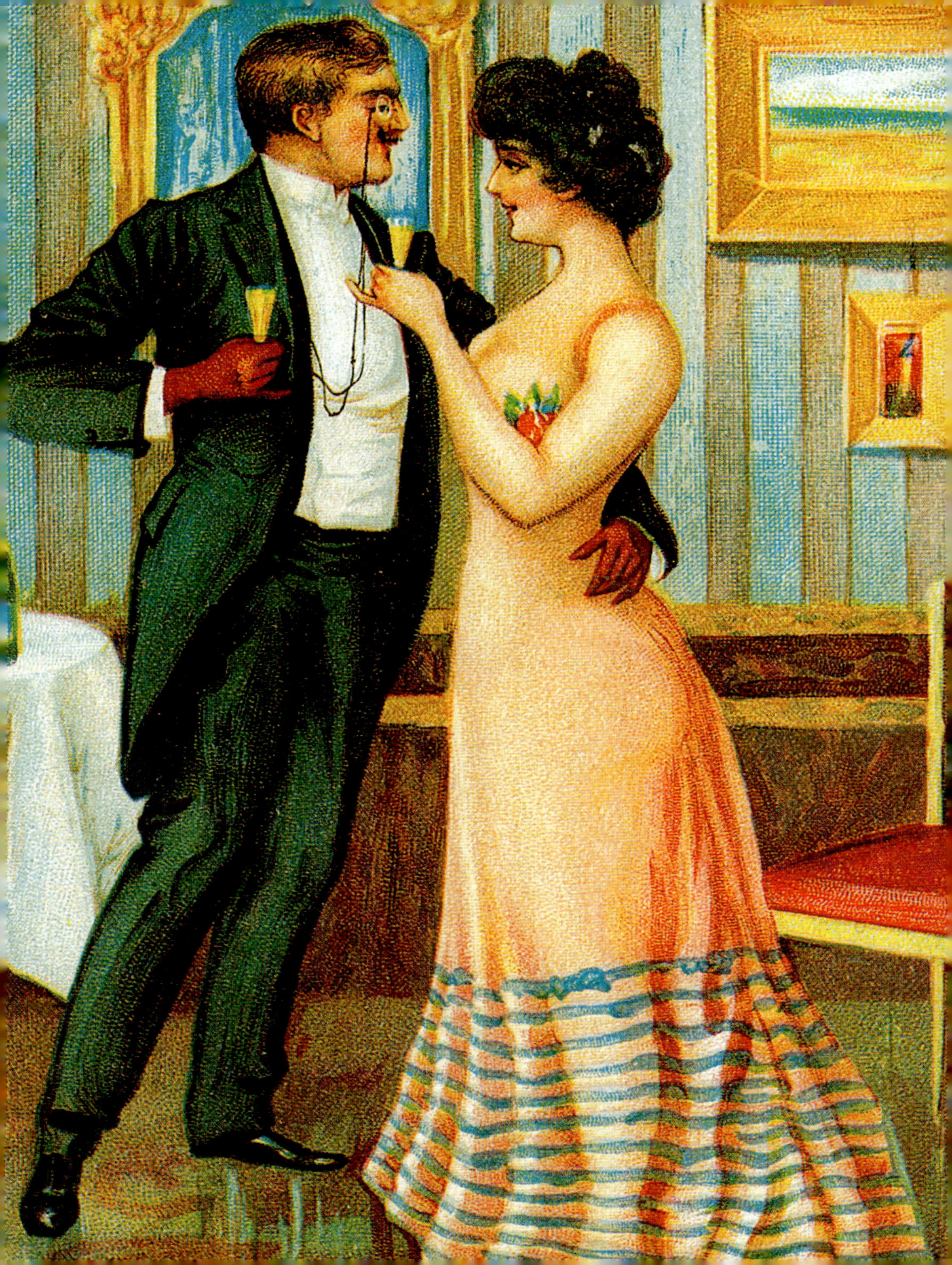

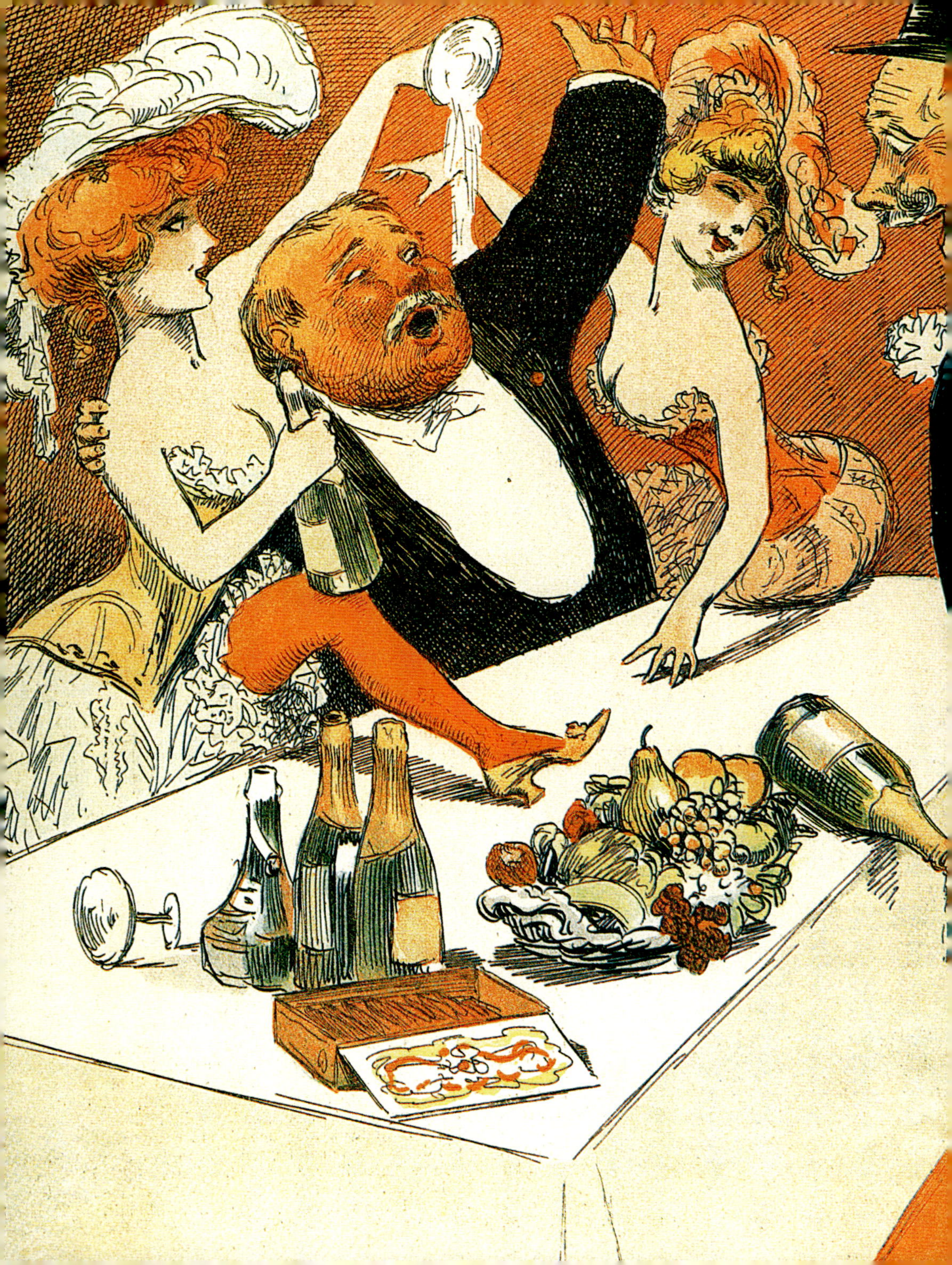

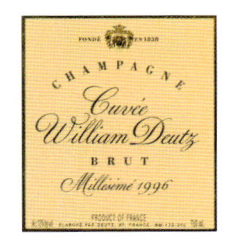

Deutz
Cuvée William Deutz 1996

ドゥーツ
キュヴェ・ウィリアム・ドゥーツ 1996

産地 フランス、シャンパーニュ
特徴 スパークリング辛口白ワイン、アルコール分12%
葡萄品種 Pノワール55%、シャルドネ35%、Pムニエ10%

ウィリアム・ドゥーツは力強いヴィンテージ1996の中でも最高のシャンパンに数えられるが、最も信頼がおけるグランメゾンというドゥーツの評判どおり、繊細で洗練されている。1838年にドイツ移民のウィリアム・ドゥーツ氏とピエール＝ユベール・ゲルダーマン氏によって設立された、この古いアイ村のメゾンのイメージは「ゴージャス」とは正反対だ。

ドゥーツのアプローチはこの高級キュヴェに表れている。他のどんな「名品」よりもとにかくごく上質なワインで、泡はベールのように薄くて軽い。色は明るい黄金色、1996年らしい力強くて複雑な香りだが、優雅なドゥーツらしさが感じられ、最初のアロマは生け垣の果物と花に少しミントも香る。

口に含むと強い個性を感じるが、その独特の風味は非常にエレガントなフィニッシュによって抑えられていて、良質なピノらしいうっとりするような果樹園の香りが残る。興味深いことに、ブレンドにはムニエが10%含まれている。このワインは最高にピュアで、何十年も生き続けるだろう。最近のヴィンテージでは唯一匹敵する1990と1996を1、2年後に比較すると面白いだろう。**ME**

🅢🅢🅢🅢 飲み頃：2025年過ぎまで

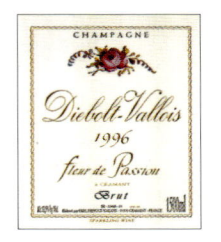

Diebolt-Vallois
Fleur de Passion 1996

ディエボル＝ヴァロワ
フルール・ド・パッション 1996

産地 フランス、シャンパーニュ、コート・デ・ブラン
特徴 スパークリング辛口白ワイン、アルコール分12%
葡萄品種 シャルドネ

上等の骨董品を愛好する陽気で太っちょの葡萄栽培家、ジャック・ディエボル氏は、ゆったりした体格には似合わず、非常に洗練された上品なシャンパンを造る確かな才能に恵まれている。もちろんクラマン村の丘の上にある一家の10haの自社畑に最高の区画を持っているおかげだ。そこはコート・デ・ブランで最も活気あるグラン・クリュである。

彼のタッチの軽さが、この最高に繊細な優良ヴィンテージのワインによく表れている。フルール・ド・パッション1996はブーゾン、グロモン、グット・ドールのようなクラマンの最良葡萄畑からの樽発酵ワインをアッサンブラージュしたもの。オークは仕上がったシャンパンに溶け込んで一体となっている。このワインは壜詰めされて10年経っても、その新鮮な純粋さをまったく失っていない。

生き生きした麦わら色に1996年の実りのよさが表れ、泡はきめ細かくいつまでも消えない。柑橘類の香りに、このワインを生んだミネラル豊富な土の匂いがかすかに混ざっている。口あたりはクリスプで切れ味よく、たっぷりした白葡萄の香りによってさらに高められる。複雑かつ微妙に力強く、それでいて軽やかな、まさにブラン・ド・ブランの名品だ。**ME**

🅢🅢🅢🅢 飲み頃：2025年過ぎまで

Romano Dogliotti
Moscato d'Asti La Galeisa 2006
ロマーノ・ドリオッティ
モスカート・ダスティ・ラ・ガレイザ 2006

産地 イタリア、ピエモンテ、ランゲ
特徴 スパークリング辛口白ワイン、アルコール分5.5%
葡萄品種 モスカート・ビアンコ、ミュスカ・ブラン・ア・プティ・グラン

　第二次世界大戦後、レデント・ドリオッティ氏がカスティリオーネ・ティネッラの高く険しい葡萄畑の葡萄からモスカートを初めて造るようになったとき、彼は消滅しかけていた伝統を復活させていた。そのモスカート（ミュスカ）は彼が望んだような名声をもたらさなかったが、彼はその情熱を息子のロマーノに伝えた。ロマーノは現在、息子のアレッサンドロ、セルジオ、そしてマルコの助けを借りながら、高い評価を受けているモスカート・ダスティ・ラ・ガレイザを造っている。この美味しいワインのために、ドリオッティ氏はわずか3haの砂質で石灰質の南向き斜面から、葡萄を手で収穫する。葡萄は加圧式発酵タンクで発酵されるが、発酵はアルコール分5%程度で炭酸ガスの圧力がまだ低いときに止められる。そのような圧力の低いワインなので、マッシュルームの頭が付いていない普通のコルクをボトルに完全に差し込むことができる。
　ラ・ガレイザは通常、泡が非常に小さいきめ細かいムースで、上品な柑橘類とセージが香る。口あたりは初め甘く、少し泡立っている感じだが、魅力的な苦味のひねりで終わることが多い。2006はよいヴィンテージだったが、これは取っておくべきワインではない。モスカートはごく新鮮なときに飲むのがベストで、だからこそなおさら貴重なのだ。**SB**

🥂 飲み頃：現行リリースを1-2年以内

Dom Pérignon
1998
ドン・ペリニョン
1998

産地 フランス、シャンパーニュ
特徴 スパークリング辛口白ワイン、アルコール分12%
葡萄品種 ピノ・ノワール50%、シャルドネ50%

　どんなヴィンテージのドン・ペリニョンも、熟成パターンや最終ランキングを早まって示すのはばかげたことだ。なぜならこの卓越したシャンパンは、意図して還元的な醸造を（樽を使わずに）行い、同じ最高級の葡萄畑からのワインを複雑にブレンドしているため、15年から20年後にようやく完全に輝きを放つのだ。しかしあえて言えば、ドン・ペリニョン1998は近年のダークホースかもしれない。しつこいほど称賛されている1996のようなヴィンテージを上回る可能性もある。
　1998年は8月の記録的暑さの後、9月初旬に例外的なほど多量の降雨があったが、すぐにまた日照りが続くという異常気象で、その結果、遅めに摘み取った葡萄から慎重に選別したシャンパンは非常に優れている。花の香りに爽やかなアーモンドとスパイスがほのかに加わり、軽くトーストしたブリオッシュも感じられる。そして滑らかな中間の風味は、この見事に調合されたシャンパンが最高の状態にあることの確かなしるしだ。フィニッシュは「とどめの一撃」で、落ち着いたレモンのような酸味が非常に長く残る。すばらしい。**ME**

🥂🥂🥂🥂 飲み頃：2030年過ぎまで

オーヴィレール修道院の博物館にあるドン・ペリニョンの署名。

18. auril 1691

Dom Frenée Richard
prieur

L. pierre perignon

Dom Pérignon *Rosé* 1990
ドン・ペリニヨン　ロゼ 1990

産地　フランス、シャンパーニュ
特徴　スパークリング辛口ロゼワイン、アルコール分12%
葡萄品種　ピノ・ノワール、シャルドネ

　このキュヴェ・ロゼにはいかにもドン・ペリニヨンらしいスタイルが表れている――とくに、軽やかなのに力強い味わいとクリーミーな舌触りがそうだ。それでいて、このロゼはその有名なスタイルのまったく別の表現でもある。ドン・ペリニヨンのストラクチャーや複雑さを失ってはいないが、このピンク色のブレンドは構成とバランスが違っている。主な違いはピノ・ノワールの存在感が強いことだ。

　1990年の生育期はほぼ完璧だった。非常に温暖な冬と早い開花の後、夏は暑くてとくに晴れの日が多かったが、幸運にも収穫直前に雨が続いて熱のストレスを防ぎ、かなりのレベルの酸が保たれた。

　このDPロゼの色は、オレンジがかった赤銅色に近い金色。生き生きしたジンジャーブレッドとカシューナッツに砂糖漬けオレンジピールが混ざり合ったアロマ。肉付きがよく、口蓋を優しく愛撫する。心地よい質感は濃密かつリッチでありながら、ドン・ペリニョンには欠かせないしなやかさとエレガンスをも兼ね備えている――つねに何かを蓄えているのだ。長くしっかりしたフィニッシュは申し分ない。とはいえ、ドン・ペリニョン・ロゼの組成と構造は不変でないことも覚えておかなくてはならない。ロゼ1982は1990と同じようにすばらしいが、また別のスタイル表現を見せている。このヴィンテージに限ってはシャルドネが立っていて、より軽やかになっている。**ME**

🥂🥂🥂🥂　飲み頃：2020年過ぎまで

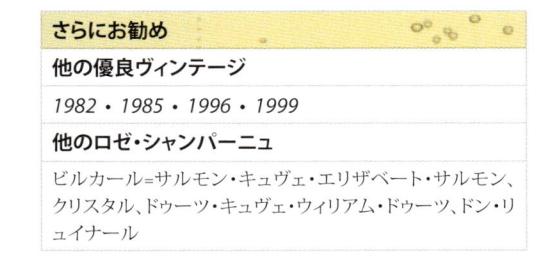

さらにお勧め
他の優良ヴィンテージ
1982 • 1985 • 1996 • 1999
他のロゼ・シャンパーニュ
ビルカール=サルモン・キュヴェ・エリザベート・サルモン、クリスタル、ドゥーツ・キュヴェ・ウィリアム・ドゥーツ、ドン・リュイナール

著名なドン・ペリニョンを記念する像 ▶

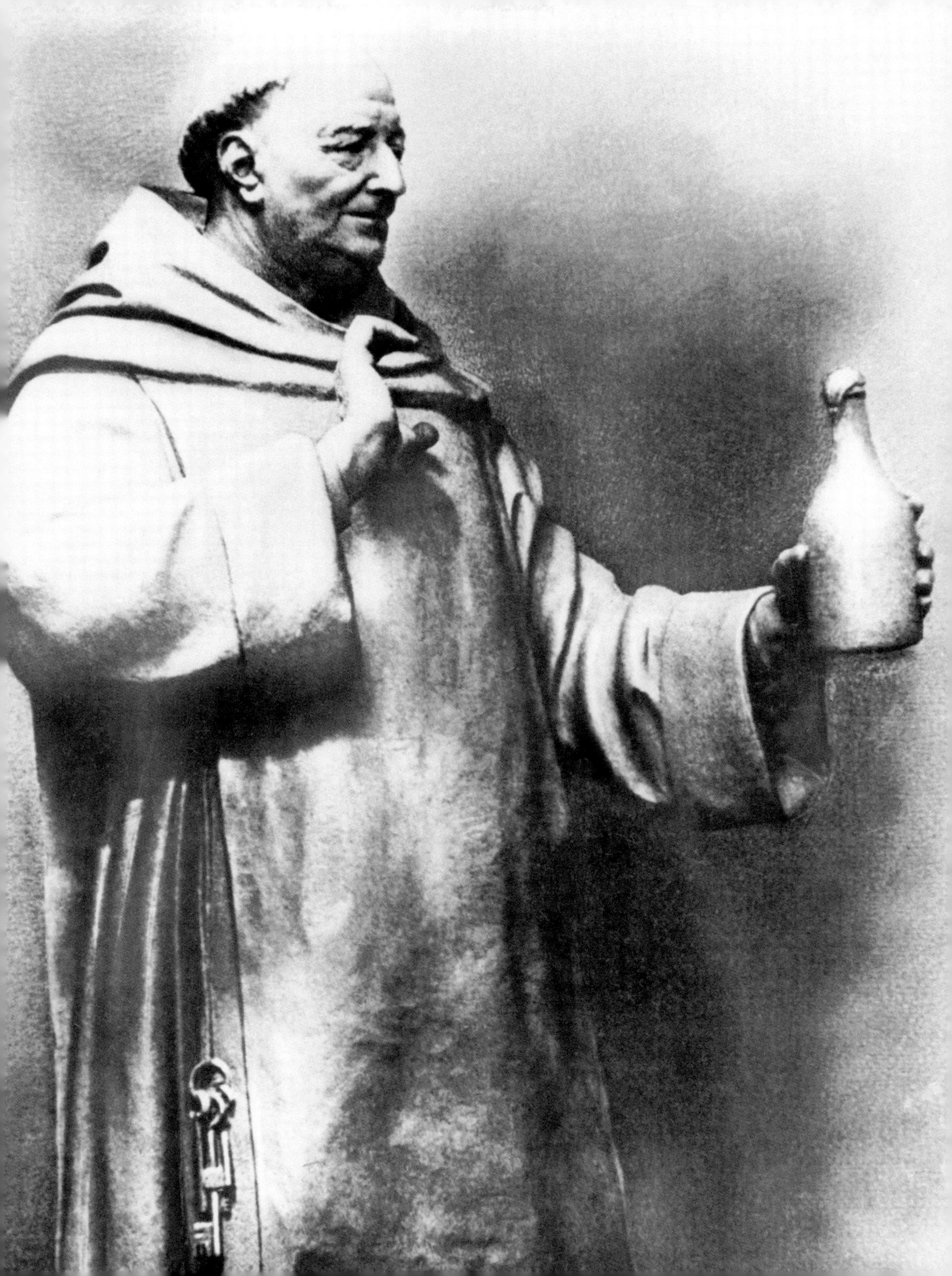

Dom Ruinart 1990
ドン・リュイナール　1990

産地　フランス、シャンパーニュ
特徴　スパークリング辛口白ワイン、アルコール分12%
葡萄品種　シャルドネ

　1990年のシャンパンはもともと優れたものになる可能性を秘めていた。とりわけ暑い夏で、日照時間が2100時間を記録した。さいわい雨がちょうどいい時期に降り始めたので、葡萄が熱によるストレスを受けることはなく、用心深い栽培者から見ても適切なレベルの酸が保たれた。これらの条件は、シャンパーニュで最も古いハウスのシャルドネのみの高級キュヴェ、ドン・リュイナール造りにぴったりだった。

　しかしこのブラン・ド・ブランは一味違う。なぜなら、リュイナールはいつもモンターニュ・ド・ランスのシリー村とピュイジュー村で収穫されたシャルドネを、かなりの割合で使っているからだ。これらモンターニュのクリュはコート・デ・ブランの特級畑より、ワインにコクと肉付きを与える。この1990を造ったセラーマスターのジャン・フランソワ・バロ氏がやったように、モンターニュとコートのシャルドネを巧みにブレンドすると、格別なものができる。

　2002年に澱抜きされたこのシャンパンは、18回目の誕生日が近づくにつれ、すべてがしっかりと結びついてきている。美しい黄金色、心地よく円熟していながらミネラルも感じられる香り。豊かで贅沢な口あたりはまだ若い1996よりもリッチで滑らか。オーク樽を使わずに醸し出されたすばらしいヴァニラのようなフィニッシュ。

　言うまでもないが、1990は肉付きがよいので、特別な日のごちそうにふさわしい。新鮮なフォアグラにもぴったりだが、何よりも白トリュフ入りの究極のリゾットに見事にマッチする。ボナペティ！ ME

🍾🍾🍾🍾🍾　飲み頃：2015年過ぎまで

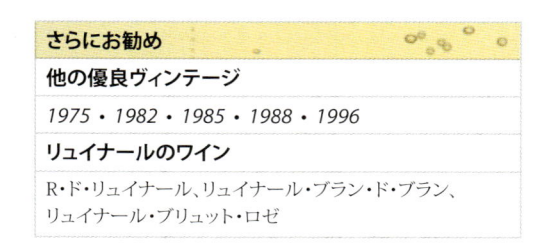

さらにお勧め
他の優良ヴィンテージ
1975・1982・1985・1988・1996
リュイナールのワイン
R・ド・リュイナール、リュイナール・ブラン・ド・ブラン、リュイナール・ブリュット・ロゼ

Dom Ruinart *Rosé* 1988
ドン・リュイナール　ロゼ 1988

産地　フランス、シャンパーニュ
特徴　スパークリング辛口ロゼワイン、アルコール分12%
葡萄品種　シャルドネ87%、ピノ・ノワール13%

　ドン・リュイナール・ロゼ1988は、おそらく市場で手に入る最高のピンク・シャンパンであり、ロゼ・シャンパンが若いうちに飲むべき短命のシャンパンだという社会通念の虚偽を証明している。ブラン・ド・ブランとまったく同じグラン・クリュのシャルドネから造られているが、1988の場合はブージーの赤が17%加えられている。

　これはシャンパンメーカーと真の鑑定家のためのヴィンテージだ。最高レベルのバランスのよいヴィンテージで、1990よりしっかりしていて辛口で控えめだが、同じくらいすばらしい。非常に美しく進化したサーモンピンクに赤銅色がきらめく1988は、見事なブーケを持っている。新鮮な野菜の香りと官能的な魅力を持つブルゴーニュの香りだ。シャルドネの割合が高いので味わいは非常にエレガントだが、どちらかというとピノ・ノワールを連想するすばらしい複雑さもある。目を閉じてみると、もし泡がなければ、ヴォルネイ産の粋なほど独特の風味があるワインを飲んでいるように感じるだろう。

　見事に円熟しているがまだ生き生きとしているこのロゼは、異国情緒とスパイスが感じられるので、オーソドックスな料理にも東洋の料理にも非常に幅広く合わせられる。干し牛肉、サンダニエレ産の生ハム、ベビーロブスターのヴァニラソース、子牛の首肉、広東ダック、エポワスチーズ──挙げればきりがない。

　18世紀スタイルを復元したランスのワイナリーを訪れると、にじみ出る伝統を感じる。ガリア時代にできた白亜のセラー（クレイエール）はランスで最も見事なもので、国定記念物に指定されている。このセラーで長年にわたって、ヨーロッパ随一のソムリエを探すための国際コンクール、トロフェ・リュイナールが開催されていた。**ME**

🍾🍾🍾🍾🍾　飲み頃：2025年過ぎまで

さらにお勧め
他の優良ヴィンテージ
1982・1985・1990・1996
他の1988のワイン
ドン・ペリニョン・エノテーク、ゴッセ・セレブリス、アンリオ・キュヴェ・デ・アンシャンテルール、ジャクソン・シニャチュール、クリュッグ

Sparkling wines

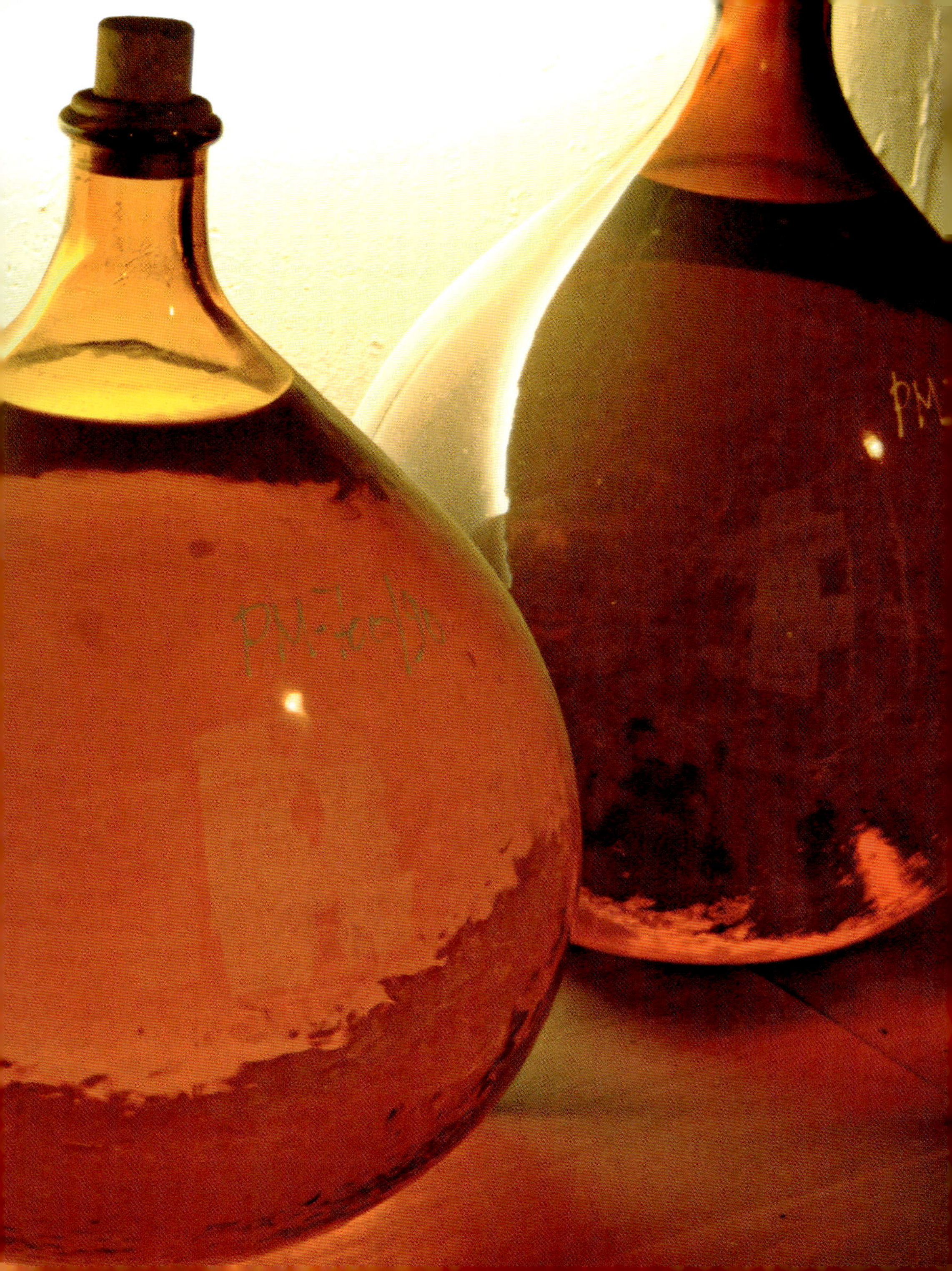

Drappier
Grande Sendrée 1996

ドラピエ
グランド・サンドレ 1996

産地 フランス、シャンパーニュ、コート・デ・バール
特徴 スパークリング辛口白ワイン、アルコール分12％
葡萄品種 ピノ・ノワール55％、シャルドネ45％

　グランド・サンドレは、ドラピエのプレステージ・キュヴェだ。ドラピエはオーブの主力独立系シャンパンハウスで、ユルヴィルを本拠地としている。ここのシャンパンは、強いピノ・ノワールの香りを良質のシャルドネが程よく抑えるスタイルだ。1850年代、村の斜面で大火事が起こり、高木も低木もすべて焼けてしまった。そこで一家はそこに葡萄の樹を植えることにして、その葡萄畑はレ・サンドレ（燃えかすを意味するフランス語のCendrées）と呼ばれるようになる。とはいえ、ミシェル・ドラピエ氏が最初のグランド・サンドレ（Grande Sendrée——「C」が「S」に入れ替わったのは手違い）のキュヴェを造ったのは、畑の名称を登記した1974年のことだ。今日、このワインはシャンパーニュ屈指のワインになった。

　このワインは必ず最優良のピノ・ノワールのほうがシャルドネより少し多い割合だが、ほとんどいつも真のストラクチャーとフィネスを持つワインから造られるので、できるまでに時間がかかる。1996は格別なシャンパンであると同時に、1990や1995のようなバランスのいい滑らかな逸品の古典的なスタイルからは外れている。銅色がかった深い黄金色のこのワインは、生き生きした酸がはずんでいるのに、非常にふくよかで円熟している。退屈と言われるようなシャンパンでないことは確かだ。ME

🍾🍾🍾🍾　飲み頃：2016年過ぎまで

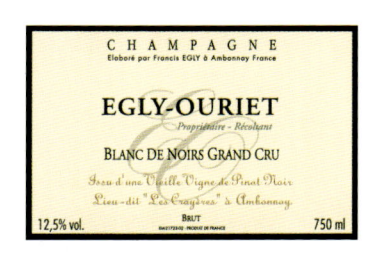

Egly-Ouriet
Les Crayères Blanc de Noirs Vieilles Vignes NV

エグリ・ウーリエ　レ・クレイエール・ブラン・ド・ノワール・ヴィエイユ・ヴィーニュ NV

産地 フランス、シャンパーニュ、モンターニュ・ド・ランス
特徴 スパークリング辛口白ワイン、アルコール分12％
葡萄品種 ピノ・ノワール

　アンボネイのエグリ・ウーリエは、シャンパーニュで最高のブラン・ド・ノワールを造ると言ってもよいだろう。このワインは1947年に植えられたピノ・ノワールの古木から造られる。非凡なテロワールの深い土壌には、表土から深さ数十mの基盤岩まで石灰分が豊富に含まれている。したがって、この区画がレ・クレイエール——文字どおりの意味は石灰の採取場——と呼ばれるのも驚くにあたらない。葡萄樹はこの白亜に強く根を張るので、ワインは微妙なミネラル分によって理想的にバランスのとれた官能的な赤葡萄の香りがする。簡潔に言えば、コクがあり、力強く、エレガント。シャンパーニュからクナワラまで、あらゆる場所の真に優れたワインが示すしるしだ。

　このシャンパンにはヴィンテージのラベルはないが、実際には2001。マルヌでは雨の多い危うい年だったが、この畑の真のすばらしさがグラスを通して輝き出している。古木のピノの生産量をある程度のレベルに保ち、最適に熟成させるために、とくに念入りな手入れが行われた。ワインはまずオーク樽で発酵され、濾過は一切なし。熟成度と濃度が非常に高いので、ドザージュはわずか2g/ℓしか必要なかった。地球上のある特別な区画が、天から投げかけられるものすべてに打ち勝った、2001年の収穫のドラマを再現する極上のシャンパンだ。ME

🍾🍾🍾🍾　飲み頃：2015年まで

◀ シャンパーニュのドラピエでは、樽に注ぎ足すのにガラスのフラスコが使われる。

Giulio Ferrari
Riserva del Fondatore 1989

ジュリオ・フェッラーリ
リゼルヴァ・デル・フォンダトーレ 1989

産地 イタリア、トレンティーノ
特徴 スパークリング辛口白ワイン、アルコール分12.5%
葡萄品種 シャルドネ

ジュリオ・フェッラーリ・リゼルヴァ・デル・フォンダトーレは、ほぼ間違いなく最高のイタリアのスプマンテであり、1971年からルネッリ家によって生産されている。その名前は「G・フェッラーリ＆C──トレント、オーストリア」（トレントはかつてオーストリア・ハンガリー帝国の一部だった）を創立し、1902年から52年まで所有し経営していたジュリオ・フェッラーリ氏にちなんでいる。1952年、度重なる交渉の末にとうとう彼はブルーノ・ルネッリ氏に会社を売却する。フェッラーリ氏が強く要求したのは、びっくりするほどの高い売値と一生自分がセラーで働く権利だった。彼は1965年に86歳で亡くなった。

フェッラーリ氏は非常に細かい人だった。その細部へのこだわりが、労を惜しまぬ完全無欠の追求とあいまってこの今日驚くべきスプマンテを生み出したのだ。その生産に使われるシャルドネ種は、フェッラーリ氏自身が、おそらくシャンパーニュのエペルネからこっそり持ち込んで、この地域に初めて導入したものの末裔だ。この1989はすばらしい。円熟した香りはピーナツバターと焼きたてのクロワッサンの匂いに、もっと爽やかなラベンダーとダイダイの芳香が混ざり合っている。口に含むとかなり重みがあるにもかかわらず、酸とミネラル分のおかげで生き生きと活気にあふれ、長くはっきりしたフィニッシュが残る。**AS**

❊❊❊❊　飲み頃：2017年まで

Freixenet
Cuvée DS 2003

フレシネ
キュヴェ・DS 2003

産地 スペイン、ペネデス、サン・サドゥルニ・ダノイア
特徴 スパークリング辛口白ワイン、アルコール分11.5%
葡萄品種 マカベオ、チャレッロ、パレリャーダ

ワイン愛好家の間には、生産量が何千本ではなく何百万本に上る大手ハウスに対する漠然とした不信感がある。貧乏人のシャンパンとされるスペインのスパークリングワインのイメージを付け加えると、本書で取り上げるべきコドーニュやフレシネのワインがあるとは思えないだろう。

しかし、どちらのハウスも何百万本という平均的ワインのほかに、真剣に注目するに値する良質のキュヴェを少量生産している。ワインの品質だけでなく伝統の尊重も考慮すると、とくに選ぶに値するフレシネのキュヴェが、この特別なヴィンテージだ。カタルーニャ地方の伝統品種であるマカベオ、チャレッロ、パレリャーダの3種がブレンドされている。

元社長のドロレス・サラ女史への敬意のしるしとして、キュヴェDSが最初に市場に出たのは1969年。2003は他のカバにはかなわないような爽やかさと複雑さの組み合わせを実現している。その最大の長所はめったにないボディと深みだろう。3種のカタルーニャ伝統品種のみから造られるカバにはあまり見られない品質だ。**JB**

❊❊❊❊　飲み頃：2010年まで

フレシネのワイナリーのピュピトル（ワインのラック）で回されるのを待つボトル。

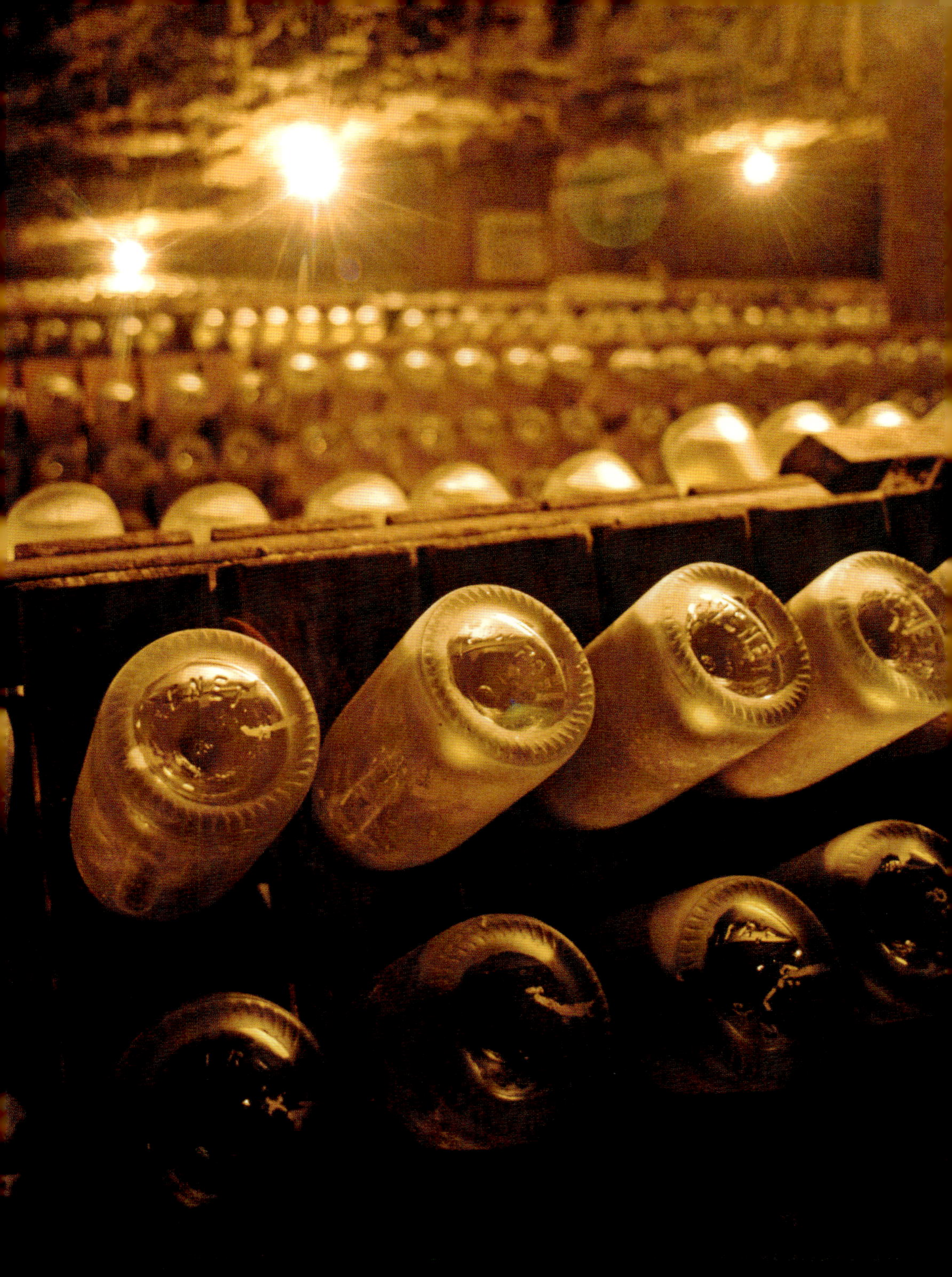

Pierre Gimonnet *Millésime de Collection Blanc de Blancs* 1996
ピエール・ジモネ　ミレジム・ド・コレクション・ブラン・ド・ブラン 1996

産地　フランス、シャンパーニュ、コート・デ・ブラン
特徴　スパークリング辛口白ワイン、アルコール分12.5%
葡萄品種　シャルドネ

　ディディエ・ジモネ氏は多くのシャンパン生産者と同様、最良の土地、最古の畑、そして最上の区画から、テート・ド・キュヴェを造る。彼はいわゆるクラブ・トレゾール・ド・シャンパーニュのメンバーなので、このワインはスペシャル・クラブとして知られており、ふさわしいヴィンテージに生産されるが、中でも1996はとくに優れている。同じワインが後にヴィンテージ・コレクションの名でリリースするためにマグナムにも壜詰めされているので、ボトルサイズによるシャンパンの熟成曲線の違いを知ることができる。マグナムはじっくり待てる人のためのものと言っておくべきだろう。

　ジモネの25haの畑はコート・デ・ブランの北半分に集中しており、主にプルミエ・クリュのキュイ村とグラン・クリュのクラマン村およびシュイイ村にある。この1996は45％がクラマン（40-80年の古木）、25％がシュイイ、30％がキュイ。グラン・クリュのみのワインは重すぎて、自分が求めるエレガントさと爽やかさに欠けると、ディディエ・ジモネ氏は考えている。「言わせてもらえば、濃度は必要だがバランスとエレガントさとハーモニーも重要だ」。

　10年経ったときのこのワインは、ゆっくりと極みに向かって進みながらもおそろしく渋かったが、氏はそのよさを信じている。「優れたワインとは、最初はフルーティーではなくミネラルを感じるものだ」。この1996は、レギュラーボトルのほうはかなり親しみやすいが、マグナムは口の中で電磁気を放射するようだ。空港のセキュリティ装置に引っかかるかもしれない。**TT**

🍾🍾🍾🍾　飲み頃：2011年-2025年

さらにお勧め
他の優良ヴィンテージ
1975・1982・1985・1988・1990・1999・2002
同生産者のワイン
スペシャル・クラブ・ミレジム・プルミエ・クリュ1996、ミレジム・ド・コレクション1995、プルミエ・クリュNV

石灰石に富むコート・デ・ブランにあるキュイ村の教会。

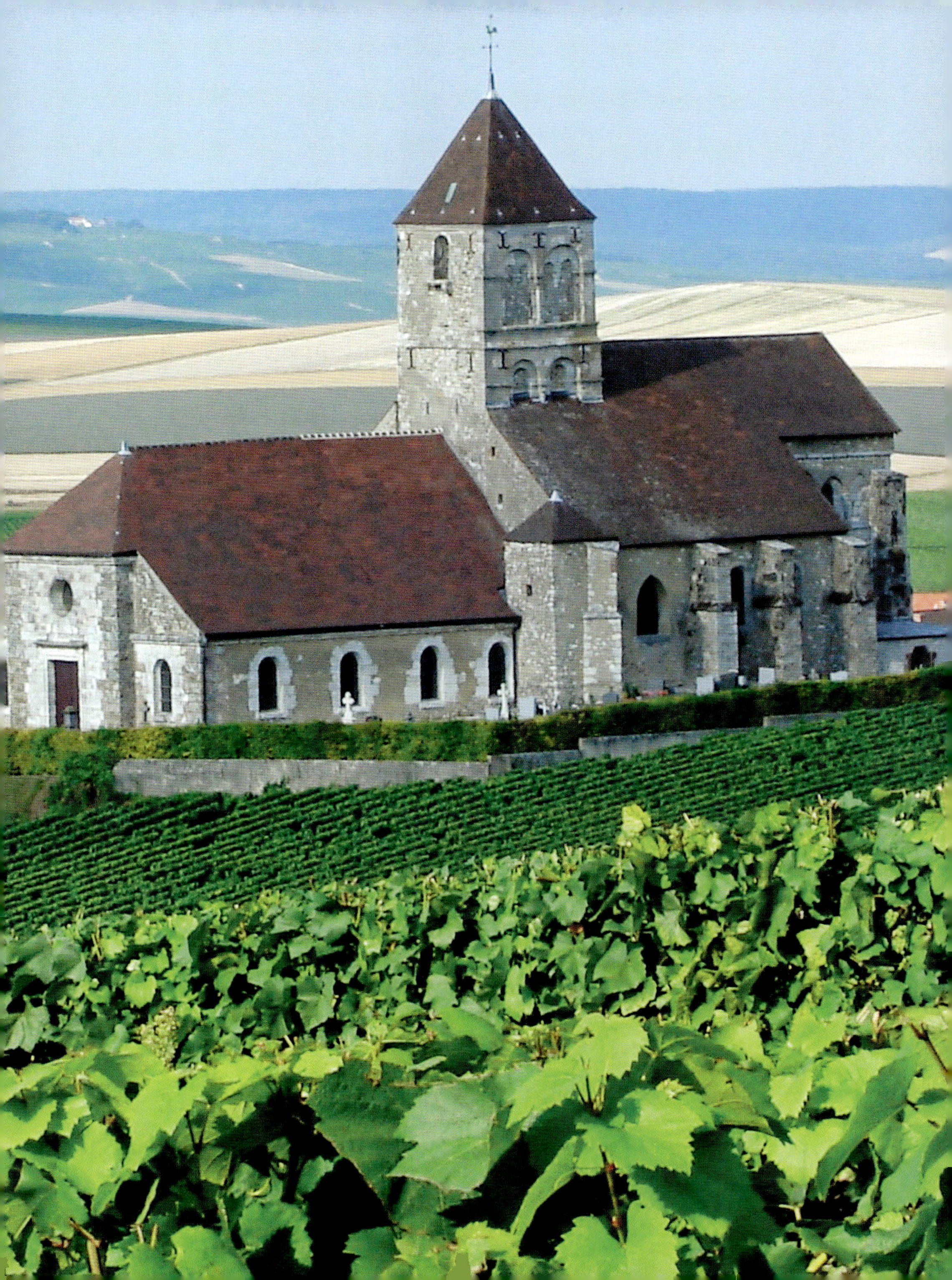

Henri Giraud *Aÿ Grand Cru Fût de Chêne* 1996
アンリ・ジロー　アイ・グラン・クリュ・フュ・ド・シェーヌ 1996

産地　フランス、シャンパーニュ、モンターニュ・ド・ランス
特徴　スパークリング辛口白ワイン、アルコール分12%
葡萄品種　ピノ・ノワール70%、シャルドネ30%

フュ・ド・シェーヌ（オーク樽）という名称は、この独創的なグラン・クリュ・アイのシャンパンのラベルに目立つように記されている。なぜならクロード・ジロー氏は、現代のシャンパン造りにおけるオークの使用について、独自に徹底的に考えた生産者であることはほぼ間違いない。彼は恵まれた立場にある。なにしろ彼の家族はアイで17世紀からワインを造っていて、今もその周辺で最高の丘陵と渓谷という完璧な場所にある14のリュー＝ディに30区画の葡萄畑を所有している。

そんな良質の葡萄が手元にあれば、クロードがオークに関心を持ち、このような実に肉付きのよいシャンパンを造るのも自然なことだ。最初の信条に話を戻すと、クロードはアイのシャンパンの力強さとフィネスの両方に合うオークの種類を徹底して調査した。そして最終的に、アイから南東へ車で1時間半ほど行ったサント・メヌー近くのアルゴンヌの森のオークにたどり着く。この地元のオークは穏やかでワインを引き立たせる力があるが、何十年もの間マルヌから事実上姿を消していた。

このワインは1996の中でも最高の部類に入る。金色に光る深い琥珀色は、このシャンパンの力強さやオークの影響を反映している。香りは進化による複雑さを帯び、ヴァニラが溶け込んでいて、シェリーにあるような酸化によるランシオ香がほのかに感じられる。味わいはとても一言では表せない。高い酸と強い果実味がまだ互いを警戒して旋回しているが、オークによってだんだんに一体となっていく。それでもこのワインは2010年くらいまでに飲むべきだ。というのも、気品あるワインではあるが、教科書どおりのバランスを持った伝統的シャンパンではない。例外的な優良ワインである。**ME**
🍾🍾🍾🍾　飲み頃：2010年まで

さらにお勧め
他の優良ヴィンテージ
1993・1995・1998
樽を使っている生産者
ボランジェ、アルフレッド・グラシアン、クリュッグ、ジェローム・プレヴォー、タルラン

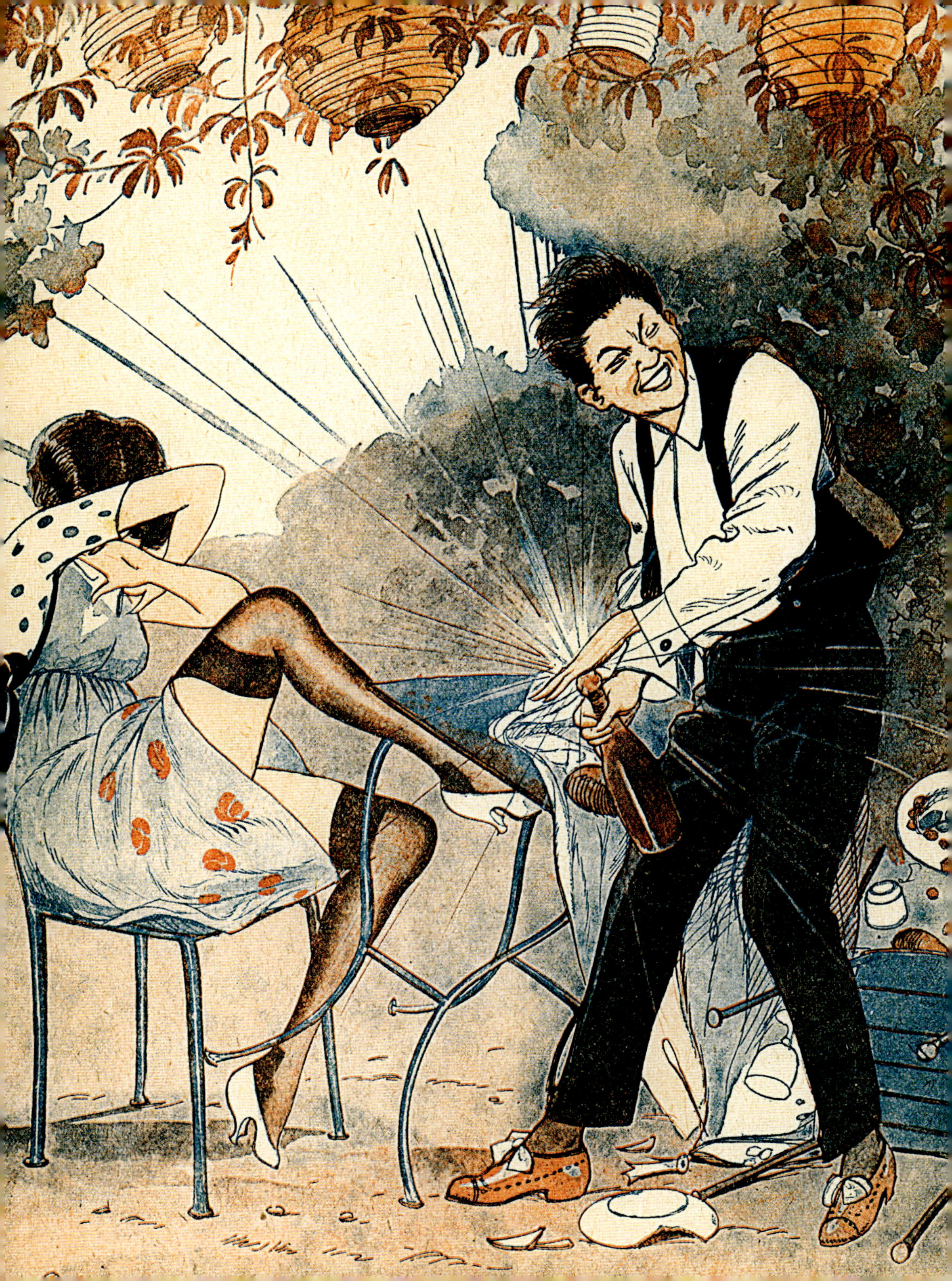

Gloria Ferrer *Royal Cuvée* 2000
グロリア・フェラー　ロイヤル・キュヴェ 2000

産地　アメリカ、カリフォルニア、ソノマ
特徴　スパークリング辛口白ワイン、アルコール分12%
葡萄品種　ピノ・ノワール65％、シャルドネ35％

　1980年代、フィロキセラ禍がカリフォルニアを襲ったとき、多くの生産者が不意打ちをくらった。カバ生産者のフレシネが所有するグロリア・フェラーは、シャルドネとピノ・ノワールそれぞれの単一クローンを植えていた。さいわい、マイク・クラムリー氏とボブ・イアントスカ氏が率いる同社のワイン生産チームは、スパークリングワインを目的とした一連のクローン実験を1986年に開始し、適切なシャルドネとピノ・ノワールのクローンを探すためにシャンパーニュを訪ねていた。3種類のあまり知られていないクローン（コルマー538、UCD32、PN927）が、ヴィンテージを示すロイヤル・キュヴェを含めた同社の高級キュヴェのベースになっている。自社畑の葡萄のソフトなフリーランジュースは、デリケートな果実の香りを保つために低温のステンレスタンクで発酵される。ロイヤル・キュヴェにブレンドされるベースワインの数は年々着実に増えて、2000年産では17になっている。

　スパークリングの生産者にとって、2000年は理想的な年だった。順調な開花、涼しい6月、さらに10月まで比較的涼しかったので収穫が遅かった。一部の赤ワイン生産者にとっては葡萄のフェノールが熟さないうちにレーズン化が始まってしまったが、スパークリングワイン用の葡萄の場合、長い成熟期間によって活発な酸を維持しながら複雑な香りが醸し出された。典型的なロイヤル・キュヴェである2000は、熟した果実味、複雑な花の香り、生き生きした酸味、そして熟成に耐える力を示している。「王様のための」というのがこの高級キュヴェの1つの表現。初ヴィンテージが、1987年にカリフォルニアを訪れたスペイン国王のファン・カルロス1世とソフィア王妃に最初に供されたからだ。**LGr**

$ $　飲み頃：2015年まで

さらにお勧め
他の優良ヴィンテージ
1994・1995・1996・1997
同生産者のワイン
ブラン・ド・ブラン、ブラン・ド・ノワール、カルネロス・キュヴェ、ソノマ・ブリュット

グロリア・フェラーの葡萄樹の間に咲くカラシナの花。

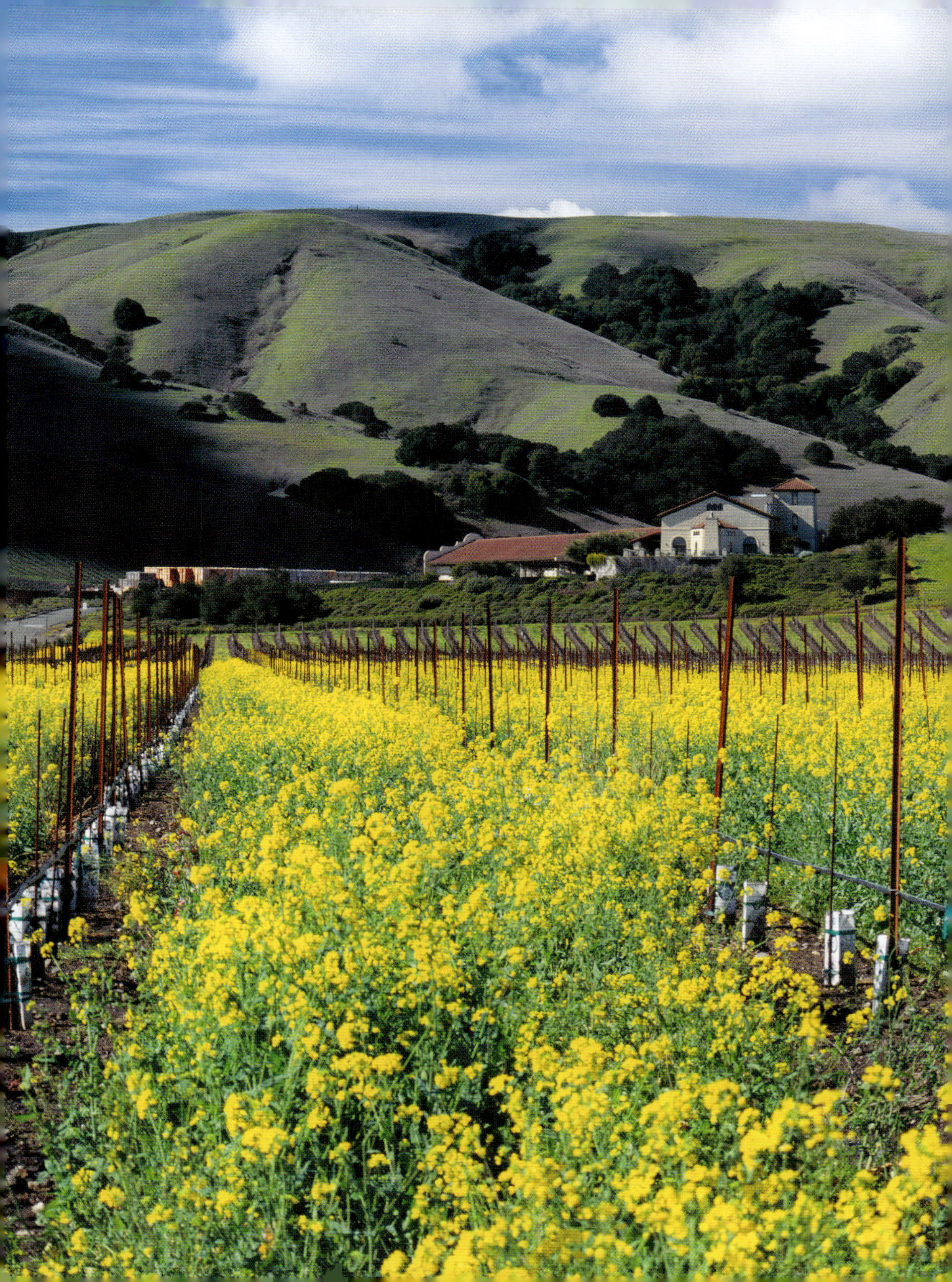

Gosset
Célébris 1988

ゴッセ
セレブリス 1988

産地 フランス、シャンパーニュ
特徴 スパークリング辛口白ワイン、アルコール分12%
葡萄品種 シャルドネ70%、ピノ・ノワール30%

　アイを本拠地とする1584年創立のゴッセは、最古のシャンパンハウスと言ってよい。400年以上にわたってゴッセ家の所有だったが、1994年にコアントロー家に買収され、2007年までベアトリス・コアントロー女史が見事に経営していた。葡萄は1983年からアイ生まれのシェフ・ド・カーヴ（最高醸造責任者）、ジャン・ピエール・マリニエ氏によって巧みに管理されている。マリニエ氏はトム・スティーヴンソン氏が挙げるシャンパーニュで最も偉大なワイン醸造家40人の中に入っている。ここではマロラクティック発酵は一切行われていないので、ワインは非常に寿命が長く、深くて力強いハウスのスタイルが生まれている。ゴッセのキュヴェのほとんどが一部に樽発酵を施されており、傑出した高級キュヴェのセレブリスも例外ではない。

　セレブリス用のシャルドネとピノ・ノワールは7ないし9つのグラン・クリュから収穫されたものに限定されていて、このワインは特別に優良な年にしか造られない。1988は輝かしいデビューヴィンテージで、いまだにきらめいている。（1万8,000本しか生産されなかったが、その後のヴィンテージ――1990、1995、1998――はもう少したくさん造られた）。この品質の高級キュヴェとしては非常にお値打ちだ。**NB**

🍾🍾🍾🍾　飲み頃：2020年過ぎまで

Gosset *Cuvée Célébris Blanc de Blancs Extra Brut* NV

ゴッセ　キュヴェ・セレブリス・ブラン・ド・ブラン・エクストラ・ブリュット NV

産地 フランス、シャンパーニュ
特徴 スパークリング辛口白ワイン、アルコール分12%
葡萄品種 シャルドネ

　ゴッセはまずセレブリス・ロゼ1998で高級キュヴェのラインナップを広げた。しかしゴッセの最高醸造責任者のジャン・ピエール・マリニエ氏は、1990年代半ばからシャルドネのみのキュヴェに取り組んでいて、各ヴィンテージを4,000本あまり保存している。そして最終結果は、待っただけの価値があるものだ。初リリースは11のクリュ――ほとんどがコート・デ・ブラン内にあり、グラン・クリュのアヴィズ、シュイイ、クラマン、ル・メニル・シュール・オジェ、オジェ、そしてプルミエ・クリュのキュイ、グローヴ、ヴェルテュ、ヴィルヌーヴ＝レンヌヴィル（すべて格付けは95%）――から精選したシャルドネのブレンド。さらに4種類のヴィンテージ――1995、1996、1998、1999――のブレンドでもある。伝統的なハウスのスタイルを守って、ベースワインにマクロラクティック発酵を行わず、一部を樽発酵している。

　初リリースは非常に若々しいと同時に老成している、印象的な独特のワイン。ヴィンテージワインのほうがつねに上質だという誤った憶測に逆らって、この高級キュヴェをNVのブレンドとしてリリースするのは大胆な決断だったが、結果としてより複雑な独特のワインが生まれたことは確かだ。ゴッセのオディヨン・ド・ヴァリーヌ専務は正々堂々と「私たち独特のシャルドネの解釈」と表現している。**NB**

🍾🍾🍾🍾　飲み頃：2020年過ぎまで

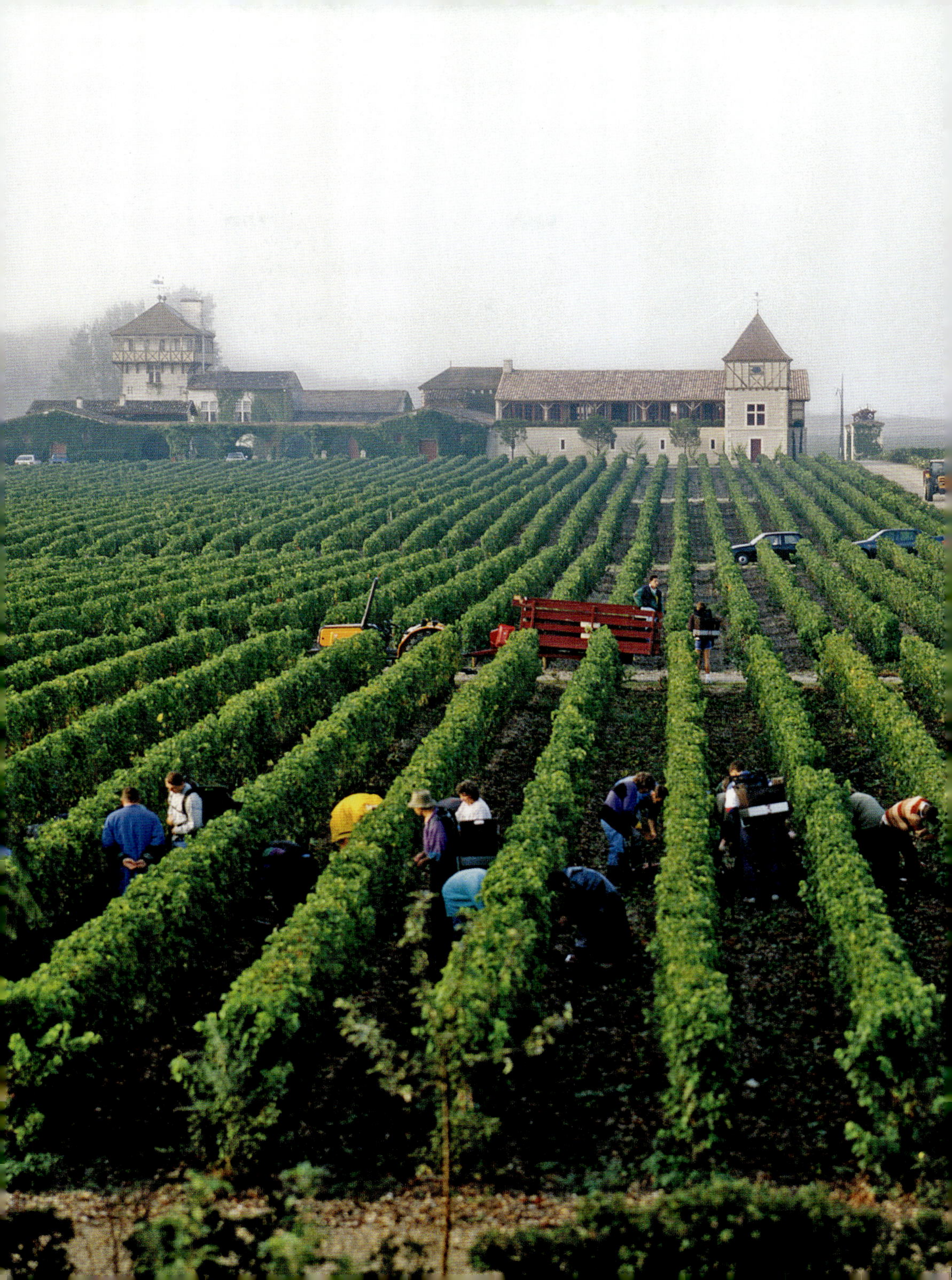

Gramona
III Lustros Gran Reserva 2001
グラモナ
トレス・ルストロス・グラン・レセルヴァ 2001

産地 スペイン、ペネデス、サン・サドゥルニ・ダノニア
特徴 スパークリング辛口白ワイン、アルコール分11.5%
葡萄品種 チャレロ、マカベオ

　カバの世界は大量に生産する大手企業に支配されている。しかし、探す価値のある品質のワインを造る小規模な家族経営のワイナリーもたくさんある。1921年創立のグラモナもその1つだ。

　グラモナが育てる25haの葡萄畑はカバだけでなく、さまざまなスティルワインや、ドライアイスを使って造られる「アイスワイン」のような珍しいワインにも用いられる。トレス・ルストロスは1930年代末、スペイン内戦の後に生まれた。当時の市場需要に合わせて、15年ほどセラーで寝かせるカバを造るのが目的だった。「ルストロ」とは5年を意味するスペイン語で、3（トレス）ルストロ熟成されたわけだ——それが名前になっている。

　今日、市場もワインも大きく変化した。トレス・ルストロスの熟成期間は今では5、6年だが、それでもたいがいのカバに比べれば非常に長い。長期熟成に適しているとされるチャレロの割合が高く、マカベオは30%。ブリュット・ナチュレ（甘みを加えるドザージュなし）で、グラモナは2次発酵中にボトルをコルクで閉じることが重要だと強調する。**LG**

🅢🅢　飲み頃：現行リリース

Alfred Gratien
1998
アルフレッド・グラシアン
1998

産地 フランス、シャンパーニュ
特徴 スパークリング辛口白ワイン、アルコール分12%
葡萄品種 シャルドネ、ピノ・ノワール、ピノ・ムニエ

　この非常に個性的なエペルネのシャンパンハウスは、1867年、ソーミュール出身のスパークリングワインの造り手、アルフレッド・グラシアン氏によって設立された。現在このハウスのオーナーは強大なゼクトメーカーのヘンケル社。この巨大ドイツ企業は賢明にも小さなグラシアンを、3世代にわたってここでセラーマスターをしていて、愛情のこもった確実な世話ができるイェーガー家に喜んで任せた。

　シャンパン造りは相変わらず最初から最後まで見事に伝統的だ。全面的に信頼できるNVブリュット（1906年から途切れることなくイギリスのワイン界に出荷されている）から、最高級のキュヴェ・パラディにいたるまで、すべてのワインは228ℓのオーク樽で醸造される。マロラクティック発酵が一切行われないのは、仕上がったシャンパンが長く品格をもって生きるようにするためだ。

　このグラシアン1998がその一例になることは確かだ。魅力的な前年の1997よりはるかにコクがある。1998は明るく光る黄金色。アロマはすでに表情豊かで成熟しており、焼いたパンとブリオッシュの香りがする。最高の口あたりはいかにも1998らしく、見事なまでに爽やかで新鮮ではっきりしているが、柑橘類と核果類両方のすばらしく深い香りは、これから10年の間に次第にもっと成熟するだろう。ブラボー！ **ME**

🅢🅢🅢🅢　飲み頃：2009年-2020年

Gratien & Meyer
Cuvée Flamme Brut NV
グラシアン・エ・メイエ
キュヴェ・フラーム・ブリュット NV

産地 フランス、ロワール、ソミュール
特徴 スパークリング辛口白ワイン、アルコール分12％
葡萄品種 シュナン・ブラン、カベルネ・フラン、シャルドネ

　アルフレッド・グラシアン氏は大局を見る人だったので、1864年にロワール川沿いのソミュールとシャンパーニュのエペルネの両方にハウスを設立した。ソミュールのハウスはつねにグラシアンにとって主要関心事であり、ロワールの大河のほとりにある正真正銘の教会で造られていた「ロワール・ムスー」の優秀なトップメーカーであり続けている。キュヴェ・フラームの原料となる葡萄はシュナンとカベルネ・フランの最高級ブレンドに少しシャルドネが加えられるが、ソミュール特有のトゥフォーと呼ばれる白い石灰質土壌で栽培されていて、スパークリングワインに独特の洗練された香りを与える。トゥフォーは昼間に太陽の熱を吸収し、夜にそれを葡萄の樹の間に発散させる力がある。これがこのワインの品質に欠かせない要因だ。

　フラームは生き生きした淡い黄金色で、立ち上る泡の筋は途切れることなく一様で上品、アロマは深みがありかつ心地よく、春の森の花々の香りが際立つ。フラームはシャンパン以外で極上品に近い味わいのある数少ないスパークリングワインの1つで、ミネラルを含んだ繊細な果実味が複雑で成熟した深い芳香と相まって、独特のワインになっている。**ME**

🅢🅢🅢 飲み頃：2009年-2012年

Charles Heidsieck
Brut Réserve Mis en Cave 1997 NV
シャルル・エドシック
ブリュット・レゼルヴ・ミザン・カーヴ1997 NV

産地 フランス、シャンパーニュ
特徴 スパークリング辛口白ワイン、アルコール分12％
葡萄品種 ピノ・ノワール55％、シャルドネ30％、Pムニエ15％

　このワインは最高品質のノンヴィンテージ・シャンパンに数えられる。その扱いと構成は、シャルル・エドシックのワイン醸造家で、多くの関係者が当時の最も優秀なシャンパン・ブレンダーと評する、故ダニエル・ティボー氏の不滅の伝説だ。

　なぜ特定の年がラベルに記されているのにノンヴィンテージ・ブレンドなのか。シャンパンの鑑定家は熟成度を評価するために、正確なブレンド年についてすべての情報を知るべきだと、ダニエルは信じていた。「ミザン・カーヴ」という言葉は実際には壜詰めの日付を意味し、ベースワインは必ず収穫年の翌春に壜詰めされるため、「1997」とはこのシャンパンのベースワインが優良ヴィンテージの1996年であることを示す。

　2007年6月、5種類のミザン・カーヴのヴァーティカルテイスティングで、このワインは最大の呼び物だった。緑がかった金の色合いにそれとなく示されているこのシャンパンの見事な構成を、溌剌とした爽やかなブーケとがっしりした岩のような酸の香りが裏打ちしている。口あたりはたっぷりしていてまろやかで肉付きがよく、モモとアンズの心地よい香りを感じる。そして長い長いフィニッシュ。シャキシャキした腰のある触感なので、このワインを食べられそうな気がする。ローストしたブレス・チキンと合わせたい。**ME**

🅢🅢🅢 飲み頃：2015年過ぎまで

Henriot
Cuvée des Enchanteleurs 1988
アンリオ
キュヴェ・デ・アンシャンテルール 1988

産地 フランス、シャンパーニュ
特徴 スパークリング辛口白ワイン、アルコール分12%
葡萄品種 シャルドネ55%、ピノ・ノワール45%

　ジョゼフ・アンリオ氏はシャンパーニュの最有力者の1人で、熱心な品質管理者であると同時に、非常に明敏な策略家でもある複雑な人物だ。彼が愛し続けているものはシャルドネ、そして彼の最高にすばらしいワイン、キュヴェ・デ・アンシャンテルールの原動力になっているのもシャルドネだ。

　格別優良な年にしか造られないこのワインは、とくに長命のシャンパンで、理想的には13年経つまで触れるべきではないし、20年後のほうが良い味わいになることが多い。コート・デ・ブランの優秀なクリュがブレンドの中心だが、いつも脇役を務めるモンターニュ・ド・ランスの葡萄も同じように上質だ。

　1990年のアンシャンテルールは激賞されているが、それを僅差で上回るのが1988だ。この50年で造られた中でも最も格調高いシャンパンに数えられている。色は星のように輝く黄金色で、緑のハイライトが1990より強い。ブーケは魅惑的で非常に複雑、ミネラル香が特徴だが、ゆっくり進化するバターとヘーゼルナッツの香りもする。味わいは表現が難しく、果実、テロワール、特質、そして香りの長さというあらゆる要素が完璧なハーモニーを奏でている。**ME**
🍾🍾🍾🍾 飲み頃：2020年過ぎまで

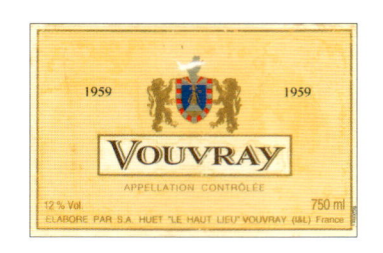

Domaine Huet
Vouvray Brut 1959
ドメーヌ・ユエ
ヴーヴレ・ブリュット 1959

産地 フランス、ロワール、トゥーレーヌ
特徴 スパークリング辛口白ワイン、アルコール分12%
葡萄品種 シュナン・ブラン

　成熟したヴィンテージのシャンパンほど感動的なスパークリングワインはないと確信している人にとって、この穏やかな発泡性のヴーヴレ・ブリュットは予想外の新事実だろう。1938年にヴーヴレにある家族のワイナリーを受け継いだガストン・ユエ氏は、この著名な村の評判を保つために誰よりも多くのことを行い、1947年から89年（どちらも今世紀の最優良ヴィンテージ）まで村長を務めた。

　ユエ氏の最初の畑であるル・オー・リュー（後にル・モンとクロ・デュ・ブールが追加）の葡萄が、おそらくこの上質なワインの原料だろう。当時のユエ氏が造るスパークリングワインの大半と同様、このワインもムスー（圧力6バールで完全な発泡性）ではなくペティアン（3バールで軽い発泡性）に造られていた。良質のボトルはいまだにはっきりした発泡がある。そのことが典型的なシュナンの酸やミネラルと相まって、芳醇で濃厚なワインを新鮮に保っている。深い黄金色で、秋を思わせるリンゴやハチミツ、ペストリーの魅惑的な香りを放ち、熟れた滑らかな果物が心地よく口いっぱいに広がる。2種類の1959のユエ・ペティアンのうち、フィニッシュがはっきりしていて長いブリュットのほうがドゥミ=セックより優勢かもしれない。**NB**
🍾🍾🍾🍾 飲み頃：今から2010年過ぎまで

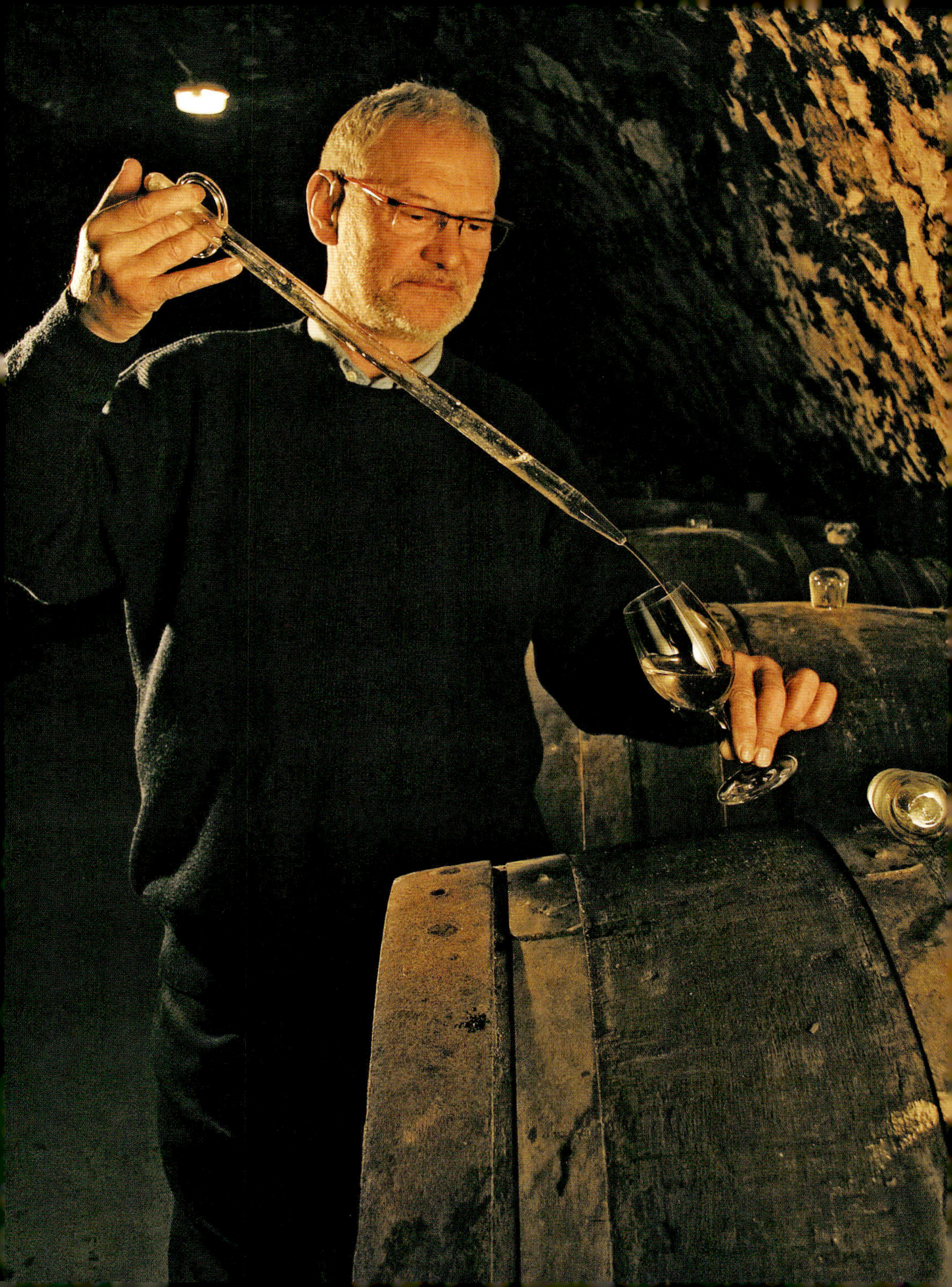

Iron Horse *Vrais Amis* 2001
アイアン・ホース　ヴレ・ザミ 2001

産地　アメリカ、ソノマ郡、グリーン・ヴァレー
特徴　スパークリング辛口白ワイン、アルコール分13%
葡萄品種　ピノ・ノワール70％、シャルドネ30％

スパークリングワインは無数の友情に乾杯されてきたが、友情の産物であるワインは数少ない。ヴレ・ザミ（真の友）はもともとアイアン・ホースのバリー・スターリング氏とシャンパーニュのローラン・ペリエのベルナール・ド・ノナンクール氏という2人の親友の共同キュヴェとして考えられた。しかし1998年にスターリング氏がローラン・ペリエの持っていたアイアン・ホースの株を買収すると、もともとこの計画用に予定されていたピノ・ノワールは、華やかなスティルワインを造るためのものと認識されるようになった。そして計画は立ち消えになったが、スターリング家の別の親しい友人でシカゴのシェフ、チャーリー・トロッター氏が自分の創作料理を引き立たせる専用のキュヴェを求めたのだ。

スターリング氏は1970年代半ばに、シャルドネとピノ・ノワールを造るつもりでアイアン・ホース・ヴィンヤードをロドニー・ストロング氏から買った。しかしグリーン・ヴァレーの環境条件はスパークリングワインの生産にも適していた。このワイナリーはスティルワインも造っているが、アイアン・ホースのすばらしい評判の土台は、複雑なスパークリングワインだ。

ヴレ・ザミは伝統的なアイアン・ホース・ブリュット・ヴィンテージのバリエーションの1つ。すべてのアイアン・ホースのスパークリングワインと同様、生き生きした酸味を保つためにマロラクティック発酵は行われない。最低5年間、澱の上で熟成され、手作業で澱抜きが行われる。ヴレ・ザミの特徴はシャルドネのみの「門出のリキュール」（ドザージュ用リキュール）だ。グリーン・ヴァレー独特の性質を持つアイアン・ホースのシャルドネをつねに最高のワインと考えていたド・ノンクール氏への賛意のしるしだ。洗練されたストラクチャーと複雑な香りのヴレ・ザミは、その名にふさわしく絆を映し出している。**LGr**

SS 飲み頃：2011年過ぎまで

さらにお勧め
他の優良ヴィンテージ
1992・1993・1994・1995
同生産者のスパークリングワイン
クラシック・ヴィンテージ・ブリュット、ジョイ、ロシアン・キュヴェ、ウェディング・キュヴェ

ソノマのグリーン・ヴァレーで針葉樹に囲まれているアイアン・ホースの葡萄畑。

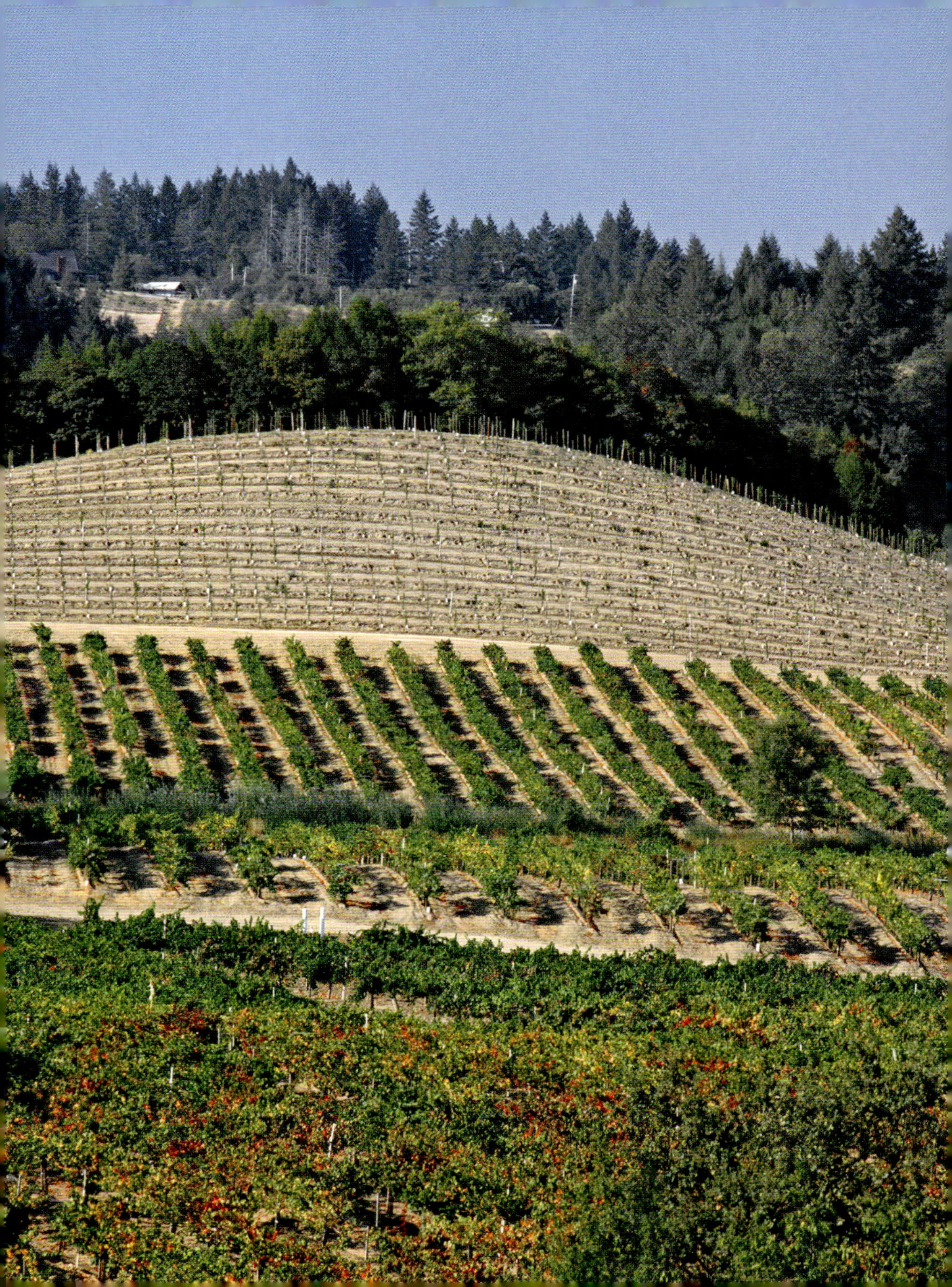

1798
Jacquesson & Fils
CHAMPAGNE
MAISON FONDÉE EN 1798
MÉDAILLE D'OR DE NAPOLÉON 1er EN 1810
LÉON DE TASSIGNY Sr
- REIMS -

Jacquesson
Cuvée 730 NV

ジャクソン
キュヴェ730 NV

産地　フランス、シャンパーニュ
特徴　スパークリング辛口白ワイン、アルコール分12%
葡萄品種　シャルドネ48%、ピノ・ノワール32%、ピノ・ムニエ20%

　現在、シャンパーニュのあらゆる名門の中でも、ジャクソンは辛口のノンヴィンテージ・キュヴェのブレンドという技に対するアプローチで群を抜いている。弟のローランとともにハウスの共同オーナーであるジャン・エルヴェ・シケ氏は「1990年代後半、伝統的なブリュット・ノンヴィンテージを安定したスタイルで造るという基本方針が、ワインの進歩の可能性を制限していることに気づいた」と言う。シケ兄弟は2000年の収穫から、安定性よりも卓越性を優先させることに決め、伝統的ブレンドにならった一定の味よりも、ブレンド中の主要ヴィンテージを反映させるワインを造るようになった。

　キュヴェ730は1798年の創立以来このハウスがブレンドする730番目のキュヴェで、すばらしい2002をベースにしている。見事に熟したピノ・ノワールはこのキュヴェの3分の1を占めるに過ぎないが、深い独特の風味を十分に広げている。決して強すぎない思いどおりの酸味（だいたいの優良なシャンパンのしるし）を持つワインにおいて、ブレンド技術のうまさはシャルドネの割合が高いところ。それが活力とくっきりした輪郭に貢献している。キュヴェ730は主に大きなオーク樽で発酵され、一度も濾過されていない。**ME**

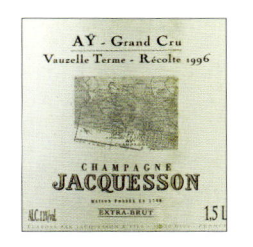

$$ 飲み頃：2012年まで

Jacquesson
Grand Cru Äy Vauzelle Terme 1996

ジャクソン
グラン・クリュ・アイ・ヴォゼル・テルム 1996

産地　フランス、シャンパーニュ、モンターニュ・ド・ランス
特徴　スパークリング辛口白ワイン、アルコール分12%
葡萄品種　ピノ・ノワール

　ヴォゼル・テルムはジャクソンの優れた葡萄畑の中で最も小さく、わずか0.3ha。アイの南に面した丘陵の中腹まで広がっていて、シャンパーニュで最も完璧なピノ・ノワール産地であることはほぼ間違いない。土壌は主に石灰質（少し粘土を含む）で、ケイ酸質の小石が豊富な沖積堆積物で形成されている。シャンパーニュ特有の白亜の基盤岩がすばやい水はけを促す。しかし地質学者でなくても、このマルヌ川流域が良質な黒葡萄に適した特別の場所であることはわかる。

　この1996は3つの600ℓ入りオーク樽ドゥミ・ミュイで発酵された。軽い澱抜きのあとにヴァン・クレールを初めてテイスティングしたところ、発展的で見事な構成の特別なワインであることがわかった。醸造家のローラン・シケ氏は、ジャクソン・グラン・ヴァン1996の質を高めるために1樽使い、あとの2樽は単一畑ワインとしてブレンドした。

　2004年にブラン・ド・ノワールをいろいろと試飲したが、ヴォゼル・テルムは他のワインをすべて吹き飛ばしてしまった。光沢のある黄金色、熟れた赤い果実とジンジャーブレッドの香り、典型的な1996年らしいフレーヴァーをもち、爽やかな酸味が見事なまでに純粋で長いフィニッシュへとつながる。すばらしい熟成ポテンシャルがある。**ME**

$$$$ 飲み頃：2020年まで

◀ A・コメッティによる1930年代の印象的なジャクソンの広告。

Krug *Clos d'Ambonnay* 1995
クリュッグ　クロ・ダンボネ 1995

産地　フランス、シャンパーニュ、モンターニュ・ド・ランス
特徴　スパークリング辛口白ワイン、アルコール分12%
葡萄品種　ピノ・ノワール

1986年のクロ・デュ・メニル1979のデビューから21年を経て、2007年、クロ・ダンボネ1995が姿を現した。アンリ、レミ、そしてオリヴィエ・クリュッグ各氏が、モンターニュ・ド・ランスのグラン・クリュの隅にある小さな石垣に囲われた葡萄畑に最初の数人の幸運な訪問者を迎えたとき、ようやく秘密が明かされたのだ。

1880年代に早くも、創業者のポール・クリュッグ1世がアンボネイとル・メニル・シュール・オジェを、それぞれピノ・ノワールとシャルドネの理想的な生産地と判断し、それ以来ずっと、両地はクリュッグのグランド・キュヴェにとって重要な役割を果たしてきた。クリュッグ家はクロ・ダンボネを1990年代半ばに買った。10年近く実験的なキュヴェを造っていたが、1995年にようやく初めてこの特別なテロワールの「真髄が表現された」と考えた。

クロ・ダンボネはわずか0.685ha——クロ・デュ・メニルの3分の1——の平坦な「庭のような区画」で、レミ・クリュッグ氏が「究極の個性」と呼ぶものを示している。この白亜質の浅い土壌から生まれるワインの特徴が、非常に個性的であることは確かだ。1995のブーケは驚くべき複雑さと純粋さ（典型的なクリュッグのパラドックス）を誇り、独特の土の香りを伴った極上の荒々しさもある。アニス、アーモンドクロワッサン、砂糖漬けの果物、白い花々、そしてアカシアのハチミツが、やがて干しアンズと甘草に変化する。口に含むと濃密で力強いが、エレガントで調和が取れていてとても滑らか（クリュッグ家はアンボネイをシャンパーニュのシャトー・マルゴーと称賛する）。温暖だったヴィンテージにしては並はずれた風味があり、並はずれた安定した余韻もある。**NB**

🟡🟡🟡🟡🟡　飲み頃：2020年過ぎまで

さらにお勧め
他の優良ヴィンテージ
1996・2000・2002・2004
単一畑のシャンパン
ビルカール=サルモン・クロ・サンティエール、キャティエ・クロ・デュ・ムーラン、カザル・クロ・カザル、フィリポナ・クロ・デ・ゴワセ

クリュッグのワイナリーで、縁で回されて運ばれる樽。

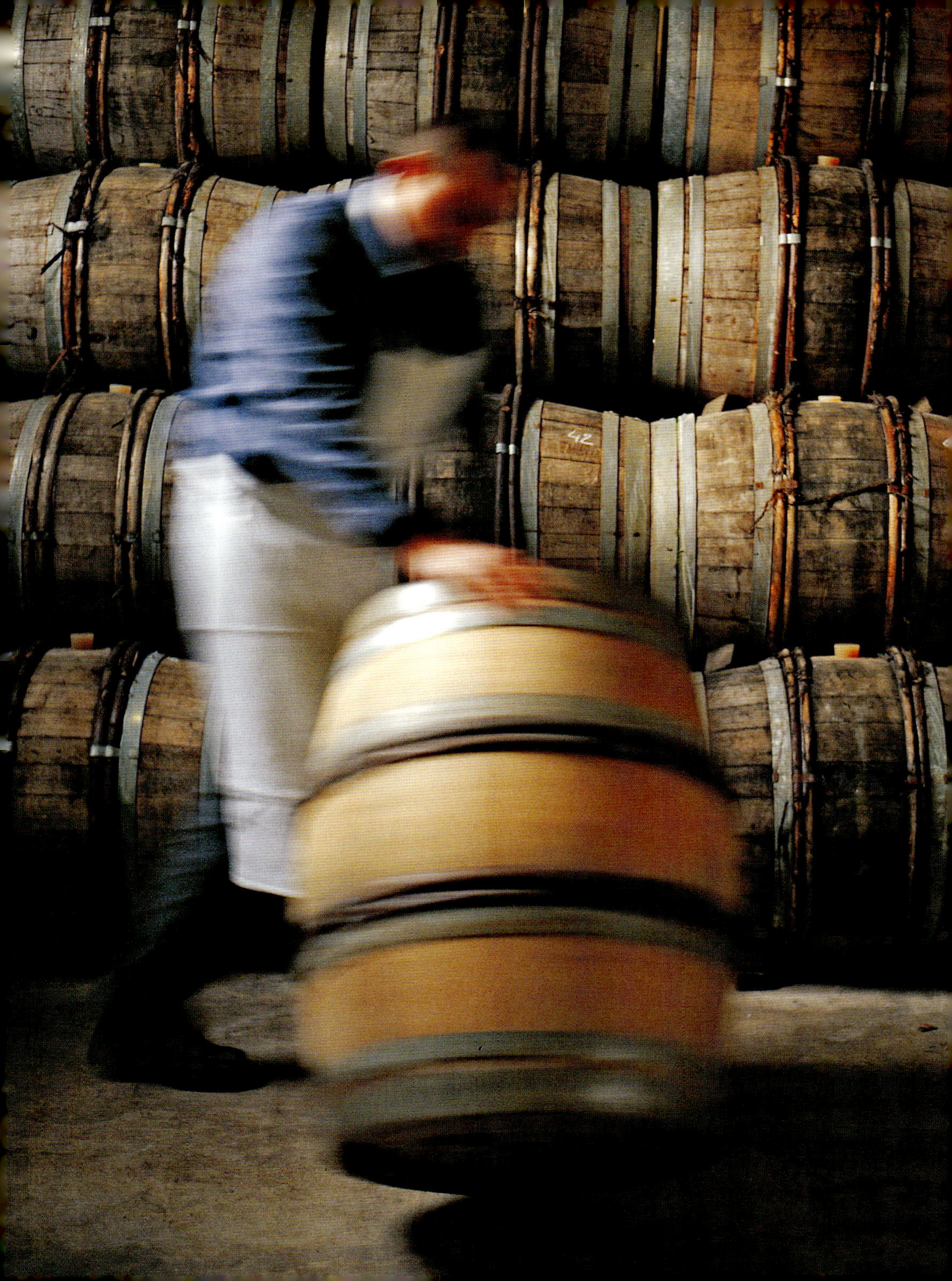
42

SEGUIN

KRUG

Krug
Clos du Mesnil 1979

クリュッグ
クロ・デュ・メニル 1979

産地 フランス、シャンパーニュ、コート・デ・ブラン
特徴 スパークリング辛口白ワイン、アルコール分12%
葡萄品種 シャルドネ

グラン・クリュのル・メニル・シュール・オジェは、並ぶもののないほどすばらしいミネラルを持つワインを生産できる村。村の中心部にあるクロ・デュ・メニル（シャンパーニュで「クロ」として正式に認められているわずか9つの畑の1つ）では、東向きのなだらかな斜面と高い石垣のおかげで極上レベルの成熟が約束されている。シャンパーニュで最も有名なわずか1.8haのこの畑は、世界一有名な畑、ロマネ・コンティと同じ面積だ。どちらのワインも、並はずれた品質でしかも極端に希少なので非常に高価だ。長年クロ・デュ・メニルは最も高額でリリースされるシャンパンであり、1995と1996は1本およそ1000ドルで売り出されている。

このクロの起源は1698年まで遡るが、クリュッグがその所有権を獲得したのはつい1971年のことで、そのとき植え替えを行った。最初のクリュッグ・クロ・デュ・メニルは1979年産で、1988年にリリースされ、シャンパン専門家のトム・スティーヴンソン氏がこの30年に造られた中で最も優れたワインとして3本の指に入ると評価した。リリースされたヴィンテージは1980、1982、1983、1985、1986、1988、1989、1990、1992、1995、そして1996のわずか11回。あらゆるクリュッグのワインと同様、このワインも古いアルゴンヌオークの小さい樽で発酵され、マロラクティック発酵は施されない。それがこのワインの複雑さ、個性、そして長命に貢献している。この胸躍るワインは、若いころはすがすがしいミネラル分と印象深い純粋さを感じさせるが、年を追うごとにアカシアのハチミツ、アンズ、白い花、コーヒー、ヴァニラ、そしてクルミのアロマと風味を醸しだす。**NB**

●●●●● 飲み頃：2015年過ぎまで

◀ クリュッグの樽部屋では樽に印をつけるのに白い塗料が使われる。

Krug *Collection* 1981
クリュッグ　コレクション 1981

産地 フランス、シャンパーニュ
特徴 スパークリング辛口白ワイン、アルコール分12%
葡萄品種 ピノ・ノワール、シャルドネ、ピノ・ムニエ

　クリュッグのヴィンテージシャンパンは貯蔵条件が完璧なら、何十年も優雅に熟成させることが可能で、独特の風味に新しい魅力的な面が現れてくる。その長命の鍵の1つは、クリュッグの最初の発酵が小さなオーク樽で行われること。それによって若いワインの酸化に対する抵抗が強まり、ゆっくりした息の長い進化が促される一方、ワインは新鮮で生き生きした状態を保つ。15年から20年後、クリュッグのヴィンテージワインは「第2の人生」に入り、味の全体的なバランスが変化し、個性的な風味がもっと強くなる。そうなったところで、クリュッグ・コレクションとしてクリュッグのセラーから再リリースする準備が整ったと判断される。コレクションは過去の並はずれたヴィンテージを入手できる最後のチャンスだ。

　1981年もそういう年で、温暖で湿った冬が終わってから4月に急に霜が下りた後、長い晴天の夏が続いて10月の収穫は非常に少なかった。若いときはぴりっとして鋭かったこのクリュッグ・コレクションは、すばらしく円熟し、力強さとフィネスのバランスが見事なシャンパンに進化した。明るい黄金色で、白トリュフ、甘いスパイス、トースト、熟したリンゴ、そして砂糖漬けのレモンのアロマを放ち、締めくくりはアンズとハチミツの芳醇な香味。非常に長いあいだ口の中に残る印象はエレガンスと活気。繊細さとコクのある1杯だ。

　食通のポール・レヴィー氏が「クリュッグは天使がとくに善良だったときに神様が与えるシャンパンだ」と言ったとき、心の中にあったのはコレクション 1981だったのだろうか。そうかもしれないが、1979やすばらしい1976かもしれないし、伝説の1928に至るまでのどれであってもおかしくない。何というコレクションだろう！ ME
🅢🅢🅢🅢　飲み頃:2020年過ぎまで

さらにお勧め
他の優良ヴィンテージ
1964・1966・1969・1971・1973・1975・1976・1979
1981年のシャンパン
ボランジェ・ヴィエイユ・ヴィーユ・フランセーズ クリスタル、テタンジェ・コント・ド・シャンパーニュ

Krug *Grande Cuvée* NV
クリュッグ　グランド・キュヴェ NV

産地　フランス、シャンパーニュ
特徴　スパークリング辛口白ワイン、アルコール分12％
葡萄品種　ピノ・ノワール、シャルドネ、ピノ・ムニエ

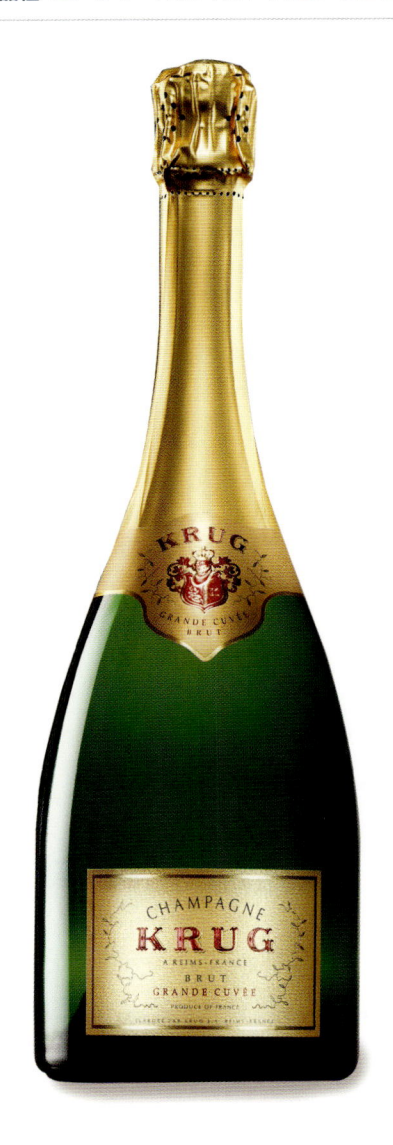

多くの鑑定家にとってクリュッグは「至上」であり、シャンパーニュで最も偉大な名門であり、そのグランド・キュヴェはブレンダーの技術の指針である。このワインは3種のシャンパン用葡萄──貴族的なピノ・ノワールとシャルドネ、それをサポートする庶民的なムニエ──すべてを原料とし、さまざまなヴィンテージのワインを最高40種類も複雑に調合して造られる。グランド・キュヴェはまず小さなオーク樽（1年から20年もの）で発酵され、その後、最適な新鮮さを保つために直接ステンレスタンクに移される。

家族経営のこのハウスが2004年にシャンパーニュのルイ・ヴィトン・グループの傘下に入って以来、この巨大グループの財源が「私たちの原動力をおおいに高めた」と、最高醸造責任者としてクリュッグのスタイルを守ってきたことで知られるアンリ・クリュッグ氏は言う。2007年、グループはクリュッグに40の最新式タンクを設置するという大きな投資を行った。タンクはそれぞれが2室に分かれていて、完璧なトレーサビリティと完全主義のワイン造りのために、小さな区画の最上のワインを別々に熟成させることができる。

リリース前に6年間寝かされているこのワインは、生気に満ちた緑金色で、生き生きした最初の柑橘類のアロマに続いて、ヘーゼルナッツとバターとハチミツが香る──見事なシャルドネだ。口あたりはすばらしく肉付きがよいが、なおかつ洗練されていて精細をきわめ、ほのかな良質黒葡萄のピノ・ノワールが、口いっぱいに広がるムニエの焼いたパンとスパイスの風味に溶け込んでいる。フィニッシュは長く、孔雀の尾のように多面的だ。**ME**

$ $ $ $　飲み頃：リリース時、または10年以上熟成させる

さらにお勧め
優れたクリュッグのシャンパン
クリュッグ・コレクション、クリュッグ・ロゼ、クリュッグ・ヴィンテージ
ノンヴィンテージのシャンパン
ビリオ・キュヴェ・レティシア、ド・メリック・キュヴェ・カトリーヌ、ド・スーザ・キュヴェ・デ・コーダリー、ゴッセ・セレブリス

Sparkling wines

La Morandina
Moscato d'Asti 2006
ラ・モランディーナ
モスカート・ダスティ 2006

産地 イタリア、ピエモンテ、アスティ
特徴 スパークリング甘口白ワイン、アルコール分5.5%
葡萄品種 モスカート

　もっと泡の強いいとこ分のアスティの巨大な影に隠れて長い間苦労してきたモスカート・ダスティが、スポットライトを浴びる時が来た。このワインは一般にアスティと違って微発泡で、モスカート種の純粋さ——摘んだばかりの甘い葡萄の味がする——が期待を裏切ることはほとんどない。モスカート・ダスティの低アルコールで元気が出るようなきらきらした果実味は、暑く長い夏の午後にぴったりだ。

　ジューリオとパオロのモランド兄弟は、最近自分たちのワイナリーを新たな高みへと押し上げた。セラーの一部は19世紀初めに建てられたときのままかもしれないが、考え方は完全に近代的だ。1988年以来、モスカート・ダスティ用の葡萄は、アスティの町からそれほど遠くないコムーネのカスティリオーネ・ティネッラで栽培されている。そこでは石灰質土壌に植えられた14haの葡萄が、良質なモスカート固有の見事なアロマを育くんでいる。ラ・モランディーナはヴィンテージ入りワインだが、どの年も非常に安定している。若さの最初のほとばしりを捉える必要があるワインだ。

　ブーケには魅力的な葡萄の爽やかさがあふれ、甘めのモスカートが呈する糖衣アーモンドの風味がそれを支えている。口に含むと活気にあふれたすがすがしいこのワインの特徴が、優しいモモのような甘さと見事に調和し、泡は口蓋を軽く突いたりなぶったりするが、口あたりを支配するほどではなく、ミントやフレッシュバジルのようなすばらしいハーブもほのかに感じられる。フィニッシュは爽やかで上品で、すぐにでも次の一口が飲みたくなる。**SW**

💲💲 飲み頃：現行リリース

Langlois Château
Crémant de Loire Brut NV
ラングロワ・シャトー
クレマン・ド・ロワール・ブリュット NV

産地 フランス、ロワール、アンジュー
特徴 スパークリング辛口白ワイン、アルコール分12.5%
葡萄品種 シュナン・ブラン、シャルドネ、カベルネ・フラン

　香気（フランス人がセーヴと呼ぶもの）と酸味を深く蓄えているシュナン・ブランは、ロワールの優良な白葡萄だ。優良ヴィンテージに造られたボンヌゾー、カール・ド・ショーム、ヴーヴレのようなアンジューのすばらしいデザートワインが何十年も生きられる原動力である。スパークリングワインの原料にも適した葡萄で、とくにシャルドネと組み合わせた場合は理想的だ。ラングロワ・シャトーにはフランソワ・レジ・ド・フージュルー氏という秀でた醸造家がいて、スパークリングワインのラインナップをクレマン・ド・ロワールのトップランクに押し上げた。1974年にアンジェで生まれた氏は、生物学の学位を取った後、ソミュールの騎兵隊将校として軍役に就いた。その後、近くにあった父親の農場に隣接する葡萄畑で働いてから、ペタルマの醸造家助手としてオーストラリアに行き、そこで巨匠ブライアン・クローザー氏から多くを学ぶ。フランスに戻ってから生産マネージャーとしてラングロワ・シャトーに入った。

　この初心者向けのクレマン・ド・ロワール・ブリュットは楽しい。爽やかで生き生きしていて、泡はきめ細かく、香りにはパンのような成熟した心地よさがほのかに感じられる。味わいはシュナンのすべすべしたレモンの風味が特徴的だが、シャルドネの風味が脇を固め、カベルネ・フランの白い果汁のパンチも少し効いている。クレマン・レゼルヴはブリュットとまったく同じ構成だが、澱の上での熟成期間が長い（プラス3年）。もっと成熟した派生的な味わいがあり、食事に合わせたり食後に楽しんだりするためのワインだ。ラングロワ・クレマン・ロゼはカベルネ・フラン100%で、グラスに注がれたイチゴのようなワイン。地元のリエット、ハムやソーセージ、バーベキューのステーキにぴったりだ。**ME**

💲💲💲 飲み頃：現行リリースを3年以内

シャンパンを上流社会と結びつける1940年代のフランスのポスター。➡

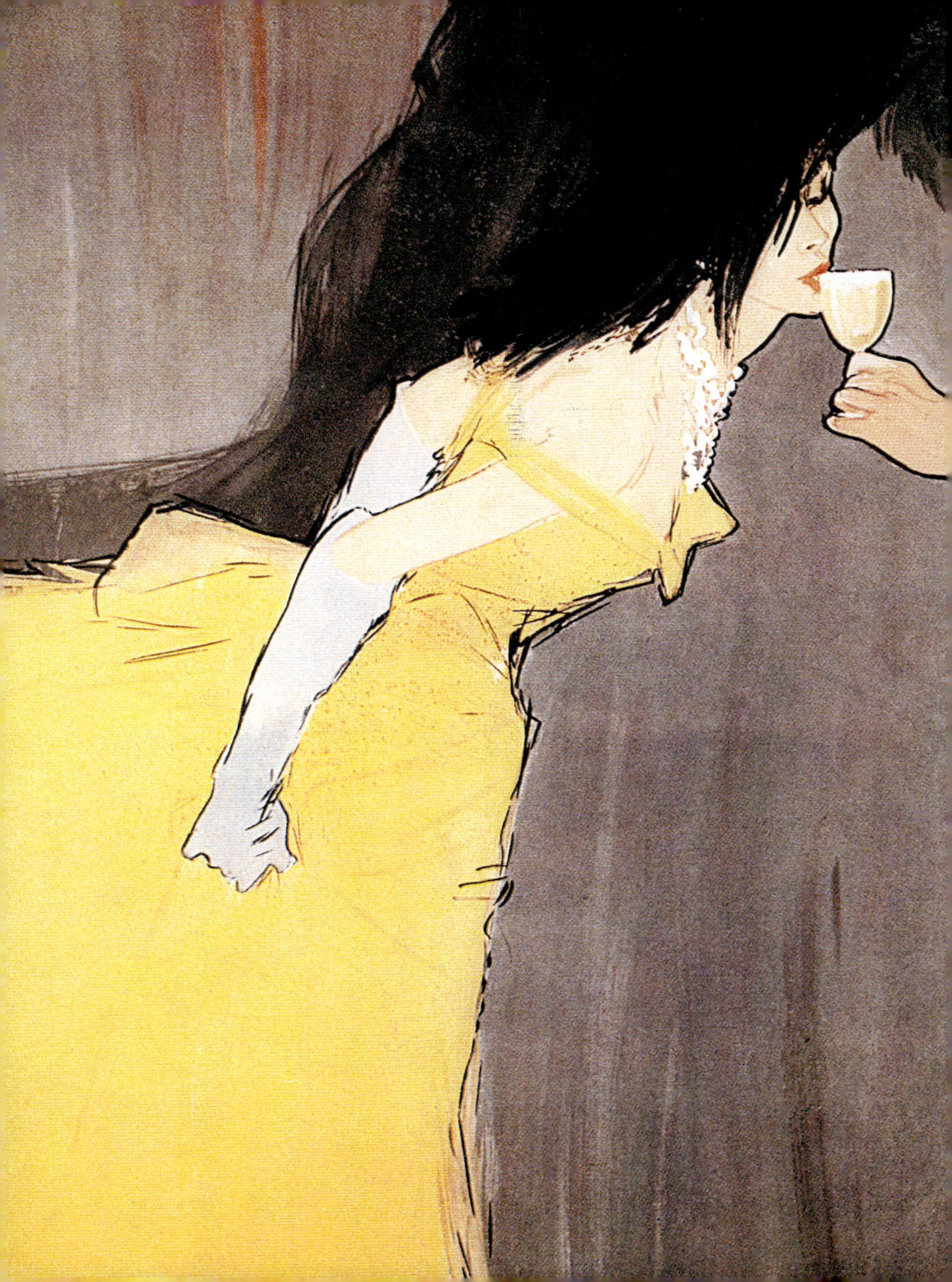

Larmandier-Bernier
VV de Cramant GC Extra Brut 1999

ラルマンディエ=ベルニエ
VV・ド・クラマン・GC・エクストラ・ブリュット 1999

産地 フランス、シャンパーニュ、コート・デ・ブラン
特徴 スパークリング辛口白ワイン、アルコール分12.5%
葡萄品種 シャルドネ

　10年前、ラルマンディエはクラブ・トレゾール・ド・シャンパーニュのメンバーで、通常ヴェルテュ最古の畑の葡萄から造られていたトップ・キュヴェがスペシャル・クラブだった。クラマンの古木は別のキュヴェとして存在していたが、その後ラルマンディエのトップワインになったばかりか、シャンパーニュ屈指のブラン・ド・ブランになっている。
　ラルマンディエ氏はスティルワインを2次発酵前にバトナージュ（澱の撹拌）するようになったので、ワインはすばらしく充実して見事な出来栄え。この作業については論争がないわけではない——葡萄本来の透明感が失われると誹謗する人がいる。
　通常このクラマン・シャンパンを生むのは2つの区画で、片方は植えられてからほぼ40年、もう一方は70年経っている。クラマンの畑の斜度と日当たりはさまざまだが、これは概して最もリースリングに似たシャンパンで、緑ウーロン茶などの緑茶、ライムの皮、タラゴン、ステイマン・リンゴ、そしてミネラルが微妙に感じられる。少量生産のカルトシャンパンはほとんどそうだが、ヴィエイユ・ヴィーニュ・クラマンも完全に飲み頃になる前にリリースされ、求められているだけの熟成期間を置いて飲む人のみ、シャンパーニュで指折りの深いワインを味わうことができる。**TT**
🅢🅢🅢🅢　飲み頃：ヴィンテージの10-20年後

Laurent-Perrier
Grand Siècle La Cuvée NV

ローラン・ペリエ
グラン・シエクル・ラ・キュヴェ NV

産地 フランス、シャンパーニュ
特徴 スパークリング辛口白ワイン、アルコール分12%
葡萄品種 シャルドネ55%、ピノ・ノワール45%

　レジスタンスの英雄でローラン・ペリエの長であるベルナール・ド・ノナンクール氏は勇敢な先導者だ。1950年代、彼はランスやエペルネの優れたハウスのものとはまったく違う構成の高級キュヴェを造ることを夢見た。そしてヴィンテージを記すという従来の選択肢を拒否して、スタイルと品質にむらのない3つの優良年をブレンドすることを選んだ。
　1957年の発売以来、ラ・キュヴェはピノ・ノワールとシャルドネの見事なバランスを見せている。たいてい良質の白葡萄の割合がほんの少し多い。最近のすばらしいリリースは1997が主体で1996と1995がブレンドされている。10年以上経ってから、私は「緑色の影のあるつややかな麦わら色。シャルドネが前面に出ていて、ユリとブリオッシュと炒りアーモンドの香りが加わっている。レモンのようなエレガントな風味が主流だが、ピノ・ノワールの静かな力がそれを支えている」とメモしている。
　良識ある人はみなそうだが、ド・ナノンクール氏と彼のチームも、自分たちが唱導していることを常に実践しているわけではない。ごくたまに、傑出した年に単一年のワインとしてグラン・シエクルを造る。1985年のエクセプショネルマン・ミレジメは堂々としたワインで、脇役のピノ・ノワールが非常に濃縮されている。**ME**
🅢🅢🅢🅢　飲み頃：リリースから10年強

熟れた酸の低い葡萄がサン=スクル（無糖）のワインに使われた。

LAURENT-PERRIER

"SANS-SUCRE" "CHAMPAGNE"

CHAMPAGNE COMPETITION

Supplied to
H.M. THE KING OF THE BELGIANS.
H.R.H. THE DUKE OF SAXE-COBURG GOTHA.
RT. HON. THE EARL OF DURHAM.
RT. HON. THE EARL OF DUNRAVEN.
PRINCE DE ROHAN.
H.E. THE MARQUIS HOVOS.
H.E. HUBERT DOLEZ.
THE CHEVALIER THIER.
LORD ERSKINE.
RT. HON. VIS. CURZON.
LADY SYBIL TOLLEMACHE.
SIR GEO. NEWNES, M.P.
SIR CHAS. NUGENT,
etc., etc.

Supplied to
H.M. THE KING OF GREECE.
H.R.H. THE DUCHESS OF TECK.
COUNTESS OF STAMFORD AND WARRINGTON.
COUNTESS OF DUDLEY.
THE COMTE DE GABRIAS.
VIS. DE CORSAS.
BARON D'ONETHORN.
LORD GREY DE WILTON.
LORD CHESHAM.
HON. LYONEL TOLLEMACHE.
MDME. ADELINA PATTI-NICOLINI.
COL. LOCKWOOD, M.P.
CAPT. COMBE,
etc., etc.

Laurent-Perrier
"SANS-SUCRE,"
Is supplied by all Wine Merchants throughout the World.

It is found at all the most important Hotels and Restaurants in Great Britain, Her Colonies and Possessions, the United States, Germany, France, Holland, Belgium, &c.

VINTAGES
1889, 1892, 1893,
"SANS-SUCRE."
(Gold Label)

Laurent-Perrier
"SANS-SUCRE,"
Is supplied by all Wine Merchants throughout the World.

It is found at all the most important Hotels and Restaurants in Great Britain, Her Colonies and Possessions, the United States, Germany, France, Holland, Belgium, etc.

VINTAGES
1889, 1892, 1893,
"SANS-SUCRE."
(Gold Label)

PRIZES of the Value of about £6000

Lilbert-Fils
Cramant Grand Cru Brut Perle NV
リルベール＝フィス
クラマン・グラン・クリュ・ブリュット・ペルル NV

産地 フランス、シャンパーニュ、コート・デ・ブラン
特徴 スパークリング辛口白ワイン、アルコール分12％
葡萄品種 シャルドネ

　リルベール家は1746年からクラマンに畑を所有し、1907年にすでにエペルネ・フェアで金賞を獲得した。
　一家がクラマンに所有しているのはとくに優れたリュー＝ディの一部で、葡萄の平均樹齢は40年を超える。発酵が培養された酵母を使ってステンレスタンクで行われるのは、このハウスが求める透明な純粋さを損ねる低質のアロマや風味が出るリスクを減らすためだ。マロラクティックが促進され、ワインは少なくとも24～30ヵ月澱の上で寝かされる。
　ブリュット・ペルルはこの密集区域で最も珍しいワインであり、以前は一般的だったクレマン・ド・クラマンという貴重なスタイルを維持している、数少ないクラマン産ワインの1つだ。もともと「クレマン」は通常より低い圧力の「クリーミー」なシャンパンを指していたが、他のフランスのスパークリングワイン生産者が「シャンパン方式」という用語の使用中止に同意したとき、クレマンのほうは彼らに譲らざるをえなかった。この見事にエレガントなリルベール版は、活気があって白亜質を感じる花の香りだが、口に含むと優しくて絹のように滑らかな味わいで、テロワールの透明度がよくわかる。**NB**
🍷🍷 飲み頃：リリース時から10年以内

Malvirà
Birbét Brachetto NV
マルヴィラ
ビルベット・ブラケット NV

産地 イタリア、ピエモンテ、ロエロ
特徴 スパークリング甘口赤ワイン、アルコール分6.5％
葡萄品種 ブラケット

　マルヴィラ・ワイナリーはタナロ川左岸の小さな町、カノヴァにある。ロエロのこの地域は、バローロやバルバレスコがあるもっと有名なランゲとは川をはさんで反対側だ。ここの土壌はランゲのそれより新しく形成されたものなので、川の対岸よりも急勾配な丘に耐えられる。マルヴィラは1974年に設立されたワイナリーだが、今もオーナーのダモンテ家は200年以上前からワイン造りに関わってきた。
　ビルベット・ブラケットはアルコール度をわざと法律で定める「ワイン」の最低基準より低くしてあるので、「部分発酵葡萄果汁液」と考えられ（表示され）ているが、たいがいの甘口ワインよりもはるかに満足感が得られることは否定できない。1次発酵はステンレスタンクで行われ、2次発酵は圧力をかけたタンクの中で行われる。ワインをできるだけ新鮮なものにするために、壜詰めは通常、11月、2月、5月の3回行われる。このブラケットの魅力の大部分は、バラとイチゴを強く思い起こさせる最初のアロマにあるが、これは壜熟とともに消えていく。味わいは軽く爽やかで、危険なほど飲みやすい。**AS**
🍷 飲み頃：現行リリース

Mateus
Rosé NV
マテウス
ロゼ NV

産地 ポルトガル、バリラーダ／ドウロ
特徴 スパークリングやや辛口ロゼワイン、アルコール分11%
葡萄品種 バガ、バスタルド、トゥーリガ・ナシオナル、その他

数少ない真に世界規模のワインブランドの1つであるマテウスは、1942年にフェルナンド・ヴァン・ゼラー・ゲデス氏によって設立された巨大企業、ソグラペ・グループの一部だ。ゲデス氏はマーケティングの天才で、ほぼ誰にとっても魅力的なブランドを創り出した。辛口でも甘口でもなく、赤でも白でもなく、重くも軽くもなく、発泡でも非発泡でもなく、ワインだけでも飲めるし、美味しい料理やプディングと合わせてもよい。ずんぐりしたボトルは第1次世界大戦で兵士が携帯していた酒壺から着想を得たもの。前面のラベルには、ヴィラ・レアルの近くにあるバロック様式の荘園領主邸宅で、マテウス・ロゼの歴史的誕生地でもあるパラシオ・デ・マテウスが描かれている。

このワインの原料は、主にドウロとバイラーダ地方で収穫されたポルトガルの黒葡萄品種である。果汁を皮に触れさせずに16-18℃に制御された温度でゆっくり発酵させる。ビカ・アベルタと呼ばれるこの手法は、一般に白ワインに用いられるもので、マテウス・ロゼ独特の「ピンク」色を生んでいる。

マテウス・ブランドは1970年代のパーティーやフレアズボンを連想させるのでしばらくイメージが悪かったが、今世紀初めにうまくリニューアルされた。今ではロゼ・シラー、ロゼ・テンプラニーリョ、そして白ワインもラインナップに加わっている。**SG**

飲み頃：現行リリース

Serge Mathieu *Cuvée Tradition*
Blanc de Noirs Brut NV
セルジュ・マチュー
キュヴェ・トラディション・ブラン・ド・ノワール・ブリュット NV

産地 フランス、シャンパーニュ、コート・デ・バール
特徴 スパークリング辛口白ワイン、アルコール分12%
葡萄品種 ピノ・ノワール

シャンパーニュ南部の肥沃な石灰質土壌で生まれた、この100%ピノ・ノワールのキュヴェは大変なお値打ち品だ。アヴィレ・ランジェにあるセルジュ・マチュー氏の最上級ドメーヌを現在管理しているのは、娘のイザベルと、その夫で優秀な不干渉主義の醸造家ミシェル・ジャコブ氏。彼は11haある一家の畑を環境に配慮しながら入念に守っているが、バイオダイナミズム教を信じるまでにはいたらない実務家だ。畑には主にピノ・ノワールが植えられているが、上質のシャルドネも栽培されている。ここのセラーに樽はないので、葡萄の純粋さとテロワールの特徴がオークの影響を受けずに表れている。

このブラン・ド・ノワールの色は驚くほど輝きのある黄金色でブロンズに近い。肉とスパイスと皮革が溶け込んだ、熟したチェリーのようなピノの香りが、ちょっとしたボランジェ（スペシャル・キュヴェではなくグラン・ダネ！）のように、すばらしい芳醇な口あたりにつながる。しかも一番長く続く印象は、フィネスとバランスとワイン造りの非常に軽いタッチだ──小売価格1本30ドルもしないのに。

ミシェルは洗練されたブリュット・セレクト・テート・ド・キュヴェも造っていて、こちらはオーブのピノ・ノワールのパンチにシャルドネが独特の繊細なバランスを加えている。**ME**

飲み頃：リリースから5年強の間

Medici Ermete
Lambrusco Reggiano Concerto 2006
メディチ・エルメーテ
ランブルスコ・レッジアーノ・コンチェルト 2006

産地 イタリア、エミリア・ロマーニャ
特徴 スパークリング辛口赤ワイン、アルコール分11.5%
葡萄品種 ランブルスコ

　ランブルスコは自国でも海外でも酷評されることが多い。この残念な評判は、このワインの生産が葡萄栽培者の巨大な協同組合によって管理されていて、生産者は葡萄の品質に関わりなく生産量に応じた支払いを受けているという事実から生まれている。あとは生産に関する法律がいい加減だったせいだ。

　1980年代半ば、メディチ・エルメーテが初めて、ランブルスコの生産に本当の誇りを持つようになった。その時、最高級のワイン用に自分たちで葡萄を栽培することにきめたのだ。ただし、他のワイン用には引き続き協同組合から葡萄を買い付けていた。これが劇的な変化を生む。ジャーナリストがすぐに注目し、市場や他の生産者も気づいて、メディチ家の例にならうようになった。メディチ家が導入した最大の変革は、葡萄の栽培密度を1ヘクタール当り（従来の1625本から）4050本に増やし、収穫量を1ヘクタール当り（DOC規制で許されている32.5トンではなく）13.5トンに減らしたことだ。整枝法と仕立て方も（機械化を容易にするために）新梢を長く高く整枝する方法から、適度に短果枝を剪定するコルドンに変わった。

　ランブルスコ・レッジアーノ・コンチェルトは、酷評されているこのDOCに対する世間の見方を変えるワインだ。注がれたときに生まれる美しい淡いピンクの泡は、幸せそのもののイメージ。香りは夏のベリーだが、繊細な花の魅力も持っている。口に含むと辛口で、夏の果物の香りが詰まっていて、すがすがしい酸味もあり、フィニッシュもかなり長い。夕食のテーブルに合うワインで、イタリアン・サラミとコクのある肉入りパスタを取り合わせた食事にぴったりだ。**AS**

　飲み頃：現行リリース

Bruno Michel
Cuvée Blanche NV
ブルーノ・ミシェル
キュヴェ・ブランシュ NV

産地 フランス、シャンパーニュ
特徴 スパークリング辛口白ワイン、アルコール分12%
葡萄品種 ピノ・ムニエ53%、シャルドネ47%

　現オーナーの応用力、情熱、そしてビジョンによって、ほとんどゼロから創り上げられた感動的な小規模ハウスだ。ブルーノ・ミシェル氏の父親は葡萄畑を所有していたがワイン造りはしていなかった。ブルーノは微生物学の学位を取って卒業してから苗木畑のオーナーになったが、1982年から葡萄樹の買い付けと賃貸を始めた。彼と妻のカテリーヌは現在、ピエリーという小さな村を拠点に15haにおよぶ43ヵ所の区画を管理している。

　ミシェル夫妻は1999年に葡萄の有機栽培を採用し、次第にバイオダイナミック農法に変えつつある。1994年以降、コート・ド・ボーヌの一流生産者から購入したブルゴーニュの樽を1次発酵に使っており、異なる区画すべて別々に処理を施すことができる。各樽の運命は、ワインの出所ではなくブラインドテイスティングによって決まる。天然酵母を使うロットもあり、コクが加わってよくなる場合はバトナージュを施し、マロラクティックを続行させる。ワインはすべて3年以上澱の上で寝かされる。

　ブルーノはキュヴェ・ブランシュを平均的なNVのベースキュヴェをはるかにしのぐものにしたいと考え、ここでも何か「少しオリジナル」のものを造ることを望んでいる。一部を樽で発酵し、いくつかの村およびヴィンテージの2種の葡萄をブレンドした結果、これほど手ごろな初心者向けワインには珍しい複雑さが生まれている。香りは魅惑的で並はずれた興趣があり、エキゾチックで花とミネラルが同時に香る。味わいは極上で活気がある。**AS**

　飲み頃：現行リリース

Montana Deutz Marlborough
Cuvée Blanc de Blancs 2003
モンタナ・ドゥーツ・マールボロ・キュヴェ
ブラン・ド・ブラン 2003

産地 ニュージーランド、マールボロ
特徴 スパークリング辛口白ワイン、アルコール分12%
葡萄品種 シャルドネ

　モンタナ・ワイン（現ペルノ・リカール・ニュージーランド）は、ニュージーランドが持つ上質のスパークリングワインを造る潜在能力を開発するために、1988年にシャンパーニュのドゥーツと提携した。基本のドゥーツ・マールボロ・キュヴェ、ドゥーツ・マールボロ・キュヴェ・ブラン・ド・ブラン、そしてドゥーツ・マールボロ・キュヴェ・ピノ・ノワールの3種類のワインが生産されている。この中で群を抜いているのがブラン・ド・ブランだ。

　ブレンドに使われているシャルドネ種の大半は、ワイラウ・ヴァレーの南側にあるペルノ・リカール所有のレンウィックの畑で栽培されている。そこの重い土壌はエレガントで繊細なワインを生む。シャルドネのクローンとしては、マールボロの他のものより濃縮された風味を醸すメンドーサが好まれている。

　ドゥーツ・マールボロ・キュヴェ・ブラン・ド・ブランは非常に優良なヴィンテージにしか造られない──1994年以降、7回のみ。葡萄は熟してはいるがフルーティーすぎず、適度な酸味のあるときに、手摘みで収穫される。タンニンがなるべく出ていない高品質の果汁を抽出するために、シャンパーニュの圧搾機で全房圧搾する。安定したハウスのスタイルよりも最高の品質を実現するために、さまざまな要素が吟味され、ブレンドされる。その後ワインは3-5年間熟成される。

　この2003は、はじけるような泡と魅惑的なライム、ミネラル、トースト、炒ったヘーゼルナッツの風味を持つ、上質でしっかりしたワインだ。すでに飲めるが、印象的な風味の純粋さとしっかりした見事な酸味があるので、熟成ポテンシャルが十分にある。どのヴィンテージも印象深いワインだが、これが最高だ。**BC**
🍾🍾 飲み頃：2013年まで

Moutard
Cuvée aux 6 Cépages NV
ムタール
キュヴェ・オー・シ・セパージュ NV

産地 フランス、シャンパーニュ、コート・デ・バル
特徴 スパークリング辛口白ワイン、アルコール分12%
葡萄品種 シャルドネ、ピノ・ノワール、ピノ・ムニエ、その他

　シャンパーニュ地方の新世代生産者の一部に見られる復興の原因になった者がいるとすれば、それはルシアン・ムタール氏だ。彼が自分の葡萄畑でアルバンヌ種を復活させたのは、遡ること1952年。ムタールのアルバンヌ・ヴィエイユ・ヴィーニュのキュヴェはどれもあまりよくなかったという事実は問題ではない。重要なのは、栽培が難しいことで有名だった歴史的な品種を、彼がわざわざ復活させたということだ。率直に言って、よくなかったのはアルバンヌ・ヴィエイユ・ヴィーニュだけではなかった。ムタールが造るシャンパンは、比較的最近まで大きく取り上げられることがほとんどなかった。

　この生産者の本当の強みはつねにシャンパンではなく蒸留酒だった。勤勉な一家は19世紀以来の職人気質の酒造家で、その経験が、マール・ド・シャンパーニュ・ブランやヴュー・マール・ド・シャンパーニュから、オー・ド・ヴィー・ド・ポワール・ウィリアムやオー・ド・ヴィー・ド・フランボワーズなどの魅惑的なフルーツブランデーに至るまで、ラインナップ全体に表れている。しかしシャンパンには同じレベルの感動が欠けていた。

　しかしその状況は、ヴィンテージ2000のキュヴェ・オー・シ・セパージュが発売されるまでのことだった。2年もののブルゴーニュ樽で発酵し、2次発酵のために王冠ではなくコルクで封をし、軽いドゼ（6g/ℓ）を施したこのシャンパンは、非常にソフトで滑らか。これが批評家に歓呼して迎えられたことで、他のシャンパンにも影響があったようだ。ほとんどが以前よりもはるかに新鮮で興味深いものになっている。**TS**
🍾🍾🍾 飲み頃：2012年まで

Mumm
De Cramant NV

マム
ド・クラマン NV

産地 フランス、シャンパーニュ、コート・デ・ブラン
特徴 スパークリング辛口白ワイン、アルコール分12%
葡萄品種 シャルドネ

　マムは珍しいタイプのシャルドネ100％のシャンパン。造り方、見栄え、そして熟成状態という意味で、たいていのヴィンテージ入りブラン・ド・ブランとかけ離れている。この精細を極めたドゥミ・ムース、あるいはクレマン（ごく低い圧力で壜詰めされたシャンパン）は、もともと1882年にG.H.マムのために初めて造られたときは、クレマン・ド・クラマンと呼ばれていた。当時この特別なワインは質素なボトルに詰められ、右隅を折り返した名刺とともに使者によってハウスの友人たちに届けられていた。この伝統が現在のラベルと19世紀風のボトルデザインに生きている。

　このシャンパンはグラン・クリュのクラマンのシャルドネだけで構成されている。その力強さと爽やかさを維持するために、2年しか熟成されない。そのためフランスのワイン法に従うと、ヴィンテージのラベルを付けることができない。しかしつねに単一年産だ。

　最終ブレンドはわずか4.5気圧で壜詰めされ、ごく小さい泡の繊細で洗練されたワインが生まれる。色は銀色がかった明るい淡黄色。印象的なブーケは白い花と新鮮な柑橘類を思わせ、口あたりは爽やかだが優しく、ライムとグレープフルーツの味が感じられ、口の中で溶ける泡によって口蓋が優しく刺激される。フィニッシュは焦点が合っていて、上品で、これほど精細を極めたシャンパンにしては驚くほど長い。**ME**

🍾🍾🍾　飲み頃：リリースから3年以内

Mumm
Cuvée R. Lalou 1998

マム
キュヴェ・R・ラルー 1998

産地 フランス、シャンパーニュ
特徴 スパークリング辛口白ワイン、アルコール分12%
葡萄品種 ピノ・ノワール55％、シャルドネ45％

　キュヴェ・R・ラルーの初ヴィンテージは1998年。有名なマムのキュヴェ・ルネ・ラルーの後継品で、3人のシェフ・ド・カーヴ──ピエール・アラン、ドミニク・ドマルヴィル、ディディエ・マリオッティの各氏──が造り上げた。アラン氏は、1982年から91年の間に造った（85年から99年の間に売られた）ワインでマムの評判を傷つけたアンドレ・カレ氏の跡を引き継いだ。アラン氏とドマルヴィル氏は雇い主の知らない間に、テロワールに基づく将来の高級キュヴェの開発に着手した。そのための畑と在庫を、コンピュータシステム内でひそかにグラン・クリュの短縮であるGCと表した。アラン氏が引退するとドマルヴィル氏が引き継ぎ、このプロジェクトは正式なものとなった。そしてディディエ・マリオッティ氏がドザージュの微調整を行った。

　結果は完璧で、よく調和している。細かい泡のムースがゆっくり広がり、アカシアの混ざった花の香りが鼻をくすぐり、黒葡萄が味わいの前面から中間を支配し、柑橘類がフィニッシュに向かうにつれてクルミの複雑さに変わり、後味にはミネラルが残る。キュヴェ・R・ラルーはリッチというより長く直線的で力強い。その真の潜在力が表れるには、時間か、ふさわしい料理、あるいはその両方が必要だ。**TS**

🍾🍾🍾🍾　飲み頃：2018年まで

マムの専用セラーでキュヴェ・R・ラルーのボトルを待つ大箱。

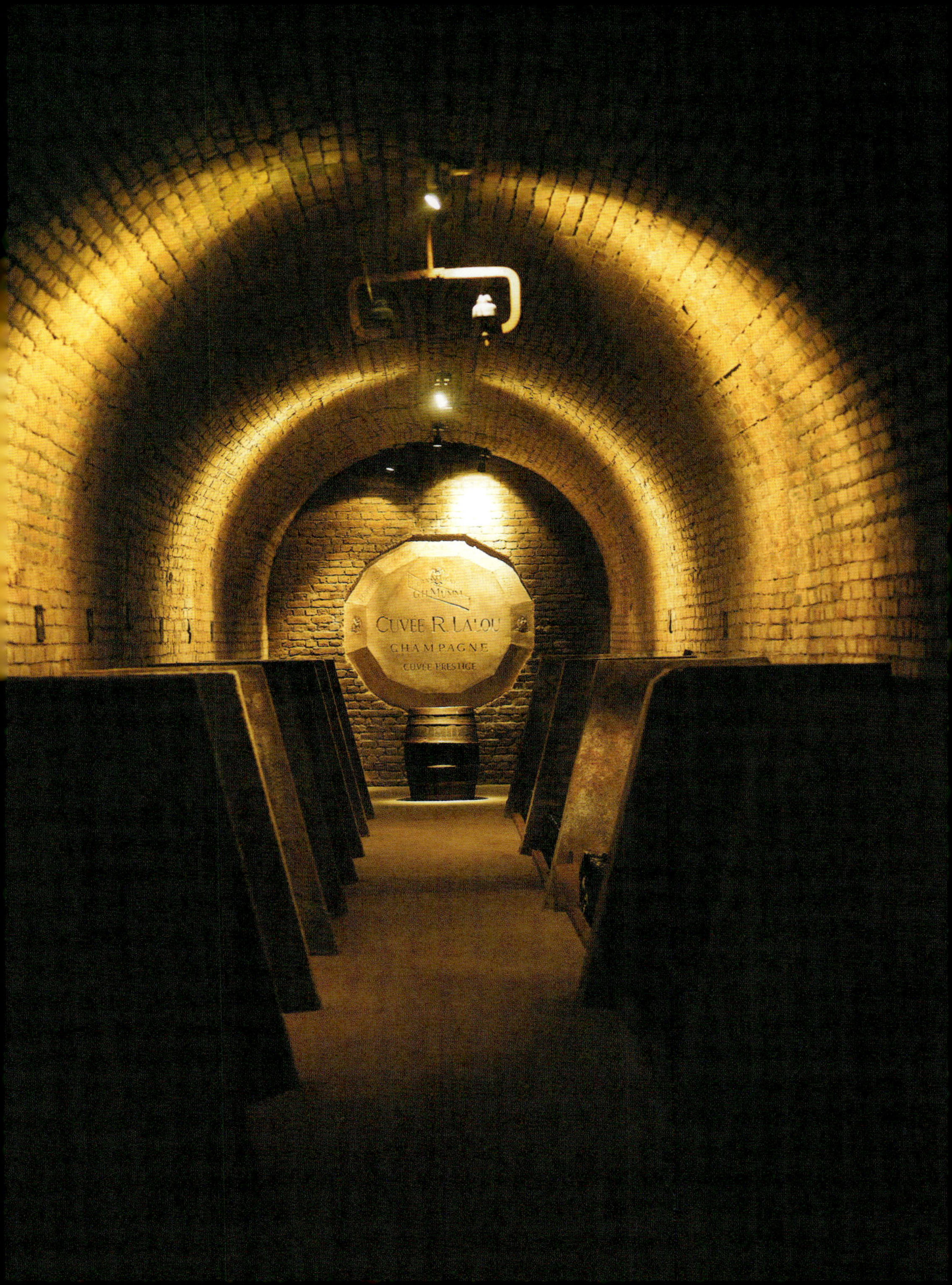
CUVEE R. LALOU
CHAMPAGNE
CUVEE PRESTIGE

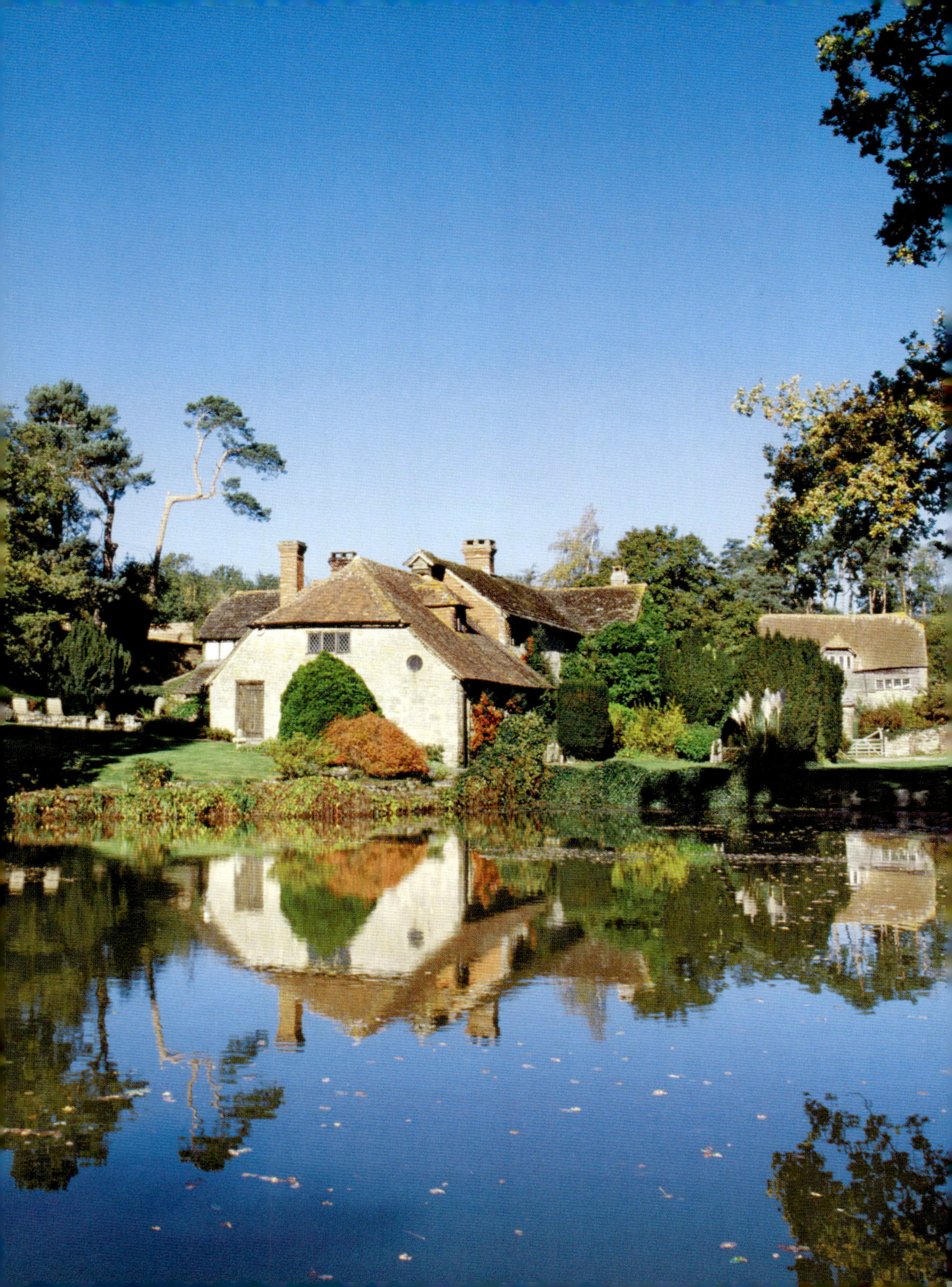

Nyetimber *Premier Cuvée Blanc de Blancs Brut* 1992

ナイティンバー
プルミエ・キュヴェ・ブラン・ド・ブラン・ブリュット 1992

産地 イギリス、ウエスト・サセックス
特徴 スパークリング辛口白ワイン、アルコール分12%
葡萄品種 シャルドネ

　これはこのワインの初商品化ヴィンテージで、イギリスが世界一流のスパークリングワインを造れることに非常に懐疑的な批評家をも納得させた。ナイティンバーの最初のオーナーであるスチュアートとサンディーのモス夫妻は、シャンパーニュ出身者に助言を求めた。彼らは土壌を十分に吟味し、どのクローンを植えるべきか、どうやって整枝するべきかを助言し、1988年にモス夫妻のために葡萄の樹の植付けまで行った。ナイティンバーの最初の葡萄樹はシャンパーニュと同じように、地面に近く整枝されている――この場所の霜の排水性が非常によいからこそできるやり方だ。
　ハイ・ウィールドのワイナリーで伝説的な1992を造ったのは、キット・リンドラー氏だ。イギリスのスパークリングワインの評判に対する彼の貢献を軽んじることはできない。とくに、リッジヴューの最初のいくつかのワインを造った功績は大きい。モス夫妻は最終的にナイティンバーを売却した。オーナーが3回変わり、醸造家が3回変わった後、現オーナーのエリック・ヘリーマ氏は、カナダ生まれのチェリー・スプリッグスとブラッド・グレートリックス夫妻を新たな醸造チームとして雇うことで、生産を安定させた。
　ヘリーマ氏自身が言うように、ナイティンバーが獲得した評判や賞は、理想的な立地と独特の微気候から生まれる高品質で個性的な葡萄の性質のおかげだ。彼はその後、本来の地所以外の区域にも植樹することによって、畑を14haから105haに広げた。これが賢明なことだったかどうかは、時間が経たないとわからない。その一方、クリーミーでモモのような驚嘆すべき1992にとって、時間は止まっている。ナイティンバーの在庫はほんのわずかで、特別な日や特別なテイスティングのときに取り出される。**TS**

🅢🅢🅢 飲み頃：2012年まで

Omar Khayyam
NV

オマル・ハイヤーム
NV

産地 インド、サフヤドリ・ヴァレー
特徴 スパークリング辛口白ワイン、アルコール分12.5%
葡萄品種 シャルドネ、ピノ・ノワール、ユニ・ブラン

　ペルシャの詩人、オマル・ハイヤームの詩集『ルバイヤート』には、ワインに言及している詩が多く収められている。この詩人にちなんで名づけられたインドの伝統手法によるスパークリングワインは、その品質で多くの人々を驚かせている。ムンバイの大富豪シャムラオ・チョウグル氏は、すぐに稼動できる技術工場を建設する会社を所有していた。彼はヨーロッパへの出張中にシャンパンに惚れ込み、インドで高品質のスパークリングワインを造りたいと考えた。西洋ではオマル・ハイヤーム、インド国内ではマルキーズ・ド・ポンパドールと呼ばれるワインは、1988年から彼のシャトー・インダージュ醸造所で造られている。このワイナリーは、もともと若いフランス人醸造家のラファエル・ブリスボワ氏の監督の下で開発された。シャンパンハウスのパイパー・エイドシックが、チョウグル氏の求めに応じて1980年代に彼をインドに送り込んだのだ。
　葡萄畑はムンバイの東にあるサフヤドリ・ヴァレーの丘陵に243haまで拡張され、生産は現在インド生まれのワイン醸造家、アブハイ・ケワドカル氏が管理している。インダージュの製品の40%あまりがフランスを含めたヨーロッパに輸出され、アメリカ、カナダ、日本でも売られている（ただし、一部の市場でラベルに「インドのシャンパン」と記されていることがシャンプノワの悩みの種だ）。
　オマル・ハイヤームもマルキーズ・ド・ポンパドールも、シャンパンを造るのによく用いられるシャルドネとピノ・ノワールから造られるが、ブレンドにはユニ・ブラン（コニャックにも使われる）も含まれている。オマル・ハイヤームはリリース前に3年熟成されるが、マルキーズ・ド・ポンパドールは2年で市場に出る。**SG**

🅢🅢 飲み頃：現行リリース

L'Origan
L'O Cava Brut Nature NV

ロリガン
L'O・カバ・ブリュット・ナチュレ NV

産地 スペイン、ペネデス、サン・サドゥルニ・ダノイア
特徴 スパークリング辛口白ワイン、アルコール分12%
葡萄品種 チャレッロ、マカベオ、パレリャーダ、シャルドネ

　ロリガンは、1906年にロリガンと流行した香水をつくりだしたフランソワ・コティに敬意を表して、ガストン・コティの名を冠している。1998年、マネル・マルティネス氏と息子のカルロスは、最先端のイメージを持つ新しい現代的なカバを、一部の超有名なシャンパンハウスでいまだに使われている樽発酵のような古い生産手法で造り出した。親子は自分たちの会社を、香水と同様1906年建築のワイナリーで立ち上げた。サン・サドゥルニ・ダノイアの町の中心にある最古のワイナリーだ。

　初めてリリースされたのがこのノンヴィンテージ・ブラン・ド・ブラン・ブリュット・ナチュレで、地元のチャレッロとマカベオにシャルドネを補い、一部をオーク樽発酵させ、カーヴで30ヵ月熟成させたものだ。ブリュット・ナチュレの個性的な独特の香りは、グラスの中で絶えず変化する。最初は閉じているが、魅力的なアニスとライムのフラワーティーの芳香が酵母とトーストの香りとともにゆっくりと表れ、干草と麦わらに変わっていき、最後は薬のようなバルサムが感じられる。口に含むとミディアムボディ、爽やかで、きめ細かな泡が広がり、白葡萄とアニスシードとトーストが香り、長いフィニッシュには薬のようなバルサムの戻り香が再び表れる。
LG

🍾🍾 飲み頃：現行リリースを1-2年以内

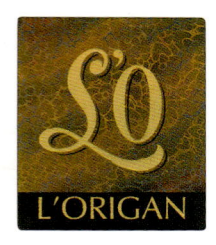

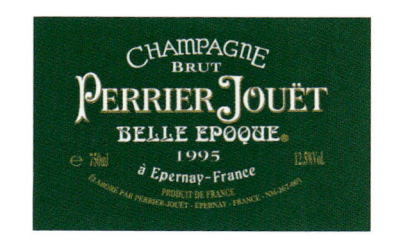

Perrier-Jouët
La Belle Epoque 1995

ペリエ=ジュエ
ラ・ベル・エポック 1995

産地 フランス、シャンパーニュ
特徴 スパークリング辛口白ワイン、アルコール分12.5%
葡萄品種 シャルドネ50%、Pノワール45%、Pムニエ5%

　1970年、アメリカ人ジャズミュージシャン、デューク・エリントンの70歳の誕生日を記念して、パリのナイトクラブで売り出されたラ・ベル・エポック——この名前は1890年代のパリを彷彿とさせる——は、またたく間に成功を収める。

　1995（シャルドネが抜群によかった年）はベル・エポックのとくにすばらしい表現だ。このヴィンテージの白葡萄は、主にクラマンとアヴィズのグラン・クリュにある同社の最高の畑で収穫されている。このシャルドネがブレンドの主体（50%）だが、マイイとヴェルジーとアイの見事なピノ・ノワール（45%）も重要な要素で、モンターニュ・ド・ランスのさまざまなスタイルを融合させている。さらにディジーの抜群のムニエも少し加えられている。

　このシャンパンは今がちょうどよい。一番の印象は新鮮さと純粋さ。黄金色の中にわずかに落ち着いた緑が表れていて、進化する白桃のアロマにトーストの香りが混じる。この繊細で軽やかなスタイルが空気に触れると、パン屋のバターの匂い、とくにブリオッシュのそれによって、もっと複雑になる。そしてごく少量のムニエが口を満たす丸みを加え、それがピノ・ノワールの持続的な力と見事に調和する。このすばらしい1995は、セラーマスターのエルヴェ・デシャン氏の初ヴィンテージだ。ME

🍾🍾🍾🍾 飲み頃：2015年過ぎまで

MENU

RÉSERVE CUVÉE
PERRIER-JOUËT & C°
ÉPERNAY

Pierre Peters *Cuvée Speciale*
Grand Cru Blanc de Blancs 1996
ピエール・ペテルス　キュヴェ・スペシャーレ・グラン・クリュ・
ブラン・ド・ブラン 1996

産地　フランス、シャンパーニュ、コート・デ・ブラン
特徴　スパークリング辛口白ワイン、アルコール分12%
葡萄品種　シャルドネ

　このワインは急速に、異彩を放つ小ドメーヌが出すカルトシャンパンになりつつある。ペテルスのNVと普通のヴィンテージワインは、他のコート・デ・ブランの村の葡萄がブレンドされているが、キュヴェ・スペシャレはモノクリュ、つまり単一畑のワインで、メニルのレ・シェティヨン畑の樹齢72年の古木から造られる。

　ペテルス氏自身がこのワインを「ミネラル」と呼ぶが、1996のようなヴィンテージは、彼が「野菜」と呼ぶ香りを示すこともある。コート・デ・ブランを構成する一連のグラン・クリュで生まれるシャルドネの、さまざまな香味を表現している文献はほとんどない。それはそれとして、著者のメニルに関する印象は、活気があり、ジャスミンの香りをつけたレモンプディングが白亜からにじみ出るかのようだ。オジェとアヴィズはもっと鋭くて、リンゴや鉛筆が感じられる。クラマンは緑茶とライムが強い。メニルは白亜が権威を示している。

　実際、典型的な「シャンパンの体験」を求めている人は、ペテルスのキュヴェ・スペシャーレの独特の味わいにはとまどうかもしれない。1996（と1990）のような安定したヴィンテージでは、泡の立つグラン・クリュ・シャブリのような個性を呈している。何十年も寝かせればバターやサフランの深みが徐々に生まれる。それでも確かに象徴的なシャルドネ・シャンパンの1つだ。**TT**

🍾🍾🍾🍾　飲み頃：ヴィンテージの10年-30年後

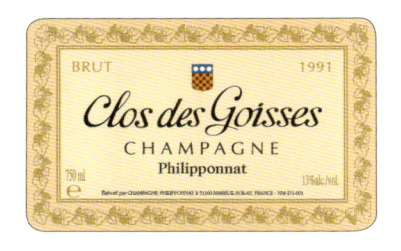

Philipponnat
Clos des Goisses 1991
フィリポナ
クロ・デ・ゴワセ 1991

産地　フランス、シャンパーニュ、モンターニュ・ド・ランス
特徴　スパークリング辛口白ワイン、アルコール分13%
葡萄品種　シャルドネ、ピノ・ノワール

　この見事な5.5haの葡萄畑がグラン・クリュに格付けされないのは遺憾に思われるが、この畑がある村――マルイユ・シュール・アイ――はただのプルミエ・クリュ（99%）なのだ。クロ・デ・ゴワセはマルイユのハウス群を眼下に望む南向きの急斜面にあり、70%にピノ・ノワール、30%にシャルドネが植えられている。長年この畑はシャンパーニュの内輪の究極の秘密だった。しかし最近のクロ・デ・ゴワセは、真のシャンパン愛好家であることを証明するために挙げられる名前だ。

　クロ・デ・ゴワセは葡萄品種の表示に反対している。特徴としてのピノ・ノワールとシャルドネの構成を正確に表すのは不可能に近い。このワインの原動力となっているのは、そのたくましさ、力強さ、そして深みのある白亜質のミネラル分だ。優れたシャンパンというジャンルをはっきり示していると同時に、そこから何となくずれている。クリスタルのようにフルーティーではなく、クリュッグのように塩分や木の実は感じられない。

　クロ・デ・ゴワセはひょっとすると抜群に重要なシャンパンであり、本当に探し出すべき逸品かもしれない。なぜなら、完全には理解できないからだ。称賛だけでなく好奇心をもかき立てることができる、鋭いワインである。**TT**

🍾🍾🍾🍾　飲み頃：ヴィンテージの15年後まで

鳥の群れがフィリポナのクロ・デ・ゴワセの急斜面の上を飛んでいく。➡

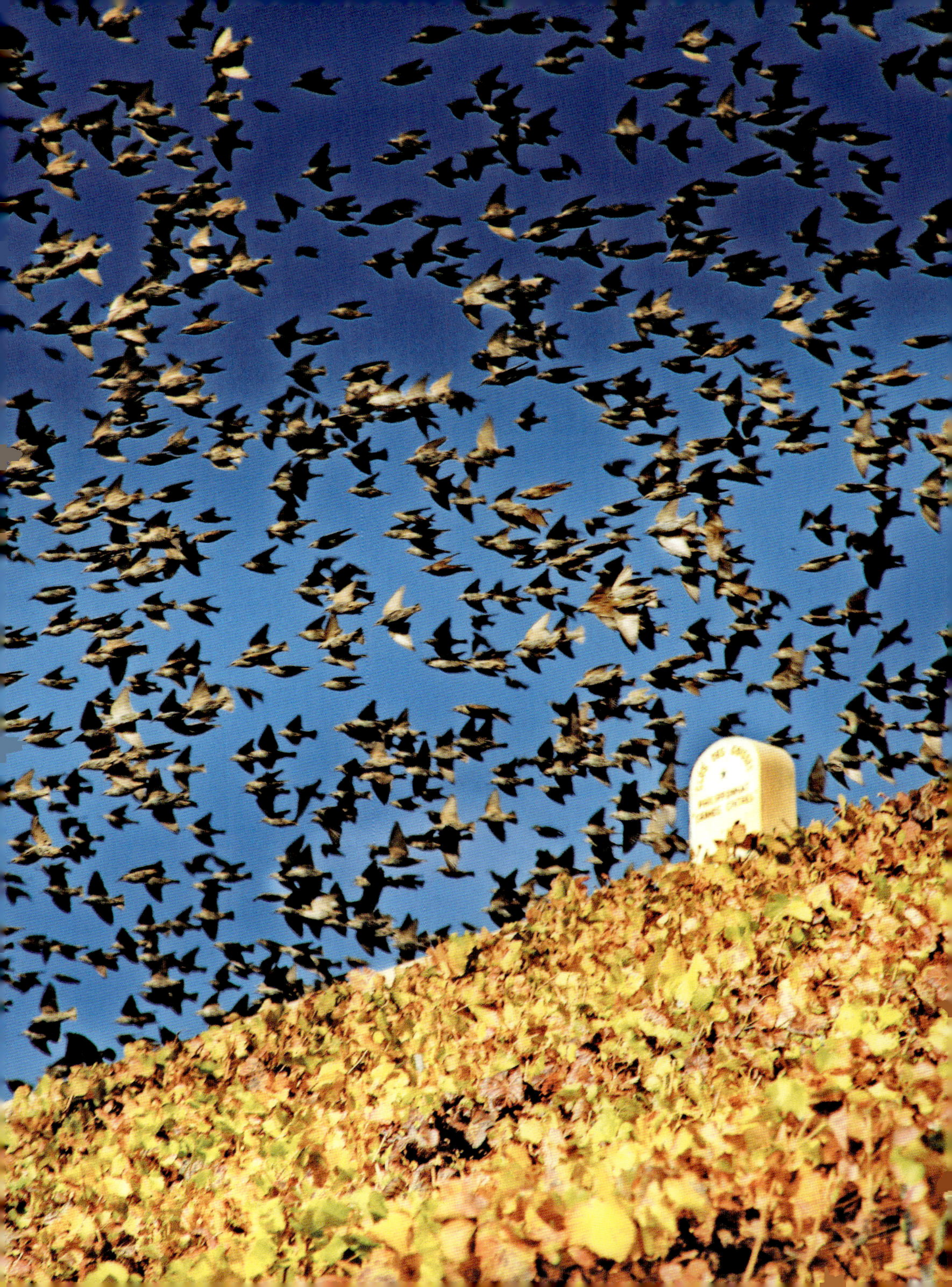

CHAMPAGNE POL ROGER

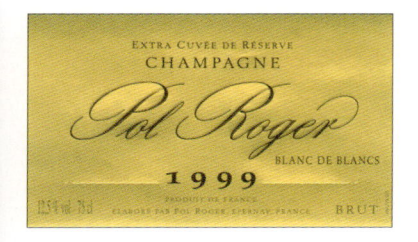

Pol Roger
Blanc de Blancs 1999

ポル・ロジェ
ブラン・ド・ブラン 1999

産地　フランス、シャンパーニュ
特徴　スパークリング辛口白ワイン、アルコール分12%
葡萄品種　シャルドネ

　ポル・ロジェ・ブラン・ド・ブランは気品のある無茶苦茶においしいワインだが、高級キュヴェにも値するシャンパンにしてはとんでもなく割安だ。しかも、矛盾した厄介な代物でもある。ポル・ロジェのシャンパンは長命で知られており、シャルドネはシャンパンの品種の中で最も長命なので、100%シャルドネのポル・ロジェが抜群の熟成ポテンシャルを持っていると期待するのも無理はないだろう。しかし一番短いのだ。このキュヴェのどのヴィンテージも、初リリース時にとても豊満でクリーミーなので、自分のセラーでさらに3-5年寝かせればすばらしく進化するにしても、実際のところ熟成させる意味はあまりない。ポル・ロジェのセラーから出ない場合でも、このワインの寿命は20-25年より長いことはほとんどない。したがって、理想的な貯蔵条件で50年以上もつことが保証されるシャンパンが欲しければ、ポル・ロジェのヴィンテージものを買わなくてはならないが、すぐに魅惑的な衝撃を味わいたければ、ブラン・ド・ブランのボトルを開けよう。

　1998は近年のこのキュヴェの中でもとくにすばらしかったが、1999（クリュッグの元最高醸造責任者、ドミニク・ペティ氏の最初の年に造られた）はさらに高品質で、1998が優れたヴィンテージだったことを考えると、すばらしい功績だ。TS

🍾🍾🍾　飲み頃：2013年まで

← ギャスパー・キャンプスはポル・ロジェを究極のライフスタイルのアクセサリーとして描いている。

Pol Roger
Cuvée Sir Winston Churchill 1975

ポル・ロジェ
キュヴェ・サー・ウィンストン・チャーチル 1975

産地　フランス、シャンパーニュ
特徴　スパークリング辛口白ワイン、アルコール分12%
葡萄品種　ピノ・ノワール、シャルドネ

　この近代屈指の高級キュヴェの初ヴィンテージである1975は、マグナムのみが生産され、1984年に発売された。亡父のためにこの栄誉を受けた娘のレディ・ソームズは、伝説に残るチャーチルのポル・ロジェ・シャンパン消費量について、こうコメントした。「そのためによくなった父はよく見ましたが、悪くなったのを見たことはありません」

　ポル・ロジェはその構成について、「チャーチルの好んだヴィンテージを求めて同社が入手できる村のワインのみで造られたピノ主体のシャンパン」としか言おうとしない。おそらくキュヴェ・サー・ウィンストン・チャーチルは、ピノ・ノワール対シャルドネが80対20だと言ってもよいだろう。ただしポル・ロジェは、チャーチルが生きていた間、同社の葡萄畑の半分以上がピノ・ムニエで占められていたことに言及していない。一方的に推測すれば、キュヴェ・サー・ウィンストン・チャーチルは黒葡萄が80%に違いない。

　このワインは非常に芳醇になっていて、果実味が強く、一般的なトーストのような熟成よりもクリスマスケーキの複雑さと見事なフィネスを獲得しているが、ごく繊細な香ばしい香りもある。余韻があり、すばらしいシャンパンであることは確かだ。TS

🍾🍾🍾🍾　飲み頃：2025年まで

CHAMPAGNE POMMERY

Pommery & Greno
REIMS — FRANCE

Pommery
Cuvée Louise 1990

ポメリー
キュヴェ・ルイーズ 1990

産地 フランス、シャンパーニュ
特徴 スパークリング辛口白ワイン、アルコール分12%
葡萄品種 シャルドネ60％、ピノ・ノワール40％

　ジャンヌ・アレクサンドリーヌ・ルイーズ・ポメリー女史は1858年に夫を亡くし、遺された2人の子供の1人──ルイーズ──はまだ赤ん坊だった。メゾン・ポメリーは普仏戦争（1870-71年）の間、プロシア人のランス総督に占領されていたが、その後マダム・ポメリーは事業の建て直しを開始する。セラー拡張のために60haの土地を買い、極上の畑300haも購入した。

　このポメリーの高級ワインは、マダム・ポメリーとその末娘にちなんで名づけられている。キュヴェ・ルイーズはグラン・クリュのアヴィズ、アイ、クラマンの選り抜きの畑の葡萄から、とくに優れた年にだけ造られる。シャルドネ主体で、軽めのスタイルのヴィンテージ・シャンパンだが、何年も寝かせることができる。

　2006年4月のロンドンで、ポメリーの最高醸造責任者のティエリー・ガスコ氏が主催したマスタークラスで出合った1990のマグナムは、美しい金色がかった琥珀色が縁のほうは淡く薄れていき、ブリオッシュとカラメルとコーヒーを感じさせるすばらしいトーストのような複雑な香りがした。コクがあって濃厚で、1990年の低い酸度のおかげで酸っぱくない。**SG**

🍾🍾🍾🍾　飲み頃：2010年過ぎまで

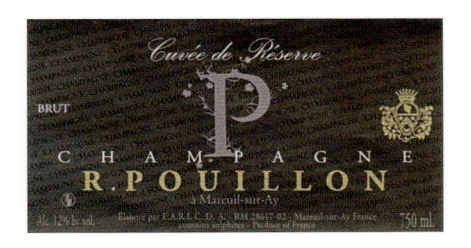

Roger Pouillon
Cuvée de Réserve Brut NV

ロジェ・プイヨン
キュヴェ・ド・レゼルヴ・ブリュット NV

産地 フランス、シャンパーニュ、ヴァレ・ド・ラ・マルヌ
特徴 スパークリング辛口白ワイン、アルコール分12％
葡萄品種 Pノワール80％、シャルドネ15％、Pムニエ5％

　プイヨン家は何世代にもわたってワイン醸造をしてきたが、元詰めをするようになったのはつい3世代前のことだ。22歳だった1998年にこのハウスで働き始めたロジェの孫のファブリス・プイヨン氏の下で、ドメーヌは成長し、品質が向上している。

　マルイユ・シュール・アイを本拠地とするこのドメーヌは、ル・メニル・シュール・オジェとアイのグラン・クリュだけでなく、いくつかのプルミエ・クリュにも葡萄畑を所有していて、合計15haあまりになる。ファブリスは彼が「職人的な減農薬栽培」と呼ぶもの（有機殺虫剤、地被植物、鋤き込みなど）を実践しているが、2003年以降、有機農法とバイオダイナミック農法も試している。ワインはすべてマロラクティックを受け、樽発酵されるワインにはバトナージュが施され、NVブリュットのリキュールに含まれる蔗糖がドザージュに用いられる。

　キュヴェ・ド・レゼルヴ・ブリュットNVはこのタイプとしては格別に良質だ。ハチミツのように円熟していてまろやか、非常に肉付きがよく、干した果物のコクがあるが、完璧に調節された酸のおかげで重くない。尾を引くフィニッシュが総体的品質の証であり、抜群の価値を示すワインだ。**NB**

🍾🍾　飲み頃：現行リリースを5年以内

◀ ポメリーのシャンパンを宣伝する1902年のアールヌーヴォー調のポスター。

Jérôme Prévost *La Closerie Cuvée Les Béguines* NV
ジェローム・プレヴォー ラ・クロズリー・キュヴェ・レ・ベギーヌ NV

産地 フランス、シャンパーニュ、モンターニュ・ド・ランス
特徴 スパークリング辛口白ワイン、アルコール分12.5%
葡萄品種 ピノ・ムニエ

ジェローム・プレヴォー氏は、いろいろな意味で最も個性的なシャンパーニュの栽培者兼生産者であるだけでなく、最も大胆で熱心で独創的で詩的(背面ラベルを読んでほしい)でもある。一匹狼で、つねに単一年産の単一品種——ピノ・ムニエ——から、1つのワインしか造らない。それほど面白い話には聞こえないかもしれないが、ラ・クロズリー・キュヴェ・レ・ベギーヌは非常に興味深いワインだ。

1960年代後半に生まれたプレヴォー氏は、モンターニュ・ド・ランスのグーにある家族の畑2.2haを21歳で引き継いだ。当初は栽培した葡萄を人に売っていたが、世に知られた同業者のアンセルム・セロス氏が自分のワイナリー内のスペースを1998年から2001年まで貸してくれたとき、独自のワイン造りを始めた。1960年代に植えられた自分の葡萄樹のよさを最大限に引き出そうと、畑を鋤き込み、バイオダイナミック農法を用いている。樽(主にオークの小樽)で発酵し、昔ながらの知恵を念頭に、精選した酵母による澱と壜内で接触させるより、天然酵母による澱と樽の中で長く接触させるほうを選んでいる。コクと円熟味があるので、ドザージュは非常に軽く、エクストラ・ブリュットである。

プレヴォー氏いわく「ピノ・ムニエは子供みたいなものだ。言ったら面白いことを内に秘めていて、それを言わせるには励ます必要がある」。彼は葡萄に必要な励ましをすべて与え、葡萄はそれに応えて非常に複雑で濃厚でエキゾチックなワインを生む。ルイユのルネ・コラールのように、彼はすばらしいピノ・ムニエだけでなく、すばらしいシャンパンを生産している。 **NB**

🍾🍾🍾 飲み頃:現行リリースを4-10年以内

さらにお勧め
ピノ・ムニエのシャンパン
ルネ・コラール、エグリ・ウーリエ・レ・ヴィーニュ・ド・ヴリニー
樽発酵のシャンパン
ボランジェ、ドゥ・スーザ、アルフレッド・グラシアン、クリュッグ、ジャック・セロス、タルラン

このキュヴェにはピノ・ムニエしか使われていない。▶

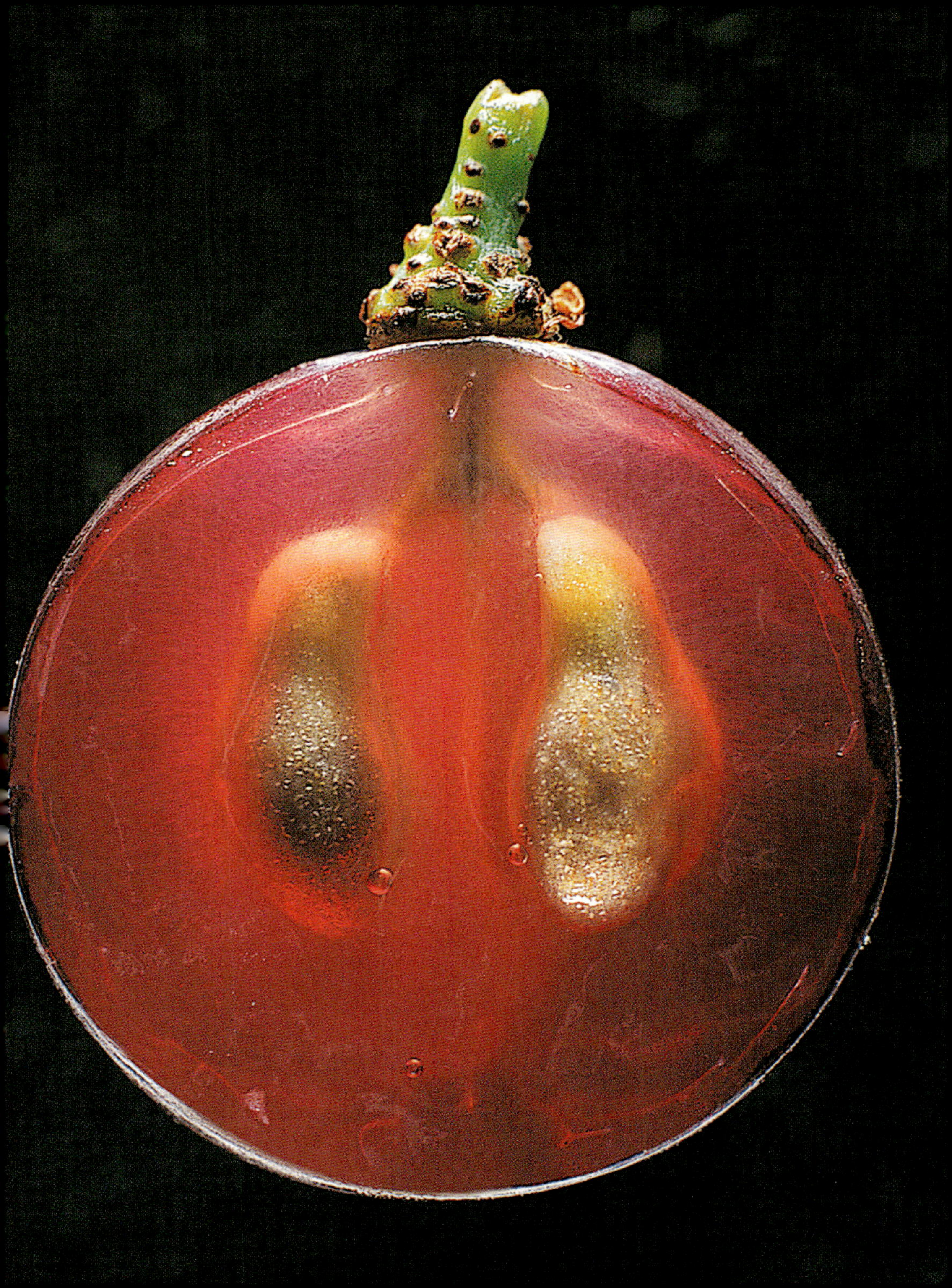

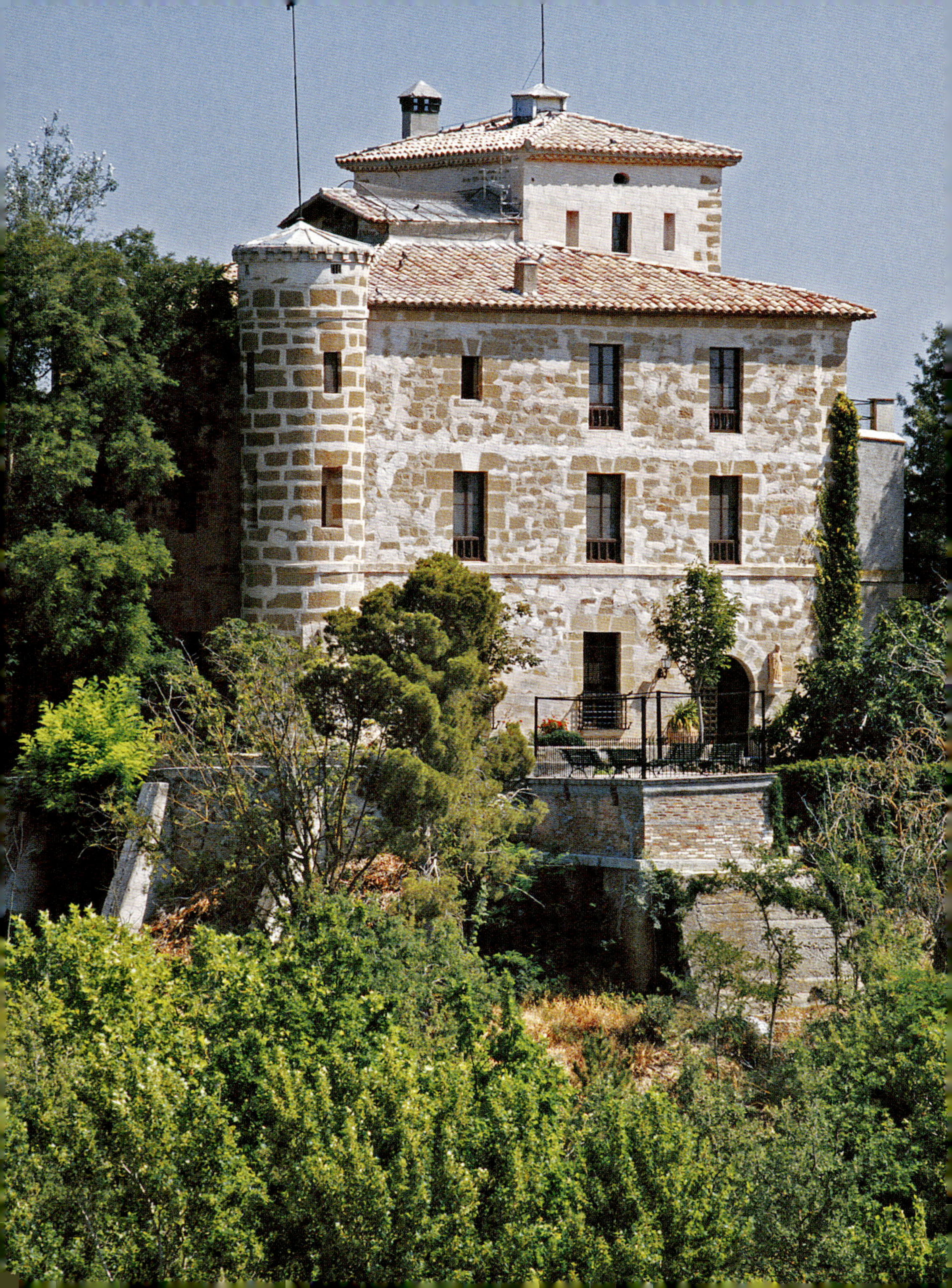

Raventós i Blanc *Gran Reserva de la Finca Brut Nature* 2003
ラベントス・イ・ブラン　グラン・レセルヴァ・デ・ラ・フィンカ・ブリュット・ナチュレ 2003

産地　スペイン、ペネデス、サン・サドゥルニ・ダノイア
特徴　スパークリング辛口白ワイン、アルコール分12％
葡萄品種　マカベオ、チャレッロ、パレリャーダ、その他

　この会社の名前には、コドーニュ家の伝説的一員であるホセ・ラベントス氏の名が入っている。彼は1872年にペネデスに「シャンパン方式」を導入し、第一級のスペインのスパークリングワインを造った人物だ。同社は、カタルーニャのカバ史におけるもう1人の偉大な人物、ホセ・マリア・ラベントス・イ・ブラン氏の頭脳の所産である。1986年、彼は自分の人生をワイン造りに捧げることを決意した。

　熟成庫の入り口近く、偉大な近代建築家プッチ・イ・カダファルク氏が設計した建物の反対側に、ハウスのロゴに描かれている堂々としたオークの古木が立っている。畑とセラーはペネデスでも屈指の見事なもので、100haあまりある畑には主に伝統的なカバ品種のマカベオ、チャレッロ、パレリャーダが植えられている。この3種がレセルヴァ・ド・ラ・フィンカ・ブリュット・ナチュレ2003のブレンドの85％を占め、残りはシャルドネとピノ・ノワール。

　控えめな価格を考えると、このスパークリングワインは複雑さと新鮮さのバランスが非常によい。フルーティーで、複雑で、クリーミーで、洗練されていて、エレガント。これは単に長命なだけではないカバだ。
JB
$$ 飲み頃：2010年過ぎまで

Alain Robert *Réserve Le Mesnil Tête de Cuvée* 1986
アラン・ロベール　レゼルヴ・ル・メニル・テート・ド・キュヴェ 1986

産地　フランス、シャンパーニュ、コート・デ・ブラン
特徴　スパークリング辛口白ワイン、アルコール分12％
葡萄品種　シャルドネ

　シャンパン界では、強烈な印象の1985年の翌1986年は兄貴分の陰に隠れている。100％シャルドネのこのシャンパンの場合、それは惜しいことだ。アラン・ロベール氏の手にかかったこのヴィンテージ1986のワインは、生まれてから丸20年経って、力強さと微妙なニュアンスの両方を持つ非凡なワインになっている。

　ロベール氏は完璧主義の生産者であり、リリースされるシャンパン・キュヴェは最も若いものでも7年以上は熟成されている。彼はル・メニルが特別な葡萄畑であり、ここから生まれる若いワインは非常に強い酸味を出すので、そのミネラルのすばらしさを表現するには10年から20年が必要である――しかし与えられないことが多い――ことを知っている。

　この広大で多様なコミューン内の適切な区画を選ぶことも重要だ。最古の樹――この場合樹齢30年――は、ヴィンテージのテート・ド・キュヴェ（このワイナリーのフラッグシップワイン）のためにリザーブされている。1986は明るい黄金色が美しく、滋味のあるモモとアジアのスパイスが香る。口に含むと、完全なシャンパンであることがわかる。余韻があって非常に複雑だが、決して抽出過剰ではない。完璧だ。**ME**
$$$$ 飲み頃：2010年過ぎまで

ラベントス一族は17世紀の城、ライマットに住んでいる。

Champagne
THÉOPHILE ROEDERER & C°

MAISON FONDÉE EN 1864

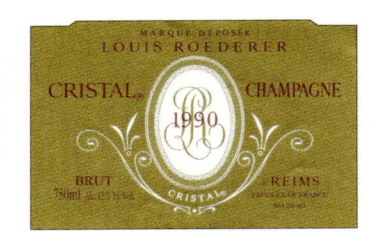

Louis Roederer
Cristal 1990

ルイ・ロデレール
クリスタル 1990

産地　フランス、シャンパーニュ
特徴　スパークリング辛口白ワイン、アルコール分12%
葡萄品種　ピノ・ノワール63%、シャルドネ37%

　このすばらしいクリスタルのヴィンテージは2000年記念ワインに使われたもので、レギュラーボトル8本分に相当する6ℓ入りのマチュザレムボトルに詰められた。新世紀を記念して2,000本だけ生産され、それぞれに番号が振られた。そのボトルを積んだコンテナが偶然壊されて、このワインはさらに希少になったという話があるが、真偽のほどはわからない。このマチュザレムボトルは象徴的地位を獲得し、自尊心の強いラッパーやロシアの大金持ちにとって欠かせない、究極の「見せびらかすための」ワインとなった。ロンドンで2007年4月、モヴィーダ・ナイトクラブでのイギリス人とドイツ人とロシア人の道楽者たちによる「撃ち合い」について、品の悪いうわさが流れた。使われたのは銃ではなくクリスタルのジェロボアム（3ℓボトル）。
　ワインそのもののことを言えば、1990の大きいボトルは通常の750mlボトルより少し高いドザージュを加えられているので、普通より甘めだ。2005年にロンドンで行われたクリスタル1990のマチュザレムとマグナムの比較テイスティングでは、少なくとも一部の鑑定家はマグナムのほうが上とした。小さいボトルのワインのほうが良質かもしれないが、2007年半ばにはマチュザレムがオークションのたびに1万6,000ドル以上で売れていて、どこまで上がるかわからない。**SG**

🍷🍷🍷🍷　飲み頃：2017年過ぎまで

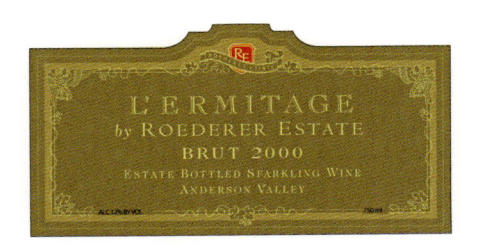

Roederer Estate
L'Ermitage 2000

ロデレール・エステート
レルミタージュ 2000

産地　アメリカ、カリフォルニア、メンドシーノ
特徴　スパークリング辛口白ワイン、アルコール分11.8%
葡萄品種　シャルドネ53%、ピノ・ノワール47%

　サンクト・ペテルブルクのエルミタージュ宮は、この都市の文化水準の高さの証であり、異国の地で働いていた建築家によって設計された。ロデレール・エステートのレルミタージュも同じだ。アメリカ生まれのワインだが、造り手の故郷のシャンパーニュについて多くを具現している。
　他のフランスの生産者が北米事業をもっと南で確立したのに対し、シャンパーニュのルイ・ロデレールは1981年にアンダーソン・ヴァレーの葡萄畑を購入した。当時ロデレール社長だったジャン・クロード・ルゾー氏は、他の何よりも長い成熟期間を重視して、西海岸のあちこちで土地を探し回った。彼が買った235haは、太平洋に近いことによる微気候が特徴で、海からの冷たい風と霧が気候を和らげ、果実を収穫するまでの期間がシャンパーニュと同じ100日まで延びる。
　葡萄の20%までがリザーブワインとなって蓄えられ、最高3年間オーク樽で熟成される。そのごく一部がレルミタージュへの道を進み、ワインにフィネスと深みを加える。1994年以降、ブレンドをソフトにするためにロットの5分の1までがマロラクティック発酵を施されている。毎年ランスのチームがカリフォルニアまで飛び、現在の醸造家のアルノー・ウェイリッチ氏がキュヴェをブレンドするのを手伝う。ブレンドは最高5年間、澱の上で寝かされる。**LGr**

🍷🍷🍷　飲み頃：2020年過ぎまで

← テオフィル・ロデレールは現在ルイ・ロデレールのセカンドラベル。

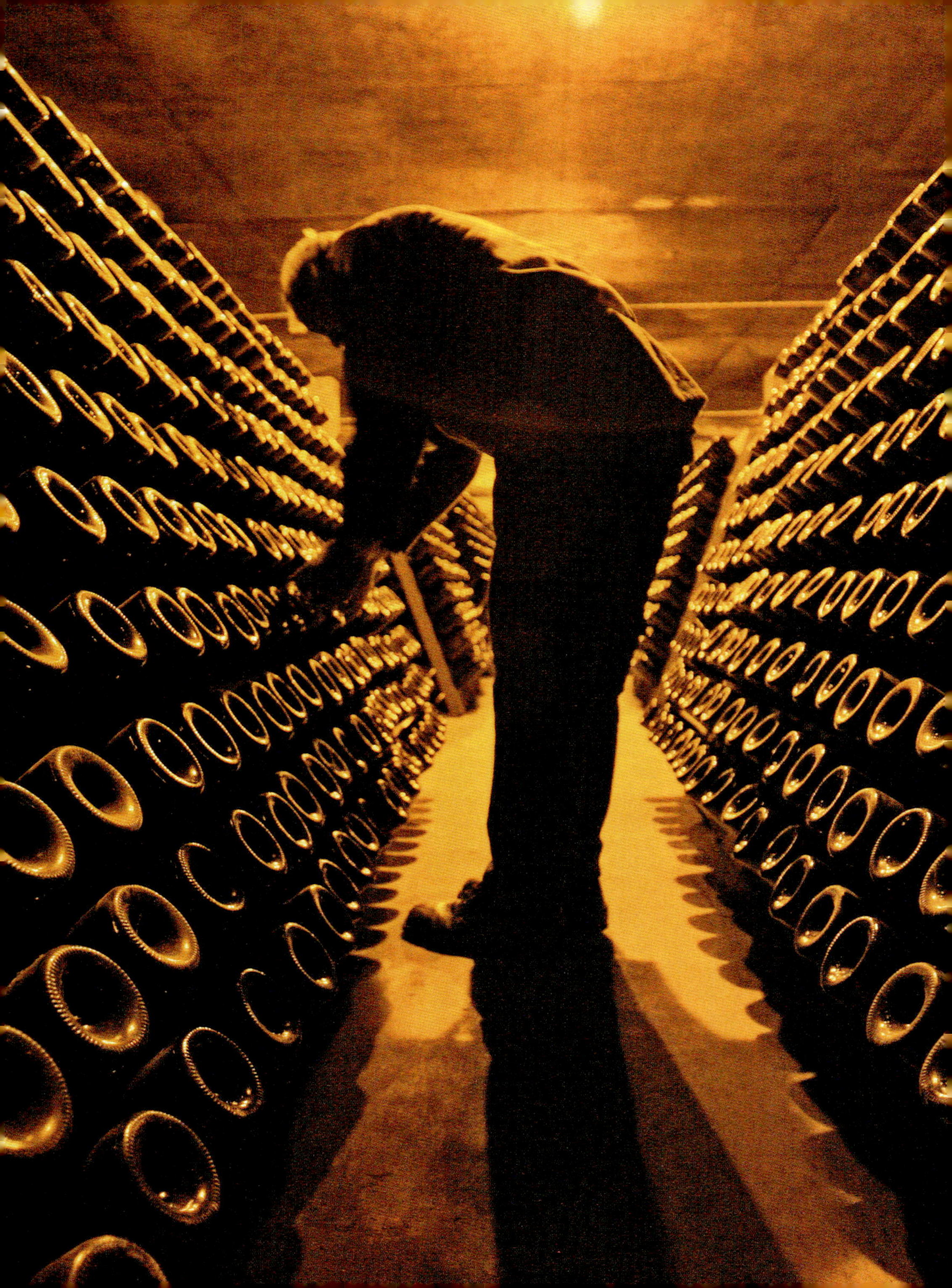

Salon
1996
サロン
1996

産地 フランス、シャンパーニュ、コート・デ・ブラン
特徴 スパークリング辛口白ワイン、アルコール分12%
葡萄品種 シャルドネ

　サロンは伝説であり、完璧主義の物語だ。サロンは必ずグラン・クリュ・ル・メニル産のブラン・ド・ブランであり、必ずヴィンテージが記され、そして、その最高の評判にふさわしいワインだとシェフ・ド・カーヴが考える時にのみリリースされる。サロンには樹齢40年の古木の葡萄のみが使われ、果実は手で摘まれ、選別される。まさに最高の年にしか造られないワインだ。

　1996がサロンの最優良ヴィンテージの1つであることは間違いない。その年すべてがうまくいき、シャルドネは完全に熟していたが、優良ワインの2つの条件である糖と酸が格別に豊富だった。

　このワインはほのかに緑がかったとても淡い黄色で、星のように明るいと同時に透明で、生き生きしている。香りはすばらしく複雑。最初の青リンゴがレモンとグレープフルーツに変わり、さらに少し空気に触れると、芳醇な洋ナシとキウイが表れる。口に含んだサロン'96は大物で、力強く筋骨たくましいが、隠れた深みと繊細さがこれから20年、いや30年のうちにゆっくりと明らかになってくるだろう。経験豊富な人はこのヴィンテージを1928と比較する。このようなトップヴィンテージのサロンはまさに伝説である。**ME**
⑤⑤⑤⑤　飲み頃：2025年過ぎまで

J. Schram
2000
Jシュラム
2000

産地 アメリカ、カリフォルニア、カリストガ
特徴 スパークリング辛口白ワイン、アルコール分12.6%
葡萄品種 シャルドネ80%、ピノ・ノワール20%

　「刺激的な陽光、生い茂る葡萄樹、地下蔵の大樽と壜が、私の心に快い音楽を奏でる」。ロバート・ルイス・スティーヴンソンは1880年にジェイコブ・シュラム氏のダイアモンドマウンテンのワイナリーを訪れた後、著書『The Silverado Squatters』に書いている。しかしジャックとジェイミーのデイヴィス夫妻がここを1965年に買い取ったとき、ワイナリーは荒れ果てていた。2人はシュラムスバーグ・ヴィンヤーズを復活させ、アメリカで最高と言えるスパークリングワインを造り出した。シャルドネベースのテート・ド・キュヴェのJシュラム（初ヴィンテージは1987）は、初めてこのワイナリーを設立したカリストガ出身のドイツ理髪師に敬意を表した名前だ。

　ヒュー・デイヴィス氏とクレイグ・ローマー氏が率いるチームにとって決定的な要因は、太平洋に近い冷涼な気候の畑である。ジェイコブ・シュラム氏が中国人労働者に掘らせた丘の中腹の地下貯蔵庫で、ワインは6年近く澱とともに寝かされる。2000年には穏やかな春の後に涼しくて霧の多い夏が訪れたため、シャルドネは酸を保ち、より濃厚で高いアロマを醸し出した。前のヴィンテージよりも長く濃くリッチな味わいのある2000年のJシュラムは、ダイナミックなミカンと青リンゴとブリオッシュの風味が、調和のとれたミネラルを感じさせるフィニッシュへとつながる。**LGr**
⑤⑤⑤　飲み頃：2017年まで

← サロンのボトルは発酵による澱を取り除くために「動瓶」される。

Jacques Selosse
Cuvée Substance NV
ジャック・セロス
キュヴェ・シュプスタンス NV

産地 フランス、シャンパーニュ、コート・デ・ブラン
特徴 スパークリング辛口白ワイン、アルコール分12.5%
葡萄品種 シャルドネ

　グラン・クリュ・アヴィズにある、この象徴的な家族経営のドメーヌを率いるアンセルム・セロス氏は独創的な人物で、ブルゴーニュ白ワインの手造りのアプローチを、大規模でブレンド志向のシャンパンの世界に持ち込んだ。したがって、彼のワインはグラン・クリュのシャルドネの野心的で大胆な表現であり、それを最もよく表しているのが有名なキュヴェ・シュプスタンスだ。その味は他のどんなシャンパンとも異なり、どちらかというと非常にワインらしいワインに近い。シュプスタンスは100%アヴィズで、その調合が独特なのは、リザーブワイン（ブレンド中の古いワイン）にシェリー造りのようなソレラシステムが導入されているところだ。リザーブワインの3分の1が抜かれて、代わりに最新ヴィンテージのワインが注がれるので、複雑さを増すリザーブワインが永遠に造られる
　シュプスタンスの色は琥珀色に近いブロンズがかった金色。香りは並はずれていて、根を地中深くに張った葡萄の樹液の香気がある。続いてスパイスが感じられ、極上のシェリーの強い香りが表れる。口あたりはすべてを包み込む感じで、非常にしっかりしている。魚の燻製やタパスなど、地中海産の風味の強いものに合わせられる良質のシャンパンだ。**ME**

🍾🍾🍾🍾　飲み頃：リリースから10年強

Seppelt Great Western
Show Sparkling Shiraz 1985
セペルト・グレート・ウェスタン
ショー・スパークリング・シラーズ 1985

産地 オーストラリア、西ヴィクトリア
特徴 スパークリング辛口白ワイン、アルコール分13.5%
葡萄品種 シラーズ

　スパークリング・シラーズはオーストラリア独特の秘伝の名産品だ。シラーズの古木から「伝統的な」スパークリングワインの手法で造り、1年間大きなオーク樽で熟成させてから、壜内で2次発酵を施す。その後、9-10年も澱の上で寝かせてから澱引きをした後、リリース前のさらなる壜熟ですばらしく複雑になる。100年以上も前から続くそのスタイルは、複雑で、がっしりしていて、長生きできる。
　セペルトの物語は、ヨーゼフ・エルント・セペルト氏の話から始まる。彼はかぎ薬を作る裕福な薬剤師で、1851年にドイツからバロッサ・ヴァレーに家族とともに移り住んだ。そしてバロッサ・ヴァレーにセペルツフィールドと呼ばれている牧場を開くが、彼がゴールドラッシュに沸くヴィクトリアのグレート・ウェスタンに葡萄畑とセラーを買って、スパークリングワイン造りに携わるようになったのは、1918年のことだ。
　ショー・スパークリング・シラーズ1985は、いまだにとても美味しく飲める。カシスとともにコショウとスパイスが感じられ、さらに長期の壜熟による土や皮を思わせる香りもある。**SB**

🍾🍾🍾　飲み頃：リリース時

Sparkling wines

セペルトは19世紀に掘られたセラーを所有している。

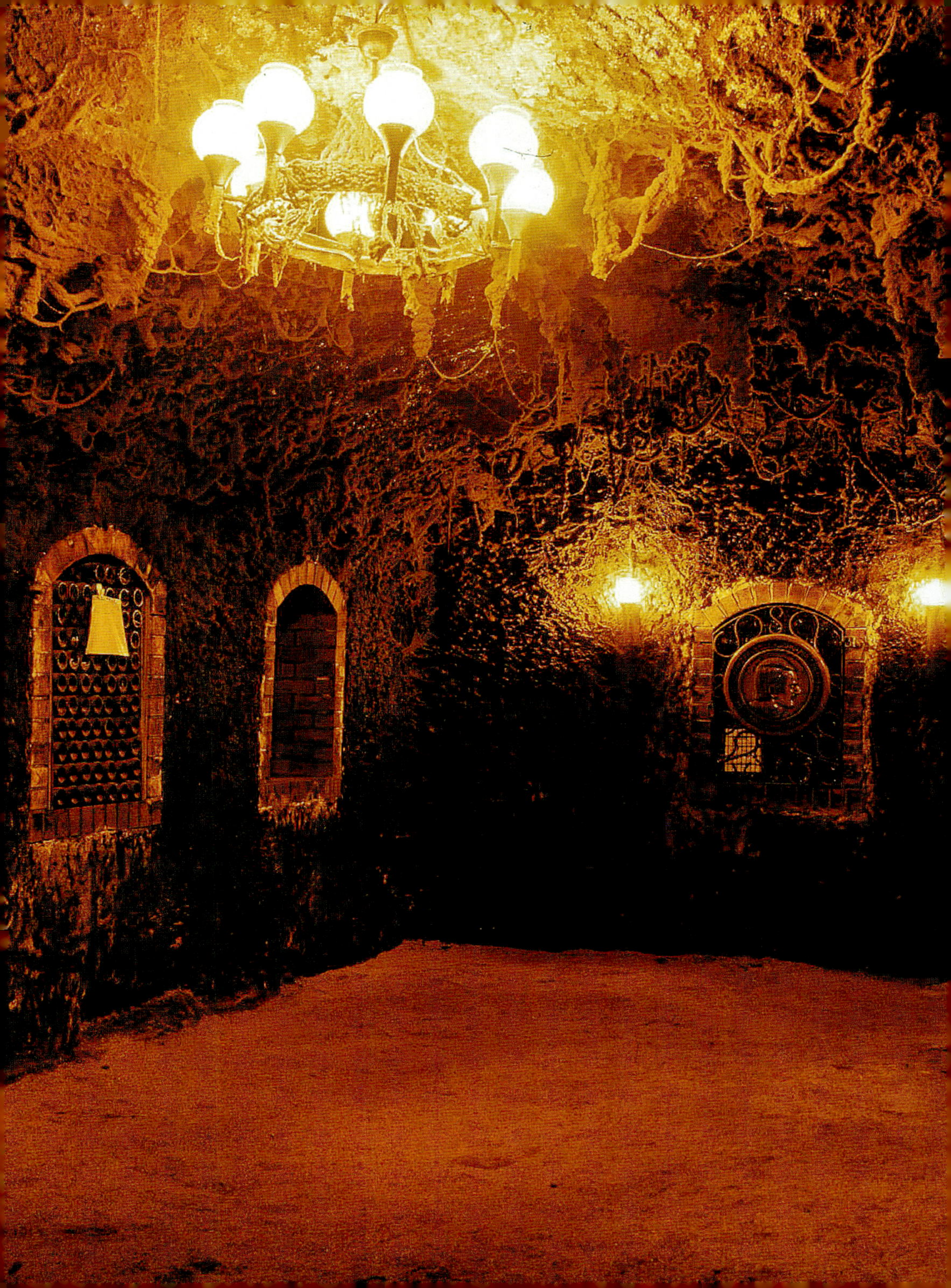

Soldati La Scolca
Gavi dei Gavi La Scolca d'Antan 1992
ソルダーティ・ラ・スコルカ
ガヴィ・デイ・ガヴィ・ラ・スコルカ・ダンタン 1992

産地　イタリア、ピエモンテ
特徴　スパークリング辛口白ワイン、アルコール分12%
葡萄品種　コルテーゼ

　21世紀初めまで、ガヴィは主に赤ワインの地区だったが、1940年代後半、ヴィットリオ・ソルダーティ氏が、地元のコルテーゼ種から造られる辛口白ワインの旗手として、ラ・スコルカ・ワイナリーを設立した。1980年代、現オーナーでヴィットリオの息子にあたるジョルジオ・ソルダーティ氏は、スパークリングワイン造りの「伝統的手法」を試し始める。そして、コルテーゼが澱の上で寝かされると、香りと風味に複雑さが増すことを発見した。

　このワインは最良の年にだけ、ガヴィ DOCG 地区にあるロヴェレート・スペリオーレの斜面で採れる最良の葡萄だけを使って造られる。最高10年熟成されてからリリースされる。派手なスターはもっと有名なシャンパーニュの銘柄を好むかもしれないが、ラ・スコルカはもっと多様で思慮深いファン層をうまく獲得している。2006年11月にトム・クルーズがケイティ・ホームズとローマ近郊の城で結婚したとき、彼らはラ・スコルカで祝杯をあげ、クルーズは「味わい深くて幸運をもたらすワイン」と明言した。15歳の1992はまだとても新鮮で生き生きしていた。香味は複雑で成熟していて、ブリオッシュとナッツを思わせる。**HL**
🍾🍾🍾　飲み頃：2010年過ぎまで

Taittinger
Comtes de Champagne 1990
テタンジェ
コント・ド・シャンパーニュ 1990

産地　フランス、シャンパーニュ、コート・デ・ブラン
特徴　スパークリング辛口白ワイン、アルコール分12%
葡萄品種　シャルドネ

　テタンジェ家はずっとシャルドネを愛し続けてきた。ハウスの最高級キュヴェであるコント・ド・シャンパーニュは、感動的なほど安定したシャルドネ100%のシャンパンで、原料はコート・デ・ブランのアヴィズ、クラマン、シュイイ、そしてル・メニルのグラン・クリュの葡萄のみ。格別の年にしか造られないこのワインは、タンクで発酵されてから、5%は4ヵ月間オーク樽で寝かされる。マロラクティック発酵と2次発酵を経て、澱の上で4年間熟成されてから澱を抜かれる。

　1990は安心できる淡い金緑色で、活気にあふれていることがわかる。泡はきめ細かく渦を巻き、アロマは繊細でほのかな木の香りが感じられるが、その下に深みがある。口に含むときびきびと引き締まっていて、味わいが長く続き、砂糖漬けのレモンとライムの円熟した香味が、極上のシャルドネに特有のナッツ風味でさらに高められている。

　総合すると最高にエレガントなコント・ド・シャンパーニュであり、これからまだ何年も生きるだろう。純粋さと慎みがあるので、最高の食前酒になるが、あっさりしたドーバー産のシタビラメのグリルや蒸したロブスターとも完璧にマッチする。**ME**
🍾🍾🍾🍾　飲み頃：2020年過ぎまで

RF
1914
GUERRE
M

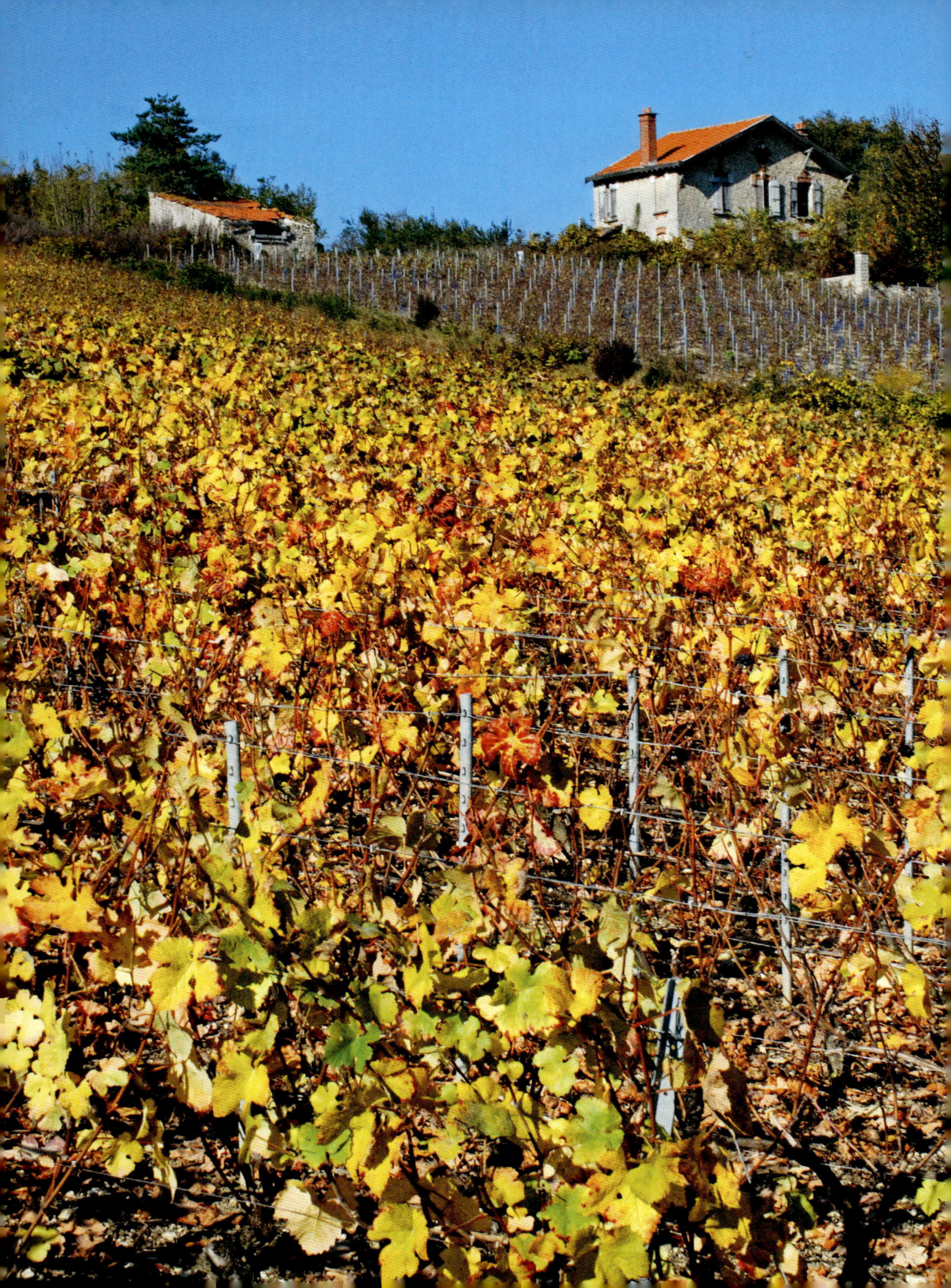

Tarlant
Cuvée Louis NV
タルラン
キュヴェ・ルイ NV

産地 フランス、シャンパーニュ、ヴァレ・ド・ラ・マルヌ
特徴 スパークリング辛口白ワイン、アルコール分12%
葡萄品種 シャルドネ50%、ピノ・ノワール50%

　小さなウイイ村を本拠地とするタルラン家は、ラベルに誇らしげに記されているとおり、1687年から代々葡萄を栽培し、1920年代からワインの元詰めを行っている。現在の家長であるジャン＝マリ・タルラン氏は、シャンパーニュワイン委員会の技術委員を務め、葡萄栽培技術協会の会長でもある。
　ジャン＝マリと息子のブノワは現在13haあまりの畑を所有していて、その大半はウイイにあるが、他の村の畑もある。一家は非常に多様なテロワールに細かく目を配り、いくつかの単一畑のヴァラエタルワインとともに、独創的な単一畑の高級キュヴェであるルイを生産している。このとびきり上等のワインは、一番古いレ・クラヨンの畑に1960年代に植えられたシャルドネとピノ・ノワールをブレンドし、完全に樽発酵させる。
　背面ラベルには壜詰めと澱抜きの両方の日付が明記されている。1995と1994のブレンドを1996に壜詰めし、7年後に澱抜きしたワインは、約12年後にすばらしいものになっていた。熟成したクリュッグのような複雑さ、力強さ、そして感動がある。その後のリリースも探し求めて特別な日のためにしまっておく価値が十分にある。**NB**
❂❂❂ 飲み頃：現行リリースを10年強

Agustí Torelló
Kripta 2002
アグスティ・トレリョ
クリプタ 2002

産地 スペイン、ペネデス、サン・サドゥルニ・ダノイア
特徴 スパークリング辛口白ワイン、アルコール分11.5%
葡萄品種 マカベオ、チャレッロ、パレリャーダ

　サン・サドゥルニ・ダノイアのはずれに位置するこの家族経営のハウスは、1950年代にアグスティ・トレリョ・マタ氏によって設立され、現在は4人の息子によって経営されている。葡萄の大半は自社の28haの畑で栽培されたもので、残りは彼らの厳しい区画管理に同意する地元の栽培者から買い付けている。
　スパークリングワインはすべて3種のカバ伝統白品種と、スパークリングロゼ専用の赤品種トレパットを使って造られる。それぞれの品種は特定の場所で栽培され、最終的なブレンドで特定の役割を果たす。沿岸のガラフ地区で栽培されるマカベオはフィネスとエレガンスを醸し、海抜200mという低地のチャレッロはボリュームとストラクチャーを加え、海抜500mのアルト・ペネデスのパレリャーダは酸味と爽やかさを与える。
　クリプタはボトルが個性的なアンフォラ型であるだけでなく、4年以上という長期熟成も特徴的だ。優れた葡萄を土台とするこの熟成期間が、繊細なクリーミーさときめ細かな泡、そしてアーモンドとブリオッシュとトーストの複雑な香りを醸しだす。口あたりは濃厚で心地よく、さらにトーストの余韻がある。**JB**
❂❂❂ 飲み頃：2010年まで

◀ 金色に染まったヴァレ・ド・ラ・マルヌの斜面の葡萄畑。

Sparkling wines | 117

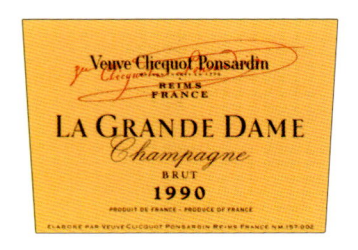

Veuve Clicquot
La Grande Dame 1990
ヴーヴ・クリコ
ラ・グラン・ダム 1990

産地 フランス、シャンパーニュ
特徴 スパークリング辛口白ワイン、アルコール分12%
葡萄品種 ピノ・ノワール61%、シャルドネ39%

　ラ・グラン・ダムは間違いなくシャンパーニュ屈指の高級キュヴェだが、系列会社のものほど目立たない。しかしそれは問題ではない。ラ・グラン・ダムは寡黙なワイン鑑定家のためのワインであり、コクとフィネスのバランスが見事なそのスタイルは、造り手であるクリコ前社長のジョゼフ・アンリオ氏とセラーマスターのジャック・ペテルス氏の確かな味覚を表している。

　3年連続の優良ヴィンテージ最後の1990年は、生育期が早く始まった。開花時期は例年より寒かったが、7月に始まった夏は8月が終わるまで続き、30年で最も多い日照時間を記録している。このすばらしい条件が、葡萄の樹に元気を与える適時の雨でさらに向上した。

　緑を帯びた美しい黄金色のこのワインは、きめ細かく繊細な泡が立ちのぼる。香りはすばらしく繊細かつ複雑。まず白い花と果実、それから少し柔らかくなって、キャンディーの香りが炒ったヘーゼルナッツとアーモンドの軽い香りでさらに引き立つ。口に含むとすばらしいコクと心地よい肉付きが際立つが、軽いクリーミーな面によってバランスが保たれている。最後の香味も格別で、いつまでも消えず、爽やかで上品だ。ME

$ $ $ $ $　飲み頃：2020年まで

Veuve Clicquot
La Grande Dame Rosé 1989
ヴーヴ・クリコ
ラ・グラン・ダム・ロゼ 1989

産地 フランス、シャンパーニュ
特徴 スパークリング辛口ロゼワイン、アルコール分12%
葡萄品種 ピノ・ノワール60%、シャルドネ40%

　フランス全土で1989年は猛暑の年だった。しかしクリコの栽培責任者と醸造家のチームは十分に有能で、彼らの才能がこのすばらしく成熟した高級ロゼに実現している。

　その名称は1805年の夫の死後に彼の葡萄畑を受け継いだ、バルブ＝ニコル・クリコ未亡人にちなんでいる。ピンク色のグラン・ダムは、伝統的な構成のクリコのシャンパンで黒葡萄が主体だが、フィネスが重視されている。このグラン・ダムの調合は、アイとヴェルズネイとアンボネイとブージーのすばらしい畑で生まれたピノ・ノワールが60%、アヴィズとオジェとル・メニルのグラン・クリュのシャルドネが40%でバランスを取っている。その特別な品質の鍵を握るのが、ブージーの中心にあるクリコの最上級畑──レ・センシエル──の優れた赤ワインをブレンドすることだ。

　この1989は金赤の上品な暖色で、縁にほのかにレンガ色が見える。香りはもちろん濃く力強く、黒イチジクとナツメヤシと柔らかなスパイス、とくにヴァニラのエキゾチックなアロマだ。口に含むと、太陽の暖かさが充満している。官能的で心地よく、確実に進化しているが、20回目の誕生日を迎えても非常に良好な状態にある。ME

$ $ $ $ $　飲み頃：2012年まで

レオン・コニエが1859年に描いたクリコ未亡人（1777-1866年）の肖像画。

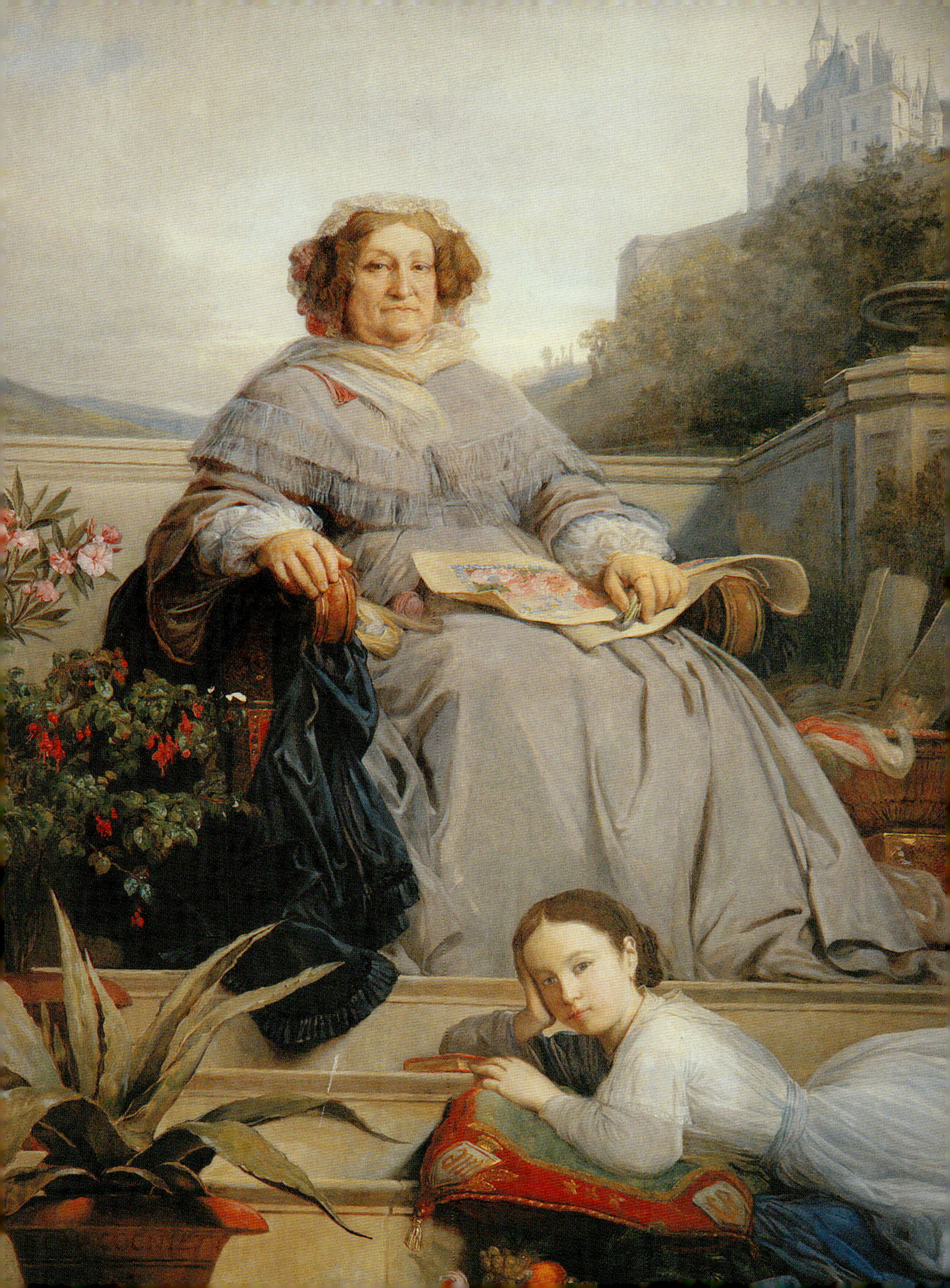

Veuve Fourny *Cuvée du Clos Faubourg Notre Dame* 1996

ヴーヴ・フォーニー
キュヴェ・デュ・クロ・フォーブル・ノートルダム 1996

産地 フランス、シャンパーニュ、コート・デ・ブラン
特徴 スパークリング辛口白ワイン、アルコール分12%
葡萄品種 シャルドネ

シャンパーニュの他のヴーヴ（「未亡人」）ほど有名ではないが、この家族経営の小さなハウスは、信頼性、独創性、そしてワインの品質に誇りを持っていい。1856年創業のこのハウスを現在経営しているのは、4代目のマダム・モニク・フォーニーと5代目になる2人の有能な息子、シャルル＝アンリとエマニュエルだ。

プルミエ・クリュのヴェルテュ村を本拠地とするこのドメーヌは、コート・デ・ブランの12haに40あまりの区画を所有している。1960年代と70年代に植えられた古い樹が多く、すべてが入念に手入れされている。ワイン造りのいくつかの段階に、エマニュエルがブルゴーニュで取得した技が反映されている。たとえば、デブルバージュ（清澄）の後に健康な白い澱を再び加え、バトナージュ（撹拌）しながらブルゴーニュ樽で発酵する。

ラインナップのトップには2つの極上ワインが並ぶ。キュヴェRはNVブレンド。亡き夫であり父であるロジェに捧げられたもので、彼自身の初期のワインと同じように、3種の葡萄から造られる。もう1つがブラン・ド・ブランのキュヴェ・デュ・クロ・フォーブル・ノートルダムで、こちらはさらにすばらしい。原料を栽培しているのはシャンパーニュで公式にクロと認められている9つのうちの1つ——わずか0.13ha——で、1950年代にシャルドネを植えられている。発酵に使われる樽は一般にキュヴェRに使われるものより新しい（2-4年ではなく2年もの）が、同じく発酵には天然酵母が使われ、澱が撹拌され、マロラクティックが施され、濾過せずに壜詰めされる。1996年のような優良年にはヴィンテージワインとして造られる。濃厚で魅惑的であるとともに繊細で持続的なので、シャンパーニュで最も探し求められているワインの1つに入れる価値がある。**NB**
🍾🍾🍾 飲み頃：2016年まで

Vilmart *Coeur de Cuvée* 1996

ヴィルマール
クール・ド・キュヴェ 1996

産地 フランス、シャンパーニュ、モンターニュ・ド・ランス
特徴 スパークリング辛口白ワイン、アルコール分12%
葡萄品種 シャルドネ80%、ピノ・ノワール20%

ヴィルマールはモンターニュ・ド・ランス北部の中心地、リリー・ラ・モンターニュを本拠地としている。ここのキュヴェをはじめ同社のワインの大部分にシャルドネが、しかも80%もブレンドされているのは、非常に珍しいことだ。ヴィルマールがモンターニュ・ド・ランス東部に位置しているのであれば、これは例外ではなく普通のことだろう。しかし北部と南部の斜面の主流はピノ・ノワールだ。

ヴィルマールのシャンパンの品質に影響する最も大切な要因は、その畑に適用されているきわめて高水準の葡萄栽培技術である。真っ先に有機栽培を取り入れ（1968年）、バイオダイナミック農法に移り（1980年代）、そして1998年に「レゾネ」栽培に変えた。手入れの行き届いた畑に並んだ樹は間を草で覆われ、厳密に剪定され、有機肥料のみを最低限だけ与えられる。収穫量を少なくしているので、グラスから勢いよく立ちのぼる強い熟した香りが生まれるが、飲む人のほとんどが最初に気づくのはオーク香だ。1980年代後半から90年代前半にかけてのヴィンテージはオークが強すぎるのは確かだが、1996年のクール・ド・キュヴェで、ヴィルマールの樽発酵技術の開発は難関を克服した。

クール・ド・キュヴェ1996はあっという間に売り切れて、ヴィルマールには資料用の在庫さえ1本も残っていない。しかし1992や1993のような非常にオーク香の強いヴィンテージのクール・ド・キュヴェでも、マグナムボトルで12年ほど過ごして気品が出ている。ただし、いくぶんモンラッシェか、場合によってはコルトン・シャルルマーニュのようではある。残念ながら（そして信じがたいことに）、ヴィルマールは1996年にマグナムのクール・ド・キュヴェを造っていない。**TS**
🍾🍾🍾🍾🍾 飲み頃：2030年過ぎまで

約束の地から葡萄を運ぶ古代イスラエル人が描かれたヴィルマールの窓。

BOTRVS

MARGARET R

CHARDONN

2005

PIERR

Vintaged at Caves Road Wil

Margaret River region of

750
ml

WINE OF AUSTRAL

FROM MARGARET RI

VER

in the
tralia
3.5%
vol

White *Wine*

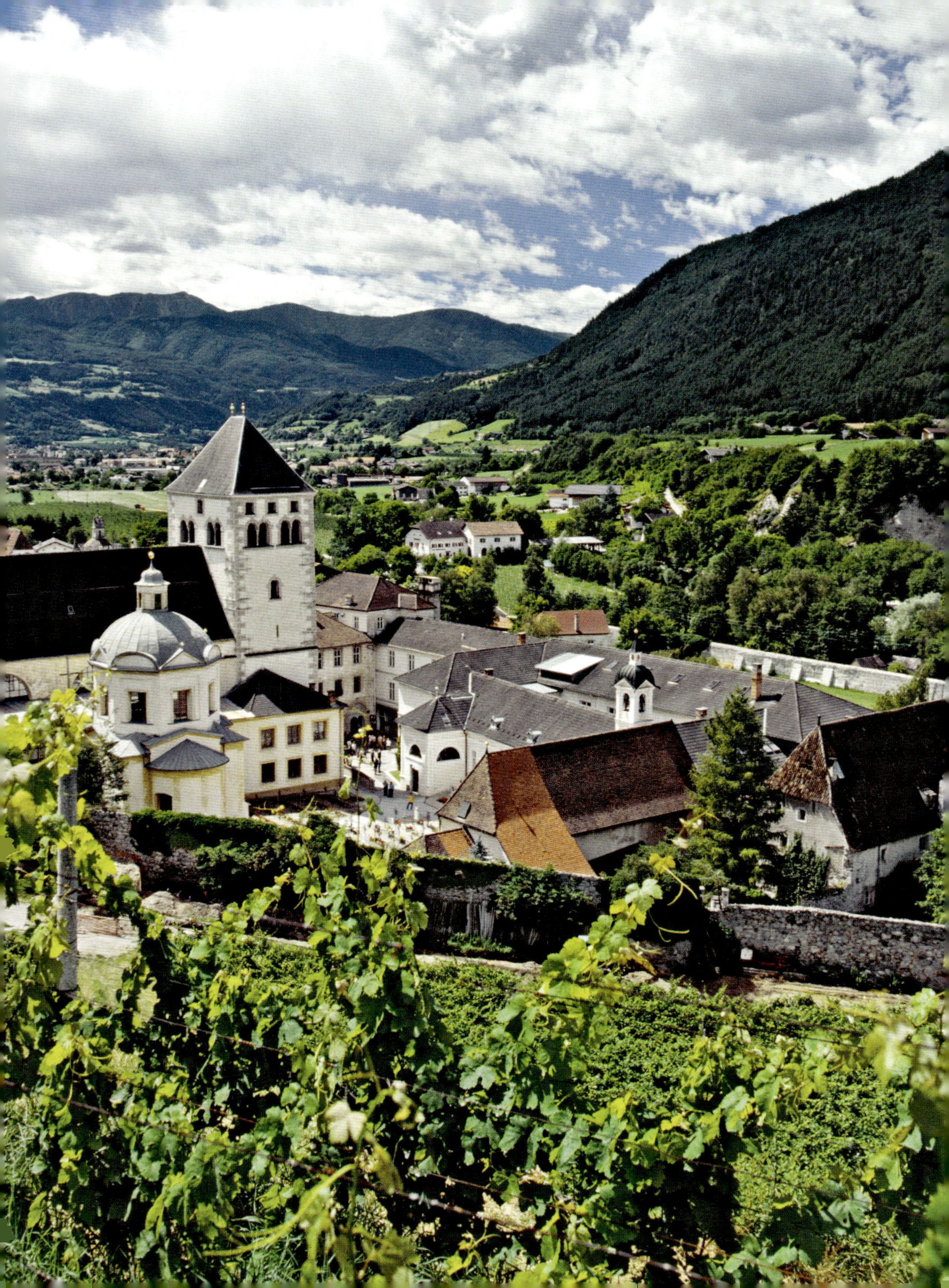

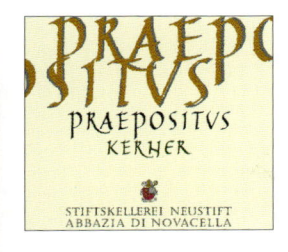

Abbazia di Novacella
Praepositus Kerner 2002
アバツィア・ディ・ノヴァチェッラ
プレポージトゥス・ケルナー 2002

産地　イタリア、アルト・アディジェ、ヴァレ・イサルコ
特徴　辛口白ワイン、アルコール分13.5％
葡萄品種　ケルナー

　1142年に設立されたアバツィア・ディ・ノヴァチェッラは、聖地へ向かう巡礼者の宿であり、ヨーロッパ全土に知られる重要な文化の中心地だった。今日のアバツィア（依然として修道会が運営）は近代的な会議センターに変わり、最先端技術を誇り、レストランと宿泊設備を擁している。さいわいワイナリーも健在で、主に地元（チュートン系）品種からワインを造っていて、その品質は最高レベルだ。

　このプレポージトゥス・ケルナー 2000を飲めば、ケルナーがお気に入り品種のリストに名を連ねるだろう。葡萄は高度650〜931mにある選り抜きの葡萄畑で収穫されたもの。土壌は主に砂質で小石が非常に多いため、理想的な水はけが実現している。収穫は10月末頃に行われ、イタリアの他のほとんどの地域とは違って、ここでは2002年がほぼ理想的なヴィンテージだった。ワインの醸造と熟成はステンレスタンクで行われた。それもあって、すばらしく純粋で生気にあふれた香味、壜熟でさらに増す複雑さ、際立つストラクチャー、そしてかなりの長命が期待できる。**AS**

🅢🅢 飲み頃：2012年まで

Alzinger
Loibenberg Riesling Smaragd 2005
アルツィンガー
ロイベンベルク・リースリング・スマラクト 2005

産地　オーストリア、ヴァッハウ
特徴　辛口白ワイン、アルコール分13.5％
葡萄品種　リースリング

　ロイベンベルクでは片麻岩と片岩がレス（氷河作用でできた塵）のあちこちに隠れている。少なくとも中世から耕作されているこのドナウ川沿いの畑とウンターロイベン村は、1805年11月11日、オーストリアとロシアの連合軍がそれまで負け知らずのナポレオン軍に猛攻撃をしかけたときに壊滅した。

　アルツィンガー父子の静かな自信は、彼らのワインに表れている。このリースリング・ロイベンベルク2005は、核果類、根菜、柑橘の皮、ハーブ、そして鉱物的なニュアンスを含んだ刺激性のミネラルが持つ、内向きのくすぶっている強さを——いかにもヴァッハウのリースリングらしく——見せていき、フィニッシュでようやく完全な表現へと爆発する。

　ヴァッハウの2005年は収穫期が短く水分が十分で、エキスが非常に多かった反面、腐敗するおそれもあった。葡萄樹はストレスを受けなかったが、慎重な枝の管理と選別しての摘み取りが必要だった。このスマラクト——この地方の最もリッチな辛口白ワインを指す名称であると同時に、晩秋にこの地方の岩棚に現れるエメラルド色のトカゲの名でもある——が実証しているように、条件が厳しくても、リースリングを媒体にしたロイベンベルクの輝かしい表現は必ずしも妨げられない。**DS**

🅢🅢🅢 飲み頃：2015年まで

◀ ケルナーの畑の脇に立つアバツィア・ディ・ノヴァチェッラ。

Roberto Anselmi *I Capitelli*
Veneto Passito Bianco 2001
ロベルト・アンセルミ
イ・カピテッリ・ヴェネト・パッシート・ビアンコ 2001

産地 イタリア、ヴェネト、ソアーヴェ
特徴 甘口白ワイン、アルコール分12.5％
葡萄品種 ガルガーネガ

　ロベルト・アンセルミ氏はカーレース界を経てワイン業界に入ってきた人物で、近年、ヴェネトのワイン造りの静かな世界をフェラーリで突っ切ったようだと言ってよいだろう。1948年に父親が創立した家族のワイナリーを1980年代に引き継ぎ、ソアーヴェで3種類の白ワインと1種類のレチョート方式のデザートワインを造っている。ソアーヴェという世界的に知られたイタリアのDOCの資格を与えられていたにもかかわらず、彼は自分のワインに「IGTヴェネト」のラベルを貼っている。
　なぜそれほど強く抵抗したのか。彼の感じているところによると、ソアーヴェというブランドは差し当たり軽く見られていて、このDOCが大量生産する毎日がぶ飲みするための風味のない代物のせいでイメージが悪いため、自分のワインがその名称と結びつくことで悪影響を受けるのを心配している。
　甘口ワインになるイ・カピテッリの畑の葡萄は、伝統的なパッシート方式で加工される。収穫の後に編んだ竹の上で干されるので、空気に触れてだんだんに乾いていき、糖と酸と風味が同時に濃縮する。ソアーヴェではあまり行われていないギュヨー整枝法は、葡萄の収穫量をかなり抑えるので濃縮を助ける。フレンチオーク樽での発酵によってさらにスパイシーなアロマが加わる。
　若いイ・カピテッリは深い黄金色で、アカシアのハチミツと砂糖漬けのレモンと炒ったカシューナッツの香りを放つ。口に含むと、モモのような甘さとしっかりしたわずかに渋みさえある酸味の最高のバランスが衝撃的だ。この組み合わせのおかげでこのワインに決してはずれはなく、甘美な2003ではすべての要素が完璧な共生のハーモニーを奏でている。イタリアのクリーミーなブルーチーズに合わせて飲むとぴったりだ。**SW**
❂❂　飲み頃：2020年過ぎまで

Yannis Arghyros
Visanto NV
ヤニス・アルギロス
ヴィサント NV

産地 ギリシャ、サントリニ
特徴 甘口白ワイン、アルコール分14％
葡萄品種 アッシルティコ

　ギリシャ本土とクレタ島のほぼ中間にある巨大なクロワッサンのような形をしたサントリニ島は、一見したところ、土壌が火山性で風が強いうえ、夏の湿気を生むのが多量の夜露しかないことから、葡萄畑には向かない土地に思われる。しかしここにも葡萄栽培のメリットがある。フィロキセラがこの島までは到達せず、島には1920年代以前からの非常に古い樹もあるのだ。サントリニの主要品種である土着の白葡萄、アッシルティコは島の気候に非常によく合っていて、きちんと手をかければ酸を保ち、ワインにすばらしい爽やかさが生まれる。
　ヤニス・アルギロス氏はサントリニで最高の——おそらく最高の——葡萄畑をいくつか所有し、自然の恵みを最大限に活用すると決意している。ヴィサントは干し葡萄から造られるごく伝統的なサントリニの甘口ワインで、19世紀にはロシア正教会の聖餐用ワインだった。ヤニス・アルギロス氏のヴィサントは最上質の部類に入る。収穫量を抑えているうえ葡萄を乾燥させるため、葡萄30kgから10本相当のワインしかできない。ヤニスは1970年代のヴィンサントの樽も持っていて、彼のヴィンサントはさまざまなヴィンテージを慎重にブレンドして造られる。
　歳月がヤニス・アルギロス氏のヴィンサントを魅惑的な琥珀色に変える。香りと口あたりには信じられないような濃度が表れていて、干したイチジクとナツメヤシとプルーンのアロマと風味がある。苦味のあるオレンジの皮の香りが味わいに切れを加えていて、このワインの甘さや滑らかな舌触りと調和している。**GL**
❂❂❂❂　飲み頃：リリース時

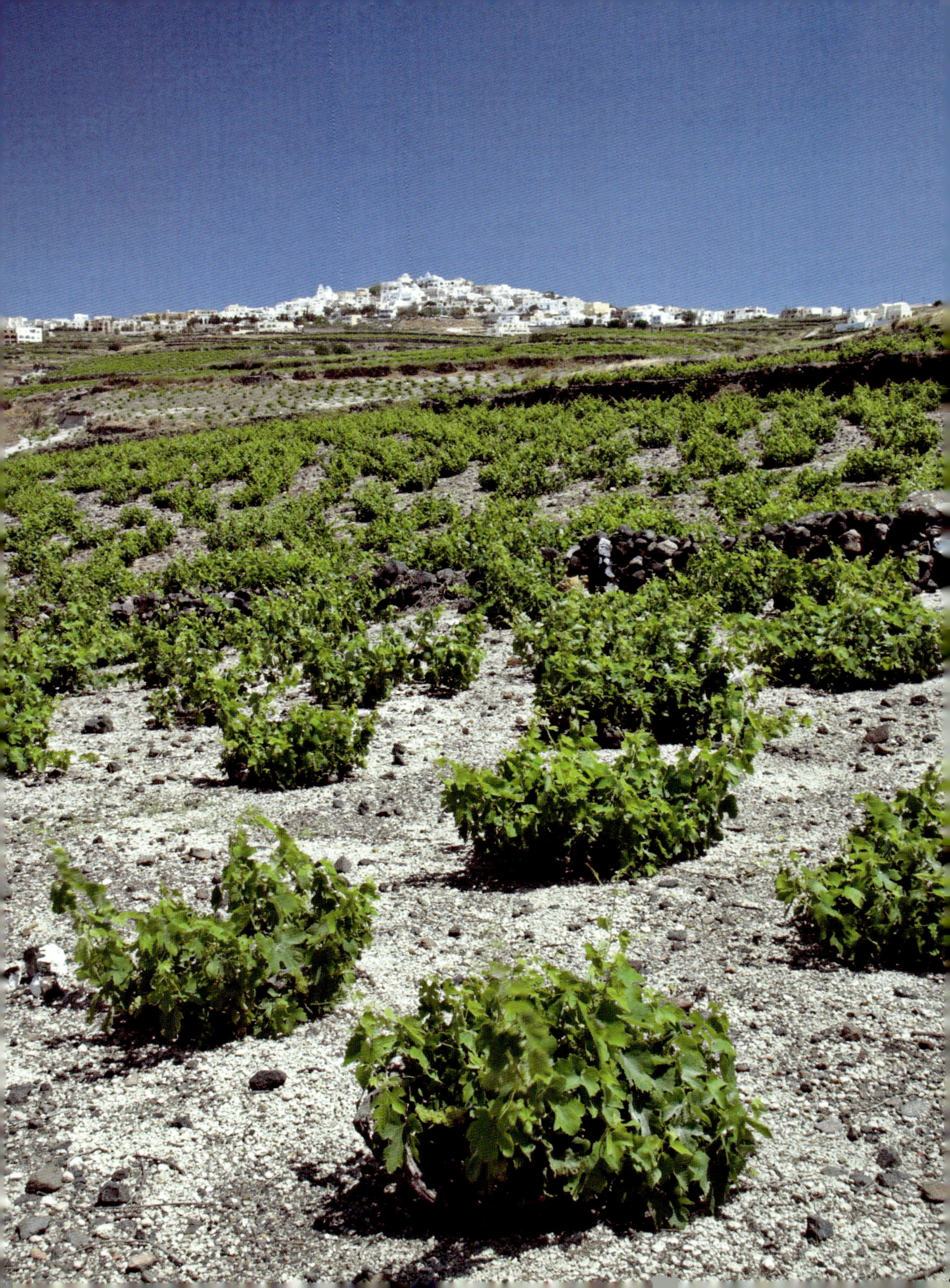

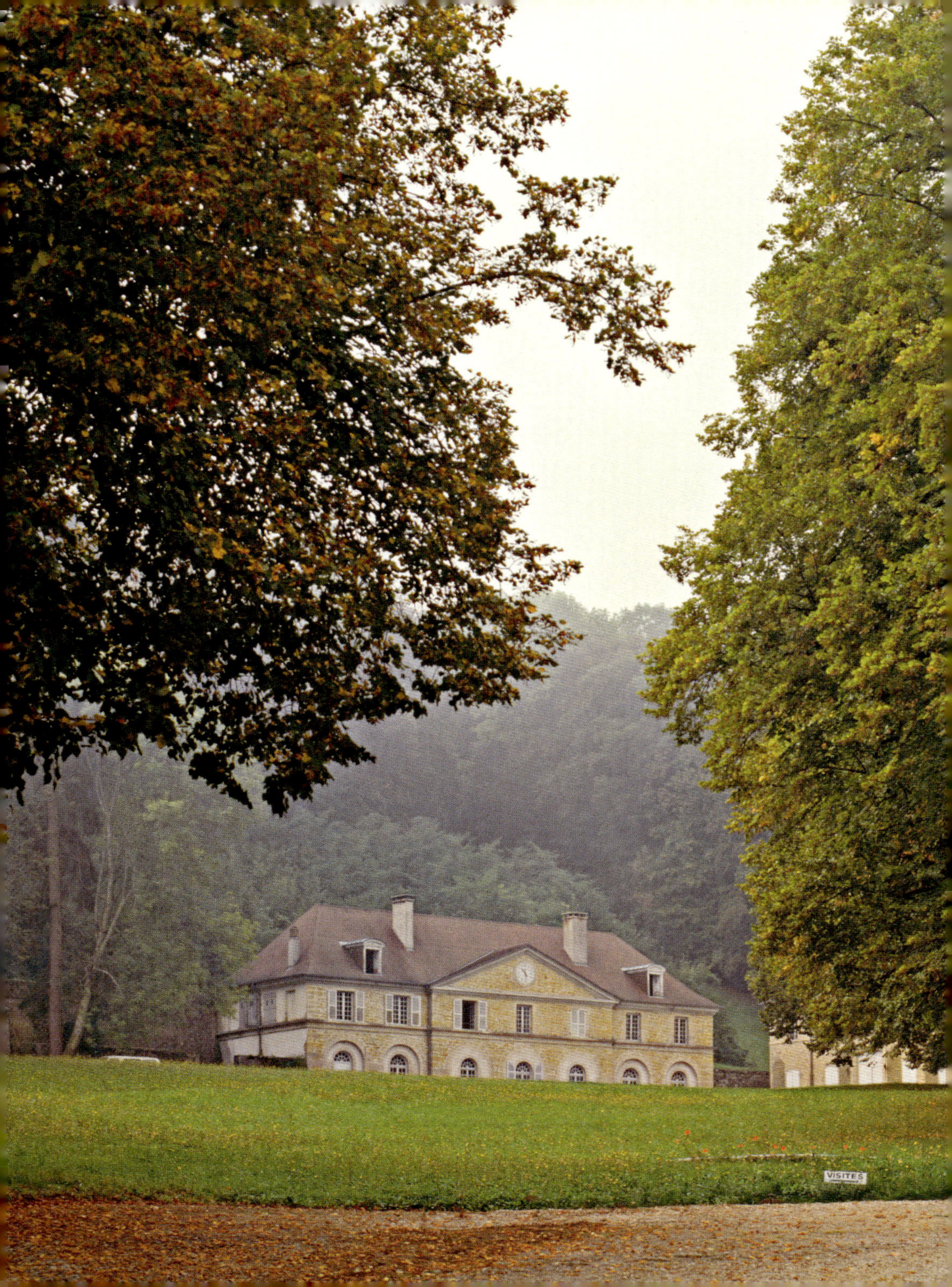
VISITES

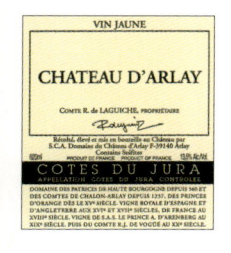

Château d'Arlay
Côtes du Jura Vin Jaune 1999

シャトー・ダルレイ
コート・デュ・ジュラ・ヴァン・ジョーヌ 1999

産地　フランス、ジュラ、コート・デュ・ジュラ
特徴　辛口白ワイン、アルコール分13.5%
葡萄品種　サヴァニャン

　何キロにもわたって見渡せる——古い城の崩れた城壁が小さな丘の頂上を取り囲み、その下の斜面に葡萄畑が広がる。アラン・ド・ラギッシュ伯爵の近代（18世紀）のシャトーは丘のふもと、ジュラ山脈の西の縁にあるアルレイ村のすぐ上にある。シャトー・ダルレイ・ヴァン・ジョーヌで最初に名声を確立したのは伯爵の父親だった。この地には有名な泥灰土の層がいくつもあるが、土壌は主に石灰石だ。約3.5haのサヴァニャンがまったく異なる2つの区画で栽培されている。

　シャトー・ダルレイは伝統的な手法でワインを造り、必要な6年3ヵ月を経て毎年1月に壜詰めする。通常、シャトーでは4種類以上のヴィンテージを試飲することが可能で、とくに注目すべきは各ヴィンテージが示す香味の強さである。1999は目覚しく、ラギッシュ氏は「シャトー・ダルレイの最高傑作」と考えている。長期熟成に必要なすばらしいストラクチャーがあるとともに、砂糖漬けのフルーツやマッシュルーム、そしてタバコの香味まである。なぜか優雅であると同時に濃厚なのだ。WL

🍷🍷🍷　飲み頃：2025年過ぎまで

Domaine d'Auvenay
Chevalier-Montrachet GC 2002

ドメーヌ・ドーヴネ
シュヴァリエ=モンラッシュ・GC 2002

産地　フランス、ブルゴーニュ、コート・ド・ボーヌ
特徴　辛口白ワイン、アルコール分13%
葡萄品種　シャルドネ

　ラルー・ビーズ=ルロワ夫人は、ヴォーヌ・ロマネを本拠地とするドメーヌ・ルロワと、オークセイ・デュレスを本拠地とするネゴシアン会社のメゾン・ルロワの両方を、他の株主と一緒に所有していたが、現在は所有していない。さらに、過去20年以上の歳月をかけて少しずつ、自分の個人的なワイナリーも築いてきた。合わせて4haで決して大きくはない。しかしこの地所には、マジ=シャンベルタン、ボンヌ=マール、クリオ=バタール=モンラッシェ、そしてシュヴァリエ=モンラッシェなどが含まれていて、シュヴァリエ=モンラッシェの場合は樽2つ半を造ることができる。彼女はこの区画を1990年代初めに、ピュリニー=モンラッシェのシャルトロン・ドメーヌから買った。ル・モンラッシェの北の塀から斜面を上ったドゥモワゼルに広がっている。

　ルロワの畑の収穫量はぎりぎりまで抑えられていて、他の3分の1以下だろう。しかし濃厚なワインが得られる。この2002はモンラッシェの他の場所では見られない力を持っている。ブルボディで、厳しくはないにしても、今は若々しい。辛口だがコクと深みがあり、多面的で、上品で、堂々としている。CC

🍷🍷🍷🍷🍷　飲み頃：2015年-2035年

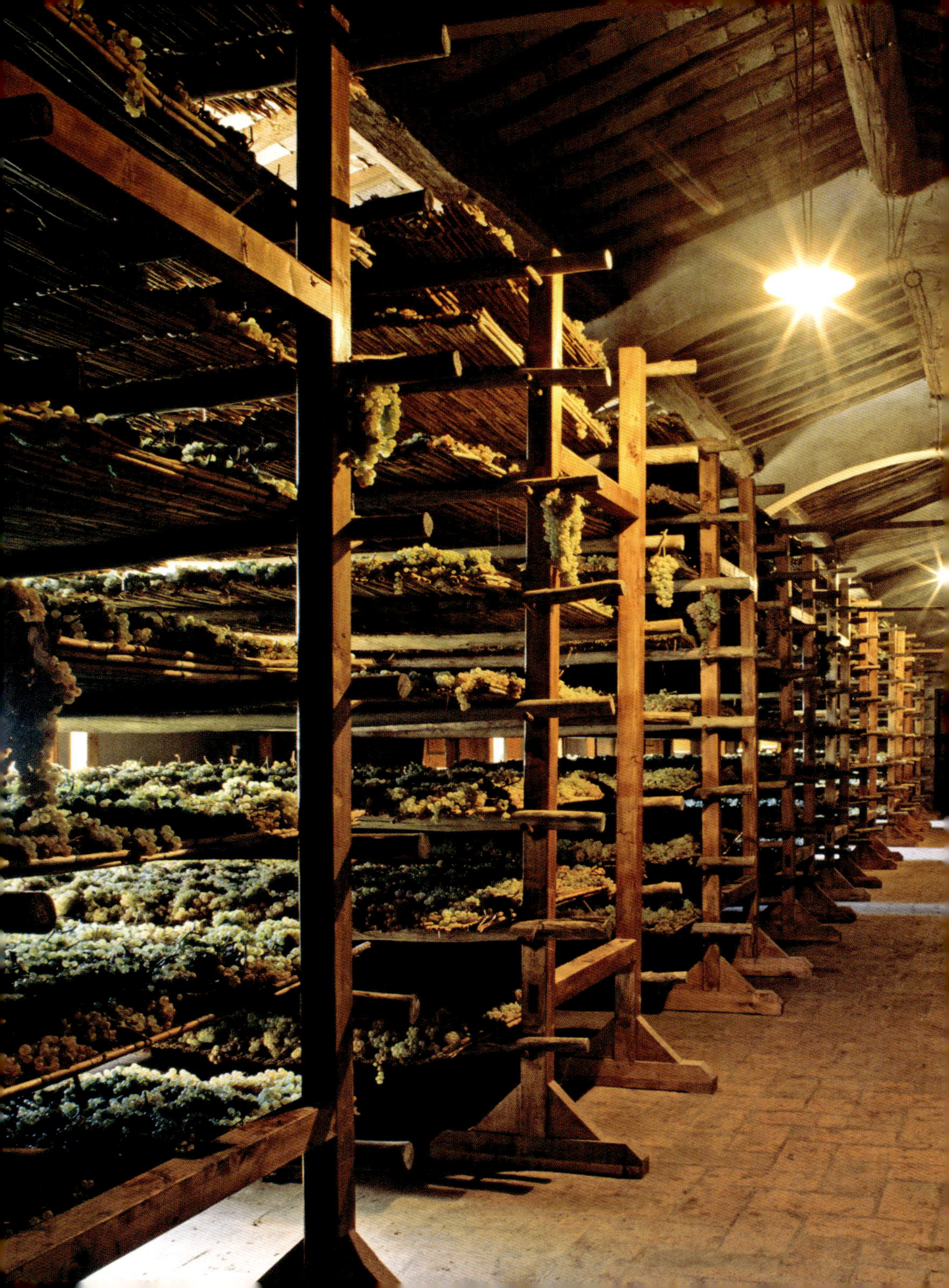

Avignonesi *Occhio di Pernice Vin Santo di Montepulciano* 1995

アヴィニョネージ オッキオ・ディ・ペルニーチェ・ヴィン・サント・ディ・モンテプルチャーノ 1995

産地 イタリア、トスカーナ、モンテプルチアーノ
特徴 甘口ロゼワイン、アルコール分16%
葡萄品種 プルニョーロ・ジェンティーレ

　オッキオ・ディ・ペルニーチェ（「ヤマウズラの目」の意、ピンクがかった色合いから）は赤葡萄のみから造られるヴィン・サントの総称だ。ただし、ヴィン・サントという特別な甘口ワインは白が主体。長年このワインを生産していたのは、1974年に初めてリリースしたアヴィニョネージだけだった。

　このワインは、モンテプルチアーノに見られるサンジョヴェーゼの地元種であるプルニョーロ・ジェンティーレのみから造られる。原料となる最上の葡萄は、籐のマットの上で6カ月以上も乾燥させるアッパッシメントという工程を通る間に、元の水分の70パーセント以上を失う。ゆっくり1滴ずつ搾り出されたマストは、ほとんど油のような粘度があり、糖度もアルコール度も高い。この濃密な果汁がカラテッリと呼ばれる小さいオーク樽で10年間寝かされる。

　バートン・アンダーソン氏によると、アヴィニョネージのオッキオ・ディ・ペルニーチェは「イタリアで最も愛されている甘口ワインかもしれない」。心地よい舌触りの非常に洗練されているこのワインには、干した果物、イチジク、そしてスパイスを思わせる複雑なブーケがあり、熟成したコニャックを連想させる。芳醇な香味と甘さがしっかりしたタンニンや並はずれた余韻とバランスを保っている。**KO**

⑤⑤⑤⑤　飲み頃：2020年過ぎまで

Jim Barry *The Florita Riesling* 2005

ジム・バリー フロリタ・リースリング 2005

産地 オーストラリア、南オーストラリア、クレア・ヴァレー
特徴 辛口白ワイン、アルコール分13.5%
葡萄品種 リースリング

　サウス・オーストラリアのクレア・ヴァレー中心部にあるウォーターヴェールのフロリタ畑は、1960年代、70年代のすばらしいレオ・ブーリング・リースリングを産み出していた。1980年代半ば、オーストラリアのワイン産業は葡萄の供給過剰に直面し、たくさんの葡萄畑が売りに出された。ジム・バリーは1986年にリンデマンからフロリタを格安で買い、それ以来この畑は、ジェフリー・グロセット氏のポリッシュ・ヒルやウォーターヴェール、リーシングハムのクラシック・クレアと並ぶにふさわしい、クレア・ヴァレー・リースリングの最高の実例となっている。

　まろやかでエキゾチックで豊かな香味のフロリタ2005は、口に含むと心地よい極上の舌触りだ。アロマはレモンとライムを思わせると同時に、ミカンとグレープフルーツも感じる。フロリタ畑の証の1つであるミネラル感もある。非常に濃厚でまろやかだが、クレアの最高級の酸味のおかげですばらしい新鮮さを保ち、それがわずかな甘みをくるんでいる。ただし2005はまったく残糖なしの極辛口に造られた。たいがいのクレア・リースリングと同じように、このワインは熟成に必要なストラクチャーを持っているが、酸と果実味が最も生き生きしている若いうちに味わうのがベストかもしれない。**SG**

⑤⑤　飲み頃：2012年過ぎまで

アヴィニョネージの白ヴィン・サント用に籐のマットの上で干されている葡萄。

Dr. von Bassermann-Jordan *Forster Pechstein Riesling* 2005
ドクター・フォン・バッサーマン=ヨルダン　フォルスター・ペヒシュタイン・リースリング 2005

産地　ドイツ、ファルツ
特徴　辛口白ワイン、アルコール分13%
葡萄品種　リースリング

　有名な葡萄畑を擁する小さな村フォルストは、パラティネート中心部のミッテルハート地区のスーパースターとされている。完璧なミクロ気候と、玄武岩堆積物のおかげで他に類のない貴重な畑土に恵まれている。フォルストのテロワールの中でも、ペヒシュタインほど鉱物学的な特異点を研究されている場所は他にない。この名前は火山性の黒い石を思い起こさせる（ペヒシュタインとは松脂岩を指すドイツ語）。

　およそ3800万年前、ライン・リフト・ヴァレーの陥没が起こったとき、地殻がもろくなったために、いくつかの場所で地中奥深くから液状マグマが噴出し、地表で固まって玄武岩となった。フォルストには長さ640m 幅182mの小さな堆積があるが、ミッテルハートの斜面ではここだけだ。ペヒシュタインの土壌中の玄武岩脈を除いて、今日地表に見えている玄武岩は、これまでに人間の手によって葡萄畑に運ばれてきたものである。パラティネート森林のはずれにある冷涼な溶岩ドームから採取されたのだ。

　ペヒシュタイン特有のミネラル組成は、このトップワイナリーのワインで味わうことができる。ドクター・バッサーマン=ヨルダンは200年の経験と知識を蓄積している。ペヒシュタインのリースリングのアロマは、砂糖漬けの柑橘類や、場合によっては火山の煙の強い香りを思わせる。このワインにははっきりしたバックボーンがあり、辛口ワインでも卓越した熟成ポテンシャルがある。**FK**

ⓢⓢ　飲み頃：2015年まで

さらにお勧め
他の優良ヴィンテージ
2002・2004
同生産者のワイン
ダイデスハイマー・ホーエンモルゲンおよびカルコーフェンルッパーツベルガー・ライターファド、フォルスター・キルヒェンシュトゥック

ローマ皇帝プロブス（232-282年）に敬意を表したラベル。

Weingut Geheimer Rat
Dr. von Bassermann-Jordan
D-67146 Deidesheim

Pfalz

2005
Pechstein
Forst

Dom. Patrick Baudouin
Après Minuit Coteaux du Layon 1997
ドメーヌ・パトリック・ボードアン
アプレ・ミニュイ・コトー・デュ・レイヨン 1997

産地　フランス、ロワール、アンジュー
特徴　甘口白ワイン、アルコール分6.29%
葡萄品種　シュナン・ブラン

　元労働組合主義者のパトリック・ボードアン氏は、曽祖父母のマリアとルイ・ジュビー夫妻が創立したワイナリーを1990年に引き継いだ。この情熱的なワイナリー経営者は10年と経たないうちに、華麗に甘い独特のワインで名声を確立した。このワインは、それまで斜陽していたコトー・デュ・レイヨン地区の再活性化に少なからぬ役割を果たしている。
　アプレ・ミニュイは、低いアルコール度と高い残留糖度によってアペラシオン規制に逆らっている、因習打破のワインだ。ボードアン氏にとって、このドメーヌのシュナン・ブランの古木とテロワールを常識的に尊重することのほうが、あまり良心的でない葡萄栽培者に糖を加えることでアルコール度を上げるように奨励してきた規則よりも、はるかに重要なのだ。
　1997年という夢のヴィンテージのアプレ・ミニュイは、2回目のトリ（選別）で収穫された潜在アルコール度数が28.4度の葡萄から造られ、発酵に1年近くかけている。残糖が373g/lあり、柑橘類や果樹園の果物の並はずれたコクと濃密さが表れており、「真夜中過ぎ」という名が示すとおり、のんびりと考えごとをしたり気のおけない友達と話したりしながら楽しむべきワインだ。**SA**
🟢🟢🟢　飲み頃：2030年まで

Domaine des Baumard
Quarts-de-Chaume 1990
ドメーヌ・デ・ボーマール
カール・ド・ショーム 1995

産地　フランス、ロワール、アンジュー
特徴　甘口白ワイン、アルコール分12.5%
葡萄品種　シュナン・ブラン

　1957年、ジャン・ボーマール氏はカール・ド・ショームの6haを手に入れた。この畑の名前の由来は中世にまで遡る。アンジェのロンセレー大修道院の修道士たちが、ショーム村の葡萄樹を賃貸ししていて、賃料として収穫から最良の4分の1（カール）が納められたが、それは決まってカール・ド・ショームのものだったのだ。この地域は1954年に独自のサブアペラシオンとして認められた。
　このアペラシオンのワインはとてつもなく純粋で、紛れもない繊細なストラクチャーを示しており、とくに1990のようなベンチマークとなるヴィンテージでそれが顕著だ。レイヨンでも最高レベルだったこの年、暑く乾燥した夏の後の9月と10月は温暖で、定期的な朝霧が貴腐に理想的な環境をつくり、収穫の80％が貴腐化した。
　ボーマールでは、過熟または貴腐化したシュナン・ブランのみが通常3回のトリ（選別して摘むこと）によって手作業で収穫され、その後すぐに、葡萄を無傷に保って酸化を避けるための浅い箱に収められてワイナリーに運ばれる。ドメーヌ・ボーマールは1966年から空気圧搾を採用しており、これが温度管理されたステンレスタンクでの発酵とともに、ボーマールの爽やかさや果実やテロワールの非常に純粋な表現を生み出している。**SA**
🟢🟢🟢　飲み頃：2015年まで

Ch. de Beaucastel *Châteauneuf-du-Pape Roussanne VV* 1997

シャトー・ド・ボーカステル
シャトーヌフ゠デュ゠パプ・ルーサンヌ・VV 1997

産地 フランス、南部ローヌ
特徴 辛口白ワイン、アルコール分13.5%
葡萄品種 ルーサンヌ

　数十年にわたって、ボーカステルのペラン一家はシャトーヌフ゠デュ゠パプで最も上質の最も安定した赤ワインを造ってきた。しかし一家は、ミディ全体の中でも最も注目すべき白ワインも造っている──それが、樹齢65年以上のルーサンヌから造られるこのヴィエーユ・ヴィーニュだ。ワインにオークのアロマや風味が出すぎないよう、半分はタンクで発酵し、残りを1年ものの樽で発酵している。

　白のシャトーヌフは不思議なワインだ。非常に暑い地域で栽培され、必然的に酸の低い葡萄から造られているが、熟成させることができる。若いうちに美味しく飲めるものが多いが、4年から8年の間は沈黙の時期で、それが過ぎると新たに開花する。赤のシャトーヌフがあまり際立っていない1987年のようなヴィンテージが、白ワインにとって最高であることが多い。ルーサンヌ・ヴィエーユ・ヴィーユも例外ではなく、1997はすばらしい見本だ。非常に豊かな果物の香りにアプリコットとマルメロがほのかに混じり、テクスチャーは豊満でグリセロールに富んでいる。肉付きがよくフルボディで濃厚だが、重いワインではなく、驚くほど香りが長く続く。**SBr**

😊😊😊😊　飲み頃：2012年まで

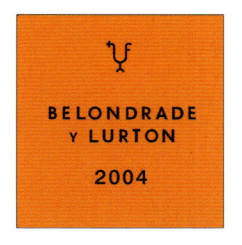

Belondrade y Lurton *Rueda* 2004

ベロンドラーデ・イ・リュルトン
ルエダ 2004

産地 スペイン、ルエダ
特徴 辛口白ワイン、アルコール分14%
葡萄品種 ヴェルデホ

　ディディエ・ベロンドラーデ氏はスペインを愛するフランス人で、カスティーリャを旅したとき、ルエダのワインの原料となる白葡萄のヴェルデホも気に入った。ベロンドラーデ・イ・リュルトン1994の初ヴィンテージがリリースされたとき、スペインの白ワイン界に革命が起きた。ほとんどのルエダ・ワインは早飲みに向く新鮮でフルーティーなスタイルで造られていたが、これは偉大な白ブルゴーニュスタイルのルエダである。

　2004年はこの地方では良好なヴィンテージで、ベロンドラーデのワインはバランスがよく、木の香りが葡萄と調和している。色は淡い黄色、若いときは香りにオークの影響が表れていて、典型的なヴェルデホの表情──新鮮な干草とリンゴ──だけでなく、オレンジの皮やわずかなバルサムが感じられる。口に含むとクリーミーだが爽やかで、バランスのよい酸味があり、口の中に長く残って、余韻にはわずかに苦味のひねりがきいている。このワインはヴィラージュ・ブルゴーニュのスタイルでうまく熟成する。濡れた羊毛の香りが進化し、木の香りが完全に溶け込むと、白亜質のミネラルがよりはっきりと感じられる。**LG**

😊😊　飲み頃：2012年まで

Paul Blanck
Schlossberg Grand Cru Riesling 2002
ポール・ブランク
シュロスベルグ・グラン・クリュ・リースリング 2002

産地　フランス、アルザス
特徴　辛口白ワイン、アルコール分12%
葡萄品種　リースリング

　シュロスベルグは1975年にアルザスでいの一番に境界を定められたグラン・クリュだが、その原動力となったのがマルセル・ブランク氏だ。ブランク家の葡萄栽培の起源は1610年まで遡るが、このワイナリーが現在のような活発なハウスに進化し始めたのは、20世紀後半になってからのことだ。今日、経営を仕切っているのはフレデリックとフィリップのブランク兄弟。36haの地所には、グラン・クリュのフルシュテンタム、マンブール、シュロスベルグ、ソンメルベルグ、ヴィネック=シュロスベルグのほか、アルテンブール、グラフレーベン、パテールガルテン、ローゼンブールの各リュー・ディなどがある。

　ブランク家は毎年60種類のワインを造っているが、いわゆる特製ワインはシュロスベルグ・グラン・クリュ・リースリングだ。この特級畑は80haほど広がり、カイザースベルグ村とキーンツハイム村に分かれている――北東端が文字どおり分裂している（つまりグラン・クリュの他の部分から離れている）。南向きと東南向きの斜面は大部分が非常に険しく、高度200mから300mまで急に上っていて、その多くが段々畑になっている。土壌はミネラルに富む粗い沖積の粘土質の砂で、下にマグマ性花崗岩の岩盤がある。2002はミネラル分と美味しいコクがまれにみる取り合わせになっている。**TS**

🅢🅢🅢　飲み頃：2022年まで

Blue Nun
2005
ブルー・ナン
2005

産地　ドイツ、ラインヘッセン
特徴　やや辛口白ワイン、アルコール分9.5%
葡萄品種　ミュラー・トゥルガウ70%、リースリング30%

　ブルー・ナン・リープフラウミルヒのブランドは、1921年にH・ジッヘル・ゾーネによって売り出された。そのラベルは、当時典型的だったゴシック文字と長い込み入った名前を使ったドイツワインのラベルに代わるものとして、消費者に親しみやすいデザインだった。「ナン（修道女）」は、教会の隣にあったリープフラウエンシュティフトと呼ばれる単一畑のワインが、リープフラウミルヒの起源であることを暗に示している。

　数年間、売上が落ち続けた後、1996年にドイツ人家族が経営するラングーツ社がジッヘルを買収する。ラングーツはこのワインをリープフラウミルヒ――ドイツの広大な地域に適用される包括的な名前で、そのワインにはリースリングが入っていなくてよい――から、上級のクヴァリテーツヴァインに格上げした。つまり、葡萄は指定された地域（ブルー・ナンの場合はラインヘッセン）のものでなくてはならないということだ。現在のブルー・ナンはブレンドにリースリングが30%以上含まれ、残留糖が42g/ℓから28g/ℓへと減らされて、以前より著しく辛口のスタイルで造られている。

　ブルー・ナンはまだ低品質のもの連想させるかもしれないが、それでもマーケティングとブランド再生は成功し、万人向けにあらゆるものをそろえている。ラングーツによると、「たいていの食べ物に合う万能ワインであり、それだけで飲むのもよい」**SG**

🅢　飲み頃：現行リリース

ブルー・ナンはもともとウォルムスにあるこの教会の畑に由来する。

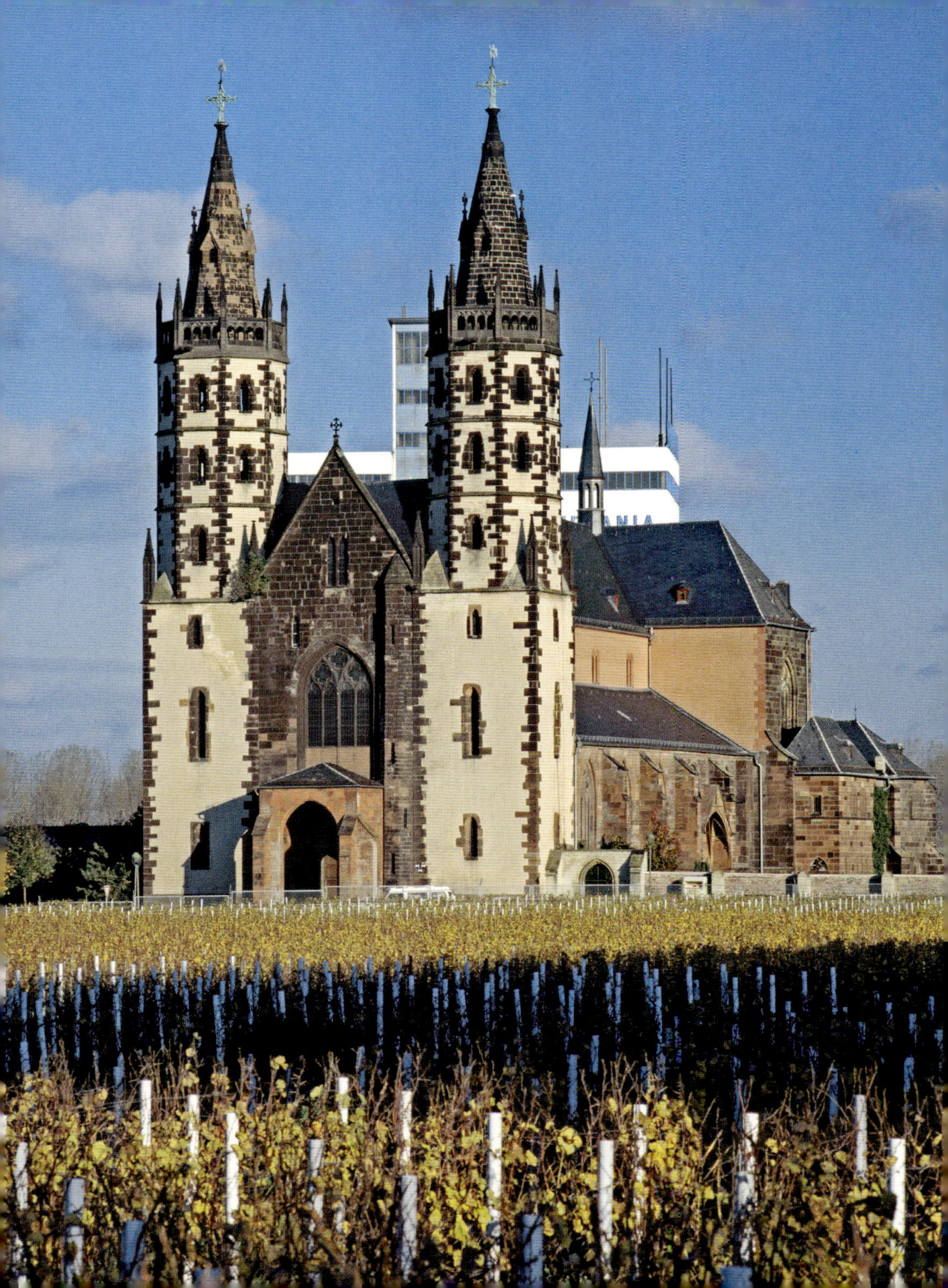

Dom. Jean-Marc Boillot
Puligny-Montrachet PC Les Folatières 2002

ドメーヌ・ジャン=マルク・ボワイヨ
ピュリニー=モンラッシェ・PC・レ・フォラティエール 2002

産地 フランス、ブルゴーニュ、コート・ド・ボーヌ
特徴 辛口白ワイン、アルコール分13.5%
葡萄品種 シャルドネ

　名高いエティエンヌ・ソゼ氏のワイナリーが1980年代に畑地の一部を手放したとき、それを獲得したのは、エティエンヌ・ソゼ氏の孫であり、元オリヴィエ・ルフレーヴのワイン醸造家（そしてワイン醸造家の息子）であるジャン=マルク・ボワイヨ氏だった。

　プルミエ・クリュのワインがすべてその高い値段に見合う価値があるわけではないが、このピュリニー=モンラッシュは、正にプルミエ・クリュの模範だ。JMボワイヨのワインは完成されたスタイルを追求しているが、多くのブルゴーニュのシャルドネが現在目指しているような、豊かで肉付きのよいオーク香のするものではなく、もっとさっぱりした古典的なスタイルだ。純粋なミネラルの核があり、確かに樽熟成されているにもかかわらず、オーク香の付け方は慎重で、控えめとさえ言える。若いときは原料の濃縮した果汁を反映する銅鉄のような緊張感があるが、年とともに丸みのあるソフトな面が出てきて、つねに印象的なテロワール感を保っている。

　レ・フォラティエールはピュリニー・プルミエ・クリュの中でもよく知られている最大の畑で、その日当たりは偉大なシュヴァリエ=モンラッシェ・グラン・クリュにも匹敵する。すばらしい2002年は、1996年以来最高と思われる極上の白ブルゴーニュを生んだ。ボワイヨのレ・フォラティエール2002は、モモとレモンの強い香りに、ほのかに溶かしバターが混ざっている。口に含むと、上品でシックだが焦点がはっきりしていて、生き生きした酸味がモモの果実味と調和している。3年ものを味わったとき、フィニッシュはかなりしっかりしていたがそれでもまだ固く丸まっていて、もっと開花させるにはさらに時間をかけて壜熟させる必要があった。**SW**

🅢🅢🅢　飲み頃：2017年まで

ピュリニー=モンラッシェ近くに新しく植えられた葡萄樹 ➡

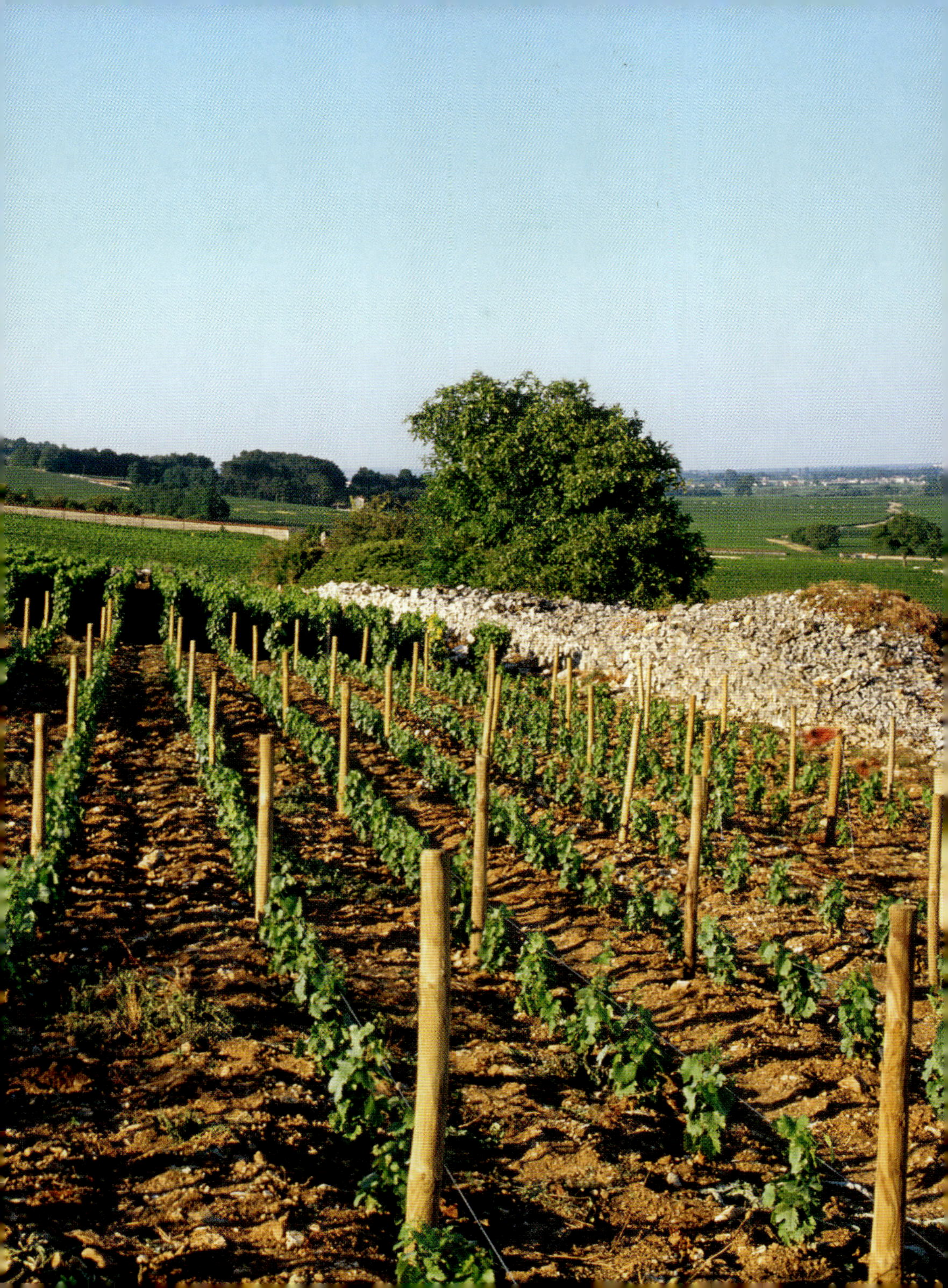

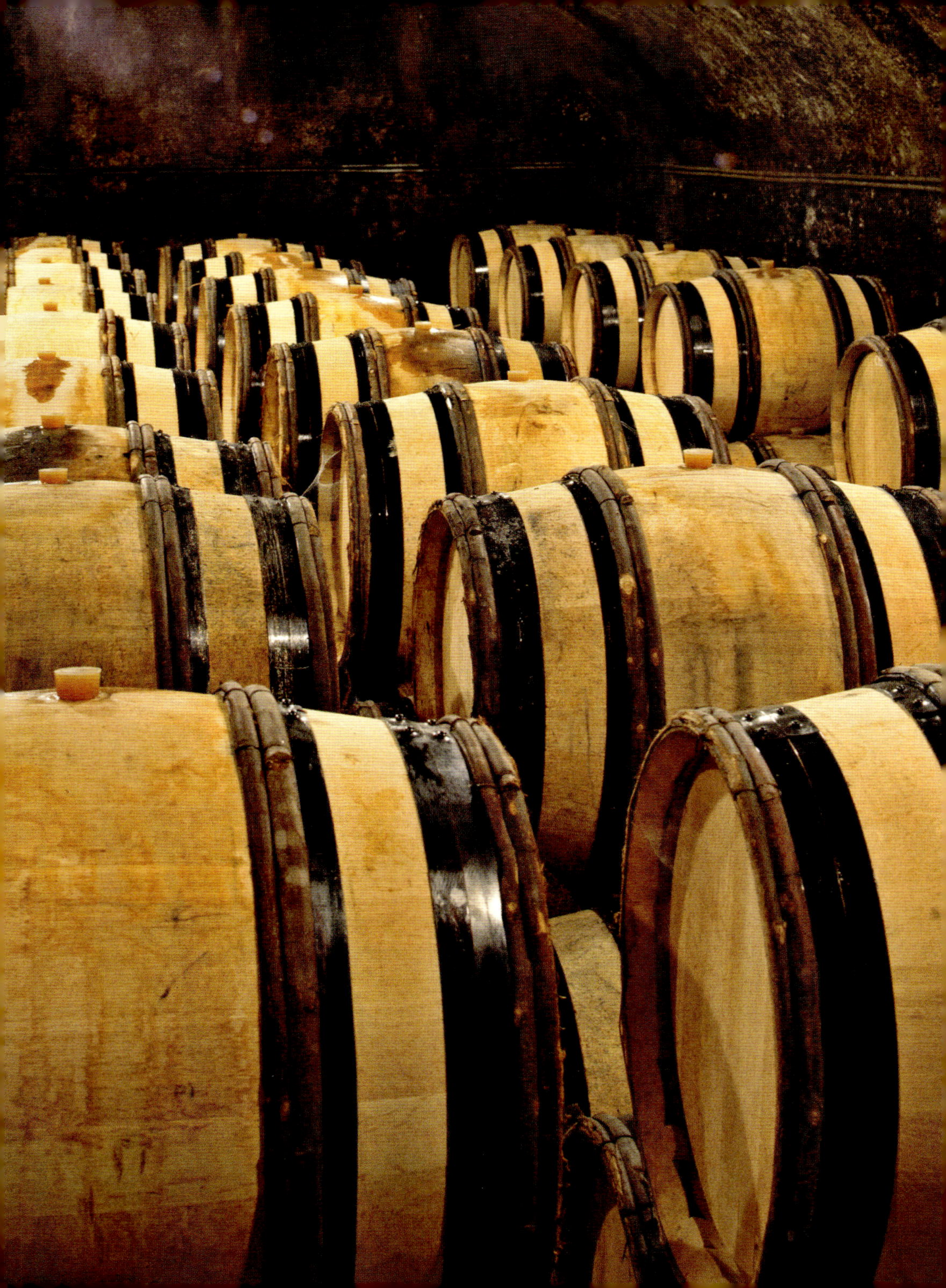

Dom. Bonneau du Martray
Corton-Charlemagne GC 1992

ドメーヌ・ボノー・デュ・マルトレー
コルトン＝シャルルマーニュ・GC 1992

産地　フランス、ブルゴーニュ、コート・ド・ボーヌ
特徴　辛口白ワイン、アルコール分13％
葡萄品種　シャルドネ

　建築家としての教育を受けたジャン＝シャルル・ル・ボー・ド・ラ・モリニエール氏は、1994年、ボノー・デュ・マルトレーの家族の資産を受け継いだ。ドメーヌが所有する9.5haの一続きの地所は、すばらしいコルトンの丘のペルナン側にある。この地を所有していた9世紀のシャルルマーニュ皇帝が、ここで栽培された葡萄から造られる白ワインに自分の名前をつけたのだ。名高いドメーヌ・ド・ラ・ロマネ＝コンティのほかに、ブルゴーニュでグラン・グリュ（赤のコルトンもある）だけを売るドメーヌはここだけだ。

　1992年の白ブルゴーニュは、酸性度が一般的に低めだったが、熟度が高くてフルボディのワインができたと、当時ひどく誇大に宣伝された。ニューヨークのワインショップでオークションハウスでもあるアッカー・メラル・アンド・コンディットのジョン・カポン氏は、2007年3月にボノー・デュ・マトレー1992を味わい、「バターで焼いてブラウンシュガーをかけたベーコンを思わせるハチミツのような甘い香りがして……まだまろやかで風味がある」と記している。若いときは刺すように純粋で新鮮だが、熟成とともにコクが出てナッツの風味が加わり、ハチミツとタフィーとキャラメルの香りを醸すが、依然として底にあるミネラルがおのずとわかる。**SG**
🍷🍷🍷　飲み頃：2010年過ぎまで

Bonny Doon
Le Cigare Blanc 2004

ボニー・ドゥーン
ル・シガール・ブラン 2004

産地　アメリカ、カリフォルニア、サンタ・クルーズ
特徴　辛口白ワイン、アルコール分13.5％
葡萄品種　ルーサンヌ73％、グルナッシュ・ブラン27％

　ローヌの北と南の白葡萄のブレンドは、フランスの白ワインではそれほど称賛されないと言ってよい。重たいものになりがちで、石のように硬い野暮な重さがそれほど芳香を放つこともなく、熟成しても何も面白いものは現れない。だが、ランドル・グラハム氏を信用して常識を書き換えてほしい。

　シガール・ブランの場合、ルーサンヌのかすかなミネラルがワインのバックボーンを形成するのに用いられている一方、グルナッシュ・ブランの部分が果実とスパイスのアロマを和らげ、思いがけない奥行きを加えている。このワインにはかすかに白桃が感じられ、ほのかなサフランとスイカズラも散りばめられている。2004年は注目に値するよいワインを生み出したが、その理由はおもに、グルナッシュ・ブランの割合が通常より高かったことだ。それ以前の年は3％しかなかった。なぜもっと頻繁にこのワインを心に響くものにしないのだろう。

　収穫量を抑えていることが、このワインのテクスチャーの濃密さに貢献している。舌にねっとりとまとわりつく感じが13.5％のアルコールによって高められていて、これについては意見が分かれるかもしれない。
SW
🍷🍷🍷　飲み頃：2017年まで

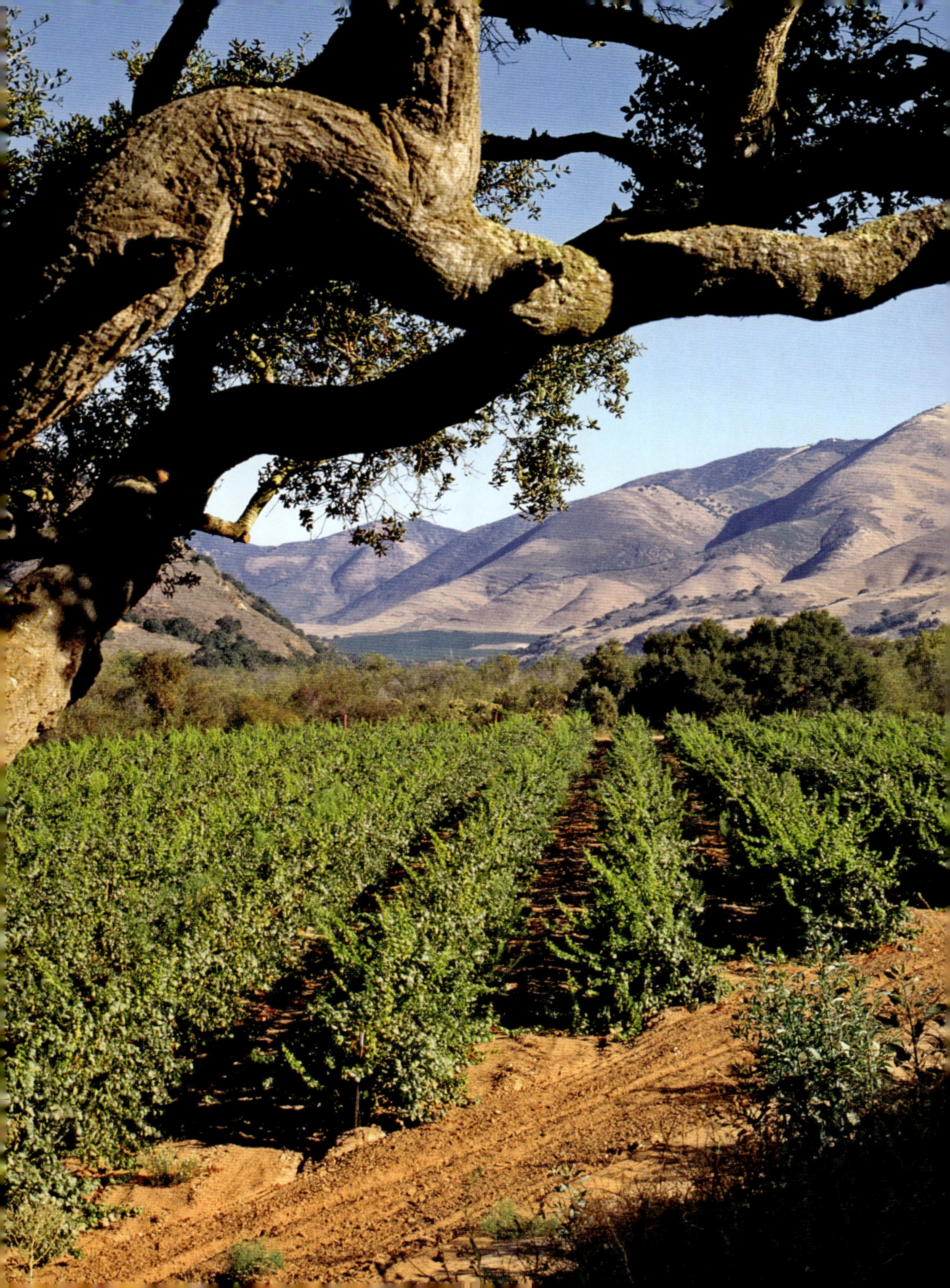

Bonny Doon
Muscat Vin de Glacière NV

ボニー・ドゥーン
ミュスカ・ヴァン・ド・グラシエール NV

産地 アメリカ、カリフォルニア、サンタ・クルーズ
特徴 甘口白ワイン、アルコール分11.5%
葡萄品種 マスカット

　1986年、ランドル・グラハム氏はアイスワインに参入した。ヨーロッパで先行していたドイツのアイスヴァインは、理論的にはまねのできない偉大な甘口ワインのスタイルで、冬になっても葡萄の樹に下がったまま萎びてから凍った葡萄から造られる。カリフォルニアでのアイスワイン造りの解決策は、葡萄の枝を急速冷凍庫に投げ入れる冷凍濃縮（フランス語でグラシエール）。この手法が何年もゲヴュルツトラミネールやグルナッシュにも用いられたが、成功したのはマスカットだ。マスカットのさまざまなクローンがこのワインになっている。主にマスカット・カネッリだが、近年はオレンジ・マスカットや、グレコとジャッロの派生品種も使われている。

　きらめくフルーツがグラスからどっとわき上がってくる。ミカン、アルコール漬けのレモン、パイナップル、砂糖漬けのグレープフルーツが、シナモンやジンジャーのような甘いスパイスによって押し上げられ、砂糖漬けにしたオレンジの花びらやジャスミンが散りばめられている。舌触りはねっとりしていて、幾重にも重なったコクには「デカダン」という言葉が使われすぎるが、このワインの場合はまさにふさわしく思える。SW

🅢🅢🅢　飲み頃：2015年まで

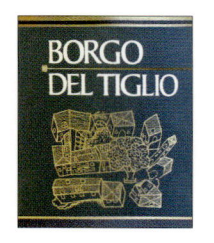

Borgo del Tiglio
Malvasia Selezione 2002

ボルゴ・デル・ティリオ
マルヴァージア・セレツィオーネ 2002

産地 イタリア、フリウリ・ヴェネツィア・ジューリア、コッリオ
特徴 辛口白ワイン、アルコール分13%
葡萄品種 マルヴァージア・イストリアーナ

　コッリオはイタリア北東部、スロヴァニアとの国境にある小さな丘陵地帯。イタリアでも有数の白ワイン生産地として広く認められている。その土壌は泥灰土と砂岩が特徴的だ。

　ボルゴ・デル・ティリオは1981年に、薬学を学んだニコラ・マンフェラーリ氏によって設立された。そしてマンフェラーリ氏はワインを造るとき、どんな薬剤師にも負けず劣らず細かいことにこだわる。オークの量、酸度、そしてアルコール度がつねに完璧に調和していて、このワインを手に入れる苦労は飲む喜びによってあっさり報われる。このワイナリーの総生産量は年間3,300ケース程度だ。

　マルヴァージア・イストリアーナは、コッリオでもしばしば不当に見過ごされる品種だが、このマルヴァージア・セレツィオーネ2002は、この葡萄の価値を思い出させてくれる。リンゴと白い花の濃厚なアロマは魅惑的で抗いがたい。味わいは力強く完璧にバランスが取れていて、香りよりもさらに複雑で、ソフトな果実が感じられ、美味といえるほどの酸がこの天啓のワインの長命を保証している。AS

🅢🅢🅢　飲み頃：2012年過ぎまで

◀ ボニー・ドゥーンで使われる葡萄の供給源の1つ、ビエン・ナシド畑。

Dom. Bott Geyl

Sonnenglanz GC Tokay Pinot Gris VT 2001

ドメーヌ・ボット・ゲイル
ソンネングランヅ・GC・トカイ・ピノ・グリVT 2001

産地 フランス、アルザス
特徴 甘口白ワイン、アルコール分13.5％
葡萄品種 ピノ・グリ

　ジャン＝クリストフ・ボット氏が1992年に父のエドアードの跡を継いで最初にやった仕事は、収穫量を35％削減するために葡萄樹を剪定することだった。さらに、遅霜の危険が過ぎた後、余分な芽をこすり落とした。そしてジャン＝クリストフは、手摘みされた葡萄を確実に無傷の房のままワイナリーまで運ばせた。ボット＝ゲイルのワインに透明感をもたらす「穏やかで繊細な圧搾」を実現するためだ。

　2001年、ジャン＝クリストフは2種類のワインを造るつもりで、最も重要なグラン・クリュであるベブレンハイムのゾンネングランツの摘み取りを、10月15日ころに始めた。最初に収穫した葡萄は貴腐化していたので、もともとはセレクション・ド・グラン・ノーブル（SGN）になる予定だった。10月25日から30日の間に収穫された残りの葡萄は、別のヴァンダンジュ・タルディヴ、つまり遅摘み葡萄のワインになる予定だった。ヴァンダンジュ・タルディヴの葡萄は一部がタンクで発酵されたが、SGN用のものはすべて新しいオーク樽で発酵された。

　両方のワインをテイスティングしたジャン＝クリストフは言った。「どちらもすばらしくよかったが、私は並はずれたワインを造りたかった。そして2つを合わせることでそれを実現した」。貴腐葡萄によるスモーキーさと、遅摘み葡萄によるトリュフの香り、そして2001年の明確な特徴である、暑い夏によるボリューム感、低収量と晩秋の恵まれた天候による熟度と濃度、初秋の雨による生き生きした酸味がうまく融合している。
MW

$ $ $　飲み頃：2030年まで

秋の始まりとともにアルザスの葡萄畑は金色に黄葉する。➡

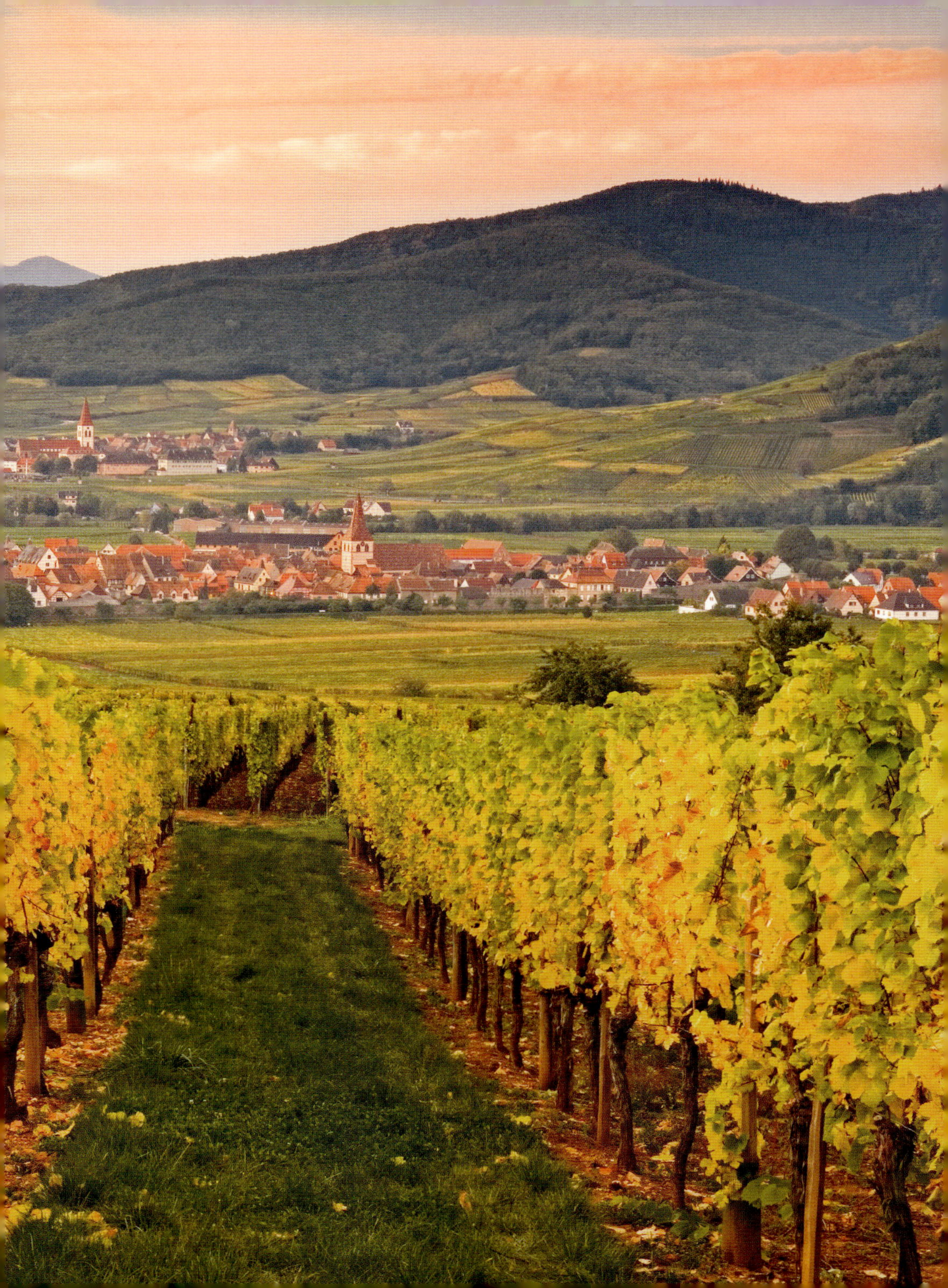

Bouchard Père et Fils *Corton-Charlemagne Grand Cru* 1999
ブシャール・ペール・エ・フィス コルトン＝シャルルマーニュ・グラン・クリュ 1999

産地 フランス、ブルゴーニュ、コート・ド・ボーヌ
特徴 辛口白ワイン、アルコール分13.5%
葡萄品種 シャルドネ

　家族経営のブシャールは1731年に設立された。一家によって代々受け継がれていき、1810年にシャトー・ド・ボーヌの本拠地に移る。そして1995年、上質なシャルドネ主体のシャンパーニュを造るアンリオに、ハウスは買収された。資産リストにはさまざまなアペラシオンのグラン・クリュの畑地12haが入っているが、なかでもコルトン＝シャルルマーニュの3haは傑出している。このワインはドメーヌ元詰めで、同種のワインに期待される濃度とエレガンスと爆発力をすべて持っている。早摘みはブシャールの哲学であり、それを現オーナーも守っているが、その目的は酸に含まれるある種の新鮮さを停止させることで、ワインが樽と壜での長期熟成に耐えられるようにすることだ。収穫時には畑を貫く別々の通路をつくり、各区画の葡萄を区別して醸造したあと、ブレンドして新しい樽で6ヵ月、その後もっと古い樽でさらに1年ほど寝かせる。

　1999年には非常にバランスのよいワインが生まれた。このコルトン＝シャルルマーニュはバターをかけた焼きリンゴと、このクリュ特有のかすかな農家の庭の香りが入り混じり、味わいは非常に重く濃厚で権威があり、風味豊かなヴァニラのようなオークが、パイナップルを思わせるフルーツの酸味との対照で強調されている。ストラクチャーの濃密さから、このワインは決して早飲み向きではないことがわかる。理想的には軽く冷やして、タラゴンとクリームで味付けしたブレス産若鶏とともに飲みたい。**SW**

❂❂❂❂　飲み頃：2010年過ぎまで

さらにお勧め

他の優良ヴィンテージ
1992・1995・1996・1997・2000・2002・2005

他のコルトン＝シャルルマーニュの生産者
ボノー・デュ・マルトレー、コシュ＝デュリ、ミシェル・ジュイヨ、オリヴィエ・ルフレーヴ、ジャック・プリュール、ローラン

ブシャールの古いセラーにずらりと寝かされているトップクラスのブルゴーニュ。

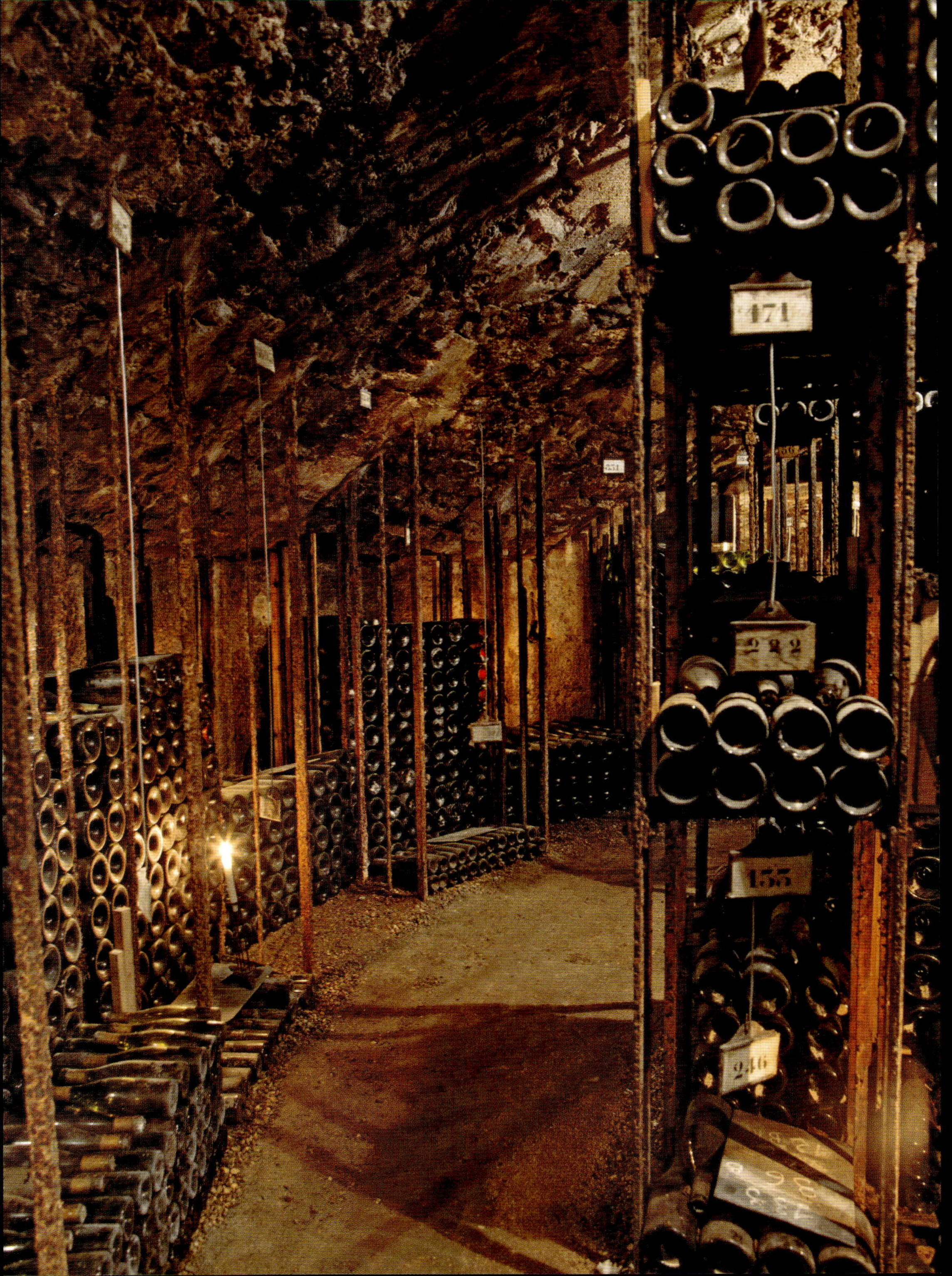
471
222
155
246

Domaine Henri Bourgeois
Sancerre d'Antan 2003

ドメーヌ・アンリ・ブルジョワ
サンセール・ダンタン 2003

産地 フランス、ロワール、サンセール
特徴 辛口白ワイン、アルコール分12.5%
葡萄品種 ソーヴィニョン・ブラン

　ドメーヌ・アンリ・ブルジョワは、シャヴィニョールの頂上に立つワイナリーで、窓の外に目を見張るような葡萄畑の眺めが広がる。ジャン＝マリー・ブルジョワ氏はしつこく問われると、地平線まで続く葡萄畑の半分を所有していると認めるが、それでも控えめに言っている。氏はシャヴィニョールの大物であり、ただ純粋に慎み深いのだ。テースティングを始めるにあたって、彼はボトルを2本取り出したが、私が香りをかいで口に含める間、自分自身の評価は差し控えていた。ワインは明らかにヴァラエタルで、ソーヴィニョン・ブランと次はピノ・ノワールだ。私はどの区画のものかと尋ね、彼が窓の外を指差すと予想していた。しかし彼の答えは、「ニュージーランドのマールボロだよ。そしてこのクロ・アンリという畑だ」。

　ドメーヌ・アンリ・ブルジョワは年間約55万本を生産し、クロ・アンリでさらに12万本を造っている。サンクレール・ダンタンは毎年わずか6000-1万本。このダンタンは、燧石の土壌で栽培された葡萄のみから造られる。そのテロワールは、2003の香りのミネラル感にはっきり表れている。非常に硬いクリスプな香味が混じり合った独特の口あたりが、トーストしてバターをたっぷり塗ったブドウパンの心地よい風味によってまろやかになっている。テロワールを超えて極致に達している、最高に豊満なソーヴィニョン・ブランだ。KA

🍷🍷　飲み頃：2010年過ぎまで

Georg Breuer *Rüdesheimer Berg Schlossberg Riesling Trocken* 2002

ゲオルグ・ブロイヤー　リューデスハイマー・ベルク・シュロスベルク・リースリング・トロッケン 2002

産地 ドイツ、ラインガウ
特徴 辛口白ワイン、アルコール分12.5%
葡萄品種 リースリング

　ベルンハルト・ブロイヤー氏のライフワークは、ドイツにおけるテロワールの概念の再発見と復活であり、彼は自分が造る最高品質の辛口リースリングをラインガウのグラン・クリュ・ワインに変えようと、根気よく努力した。彼にとって最優先事項は畑の独自性であり、この哲学がとくに説得力のある味わいとして表れているのが、リューデスハイマー・ベルク・シュロスベルク産のリースリングだ。このワインは長年にわたってドイツワイン文化の近代の最高傑作とされている。この急斜面の畑の土壌（粘板岩と石英が主体）から、表現豊かで非常に風味が強く、ミネラルに富み、余韻がきわめて長い、長命のワインが生まれる。ブロイヤーのシュロスベルクは若いときは固くつぼみを閉じているが、すばらしく複雑なワインへと開花する。

　ベルンハルト・ブロイヤー氏は、2004年に57歳の若さで亡くなった。彼が遺したのは、一連の傑出した世界有数のリースリングであり、その頂点に立つのがシュロスベルク2002だ。2005年、マイケル・ブロードベントMWはこう語っている。「私が飲んだ中で最も上質のドイツ・リースリング・トロッケンだ。……香り高く、神々しく、風味は繊細でしかも長く続く。どうすればこんな葡萄が育てられ、こんなワインが造られるのか知りたいと思う」FK

🍷🍷🍷　飲み頃：2015年まで

Bründlmayer *Zöbinger Heiligenstein Riesling Alte Reben* 2002

ブリュンドルマイヤー　ツェービンガー・ハイリゲンシュタイン・リースリング・アルテ・レーベン 2002

産地　オーストリア、カンプタール
特徴　辛口白ワイン、アルコール分14％
葡萄品種　リースリング

　ハイリゲンシュタインは、カンプタールで抜群にリースリングに適した場所だ。生息する動植物も地質も珍しいこの岩は、何世紀もの間、ここを耕した修道士の間で「地獄の石」（ヘルンシュタイン）と呼ばれていた。

　ヴィリ・ブリュンドルマイヤー氏は長年にわたって、そこの古木を自転車でやって来る80代の老人が入念に手入れしているのを見ていた。その人が来なくなったとき、ブリュンドルマイヤー氏は葡萄樹とオーナーの両方が心配になった。義理の息子が畑の世話をすると約束したが、彼にはその時間がなかった。ブリュンドルマイヤー氏はすべての面倒を見ることに同意し、オーナーは娘の夫が仕切っていると信じて息を引き取る。

　ブリュンドマイヤーのハイリゲンシュタイン・アルテ・レーベンのシリーズが始まったのは1991年。2002年は断続的な秋の雨が問題だったが、この地は魅惑的な透明感と力強い香味が絡み合うリースリングによって、その気概を示した。ふわりと漂うフジウツギとレモンの花、贅沢すぎるほどの豊かな柑橘類とベリーと核果類とトロピカルフルーツ、言いようのない熱いミネラル感——これらのハイリゲンシュタインらしい特徴がすべて2002で優雅に表現されている。ただし今日では、アルコール分15％もある力強いほどリッチなハイリゲンシュタインも珍しくない。**DS**

🍷🍷　飲み頃：2015年まで

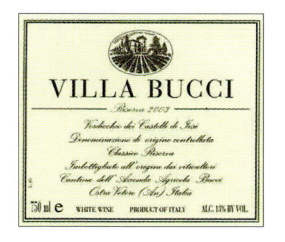

Bucci *Verdicchio dei Castelli di Jesi Riserva Villa Bucci* 2003

ブッチ　ヴェルディッキオ・デイ・カステッリ・ディ・イエージ・リゼルヴァ・ヴィラ・ブッチ 2003

産地　イタリア、マルケ
特徴　辛口白ワイン、アルコール分14％
葡萄品種　ヴェルディッキオ

　リゼルヴァ・ヴィラ・ブッチはとくによいヴィンテージにしか生産されない。原料の葡萄は1960年代に植えられた樹から収穫され、ワインは発酵されてから大きなオーク樽で熟成される。DOC法によってヴェルディッキオ・デイ・カステッリ・ディ・イエージ・リゼルヴァはリリース前に25ヵ月以上寝かせなくてはならない。ヴィラ・ブッチの場合、熟成は樽で18ヵ月以上、さらに壜で12ヵ月続く。

　このワインは「脚を伸ばさせるために」、供する10-15分くらい前にデカントするのがよい。複雑さを壊さないために冷やしすぎないことも大切。とくに古いヴィンテージのものでは気をつけたい。このヴェルディッキオは何年も優雅に熟成して、香り高いハーブの魅惑的なアロマを醸しだすことができるのだ。

　2003はこれから何年も生き続ける。明るい麦わら色にエメラルドグリーンのハイライトがきらめく。熟したモモ、柑橘類、そして焼きたてのビスケットの香りが豊かで、味わいはもっとナッツ風味が強く、爽やかなバルサムと柑橘類の皮の香りが活気を添える。香味の長さはすばらしく、楽々と壜が空になってしまう。**AS**

🍷🍷　飲み頃：2020年過ぎまで

Reichsrat von Buhl
Forster Ungeheuer Riesling ST 2002
ライヒスラート・フォン・ブール
フォルスト・ウンゲホイヤー・リースリング・ST 2002

産地 ドイツ、プファルツ
特徴 辛口白ワイン、アルコール分12.5%
葡萄品種 リースリング

　ウンゲホイヤー畑は19世紀に世界的に有名になった。その一番の理由は当時世界屈指とされたブール・ワイナリーが造った白ワインだ。ドイツ宰相オットー・フォン・ビスマルク（1815-98年）はそれをお気に入りのワインだと公言し、このワイナリーの当時のオーナー、フランツ・アルマンド・ブール氏を「個人的友人であり戦友である」と言った。

　石灰石片と玄武岩が筋状に入った砂質のロームと粘土からなるウンゲホイヤー特有の土壌は、ワインに高いミネラル分を保証する。さらに、午後遅く「ヘアドライヤー」のような風が定期的にこの地域を吹き抜けて、畑の湿気を吸い取っていく。そのため、ウンゲホイヤーではよく熟れているのに健康な葡萄を収穫できることが多い。これで果物の香味と豊満な舌触りが生まれ、とくに表情豊かなワインになる。しかしこの畑で傑出しているのは辛口ワインだけではない。ここでは長年、王者にふさわしい甘口ワインも造られている。だからこそイギリスの「クイーン・マム」ことエリザベス王太后は、100歳の誕生日にブールの畑で生まれたウンゲホイヤー・ベーレンアウスレーゼを楽しんだのだ。**FK**

　飲み頃：2010年まで

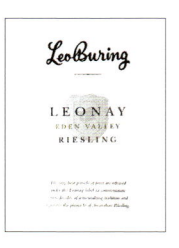

Leo Buring
Leonay Eden Valley Riesling 2005
レオ・ビューリング
レオネイ・エデン・ヴァレー・リースリング 2005

産地 オーストラリア、南オーストラリア、エデン・ヴァレー
特徴 辛口白ワイン、アルコール分12.2%
葡萄品種 リースリング

　レオネイとは、バロッサ・ヴァレーにあるレオ・ビューリングの最初のワイナリーの名だったが、長年ワイン醸造家を務めるジョン・ヴィッカリー氏が、1970年代初期のヴィンテージから、傑出したリースリングをその名で呼ぶようになった。ヴィンテージによってエデン・ヴァレー産かクレア・ヴァレーのウォーターヴェール産かが決まるが、どちらの地域も凶作でない年にはワインは造られない。2004年のように、両方が造られる年もたまにある。

　エデン・ヴァレー・レオネイ2005は、85%が高度375-400mに位置するフォスターズ・グループのエデン・ヴァレー畑のベイF2、15%は高度450mにあるハイ・エデン畑のもの。どちらの畑の葡萄樹も1970年代に植えられたもので、土壌は同じように肥沃度が低い――前者は黄色いポドゾル、後者は白亜質の石灰石がベースだ。

　2005は淡いレモン色で、柑橘類の花の微妙で洗練された香りにミネラルのある花のニュアンスが感じられる。味わいはきめ細かい舌触りで繊細、すばらしい輪郭と長さがある。酸味は穏やかで混然一体となり、全体が調和している印象だ。**HH**

　飲み頃：2025年まで

Dr. Bürklin-Wolf
Forster Kirchenstück Riesling Trocken 2002

ドクター・ビュルクリン=ヴォルフ
フォルスト・キルヒェンシュトック・リースリング・トロッケン 2002

産地 ドイツ、プファルツ
特徴 辛口白ワイン、アルコール分13.5%
葡萄品種 リースリング

　「パラティネートのモンラシェ」と表現されることもあるキルヒェンシュトック畑は、広さは3.6haしかないが、最適な場所を占めている。これほど官能的でありながらエレガントなリースリングを生むテロワールは、パラティネートには他にない。粘土と砂の厚い層に玄武岩と石灰岩の岩屑があふれている。近くのフォルスターの教会と畑を囲む膝丈の塀が、独特のミクロ気候を生み出す。

　そして、ドクター・ビュルクリン=ヴォルフほどうまく、この畑の自然の潜在力をこれほど圧倒的な模範的ワインに変えられる生産者は他にない。このドイツ最大の個人所有のワイナリーは、キルヒェンシュトックの中心部にわずか13列の葡萄樹を所有しているだけだが、ここのリースリングは数年にわたって、この品種では数少ない辛口のカルトワインを造り出してきた。ビュルクリン=ヴォルフのキルヒェンシュトック2002は『ゴー・ミヨ・ワインガイド』で、最高レベルのドイツ産辛口リースリングとして称賛された。力強い深さと魅惑的な優雅さ、そしてアロマの芳醇さと輝きとフィネスが一体化している。フィニッシュに感じるワーグナー風の完全な和音は永遠に続くように思え、多くの鑑定家が言葉を失う。壜内でもグラス内でも時間を必要とするが、その分報われるワインだ。**FK**

🍷🍷🍷　飲み頃：2020年過ぎまで

Clemens Busch
Pündericher Marienburg Riesling TBA 2001

クレメンス・ブッシュ
ピュンドリッヒャー・マリエンブルク・リースリング・TBA 2002

産地 ドイツ、モーゼル
特徴 甘口白ワイン、アルコール分6%
葡萄品種 リースリング

　ベルリンを中心に活動するワインジャーナリストのスチュアート・ピゴット氏が「称揚するべきワーグナー調のモーゼル・ワイン！」と表現したワインを生産し、1985年以降クレメンスとリタのブッシュ夫妻が経営しているクレメンス・ブッシュは、モーゼル川流域の知る人ぞ知るワイナリーだ。環境に配慮して運営されていて、同じように優れた辛口と甘口のリースリングを造ることができる。とはいえ、国際的躍進を遂げたのは、ごく希少な甘口貴腐ワインのおかげだ。

　このリースリングTBA 2001は専門家を興奮させた。この年、11月半ばまでに手に入った十分に乾燥した貴腐葡萄は比較的少量しかなかったので、TBAを造るにはまず1粒1粒を極度に厳しく選別しなければならなかった。しかしごくわずかなマストは、酸度が信じられないほど高かった。今日、このずばぬけた酸のストラクチャーが、華美でクリーミーな甘さをちょうどよいところで抑え、このTBAに絶妙のバランスを与え、さらにほぼ無限の寿命をも授けている。このワインにピゴット氏は何のためらいもなく100点満点をつけた。「宇宙の物質の究極の濃度を味わいたい人にぴったりだ」**FK**

🍷🍷🍷🍷　飲み頃：2060年過ぎまで

Calvente *Guindalera Vendimia Seleccionada Moscatel* 2006

カルベンテ　ギンダレラ・ベンディミア・セレクシオナーダ・モスカテル 2006

産地　スペイン、アンダルシア、グラナダ
特徴　辛口白ワイン、アルコール分12.5％
葡萄品種　モスカテル

　アンダルシアの新しいワイン造り事業の大半は、新しい樽で熟成させる濃厚な赤ワインに焦点を合わせているが、このワインはアンダルシアの伝統にもっと深く根ざすワインだ。アンダルシアのワインの土台は3世紀の間、3種の白葡萄──パロミノ・フィノ、ペドロ・ヒメネス、モスカテル（マスカット）──だった。

　200年ほど前、シモン・デ・ロハス・クレメンテ氏が、アルムニェカル高地で最も有力な品種はモスカテルだと特定した。この地の信じられないほど急勾配の丘に、ホレイショ・カルベンテ氏が所有し、愛情込めて育てている樹齢30-60年の葡萄樹がある。葡萄樹は文字どおり地中海の上に張り出していて、海抜600-700mの高さのバルコニーからつり下げられているようだ。そのため昼夜の温度差によって、葡萄は天然の酸を保持しながら最適に成熟する。

　今世紀最初の10年では、2002年と2006年が最良のヴィンテージだった。このワインには果実が力強く明確に表現され、この品種の強いはっきりした香りが鼻をくすぐり、味わいはバランスが非常によく、辛口に発酵されたモスカテル特有の苦味のあるフィニッシュが花を添える。**JB**

🍷　飲み頃：現行リリースを3年以内

Can Ràfols dels Caus *Vinya La Calma* 2000

カン・ラフォルス・デルス・カウス　ビーニャ・ラ・カルマ 2000

産地　スペイン、ペネデス
特徴　辛口白ワイン、アルコール分13％
葡萄品種　シュナン・ブラン

　カン・ラフォルス・デルス・カウスは、スペインワイン業界の真のパイオニアで予見力をもったカルロス・エステーバ氏の財産だ。445haの地所は彼の家族が1940年代に手に入れたもの。今日、そのうちの48haに葡萄樹が植えられていて、そのほとんどが樹齢20年程度だが、中には60年という古木もある。1980年代、エステーバ氏は当時のペネデスでは珍しく赤品種にとくに注目したが、他の誰もが赤に重点を置いているように思える現在、彼は白品種に興味を抱いている。

　土壌は白亜が非常に豊富で粘土も多少含まれているという、ガラフ地区に特徴的なものだ。畑は向きや土壌組成や葡萄品種の異なるたくさんの小さな区画に分かれていて、収穫も発酵も熟成も別々に行われる。1970年代後半にシュナン・ブランが植えられたラ・カルマは丘の頂上にあり、貝殻の化石が豊富な石灰質土壌だ。

　スペインで唯一のシュナン・ブランのラ・カルマ2000は深い黄金色をしている。独特の上質なアロマには白桃、マルメロ、スターアニス、そしてドライフルーツと木の香りが感じられる。口に含むとミディアムボディで、酸が高くグリセリンに富み、フィニッシュも長い。**LG**

🍷🍷　飲み頃：2009年まで、最近のヴィンテージは6-9年以内。

Cape Point Vineyards
Semillon 2003

ケープ・ポイント・ヴィンヤーズ
セミヨン 2003

産地 南アフリカ、ケープ・ポイント
特徴 辛口白ワイン、アルコール分13.7%
葡萄品種 セミヨン85%、ソーヴィニョン・ブラン15%

　ケープの葡萄畑の大半をセミヨンが占めるようになってから長い年月が経っている。当初、岩だらけのケープ半島のコンスタンシアを越えたこんなはるか南方では、葡萄は一切栽培されていなかった。ケープ・ポイント・ヴィンヤーズは、ケープ・ポイントというワイン・オブ・オリジン（原産地呼称制度）の地区名を冠する唯一のワイナリーだ。最初の樹はつい1996年に実業家のサイブランド・ヴァン・ダー・スパイ氏によって植えられた。

　セミヨンに割り当てられた1.2ha未満の土地は、ワイン醸造家のダンカン・サヴェジ氏が断言するとおり「すばらしい場所」であることが明らかになりつつある。しかしサヴェジ氏は、この畑が生みだすものに油断なく気を配っている。2003年にはワインの30%だけがオーク樽で発酵されたが、これは彼が大事にしている若々しいピラジンの香りを保つためである。2004年には壜詰めはまったく行われず、よく熟した2005年にはワインの半分が樽に入れられてミカンの風味が強調され、少量のソーヴィニョンがグラーヴ／ペサック・スタイルに近いワインに活気を添えている。（2005年は幸運にも少し多く造られたが、相変わらず少量生産ワインのようだ）。

　このワインはごく若いときは渋みがあり、冷涼な気候のミネラル感がある。2003は2007年半ばには初期の草っぽさから進化し、複雑さが増すと同時にアスパラガスと土とハーブの香りが加わっていた。**TJ**

⑤⑤　飲み頃：2015年まで

Capichera *Vermentino di Gallura Vendemmia Tardiva* 2003

カピケーラ　ヴェルメンティーノ・ディ・ガッルーラ・ヴェンデンミア・タルディーヴァ 2003

産地 イタリア、サルデーニャ
特徴 辛口白ワイン、アルコール分14%
葡萄品種 ヴェルメンティーノ

　カピケーラのワイナリーは、サルデーニャ島の北東端に位置するアルツァケーナ村の近くにある。島のこちら側の土壌は非常にやせていて、花崗岩と砂の存在が特徴的だ。カピケーラのオーナーであるアニェッダ家は、100年近くワイン造りに関わっている。しかし1970年代まで、そのワインは家族が飲むためのものだった。店の棚に並んだ最初のカピケーラ・ヴェルメンティーノのヴィンテージは1980。そのワインと他のヴェルメンティーノの違いはすぐにわかった。より濃密で、香りが強く、複雑なのだ。1990年、ファブリツィオとマリオのアニェッダ兄弟は、遅摘みの葡萄から造られた辛口ワインのヴェルメンティーノ・ヴェンデンミア・タルディーヴァを初めてリリースした。

　ヴェンデンミア・タルディーヴァ 2003は見事に濃縮したワインだが、エレガントさと柔らかさを両方実現している。香りはハチミツと花を感じさせ、背景にある心地よい柑橘類の香りによって活気に満ちている。口に含むとソフトで優しく、ビロードのようにきめ細やかで、花と柑橘類とハチミツと地中海性の潅木がほのかに感じられる。後味は長く、焦点がはっきりしている。**AS**

⑤⑤⑤　飲み頃：2013年まで

Domaine Carillon
Bienvenues-Bâtard-Montrachet GC 2002
ドメーヌ・カリヨン
ビアンヴュニュ=バタール=モンラッシェ・GC 2002

産地 フランス、ブルゴーニュ、コート・ド・ボーヌ
特徴 辛口白ワイン、アルコール分13%
葡萄品種 シャルドネ

　カリヨンのセラーに入るとき頭を下げると、戸口の上の横木に記されている1632年という年代が目に入る。少なくともこの年から、カリヨン家は親子代々ピュリニー＝モンラッシェでワインを造っている。もっと前からだとする記録もある。非常に優秀なワイナリーであり、世界でもトップクラスの白ワイン生産者だ。気取りはまったくないし、東京からロサンジェルスまで、あらゆる場所でワインを宣伝するために飛び回ることもない。「メディアチック」なものも一切ない。一家はただひたすら、自分たちの葡萄樹からまさに最高のものを引き出すことに専念している。

　あるのはわずか12haの畑と12種類のワインだけ。ブルゴーニュの細分化の典型だ。ほとんどがシンプルな（決して悪い意味のシンプルではない）ピュリニー＝モンラッシェ──村のワインとしてダブルサイズの樽で醸造される。コンベット、ペリエール、シャン＝カネ、シャン＝ガン、ルフェールなど、さまざまなプルミエ・クリュがある。当主のジャック・カリヨン氏は痩身の50代、その声はバスではなくテノールだ。──しかしセラーの宝であり、唯一のグラン・クリュはビアンヴェニュ＝バタール=モンラッシェだ。広さは約0.11ha、生産量は年に樽2半、おそらく750本。上質の白ブルゴーニュはすべてそうだが、このワインも樽で醸造された後、1回の澱引きを除いてほとんど触れられず、18ヵ月後に壜詰めされる。最近のヴィンテージの白ブルゴーニュは良質だが、最高なのはとびきりの2002だ。肉付きがよく、ボリュームがあり、濃厚だが、見事なまでにスタイリッシュで冷たく、底にミネラル感がある。その複雑さと奥行き、そして寡黙さは、このワインが向上し続けることを約束している。**CC**

🍷🍷🍷🍷　飲み頃：2010年-2020年

Castel de Paolis
Muffa Nobile 2005
カステル・デ・パオリス
ムッファ・ノービレ 2002

産地 イタリア、ラツィオ、カステッリ・ロマーニ
特徴 甘口白ワイン、アルコール分13.5%
葡萄品種 セミヨン80%、ソーヴィニョン・ブラン20%

　カステル・デ・パオリスは、カステッリ・ロマーニの底知れない潜在力を実証している。この地方はかつてフラスカティの生産で有名だったが、その後どういうわけかまったく同じ理由で無視されてきた。世界中で高く評価されていたときのフラスカティは、1960年代から80年代にかけて飲まれていたワインとは別物だった。フィロキセラ禍（この地域では第2次大戦直後）に襲われる前はマルヴァージア・ラツィアーレ、ベローネ、ボンビーノ、カッキオーネだったが、その後、非常に生産性の高いマルヴァージア・ディ・カンディアとトレッビアーノに替わったのだ。

　1985年、カステル・デ・パオリスのオーナーのジュリオ・サンタレッリ氏は、その分野でもとくに権威のある専門家、アッティリオ・シエンツァ教授から、伝統的な地元品種の実験の話を持ちかけられた。彼らは特性のないマルヴァージア・ディ・カンディアとトレッビアーノを根こそぎにして、歴史的な品種を植えなおした。再びフラスカティの顔を変えたわけだが、今度はよいほうへの変化だった。サンタレッリ氏とシエンツァ教授は国際種の実験も行い、それがムッファ・ノービレの誕生につながる。

　セミヨンとソーヴィニョン・ブランはボトリチス・シネレア（貴腐）菌に完全に侵される。このワインは淡い琥珀色で、教科書どおりの貴腐ワインの香りが鼻をくすぐる。ドライフルーツとハチミツとナッツの明快で穏やかなすばらしい香りだ。口に含むと力強く、最初はソフトで甘く、アルコールと酸によってバランスが保たれ、支えられている。ムッファ・ノービレは、バクラバのようなハチミツベースのデザートか、ぴりっとする熟したチーズやブルーチーズと合わせるのがベストだろう。**AS**

🍷🍷　飲み頃：2020年まで

Domaine Cauhapé *Juracon*
Quintessence du Petit Manseng 2001
ドメーヌ・コアペ
ジュランソン・カンテサンス・ドゥ・プティ・マンサン 2001

産地 フランス、南西地方
特徴 甘口白ワイン、アルコール分12%
葡萄品種 プティ・マンサン

ピレネー山脈の斜面にあるジュランソンは、大部分が風通しのよい牧草地か森。ところが突然、南向きで石の多い粘土質の保護された斜面が現れる。そこには長い時間陽光が当たり、スペインから吹いてくる暖かいフェーンが、けだるい秋の間ずっとプティ・マンサン種をなでてからからに乾燥させる。その結果、世界屈指のデザートワインが生まれる。ジュランソンでは貴腐菌の出番はない。パスリヤージュ（干し葡萄）がすべてだ。

アンリ・ラモントー氏は、自分の葡萄を収穫する前に冬の支配力にゆだねる覚悟ができている。このワイン用の果実は12月後半、3回から4回かけて摘み取られた。ワインは樽発酵され、新しいオーク樽で2年間寝かされた。

プティ・モンサンの数ある長所の1つが、フランスの他の品種とまったく異なる範囲の果実味だ。パイナップルとマンゴーとバナナの香りがエキゾチックな亜熱帯の雰囲気を醸しだす。同時に、この品種のすばらしい酸味は、リースリングに似た魅惑的なバランスを実現する。このような本物の遅摘みワインの場合、濃度と糖度が非常に高いが、それでいてこのワインは早摘み葡萄のワインにはっきり感じられるアロマの力も保っている。もっと質の悪いワインなら、新しいオークという選択はセンスのミスだろう。しかしこのワインでは、さらに濃厚さと官能性の層を重ねている。ラモントー氏は40haの畑から、天候条件がそろったときに凍った葡萄から造られるフォリー・ド・ジャンヴィエなど、幅広いワインを生み出している。しかしカンテサンスは、このドメーヌだけでなく地域全体のベンチマークでもある。**AJ**

🄢🄢🄢　飲み頃：2011年まで

Vincenzo Cesani
Vernaccia di San Gimignano Sanice 2005
ヴィンチェンツォ・チェザーニ
ヴェルナッチャ・ディ・サン・ジミニャーノ・サニーチェ 2005

産地 イタリア、トスカーナ
特徴 辛口白ワイン、アルコール分13%
葡萄品種 ヴェルナッチャ・ディ・サン・ジミニャーノ

1950年代、イタリア人が田舎を捨てて北部の大都市に移っていった頃、チェザーニ家はもっと「自然な」生活を求めて、マルケからトスカーナに移った。ヴィンチェンツォ・チェザーニ氏は、人が自然に気を配る労を惜しみさえしなければ、自然は人に気を配ってくれると信じている。今日、ヴィンチェンツォ・チェザーニ氏とその家族は、かつてないほど自然を信頼している。サン・ジミニャーノから北に数キロのところにある彼の美しい農場では、上質のオリーブオイルとサフランも生産している。

ヴェルナッチャ・ディ・サン・ジミニャーノは、いまだにその起源がはっきりしていない葡萄品種だが、そのワインはジャンシス・ロビンソン女史が言うように「中世のロンドンの店ですでにヴェルナージュとして知られていた」。ヴィンチェンツォ・チェザーニのサニーチェを見ると、なぜこのDOCが過去にこれほどの成功を収めたのかがよくわかる。高度299mにある南東向きの畑の葡萄は、9月の最終週に手作業で収穫される。摘まれてから圧搾され、その果汁はガラス張りのセメントタンクで発酵される。発酵の後、ワインは新しいフレンチオーク樽で8ヵ月寝かされてから、6月に壜詰めされる。そして発売される前にさらに3ヵ月壜熟が施される。

このワインは金色がかった麦わら色、香りは豊かで柔らかく、甘いマルメロと黄色い花を思わせる。オークは決して際立っていない。口に含んだときに穏やかに表れるだけで、軽いヴァニラの香りが独特の生き生きした少し苦味のあるフィニッシュに加わっている。
AS

🄢🄢　飲み頃：2012年まで

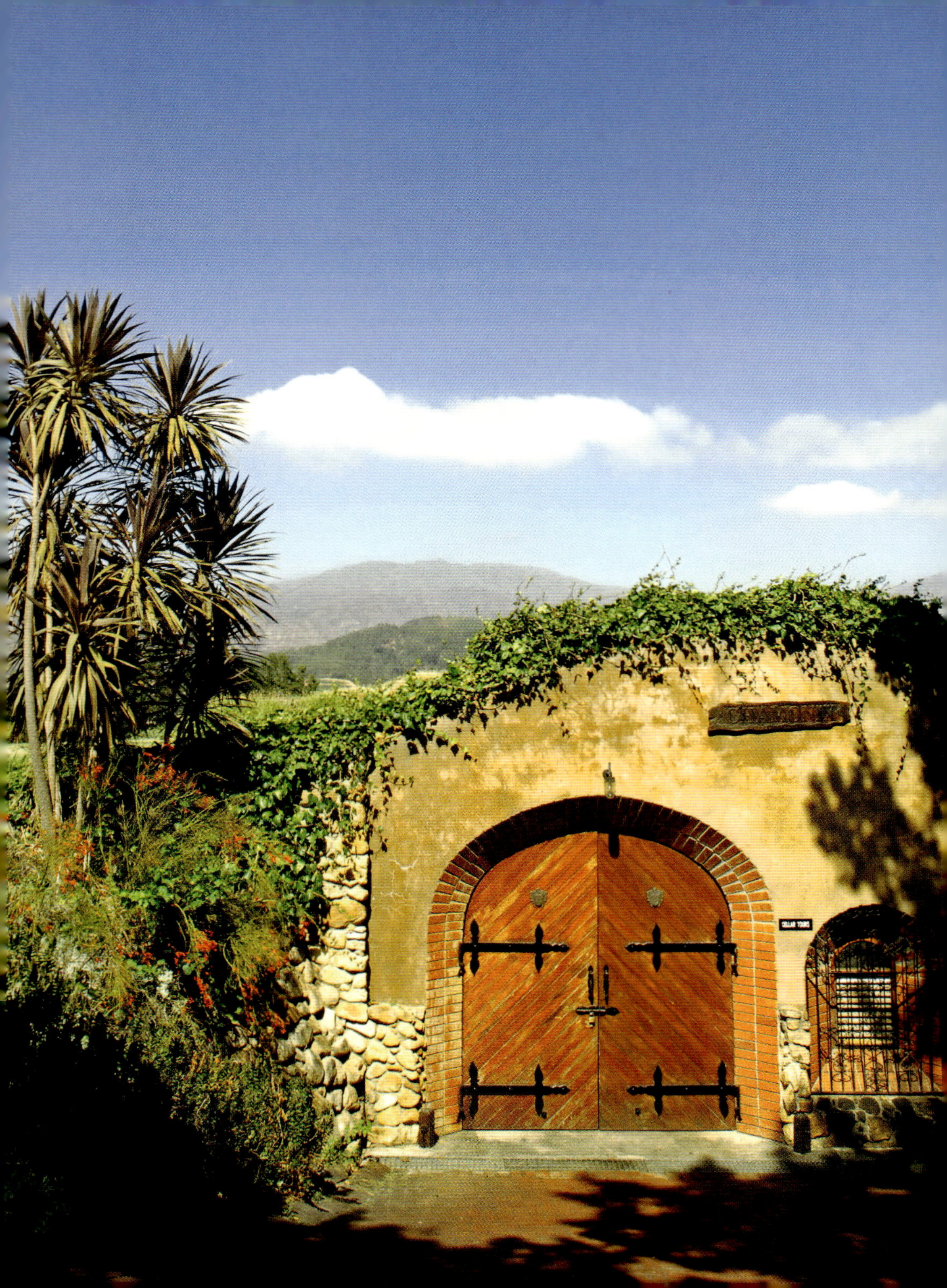
CELLAR TOURS

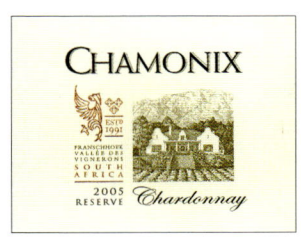

Chamonix
Chardonnay Reserve 2005
シャモニー
シャルドネ・レゼルヴ 2005

産地 南アフリカ、フランシュック
特徴 辛口白ワイン、アルコール分13.6％
葡萄品種 シャルドネ

　シャモニーの農場はフランシュック・ヴァレーの斜面に、灌漑されていない葡萄畑を所有している。そこには、ワインの品質にとってきわめて重要なやせた土壌と高度がある。壮大な美しさを誇るその地域には、17世紀末に迫害を逃れたフランス新教徒の移民が定住した。そして町と谷はオランダ語でフランシュック（フランス人の秘密の場所）と呼ばれるようになった。

　シャモニー（名づけられたのは最近）は、1688年に難民に与えられた最初の農場ラ・コットの一部だった。現在のオーナーは、ドイツ人実業家のクリス・ヘリンガー氏と妻のソーニャだ。シャモニーの葡萄は地域で一番遅く収穫されることで有名だが、それは極限まで熟させることよりも、この畑が比較的冷涼であることに関係している。実際、このハウスでの葡萄栽培とワイン造りはつねに正統的アプローチが主流で、アルコール度は中くらいだ。

　このレゼルヴ2005でゴットフリード・モック氏がダイナース・クラブの2006年ワインメーカー・オブ・ザ・イヤーを受賞したとき、審査員はオートミールから穏やかなトロピカルフルーツや柑橘類まで、幅広いアロマと香味に注目した。さらにフレッシュで肉付きがよく、しっかりした酸のバックボーンがあり、甘くスパイシーなオークが優しくサポートしている。しかし、核にあるミネラルこそがこのワインの精髄だ。**TJ**

🍷🍷　飲み頃：2015年まで

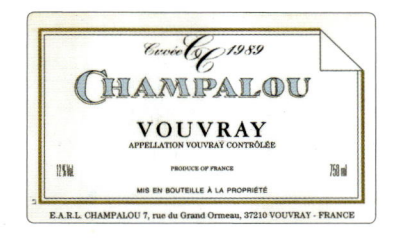

◀ シャモニーのワイナリーはケープ西部のワイン産地にある。

Didier et Catherine Champalou
Vouvray Cuvée CC Moelleux 1989
ディディエ・エ・カトリーヌ・シャンパルー
ヴーヴレ・キュヴェ・CC・モワルー 1989

産地 フランス、ロワール・ヴァレー、トゥーレーヌ
特徴 甘口白ワイン、アルコール分12％
葡萄品種 シュナン・ブラン

　シャンパルーは1984年に設立されてからずっと、あらゆるスタイルのヴーヴレを途切れることなく出している。落ち着きのある力強さを持ったワインで、骨ばっていることが多いシュナンの骨格に食欲をそそるクリーミーな肉付けがされている。

　これほど息の長い業績が驚異的なのは、シュナンがかんしゃくを起こしやすい品種だからだ。よくないヴィンテージには、正常な成熟が限界になることもある。よいヴィンテージには、半ば貴腐化するまでひたすらぶら下がっていて、その結果生まれるワインが最高のソーテルヌと互角の勝負をする場合もある。1989年は後者の例だ。口の隅々までこってりと満たす、長期熟成に適した、伝説に残る濃密なワインが生まれた。

　シャンパルーの甘口ワインはCCと呼ばれ、最近は「トリ・ド・ヴァンダンジュ」と記した豪華な壜に詰められている。この表記は、このワインが綿密な果実選別の産物であることを示している。このワインを味わうと、クリームに浸された干しアンズとネクタリンとモモが重なり合い、長いフィニッシュまで続いていくが、純粋なミネラルを感じるレモン香の酸味によってすべてが際立っている——完璧なバランスの実例だ。**SW**

🍷🍷🍷🍷🍷　飲み頃：2030年過ぎまで

White wines | 157

Channing Daughters
Tocai Friulano 2006
チャニング・ドーターズ　トカイ・フリウラーノ 2006

産地　アメリカ、ニューヨーク、ロング・アイランド
特徴　辛口白ワイン、アルコール分12.5%
葡萄品種　トカイ・フリウラーノ

　2002年以降チャニング・ドーターズ・ワイナリーの醸造家を務めるジェームズ・クリストファー・トレーシー氏は、自分の味覚と創造性を駆使してたくさんの少量キュヴェ（ほとんどが50-300ケースのみ）を考案している。実験を許されているので、セラーにいるのがとても楽しい。料理を考えるシェフのように、調和の取れた全体の中にテクスチャーと複雑さを示すワインを造り上げている。

　温和で湿気が多い海洋性気候のロング・アイランドは、「臆病者向けの地域ではない」とトレーシー氏は言う。2006年がかなり典型的だった。ロング・アイランドの砂を含むローム質のイースト・エンドにある、丘と呼べる場所で栽培されているトカイは、さまざまなアロマと風味の微妙なニュアンスをとらえるために、1回で摘み取られる。若々しいハーブのような特徴を示すロットもあれば、柑橘類とミネラルを示すもの、さらにはトロピカルフルーツの香りを醸しているロットもある。

　トレーシー氏は2006年の葡萄を6つのステンレスタンクと、2つの1年もののスロヴェニアオークの大樽と、4つのもっと古いフレンチオークの小樽で発酵させた。それぞれ異なる特性が加わるのだ。手作業で収穫した果実を房ごと圧搾し、なるべく触れないようにして重力で壜詰めするので、トカイの花と柑橘類とアーモンドと濡れた石の香りが保たれ、それがエキゾチックなスパイスとキニーネ、そして基礎にある少しオイリーなミネラルとともに、口の中で爆発する。**LGr**
🍷🍷　飲み頃：現行ヴィンテージをリリース後1-2年以内

Domaine M. Chapoutier
Ermitage L'Ermite Blanc 1999
ドメーヌM・シャプティエ　エルミタージュ・レルミット・ブラン 1999

産地　フランス、北部ローヌ、エルミタージュ
特徴　辛口白ワイン、アルコール分14%
葡萄品種　マルサンヌ

　テロワールはミッシェル・シャプティエ氏のワイン造りの核であり、1980年代後半に、畑の各区画から生まれたワインとしてセレクション・パーセレール・シリーズをリリースし始めた理由だ。このワインが初ヴィンテージとなるレルミットは、エルミタージュの丘の頂上、チャペルの近くにあり、ゴールと呼ばれる砕けた花崗岩でマルサンヌの古木が育てられている。

　ワイナリーを引き継いだとき、彼は改革を実行すると決意した。父親は質の面では成り行き任せだったが、それを変えようと決心したミッシェルは、畑の大部分をバイオダイナミック農法に切り替える。隣人たちの大部分は、彼は頭がおかしいと考えた。「貴腐菌は土の中の余分な窒素とカリウムから生じる」。彼はこんな物議を醸しそうな話をしたことがある。「うちでは化学薬品を使っていないので貴腐菌はいない」

　しかし彼が自分のワインにテロワールを表現することに専念していることにも、そのワインが最高の品質であることにも、議論の余地はない。若いときのレルミット・ブランは、クリームに浸したリンゴとトロピカルフルーツに、ほのかなハーブとたっぷりのミネラルがすべて。ある程度熟成した1999は、豊かで肉付きのよいハチミツとナッツの香りを放ち、果てしない複雑さを感じさせる。**MR**
🍷🍷🍷🍷　飲み頃：2030年まで

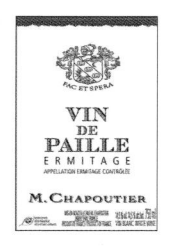

Domaine M. Chapoutier
Ermitage Vin de Paille 1999

ドメーヌ M・シャプティエ
エルミタージュ・ヴァン・ド・パイユ 1999

産地 フランス、ローヌ、エルミタージュ
特徴 甘口白ワイン、アルコール分14.5%
葡萄品種 マルサンヌ

　ミッシェルとマークのシャプティエ兄弟は、1980年代末に家族のワイナリーを父親から受け継いだとき、徹底的な変革を起こすことを決意した。このヴァン・ド・パイユも、兄弟のイノベーションの1つだ。彼らに言わせれば、古い伝統を復活させることこそが新しいアイデアだったのだという。というのも、ヴァン・ド・パイユ造りの技術の起源はエルミタージュにあるのだ。もちろん他の多くの地域でも見られる。

　その原理は単純だ。葡萄の房は貴腐化していない健康なものでなくてはならない。屋内に運び、2ヵ月乾燥させ、それから発酵させる。糖の成分が非常に濃縮するので、でき上がるワインの残留糖度は100g/ℓを超える。

　アルコール分が14.5%のこのワインは、非常に濃厚なかなり重いワインだが、模範的なバランスも示している。マルメロとリンゴのほか、少しトロピカルなものも混じり、ナッティーでクリーミー、ハチミツと深い複雑さも感じられる。魅惑的なワインであり、おそらく「瞑想のワイン」だろう。ただし、その重さのおかげでかなり濃厚なデザートとも合わせられる。1999はもっぱら干しアンズで、爽やかな酸味のおかげで重いのに繊細。色はサテンウッド、あとを引く美味しさだ。
MR

🍷🍷🍷　飲み頃：2020年まで

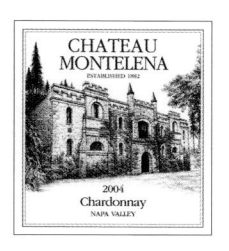

Chateau Montelena
Chardonnay 2004

シャトー・モンテリーナ
シャルドネ 2004

産地 アメリカ、カリフォルニア、ナパ・ヴァレー
特徴 辛口白ワイン、アルコール分13.5%
葡萄品種 シャルドネ

　シャトー・モンテリーナの伝説は、新世界のワイン造りにおける最も重要な話から始まる──1976年夏のいわゆるパリ・テイスティング事件だ。イギリスのワイン輸入業者、スティーヴン・スパリエ氏が、フランスの極上ワインとカリフォルニア産の新しいワインを比較するために、厳しく管理されたブラインドテイスティングを開催した。スパリエ氏のテイスティング審査団──一流のフランス人鑑定家をそろえたチーム──が、4種類の白ブルゴーニュと6種類のカリフォルニア・シャルドネを試飲した。票が数えられ、ボトルが明らかにされると、トップはシャトー・モンテリーナ'73、次点がムルソー＝シャルム'73、そして2種類のカリフォルニアワイン、すなわちモンテレー郡のシャローン1974とスプリング・マウンテン1973が続いた。フランスワインにかなうワインはないという社会通念は、一夜にして永遠に葬られた。

　今日まで、シャトー・モンテリーナはエレガントで抑制のきいたスタイル表現を保っている。新しいオークでの熟成の割合は低く、マロラクティックをまったく施されないこのワインは、カリフォルニア・シャルドネの特徴である木とバターの要素は背景に沈んでいて、その代わり独特の爽やかさとミネラル感が強調されている。**DD**

🍷🍷🍷　飲み頃：2015年まで

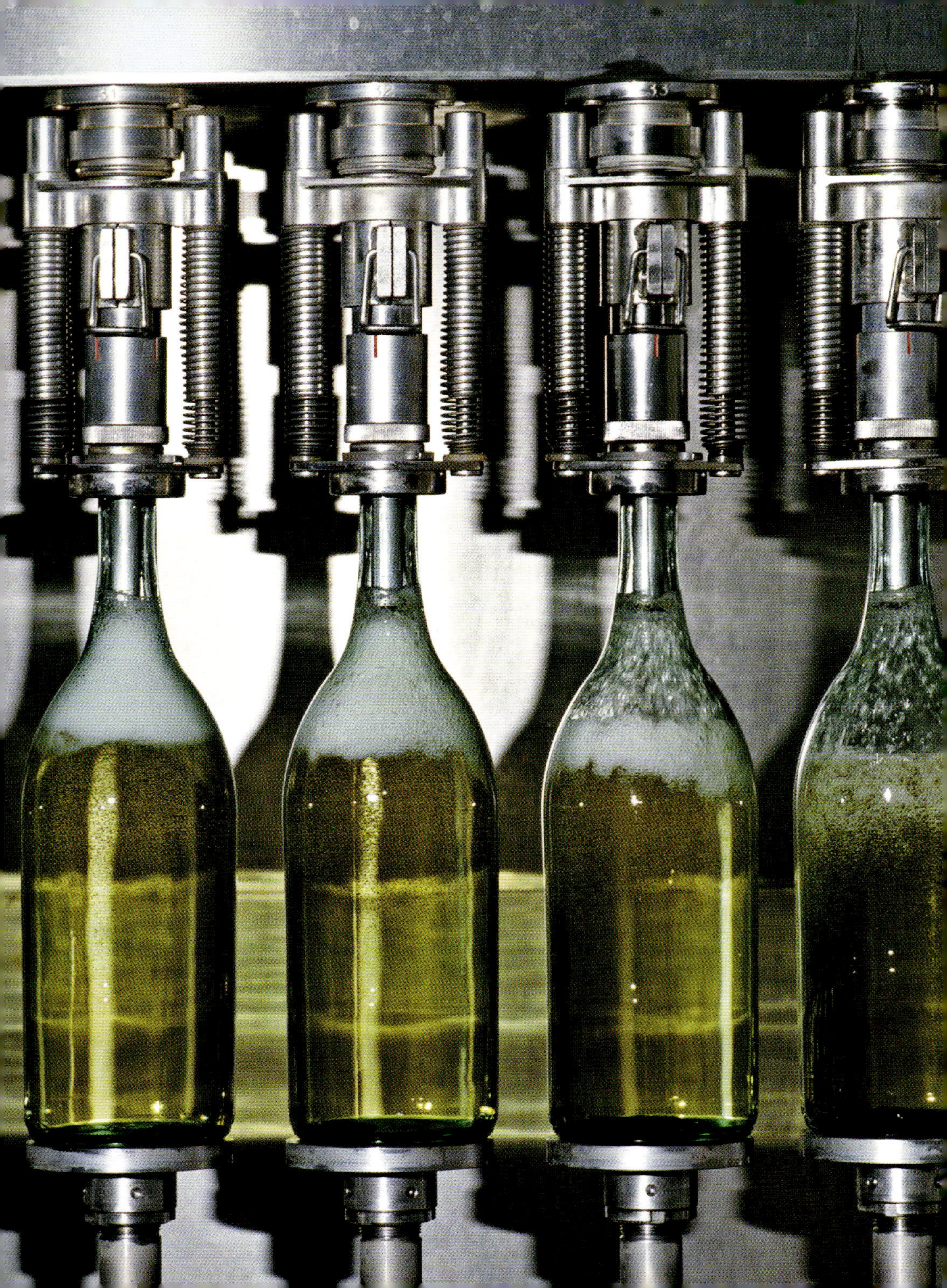

Chateau Ste. Michelle
Eroica Riesling 2005

シャトー・サン・ミッシェル
エロイカ・リースリング 2005

産地　アメリカ、ワシントン、コロンビア・ヴァレー
特徴　辛口白ワイン、アルコール分12.5%
葡萄品種　リースリング

　エルンスト・ローゼン氏を北米の太平洋岸北西部に引きつけたのは、彼のピノ・ノワールに対する愛情だった。何度か訪れるうちに、ローゼン氏はワシントン州のシャトー・サン・ミッシェルがワイン造りの共同事業のためにヨーロッパのパートナーを探していることを聞きつけた。はるばるシャトー・サン・ミッシェルの本社まで行った結果、エロイカのコンセプトが生まれた。ベートーベンの荘厳な『交響曲第3番』にちなんで名づけられたこのワインそのものが、旧世界と新世界の哲学を対位法で表現している。

　口開けヴィンテージの1999から、エロイカのスタイルは洗練されてきている。つねにさまざまな畑の葡萄がブレンドされる。新鮮さが失われないように、破砕や除梗は行わない。同じ目的で発酵は涼しい場所でゆっくり行われ、純粋な生き生きしたリースリングの特徴を生かしている。2005は今日までのどのエロイカよりも力強い。ブレンドの中心となる冷涼なヤキマ・ヴァレーの畑は、2005年は不作だった。しかしそれで繊細さが犠牲になることはなかった。この2005は、ヤキマの北東でワルーク・スロープの北西にある、エヴァーグリーン・ヴィンヤードの葡萄を使った初めてのヴィンテージでもある。その葡萄が、繊細な白桃とともに刺激的な柑橘類とミネラルの香りも表現している。**LGr**

$ $　飲み頃：2015年まで

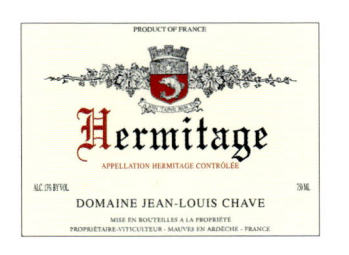

Domaine Jean Louis Chave
Hermitage Blanc 1990

ドメーヌ・ジャン・ルイ・シャーヴ
エルミタージュ・ブラン 1990

産地　フランス、北部ローヌ、エルミタージュ
特徴　辛口白ワイン、アルコール分13%
葡萄品種　マルサンヌ80%、ルーサンヌ20%

　シャーヴの歴史は1481年まで遡る。フランスの伝統的ワイン生産地でも、1つの家族がワインとのこれほど長く緊密な関係を主張できるところは他にない。エルミタージュの美しい丘は、主に赤葡萄を栽培する畑（130ha）だ。白のエルミタージュはごく少量しか生産されていない。

　にもかかわらず、このワインはつねに高い名声を得ている。19世紀末までに、白エルミタージュは最も珍重される白ワインとして、ホックやモーゼルと競い合うようになっていた。シャーヴの白エルミタージュの葡萄は、4つの異なる区画に広がっていて、そのうちのペレア畑にある樹齢100年のマルサンヌは、最終的なワインの濃厚なのに重くないバックボーンをつくっている。遅摘み葡萄がワインを濃い黄金色に染め、天然酵母が用いられている。

　1990年、シャーヴは同社で最高と思われる白ワイン、そしてあらゆる白のローヌワインの中でも最高クラスのワインを造りだした。ジョン・リヴィングストン=リアマンス氏が著書『The Wines of the Northern Rh-ne』の中で最高の6つ星をつけたこのワインは、驚くほどの濃厚さとバランスを備えていて、ドライフルーツとアプリコットとハチミツとスパイスの香味がある。エルミタージュ・ブランは酸が低いにもかかわらず、20年以上も見事に熟成させることが可能だ。**SG**

$ $$ $$ $$ $$ $　飲み頃：2010年過ぎまで

White wines

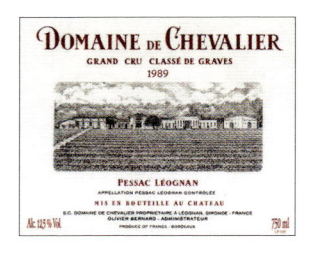

Domaine de Chevalier
1989

ドメーヌ・ド・シュヴァリエ
1989

産地 フランス、ボルドー、ペサック=レオニャン
特徴 辛口白ワイン、アルコール分12.5%
葡萄品種 ソーヴィニヨン・ブラン70%、セミヨン30%

　オー=ブリオンおよびラヴィル・オー=ブリオンと並んで、ドメーヌ・ド・シュヴァリエはボルドーの最上質の辛口白ワインを造っている。ソーヴィニヨンがベースだが、すばらしく長命なワインだ。1世紀にわたってこのドメーヌはリカール家の所有だったが、1983年に売却を余儀なくされ、新しいオーナーとなったオリヴィエ・ベルナール氏は、蒸留酒事業を営む一族の出である。

　白葡萄が植えられているのはわずか5haなので、生産量は限られている。しかも水準に達しない果実は除かれるので、余計に限定される。果皮接触はせず、ワインは主に自生酵母によって樽発酵させ、最高18ヵ月間寝かせる。シュヴァリエの葡萄畑は寒冷で霜が下りやすいので、これによって白ワインにきびきびした切れ味が生まれ、熟した果実を支えるミネラル感が出る。

　1989年は暑くて早熟な年だったが、シュヴァリエでは優良なヴィンテージだった。若いときのアロマはオーク香が強かったが、今ではフルーツ、とくにアンズとモモが際立つ香りになっている。驚くほどの力強さと濃度があるたくましいワインで、土の匂いがするエキスによって、非常に強いミネラル感だけでなく、非常に長いフィニッシュも生まれている。今も円熟しているが、まだ頂点に達した兆候はない。**SBr**
🍷🍷🍷🍷　飲み頃：2015年過ぎまで

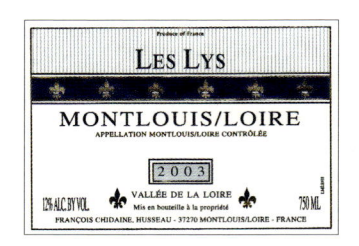

Domaine François Chidaine
Montlouis-sur-Loire Les Lys 2003

ドメーヌ・フランソワ・シデーヌ
モンルイ=シュール=ロワール・レ・リス 2003

産地 フランス、ロワール、トゥーレーヌ
特徴 甘口白ワイン、アルコール分12.5%
葡萄品種 シュナン・ブラン

　フランソワ・シデーヌ氏は父のイヴと一緒に働いていたが、1989年に独立し、モンルイ=シュール=ロワールの5haを独力で栽培するようになった。妻のマヌエラと結婚し、いとこのニコラス・マーティン氏と組んでから、彼はドメーヌをモンルイ=シュール=ロワールの20haとヴーヴレの10haに大きく拡張した。

　ロワール川を見渡すこの流域でも垂涎の的である畑をいくつか耕作しているこのドメーヌは、1990年から有機栽培、1999年からバイオダイナミック農法を行っている。ワイナリーでは、干渉を最低限に抑え、古いオーク樽で自然に長期発酵させることで、ミネラルに富んだコクのある長命のワインが生まれる。ヴィンテージと区画によって、辛口から官能的な甘口まで幅広い。

　モワルーのレ・リは2003年のようなとくに優良なヴィンテージにのみ、貴腐葡萄のトリ（選択収穫）によって造られる。2003年、この甘美なワイン（残留糖160g/ℓ）はユソー村近辺の古木を栽培する4つの区画（クロ・デュ・ヴォラグレ、クロ・デュ・ブルイユ、クロ・レナール、そしてレ・エピネ）がブレンドされて造られた。非常に余韻が長く、バランスがよく、根本にミネラルがあるので貯蔵に適している。**SA**
🍷🍷　飲み頃：2020年

Chivite *Blanco Fermentado en Barrica Colección 125* 2003

チビテ・ブランコ・フェルメンタード
エン・バリカ・コレクシオン125 2003

産地 スペイン、ナバラ
特徴 辛口白ワイン、アルコール分13.5%
葡萄品種 シャルドネ

　ボデガス・ジュリアン・チビテは、スペイン北部、リオハとバスク地方の間に位置するナバラで最も有名なワイナリーだ。この地方で一家が葡萄栽培を始めたのは1647年のことだが、現在のワイナリーと会社は1860年に設立された。コレクシオン125はその125周年を記念して発売されたもので、ラインナップのトップを占める。もともと赤だったが、現在は赤と白と甘口のバージョンがある。

　白は100%シャルドネで、オーク香の強い樽熟成ワイン。ブルゴーニュスタイルで造られ、アリエ産の樽で発酵され、さらにそのまま澱の上で10ヵ月寝かされている。この2003は、2007年1月に行われた第5回マドリード・フュージョン——スペインの首都に世界中から最高のシェフが集まる美食の祭典——で「最優秀白ワイン」に選ばれた。最高級の本格的なスペイン産白ワインだ。色は少し緑がかった明るい黄色。複雑なアロマには、乳と柑橘類、黄色いフルーツ、ナッツ、炒りゴマの芳香と、白亜質の香りや、樽から引き出されたトーストとヴァニラと煙とバターの匂いとが一体化している。口に含むとボリュームと長さがあり、香りが約束する風味がすべて感じられる。**LG**

$ $ $　飲み頃：2011年まで

Christmann *Königsbacher Idig Riesling Grosses Gewächs* 2001

クリストマン　ケーニヒスバッハ・イディック・リースリング・グローセス・ゲヴェクス 2001

産地 ドイツ、プファルツ
特徴 辛口白ワイン、アルコール分13.5%
葡萄品種 リースリング

　傑出した白ワインと赤ワインの両方で知られる葡萄畑は、ドイツには数少ない。そのうち最も優れているのが、パラティネートの中心部ミッテルハート地区のケーニヒスバッハ近くにある19haのイディックだ。赤と白で有名という意味で、ブルゴーニュのコルトンに似ているかもしれない。イディックの土壌もコルトンのそれに匹敵する。石を多く含む石灰質粘土が特徴だ。ここでは上品で舌触りのよいピノ・ノワールとともに、すばらしいリースリングが生まれ、この品種のワインとしてはドイツで最高レベルのコクがある。

　この地が当今有名になったことには、今日イディックの中心部の7haを所有しているニュースタット＝ギンメルディンゲン出身のクリストマン家が深く関係している。気さくな人柄のステファン・クリストマン氏は、長年ドイツでも有数の印象的な辛口白ワインを造ってきた。華美なほどのアプリコットとメロンの果実味が、上質の白ブルゴーニュを思わせるフルボディで深みのある力強いなめらかなテクスチャーと一体になったリースリングだ。イディック2001のミネラルのコクと純然たるスケールを堪能するには、あらかじめデキャントしておき、バルーングラスで飲むべきだ。そのコクとワインらしさのおかげで、珍しくクリームソースの料理にぴったり合う。**FK**

$ $ $　飲み頃：2012年まで

White wines

Christoffel *Ürziger Würzgarten*
Riesling Auslese 2004

クリストフェル・ユルツィガー
ヴュルツガルテン・リースリング・アウスレーゼ 2004

産地 ドイツ、モーゼル
特徴 甘口白ワイン、アルコール分8%
葡萄品種 リースリング

　ハンス＝レオ・クリストフェル氏は、自社のラベルがついた最近のリースリング・カビネットを味わうと、「これはかつて上等のアウスレーゼと呼ばれていたものだ」と言いたがる。1988年から連続してよく熟す年が続いたために、甘くなってきたのだという。「三ツ星」のアウスレーゼ──最近は毎年壜詰めされている──ということになると、（少なくとも書類上は）以前のトロッケンベーレンアウスレーゼに近づいている。そして、このワインは上品なコクがあるにもかかわらず、新鮮な活気を呈している。成分分析結果とは矛盾するが、透明感、高揚感、繊細さがあり、表面的な甘さはない。ハチミツと柑橘類を感じるが、何よりもイチゴの香味がヴュルツガルテンのしるしであり、この畑独特のロームと赤い粘板岩のメランジュを示している。

　アメリカの輸入業者のおかげで、クリストフェル氏のワイン──50年にわたってモーゼル・リースリングの粋を表してきたワイン──は長年、ドイツよりもアメリカでのほうがよく知られていた。彼の1997年産が遅ればせながら地元で認められるようになったのは、ドイツ人が「甘口の」リースリングに改めて注目していたときのことだ。2000年、クリストフェル氏は心臓病と診断され、畑を手放すように忠告された。この偉大な古木の畑が売りに出され、ヨゼフ・クリストフェルの葡萄園は消えてしまうかのように思われた。

　しかし、オーナーとなったユルツィグ村で最も影響力のあるメンヒホフのロバート・アイマエル氏との間に、取引が成立した。アイマエル氏は葡萄樹を長期契約で貸し、クリストフェル氏をコンサルタントとして雇ったのだ。クリストフェル氏のワイナリーからのワインは、彼の監督のもとで醸造・壜詰めされるが、メンヒホフのものは独自のスタイルを守っている。**DS**

Ⓢ Ⓢ Ⓢ 　飲み頃：2025年まで

モーゼル川のほとりの葡萄樹は、日光の照り返しの恩恵に浴す。

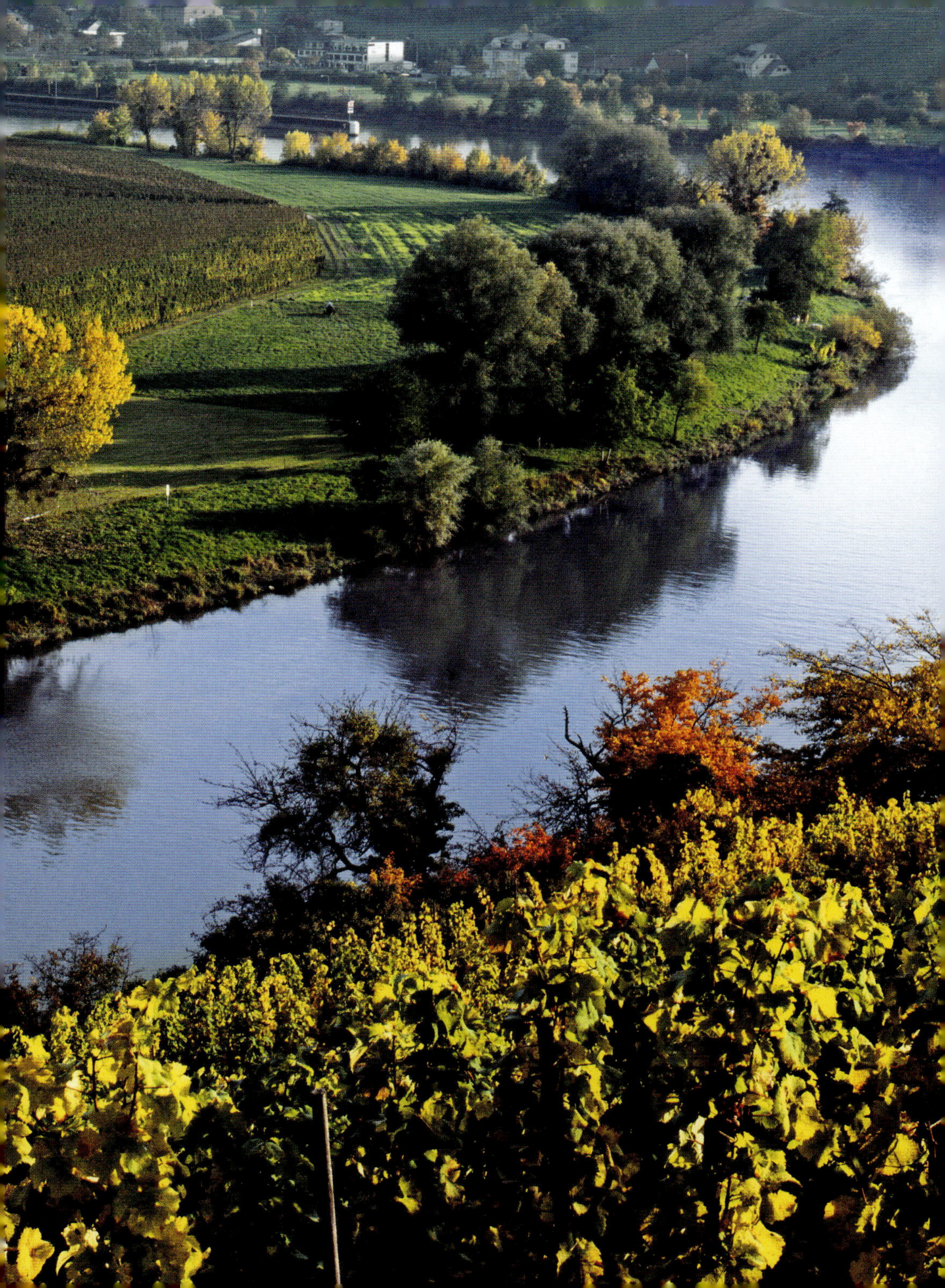

Château Climens 2001
シャトー・クリマンス 2005

産地 フランス、ボルドー、バルサック
特徴 甘口白ワイン、アルコール分14%
葡萄品種 セミヨン

クリマンスでは17世紀からワインが造られている。当時は白ワインだけでなく赤も造っていたが、1855年の格付けで、クリマンスは甘口ワインのプルミエ・クリュに選ばれる。ソーテルヌを構成する5つのコミューンのうち、バルサックだけが独自のAOCを与えられたので、クリマンスは両方の名前を生かすことができる。

クリマンスには、他のワイナリーが見限るようなヴィンテージにも優れたワインを造る並はずれた能力がある。2001年がその見事な実例だ。29haの畑は、セミヨンだけを栽培する数少ない畑の1つであり、ブレンドが確実な方針として代々続いてきた地域にあって、大胆にも1品種にすべてを賭けている。石灰石を基盤とする砂質で砂利の多い土壌が、セミヨンに息を呑むような良質のミネラルを与える。一流の貴腐ワイン生産者に共通することだが、収穫は波状攻撃で行われ、各回にちょうどよく貴腐化した果実だけが集められる。

クリマンスは、新しいオークが風味をよくすると信じていて、樽の3分の2を毎年リニューアルする。18ヵ月の樽熟成によって、甘い果実味にクリーミーなヴァニラの層が重なる。深いなめらかな黄金色のローブのようなこのワインは、ハチミツと干しアンズとイチジクの自然な退廃的香りを放つ。口に含むと砂糖漬けのオレンジと花のハチミツが広がり、口の中が爽やかで香り高いヴァニリンで覆われ、土台となっている完璧な貴腐のたくましいストラクチャーが感じられる。とくにソーヴィニョンを使っていないワインにしては、その酸味の爽やかさは驚異的だ。**SW**

🍷🍷🍷🍷🍷　飲み頃：2070年過ぎまで

さらにお勧め
他の優良ヴィンテージ
1988・1989・1990・1991・1997・2003・2004・2005
他のバルザックの生産者
シャトー・クーテ、シャトー・ドワジー=デーヌ ドワジー=ヴェドリーヌ、シャトー・ネラック

バルサックの葡萄畑は近隣のソーテルヌよりも平坦な傾向がある。

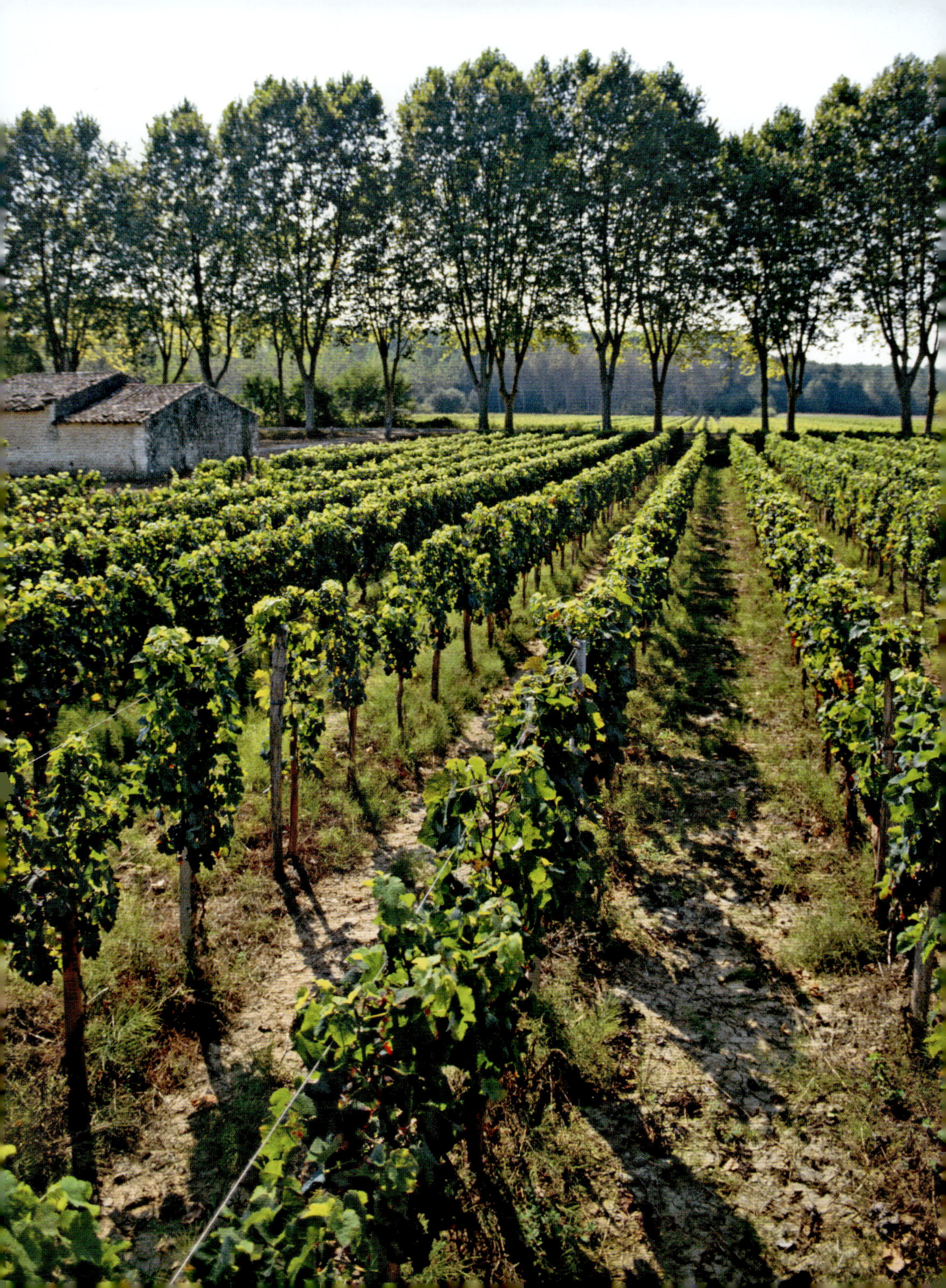

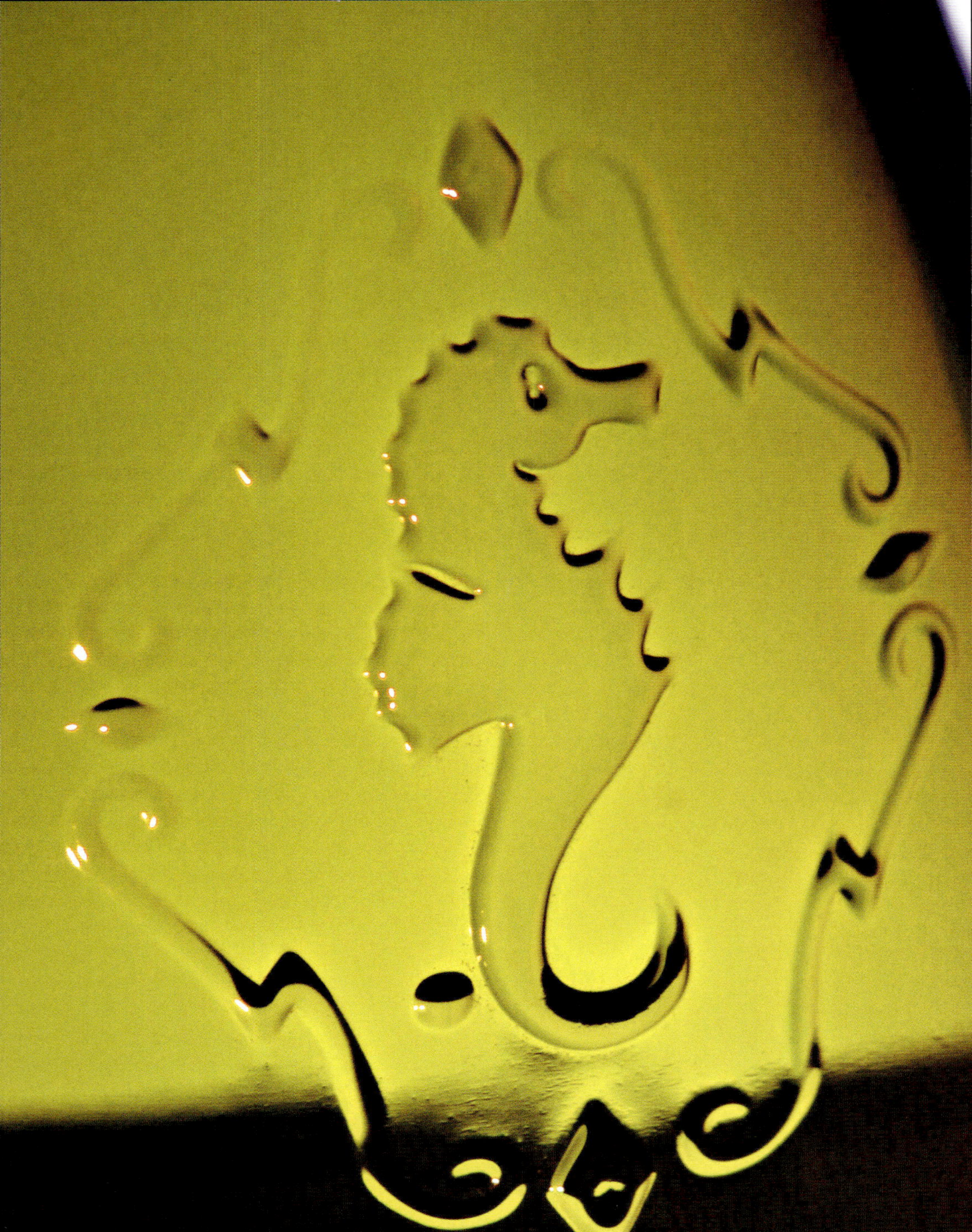

Clos de la Coulée de Serrant
Savennières 2002

クロ・ド・ラ・クレ・ド・セラン
サヴニエール 2002

産地 フランス、ロワール、アンジュー
特徴 辛口白ワイン、アルコール分13%
葡萄品種 シュナン・ブラン

　ニコラ・ジョリー氏は、1976年にすでに未亡人だった母親を手伝うために一家のワイナリー、クレ・ド・セランに戻る前に、ボルドーで2年間葡萄栽培を学んでから、一家の畑を直接管理する仕事に就いた。1981年、ジョリー氏はオーストリアの哲学者ルドルフ・シュタイナー氏によるバイオダイナミック農法の本と出会い、それが人生を変える経験であることを知る。4年後、クレ・ド・セランはバイオダイナミックの原則によって運営されており、それ以降、ジョリー氏はバイオダイナミック農法による葡萄栽培を声高に唱道している。

　1130年、シトー修道会の修道士が7haのクロ・ド・ラ・クレ・ド・セランに葡萄樹を植えた。ここはサヴニエールの1つの畑だが、独自のアペラシオンを有している。2002は麦わら色でハチミツが豊かに香る。見かけも香りも肉付きのよい甘口のようで、確かに貴腐化したような余韻のある味がするが、実際には辛口だ。このワインが栓を抜いてから1週間も新鮮さを保ち、進化する。

　クロ・ド・ラ・クレ・ド・セランは傑出しているかもしれないが、ジョリー氏のワイン造りはむらがあることで知られている。よいヴィンテージに平凡なワインを造ることもあれば、並みのヴィンテージにすばらしいものを造ることもある。**SG**

Ⓢ Ⓢ Ⓢ　飲み頃：2012年過ぎまで

Clos Floridène
2004

クロ・フロリデーヌ
2004

産地 フランス、ボルドー、グラーヴ
特徴 辛口白ワイン、アルコール分13%
葡萄品種 セミヨン50%、Sブラン40%、ミュスカデル10%

　ドゥニ・デュブルデュー氏は、ボルドーでもとりわけ著名なワイン研究者の1人だ。自ら畑も所有していて、父親のものであるドワジー=デーヌとカントグリル、さらには妻のフローレンスの実家が所有するシャトー・レイノンなどの世話もしている。これらの事業の中で最も興味深いのが、クロ・フロリデーヌだろう。このグラーヴの畑は、彼と妻の共同所有になっている。最近、グラーヴ地区全体は、北部にある高名なペサック=レオニャンAOCの影に隠れている。デュブルデュー氏は、グラーヴ南部にもとくに白ワインについて抜群の品質を実現できる能力があることを、クロ・フロリデーヌで示している。

　デュブルデュー氏は30haの畑を1982年に購入し、刷新した。ソーヴィニョン・ブランを植えたが、もとからあったセミヨン種はそのままにした。プジョルとイラの間に位置するこの地は、冷涼で葡萄が熟すのが遅い。ソーヴィニョンには新しいオーク樽は用いられないが、セミニョンの約30%は新樽で熟成される。2004はたっぷりしたワインで、モモとラノリンのアロマを放ち、口に含むとかなり重みがあって、とても長く残る。フロリデーヌの他のヴィンテージより外向的だが、熟成させれば面白くなるだけの濃度とエキスがある。**SBr**

Ⓢ Ⓢ　飲み頃：2016年まで

← ニコラ・ジョリー氏のワイナリーのボトルには、独特のタツノオトシゴの飾りが付いている。

Domaine du Clos Naudin
Vouvray Goutte d'Or 1990
ドメーヌ・デュ・クロ・ノーダン
ヴーヴレ・グット・ドール 1990

産地 フランス、ロワール、トゥーレーヌ
特徴 甘口白ワイン、アルコール分12.5%
葡萄品種 シュナン・ブラン

　フィリップ・フォロー氏は、この象徴的ドメーヌの葡萄でヴーヴレを造るフォロー家の3代目だ。この畑は1923年に祖父が購入した。このアペラシオンのワインは、ほぼ間違いなく他の何よりもヴィンテージの違いがはっきりしていて、スタイルは極辛口からうっとりするような甘口まで幅広い。その理由はロワール北方の辺境の気候にある。しかしドメーヌ・デュ・クロ・ノーダンは、毎年毎年、ミネラル感があって濃厚で独特の風味を持つ、完璧にバランスのとれたワインを、いかにも簡単そうに造っていることから信望を集めている。

　ドメーヌ・デュ・クロ・ノーダンの11.5haの畑は、南と南東と南西を向いた恵まれた斜面の中腹に位置し、土壌は地元でペルーシュと呼ばれる燧石質の粘土。葡萄樹は有機農法で育てられている。

　潜在アルコール度27%以上で収穫された、過熟して貴腐化した葡萄から造られたヴーヴレ・グット・ドール1990は、並はずれたヴィンテージの偉業の極みを表している。残糖が200g/ℓ以上あり、柔らかなテクスチャーは液体キャラメルに似ている。とはいえ、ヴーヴレ・グット・ドール1990はすばらしい新鮮さを保っている。これから何年にもわたって喜びをもたらす大傑作だ。**SA**

🍷🍷🍷　飲み頃：2050年まで

Clos Uroulat
Jurançon Sec Cuvée Marie 2006
クロ・ウルラ
ジュランソン・セック・キュヴェ・マリー 2006

産地 フランス、南西地方、ジュランソン
特徴 辛口白ワイン、アルコール分12.5%
葡萄品種 マンサン90%、プティ・クルビュ10%

　ウルラの地所は1985年にシャルルとマリーのウール夫妻が購入したもので、その後14haまで4倍に拡張された。その投資は十分な利益を生んでいる。高い植樹密度、高度な整枝、そして低い収穫量によって、果実の濃度が最大になり、まばゆいばかりの色を呈する。プティ・マンサンはジュランソンの伝統どおりに遅摘みのために取っておかれるが、もっと丸々したいとこ分は、ほんのわずかな土着のプティ・クルビュ種とともに、楽しげに香りを放つ辛口ワイン向けのブレンドを造っている。

　キュヴェ・マリーは11ヵ月間樽の中で寝かされるが、新樽はそのうちのわずかだ（10%を超えない）。パイナップルの果実味が飛び出し、もっとシャープな青リンゴと洋ナシの勢力に溶け込むが、その後、樽が醸した魅惑的な煙香がかすかに漂ってくる。口に含むとボリュームがあり、非常に表情豊かで、穏やかなトロピカルフルーツの芯に鋼鉄のような柑橘系の酸味が通っている。フィニッシュには甘草とシナモンとクリームの香りが表れる。若いときも非常に魅力的だが、その酸のストラクチャーは2、3年の壜熟で進化させるのに向いている。**SW**

🍷🍷　飲み頃：2012年まで

Cloudy Bay
Sauvignon Blanc 2006
クラウディ・ベイ
ソーヴィニョン・ブラン 2006

産地　ニュージーランド、マールボロ
特徴　辛口白ワイン、アルコール分13%
葡萄品種　ソーヴィニョン・ブラン

　クラウディ・ベイは、最も有名で最も人気の高い新世界の白ワインに、その名を貸している。一流のワイン醸造家のケヴィン・ジャッド氏が造った、クラウディ・ベイ・ソーヴィニョンの1985年の市場向けリリースは、現代的なマールボロ・ソーヴィニョン・ブランのスタイルを効果的につくり出した。このワインの刺激的で大胆なアロマと香味は、伝統的なフランスのソーヴィニョンワインであるサンセールやプイィ＝フュメとはまったく違っていたため、大評判になり、瞬く間におしゃれなディナーパーティーの定番になった。

　しかし、20年以上にわたって商業的に大きく成功しているにもかかわらず、クラウディ・ベイについての意見は雑多である。かつてクラウディ・ベイに葡萄を供給していた栽培者が今では独自のワインを造っているので、クラウディ・ベイのワインは以前ほど上質ではないという批評もある。クラウディ・ベイを「飲まなくてはならない」消費者が毎年殺到して、同じくらい上質のワインが棚の上で無視されているために、クラウディ・ベイは最近ワイン造りではなくマーケティングのマシンと化しているという意見が出ている。テ・ココと呼ばれるオーク香をつけたソーヴィニョン・ブランも、評価が分かれている。しかしそれでも、あの1985年のワインがつくり出したスタイルは生き続けている。**SG**

🅢🅢　飲み頃：現行リリースを3年以内

Paul Cluver
Noble Late Harvest Weisser Riesling 2003
ポール・クルーヴァー　ノーブル・レイト・ハーヴェスト・ヴァイサー・リースリング 2003

産地　南アフリカ、エルギン
特徴　甘口白ワイン、アルコール分13%
葡萄品種　リースリング

　南アフリカのリースリングは、流行りでないこと、適したテロワールが少ないことに加えて、この優れた品種の名を劣等の葡萄に充てようという大企業に追随する地元の官僚主義にも悩まされている。地元で消費するワインについては、本物のリースリングは頭にヴァイサーまたはラインを付けなくてはならないのだ。気候に関しては、エルギン──以前はリンゴの産地だったが、高くて冷涼な山間部の台地の利点と海への近さを求めるワイン生産者の目が次第に向いてきている──が最適であることが証明されつつある。

　ポール・クルーヴァーのセラーは、近代的なこの生産地に最初にできたもので、その葡萄園は最大で最古の部類に入る。湿気を含んだ南からの冷風のおかげで、リースリングは確実に貴腐化するので、このノーブル・レイト・ハーヴェスト（最高に濃厚な貴腐デザートワインに付けられた法定の地方名）はだいたい毎年造られる。

　このワインのスタイルは、ドイツ流（樽を使わない）とフランス流（高いアルコール度）の中間にある。贅沢な果実味、甘さ、そしてたくましい酸味に、スリル満点の緊張感が電気のように走る。ハチミツのような貴腐の甘みがモモとコショウの香りを高めている。若いときは心地よく、その潜在力は未知数だが、ストラクチャーと果実がこのワインは10年以上生き続けることを暗示している。**TJ**

🅢🅢　飲み頃：2013年まで

Domaine J.-F. Coche-Dury
Corton-Charlemagne GC 1998

ドメーヌJ.-F.コシュ＝デュリ
コルトン・シャルルマーニュ GC 1998

産地 フランス、ブルゴーニュ、コート・ド・ボーヌ
特徴 辛口白ワイン、アルコール分13.5%
葡萄品種 シャルドネ

　ジャン＝フランソワ・コシュ氏は、訪問者をとくに歓迎するわけでもなく、自分の畑やワインについての情報提供にも熱が入らない傾向がある。彼のワインに対する需要は供給をはるかに上回っている。彼には新しい輸入業者も新たなマスコミとの関係も必要ないし、彼のワインはすでに非常に高価なのだ。むしろ自分の時間を10haの畑の手入れか、セラーでワインの進化を見守るのに使いたいのだろう。

　コシュ氏はムルソーのペリエールや、2003年以降はジェヌヴリエールにも畑を所有してはいるが、このワイナリーの葡萄畑の大半は、普通の村の畑である。けれどもコシュ氏は所有地を拡張する気がまったくないので、優れた区画を手に入れると、それより質の劣る区画を売り払って、ドメーヌの現在規模を維持している。本拠地はムルソーだが、最も有名な彼のワインはコルトン＝シャルルマーニュだ。ただし、栽培地はわずか0.3ha、生産量は1200本程度に限られている。ワインは約20ヵ月樽で寝かされる。新しいオークの割合はヴィンテージと直観によって変わる。

　希少で高品質の彼のコルトン＝シャルルマーニュは、きわめて高額で売られている。その価格の数分の1で上質のコルトン＝シャルルマーニュを手に入れることは可能だが、コシュ氏のワインには熱狂的な崇拝者がいて、彼はその状況を最大限に活かしている。彼のワインは、絶頂に達するまでに数年間の壜熟を必要とする。1998はすばらしく、ミネラルと花の両方の香りがする。口に含むと濃密さと力強さが際立っていて、クリーミーなテクスチャーはちょうど重くならないところに収まっていて、ナッツ風味のフィニッシュが長く続く。
SBr
😊😊😊😊😊　飲み頃：2025年まで

Colle Duga
Tocai Friulano 2005

コッレ・ドゥーガ
トカイ・フリウラーノ 2005

産地 イタリア、フリウリ・ヴェネツィア・ジューリア、ゴリツィア
特徴 辛口白ワイン、アルコール分13.5%
葡萄品種 トカイ

　イタリアはすんでのところで、コッレ・ドゥーガのトカイ・フリウラーノを栽培葡萄のレパートリーから失うところだった。1898年にコッレ・ドゥーガの創業者、ジュゼッペ・プリンチッチ氏が生まれたとき、このワイナリーが現在位置する土地は、オーストリアの国境地帯に入っていた。昔のイタリア政権によってその周辺一帯の返還が要求されたのは、1947年に行われておおむね不評だった国境線の引き直しの結果に過ぎない。結局、一帯はユーゴスラビアに移り、最終的に1991年に独立を勝ち取ったスロヴェニアの領土になった。ただし4区画に分かれているコッレ・ドゥーガの7haは現在、イタリア側の国境地帯にあるので、フリウラーノとして認められている。

　ジュゼッペの孫のダミアンは、1970年に父親のルチアーノから畑を相続し、現在コッレ・ドゥーガのオーナーである。妻のモニカと2人の子供とともに、ダミアンはワイン生産のあらゆる段階をつねにプリンチッチ家で行うようにしている。そして、ポッツォーロ・デル・フリウリのチェントロ・モビーレ・ディ・インボッティリアメントに認められているとおり、年に平均3万から4万本の上質なワインを造っている。

　ピノ・グリージョや（「名誉自生種」の）シャルドネもそれなりに注目に値するが、トカイ・フリウラーノがこのハウスのフラグシップだ。コッレ・ドゥーガ・トカイは、もう少しでその領土からはずれるところだったイタリアの夏を体現している。爽やかなのにまろやかな麦わら色のこのワインは、少し苦味のあるアーモンドのアロマに、干草とハーブと花のすがすがしい味わいと、ほのかなパラフィンの香りが溶け込んでいる。当然のことながら、このワインは数多くの賞を獲得している。**HL**
😊😊　飲み頃：2010年まで、または現行リリースを5年以内

White wines

Colli di Lapio
Fiano di Avellino 2004

コッリ・ディ・ラピオ
フィアーノ・ディ・アヴェリーノ 2004

産地 イタリア、カンパーニア、イルピーニア
特徴 辛口白ワイン、アルコール分13%
葡萄品種 フィアーノ

　南イタリアでもとりわけ感動的なこのワイナリーを支えているのは、クレリア・ロマーノ女史とその家族だ。コッリ・ディ・ラピオがリリースした初ヴィンテージは1994年。それ以来ずっとクレリアのワインは、本格的で、どことなく厳粛とさえいえそうだが、確かに妥協のないフィアーノ・ディ・アヴェリーノの理想的なイメージとなっている。クレリアは信念の人だ。6回の収穫で集めた葡萄を伝統的な圧搾機のほかはほとんど器具を使わずに処理し、しかもそんなやり方で見事なワインを造る生産者はあまりいないだろう。1999年によるやく、近代的な空気圧搾機と適切な壜詰め装置が導入された。

　フィアーノ・ディ・アヴェリーノDOCGのワインは、ベストの状態になるのにリリース後6ヵ月以上かかる。クレリア・ロマーノ女史が造るすばらしい手本も例外ではなく、1年経つとさらにバランスがよくなって輪郭がはっきりする。ヴィンテージ2004はまさにその適例だ。葡萄は10月半ばに収穫され、すぐに圧搾された。マストはステンレスタンクで発酵されてから、細かい澱とともにさらに6ヵ月寝かされてから壜詰めされている。

　フィアーノは上品さと複雑さの両方を目指す品種で、コッリ・ディ・ラピオ2004は、この品種の潜在力をフルに示している。このワインは柑橘類とミネラルが強く香る。口に含むと、軽くクリーミーなテクスチャーが感じられ、それを補う最初の非常に新鮮な生気、コクがあるのに活気にあふれた中間の味わい、そして心地よいナッツ風味の後味へとつながる。信頼できるワインに間違いない。若いうちに飲みたい衝動を抑えられれば、時とともにさらに深みと複雑さが増して、その我慢は報いられるだろう。**AS**

🍷🍷　飲み頃：2012年過ぎまで

Attilio Còntini
Antico Gregori NV

アッティリオ・コンティニ
アンティコ・グレゴリ NV

産地 イタリア、サルデーニャ
特徴 辛口白ワイン、アルコール分18%
葡萄品種 ヴェルナッチャ・ディ・オリスターノ

　アッティリオ・コンティニ・ワイナリーは、サルデーニャ島西側のオリスターノ県カブラス村にある。今日、アッティリオの息子と甥が経営するコンティニが主に目指しているのは、ヴェルナッチャ・ディ・オリスターノやカンノナウ（他ではグルナッシュと呼ばれている）のような、地元品種の質を上げることだ。

　ヴェルナッチャ・ディ・オリスターノは、特有の気候と土壌のおかげでティルソ川下流が理想的な環境とされる白葡萄。土壌は主に砂質で非常にやせていて、地元ではグレゴリと呼ばれている。一方のアンティコは「昔の」という意味だ。どのボトルにも、20世紀初めに始まったソレラのワインが含まれることを考えれば、確かに昔のものといえる。

　アンティコ・グレゴリに入るワインは畑の最良のヴェルナッチャから慎重に選ばれ、オークとクリの小さい樽に容量の8割だけ注がれて寝かされる。ワインの表面と樽の間のすき間が、セラーの環境とあいまって、酵母（フロール）の層の形成を促す。この酵母がワインを守ると同時に、ブレンドに独特の個性を与える。

　このワインを理解するのは容易でない。ゴージャスな深い琥珀色、意図的に酸化させた特性、そしてオイリーなヘーゼルナッツとアーモンドの強い香りがある。口に含むと、苦味のあるハチミツ、カラメル、タフィー、コーヒーの見事にはっきりした層が感じられ、酸の糸で小さな真珠をつなげた高価なブレスレットのようだ。**AS**

🍷🍷🍷　飲み頃：2050年過ぎまで

François Cotat
Sancerre La Grande Côte 1983
フランソワ・コタ
サンセール・ラ・グランド・コート 1983

産地 フランス、ロワール、サンセール
特徴 辛口白ワイン、アルコール分13%
葡萄品種 ソーヴィニヨン・ブラン

　コタ家が初めてサンセールを壜詰めしたのは1920年代のこと。一家にとって最も重要なラ・グランド・コート畑では、葡萄摘みの人たちはいつも、彼らの安全（とコタ家の気晴らし）のために一家が提供するクッションに座って、葡萄樹の列の間を滑り降りている。
　ここのソーヴィニヨンは理想的な台木の3309Cに接ぎ木されている。この台木は、サンセールの悪名高い不安定な秋の天候でも待つだけの勇気があれば、着実に風味が熟すのを促す。そしてコタ家のサンセールの葡萄は、いつも一番遅く収穫されている。3309Cはソーヴィニヨンのありあまるほどのエネルギーを深く根まで導き、非常に複雑なミネラルの風味を生み出す。コタでは、苦くなりがちなソーヴィニヨンの傾向が出ないように、木製の圧搾機で葡萄をゆっくり圧搾し、人工のものではない自生酵母を発酵に使うことによって、葡萄の熟度と複雑さを保っている。
　コタ一家は規則に従わないため、彼らの「変種」と言われるワインは「サンセール」のラベルを貼ることを禁止された——ただし、幸いにも1983年には禁止されていなかった。1980年代の彼らのワインを代表するこのヴィンテージは、壜詰めされて最初の10年は沈黙していたが、次の10年で少しずつ表現が豊かになっていき、さらに次の10年でミネラルが輝くようになった。**MW**
🍷🍷　飲み頃：2013年まで

Château Coutet
Sauternes 1988
シャトー・クーテ
ソーテルヌ 1988

産地 フランス、ボルドー、バルサック
特徴 甘口白ワイン、アルコール分14%
葡萄品種 セミヨン75%、Sブラン23%、ミュスカデル2%

　クーテの建物の間にひっそりたたずむ13世紀の塔が、この地所の古さを証明している。ここは17世紀にはすでにワイナリーとして知られていた。1977年に買い取ったアルザスのバリー家が今も所有し、ワインに深い関心を示している。
　40ha近い葡萄畑がシャトーの周囲に単一の区画で広がっているが、これは1855年から変わっていない。土壌は変化に富んでいるが、バルサックの最優良の石灰岩台地に典型的なものだ。葡萄樹の平均樹齢は35年あまり、若い樹はクーテには使われない。ワイン造りはすべて伝統手法で行われる。垂直圧搾機で圧搾し、樽で発酵させ、一部を新しい樽で熟成させる。新樽の割合は1990年代には5割程度だったが、今では10割に近い。
　クーテは主張の強いワインではない。上質なバルサックらしくエレガントで控えめだ。しかしコクや持続力に欠けているわけではなく、1920年代のヴィンテージがまだ新鮮で、若々しささえある。1988はは柑橘類とアプリコットの見事なアロマを放ち、口に含んだときのコクは強い酸味によって抑えられ、スパイシーな長いフィニッシュへとつながる。**SBr**
🍷🍷🍷　飲み頃：2025年まで

クーテでは1920年代に設置された垂直圧搾機がいまだに使われている。

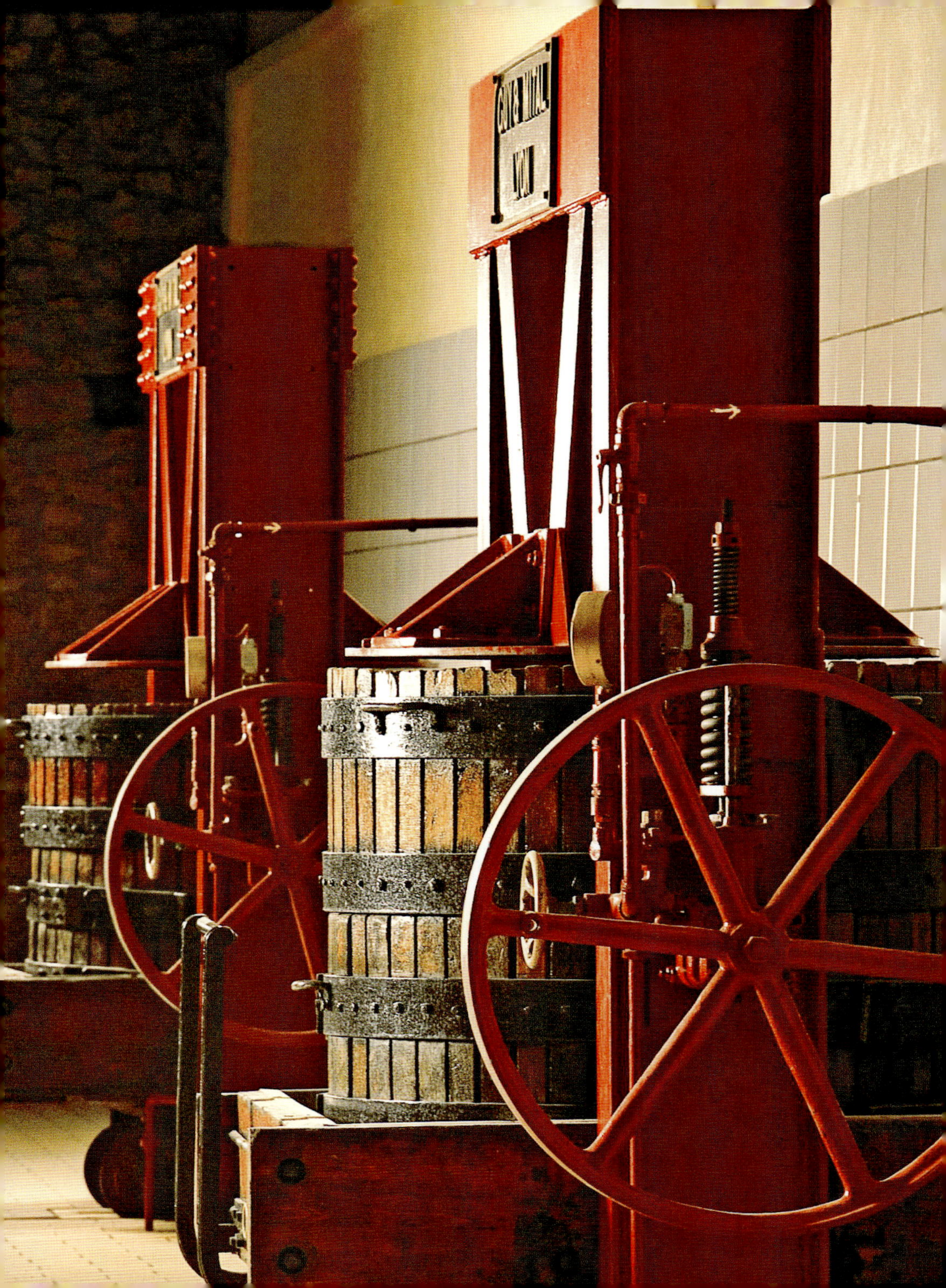

Lucien Crochet
Sancerre Cuvée Prestige 2002

リュシアン・クロシェ
サンセール・キュヴェ・プレステージ 2002

産地 フランス、ロワール、サンセール
特徴 辛口白ワイン、アルコール分13%
葡萄品種 ソーヴィニョン・ブラン

つい1960年代まで、サンセールはフランスの国外でも国内でもまったく評価されていなかった。ロワール東部のソーヴィニョンから造られていた活気のある辛口の白ワインは、淡白で質素な田舎料理やどっしりしたパテ、あるいは淡水魚に合わせて飲むのによかった。非常に爽やかなワインだったが、高貴なワインやそれに近いものとして数えられることはないだろう。

サンセールが注目すべきワインとしての地位を確立したのは、ジャーナリズムの世界でパリの解説者たちが突然このワインに取りつかれたことによる。最高の畑で収穫されたソーヴィニョン・ブランの表現は、非常に純粋で、さっぱりとした辛口で、鋼鉄のように丈夫で揺るぎないので、他のものと間違えようがないとされた。そして実際、快調なときのサンセールは、この品種をトップクラスに入れることにまだ抵抗している人たちの面目をつぶしている。

リュシアン・クロシェ醸造所は、クロシェ家とピカール家の結婚による幸運な産物である。ピカール家の祖先は18世紀後半からこのアペラシオンに根づいていた。クロシェのキュヴェ・プレステージの原料は、半世紀以上も前の区画の収穫量の少ないねじれた葡萄樹の葡萄だ。毎年約10%が樽で発酵される。これでワインが鋼鉄のようなソーヴィニョン以外のものに下手に変わることはないが、サンセールがしばしば土壌から引き出す、かすかな煙香が強くなる。2002年は、ロワール川流域のこの地区ではフランスの他の地域よりもいくぶんよいヴィンテージだった。ソーヴィニョンはよく熟し、生まれたワインは無作法なほど豊かなモモとアプリコットの果実味と、抑制のきいたダイヤモンドのような酸の核とを同時に実現している。その酸によって、これほど濃密なワインもうまく熟成するだろう。**SW**

💰💰💰💰　飲み頃：2012年まで

Marisa Cuomo *Costa d'Amalfi*
Furore Bianco Fiorduva 2005

マリーザ・クオーモ　コスタ・ダマルフィ・フローレ・ビアンコ・フィオルドゥーヴァ 2005

産地 イタリア、カンパーニア、アマルフィ海岸
特徴 辛口白ワイン、アルコール分13.5%
葡萄品種 リポリ40%、フェニーレ30%、ジネストラ30%

フィオルドゥーヴァは「極限の」ワインだ。地中海沿いに美しく延びる海岸線上の段々畑は、高くけわしい崖を無理やり開いたもので、耕作には尋常でない献身と情熱が必要とされる。フィオルドゥーヴァは1995年に認められたコスタ・ダマルフィDOCに属しているだけでなく、さらに厳しくDOC規制されている3つの小さなサブゾーンのうちの1つ、フローレにも属している。

畑の植樹密度は1ヘクタール6000本、高度は海抜200-500m、非常に険しい斜面でも実現可能な、地元で開発された特別なパーゴラシステムで整枝されている。言うまでもないが、この畑ではどんな単純な作業も手で行わなくてはならない。フィオルドゥーヴァにはよく熟れた葡萄が使われる。直射日光だけでなく海からの照り返しもあるイタリア南部の長い夏を満喫した葡萄は、10月末頃に収穫される。冷たい夜のそよ風が酸とアロマの維持に欠かせない。

収穫の後、葡萄は優しく圧搾される。自然に流れ出た果汁が樽の中に入り、それから3ヵ月間発酵される。このような骨の折れる作業が報われてでき上がるワインは、濃い黄金色で、マンゴーと熟れたアプリコットと黄色い花の香りがする。口に含むとさっぱりしていて、非常にボリュームがあって、濃密なテクスチャーだが、同時に上品で繊細でもある。**AS**

💰💰💰　飲み頃：2015年まで

White wines

マリーザ・クオーモのフィオーレ畑では、パーゴラがフェニーレの葡萄を支えている。

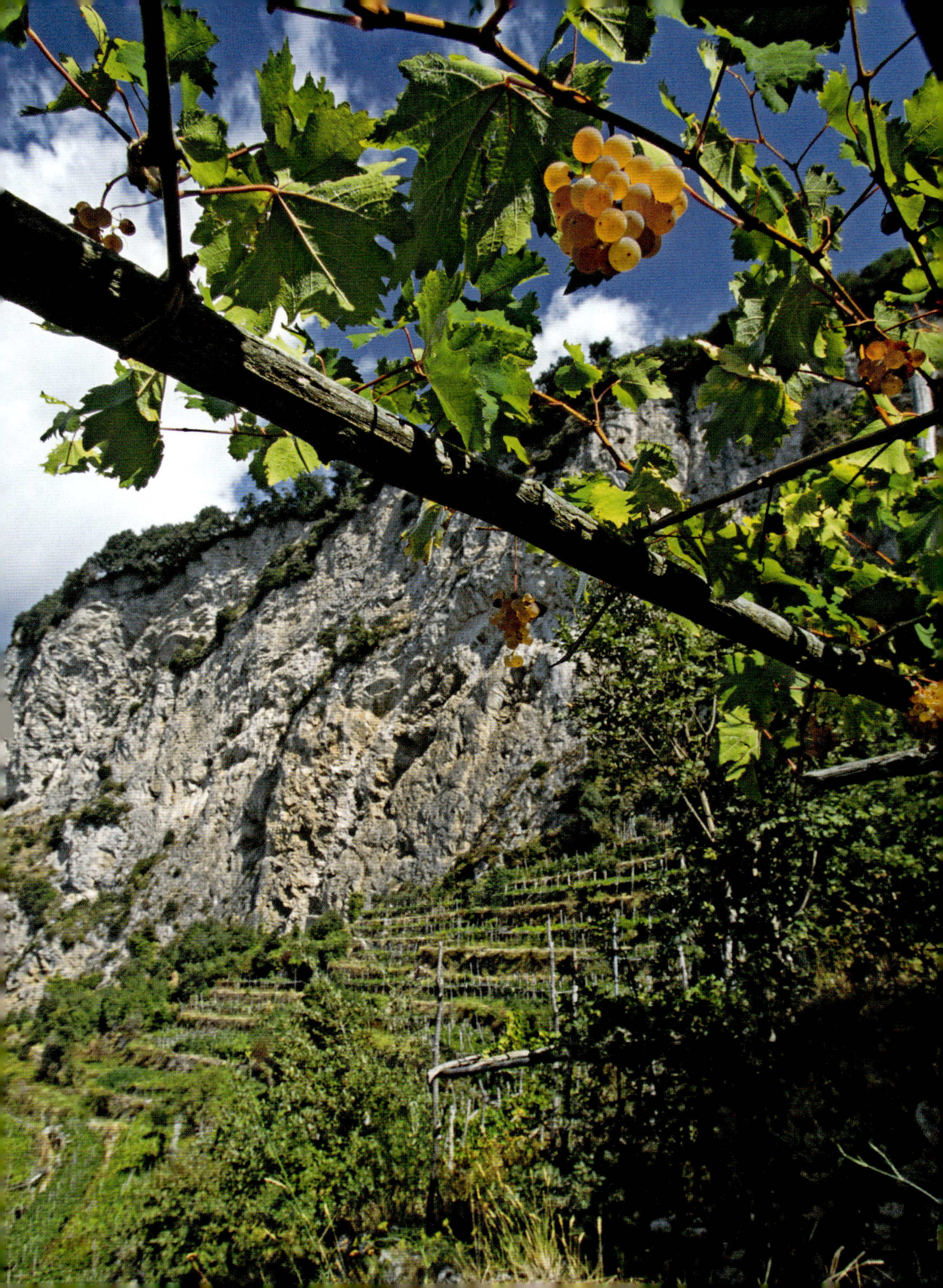

CVNE *Corona Reserva Blanco Semi Dulce* 1939

CVNE コロナ・レセルバ・ブランコ・セミ・ドゥルセ 1939

産地 スペイン、リオハ
特徴 やや辛口白ワイン、アルコール分12.5%
葡萄品種 ヴィウラ

1939年4月1日、共和国軍が降伏して、フランコがスペイン内戦の終結を宣言したが、スペインの大混乱は秋まで続いた。リオハ地方では、収穫のことは人々の頭の隅に追いやられていたので、たくさんの葡萄が樹にぶら下がったまま放置され、貴腐菌に侵されてからようやく誰かが摘み取った。このコロナ・レセルバはおそらく、貴腐化したヴィウラに多少マルヴァージアとマカベオを混ぜて造られたと思われるが、誰も知らない（気にしていない）ようだ。30年以上も木製の大樽に放置されたまま熟成し、1970年代初めに「再発見」され、ようやく壜詰めされて1000本程度だけが生産された。

このワインの美しく輝く琥珀色は「甘口」であることを暗示するが、正確な表現はセミ・ドゥルセ──ラベルに記されているとおり──である。香りはアモンティリャード・シェリーに似た、ハチミツとナッツと焦げた香りのする非常に複雑なアロマだが、かすかに酸化したにおいもする。造られてから66年経っても、このワインは力強い酸を保っていて、おそらく（成分分析から見れば）セミ・ドゥルセよりも少し甘いと思われる──ところが、それだけの酸があるにもかかわらず、実際の印象としてはやや辛口の味わいだ。余韻は驚くほど長く、ドン・キホーテが見たダルシニアの夢のようにいつまでも続く。それほどの甘みと酸味と酸化の組み合わせは時が経って得られた味わいだが、それでもこのワインはこの国で最も偉大な白ワインに数えられることは確かだ。コロナ・レセルバはいまだにCVNE社によって生産されているが、500mlのボトルのみがリリースされている。**SG**

🍷🍷🍷🍷　飲み頃：2015年まで

さらにお勧め
他の白リオハの優良ヴィンテージ
1922・1934・1952・1955・1958・1964・1982
同生産者のワイン
インペリアル・グラン・レセルバ・リオハ、モノポール・リオハ・ブランコ、ヴィーニャ・レアル・レセルバ・リオハ、レセルバ・コンティーノ

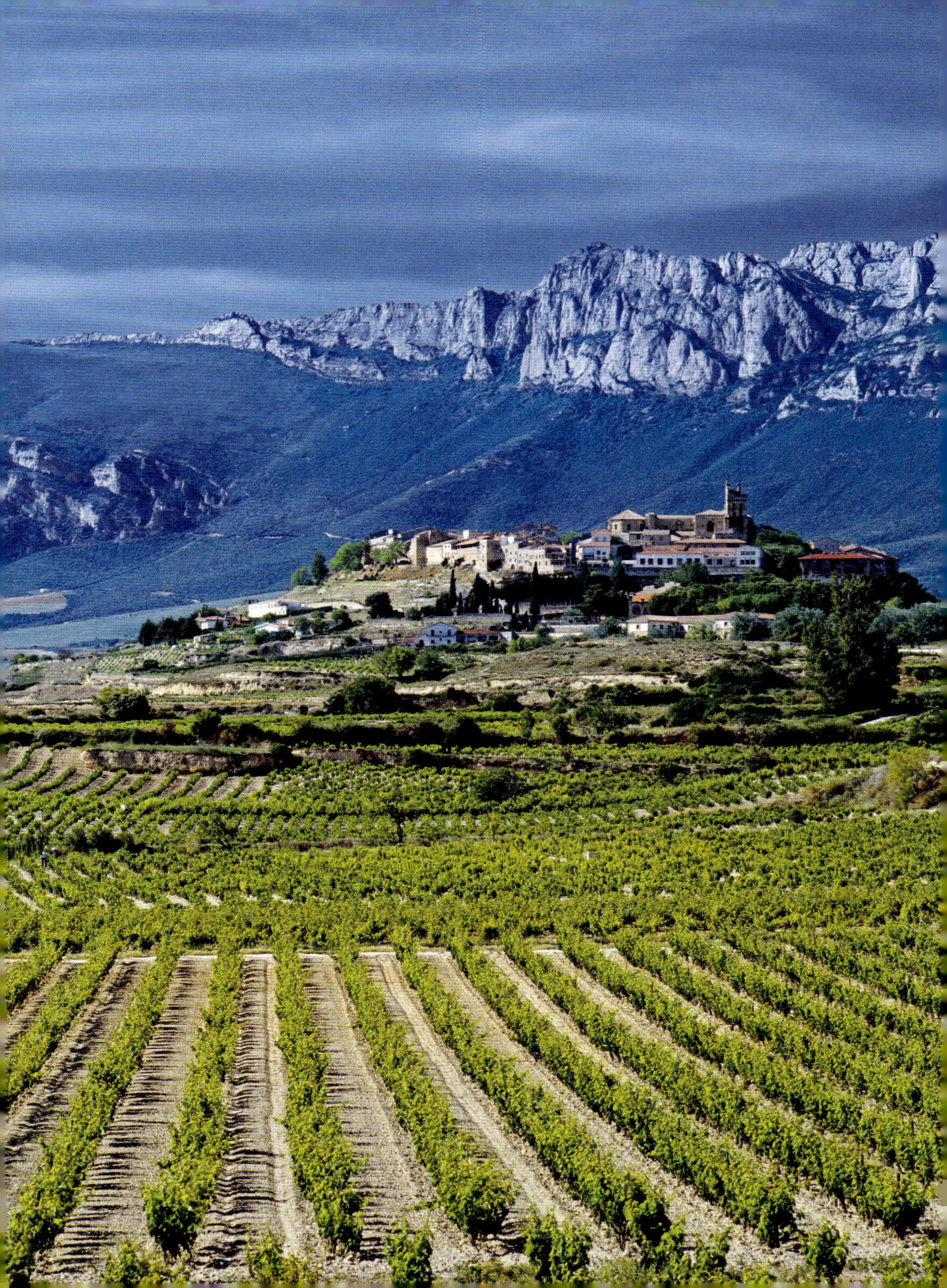

Didier Dagueneau
Silex 2004

ディディエ・ダグノー
シレックス 2004

産地 フランス、ロワール川流域、プイイ=フュメ
特徴 辛口白ワイン、アルコール分12%
葡萄品種 ソーヴィニョン・ブラン

　堂々とした体格のディディエ・ダグノー氏は、いまだに「ロワール川の野生児」と考えられている。仲間の造り手を遠慮なく批評する彼はこの地域の異端者だったが、今では指標とされるまでになっている。ダグノー氏はサン=タンドランに広がる11.5haを栽培している。ここは過密のプイイ=フュメでもとくに植樹密度が高いコミューンだ。

　ほぼ間違いなくロワール川流域で最も腕のいい樽発酵の擁護者であるダグノー氏は、4種類の辛口白ワインを造っている。基本のワインはアン・シャイユー、柔らかめのスタイルでいくつかの畑がブレンドされている。次はビュイソン・ルナール、さっぱりめのスタイルで貯蔵向き。あと2つは高価なワインで、単一畑で樽発酵のスーパースターだ。ピュール・サンは「サラブレッド」を指すフランス語で、ダグノー氏が自分の畑を耕させている馬にちなんだ名前。しかしダグノー氏の最高のワインは、おそらくロワール川上流で造られる最高の白ワインとも言えるシレックスだ。その原料はシリカ（フランス語でシリス）に富んだ粘土質土壌に植えられた古木の葡萄。シレックス2004は、純粋で雑味のないすばらしい酸に裏打ちされた、新鮮さとミネラルと異国情緒の見事な融合を示している。**SG**

🍷🍷🍷　飲み頃：2010年過ぎまで

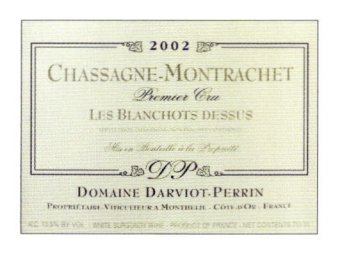

Dom. Darviot-Perrin *Chassagne-Montrachet PC Blanchots-Dessus* 2002

ドメーヌ・ダルヴィオ=ペラン
シャサーニュ=モンラッシェ・PC・ブランショ=ドスュ 2002

産地 フランス、ブルゴーニュ、コート・ド・ボーヌ
特徴 辛口白ワイン、アルコール分13%
葡萄品種 シャルドネ

　モンラッシェの南端に岩の断層がある。わずか2.5m下がったところに、1.32haのクリマ、レ・ブランショ=ドスュが広がっている。ここで重要なのは、グラン・クリュでないシャルドネの葡萄ができるだけ手に入りやすいこと。この畑の有力な所有者として、モンテリーを本拠地とするダルヴィオ=ペランの夫婦が挙げられる。

　土地の大半はジュヌヴィエーヴ・ダルヴィオ（旧姓ペラン）夫人が相続したもので、彼女とディディエ・ダルヴィオ氏が利用している所有地は、この数年で増えている。パパ・ペランは年を取ると自分の地所の大部分を物納契約で貸していたが、それをやめて、ダルヴィオ=ペランが葡萄樹を利用するようになったのだ。夫妻が自分たちの名前で元詰めするようになったのは1989年からのことなので、知名度はあまり高くない。

　ダルヴィオ氏は、有能な栽培者でワイン醸造家でもある義父から多くを学び、ミネラルが非常に純粋なワインを造る。若いときは少し渋い場合があり、まろやかになるには時間がかかる。この2002はおそらく彼の最高傑作だろう。非常に濃厚でエレガントで、少なくともあと10年は安定している。**CC**

🍷🍷🍷🍷　飲み頃：2010年-2020年

Dom. René & Vincent Dauvissat *Chablis GC Les Clos* 1996

ドメーヌ・ルネ・エ・ヴァンサン・ドーヴィサ
シャブリ・GC・レ・クロ 1996

産地 フランス、ブルゴーニュ、シャブリ
特徴 辛口白ワイン、アルコール分13%
葡萄品種 シャルドネ

　このワイナリーはシャブリで最も優秀だと考える人も多い。1920年代にロベール・ドーヴィサ氏によって設立され、11haの地所に2つのグラン・クリュ（レ・クロ、レ・レ・プルーズ）と3つのプルミエ・クリュ（セシェ、フォレ、ヴァイヨン）を擁する。わずかな収穫量から出生を如実に表現するワインが生まれている。ワインの核は冷たく辛口で純粋なミネラル感があり、塁熟によって優れたシャブリに求められる堂々とした品格が出る。

　このワイナリーが所有する1.7haのレ・クロは1960年に植えられた。他のグラン・クリュと同じように、キンメリッジ期の石灰質泥灰土土壌で、シャブリ村から北東寄りに位置する。1996年はシャブリでは1990年以来最高のワインが生まれた。その濃厚さは見事で、このワインのように、磨き上げられた酸と層をなす豊かな果実味が驚異的なバランスを見せている。オークがこのワインの熟れたリンゴのような核にシナモンのスパイスを利かせている一方で、成熟したての高ぶりによってバターで炒めたリーキのような刺激的な鋭さが出ていて、成熟したシャブリをとても魅力的にしている。**SW**

🍷🍷🍷🍷　飲み頃：2012年過ぎまで

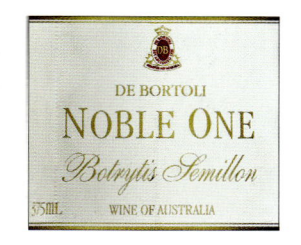

De Bortoli *Noble One* 1982

デ・ボルトリ
ノーブル・ワン 1982

産地 オーストラリア、ニュー・サウス・ウェールズ、ハンター・ヴァレー
特徴 甘口白ワイン、アルコール分13%
葡萄品種 セミヨン

　ダレン・デ・ボルトリ氏はまだローズワーシー農業大学の学生だった1982年の収穫後、家族のワイナリーで貴腐化した葡萄の実験をしようと決心した。その年、必要以上の量のセミヨンができてしまい、たくさんの葡萄に貴腐菌が付いた。そのワインはすぐにセンセーションを巻き起こし、オーストラリアでも海外でも数多くのトロフィーやメダルを獲得し、今日もまだ造られている。

　シャトー・ディケムを模したラベルが意味するように、ノーブル・ワンはフランスの伝統的甘口ワインのソーテルヌをイメージして造られているが、いくつか違いがある。最上級のソーテルヌは通常オーク樽で2年寝かされるが、ノーブル・ワンの樽熟成は最高12ヵ月。2002年以降、新鮮さを高めるために一定の割合の樽熟成されていないワインが最終ブレンドに加えられている。ソーテルヌワインは普通セミヨンとソーヴィニョン・ブランのブレンドだが、ノーブル・ワンにはセミヨンしか使われない。

　ノーブル・ワンには力強い甘いアプリコットのアロマと、うっとりするようなコクのある濃厚な味わいがあるが、つねにきびきびした雑味のない酸がバランスをとっている。そしてつねに虫歯になりそうなほど甘い。ラングトンのオーストラリア・ワイン格付けに入っている唯一のデザートワインだ。**SG**

🍷🍷🍷🍷　飲み頃：2015年まで

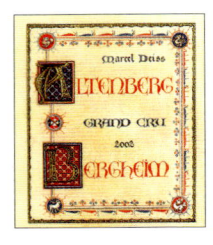

Domaine Marcel Deiss
Altenberg de Bergheim 2002
ドメーヌ・マルセル・ダイス
アルテンベルグ・ド・ベルグハイム 2002

産地 フランス、アルザス
特徴 やや辛口白ワイン、アルコール分11.5%
葡萄品種 リースリング、ゲヴュルツトラミネール、ピノ・グリ

ドメーヌ・マルセル・ダイスは第二次世界大戦後、現オーナーのジャン＝ミシェル・ダイス氏の祖父によってベルグハイムに創立された。現在、9つのコミューンのあちこちに広がる26haで構成されている。長年有機栽培を行っていたダイス氏は、1998年にバイオダイナミック農法に移行した。

ダイス氏はテロワールに強い信念を持っていて、アルザスではヴァラエタルワインが通例だが、彼はもっと古い伝統にしたがって、最高クラスの畑のさまざまな品種をブレンドする。ワイナリーでは、葡萄は房丸ごとゆっくり圧搾される。葡萄の果汁に酸化防止剤が施されていないので、発酵が終わるまでに3週間から1年かかる。最終的にワインは冷却され、二酸化硫黄が少々加えられる。

ダイス氏のトップワインであるアルテンベルグ・ド・ベルグハイム2002はリースリングが主体だが、グラン・クリュ・アルテンベルグのゲヴュルツトラミネールとピノ・グリも入っている。畑を見事に表現しているこのワインは、高い残留糖度（100g/ℓ）が信じがたいミネラル分と高い酸と調和している。やや辛口に仕上がっているが、酸味のおかげで糖度が示すほどの甘さは感じられない。このワインの深みは、ダイス氏のテロワール主導アプローチの正しさを立証している。**JG**

❸❸❸　飲み頃：2020年過ぎまで

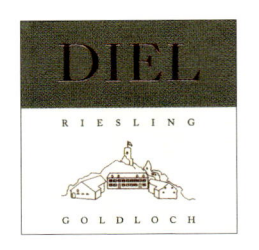

Schlossgut Diel *Dorsheimer*
Goldloch Riesling Spätlese 2006
シュロスグート・ディール　ドルスハイマー・ゴルトロッホ・リースリング・シュペトレーゼ 2006

産地 ドイツ、ナーエ
特徴 やや辛口白ワイン、アルコール分9%
葡萄品種 リースリング

アーミン・ディール氏の3つのグラン・クリュの──ゴルトロッホ、ブルクベルク、ピッターメンヒェン──のうち、ゴルトロッホが彼の個人的なお気に入りだ。「モーゼルの愛好者はみなピッターメンヒェンのほうを好むが、ゴルトロッホには同等のものがない」。彼の言うことは正しい。ゴルトロッホは、波のように押し寄せる活気に満ちた夏の果実が華麗なロココ調だが、バロック調のしっかりしたバックボーンもあり、理にかなったストラクチャーのおかげで、ワインがその魅惑の裏で崩れてしまうことがない。

ゴルトロッホはさまざまなスタイルで輝く力も3つのクリュの中で最高だ。ディール氏の近年のゴルトロッホのグローセス・ゲヴェックスはこれまで造られた辛口ドイツリースリングでも最高レベルに入り、1997年、2002年、2004年といった一級ヴィンテージの非常に軽いカビネットも、魅惑的で肉付きがよい。

シュペトレーゼ2006はすばらしいドイツリースリングで、多少特性のある大樽での熟成による、ふくいくとした古い香りがする。あえて言うなら、飲んだ人は探せばいくらでも果実のニュアンスを感じるだろうが、このようなワインは連想を並べたてればよいというものではない。大切なのは、この世における完璧に達したその存在に表れる恍惚感と沈黙だ。**TT**

❸❸❸　飲み頃：2016年-2026年

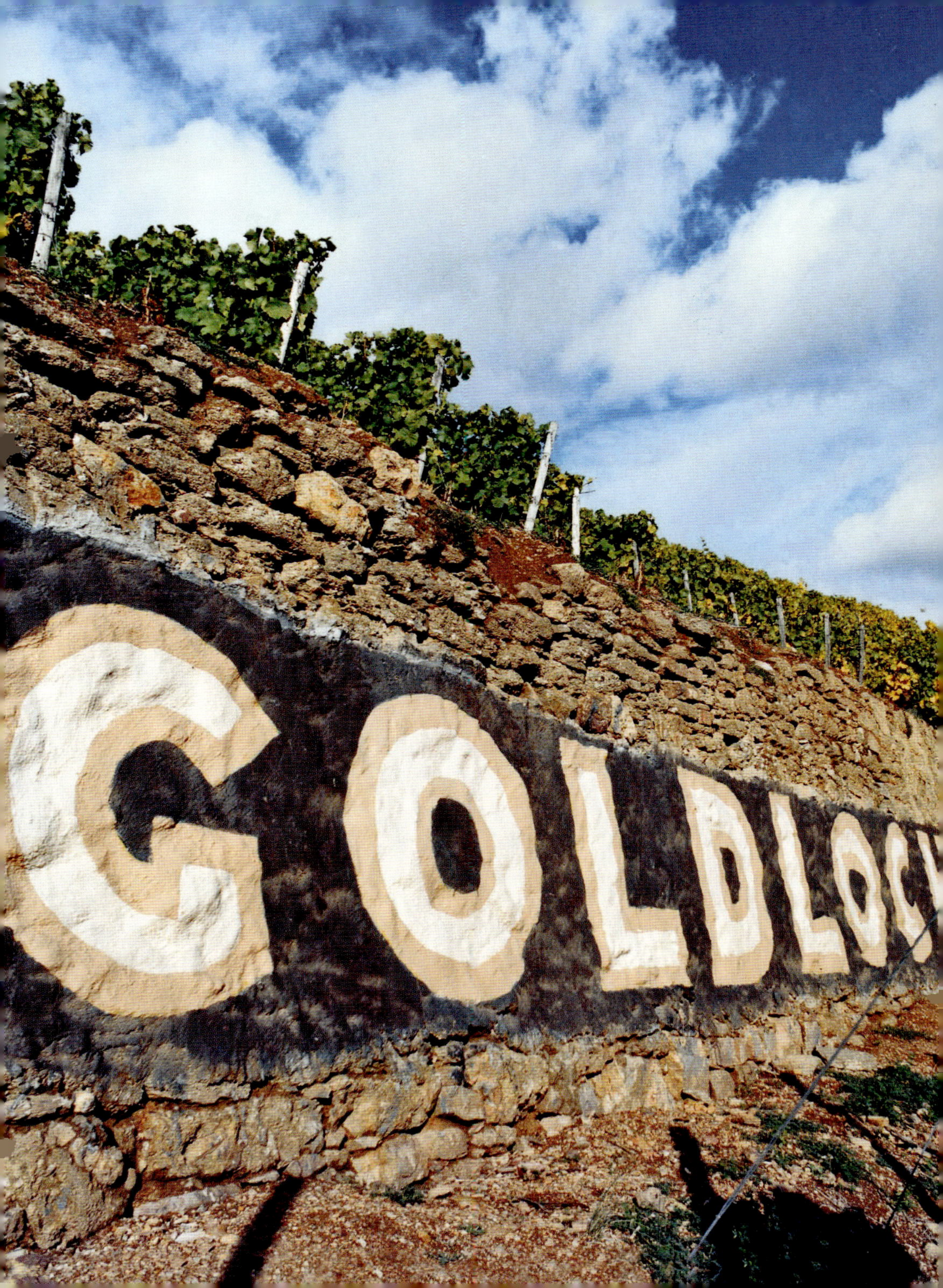
GOLDLOC

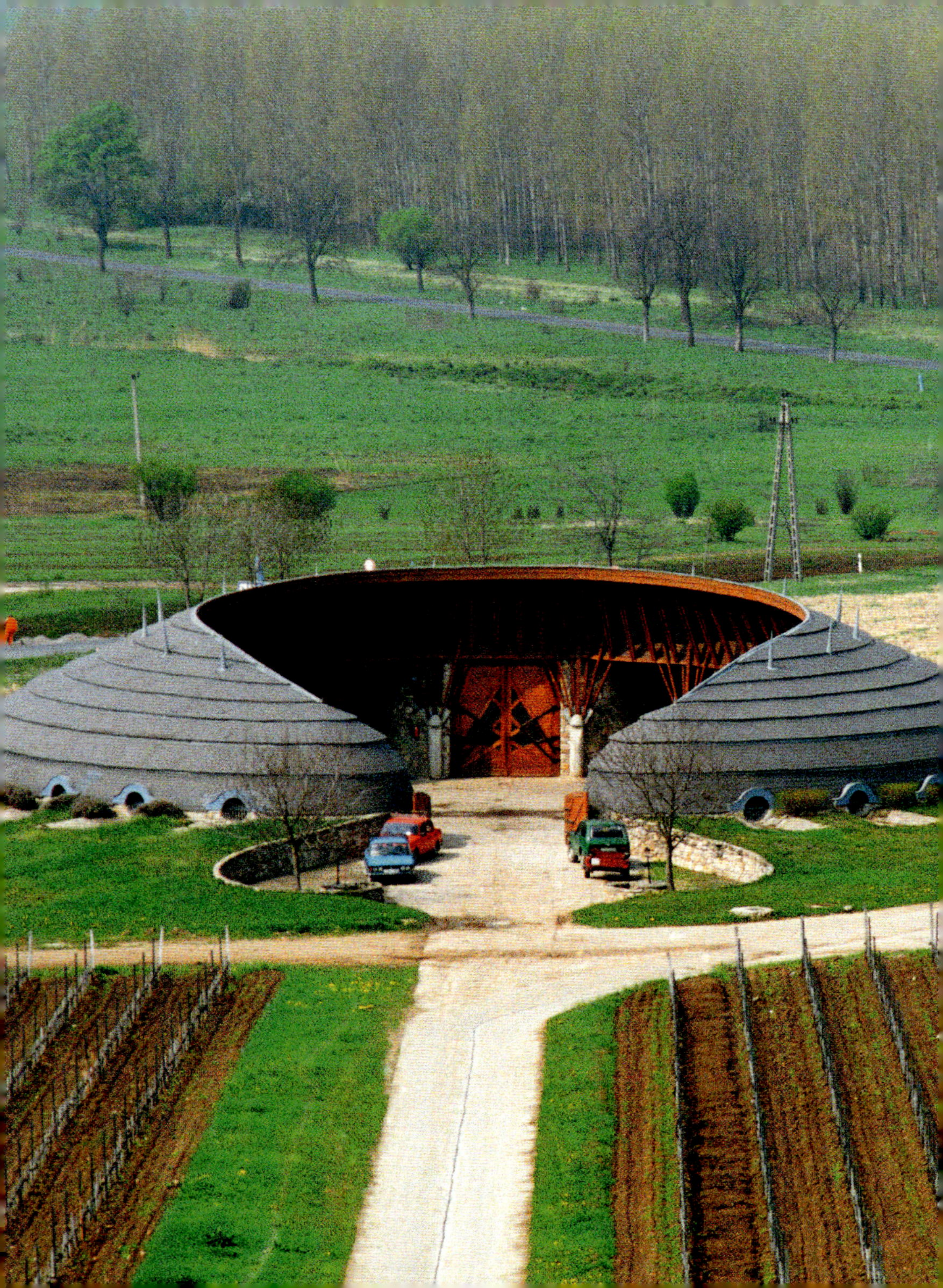

Disznókö
Tokaji Aszú 6 Puttonyos 1999
ディズノク
トカイ・アスー・6プットニョシュ 1999

産地 ハンガリー、トカイ
特徴 甘口白スティルワイン、アルコール分12%
葡萄品種 フルミント、ハルシュレヴェリュ

　ディズノクとは「猪の岩」を意味する。岩そのものは、このドメーヌの頂上にそびえる変わったトスカナ式聖堂の隣にある。ここは1730年にはすでにマーチャーシュ・ベルによるリストで格付けされていた。1992年、フランスの巨大保険会社アクサが、有名なサルガ・ボルハーズ（「黄色いワインハウス」）の周囲の土地を買収した。

　トカイの多くのワイナリーと違って、ディズノクは100haの1ブロックだけである。土壌は流紋岩と白亜質の混合。最近まで6プットニョシュがディズノクの最高基準だったが、2、3年前、単独クリュとしてカピを売ることが決まったため、立場が逆転して今では安値で売られている。

　このワインは造られてから3年経ってリリースされる。フランスを模倣してソーテルヌに似すぎているという批判が最もよく聞かれる。1999年は、93年以来ディズノクが造った6プットニョシュの中で最もよい。残留糖度17g/ℓ、酸度は12g/ℓ。白トリュフがかすかに香り、パイナップルとアプリコットの味わいがある。鼻孔にわずかに感じる霜が、遅摘みヴィンテージであることを示している。見事な余韻とストラクチャーには、ハルシュレヴェリュの割合が高いこともある程度関係している。**GM**

🍷🍷🍷🍷　飲み頃：2020年過ぎまで

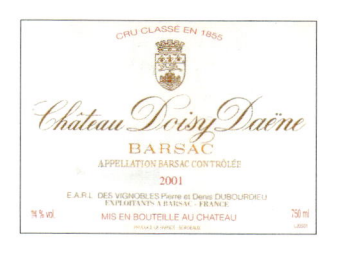

Château Doisy-Daëne
2001
シャトー・ドワジー＝デーヌ
2001

産地 フランス、ボルドー、バルサック
特徴 甘口白ワイン、アルコール分14%
葡萄品種 セミヨン

　ドワジー＝デーヌはデュブルデュー家が所有している。ワイン醸造家の息子ドゥニは、1980年代後半から辛口の白ボルドーに襲いかかった品質変革で精力的に活動した扇動者の1人。このすばらしいバルサックは、彼がソーテルヌの完璧な達人でもあることを示している。

　畑はこの地域の石灰岩の岩盤上に広がる15haの砂質粘土。畑を抜ける6本の通路は上質な果粒を選別するためのもので、結果として生まれるシロップのように甘い果汁はゆっくり発酵されたあと、冬の3ヵ月間（新しいオークの）樽で寝かされてから、さらにタンクで1年間熟成される。この方法によってワインを壜詰めする際に必要な二酸化硫黄の量が減る。

　ドワジー＝デーヌの基本的特徴は軽めのスタイルのバルサック。しかしヴィンテージ2001は、近隣のものと同じように、難なく何十年も熟成できる見事なワインだ。オイリーなテクスチャーに溶け合う活気に満ちたアプリコット、ライムの皮、ハニーロースト・カシューナッツの魅惑的な香りと風味は、すがすがしいパイナップルのような酸味によってきちんと抑えられ、バランスがとれている。**SW**

🍷🍷🍷　飲み頃：2050年過ぎまで

◀ ディズノクはこの有名なガレージを葡萄畑のトラクター用に使っている。

Donnafugata
Ben Ryé 2005
ドンナフガータ
ベン・リエ 2005

産地 イタリア、シチリア、パンテレリア
特徴 甘口白ワイン、アルコール分14.5%
葡萄品種 ジビッボ

　ドンナフガータ・ワイナリーは、シチリアおよびイタリアワイン復興の時代よりはるか前、1983年に設立された。先頭に立って活動したのはジャコモとガブリエラのラロー夫妻で、使われる葡萄はコンテッサ・エンテッリーナにある畑のものだけだった。しかし数年後、ラロー夫妻はシチリアとアフリカ大陸の中間にあるパンテレリア島まで事業を広げる。吹きさらしの小さなこの島で、ジビッボ（ミュスカ種のクローン）が植えられた畑を購入し、ごく短く剪定する整枝を施した。葡萄樹は実際には地面に掘られた穴に植えられていて、絶え間ない強風から守られるように、1本1本が低い空積みの塀で囲われている。このジビッボを、ラロー夫妻はベン・リエ──「風の息子」を意味するアラビア語──を造るのに使っている。

　葡萄は島の11の区画から集められるが、すべて別々に、8月後半から時期をずらして収穫される。4-5週間かけて乾燥させる葡萄もあるが、残りは新鮮な状態で使われる。でき上がるブレンドは、島の太陽が生む肉付きのよいコクを持ちながらも、驚くほどの新鮮さを保っている。色は濃い琥珀色、干しアンズとハチミツと地中海の潅木の魅惑的な強い香りを、マッシュルームと乾燥ハーブのほのかな香りが追いかけてくる。口に含むと、何分間も風味が消えないように感じられ、それほどの長さにもかかわらず、ボディと甘みと酸が完璧なバランスを見せている。**AS**

🍷🍷　飲み頃：2025年過ぎまで

パンテレリア島の火山湖「ビーナスの鏡」の近くで栽培される葡萄樹。▶

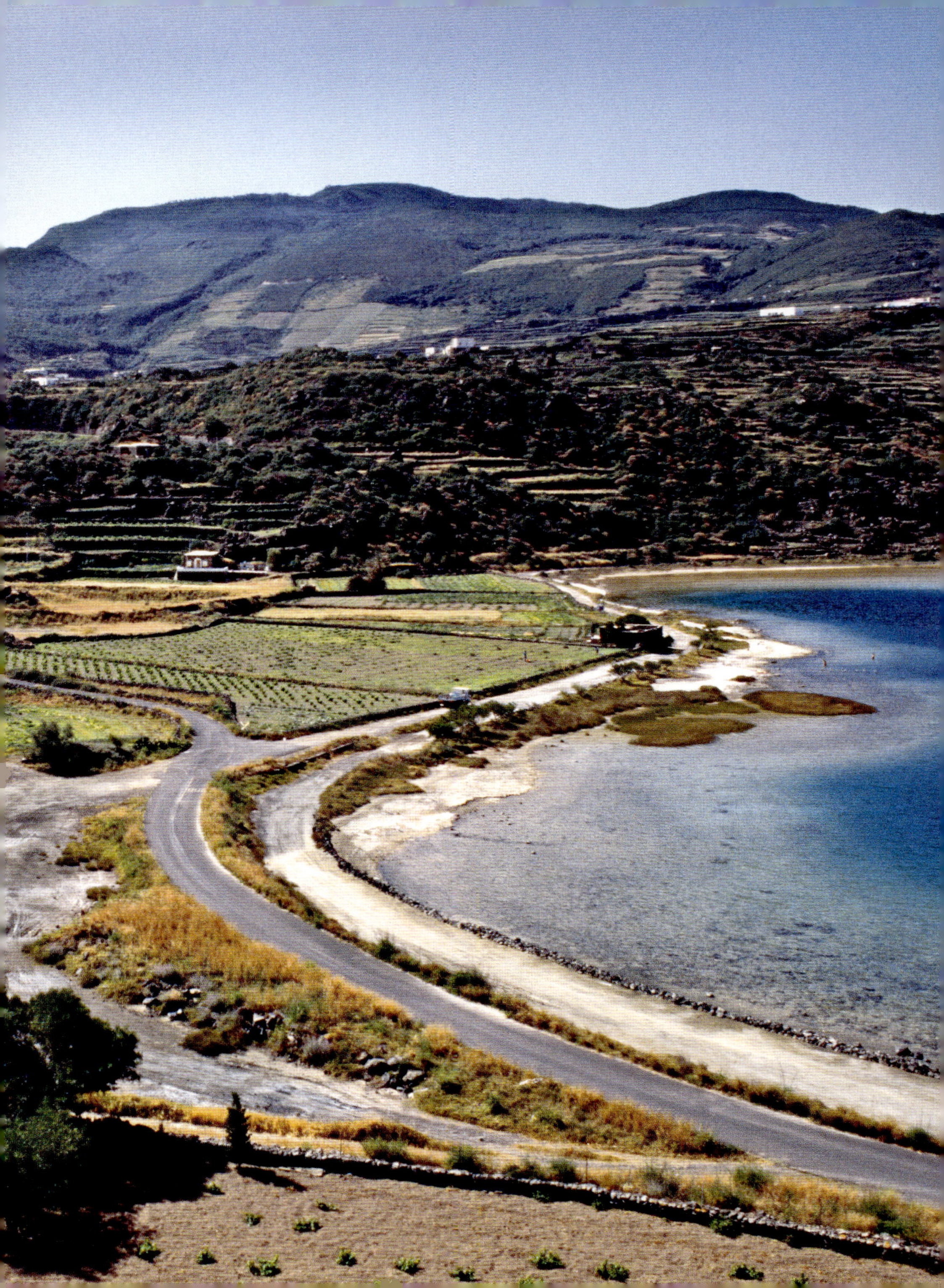

Hermann Dönnhoff
Oberhäuser Brücke Riesling AG 2003
ヘルマン・デンホフ
オーバーハウザー・ブリュッケ・リースリング・AG 2003

産地　ドイツ、ナーエ
特徴　甘口白ワイン、アルコール分8％
葡萄品種　リースリング

　1931年、ヘルマン・デンホフ氏が、いわゆるルイトポルトブリュッケ――元バイエルンのオーバーハウゼンと元プロイセンのニーダーハウゼンをつなぐナーエ川にかかる橋――にあるこの小さな畑を買って、リースリングの樹を植えた。ごく早い時期から、この畑が持つ繊細な甘口ワインを造る傑出した力は、高く評価されていた。オーバーハウザー・畑は広さわずか1.1haで、正式に登録されている単一畑としてはドイツで最も小さい。

　川岸の守られた立地のおかげで、葡萄樹は早く開花し、長い時間ゆっくり熟すので、最高品質のリースリングには理想的だ。灰色粘板岩の下層土をレス粘土が覆っているという特殊な土壌構成が、雨の少ない年でも十分な水を供給する。温暖な秋、ナーエ川からの湿気が貴腐化に最適の環境をつくる一方、雨風から守られている谷間では、すばらしいアイスワインができることも多い。しかしとくに暖かかった2003年には、きらきらと輝く、水晶のように澄んだ、すばらしく濃密に絡むリースリング・アウスレーゼがここで生まれた。この金色のキャップをかぶったワインは、非凡なヴィンテージの中でも最も人気のドイツワインに数えられる。**FK**

🍷🍷🍷🍷　飲み頃：2025年まで

Domaine Droin
Chablis Grand Cru Les Clos 2005
ドメーヌ・ドロワン
シャブリ・グラン・クリュ・レ・クロ 2005

産地　フランス、ブルゴーニュ、シャブリ
特徴　辛口白ワイン、アルコール分13.5％
葡萄品種　シャルドネ

　シャブリの7つのグラン・クリュ・クリマは、この地域の総栽培面積の3％を占めるに過ぎない。レ・クロはおそらく評価が最も高く、たいてい他のどのよりも重い。非常に濃厚だが、活気もあるので重苦しくはない。

　24haを栽培しているジャン＝ポール・ドロワン氏は、1980年代に並はずれて濃厚な力強いワインで有名になった。グラン・クリュの葡萄にはとくに、高い割合で新しいオーク樽が使われていたため、たいへんな論争を巻き起こした。2000年代前半以降、息子のブノワはこのクリュのワインの半分をタンクで熟成させ、残りは新樽率約15％で樽熟成させることにより、オーク香を和らげている。

　2005はすばらしいワインであり、模範的なレ・クロだ。香りには土壌に含まれる重い石灰石に由来すると思われる石が感じられ、コクとスパイシーさは味わいにも表れている。純粋な力と重さがあるが、風味をいつまでも持続させる生気にあふれた酸と完璧に調和している。若いうちはレ・クロにしては驚くほどわかりやすいワインだが、そのストラクチャーとバランスは、長く興味深い生涯を確約している。**SBr**

🍷🍷🍷　飲み頃：2020年まで

Joseph Drouhin
Beaune PC Clos des Mouches 1999

ジョセフ・ドルーアン
ボーヌ・PC・クロ・デ・ムーシュ 1999

産地 フランス、ブルゴーニュ、コート・ド・ボーヌ
特徴 辛口白ワイン、アルコール分13.5%
葡萄品種 シャルドネ

　ボーヌの畑の多くはボーヌのネゴシアンが所有している。ジョセフ・ドルーアン氏の会社は、第1次世界大戦後に土地を買い始めた——1920年代、価格はひどく下落して、小規模地主には身代をなくした者も多かった。初代のジョセフの息子のモーリス・ドルーアン氏が最初に買った土地は、1936年にプルミエ・クリュに格付けされたクロ・デ・ムーシュと呼ばれる13.7haのボーヌの区画。コミューンの南端、ポマールとの境の斜面に広がっている。

　このワインが非常に有名なので、ここはドルーアンの単独所有だと思っている人が多いが、同じ畑に少なくともあと4人の所有者がいる。とはいえ、50%強がドルーアン家のものだ。シャルドネが植えられている斜面の上のほうの土壌は浅く、石灰石の岩の上に石灰石の岩屑が堆積している。もっと下のもっと肥沃な土地には、ピノ・ノワールがはるかにたくさん植えられている。白のボーヌは、ムルソーをはじめとする伝統的な白ブルゴーニュとはまったく異なる。スパイスが感じられ、違う種類の重みがある。なかでもドルーアンのクロ・デ・ムーシュは最高で、この豊満で甘美な肉付きのよい1999は成功例の最たるものだ。**CC**

🍷🍷🍷🍷　飲み頃：2019年まで

Joseph Drouhin/Marquis de Laguiche
Montrachet GC 2002

ジョセフ・ドルーアン/マルキ・ド・ラギッシュ
モンラッシェ・GC 2002

産地 フランス、ブルゴーニュ、コート・ド・ボーヌ
特徴 辛口白ワイン、アルコール分13%
葡萄品種 シャルドネ

　モンラッシェは世界最高のシャルドネ畑だ。この8haのクリマはピュリニーとシャサーニュの両コミューンにまたがっていて、最大の区画はマルキ・ド・ラギッシュ家が所有している。その2.06haはこのグラン・クリュの4分の1以上を占める。1947年以降、ワインはメゾン・ジョセフ・ドルーアンが造っている。

　モンラッシェは何がそれほど特別なのだろう。向きと水はけだと地元民は言う。しかし有効な石灰石がある——上のほうのシュヴァリエはそれほどでもないが、下のほうのバタールは多い。粘土もある——シュヴァリエのほうが多く、バタールは少ない。果実味を決めるクロミウム、酸を減らして糖を増やす亜鉛、成熟を速めるコバルト、もちろん鉄、そしてマグネシウムと鉛、さらには銀もある。

　ドルーアンはワイン造りのエキスパートだ。葡萄樹について深い知識を持った収穫作業員の一団が、正確なタイミングで送り込まれ、その後ワインはおおむね自然にでき上がる。2002は最初から最後まで驚異的なほど完璧だ。フルボディで、濃厚で、コクと深みがあり、しかもエレガント。最高のシャルドネだ。**CC**

🍷🍷🍷🍷🍷　飲み頃：2015年-2030年過ぎ

Dry River *Pinot Gris* 2004

ドライ・リヴァー　ピノ・グリ 2000

産地　ニュージーランド、マーティンボロ
特徴　辛口白ワイン、アルコール分14%
葡萄品種　ピノ・グリ

　1970年代にオックスフォード大学で勉強しているときに上質のワインの味を覚えたネイル・マッカラム氏が、故国に戻って1979年に葡萄樹を植えたのが、ダイアヴィルから数キロ、現在マーティンボロ・テラスと呼ばれる場所だった。ここは自然に水が引いてしまう、非常に乾燥した地域だ。マーティンボロの他の開拓者はシャルドネやカベルネ・ソーヴィニョンやピノ・ノワールを植えたが、マッカラム氏は自分が飲んだアルザス産のすばらしいワインの記憶があったので、ゲヴュルツトラミネールとリースリングとピノ・グリを植えた。

　1986年に初めて造られたドライ・リヴァーは、今もニュージーランド・ピノ・グリの指標であり、最上級のアルザスやイタリア北東部のワインとも渡り合える、唯一のニュージーランドワインだ。アルコール度が高い（最高14%）ものが多いが、力強くみずみずしい（オーク香のまったくない）風味が、すばらしい糖と酸のバランスに支えられている。非常に活気のある酸がかすかな甘みとマッチしていて、さっぱりした印象を与えている。丸みのある果実味と力強い酸のバックボーンがあるので、このワインは10年まで熟成させることができる。

　マッカラム氏は、自分のワインが卓越している理由の1つに、彼が育てている特別なピノ・グリのクローンを挙げている。もともと1886年に布教団によって持ち込まれたもので、小さな枝にごく小さな果実をほんの少しつける。このことにも表れているように、彼は畑とワイナリーの細部にまで綿密に気を配っている。だからこそ、ドライ・リヴァーはほぼ間違いなくニュージーランドで最高の生産者なのだ。**SG**

🍷🍷🍷　飲み頃：リリース後10年以内

さらにお勧め
他の優良ヴィンテージ
1999・2000・2001・2002・2003・2005
同生産者のワイン
シャルドネ・アマランス、ゲヴェルツトラミネール、ピノ・ノワール、レイト＝ハーヴェスト・リースリング、シラー、ソーヴィニョン・ブラン

砂利の多い土地はマーティンボロ・テラスの葡萄畑の強みだ。▶

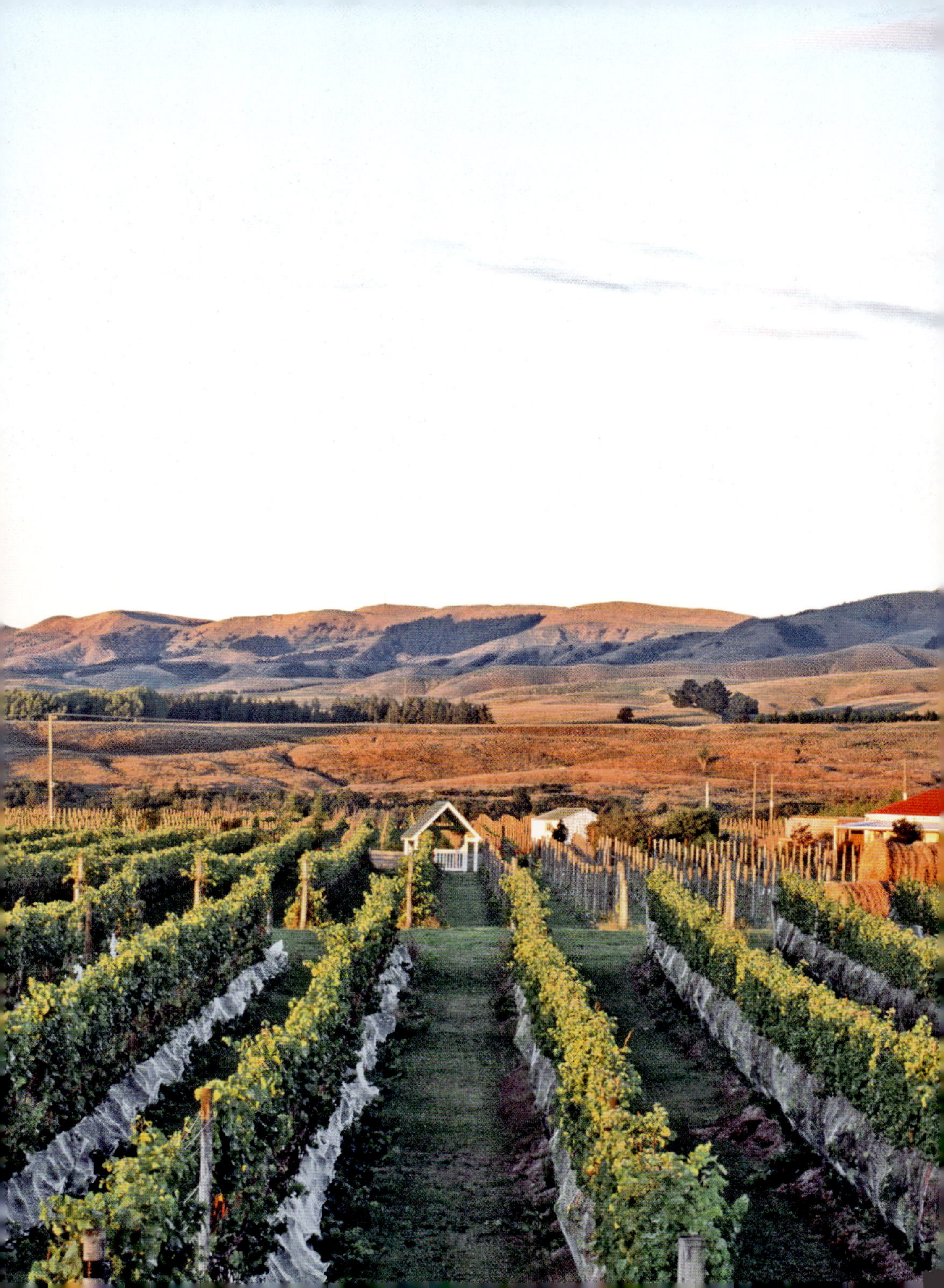

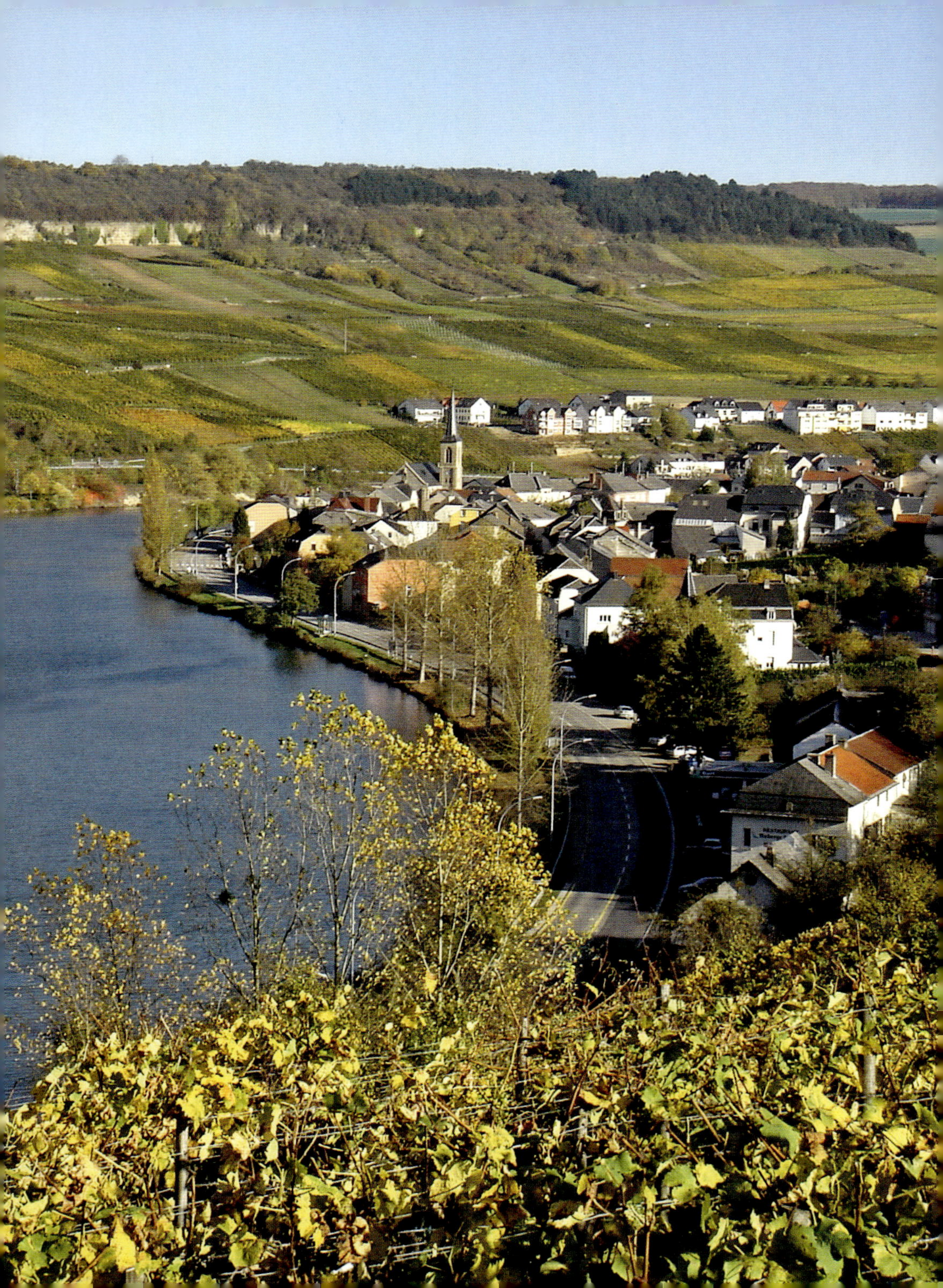

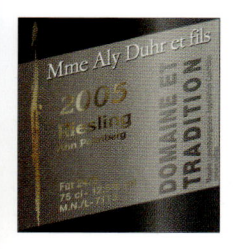

Mme. Aly Duhr et Fils
Ahn Palmberg Riesling 2005

マダム・アリ・ドゥールエ・フィス
アーン・パルムベルク・リースリング 2005

産地 ルクセンブルク、モーゼル・ルクセンブルジョワーズ
特徴 辛口白ワイン、アルコール分12.5%
葡萄品種 リースリング

　この家族所有のワイナリーの歴史は、1872年まで遡る。8.3haの葡萄樹が、アーン、ヴォルメルダンジュ、マハトゥム、グレーヴェンマハ、メルテルトの最高の斜面に植えられている。ワインは、クリスプであっさりしたすがすがしいアリ・ドゥール・グラン・プルミエ・クリュ・リースリングから、このワイナリーの「白ブルゴーニュ」と言えるモンサルヴァ・ヴァン・ド・ターブル・ド・リュクサンブールまで、幅広くそろっている。

　アリ・ドゥールエのパルムベルク畑はモーゼル・ルクセンブルジョワーズにあり、南向きで日当たりがよい。土壌は白亜質の石灰岩。だからここで育つリースリングには見事なミネラル感があるのだろう。それと同時に、パルムベルクは地中海性に近い気候で知られており、普通は南方の地域にしか見られない蘭などの植物や昆虫が生息している。

　パルムベルク・リースリング2005は、明るい黄金色をしている。熟れたアプリコットと甘いハチミツの深いアロマが鼻をくすぐり、口に含むと非常に上品ですがすがしく、活気があるが繊細な酸と長い余韻がある。香り高い辛口のリースリングで、少しオイリーなテクスチャーがあるので若いうちに十分楽しめるが、7年から10年は熟成できる可能性も秘めている。**CK**

🍷 飲み頃：2015年まで

Domaine Dupasquier
Marestel Roussette de Savoie 2004

ドメーヌ・デュパスキエ
マレステル・ルーセット・ド・サヴォア 2004

産地 フランス、サヴォア
特徴 辛口白ワイン、アルコール分13%
葡萄品種 アルテス

　ドメーヌ・デュパスキエのセラーは、ジョンギューというコミューンに属するエマヴィーニュという村落にある。エマヴィーニュは印象的なシャルヴァン山のふもとにある。デュパスキエの裏庭から、ジョンギューで最も有名な葡萄畑、マレステルに直接歩いていくことができる。ここはアルテッセ種から造るルーセット・ド・サヴォア専用のクリュだ。

　ここのアルテッセからは天然の糖と酸が高いワインが生まれる。ノエル・デュパスキエ氏の葡萄は樹齢が最高100年で、彼は近隣の生産者より遅い時期、葡萄が過熟し、普通は貴腐化したころに摘み取る。山のふもとの鉢状の土地では、霧にいつものことだ。近年は潜在アルコール度が13%に楽に達し、入念に手入れされている古いフードレでゆっくり進行する発酵は、1月まで続くこともよくある。

　2004年のマレステルは、非常に長期の熟成向けに造られている。香りは初め石と柑橘類を感じさせ、時とともに白桃が進化する。辛口でフルボディー、力強いリンゴのような酸味（一部にマロラクティックを施しているが）とスパイスが、フィニッシュにはミネラル感へと変わる。地元の湖の魚オンブル・シェヴァリエかフェールの最高のお供になるが、熟したボーフォールチーズとも見事にマッチする。**WL**

🍷 飲み頃：2025年まで

Dutton Goldfield
Rued Vineyard Chardonnay 2005

ダットン・ゴールドフィールド
ルード・ヴィンヤード・シャルドネ 2005

産地 アメリカ、カリフォルニア、ソノマ・ヴァレー
特徴 辛口白ワイン、アルコール分13.5%
葡萄品種 シャルドネ

　ウォーレン・ダットン氏が、上質な葡萄を育てるには寒すぎると考えられていた地域を耕し、シャルドネとピノ・ノワールを植えたのは、1960年代のことだった。今日、ダットン・ランチはロシアン・リヴァー・ヴァレーに60以上の区画を擁する。1969年にシャルドネを植えられたルード・ヴィンヤードは、グリーン・ヴァレーのど真ん中にある東向きの斜面だ。ダットン氏がここに植えた古いウェンテ・クローンの子孫は、エキゾチックで独特の格調高い果実味とコクのある口当たりを生む。

　現在、ウォーレンの息子のスティーヴとパートナーでワイン醸造家のダン・ゴールドフィールド氏が、各畑に特有の性質を表現した単一畑ワインを生産している。2人は1990年から共同でワイン造りを営んでいる（ダットン＝ゴールドフィールドの設立は1998年）。

　ダンはしっかりした果実味と酸のバランスを保つことを選び、すべてのワインをフレンチオークの樽でマロラクティック発酵させてまろやかにする。ルード・ヴィンヤード・シャルドネ2005は、口に含むとしなやかで、多肉の黄色い果実と花の香りを放ち、オークがうまく溶け込み、隠れたストラクチャーが味わいの長さと粘り強さを支えている。**LGr**

🍷🍷　飲み頃：2012年過ぎまで

Dom. de l'Ecu *Muscadet Sévre et Maine. Expression d'Orthogneiss* 2004

ドメーヌ・ド・レキュ　ミュスカデ・セーブル・エ・メーヌ・エクスプレッション・ドルトネス 2004

産地 フランス、ロワール
特徴 辛口白ワイン、アルコール分12%
葡萄品種 ムロン・ド・ブルゴーニュ

　ミュスカデは、フランスの白ワインの中でとりわけひどく中傷されている。ロワール川流域西部の扱いにくい湿った重いテロワールと、退屈と思われているムロン・ド・ブルゴーニュ種の組み合わせが災いしているのだ。しかし、ギィ・ボサール氏の手にかかったワインは、熟成できる力とテロワール由来のミネラル豊富な香味の両方を実現する。これはボサール氏が、自分の一番古い葡萄畑を、土を固めてしまうトラクターではなく馬を使って耕作することで、葡萄樹の根に十分な表現をさせているからかもしれない。あるいは、ボサール氏がバイオダイナミックへの信念から、宇宙と地球のリズムにしたがって剪定と摘み取りを行い、葡萄樹にハーブとミネラルと厩肥を煎じた薬を噴霧しているからかもしれない。彼のワインは正真正銘のバイオダイナミックの産物だ。

　2002年、ボサール氏は最高の区画の葡萄からエルミン・ドールというブレンドを造るのをやめて、代わりに、テロワールをベースにした3つのキュヴェを、それぞれ土壌のタイプにちなんだ名前で造った。それがグラニット、グネス、そしてオルトネスだ。そのうち、オルトネス（溶融状態の地球の核から形成された花崗岩の一種）は最も表情が豊かである。5年待つことができれば、ドライフルーツと苦いアーモンドの香味が、湿った石のミネラル香に発展する。**MW**

🍷🍷　飲み頃：2012年まで

ドメーヌ・ド・レキュへの訪問者を迎えるチャーミングな葡萄収穫人。▶

Guy BOSSARD

DOMAINE DE L'ÉCU

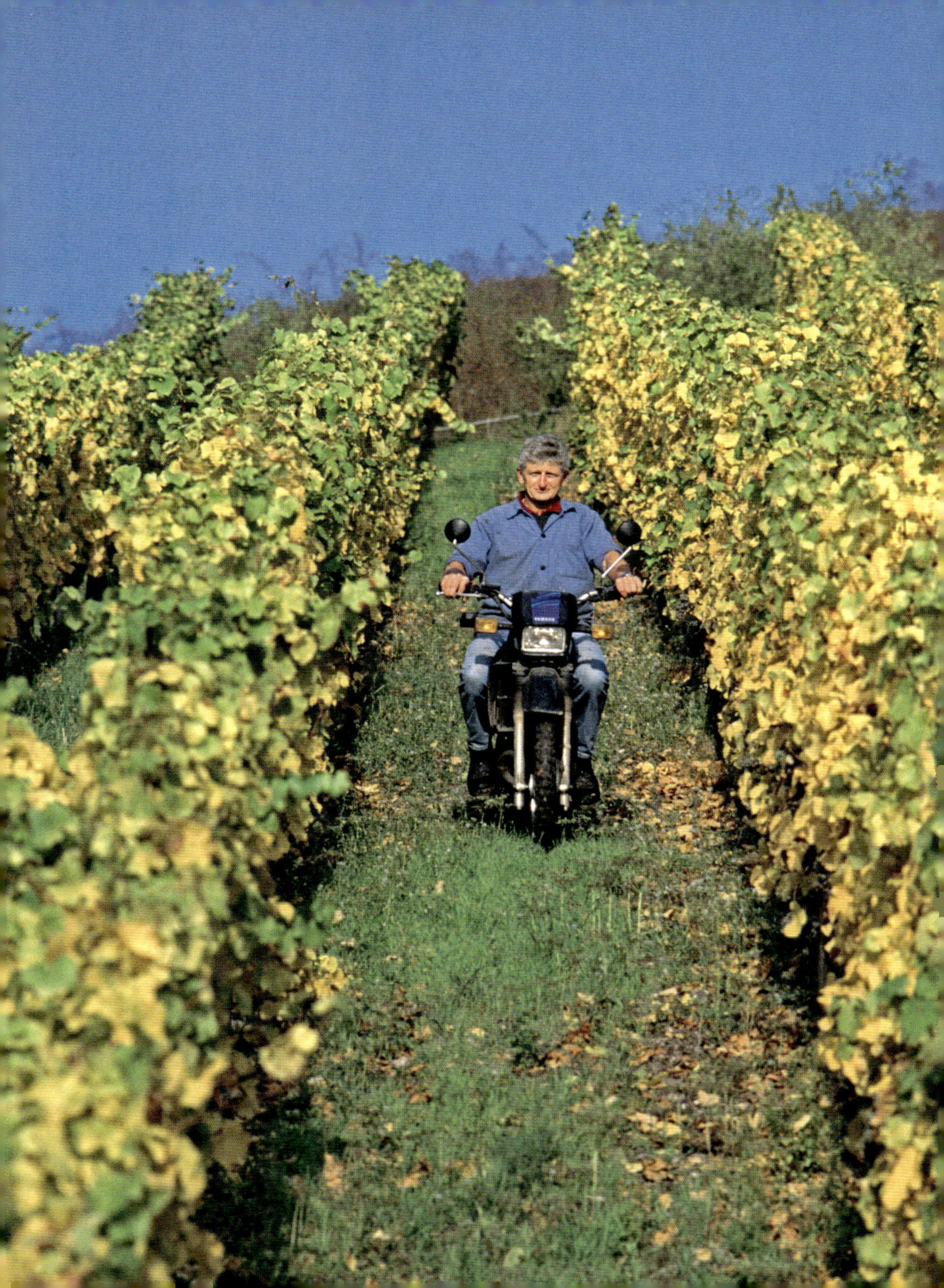

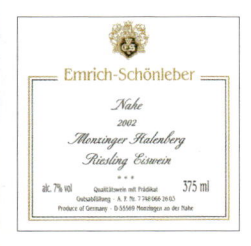

Emrich-Schönleber *Monzinger Halenberg Riesling Eiswein* 2002

エムリッヒ=シェーンレーバー　モンツィンガー・ハーレンベルク・リースリング・アイスヴァイン 2002

産地　ドイツ、ナーエ
特徴　甘口白ワイン、アルコール分7%
葡萄品種　リースリング

　モンツィンガーのワインは、何世紀にもわたってナーエ地区で抜群の評価を得ている。18世紀、『Rheinische Antiquarius』（ライン川とその支流に関する詳細な叙事文）に、この村から500本のワインがイギリス経由で東インドまで送られた話が詳述されている。船長はそのうちの3本を家に持ち帰ったのだが、赤道を4度も越えたにもかかわらず、ワインは最初の品質を保っていたと言われている。

　もっと近年になってから、この地域のアイスワインも非常に高い評価を獲得した。ライン川へと流れ込むナーエ川上流にある葡萄畑は、実は、この特別な種類のワインを造るよう運命づけられている。なぜなら、この地域の葡萄はライン川流域よりも8-10日遅く、したがって気温が低くなってから熟すからだ。

　2002年というヴィンテージは、霊妙で深遠ともいえるほどのフィネスを実現している。『ゴー・ミヨ・ワインガイド』は100点満点をつけ、こう絶賛している。「トロピカルフルーツの見事な花火……氷河の水のように透きとおり、これに勝るものはない完璧なワインだ」 **FK**

🍷🍷🍷🍷🍷　飲み頃：2040年過ぎまで

Château de Fargues 1997

シャトー・ド・ファルグ 1997

産地　フランス、ボルドー、ソーテルヌ
特徴　甘口白ワイン、アルコール分13.5%
葡萄品種　セミヨン80%、ソーヴィニヨン・ブラン20%

　城址に隣接した畑はわずか12ha、そして生産量は1ヴィンテージにつき通例わずか1000ケースなので、このリュル＝サリュース家所有のソーテルヌのワイナリーのワインには、ほとんどお目にかかれない。兄貴分のディケムと同じように、100%新しいオーク樽で発酵と熟成が行われるなど、ワイン造りすべてに途方もない気配りがなされていて、収穫量はディケムより少ないこともしばしばだ。ワインは官能的で優美だが、ディケムとはまったく違う。その理由は、粘土の多い重い土壌にある。霜が下りやすく、失敗率が高い。

　1997年に造られたのはわずか樽15個分、つまり4500本。美しい黄金色で、いかにも貴腐ワインらしいトーストと葡萄の香り。1989年や1990年のような本当にすばらしいヴィンテージの「切れ」には欠けるかもしれないが、コクとハチミツのような甘さがあり、酸味も十分だ。バランスと濃度が見事で、フィニッシュはすがすがしく、とても長い。格付けがなく、ひどいときには「貧乏人のディケム」などと言われるド・ファルグだが、リューセックのようなソーテルヌのプルミエ・クリュ・クラッセよりも高価になることもある。通常ディケムの3分の1の値段だが、この出来栄えならもっと高くてもいい。**SG**

🍷🍷🍷🍷🍷　飲み頃：2020年過ぎまで

◀ 急斜面のモンツィンガー・ハーレンベルク畑は地域で最も小さい。

Feiler-Artinger
Ruster Ausbruch Pinot Cuvée 2004
ファイラー＝アルティンガー
ルスター・アウスブルッフ・ピノ・キュヴェ 2004

産地 オーストリア、ブルゲンラント、ノイジードラーゼー＝ヒューゲルラント
特徴 甘口白ワイン、アルコール分11.5%
葡萄品種 ピノ・ブラン75%、ピノ・グリ25%

　ルスト村は1681年、ノイジードラーゼー湖西岸で収穫される貴腐化したアウスブルッフ（アスー）の購買力のおかげで、自由都市になった。同じ頃、ハンガリー王国の反対側の端で、トカイ・アスーも生まれようとしていた。

　今日、雑然と並ぶバロック様式の家々が、ルストの富裕な過去を証明している。なかでも最も豪奢でカラフルなのがファイラー家のものだ。ファイラー家は何世紀にもわたって村の長老として、ときには村長として知られてきたが、ワイン業者としての名声を得たのは1980年代になってからのことだ。ハンス・ファイラー氏は真っ先にその信望を手にした。今では息子のクルトが主導権を取り、ブラウフレンキッシュとボルドー品種から生まれる赤ワインが、アウスブルッフと主役を分け合っている。

　アウスブルッフにピノ系統の品種（オーストリア生まれのノイブルガーなど）が試される年もある。たいていのファイラー＝アルティンガーのアウスブルッフと同様、ピノ・キュヴェ 2004は、主に新しいフレンチオーク樽で発酵されている。そのカラメルとバタースコッチとナッツ豆板とトロピカルフルーツの香りは、すぐれたソーテルヌを思わせる。しかしこれは程よいアルコール度のワインで、活気に満ちた勢いのある新鮮な核果類と柑橘類の層を抱き、官能的で複雑なところがバロック調、非常に甘いけれどもすがすがしくて元気が出る。

　天候が変わりやすかったこの年、収穫は11月になってようやく行われ、葡萄は見事に濃縮して核の酸は活気にあふれていたが、収穫量は非常に少なかった。これほど「スローなワイン」を独りで気楽に味わう時間を見つけよう。**DS**

🍷🍷🍷　飲み頃：2020年まで

Livio Felluga
Picolit 2005
リヴィオ・フェルーガ
ピコリット 2005

産地 イタリア、フリウリ
特徴 甘口白ワイン、アルコール分13.5%
葡萄品種 ピコリット

　フェルーガの物語の出発点であるイストリアは、現在クロアチア領だが、当時はまだオーストリア＝ハンガリー帝国の一部だった。1920年、ジョヴァンニ・フェルーガ氏が、ハプスブルク王朝の海岸保養地だったグラドに、一家のワイン事業を管理するために送り込まれた。フリウリの丘陵を描いたこのワイナリーの美しいラベルは、1956年に制作されたものだ。今日、リヴィオ・フェルーガ醸造所は135haの葡萄畑を所有している。平均年間生産量は65万本で、世界各地に輸出されている。

　ピコリットはフェルーガ自慢の葡萄で、数少ない純粋なフリウラーノ品種。フリウリ全土を合わせても栽培面積はおそらく30haに満たないだろう。ピコリットの起源についての正確な文書が記録されたのは1750年以降のことで、これは絶対禁酒主義のファビオ・アスキニ伯爵のおかげだ。彼のメモをもとにしてピコリットを生産するワイナリーもある。18世紀にピコリット・ワインは時流に乗って引っ張りだこになり、アスキニ伯爵はヨーロッパ全土の宮廷に10万本を輸出した。

　この繊細で変わった葡萄樹が特異なのは、花の受精が少ない（ピコリ）ことで、「花の流産」と言う人もいる。つまり、各果房に数少ない非常に濃縮した果粒だけが熟すということだ。葡萄は10月末に収穫し、むしろの上で乾燥させて干し葡萄にしてから圧搾する。ワインは甘いが官能的ではなく、自然な酸味のおかげでうんざりするような甘みにはなっていない。果物やデザートと合わせて飲むこともできるが、ピコリットは「瞑想のワイン」としてそれだけで味わうのがベストだ。**SG**

🍷🍷🍷🍷　飲み頃：2015年過ぎまで

ピコリットのラベルは伝統的なリヴィオ・フェルーガの地図のデザインにならっている。

Livio Felluga®

Picolit

2005

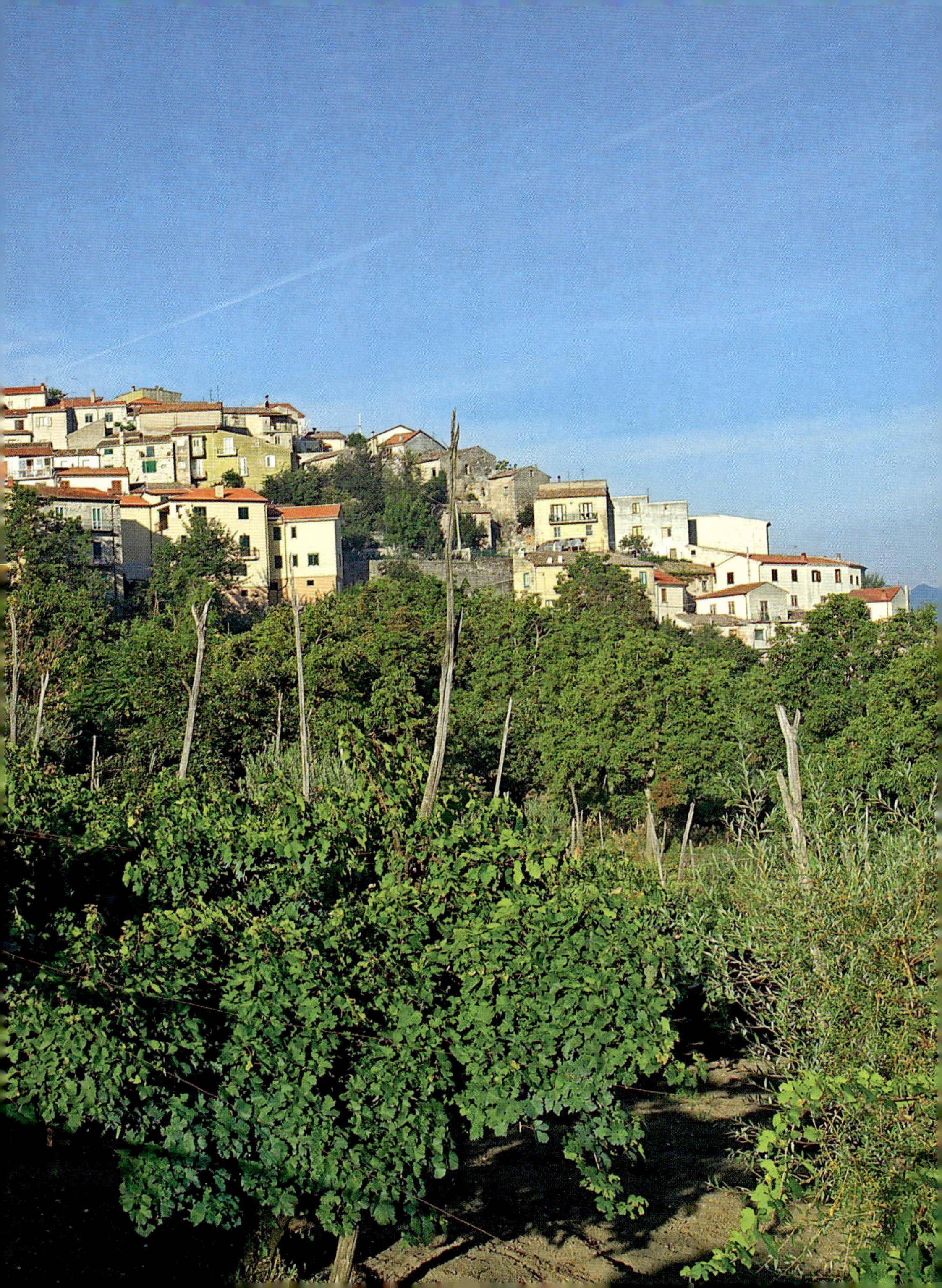

Benito Ferrara
Greco di Tufo Vigna Cicogna 2005
ベニート・フェラーラ
グレコ・ディ・トゥーフォ・ヴィーニャ・チコーニャ 2005

産地 イタリア、カンパーニア、イルピニア
特徴 辛口白ワイン、アルコール分13.5%
葡萄品種 グレコ・ディ・トゥーフォ

　これは個性と独創性とガッツにあふれた、すばらしい南イタリアワインだ。ベニート・フェラーラ醸造所──1880年に小さなトゥーフォの町に設立され、現在はガブリエラ・フェラーラ女史によって経営されている──は、グレコ・ディ・トゥーフォを世に知らしめるために、わざわざ傑出したクリュ・ヴィーニャ・チコーニャから単一畑ワインを造っている、数少ないワイナリーの1つだ。

　葡萄は完熟した状態で収穫され、圧搾された後、自然に流れ出た果汁が約1ヵ月、温度管理されたステンレスタンクで発酵される。そのタンクで少し寝かされた後、ワインは壜詰めされ、さらに6ヵ月熟成されてから市場に出る。

　イタリア人愛好者のほとんどは見落とすことだが、イルピニア産の最高の白ワイン（とくにグレコとフィアーノから造られるもの）は12-15ヵ月壜熟させてから飲むほうがはるかによいようだ。それより前に「口をきかない」期間があるようで、口当たりはとてもよいが、香りの表現があまり豊かでない。このワインを手に入れた幸運な人は、必要な壜熟を施すべきだ。

　ヴィーニャ・チコーニャ 2005は濃い麦わら色なので、最初はびっくりする人も多いだろう。疑念を捨ててグラスに鼻を入れてみよう──繊細な心地よい花の香りはプロローグにすぎず、熟れたモモと地中海のハーブの香りがあふれ出てくる。口に含むと、コクがあるのにソフトでなめらか、上品というには少し力強いかもしれないが、それでも非常に満足がいく。**AS**

🍷🍷　飲み頃：2017年まで

Do Ferreiro
Cepas Vellas Albariño 2004
ド・フェレイロ
セパス・ヴェリャス・アルバリーニョ 2004

産地 スペイン、ガリシア、リアス・バイシャス
特徴 辛口白ワイン、アルコール分13%
葡萄品種 アルバリーニョ

　サルネス渓谷にあるボデガ・ヘラルド・メンデス・ラサロは、「鍛冶屋の」（ガリシア語で「ド・フェレイロ」）ワインを造っている。そのワインは、フィラボア・セレクシオン・フィンカ・モンテ・アルト、パソ・デ・セニョランス・セレクシオン・デ・アニャーダ、そしてルスコ・ド・ミーニョ・パソ・ピニェイロとともに、リアス・バイシャスDOで最も信頼できる部類に入る。普通のキュヴェ（ラベルにはただド・フェレイロ・アルバリーニョと表記）は、かつてユーカリの樹に侵略された丘陵に葡萄畑が復活して植えられた、平均樹齢10年の若い樹の葡萄で造られる。最高級キュヴェのド・フェレイロ・セパス・ヴェリャス・アルバリーニョは、数世代前に植えられたフィロキセラ禍前の葡萄樹から造られる。ハウスの推定によると植樹は200年以上前だという。

　ハウスのオーナーでこのワインを造っているヘラルド・メンデス氏は、亡くなった祖母（享年98歳）の話によると彼女の祖母が知っていた葡萄畑も今と同じだったそうだと言っている。これらのセパス・ヴェリャス（古い葡萄樹）は、一家の自宅近くにある2haの区画に植えられている。推定樹齢を疑わしいと思う人は、美しいバル・ド・サルネスを旅して、自分自身でその樹を見るべきだ。目の当たりにすれば、伝えられている樹齢はきっとそのとおりなのだと思える。

　セパス・ヴェリャスのワインはステンレスタンクで澱とともに10ヵ月寝かされ、記されているヴィンテージの2年後に市場に出される。来る年も来る年も、このワインはすばらしいアルバリーニョに数えられ、見つけるのが難しいが非常にリーズナブルな価格でリリースされている。これもまた、見つけられる運または知恵のある人にとっては、手ごろなすばらしいスペインワインだ。**JB**

🍷🍷　飲み頃：2010年まで、
　　　もっと後のリリースは5-6年以内

Feudi di San Gregorio
Fiano di Avellino 2004

フェウディ・サン・グレゴーリオ
フィアーノ・ディ・アヴェッリーノ 2004

産地 イタリア、カンパーニア、イルピニア
特徴 辛口白ワイン、アルコール分13.5%
葡萄品種 フィアーノ

　アヴェッリーノとナポリ・バリ間高速道路の下に広がる、カンパーニア州イルピニア地方は、地震と崩壊した道路に悩まされている。しかしこの過酷な場所に、楽観的な空気が流れている。それをつくり出したのがフェウディ・サン・グレゴーリオ、現代的な葡萄栽培とワイン造りを行う模範的なワイナリーだ。

　最も目に見えて成功しているフェウディのワインは、フィアーノ種から造られる個性的な白ワインだ。この品種は南部のあちこちで、国際的な取引競争に勝利を収めている。しかしフィアーノ・ディ・アヴェッリーノが特別なのは、理想的な生育環境のおかげだ。この地域の地理構成が、風と、十分な年間降雨と、カンパーニアの他の地域とは違う特殊なメソ気候の大気状況を生む。もう1つの恵みは、フェウディが葡萄を栽培しているサブゾーン──カンディダ、パロリーゼ、ソルボ・セルピコ──の土壌の大半を、火山性の粘土質土壌が占めていることだ。

　上質でバランスのいいこの2004は、淡い麦わら色をしていて、白い果物と花の上品な香りがあり、後からミネラル感とレーズンの印象、それにほのかなハチミツのにおいが感じられる。口に含むと実に存在感があり、豊満で、ストラクチャーがあって、調和がとれている。そしてフィナーレには、洋ナシやモモなどの熟れた黄色い果樹園の果物が現れる。**ME**

$ $ $ 飲み頃：2010年まで

William Fèvre *Chablis GC*
Bougros Côte Bouguerots 2002

ウィリアム・フェーヴル
シャブリ・GC・ブーグロ・コート・デ・ブーグロ 2002

産地 フランス、ブルゴーニュ、シャブリ
特徴 辛口白ワイン、アルコール分13%
葡萄品種 シャルドネ

　ウィリアム・フェーヴルは、総面積だけでなく所有畑のレベルという意味でも、シャブリで最も重要なドメーヌだ。すべてのグランクリュと多くの最高のプルミエ・クリュに土地を所有している。1998年、ウィリアム・フェーヴル氏は有力ネゴシアンのアンリオ・シャンパーニュに会社を売却し、60haの葡萄畑の長期リース契約を結んだ。

　ウィリアム・フェーヴルのワインは濃厚で上等で貯蔵向きだった。しかしシャブリと聞いて、純粋でさっぱりしていて渋みがあるものを連想する人は、フェーヴルのワインはオークが強すぎると批判していた。新体制になって加わった醸造家のディディエ・セギエ氏がこの傾向を和らげたので、今ではシャブリの純粋主義者もウィリアム・フェーヴルのワインに満足している。

　コート・デ・ブーグロはグラン・クリュ・ブーグロの一番よいところにある。特級畑群の西端にあるブーグロは大部分が南東向きより南西向きだが、コート・デ・ブーグロは違う。一般に、ブーグロはヴァルミュールやヴォーデジール、あるいはレ・クロほど上質ではない。しかしこのクロでは、シャブリが産するまさに最高級のものに匹敵するワインが生まれる。この2002は肉付きがよく、ミネラル感があり、活気にあふれ、深みがある。トップシャブリが持つべきものがすべて備わっている。**CC**

$ $ $ $ 飲み頃：2015年過ぎまで

WILLIAM FEVRE
CHABLIS

Château Filhot 1990

シャトー・フィロー 1990

産地 フランス、ボルドー、ソーテルヌ
特徴 甘口白ワイン、アルコール分13.5%
葡萄品種 セミヨン60%、Sブラン36%、ミュスカデル4%

ランデの松林を縁取っているフィローは、ソーテルヌ最南端のワイナリーであり、最大のワイナリーの1つでもある。フィロー家は18世紀初頭に葡萄畑を開き、その後、美しく広々としたシャトーを建てた。ただし、側面の張り出し部分は1840年代のものである。

フィロー家の人々は1794年にギロチンで処刑されたが、ワイナリーはその後、一族に返還された。フィロー家の女性相続人が1807年にイケムのオーナーと結婚し、彼がシャトー・フィローの管理を引き継いで、畑も建物も拡張する。しかし19世紀後半になると、このワイナリーは次第に顧みられなくなり、1935年にリュル＝サリュース侯爵はフィローを妹に売却する。彼女の子孫が現オーナーのアンリ・ド・ヴォーセル伯爵である。

ここの葡萄畑はソーテルヌの大半の畑より涼しい。このことも、ワインが時々コクに欠ける理由かもしれない。1945年のような過去の優良ヴィンテージにはこのワイナリーの潜在能力が示されているが、樽熟成されていない1970年代、80年代のワインは期待はずれだ。

現在フィローを経営しているのはアンリ伯爵の息子のガブリエルで、ワインは前よりも雑味がなく濃縮されているが、それでもまだ潜在能力をフルに発揮してはいない。その一方、ここのワインは格付けされた畑のものの中では最も安価な部類に入る。1990は近年のフィローの中でも最高レベルで、核果とパイナップルが香る。とくに力強いわけではないが、スタイリッシュで余韻もある。さらに良質なのは、1990年のクレーム・ド・テットだ。**SBr**

❸❸❸　飲み頃：2015年まで

さらにお勧め
他の優良ヴィンテージ
1976・1983・1989・1997・2001・2003
他のソーテルヌの生産者
ギロー、ラフォリ＝ペラゲ、リューセック スデュイロー、イケム

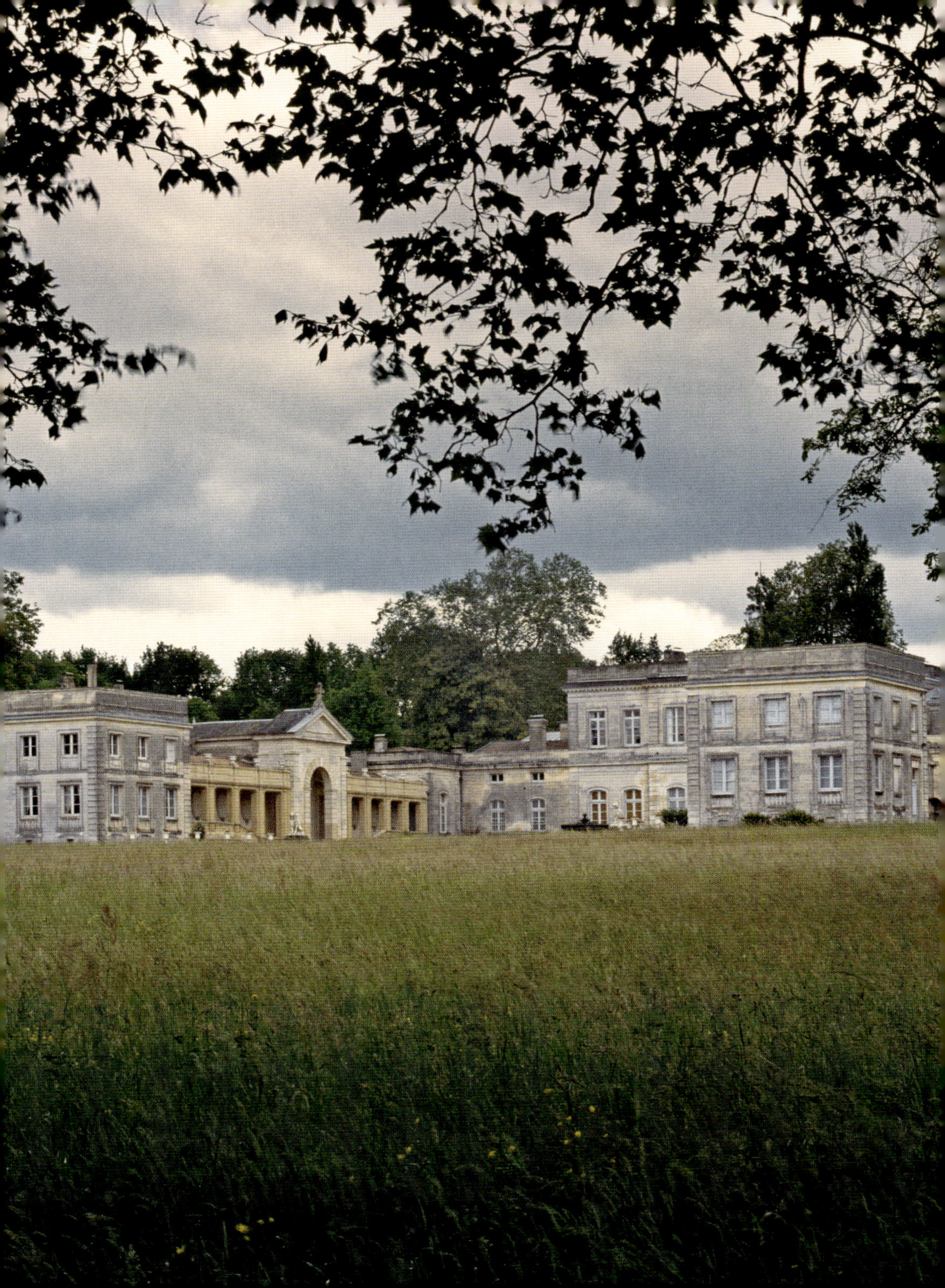

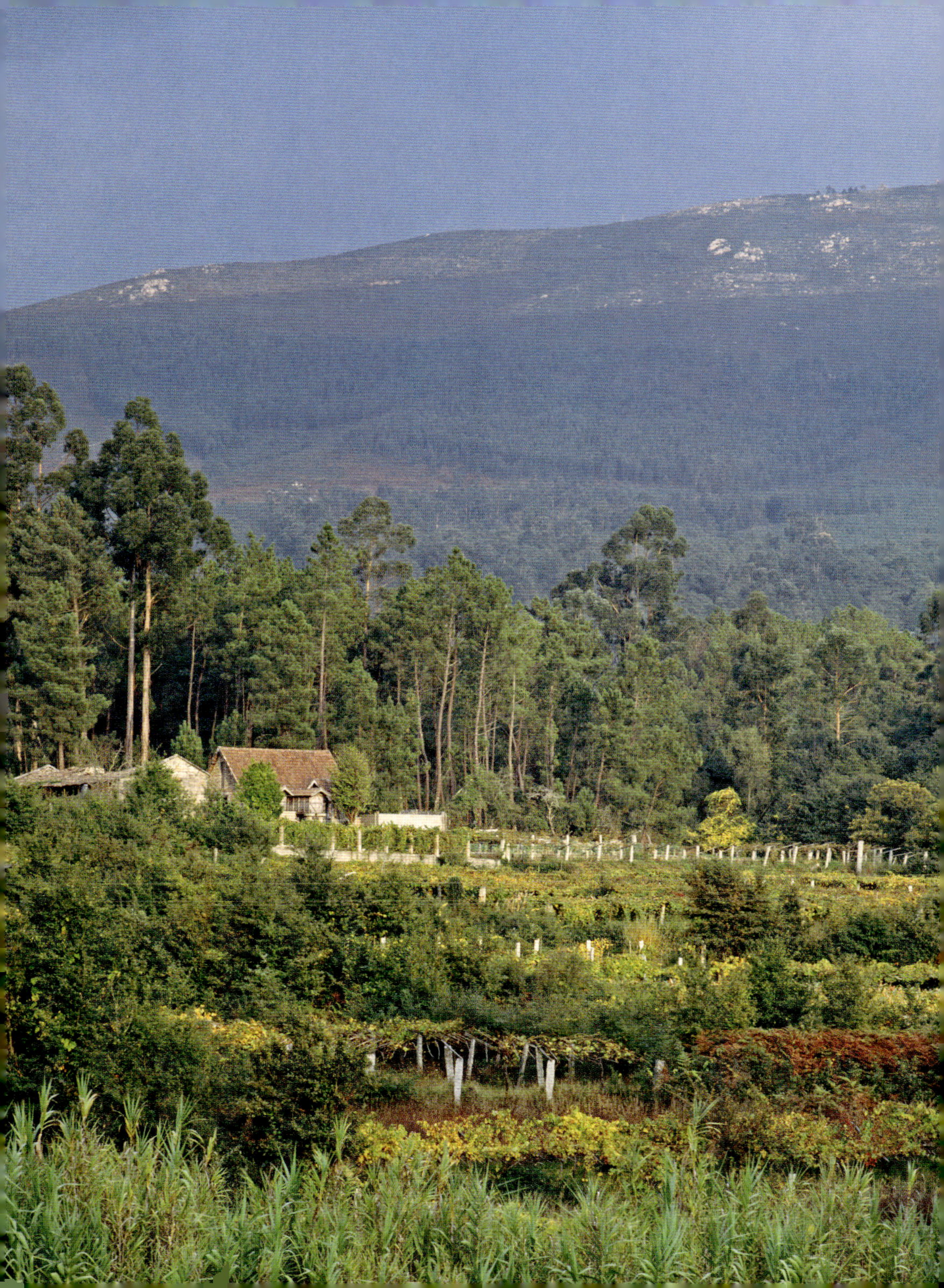

Fillaboa
Seléccion Finca Monte Alto 2002

フィラボア
セレクシオン・フィンカ・モンテ・アルト 2002

産地　スペイン、ガリシア、リアス・バイシャス
特徴　辛口白ワイン、アルコール分12.5%
葡萄品種　アルバリーニョ

　このハウスはグランハ・フィラボアの名で1986年に設立された。DOリアス・バイシャスができる前だったので、このDOの創立メンバーとなっている。美しくて比較的大きい（ポンテヴェドラでは最大）ワイナリーで、サルヴァテッラのミーニョ川右岸にある。長年にわたって家族所有、家族経営だったが、2000年にマサヴェウ・グループに買収された。フィラボア・セレクシオン・フィンカ・モンテ・アルトは、栽培されている50ha以上の畑のうち、1988年に植えられた抜群の品質を誇る小さな区画の葡萄から造られる。

　このワインは、最高品質のアルバリーニョの長命をよく示している実例で、新鮮な果実味と強いアロマの段階を経ている。柑橘類、洋ナシ、アニシード、そしてハーブの香りがまだあるが、熟成によって複雑さとミネラル感と全体のバランスが生まれている。堰熟により、料理とワインの理想的な組み合わせが変わる。若いときは、シンプルな方法で料理した甲殻類や白身魚の新鮮な風味と合う。しかし2、3年堰熟した後は、もっと濃厚な魚料理がぴったりくる。香りの豊かさが失われた分を、複雑さとストラクチャーが補っている。**JB**

🍷🍷　飲み頃：2009年まで、
もっと後のリリースは7年以内

Fiorano
Sémillon Vino da Tavola 1978

フィオラノ
セミヨン・ヴィーノ・ダ・ダーヴォラ 1978

産地　イタリア、ラツィオ
特徴　辛口白ワイン、アルコール分11%
葡萄品種　セミヨン

　バートン・アンダーソン氏が「知る人ぞ知る秘密」と表現した、フィオラノと呼ばれる希少なカルトワインは、残っている最後のボトルを手にできる幸運なコレクターを惑わせ続けている。

　ヴェノーサのアルベリコ・ボンコンパーニ・ルドヴィージ公は、1946年にフィオラノの地所を受け継ぎ、フランス品種とともに地元のマルヴァジアを植えた。当時としては前例のない決断であり、一流醸造家のトランクレディ・ビオンディ・サンティ氏の働きが必要だった。ここのワインはほとんど知られていなかったが、1960年代初期、故ルイージ・ヴェロネッリ氏がローマ郊外のアッピア旧街道沿いにある完璧な葡萄畑に魅せられ、最終的にルドヴィージ公にワインを試飲してみろと招き入れられた。

　ヴェロネッリ氏は後に優れたサッシカイアは赤のボルドーに匹敵すると評したが、ヴェロネッリ氏を最も仰天させたのは、イタリアではとくに成功していなかったセミヨン100%のワインだ。古いヴィンテージのセミヨンは、衝撃的なほど若々しい色、際立つ新鮮さ、そして無限とも思える熟成ポテンシャルで鑑定家たちを驚かせ続けている。1978は豊かな花のブーケが香り、生き生きとしてミネラルに富んだ味わいと、信じられないほど長い余韻を楽しめる。**KO**

🍷🍷🍷🍷　飲み頃：2012年まで

ガリシアの松林に囲まれて、低い棚に支えられている葡萄樹。

Flowers
Camp Meeting Ridge Chardonnay 2005
フラワーズ
キャンプ・ミーティング・リッジ・シャルドネ 2005

産地 アメリカ、カリフォルニア、ソノマ・コースト
特徴 辛口白ワイン、アルコール分14.2%
葡萄品種 シャルドネ

　苗木の卸売業を順調に営んでいたウォルトとジョーンのフラワーズ夫妻は、1989年、『Wine Spectator』誌の小さな広告でキャンプ・ミーティング・リッジを見つけた。その地域に葡萄樹は植えられていなかったが、彼らが植えることを考えていたシャルドネとピノ・ノワールに適した温和な気候であることがわかったのだ。キャンプ・ミーティング・リッジは、この地方の特徴であるいくつかの尾根の1つに位置し、太平洋から4kmも離れていない。農園には少なくとも6種類の海洋性および火山性の土壌がある。西側の海岸沿いのもう1本の尾根がここの葡萄畑を守っているので、葡萄樹を冷やすのに十分なだけの霧と海風が太平洋から寄せてくる。

　葡萄樹は古いウェンテとディジョンのクローンが精選され、高度350-420mの場所に植えられ、西向きのブロックで生育している。キュヴェの中心になるのはブロック6のもの。急勾配で起伏の多い岩だらけの地勢なので、葡萄樹は自然に活力が乏しくなり、途方もない濃度と余韻とミネラル分を持った葡萄が生まれる。

　1997年以降、ワインは夫妻独自のグラヴィティ・フロー（重力流動）式ワイナリーで造られている。葡萄は手で選別され、房を丸ごと圧搾される。発酵には天然酵母が用いられ、定期的にバトナージュが行われ、マロラクティック発酵は収穫の次の年の春に終わる。2005年は開花時期の悪天候のせいで実りはわずかだったが、収穫期にすばらしい天候に恵まれて、生まれたワインは非常に濃度が高く、ジャスミンとスイカズラとレモンの香りに高められた豊かな風味が層をなしている。**LG**

🍇🍇🍇 飲み頃：2015年過ぎまで

キャンプ・ミーティング・リッジのふもとの葡萄樹を鳥用のネットが守っている。➡

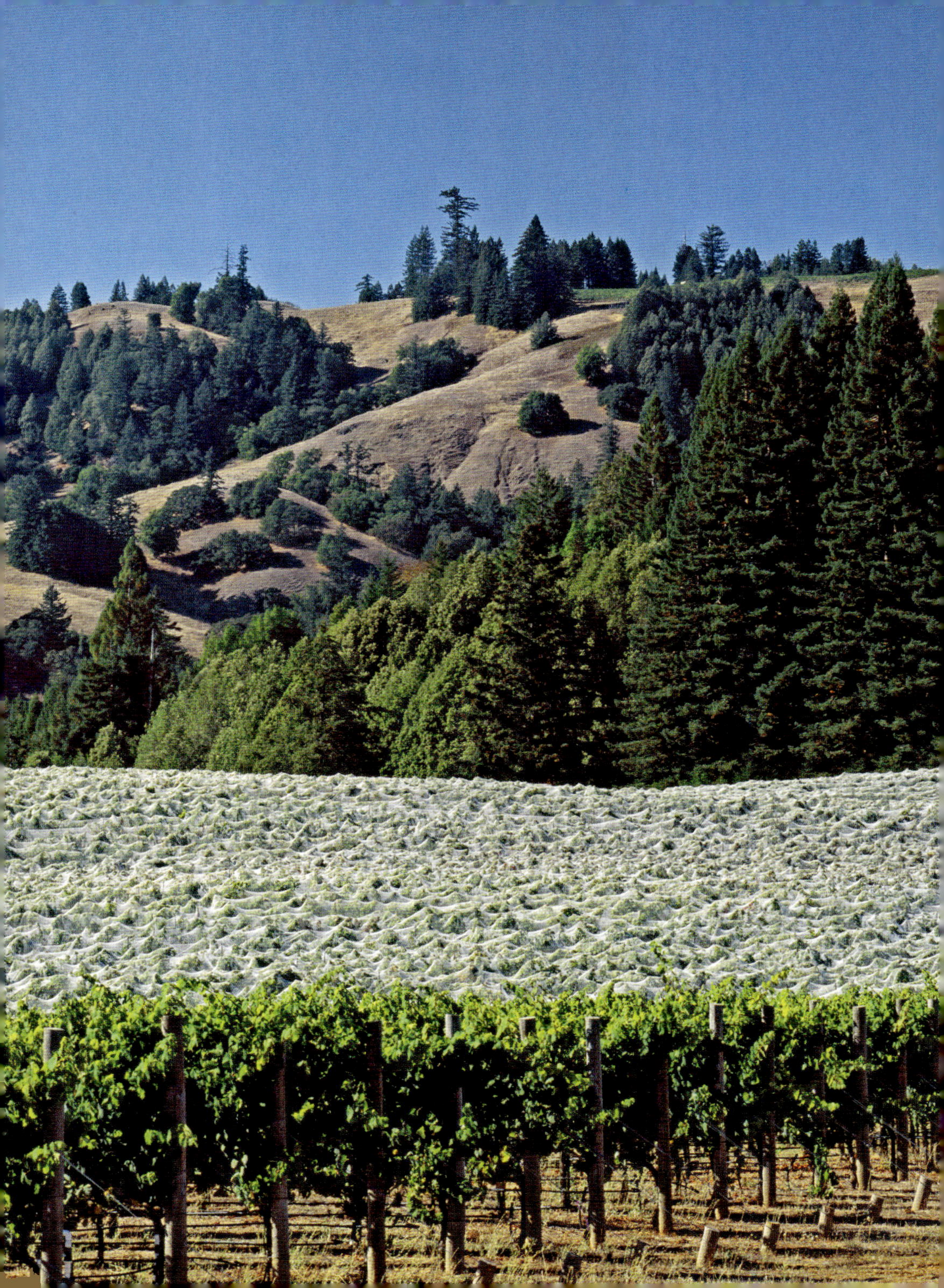

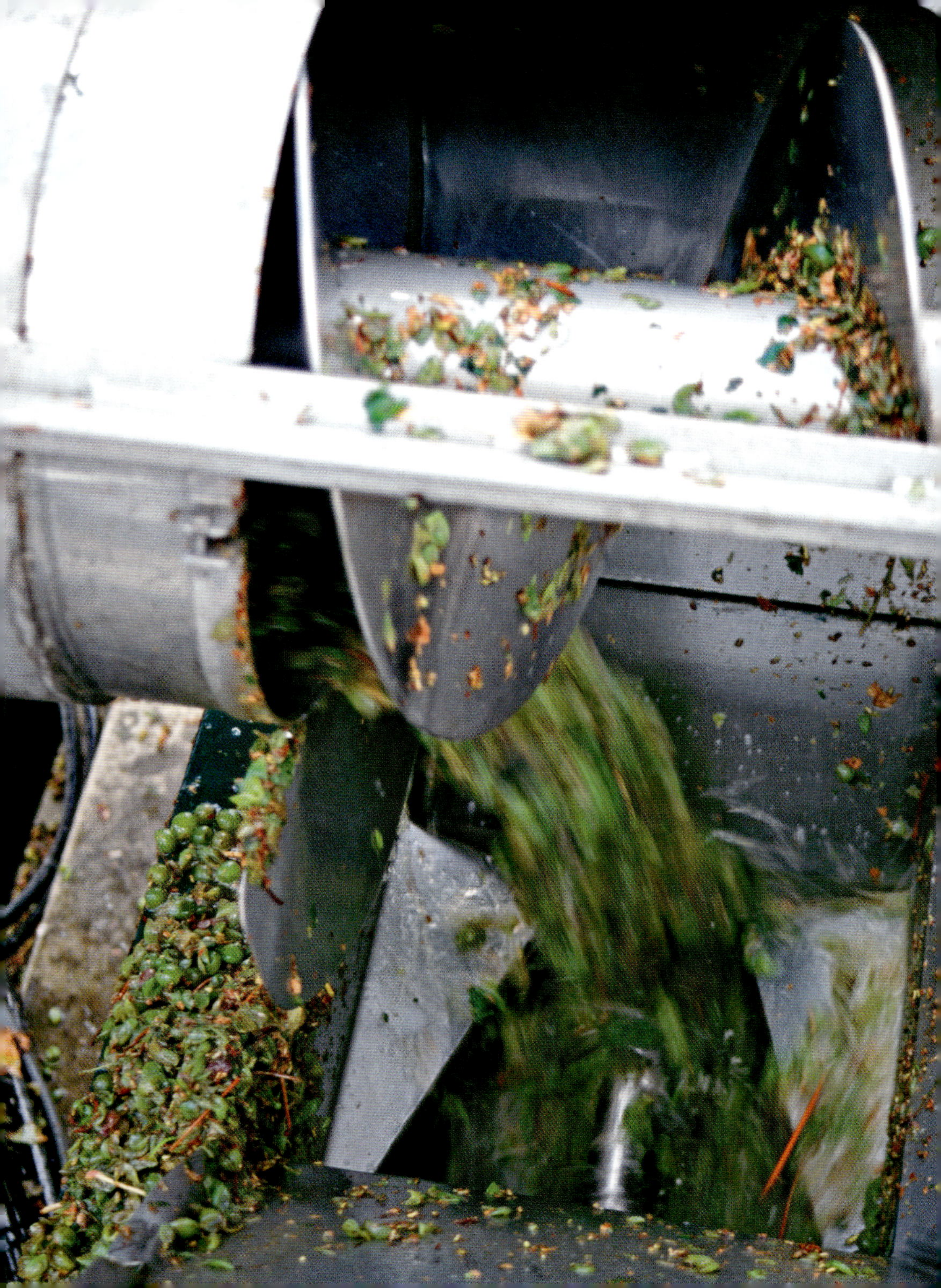

Framingham
Select Riesling 2007
フラミンガム
セレクト・リースリング 2007

産地 ニュージーランド、マールボロ
特徴 甘口白ワイン、アルコール分8%
葡萄品種 リースリング

　このワインは、現在ニュージーランドで人気が出ている、新種の低アルコール「ドイツ風」リースリングの中で最高だ。2007年のアルコール度は程よい8%、残留糖度70g/ℓの甘みはドイツの用語でいうアウスレーゼだ。ニュージーランドがソーヴィニョン・ブランについて自己満足を感じるべきでないのと同じように、ドイツとオーストリアは自分たちのリースリングの品質に満足するわけにはいかないことを、このワインははっきり示している。

　セレクト・リースリングはアンドリュー・ヘドレイ博士のフラグシップワインであり、大事に育てられている葡萄樹から最初に収穫される葡萄から造る、型にはまらないワインだ。2番目の収穫はフラミンガム・ドライ・リースリングになり、残りのうちの最高のものはクラシック・リースリングを生み、貴腐化した葡萄はフラミンガム・ノーブル・リースリングに使われる。すべてすばらしいワインだが、セレクト・リースリングは完璧にフラグシップの地位に値する。

　ミネラルと柑橘類と白バラの香味の強い、力のあるリースリングで、テクスチャーは軽く、甘さと酸味の絶妙なバランスが申し分のない緊張感をつくっている。最初に造られたのは2003年で、それ以降毎年造られている。各ヴィンテージを最近ヴァーティカルテイスティングしたところ、このワインの並はずれた熟成ポテンシャルがはっきりわかった。塁熟によってワインの柑橘系の香味が増幅される一方で、ミツバチの巣のようなものが感じられるようになっていて、一番古いワインを最初のリリース時に味わったときには認められなかった、貴腐菌の影響があることを示している。スクリューキャップが果実の純粋さを保つのに役立っている。**BC**

🍷🍷 飲み頃：2017年まで

Dr. Konstantin Frank/Vinifera Wine Cellars
Dry Riesling 2006
ドクター・コンスタンティン・フランク・ヴィニフェラ・ワイン・セラーズ　ドライ・リースリング 2006

産地 アメリカ、ニューヨーク、フィンガー・レイクス
特徴 辛口白ワイン、アルコール分12%
葡萄品種 リースリング

　ドクター・フランクのドライ・リースリングが生まれたのは、ケウカ湖とセネカ湖の近くの粘土質の斜面だ。粘土と石灰石の混ざった土が粘板岩や頁岩とともに堆積している。湖のおかげで、冬の平均気温が−6℃という寒冷なニューヨーク州北部でワイン造りが可能になっている。それでもヴィニフェラの栽培は難しかったが、フランク博士は冬に耐えられる台木を見つけることが鍵だと、当時のゴールド・シール社長、シャルル・フルニエ氏を説き伏せた。

　フランク氏はウクライナからの移民で、生国では葡萄栽培学を教えていたので、ドニエプル川沿いの寒冷な気候でのワイン造りに通じていた。1950年代、彼とフルニエ氏は大西洋岸北東部で台木を探し歩き、ようやくケベックの修道院の庭で求めていたものを見つけた。厳寒の冬を越して生き続け、果実を実らせる葡萄樹だ。その台木にシャルドネとリースリングとゲヴュルツトラミネールを接ぐ実験を何年も行った末、突然の寒波で気温が-32℃まで下がり、他の樹がだめになっても彼の葡萄樹は生き延びて実をつけたとき、フランク氏は勝利を宣言することができた。彼は1962年に自分のワイナリーを設立し、さまざまな表情を持つリースリングに的を絞っている。

　ドクター・フランク・ドライ・リースリングは、つねに透明で純粋だ。6週間にわたって涼しい場所で長期発酵させるので、葡萄の中の花と青リンゴと洋ナシと柑橘類とマルメロの香味が保たれている。辛口の手前で発酵が止められるため、高い酸とのバランスがよく、活気にあふれたテクスチャーが生まれ、繊細なミネラル細工を包む熟れた果実味が表現される。**LGr**

🍷 飲み頃：2016年まで

◀ フラミンガムで作動中の葡萄の破砕・除梗機。

Freie Weingärtner Wachau
Achleiten G. Veltliner Smaragd 2005
フライエ・ヴァインゲルトナー・ヴァッハウ
アハライテン・G・フェルトリナー・スマラクト 2005

産地 オーストリア、ヴァッハウ
特徴 辛口白ワイン、アルコール分14%
葡萄品種 グリューナー・フェルトリナー

フライエ・ヴァインゲルトナーの700人近い組合員はそれぞれ0.2haほどの土地を、オーストリアで最も有名な栽培地に所有している。

ドナウ川沿いのヴァイセンキルヘンにある、長石に富む片麻岩と雲母片岩のこの急斜面は、少なくとも中世初期にはすでに段々畑になっていた。ロイベンベルクやケラーベルクのような近隣の葡萄畑と同じように、難しい年にも安定してよい収穫を上げ、グリューナー・フェルトリナーでもリースリングでも同じくらい成功する驚異的な力も持っている。2005年は、涼しくて雨が多すぎるほどの夏と初秋の後、10月から11月初旬にかけてはおおむね晴れだった。茎腐れと貴腐を厳しく選別するのがリースリング収穫の特徴だったのに対し、グリューナー・フェルトリナーの大部分はたくましく健康だった。

アハライテンで生まれたフライエ・ヴァインゲルトナーのワインは、この畑にこれ以上ないほど模範的だった。花と白桃とほのかだが独特のミネラルが香り、えも言われぬクリーミーなテクスチャーと濃厚さは、決して各要素の微妙な相互作用を邪魔しない。そういうワインであることが、モーゼル・リースリングと同じくらい透明な果実味を通してわかる。それでいて、紛れもないグリューナー・フェルトリナーの「辛味」──ある種のコショウのような刺激──も感じられる。**DS**

🆂🆂 飲み頃：2012年まで

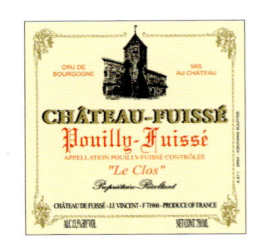

Château de Fuissé
Pouilly-Fuissé Le Clos 2005
シャトー・ド・フュイッセ
プイィ・フュイッセ・ル・クロ 2005

産地 フランス、ブルゴーニュ、マコネ
特徴 辛口白ワイン、アルコール分13%
葡萄品種 シャルドネ

多くの白ブルゴーニュ愛好家にとって、コート・ドール南端のサントネを越えると、その先のワインに対する興味は急速に失われていく。だが他の誰よりも前から、この地域を際立たせている生産者がいる──それがシャトー・ド・フュイッセのジャン=ジャック・ヴァンサン氏だ。ヴァンサン家は、自社畑の葡萄からワインを造るだけでなく、1985年以降、自社栽培の葡萄と買い付けたマストのブレンドをベースにした事業を、JJヴァンサン・セレクションのラベルで営んでいて、ボージョレーだけでなくさまざまなマコネワインも造っている。

ル・クロのワインは、石垣に囲われた2.3haの単一区画の葡萄から造られる。土壌は粘土と石灰石で、シャトーの隣に位置する畑だ。2005年の収穫は、好天の夏が終わった9月17日に始まり、9月28日に終了した。発酵と完全なマロラクティック（ヴィンテージによっては施されない）を経て、ワインは2-5年もののオーク樽で9ヵ月を過ごした。花と核果のアロマを放ち、口に含むとそれにリンゴとアプリコットの香味が加わる。爽やかな酸によってバランスが取れていて、程よい長さの心地よいフィニッシュが続く。**JW**

🆂🆂🆂 飲み頃：2010年-2013年

Gaia
Ritinitis Nobilis Retsina NV
ガイア
リティニティス・ノビリス・レッチーナ NV

産地 ギリシャ、ペロポネス、ネメア
特徴 辛口白ワイン、アルコール分12%
葡萄品種 ロディティス

　ギリシャを訪れる観光客にとって、レッチーナのイメージといえば、地元のタベルナでの食事、そして前菜と一緒に飲むためにテーブルの真ん中に置かれたアルミニウム製のワインジョッキ、そんな記憶がもとになることが多い。切ったばかりの松か合板のような香りがして、あらゆる種類のギリシャ料理とよく合う。

　レッチーナにガイアの名前を加えれば、まったく新しい味を体験することになる。ガイアの創立者──レオン・カラツァルス氏とヤニス・パラケヴォプロス氏──は、自分たちのベースワインの葡萄として、酸が低く採れ過ぎることが多いサヴィティアノではなく、もっと上質のロディティスを選び、北向きの畑で育てて収穫量を抑えた。ワインは低温発酵され、すべてのレッチーナと同じように、松の樹皮を切りつけて樹液を集めることで採取した松脂を、発酵中のマストに加えるので、ワインが独特の風味を帯びる。レティニティス・ノビリスのための松脂は、アレッポマツから採った上等のものだ。

　その結果、爽やかな酸とほのかな松の香りだけでなく、柑橘類のアロマもある繊細なレッチーナが生まれる。それでもやはり地中海料理と合わせるのがベストだが、観光旅行中にジョッキから注いで飲むワインより、もっと繊細で、フルーティーで、複雑なワインだ。**GL**

Ⓢ 飲み頃：買ってから1年以内

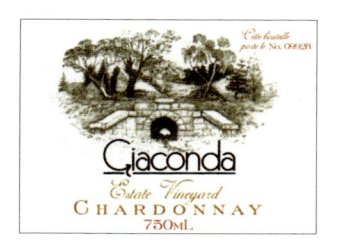

Giaconda
Chardonnay 2002
ジャコンダ
シャルドネ 2002

産地 オーストラリア、ヴィクトリア、ビーチワース
特徴 辛口白ワイン、アルコール分14%
葡萄品種 シャルドネ

　リック・キンズブルナー氏は、まだブラウン・ブラザーズで働いていたときにビーチワース地区で良質のワインが生まれると考え、そこに葡萄樹を植えた。ビーチワースは過去に金が豊富に採れたことで知られていて、その土壌は花崗岩がベースになっている。このワイナリーのシャルドネの樹は、石英が非常に多い区画に植えられている。キンズブルナー氏は1984年に最初のカベルネ・ソーヴィニョンを、85年に最初のシャルドネを造った。より濃厚で肉付きのよいスタイルになりつつあった自分のワインの繊細さを守るために、彼は段階的にシャルドネの栽培地をもっと冷涼な南向きの斜面に移している。暑い年には少しコクが強すぎるワインになって、アルコールで後味が熱くなる可能性もある。

　ジャコンダ・シャルドネ2002は、とりわけ濃厚だが、とりわけ複雑でもある。この年の夏は涼しく、オーストラリア東部全体で上質の辛口白が生産された。新しいワインの抑制されたモモとアプリコットのアロマが、炒ったヘーゼルナッツ、全粒小麦粉、バター、そして煮た核果の多面的な香りへと進化している。口に含むと力強く、芳醇で、コクがあり、風味がいつまでも残り、フィニッシュにはアルコールの熱が少し感じられる。2008年からが絶頂期だが、あと6-10年はおいしく飲めるに違いない。**HH**

ⓈⓈⓈ 飲み頃：2015年まで

Château Gilette
Crème de Tête 1955

シャトー・ジレット
クレーム・ド・テット 1955

産地 フランス、ボルドー、ソーテルヌ
特徴 甘口白ワイン
葡萄品種 セミヨン94％、Sブラン4％、ミュスカデ2％

　ジレットはプレニャック村のすぐ外にあり、長い間格付けから外れているが、ソーテルヌどころかボルドー全体でもとりわけ非凡な有名メゾンである。葡萄畑は石の多い粘土質基盤の上の砂質土壌で、広さは3.6haにも満たない。フラグシップワインであるクレーム・ド・テートは、とくに優良なヴィンテージにしか造られない。樽で1年、2年寝かせるのではなく、小さなコンクリートタンクで20年間熟成させる。この長期熟成は、壜熟よりもっと複雑にワインを成熟させるためだ。

　天候が質にも量にも味方した1955年より、収穫の条件がよかった年はあまりない。その年、収穫は9月21日に始まって10月まで続き、果房が次々に厳しく検査され、とくによく貴腐化した素材だけがもぎ取られた。ワインは26年後の1981年にようやく壜詰めされた。色は今や小麦色まで深まり、ブーケはいまだにクリーミーでリッチ。口に含むと、ピリッとしたレモンの酸味のようなものがありながら、やさしいカラメルになった貴腐の味わいと、筋骨たくましく意気揚々としたフィニッシュがある。**SW**

🍷🍷🍷🍷🍷　飲み頃：2015年過ぎまで

Domaine Gourt de Mautens
Rasteau Blanc 1998

ドメーヌ・グール・ド・モータン
ラストー・ブラン 1998

産地 フランス、南部ローヌ
特徴 辛口白ワイン、アルコール分13％
葡萄品種 グルナッシュ・ブラン、ブールブーラン、その他

　ジェローム・ブレッシー氏は、あまり見込みのない南部ローヌのラストーというアペラシオンで、非常に濃厚な赤ワインと（さらに珍しいことに）白ワインを造り出して、ワイン界の注目を集めた。その土台はガレージの原則、つまりごく少ない収穫量と極端な濃度だ。

　ブレッシー氏は12haを所有し、約2万5000本を生産する。ワインはエコサート（ECOCERT）の有機認定を受けている。シャトーヌフの役割モデルであるアンリ・ボノー氏と故ジャック・レイノー氏と同じように、ブレッシー氏は収穫量をAOCで認められている量の半分以下にすることにした。彼の赤ラストー（グルナッシュ主体であしらいに普通のシャトーヌフ）は辛口のポルトにたとえられている（2004年から、彼はさらにポルトに近いラストー・ヴァン・ドゥー・ナチュレを造っている）。ラストーの白は考えられないほど希少で、彼の白は赤よりも値段が高い。

　ブレッシー氏は大樽を好んで小さいオーク樽はほとんど使わず、ワインを10-12ヵ月樽熟成させる。1998年の白については、深い進化した色を指摘しながらも、膠の味や生々しい麦わらのにおいを感じるという評論家もいる。その一方、花の香りやアカシアの花の芳香、口に含んだときの重み、うまく溶け込んだオークなどを称賛する人もいる。**GM**

🍷🍷🍷　飲み頃：2010年過ぎまで

White wines

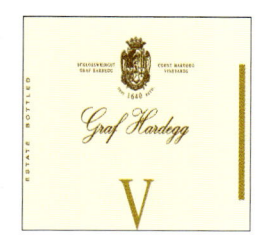

Graf Hardegg V
Viognier 2003
グラーフ・ハーデックV
ヴィオニエ 2003

産地 オーストリア、ヴァインフィアテル
特徴 辛口白ワイン、アルコール分13.5%
葡萄品種 ヴィオニエ

　これだけ成功しているにもかかわらず、このワインがいまだにオーストリア唯一のヴィオニエだ。ウィーンから車で北へ1時間、低地のヴァインフィアテル地区で生まれている。

　マールベルク氏が1993年にここで仕事を始めたとき、この地区に最適の葡萄は何なのか、実は誰も知らないことに気づいた。問題の1つは栽培方法だった——ここの平均的栽培者は15haの小農地を所有し、ほんの1、2haの葡萄樹しか栽培しようとしない。それに対して、ハーデックは5区画に分散して合計43haの葡萄畑を所有している。1995年、1haにヴィオニエを植えるというハーデックの決断は論争を巻き起こした。しかしその決断は正しかったことが証明された。結果として生まれたワインが、流行の先端を行くこの品種のスタイリッシュで洗練された表現としての地位を確立したのだ。

　2001と2002も成功だが、2003はおそらく1段上だろう。はっきりしたクリスプな果実味と、ヴィオニエ特有のコクのあるテクスチャーと爽やかな酸味の見事な緊張感がある。ワインは大樽で天然酵母によって発酵される。樽の一部は新しいものだが、ワインにはっきりした影響はほとんど表れていない。驚いたことに、リリース時にも美味しく飲めるが、10年まで壜の中で進化する可能性を秘めている。**JG**

$$$　飲み頃：2012年まで

Grans-Fassian
Leiwener Riesling Eiswein 2004
グランス=ファシアン
ライヴェナー・リースリング・アイスヴァイン 2004

産地 ドイツ、モーゼル
特徴 甘口白ワイン、アルコール分6.5%
葡萄品種 リースリング

　2004年、ドイツで栽培されているリースリングのほんどすべてが、クリスマスの4日前のたった1夜で、凍った葡萄をたくさん授かった。ゲールハルト・グランス氏の場合、それはライヴェナー・ラウレンティウスライの葡萄だった。その灰色粘板岩の段々畑の葡萄を、彼はたいてい辛口ワイン用にしている。ラウレンティウスライは、並はずれた潜在力を持つ数多くのモーゼルの葡萄畑の1つだが、それでも、この2004年のアイスヴァインほどのリースリングはこの畑から生まれていない。

　鼻孔に感じる不吉な煙香と刺激は、アイスワインに典型的な特徴であり、このワインでは鼻がぴくぴくしてくるほどはっきりしている。この秘薬は口に含むとねっとりと濃厚で、表面的には、新鮮なレモン果汁がたっぷりのヴァニラアイシングに似たところがあるが、これも若いアイスヴァインには珍しくない。マルメロと黄色いプラムの砂糖煮は、数あるもっと「普通の」ラウレンティウスライ・リースリングを思わせる。フィニッシュがこれほど切れ味鋭く突き刺さってくると、扁桃腺がある人は恐怖を覚えるかもしれない。そう、これは度がすぎるワインだが、決して洗練されていないわけではない。今日あなたが味わうと、びっくりして息を飲むだろう。あなたの子や孫はそれほど奇抜だとは思わないだろうが、やはり感嘆するだろう。**DS**

$$$$$　飲み頃：2035年過ぎまで

Josko Gravner
Breg 1999
ヨスコ・グラヴナー
ブレッグ 1999

産地 イタリア、フリウリ
特徴 辛口白ワイン、アルコール分14%
葡萄品種 Sブラン、シャルドネ、Pグリージョ、リースリング・イタリコ

　天才か、異端者か。ヨスコ・グラヴナー氏ほど意見が極端に分かれるイタリアのワイン醸造家はいない。フリウラーノワインは普通、きわめて爽快な香り高いスタイルで造られる。実際、グラヴナー氏自身もこのスタイルの先駆けの1人だった。しかし1998年、彼はスロヴォニアの大樽とアンフォラの両方を使うワイン造りの手法を試し始めた。容器の1つにひびが入って、彼はリボッラ・ジャッラのワインをすべて失ったという噂もあった。しかし2001年以降、彼は粘土でできたさまざまな大きさのグルジア（ワイン造りの歴史は4000年前まで遡る）のアンフォラだけを使って、3種類のワイン――リボッラとブレッグの2つの白と赤のロッソ・グラヴナー――を発酵させ、続いてマセレーションを行っている。18haの畑はコッリオのワイン地区の東端、ゴリツィアの近くにある。

　グラヴナー氏が造る白ワインの酸化したタンニンの強いスタイルは、ワインの新鮮さと透明感を楽しむ人――つまり、ほとんどの人――には忌み嫌われる。2005年の『World of Fine Wine』誌によるイタリアの最高級白ワインのテイスティングで、アリソン・ブキャナン女史はブレッグ1999（「古い」スタイルの最後から2番目のヴィンテージ）を「奇妙」と表現した。アレックス・ハント氏の考えでは、そのワインは「不快な刺激臭がある。他の特性や品質は自己主張ができていない」。ニコラス・ベルフレージMWは「少し考える必要がある」と言った。2001年以降、このワインはさらに難しくなっている。彼のワインを人がどう思うにしても、世捨て人のようなグラヴナー氏は、ワイン造りの正統と消費者の両方に挑んでいる因習打破主義者である。
SG
😊😊😊　飲み頃：2020年まで

Château Grillet
Cuvée Renaissance 1969
シャトー=グリエ
キュヴェ・ルネッサンス 1969

産地 フランス、北部ローヌ
特徴 辛口白ワイン、アルコール分13%
葡萄品種 ヴィオニエ

　シャトー=グリエは、フランスで最も不条理な単独アペラシオンに数えられる。1825年以降、一家族が所有している単一畑で、出っ張りのある円形の土地、その片側にシャトーそのものが立っている。フランスのワイン階層において、ローヌ川流域が歴史的に低い地位にあることを考えると、このような地位の高いアペラシオンが存在すること自体が驚きだ――ヴィオニエ種から造られる白ワインだからなおさらである。

　2.5haほどの葡萄畑はローヌ川流域にあり、1920年代以降、労働者を葡萄畑と取り合っている工場や製作所とは離れている。このワイナリーは荒れた時代を経験している。ファミリーイザベル・ヴァラタンカネ家はワインがなかなか売れなかった1970年代、80年代にも何とか事業を続けようと苦労した。品質もこの50年で変化してきた。栄光の1960年代、継ぎはぎだらけの70年代、粗悪な80年代と90年代、そして2000年を過ぎてようやく復活し、新しいセラー設備への投資とワイン造りのコンサルタントの変更が行われた。1960年代から70年代初期にかけて、キュヴェ・ルネッサンスという最高級ワインが選り抜かれて別に壜詰めされていた。

　卓越した1969年のルネッサンスはわずか1,730本しかなかった。これは辛抱強く熟成させるに値するワインだ。近隣のコンドリューよりもはるかに無口である。花崗岩と分解した雲母の土壌が、若いときの鋼鉄のような特性に一役買っているのかもしれない。時とともに、花と湿った羊毛の香り、モモやアプリコットの風味、そしてフルーツに添えられたスパイスと澄んだミネラルの辛味を感じるフィニッシュが進化する。**JL-L**
😊😊😊😊　飲み頃：2010年過ぎまで

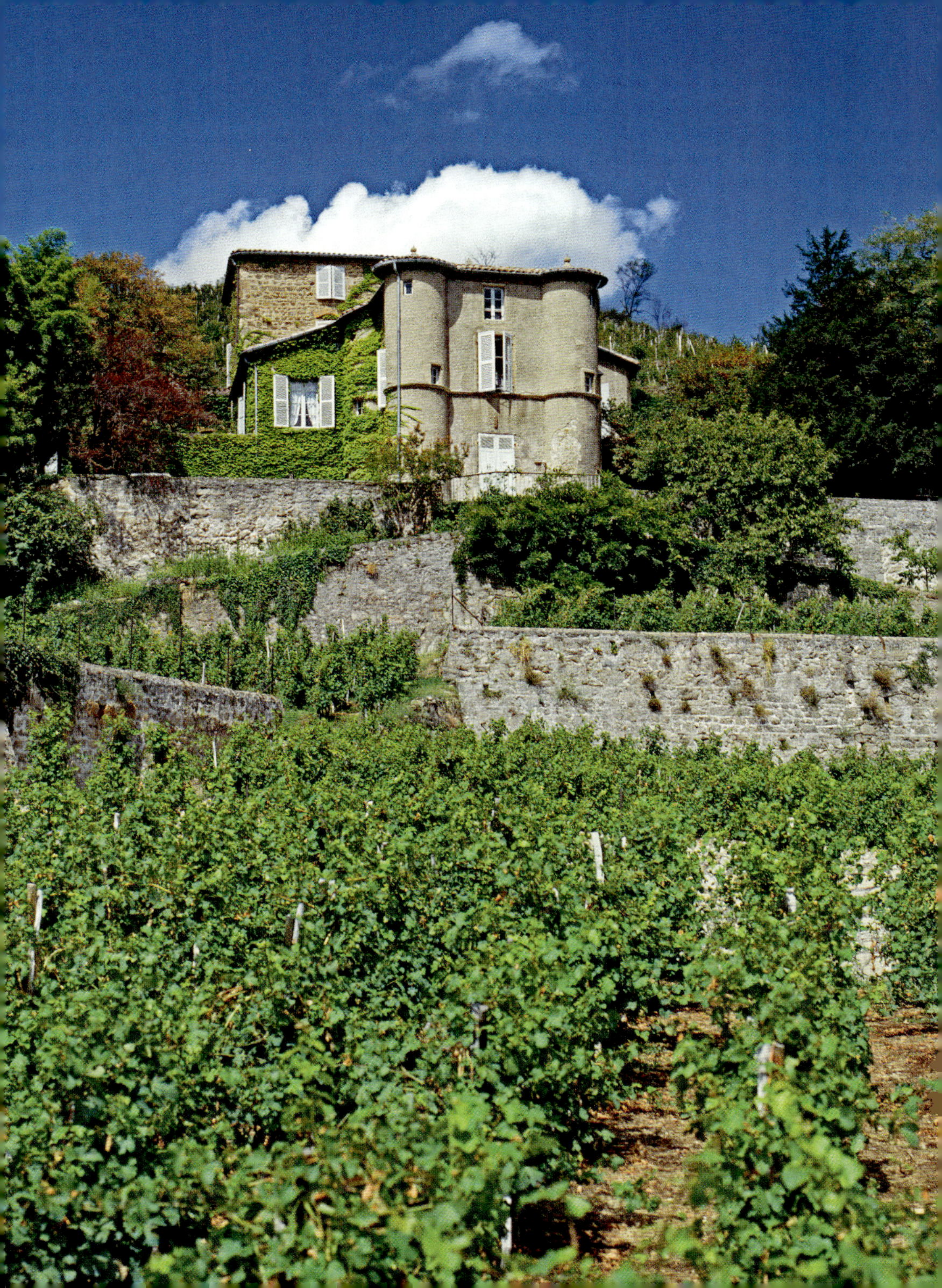

Degenfeld

Étterem-Restaurant

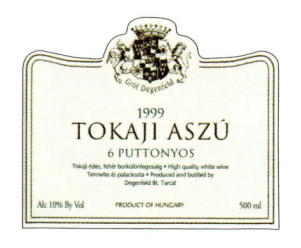

Gróf Dégenfeld
Tokaji Aszú 6 Puttonyos 1999

グロフ・ディーゲンフェルド
トカイ・アスー・6プットニョシュ 1999

産地 ハンガリー、トカイ
特徴 甘口白ワイン、アルコール分10%
葡萄品種 フルミント

　グロフ（伯爵）・ディーゲンフェルドの物語は、1989年に鉄のカーテンが取り払われた後、かつての東欧圏で貴族のワイナリーが復活した、数少ない重要な事例である。ディーゲンフェルド家は、19世紀に最高品質のトカイを造っていたドイツ系ハンガリー人家族。当然のことながら、ワイナリーは1945年の後に共産党員に接収された。100haの地所の現オーナーは、グロフ・サンドール・ディーゲンフェルド＝シェーンフェルドの娘の女伯爵マリーと結婚した、ドイツ人実業家のトマス・リンドナーである。リンドナー氏は1996年、義父の家族ワイナリーの発展に必要な資金を提供することに決めたのだ。

　6プットニョシュ 1999の残留糖度は173g/ℓ、酸度は11g/ℓ。原料の葡萄はタルツァル北部にあるハウスの葡萄畑で育ったものだ。その土壌はレスとニロク──ゼンプレーン丘陵特有の風化した火山性の粘土に似た土壌──を含んでいる。ワインは琥珀色がきらめく濃い金色。ハチミツとアーモンドの芳香にかすかに皮革とクルミの香りが混じる。口に含むと、プラム、グリーンゲージ、黄桃、そしてアプリコットを思わせる味。長い余韻が残り、クリーミーなクルミの印象で終わる。強い果実味とストラクチャーがあり、バランスが見事だ。**GM**

Ⓢ Ⓢ Ⓢ Ⓢ　飲み頃：2015年過ぎまで

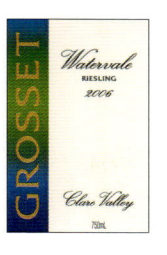

Grosset
Watervale Riesling 2006

グロセット
ウォーターヴェイル・リースリング 2006

産地 オーストラリア、南オーストラリア、クレア・ヴァレー
特徴 辛口白ワイン、アルコール分13%
葡萄品種 リースリング

　グロセット・ウォーターヴェイル・リースリングは、高高度のスプリングヴェイル畑で育てられたリースリングから造られる単一畑ワイン。ジェフリー・グロセット氏は定評のあるオーストラリア・リースリングの大家である。「リースリング造りは最も純粋な形のワイン造りだ」と彼は言う。「なぜなら、造り手ができることは非常に限られている。オークはなし、マロラクティックもなし、たいがい澱との接触も果皮との接触も施されない。葡萄本来の特性と個々の畑が表現するものを保つために、規律あるアプローチが必要とされる」

　このワインは慎みと純粋な果実味と魅力的な味わいのある、いかにも一流のクレアワインらしいワインだ。ポリッシュ・ヒルと呼ばれる彼のもう1つの単一畑リースリングのほうが、ストラクチャーと強さはある（そして高い値段がついている）が、ウォーターヴェイルのほうが芳醇で肉付きがよい。花の香りにライムとレモンのアロマが混ざる。味わいは繊細でいて強烈、力強い焦点の定まった柑橘類の香味もあり、背景にミネラル香が感じられる。ウォーターヴェイル2006も例外ではなく、しっかりしたストラクチャーと印象的な重みがあり、肉付きがよく、長く上質な辛口のフィニッシュには活気ある酸味が感じられる。若くて新鮮なときに飲んでもよいが、10年まで寝かせればさらに複雑さが増す。**SG**

Ⓢ Ⓢ　飲み頃：2016年まで

◂ このレストランはトカイのメイン広場にあるディーゲンフェルド・パレスの一部。

Domaine Guffens-Heynen
Pouilly-Fuissé La Roche 2002

ドメーヌ・ギュファン=エナン
プイィ=フュイッセ・ラ・ロッシュ 2002

産地 フランス、ブルゴーニュ、マコネ
特徴 辛口白ワイン、アルコール分13％
葡萄品種 シャルドネ

　1980年、ベルギー人のジャン=マリーとメーヌのギュファン=エナン夫妻は、マコネ地区で初ヴィンテージを造った。ヴェルジソンの見事な岩だらけの土壌にある初めから持っている1haの畑で、ジャン=マリーは最高水準のプイィ=フュイッセを造り続けている。そのワインはこのアペラシオンの復興の手本であり、彼の小さな畑はシャトー・ド・フュイッセやシャトー・ド・ボールガールと張り合うほどマスコミに絶賛されている。ギュファン氏のワイン造りに対するアプローチは、伝統的な「おじいちゃんのやり方」で、ワインが自ら生まれるのを待つ。

　ヴェルジソンの土壌は非常に浅く（そもそも存在するとしたらの話だが）、葡萄樹はすぐに石灰岩に入っていく。このキュヴェ・ラ・ロッシュには、並はずれて深いミネラルの風味があり、しかも2002年という格別な優良ヴィンテージにも助けられた。ここマコネでは、良作の可能性を秘めながらも手腕を問われる年だった。にわか雨の多い暑い夏だったので、収穫日のタイミングをぴったり合わせる必要があり、しかもジャン=マリーは手摘みにこだわっている。マストを重力で注ぎ、セラーでの処理を最低限に抑えた結果、シャルドネのハチミツとレモンの香味に見事な酸味が調和したワインができ上がった。**ME**
🅢🅢🅢　飲み頃：2015年まで

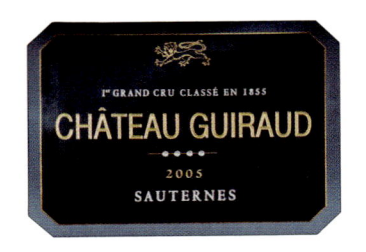

Château Guiraud
2005

シャトー・ギロー
2005

産地 フランス、ボルドー、ソーテルヌ
特徴 甘口白ワイン、アルコール分13.5％
葡萄品種 セミヨン65％、ソーヴィニョン・ブラン35％

　この大手ワイナリーは、イケムのほかにソーテルヌ・コミューンに最初にできた唯一の生産者で、1981年にエジプト系カナダ人の船主、フランク・ナービー氏に買い取られた。その後息子のハミルトンがその管理を引き継いで、大胆にも至高のイケムに挑戦すると宣言する。彼はイケムを負かしてはいないかもしれないが、ギローを立派な一流生産者に変えたことは確かだ。ナービー家の個人的関与は何年もの間に盛んになったり衰えたりしたが、醸造家のザヴィエル・プランティー氏が2006年、共同事業体をつくってギローを落札した。

　ギローはたいていのソーテルヌよりもソーヴィニョン・ブランの割合が高いが、プランティー氏は、この品種がワインに与えるスモーキーな個性を大事にしているのだ。ただし、他の造り手がワインに爽やかさを与えるために、ソーヴィニョンを早く収穫したがるのとは意見を異にしている。実際、もしギローに対して批判できるとしたら、活気と新鮮さに欠ける場合があることだ。50％以上の新樽で最高24ヵ月寝かされるワインは、濃厚で骨太で、しばしばはっきりと貴腐の特徴が出る。2005はモモのなまめかしさがあり、ヴィロードのような舌触りで、非常に重いワインにもかかわらず、複雑さと余韻もある。**SBr**
🅢🅢🅢　飲み頃：2035年まで

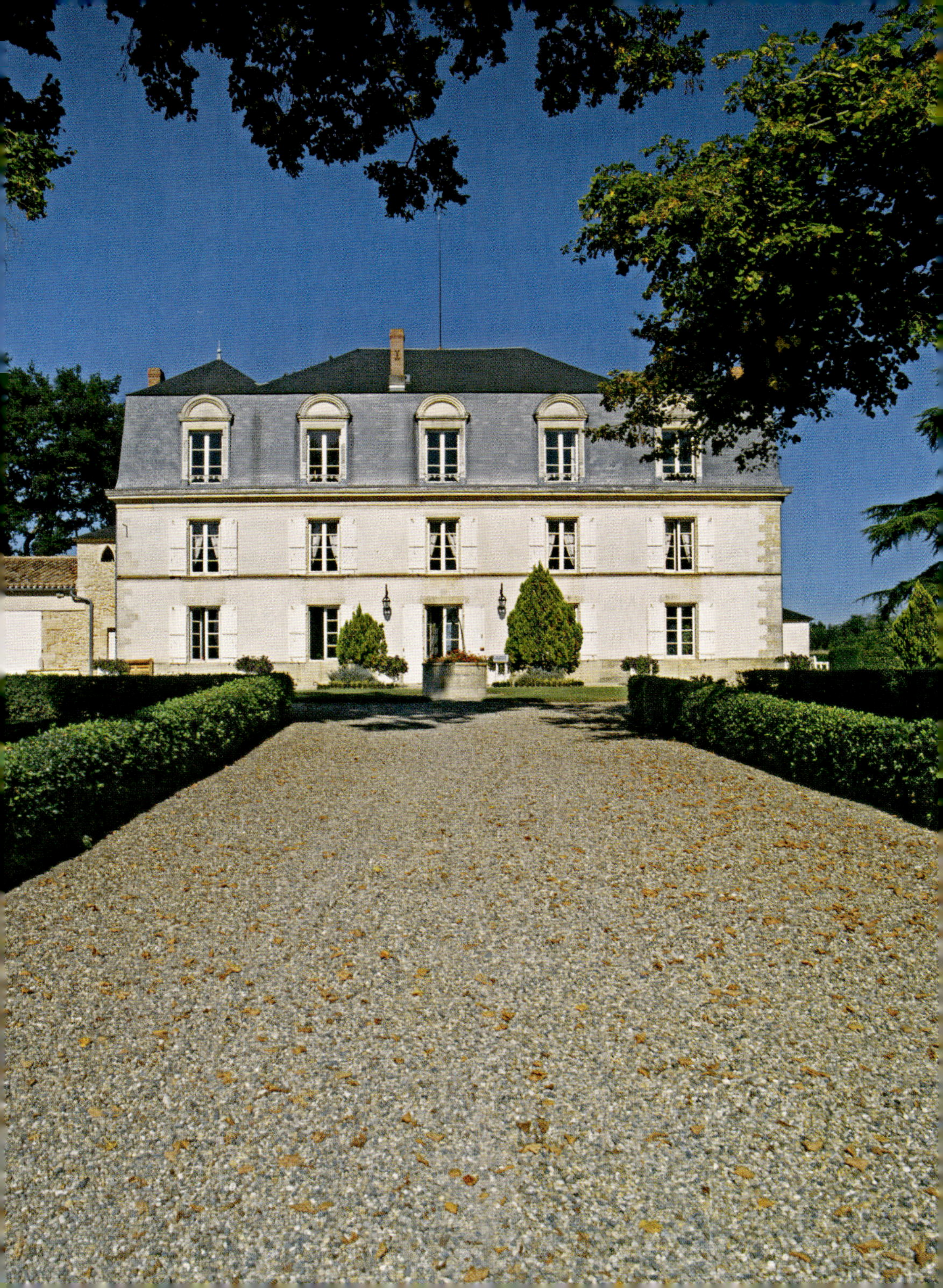

Guitián
Valdeorras Godello 2006
ギティアン
バルデオラス・コデーリョ 2006

産地 スペイン、ガリシア、バルデオラス
特徴 辛口白ワイン、アルコール分12.5%
葡萄品種 コデーリョ

　コデーリョはスペイン北西部ガリシア地方に見られる白葡萄で、ポルトガルではゴウヴェイオと呼ばれている。主にオレンセのバルデオラス区画と、ビエルソおよびリベイラ・サクラに見られる。1990年代半ば、とびきり上等のワインによってこの品種の地位を押し上げたのが、ギティアン一家である。ワイン造りには、ホセ・ヒダルゴ氏とアナ・マルティン女史が協力した。

　1985年から9haの葡萄が栽培されているラ・タパダ畑は、海抜548mの高さにある。土壌は粘板岩に富み、南向きの緩やかな斜面になっている。大西洋と大陸の両方の影響を受ける特殊なメソ気候で、ワインには強いテロワール感が出ている。初ヴィンテージの1992は、ステンレスタンクで天然酵母によって発酵されたがマロラクティックは施されなかった。

　ギティアンは、白ワインが2、3年熟成させると本当によくなる場合があることを、スペインの消費者に初めて納得させた生産者である。2006は緑がかったほどよい黄金色。コデーリョは非常に香り高い葡萄で、この樽を使っていないバージョンはその葡萄の潜在力をすべて引き出している。マスタード、アプリコット、上品なベイリーフの香り、ウイキョウとグレープフルーツ、麝香、そして火打石や火薬のミネラル香などが混ざった、独特の個性のある上質で複雑で豊かな芳香がある。口に含むと、ミディアムボディで輪郭がはっきりしていて、エレガントで純粋ですがすがしく、上質の酸によって味わいが高まり、強い香味が非常に長いフィニッシュの間もずっと続く。**LG**

🍷 **飲み頃：2010年まで、もっ後のリリースは5年以内**

ラウウコの村を背景に望む秋の葡萄畑。▶

White wines

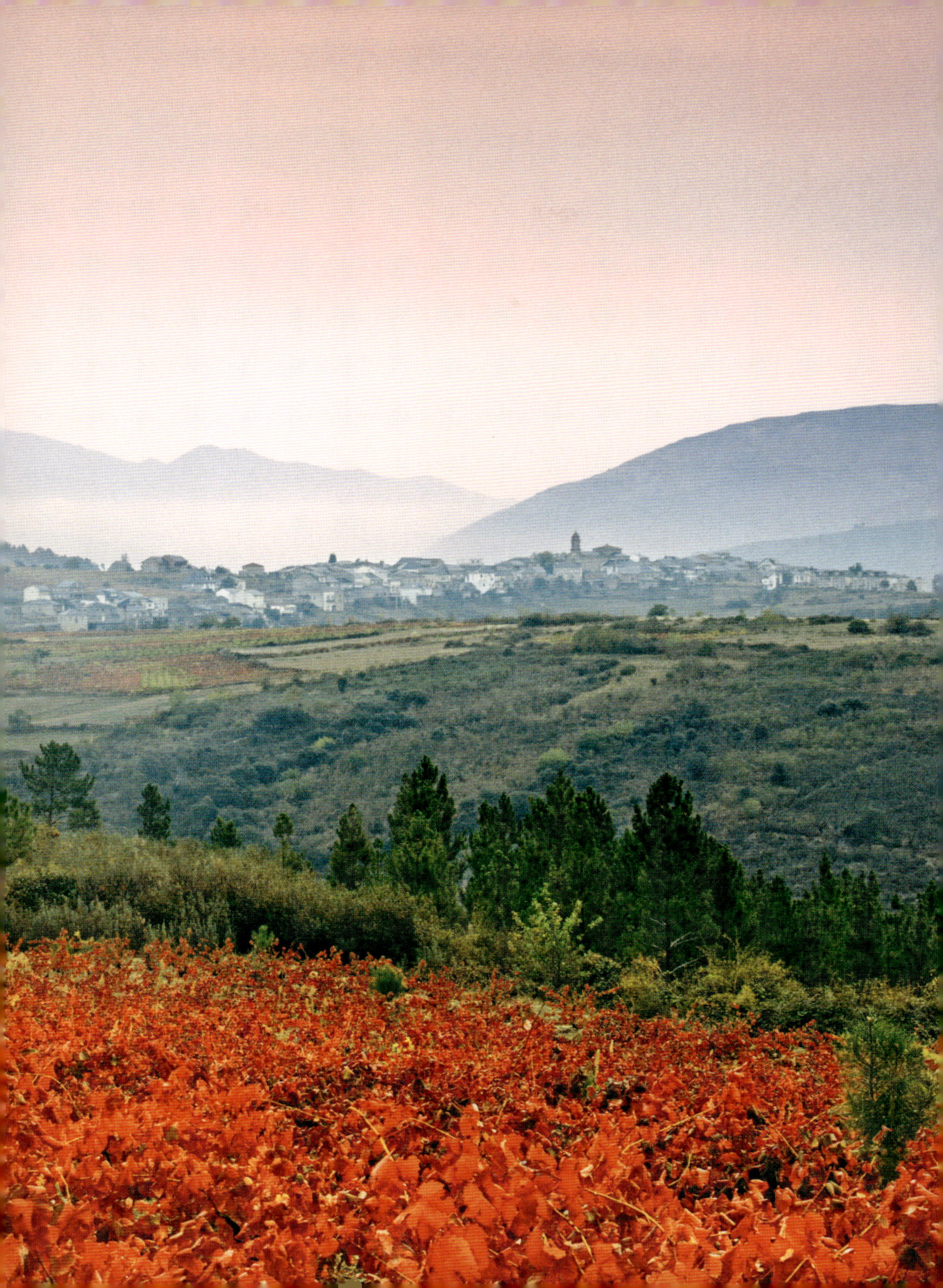

Gunderloch *Nackenheimer Rothenberg Riesling AG* 2001

グンダーロッホ
ナッケンハイマー・ロッテンベルク・リースリング・AG 2001

産地　ドイツ、ラインヘッセン
特徴　甘口白ワイン、アルコール分10％
葡萄品種　リースリング

　ナッケンハイムにあるこのトップワイナリーは、1890年にマインツの銀行家カール・グンダーロッホ氏によって設立された。アグネスとフリッツのハッセルバッハ夫妻は、ドイツの白ワインに典型的な特徴を新しい方法で演出するスタイルを構築した。非常に豊かなミネラル感、際立つ酸味にもかかわらず並はずれたハーモニー、十分に熟れた葡萄が出す深い果実の風味がある。フリッツ・ハッセルバッハ氏はこう強調する。「私にとって最も重要なことは、テロワールを可能な限り最高の方法で引き出すことだ。私たちの畑は最高にすばらしい宝だとわかっているし、この宝を毎年新しく生かすことが自分の義務だと思っている」

　彼は最上級のロッテンベルク畑で着実に成功している。この畑はライン川に直接つながる斜面で、南東を向いている。ここのリースリングは1970年代半ばに植えられたもので、その根は長さ50m近くある。ほぼ1日中、日の当たる環境であるうえ、広い川の水面が巨大な日光反射板の役割を果たす。赤い粘板岩は温まりやすく、晩秋に葡萄を芳醇に熟れさせるに十分な温かさを蓄える。その結果生まれるワインは、独特のアロマと高いエキスと良質のストラクチャーを示す。**FK**

Ⓢ Ⓢ Ⓢ Ⓢ　飲み頃：2020年まで

Fritz Haag *Brauneberger Juffer-Sonnenuhr Riesling ALG* 2002

フリッツ・ハーク　ブラウネベルガー・ユッファー＝ゾンネンウーア・リースリング・ALG 2002

産地　ドイツ、モーゼル
特徴　甘口白ワイン、アルコール分7％
葡萄品種　リースリング

　フリッツ・ハーク・ワイナリーの元の名前、デュセモンダー・ホフと聞くと、1925年にブラウネベルクに変わる前のデュセモンドという村の名を思い出す。その年まで、ブラウネベルクはモーゼル川の向こう岸の葡萄を栽培している斜面だけを指す名前だった。そこに世界的に有名なユッファー畑がある。ユッファーの中心には古い日時計があり、それがゾンネンウーア（日時計の意）区画の名前になっている。非常に急な南南東向きの斜面にある粘板岩土壌のユッファー＝ゾンネンウーアは、つねに世界屈指の白葡萄畑に位置づけられ、これに匹敵する畑はモーゼルではヴェレナー・ゾンネンウーアとベルンカステラー・ドクトールだけだ。ここで育てられるリースリングは、粘板岩土壌独特の豊かなミネラル分が、高い成熟度によるフルーティーでエレガントな表情と融合している。

　ヴィルヘルム・ハーク氏が造るアウスレーゼは何十年もの間、この畑の模範的表現となってきた。うっとりするような香り高い濃厚さ、絹のような舌触り、そして果てしない余韻の組み合わせと同時に、霊妙とも言える軽さと繊細さも示している。アウスレーゼ・ランゲ・ゴルトカプセル#15 2002の場合、この不思議な緊張が触感できるような気さえする。**FK**

Ⓢ Ⓢ Ⓢ Ⓢ　飲み頃：2030年過ぎまで

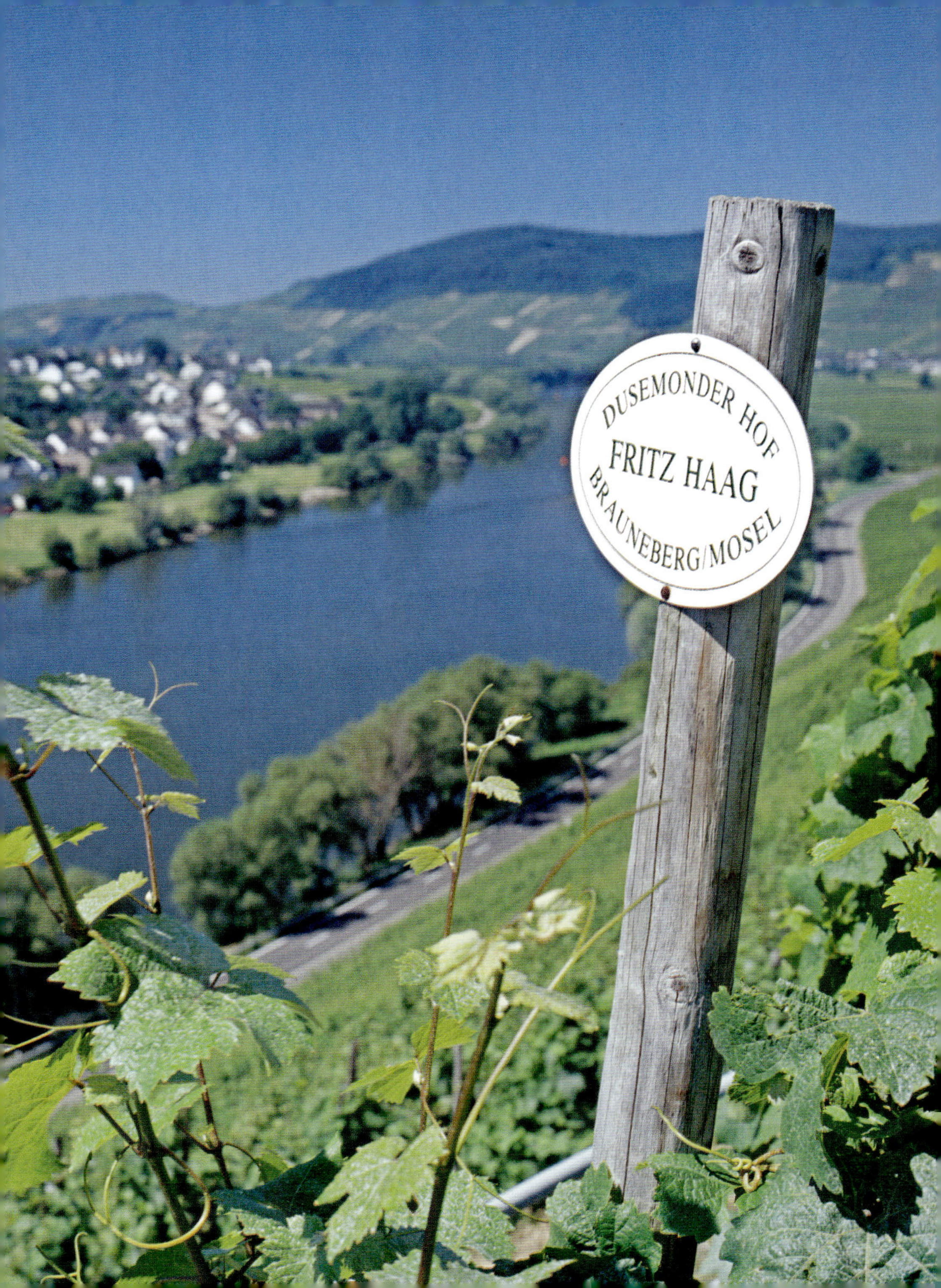
DUSEMONDER HOF
FRITZ HAAG
BRAUNEBERG/MOSEL

Hamilton Russell Vineyards *Chardonnay* 2006

ハミルトン・ラッセル・ヴィンヤーズ　シャルドネ 2006

産地 南アフリカ、ウォーカー・ベイ
特徴 辛口白ワイン、アルコール分13%
葡萄品種 シャルドネ

　1975年から2、30年にわたって、ハミルトン＝ラッセル家の人々は南アフリカでほとんど唯一のテロワールの代弁者だった。それだけでなく他にもさまざまな意味で、彼らのリーダーシップは重要だ。比較的南方で涼しいヘメル＝エン＝アアド（天と地）・ヴァレーにある地所が、コート・ドールの優れた葡萄、ピノ・ノワールとシャルドネの両方に適している可能性があるということで精選された。葡萄樹はわずか3km先の海からの風で冷やされる。産地と品種の両方を表現するためのたゆまぬ努力が払われ、可能な限り最高の技術的品質が勤勉に追求されてきた──初めのうちは規制が非常に厳しくて、お役所主義による問題がかなりあったが。

　他のワイナリーの評判は、ここを開拓した人々の努力の上に成り立っている。しかし、ハミルトン・ラッセル・ヴィンヤーズは間違いなく最前線に立っている。たとえば『ゴー・ミヨ』のピエール・クリソル氏に言わせれば、ピノ・ノワールもシャルドネも「新世界最高クラスの中でも無敵である」。

　このシャルドネは、最高級の南アフリカ白ワインの繊細さ、自然にバランスのとれた酸味、そして寿命の長さに対する、国際的な評価を高めるのに一役買っている。非常に優良なヴィンテージのものは、果実味と新鮮さを保つだけでなく、優雅に熟成する力もあることを証明している。ほのかな樽香（ただし調和して溶け合うには2、3年必要）があるこのワインは、滑らかで、優雅な力強さのあるストラクチャーと新鮮な酸味が感じられ、果実味の下に冷たい礫質のミネラル感を示している。**TJ**

$ $ $　飲み頃：2009年-2016年

さらにお勧め
他の優良ヴィンテージ
2001・2003
他の南アフリカのシャルドネ
ブシャール・フィンレイソン、シャモニー、グレン・カーロウ、ミヤルスト、ニュートン・ジョンソン、フィルハーレン

ハマナス近くにあるハミルトン・ラッセルの葡萄畑で収穫される葡萄。

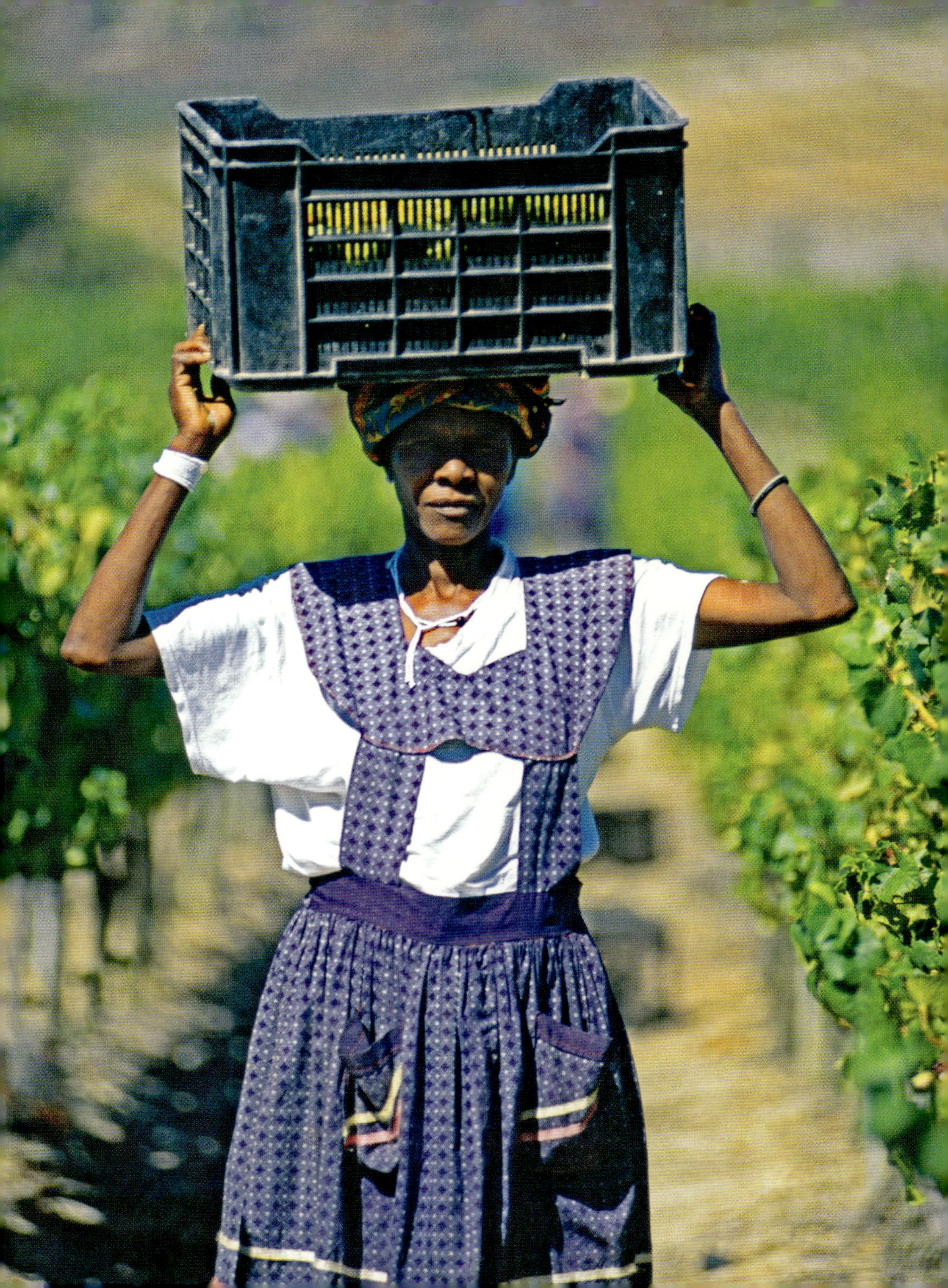

Hanzell *Chardonnay* 2003
ハンゼル　シャルドネ 2003

産地 アメリカ、カリフォルニア、ソノマ・ヴァレー
特徴 辛口白ワイン、アルコール分14.5%
葡萄品種 シャルドネ

　50年前、裕福な元アメリカ大使のジェームズ・ゼラバック氏によって設立されたハンゼルは、カリフォルニアのブティックワイナリーの先駆けだった。現在は博物館になっている最初のワイナリーは、かなり遠慮なくクロ・ヴージョを下敷きにしていて、ゼラバック氏は最初からブルゴーニュ品種に焦点を合わせていた。ハンゼルはカリフォルニアでは樽発酵のパイオニアであり、他に先駆けて小さいフレンチオーク樽でワインを発酵させていた。1963年にゼラバック氏が亡くなると、未亡人はワイナリーを売却し、現オーナーはヨーロッパ在住のアレクサンダー・ド・ブライ氏。最初の醸造家のブラッド・ウェブ氏は非常に革新的でもあり、1956年には革命的だった四角いスチールの発酵タンクを導入した。1973年から2001年まで舵を握っていたボブ・セッションズ氏は、オークが香るハンゼルのスタイルを定め、磨きをかけた。

　1950年代からの小さな区画も1つ残っているが、シャルドネの樹のほとんどは18年前に植え直された。収穫量は極端に低く、おそらくそのためにワインは香味が濃縮していて非常に長命である。マストのごく一部だけが樽発酵され、ワインはフレンチオーク樽（新樽は30％）で約12ヵ月寝かされる。2003は芳醇で甘いトーストのアロマがあり、ムルソーと間違えられそうだ。とくに、このワインのボリュームが上質の酸味によって抑えられているせいもある。ハンゼルのシャルドネの例にもれずアルコール度は高いが、口に含んだときにそれは感じられず、フィニッシュが長く続く。**SBr**

💰💰💰　飲み頃：2018年まで

さらにお勧め
他の優良ヴィンテージ
1994・1995・1996・1997・1998・1999・2002・2004
他のカリフォルニア・シャルドネ
サットン=コールドフィールド、フラワーズ、キスラー、マーカッシン、ニュートン、ストーニー・ヒル

ソノマ郡のハンゼル・ワイナリー近くで栽培されている葡萄樹。

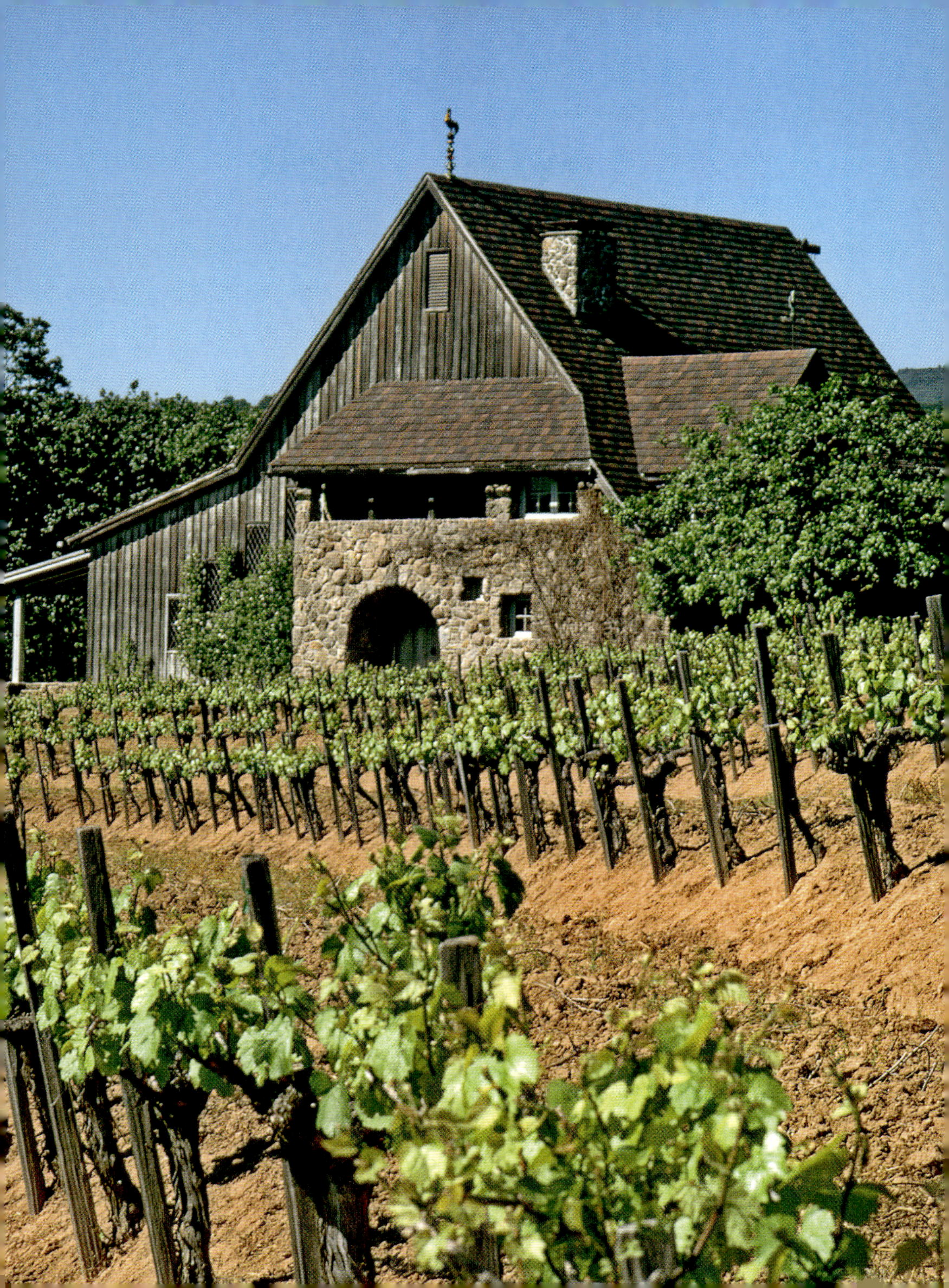

Château Haut-Brion
Blanc 1998
シャトー・オー=ブリオン
ブラン 1998

産地 フランス、ボルドー、ペサック=レオニャン
特徴 辛口白ワイン、アルコール分13.5%
葡萄品種 セミヨン55%、ソーヴィニョン・ブラン45%

 この偉大なワイナリーは長年、粘土を底土とする深い砂利土壌の区画にある3haの白葡萄から、少量の権威ある白ワインを生産している。ソーヴィニョン・ブランの樹はデッド・アームという病気にかかっているので収穫量は非常に少ないが、セミヨンのほうは作柄がよい。地所は町中にあって、ここのミクロ気候は早生を促すので、オー=ブリオンはたいていボルドーで最初に白葡萄を摘む。

 いつ摘み取られるにしても、葡萄はつねに完熟で、天然アルコール度はだいたい13%から14%の間。マストは新しいアリエ樽で発酵され、12ヵ月熟成される。オー=ブリオンはかつてすべてを新樽で熟成させていたが、最近はその割合は45%に近い。ワインは十分に芳醇でコクがあるため、澱撹拌はほとんど行われない。

 1980年代、このワインはすばらしかったが、今日のワイン愛好家には強すぎると感じられるような、非常にはっきりしたオークの香りと風味があった。今ではオークの影響は明らかに和らげられて、ワインはバランスがよくなり、フルーティーさが際立っている。1998年はペサック=レオニャンの赤ワインにとっては良年で、オー=ブリオンでは白もよかった。豊かなアロマにはオークとスパイスが感じられ、味わいも同じで、非常に濃厚なねっとりしたワインだ。オー=ブリオンによくあるように、葡萄の成熟度のおかげでソーヴィニョン種はあまり感じられない。**SBr**

🍷🍷🍷🍷　飲み頃：2020年まで

オー=ブリオンは長年にわたって
ボルドーの最高級シャトーに数えられている。

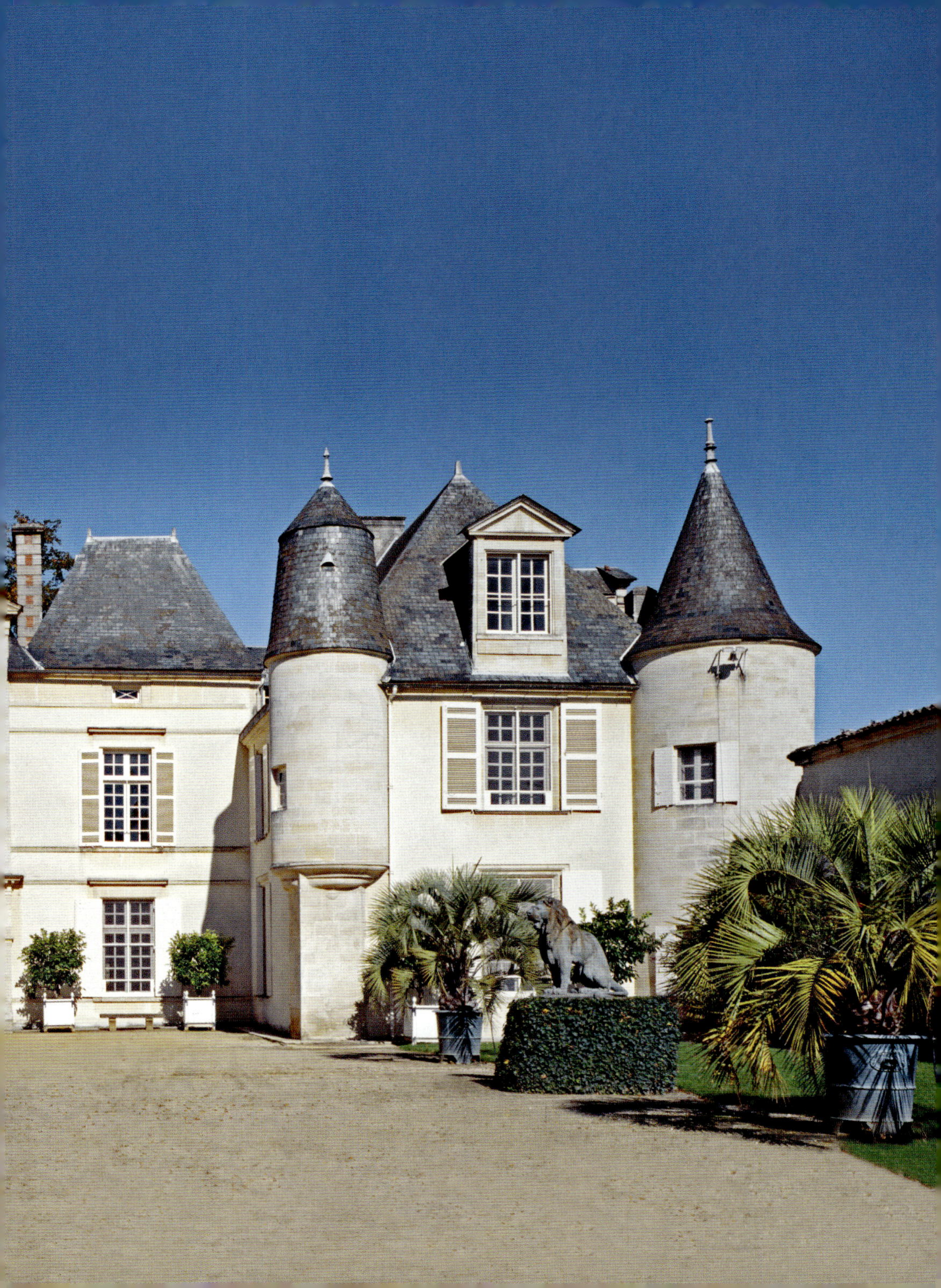

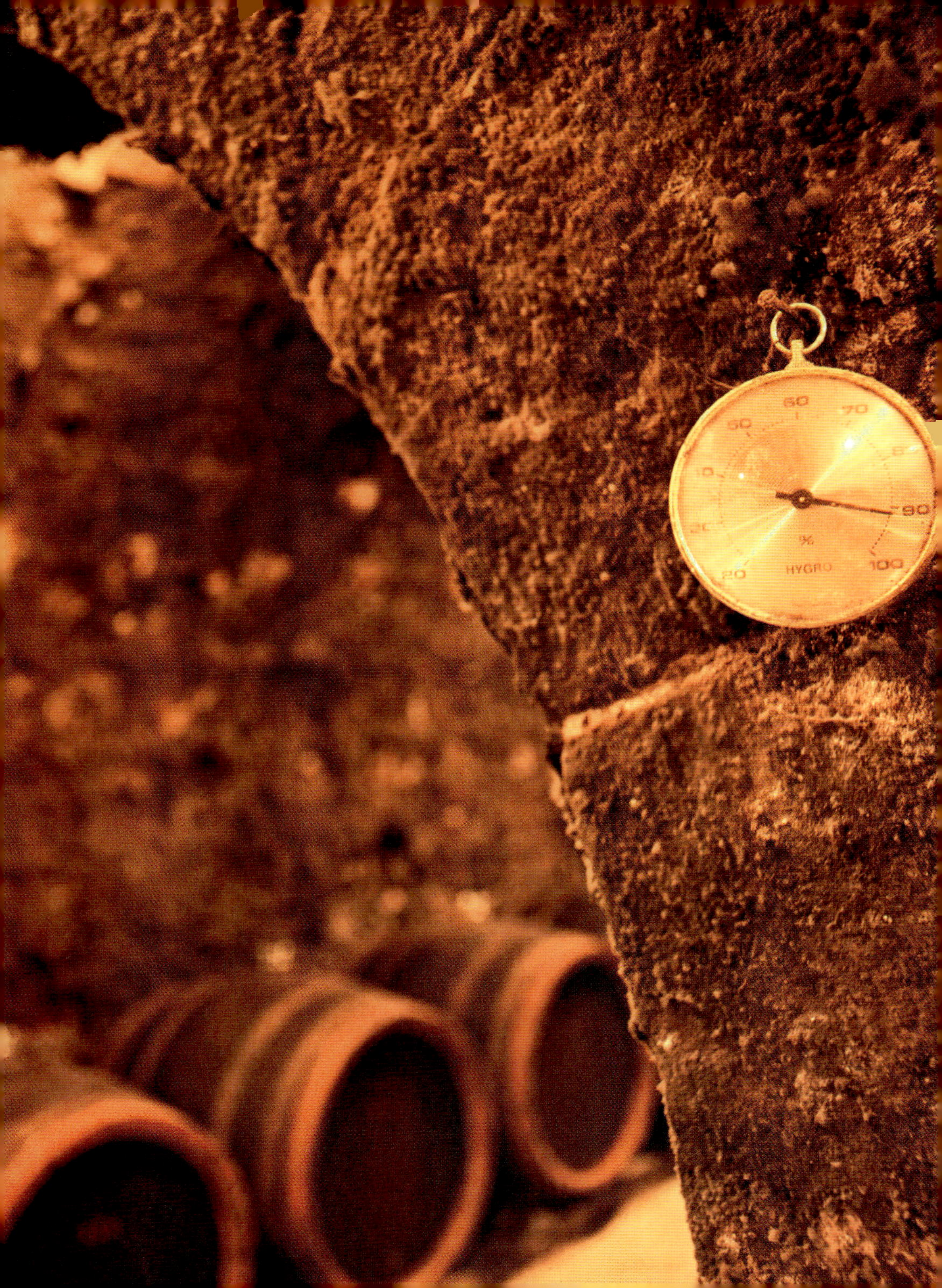
50
60
70
90
%
HYGRO
100

Hétszölö
Tokaji Aszú 6 Puttonyos 1999
ヒツル
トカイ・アスー・6プットニョシュ 1999

産地 ハンガリー、トカイ
特徴 甘口白ワイン、アルコール分10.7%
葡萄品種 フルミント

　このトカイのトップワイナリーの名前は、1502年にこの土地を手に入れた地元貴族、ガライ家の7人兄弟に由来する。2つの畑はナジガライとキシュガライ、つまり大ガライと小ガライと呼ばれる。今日、同社はトカイ最高の葡萄樹50haあまりを、トカイ山の南向き斜面の高度304mあたりに所有している。葡萄畑としてはほぼ完璧な立地で、ブルゴーニュのすばらしいコルトン丘陵を思わせる。同社はトカイの中心部に歴史的なラーコーツィ・セラーも所有している。

　このワインは花崗岩を底土とするレス土壌で育てられた葡萄から生まれ、軽くてフルーティーで、酸が比較的低いのが特徴。6プットニョシュ1999の残留糖度は157g/ℓ、酸は9.7g/ℓでごくわずかとはいえない。淡い金色で、ハチミツとライスプディングのブーケに、多肉質の白桃と洋ナシがほのかに混ざる。口に含むとフルーツがひんやりしていて、味わいは初め弱いように思われるが、ゆっくりだんだんと強くなっていく。非常にコクがあるというわけではないが、何より親しみやすく、後に心地よいモモの印象を残す。フォアグラが濃厚なデザートと一緒に味わうのがベストだ。**GM**
⑤⑤⑤⑤　飲み頃：2015年過ぎまで

Freiherr Heyl zu Herrnsheim
Niersteiner Pettental Riesling Auslese 2001
フライヘア・ハイル・ツー・ヘルンスハイム
ニアシュタイナー・ペッテンタール・リースリング・アウスレーゼ 2001

産地 ドイツ、ラインヘッセン
特徴 甘口白ワイン、アルコール分9.5%
葡萄品種 リースリング

　葡萄畑が東側の川に向かって傾斜している、ナッケンハイムとヴォルムスの間のいわゆるラインフロントは、川から離れている広大な低地とはまったく質の異なるワインを生む。この地域のすばらしい潜在力はとくに、ニアシュタインとナッケンハイムの間のロター・ハンク（「赤い斜面」）に集中している。その名の由来は赤い粘土混じりの粘板岩だ。ハイル・ツー・ヘレンスハイムは、30haのペッテンタール畑のうちの3.5haしか所有していない。にもかかわらず、このワイナリーはつねにこのテロワールを最もよく伝えていると考えられてきた。さらに、このワイナリーはドイツの有機葡萄栽培のパイオニアでもある。

　ペッテンタール畑から生まれたアウスレーゼ2001は、すばらしい手本だ。近隣のラインガウ産の匹敵するワインと比べて、いくぶん熟度が高くコクのあるストラクチャーのこのワインは、エキゾチックな果実味が魅力で、上質の花の香りが鼻をくすぐる。これほど入手しやすいにもかかわらず、ペッテンタールのワインはすべて非常に長命で、複雑さを増しながらも、粘板岩土壌によるオイリーでスパイシーな特性を決して失わない。ワイナリーではこのワインを、生のベリー、とくに熟れたイチゴとともに供することが多い。**FK**
⑤⑤　飲み頃：2020年まで

湿度計がトカイワインのセラーの高い湿度を示している。

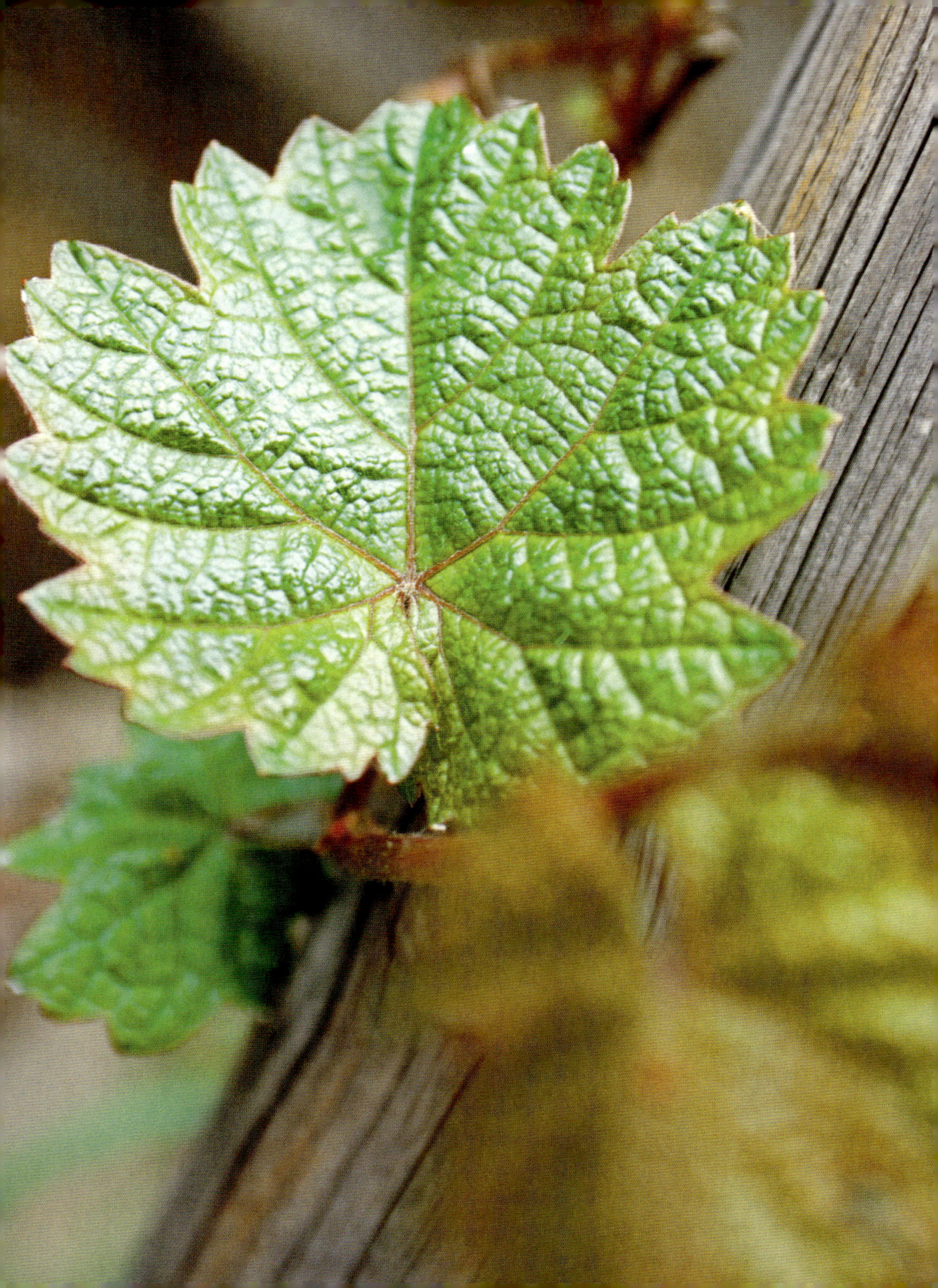

Heymann-Löwenstein
Riesling Von Blauem Schiefer TBA 2002
ヘイマン=レーヴェンシュタイン
リースリング・フォン・ブラウエン・シーファー・TBA 2002

産地 ドイツ、モーゼル
特徴 甘口白ワイン、アルコール分7%
葡萄品種 リースリング

　ほぼゼロから事業を始めて、完全な辛口ワインだけを造っていたかつての革命家、ラインハルト・レーヴェンシュタイン氏は、今では極上品質の見事な甘口リースリングも造っている。彼の葡萄畑はコブレンツのモーゼル川とライン川の合流点近くの急斜面にある。この畑はドイツ人がテラッセンモーゼルと呼ぶもので、川の谷間をはるか下に見下ろす断崖の岩につくられた、ツバメの巣のように見える段々畑だ。ナポレオン時代にこの地域を支配していたプロイセン人によって、グラン・クリュに格付けされていた畑がたくさんある。

　フォン・ブラウエン・シーファーとはドイツ語で「青い粘板岩」を意味し、最上級畑の主体となっている土壌を象徴している。この畑のワインは、塩気のあるミネラル分と涼やかなエレガンスを感じさせる。このTBA2002は、このワイナリーがこれまで造った中で最も華麗なワインだ。レーヴェンシュタイン氏は化学的分析をほとんど気にしないが、17.5g/ℓの酸と334g/ℓの残糖はきわめて異例だ。彼はワインの中のハーモニーと複雑さについて語るほうを好む。それがあるからこそ、このワイン──生産量わずか152ℓ──が国際的な威信を築いているのだ。**JP**

ⓈⓈⓈⓈ　飲み頃：2050年まで

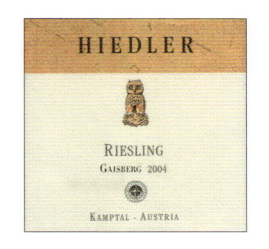

Hiedler
Riesling Gaisberg 2004
ヒードラー
リースリング・ガイスベルク 2004

産地 オーストリア、カンプタール
特徴 辛口白ワイン、アルコール分12.5%
葡萄品種 リースリング

　ルードヴィッヒ・ヒードラー氏は、ハイリンゲンシュタインに匹敵する価値を持つガイスベルクを造る数人の造り手の1人だ。粘土と腐植土が比較的多く含まれる風化した片麻岩と雲母片岩の複雑さが、ハイリンゲンシュタインよりもスパイスとハーブの刺激が強く、しかもミネラルも少なくないリースリングに表れている。このワインの場合、湿った石、ミネラル、刺激的な鉱石のような印象を示している。

　2004はセラーを完全に建て直した年に生まれたワインで、ヒードラー氏は発酵の速度を落とし、天然酵母を信頼し、硫黄のレベルを大幅に下げ、壜詰めを遅らせ、そして全体的にある程度運に任せてみたいと考えた。「秋はほとんどずっと湿っぽくて霧が出ていた」と彼は言う。そして最終的にそれまでにない遅い収穫になり、彼は樹になった房の数を減らした。

　ヒードラー氏のアプローチとヴィンテージの特徴から生まれたワインは気まぐれで、樽に寝かされている間、週によってガイスベルクかハイリンゲンシュタイン（または両方）が無愛想だった。貴腐菌も付いた──2004年にはオーストリアの生産者には避けがたかった──が、このワインが証明しているように、難しいヴィンテージに現れたワインが最も驚嘆すべきワインになることもある。**DS**

ⓈⓈ　飲み頃：2012年まで

ヴィンニンゲン畑で生まれたばかりのリースリングの若葉。

Hirtzberger
Singerriedel Riesling Smaragd 1999

ヒルツベルガー
ジンガリーデル・リースリング・スマラクト 1999

産地 オーストリア、ヴァッハウ
特徴 辛口白ワイン、アルコール分13.5%
葡萄品種 リースリング

　1999年、ヴァッハウでは11月初めに雨が降ったが、12月1日に摘み取りを終えた結果、フランツ・ヒルツベルガー氏の労力の成果として、800ケース以上のジンガリーデル・リースリング・スマラクトができ上がり、新種のオーストリア白ワインのレベルを前例のないニューウェーブ位に引き上げた。

　フランツ・ヒルツベルガー氏は、オーストリアワインの新時代を画する醸造家の1人だ。スピッツ村の上手に位置する彼のワイナリーは、ドナウ川沿いのヴァッハウの西端にある。建物のすぐ裏手の上り斜面がジンガリーデル畑。円形に10haほど広がっていて、その3分の1がこのワイナリーのものである。

　この1999はすばらしい仕上がりで、熟れたスモーキーなトロピカルフルーツの香味がある。エキゾチックなスパイスと印象的なミネラル感は、土壌に含まれる片麻岩と粘板岩と鉄の成分を反映している。1999年の生産量は平均を上回ったが、このようなオーストリアワインは世界市場で不足している。需要が高くてすぐに売り切れてしまい、オークションにもほとんど出てこない。今日、ファンの一番の期待は、最近リリースされた2006を見つけること。この畑で生まれたものの中で極上に入るヴィンテージだ。**JP**

🍇🍇🍇　飲み頃：2015年まで

Weingut von Hövel
Oberemmeler Hütte Riesling ALG 2002

ヴァイングート・フォン・ヘーフェル
オーバーエンメラー・ヒュッテ・リースリング・ALG 2002

産地 ドイツ、モーゼル
特徴 甘口白ワイン、アルコール分8%
葡萄品種 リースリング

　フォン・ヘーフェル醸造所は、有名な修道院トリアー・ザンクト・マキシミンと歴史的に深いゆかりがある。この修道院は西ヨーロッパ最古の修道院の1つで、モーゼル、ザール、そしてルーヴァーのワイン造りに、中世から19世紀初めまで多大な影響を与えた。民間に移管されてから、エンメリッヒ・グラハ氏によって買収された。1917年、グラハ氏の孫娘がバルドウイン・フォン・ヘーフェル氏と結婚し、それ以降、ワイナリーには彼の名がついている。

　有名なシャルツホーフベルク畑にも土地を所有しているが、1kmほど離れたところにあるフォン・ヘーフェルのモノポールである5.1haのオーバーエンメラー・ヒュッテが、このワイナリーの真の宝とされている。ここで生まれるワインは、この地域で最も複雑で繊細なワインに数えられる。

　そのバランスは、アウスレーゼ・ランゲ・ゴルトカプセル（長い金色の口金）2002にとりわけ見事に表れている。12月11日に130エクスレ度で収穫されたワインは、ザール特有の鋼鉄のような酸（10.3%）に支えられているが、果実味の中に、見事に風化したデボン紀の青い粘板岩独特の豊かなミネラル感がある。**FK**

🍇🍇🍇🍇　飲み頃：2025年まで

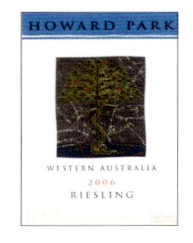

Howard Park
Riesling 2006

ハワード・パーク
リースリング 2006

産地 オーストラリア、西オーストラリア、グレート・サザン
特徴 辛口白ワイン、アルコール分13%
葡萄品種 リースリング

　ハワード・パークはウェスタン・オーストラリアに2つ住所がある。マーガレット・リバーとグレート・サザンの両方にワイナリーがあるのだ。グレート・サザンでトップクラスの品質を誇っているだけでなく、規模でも際立っている。ここのフラグシップワインはリースリングで、初リリースは1986年、指標とされる地位を確立している。ハワード・パークのリースリングは、グレート・サザン産のこの品種の品質をオーストラリア全土に知らしめ、この地区がクレアおよびエデン・ヴァレーのリースリングの優位を深刻に脅かしていることを示した。

　グレート・サザンは広大な地域だが、5つのサブゾーン——アルバニー、デンマーク、マウント・バーカー、フランクランド、ポロングラップ——はすでに独特の個性を持っているとされている。ハワード・パークの葡萄は、冷涼な気候のマウント・バーカーおよびポロングラップ地区から供給される。

　少量生産のこのリースリングは、レモンと柑橘類の香味が強く、酸味が際立つ。それでいて風味に品のよさと優雅さがありながら、ウェスタン・オーストラリアのとくにグレート・サザンらしい豊富なタンニンもある。このワインは20年まで見事に熟成できる。辛口でミネラル感があって超新鮮で、この種のワインでは最高レベルだ。**SG**

🍷🍷　飲み頃：リリース時から20年以内

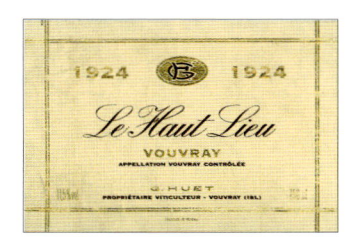

Domaine Huet
Le Haut Lieu Moelleux 1924

ドメーヌ・ユエ
ル・オー・リュー・モワルー 1924

産地 フランス、ロワール、トゥーレーヌ
特徴 ミディアム甘口白ワイン、アルコール分10%
葡萄品種 シュナン・ブラン

　あらゆる白ワインの中で、シュナン・ブランとリースリングは長命とスタイルの多様性でトップの座を分け合っている。そしてシュナン・ブランの中でも、フランスの白ワインのトップワイナリーであるドメーヌ・ガストン・ユエのヴーヴレほど、長生きで多様なものはない。このワインのような古いものが、いまだにユエ家の個人的な在庫からリリースされている。

　オー・リュー（名前が示すとおり、このアペラシオンでもとくに高い地点だが南向き）で生まれたワインは通常、ユエの他の2つの畑——ル・モンとクロ・デュ・ブール——のものより早熟である。しかし、石灰岩を底土とする深く重い粘土質土壌から、いまだに100年以上は楽に生き続けるモワルーワインが生まれている。

　1921のオー・リュー・モワルーは、同じ年の有名なイケムにもひけをとらず、1920年代で最高のヴィンテージかもしれない。しかし1924も同じくらい活気があり、ユエのワインをよく知っている人でも、ブラインドで年代を推定しろと言われたら、数十年間違えるかもしれない。色は明るい金色で、古さから想像されるほど深い色ではないし、香りも味わいも驚くほど新鮮で力強く、完璧にバランスのとれたアカシアのハチミツと柑橘類が感じられ、信じられない深みと長さがある。完全に心を奪われ、ぞくぞくして有頂天になるワインだ。**NB**

🍷🍷🍷🍷🍷　飲み頃：2025年過ぎまで

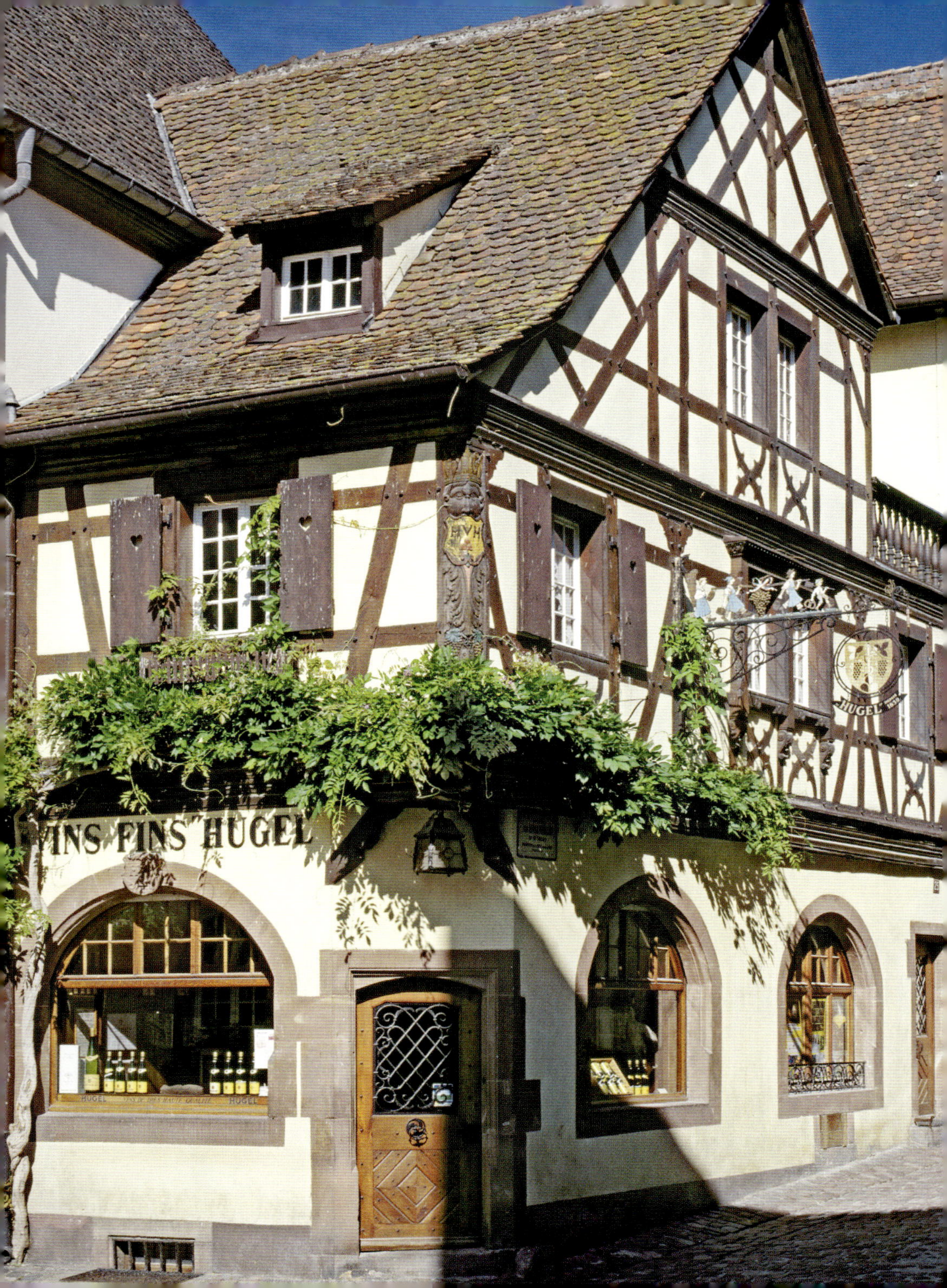
VINS FINS HUGEL
HUGEL

Hugel *Riesling Sélection de Grains Nobles* 1976

ヒューゲル
リースリング・セレクション・ド・グラン・ノーブル 1976

産地 フランス、アルザス
特徴 甘口白ワイン、アルコール分12.5%
葡萄品種 リースリング

　家族経営のヒューゲル社は、何世代にもわたってアルザス最大手のワイナリーであり、その歴史は4世紀目に入ろうとしている。条件が許せば、アルザスでもソーテルヌに匹敵する貴腐ワインを造ることができる。もちろん、スタイルはソーテルヌとまったく異なり、地域内でもそれぞれ違う。

　1976年は20世紀後半の語り草の1つだ。アルザス中心部で見事な濃度のワインが生まれた。このワインは、グラン・クリュ・シュナンブールという、非常に名誉ある目のくらむような急勾配の畑の葡萄のみから造られているので、法律的にはその呼称をつけることができるのに、品種とスタイルしか記されていない。

　30歳を迎えたとき、このワインは相変わらず生気がほとばしっていた。色は深い黄金色、最高級の熟れたリースリングの灯油とハチミツの香りだが、豊かな干しアンズとモモのフルーティーな香りに支えられている。口に含むと、貴腐のコクと酸味と比較的穏やかなアルコール（12.5%）のバランスのおかげで、何十年を経ても新鮮で生き生きしているうえ、まださらに長い歳月を生き続けるに違いない。**SW**

Ⓢ Ⓢ Ⓢ Ⓢ　飲み頃：2025年過ぎまで

Hunter's *Sauvignon Blanc* 2006

ハンターズ
ソーヴィニョン・ブラン 2006

産地 ニュージーランド、マールボロ
特徴 辛口白ワイン、アルコール分13%
葡萄品種 ソーヴィニョン・ブラン

　1979年に設立されたハンターズ・ワインズは、アルスター生まれのクライストチャーチのワイン商、アーニー・ハンター氏と、オーストラリア生まれの彼の妻ジェーンが、力を合わせて実現した夢だった。しかし、初の受賞ワインを造ってわずか5年後、アーニーは自動車事故によって37歳の若さで非業の死をとげる。そのショックを受けながらも、オーストラリアで長年葡萄栽培をしている一家の出で、自身も非常に有能な葡萄栽培者であるジェーンは、実績ある畑の潜在力を頼りに前進することを決意した。醸造責任者のギャリー・デューク氏と、オーストラリア人ワイン醸造学者のトニー・ジョルダン博士の協力を得て、ハンターズ・ワインズはますます力をつけていった。

　ハンターズの名声の土台は、一貫して卓越しているソーヴィニョン・ブランだ。葡萄はワイラウ・ヴァレーにある9カ所の畑から供給され、その新鮮さと芳しさを保つために、すばやく処理される——4月に収穫され、8月に壜詰めされるのだ。マールボロスタイルの最高傑作であり、香辛料、カシス、熟れたトロピカルフルーツの入り混じった香りがする。オーク香のまったくない、純粋な熟れた果物の風味が強調されている。ハンターズはカハ・ロア（マオリ語で「樽熟成」）と呼ばれるソーヴィニョンも造っている。**SG**

Ⓢ Ⓢ　飲み頃：現行リリースを2年以内

ヒューゲルのワインはリクヴィール中心部にある直売店で買えるだろう。

White wines | 239

Stefano Inama
Vulcaia Fumé Sauvignon Blanc 2001
ステファノ・イナマ
ヴァルカイア・フュメ・ソーヴィニョン・ブラン 2001

産地 イタリア、ヴェネト
特徴 辛口白ワイン、アルコール分13％
葡萄品種 ソーヴィニョン・ブラン

　1992年、ステファノ・イナマ氏は、父親が30年あまり前に設立したイナマ・ワイナリーを引き継いだ。ソアーヴェ・クラシコの中心に位置するイナマは、すべてのソアーヴェと同様ガルガーネガ種から造られるクリスプで風味豊かなソアーヴェ・クラシコから、この驚異的なソーヴィニョン・ブランのようなエキゾチックなワインまで、羨望に値するさまざまなワインを取り揃えている。すばらしい赤ワインのブラディッシズモは、特別なテロワールで栽培されているカベルネ・ソーヴィニョンとカルメネールのブレンドだ。このように認められていない品種を使っているため、DOCソアーヴェではなくIGT（地域特性表示）ヴェネトとラベル表記されているワインが多い。

　ソーヴィニョン・ブランはイナマのお家芸になっている。ステファノの父のジュゼッペによって、1986年にモンテ・フォスカリーノの斜面に初めて植えられた。造られている2種類のワインは、どちらもヴァルカイアの名前がついている。樹齢15年のソーヴィニョンはジュネバ・ダブル・カーテン・トレリスで栽培されていて、植樹密度は1ha当り4500本、収穫量は1ha当り6000ℓ。ソアーヴェ・クラシコはステンレスタンクで熟成されるが、ヴァルカイア・フュメは小さいオーク樽（半分は新樽）で発酵・熟成される。両方とも印象深いワインだが、際立っているのはフュメだ。その理由は単純に、強烈で申し分ないワインだからである――熟れたソーヴィニョンとオークの組み合わせが驚くほどうまく行っている。

　香りは非常に複雑で濃厚、ハーブとトーストを感じる。味わいも濃厚でコクがあり、強いハーブの複雑さと濃密なテクスチャーがある。大胆かつ芳醇なこのワインは、異彩を放つ非凡なワインだ。**JG**
🍷🍷　飲み頃：2010年まで

Inniskillin
Okanagan Valley Vidal Icewine 2003
イニスキリン
オカナガン・ヴァレー・ヴィダル・アイスワイン 2003

産地 カナダ、ブリティッシュ・コロンビア、オカナガン・ヴァレー
特徴 甘口白ワイン、アルコール分10％
葡萄品種 ヴィダル

　安定した天候条件のおかげで、カナダはアイスワインの主要産地であり、その生産量は他のどの国よりもかなり多い。厳寒の秋や冬は例外ではなく通例だ。樹にネットをかけることで葡萄は鳥や風の害から守られ、果実はそのまま12月か1月に始まる収穫を待つ。たいていの場合、完全に凍った葡萄を夜中に1つ1つ摘み取り、慎重に圧搾すると、ごく少量の純粋な果汁が発酵タンクに流れ込む。他の水分はすべて氷として捨てられる。その結果、非常に甘く濃いワインができる。規制は厳しく、人工的な凍結は禁止されていて、最低糖度は非常に高く設定されている。

　カナダのアイスワインには、リースリングやヴィダルのほか、ドイツの交配種のエレンフェルザーなど、さまざまな品種が使われる。リースリング・アイスワインには独特の力強さがあるが、おそらくカナダはヴィダル・アイスワインのほうがよく知られている。なにしろこの品種は他ではほとんどお目にかからない。フランスの貴少(きしょう)品種で、貴腐菌に侵されない厚い果皮がここでは強みになっている。貴腐化すると上質のアイスワインに求められる純粋で生き生きした風味が損なわれるからだ。

　2004年1月初めにオカナガン・ヴァレーで収穫された葡萄から造られたイニスキリン2003は、リンゴとアプリコットと砂糖漬けレモンの新鮮で複雑なアロマを放つ。口に含むと、高い酸だけでなく、滑らかでクリーミーな舌触りと長く強いフィニッシュも感じる。イニスキリンは樽熟成のバージョンと、奇抜だが他に類のない発泡性アイスワインも造っている。**SBr**
🍷🍷🍷🍷　飲み頃：2020年まで

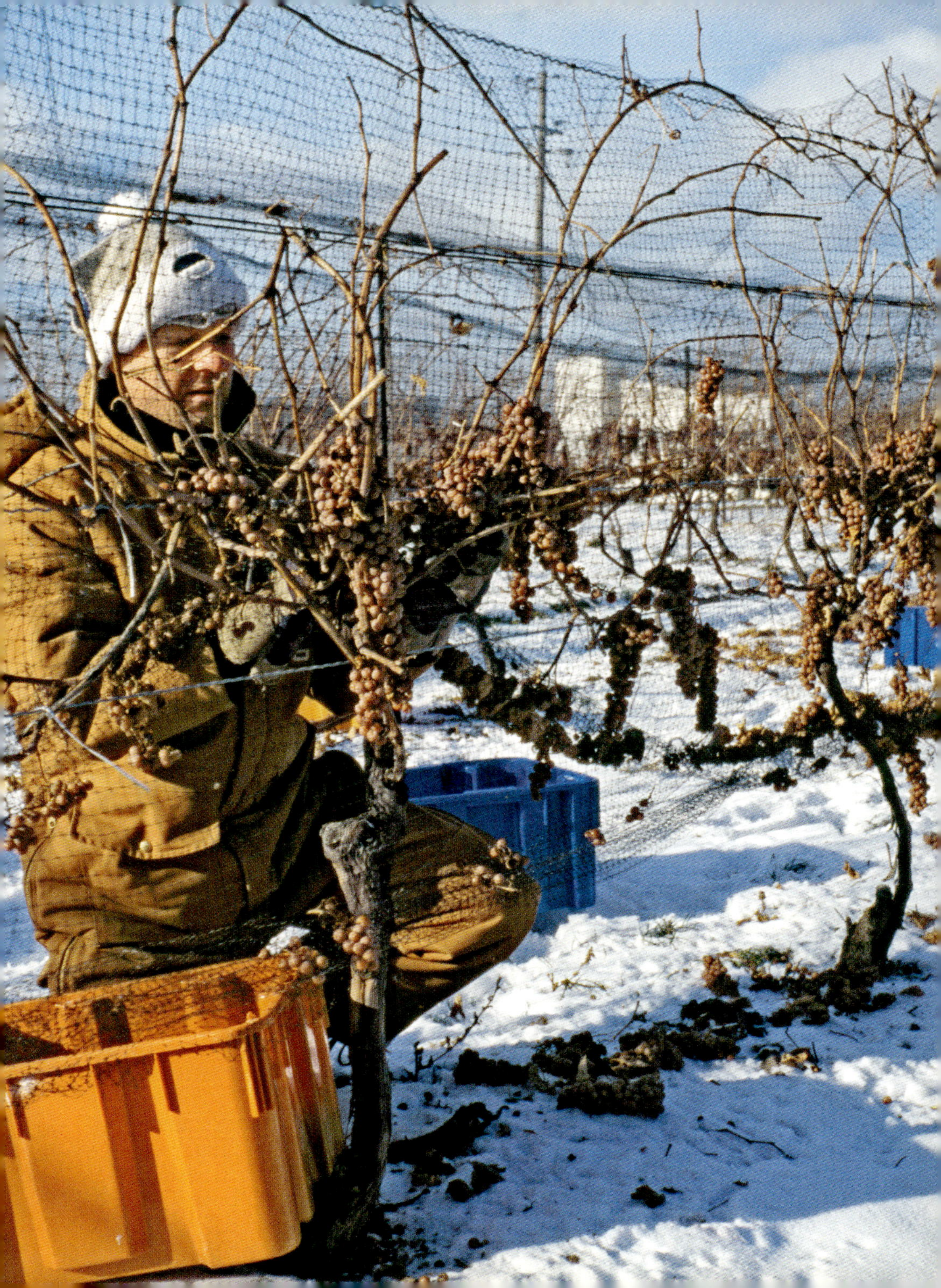

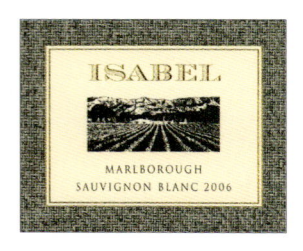

Isabel
Sauvignon Blanc 2006
イザベル
ソーヴィニヨン・ブラン 2006

産地　ニュージーランド、マールボロ
特徴　辛口白ワイン、アルコール分13％
葡萄品種　ソーヴィニヨン・ブラン

　イザベル・エステート・ヴィンヤードは、1982年に当時ニュージーランド航空のパイロットだったマイケル・ティラー氏と妻のロビンによって設立された。1994年まで、クラウディ・ベイをはじめとするマールボロの有力ワイン生産者に好評の上質な葡萄を供給する契約葡萄栽培園として、イザベル・エステートの経営は順調だった。しかし高品質の葡萄に後押しされて、ティラー夫妻は自らワインの生産と販売を手がけるようになる。イザベル・エステートは本領を発揮し、今日ニュージーランドでほぼ間違いなく最高のソーヴィニヨン・ブランを造っている。クラウディ・ベイの優位を深刻に脅かす唯一のワインだ。

　10％は樽発酵でブレンドされる。一部にはマロラクティック発酵と自生酵母が使われている。このワインにも伝統的なマールボロのトウガラシの香味があるのは確かだが、まろやかでコクのある果実味に覆われていて、それが長くきめ細かいフィニッシュまで消えずに残る。このマールボロ・ソーヴィニヨンは他の数例に比べて非常に辛口。イザベルは上品でエレガントなワインで、数年の熟成でよくなる力を持っているが、たいていのマールボロ・ソーヴィニヨンと同様、若く新鮮なときに飲むのがベストだ。**SG**

🅢🅢　飲み頃：リリース時から5年以内

Itsasmendi
Txakoli 2006
イトサスメンディ
チャコリ 2006

産地　スペイン、バスク地方、ビスカイコ・チャコリナ
特徴　辛口白ワイン、アルコール分12％
葡萄品種　オンダラビ・スリ、リースリング、ソーヴィニヨン・ブラン

　チャコリはバスク地方のビルバオとサン・セバスチャン産の白ワイン。原産地呼称（DO）はビスカイコ・チャコリナとゲタリアコ・チャコリナの2つがあるが、ワインはよく似ている。地元品種のオンダラビ・スリから造られる、軽やかで低アルコール、爽やかでハーブと花の香りがする白ワインだ。

　ボデガ・イトサスメンディは1995年、ピカソと彼のスペイン内戦にまつわる絵で有名になった村、ゲルニカに創立された。ワイン醸造コンサルタントのアナ・マルティン女史は、ワインの寿命を延ばし、もっとボリュームのある違ったワインを造る目的で、リースリングとソーヴィニヨン・ブランを実験的に植えるよう勧めた。

　ここでは甘口のイトサスメンディもハーフボトル4000本造られている。通常より1ヵ月から1ヵ月半遅く収穫され、アルコール度13％、残留糖度80-100g/ℓ。2006年は糖度が高いすばらしいヴィンテージだったので、もう少したくさん造られた。オンダラビ・スリにリースリングとソーヴィニヨンを少し加える通常のキュヴェは、たいていの年に美味しくできる。ごく淡い色で、ハーブと花の香りが鼻をくすぐり、生き生きとした酸味がある。**LG**

🅢　飲み頃：現行リリースを1年以内

Jackson Estate
Sauvignon Blanc 2006
ジャクソン・エステート
ソーヴィニョン・ブラン 2006

産地　ニュージーランド、マールボロ
特徴　辛口白ワイン、アルコール分13%
葡萄品種　ソーヴィニョン・ブラン

　フランス品種を主張できる世界中のヴァラエタルワインのうち、そのモデルからこれほど遠く離れ、これほど実り多い方向に逸脱しているものはまれだ。確かに、果実味あふれるサンセールや、緑色のメロンの味わいがあるペイ・ドック・ソーヴィニョンもあるが、マールボロ産のとびきりのソーヴィニョンほど、みずみずしく熟れたジューシーな果実味があふれ出ているものはない。優良生産者があまりにもたくさんいて、とくに目立つワイナリーはほとんどないが、ジャクソンは例外だ。このワイナリーは、1世紀半以上ワイラウ・リヴァー近辺の土地を耕作している、2つの家族——スティッチベリー家とジャクソン家——が一緒になってできた。

　2006というヴィンテージはいまだにマールボロの語り草だ。フランス語でプレコスと呼ばれる状況だった——乾燥した温暖な生育条件のおかげで、収穫は通常より丸1ヵ月早い3月の最終週に行われた。グラスに注がれたワインは力強い果実味があり、メロン、トウガラシ、パッションフルーツ、カシスの果汁のブーケが最初に鼻をくすぐる。口に含むと、ダイヤモンドのような明るい果実味が火花を散らすが、ちょうどよい成熟した活気あふれる酸の抑えが利いている。そしてフィニッシュは生き生きといつまでも続く。**SW**

🍷🍷　飲み頃：現行リリース

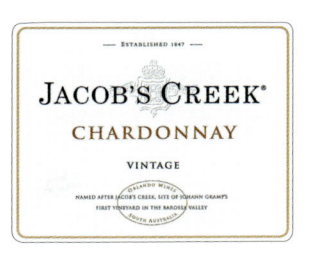

Jacob's Creek
Chardonnay 2007
ジェイコブス・クリーク
シャルドネ 2007

産地　オーストラリア、南オーストラリア
特徴　辛口白ワイン、アルコール分13%
葡萄品種　シャルドネ

　1839年にバロッサ地区を初めて調査したウィリアム・ジェイコブ氏は、弟のジョンとともに、ハンドレッド・オブ・ムールールーの土地を選んだ。その名は「交わる2つの流れ」という意味の先住民の言葉に由来する。「コウィーオーリタ」(黄土色の水)と呼ばれる小川が北パラ川に流れ込んでいたのだ。その小川は後に、ジェイコブ兄弟にちなんでジェイコブス・クリークと名前を変えた。兄弟の小さなコテージは今も小川を見下ろしている。1837年に南オーストラリアにやって来たババリア人のヨハン・グランプ氏が、1847年までにジェイコブス・クリークに葡萄樹を植えたと言われていて、彼はこの地域に初めて商業用家族ワイナリーを設立したドイツ人だ。現在のオーナーはオーランド・ウィンダム社。

　ジェイコブス・クリークの初めてのワインは1973年産のシラーズ・カベルネ・マルベックで、1976年にリリースされた。この活気にあふれる飲みやすい赤ワインがきっかけで、オーストラリアは「ボトルの中の陽光」で世界を席巻することになる。しかしジェイコブス・クリーク・ブランドの縮図と言えるのはシャルドネだ。酸が低くオークがほのかに香るシンプルなスタイルのこのワインは、非常に安定していて飲みやすく、風味が心地よく、値段も心地よい。とても上手に造られている(そして売られている)市販ワインだ。他社はとてもかなわない。**SG**

🍷　飲み頃：リリース時

White wines | 243

Domaine François Jobard
Meursault PC Poruzot 1990

ドメーヌ・フランソワ・ジョバール
ムルソー・PC・ポリュゾ 1990

産地　フランス、ブルゴーニュ、コート・ド・ボーヌ
特徴　辛口白ワイン、アルコール分13％
葡萄品種　シャルドネ

　フランソワ・ジョバール氏は、1957年からずっと、ムルソーの家族ドメーヌでワインを造っている。彼は畑の手入れに対する綿密なアプローチで知られている――剪定を終えるのがいつも最後だが、それは怠けているのでも作業が遅いのでもなく、完璧主義だからだ。

　セラーで葡萄が圧搾されてから、果汁が清澄されずに樽に送られることが、壜詰めしたときのジョバール氏のワインの味わいと舌触りに大いに貢献している。発酵はゆっくり着実に進み、ワインは最初の夏の終わりに澱引きされ、翌年の夏にようやく壜詰めされる――今日、白ブルゴーニュとしては他のどこよりも樽熟成が長い。

　レ・ポリュゾ畑は合わせて11ha。そのうちフランソワ・ジョバール氏が所有しているのは、高いところにある良質の0.8haで、表土がほとんどない東向きの急斜面だ。彼の1990は今、淡い黄金色になり、ブーケにほのかにビスケットの香りがある。口に含むと、ベルガモット・レモンを思わせる上質で新鮮な柑橘類が、ジョバール氏のワインすべての特徴であるテクスチャーの厚みに負けていない。この2つがより合わさって、魅力的な対照をなしている。JM

🄢🄢🄢🄢　飲み頃：2012年まで

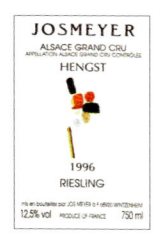

Josmeyer
Grand Cru Hengst Riesling 1996

ジョスメイヤー
グラン・クリュ・ヘングスト・リースリング 1996

産地　フランス、アルザス
特徴　辛口白ワイン、アルコール分13％
葡萄品種　リースリング

　ジョスメイヤー醸造所（名前はジョセフ・メイヤーの短縮形）は、1854年にアロイス・メイヤー氏によって設立さた。今では25haの畑とさまざまな品種を擁していて、その大半はヴィンツェンハイムとトゥルクハイム周辺にあるが、ほんのわずかなグラン・クリュ・ブランドと、もう少し広い2haの広いほうのグラン・クリュ・ヘングストは南南東に面していて、泥灰土と石灰岩の混合土壌が、エキスと熟成ポテンシャルに富んだコクのある骨太のワインを生む。

　1996年、生育条件はジェットコースターのようにめまぐるしく変化した。そのため葡萄の酸度が例年よりかなり高くなったことが、このワインのように濃厚なたくましさと風味の強さが組み合わさって、リースリングにとってプラスに働いた。このワインは、最初は固く閉じているように思われるが、だんだんに開いてきて、花の香りとライムやモモのアロマが立ってくる。口に含むとすばらしい深みと複雑さがあり、鋭くパリパリした酸味が芯を貫いていて、アルザス・リースリングにとってとても大切なミネラルが純粋な口当たりを生んでいる。その酸のストラクチャーのおかげで、このワインは10年を過ぎてからさらに数年間は生き続ける。SW

🄢🄢🄢　飲み頃：2015年まで

VINS D'ALSACE
JOSMEYER
1854

Kalin Cellars
Semillon 1994

カリン・セラーズ
セミヨン 1994

産地　アメリカ、カリフォルニア、リヴァモア・ヴァレー
特徴　辛口白ワイン、アルコール分13.5%
葡萄品種　セミヨン75%、ソーヴィニョン・ブラン25%

　微生物学の専門家であるテリーとフランセスのレイトン夫妻は、1977年にカリン・ワイナリーを設立し、限られた数のワインを職人技で生産することに没頭した。原料はすべて決まった畑の葡萄、すべてに長期の熟成を施される。夫妻が提供するものの中でもとくに秀でているのは、リヴァモア近くのウェンテ・エステート・ヴィンヤード産のセミヨンである。葡萄樹は1880年代にシャトー・ディケムの切り枝を植えたもの。

　皮肉なことかもしれないが、彼らのごく科学的なアプローチが、ワインの芸術性を引き出している。長年にわたって、レイストン夫妻は何千種類もの酵母を試し、ワインのテクスチャーを高める2次代謝物を生む株、そして硫化水素の発生に寄与しない株——彼らのワイン造りの還元的という特徴を考えると重要な要素——を探し求めた。選ばれた酵母はあまり繁殖しないので、発酵は非常に長く(セミヨンの場合10ヵ月)続く。それがワインはより面白いものにするとレイトン夫妻は考えている。

　カリン・セラーズ・セミヨンは、果実味が非常に濃縮されたコクのあるワイン。力強い熟れた果実味の芯が、表面を覆うスパイスとハチミツや、背景にあるナッツ風味とミネラル感によって増幅されている。**LGr**

ⓢⓢ　飲み頃：2014年過ぎまで

Karthäuserhof *Eitelsbacher Karthäuserhofberg Riesling ALG* 2002

カルトホイザーホーフ　アイテルスバッハー・カルトホイザーホーフベルク・リースリング・ALG 2002

産地　ドイツ、モーゼル
特徴　甘口白ワイン、アルコール分9%
葡萄品種　リースリング

　モーゼル川との合流点からわずか2、3百mのところで栽培しているにもかかわらず、カルトホイザーホーフベルクのワインは、ルーヴァー川流域の特殊なテロワールが卓越していることを非常によく表している。この地域のリースリングにごく典型的なのは、エキゾチックなフルーツが率直に香るブーケで、カシス、パッションフルーツ、モモ、そしてラズベリーが思い浮かぶ。

　このワイナリーの畑でとくに注目すべきは、土壌に含まれる高い鉄成分だ。このミネラルに富んだ土壌のおかげで、カルトホイザーホーフベルクのワインは独特である。しかし、クリストフ・ティレル氏は健康な腐植土の成分も非常に重要視している。やせた土地の葡萄樹に栄養分を与えるため、主に馬糞その他の天然堆肥を肥料にしている。

　このようなさまざまな要因のおかげで、このワイナリーの名高いアウスレーゼは、非常に複雑な果実の香味と豊かなミネラル感が輝いているだけでなく、繊細な濃密さとしっかりした内部の厚みも持っている。2002は、一流ドイツリースリングの基本品質の1つである見事なバランスが、このヴィンテージの特徴を通常よりもさらに高いレベルに引き上げている。このような年にこの畑から生まれたアウスレーゼは極上ドイツワインに入り、世界最高の白ワインにも数えられる。**FK**

ⓢⓢⓢ　飲み頃：2025年まで

カルトホイザーホーフのワインは地下の最適な条件で熟成する。

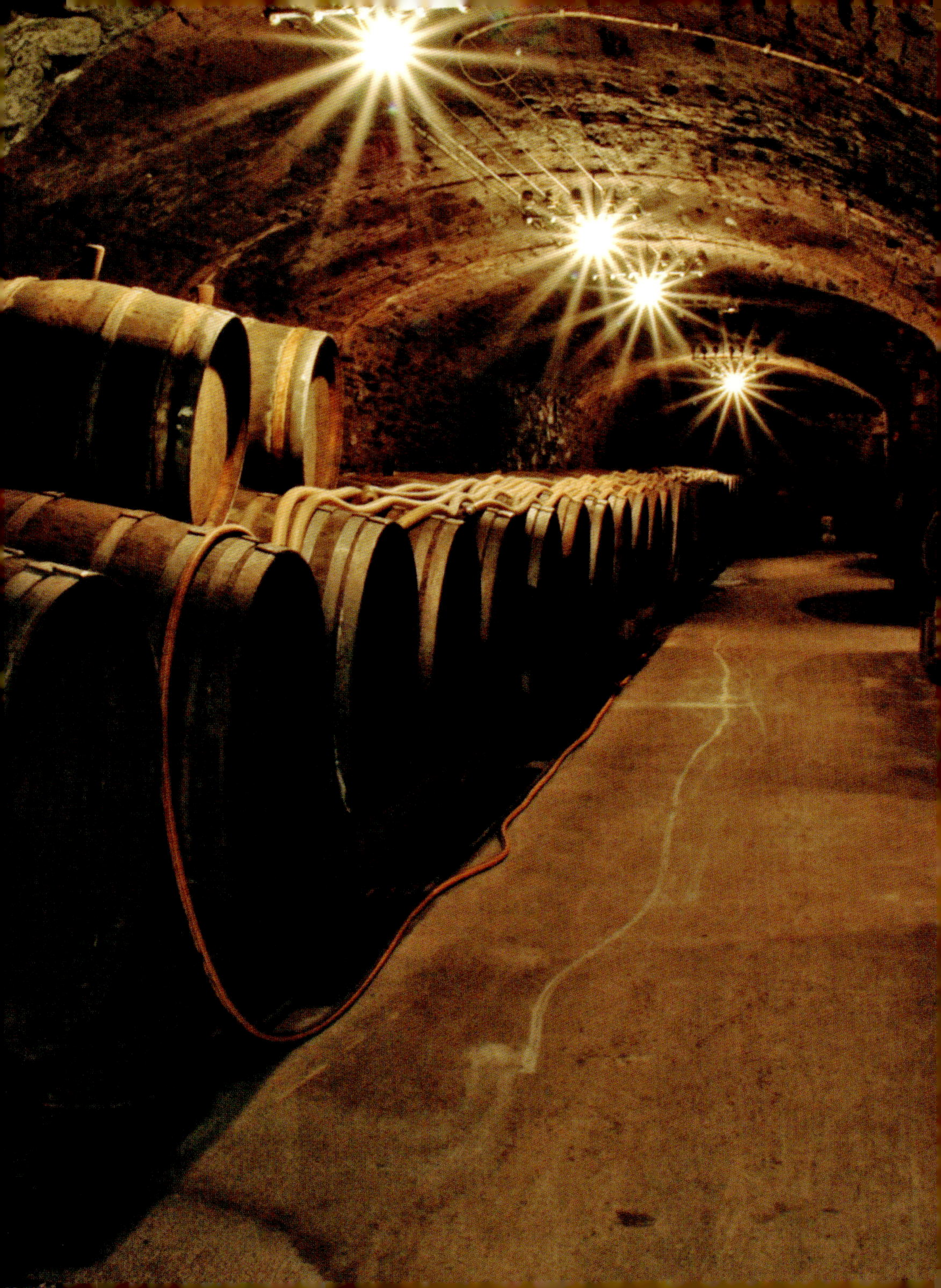

VINVM
9.
DELECTAT ET   LAETIFICAT
COR HOMINVM

Weingut Keller
Riesling Trocken G Max 2001
ヴァイングート・ケラー
リースリング・トロッケン・Gマックス 2001

産地 ドイツ、ラインヘッセン
特徴 辛口白ワイン、アルコール分13%
葡萄品種 リースリング

　2002年、クラウス＝ペーター・ケラー氏は正式に、ダルスハイムにある家族ワイナリーの統治権を父親から引き継いだ。クラウス＝ペーターはガイゼンハイム・ワイン大学を卒業してから、すばらしい畑を家族の資産に加えてきて、それぞれ個別の表現を引き出すことに苦心してきた。

　このワイナリーの遅摘み貴腐ワインはずっと前から卓越しているが、辛口リースリングもこの10年で奥行きとフィネスと威信がぐっと深まった。2004年、『ゴー・ミヨ・ワイン・ガイド』はこのワイナリーを、ドイツで最も上質のワインを揃えていると評価した。3つの単一畑――フーバッカー、キルヒシュピール、モルシュタイン――は、どんな年でもたいていドイツ産辛口リースリングの中で10本の指に入るが、Gマックスは価格だけでなく熟成ポテンシャルの点からも、国際的に最も注目されている。キルヒシュピールは早いうちのほうが魅惑的で、モルシュタインはゆっくり現れるが、時が経つとGマックスに追い抜かれる。

　2000年に初めて生まれたGマックスは、フーバッカーの割合が高かった。今日、クラウス＝ペーターはその出所を特定しようとしない。最高の熟成ポテンシャルを持った、極上の古い畑のブレンドなのだ。**JP**

🍷🍷🍷🍷　飲み頃：2018年

Reichsgraf von Kesselstatt
Josephshöfer Riesling AG 2002
ライヒスグラーフ・フォン・ケッセルシュタット
ヨゼフスヘーファー・リースリング・AG 2002

産地 ドイツ、モーゼル
特徴 甘口白ワイン、アルコール分7.5%
葡萄品種 リースリング

　モーゼルの貴腐甘口ワインが今日、世界中で異論の余地のない名声を確立しているのは、ベルンカステルに程近いヨゼフスホーフ・ワイナリーのおかげと言えるかもしれない。実際、ハンガリーで有名になった貴腐葡萄からのアウスレーゼ（アウスブルッフ）の生産が、モーゼルで最初にうまく導入されたワイナリーはここだった。

　ヨーゼフスヘーファー畑はヴェレナー・ゾンネンウーアとグラーヒャー・ドームプロブストの間にあり、法律的にはグラーハ村の一部だが、この呼称がラベルに記されてリリースされることはない。勾配60％の南向き急斜面は灰色のデヴォン紀粘板岩が風化した土壌で、細かい土の割合が高い――モーゼル地方の土にしては比較的重い。ここでは驚くほどの熟成ポテンシャルを持つフルボディーのスパイシーなワインが生まれる。

　卓越した2002年のゴルトカプセル・アウスレーゼは、この畑のスタイルの模範的な実例だ。豊かなアプリコットとカシスの香りに、かすかなレモンバームが加わっている。厚みのある凝縮された味わいにともなう上質の果実のふくよかさが舌と口蓋を覆う。フルーティーな甘みが鮮やかな酸や豊かなミネラルと完璧に調和し、味わいは「無限」で、とてつもない可能性を秘めている。**FK**

🍷🍷🍷🍷　飲み頃：2025年まで

Királyudvar
Furmint 2002

キラウドヴァール
フルミント 2002

産地 ハンガリー、トカイ
特徴 やや辛口白ワイン、アルコール分13%
葡萄品種 フルミント

　キラウドヴァールは、トカイの長老イシュトヴァーン・セプシー氏とフィリピン出身のアンソニー・ファン氏が1998年に立ち上げた合弁会社の名前だが、2007年に後者が単独オーナーになった。ファン氏は医師であり、熱心なワイン愛好家で、すでにロワール川流域のドメーヌ・ユエのオーナーでもあった。ハプスブルク家に供される予定のワインの貯蔵所だった「宮廷」、つまりキラウドヴァールでワイン造りが行われている。生産を管理しているのはセプシー氏だが、つねにワインを造っているのはゾルタン・デメテル氏。

　トカイの甘口ワインには、ハールシュレヴェリュや少量のイエロー・マスカットが入っているものが多いが、その大黒柱として知られているのがフルミントだ。セプシー氏のように、この品種を辛口またはやや辛口に造る人は少ない。一般にそのようなワインは、トカイのワイン醸造家の誇りと喜びであるアスーのベースワインとして使われる。セプシー氏のフルミントはまさにそれで、良年のワインは非常に甘く、陽光あふれるヴィンテージを反映している。よいときのフルミントは残留糖度が25g/ℓほどある。フルミントは酸が焼けつくように強いことがあり、甘口ワインには最適だが、辛口ワインのバランスを崩すおそれがある。

　このフルミントは、マードにあるウラジャ（「神の床」）畑の4haの区画で収穫される。ここの土壌は赤い粘土。（ラピス畑の2002フルミントもある）。ワインはやや辛口で、非常にコクがあり、ハチミツの香りがする。魅惑的な陽気さがかなりの力強さを隠している。すばらしい食前酒になるが、非常にスパイシーな東洋の料理にも合う。**GM**

🍷🍷　飲み頃：2015年まで

タルカルにあるキラウドヴァール前の案内標識は
他のワイナリーを示している。➡

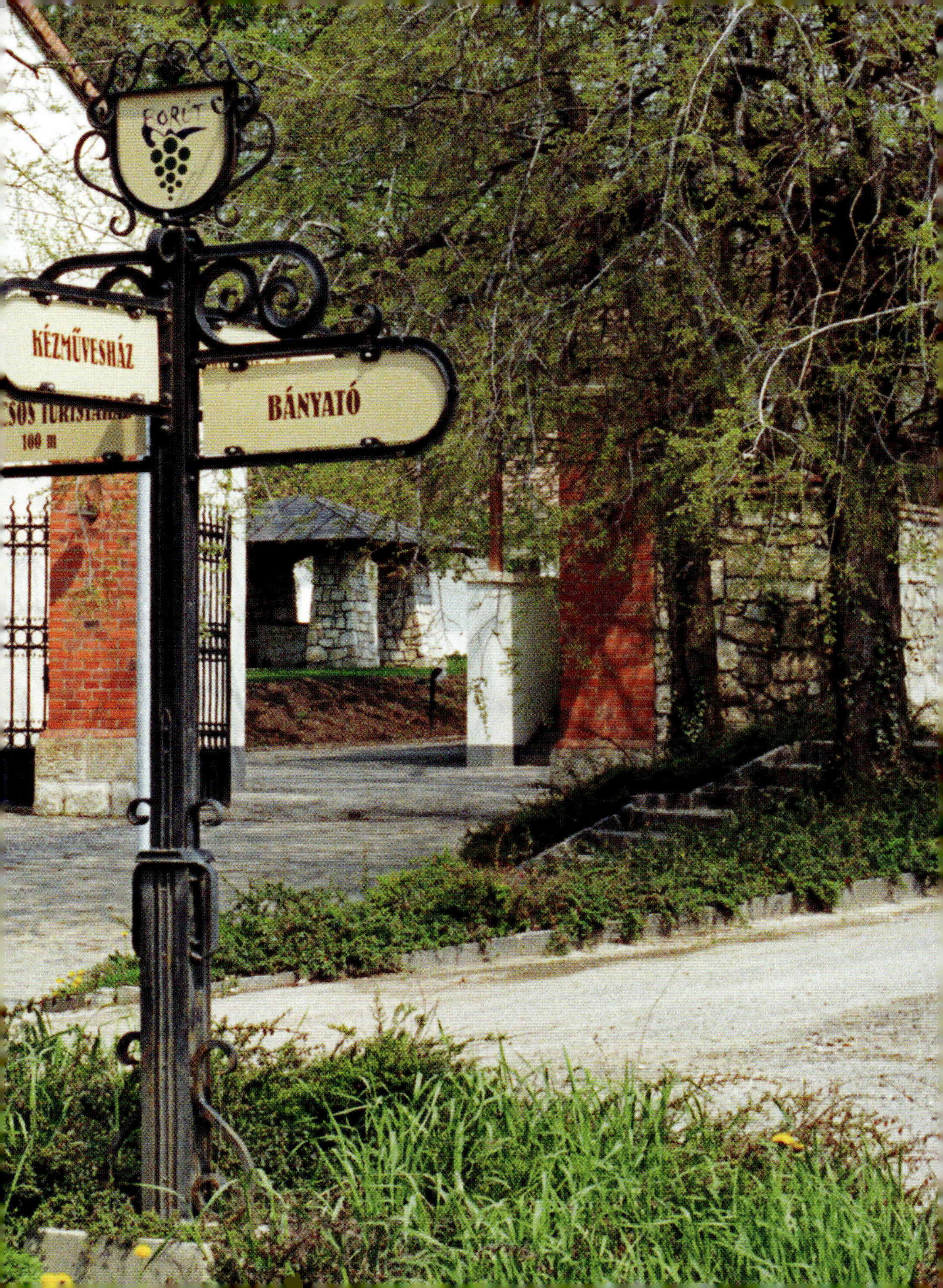
KÉZMŰVESHÁZ
100 m
BÁNYATÓ

Kistler
Kistler Vineyard Chardonnay 2005
キスラー
キスラー・ヴィンヤード・シャルドネ 2005

産地 アメリカ、カリフォルニア、ソノマ・ヴァレー
特徴 辛口白ワイン、アルコール分14％
葡萄品種 シャルドネ

　カリフォルニア・シャルドネを信用しない人も、キスラーのワインで改心させられている。大学のワイン鑑定会で知り合ったスティーヴ・キスラー氏とマーク・ビクスラー氏が造るワインは、愛好家にとって、カリフォルニア・シャルドネの真髄を表している――濃厚な熟れた果実とトーストに似たオーク香を感じる豊かなアロマだ。

　キスラーは、すべてナパとソノマの冷涼な畑から買い付ける葡萄から造られる、さまざまなキュヴェで知られている。しかしキスラー独自の葡萄畑も所有している。涼しい場所を数年にわたって探した末、1979年に見つけた畑だ。2人は谷底より610m高いマヤカマス山脈にあるこの畑に、自ら見つけたサンタクルーズ山脈にあるマーティン・レイ氏のマウント・エデンの畑の接木をしていない葡萄樹を植えた。

　シャルドネとピノ・ノワールのキュヴェを数種類造っているキスラーは、もはや小さいワイナリーではないが、そのカルト的な地位は揺るぎない。生産量が増えているにもかかわらず、メーリングリストに名前が載っていない限り、ここのワインを見つけるのは相変わらず難しい。涼しかった2005年には気温の急上昇もなく、キスラーの標準から言っても、並はずれたレベルの活気と濃度と長さのあるワインが生まれた。 **LGr**

❊❊❊❊　飲み頃：2014年まで

Klein Constantia
Vin de Constance 1986
クレイン・コンスタンシア
ヴァン・ド・コンスタンス 1986

産地 南アフリカ、コンスタンシア
特徴 甘口白ワイン、アルコール分13.7％
葡萄品種 ミュスカ・ド・フロンティニャン

　オースティン、ディケンズ、そしてボードレールも、その著作の中でコンスタンシア・ワインに言及している。ヴァン・ド・コンスタンスはずっと実体のない神話のままだったが、1986年、新しいワインが造られ、美しいラベルが貼られたオリジナルの半ℓボトルに詰められた。1980年にこのワイナリーを現オーナーのダギー・ユースト氏が買ったとき、そこは廃屋同然だった。オランダ人移民の説明である程度詳細はわかったが、彼は知識に基づく推測を頼りに、このワインに最も適した植樹とワイン造りの手法を決定した。

　貴腐菌についてケープで初めて記録されたのは20世紀初頭のことなので、ヴァン・ド・コンスタンスは、ソーテルヌやドイツの貴腐ワインよりも、トカイの自然な甘口スタイルに近かったはずだ。（現代のヴァン・ド・コンスタンスに貴腐菌は関与していない）。20世紀の代表例は、残留糖度が約100g/ℓ、アルコール度は14％に届く程度。18世紀のものは分析によるとアルコール分が15％以上もあり、このワインがヨーロッパへの船旅のために「強化」されていたことを示している。マイケル・フリッドジョン氏はこう表現している。「豊かなスパイス、マスカット、そして香辛料的なアロマ。口に含むとフェノールの香りがして、はっきりした酸がまだ感じられる。舌触りはさらりとしている」 **SG**

❊❊❊❊　飲み頃：2010年まで

Staatsweingüter Kloster Eberbach *Steinberger Riesling* 1920
シュターツヴァイングーター・クロスター・エーバーバッハ
シュタインベルガー・リースリング 1920

産地 ドイツ、ラインガウ
特徴 辛口白ワイン
葡萄品種 リースリング

　1136年、ブルゴーニュのクレルヴォーから来た12人のシトー修道会の修道士が、今や有名なエーバーバッハ修道院をラインガウに設立した。はるか昔の資産登記によると、彼らは1178年までに16モルゲン（1モルゲンは約0.8ha）の葡萄畑を所有していた——今日シュタインベルクとして知られる土地の大昔の区画だ。シュタインベルクを囲む、ブルゴーニュのクロを思わせるおよそ3kmの印象的な石垣はドイツでは珍しい。

　このリースリング1920は、ここで造られた最高級の辛口ワインに入る。このワイン用の葡萄は、非常によく熟して112エクスレ度もありながら、酸も15％というきわめて高い状態で収穫された。2007年の世界最優秀ソムリエ、アンドレアス・ラッソン氏は、このワインについて2006年の『The World of Fine Wine』に次のように書いている。「色は水晶のように透明でほんのり琥珀色がかっている。香りはハチミツ、ミカン、カシス、そしてミネラルを感じさせ、非常にすっきりしていて期待をかき立てられる。味わいは辛口で、見事なミカンとハチミツの風味の中に、すばらしい深みとはっきりした酸が埋め込まれている。後味にはミネラルと甘い果物の印象があり、その長さは永遠とも思えるほどで、究極の驚異と複雑さだ。非常に深遠で、これほど完璧な白ワインを今まで味わったことがない！」FK
🍷🍷🍷🍷　飲み頃：2020年

Knoll *Kellerberg Riesling Smaragd* 2001
クノール
ケラーベルク・リースリング・スマラクト 2001

産地 オーストリア、ヴァッハウ
特徴 辛口白ワイン、アルコール分14.5％
葡萄品種 リースリング

　クノール家は200年にわたってヴァッハウでワインを造っている。当主のエメリッヒは1975年に父親の跡を継いだ。クノールのワインは、1970年代からずっと、オーストリアのこの美しい地方で品質の指針となってきた。当時、ヴァッハウはサイクリングするドイツ人観光客に知られているだけだった。クノール氏は自然派のワイン醸造家で、派手な見かけやハイテクに時間をかけないのと同じくらい、人目も気にかけない。丹精込めて葡萄を育て、いったんワインが樽に入ったら、できる限り手を出さない。11haの畑で生まれたワインの熟成に、古い樽と少量のステンレスタンクを使っている。

　ケラーベルク・スマラクトは、クノール・ワインのトップ2か3に入る。クノール氏はオーストリアの醸造家には珍しく、自分のワインは若いうちに飲むのがいいという信念はなく、6年目に入るまでは真の品質が表現されないと感じている。若いうちはタンニンが豊富にあるが、待つ価値はある。ケラーベルクはしばらくよくない時期があったが、2001年産は調子が回復していることを示している。このワインは濃厚かつ洗練されていて、ミネラル感が際立っている。白い花と白桃の芳香も特徴的だ。GM
🍷🍷🍷　飲み頃：2010年過ぎまで

Koehler-Ruprecht *Kallstadter Saumagen Riesling AT "R"* 2001

ケーラー=ルプレヒト
カルシュタッター・ザウマーゲン・リースリング・AT・「R」2001

産地 ドイツ、プファルツ
特徴 辛口白ワイン、アルコール分13.5%
葡萄品種 リースリング

　このワインは収穫年から5年以上経ってもまだリリースされていなかったが、すでに売り切れていた。ベルント・フィリッピ氏の「R」シリーズは、1996年にヴィンテージ1990が初めてリリースされてから、カルトワインの地位を確立している。

　1960年代初めから、良質のドイツワインに革命が起こった。原動力となったのは、プファルツのミュラー=カトワールのセラーマスター、ハンス=ギュンター・シュワルツ氏だ。シュワルツ氏は、葡萄畑では決して努力を惜しんではならないと信じていた。畑についてセラーマスターにわかる一番大事なことは、「何もしないのがいい時期」なのだ。目標は、主体となる葡萄の爆発的な活気を保つこと。それがステンレスタンクや全房圧搾、そして温度管理下での発酵へとつながった

　フィリッピ氏はそのスタイルについて考えたが、彼にとっては自分が理解しているワインではなかった。ワインで大切なのは基本となる葡萄だけではない。酸素があってはじめて生まれるワインらしい香味がきわめて重要なのだ。さらにフィリッピ氏は、酸化をゆるやかにうながす事で酸化により生じる好ましくないアロマを防ぐことができると考えている。

　「R」シリーズは、フィリッピ氏の最高の辛口リースリングで構成されている。愛すべきプファルツ・リースリングで、エキゾチックなスパイスにあふれているが、それでいてリースリング本来のフィネスによってしっかり支えられている。そしてフィリッピ氏は非常に自由な考え方をするが、根本的には古典主義者である。彼のリースリングはマーラーというよりベートーベンだ。冬に飲むべきリースリングで、他に類がなく、包容力があって、心が温まる。**TT**

🍷🍷🍷🍷　飲み頃：リリース時、またはさらに10-15年寝かせて

カルシュタットにあるケーラー=ルプレヒト醸造所の美しい中庭を。➡

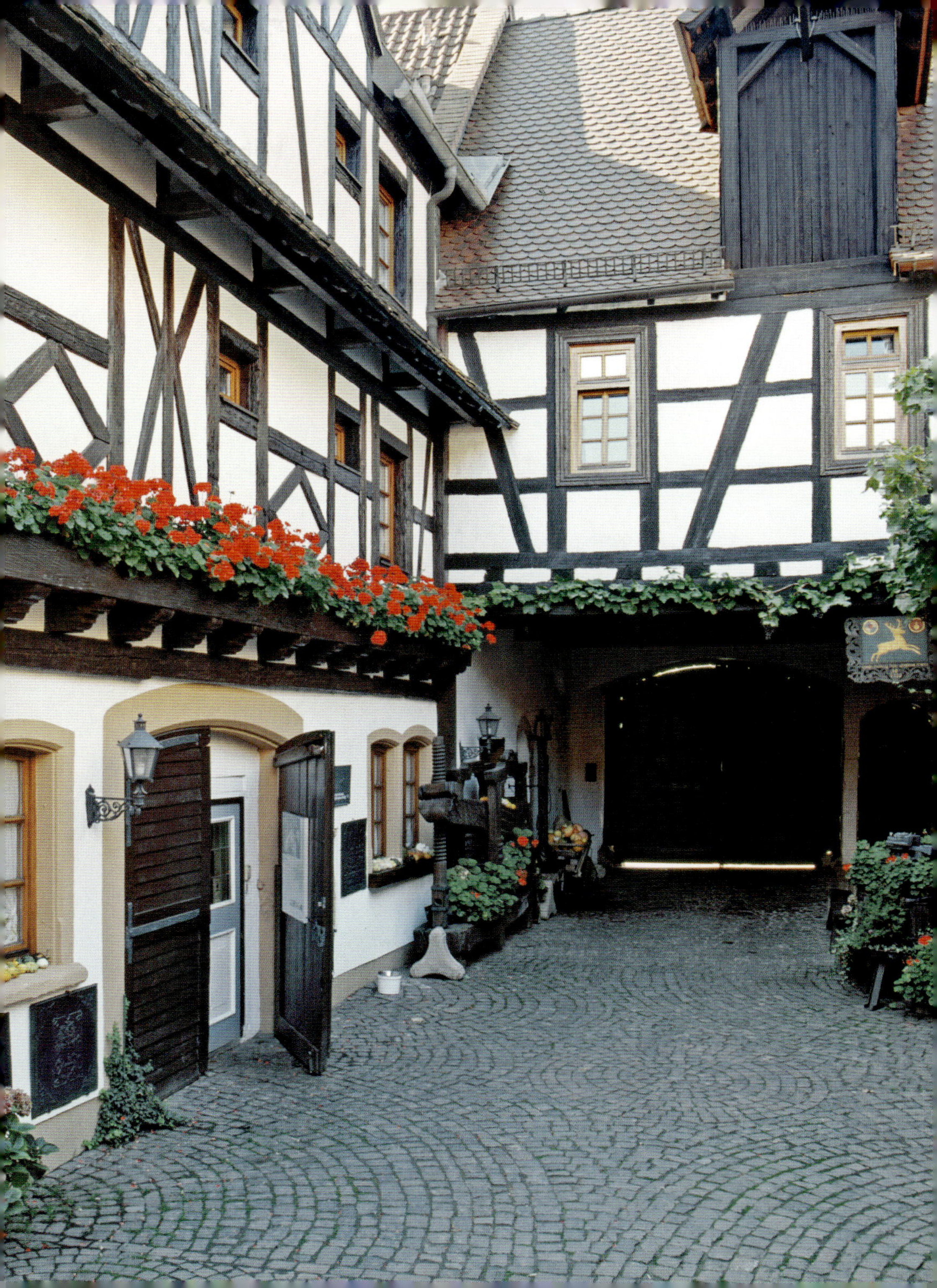

Kogl Estate
Traminic 2006

ケーグル・エステート
トラミニク 2006

産地 スロヴェニア、ポドラヴィエ
特徴 中辛口白ワイン、アルコール分12.5%
葡萄品種 トラミネール

　スロヴェニアはオーストリアの南、イタリアの東、スロヴェニア人の言葉を借りれば「アルプスの日が当たる側」に位置する。スロヴェニアの東方、プトゥイとオルモシュを結ぶ道から外れたところに、ケーグル・エステートがある。ここのテロワールは葡萄栽培にぴったりだ。ドラヴァ川流域の平地が丘陵に変わり、すばらしい南向きの斜面になっている。寒い冬のおかげで、葡萄樹は生育期と生育期の間に休むことができる。石灰岩を底土とする泥灰土と砂の土壌で、自然が葡萄栽培者に与えられる最高の贈り物がすべてそろう。

　現在ケーグル・エステートと呼ばれている場所で、16世紀半ばにワインが造られていた記録が残されている。今日、ケーグル・エステートの畑では最高品質の葡萄栽培に心血が注がれ、ワイナリーでは伝統と最新技術が融合して、スロヴェニアで最高のワインが造られている。

　ケーグル・トラミニクは、このワイナリーの大志を見事に示している。中辛口の味わいはワインの酸によってすばらしいバランスを見せ、この品種が放つかぐわしい香りと純粋な果実味を楽しめる。ワインだけでも、食前酒としても、申し分なく美味しく飲める。**GL**

🍷🍷 飲み頃：現行リリースを1年以内

Kracher *TBA No. 11 Nouvelle Vague Welschriesling* 2002

クラッハー　TBA・No.11・ヌーヴェル・ヴァーグ・ヴェルシュリースリング 2002

産地 オーストリア、ブルゲンラント、ノイジードラーゼー
特徴 甘口白ワイン、アルコール分7%
葡萄品種 ヴェルシュリースリング

　アロイス・「ルイス」・クラッハー氏は、現代の語り草になっている。2007年に若すぎる死をとげる前に、ノイジードラーゼーのはずれにある昔からずっと貧しかったゼーヴィンケルで、世界一流のワインを造るという夢を実現しただけではない。

　クラッハー氏にとって、ブルゲンラントのワインは、ソーテルヌと上品に甘いドイツ・リースリングの中間に位置している。毎年番号を付される彼のトロッケンベーレンアウスレーゼは、2つに大別される。ツヴィッシェン・デン・ゼーン（湖の間）とラベル表記されているものは、タンクで醸造され、新鮮な果実のエキスが完全に犠牲になることはない。ヌーヴェル・ヴァーグと表記されているものは樽醸造で、ソーテルヌに近い肉付きのよさがある。

　ヴェルシュリースリングは、伝統的なライン川流域のリースリングとは関係がない。さまざまな名前のもとに、中央ヨーロッパのほぼあらゆる場所で栽培されている、一般には平凡な葡萄である。しかしクラッハー氏が証明しているように、貴腐化するとすばらしいコクと複雑さが生まれる。ナンバー11はエッセンシアのような2002コレクションの最高峰であり、まるでゼリーのようなテクスチャーと軽やかさ、香味のミルフィーユと純粋な透明感が組み合わさっている。「私たちは完璧なタイミングで摘み取ったのだと思う」とクラッハー氏は言った。**DS**

🍷🍷🍷🍷 飲み頃：2025年過ぎまで

アロイス・クラッハー氏は樽からワインを引き出すのにピペットを使う。

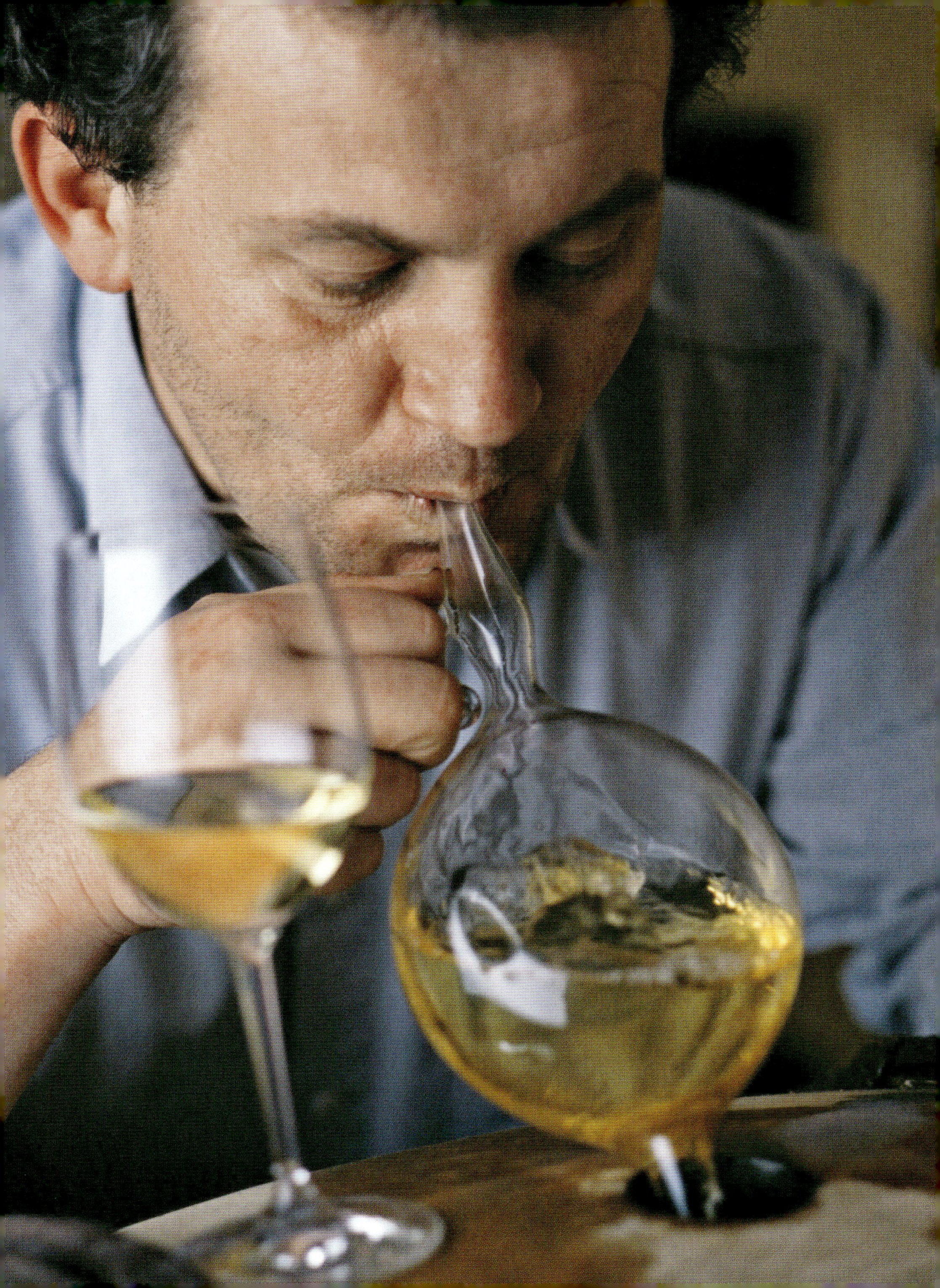

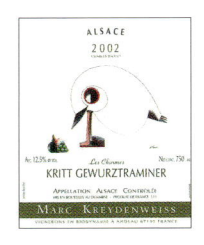

Marc Kreydenweiss *Kritt Les Charmes Gewürztraminer* 2002
マルク・クレイデンヴァイス
クリット・レ・シャルム・ゲヴュルツトラミネール 2002

産地 フランス、アルザス
特徴 辛口白ワイン、アルコール分13%
葡萄品種 ゲヴュルツトラミネール

　アルザスのヴィニョーブル（葡萄栽培地）の北部に位置するバ＝ランは、もっと有名なオー＝ランの陰に隠れて目立たないが、辛口で繊細なアルザスが好きな人にとって、これは残念なことだ。アンドローにあるこの優秀な生産者のワインには、とくにその特徴が表現されている。マルク・クレイデンヴァイス氏は家族の葡萄畑を1971年に引き継いだ。10年後、マルクはテロワールに基づいた最高のワインを造ろうと決意する。伝統的なフィネスを維持しながらも、その濃度を高めるのが狙いだった。1989年、彼はバイオダイナミック農法に移行した。

　12haの地所には、カステルベルクやミュエンシュベルクのような、リースリングで知られるすばらしいグラン・クリュがある。しかし最も非凡なのはクリット・レ・シャルムだ。緩やかな小高い斜面にあるクリットはグラン・クリュではないが、岩が非常に多い複雑な土壌なので、ルクは単一畑ワインとして壜詰めするに値すると考えている。

　このクリット・ゲヴュルツトラミネール2002は、テロワールの繊細さと気品をすべて備えていて、この品種に多い重すぎるほどの肉付きはない。バラ、ミツロウ、スパイス、そしてハチミツの香りは明らかにゲヴュルツだが、味わいは独特で、繊細でデリケートだが、円熟していて濃厚で表情豊かでもある。**ME**
ⓈⓈⓈ 飲み頃：2012年まで

Kumeu River *Maté's Vineyard Chardonnay* 2006
クメウ・リヴァー
マテズ・ヴィンヤード・シャルドネ 2006

産地 ニュージーランド、オークランド
特徴 辛口白ワイン、アルコール分13.5%
葡萄品種 シャルドネ

　この格別のシャルドネは、他のどのニュージーランドワインより、国際的なワイン記者から称賛されているかもしれない。ジャンシス・ロビンソンMWは1996年産を熟成した白ブルゴーニュだと勘違いし、ジェイムズ・ハリデイ氏は「このジャンルで傑出した手本」と評している。

　創立者のマテ・ブラコヴィッチ氏からその名をとったマテズ畑ができたのは1990年のこと。メンドーサ・クローンのシャルドネが、中くらいに重い粘土とロームの土壌に植えられ、活力あふれる生育環境とバランスをとるために、スプリットキャノピーが採用されている。醸造家のマイケル・ブラコヴィッチ氏はマスターオブワインで、手摘みされた葡萄を使い、房を丸ごと圧搾し、228ℓ入りのオーク樽で自生酵母を使って発酵させる。ブラコヴィッチ氏はマテズ畑固有の酵母培養がワインの独特の個性を生むと考えている。

　2006年のワインは新樽30%で11ヵ月間熟成されているが、樽熟成の方法は年によって異なる。ブラコヴィッチ氏は、葡萄の香りと競い合うのではなく、それを支え、高めるオークを好む。力強く、洗練された、複雑なシャルドネで、ミネラルと柑橘類、ふすまビスケット、そして炒ったナッツの香味が魅力的に混ざり合っている。**BC**
ⓈⓈⓈ 飲み頃：2014年まで

マイケル・ブラコヴィッチ氏の家は、シャルドネのマテズ畑を見下ろしている。

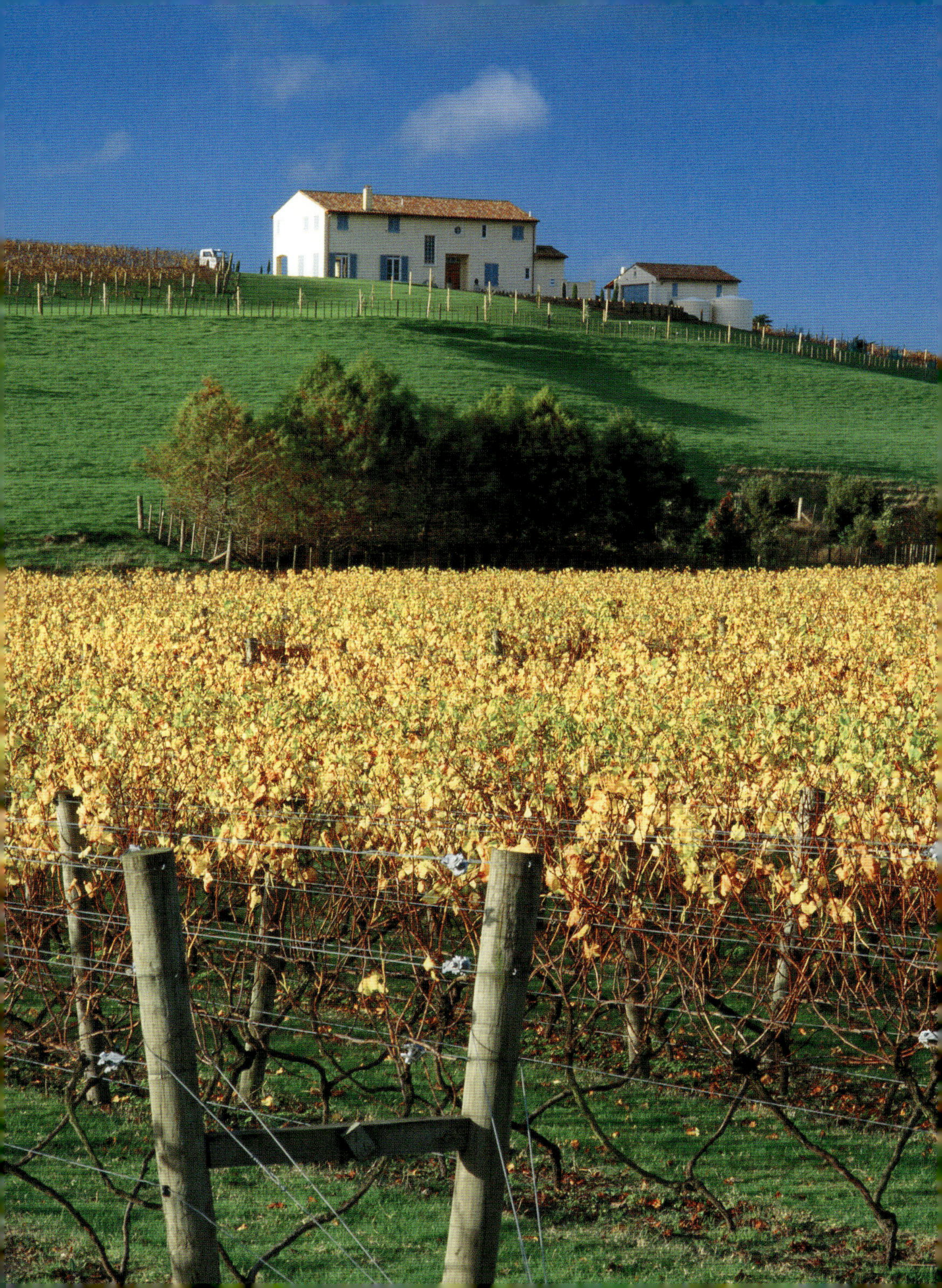

Franz Künstler *Hochheimer Kirchenstück Riesling Spätlese* 2002
フランツ・キュンストラー　ホッホハイマー・キルシェンシュトック・リースリング・シュペトレーゼ 2002

産地　ドイツ、ラインガウ
特徴　甘口白ワイン、アルコール分7％
葡萄品種　リースリング

　ラインガウの東の門にあたるホッホハイムは、並はずれた評判を誇る3つの畑、ドムデヒャナイ、ヘレ、キルヒェンシュトックで知られている。そのレス粘土の土壌は、石灰岩の割合が高く、リースリングについて言えば、この土壌のおかげでつねに酸が見事に溶け込み、そのために酸味が少し柔らかくなるようだ。ワインはあまりよくないヴィンテージでも心地よくバランスがとれている。土壌の保水力のおかげで、とくに暑く乾燥した年に葡萄はゆっくり均等に成熟するので、そういう年にも同じようにバランスのよいワインが生まれる。
　この畑の潜在力の生かし方を誰よりもよく理解しているのはグンター・キュンストラー氏だ。卓越した気品とフィネスがあるキルシェンシュトックのリースリングを、キュンストラー氏は好んで「ホッホハイムのラフィット」と呼ぶ。この畑で生まれた彼のシュペトレーゼ2002は、若いときに非常に誘惑的な魅力を見せる希少なワインだが、長命の潜在力も持っている。このワインのすべての要素──心地よい果物の香り、優しいボディ、上質の酸、羽のように軽いアルコール、そして豊かなミネラル感──はひとつになり、舞踏のようなハーモニーを見せている。著者にとっては間違いなく、気づかないうちに夢中になって感覚を失ってしまいそうなワインだ。**FK**
🍷🍷　飲み頃：2017年まで

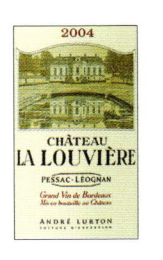

Château La Louvière 2004
シャトー・ラ・ルーヴィエール 2004

産地　フランス、ボルドー、ペサック＝レオニャン
特徴　辛口白ワイン、アルコール分13％
葡萄品種　ソーヴィニョン・ブラン85％、セミヨン15％

　アンドレ・リュルトン氏は、このすばらしいシャトーを1965年に購入した。畑の大部分は黒葡萄が植えられているが、優れた白ワインもかなり生産されている。妙な話だが、おそらく白ワインのほうがよく知られているラ・ルーヴィエールは、赤ワインしか造っていないオー＝バイイの隣にある。
　リュルトン氏はソーヴィニョン・ブランの愛好者であり、そのことはラ・ルーヴィエールのセミヨンがごく少量であることに表れている。ワインは1984年以降、樽で熟成されていて、今の新樽の割合は45％程度。この白ワインは見事に熟成するが、これはタンクのみで熟成されたヴィンテージにも言える。
　2004は、率直だが複雑なアロマに、スパイス、洋ナシのドロップ、そしてオークが感じられ、味わいはフルボディだが活気に満ちていて、豊かな強い酸味と、長く濃密な後味が伴う。ラ・ルーヴィエールの最近のヴィンテージに特徴的なことだが、選別収穫が増えたおかげで濃度が高くなり、全房圧搾のおかげでワインが柔らかな舌触りになり、非常に親しみやすくなっている。それでも、最近のヴィンテージが昔のものほどうまく熟成しないと考える理由はない。**SBr**
🍷🍷　飲み頃：2020年まで

ラ・ルーヴィエールの邸宅は文化財に指定されている。

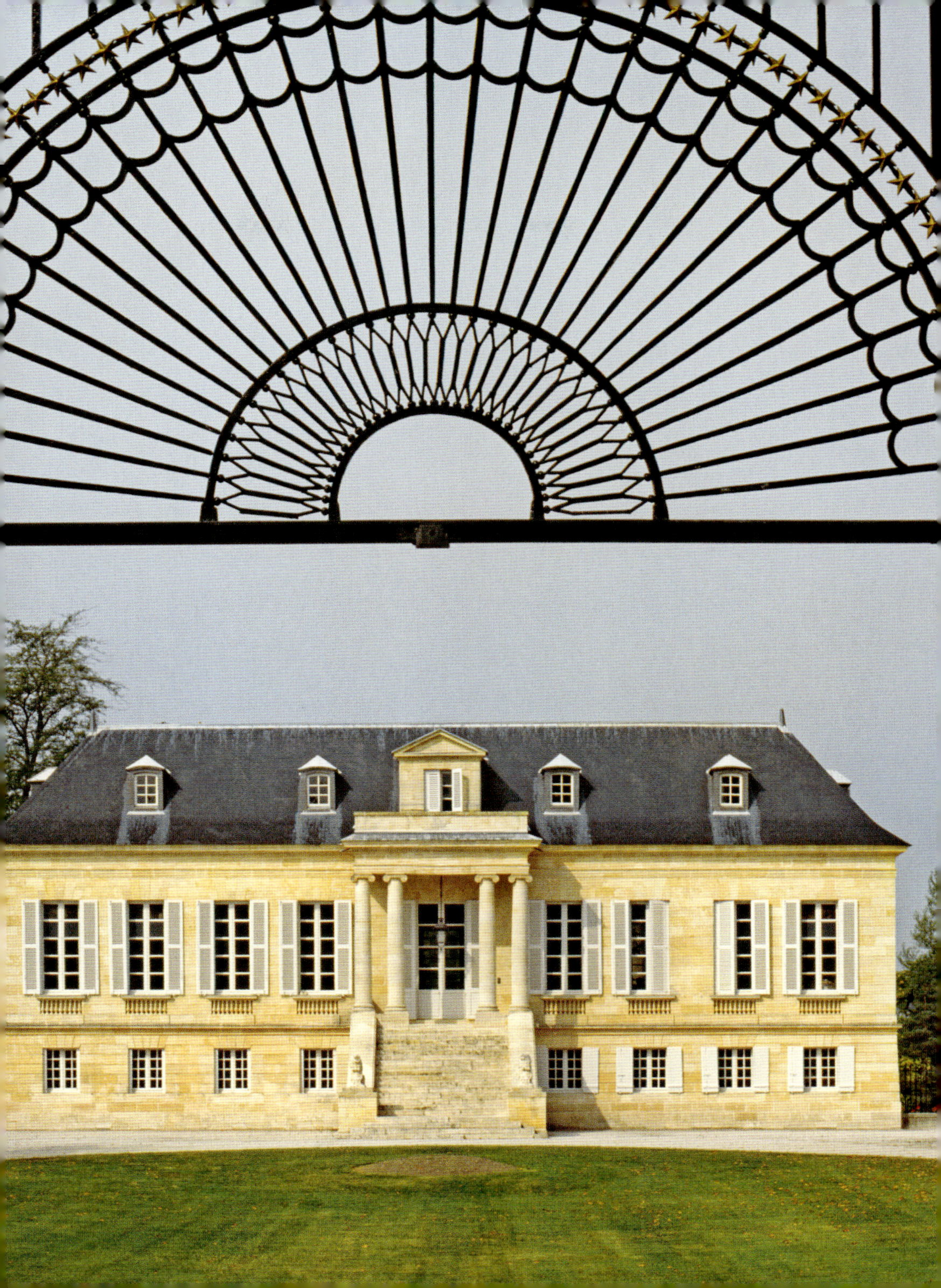

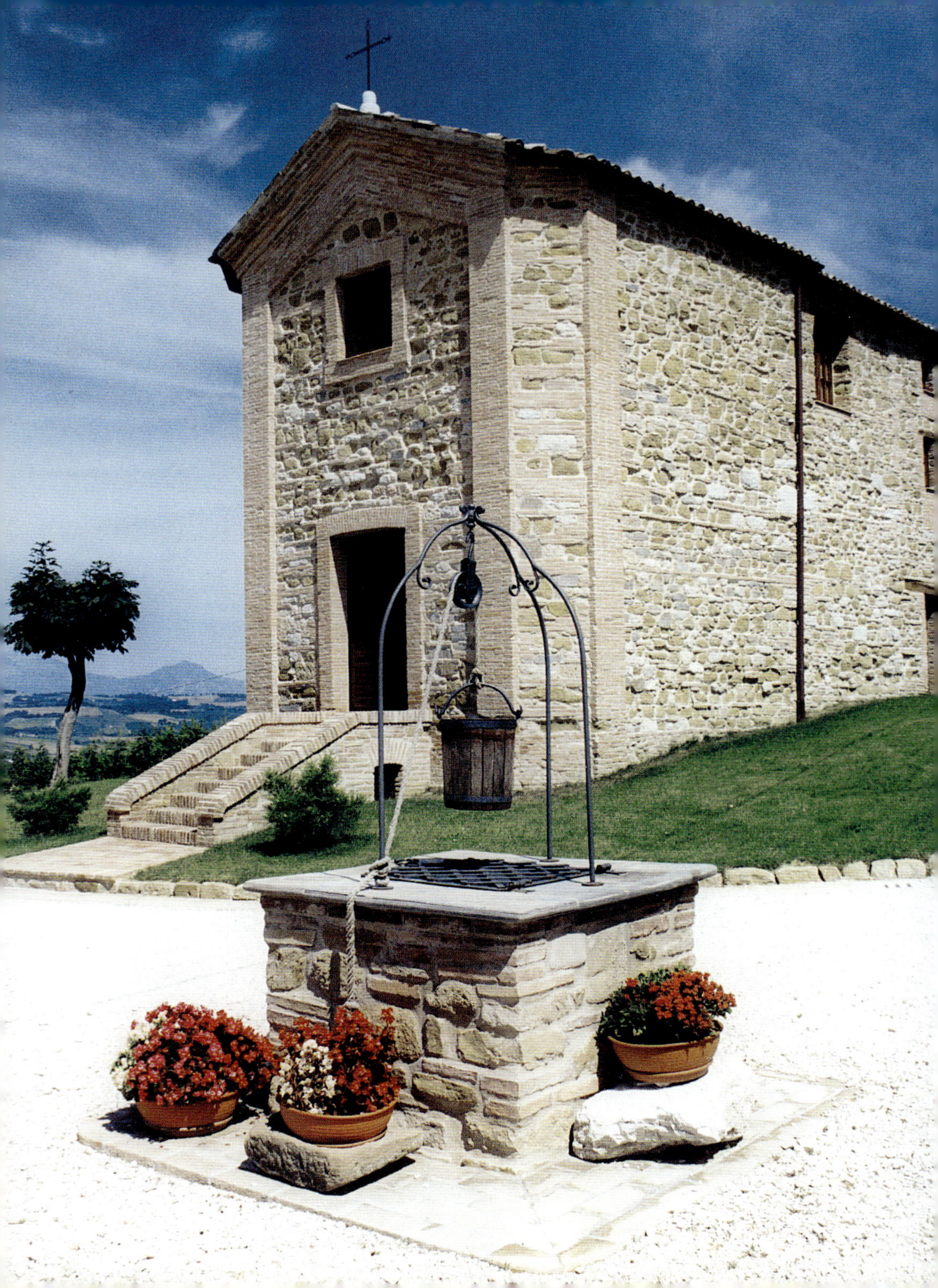

La Monacesca *Verdicchio di Matelica Riserva Mirum* 2004

ラ・モナチェスカ
ヴェルディッキオ・ディ・マテリカ・リゼルヴァ・ミルム 2004

産地 イタリア、マルケ
特徴 辛口白ワイン、アルコール分14％
葡萄品種 ヴェルディッキオ

　貯蔵向きのイタリアの白ワインはほとんどないが、アジィエンダ・アグリコーラ・ラ・モナチェスカのミルムは、かなり長期の貯蔵に必要な要素（豊かな果実味と酸）を持っている。

　ミルムの葡萄を産するのは、海抜400ｍを超すマテリカ・コムーネ内にある主に粘土質土壌の3haの畑。収穫はラ・モナチェスカの基本的なヴェルディッキオよりかなり遅く、たいてい10月の最後の2週間に行われるので、葡萄は過熟気味になっている。オークは使われず、ワインはステンレスタンクで18ヵ月、壜で6ヵ月寝かされてから、収穫の2年後の12月1日にリリースされる。

　ミルム2004の場合、収穫が始まったのは10月25日、名高い1993と同じ日だ。信じられないことに、このワインはすでに1993よりも深い色を呈している。新鮮で若々しい香りにはまだ個性がなく、明らかなのはヴェルディッキオ固有の特徴だけで、これがまた定義が難しいことで有名だ。イタリアワインの専門家であるマイケル・パリー MW は、砂糖漬けのフルーツが1つのしるしだが、レモンシャーベットもこのワインに特徴的だと考えている。アルド・チフォラ氏によると「ヴェルディッキオは香り高い葡萄ではないが、熟成させると非常に面白い」という。14％のアルコール度は高いほうだが、うまく支えられている。焦点が定まった爽快なワインで、将来も非常に楽しみだ。**SG**

🟊🟊🟊　飲み頃：2014年過ぎまで

◀ ラ・モナチェスカは10世紀に修道院だった場所にある。

Château La Rame *Réserve* 1990

シャトー・ラ・ラーム
レゼルヴ 1990

産地 フランス、ボルドー、サント＝クロワ＝デュ＝モン
特徴 甘口白ワイン、アルコール分14.5％
葡萄品種 セミヨン80％、ソーヴィニョン・ブラン20％

　ラ・ラームは現オーナーのイヴ・アルマン氏の両親によって1956年に買い取られ、イヴ自身は1985年に受け継いだ。今日、義理の息子のオリヴィエ・アロ氏が彼を手伝っている。イヴ・アルマン氏は最初から実験に熱心だった。それと同じくらい重要なことだが、アルマン氏は上質のワインを造ると決意している。1980年代、このアペラシオンが産するワインはほとんどが並以下で、風味のない甘めのワインだった。その結果、サント＝クロワ＝デュ＝モンは安く売られていた。

　しかし、そのスタイルのワインは利幅が非常に小さいので将来性がないことに、アルマン氏は気づいていた。彼は収穫量を抑え、徐々に樽熟成を導入し、1998年から樽発酵を始めた。彼の造るワインはつねに近隣の生産者のものよりずっと良質で、とくに樽熟成のレゼルヴにはよい値段が付いた。新樽率が40％を超えることはほとんどない。

　1990年のこのワインはとくに濃厚で、2年間オーク樽で寝かされた。それでもオーク香はワインの中に完璧に溶け込んでいる。ぜいたくなモモの香りには貴腐の特徴がはっきり出ていて、味わいは力強く濃厚だが、生き生きした酸による爽やかさもあり、フィニッシュは非常に長い。**SBr**

🟊🟊　飲み頃：2015年まで

Domaine Labet
Côtes du Jura Vin de Paille 2000

ドメーヌ・ラベ
コート・デュ・ジュラ・ヴァン・ド・パイユ 2000

産地 フランス、ジュラ、コート・デュ・ジュラ
特徴 甘口藁ワイン、アルコール分14.5%
葡萄品種 サヴァニャン、シャルドネ、プールサール

　ラベ家は、ロン・ル・ソーニエ南部ジュラ地方で、最も尊敬されているワイン醸造業者に入る。このドメーヌは、国際市場ではテロワールがはっきりしたシャルドネで知られているが、地元ではつねにヴァン・ジョーヌが注目の的であり、甘口のスタイルを好む人の間ではヴァン・ド・パイユが人気だ。このワインの価値は、アラン・ラベ氏がレシピにしたがって造っているのではなく、過熟したさまざまな区画を選ぶことによって造っているところにある──収穫前の区画もあれば収穫中、あるいは収穫後の区画もある。葡萄の混合率は年によって大きく変わり、2000年はサヴァニャンが62%だった。

　ラベ家は、わらでできた箱で葡萄を乾燥させるという点でも変わっている。たいていの生産者はこの手法をやめて、プラスチックの箱を使っているのだ。したがって、このドメーヌでは葡萄は非常にきれいでなくてはならない。どんなかすかな腐敗も許されない。2000年、葡萄は9月半ばから新年まで干されて、2001年1月25日に圧搾された。ゆっくりした発酵の後、3年近く古い樽で寝かされている。

　このヴァン・ド・パイユの色は琥珀色だが、7%のプールサール種によるかすかな赤みがある。香りはスパイシーかつハチミツのように甘く、オレンジの皮も感じられる。たいがいのジュラのヴァン・ド・パイユよりも甘いが、心地よい柑橘類の酸味があって、スパイシーな風味は長く、見事なほど深い。食前酒としてフォアグラやトーストにのせたブルーチーズと合わせるのがよいが、アプリコットのタルトとも見事にマッチするし、もっと年を重ねれば、ダークチョコレートのデザートとピッタリだろう。WL

🍷🍷🍷 飲み頃：2030年まで

果汁を濃縮させるためにわらのマットの上で干されている葡萄。➡

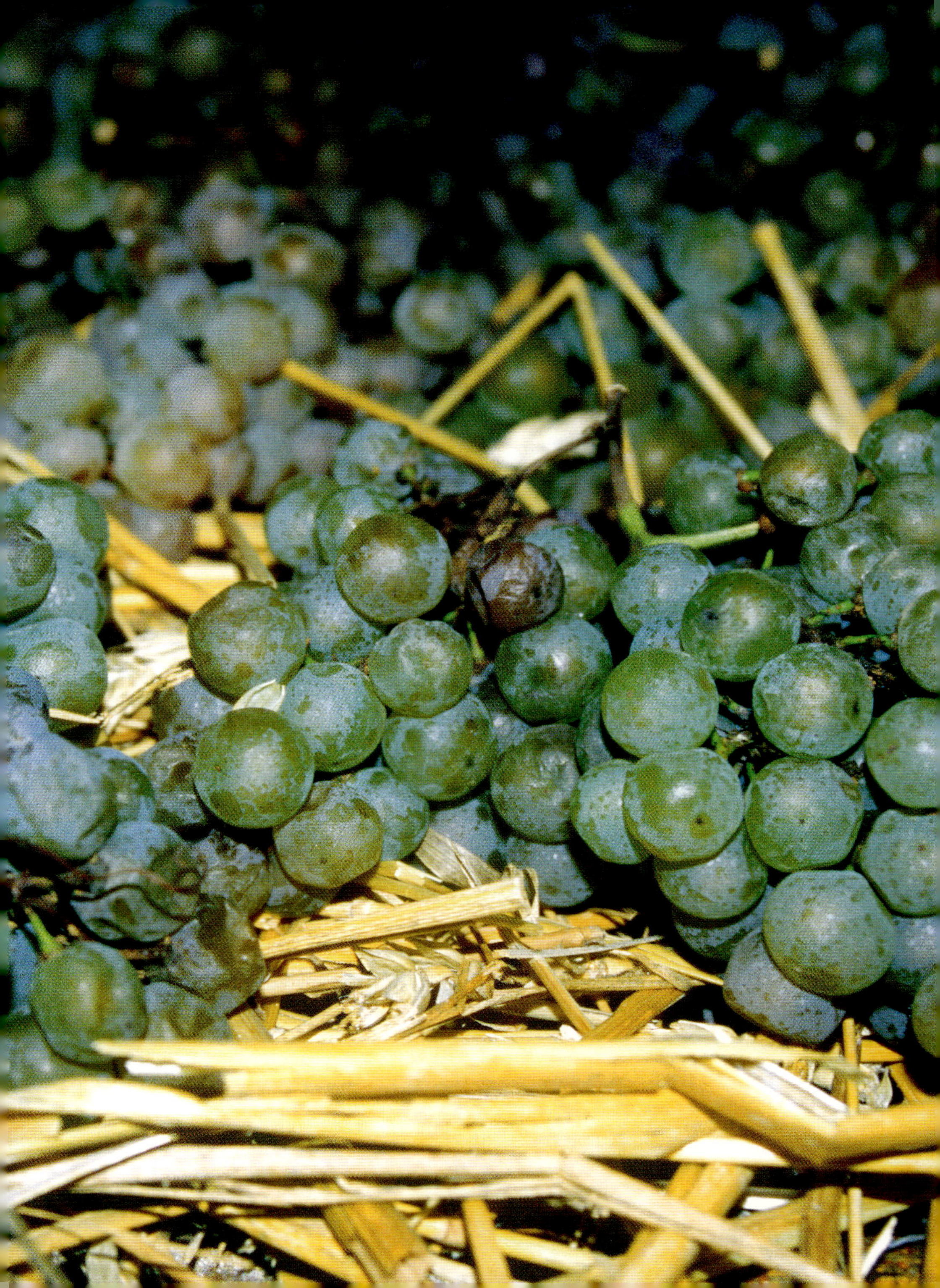

Château Lafaurie-Peyraguey 1983

シャトー・ラフォリ=ペラゲ 1983

産地 フランス、ボルドー、ソーテルヌ、ボンム
特徴 甘口白ワイン、アルコール分14%
葡萄品種 セミヨン90%、Sブラン8%、ミュスカデル2%

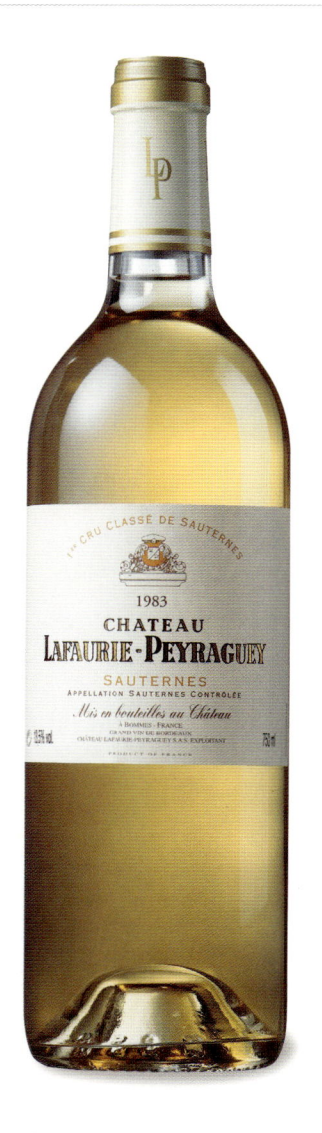

この見事な40haの土地は、17世紀にはシャトー・ラフィットと同じオーナーだったが、1917年にネゴシアンのコルディエ社に買収された。1996年にコルディエから買い取ったスエズの会社は、ワイナリーの運営を促進するために建物を追加した。1963年から責任者を務めてきたミシェル・ラポルト氏は、2000年に息子のヤニックにその任を引き継いだ。

葡萄の樹齢は平均40年、植え直しが必要なとき、ラポルト親子は最も生産力が低いクローンと台木を選んでいる。畑はあちこちに散らばっているので、合わせてブレンドできる多種多様なワインが生まれる。だからこそ、ラフォリでは難しいヴィンテージにも、たいてい並はずれたワインが造られるのだ。マストの平均比重が21%以上ある、完熟して貴腐化した葡萄だけを摘み取ることが目標とされ、アルコール度が14%程度、残留糖が100g以上のワインができ上がる。2003年以降、選別台がワイナリーに導入され、黒く腐敗している果粒がないかどうか各房の内部までチェックできる。ワインは樽発酵され、新樽3分の1で18ヵ月ほど寝かされる。

1983は若いときも美味しかったが、今もやはり美味しい。柑橘系だった香りが、今ではマーマレードを彷彿とさせるようになっているが、味わいは相変わらずコクがあり、クリーミーでモモを思わせ、魅力的な酸味と長いオレンジのフィニッシュがある。いまだに活気を保っているが、それがこのすばらしい安定したワイナリーの特質だ。**SBr**

☻☻☻ 飲み頃：2018年まで

さらにお勧め
他の優良ヴィンテージ
1986・1988・1989・1990・1996・1997・2001
他のソーテルヌの生産者
シャトー・フィロー、シャトー・ギロー シャトー・リューセック、シャトー・スデュイロー

第2次大戦中に造られて生き残ったラフォリ=ペラゲ。

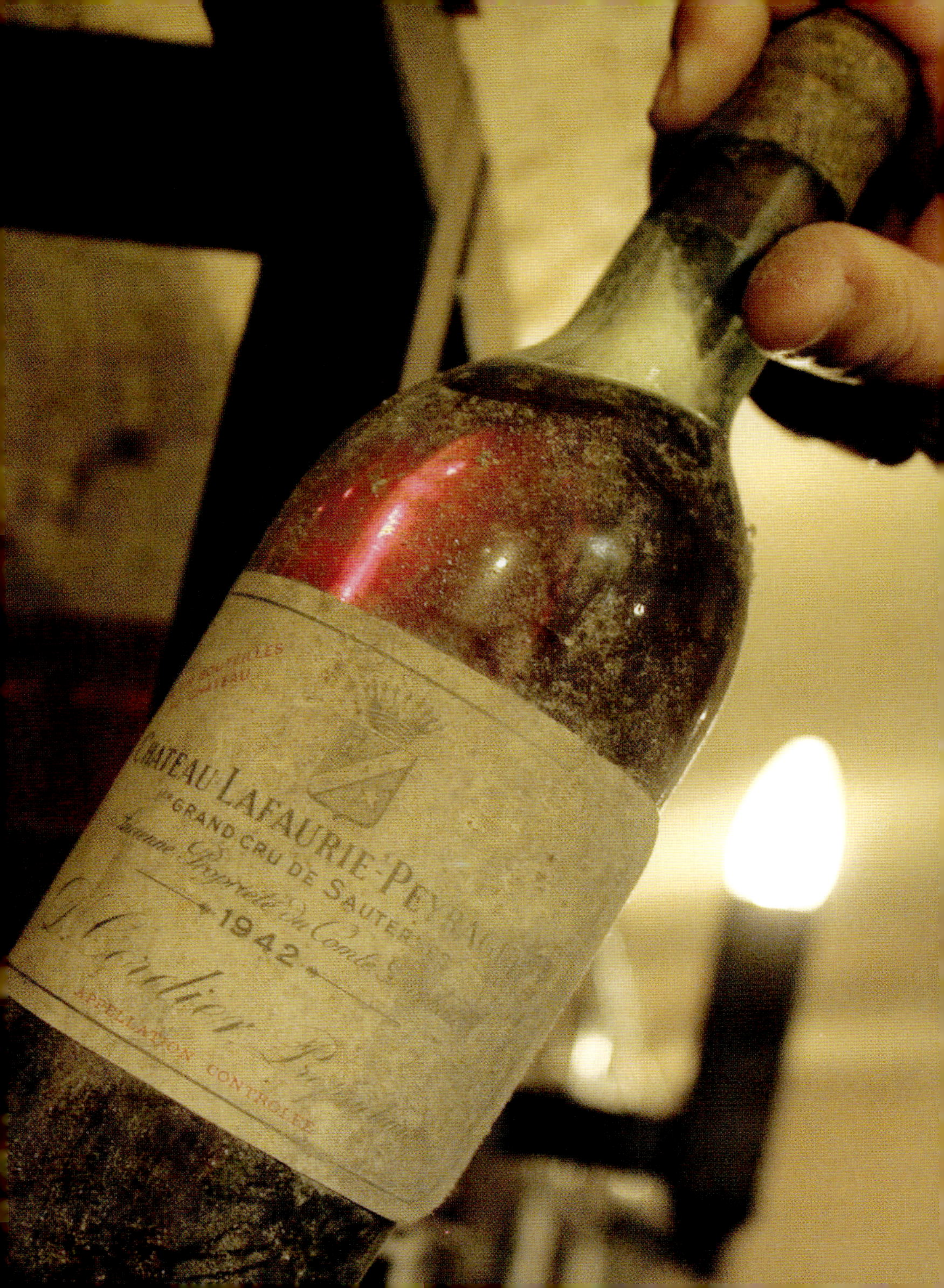
1942
APPELLATION CONTROLEE

Héritiers du Comte Lafon
Mâcon-Milly-Lamartine 2005
エリティエール・デュ・コント・ラフォン
マコン=ミリー=ラマルティーヌ 2005

産地 フランス、ブルゴーニュ、マコネ
特徴 辛口白ワイン、アルコール分13%
葡萄品種 シャルドネ

　ドミニク・ラフォン氏がムルソーの家族ワイナリーを飛び出して、ブルゴーニュでももっと地味なマコン地区にあえて事業を広げると聞いて、多くのワイン収集家は驚いた。1999年8月末、彼はそこのドメーヌ・ジャニーヌ・エマヌエルを買い取ったのだ。8haの畑の半分は、マコン北西部の小さな村、ミリー=ラマルティーヌ近くの石灰質粘土の2区画。この村は有名な18世紀のフランス詩人、アルフォンス・ド・ラマルティーヌの故郷だ。

　植えられたのは、ムルソーで使われているのと同じ白品種のシャルドネだけで、彼のワイン造りの自然な延長だった。なにしろ、ラフォン氏は1984年に醸造家として家族のワイナリーに戻る前、仲介業者のベッキー・ワッサーマン女史とマコンで働いていたのだ。「ここには開発されるべきすばらしい潜在力があると思う。コート・ドールにはもう伸びしろがほとんどない」と彼は言う。

　ラフォン氏はムルソーでやっているのと同じように、バイオダイナミック農法で畑を育て、手作業で摘み取っている。しかしここでは地元の伝統にしたがって、よりフルーティーなワインにするための大きめの樽を発酵に使っている。ラフォン氏の言うように、「これは小ムルソーではなくて、大マコンだ」。 **JP**

🍷🍷 飲み頃：2012年まで

Domaine des Comtes Lafon
Meursault PC Genevrières 1990
ドメーヌ・デ・コント・ラフォン
ムルソー・PC・ジュヌヴリエール 1990

産地 フランス、ブルゴーニュ、コート・ド・ボーヌ
特徴 辛口白ワイン、アルコール分13.5%
葡萄品種 シャルドネ

　ジュール・ラフォン伯爵は最高の畑——ル・モンラッシェのほかにムルソー・シャルム、ジュヌヴリエール、ペリエール——の所有権に投資しただけでなく、各畑の中でも最適の場所を買う機知もあった。そのため、ラフォン家がジュヌヴリエールに所有しているのは畑の上のほうで、ペリエールの区画に非常に近い。ラフォン家は1.7haのジュヌヴリエールを所有しているが、1990年の収穫時にはすべてが古木で、最も若い樹が1946年に植えられたものだった。レ・ジュヌヴリエールの名は、かつてその地に広がっていたジュニパー（ビャクシン）の茂みに由来する。広さは合わせて16.5ha、ミネラル分で知られている。軽い表土には基盤岩から派生した小さい石が混ざっている。

　ドミニク・ラフォン氏は、この1990が造られたときには単独でドメーヌの責任者になっていた。彼は伝統にのっとり、ムルソーの地下深くにある冷涼なセラーでの長期樽熟成を続けているが、新樽の量を減らしている。実際、今のワインは樽熟成で迎える2回目の冬に、澱引きされて古い樽に移される。1990は穏やかな黄金色で、ほのかなビスケットの香りがぱっとわき出る。口に含むと香味には見事な深みがあり、新鮮なミネラルの流れも感じられる。 **JM**

🍷🍷🍷🍷🍷 飲み頃：2010年過ぎまで

Domaine des Comtes Lafon
Le Montrachet Grand Cru 1966

ドメーヌ・デ・コント・ラフォン
ル・モンラッシェ・グラン・クリュ 1966

産地 フランス、ブルゴーニュ、コート・ド・ボーヌ
特徴 辛口白ワイン、アルコール分13%［ラベルで確認］
葡萄品種 シャルドネ

　ワイナリーの現支配人の父であるルネ・ラフォン氏が造った、このすばらしいワインには、個人的な思い出話がある。サセックスのグレート・ディクスターで知られるクリストファー・ロイド氏は私の名付け親で、私は長年彼のセラーのカートンやクモの巣の中をぶらついていた。1996年のある日、妻がこう尋ねた。「あの古い木の箱には何が入っているの？」「何も入っていないよ」と私は答えた。しかし彼女が勝手にその中を見ると、「何もない」はずが、薄紙で包まれたラフォンのル・モンラッシェ 1966が3本、まったく手を付けられていない状態で見つかった。その涼しいセラーで25年以上も静かに眠っていたのだ。

　クリストロからもらった1本を、私たちは1996年8月に飲んだ。つややかな薄い黄金色で、強くてしかも繊細なブーケには、ハチミツと炒ったナッツとオートミールが香る。並はずれた強さ、すばらしいフィネス、そして絶対的なハーモニーを併せ持つワインだ。深くすっきりしていながら官能的で、穏やかなナッツが香る風味とともに、上質で完璧に調和した酸味があり、繊細なミネラルのアロマが口を満たす。何気なく抑制された活気のあるコクが、すばらしい香りとともに長い間口の中で残る。30歳を迎えて完璧な熟成を見せていた。不自然なところがまったくなく、その出来ばえは驚異的だった。**MS**

🍷🍷🍷🍷 飲み頃：2016年まで

Alois Lageder
Löwengang Chardonnay 2003

アロイス・ラゲーデル
レーヴェンガング・シャルドネ 2003

産地 イタリア、アルト・アディジェ
特徴 辛口白ワイン、アルコール分13%
葡萄品種 シャルドネ

　アロイス・ラゲーデル氏の家族は、彼の曽祖父がボルザーノの町にセラーを開いた1855年からずっと、ワイン造りに携わっている。アロイス・ラゲーデル氏もワイナリーの醸造家も環境への意識が高く、新しいワイナリーはその考えにしたがって設計されている。葡萄とマストの処理にも省エネ主義が生きていて、重力に依存しているため、セラーの中央にある醸造タワーは高さが15m近くある。

　レーヴェンガング・シャルドネの葡萄が収穫されるマグレ村とサロルノ村の畑は、高度が244mから457mまで幅がある。これだけの高度では昼夜の気温差が大きくなり、それが香りと酸を保つのに役立つ。土壌は主に砂質で小石が多いが、石灰石に富んでいる。

　このワインはほのかに緑がかった明るい黄金色。香りは複雑になりかけているが、初めは非常に硬い傾向があるので、30分前にデキャントしておくのがよい。トロピカルフルーツとヴァニラの柔らかい香りがあるが、オーク樽熟成による繊細なナッツとトーストの風味もある。コクのあるテクスチャーだが、非常にエレガントで生き生きした味わいだ。**AS**

🍷🍷 飲み頃：2012年まで

White wines

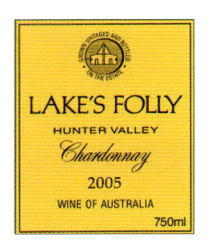

Lake's Folly
Chardonnay 2005

レイクス・フォリー
シャルドネ 2005

産地 オーストラリア、ニュー・サウス・ウェールズ、ハンター・ヴァレー
特徴 辛口白ワイン、アルコール分14%
葡萄品種 シャルドネ

　アメリカ生まれのマックス・レイク氏は1963年にハンター・ヴァレーにレイク・フォリーを設立し、ブティックワイナリーによる「週末ワイン造り」現象に弾みをつけた。この地域はシラーズとセミヨンのほうがよく知られている。彼が最初に植えたのはカベルネ・ソーヴィニョンとシャルドネだった。「合掌造り」の初代ワイナリーがラベルに記念として描かれている。このワイナリーは自社畑の葡萄だけを使って、たった2種類のワイン——カベルネのブレンドとシャルドネ——を造り続けている。

　レイク氏は外科医としてのキャリアが終わると、ワインと食べ物の世界にどっぷりと浸かった。そして異常なほど熱心に感覚について研究し、見事なまでに風変わりで博学な著書『Scents and Sensuality』と『Food on the Plate, Wine in the Glass』に詳述している。

　1990年代半ばに、シャルドネが焼けつくような高い酸度で造られ、しばしばコルクによって傷んでいた時期があった。しかし2000年にピーター・フォガーティ氏に買収された後、醸造家としてロドニー・ケンプ氏が起用されてから、品質は急上昇している。レイクス・フォリー・シャルドネのスタイルは今、さっぱりと濃厚の境目にあって、それが大衆の人気を集めている。
SG

ⓢⓢⓢ　飲み頃：2010年まで

Château Laville Haut-Brion
2004

シャトー・ラヴィル・オー＝ブリオン
2004

産地 フランス、ボルドー、ペサック＝レオニャン
特徴 辛口白、アルコール分13.5%
葡萄品種 セミヨン81%、Sブラン16%、ミュスカデル3%

　ラ・ミッション・オー＝ブリオンの畑の中に埋もれるように、ラヴィル・オー＝ブリオンとして知られる伝説の白ワインを生産する小さな区画がある。畑の中にはさまざまな品種が混在していて、畑の管理者は、収穫する人たちが品種を見分けられるように、個々の樹に旗で目印を付けなくてはならない。平均樹齢はおよそ50年だが、最も古いものは1934年に植えられている。

　1983年にオー＝ブリオンのディロン家に売却されてから、オー＝ブリオンのチームはこのワインの単独性を維持し、オー＝ブリオン・ブランとは区別している。1990年代に、ワインは樽発酵されるだけでなく、オーク樽で15ヵ月ほど寝かされるようになった。かつてのラヴィルは硫黄が大量に加えられていて、若いうちに美味しく飲むことは不可能だった。今では硫黄はかなり軽くなっているが、それでも熟成によってよくなるワインだ。

　2004はすこぶる順調だったヴィンテージで、このワインでしばしば際立つ特徴的なスパイシーさとオーク香だけでなく、よく熟れた果実の香りが発散する。舌触りはなめらかで、果実味は円熟しているのに純粋で、オークがうまくワインに溶け込んでいるうえ、並はずれた余韻を残す。力強さも潜在力も高いラヴィル・オー＝ブリオンだ。**SBr**

ⓢⓢⓢⓢ　飲み頃：2025年まで

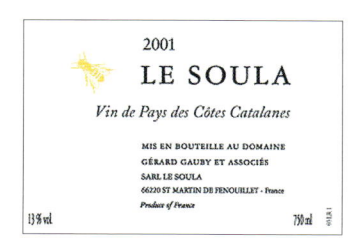

Le Soula *Vin de Pays des Côtes Catalanes Blanc* 2001

ル・スーラ
ヴァン・ド・ペイ・デ・コート・カタラン・ブラン 2001

産地 フランス、ルーシヨン
特徴 辛口白ワイン、アルコール分13％
葡萄品種 Sブラン35％、グルナッシュ・ブラン35％、その他30％

　葡萄畑の一番重要な区画にちなんで名づけられたル・スーラは、イギリス人輸入業者のリチャーズ・ウォルフォード氏、ドメーヌ・ラゲールのエリック・ラゲール氏、そしてカルスにあるドメーヌ・ゴビーのジェラール・ゴビー氏の共同事業である。すべての土地で有機栽培が行われているのは、ゴビー氏のカルスの畑と同じだ。

　ゴビー氏はこの地域の北西部、アグリ川流域にある別の葡萄栽培者を訪問しているとき、カルスにない2つの要素に気づいた。1つは高度、もう1つは、エルミタージュ丘陵に見られるような、浸食されて分解した花崗岩に石灰石が混ざった土壌だ。これがワインに独特の顕著なミネラル香を与える。この高度と土壌の組み合わせが、ワインのスタイルに強く影響している。涼しい夜が成熟過程を遅らせるので、香味が十分に進化し、石灰質の土壌は酸と新鮮さを保つのに役立つ。

　ル・スーラは、マルサンヌ、ルーサンヌ、グルナッシュ・ブラン、シュナン・ブラン、そしてベルメンティーノのブレンド。成熟度と濃度は非常に印象的で、新しいオークが豊かに感じられるが、強いエキゾチックな果実味でバランスが保たれている。爽やかな酸のバックボーンと十分に力強いフィニッシュが、このワインは数年間快適に熟成することを示している。**SG**

🅢🅢🅢🅢　飲み頃：リリース時から5年以内

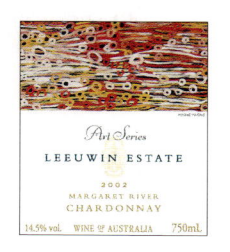

Leeuwin Estate *Art Series Chardonnay* 2002

ルーウィン・エステート
アート・シリーズ・シャルドネ 2002

産地 オーストラリア、西オーストラリア、マーガレット・リヴァー
特徴 辛口白ワイン、アルコール分14.5％
葡萄品種 シャルドネ

　1972年、アメリカのワイン醸造家ロバート・モンダヴィ氏は、高品質のワインを造るのに適した地域をオーストラリアで徹底的に探した末、後にルーウィンの葡萄畑になる場所を見つけた。ワイナリーは1978年に開業し、1979年に最初の市販用ヴィンテージをリリースする。

　ルーウィン・エステートが所有する40haのシャルドネの畑は、異なる10のブロックに分かれていて、収穫時には小さい区画に分離される。「ブロック20」がつねに「アート・シリーズ」シャルドネ・ワインのベースでありバックボーンである。アート・シリーズはルーウィンのワインの中で最も肉付きがよく熟成向きで、オーストラリア有数の現代アーティストが依頼されて描いた絵が特徴的だ。

　アート・シリーズ・シャルドネは一般に、オーストラリアで最上級の白ワインとされていて、ラングトンの格付けで「Exceptional」（最高評価）に分類されるわずか2本の白ワインのうちの1本。2002は非常に淡い緑金色で、オーク由来のココナッツと白桃の香りが鼻をくすぐる。力強く豊かな果実味は、モモとクリームを思わせる。濃厚に近いスタイルだが、10年以上は新鮮さとバランスを保てるだけの酸味もある。フィニッシュはとてもリッチだ。**SG**

🅢🅢🅢🅢　飲み頃：2012年過ぎまで

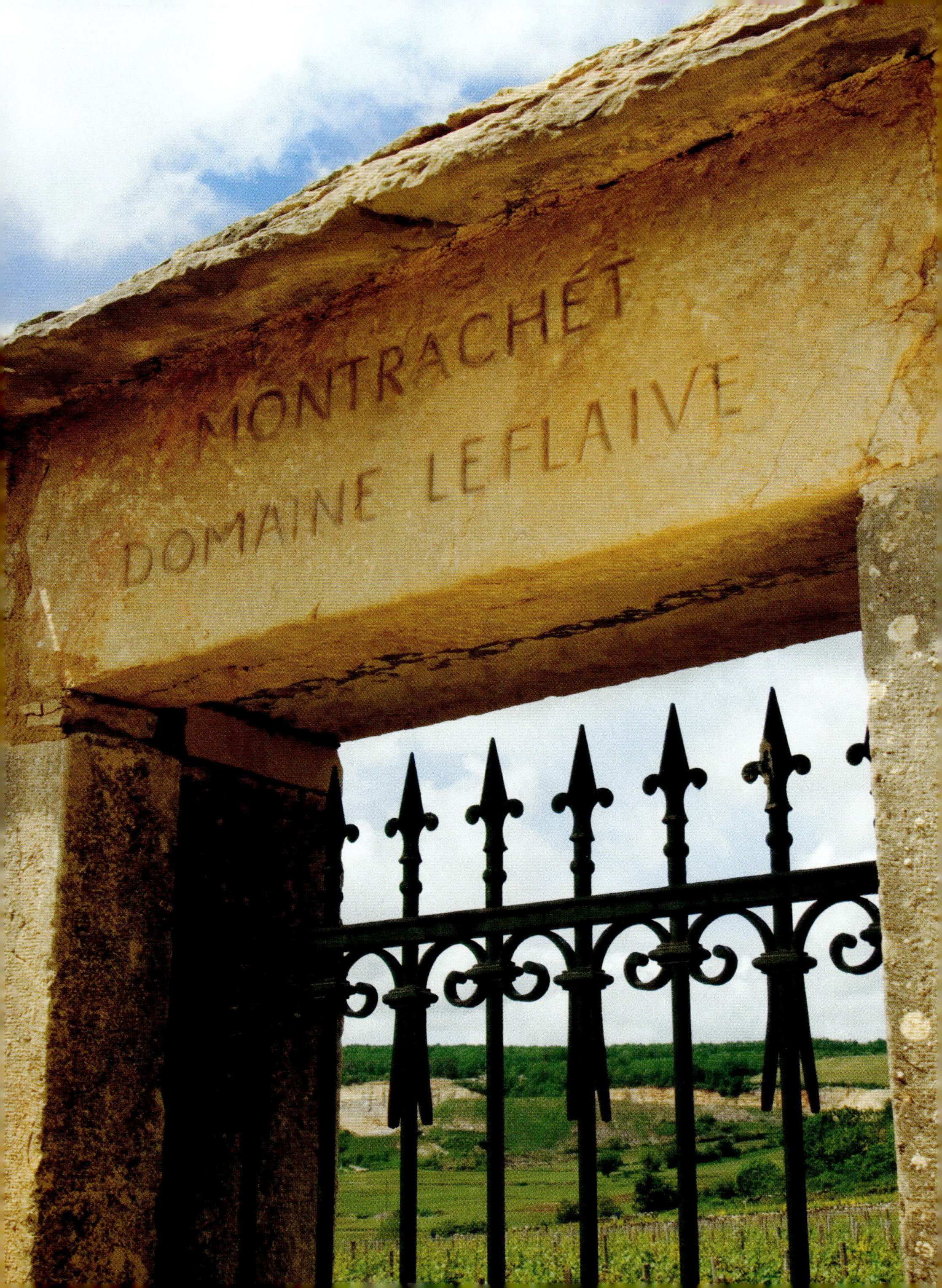
MONTRACHET
DOMAINE LEFLAIVE

Domaine Leflaive *Puligny-Montrachet PC Les Pucelles* 2005

ドメーヌ・ルフレーヴ
ピュリニー=モンラッシェ・PC・レ・ピュセル 2005

産地 フランス、ブルゴーニュ、コート・ド・ボーヌ
特徴 辛口白ワイン、アルコール分13.5%
葡萄品種 シャルドネ

　ルフレーヴ家はブルゴーニュに1580年から、そしてピュリニーに1717年から在住している。ルフレーヴは間違いなくピュリニーで最も優秀なドメーヌであり、プルミエ・クリュのクラヴォワヨン、コンベット、フォラティエール、ピュセルのほか、グラン・クリュのバタール=モンラッシェ、ビアンヴニュ=バタール=モンラッシュ、シュヴァリエ=モンラッシュ、そしてル・モンラッシェそのものもごく一部も所有している。

　「乙女」を意味するレ・ピュセルは、レ・カイユレやドゥモワゼルと並んで、ピュリニーのプルミエ・クリュ畑の最高峰である。バタール=モンラッシェに隣接していて、ワインは同じくらい濃厚だがもう少し外交的で、花の香りがあって生き生きしている。ルフレーヴ家は6.8haのこの畑のうち3haを所有していて、間違いなく最高の手本となるワインを造りだしている。

　2005年は、ピエール・モレー氏率いるドメーヌ・ルフレーヴのチームにとって、すべてが完璧に進んだ。生育期は晴れて乾燥し、陽光がさんさんと降り注いだが、暑すぎることはなく、それが理想的な9月まで続いた。ドメーヌ・ルフレーヴのピュリニー=モンラッシェ・レ・ピュセル2005は、花の香りが際立ち、無限のエネルギーを秘めている。緊張感のあるきっちりした最高クラスのワインで、驚異的な持続性があり、長期間の貯蔵が報われるだろう。**JM**

🟢🟢🟢🟢🟢　飲み頃：2011年-2020年

← モンラッシェのドメーヌ・ルフレーヴの区画に通じる入口。

Lenz *Gewürztraminer* 2004

レンズ
ゲヴュルツトラミネール 2004

産地 アメリカ、ニューヨーク、ロング・アイランド
特徴 辛口白ワイン、アルコール分13%
葡萄品種 ゲヴュルツトラミネール

　ロング・アイランドはつい最近、本格的なワイン生産地として頭角を現し始めた。香り高い白品種が十分に熟し、活気に満ちた香りを放ち、シャルドネに代わる品種になる可能性が高い、より冷涼な気候の土地へと移る小規模な生産者が増えたのだ。ここで時代の先を行っていたワイナリーがレンズである。その辛口のゲヴュルツトラミネールは、他と一線を画する純粋な果実味と伸びのある酸味をつねに示している。

　1978年に設立されたレンズは、ロング・アイランドで最も古いワイナリーに入るが、本当の意味でプロになったのは、オーナーのピーター・キャロル氏が、微生物学者が転じてワイン醸造家となったエリック・フライ氏をフィンガー・レイクスから引っ張ってきてからのことだ。彼のメルローは、この品種のロング・アイランドらしい表現である、ラズベリーとタバコの香味で人を引きつける。

　香りを十分に成熟させるため、フライ氏は摘み取りを遅らせているが、ぶどうをクラッシュさせる彼はそれを非常に巧みにやるので、ワインは調和がとれてまとまる。アロマの複雑さを高めるために、数種類の酵母が使われていて、そのテクニックが産地の涼しさとあいまって、爽やかで花の香りがするワインを造りだす。極上のライチとスパイスが感じられる、つねにロング・アイランドのトップに並ぶワインだ。**LGr**

🟢　飲み頃：2010年まで

White wines | 273

Llano Estacado *Cellar Reserve Chardonnay* 2004
ラノ・エスタカド　セラー・リザーヴ・シャルドネ 2004

産地　アメリカ、テキサス
特徴　辛口白ワイン、アルコール分13%
葡萄品種　シャルドネ90%、ヴィオニエ10%

　このワイナリーはテキサス州パンハンドル地方の高原に、テキサス大学の園芸学者などを当初のパートナーとして、1976年に設立された。葡萄樹は1978年に植えられた。30年ほど経ったときには、オーナーの株主は40人近くになっていた。1980年代初めにはすでに、かなりシンプルではあるが良質のワインを生産し、ワインの大量生産とイノベーションを結びつけることを目標としていた。したがって、おそらくテキサスのワイナリーとしては初めてローヌ種のワインを造り、ミクロ・オキシジェナシオン（微量の酸素を送り込む手法）などの最新技術をワイン造りに利用した。

　生産品のほとんどが安価な大衆商品であるにしても、ラノ・エスタカドは本格的な説得力のあるワインも造っている。たとえば、ヴィヴィアーノはカベルネ・ソーヴィニョン70%とサンジョヴェーゼ30%のブレンドで、小さなオーク樽で3年近く熟成される。ルボックにあるワイナリーの近くにいくつか自社畑があるが、葡萄のほとんどは州内の他の場所、あるいはニューメキシコやカリフォルニアのような他の州から供給される。

　ラノ・エスタカド・シャルドネの原料は、テキサス西部およびオースティンのすぐ西にあるヒル・カントリーから運ばれてくる。最高級のリザーヴ・シャルドネはテキサス西部のモン・セック畑のものだ。樽発酵され、8ヵ月以上樽熟成される。2004はバター風味のモモのシロップの香りがする。口に含むと、魅力的な滑らかさと爽やかな酸味があるが、これはすぐに楽しむためのワインだ。**SBr**

$ $　飲み頃：2010年まで

さらにお勧め
他の優良ヴィンテージ
2003・2005
同生産者のワイン
セラー・リザーヴ・カルベネ・ソーヴィニョン、セラー・リザーヴ・メルロー、セラー・リザーヴ・ポルト、ヴィヴィアーノ

テキサスのパンハンドルに見られる自動灌漑機。

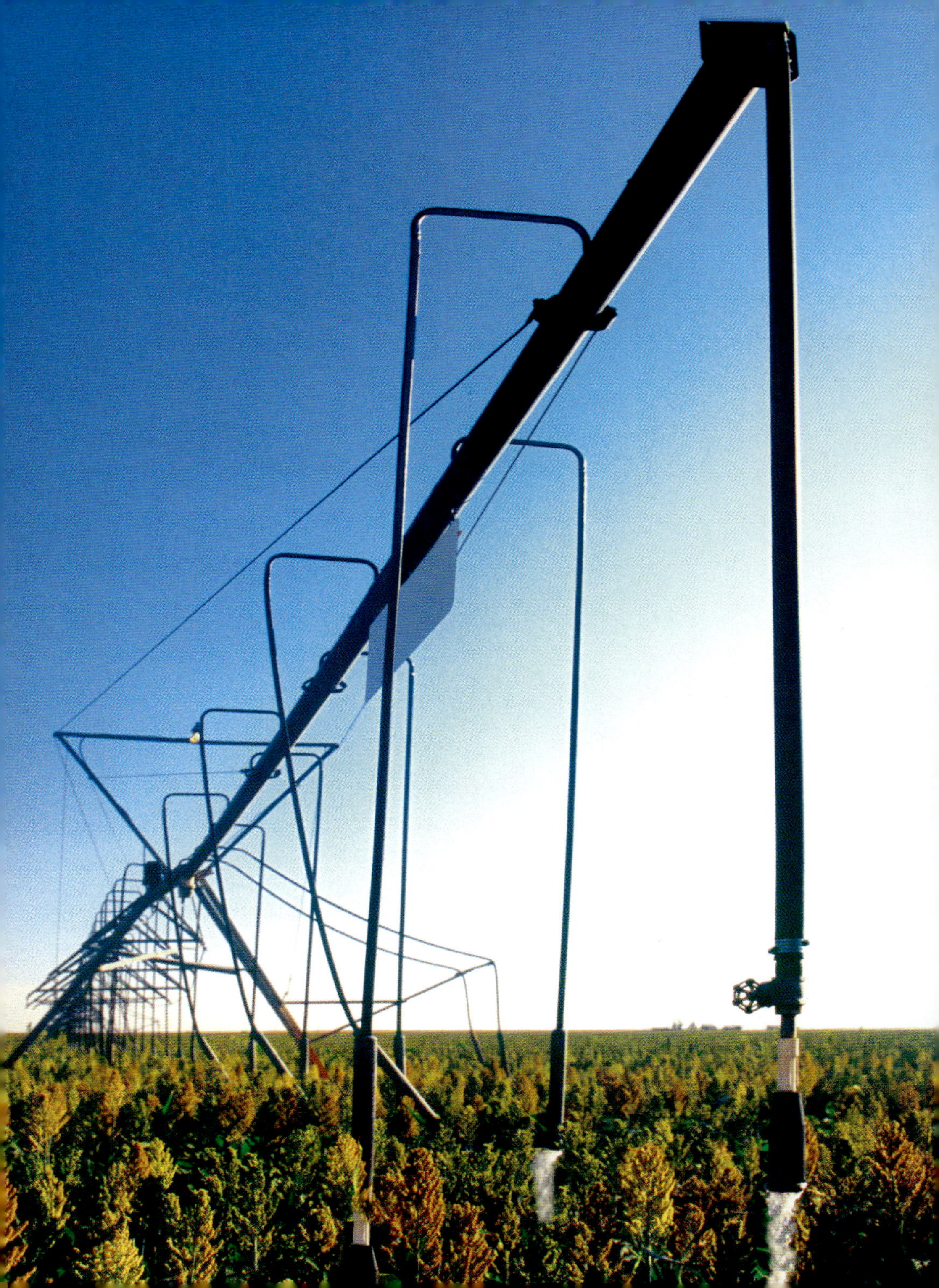

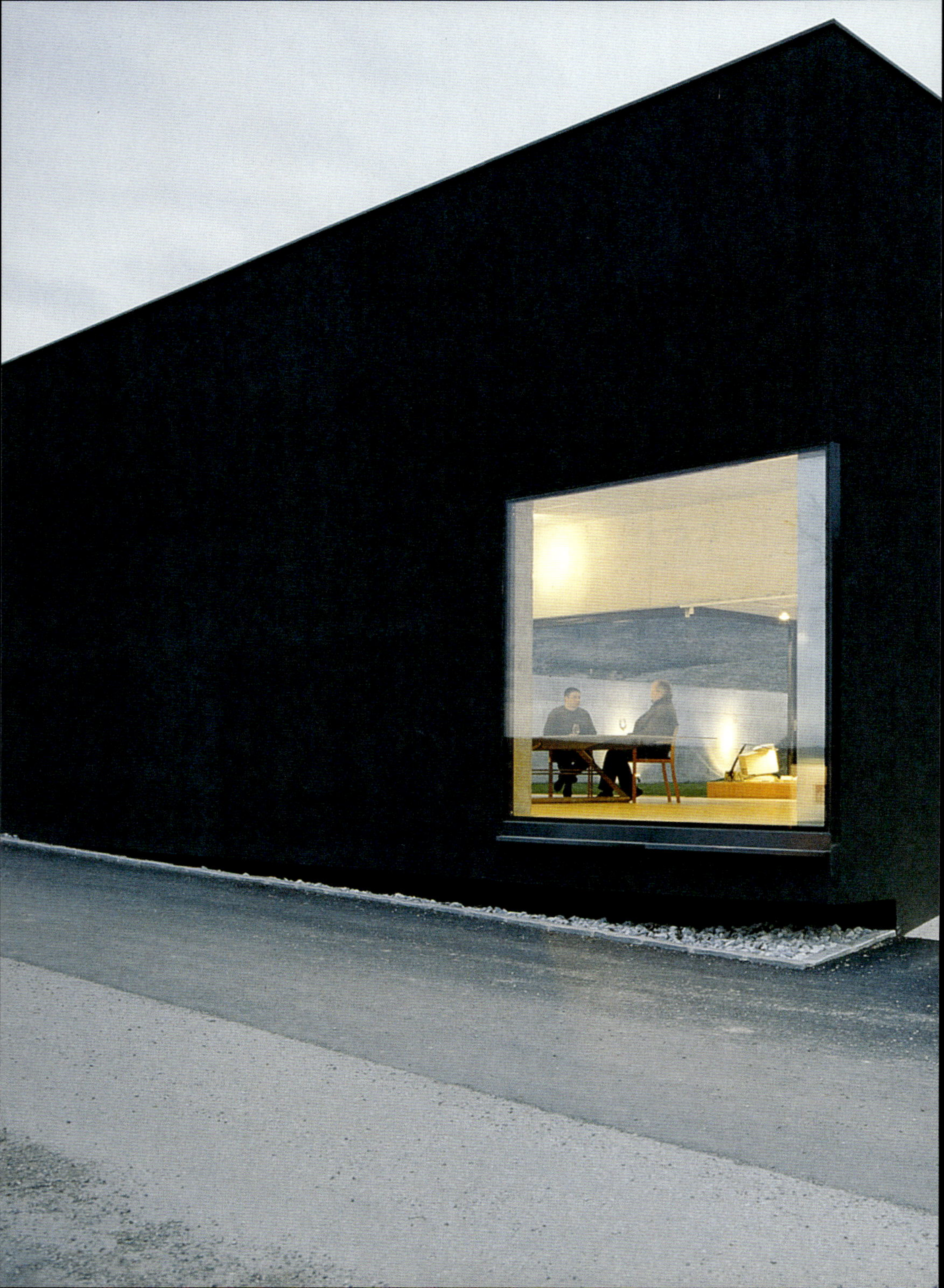

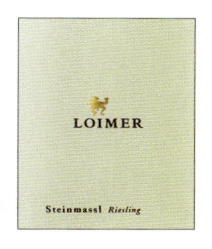

Loimer
Steinmassl Riesling 2004
ロイマー
シュタインマッスル・リースリング 2004

産地 オーストリア、カンプタール
特徴 辛口白ワイン、アルコール分13%
葡萄品種 リースリング

　ランゲンロイス周辺は、地質の多様性と抜群のテロワールに恵まれているが、町の西にも、細いロイスバッハ川の近くにロイザー・ベルクやシュタインマッスルなど格別の畑がずらりと並んでいる。

　シュタインマッスルはかつて採石場だった。風から守られた雲母片岩塊が、際立って洗練されたリースリングを遅く収穫するのに好適な環境を提供する。このリースリングが開花するには、澱の上と壜の中でかなりの時間を必要とする。2004年、困難で長引いた収穫の間、醸造家のフレッド・ロイマー氏はそのヴィンテージがすばらしいものになると思っていなかったし、単一畑として壜詰めするに値するという確信さえなかった。しかしワインは見事に開花し、貴腐化しがちで慎重を要する危なっかしいこの年に、忍耐を実践した生産者のワインらしく、隅から隅まで魅力にあふれている。

　ロイマー氏のシュタインマッスル2004は、舌触りのクリーミーさ、すがすがしい透明感、そしてほのかなミネラル感の組み合わせが印象的で、しかもまるで赤ワインのような小さなイチゴと赤いラズベリーの香りもある。ロイマー氏の手にかかったリースリングは、2004というヴィンテージそのものと同じように、驚きに値する。**DS**

🍷🍷 飲み頃：2015年まで

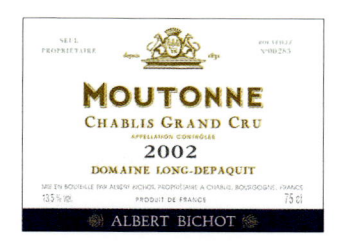

Domaine Long-Depaquit
Chablis GC La Moutonne 2002
ドメーヌ・ロン=デパキ
シャブリ・GC・ラ・ムートンヌ 2002

産地 フランス、ブルゴーニュ、シャブリ
特徴 辛口白ワイン、アルコール分13%
葡萄品種 シャルドネ

　ラ・ムートンヌは不思議なクリマ（葡萄畑を指すブルゴーニュの言葉）だ。グラン・クリュであり、単独所有なのに、2つの公式のグラン・クリュにまたがっている。大部分はヴォーデジールの中心部をなす円形の窪地にあるが、一部が隣のプルーズに重なっている。広さは合わせて2.35ha。

　畑は1791年、元修道院長の兄弟にあたるシモン・デパキ氏（当時の綴りはDepaquay）に買い取られる。それからずっと彼の後継者が所有していたが、1970年、ロン=デパキ社とその畑は、ボーヌの商社アルベール・ビショーの手に渡った。最近修復されたロン=デパキの豪華なシャトー、セラー、オフィス、そしてレセプションルームは、シャブリ中心部の大きな公園の中にある。ドメーヌは今では62haを占め、施設は広大だ。

　シャブリというのは力強く鋼鉄のようで、ミネラル感がはっきりしているはずだが、グラン・クリュの場合、本来のコクを持っていなくてはならない。このワインはその基準となる見本だ。引き締まり、冷たく、落ち着いている。エレガントで、純粋で、バランスがいい。エネルギーにあふれている。このドメーヌを構成する4つの他のグラン・クリュと競い合っているが、明らかにこれが最高のワインである。**CC**

🍷🍷🍷🍷 飲み頃：2009年-2019年

◀ 建築家のアンドレアス・ブルクハルト氏が設計したロイマーのワインセラー。

Dr. Loosen *Ürziger Würzgarten Riesling Auslese Goldkapsel* 2003

ドクター・ローゼン　ユルツィガー・ヴュルツガルテン・リースリング・アウスレーゼ・ゴルトカプセル 2003

産地　ドイツ、モーゼル
特徴　甘口白ワイン、アルコール分8%
葡萄品種　リースリング

「芳醇なこのアウスレーゼは、コクと風味と余韻に格別の奥行きがある。濃厚だが足取りが軽く、アプリコットとライムとハチミツの香味に強さを見せている」。『Wine Spectator』誌のある評者が、エルンスト・ローゼン氏のユルツィガー・ヴュルツガルテン産ゴルトカプセル・アウスレーゼ2003について書いた評だ。尋常でないほど濃密なワインで、極端に暑かったこの年の10月24日に収穫された葡萄のマストは、比重が106エクスレ度、酸は比較的マイルドな（モーゼルにしては）7.8g/ℓ。

極端なヴィンテージだったにもかかわらず、このワインは畑のティピシティと同じくらい堂々と、醸造家の魅力的な特徴を示している。これだけ安定している理由の1つとして、この畑にワイナリーで一番古い接木をされていない葡萄樹があることが挙げられる。

この畑の急斜面（最高65%）は、赤い砂岩と粘板岩土壌のおかげで、モーゼルには無類のテロワールを持っている。したがってヴュルツガルテンのワインは、香りに独特の豊かなミネラル感があるので、この地域の他の最高級畑で生まれるワインとは明らかに違う。そしてこのテロワールの表現ということになれば、エルンスト・ローゼン氏ほどうまくできる人はいない。
FK
🍷🍷🍷　飲み頃：2025年まで

López de Heredia *Viña Tondonia* 1964

ロペス・デ・エレディア　ビーニャ・トンドニア 1964

産地　スペイン、リオハ、ハロ
特徴　辛口白ワイン、アルコール分12%
葡萄品種　ビウラ、マルヴァージア

ボデガ・ロペス・デ・エレディアのグラン・レセルヴァは、スペイン屈指の白ワインだ。確かに親しみやすくはない。アメリカンオーク樽での長期熟成（このグラン・レセルヴァ1964の場合は9年）によって、初心者を当惑させるような格調ある酸化臭が生じるのだ。

しかし、この長期熟成プロセスの前にもさらに2年オーク樽で熟成、後にも何年も壜熟することによって、ワインには間違いようのない特徴が生まれる。鋭くはっきりしたバックボーンが、1964のような伝説的ヴィンテージでは驚異的なレベルに達するアロマと香味の幾重にも重なった層に包まれ、肉付けされる。もっと後のヴィンテージ——鋭さを見せるものもあれば、肉付きのよいものもある——も、いつの日か同じような完璧なストラクチャーに達するかもしれないが、今のところこの1964がロペス・デ・エレディアの最高の白ワインだ。

適度に空気に触れさせたワインは、コクがあり、力強く、外向的で、新鮮で、かすかな酸化臭があり、実に印象的で、新鮮なオレンジの香りとさまざまなスパイス（シナモン、クローヴ、ヴァニラ）と灯油のような香りまで感じる香り高いワインになり、全体がまとまってハーモニーを奏でる。JB
🍷🍷🍷🍷　飲み頃：2025年まで

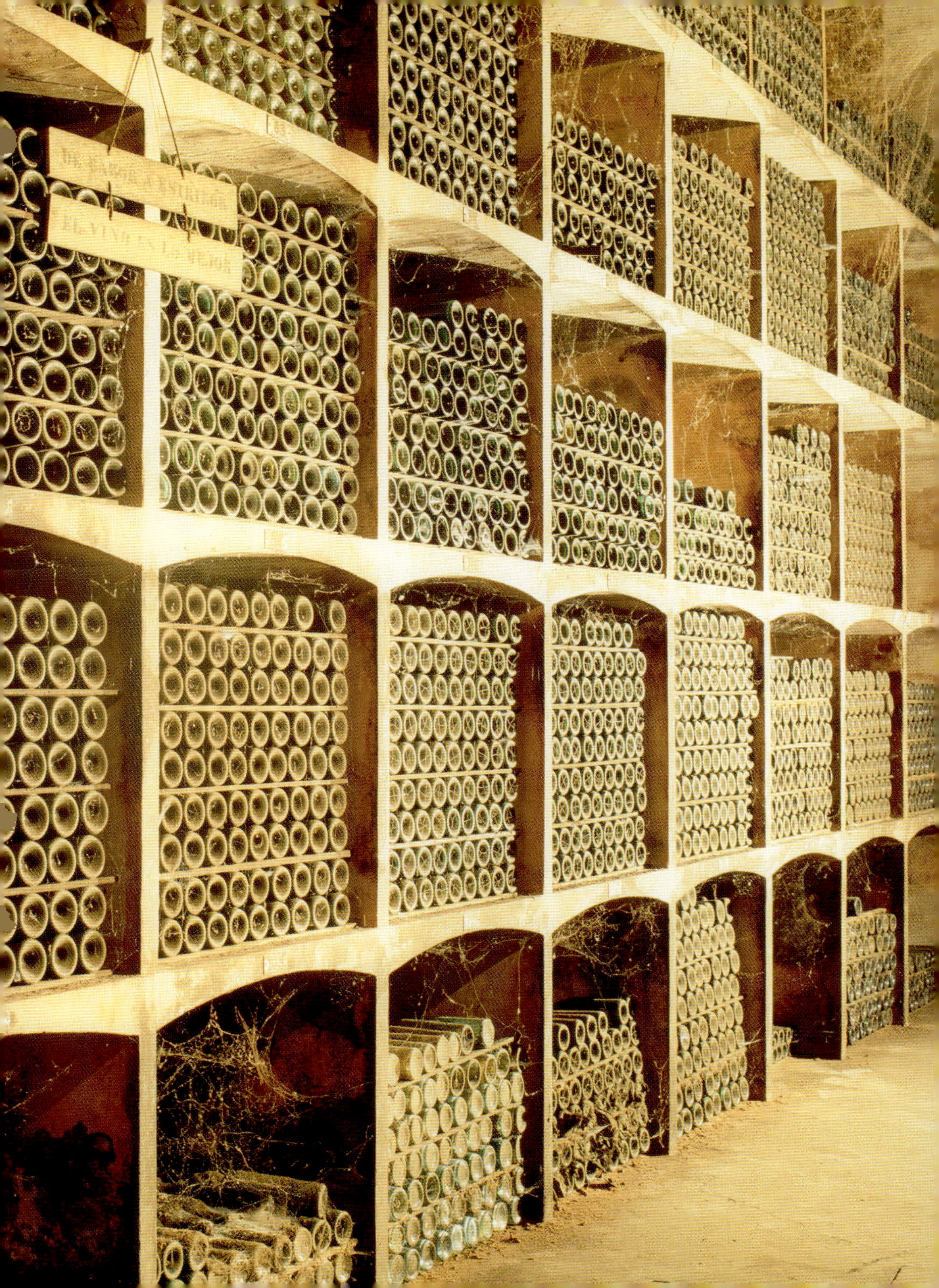

Lusco do Miño
Pazo Piñeiro Albariño 2005
ルスコ・ド・ミニョ
パソ・ピニェイロ・アルバリーニョ 2005

産地 スペイン、ガリシア、リアス・バイシャス
特徴 辛口白ワイン、アルコール分13%
葡萄品種 アルバリーニョ

　ルスコ・ド・ミニョは、ベテラン醸造家のホセ・アントニオ・ロペス・ドミンゲス氏が、アメリカの輸入業者のスティーヴン・メツラー氏とアルムデナ・デ・ラグーノ氏と共同で設立した。しかし2007年、この会社に大改革が起こり、今では精力的なビエルソのワイナリー、ドミニオ・デ・タレスが筆頭株主になっている。

　最高のアルバリーニョは、ただ壜の中で数年間生き延びるだけでなく、特徴とストラクチャーという意味で、まさに絶頂に達する。ルスコ・ド・ミニョには、そういうエリートに入るワインが2本ある。1990年代半ばにDOリアス・バイシャスで起こった品質革命の先頭に立った、ベーシックなキュヴェ――1996年産以降はルスコの名がついている――がある。その一方で、同社はこのパソ・ピニェイロをリリースしている。名前の由来はサルヴァテッラ・ド・ミニョにある畑で、1970年に植えられた5haのアルバリーニョ種は、このハウスの最も重要な財産になっている。

　他のアルバリーニョ・ワインは、若すぎるうえに多収穫の葡萄畑が多いことや、特定の酵母の乱用などに悩まされているが、パソ・ピニェイロはそのような問題とは縁がない。それどころか、このワインは辛口でミネラル感があり、新鮮でフルーティーで、しっかりしていて余韻が長く、生まれてから3年目以降にその価値がさらにはっきり表れてくる。**JB**

🍷🍷 飲み頃：2010年まで、もっと後のリリースは5年以内

Jean Macle
Château-Chalon 1999
ジャン・マクル
シャトー＝シャロン 1999

産地 フランス、ジュラ、シャトー＝シャロン
特徴 辛口黄色ワイン、アルコール分14%
葡萄品種 サヴァニャン

　フランスでは、ヴァン・ジョーヌの生産に限定されたシャトー＝シャロン・アペラシオンは伝説的存在であり、ここ数十年はジャン・マクルのシャトー＝シャロンが最も人気のある実例だ。70歳を超えた今、ジャン・マクル氏は自分のシャトー＝シャロンは壜詰めから10年（収穫から合計17年）経たないうちに飲んではいけないと確信している。

　ドメーヌ・マクルの4haのサヴァニャンは、持続可能な手法で栽培されている。石の多い泥灰土の急斜面で、一部は村の眼下に真南を向いて広がり、一部は南東のメネル・ル・ヴィニョーブル村のほうを向いている。マクル氏によると、満杯でない樽に張っている酵母のベールが、テロワールの違いをならすのだという。樽を保管する場所が熟成プロセスの鍵であり、酵母が正確に働くためには夏の暑さが必要だ。

　1999は、見事に熟成するのに必要なコクとフィネスと高い酸のバランスを実現している。マクルのシャトー＝シャロンはいつもそうだが、色は驚くほど淡い黄金色。香りは繊細で、青リンゴと若い（湿った）クルミ。すっきりと辛口で、口の中に酸味が広がるが、まろやかさとスパイシーさに裏打ちされた柔軟な重みがある。**WL**

🍷🍷🍷 飲み頃：2016年-2050年過ぎ

ボーム・レ・メシューの渓谷を見下ろすシャトー＝シャロン。

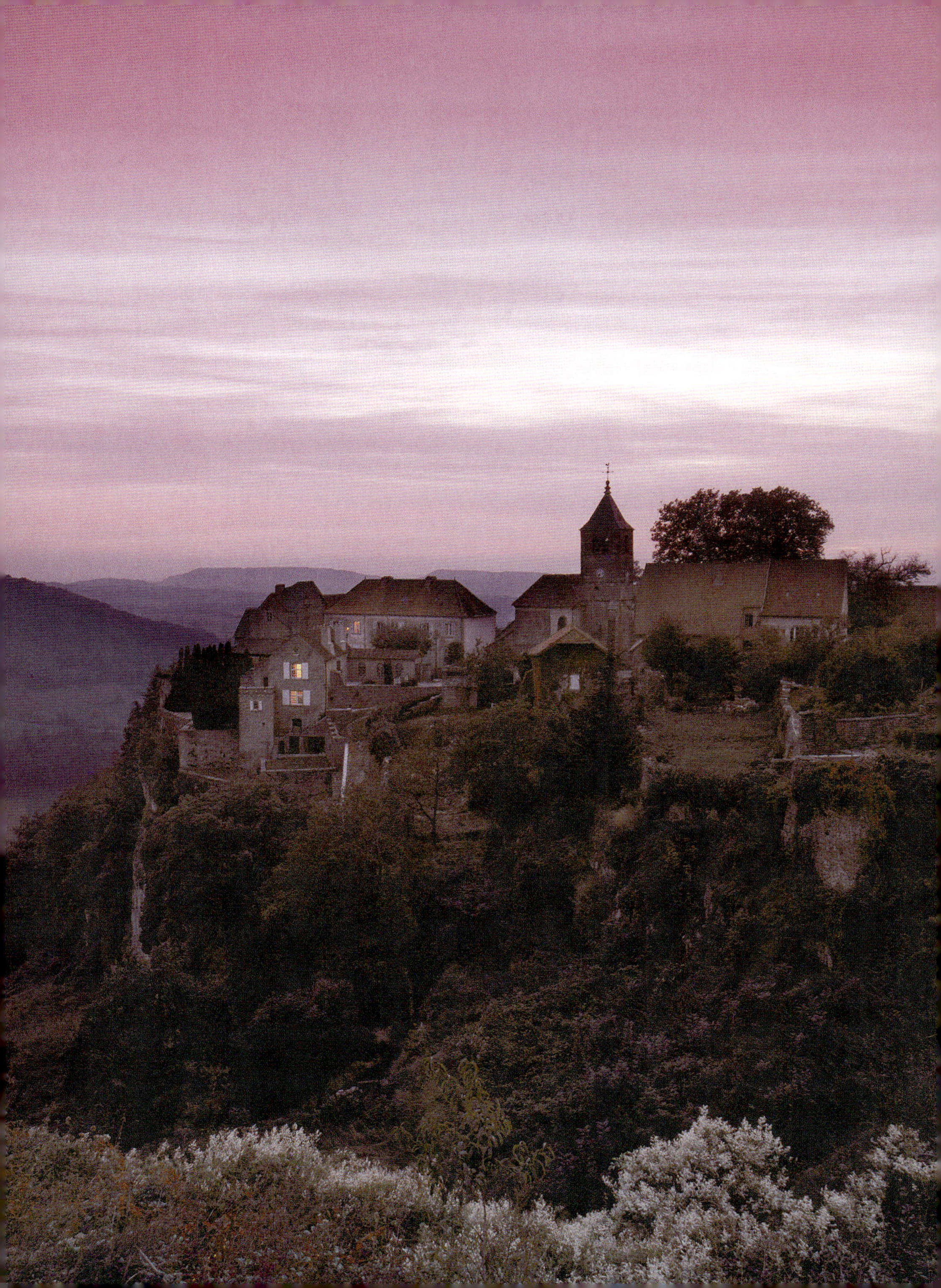

Maculan
Torcolato 2003

マクラン
トルコラート 2003

産地 イタリア、ヴェネト、ブレガンツェ
特徴 甘口白ワイン、アルコール分13%
葡萄品種 ヴェスパイオーロ、トカイ・フリウラーノ、ガルガーネガ

　新しくできたブレガンツェDOC内で事業を営むファウスト・マクラン氏のワインは、独特のスタイルと香味の個性ですぐにそれとわかる。

　トルコラートの生産には3つの重要な過程がある。まず葡萄の貴腐化だが、その度合いは違ってもさしつかえない。次に、葡萄は4-5ヵ月間、垂木に吊り下げられて自然乾燥されてから、圧搾されてゆっくり醸造される。3つめの重要な要素は樽熟成の期間であり、フレンチ（アリエ）オーク樽で18ヵ月寝かされる。ワインはさらに6ヵ月熟成されてからリリースされる。

　このワインは若いときでも深くつやのある黄褐色の人目を引く色をしている。トルコラートは果実味が爆発するワインで、レチョート・デザートワインに期待されるモモとアプリコットとハチミツとともに、トロピカルな香味（マンゴー、パパイヤ、パッションフルーツ）が氾濫する。オークによるヴァニラもあり、イタリアのマンダリンオレンジを思わせる柑橘系の酸の切れも感じられる。壜熟するうちにカラメル風味が特徴的になり、フィニッシュもだんだん新鮮なフルーツからレーズンとヘーゼルナッツとタフィーに変わっていく。これらがすべてすばらしい効果を発揮していると考えられる輝かしい2003は、厳然と進化を遂げるワインだ。**SW**

🅢🅢🅢　飲み頃：2025年過ぎまで

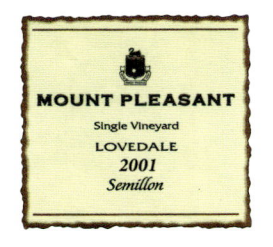

McWilliam's *Mount Pleasant*
Lovedale Semillon 2001

マクウィリアムス
マウント・プレザント・ラヴデール・セミヨン 2001

産地 オーストラリア、ニュー・サウス・ウェールズ、ハンター・ヴァレー
特徴 辛口白ワイン、アルコール分11.5%
葡萄品種 セミヨン

　ラヴデール畑の最初の6haのセミヨンは、1946年に伝説的なモーリス・オシェア氏によって植えられた。この畑は今ではもっとずっと広くなり、他の品種もいくつか植えられているが、とくにやせた小石混じりの砂とシルトに植えられた古木は中核をなし、オーストラリア屈指のラヴデール・ワインには必ず含まれている。

　葡萄は手摘みされ、破砕され、果皮接触なしに水分を排出させる。果汁は2週間冷却されるので、発酵前には不純物がまったくない。醸造責任者のフィリップ・ライアン氏は、ハンターのセミヨンは葡萄栽培と醸造法が向上したおかげで、かつてないほど良質だと確信している。「非常に辛口なのに、中間の味わいに果実味の重みがあるおかげで、果実の甘みがあるとさえ言える」とライアン氏は言う。「セミヨンを若いうちに飲んではいけない理由はない」。彼は現在少量のラヴデールを若いワインとしてリリースしている。6年経ったワインはまだ非常にフレッシュで、レモンと柑橘類とほのかなハーブの香りがあり、バターを塗ったトーストのような壜熟の特徴が、ほんのりと現れ始めたばかりだ。**HH**

🅢🅢　飲み頃：2021年まで

ラヴデールはマウント・プレザント畑内の3区画のうちの1つ。

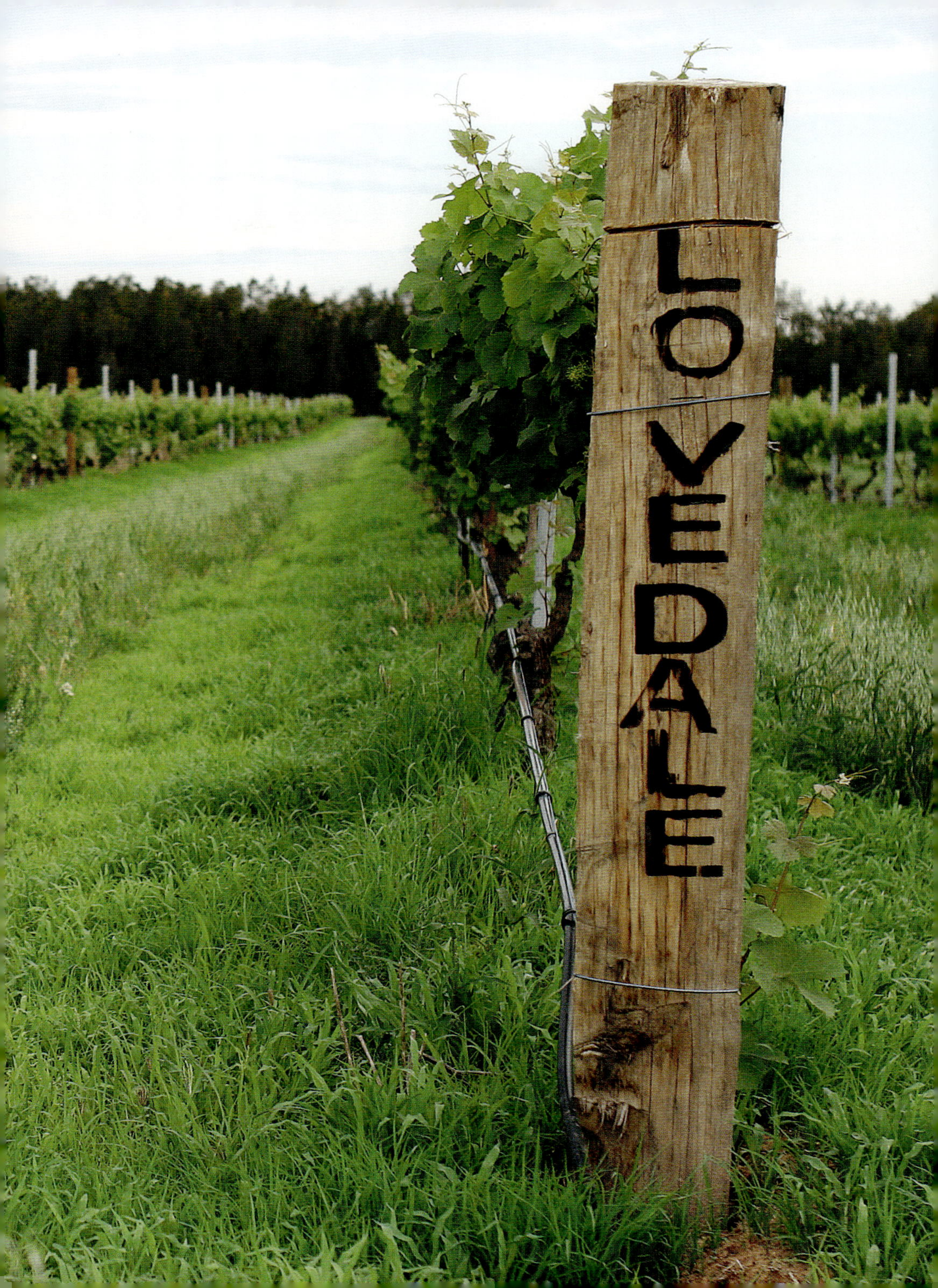
LOVEDALE

Château Malartic-Lagravière
2004
シャトー・マラルティック＝ラグラヴィエール
2004

産地 フランス、ボルドー、ペサック＝レオニャン
特徴 辛口白ワイン、アルコール分13%
葡萄品種 ソーヴィニョン・ブラン80%、セミヨン20%

　レオニャンのすぐ外にあるこのすばらしいワイナリーは、18世紀の一時期、艦隊司令官の所有だったために、ラベルに船が描かれている。マラルティック＝ラグラヴィエールはマルリー家の手に渡り、ジャック・マルリー氏が1947年から引退する1990年まで経営にあたる。彼は非常に信心深く、葡萄樹の豊かな実りも含めて、すべてが神の贈り物だと信じていた。当然のことながら品質は並だった。

　1990年、マラルティックはシャンパンハウスローラン＝ペリエに買収され、7年後にはベルギー人実業家のアルフレッド＝アレクサンドル・ボニー氏に売却された。彼は資金を投じて、畑を刷新し、拡張し、最先端の重力稼動のワイナリーを建て、シャトーの規模を倍増させる。

　葡萄樹は、粘土を底土とする深く水はけのよい砂礫に植えられている。マルリー家の指揮下ではソーヴィニョン・ブランだけだったが、ボニー家はワインに重みと複雑さを加えるためにセミヨンも植えた。収穫された葡萄はごく慎重に選別され、マストは樽発酵される（新樽率50%）。1980年代、白ワインは渋みが強くて魅力がないものが多かったが、2000年には、美味しそうでそそられるだけでなく内容も充実した、アペラシオン屈指のワインになっていた。2004はとくに上出来で、イラクサとパッションフルーツの香りに、洗練されたほのかなオークが混ざる。味わいは肉付きがよく濃厚で、豊かな深みとスパイスを感じさせ、すばらしい生き生きした酸味と余韻が楽しめる。若いうちも美味しいが、うまく熟成するためのバランスもある。**SBr**
🍷🍷🍷 飲み頃：2020年まで

Château de Malle
1996
シャトー・ド・マル
1996

産地 フランス、ボルドー、ソーテルヌ
特徴 甘口白ワイン、アルコール分13.5%
葡萄品種 セミヨン67%、Sブラン30%、ミュスカデル3%

　この地所には大勢の観光客が集まるが、大部分の人はこの上なく美しい17世紀の城と公園を訪ねてくるのであって、ワインが目的ではない。ここは1702年以降リュル＝サリュース家の持ちもので、1956年にリュル＝サリュース氏の若い甥、ピエール・ド・ブルナゼル伯爵に遺贈されたが、葡萄畑はその年の霜にやられ、建物は荒れ果てていた。彼は根気よく損傷を修繕し、1980年、彼とその家族はパリから修復されたシャトーに移る。

　このワイナリーは19世紀にソーテルヌで好評を博していたが、1960年代から70年代にかけてのワインはまずまず並程度だった。1985年に若くして亡くなったブルナゼル氏の跡を継いだブルナゼル夫人は、1980年代に葡萄畑の改善に投資する。選別は厳しく、1992年と93年にド・マルでは壜詰めが一切行われなかった。

　ド・マルはとくに重いソーテルヌではないが、芳醇で非常に外交的な傾向がある。ただしよいヴィンテージはうまく熟成する。昔、ここのワインは軽すぎて、エレガントだが面白くなかった。今のド・マルははるかにコクがあるが、それでも重視されているのは力強さよりむしろ親しみやすさと生気だ。1996は非凡な1997の陰に隠れて目立たないが、すばらしいワインをたくさん産出している。モモとマンゴーの香りがある。新樽率約50%のオーク樽で熟成されていて、オークの香味が際立っている。良質の酸味が濃厚な果実味と調和し、フィニッシュは長い。このワインは確実にうまく熟成するが、今でも大いに楽しめる。**SBrr**
🍷🍷🍷 飲み頃：2018年まで

17世紀にジャック・ド・マルによって建てられたシャトー。▶

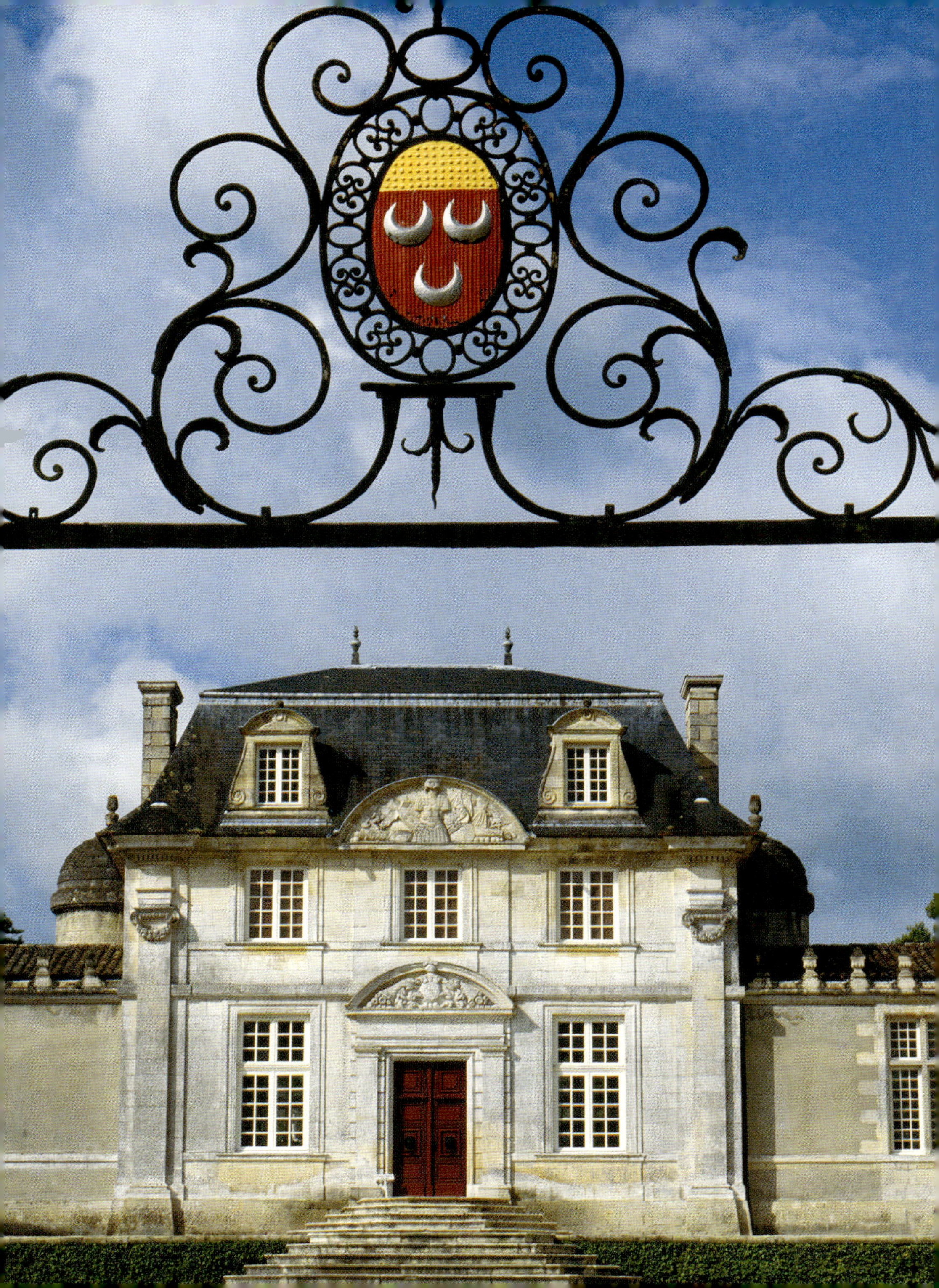

Malvirà
Roero Arneis Saglietto 2004

マルヴィラ
ロエロ・アルネイス・サリエット 2004

産地　イタリア、ピエモンテ、ロエロ
特徴　辛口白ワイン、アルコール分13%
葡萄品種　アルネイス

ダモンテ兄弟は本書に堂々2本のワインを載せている——1974年に設立されたこの小さなワイナリーにとっては大きな成果だ。控えめな気品と複雑さのあるワインは、ロエロが実はもっと有名なランゲにいかに近いかを示している。

アルネイスは地元の白葡萄で、独特の活気あふれるワインを造ることができるが、この地ではネッビオーロが優先されるために、ふさわしい評価が与えられていない。サリエットはダモンテ家の歴史的な畑で、高度228mから305mにある。

サリエット・アルネイス用の葡萄は、摘み取られてすぐ圧搾される。マストの半分は、フレンチオーク樽で10ヵ月かけて発酵・熟成され、もう半分はステンレスタンクで発酵される。ブレンドと壜詰めは通常8月に行われ、ワインはさらに2、3ヵ月寝かされてからリリースされる。

ロエロ・アルネイス・サリエットは調和のとれたワインで、色は明るい麦わら色。十分にまろやかだがすがすがしく、リンゴと洋ナシのはっきりした香りがある。ボディと酸味の見事なバランスのおかげで、優雅に中期熟成させることができる。**AS**

🍷🍷　飲み頃：2012年まで

Marcassin
Chardonnay 2002

マーカッシン
シャルドネ 2002

産地　アメリカ、カリフォルニア、ソノマ・ヴァレー
特徴　辛口白ワイン、アルコール分14.9%
葡萄品種　シャルドネ

ヘレン・ターリー女史はカリフォルニアで1970年代末から着々と、ただし人目につくことなく働いていたが、アメリカで最も人気の高いワイン醸造家となったのは1990年代のことだ。彼女の名前は、初期のピーター・マイケル・シャルドネや弟ラリーの最初のジンファンデルなどの代名詞となった。

マーカッシンはターリー女史と夫のジョン・ウェットローファー氏自らのラベルで、少量しか生産されない単一畑のシャルドネとピノ・ノワールだ。ウェットローファー氏のおかげで、ターリー女史は上質のブルゴーニュを高く評価するようになり、それが彼女のワイン造りに大きく影響するようになっている。彼女は畑でもワイナリーでもあらゆる細部にこだわる。太平洋から3km離れたマーカッシンの葡萄畑は、彼女独自の仕様に合わせて、非常に高い密度で植樹されている。土壌は非常に水はけがよく、海洋火山由来の岩が破砕された層の上に砂礫が堆積している。ターリー女史は低い収穫量が高品質の内因なのだと主張し、彼女の畑では、確かな酸を保った完熟の葡萄を収穫することができる。彼女の能力を称賛したことのないロバート・パーカー氏が、この2002を「ほぼ完璧」と評している。**LGr**

🍷🍷🍷　飲み頃：2010年まで

ターリー女史の高密度植樹はマッカシンの4haを最大限に活用している。

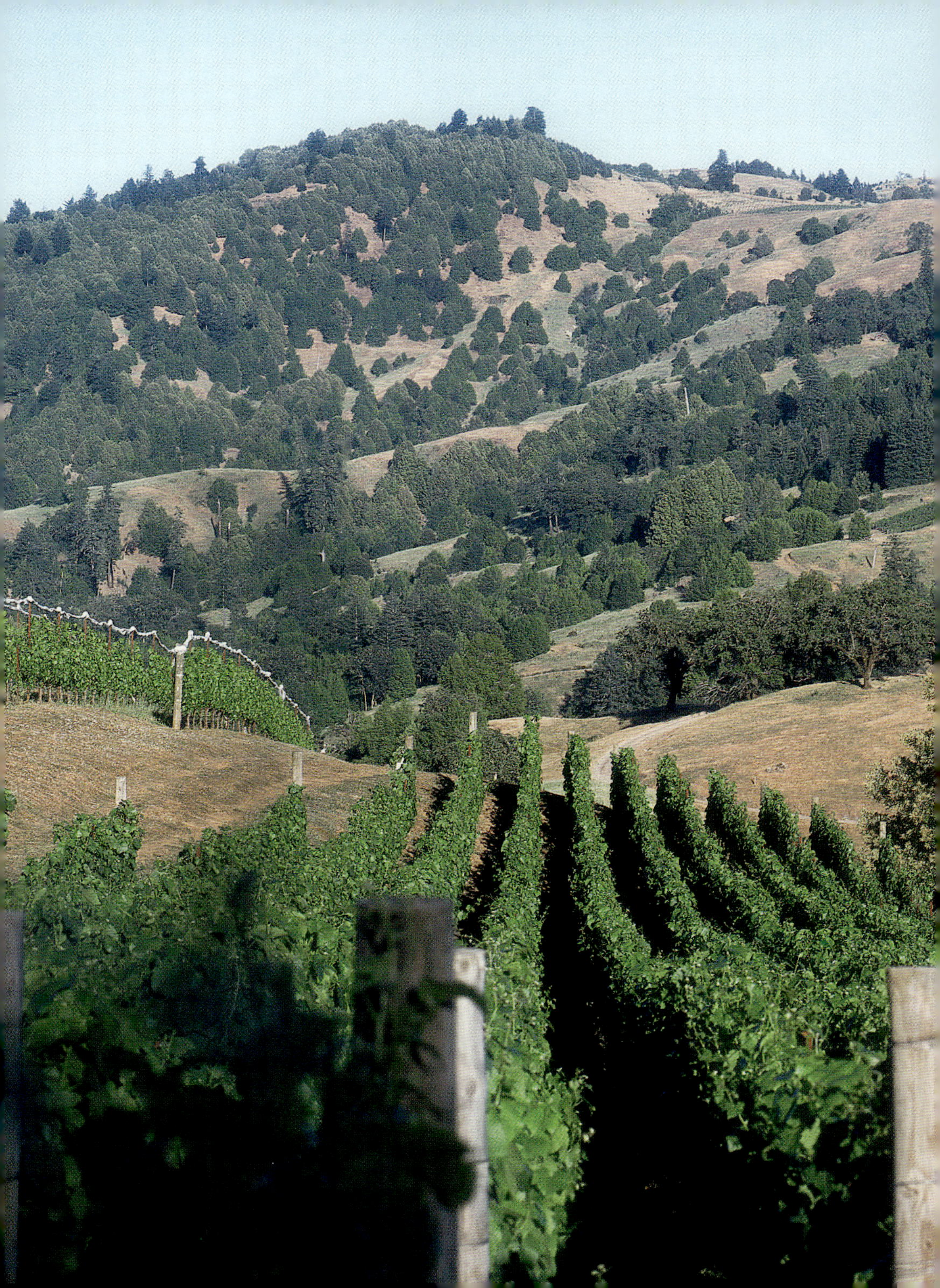

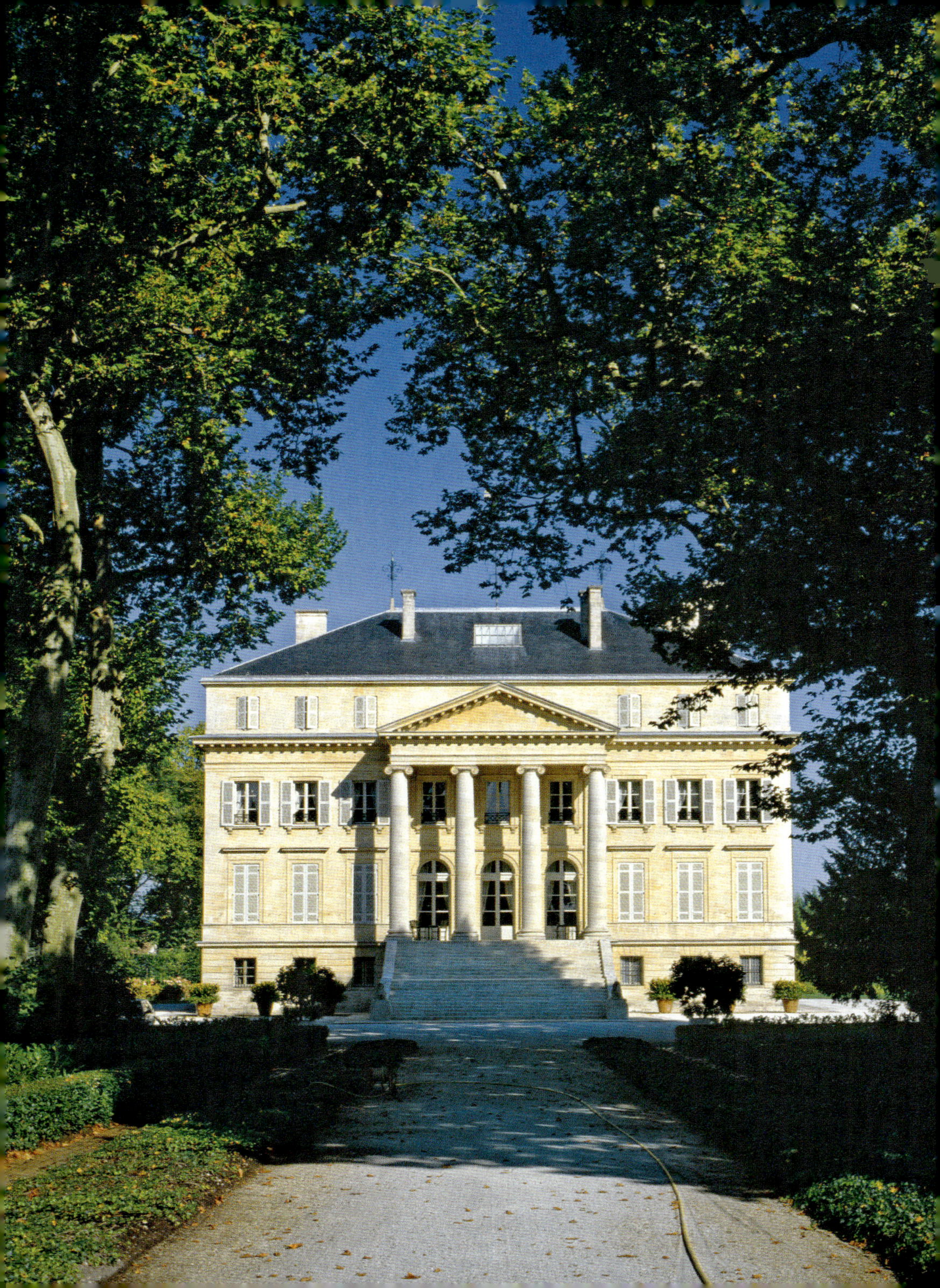

Château Margaux *Pavillon Blanc du Château Margaux* 2001

シャトー・マルゴー
パヴィヨン・ブラン・デュ・シャトー・マルゴー 2001

産地 フランス、ボルドー
特徴 辛口白ワイン、アルコール分14.8%
葡萄品種 ソーヴィニョン・ブラン

　シャトー・マルゴーは何よりも極上の赤ワインで知られているが、パヴィヨン・ブランと呼ばれる高評価の白ワインも造っている。マルゴーの地所の最も古い一画に、ソーヴィニョン・ブランだけが植えられている12haの畑がある。1955年にマルゴー・アペラシオンの境界が正式に定められたとき、この畑は遅霜のリスクが高いために排除されたので、一部はAOCマルゴーではなく単なるボルドー・ブランとして壜詰めされている。

　ソーヴィニョンには珍しく、パヴィヨン・ブランは樽発酵で、さらに7-8ヵ月樽熟成される。年間生産量は通常3万5000本程度。2001はおそらくこれまで造られたパヴィヨン・ブランの最優良ヴィンテージであり、濃厚、複雑さ、そして深みのレベルがこれを超えるヴィンテージはいまだにない。長く滑らかで、すばらしい余韻があり、コクのある果実味とクリスプな酸によって、涙が出そうな14.8%というアルコールが和らいでいる。2年くらいまでは固く閉じていて無愛想になる傾向があるが、7、8年の壜熟を経ると、ボルドーで造られる辛口白ワインの最高レベルに開花する。これほど見事なワインは、ロブスターやホタテ、ボラ、あるいは上質のチーズなど、同じように見事な料理とともに飲むべきだ。**SG**

🍷🍷🍷🍷 飲み頃：2010年過ぎまで

◀ シャトー・マルゴーはよく「メドックのヴェルサイユ」と呼ばれる。

Henry Marionnet *Vin de pays du jardin de la France Cepage Romorantin Provignage* 2006

アンリ・マリオネ
ヴァン・ド・ペイ・デュ・ジャルダン・ド・ラ・フランス・セパージュ・ロモランタン・プロヴィナージュ 2006

産地 フランス、ロワール、トゥーレーヌ
特徴 辛口白ワイン、アルコール分14%
葡萄品種 ロモランタン

　「私を何者だと思っていますか？　パリジャンだとでも？」とアンリ・マリオネ氏は声を上げた。1998年に近隣の「農家の老人」からフィロキセラ禍前の葡萄樹4haの話を持ちかけられたときのことだ。初めてその太古の樹を見たときのマリオネ氏の期待感——間違いなく疑念が混ざっていただろう——は想像に難くない。それが本物ならまさしく掘り出し物だろう。その価値を金銭的に計るのは難しいだろうが、歴史をわかっているワイン醸造家にとっては純金に等しい。マリオネ氏が専門家に意見を求めたところ、彼らはその樹がロモランタンだと断言した。さらに、その畑は1850年に植えられ、1870年のフィロキセラを逃れたという事例証拠を「おそらく」真実だと認めた。そこでマリオネ氏はその区画を買い、プロヴィナージュ造りを始めた。

　そんな詩趣に富む話を聞くと、魅力的なのはワインよりもその物語、つまり酒にまつわる一種の歴史的ロマンスなのではないかという疑念がわく。しかしそうではない。プロヴィナージュは確かに特徴がよく表れているワインだが、花とハチミツが香り、コクのある濃厚なヌガーのような味わいが、さっぱりしたミネラル感によってさらに引き立っている——それらの要素がすべて、独特なだけでなく非常に快いワインに表現されている。**KA**

🍷🍷🍷🍷 飲み頃：2010年過ぎまで、もっと後のリリースは5年以内。

Marqués de Murietta *Castillo Ygay Blanco Gran Reserva* 1962

マルケス・デ・ムリエッタ
カスティーロ・イガイ・ブランコ・グラン・レゼルヴァ 1962

産地 スペイン、リオハ
特徴 辛口白ワイン、アルコール分12.8%
葡萄品種 ビウラ93%、マルヴァージア7%

　マルケス・デ・ムリエッタはリオハの第一級の赤ワインだけでなく、白ワインの指標にもなっている。数種類の白が造られているが、カスティーロ・イガイは赤と同じように本当に最高のヴィンテージだけのものだ。同社は1852年に設立されてからずっと、伝統的な樽熟成の白を製造・販売している。そして自分たちのスタイルにあくまで忠実で、20年以上前に技術が造り手に広く利用できるようになって始まった、若く新鮮で軽い白ワインへの流れに抵抗してきた。自分たちのレゼルバの白ワインは、収穫のすぐ後にリリースされるものとはまったく違い、まったく異なる種類の愛飲家向けのものだと考えている。

　1962年は特別なヴィンテージであり、完熟葡萄の品質と伝統的な醸造手法が相まって、このワインを際立って長命なものにした。同社の上質の古いアメリカンオーク樽で18年以上、さらに5年近くを壜の中で過ごしている。樽の内側を厚く覆う酒石酸塩の結晶が、ワインを酸化から守り、その色を保つのに役立っている。ワインは1982年にようやく壜詰めされた。

　より深遠なものを求めるワイン通の間では、若くてフルーティーな白ワインの流行は消えつつある。同じような国際スタイルの白に飽きて、独特の個性を持ったもっと複雑な樽熟成の白ワインを求めているのだ。そういう人たちは、カスティーロ・イガイの白ワインの真価を認めている。**LG**

🍷🍷🍷🍷🍷　飲み頃：2012年まで

リオハ州の州都ログローニョを囲む葡萄畑。➡

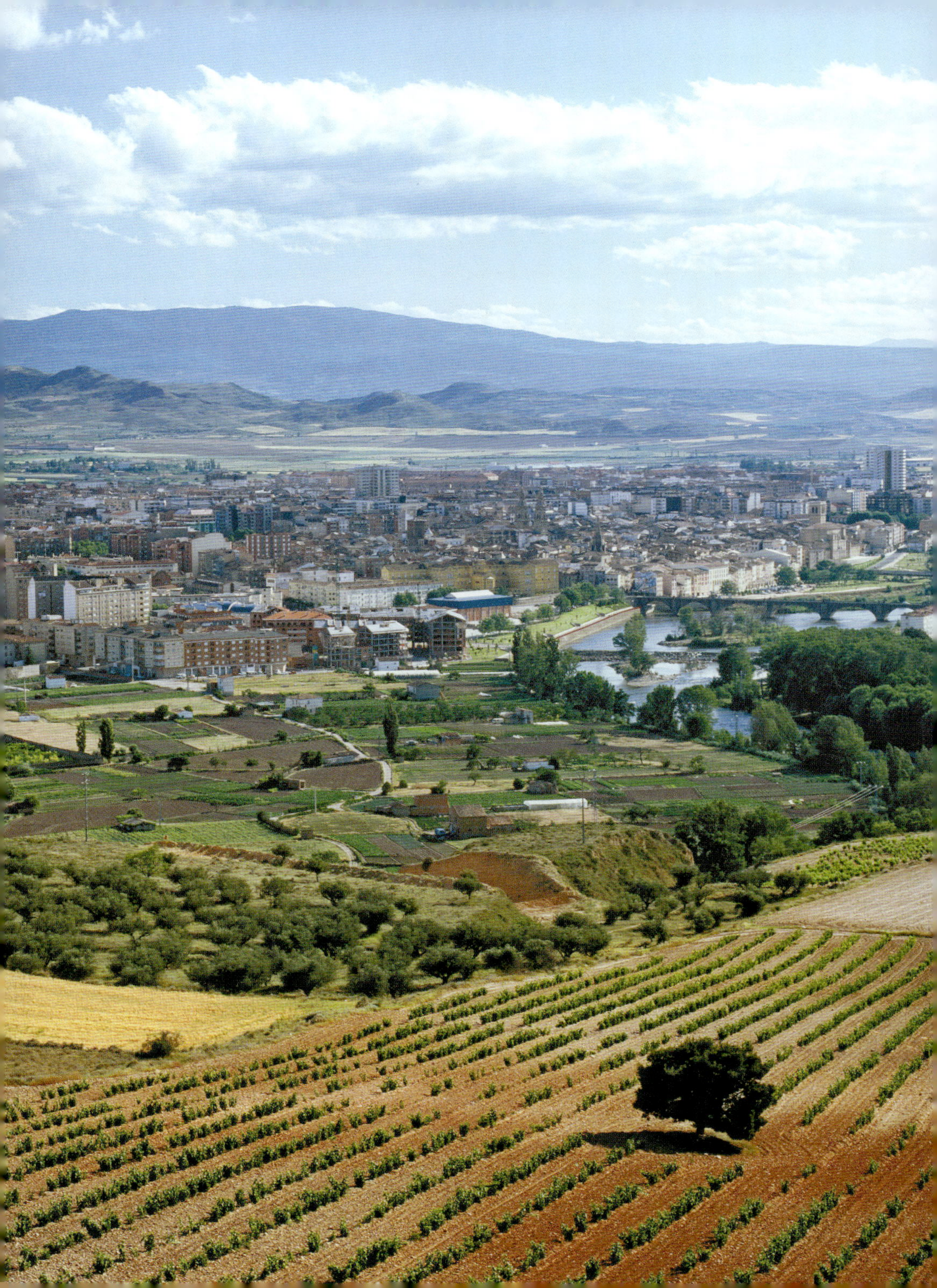

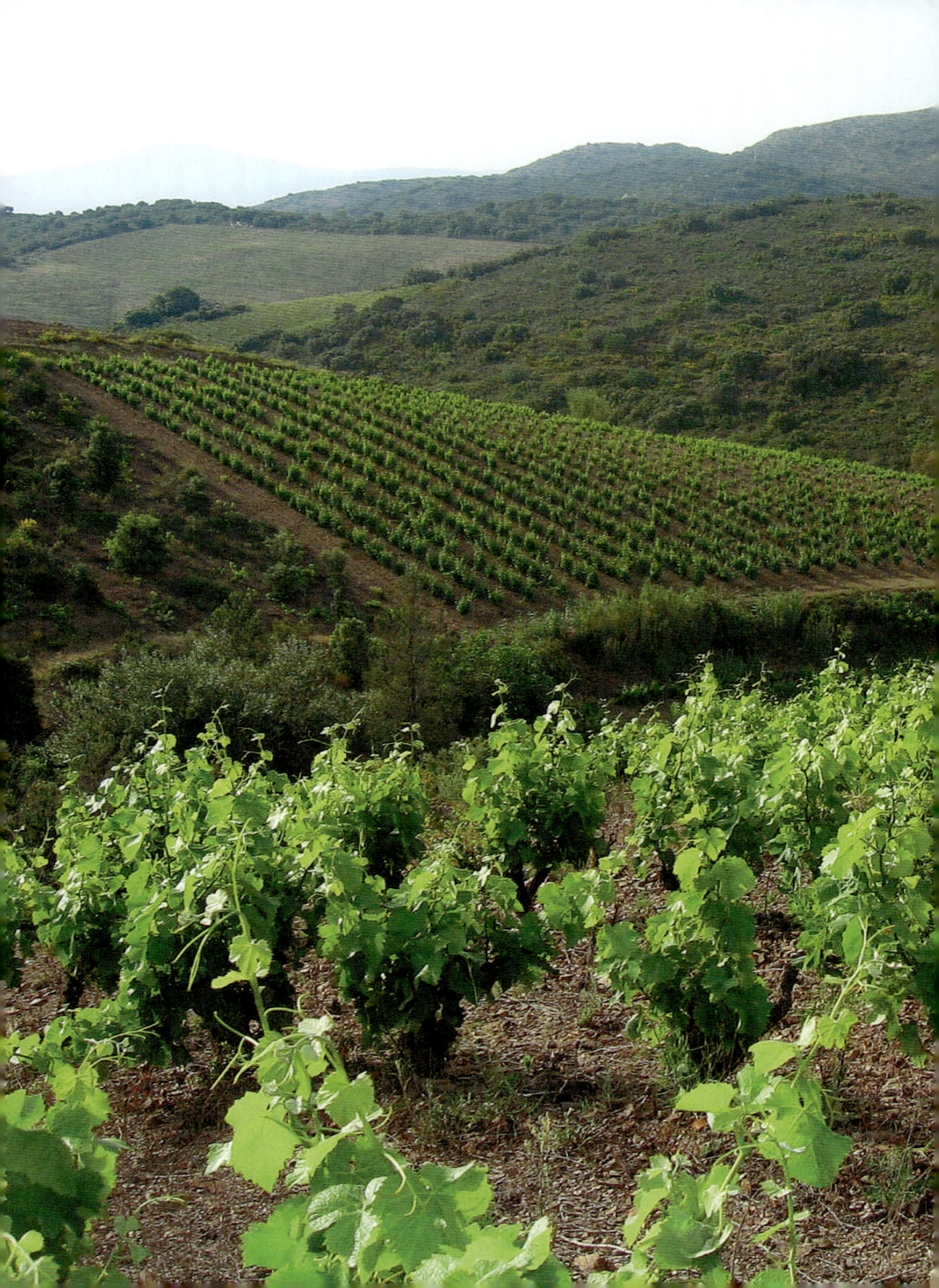

Domaine Matassa Blanc
Vin de Pays des Côtes Catalanes 2004
ドメーヌ・マタッサ・ブラン
ヴァン・ドゥ・ペイ・デ・コート・カタラン 2004

産地 フランス、ルーシヨン
特徴 辛口白ワイン、アルコール分13％
葡萄品種 グルナッシュ・グリ85％、マカブー15％

　2001年、ニュージーランド人のサム・ハロップMWとトム・ルブ氏は、コート・デュ・フヌイエード（その後コート・カタランに再格付け）の丘にある小さい畑、クロ・マタッサを購入した。

　ルブ氏はこの辺りのことを知っていた。名高いドメーヌ・ゴビーでワイン造りをしていたことがあるのだ。彼は南アフリカで傑出したオブザーヴァトリーのワインも造っている。ハロップ氏は以前ワイン醸造家兼バイヤーとしてイギリスの小売業者マークス・アンド・スペンサーに6年間勤めていた経験がある、コンサルタント醸造家だ。2003年、彼らは白品種の畑も含めて、さらに12のブロックを買い取った。これらの畑はバイオダイナミックの原則に基づいて耕作され、ワインはできるだけ自然に造られる。

　赤ワインも印象的だが、評論家の目を本当に引いたのはこの若いドメーヌが造る白ワインだ。2004はとびきりの成果と言える。古木から生まれたグルナッシュ・グリとマカブーのブレンドを、自生酵母を使ってドゥミ＝ミュイ樽で発酵させ、上質の澱とともに樽で11ヵ月寝かせる。コクがあるのに新鮮で、複雑な香味と独特のミネラル感がある。何年も樽の中で進化し続けるに違いないワインだ。**JG**

🅢🅢　飲み頃：2015年まで

Maximin Grünhauser
Abtsberg Riesling Auslese 2005
マキシミン・グリュンホイザー
アブツベルク・リースリング・アウスレーゼ 2002

産地 ドイツ、モーゼル
特徴 甘口白ワイン、アルコール分8％
葡萄品種 リースリング

　グリュンハウスに関する最古の記録は、966年2月まで遡る。神聖ローマ帝国のカール大帝の後継者であるオットー1世が、トリアーにあるベネディクト会のザンクト・マキシミン修道院に、建物と葡萄畑と地所を与えたときのことだ。しかし地所に穴を掘ったところ、ローマ時代のもっと初期に葡萄畑があったことがわかった。

　民間への移管で、かつての修道院の資産は1810年に競売にかけられ、1822年以降、現在のオーナーであるフォン・シューベルト家のものとなった。このワイナリーが単独所有する3つの畑のうち、アブツベルクは中心的存在だ。青いデヴォン紀粘板岩が分解した土壌は、香り豊かで上質の強い風味と非常に上品な酸味を持つ、スパイシーなフルボディーのリースリングを生む。

　アウスレーゼ2005は、住居を直接見下ろすこの畑の中心部の葡萄で造られた。このアウスレーゼは手間がかかるが魅惑的だ。厚みのあるマンゴーとパッションフルーツとモモのコンポートの香り。舌の上で最初は見事に濃密で豊満だが、ミネラルに富む酸のおかげで、非常に新鮮でバランスがいい。エキゾチックな果実味が、砂糖漬けライムとパパイヤを思わせる後味を生む。一口すするたびにワイン造りの2000年の歴史とテロワールをよみがえらせるアウスレーゼだ。**FK**

🅢🅢🅢　飲み頃：2020年まで

「ゴブレット」（低木）スタイルに整枝されたドメーヌ・マタッサの葡萄樹。

Viña Meín
2004
ヴィーニャ・メイン
2004

産地 スペイン、ガリシア、リベイロ
特徴 辛口白ワイン、アルコール分12.5%
葡萄品種 トレイシャドゥーラ85%、その他15%

スペイン北東部のオレンセに近いレイロは、ワイン造りの長い伝統を誇っている。その起源は主にサン・クロディオのシトー修道会の修道院だ。アヴィア川沿い一帯を葡萄畑が覆うこの谷に満ちている、ワインにひたむきな空気をつくったのは修道士たちなのだ。

この地方には長いワイン造りの伝統があるが、ヴィーニャ・メインは1980年代後半に設立された若いハウスで、その誕生は、スペインにおける高品質ワイン造りへの転換の一環だ。葡萄樹はすべて新しく植えられ、その区画面積は合計14ha。主体（およそ80%）となる品種は地元のトレイシャドゥーラ、残りの20%はコデーリョ、ロウレイラ、トロンテス、アルバリーニョ、ラドなど、さまざまな品種の寄せ集めだ。ヴィーニャ・メインは自社畑の葡萄だけを使い、これらの品種をすべて最終的なブレンドに加えている。

フラグシップワインにはヴィーニャ・メインというワイナリーの名前がつけられ、樽を使わないバージョンは、とても純粋な果実の表現と引き締まったストラクチャーをねらっている。ヴィーニャ・メインの最高のヴィンテージ——たとえば2001や、この2004——は、若いときは芳香の強さ（月桂樹、白い果物）と新鮮さが一体となっていて、2、3年の壜熟を経ると見事に成熟する。**JB**

Ⓢ 飲み頃：2010年まで

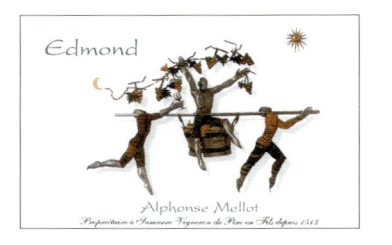

Alphonse Mellot
Sancerre Cuvée Edmond 2002
アルフォンス・メロ
サンセール・キュヴェ・エドモン 2002

産地 フランス、ロワール川流域、サンセール
特徴 辛口白ワイン、アルコール分13%
葡萄品種 ソーヴィニョン・ブラン

アルフォンス・メロの主要拠点は、サンセールの南にある35haのソーヴィニョン・ブランの単一畑、ドメーヌ・ド・ラ・ムシエールだ。キンメリッジ土壌に広がるこのアペラシオンの中心に位置するムシエールには、サン・ドゥルシャールの泥灰土とブザンセの白亜質土壌だけでなく、サンセールに典型的な石灰石も含まれている。ムシエールでは今世紀に入ってから有機栽培が行われ、現在はバイオダイナミック農法が採用されている。

キュヴェ・エドモンの原料となるのは、1920年代から60年代にかけて植えられたラ・ムシエールの古木6haの葡萄で、収穫量は1ha当り平均4100ℓ。サンセールにあるメロ家の15世紀のセラーで、ワインの60%が新しい樽で発酵されるが、オークの使用はこの地方ではいまだに珍しい。その後キュヴェ・エドモンは細かい澱とともに熟成されるが、その期間は年によって違い、だいたい10-14ヵ月程度。白のサンセールにしてはコクがあって濃厚だが、若く新鮮なうちを好む人もいるだろう。エビやカニ、あるいは地元のシャヴィニョールチーズにぴったりだ。**SG**

ⓈⓈⓈ 飲み頃：リリース時から10年以内

アルフォンス・メロの名高いドメーヌ・ラ・ムシエール畑。

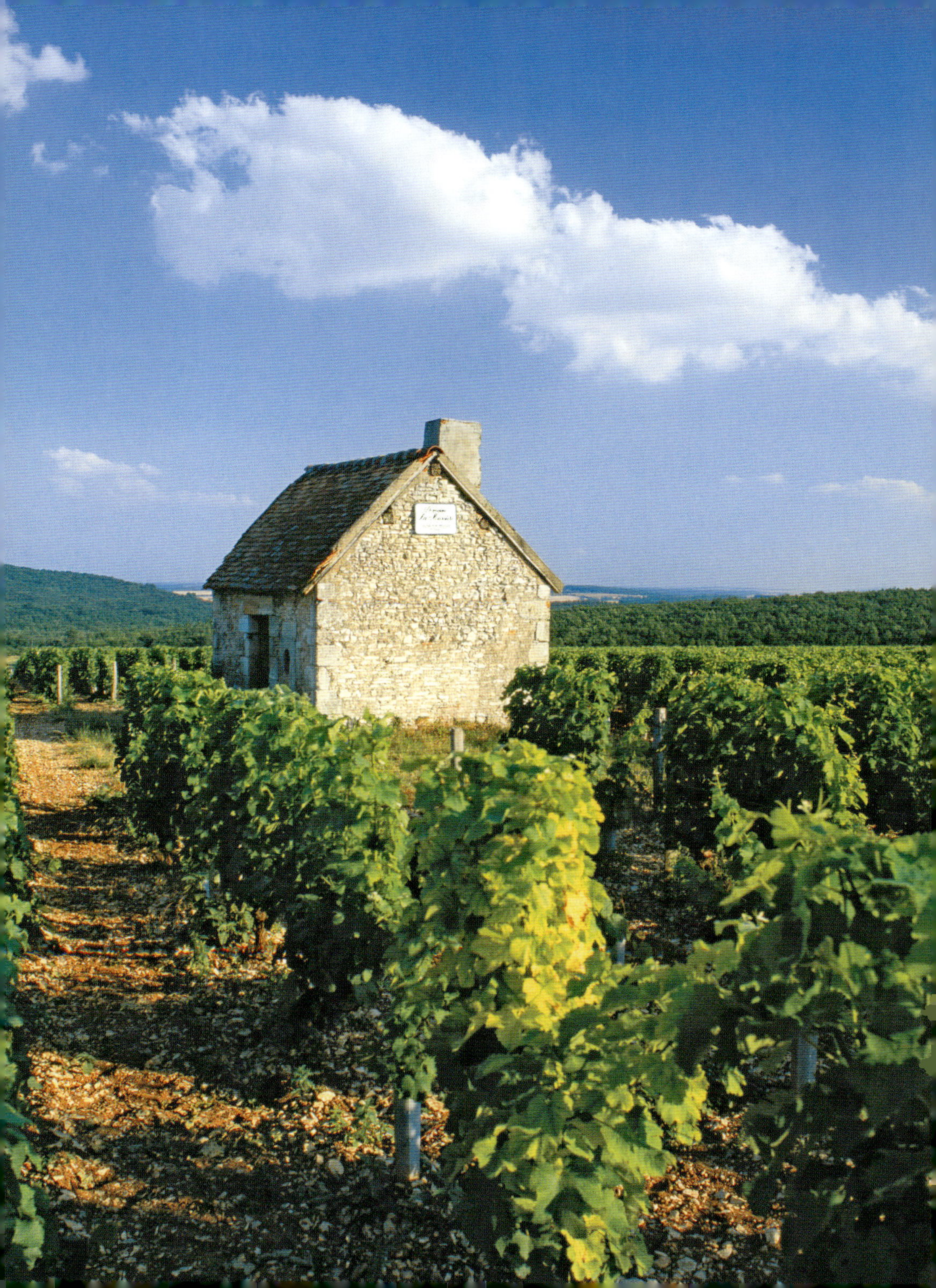

Miani
Tocai 1999

ミアーニ
トカイ 1999

産地 イタリア、フリウリ・ヴェネツィア・ジュリア
特徴 辛口白ワイン、アルコール分12.5％
葡萄品種 トカイ・フリウラーノ

　このワインの1999というヴィンテージは、トカイという名前の使用がまだ法律的に認められている。欧州連合の規定後もまだ、この品種が単なるフリウラーノ、またはトカイ、あるいは他の何かに、名称変更されるかどうかはっきりしていないが、私たちは冷静を保ち、シェイクスピアの『ロミオとジュリエット』の台詞に慰めを求めたほうがいいようだ。「名前って何？ バラと呼んでいる花を別の名前にしてみても美しい香りはそのまま」（小田島雄志訳）。

　トカイ・フリウラーノは数世紀にわたって、フリウリのワイン醸造業を象徴してきた。この品種はソーヴィニョナーセまたはソーヴィニョン・ヴェールと同じ。ソーヴィニョン・ヴェールとソーヴィニョン・ブランに関係があると納得していない人もいるが、発酵させたばかりのトカイ・フリウラーノの果汁をかぐと、考えが変わるだろう。2、3週間でトカイはあの独特のトマトの葉の香りを失い、もっと柔らかく甘い香りに変わっていく。

　トカイ・ミアーニ1999は、優れたトカイ・フリウラーノの完璧な見本であると同時に、典型的でない実例でもある。典型的でない実例だというのは、たいがいのトカイ・フリウラーノとは違って、中期から長期にわたって優雅に熟成するからだ。完璧な見本だというのは、このようなワインに求められる深さと複雑さをすべて備えているからだ。色は明るい金色がかった深い黄色。あふれる魅力的な香りには、マルメロ、ハチミツ、アーモンド、干草、白コショウその他のスパイス、サフランも感じられる。口に含むとバターのようななまめかしさが隅々まで広がるが、バターの香りではなく、その滑らかな舌触りを想像してほしい。非常に長く焦点のはっきりしたフィニッシュは忘れられない。**AS**

🍷🍷🍷🍷　飲み頃：2012年まで

Peter Michael
L'Après-Midi Sauvignon Blanc 2003

ピーター・マイケル
ラプレ・ミディ・ソーヴィニョン・ブラン 2003

産地 アメリカ、カリフォルニア、ソノマ・ヴァレー
特徴 辛口白ワイン、アルコール分14.2％
葡萄品種 ソーヴィニョン・ブラン

　ピーター・マイケル卿は、アメリカよりイギリスでのほうが有名かもしれないが、アメリカでワイン生産者として第2の人生を歩むことにした。それまでの人生ではエレクトロニクス事業で大成功を収め、民放ラジオ局のクラシックFMも設立した。その事業の売上のおかげで、ワイナリーを買うことができたのだ。時間をかけて探した結果、彼はナパとソノマの間にあってあまり目立たないナイツ・ヴァレーに落ち着く。彼がそこに大きな農場を買ったのが1981年、そして初ヴィンテージは1987年だった。

　彼は最初から、非常に洗練されたカベルネ、シャルドネ、そしてソーヴィニョン・ブランに重点的に取り組んだが、やがてその幅が広がっていく。彼のチームは葡萄を買い付けるだけでなく、ワイナリーの裏手にある岩だらけの火山性土壌の斜面を中心に、自社畑の開発も行った。収穫量がごく少ないので、彼のキュヴェの生産量も少ない。初ヴィンテージのソーヴィニョン・ブラン──ピーター・マイケルのワインの大半と同様にフランス語の名前──はハウエル・マウンテンの葡萄から造られたが、1990年代後半以降、原料には高度366mの自社畑の葡萄が使われている。ワインは天然酵母で樽発酵されるが、新しい樽はほとんど使われていない。

　2003というヴィンテージは典型的で、香りは熟れたリンゴが控えめなスパイシーさによって活気づき、味わいも同様だ。ワインに残留糖はないので、フィニッシュに感じられるわずかな甘みは、おそらくアルコール度に由来するのだろう。生き生きした酸のおかげで十分な余韻があり、このワインは中期熟成できるだろう。**SBr**

🍷🍷🍷　飲み頃：2010年過ぎまで

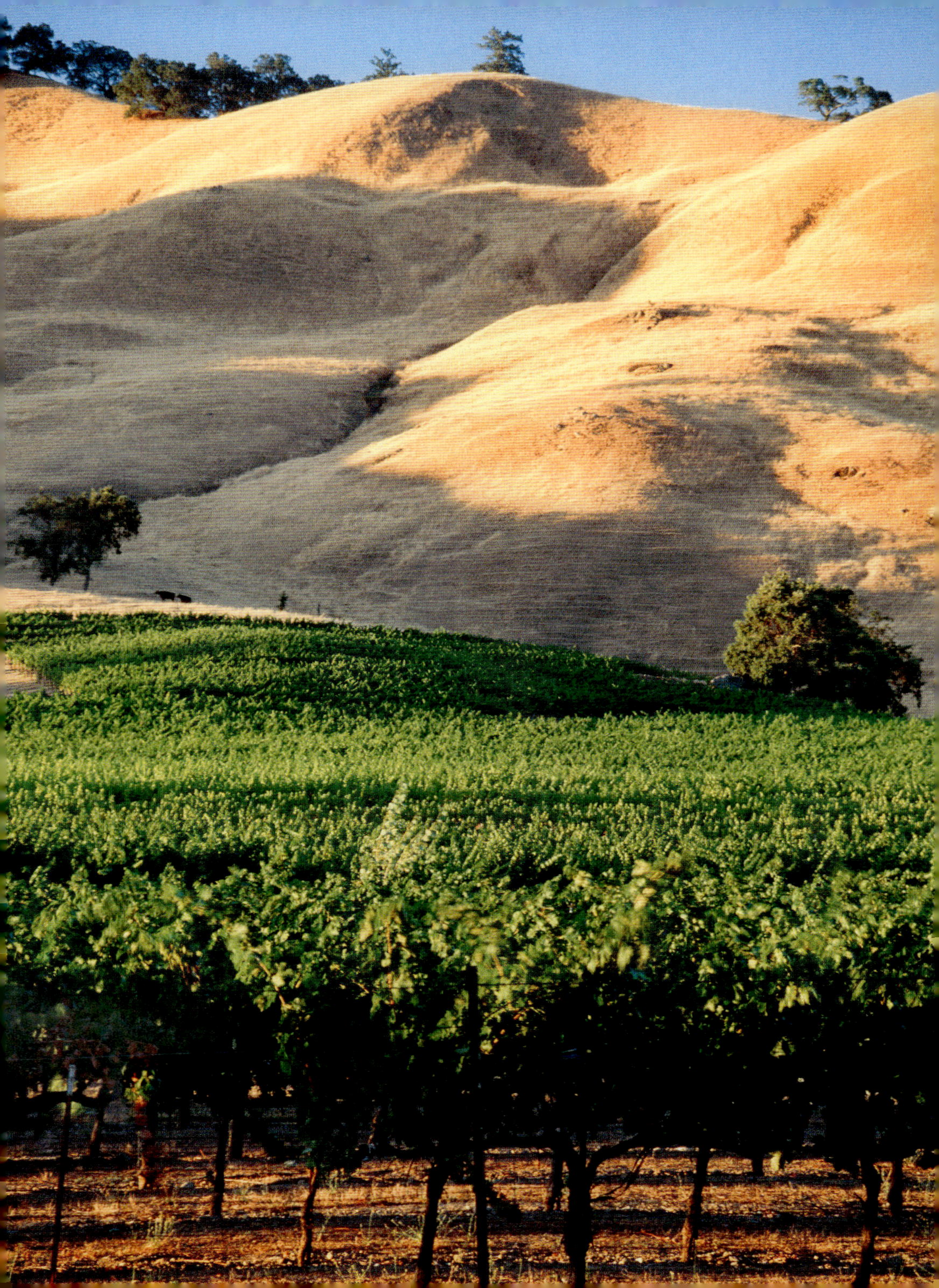

Millton Vineyard *Te Arai Vineyard Chenin Blanc* 2002
ミルトン・ヴィンヤード　テ・アライ・ヴィンヤード・シュナン・ブラン 2002

産地　ニュージーランド、ギズボーン
特徴　辛口白ワイン、アルコール分12.5%
葡萄品種　シュナン・ブラン

　つい1980年代まで、ニュージーランドで最も広く植えられている白葡萄はミュラー・トゥルガウで、ソーヴィニョン・ブラン革命は始まったばかりで、ワイン産業はごく小規模だったとは驚きだ。今では盛んなニュージーランドの白ワイン業界はソーヴィニョン・ブランが主流で、目立ち具合ではシャルドネが大差をつけられて2位。他によく見かけられる白品種はリースリング、ピノ・グリ、ゲヴュルツトラミネールで、このワインのようなシュナン・ブランのヴァラエタルワインはかなり珍しい。しかしとても良質なワインなので、なぜもっと多くの生産者が、この特徴的なロワール種を植えないのか不思議に思える。

　ミルトン・ヴィンヤードは、そのワインだけでなく、新世界におけるバイオダイナミックのパイオニア──25年近く前から実践──としてもよく知られている。テ・アライ川の土手にある30haの畑は、最初からシュタイナーのバイオダイナミック農法にしたがって運営され、ニュージーランドで初めて有機の認定を受けている。

　他の品種でもよい結果が出てはいるが、ミルトンの名声を築いたのはシュナン・ブランだ。ミルトンのシュナンは、若いときにはクリスプな果実味を示すが、熟成すると芳醇なまろやかさが生まれる。2002年はこのワインの良年で、この品種に特有のクリーミーな麦わらの香りがする。コクのあるまろやかなテクスチャー、十分な濃度とミネラル感のある酸味。時とともにもっとハチミツを感じさせるようになり、ラノリンも少し表れるだろう。ミルトン夫妻は、自分たちのシュナンにはリリース時から15年の熟成ポテンシャルがあると考えている。JG

🍷 飲み頃：2015年過ぎまで

さらにお勧め
他の優良ヴィンテージ
2000・2001・2004・2005
同生産者のワイン
オポウ・ヴィンヤード・シャルドネ、同リースリング、グロワーズ・シリーズ・ギズボーン・ゲヴュルツトラミネール、同ブライアント・ヴィンヤード・ヴィオニエ

周囲を囲まれたギズボーンの川谷のシュナン・ブラン畑。

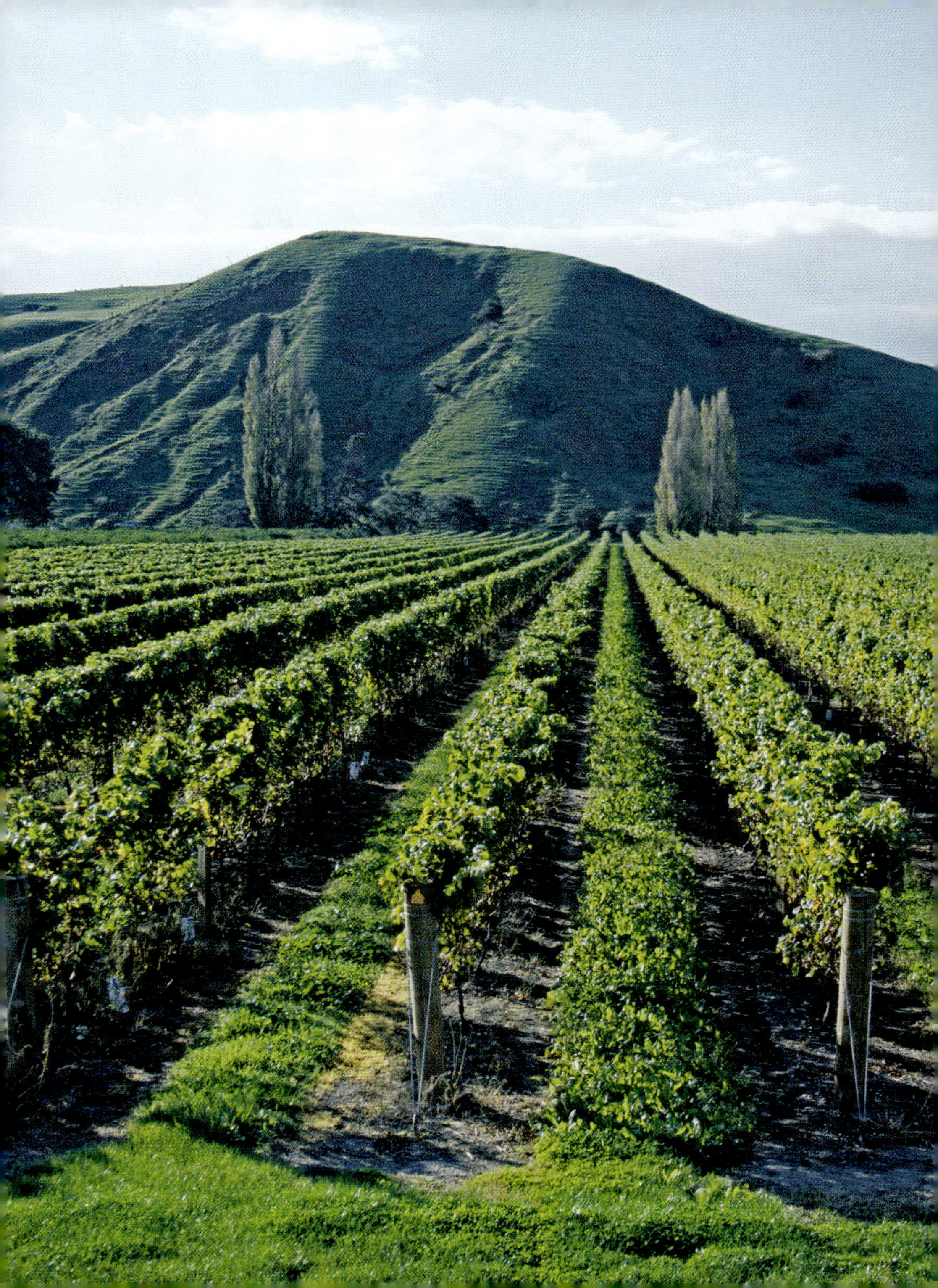

Mission Hill
S.L.C. Riesling Icewine 2004

ミッション・ヒル
SLC・リースリング・アイスワイン 2004

産地 カナダ、ブリティッシュ・コロンビア、オカナガン・ヴァレー
特徴 甘口白ワイン、アルコール分10.5%
葡萄品種 リースリング

　バンクーバーの400kmほど東に位置するミッション・ヒルは、1981年にアンソニー・フォン・マンドル氏によって設立された。1992年に元モンタナの醸造家のジョン・シムズ氏が加わり、今もワイナリーを仕切っている。6年の工事を終えて2006年に完成した壮大なワイナリーは、シアトルの建築家、トム・クンディッグ氏の設計だ。

　オカナガンでのアイスワインの生産はオンタリオ（著名なアイスワイン生産者イニスキリンの本拠地）ほど盛んではなく、カナダのフラグシップワインとなっているミッション・ヒルのSLC（セレクト・ロット・コレクト）は、一般的に使われるヴィダルではなくリースリングから造られる。2005年の1月、ナラマタ農場（オカナガン湖の隣）とミッション・ヒル・ロード畑で、気温マイナス11℃の中で葡萄が収穫され、わずか476ケースのワインが生産された。

　SLCリースリング・アイスワインは甘みが強く、残糖が255g/ℓもあるが、12g/ℓという全体の酸とかなりよく調和している。最初は飽きがくるような気さえするが、酸がフィニッシュで際立ち、クリーンで爽やかな後味を残す。2004は見事な長さと強さがありながら上品な果実味もあって、おそらくジョン・シムズ氏のこれまでで最高のアイスワインだ。**SG**

Ⓢ Ⓢ Ⓢ Ⓢ　飲み頃：2015年過ぎまで

Mitchelton *Airstrip Marsanne Roussanne Viognier* 2005

ミッチェルトン
エアストリップ・マルサンヌ・ルーサンヌ・ヴィオニエ 2005

産地 オーストラリア、ヴィクトリア、ナガンビー・レイクス
特徴 辛口白ワイン、アルコール分14%
葡萄品種 マルサンヌ40%、ルーサンヌ30%、ヴィオニエ30%

　1967年、メルボルンの起業家ロス・シェルマーダイン氏は、ワイン業界の重鎮コリン・プリース氏に、オーストラリア南東部で上質のワイン用葡萄を栽培するのに最適の場所を見つけてほしいと依頼した。プリース氏は、ヴィクトリア州中央部のナガンビー地区の古い牧草地を選んだ。この土地の歴史は1836年まで遡る。その年、探検家のトーマス・ミッチェルがシドニーからメルボルンに向かう途中、そこの川を渡ったのだ。そして川岸の町はミッチェルズタウンと呼ばれるようになる。

　畑が耕され始めたのは1969年。ドン・ルイス氏が加わってプリース氏とともに1973年に初ヴィンテージを造り、プリース氏が1974年に引退すると、跡を継いで醸造家となった。その年、テッド・アシュトン氏が設計したミッチェルトンの感動的なワイナリー複合施設がオープンする。

　ミッチェルトンが重視しているのはローヌ品種。マルサンヌは中央ヴィクトリアの名産で、その植樹面積はフランス国外では最も広い。芳醇でほのかにオーク香が漂うスタイルで造られるエアストリップのマルサンヌとルーサンヌは、20%が新しいフレンチオークの樽で発酵されるが、ヴィオニエは果実味を保つために4年物のフレンチ樽で発酵される。この3種類のローヌ種をすべてブレンドしたものは珍しい。**SG**

Ⓢ Ⓢ Ⓢ　飲み頃：リリース時

Robert Mondavi
Fumé Blanc I Block Reserve 1999
ロバート・モンダヴィ
フュメ・ブラン・アイ・ブロック・リザーヴ 1999

産地　アメリカ、カリフォルニア、ナパ・ヴァレー
特徴　辛口白ワイン、アルコール分13.5%
葡萄品種　ソーヴィニョン・ブラン

　ロバート・モンダヴィ氏が1966年にワイナリーを開いたとき、ナパ・ヴァレーで栽培されているソーヴィニョン・ブランの品質は決して見事とは言えなかった。自分が味わったことのある優れたプイィ＝フュメやブラン・フュメに近いワインを造りたいと思い、モンダヴィ氏はこの品種で実験することにした。一定期間、果皮接触をさせた後、果汁をステンレスタンクで発酵させてから、新しいオーク樽で熟成させた。
　モンダヴィ氏の造ったワインは、ソーヴィニョン・ブランだと信じない人もいるほど変わっていたので、彼はこの品種から連想されるがぶ飲みワインと区別するための商標が必要だと判断した。こうして生まれたのが、フランス語を単純にひっくり返した、フュメ・ブランだ。モンダヴィ氏の最高のフュメ・ブランがアイ・ブロック・リザーヴで、オークヴィルのト＝カロン畑の葡萄のみから造られる。1945年にフィロキセラに強い台木に植えられたアイ・ブロックは、北米で最も古く植えられたソーヴィニョン・ブランかもしれない。
　1999はいまだに活気があり、クリスプで、焦点が合っている。最初に感じる強い新鮮な柑橘類は口に含んでも続き、さらにトロピカルフルーツとミネラルとハーブが口の中で花開き、すべてがずば抜けた濃度と持続性と長さを示している。**LGr**

🍷🍷🍷　飲み頃：2020年まで

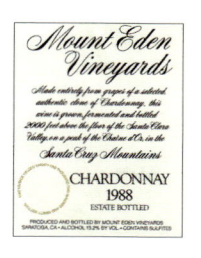

Mount Eden
Chardonnay 1988
マウント・エデン
シャルドネ 1988

産地　アメリカ、カリフォルニア、サンタクルーズ・マウンテン
特徴　辛口白ワイン、アルコール分13%
葡萄品種　シャルドネ

　短気で風変わりなワインの天才、マーティン・レイ氏が、マウント・エデンの最初の畑に葡萄を植えたのは1942年のこと。品種はピノ・ノワールとシャルドネ、そして後にカベルネ・ソーヴィニョン。1960年代、レイ氏はさらに葡萄畑を広げるために投資家を巻き込む。しかし提携がうまくいかなくなり、本人が植えた葡萄から造られるレイ氏のヴィンテージは1970年が最後となった。
　新しいオーナーはワイナリーにマウント・エデン・ヴィンヤーズと新しい名前をつけ、初ヴィンテージを1972年に造った。1981年にジェフリー・パターソン氏が醸造家助手として採用され、1年後に醸造長となり、それからずっと責任者を務めている。
　マウント・エデン・シャルドネは、比較的少ない優雅に熟成するカリフォルニア・シャルドネに数えられる。ワインライターのクロード・コルム氏によると、カリフォルニアのシャルドネより白ブルゴーニュとの共通点が多く、ミネラル感が最高級のピュリニー＝モンラッシェに似ていて、熟成するとシャブリの渋さが出てくるという。1976年に行われたヴァーティカルテイスティングで、コルム氏は1988を最高のワインに選び、「口に含んだときのすばらしい酸味、ミネラル感、石質感、リンゴの香り、そして全体の強烈な高揚感は、まるで卓越したリースリングのようだ」と称賛した。**SG**

🍷🍷🍷🍷　飲み頃：2010年過ぎまで

Mount Horrocks *Cordon Cut Riesling* 2006
マウント・ホロックス　コードン・カット・リースリング 2006

産地 オーストラリア、南オーストラリア、クレア・ヴァレー
特徴 甘口白ワイン、アルコール分12%
葡萄品種 リースリング

マウント・ホロックスは、クレア・ヴァレー南端の居酒屋が1軒しかないような小さな町、オーバーンの古い駅の中にある。1967年に植えられた畑の葡萄を加工するために、アックランド兄弟が1981年にマウント・ホロックスを設立し、ジェフリー・グロセット氏が長年にわたって兄弟のコンサルタントを務めた。現在は自身のラベルを持っているグロセット氏だが、いまだにマウント・ホロックスと深く関わっている──1993年にこのワイナリーを買ったステファニー・トゥール女史の生涯のパートナーなのだ。2人は彼女のワイナリーに関して仲良くライバル意識を燃やしているが、互いの成功を喜んでいる。

マウント・ホロックスはさまざまなクレア・ヴァレー・ワインを造っているが、中でも最も有名で独特なのがコードン・カット・リースリングだ。「コードン・カット」とは、葡萄が熟したときに茎を切って、残りの果実を濃縮させ、樹になったまま自然にレーズンにするための危険なプロセスを指す。その結果、強い香味とコクが生まれる。

マウント・ホロックス・コードン・カット・リースリング2006は、淡いイエローライムの色をしている。花のようなリースリングのアロマがグラスから香り立つ。口に含むと官能的な甘さで、飽きがくることはまったくない。繊細だが強いオレンジとミカンの果実風味があり、ハチミツ、スパイス、そしてミネラルの香りもする。上質の活気あふれる酸味が、果実味の強さと調和している。すぐに楽しめるし、最高10年は貯蔵できる。2006年にクレア・ヴァレー南部の畑を壊滅させた霜のせいで、2007年にコードン・カットは造られなかった。**SG**

🅢🅢　飲み頃：2016年まで

さらにお勧め
他の優良ヴィンテージ
1996・2000・2001・2002
同生産者のワイン
ウォーターヴェール・シャルドネ、マウント・ホロックス・リースリング、マウント・ホロックス・セミヨン、マウント・ホロックス・シラーズ

このマウント・ホロックスの直売店は、かつてオーバーンの駅だった。

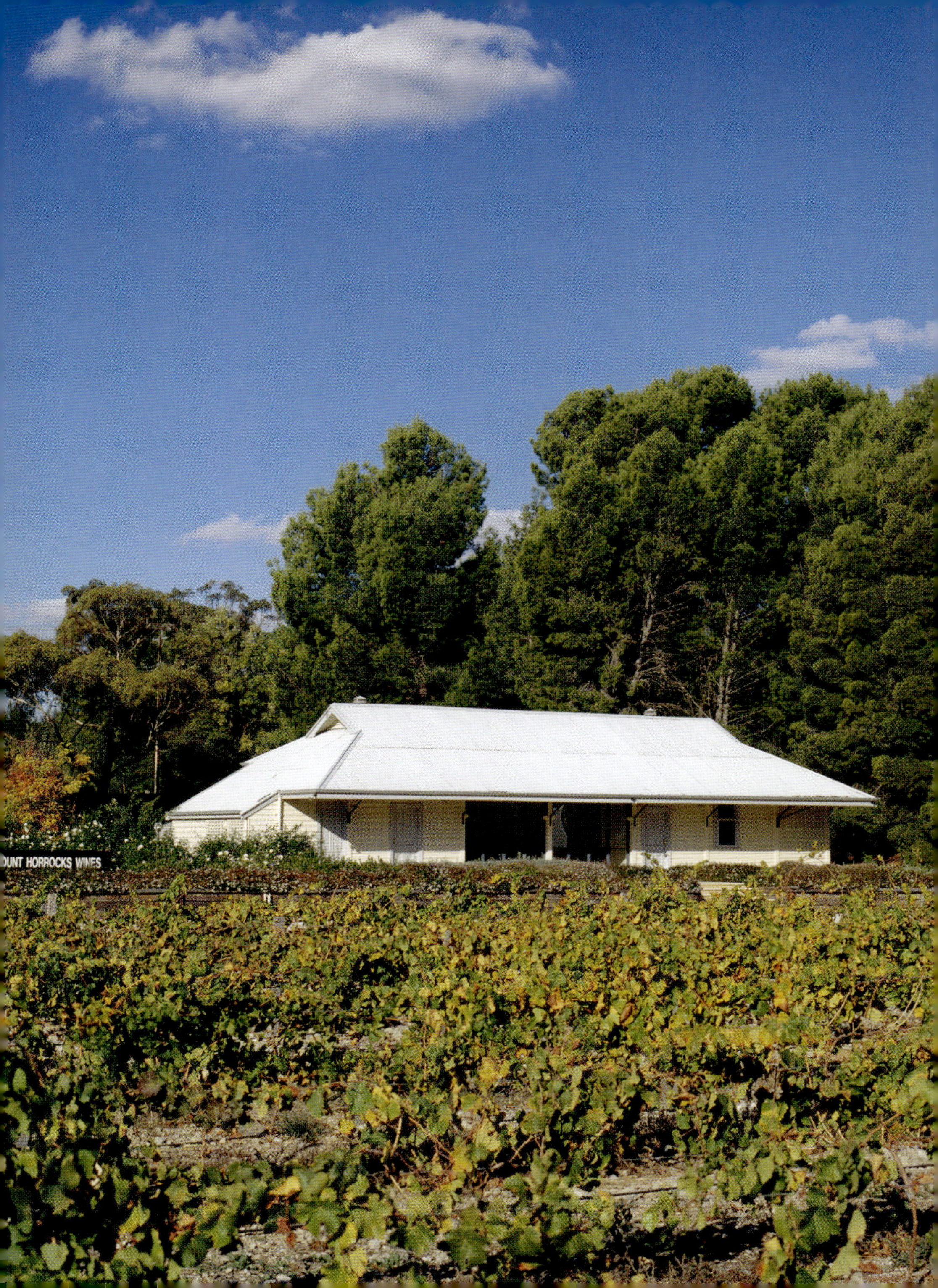
OUNT HORROCKS WINES

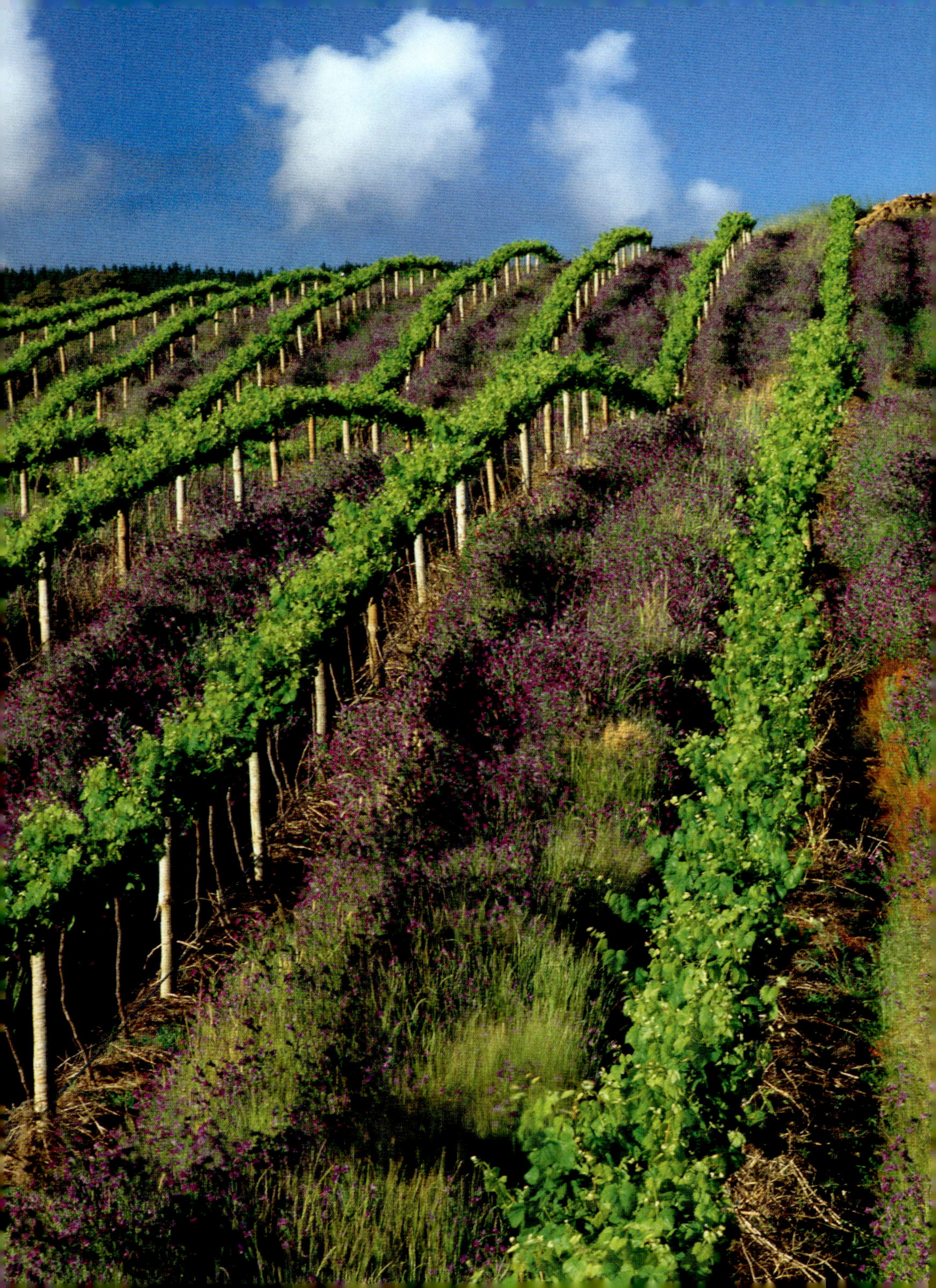

Mountadam
Chardonnay 2006

マウントアダム
シャルドネ 2006

産地 オーストラリア、南オーストラリア、エデン・リッジ
特徴 辛口白ワイン、アルコール分14％
葡萄品種 シャルドネ

　南半球のワイン産業の先頭に立って、ヨーロッパ中心部に攻撃をしかけていたと言えるワインを1つ挙げるとしたら、それはオーストラリアのシャルドネだ。芳醇なエキス、トロピカルフルーツの香味、そして堂々とした甘いスパイスが香るオークの層は、ヨーロッパが造ってきたものとはまったく違っていた。しかし地球の反対側の「シャルディー」は、今や日常的なワインではオーク香が弱められ、よりヨーロッパ的な酸味のある果実を志向して、葡萄樹はより高い場所に植えられている。

　その推移を最も詳しく追いかけられるのが、マウントアダム・ワイナリーだ。設立したのは、オーストラリアの葡萄栽培の巨匠の1人である故デーヴィッド・ウィン氏。その樽醸造キュヴェ用のシャルドネは、ハイ・エデン・リッジに植えられた南オーストラリア最古の葡萄樹だ。日中の気温が比較的低いことと、収穫量が低いことが相まって、人も羨む恵まれた条件になっている。

　マウントアダムの現在の醸造家コン・モスホス氏は、ペタルマ時代にブライアン・クローザー氏の右腕だった人物だ。2006年、彼はここ数年で最高のマウントアダム・シャルドネを、もともとデーヴィッド・ウィン氏が植えた一連のクローン（マウントアダム特有のものとされているマーブル・ヒル）から造り出した。収穫量の少ない葡萄のマストから生まれる濃厚なテクスチャーがあるが、非常に優雅でもある。ネクタリン、ガリアメロン、そして洋ナシの香りと風味があり、樽処理によるほのかなナツメグの香りが加わっている。バター風味のヘーゼルナッツを感じる十分なフィニッシュは表情豊かだ。**SW**

⑤⑤⑤　飲み頃：2012年まで

← マウントアダムの葡萄樹の間にはシュゼンムラサキが生えている。

White wines

Egon Müller
Scharzhofberger Riesling Auslese 1976
エゴン・ミュラー
シャルツホフベルガー・リースリング・アウスレーゼ 1976

産地　ドイツ、モーゼル
特徴　甘口白ワイン、アルコール分8%
葡萄品種　リースリング

　ザール川流域のシャルツホフほど、明らかに「リースリングの理想郷」と考えられるワイナリーは他にない。ミュラー家が5世代にわたって経営している。ここが所有するシャルツホフベルク畑から生まれるリースリングは、人気も値段も世界最高クラスのワインだ。
　ミュラーのワインは、純粋と複雑の間の概念的矛盾を見事に解消する。シャルツホフの優良ヴィンテージの1976年は、魅惑的なアウスレーゼがそろっている。一般常識を超えているとさえ言える品質は、ほんのわずかな差しかないが、単一槽での壜詰めのおかげで、それぞれが独自の際立った個性を持っている。2006年、ハンブルクの作家のステファン・ラインハルト氏がアウスレーゼNo.32を試飲して、『The World of Fine Wine』誌にこう書いている。「活気のある多層のブーケは、オレンジティーと葉巻とタバコと干しアンズが香る。非常にスタイリッシュで滑らかなストラクチャーが、見事なほどちょうどよい甘い果実味と調和している。そこにハチミツが重なり、活気のある極上の酸味によって抑えられている。すばらしい濃度とフィネスの両方を表現しているこのワインは、強烈で、完璧にバランスがとれた、まさに悩殺的なアウスレーゼだ」。ラインハルト氏によると、心を曇らせるのではなく晴れさせるワインだという。**FK**

🍷🍷🍷🍷🍷　飲み頃：2040年過ぎまで

Müller-Catoir *Mussbacher*
Eselshaut Rieslaner TBA 2001
ミュラー=カトワール
ムスバッハー・エーゼルスハウト・リースラナー・TBA 2001

産地　ドイツ、ファルツ
特徴　甘口白ワイン、アルコール分9%
葡萄品種　リースラナー

　その名が示すように、リースラナーはリースリングとシルヴァーナーの交配種。1921年に生まれたこの品種は、ドイツで最も希少な葡萄品種の1つで、栽培面積は85ha程度しかない。ベーレンアウスレーゼまたはトロッケンベーレンアウスレーゼ（TBA）の選択肢としては、リースラナーは世界でも有数のデザートワインに数えられる。
　伝統的なプファルツのワイナリーであるミュラー=カトワールでは、リースラナーが何十年にもわたってよく栽培されている。この品種の上品な甘口ワインは、ミュラー=カトワールの真髄だ。信じられないほどの強さと爆発しそうな果実味が複雑に絡み合い、エキゾチックな果物と新鮮な柑橘類の香りが幾重にも重なっている。
　1990年のTBAは、ロバート・パーカー氏が100点満点をつけた初めてのドイツワインだ。しかし2001年のTBAは新たな高みに到達した。『ゴー・ミヨ』に「ドイツでこれまで造られたワインの中で最高級に入る」と称賛されたのだ。けれども、このTBAの生産量はわずか325ℓ——味わいたいという世界中の需要に比べれば、ほんの小さな1滴にすぎない。**FK**

🍷🍷🍷🍷🍷　飲み頃：2030年過ぎまで

Salvatore Murana *Passito di Pantelleria Martingana* 2000

サルヴァトーレ・ムラーナ
パッシート・ディ・パンテッレリア・マルティンガーナ 2000

産地　イタリア、シチリア、パンテッレリア
特徴　甘口白ワイン、アルコール分15%
葡萄品種　ズィビッボ

　小さなパンテッレリア島にある、太陽が照りつけ風が吹きつける段々畑で、ムラーナ家はジビッボを栽培している。モスカート・ディ・アレッサンドリアとも呼ばれるマスカットのクローンだ。土壌は岩だらけで火山由来。激しい風から守るために、葡萄樹を1本1本、地面に掘られた穴の中に植え、小さな空積みの石垣で囲わなくてはならない。植物は短く剪定され、枝は地面につきそうなほど、ほぼ水平に伸びる。樹の最上部は特徴的な「パンかご」形に整えられ、果実はその「かご」の中でさらに守られて成長する。

　ムラーナは島のあちこちに畑を所有している。その名前はコスタ、ガディール、ムエッゲン、カンマ、そしてマルティンガーナ。この最後の畑は島の南部にあり、葡萄樹は1932年に植えられた。その樹齢、やせた土壌、そして特殊な気候条件によって、ここの葡萄樹の収穫量は非常に少ないが、2回に分けて収穫される。一部は石の厚板の上で干され、残りは摘んですぐに使われる。肉付きのよさと新鮮さのバランスをとるためだ。このワインは島の香りを発散している。ドライフルーツ、ナツメヤシ、スパイス、そしてコーヒー。味わいはふくよかでまろやか、甘さと酸味の境界のバランスが完璧だ。**AS**

🍷🍷🍷🍷　飲み頃：2028年過ぎまで

René Muré *Vorbourg Grand Cru Clos St.-Landelin Riesling* 2003

ルネ・ミューレ　ヴォルブール・クラン・クリュ・クロ・サン＝ランドラン・リースリング 2003

産地　フランス、アルザス
特徴　辛口白ワイン、アルコール分13.5%
葡萄品種　リースリング

　2003年のアルザスの生育期は、ワイン醸造家にとって難題に満ちていた。3月の季節外れの暖かさと日照の後、4月10日の夜が明けるとひどい霜が下りていた。そして真夏の日照りによって、葡萄畑は極度の乾燥と熱のストレスに襲われる。グラン・クリュ・ヴォルブールにあるルネ・ミューレの15haのクロ・サン＝ランドランはとくに、クロの最上部の南斜面で土壌は石が多く、熱をまともに受ける。リースリングの大半は成熟が遅れ、収穫は10月に雪の中で行われた。

　しかし逆境から勝利が生まれる。9月に降った待望の雨が葡萄樹に生気を与えた。保水力に優れた粘土質土壌の斜面にある区画は、涼しくなった秋には状況がはるかによくなった。例年よりずっと遅くに摘み取られたリースリングは、天然糖分もフェノールの成熟度も高く、発酵されるとアルコール分13.5%でコクのある完全な辛口になった。

　色はつややかな麦わら色。十分に空気に触れると——ワインをデキャントするべき——複雑な香りには、成熟したリースリングに典型的な特徴であるオイリーな灯油がほのかに感じられる。口に含むと、中期貯蔵向きの力強く肉付きのよいワインであることがわかる。**ME**

🍷🍷🍷🍷　飲み頃：2012年まで

White wines | 307

Château Nairac
2001
シャトー・ネラック
2001

産地 フランス、ボルドー、ソーテルヌ、バルサック
特徴 甘口白ワイン、アルコール分13.5%
葡萄品種 セミヨン90%、ソーヴィニヨン・ブラン6%、ミュスカデル4%

ネラックは、北からバルサック村に入ると最初に見えるワイナリーだ。フィロキセラ禍の後、畑には赤葡萄が植えられ、白葡萄に植え替えられたのは第1次世界大戦の直前だった。1960年代には、ワインは大口でしか売られていなかった。1971年、トム・ヒーター氏とニコール・タリ女史（シャトー・ジスクールのオーナーの娘）がこのワイナリーを買い取り、オハイオ出身の熱心なワイン愛好家のトムは、すぐさま畑と熟成庫を修復する。彼は収穫時の厳しい選別によって品質を向上させた。さらに、最終的なブレンドを決める前にワインの進化を観察できるよう、すべて樽熟成される何十という区画を別々に管理した。

1993年にワイン造りを引き継いだ息子のニコラスは、父親よりさらに完ぺき主義で、完全に貴腐化した葡萄を探し、基本的にワインを手造りする。自分が十分に満足のいく樽のみをブレンドして壜詰めするため、16haのこのワイナリーの生産量は非常に限られている。ワインは65%の新樽で熟成され、通常、バルサックのたいがいのワインよりはるかにコクがある。この2001は力強い核果類の香りを放つ。豊満で、オイリーで、フルボディー、さらにフィネスもあり、オレンジを感じるフィニッシュが長く続く。**SBr**
🍷🍷🍷 飲み頃：2030年まで

Daniele Nardello
Recioto di Soave Suavissimus 2003
ダニエレ・ナルデッロ
レチョート・ディ・ソアーヴェ・スアヴィッシムス 2003

産地 イタリア、ヴェネト、ソアーヴェ
特徴 甘口白ワイン、アルコール分14%
葡萄品種 ガルガーネガ

ダニエレとフェデリカのナデッロ兄弟が所有する14haの葡萄畑は、ソアーヴェ・クラシコ地区の南部分の大半を占めている。古いほうの葡萄畑は伝統的なペルゴラ・ヴェロネーゼ法で整枝されているが、近年の畑はギュヨー法で仕立てられているので、植樹度が高く、葡萄樹への日当たりがよくなっている。

レチョート・ディ・ソアーヴェ・スアヴィッシムスの原料はワイナリーの古いほうの樹の葡萄で、さまざまな熟度を確保するために、普通は6週間かけて収穫される。葡萄は屋内で翌年の3月まで乾燥させてから圧搾する。各バッチを別々に樽で醸造してからブレンドし、調和させるために数ヵ月、ステンレスタンクで寝かせる。そしてワインを壜詰めし、さらに1年熟成させてからリリースする。

ワインの色は深い黄金色、新鮮な黄色い花から、干しアンズ、アーモンド、そしてハチミツまで、幅広いブーケが香る。柑橘類（ミカン）のほのかな香りが全体を爽快にしている。口に含むと濃厚で、酸が高い糖分のバランスをとり、長くはっきりしたフィニッシュの間もずっと、ワインの活気を保つのに力を貸している。**AS**
🍷🍷🍷 飲み頃：2020年まで

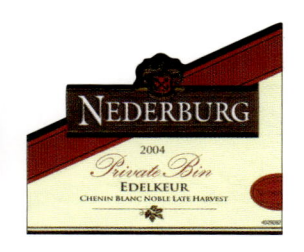

Nederburg
Edelkeur Noble Late Harvest 2004
ネダバーグ
エデルケアー・ノーブル・レイト・ハーヴェスト 2004

産地 南アフリカ、パール
特徴 甘口白ワイン、アルコール分11%
葡萄品種 シュナン・ブラン

　貴腐化した葡萄からヨーロッパの伝統的手法で造られる、南アフリカの甘口の自然なワインが持つ潜在力を証明したのは、大手のネダバーグ・ワイナリーのセラーマスターでドイツ人のギュンター・ブレゼル氏だった。1960年代後半、法律によってそのようなワインが禁止され（酒精強化ワイン市場を守るため）、断固たるロビー活動が行われてようやく、そのカテゴリーが認められることになった。1972年にブダペストで行われた国際ワインコンテストで、エデルケアー1969が勝利したことで自信をつけたブレゼル氏は、シュナンのデザートワインはケープのフラグシップだという信念を深めた。それ以降エデルケアーは数多くの賞を獲得している。

　現在規模が拡大した毎年恒例のネダバーグ・オークションは、主にエデルケアーを売り出すために1975年に始まったもので、このワインは相変わらず、このオークションからしか小売市場に出回らない。ケープの貴腐ワインは、もはや主力のエデルケアーだけではないが、やはりこのワインが上質の手本になっている——ヴィンテージ2004（例年よりも少量生産だった）がその一例だ。十分に貴腐化していて、これまで造られた中でも指折りの甘さだが、刺激的な酸味が新たな柑橘類とハチミツの香味の複雑さを支え、バランスをとっている。**TJ**

🍷🍷🍷　飲み頃：2024年まで

Neudorf
Moutere Chardonnay 2000
ノイドルフ
ムーテリー・シャルドネ 2000

産地 ニュージーランド、ネルソン
特徴 辛口白ワイン、アルコール分14%
葡萄品種 シャルドネ

　1978年にティム・フィン氏と妻のジュディーによって設立されたノイドルフは、ネルソン・ワイン地区のリーダーだ。シャルドネの畑は、ニュージーランド南島のムーテリー渓谷の支流を見下ろす、北向きの緩やかな斜面に広がっている。全国中でもとりわけ晴天の多い地域で、晴れ渡った空のおかげで夜は急速に冷えるので、日中の気温の大きな変化によって生まれる香味がゆっくりと進化していく。葡萄は古木から手摘みされ、隣のビューク畑の葡萄少量と合わせて、最終的なブレンドが造られる。

　ムーテリーは濃度とテクスチャーを特徴とする白ワインを造る傾向がある。シャルドネには、フィン氏によれば、強いミネラル感とはっきりしたライムの花の豊かさがあるという。ニュージーランドのシャルドネをセラーで寝かせることを考える人はほとんどいないが、このワインは2005年までに堰熟ワインの好例となっていた。丸みがあって、しなやかで、エレガントだ。若い頃のオーク香は強いスイカズラの風味に変化していた。まだ生き生きした酸と肉付きのよい果実味にあふれていて、さらに数年熟成させればもっと複雑になることがわかった。**SG**

🍷🍷🍷　飲み頃：2012年過ぎまで

Newton Vineyards
Unfiltered Chardonnay 2005
ニュートン・ヴィンヤーズ
アンフィルタード・シャルドネ 2005

産地 アメリカ、カリフォルニア、ナパ・カウンティ
特徴 辛口白ワイン、アルコール分15.5%
葡萄品種 シャルドネ

スー・ホア・ニュートン博士は、濾過しないシャルドネを造ることに決めたとき、助手の醸造家や多くの販売業者による暴動に近いものに直面した。しかし彼女と夫のピーターはそれまで何度も、他の人々があえて進もうとしないところに敢然と飛び込んできた。何しろ1977年に、誰よりも早くスプリング・マウンテンにワイナリーを設立したのだ。ニュートン博士は1990年代後半からワイン造りをしている。

樹齢30年のウェンテ・クローンのシャルドネから、葡萄は夜明けから午前11時までに摘み取られるので、冷たい状態でワイナリーに到着する。果汁はすばやく樽に移され、カーネロス土着の酵母で発酵される。セラーはスプリング・マウンテンの地下深くに築かれているので、低温によって長くゆっくりした発酵がおよそ8ヵ月続く。テロワールの表現と果実本来の純粋さを弱めないように、バトナージュは行われない。ワインはその後ブレンドされ、さらに1年ほど樽に寝かされる。アロマと香味のあらゆるニュアンスを保つために、清澄も濾過も一切行われない。中間の味わいにすばらしいテクスチャーと濃密さがあり、持続性と層をなす香味は最高級の白ブルゴーニュのようだ──そして同じように、10年熟成できる力も持っている。**LGr**
🍷🍷 飲み頃：2017年まで

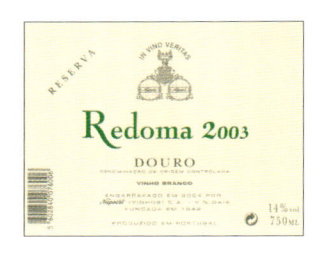

Niepoort
Redoma Branco Reserva 2003
ニーポート
レドマ・ブランコ・レゼルヴァ 2003

産地 ポルトガル、ドウロ川流域
特徴 辛口白ワイン、アルコール分14%
葡萄品種 ラビガト、コデガ、ドンゼリニョ、ヴィオシニョ、アリント

ニーポートは最近では実に希少な大物だ。小さい家族経営の独立系ポート商だが、ディルク・ニーポート氏の下、ドウロでも指折りの革新的な酒精強化しないワインの生産者になった。会社が設立されたのは1842年、ディルクは5代目社長だ。

ニーポート氏は最高のワインを造るために、古木が植えられている小さい──たいてい非凡な──区画を探す。しばしば他の生産者が所有する区画を見つけ、求めている葡萄であれば割増料金を払ってでも買う。レドマ・ブランコの葡萄は、冷涼な気候が白品種に適している高度400-700mの畑から供給されている。

比較的涼しいとはいえ、やはり白葡萄には暑い畑なので、圧搾前に葡萄をていねいに選別することが不可欠だ。アンバランスなワインのもとになる、糖が過剰で酸度が低い腐敗した果粒も果房も取り除く。フレンチオーク樽での発酵と熟成によって、ワインにはトーストを思わせる心地よいスパイシーさが生まれるが、ワインの自然な酸をできるだけ保つために、マロラクティック発酵はここでは行われない。その結果、コート・ド・ボーヌ産の高級白ワインに驚くほどよく似たワインができ上がる。**GS**
🍷🍷🍷 飲み頃：2012年まで

Nigl
Riesling Privat 2005
ニグル
リースリング・プリヴァート 2005

産地 オーストリア、クレムスタール
特徴 辛口白ワイン、アルコール分13%
葡萄品種 リースリング

　クレムスタールとは、ニーベルンゲンの伝説的な町クレムス周辺の、実にさまざまな場所を指す。花崗岩塊の丘陵とゼンフテンベルクの城が、クレムスで最も印象的なランドマークであり、最も印象的なワインの故郷でもある。ピリ畑——ゼンフテンベルクで最も急勾配で最も良質の場所——の葡萄から、マーティン・ニグル氏はリースリングとグリューナー・ヴェルトリーナーそれぞれ2バッチ仕込む。最古の樹と最良の場所からできるものには、プリヴァートのラベルが貼られる。ニグル氏は、ヴァッハウ以外からクレムス地区に来たワイン醸造業者として、初めて国際的に熱烈な称賛を浴びた。そのきっかけは1990年のリースリングだった。

　過剰なほど熟して貴腐が際立った2005年は、高高度、風通し、水をほとんど通さない岩、そのすべてがピリ畑に有利に働いた。それでもニグル氏は厳しく選別し、貴腐化したリースリングの果房を、畑や地所の特色を示さない別のワイン用により分けなくてはならなかった。リースリング・プリヴァートは、ニグルの他のどの2005よりもはっきりと、この畑に期待されるミネラル感と複雑さを示している。

　フジウツギとバーベナ、涼しげなミント感、ホタテやエビの殻、そして海のしぶきを彷彿とさせる、とても魅力的な雑多なミネラルが、この豊満だが洗練された長寿の美しいワインに充満している。**DS**

🍷🍷🍷　飲み頃：2015年まで

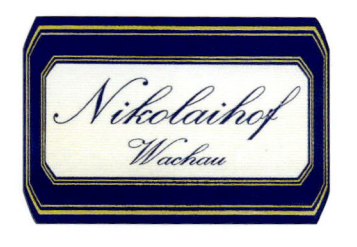

Nikolaihof
Vom Stein Riesling Smaragd 2004
ニコライホーフ
フォン・シュタイン・リースリング・スマラクト 2004

産地 オーストリア、ヴァッハウ
特徴 辛口白ワイン、アルコール分12.5%
葡萄品種 リースリング

　ニコライホーフは、ニコラウスとクリスティンのサーズ夫妻が所有する家族ドメーヌで、ヨーロッパ初のバイオダイナミックワイナリーとして知られている。サーズ夫妻は古い葡萄樹（樹齢40-50年）を育て、6種類の品種を栽培しているが、際立っているのはリースリングとグリューナー・ヴェルトリーナーで、前者はとくにすばらしいエレガンスを実現している。深く根を下ろさせることを目的とするバイオダイナミック農法と古い葡萄樹の組み合わせは、夫妻の畑が難しい年にもうまく実ることを意味する。「2002年は私たちにとって優良年だった。隣人たちは腐敗の問題を抱えていたけど、うちは問題なかった」とクリスティンは言う。「2003年はとても暑かったけど、アルコールも酸も問題なかった。うちの葡萄樹の根の組織だと、樹はストレスを見せない」

　若いときのニコライホーフのワインは緊張していて寡黙で、生き生きしたミネラルの風味と良質の酸味がある。フォン・シュタイン・リースリング・スマラクトは典型的な2004のワインだ。爽快で焦点がはっきりした果実味に、ほんのりとハーブが混じる。味わいは高い酸、ミネラル、レモンのような果物、そしてすばらしい長さを見せている。少量の熟成したワインをヴィノテークのラベルでリリースするニコライホーフの慣例から、そうでないこれらのワインは貯蔵する価値があることがわかる。フォン・シュタイン2004は取っておくべきワインに違いない。**JG**

🍷🍷🍷　飲み頃：2010年-2025年

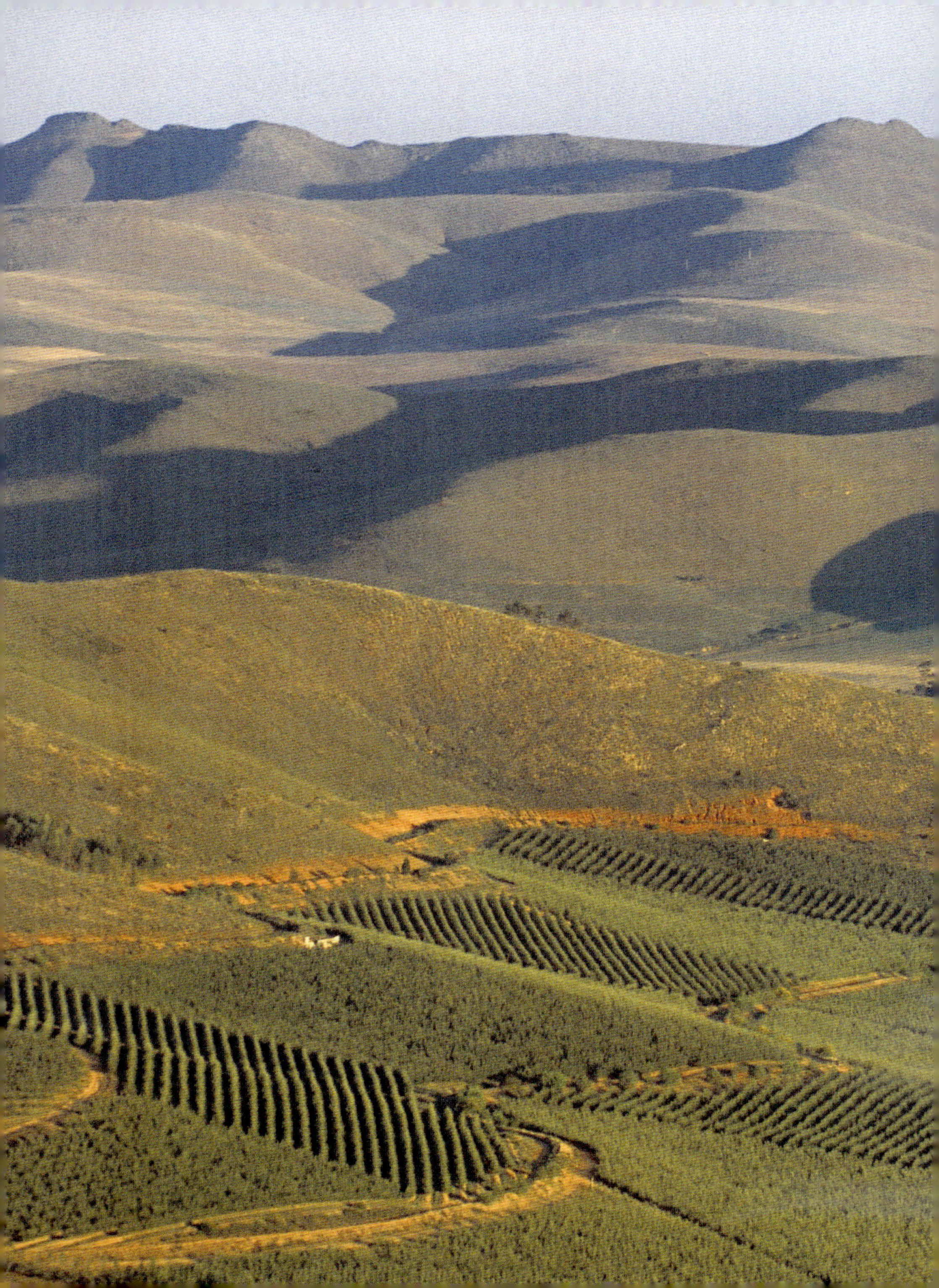

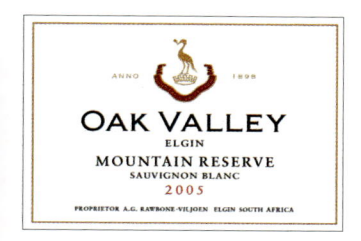

Oak Valley *Mountain Reserve Sauvignon Blanc* 2005

オーク・ヴァレー
マウンテン・リザーヴ・ソーヴィニヨン・ブラン 2005

産地 南アフリカ、エルジン
特徴 辛口白ワイン、アルコール分13.4%
葡萄品種 ソーヴィニヨン・ブラン

　広大なオーク・ヴァレーの農場——落葉果樹、花、肉牛も育てている——は19世紀末、ケープ植民地議会議員のアントニー・ヴィルジョエン氏によって設立された。葡萄樹が植えられ、この地区最初のワイナリーが設立されたのは1908年。しかしその1世代後に使われなくなった。このワイナリー独自のワイン生産が再開されたのは21世紀初頭のことだ。

　このワイン用の葡萄を（最高のヴィンテージにのみ）供給する単一畑区画は、高度518mあまりに位置し、エルジン渓谷を眼下に望む南向きのやせた斜面に広がる。この単一畑の際立つ品質が評価され、ソーヴィニョンの良年に初めてマウンテン・リザーヴ2005が登場した。次は早くも期待できる2007が出てくるだろう。リザーヴの繊細な力、エレガントなコク、そして鋼鉄のようなさっぱりしたミネラル感があいまって、ソーヴィニョンが複雑さを呈することも確かにあるという主張を裏づけている。ケープのソーヴィニョンがロワールの古典主義とニュージーランドの爽快な刺激性の間の中道を行っているとしたら、オーク・ヴァレーはどちらかというと古典主義の方向に進路を取り、自らの高い生まれの極みを満喫している。**TJ**

🍷🍷 飲み頃：2009年まで、もっと後のリリースは5年以内

◀ エルジンの葡萄畑は日光をとらえるために、さまざまな方向を向いている。

Jorge Ordoñez & Co *No.3 Old Vines* 2005

ホルヘ・オルドネス・アンド・カンパニー
No.3・オールド・ヴァイン 2005

産地 スペイン、マラガ
特徴 甘口白ワイン、アルコール分13%
葡萄品種 マスカット・オブ・アレキサンドリア

　ヒュー・ジョンソン氏は著書『Wine : A Life Uncorked』の中で、デューク・オブ・ウェリントンのセラーからオークションで買った「マウンテン・ワイン」の古いボトルについて書いている。ワイン醸造家のテルモ・ロドリゲスとアメリカの輸入業者ホルヘ・オルドネスは、この特殊なスタイルのマラガのワインを復活させることに決めた。ボデガス・アルミハラのペペ・アビラ氏の協力を得て、彼らはマラガ中の人を寄せつけないような険しい片岩と粘板岩の丘陵を調べ、根の深い干ばつに強いモスカテル種の葡萄樹を購入する。オルドネス氏は醸造家として今は亡きオーストリア人のアロイス・クラッハー氏（2007年に死去）を起用した。

　初ヴィンテージの2004年、彼らは5種類のワインを造り、クラッハー氏の習慣どおりにすべてに番号を付けた。ナンバー1のセレクシオン・エスペシャルは葡萄樹に残された過熟の葡萄から造られる。ナンバー2のヴィクトリアは温度を調節された部屋で乾燥させた葡萄がベースになっている。ナンバー3のオールド・ヴァインは乾燥させた葡萄の一番よいものを1年物のクリアンサに浸す。ナンバー4はエッセンシアだ。

　ナンバー3はフルボディの非常に濃厚なワインで、見事な酸味と信じられないほどの甘み、ヘーゼルナッツとマーマレードとコーヒーと干したモモのすばらしい香味が感じられる。昼食の後のデザートのように、純粋に楽しむために飲んでほしい。**JMB**

🍷🍷🍷 飲み頃：2020年過ぎまで

Oremus
Tokaji Aszú 6 Puttonyos 1999
オレムス
トカイ・アスー・6プットニョシュ 1999

産地 ハンガリー、トカイ
特徴 甘口白ワイン、アルコール分11%
葡萄品種 フルミント、ハルシュレヴェリュ、ムスカルコリ

　古い共産党のワイン会社、ボルコンビナートが1993年に分裂したとき、リベラ・デル・ドゥエロ（スペイン屈指のワインで知られる）にあるヴェガ・シシリアのデーヴィッド・アルヴァレス氏は、小切手を手に、このドメーヌのある程度の部分を買い取る準備を整えた。とはいえ、オレムスの現支配人は歴史をつなげる要素を提供している――アンドラス・バクソ氏は元ボルコンビナートの経営者であり、オレムスには古い在庫（すばらしい1972を含めて）と古い葡萄樹という強みがある。
　オレムスの本社は、1631年にアスーワインが初めて造られたトルチヴァというワイン村にある。1999年は1989年後の初ヴィンテージで、ほとんどのワイナリーが葡萄を買い付けるのではなく、自分たちの土地で収穫された葡萄からアスーを造っていた。そのため、1999年はアスーにとってテロワールの特性が判断できる初めての年なのだ。オレムスでは、ワインは樽で3年寝かされ、さらに2年の壜熟を経てリリースされる。
　1999年の6プットニョシュワインはたいていのものより色が淡く、モモとクリームキャラメルの香りが強い。味わいはモモとアプリコットが主体で、ハチミツがほのかに感じられる。力強い酸味がある。最高に合うのはフォアグラ、ブルーチーズ、あるいはフルーツベースのデザート。**GM**
🍷🍷🍷🍷　飲み頃：2012年過ぎまで

Ossian
2006
オシアン
2006

産地 スペイン、ルエダ
特徴 辛口白ワイン、アルコール分14.5%
葡萄品種 ヴェルデホ

　オシアンは2005年、リベラ・デル・ドゥエロのボデガス・アールトのハヴィエル・サッカニーニ氏と、栽培者のサミュエル・ゴサロ氏の共同事業として生まれた。ルエダはスペイン中央部の白ワインのアペラシオンで、葡萄品種はヴェルデホのみ。しかしここで真に類まれなのは、有機栽培されているオシアンの9haの葡萄がフィロキセラ禍前の樹で、いまだに自らの根を張っていることだ。樹齢180年の葡萄樹もある。これは、その葡萄樹とワイナリーがあるニエヴァの村が、ルエダDO内で特殊な地域にあるから実現可能なことなのだ。ドゥエロ川から遠く離れていて、海抜854mという非常に高い位置にあり、極端な大陸性気候は霜や雪が多いのが特徴だ。
　オシアンの初ヴィンテージはつい2005年のことだった。色は明るく雑味のない緑金色。複雑だが焦点のはっきりした芳香には、オークと乳の香りのミックス（バニラ、スモーク、カフェオレ、トフィー）、澱、そして花とともに、白や黄色の果物、ほのかな柑橘類と薬も感じられる。口に含むとクリーミーで、オークが豊かに香るが、まとまるには壜内での時間が必要だろう。洋ナシ、モモ、オレンジの皮などの香味にあふれ、アルコールは酸味によってうまくバランスがとれていて、フィニッシュは非常に長く続く。**LG**
🍷🍷　飲み頃：2011年まで

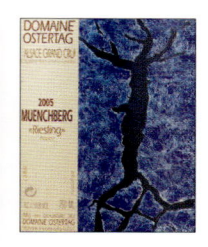

André Ostertag
Muenchberg Grand Cru Riesling 2005

アンドレ・オステルタグ
ムエンシュベルク・グラン・クリュ・リースリング 2005

産地 フランス、アルザス
特徴 辛口白ワイン、アルコール分12.5%
葡萄品種 リースリング

　アンドレ・オステルタグ氏は、アルザスでもかなり遠慮のない専門家の1人だ。まるでこの地方をすべて自分が所有している家長であるかのように、地方全体が生産するものの品質を気にしている。

　1966年にエプフィグに設立された家族のワイナリーは、だんだんに完全なバイオダイナミックに移行した。ドメーヌ・オステルタグが1.3haを所有するムエンシュベルク・グラン・クリュのリースリングは、小石の多い砂質土壌で栽培されているため、生まれるワインはアルザス・リースリング特有の引き締まった酸味があり、ほどけるのに数年かかるレベルに凝縮している。

　2005年、初夏は暑かったが8月後半は涼しくなったため、成熟度と新鮮な酸の見事なバランスが生まれた。このことは、ムエンシュベルク・リースリングのアロマの第一印象にはっきり表れている。猛烈とも言える花の芳香に、この品種特有の鋼鉄のようなミネラル感が溶け合う。最初の2、3年で、ダイヤモンドのように硬い口当たりが和らぎ、リンゴとライムの強い果実味に変わり始めるが、ゴージャスな花の芳香はそれほど失われない。**SW**

🍷🍷🍷 飲み頃：2025年まで

Palacio de Bornos *Verdejo*
Fermentado en Barrica Rueda 2004

パラシオ・デ・ボルノス
ヴェルデホ・フェルメンタード・エン・バリッカ・ルエダ 2004

産地 スペイン、ルエダ
特徴 辛口白ワイン、アルコール分13.5%
葡萄品種 ヴェルデホ

　ルエダはルエダ村を中心とする白ワインのアペラシオンで、主に中央スペインのヴァリャドリードに位置する。アントニオ・サンス氏は、130年以上前に家族ワイナリーを始めたロック・サンス氏の5代目の子孫に当たる。彼はこの地方で最も影響力のあるワイン醸造家だ。

　地元のヴェルデホ種——ポルトガルのものと共通するのは名前だけ——は、この地では輸入品種のソーヴィニョン・ブランと同じくらい重んじられている。パラシオ・デ・ボルノスは有力ブランドで、樽発酵またはタンク発酵のヴェルデホ、ソーヴィニョン、そして両方のブレンドをそろえている。パラシオ・デ・ボルノス・ヴェルデホ・フェルメンタード・エン・バリッカは、このワイナリーのスタイルを最もよく表していて、樹齢45年以上の葡萄樹を使っている。

　ワインは麦わら色で、樽発酵の白にしては非常に淡い。樽香が青リンゴと洋ナシによく溶け合っていて、月桂樹がほのかに感じられる。この品種の草のような特性、刈りたての芝の匂い、そしてフィニッシュにつながるほのかな苦味が、樽香とうまく融合している。この深さ、優雅さ、そして複雑さには信じられない値段だ。最も信頼できるお値打ち白ワインに数えられる。**LG**

🍷 飲み頃：2009年まで、もっと後のリリースは5年以内

Bodega del Palacio de Fefiñanes
Rías Baixas Albariño 2005
ボデガ・デル・パラシオ・デ・フェフィニャーネス
リアス・バイシャス・アルバリーニョ 2005

産地 スペイン、リアス・バイシャス
特徴 辛口白ワイン、アルコール分12.5%
葡萄品種 アルバリーニョ

　ボデガ・デル・パラシオ・デ・フェフィニャーネスは、ガリシアのリアス・バイシャス地区で最も古いワイナリーだ。1904年に設立され、パラシオ・デ・フェフィニャーネスのセラーの中にある。最初のオーナーは初めてアルバリーニョワインを壜詰めしてラベルに表記し、そのブランドは1928年にはすでに登記されていた。ワイナリーが所有する畑は2haで、残りの葡萄はワイナリーがあるポンテヴェドラ県のカンバドス地区の生産者から買い付けている。

　美しいマグナムボトルでも手に入るレギュラー・キュヴェは、ステンレスタンクで発酵され、最初の年に壜詰めされる。2005年はこの大西洋沿岸のアペラシオンにとって優良ヴィンテージで、バランスのとれた力強いワインが生まれた。その年のアルバリーニョ・デ・フェフィニャーデスは程よい金色で、上品な香りが非常に強く、リンゴ、花、クエン酸、そして月桂樹を思わせるバルサムの香りが感じられる。味わいはミディアムボディで、熟した酸味があり、程よい重みの果実味がしなやかさと長さを生み出し、フィニッシュまで典型的なほのかな苦味が続く。

　一般通念に反して、最上質のアルバリーニョはリリースされたばかりではなく、2年目か3年目に飲むほうがよい。**LG**

Ⓢ 飲み頃:2010年過ぎまで、もっと後のリリースは5年以内

Rafa Palacios
As Sortes 2005
ラファ・パラシオス
アス・ソルテス 2005

産地 スペイン、ヴァルデオラス
特徴 辛口白ワイン、アルコール分13.5%
葡萄品種 コデーリョ

　パラシオス家はスペイン有数のワイン一家。アルヴァロ・パラシオス氏を代表とする2代目は、1980年代末のプリオラート革命を指揮し、後にビエルソの復活にも大きな役割を果たした。一方、若いラファエル(ラファ)・パラシオス氏は象徴的な白のリオハワイン、プラセットを造った。

　新世紀の初め、ラファはリオハを離れてガリシアに向かい、ヴァルデオラスに落ち着いた——上質の白ワインを造る潜在力がスペインでもとくに高いと評される地域だ。ここでは地元のコデーリョ種が、この国の最高品質と最長寿命を誇る白ワインを生んでいた。ラファは兄のアルヴァロと同様、スペインの葡萄栽培地の中でも忘れられた土地、あるいは開発が進んでいない土地の、やせた斜面のテロワールに夢中だ。彼の葡萄樹は樹齢が20年から45年、あちこちに散らばった小さい区画に植えられている。気候は大陸性だが大西洋の影響を受け、土壌は花崗岩。

　アス・ソルテス2005は黄金色で、アロマの強さは十分、上質のトーストの香りに続いて熟れた果物(青リンゴ、パイナップル)とアニシードが香り、核に火打石の力強いミネラル感がある。味わいはミディアムボディで、上質の酸味があり、新鮮で滑らか。すばらしいフィニッシュへとつながる。**LG**

ⓈⓈ 飲み頃:2010年まで

Pazo de Señorans
Albariño Selección de Añada 1999

パソ・デ・セニョランス
アルバリーニョ・セレクシオン・デ・アニャダ 1999

産地 スペイン、ガリシア、リアス・バイシャス
特徴 辛口白ワイン、アルコール分12.5%
葡萄品種 アルバリーニョ

　一番よいものは偶然に生まれたり、発見されたりすることが多い。パソ・デ・セニョランスのセレクシオン・デ・アニャダもその一例だ。1996年はアルバリーニョにとって近代まれに見る優良ヴィンテージだったが、パソ・デ・セニョランスでは、オーナー——そしてリアス・バイシャスDOの会長——のマリソル・ブエノ氏が納得できない区画が1つあった。そこでそのワインは、どうするべきか決まるまで脇にどけられていた。2、3年後、それを味見した人たちは、みにくいアヒルの子が美しい白鳥に変わったことに信じられない思いだった。時間をかけて実験を行い、樽発酵や樽熟成を試した結果、ついにタンク熟成の手法が割り出された。1996は最終的に27ヵ月間澱とともにステンレスタンクで熟成され、壜詰めされ、販売されて、商業的に大成功を収めた。

　ワインは澱との長期接触によって明らかに重みを増す。そのことはセレクシオン・デ・アニャダ1999を口に含んだときの濃密さと感覚でわかる。色は緑がかった黄金色。力強いアロマは複雑で、ブラックオリーブ、花、そしてマルメロの香りがする。味わいはミディアムボディで、非常に風味豊かな酸によってバランスがとれ、生き生きした果実味と非常に長い余韻がある。**LG**
🍷🍷🍷 飲み頃：2009年過ぎまで、
もっと後のリリースは5年以内

Dom. Henry Pellé *Menetou-Salon Clos des Blanchais* 2005

ドメーヌ・アンリ・ペレ
メヌトゥー＝サロン・クロ・デ・ブランシェ 2005

産地 フランス、ロワール、メヌトゥー＝サロン
特徴 辛口白ワイン、アルコール分12.5%
葡萄品種 ソーヴィニョン・ブラン

　アン・ペレ女史の義父のアンリは、1960年代におけるAOCメヌトゥー＝サロンの開拓者の1人であり、彼女の亡き夫がその仕事を引き継ぎ、彼女の息子のポール＝アンリが今、醸造家のジュリアン・ゼルノット氏から少しずつ引き継ぎつつある。彼らの40haのドメーヌは、商業的に成功したことで実験ができるようになった。新しいアイデアを試そうという、その意欲の頂点にあるのがクロ・デ・ブランシェだ。このワインを生む2.6haの南向きの単一畑は、1960年代に植えられ、1980年代初期から別に醸造されている。

　土壌はキンメリッジ期の石灰質粘土と燧石で、ジュラ紀の小さな牡蠣の殻がたくさん埋もれている。連想の力かもしれないが、このような海洋化石が散らばっている土壌の葡萄樹を見ると、テイスティングのとき、海の塩とヨウ素の香りがワインにしみ込んでいるような気がする。2005の香りには、海藻とハチミツが楽しく戯れている。味わいにはスパイシーさがあるが、これは樽由来ではなく、テロワールと澱の上での熟成から生まれたものだ。フィニッシュは長く、すがすがしく、塩気が感じられる。2006は、さわやかで軽い新鮮な香りが鼻をくすぐり、口に含むと濃厚でコクがあるが酸味もたっぷりで、白のスルタナが強く香る。**KA**
🍷🍷🍷 飲み頃：2010年まで、
もっと後のリリースは5年以内

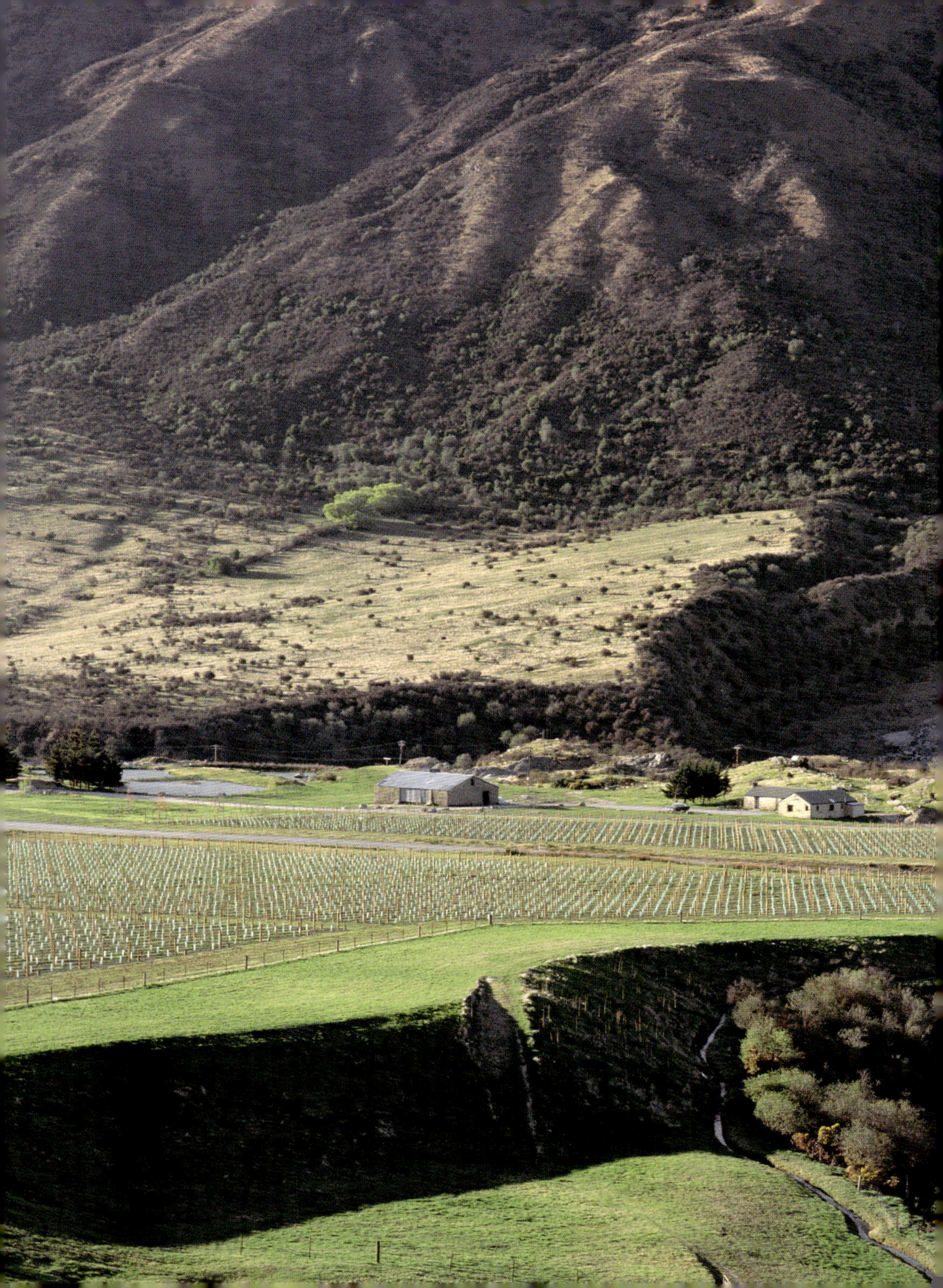

Peregrine
Rastasburn Riesling 2006

ペレグリン
ラストバーン・リースリング 2006

産地 ニュージーランド、セントラル・オタゴ
特徴 辛口白ワイン、アルコール分12%
葡萄品種 リースリング

　セントラル・オタゴは、大胆でフルーティーなピノ・ノワールがよく知られている。ピノ・ノワールがこの地域の葡萄畑の約4分の3を占めているのだから当然だ。リースリングはごく控えめで4%にすぎないが、品質という点ではセントラル・オタゴがニュージーランドのリースリングの中心地であることは間違いない。

　冷涼で標高が高いセントラル・オタゴは、ニュージーランド唯一の大陸性気候の地域だ。片岩の斜面もあって、ドイツのモーゼル川流域が岩だらけになったようなものだ。セントラル・オタゴのリースリングは他の地域のワインより上質で、引き締まっていて、鋼鉄のようにしっかりしている。卓越した酸のバックボーンと際立つミネラル香によって、セントラル・オタゴのリースリングは他とは異なる特別なワインになっている。

　ペレグリンは進歩的で実験好きのワイナリーで、セントラル・オタゴのあちこちの葡萄畑を利用している。とくによく用いているクロムウェル盆地の畑からは、この地方でもとくに感動的なワインが生まれている。ラストバーン・リースリングは、クロムウェル盆地の6つの畑で育った葡萄から造られる。2006は例年より花の芳香が高いが、強い柑橘類とミネラルの香味も保っている。熟れたアプリコット、ジャスミン、グレープフルーツ、そして濡れた粘板岩の特性が、土地とヴィンテージを十分に証明している。**BC**

●● 飲み頃：2014年まで

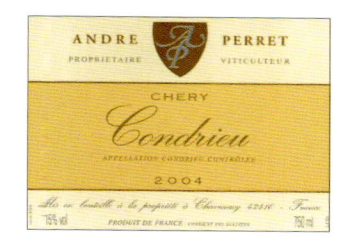

André Perret
Condrieu Chéry 2004

アンドレ・ペレ
コンドリュー・シェリー 2004

産地 フランス、北部ローヌ川流域、コンドリュー
特徴 辛口白ワイン、アルコール分13%
葡萄品種 ヴィオニエ

　第一次世界大戦時に撮影されたコンドリュー丘陵のセピア色の写真には、葡萄樹にびっしり覆われた斜面が写っている。1970年代、この斜面にはやぶや低木や頑固なアカシアの木々が繁茂し、葡萄樹は1本も見えなくなっていた。コンドリューの葡萄畑は74ha未満にまで縮小したのだ。

　アンドレ・ペレの祖父は1925年にコンドリューにやって来たが、当時一家の唯一の畑だったコトー・ド・シェリーで生まれたワインが定期的に壜詰めされるようになったのは、その虐げられた1970年代初頭のことだった。当時は父のピエールが家長だった。ヴェルノンと並んで、シェリーはコンドリューで最も優れた畑だ。1948年と88年に植えられたヴィオニエを所有しているおかげで、アンドレは非常に成熟した葡萄樹の果実を、もっと元気な樹の果実と混ぜることができる。

　アンドレは2000年代初期以降、新鮮さを高め、彼の言う「香りのモモやアプリコットの側面」を強めるために、収穫する葡萄の極端な成熟を避けている。少量はステンレスタンクで、残りは新しく若いオーク樽で醸造されるコンドリュー・シェリーは、収穫の約1年後に壜詰めされる。2004は濃厚で豊かなヴィンテージだが、快活な上品さによる抑えが効いている。**JL-L**

●●● 飲み頃：2016年まで

ギブストンの谷底を抱くペレグリン・ワインズの葡萄畑。

White wines

R & A Pfaffl
Grüner Veltliner Hundsleiten 2005
R & A ファッフル
グリューナー・ヴェルトリーナー・フンツライテン 2005

産地 オーストリア、ヴァインフィアテル
特徴 辛口白ワイン、アルコール分13.5%
葡萄品種 グリューナー・ヴェルトリーナー

ドナウ川からチェコおよびスロヴァキアの国境にいたる広大な弓形の葡萄栽培地、ヴァインフィアテルは、2世紀にわたってオーストリア人の渇きをいやしたことでその名がついた。ここ数十年、主流の葡萄はグリューナー・ヴェルトリーナー。ローマン・アンド・アデルハイド・ファッフルは、この品種で真っ先に頭角を現したヴァインフィアテルの醸造業者に数えられる。

フンツライテンはレスの恩恵に浴している。レスは氷河作用による細かい黄土色の塵で、グリューナー・ヴェルトリーナーを無数の栽培地で見事に支えている。とはいえ、保水力のある粘土と保温性のある石の層も重なっていて、同じように複雑さとストラクチャーが層をなすワインにとって、理想的な環境をつくるのに役立っている。ここの葡萄樹がファッフル最古であることも、品質に悪影響をおよぼさない。これらの特色が、遅摘みや大樽での自然発酵、そして澱の上での長期熟成によって強められると、生まれてくるワインは並はずれた滋味のあるコク、活気、そして的確さを同時に実現する。ブラッドオレンジ、グレープフルーツの皮、スナップエンドウ、カラシナ、そしてサヤインゲン、すべてがフンツライテン2005にはっきり表れている。これを不調和な組み合わせと思うのは、グリューナー・ヴェルトリーナーの手管をまだ知らない人だけだろう。**DS**

$ $ 飲み頃：2015年まで

F. X. Pichler
Grüner Veltliner Smaragd M 2001
F.X.ピヒラー
グリューナー・ヴェルトリーナー・スマラクト・M 2001

産地 オーストリア、ヴァッハウ
特徴 辛口白ワイン、アルコール分14%
葡萄品種 グリューナー・ヴェルトリーナー

グリューナー・ヴェルトリーナーは、新鮮で活気のある飲みやすいワインを大量に産出する働き者の葡萄として、オーストリアの葡萄畑で幅を利かせている。しかしこの品種は、真の個性とパワーのあるワインを──ふさわしい人の手にかかれば──生み出すこともできる。

フランツ・クサーヴァー（通称F.X.）・ピヒラーは、ヴァッハウの、そしておそらくオーストリアの、最も優秀な生産者として広く認められている。「Monumental（記念の）」を表すMは、1991年に初めて造られた。その始まりは、ワイナリー内で傑出していた一樽のグリューナー・ヴェルトリーナーだった。その余次元の味わいを、後に意識的に目指すようになったのだ。葡萄はピヒラーの単一畑ワインより2-3週間遅く収穫される。

Mの証は、とくに2001年のような優良年の場合、1つにはさっぱり感と酸味の対照、もう1つはエキス分と複雑さだ。数グラムの残留糖（許される最高糖度は9g/ℓ）が高いアルコール度と相まって、やや辛口の印象を与える。このことと香味の濃密さを合わせて考えると、このワインは点心やエビチリのような、かなりコクのある料理、あるいは少なくとも風味がはっきりした料理と組み合わせるべきだろう。**SG**

$ $ $ 飲み頃：2020年過ぎまで

1760

PIEROPAN
VITICOLTORI IN SOAVE

2006

La Rocca

Pieropan
Vigneto La Rocca 2006

ピエロパン
ヴィニェト・ラ・ロッカ 2006

産地 イタリア、ヴェネト、ソアーヴェ
特徴 辛口白ワイン、アルコール分13%
葡萄品種 ガルガーネガ

　1890年にレオニルド・ピエロパン博士によって設立された、この著名なソアーヴェの造り手が、場合によっては風味のないものにもなりえるこの辛口白ワインの、最も優れた手本を造っていることはほぼ間違いない。ニノ・ピエロパン氏と妻のテレジタは、ワイン造りにおいて伝統的な信念を貫いているが、イタリア北部のこの地区におけるワインの基準も打ち立てた。

　ピエロパンの「ベーシックな」ソアーヴェ・クラシコは、ヴェローナの東に位置するソアーヴェ・クラシコ地区のあちこちに散らばるさまざまな畑の葡萄がブレンドされている。しかしワイナリーでは2種類の単一畑ワインも造っている。それがカルヴァリーノとラ・ロッカだ。1971年にその名で初めて壜詰めされたカルヴァリーノの畑は、当初からピエロパンの地所だった土地にあり、伝統的なソアーヴェ品種であるガルガーネガとトレッビアーノ・ディ・ソアーヴェを、玄武岩とトゥファに富む火山性土壌で栽培している。

　1978年に初めて単一畑ワインとして造られたラ・ロッカは、小さなソアーヴェの町を見下ろす近くの中世の城にちなんで名づけられている。土壌はカルヴァリーノよりも粘土が多く、ガルガーネガだけが植えられている。最大限のエキスと熟度を確保するために、葡萄は比較的遅く収穫される。オーク樽で1年間寝かされた後、仕上がったワインは他のどの辛口ソアーヴェよりも色とストラクチャーと香味が深い。さらにソアーヴェには珍しく、このワインは壜（ボルドータイプではなく背の高いフルート型）の中で5年以上うまく熟成する。若いときは生き生きとしてクリスプでフルーティーだが、年を重ねるともっと複雑に、まろやかになる。ラ・ロッカはサーモンやカニのような魚介類にぴったりで、白肉との相性もすばらしい。**SG**

🍷🍷🍷 飲み頃：2010年過ぎまで

◀ ラ・ロッカの名前の由来である要塞を描いたピエロパンのラベル。

Château Pierre-Bise
Quarts-de-Chaume 2002

シャトー・ピエール＝ビーズ
カール＝ド＝ショーム 2002

産地 フランス、ロワール、アンジュー
特徴 甘口白ワイン、アルコール分11.5%
葡萄品種 シュナン・ブラン

　クロード・パパン氏はテロワールにとても熱心だ。1990年にボーリュー＝シュール＝レイヨンにある義父のワイナリーを引き継いでから、彼は「ユニテ・テロワール・ド・バーズ（基本テロワール単位）」のコンセプトを入念に応用して、55haの自分の畑全体に25の異なる小区画を設定した。土壌の深さと日射の遮断が最も重要な要素であると同時に、風土も強度に大きな影響を与えると、パパン氏は考えている。

　これらの要素だけでなく、石炭紀の片岩およびスピライトの土壌を理解することで、パパン氏は早熟と晩熟の区画を区別することができるので、その厳密な品質に応じて別々に醸造している。単一畑の壜詰めに対する彼の注力には、多様なテロワーレを一緒にしたワインには調和も育ちのよさもないという、彼の信念が表れている。論より証拠で、シャトー・ピエール＝ビーズのワインはアペラシオンの指標例であり、パパン氏の入念な畑仕事と低い収穫量を反映した純粋な表現とミネラル感がある。

　40haのカール＝ド＝ショーム・アペラシオンは、力強いのに繊細な非常に熟成向きの甘口ワインで知られている。このアペラシオンの南向きで日光と風がよく当たる急斜面の高いところに、シャトー・ピエール＝ビーズの早熟の区画2.7haがあり、すばらしいフィネスとエレガンスを持つワインを生む。2002年、冷夏に続く晴天の秋が貴腐に絶好の条件を伴い、とくにバランスのよいワインが生まれた。**SA**

🍷🍷 飲み頃：2050年まで

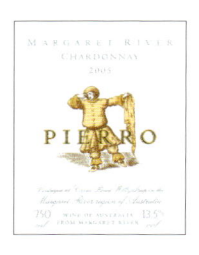

Pierro
Chardonnay 2005
ピエロ
シャルドネ 2005

産地　オーストラリア、西オーストラリア、マーガレット・リヴァー
特徴　辛口白ワイン、アルコール分13.5%
葡萄品種　シャルドネ

　マイク・ピーターキン氏は、1973年にウェスタン・オーストラリア大学の医学部を卒業した後、ワイン醸造学の学位を取得した。1978年から81年まで、マーガレット・リヴァーのカレンや、西オーストラリアのグレート・サザン地区にあるアルクーミでワイン造りをする──彼はマーガレット・リヴァー初の専門的な資格のあるワイン醸造家だ。1980年代初め、まだパースで代理医師として働いているとき、彼は自分のワイナリーを設立しようと次第に心を固めていった。バッセルトンの不動産業者に農場が売りに出ていると告げられて、ピーターキン氏は確かめるためにパースを発った。その物件には感心しなかったが、近くのウィリーアブラップの別の地所が業者のリストにあると聞き、ピーターキン氏はそれを見たいと主張する──そしてすぐにそこを買った。

　1983年に始まる最初の3年が不満だったピーターキン氏は、徹底的な改革を行うことに決め、1986年、現在のピエロ・シャルドネのスタイルが生まれる。ブルゴーニュのように樽発酵されるピエロは、マーガレット・リヴァー地区でおそらく最も力強いシャルドネだが、近年はもっとフィネスが感じられるようになっている。ピエロはオーストラリアで最も評価の高い小規模ワイナリーとしての地位を獲得し続けている。**SG**

🍷🍷🍷　飲み頃：2010年過ぎまで

Vincent Pinard
Harmonie 2006
ヴァンサン・ピナール
アルモニ 2006

産地　フランス、ロワール、サンセール
特徴　辛口白ワイン、アルコール分14%
葡萄品種　ソーヴィニョン・ブラン

　アルモニ用の葡萄を産する2つの区画は、どちらもサンセールのシェーヌ・マルシャン・リュー＝ディにある。ブエ村を見下ろして緩やかに波打つ丘陵の高いところにあって、散らばっている白い小石からその土壌が白亜に富んでいることがわかる。

　アルモニ2005はまだとても若くて、寡黙なワインだ。新樽率100%で熟成されたので木の香りがはっきりしていて、それと同じくらい爽やかなコックスリンゴの風味と新鮮な酸味もある。それでも少しほどけかけている。2006年、ワイナリーを引き継いだばかりのクレマン・ピナール氏と弟のフロランは改革を決めた。ワインの3分の1を新樽で、残りの3分の2を古い樽で熟成したのだ。木の香味はまだあるが背景になっていて、全体的な影響ははるかに弱くなっている。

　この2006はエレガントで繊細なソーヴィニョン・ブラン。果実味と酸味にあふれているので、すばらしい熟成ポテンシャルを持っていることがわかる。このワインの将来を予示する1996は見事なワインで、白トリュフ、海藻、牡蠣、そしてハチミツの独特な香りがある。味わいはとてもソフトで繊細、白亜質の風味と柔らかい花と果物の香りがする。樽香ははっきりと感じられる──2006年にそれを弱めたのは正解だった。**KA**

🍷🍷🍷　飲み頃：2015年まで

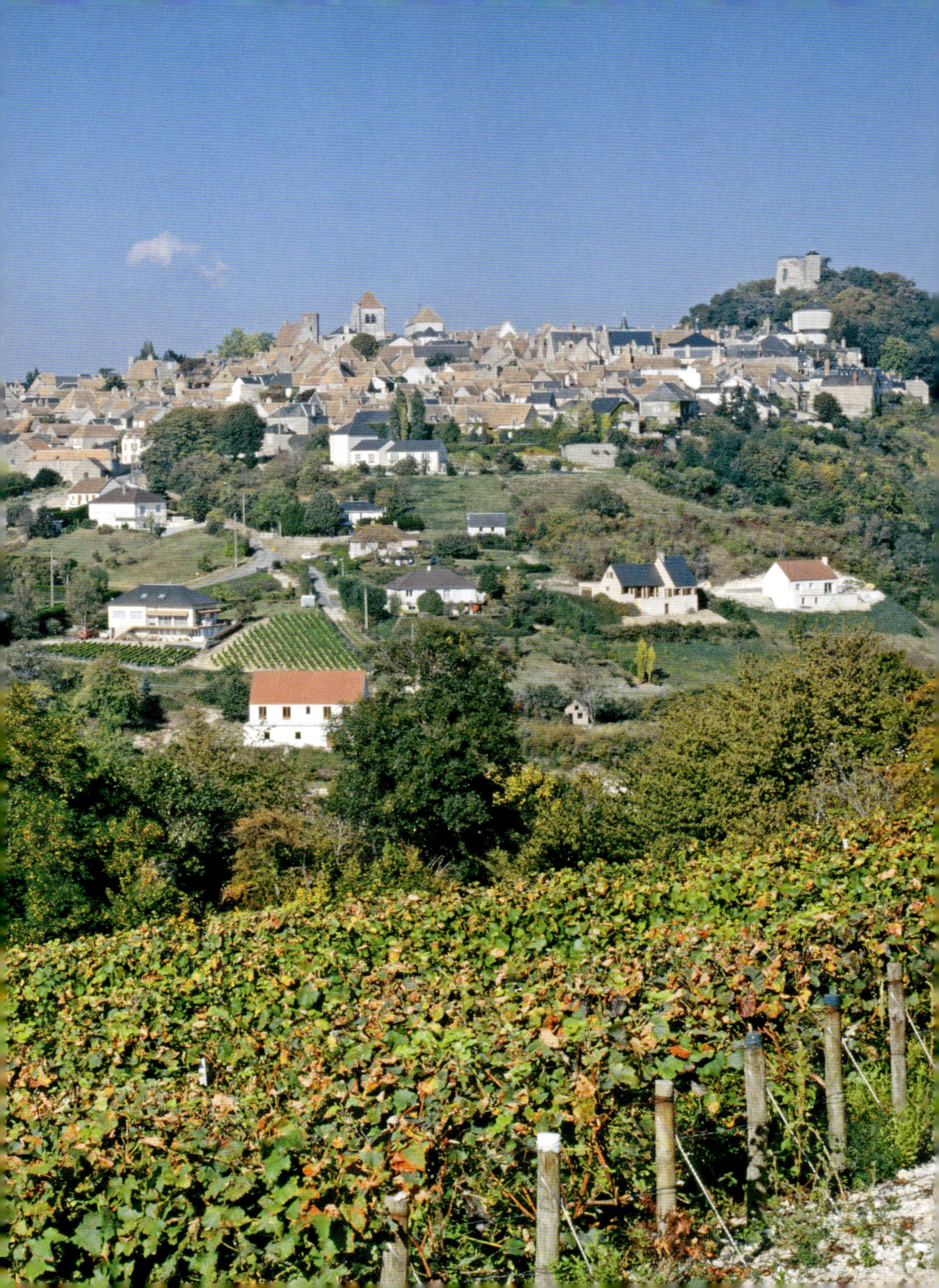

Dom. Jo Pithon *Coteaux du Layon Les Bonnes Blanches* 2003

ドメーヌ・ジョー・ピトン
コトー・デュ・レイヨン・レ・ボンヌ・ブランシェ 2003

産地　フランス、ロワール、アンジュー
特徴　甘口白ワイン、アルコール分12%
葡萄品種　シュナン・ブラン

　ジョー・ピトン氏のような精力的で品質重視の生産者が現れるまで、コトー・デュ・レイヨンの甘口ワインはたいがい、テンサイ糖と硫黄をたっぷり加えられるのが特徴だった。1990年代に自然な甘口のコトー・デュ・レイヨンの復興を指揮した、いわゆる「シュガー・ハンター」の先駆者だったピトン氏は、非常に濃厚で豊かなうっとりする甘さのキュヴェで評論家たちをとりこにした。

　ピトンは一連のテロワールワインを、レイヨンでも最高クラスのコミューンにある実にさまざまな小区画で有機栽培されたシュナン・ブランから造っている。サン＝ランベール＝デュ＝ラティのレ・ボンヌ・ブランシェは、村一番のテロワールだ。優良ヴィンテージの2003年、ピトン氏の1haの畑は2種類のすばらしいキュヴェを生んだ。コトー・デュ・レイヨン・レ・ボンヌ・ブランシェ2003と、異彩を放つコトー・デュ・レイヨン・アンブロワジーだ。

　コトー・デュ・レイヨン・レ・ボンヌ・ブランシェ2003は、100%貴腐化した葡萄から造られた。2005年10月に壜詰めされた2003は、レ・ボンヌ・ブランシェらしい気品と基礎をなす酸を反映している豊満なワインで。フィニッシュには甘い柑橘類と果樹園の果物を感じる。**SA**

🍷🍷　飲み頃：2018年まで

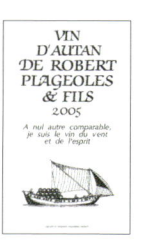

Robert & Bernard Plageoles *Gaillac Vin d'Autan* 2005

ロベール・エ・ベルナール・プラジェオル
ガイヤック・ヴァン・ドータン 2005

産地　フランス、南西地方、ガイヤック
特徴　甘口白ワイン、アルコール分10.5%
葡萄品種　オンダン

　ロベール・プラジェオル氏は使命を帯びている。有名な「国際種」の猛攻撃を受けて消滅の危機にあった地元葡萄品種だけでなく、その葡萄を独特のワインスタイルに仕上げるための手法という意味でも、失われかけたガイヤックの伝統を再生することだ。アンドリュー・ジェフォード氏は彼を「葡萄栽培の考古学者」と呼んでいる。

　ヴァン・ドータンは地元のオンデン種から造られる（この品種からプラジェオル氏は辛口バージョンも造っている）。このワインを造るためには、葡萄を樹につけたまま、暖かい秋の風に当ててしぼませる——しかも、果房を挟んで樹液の流れを抑えることで、この過程を促進する。これで収穫量が非常に少なくなり、たいてい1ha当り1.25トン程度だ。さらに葡萄をわらのマットの上で干してから発酵させ、12ヵ月間コンクリートタンクで熟成させる。

　2005はスタイルがトカイに似ていて、酸化の兆候が活気のある酸によって消され、甘みは強いが圧倒されるほどではない。口に含むと、傷んだリンゴの皮とマルメロとクルミの香りがする。フィニッシュはハチミツのように甘いが、生き生きした酸味がすべてを新鮮に保っている。**JW**

🍷🍷🍷　飲み頃：2010年-2030年

E. & W. Polz *Hochgrassnitzberg Sauvignon Blanc* 2001

E & W ポルツ
ホッホグラスニッツベルク・ソーヴィニョン・ブラン 2001

産地 オーストリア、南スティリア
特徴 辛口白ワイン、アルコール分12.5%
葡萄品種 ソーヴィニョン・ブラン

　オーストリアのシュタイヤーマルク（南スティリア）地区ではソーヴィニョン・ブランがずば抜けている。このソーヴィニョンは、人々の予想どおりに独特の草の香りが目立つ普通のワインではなく、もっと豊かで複雑なスタイルのワインになる。エリッヒとヴァルターのポルツ兄弟は、スティリアの上質なワイン造りという意味で先頭を切っている。家族経営のワイナリーは1912年に設立され、1980年代半ばには他に先駆けて、生産者としての目標を量重視からハイエンド市場へと転換した。

　兄弟が利用できる葡萄畑は合計51ha。非凡なソーヴィニョンを供給するホッホグラスニッツベルク畑は、スロヴェニア国境に隣接している。その温かい砂と石灰石の土壌がソーヴィニョン・ブランに適していて、熟れた香り高い葡萄を生み出す。葡萄は大きなオーク樽──ヴィンテージによっては新樽も少し見られる──で発酵・熟成され、その樽香がこの畑のソーヴィニョンが持つ大胆で複雑な草の香味と驚くほどよく合う。その結果、この土地らしさが本当に出ていて、熟成できる力を持った本格的な白ワインになっている。ただし、料理によく合うこの白ワインは若いうちに飲むのがよいだろう。**JG**

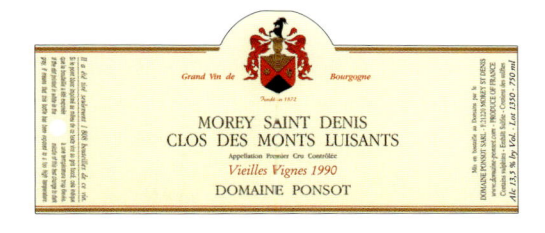

💰💰 飲み頃：2010年まで、
もっと後のリリースは8年以内

Domaine Ponsot *Morey St.-Denis Premier Cru Clos Des Monts Luisants* 1990

ドメーヌ・ポンソ
モレ・サン=ドニ・プルミエ・クリュ・クロ・デ・モン・リュイザン 1990

産地 フランス、ブルゴーニュ、コート・ド・ニュイ
特徴 辛口白ワイン、アルコール分13%
葡萄品種 アリゴテ50%、シャルドネ50%

　これはブルゴーニュのコート・ド・ニュイで唯一の優れた白ワインではないが、これほど独特のものは他にない。その厳格さと妥協しない個性の源はテロワールだけでなく、珍しい品種構成にもある。1911年にウィリアム・ポンソ氏がこのモレ・サン=ドニ特級畑の石灰質の小区画に植樹することになったとき、彼はシャルドネよりアリゴテの割合を高くした。現在ドメーヌの責任者を務めるローラン・ポンソ氏によると、アリゴテはこの土地の特性を最もよく表現する葡萄で、ごく古い樹の大半はいまだにこの品種なのだという。

　ワインは自然なプロセスでなるべく手をかけずに造られる。これはテロワールをよりよく表現するためで、マロラクティック発酵も、新樽も、澱撹拌も、清澄も、濾過もない。香りと風味は花と柑橘類から、リンゴ、洋ナシ、マルメロ、さらに白亜、火打石、スモーク、ハチミツ、ナッツ、そしてヌガーまで幅広い。このワインはすばらしくよく熟成する。過去最大規模のこのワインのテイスティングで、マスターソムリエのフランク・カマー氏は1990に最高得点をつけ、「マンサニリャの純粋さと、高級ブルゴーニュの滑らかさと、ドン・ペリニョンの気品を兼ね備えている」と評した。**NB**

💰💰💰 飲み頃：2020年過ぎまで

Prager
Achleiten Riesling Smaragd 2001

プラガー
アハライテン・リースリング・スマラクト 2001

産地 オーストリア、ヴァッハウ
特徴 辛口白ワイン、アルコール分14%
葡萄品種 リースリング

　ヴァイセンキルヒェンのフランツ・プラガー氏は、1950年代にこの地域の辛口白ワインの品質を理解した最初のヴァッハウ人の1人だ。彼が他の傑出した造り手とともに1983年に設立した生産者協会「ヴィネア・ヴァッハウ」は、地元のワインを3等級に格付けしている。シュタインフェーダーは軽口で補糖されていない夏のワイン、フェーダーシュピールは中程度の重さのカビネット、スマラクトはドイツの辛口アウスレーゼに似た力強いカビネットかシュペトレーゼ。

　1992年以降、この13haのワイナリーのワインはプラガー氏の義理の息子にあたるアントン(・「トニ」)・ボーデンシュタイン氏によって造られている。ここでは最初からリースリングの割合が高かった。ヴァッハウ全体でリースリングは10％しかないが、プラガーの土地では63％を占め、さらに増えている。このワインは広いアハライテン畑の葡萄で造られる。ここの葡萄樹の樹齢は現在50年を超えていて、この2001をはじめ、ワインはエキゾチックな果物、ミカンの花、熟れたモモ、そして茶葉の香りが特徴的なものが多い。際立つ香りはアプリコットとモモ。この力強い辛口白ワイン——壜熟するとよくなる——は、子牛肉を使った濃厚なオーストリア料理だけでなく、豚肉や鶏肉ともとても相性がよい。**GM**

❂❂❂　飲み頃：2010年まで、もっと後のヴィンテージは10年以内

J. J. Prüm *Wehlener Sonnenuhr Riesling Auslese Goldkapsel* 1976

J.J.プリュム　ヴェーレナー・ゾンネンウーア・リースリング・アウスレーゼ・ゴルトカプセル 1976

産地 ドイツ、モーゼル
特徴 甘口白ワイン、アルコール分7.5%
葡萄品種 リースリング

　ドイツワインの歴史の中で、1976年は「世紀のヴィンテージ」の1つとして記録されている。5月と6月の高温が「おとぎ話のような花々」を咲かせた。暑い日が続いたが、途中で数回短くても激しい雨があったため、高温のせいで成熟が遅れることはなかった。非常に早い成熟過程のおかげで、10月初めには果汁液の比重が異常なほど高くなった。この年、モーゼルで収穫された全リースリングの80％あまりがシュペトレーゼまたはアウスレーゼだった。

　酸度が低かったために非常に早く飲めるワインが多かったので、今ではこの年のワインはもう進化しないのではないかと懸念する鑑定家もいる。しかし、マンフレッド・プリュム博士がこの年に造った模範的なアウスレーゼ・ゴルトカプセルについては、心配する必要はまったくない。なかなかその栄光をすべて明らかにしなかったのだが、今日まぶしくきらめき、さらにこの先何年も輝き続けるだろう。

　いかにもこのワイナリーのワインらしく、プリュムのアウスレーゼ・ゴルトカプセル1976は、極上の酸味と独特の豊かなミネラルの微妙な内なる緊張感が際立っているが、同時に、非常に複雑な果物の香味も表れている。**FK**

❂❂❂❂　飲み頃：2025年まで

J. J. Prüm *Wehlener Sonnenuhr Riesling Spätlese No. 16* 2001

J.J.プリュム　ヴェーレナー・ゾンネンウーア・リースリング・シュペトレーゼNO.16 2001

産地　ドイツ、モーゼル
特徴　甘口白ワイン、アルコール分7.5%
葡萄品種　リースリング

　ヴェーレナー・ゾンネンウーアは間違いなく世界最高の白ワイン用葡萄畑に数えられる。そして、他にも多くの著名な生産者がここの土地を所有しているが、この畑は本質的にヨハン・ヨセフ・プリュムの名前と結びついている。このワイン造りの名門は12世紀までその起源を遡ることができる。

　マンフレッド・プリュム博士ほど、プレディカート・シュペトレーゼに対する生来の感性を持っているワイン生産者はほとんどいない。娘のカタリーナの助けを借りながら、彼はこのワインの世界的評価を築き上げている。このジャンルの彼のワインは、魅惑的な甘さと繊細な果実味と刺激的な酸味のバランスが見事に調節されていて、とびきり上等のドイツシュペトレーゼの模範例だ。プリュム氏ほど頻繁に『ゴー・ミヨ・ワインガイド』でドイツ最高のリースリング・シュペトレーゼとして認められている生産者はいない。彼は1999、2000、そして2001と、連続3年もそれを達成したのだ。

　すばらしい2001年の単一樽から壜詰めされたシュペトレーゼ・ナンバー16は、約5年の壜熟を経て熟成の安定期に達し、きっと20年は変化しないだろう。緻密さといい、優雅さといい、気品といい、プリマバレリーナのようだ。**FK**

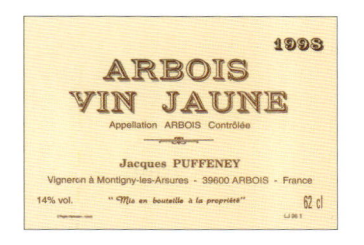

$S$$S$ 飲み頃：2030年まで

Jacques Puffeney *Arbois Vin Jaune* 1998

ジャック・ピュフネイ　アルボワ・ヴァン・ジョーヌ 1998

産地　フランス、ジュラ、アルボワ
特徴　辛口黄ワイン、アルコール分14%
葡萄品種　サヴァニャン

　ジュラで最大のワイン村、AOCアルボワのモンティニー＝レ＝ザルシュールのジャック・ピュフネイ氏は、ジュラのワイン造りの伝統と現代的な考えのギャップを何とか埋めている。ピュフネイ氏の2.2haのソーヴィニョンは、典型的な青色と灰色の泥灰土土壌で栽培され、ほとんどが西または南西を向いている。

　ピュフネイ氏の考えでは、優れたヴァン・ジョーヌを造るためには6年の樽熟成の間に定期的に選別することが大切だ。地元のワイン研究所が1年に2回、各樽を検査する。ピュフネイ氏は一定水準に達していないものを格下げし、たいていの年は当初の樽の3分の1しかヴァン・ジョーヌ用に残さない。この熟成期間が終わると、ワインをブレンドしてさらに1年間、涼しいセラー内の大きなオーク樽で寝かせる。

　ヴィンテージ1998は、2006年の秋の収穫後に壜詰めされた。このつややかな黄金色のワインは、すでにカレースパイスやクルミや砂糖漬け果物の複雑な香味を表出している。口に含むと、ほのかなレモンが肉付きのよさに溶け合っていて、ピュフネイ氏の意見ではグリルしたロブスターに合う。もちろん、もっと典型的な組み合わせとして、若いコンテチーズにもぴったりだ。飲む1時間前にデキャントして、15℃くらいで供したい。**WL**

$S$$S$$S$ 飲み頃：2012年-2040年過ぎまで

White wines | 329

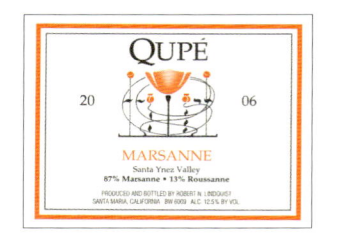

André et Michel Quenard
Vin De Savoie Chignin-Bergeron Les Terrasses 2005
アンドレ・エ・ミシェル・ケナール
ヴァン・ド・サヴォワ・シニャン=ベルジュロン・レ・テラス 2005

産地 フランス、サヴォワ、シニャン
特徴 辛口白ワイン、アルコール分13%
葡萄品種 ベルジュロン（ルーサンヌ）

シニャン・コミューンの東端、トルメリー・リュー＝ディの高度320mにあるミシェル・ケナール氏の3haの険しい段々畑は、ほぼすべてにルーサンヌが植えられている。この品種は地元ではベルジュロンと呼ばれていて、サヴォワではシニャンでのみ栽培が許されている。この地域で驚くほど珍しい段々畑は、1980年代初め、アルベールヴィル冬季オリンピックに向けて高速道路を建設していた労働者から「借りた」機械を使って開かれた。土壌は極端に石が多いが下に礫層があるので、近隣の葡萄畑よりも水はけがよいと同時に、渇水状態にも強い。コンブ・ド・サヴォワと呼ばれるこの谷には陽光がとくに強く降り注ぎ、南東向きのケナール氏の葡萄樹は必然的にその太陽の力をとらえる。

ヴィンテージ2005はこの上なく完璧で、見事な新鮮さがある。葡萄は並はずれた金色に輝き、約5%が貴腐化していた。ハチミツのような香りには、アプリコットの種とエキゾチックな花のほか、軽いスパイスも混じっている。口に含むと、アプリコットとともに石のような冷たさを感じる。レモンを思わせる非常に高い酸味が、数年間の熟成を保証している。焼きフォアグラと合わせてほしい。WL

飲み頃：2012年まで

Qupé
Marsanne Santa Ynez Valley 2006
クペ
マルサンヌ・サンタ・イネズ・ヴァレー 2006

産地 アメリカ、カリフォルニア、サンタ・イネズ・ヴァレー
特徴 辛口白ワイン、アルコール分12%
葡萄品種 マルサンヌ87%、ルーサンヌ13%

カリフォルニアのいわゆる「ローヌ・レンジャー」の最初の1人であるボブ・リンドキスト氏は、生粋のカリフォルニアっ子だ。ロサンゼルス・ドジャースと1960年代のロックンロールの頑固なファンである氏は、カリフォルニアのワイン造りの真のパイオニアでもある。クペ・ラベルの初ヴィンテージは1982年にリリースされ、このマルサンヌはラインナップの1つだった。その後リンドキスト氏はシラーで知られるようになったが、彼のマルサンヌはカリフォルニアのテロワールの多様性を証明している。

最初は小さなロス・オリヴォス畑のマルサンヌとストルトマン畑のルーサンヌで造っていたが、やがて地域の他の畑からも葡萄を買い足さなくてはならなくなった。新鮮さとさわやかな酸のために、葡萄は比較的早く摘み取られる。房のまま圧搾され、リンドキスト氏が「缶詰のコーン」の匂いと称するものを取り込むために、タンクの中の澱の上で48時間寝かされる。3年物のフレンチオーク樽での発酵は、マロラクティック発酵を含めて、収穫後の冬から早春まで続く。リンドキスト氏はブラインドテイスティングでも自分のワインを「小川のそばの石や、雨の後の通りが匂うのと同じように発散される匂い」で必ず識別できると話している。DD

飲み頃：現行リリースを10年以内

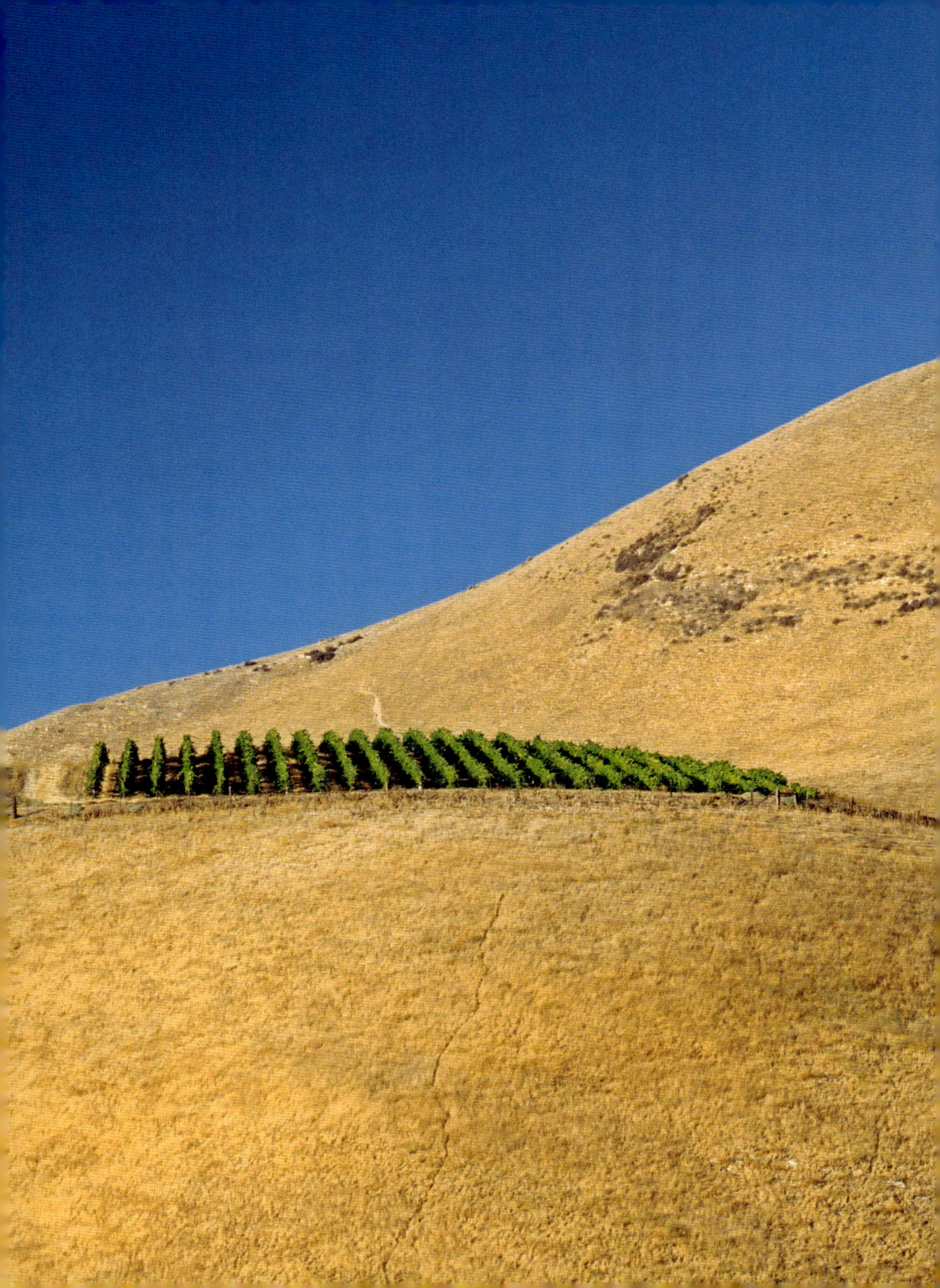

Château Rabaud-Promis 2003
シャトー・ラボー=プロミ 2003

産地 フランス、ボルドー、ソーテルヌ、ボンム
特徴 甘口白ワイン、アルコール分13.5%
葡萄品種 セミヨン80%、Sブラン18%、ミュスカデル2%

ラボー=プロミの歴史は1世紀以上にわたって、隣のシガラ=ラボーのそれと紛らわしいほど絡み合ってきた。両者はもともと1つのワイナリーだったが、1903年、資産の一部がエイドリアン・プロミ氏に売却された。しかしその資産は1930年に再び統合され、1952年にまた分裂する。ラボー=プロミの品質は長年にわたって可もなく不可もなく、ワインは地下のタンクに貯蔵され、オーク樽は一切使われていなかった。1972年にオーナーの子孫の1人がフィリップ・デジャン氏と結婚してから彼がマネージャーとなり、1981年には彼とその妻が一族から買い取った。これでデジャン氏は、どうしても必要だった投資を自由に行うことができたのだ。

32haの葡萄畑を含む地所は広大で、斜面の頂上には葡萄樹に囲まれた上品な18世紀の家とセラーがある。大半の葡萄畑は、たっぷりの粘土の上に重なった砂利の多い土壌にある。たくさんの古木もこのワイナリーの強みだ。デジャン氏は収穫量を妥当なレベルに保っているだけでなく、1983年以降ワインはすでに向上の兆しを見せていたにもかかわらず、1980年代後半に樽発酵を導入した。1988年から90年までの3年連続の優良ヴィンテージまでに、ラボー=プロミは本来の姿をすっかり取り戻していた。

ヴィンテージ2003は丸々としたアプリコットのアロマと、非常によく熟したこのヴィンテージに期待される芳醇さを持っている。テクスチャーは肉付きがよく、フィニッシュはスパイシーで燃え立つようだ。**SBr**

🍷🍷🍷 飲み頃：2020年まで

さらにお勧め
他の優良ヴィンテージ
1983・1988・1989・1990・1998・1999・2001・2005
他のボンム・ワイン
シャトー・ラフォーリー=ペイラゲイ、シャトー・レイヌ=ヴィニュー、シャトー・シガラ=ラボー、シャトー・ラ・トゥール・ブランシェ

品質低下の後に本来の姿に戻ったラボー=プロミ。

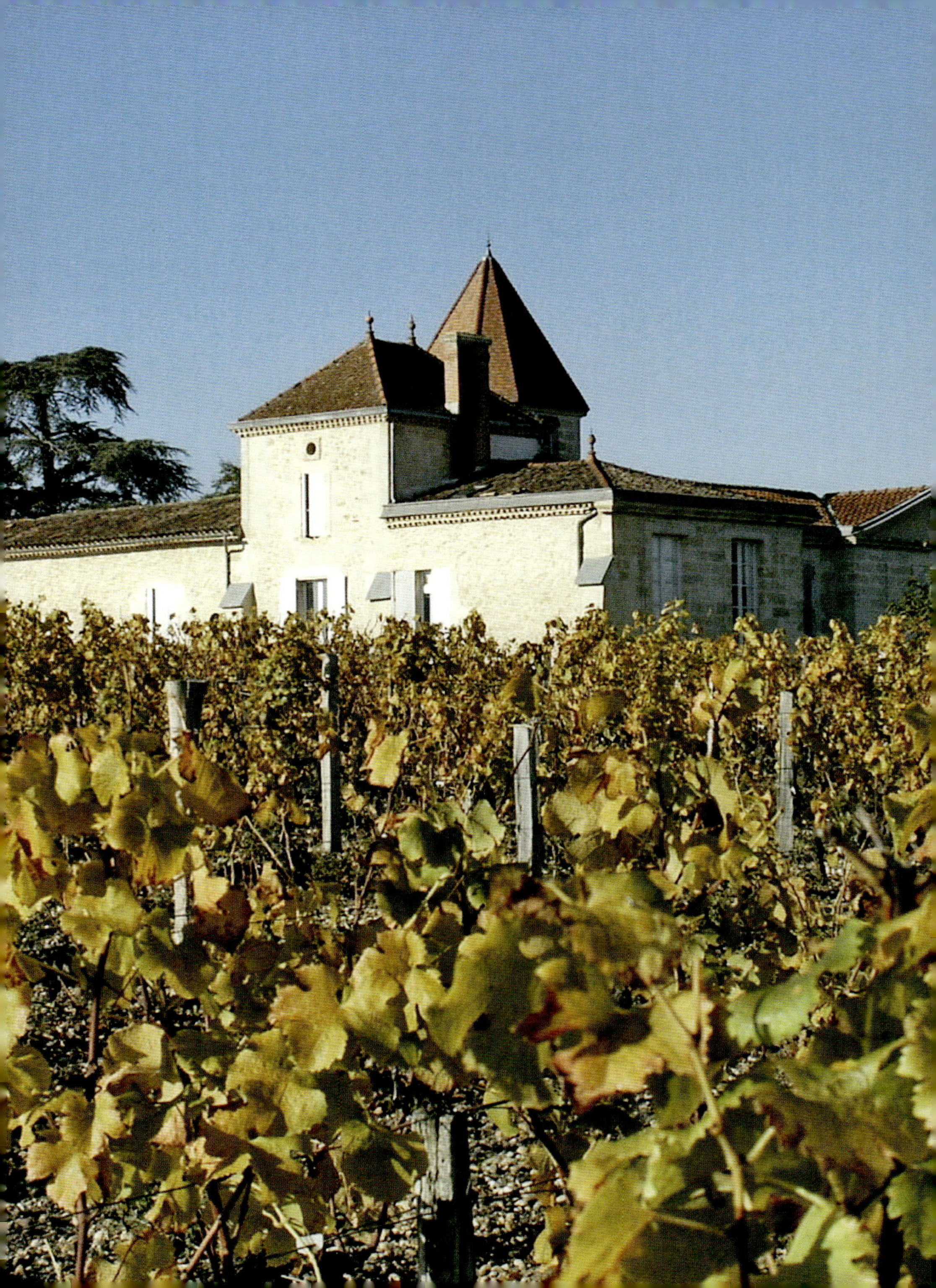

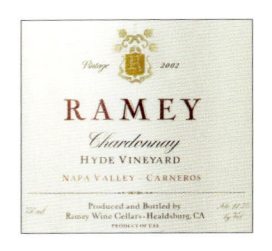

Ramey Hyde Vineyard
Carneros Chardonnay 2002
レイミー・ハイド・ヴィンヤード
カーネロス・シャルドネ 2002

産地 アメリカ、カリフォルニア、ナパ・ヴァレー
特徴 辛口白ワイン、アルコール分14.5%
葡萄品種 シャルドネ

　カリフォルニアで最も尊敬されているワイン醸造家の1人であるデヴィッド・レイミー氏は、2003年、ヒールズバーグに自分のワイナリーを設立した。葡萄畑は持っていないが、最高の葡萄をどこで探せばよいかを長年の経験から知っている。相変わらずシャルドネの専門家だが、ナパ・ヴァレーのカリストガとダイヤモンド・マウンテンの葡萄から赤ワインも造っている。
　彼のシャルドネの供給源は主に2ヵ所──ハイド畑とハドソン畑で、どちらもカーネロスにある。どちらもすばらしいワインだが、上品なハイドに比べてハドソンのほうが筋骨たくましく、アメリカ人の好みに合っている。どちらのワインもいわゆるオールド・ウェンテ・クローンから造られているが、トロピカルフルーツの香味がないところがレイミー氏の好みなのだ。
　2002年のハイドは非常にコクがあるワインで、はっきりしたバターのような香りとともに新樽の特徴が強く出ている。かなりの成熟度と重みのあるワインだが、良質の酸味とミネラル感のあるフィニッシュで活気づいている。カリフォルニアの気候が産出する素材を、たとえばムルソーのワイナリーのそれとはまったく違うことを、デヴィッド・レイミー氏は十分に認識している。したがって、ハイド・シャルドネがカリフォルニアの標準からすると洗練されているとしても、やはり間違いなくアメリカのワインなのだ。**SBr**
🍷🍷🍷　飲み頃：2012年まで

Domaine Ramonet
Bâtard-Montrachet GC 1995
ドメーヌ・ラモネ
バタール=モンラッシェGC 1995

産地 フランス、ブルゴーニュ、コート・ド・ボーヌ
特徴 辛口白ワイン、アルコール分13%
葡萄品種 シャルドネ

　ドメーヌ・ラモネは、上質のワインを探すためのシャサーニュのランク順住所録の一番上に載っているだろう。ここは1930年代からボトルでワインを売るようになったドメーヌだ。当時のラモネといえば伝説に残るペレ。この呼び名は洗礼名のピエールに由来する。今日の責任者は、彼の孫のノエルとジャン=クロードだ。ル・モンラッシェを頂点として、幅広い高級白ワインをそろえている。バタール=モンラッシェ用の葡萄が収穫される0.45haの区画は、このクリマのピュリニー側にあり、もう少し広いビアンヴニュの所有地に隣接している。
　ワイン造りのアプローチはすがすがしいほど実利的だ。白ワインは濃い澱の上で発酵させ、沈殿物の撹拌を最低限に抑えているので、ワインが自らのペースで進化できる。グラン・クリュの場合、18ヵ月後に壜詰めされる。その結果、ブルゴーニュでも指折りの長命な白ワインができ上がる。1995年の収穫は短期間だったがすこぶる順調だった。このヴィンテージはすばらしい手本となるワインで、まろやかでコクがあって濃厚で、いまだ活気に満ちあふれ、新樽から生まれるかすかなナッツ風を隠し持っている。多面的で、13年経ってもまだやっと飲む準備が整ったところだ。**CC**
🍷🍷🍷🍷　飲み頃：2018年まで

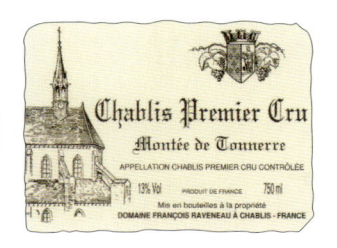

Domaine Raveneau
Chablis PC Montée de Tonnerre 2002

ドメーヌ・ラヴノー
シャブリ・PC・モンテ・ド・トネル 2002

産地 フランス、ブルゴーニュ、シャブリ
特徴 辛口白ワイン、アルコール分13%
葡萄品種 シャルドネ

　シャブリには短命で個性に欠けるものが多い――葡萄畑の大半は若く、収穫量が多すぎるうえ、主に機械で収穫されている――が、他より抜きん出ているドメーヌが1つある。それがラヴノーだ。成熟した葡萄樹があり、収穫量は1ha当り6000ℓではなく4500ℓ、果実は手で集められる。果汁は主としてタンクで発酵・熟成され、20%程度に使われるのは古いオーク樽なので、新樽の強すぎる嫌な味はまったくない。ワインは純粋で、さっぱりしていて、テロワールがわかる。

　モンテ・ド・トネルはほぼ間違いなくシャブリ最高のプルミエ・クリュであり、レ・クロ、ヴァルミュール、ブランショといったグラン・クリュのすぐ東側、だいたい南向きの斜面の延長上に広がっている。ここにラヴノーは2.7haという最も広い葡萄畑を所有している。このワインはシャブリのプルミエ・クリュの最高の見本であり、しかも2002はシャブリでは近年最高のヴィンテージだ。非常に美味で、あっぱれなほど鋼鉄のようなワインはすばらしく印象的で、熟れているのに渋みのある果物も感じられ、とてつもない深みがある。これをはるかに上回るシャブリはなく、このレベルの品質のものがもっとたくさんあったらと願うしかない。**CC**

🍷🍷🍷　飲み頃：2018年まで

Château Rayne-Vigneau
2003

シャトー・レイヌ=ヴィニュー
2003

産地 フランス、ボルドー、ソーテルヌ、ボンム
特徴 甘口白ワイン、アルコール分14%
葡萄品種 セミヨン80%、ソーヴィニョン・ブラン20%

　レイヌ=ヴィニューの葡萄畑は、ソーテルヌの丘のあちこちを占めている。その丘は準宝石が土の中に散らばっている珍しい場所だ。葡萄畑が80haに達する大規模なワイナリーだが、長い間指揮官を務めているパトリック・エメリー氏によると、土壌の種類と日当たりと高度がさまざまで、最高のワインのベースになる一流ワインを造りだす畑は約50haしかないという。

　以前はヴィニューとして知られていたこのシャトーは、17世紀末に設立され、1892年に現在の名前になった。しかしワイナリーは超近代的で、ワイン造りには職人的なところがまったくないが、品質は抜群に高い。1986年以降、エメリー氏はワインを新樽率50%で樽熟成させている。ただし、収穫された葡萄すべてが樽発酵されるようになったのは2001年からのことだ。

　レイヌ=ヴィニューは、快活で新鮮で見事にバランスがとれた、実に優雅なソーテルヌだ。2003は重いソーテルヌが多いヴィンテージだが、このワインは魅力的な活気にあふれ、オレンジとトロピカルフルーツが香る。すばらしい長さがあり、この難しい年に造られた最高の甘口ワインに数えられる。**SBr**

🍷🍷🍷　飲み頃：2030年まで

Rebholz *Birkweiler Kastanienbusch Riesling Spätlese Trocken GG* 2001

レプホルツ　ビルクヴァイラー・カスタニーンブシュ・リースリング・シュペトレーゼ・トロッケン・GG 2001

産地 ドイツ、ファルツ
特徴 辛口白ワイン、アルコール分12.5%
葡萄品種 リースリング

　アルザス国境近くのジーベルディンゲンにあるレプホルツは、3世代にわたってプファルツ南部の品質の先駆者だったが、25年あまり前、ハンスイエルク・レプホルツ氏が若くして亡くなった父親の跡を継いだとき、ほとんどのドイツ人はその存在さえも知らなかった。ハンスイエルクが祖父と同じように造り続けた非常に個性的な辛口ワインは、たいてい若いときは少し硬く感じるが、驚異的な進化を遂げる。1990年代後半以降、品質は飛躍的に上がった。

　ファルツ南部は長年ミッテルハートのかわいそうな弟分と見られてきたが、その評判はレプホルツの評判とともに上がっていった。近隣のビルクヴァイラー村にあるカスタニーンブシュ畑は、その復興に大きな役割を果たした。この畑は村の西部の円形地に76haあまり広がっているが、グローセス・ゲヴェックス（特級畑）に格付けされているのは一部だけで、そのうちリースリングが繁茂する風化した赤粘板岩土壌はほんのわずかだ。この区画はファルツで最も高い位置にあり、最も急勾配の畑に数えられる。

　この畑のワインは野草とハチミツが特徴的で、果実味が濃密なのに口の中で躍る。傑出したヴィンテージ2001の硬い酸のストラクチャーは、年とともに和らいでいくだろう。11月12日──辛口リースリングにしては非常に遅い──に収穫され、アルコール度は12.5%しかないが、それ以上にパンチがある。生産量は5000本未満なので、熟成したものを飲む人はほとんどいないだろう。**JP**

💰💰💰 飲み頃：2020年まで

ファルツはドイツで最もワイン生産量が多い。➡

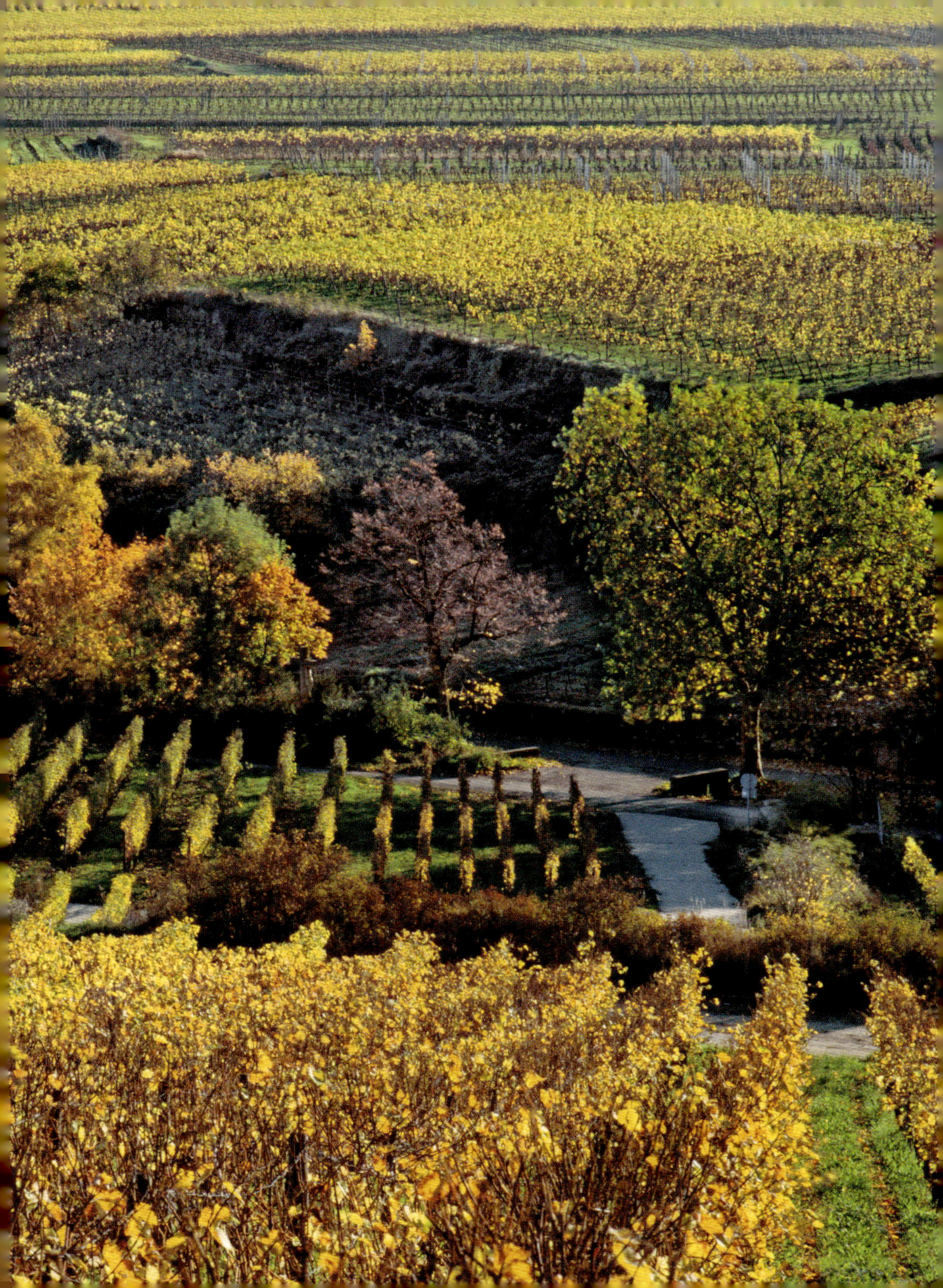

Remelluri
Blanco 2005

レメリュリ
ブランコ 2005

産地 スペイン、リオハ
特徴 辛口白ワイン、アルコール分13%
葡萄品種 ヴィオニエ、ルーサンヌ、マルサンヌ、その他

　レメリュリはおそらくスペインで最高の部類に入る白ワインだ。そしてこの国では異例のワインでもある。8種類の白品種（ヴィオニエ、ルーサンヌ、マルサンヌ、グルナッシュ・ブラン、ソーヴィニョン・ブラン、シャルドネ、ミュスカ、プティ・クルビュ）を使ったこの斬新なブレンドは、表情豊かなブルゴーニュかコンドリューを思わせるかもしれない。ブラインドテイスティングで、これがテンプラニーリョの赤で知られるリオハのアラヴェサ産だと言い当てる人は誰もいないだろう。

　レメリュリの赤のレセルバは1980年代にスタンダードになり、今ではモダンクラシックになっている。白ワインに関しては、1990年代半ばに実験に近い形で初めて造られた。オーナーの息子のテルモ・ロドリゲス氏──今では自身のワイン醸造事業を経営している──の指揮の下、合わせて3haの白葡萄品種が、さまざまな高度の小区画に植えられた。初めのうちは生産量があまりにも少なかったので、2年分を1度にブレンドしていた。そういう経緯でアメリカ市場向けの94/95、96/97、98/99が壜詰めされたのだ。

　「1996年のレメリュリの白は、私がこれまで味わったことのあるスペイン産の白ワインで最も上質だ」とロバート・パーカー氏が書いている。「スイカズラ、メロン、スモーク、花、トロピカルフルーツの華やかで複雑な香りの後に、ミディアムからフルボディの十分に濃縮した味わいが続く。大勢の注目を集める辛口の白だが、残念ながら200ケースしか造られていない」。よい知らせがある。ワイン醸造学者のアナ・バロン女史の技術管理の下で、この魅力的な白ワインの生産量は1万2000本に増えた。**JMB**

💰💰 飲み頃：2010年まで、もっと後のリリースは5年以内

レメリュリはかつてトロニョ修道院だった場所にある。➡

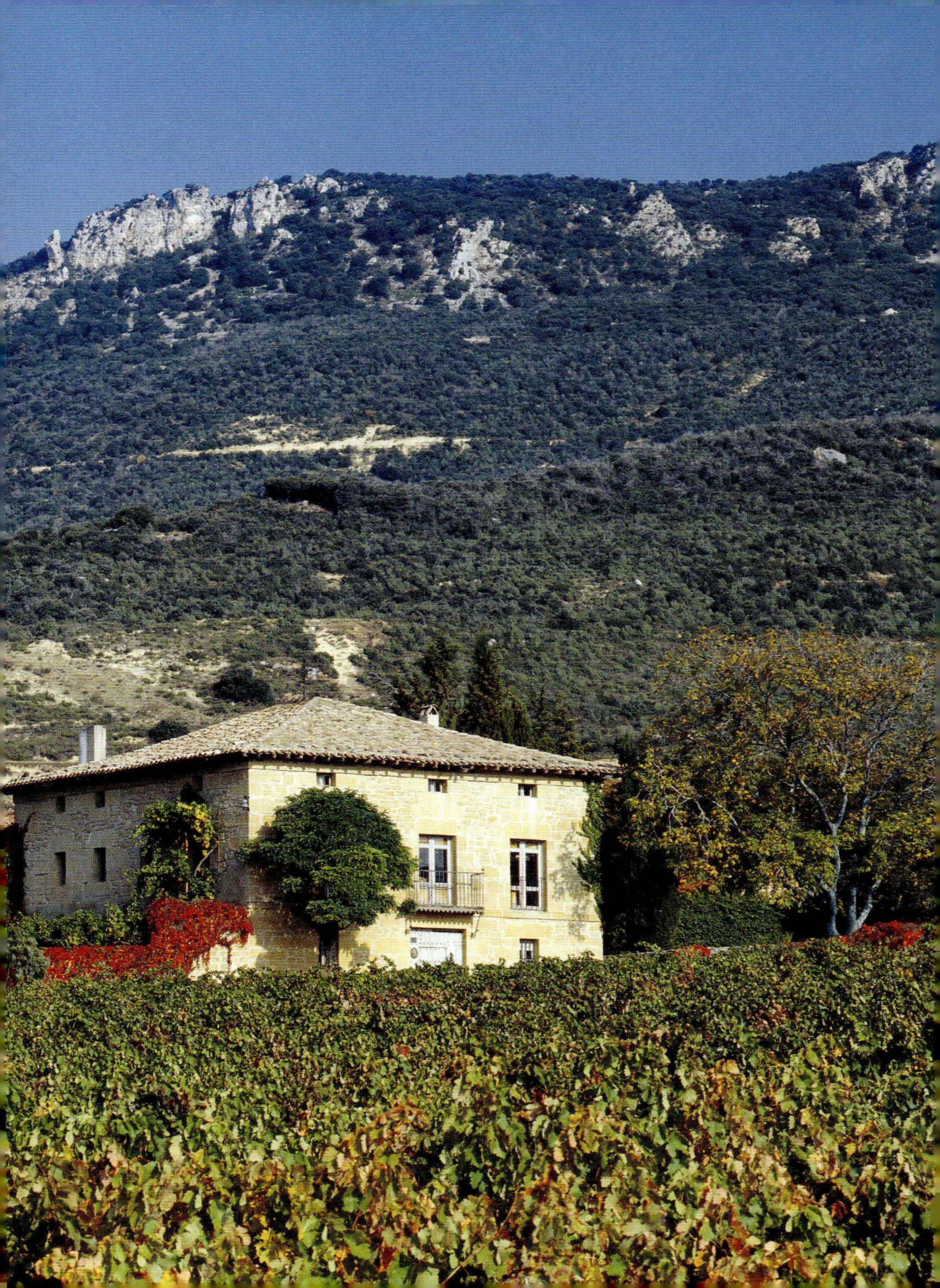

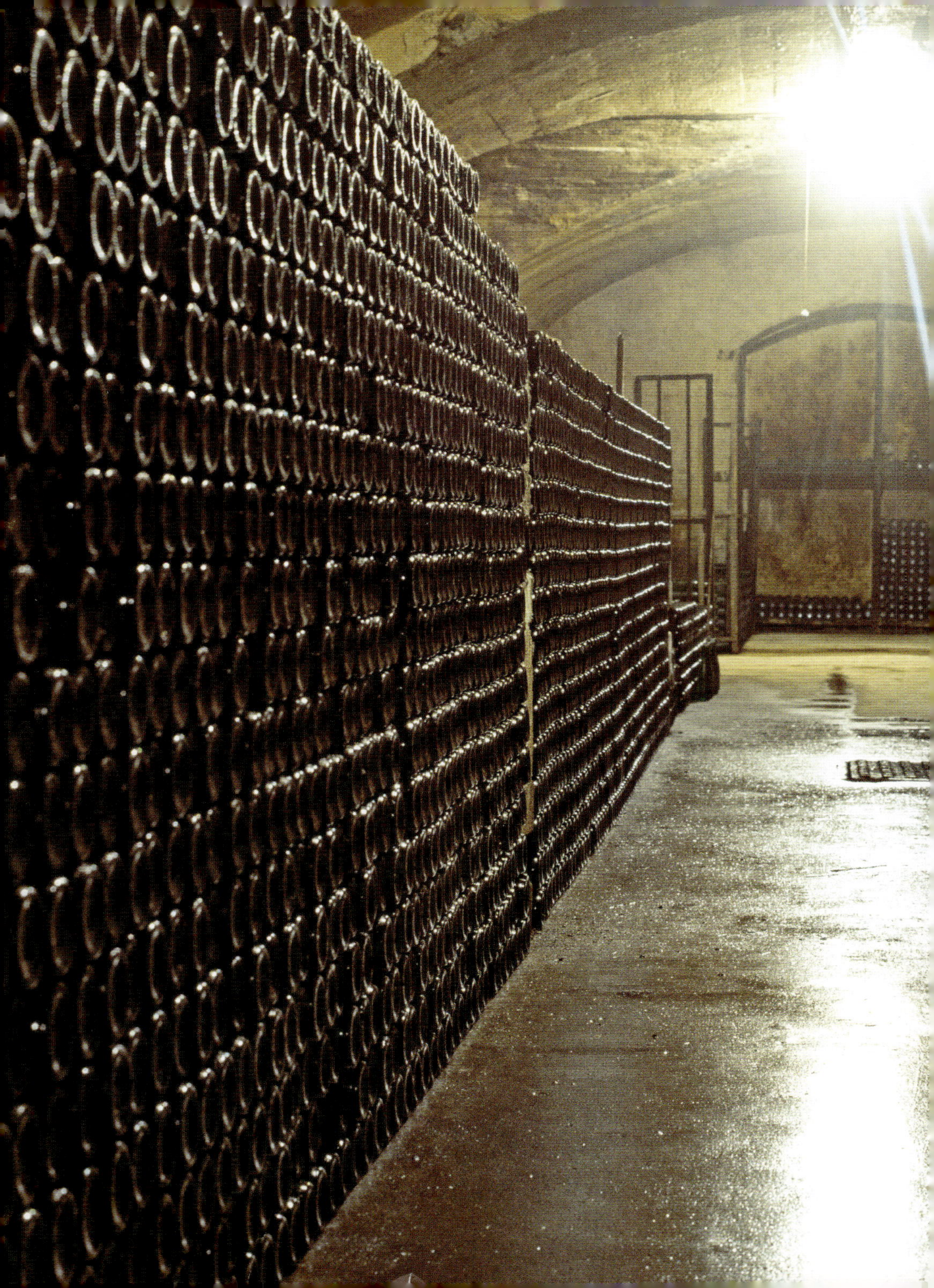

Max Ferd. Richter *Mülheimer Helenenkloster Riesling Eiswein* 2001

マックス・フェルト・リヒター　ミュルハイマー・ヘレネンクロスター・リースリング・アイスヴァイン 2001

産地　ドイツ、モーゼル
特徴　甘口白ワイン、アルコール分8%
葡萄品種　リースリング

　面積1ha程度の小さな単一畑のヘレネンクロスターは、50年近くにわたって、上質のアイスワインの生産にモーゼルで最も適したテロワールだという評判をとってきた。しかし2001年12月24日の早朝に収穫されたものは、マックス・フェルト・リヒター醸造所がそれまで見てきたあらゆるものを超えていた。

　アイスワインの生産はたいてい運試しであり、勇気ある者が勝利する。2001年12月23日、モーゼルの気温は午後にマイナス9℃まで下がった。翌日は祝日にもかかわらず、ディルク・リヒター博士のチームは、極寒の夜と翌朝5時のアイスワイン用葡萄の収穫に備えた。223エクスレ度のマスト比重は記録破りだ。このワイナリーが誇る40年のアイスワインの歴史の中で、それほど高い糖度の葡萄は存在しなかった。

　マイナス13℃で凍りつき、岩のように硬いビー玉になった果粒は、すぐに圧搾され発酵されて、驚くほど濃厚なアイスワインになった。13.6%の酸と336g/ℓの残留糖度を支える強いバックボーンになっている。ドイツで100点満点を獲得したワインだ。**FK**

💲💲💲💲　飲み頃：2040年過ぎまで

Château Rieussec 2004

シャトー・リューセック
2004

産地　フランス、ボルドー、ソーテルヌ、ファルグ
特徴　甘口白ワイン、アルコール分14%
葡萄品種　セミヨン95%、Sブラン3%、ミュスカデル2%

　ファルグ村で唯一のグラン・クリュのシャトー・リューセックは、イケムを除くこの地区で最も卓越した畑だと言われているだけでなく、80haという最大規模の畑でもある。かつては教会の資産だったが、オーナーが何度も変わっている。1984年にラフィット=ロートシルト・グループに売却された。現在ラフィットの責任者を務めるシャルル・シュヴァリエ氏が、長年にわたってリューセックを経営し、畑とセラーの両方で継続的な改良を行った。

　シュヴァリエ氏とその後継者たちは、ソーヴィニヨンとミュスカデルの新鮮さを保つために早く摘み取るなどして、リューセックをオーソドックスなスタイルに戻した。1997年から、葡萄はすべて樽発酵され、醸造家がおよそ45のロットからブレンドを組み立てる。ワインの熟成期間は約2年、新樽率は半分強だ。

　2004の香りは貴腐もオークもはっきりしていて、口当たりがよく濃厚。オレンジだけでなく一風変わったパイナップルのエキゾチックな果実味もあるが、その一部はこのワインの見事な酸に由来する。楽なヴィンテージではなかったが、リューセックは申し分ない成功を収めている。**SBr**

💲💲💲　飲み頃：2030年まで

ミュルハイムにあるマックス・フェルト・リヒターの広々としたセラーで熟成するワイン。

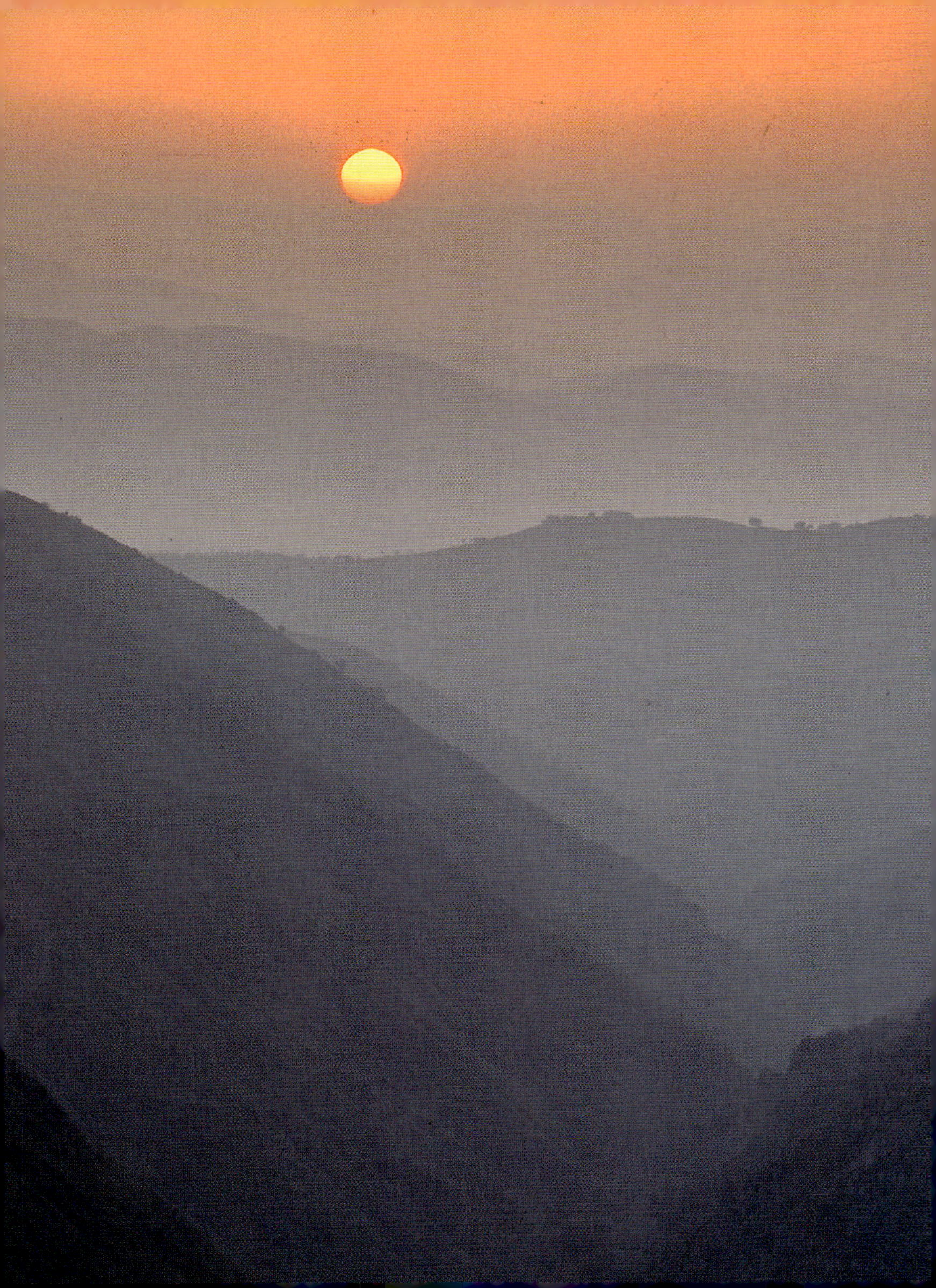

Telmo Rodríguez
Molino Real Mountain Wine 1998

テルモ・ロドリゲス
モリノ・レアル・マウンテン・ワイン 1998

産地 スペイン、アンダルシア、マラガ
特徴 甘口白ワイン、アルコール分12%
葡萄品種 モスカテル

リオハのレメリュリを所有する一家に生まれたテルモ・ロドリゲス氏は、スペインで最も有名なワイン醸造家だ。家族のワイナリーで働いていたが、自分独自のワインを造ろうと決心し、1994年にコンパニア・デ・ヴィノス・テルモ・ロドリゲスを設立した。

忘れられた地域やワインを根気よく探している彼は、伝統を守ること、そして由緒ある地方やスタイルを救うことに、関心を抱いている。かつてヒュー・ジョンソン氏がマラガで造られている不思議な甘口ワインについて話すのを聞いて、それが頭から離れなくなったロドリゲス氏は、マラガに行って皆と話をした。そして残っている数少ない葡萄畑を歩き、一番よい場所を選んで実験を行う。そしてとうとうヴィンテージ1998に、最初のモリノ・レアル・マウンテン・ワインが生まれたのだ。

マラガ県コンペタ村の険しい粘板岩斜面で栽培されているモスカテル種は、糖分を濃縮させるために日干しされる。新しいフレンチオーク樽で20ヵ月過ごしたワインは、花と果物とエキゾチックなスパイスの香りにあふれる。ゴージャスな黄金色で、アロマはとても繊細で上品、ミルクとバルサムの香りがする。口に含むと濃密だがミディアムボディで、バルサムとスパイスが感じられ、コクがあって余韻が長く、甘さが上質の酸とうまくバランスをとっている。**LG**

🍷🍷🍷 飲み頃：2013年まで

Emilio Rojo
Ribeiro 2006

エミリオ・ロホ
リベイロ 2006

産地 スペイン、ガリシア、リベイロ
特徴 辛口白ワイン、アルコール分13%
葡萄品種 ラド、トレイシャドゥラ、アルバリーニョ、ローレイロ、トロンテス

リアス・バイシャスの沿岸地区で生産される最高級のアルバリーニョは、若々しい複雑なアロマと適度の熟成ポテンシャルを兼ね備えている。オークは一切介在しない。これらはまさに、ガリシア内陸で生まれる最高の白ワインの特徴でもある。その中でひときわ輝くエミリオ・ロホ氏のリベイロ――すでに伝説上のワインに近い――は、毎年彼の2haの小さなワイナリーで造られる。

エミリオは1980年代に工学の研究をやめて、ごく小さなワイン業者となった。彼の言葉を借りると、目標は拡張ではなく縮小だという。究極の目標はボクシングのリングの広さの畑、つまり偉大な力を示す少量の生産物なのだ。

毎年、熱狂的に待ちわびているファン向けにリリースされる、ほんのわずかなボトルを機敏に奪取しない限り、このワインを醸造家から入手するのは難しいし、ワインも醸造家もいかに本格的であるかを確信するのも同じくらい難しい。2006は濃厚でオイリーなだけでなく鋭い角があり、ストラクチャーが見事で、酸とオイリーさとアルコールとアロマの力が絶妙なバランスを見せている。しかもこのワインは、最高の状態になるにはさらに数年が必要だという印象を与える。**JB**

🍷🍷 飲み頃：2012年まで

テルモ・ロドリゲスの本拠地、マラガ県コンペタの山々。

Rolly Gassmann
Muscat Moenchreben 2002

ローリー・ガスマン

ミュスカ・モエンシュレベン 2002

産地 フランス、アルザス
特徴 辛口白ワイン、アルコール分12.5%
葡萄品種 ミュスカ

　ルイ・ガスマン氏と妻のマリー＝テレーズ（旧姓ローリー）は、濃厚で官能的なスタイルのアルザスワインの安定したラインナップを造っていることで、ヨーロッパで高く評価されている。しかし多少意見の分かれるところだが、ファレやフンブレヒト、あるいはトリンバックが見せるあの最高の気品が、ガスマン氏のワインに感じられるとは限らない。それももっともなことだ。彼はとくによい畑を持っているわけではない――グラン・クリュはない――し、ロスクウィールにあるその所有地の一部は粘土質成分が特徴的なので、彼のリースリングには人によって好き嫌いのある強い灯油の風味が生まれる。しかしはっきりしているのは、（今では息子のピエールに補佐されている）ルイがアルザス屈指のワイン醸造家であり、自分のテロワールの特徴的な性質を十分認識していることだ。彼は腕を試されるような材料から、すばらしく心地よいワインをこしらえる。未熟で不快な強さが出ることのないよう、葡萄のフェノール成熟度を十分に上げるために遅く摘み取ることが多い。

　このミュスカ・モエンシュレベン2002は魅惑的なワインで、葡萄の心地よい甘い香りが、晩秋の陽光のドラマをグラスの中に再現する。口当たりはとても肉付きがよく、中間の味わいは濃厚で新鮮なモモの香味にあふれている。ワインだけで、あるいはアルザスのフルーツタルトと合わせて飲みたい夏のワインだ。**ME**

💰💰💰　飲み頃：2010年まで

Rolly Gassmann *Riesling de Rorschwihr Cuvée Yves* 2002

ローリー・ガスマン

リースリング・ド・ロスクウィール・キュヴェ・イヴ 2002

産地 フランス、アルザス
特徴 辛口白ワイン、アルコール分14%
葡萄品種 リースリング

　かつて、ローリー・ガスマンのずば抜けて最高のワインはゲヴュルツトラミネールだった。ロスクウィールの粘土に富んだ土壌と、ルイ・ガスマン氏好みの残留糖を帯びた濃厚なスタイルに最適の品種なのだ。しかしリースリングの場合、そのような土壌と手法からバランスのよい優雅なワインを造るのが難しいことはわかっている。近年、葡萄栽培をバイオダイナミック農法に転換したルイと息子のピエールは、自分たちの葡萄の品質と個性の本格的な進歩を実現し、より純粋で調和のとれたすばらしいワインを生んでいる。その進歩の最たるものが、このリースリング・ド・ロスクウィールに見られる。（このヴィンテージは、同年に信仰の道を選んだルイのもう1人の息子、イヴに敬意を表した名前が付けられている）。

　もちろん、2002年の生育期の変化が穏やかだったことにも助けられた。この年は雨と温暖な気温が特徴的で、その結果生まれたリースリングは、最適の熟度と模範的に調和した不滅の酸が見事な骨格となっている。無限の複雑さと気品を持つこのすばらしいワインは、ワインやテロワールやヴィンテージ、あるいはとくに生産者について、決して一般論を述べてはいけないと賢者を戒めている。**ME**

💰💰💰　飲み頃：2020年過ぎまで

ロスクウィールの教会の背景に、丘の上のオー・クニクスブール城が見える。

A 150m
VINS D'ALSACE
DEGUSTATION VENTE
La plus belle
façon d'attraper
l'eau

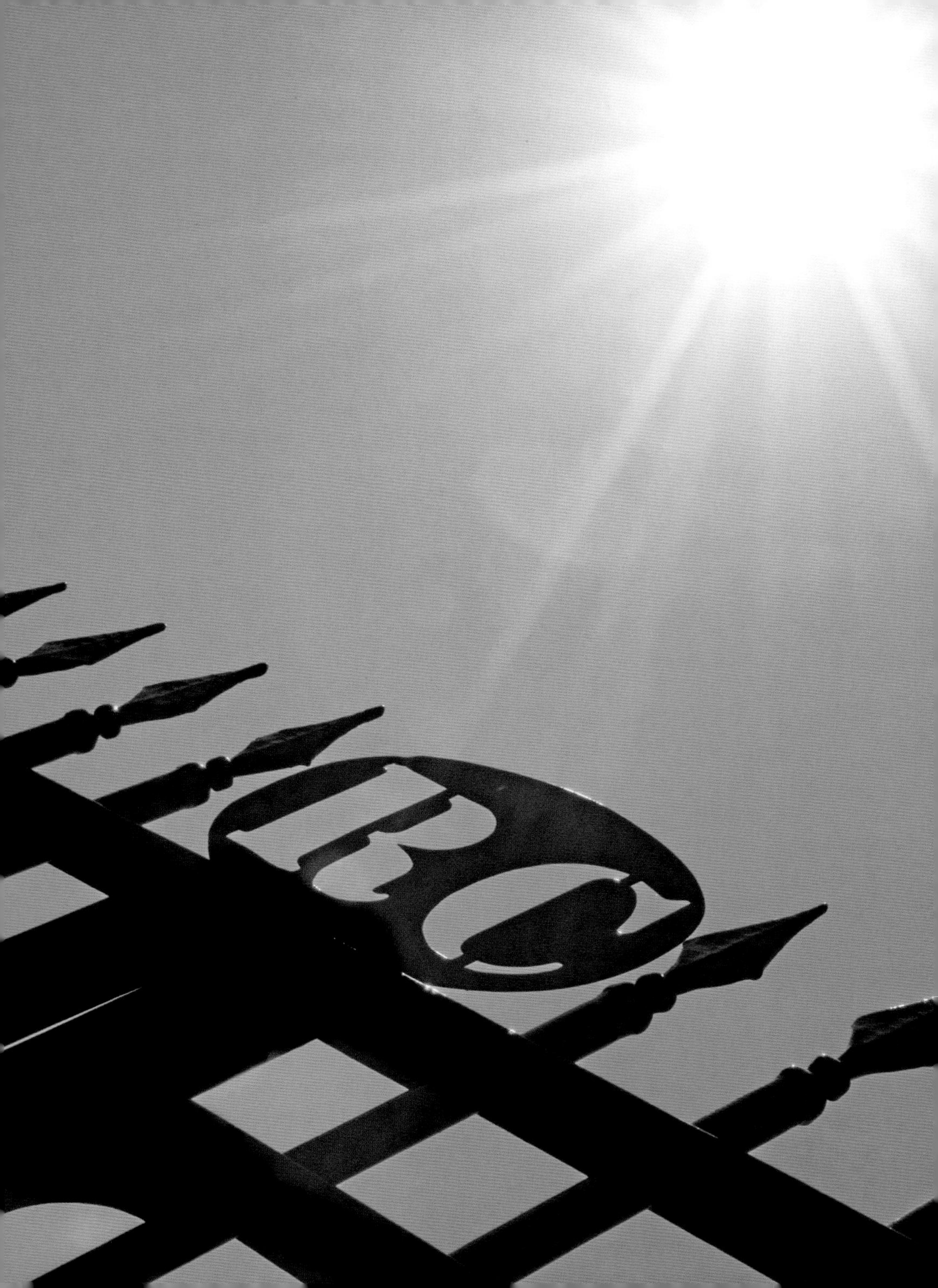

Dom. de la Romanée-Conti
Le Montrachet GC 2000
ドメーヌ・ド・ラ・ロマネ=コンティ
ル・モンラッシェGC 2000

産地 フランス、ブルゴーニュ、コート・ド・ボーヌ
特徴 辛口白ワイン、アルコール分14%
葡萄品種 シャルドネ

　傑出した白ブルゴーニュの基準として、これより優れたワインを見つけるのは難しいだろう。ドメーヌ・ド・ラ・ロマネ=コンティは、8haのル・モンラッシェのうちのわずか0.7haしか所有していない。区画31、129、130をそれぞれ1963年、65年、80年に購入している。葡萄樹はすべて、シャサーニュ=モンラッシェ側にこの畑はある。葡萄はヴォーヌ=ロマネにあるドメーヌの醸造所でベルナール・ノブレ氏によって醸造され、およそ15ヵ月の樽熟成の後に壜詰めされる。

　このドメーヌでは、モンラッシェの摘み取りをなるべく遅くしていて、他の生産者がすべて収穫を終えた後になることが多い。共同オーナーのオベール・ド・ヴィレーヌ氏は、ル・モンラッシェの葡萄は遅くまで樹に残されていても酸を保つことを昔から知っている。この遅摘みの結果、畑よりも生産者を物語る並はずれた肉付きのよさと一枚岩のような強さが生まれる。しかしグラスの中で時を経ると、この畑の信じがたい個性が姿を見せ始める。これを気の利いた言葉で表すのは難しい。アベ・アルヌーが1727年に「このワインのうまさを表現する言葉はフランス語にもラテン語にも見つからない」と書いている。

　著者が最近テネシー州ナッシュヴィルで、一連の非凡なモンラッシェの中から試飲した2000は、ショーの主役となる完璧に近いワインだった。グラスに注いでしばらくおくと、実にすばらしい香りがエネルギーとパワーだけでなく優雅さをも示す。幾重にも重なった風味が優しい波となって口の中に押し寄せ、尋常でないほど長い時間、余韻が続いた。**JM**

🍷🍷🍷🍷　飲み頃：2010年-2030年

Dom. Guy Roulot *Meursault*
Tessons Le Clos de Mon Plaisir 2005
ドメーヌ・ギイ・ルーロ
ムルソー・テソン・ル・クロ・ド・モン・プレジール 2005

産地 フランス、ブルゴーニュ、コート・ド・ボーヌ
特徴 辛口白ワイン、アルコール分13%
葡萄品種 シャルドネ

　ワイン村としてのムルソーのすばらしさの1つに、グラン・クリュはおろかプルミエ・クリュにも格付けされていない多くの畑から、非常に上質なワインがたくさん生まれていることが挙げられる。そういうワインは値段も手ごろで、白ブルゴーニュとしては最高にお値打ちのものもある。そのようなリュー=ディ畑の中でもとりわけ感動的なのがル・テソン（またはレ・テソン）だ。村を眼下に望む斜面の中腹から上の、軽くて水はけのよい土壌の上に広がっている。

　ル・テソンは個別の区画に分かれていて、妙な話だが、小さな東屋が建てられている区画もある。ドメーヌ・ルーロの区画は、ワインの上品な質にふさわしく、ル・クロ・ド・モン・プレジール（「私の喜びの畑」）という示唆に富む名前で呼ばれている。ジャン=マール・ルーロ氏は、映画業界で働いた後に家族のドメーヌに戻った人物で、ブルゴーニュでもとりわけ思慮深いワイン醸造家であり、白ワインの果実味とストラクチャーだけでなくテクスチャーの重要性も理解している。彼のテソンには魅力的なの花の香りと、味わいを新鮮に保つ生き生きした酸味がある。

　2005は白ブルゴーニュにとって目覚しいヴィンテージだ。その評判は、この非凡な年の赤ワインの栄光の陰に隠れがちだが、2004と2006の白ワインが赤ワインより好まれるために目立たないが、この3ヴィンテージのうち最も優秀な白ワインが2005年産であることは確かだ。若いうちはすぐに香りが立たないことと、筋骨たくましい濃厚さがあることから、本来受けるべき称賛を受けていないが、当代きっての完璧なヴィンテージだ。**JM**

🍷🍷🍷　飲み頃：2010年-2015年過ぎ

ドメーヌ・ド・ラ・ロマネ=コンティへの入口。

Royal Tokaji Wine Co. *Mézes Mály Tokaji Aszú 6 Puttonyos* 1999

ロイヤル・トカイ・ワイン社
メーゼシュ・マーイ・トカイ・アスー・6プットニョシュ 1999

産地　ハンガリー、トカイ
特徴　甘口白ワイン、アルコール分10.5％
葡萄品種　フルミント

　ロイヤル・トカイ・ワイン・カンパニーは、1990年9月、オランダの貴族でボルドーのワイン醸造家でもあるペーテル・ヴィンディング=ディールス氏とワインライターのヒュー・ジョンソン氏が率いる、熱狂的なワイン愛好家グループによって設立された。当初はイシュトヴァーン・セプシー氏の専門知識を自由に利用できたが、1993年、会社が困難に直面して資本構成の変更が必要になったとき、セプシー氏は去ることになった。オーナーは19世紀前半に格付けされた地域の見事な畑を合計110ha集めた。

　この会社は、セント・タマース、ニュラソー、ベトシェクといったトップ畑を主体にアスーワインだけを造っているという点で、他の多くの生産者と異なる。ロイヤル・トカイは大手企業で初めて、畑をラベルに表記した。メーゼシュ・マーイはレス土壌の特級畑環境だが、特級畑の正確な場所はわからないと言う人もいる。敷地の後ろ側ではなく前のほうに位置していて、別のグラン・クリュのサルヴァスの横だが少し斜面の上のほうだと思っている人もいる。ロイヤル・トカイはメーゼシュ・マーイに19haを所有している。

　この6プットニョスワインは4年間、樽で熟成されている。長いマセレーションによって、ロイヤル・トカイのワインは通常たいていのものより暗色だが、これはとても明るい金色で、新鮮で活気のあるモモの果実味がある。醸造家のカロイ・アトシュ氏によると、ペパーミントとマルメロとハチミツも香り、「口に含むと見事なバランスで、ストラクチャーもすばらしく、非常に長く心地よいマルメロの後味が残る」。**GM**

🍷🍷🍷🍷　飲み頃：2020年過ぎまで

Royal Tokaji Wine Co. *Szent Tamás Tokaji Aszú Esszencia* 1993

ロイヤル・トカイ・ワイン社
セント・タマース・トカイ・アスー・エッセンシア 2002

産地　ハンガリー、トカイ
特徴　甘口白ワイン、アルコール分7.5％
葡萄品種　フルミント50％、ハールシュレヴェリュ50％

　エッセンシア（エッセンス）は最高品質のトカイワインだ。7プットニョスのワインに相当するあまり質のよくないアスー・エッセンシアも造られているが、真のエッセンシアはすばらしい大物で、糖分が非常に多いので発酵が遅く不完全だ。運がよければアルコール分6％に達するかもしれない。その一方で、この貴腐化した葡萄から自然に流れ出たマストのエキスはゆっくり熟成するので、優れたセラーに保存すれば1世紀生き続けることも可能だ。昔はこのワインの長寿は命を与える力と考えられていた。かつてエッセンシアは国王や王子に献上され、彼らはそれを友人や親類──少なくとも長生きしてほしい人たち──に贈っていた。

　セント・タマース（あるいはセント・トーマス）畑は広大で地質学的な特徴がない。土壌は火山性でトゥファと石英を含む。ロイヤル・トカイはこの畑の約5分の1にあたる11haを所有している。

　このエッセンシアは同量のフルミントとハールシュレヴァリュから造られ、残留糖304g/ℓなので比較的ワインらしいものになっている。酸は11.5g/ℓ。5年経ってもこの甘口ワインが琥珀色なのは、ごく少量の硫黄を使うというロイヤル・トカイの方針の結果だ。ゴージャスなオレンジの香りが漂い、一口めはとてもソフトだが、焼きつくような青リンゴの酸味で終わる。

　ハンガリー人によれば、エッセンシアはそれだけでちびちびとシンプルに飲むのがベストだという。理論的には、そのようにこのワインを飲む人は永遠に生きるのだが、この理論を裏づける証拠として、それほど長く生きた人は今のところ見つかっていない。**GM**

🍷🍷🍷🍷　飲み頃：2050年過ぎまで

ロイヤル・トカイ・ワイン社のセラーで寝かされている、深い赤みを帯びた黄金色のトカイ。

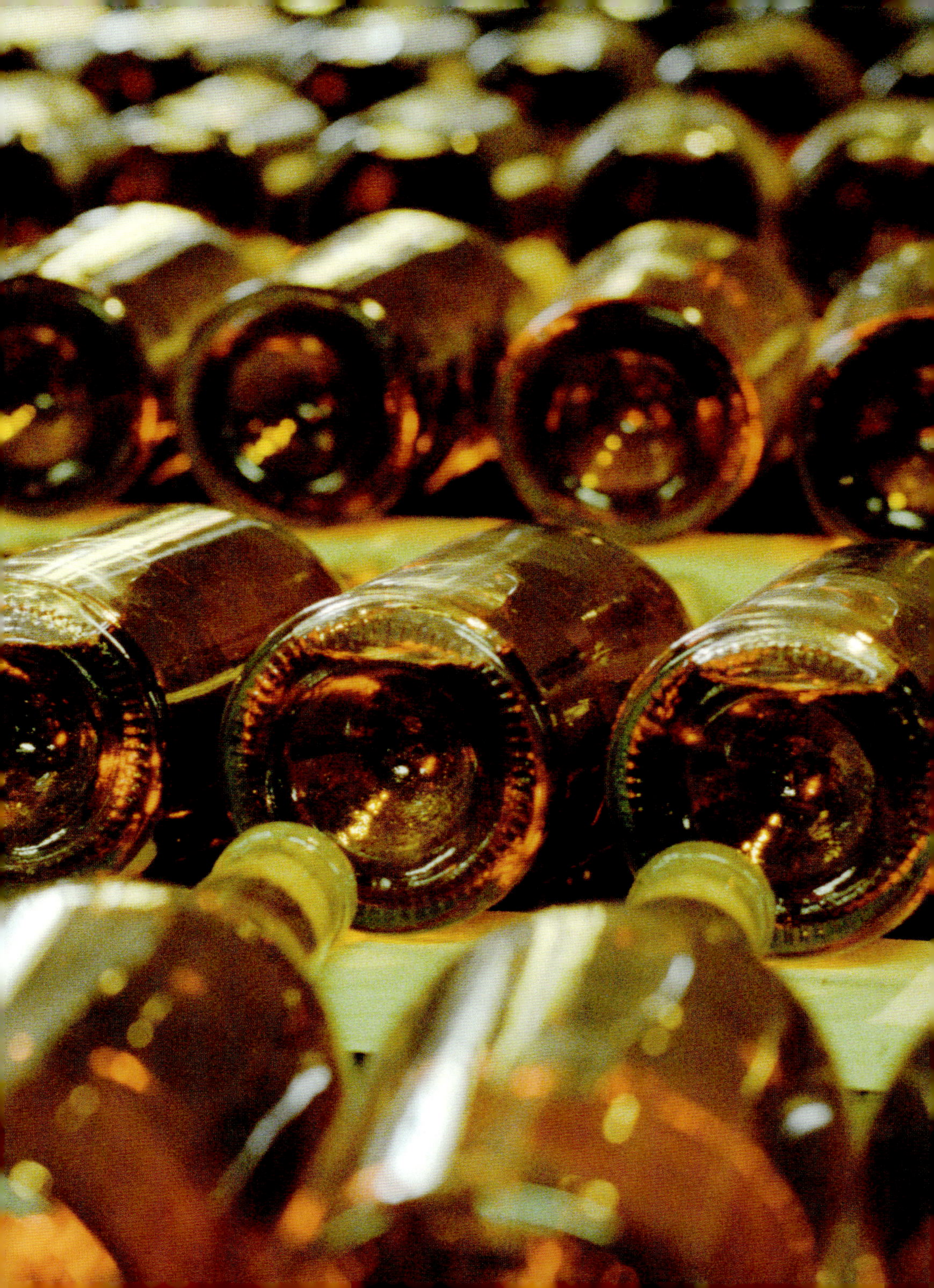

Rudera
Robusto Chenin Blanc 2002
ルデラ
ロブスト・シュナン・ブラン 2002

産地 南アフリカ、ステレンボッシュ
特徴 やや辛口白ワイン、アルコール分14%
葡萄品種 シュナン・ブラン

　南アフリカのシュナンの栽培面積は、故郷のロワールのそれをはるかに上回っている。ケープでは、たまに生まれる上質のデザートワインからブランデーにいたるまで、あらゆるものに長年使われ、乱用されてきたこの葡萄の運勢は、1990年代に上昇を始めた。意欲的なワイン醸造家が、古い低収穫量のシュナン畑に目を向け、そのうち最高の場所に位置する畑で目覚しい品質の葡萄を見つけたのだ。

　醸造家のテディー・ホール氏はこの品種の大家の1人だ。初めはカヌーで活躍し、その後ステレンボッシュに自分の小さいワイナリー、ルデラを開いた。彼はルデラでさまざまなスタイルのシュナン・ワインを造っているが、すべての中で最も有名なのがロブストだろう。オーク香がほどよく、残留糖はたいていそれとわかる程度に、つねに華やかで、そう、品よくたくましい。

　2002年のロブスト用の葡萄は、ソマーセット・ウェストの町に近いヘルダーバーグのふもとにある、成熟した低木のシュナンの畑で収穫された。評論家のマイケル・フリッドジョン氏は、この畑には「肉付きのよいトロピカルとさえ言えるスタイルのワインに変わる、濃厚で豊満な葡萄」を生む潜在力があると評し、さらにこう付け加えている。「ルデラ・ロブスト2002はたっぷりしたテクスチャーだが、ちょうどよい酸味が果実味を引き締め、味わいに長さと持続性を与えている」。TJ

🍷🍷　飲み頃：2012年まで

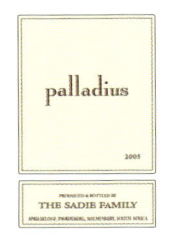

Sadie Family
Palladius 2005
セイディー・ファミリー
パラディウス 2005

産地 南アフリカ、スワートランド
特徴 辛口白ワイン、アルコール分13.5%
葡萄品種 シュナン、グルナッシュ、シャルドネ、ルーサンヌ

　近年、ケープに新しいジャンルの白のブレンドが出現している。潅水されず収穫量の少ない珠玉のシュナン・ブランの古樹から、葡萄だけでなく着想も得て生まれたものだ。その古樹が植えられている花崗岩の斜面は、ずっと昔に狩猟で絶滅してしまったシマウマに似た動物にちなんで、ペルデバーグ（「馬の山」）と名づけられている。さまざまな品種が足されるブレンドは、すばらしい品質と表情豊かな個性を呈している。

　そのようなブレンドの第1号がパラディウスで、同類のコルメラと同様、ローマ時代の農学者にちなんで名づけられた。今ではこのジャンルのワインはたくさんあるが、依然としてパラディウスが先頭に立っている。醸造家のエベン・セイディー氏によれば、「安心感のためのブレンドも、複雑さを出すためのブレンドもありえるが、私が取り組んでいるのは後者だ」。

　セイディー氏はいまだにパラディウスの構成と特性を研究していて、その努力の大半を、バイオダイナミック農法を採用した自分の（借りている）ペルデバーグ畑に注いでいる。セラーでもやるべきことはあり、彼はブレンドに磨きをかけ続け、2006年産にはクレレットの古樹の葡萄を少し加えている。これは大きくて力強いワインで、コクがあり、滋味にあふれ、花と果物の華やかさの下に土の香りが感じられるだけでなく、良質の自然な酸味と上品なタンニン性のミネラル感もある。TJ

🍷🍷🍷　飲み頃：2012年過ぎまで

Salomon-Undhof
Riesling Kögl 2005

サロモン=ウントホーフ
リースリング・ケーゲル 2005

産地 オーストリア、ヴァインフィアテル
特徴 辛口白ワイン、アルコール分13%
葡萄品種 グリューナー・ヴェルトリナー

　フリッツ・サロモン氏はオーストリアワイン醸造のパイオニアであり、この国で最初のリースリングと元詰めの擁護者に数えられる。息子のエリッヒとベルトルドの兄弟が、現在ウントホーフを管理している。クレムスを眼下に望む、片岩質でレスが積もった険しい段々畑にあるサロモン家の所有地は、何世紀にもわたって、遠くバイエルンのパッサウの司教監督区が所有していた土地で、今日でも毎年の収穫の一部はその大聖堂のある町の教会に支払われている。

　1990年代初め、経済的な理由でエリッヒ・サロモン氏は樽をやめてステンレスタンクに切り替え、ウントホーフのワインの進化とリリースのテンポを速めざるをえなかった。10年後、弟も事業に加わって、自然に任せてワインを造るようになる。リースリング・ケーゲル 2005は1月まで──近年の標準では長い──発酵された後、澱の上で時を過ごしたことで、柑橘類と核果類の透明感をいっそう引き立たせるテクスチャーのクリーミーさと、豊かなニュアンスが生まれた。

　とくにこのヴィンテージの品質は、手間のかかる貴腐葡萄の摘み取りをいとわない意欲にかかっていた。もっと遅く収穫されたレゼルヴ・リースリング・ケーゲルは、コクが増しているが透明感は弱い。**DS**

🅢🅢 飲み頃：2015年まで

Sauer *Escherndorfer Lump Silvaner*
Trockenbeerenauslese 2003

ザウアー　エッシェルンドルファー・ルンプ・シルヴァーナー・トロッケンベーレンアウスレーゼ 2003

産地 ドイツ、フランケン
特徴 甘口白ワイン、アルコール分8%
葡萄品種 シルヴァーナー

　エッシェルンドルファー・ルンプは、マイン川の川岸の南に面したパラボラ形の崖。独自のミクロ気候だけでなく耕作の難しさでも知られている。ドイツでは、この畑は濃厚で活気に満ちた際立つほど辛口のシルヴァーナーに最適の土地とされているが、ホルスト・ザウアー氏は、ここで世界一流の甘口ワインを産することも可能だということを、何度も繰り返し証明している。シルヴァーナーからこれほど圧倒されるようなトロッケンベーレンアウスレーゼを造りだす醸造家は他にほとんどいない。

　2003年、この地の条件は完璧だった。11月3日、ザウアー氏は非常にエレガントなトロッケンベーレンアウスレーゼを収穫することができた。この優良ヴィンテージにフランケンで造られたワインの中で、まさに最高と言えるだろう。パイナップル、マンゴー、ハチミツ、そしてアプリコットの魅惑的でエキゾチックな香りが、口の中で繊細な甘みの絹のドレスに包まれ、固く編まれた酸味に支えられている。このワインはワイナリーで500mlボトルが約70ドルで売られていた。同様の品質とスタイルのラインやモーゼル産のリースリングと比べると、びっくりするほどお値打ちだ。**FK**

🅢🅢🅢 飲み頃：2025年まで

White wines | 351

Domaine Etienne Sauzet
Bâtard-Montrachet GC 1990

ドメーヌ・エティエンヌ・ソゼ
バタール=モンラッシェGC 1990

産地 フランス、ブルゴーニュ、コート・ド・ボーヌ
特徴 辛口白ワイン、アルコール分13.5%
葡萄品種 シャルドネ

　ピュリニー=モンラッシェを本拠地とするソゼの戦略は長年にわたってたえず変動し、植樹のピークは1940年代後半だった。1975年に創立者が亡くなった後、ソゼの指揮権は前年に結婚して一家の一員となったゲラルド・ブード氏に引き継がれた。彼の実直な管理のおかげで、このワイナリーは地域でトップクラスのシャルドネ生産者の仲間入りを果たした。

　ソゼが所有するバタール（ピュリニーとシャサーニュの両モンラッシェに分かれているグラン・クリュ）の土地はわずか0.13haで、このワインの年間生産量は買い付けた葡萄で補われている。軽く圧搾した後、果汁を樽に移して3週間ほどアルコール発酵する。熟成にはトロンセとアリエのオーク樽が使われている。

　ヴィンテージ1990は、一部の純粋主義の人にとっては過剰なほど、非常に肉付きがよくてコクのあるワインを生んだ。ソゼのバタールはどっしりしたオイリーなシャルドネで、目の覚めるようなインパクトがあり、樹齢40年の葡萄樹と低い収穫量を雄弁に物語っている。焼きリンゴとナツメグの香りが鼻をくすぐり、衝撃的な味わいにはバターのような豊満さと、驚異的な風味のある余韻が一体となっている。**SW**

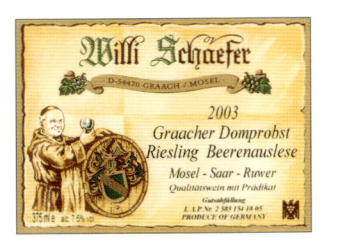

🍷🍷🍷🍷　飲み頃：2010年過ぎまで

Willi Schaefer
Graacher Domprobst Riesling BA 2003

ヴィリ・シェーファー
グラーヒャー・ドームプロブスト・リースリング・BA 2003

産地 ドイツ、モーゼル
特徴 甘口白ワイン、アルコール分7.5%
葡萄品種 リースリング

　ヴィリとクリストフのシェーファー親子のワイナリーが設立されたばかりなら、ガレージワイナリーと呼ばれるだろう。この3.5haのワイナリーは、もっぱらグラーフとその近辺にある急斜面のリースリング畑から、モーゼルワインを生産する。ヴィリ・シェーファー氏はトロッケンベーレンアウスレーゼを造ったこともなければ、アイスヴァインを造ろうとしたこともない。「確かに、何年もの間に何度もTBAを造ることはできただろう。でも、TBAは濃厚すぎるかもしれない。他の生産者のものは味わうが、自分たちのワインは軽くて上品なものにしたい」と語っている。

　「涼しい」ヴィンテージは、シェーファー氏のワインは冷淡とも言えそうに思えるかもしれないが、「暖かい」ヴィンテージは、熟成のレベルを問わず、輝きに満ちている。そういうワインの、もっと言えばこのジャンルのワインのすばらしさは、ごく控えめな形で垣間見えることがあるが、非常に濃厚で熟していながらもとても繊細で軽いところが、独特でしかも驚異的だ。何よりもそれが言えるのが、まとまりのない、うんざりするほどソフトな果実味が予想されるヴィンテージ2003だ。予想に反して、ほぼ透明に近く、しっかりと巻かれてばねでとめられたようなワインなのだ。おびただしい量の複雑な香味が、はかないと言えそうなほどほっそりとした骨格から発散される。**TT**

🍷🍷🍷🍷　飲み頃：2030年-2040年

WEINGUT WILLI Schaefer

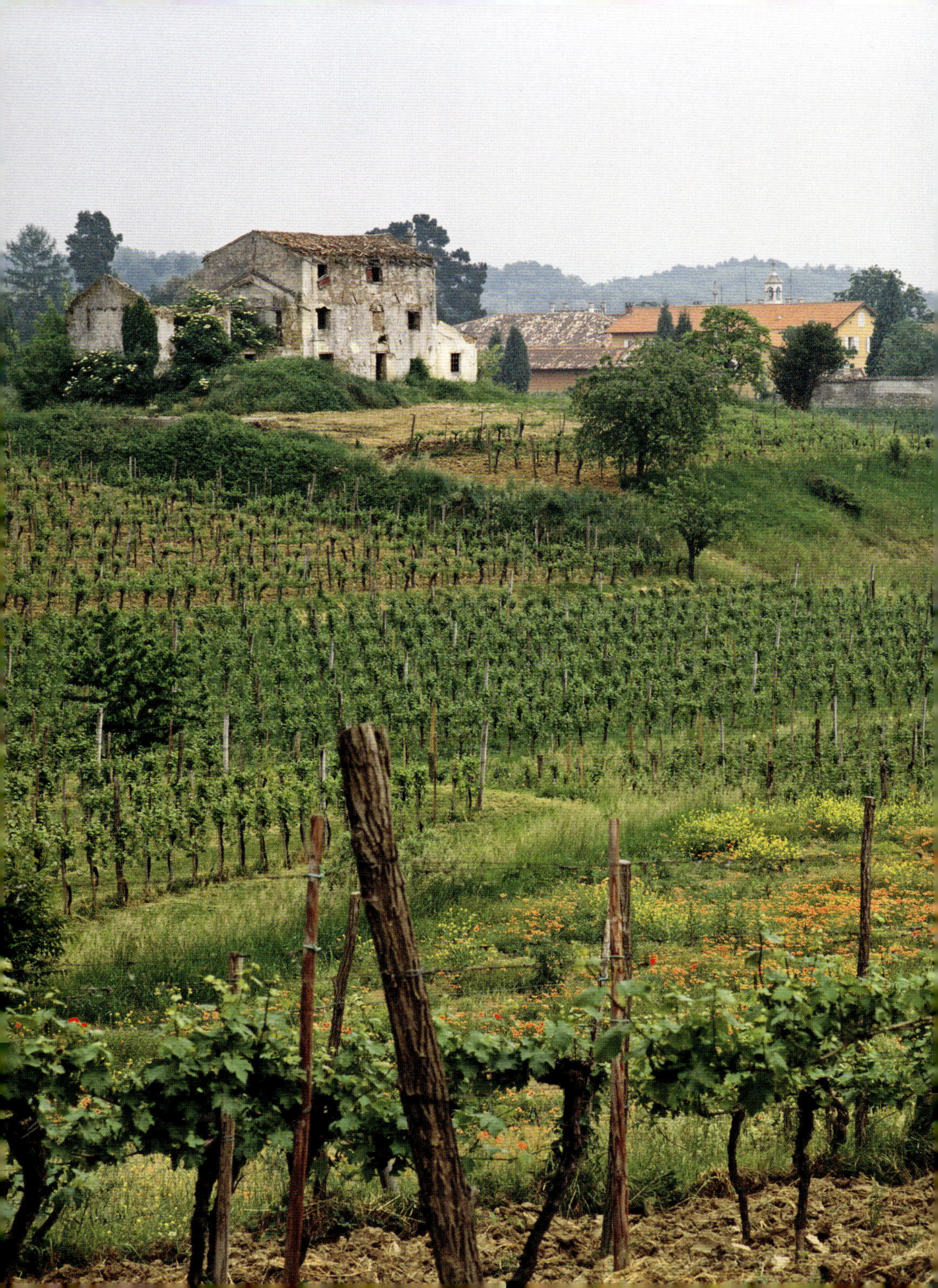

Mario Schiopetto
Pinot Grigio 2005

マリオ・スキオペット
ピノ・グリージョ 2005

産地 イタリア、フリウリ、コッリオ
特徴 辛口白ワイン、アルコール分13%
葡萄品種 ピノ・グリージョ

　アジィエンダ・アグリコーラ・マリオ・スキオペットは、イタリア北東部のコッリオ地区で最も優秀なワイナリーに入る。スキオペット家の30haの葡萄畑は、ポデレ・ディ・ブリュメリのカプリヴァ・デル・フリウリのあちこちと、かつてのゴリツィア司教の住まい周辺の地所に広がっている。

　故マリオ・スキオペット氏は、1965年にワイン造りを始めた。ヨーロッパ中のワイン産地を訪ね、フリウリのとてもきれいな近代的ワイン造りの先駆者となった。カプリヴァの丘陵に抱かれたトビア・スカルパ氏設計の見事なワイナリーは1992年に完成した。

　スキオペット氏が初めてピノ・グリージョを造ったのは1968年、この品種が流行するずっと前のことだ。この品種から造られるひどく水っぽいワインの透明な緑色ではなく、鮮やかな黄金色をしたスキオペット・ピノ・グリージョ 2005は、ふさわしい人の手にかかればこの品種がどれだけのものになるかを教えている。濃厚で、風味があり、際立って酸が低く、余韻のあるエレガントで純粋なワイン。輪郭のくっきりした果実味を損なうようなオーク香はない。非常に濃厚だが、壜の中で3、4年過ごすと新鮮さと酸味が失われるので、若いうちに飲むのがベストだ。**SG**

🍷🍷🍷　飲み頃：現行リリースを4年以内

Schloss Gobelsburg
Ried Lamm Grüner Veltliner 2001

シュロス・ゴベルスブルク
リート・ラム・グリューナー・ヴェルトリーナー 2001

産地 オーストリア、カンプタール
特徴 辛口白ワイン、アルコール分13.5%
葡萄品種 グリューナー・ヴェルトリーナー

　この最高に勢いのいい象徴的なグリューナー・ヴェルトリーナーを味わうと、ミヒャエル・ムースブルッガー氏がこのワイナリーを指揮していたのが1996年だけとは信じがたい。ゴベルスブルクは何世紀も前から続く修道院のワイナリーで、カンプタールで最高の葡萄畑を少しずつ蓄えていった。1990年代初め、修道会がここを賃貸しする相手を探したところ、幸運なことに、ムースブルッガー氏がワインの造り手になることを切望したのだ。その契約の仲介に立ったヴィリ・ヴリュンドルマイヤー氏は、パートナー兼コンサルタントとして5年契約にサインしたが、3年目にはすでに自分のコンサルティングが必要ないことに気づいた。「これ以上何のために彼が私を必要とする？　彼は樽の上で寝ている」

　ラム畑はガイスベルクとハイリゲンシュタインの丘陵の間の険しい谷に広がっている。風から守られていて、実は非常に暑い。そこでヴェルトリーナー種を栽培している者はみな良質のワインを造るが、2001年以降、シュロス・ゴベルスブルクが最も印象的だ。ラムは強さと繊細さ、激しさと緻密さのコントラストを示していて、均整と調和のとれた輝きを放ち、ローズマリー、ライ麦パンの皮、串焼きの肉の香味を漂わせている。**TT**

🍷🍷🍷🍷　飲み頃：リリース後2-4年

◀ ゴリツィアのカプリヴァ・デル・フリウリに広がるマリオ・スキオペットの葡萄畑。

Schloss Lieser *Lieser Niederberg Helden Riesling AG* 2004

シュロス・リーザー

リーザー・ニーダーベルク・ヘルデン・リースリング・AG 2004

産地 ドイツ、モーゼル
特徴 甘口白ワイン、アルコール分7%
葡萄品種 リースリング

ワイン醸造家のヴィルヘルム・ハーク氏は、地域にとっても業界にとっても崇敬される父親的存在だ。その長男のトーマスは、1992年、かつて有名だったがその後荒廃したシュロス・リーザーのセラーマスターとなり、最初の収穫から自分の使命を見つけたようだ。5年後、彼はこのワイナリーを買い取る。

ニーダーバーク・ヘルデンがモーゼル屈指の粘板岩の土地に匹敵することを、トーマス・ハーク氏ははっきりと示した。ヴィンテージ2004で、新たなレベルの卓越性に達したのだ。ハーク氏はまだ若いが、そのアプローチは忍耐が著しく際立っている。近隣の生産者の誰よりも遅く収穫し、リースリングを低温で時間をかけて発酵させる。そのため彼のワインは、酵母の発酵の香りと、生まれたてのぽっちゃり感と、純然たる甘さの輪からゆっくりと輝き出る。

2004はリースリングと貴腐の相乗作用の好例だ。核果類、柑橘類、メロン、そしてハチミツが味わいに充満し、忘れられない強さで口の中に残る。しかし、これほどの繊細さと高揚感のある貴腐ワイン、クリーミーで芳醇なのにこれほど魅惑的な明快さを持つワインは、モーゼルの粘板岩の斜面にしか造り出せないものだ。**DS**

🍷🍷🍷🍷 飲み頃：飲み頃2025年まで

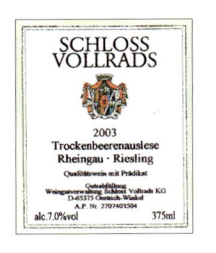

Schloss Vollrads *Riesling Trockenbeerenauslese* 2003

シュロス・フォルラーツ

リースリング・トロッケンベーレンアウスレーゼ 2003

産地 ドイツ、ラインガウ
特徴 甘口白ワイン、アルコール分7%
葡萄品種 リースリング

シュロス・フォルラーツと近隣のシュロス・ヨハニスベルクのワインは、何世紀にもわたって、ドイツで最も上質のワインに数えられている。長年この城は、世界最古のワインの名門グライフェンクラウ伯爵家のものだった。

1990年代に危機に陥ったが、ロヴァルト・ヘップ博士のおかげでかつての威風を取り戻している。2003年9月23日、リースリング・トロッケンベーレンアウスレーゼ用葡萄の最初の区画が収穫され、さらに数区画のTBAが後に続いた。この地の長い歴史の中でも、これまでこれほど高い濃度のTBAは生まれたことがなく、近いのは1947年だけだ。

ワインは別々に醸造され——糖度が非常に高かったので発酵は15ヵ月続いた——別々に壜詰めされた。収穫からリリースされるまで4年あり、城のセラーで寝かされる。しかしこの驚くほど非凡なヴィンテージには、フォルラーツのシュロスベルクに与えられた自然の恵みが、珠玉の貴腐甘口ワインの愛好者にとっての楽園を築いた。そのことが「普通の」TBAにさえも、はっきりと表れている。残留糖度が306g/ℓのこのワインは、途方もないスケールと特徴的な上品さを持つ濃厚な秘薬だ。**FK**

🍷🍷🍷🍷 飲み頃：2050年過ぎまで

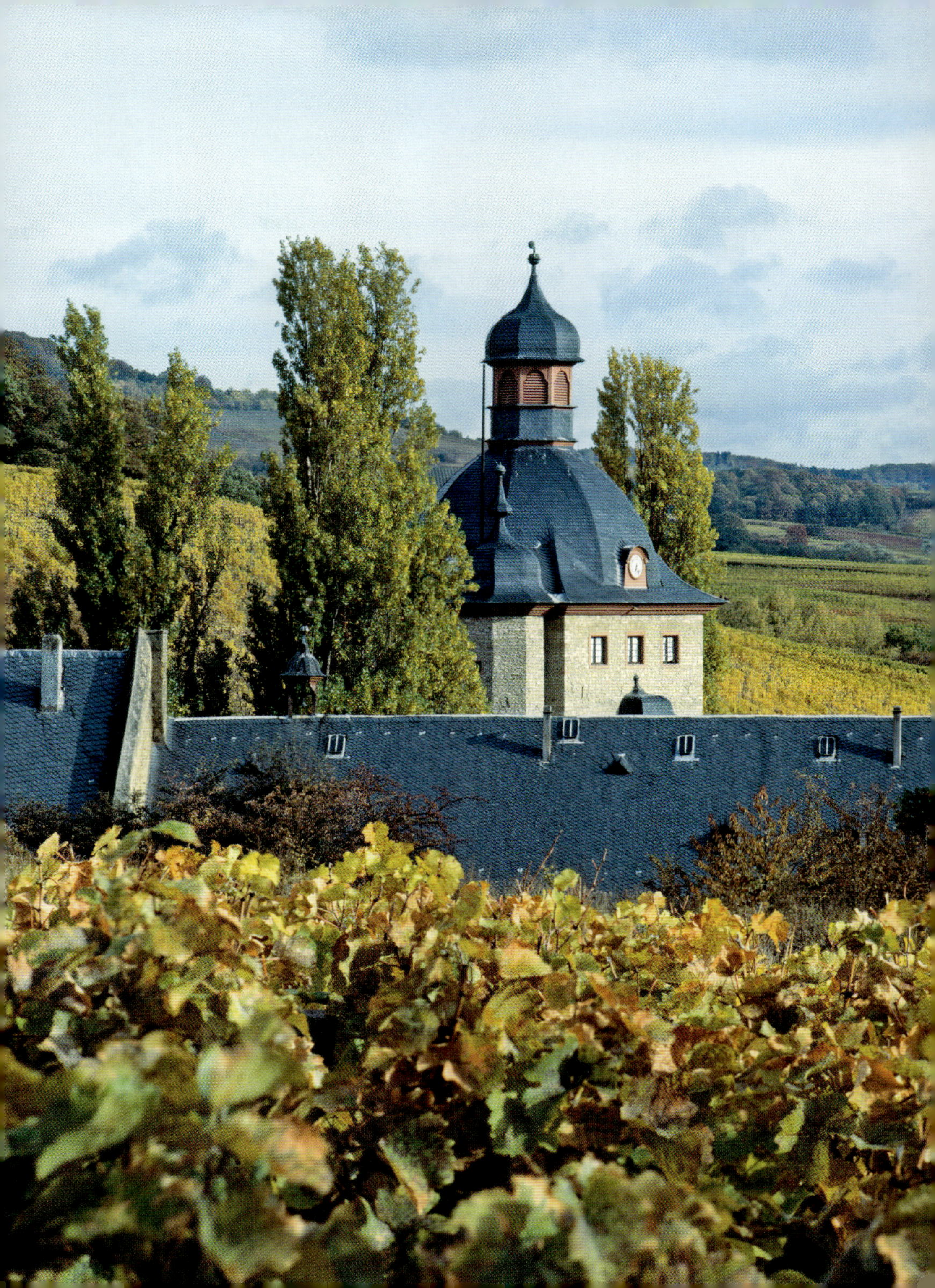

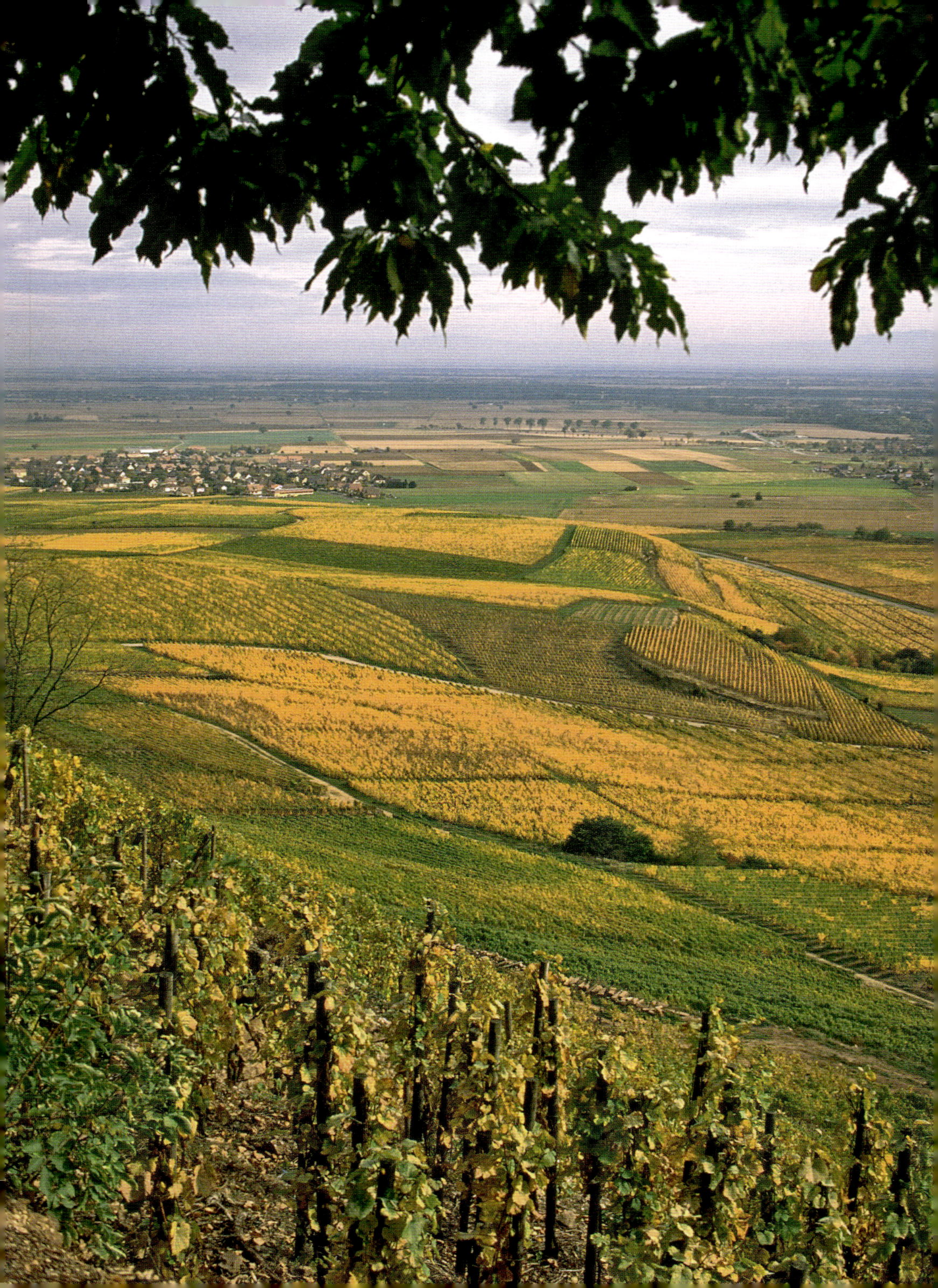

Schlumberger *Gewürztraminer* *SGN Cuvée Anne* 2000

シュルンベルジェ
ゲヴュルツトラミネール・SGN・キュヴェ・アンヌ 2000

産地 フランス、アルザス
特徴 甘口白ワイン、アルコール分14.7%
葡萄品種 ゲヴュルツトラミネール

　シュルンベルジェの140haの畑は、アルザスで最も広い葡萄栽培園であり、その生産品質は7代目のセリーヌ・シュルンベルジュの下で開花した。シュルンベルジェで造られるワインの原料は自社畑の葡萄のみ。畑はゲブヴィレールからルーファックまで5.6km続き、あまりの急斜面なので段々畑になっていて、耕作には馬が使われている。実際、4頭の馬が飼われ、48km以上におよぶ石垣を維持するために、フルタイムの石工が4人雇われている。このワイナリーのちょうど半分が、ケスラー、キッテルレ、セリング、スピーゲルのグラン・クリュで占められている。キュヴェ・アンヌは、砂岩の上に砂質粘土土壌が広がる、東と南東に面したグラン・クリュ・ケスラーの葡萄から造られる。

　シュルンベルジェのキュヴェ・アンヌは、創立者のひ孫の息子にあたるエルネスト・シュルンベルジェ氏の娘にちなんだ名前だ。このワインが極端に希少なのは、セレクション・ド・グラン・ノーブル（SGN）であるからだけでなく、たまにしか造られないからでもある。生産は平均して7年に1回程度。これほど大きいワインにしては並はずれた気品と繊細さを持っていて、フィニッシュには驚くほど新鮮な美味しさが長くいつまでも続く。**TS**

😊😊😊 　飲み頃：2040年まで

Heidi Schröck *Ruster Ausbruch* *Auf den Flügeln der Morgenröte* 2004

ハイディ・シュレック　ルスター・アウスブルッフ・アウフ・デン・フリューゲルン・デル・モルゲンレーテ 2004

産地 オーストリア、ブルゲンラント、ノイジードラーゼー＝ヒューゲルラント
特徴 甘口白ワイン、アルコール分9.5%
葡萄品種 Pブラン、ヴェルシュリースリング、ソーヴィニョン、その他

　「ルスター・アウスブルッフの会」は、1992年、小さな自由都市ルストの名声とかつての富を築いたワインを復活させるために設立された。思いがけず、生産者たちは1人の若い女性がこの団体の会長に就任することを望んだ。それ以来、貴腐ワインのアウスブルッフと言えばハイディ・シュレックの名前が出てくるようになっただけでなく、ブルゲンラントには彼女より優れた辛口白ワインの品質や多様性を誇ることができる生産者はいない。

　シュレック女史は2003年にさまざまな区画からの壜詰めを始めた。彼女の育てる幅広い品種の葡萄には、半世紀前までここのワインすべての原料となっていた多種多様な畑のブレンドを思い起こさせるアウスブルッフも含まれている。彼女の話によると、早朝の陽光──真の貴腐に不可欠の触媒──がドイツ語でノイジードラーゼーと呼ばれる湖の上の霧を切り裂き、晴らしていくのを見て、詩篇の「暁の翼をかって」（アウフ・デン・フリューゲルン・デル・モルゲンレーテ）が連想されたのだという。

　このアウスブルッフは、口に含むと我を忘れそうになる。クリーミーだが繊細で、たなびく霧のように軽く、その後、非常に複雑なフィニッシュへと舞い上がる。残留糖200g/ℓでもまったく重苦しくない。**DS**

😊😊😊 　飲み頃：2022年過ぎまで

← ゲブヴィレールのシュルンベルジェの葡萄畑。

Selbach-Oster *Zeltinger Schlossberg Riesling Auslese Schmitt* 2003

ゼルバッハ=オスター　ツェルティンガー・シュロスベルク・リースリング・アウスレーゼ・シュミット 2003

産地 ドイツ、モーゼル
特徴 やや辛口白ワイン、アルコール分8％
葡萄品種 リースリング

　2003年、ヨハネス・セルバッハ氏は、ツェルティンガーの美しい聖ステファウス教会のすぐ裏手にある、あまり知られていない険しいシュロスベルク畑から、少なくとも4種類のアウスレーゼを造った。そのうち3つは通常の方法で造られた。つまり畑全体を何回か続けて通り抜け、熟度が高いもの（そして貴腐菌がたくさん付いているもの）に星──星なし、1つ星、2つ星──を示していく。

　しかし2003年には静かな革命が導入された。古くからシュミットと呼ばれている最も古くて最も立地のよい区画を、ひとまとめに摘み取ったのだ。「収穫の前に選別はしなかった」とヨハネスは言う。「そのおかげで、青っぽい黄色のもの、黄金色のもの、過熟気味のもの、そして貴腐化したものなど、さまざまな果粒が普通に混ぜ合わされて、人間による選別の影響を受けることなく、この場所の真のテロワールが表現される」。一家はこのやり方をその後毎年続け、ロートライと呼ばれる近くのゾンネンウーアにある小区画からのセカンドキュヴェを加えている。

　ツェルティンガー・シュロスベルクはとても表情豊かで、角ばっているとさえ言えるほどのモーゼルだ。デボン紀粘板岩土壌が生み出す、引き締まったさわやかなミネラル感が味わいを占有している──文字どおり「土壌を味わう」ことができる数少ないケース──ように思われ、独特の森の植物とライムの風味を感じる中間の味わいによって、いっそう引き立つ。世界のゾンネンウーアやヒンメルライヒほど愛想のよい魅力はないかもしれないが、その独特の個性は心地よくて力強い。**TT**
ⓈⓈⓈⓈ　飲み頃：1-3年、または15-20年取っておく

さらにお勧め
同生産者のワイン
ベルンカステラー・バードシュトゥーベ、グラーヒャー・ドームプロブスト
他のモーゼルの生産者
フリッツ・ハーク、カルトホイザーホーフ、ドクター・ローゼン、マキシミン・グリュンハウス、エゴン・ミュラー、JJプリュム、ヴィリ・シェーファー

セルバッハ=オスターのブラーテンヘーフヒェン畑でのリースリングの収穫。

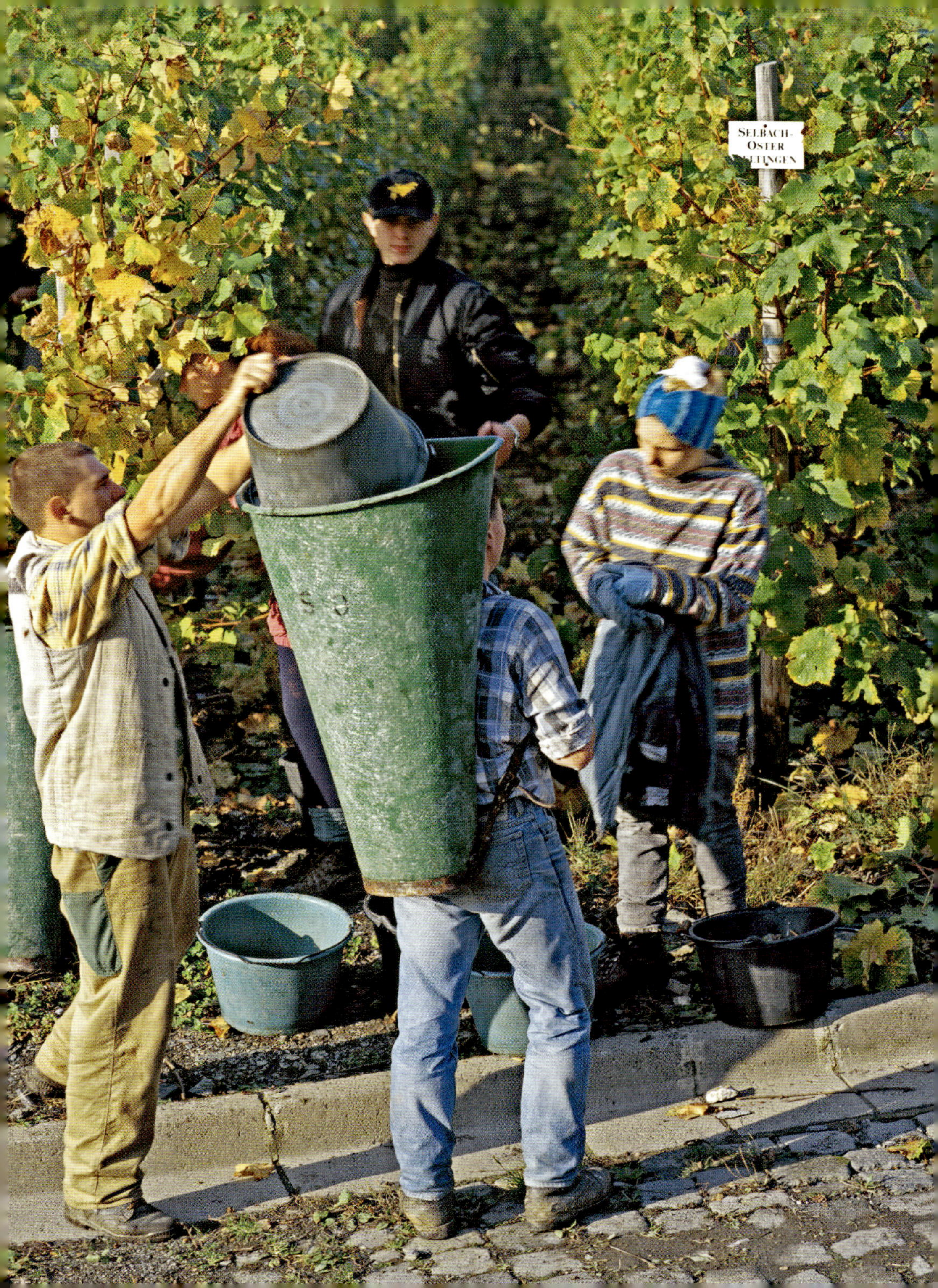
SELBACH-
OSTER

Seresin
Marama Sauvignon Blanc 2006
セレシン
マラマ・ソーヴィニヨン・ブラン 2006

産地 ニュージーランド、マールボロ
特徴 辛口白ワイン、アルコール分13%
葡萄品種 ソーヴィニヨン・ブラン

　セレシン・エステートは1992年、マールボロのワイラウ川の河岸段丘に設立された。創立者のマイケル・セレシン氏は著名な映画の撮影監督で、『ミッドナイト・エクスプレス』、『フェーム』、『ハリー・ポッターとアズカバンの囚人』などを手がけている。
　クラウディ・ベイと同様、セレシンも「基本」のソーヴィニヨン・ブランを造っているが、もっと洗練されたバージョンもある。マラマ用の区画の選別は収穫前の葡萄の香味にもとづいて行われ、とくに3つのブロックがいつも最終的なワインに深みと重みを加えている。発酵は酵母を加えるのではなく、葡萄畑とワイナリーで自然に生まれる自生酵母によって引き起こされる。この多様な酵母がゆくゆくワインの香味に極上の層を重ねる。
　マラマはたいてい他のソーヴィニヨンワインよりも色が深い。最初は典型的なマールボロの白ワインの香りで、トウガラシとアスパラガスのアロマがグラスから飛び出すが、樽熟成と天然酵母発酵にそれぞれ由来するトフィーと酵母の香味もはっきりしている。とても変わっているが、非常にコクと長さがあるので、たいていのことは許せるだろう。**SG**
🍷🍷 飲み頃：リリース時から5年以内

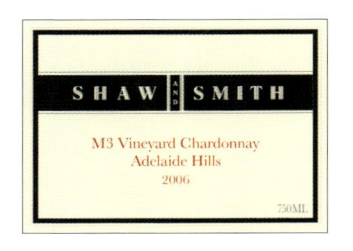

Shaw + Smith
M3 Chardonnay 2006
ショー・アンド・スミス
M3シャルドネ 2006

産地 オーストラリア、南オーストラリア、アデレード・ヒルズ
特徴 辛口白ワイン、アルコール分13%
葡萄品種 シャルドネ

　1989年、マーティン・ショー氏とマイケル・ヒル＝スミス氏は、時間をかけて昼食をとりながら、ワインを一緒に造るという長年の夢を実現することに決め、ショー・アンド・スミスが生まれた。それに先立つ1988年、マイケルはオーストラリア人として初めて、マスター・オブ・ワインの試験に合格していた。
　葡萄樹は1839年にアデレード・ヒルズに植えられたが、そこでの葡萄栽培が復活したのは1979年になってからだ。アデレード・ヒルズは高度があるので、近隣のマクラーレン・ヴェールやバロッサ・ヴァレーなどのワイン産地よりもかなり涼しい。ソーヴィニヨン・ブランとシャルドネは、この冷涼な環境にとくに適している。
　1994年、ウッドサイドの平均標高420mのところにM3畑がつくられた。M3用の葡萄は手摘みされ、全房圧搾されてからすべて樽で発酵され、35-40%が新樽、残りが1-2年物のフレンチオーク樽で寝かされる。ヴィンテージ2000の初リリース以降、ショー・アンド・スミスのM3シャルドネは果実味と自然な酸味とオーク香のバランスが際立っている。ヒル＝スミス氏は初期のヴィンテージを「進歩中の作品」と表現したが、2006年までにM3は本領を発揮していた。**SG**
🍷🍷🍷 飲み頃：2010年過ぎまで

Edi SimČiČ
Sauvignon Blanc 1999

エディ・シムチッチ
ソーヴィニョン・ブラン 1999

産地 スロヴェニア、コザナ、ゴリシュカ・ブルダ
特徴 辛口白ワイン、アルコール分14.5%
葡萄品種 ソーヴィニョン・ブラン

　このワイン黄金時代にあって、イタリア国境と有名なコッリオのフリウリ地区に接する西スロヴェニアの白ワインは傑出している——とくにゴリシュカ・ブルダのソーヴィニョンは際立つ。シムチッチ家はこのワインの丘で100年以上前から葡萄園を営んでいて、独自のラベルを1990年に立ち上げた。現在ワイン造りを手がけているのは、エディ・シムチッチ氏の息子のアレックスだ。

　シムチッチのソーヴィニョンは、この品種の味わいの幅を本当の意味で広げている。コザナの畑でもワイナリーでも、アプローチはシンプルで自然で的確だ。収穫量はごくわずか（葡萄樹1本につきワイン1本）。葡萄は手で摘み取られ、収穫は遅い。さまざまな年齢のフレンチオーク樽による発酵が採用され、ワインは樽で12ヵ月寝かされる。アレックスは原則として、基本的な果実味よりもむしろ濃厚さと複雑さを求めている。彼のソーヴィニョン・ブランは、ロワール特有の若い果実味と葉っぱ感のレベルをはるかに超えている。

　1999のソーヴィニョン・ブランは、香りに表現豊かな2次的特性がある。味わいはフルボディ、ミネラルの核、そして核果類と生垣の香味が、完璧なメドレーを奏でる。フィニッシュは長く、幾重にも層をなしている。ブラヴィッシーモ！　ME

🍷🍷🍷　飲み頃：2009年-2012年

Château Smith-Haut-Lafitte
Pessac-Léognan 2004

シャトー・スミス＝オー＝ラフィット
ペッサック＝レオニャン 2004

産地 フランス、ボルドー、ペサック＝レオニャン
特徴 辛口白ワイン、アルコール分13%
葡萄品種 Sブラン90%、Sグリ5%、セミヨン5%

　ラフィットと呼ばれる葡萄栽培地域のマルゴーに似た土壌成分の砂礫層の上に設立されたこのワイナリーは、1720年、ジョージ・スミスというスコットランドの商人の庇護下に入ったため、その名——あまりよい響きではないが——がシャトーの名前に加えられた。1990年、シャトーはスキーの滑降のオリンピックチャンピオンとして1960年代に活躍した、ダニエルとフローレンスのカティアール夫妻に売却された。

　白ワインはステンレスタンクで低温発酵されてから、オーク樽（新樽率50％）に移されて1年寝かされる。樽は現地の樽製造場から供給されるのも便利な強みだ。

　2004年、このワイナリーは遅摘みを行うことで、最高の白グラーヴが持つ長命ポテンシャルのすばらしい手本となるような辛口白ワインを造った。ストラクチャーは収斂性を感じさせるほど硬く、タンニンさえ感じるが、熟れた西洋スモモとネクタリンの魅惑的なアロマと、それに重なる樽由来のかすかなコーヒーの湯気の香りはまったく隠れていない。ハチミツ感あふれる味わいは、複雑な果物と強いミネラルが層をなしている。本格的な風味のよいがっしりしたワインで、十分に満足できる熟度まで優雅に年を重ねるだろう。SW

🍷🍷🍷🍷　飲み頃：2015年まで

Soalheiro
Alvarinho Primeiras Vinhas 2006
ソアリェイロ
アルヴァリーニョ・プリメイラス・ヴィニャス 2006

産地　ポルトガル、ヴィーニョ・ヴェルデ
特徴　辛口白ワイン、アルコール分12.5%
葡萄品種　アルヴァリーニョ

ポルトガル北部のヴィーニョ・ヴェルデ地区のマンサオ・サブリージョンは、アルヴァリーニョ種(スペインではAlbariño)が優勢な唯一の地区だ。アルヴァレド村では、エステヴェス・フェレイラ家が他に先駆けてこの品種だけを壜詰めするようになり、年間生産量は4万本未満だが、ポルトガルで最高のアルヴァリーニョを造るという名声を確立した。ソアリェイロの市販用初リリースは1982年。その名前は最初の畑の日当たりに由来する(ソアリェイロは直訳すると「日当たりがよい」)。メルガソ地区には、アルヴァリーニョ種を完璧に熟させるのに必要な雨と気温と日照のバランスがある。

2006年、エステヴェル・フェレイラ家は、ポートで有名なディルク・ニーポート氏と提携して、ソアリェイロ・プリメイラス・ヴィニャス(一級ワイン)と呼ばれる約3000本限定のキュヴェを、25年前に植えた葡萄樹から造った。その成果は、強さと濃度とミネラル感が1段階上の、ソアリェイロの真髄とも言えるワインだ。色はごく淡く、最初は閉じているが、レモンのオイルと皮、ほのかなモモ、牡蠣の殻、雨水、そして良質な酸味を伴う強いミネラル感がゆっくりと表れる。**LG**

🍷🍷 飲み頃：2011年まで

Johann Stadlmann
Mandel-Höh Zierfandler 2005
ヨハン・シュタットルマン
マンデル＝ヘーフ・ツィアファンドラー 2005

産地　オーストリア、テンメルレギオン
特徴　辛口白ワイン、アルコール分13.5%
葡萄品種　ツィアファンドラー

オーストリアのいわゆる「温泉地帯」は、ウィーンの南端の有名な森から始まっている。ここ数十年は影が薄いとはいえ、昔からオーストリア最大のワイン産地であるこの地域と、その中心であるグンポルスキルヒェンでは、ハプスブルク時代末にはすでに、葡萄品種の類別と繁殖に関する研究が行われていた。シュペートロート(遅い赤)という地元の別名が示すとおり、ツィアファンドラーが適度に熟し、果実味とスパイスにあふれながらも切れ味と新鮮さを保つには、オーストリアの通常は温和な長い秋が必要だ。しかし名前からは赤ワインが連想されるが、紫色の果房から搆られるワインは黄金色をしている。

石の多い白亜質のマンデル＝ヘーフは、1840年にはすでに有名だった。その年、鉄道がオーストリア最初のトンネルを通ることになって、そのテロワールは救われた。鉄道がトレースキルヒェンまで引かれるまでに、シュタットルマン家は3代にわたってワインを造っていたのだ。

ヨハン・シュタットルマンのマンデル＝ヘーフ2005は、マルメロ、アーモンド、リンゴ、そしてマンゴーが芳しく香り、テクスチャーは十分に濃厚で、繊細な酸味と塩気のあるミネラル、そしてぴりっとするスパイスが保たれているので、フィニッシュは長く、生き生きとして、活気にあふれている。**DS**

🍷🍷 飲み頃：2012年まで

グンポルスキルヒェン近くで栽培されている赤い皮のツィアファンドラー。

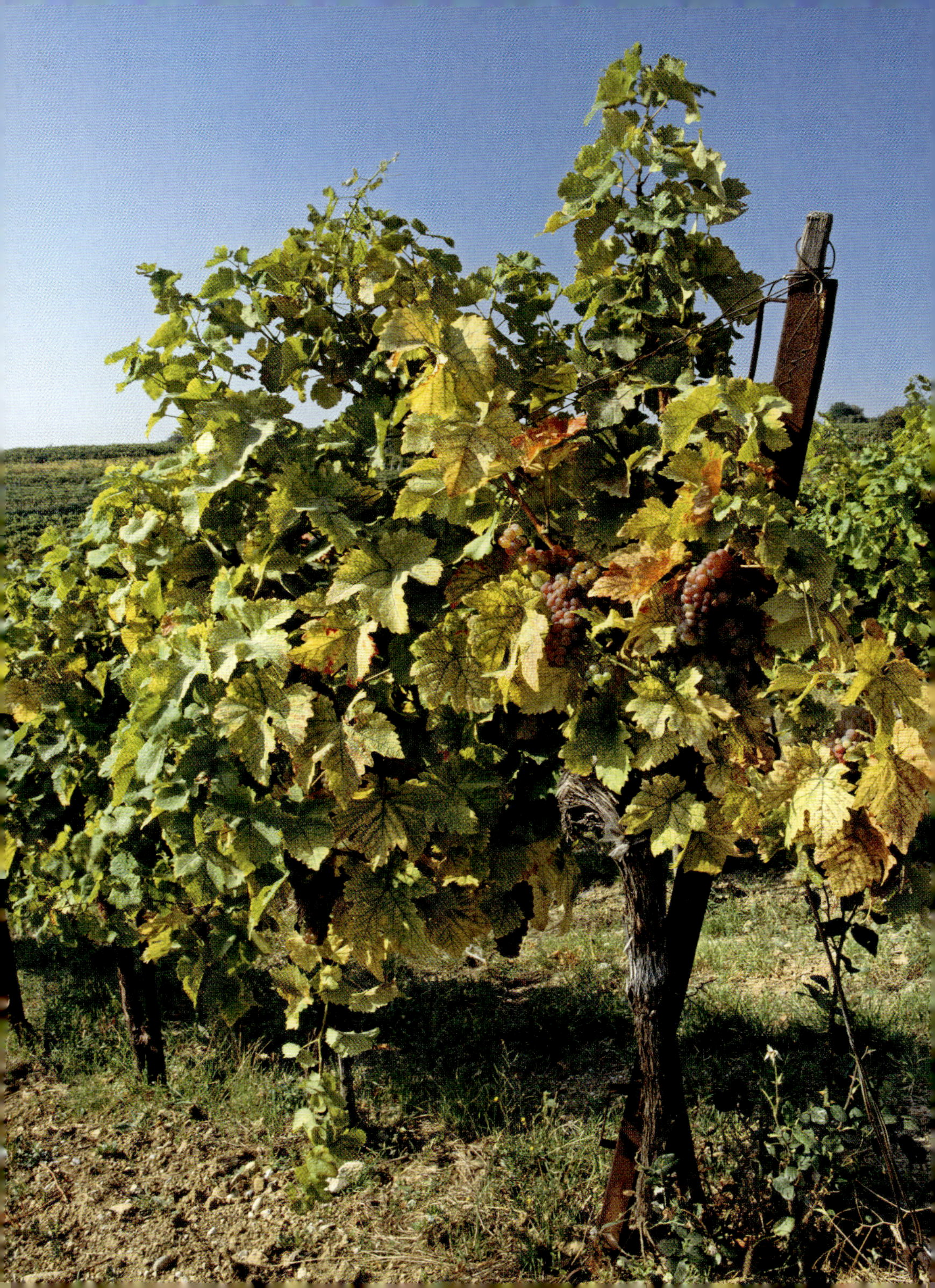

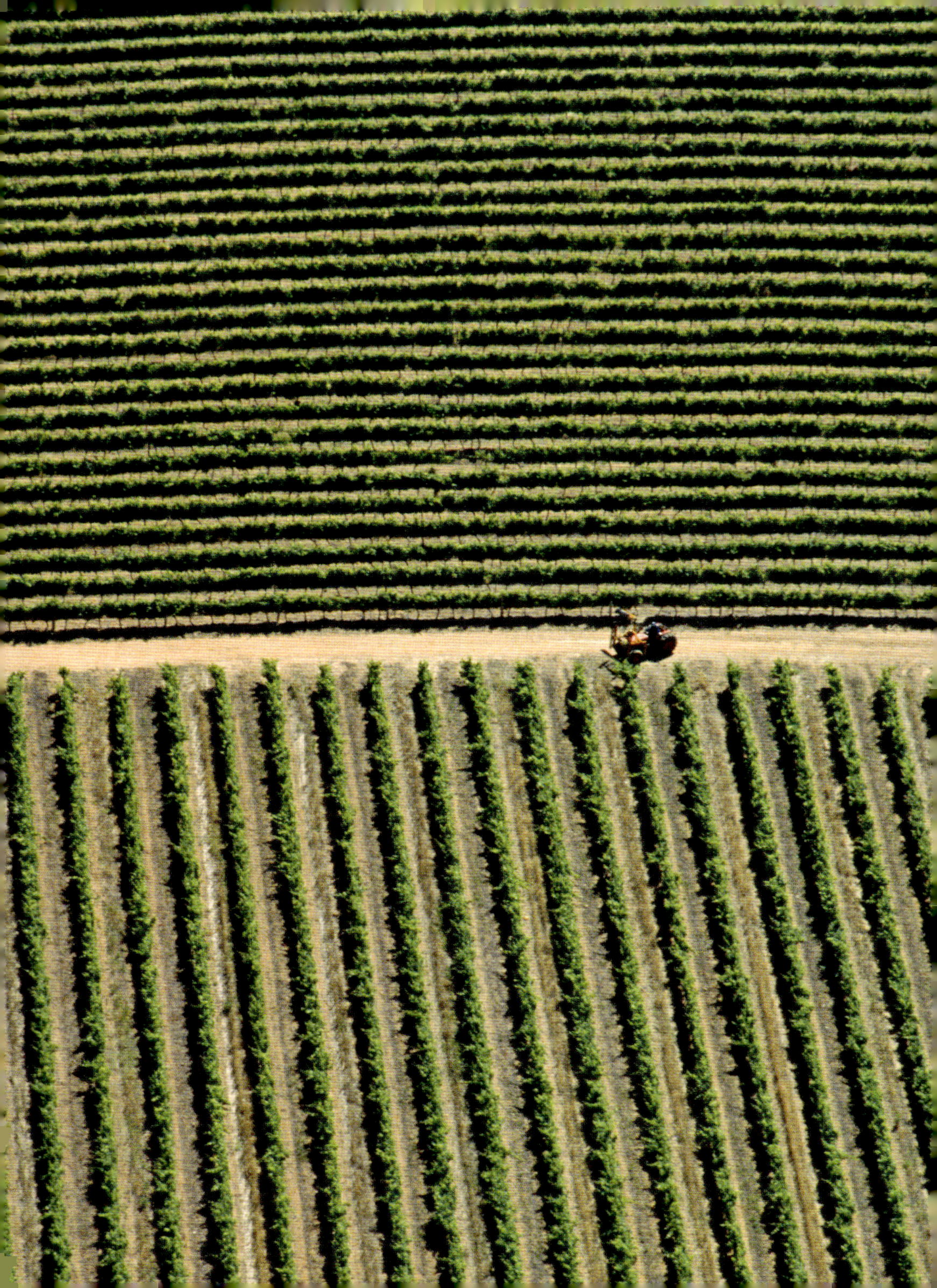

Steenberg
Sauvignon Blanc Reserve 2005
スティーンベルグ
ソーヴィニョン・ブラン・リザーヴ 2005

産地 南アフリカ、コンスタンシア
特徴 辛口白ワイン、アルコール分13.9%
葡萄品種 ソーヴィニョン・ブラン

　美しいコンスタンシア・ヴァレーのワイン造りの歴史は、植民地そのものの歴史と同じくらい古い。スティーンベルグの葡萄畑はずっと最近になって植えられたものだが、農場はこの谷で最初に下付された土地だ——1682年に受け取ったのは、珍しいことに、カタリーナ・ラスという女性だった。現在のワイナリーの名前は「石の山」を意味する。

　ソーヴィニョン・ブランはこの地域で最も広く植えられている葡萄で、その品質にとって重要なのは、ゆっくりと最適に熟すのに必要な大西洋の涼しい風だ。スティーンベルグの最高級ソーヴィニョンを産する単一畑の成熟した葡萄樹は、5kmしか離れていない海から吹きつける塩で、葉が焼けることがある——ここはこの谷で最も風にさらされる農場なのだ。

　ソーヴィニョンに関して、セラーマスターのジョン・ルーブサー氏は、複雑なワインを造ることはできないというこの品種に対する非難に断固として反対している。「ソーヴィニョン・ブランの味わいを真に理解できたら、ためらってはいられない」と彼は言う。このソーヴィニョンには冷涼な産地が反映されていて、トウガラシ、草、アスパラガスの香りに、はっきりしたさっぱり感が伴う。新鮮でクリスプで力強く、テクスチャーは絹のように滑らかだ。**TJ**

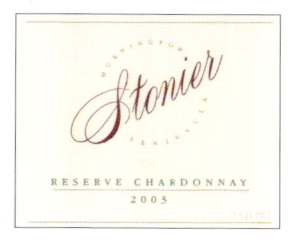

🍷🍷 飲み頃：2010年まで、もっと後のリリースは5年以内

Stonier Estate
Reserve Chardonnay 2003
ストニアー・エステート
リザーヴ・シャルドネ 2003

産地 オーストラリア、ヴィクトリア、モーニントン半島
特徴 辛口白ワイン、アルコール分14%
葡萄品種 シャルドネ

　モーニントン半島はオーストラリアの冷涼な気候のワイン産地。秋に天候が急変するのが常なので、この地域はピノ・ノワール、シャルドネ、そしてピノ・グリに特化する傾向がある。

　現在ライオン・ネイサン社の傘下にあるストニアーが生まれたのは、1978年、ブライアン・ストニアー氏と妻のノエルが海岸のメリックスの町に最初の葡萄樹を植えたときのことだ。この葡萄畑は現在20歳近くになっていて、その樹齢のおかげでワインに自然なバランスと深みが生まれる。ストニアーは現在、5つの異なるサブリージョンから葡萄を集めている。

　ストニアーのシャルドネは、モーニントンワインのトップクラスにあるだけでなく、オーストラリアでも最高のワインに数えられる。普通のシャルドネも非常に質が高いが、リザーヴはさらによい。2003は、濃厚でトーストを思わせる複雑なハーブの香りがする。この品種に対するオーストラリア人の解釈から予想されるとおり、輪郭のはっきりした風味だが、ミネラル感も豊かだ。口に含むと重みとコクが豊かで、心地よいテクスチャー、ハーブとトーストの香りがする。よくまとまった力強いワインで、外向的なスタイルに造られているが、レモンとミネラルを感じる見事な新鮮さもある。**JG**

🍷🍷 飲み頃：2015年まで

◀ ケープの太陽の下で熟すスティーンベルグの葡萄樹。

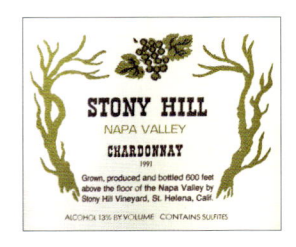

Stony Hill
Chardonnay 1991
ストーニー・ヒル
シャルドネ 1991

産地 アメリカ、カリフォルニア、ナパ・ヴァレー
特徴 辛口白ワイン、アルコール分13%
葡萄品種 シャルドネ

　フレッドとエレノアのマクレア夫妻は、1940年代、スプリング・マウンテンの北東の斜面にヤギ牧場を見つけて、ナパ・ヴァレーに引っ越した。当初2人には葡萄を栽培したりワインを造ったりするつもりはなかったが、隣人たちに勧められて、シャルドネと少量のピノ・ブランとリースリングを植えた。その結果、気候を穏やかにする要素──北東向きの斜面や、谷底から122-244mという高度など──がシャルドネに適していることがわかった。

　ストーニー・ヒルでは1940年代から変化したものはほとんどない。旧式のバスケットプレスからブラダープレスに切り替えたほかは、醸造方法も変わっていない。葡萄と葡萄畑の最も純粋な表現は、特性のない樽を使うことで生まれる、というのがストーニー・ヒルの哲学だ。そのため、ワインの酸度を変えて「異質の」香味を加えることになるマロラクティック発酵は行われない。

　1991ヴィンテージは、最初から珍しくトーストと酵母が感じられた。若いときのストーニー・ヒル・シャルドネはしっかりとまとまっていて、引き締まった柑橘類と花の香味とミネラルの芯が感じられる。すべての複雑さが開花するのは5年から10年経ってからのことだ。**LGr**

🍷🍷🍷　飲み頃：2021年まで

Château Suduiraut
S de Suduiraut 2004
シャトー・スデュイロー
S・ドゥ・スデュイロー 2004

産地 フランス、ボルドー、ソーテルヌ
特徴 辛口白ワイン、アルコール分13%
葡萄品種 ソーヴィニヨン・ブラン60%、セミヨン40%

　これはシャトー・スデュイローの辛口ワインで、すべてのソーテルヌの中でも極上の部類に入る。辛口ワインの名前にはそっけなくイニシャルしか付けないのは、この地域の慣習だ。しかしこのワインは、実は珍しく非常に歴史が浅い。2004が初リリースのヴィンテージなのだ。

　スデュイローは長年、家族が飲むための辛口ワインを造ってきた。これは当然のことだ。89haの葡萄畑を所有するこのシャトーのような大規模ワイナリーでは、畑の中に貴腐菌の影響を受けにくい部分があるのはやむをえない。しかし逸品とは言えないソーテルヌを造るのはスデュイローのやり方ではない。当然考えられる代案が、つねに辛口ワインを造ることだったのだ。

　これは今風のワインだ。若いときは花の香りだった。今はそれがナッツとスモークに変わり、硬く凝縮した核の周囲を包んでいる。シャトーがこのワインに取り組み始めたとき、特別なモデルは念頭になかった。辛口ワインを造っているソーテルの他の多くの偉大なシャトーは、ごく一部の人しか興味を持たないワインを、シャトーらしい特徴を失うことなくいかに新しいものにするかという問題と格闘している。そのような悩みなしに生まれたS・ドゥ・スデュイローは、ありのままの自然な姿でいられるのだ。**MR**

🍷🍷　飲み頃：2012年まで

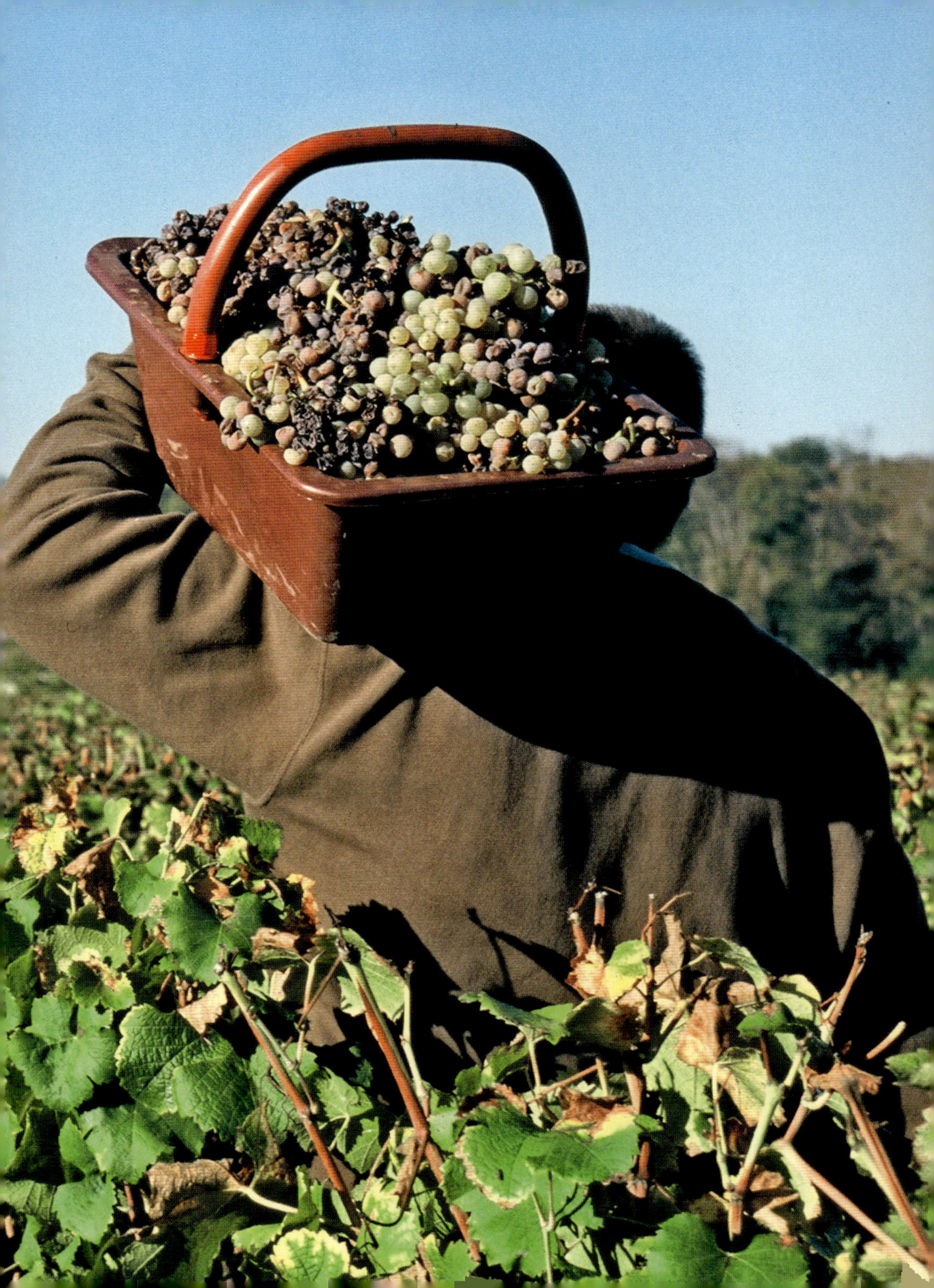

Château Suduiraut 1989
シャトー・スデュイロー 1989

産地 フランス、ボルドー、ソーテルヌ、プレニャック
特徴 甘口白ワイン、アルコール分14%
葡萄品種 セミヨン90%、ソーヴィニョン・ブラン10%

　ソーテルヌ地区にはさまざまな建築スタイルの美しいシャトーがひしめき合っていて、グラーヴがこれまでいかに繁栄してきたに違いないかがわかる。スデュイローはとりわけ壮麗で、その起源は1670年まで遡る。周囲の庭園を設計したアンドレ・ル・ノートルは、かの有名なヴェルサイユ宮殿を手がけた人物だ。長年スデュイロー家が所有していたシャトーは、1992年にAXAミレジム社に買収された。同社は建物をプライベートホテルと会議センターに変えたが、ワインの高品質を維持することにも気を配っている。

　ここは89haの葡萄畑を擁する広大なワイナリーだ。かなり平坦な砂質粘土の土壌は早熟を促すので、葡萄は早く熟す傾向がある。収穫量は低く抑えられ、異なる区画と品種は別々に醸造――1992年以降は樽のみ――されるので、醸造家のピエール・モンテギュー氏は50以上のロットに取り組んでいる。1992年にセカンドワインができたことで、醸造チームは収穫された葡萄をさらに厳しく選別できるようになった。

　1989年はここでは優良なヴィンテージだった。11月9日に最後に収穫された葡萄は雨で腐敗していたので受け入れられなかったが、他のワインは新樽30%の樽でほぼ2年間熟成された。香りは力強く、オレンジと大麦糖とクレーム・ブリュレが感じられる。間違いなく濃厚なワインだが、重すぎることはなく、酸味と余韻が十分にある。このヴィンテージにスデュイローは見事なクレーム・ド・テートも6,000本造ったが、このレギュラーワインは品質で肉迫している。**SBr**

🍷🍷🍷　飲み頃：2020年まで

さらにお勧め
他の優良ヴィンテージ
1959・1962・1967・1975・1982・1988・1990 1996・1997・1999・2001・2002・2005
プレニャックの生産者
バストール=ラモンターニュ、ド・マル、ジレット、レ・ジュスティス

17世紀後半に建てられたシャトー・スデュイロー。▶

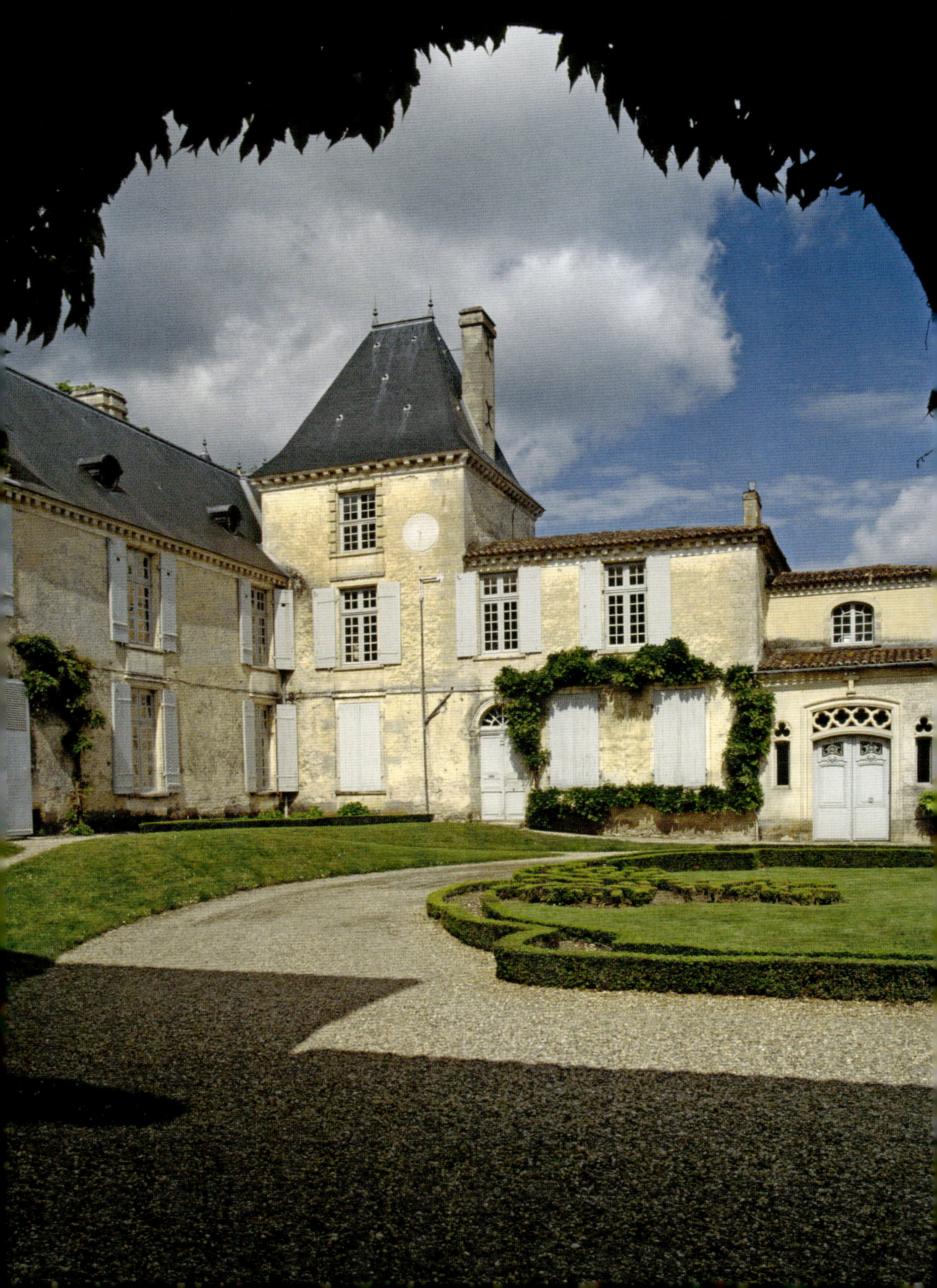

Szepsy
Tokaji Esszencia 1999

セプシー
トカイ・エッセンシア 1999

産地 ハンガリー、トカイ
特徴 甘口白ワイン、アルコール分2%
葡萄品種 フルミント、ハルシュレヴェリュ、ミュスカ・ブラン・ア・プティ・グラン

　トカイ・エッセンシアは、あらゆる甘口ワインの中で最も希少で、最も圧倒的かもしれない。どろどろのペーストになる直前のアスー（貴腐化した）葡萄から滴り落ちる少量の果汁から造られる、軽いアルコール性のシロップだ。この果汁はあまりにも糖度が高いので、発酵が極端に遅く、わずか5-6%のアルコール度に達するのに何十年もかかる。通常は他のワインにブレンドされるものだが、本当に最高の年に、生産者はエッセンシアだけを瓶詰めする。

　現代のトカイの権威といえばイシュトヴァーン・セプシー氏だが、彼は優良ヴィンテージの1999でさらに成功を収めた。2004年に味わったとき、セプシーのエッセンシア1999はクリーミーで葡萄の味がしたが、驚くほど甘かった──残留糖分は何と500g/ℓ。しかも清澄と濾過の過程で50gの糖分が失われているというから、さらに驚きだ。生のエッセンシアはあまりにも濃厚でオイリーなので、濾過のための小さい穴を通らない。おそろしい甘さだが、非常に鋭い酸味のおかげで決して飽きがこない。アルコール分はわずか2%なので、厳密に言えばこれはワインではなく、軽いアルコール飲料だ。

　とにかく驚異的な甘さと濃度と長さのワイン──あるいは葡萄果汁──であり、トカイは病人を床から起き上がらせることができる秘薬だという伝説を裏づけている。このワインを味わって、イシュトヴァーン・セプシー氏は奇跡を起こせるという意見に反対する人はほとんどいないだろう。**SG**

🍷🍷🍷🍷🍷　飲み頃：2050年過ぎまで

ティサ川とボドログ川の合流点にあるトカイの町。

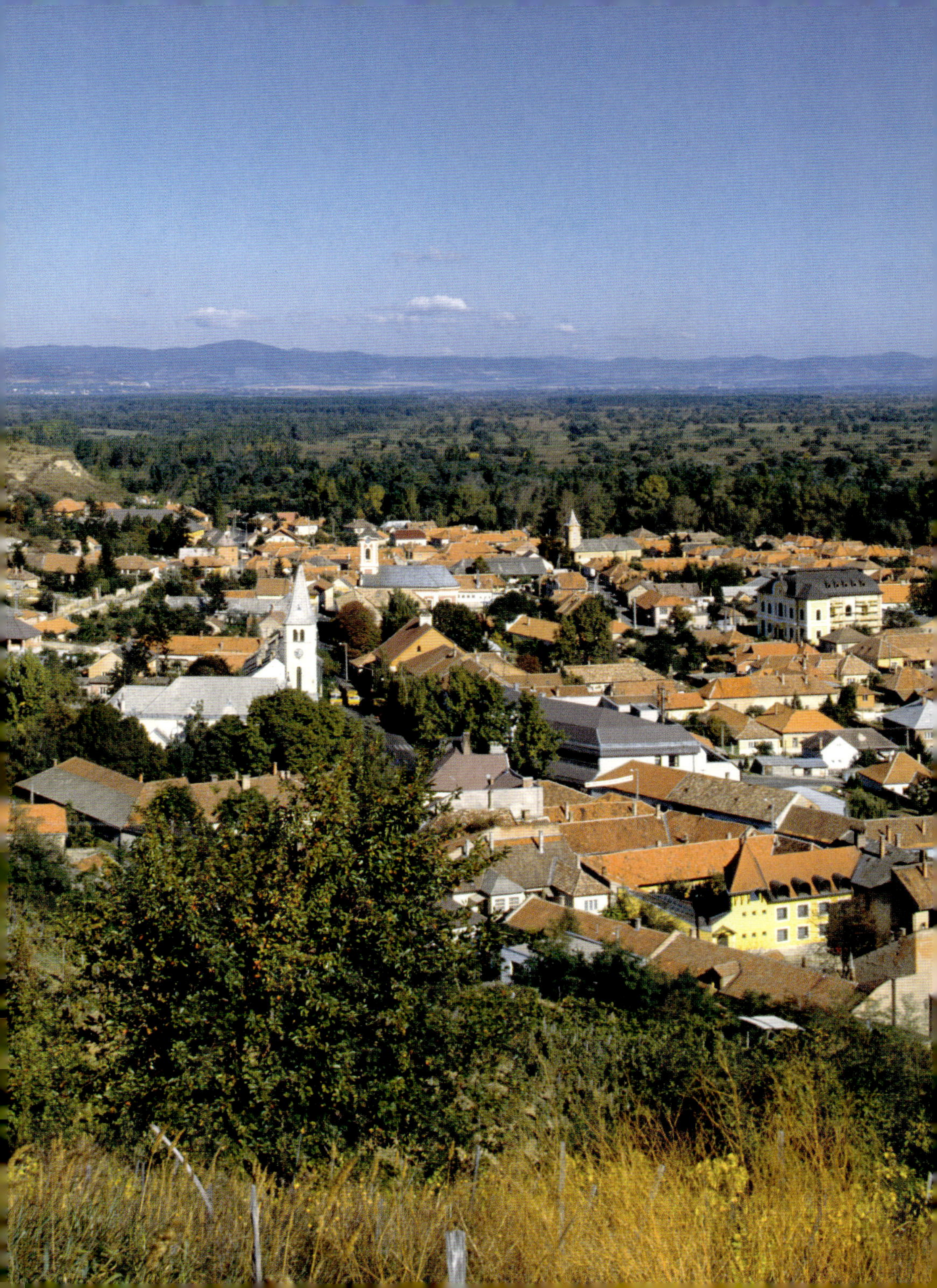

Tahbilk *Marsanne* 2006

タービルク　マルサンヌ 2006

産地 オーストラリア、ヴィクトリア、グールバーン・ヴァレー
特徴 辛口白ワイン、アルコール分12.5%
葡萄品種 マルサンヌ

タービルクは1860年に設立されたヴィクトリア州最古のワイン醸造所で、1925年以降はパーブリック家が所有している。その名前は「水たまりがたくさんある場所」を意味するアボリジニー語のタービルク=タービルクに由来する。とくに際立つ2種類のワインを造っているが、1つは1860シラーズで、1860年にこの地所に植えられた接木をしていないフィロキセラ禍前の葡萄樹から造られる。もう1つがマルサンヌで、熟成によってすばらしく複雑に進化する、驚くほど安いワインだ。

マルサンヌは希少な品種で、タービルクが世界最大の単一畑を所有している。その魂の故郷は北部ローヌのエルミタージュ地区で、そこでは見事に濃厚な辛口白ワインを生んでいる。少量ながらアメリカやスイスでも栽培されている。タービルクのマルサンヌの起源は1860年代まで遡る。ヤラ・ヴァレーのセント・ヒューバーツ畑で切られた枝が、グールバーンにやってきたのだ。このワイナリーでは現在、1927年に植えられた樹からマルサンヌワインを造っている。

若いときは香りにも味わいにも、レモンとハチミツとモモを感じるオーク香のまったくないシンプルで新鮮なアロマがある。しかし約5年の熟成によって、昔から成熟したマルサンヌから連想されてきた独特のスイカズラの芳香に変わる。10年経ってもワインは驚くほど新鮮ですがすがしい。タービルクのマルサンヌは、この地方の、そしておそらくこの国の、指標となる白ワインだ。**SG**

$$ 飲み頃：2016年まで

さらにお勧め

他の優良ヴィンテージ

1996 • 1997 • 1999 • 2000 • 2001 • 2002 • 2003 • 2004

同生産者のワイン

1927ヴァインズ・マルサンヌ、1860ヴァインズ・シラーズ、エリック・スティーヴンス・パーブリック・カベルネ・ソーヴィニョン、エリック・スティーヴンス・パーブリック・シラーズ

ワイナリーへの入り口に下がっているタービルクの看板。➡

CHATEAU TAHBILK

Domaine de la Taille aux Loups *Romulus Plus* 2003

ドメーヌ・ド・ラ・タイユ・オー・ループ
ロミュリュス・プリュ 2003

産地 フランス、ロワール、トゥーレーヌ
特徴 甘口白ワイン、アルコール分9%
葡萄品種 シュナン・ブラン

　元ワイン仲買人のジャッキー・ブロ氏は、ロワールのアペラシオン、モンルイ＝シュル＝ロワールを復活させようと心に決めて、ドメーヌ・ド・ラ・タイユ・オー・ループを1989年に設立した。このドメーヌの古い葡萄樹は、川を見下ろす石の多い石灰岩と粘土の南向きの高台に植えられている。ブロ氏の使命の成功は、積極的な剪定と選別の方式に負うところが大きい。最もよく熟れた健康なシュナン・ブランだけが、トリ・ド・ヴァンダンジェ（選別収穫）と、それに続く選別台での最終的な厳選をくぐり抜ける。これによって生まれるとてつもない濃度と純粋な果実味が、ブロ氏の現代的な樽発酵・樽熟成（毎年の新樽率は10％）スタイルによって巧妙に高められる。

　新樽の大半は意欲的な辛口モンルイのキュヴェ・レミュ用で、甘口のキュヴェ・ロミュリュスの力強さと風格は貴腐に由来する。優良年にしか造られないキュヴェ・ロミュリュスは、収穫された貴腐葡萄の最上のものから造られる。350g/ℓという高い残留糖度のこのワインは、スパイスとハチミツが溶け込む格別に豊かなトロピカルフルーツの果実味が、きびきびした酸味に支えられ、バランスを保たれている。静かな瞑想の雰囲気の中で楽しめる極上の食後酒だ。**SA**

🍷🍷🍷　飲み頃：2025年まで

Tamellini *Soave Classico Le Bine de Costiola* 2004

タメリーニ
ソアーヴェ・クラシコ・レ・ビーネ・デ・コスティオーラ 2004

産地 イタリア、ヴェネト
特徴 辛口白ワイン、アルコール分13%
葡萄品種 ガルガーネガ

　ソアーヴェDOCは高い品質を取り戻しつつある。数年間続いた「再編」段階を過ぎて、今では安定した高品質のワインを毎年造っている。この再編で頭角を現したワイナリーの1つがタメリーニだ。タメリーニ家は長年ワイン造りに関わっているが、会社が設立されたのは1998年のことだ。

　ガエターノとピオ・フランチェスコの兄弟は、栽培責任者としてフェデリコ・クルタス氏を、醸造責任者としてパオロ・カチョルニャ氏を迎えた。葡萄畑の多くは1970年代前半に植えられたもので、ギョー法または伝統的なペルゴラ・ヴェロネーゼで整枝されている。葡萄はソアーヴェブレンドに最適のガルガーネガ種のみ。

　彼らのソアーヴェ・ル・ビーネ2004は、「国際的な味わい」に一切譲歩しないワインだ。オーク香はまったくない。シャルドネその他の国際品種をブレンドした多くのソアーヴェに見られる、よく知られたトロピカルフルーツに近いソフトな香りはない。色も香りも強く、このDOCに典型的なすがすがしくて苦味のあるアーモンドの魅力にあふれている。**AS**

🍷　飲み頃：2014年まで

Manfred Tement
Sauvignon Blanc Reserve Zieregg 2005

マンフレット・テメント
ソーヴィニヨン・ブラン・レゼルヴ・ツィーレッグ 2005

産地 オーストリア、南スティリア
特徴 辛口白ワイン、アルコール分13%
葡萄品種 ソーヴィニヨン・ブラン

 ツィーレッグ畑はスロヴェニアにまで広がっているが、先の何キロにもわたって、同じような尖塔がそびえて葡萄畑と森林に覆われた丘陵が続いている。ジョーゼフ・テメント氏は、丘の頂上にあるカルメル会修道院のためにワイン造りをしていたが、息子のマンフレットは世界を視野に入れ、際立って美味なソーヴィニヨン・ブランに惜しみなく力を注ぐことによって、自分の評判と南スティリアの名声を築いてきた。

 泥灰土と貝殻石灰土のツィーレッグは、湧き水によって潤されている——水が豊富なので高価な排水設備を設置する必要があった。テメント氏は最高のキュヴェすべてに惜しみなく新樽を使うが、樽はたいていいつもワインで満たされている。2002年、非常に変わったセラーが完成した。その内部はツィーレッグの頂上の地下深くに沈んでいる。テメント氏の拡張は境界を越え、2006年に彼は隣接するカルメル会の所有地を買い取った。

 このワインは、温めたナッツオイルのコクと舌触りのクリーミーさが、鮮やかで明快な柑橘類とジューシーなメロンと一体化し、全体に刺激的な麝香を思わせる花とハーブが絡みついている。塩気のある白亜質のミネラル感が香味の複雑さを増し、フィニッシュには新たな魅力がある。**DS**

🍷🍷🍷 飲み頃：2009年から2012年

Cantina di Terlano
Chardonnay Rarità 1994

カンティーナ・ディ・テルラーノ
シャルドネ・ラリータ 1994

産地 イタリア、トレンティーノ・アルト・アディジェ
特徴 辛口白ワイン、アルコール分13%
葡萄品種 シャルドネ

 カンティーナ・ディ・テルラーノは1893年、24名の生産者によってつくられた協同ワイナリーだ。今日、会員はおよそ100名で、畑の総面積は150ha。しかし大きな数字にだまされてはいけない。カンティーナ・ディ・テルラーノは、イタリアで最も優れた生産者に数えられる。セラーには1955年から現在までのすべてのヴィンテージ1万2,000本が収められている。

 同社は折を見ては、特別な処置を施した熟成ワインを少量リリースする。シャルドネ・ラリータ1994は一部が樽発酵されている。ブレンドの後、ステンレスタンクで澱とともに9年近く寝かされ、さらに18ヵ月の壜熟を経てリリースされた。

 このワインは一流の熟成したシャンパンにどことなく似ている。これほど古いワインにしては色が意外なほど若々しい——まぶしい黄金色だが、多くの3年ものの樽熟成ワインほど暗くない。香りは魅惑的で、ペーストリーと乾燥ハーブが香り立つ。口に含むと、バランスがとれていて、しっかりとしたテクスチャーで、複雑な味わいだ。芳醇だが決して重くはなく、活気のあるさっぱりした酸味のおかげで、口の中に何も消えないで残る。**AS**

🍷🍷🍷🍷 飲み頃：2018年過ぎまで

Cantina di Terlano
Sauvignon Blanc Quarz 2004
カンティーナ・ディ・テルラーノ
ソーヴィニョン・ブラン・クオーツ 2004

産地 イタリア、トレンティーノ・アルト・アディジェ
特徴 辛口白ワイン、アルコール分13.5%
葡萄品種 ソーヴィニョン・ブラン

　カンティーナ・ディ・テルラーノは、公式には3種類のシリーズ——クラシック、クリュ、セレクション——のワインを造っている。美しい1ℓ入りのスクリューキャップボトルに入った4番目のシリーズもあるが、地元でしか飲まれていない。現地を訪れるいい口実だ。
　協同組合のメンバーの多くはテルラーノ村の周辺に畑を持っている。そこの土壌は主に砂岩だが、熱を蓄えて再分配できるので葡萄の成熟に役立つ斑岩の存在が特徴的。砂岩は多孔性なので、余分な水を吸収して排出することもできる。
　ソーヴィニョン・クオーツは、高度300-350mに広がるこの種の土壌で栽培されている葡萄から造られる。発酵は半分がステンレスタンク、半分がオーク樽。発酵が終わるとすぐにワインはブレンドされ、細かい澱とともに8ヵ月寝かされる。このワインはエレガントで複雑、熟れたアプリコットと白い花のアロマとともに、控えめなトーストの匂いがほのかに香る。口に含むと、たっぷりしていて芳醇で複雑さが際立ち、ミネラル感がしっかりしていて、余韻が長く続く。**AS**
$$$ 飲み頃：2011年過ぎまで

Jean Thévenet *Domaine de la BonGran Cuvée EJ Thévenet* 2002
ジャン・テヴネ
ドメーヌ・ド・ラ・ボングラン・キュヴェ・EJ・テヴネ 2002

産地 フランス、ブルゴーニュ、マコネ
特徴 辛口白ワイン、アルコール分14%
葡萄品種 シャルドネ

　ジャン・テヴネ氏は誰よりも、ブルゴーニュ南部のマコン＝ヴィラージュにおける上質ワイン造りの父と言われるにふさわしい。彼のアプローチに急進的なところは何もない。それどころかジャンが採り入れているのは、伝統的な白ブルゴーニュ造りをきめ細かく改良した方式だ。具体的に言えば、どちらかというとコート・ド・ボーヌを連想するような手作業を実行している。そして父親の古いオークのフードレと近代的なタンクを組み合わせ、初期の程よい気温が非常に重要だとつねにこだわっている。さらに、発酵は自然なテンポで起こるべきだと強く信じていて、6ヵ月から8ヵ月もかける場合がある。
　このゆったりしたアプローチを支えているのが優れた葡萄だ。最も有名なジャンの畑はラ・ボングランで、ソーヌに最も近いカンテーヌ村の斜面の中腹にある。収穫は葡萄が完熟したときに行われ、しばしば10月半ばにずれこむ。大騒ぎされたヴィンテージ2005は、しっかり構成された熟成したワインだが、ボングラン・キュヴェ・EJ・テヴネ2002——新鮮だが活力に満ち、レモンとハチミツを感じさせる、焦点の合ったすばらしいワイン——の気品に匹敵するかどうかを確かめるのも面白いだろう。**ME**
$$$ 飲み頃：2015年まで

Château Tirecul La Gravière
Cuvée Madame 2001

シャトー・ティルキュ・ラ・グラヴィエール
キュヴェ・マダム 2001

産地 フランス、南西地方、モンバジャック
特徴 甘口白ワイン、アルコール分12%
葡萄品種 ミュスカデル50%、セミヨン45%、Sブラン5%

　ベルジュラックの南に葡萄畑を擁するモンバジャックが、評判だけでなく品質においてもソーテルヌに遅れをとっているとすれば、それは主に経済的な理由からだ。ブルーノ・ビランチーニ氏は、その流れに抵抗することを決心した。そして1992年にこのワイナリーを借り、5年後にすべて買い取る。ティルキュ・ラ・グラヴィエールの特殊なところは、葡萄樹の半分をミュスカデルが占めていることだ。この品種は普通、セミヨンやソーヴィニョンの脇役を務めるに過ぎない。

　ビランチーニ氏はベーシックなワインだけでなく、最も優れた最も濃厚な選り抜きの樽としてキュヴェ・マダムも造っている。このキュヴェは長期の樽熟成を施される。限定生産のワインではなく、生産量はヴィンテージによって大きく変わる。1995年は収穫の80%がキュヴェ・マダム用として認められた。2001年のキュヴェ・マダムは残糖が210g/ℓで、上質のソーテルヌより50%以上多かった（ただし、レギュラーワインでも175g/ℓある）。貴腐の香りがハチミツとモモの芳香とともに発散する。もちろん非常に甘いが、濃度が高く、すばらしい酸味で活気づいている。どんな基準に照らしても優れたワインだが、価格が3分の1のレギュラーワインもまた傑出している。**SBr**

🍷🍷🍷　飲み頃：2030年まで

André & Mireille Tissot
La Mailloche 2005

アンドレ・エ・ミレイユ・ティソ
ラ・マイヨーシュ 2005

産地 フランス、ジュラ、アルボワ
特徴 辛口白ワイン、アルコール分13.5%
葡萄品種 シャルドネ

　1990年以降このドメーヌの醸造家を務めるステファン・ティソ氏が、ヴィンテージを1997と記した初の単一畑シャルドネを発売したことは、伝統的なジュラ地区において急進的な1歩だった。中でも、500ケースのラ・マイヨーシュは一番上出来で、ジュラのテロワールを十分に表現している。最高50年までのさまざまな樹齢の葡萄樹が植わっている東向きのこの畑は、ライアス統泥灰土からの堅く締まった粘土土壌。成熟の問題はまったく起こらず、冷たい粘土が葡萄に与えるちょうどよい酸度は、ステファンの還元的ワイン造り──樽（新樽率3分の1）発酵と定期的に澱を撹拌しながらのマロラクティック発酵──にぴったりだ。

　2005年は8月20日からの3週間の天候が完璧で、それまでの湿った天候の後、北風が葡萄を乾燥させた。淡い緑がかったレモン色のラ・マイヨーシュは、力強いミネラル感（澱熟成と土壌の組み合わせによる）が鼻をくすぐり、レモンの皮、マルメロ、そしてスモークが香る。口に含むとレモンのような果実味が現れ、スパイシーなトーストの香味が口いっぱいに広がるが、オーク香もアルコールも目立たない。余韻が非常に長く、全体の印象としては時間とともに柔らかくなる新鮮な冷たさのあるワインだ。**WL**

🍷🍷　飲み頃：2020年まで

Torres Marimar Estate
Dobles Lias Chardonnay 2004

トーレス・マリマー・エステート
ドブレス・リアス・シャルドネ 2004

産地 アメリカ、カリフォルニア、ソノマ・カウンティ
特徴 辛口白ワイン、アルコール分14.1%
葡萄品種 シャルドネ

　カリフォルニアに居を構えたマリマー・トーレス女史は、1983年に家族を説得し、葡萄畑の利益を拡大するためにソノマ・カウンティ西部の緩やかに起伏する丘に23haの地所を買った。1986年、彼女のいわゆる「カリフォルニアの条件に合わせたヨーロッパ流の葡萄栽培」スタイルで、シャルドネとピノ・ノワールが今のドン・ミゲル畑に植えられ始めた。

　高い植樹密度が樹勢を抑え、葡萄樹は熟れた健康な高濃度の果実を産する。2003年以降完全に有機栽培されている畑は、太平洋から16kmのグリーン・リヴァーの中心部にあり、軽めの土壌が押しの強くないエレガントなワインを造る。トーレス女史は3種類のシャルドネのクローンを植えることにした。

　2004はシー・クローン3樽、ルード・クローン7樽、そしてスプリング・マウンテン・クローン3樽で構成されている。ドブレス・リアスは全房圧搾、樽発酵で、マロラクティック発酵の間ずっとバトナージュされた。翌年の6月、トーレス女史はブレンドのための樽を選び、壜詰めされる他の樽の澱を加えた。フレンチオーク樽で18ヵ月過ごした後、ワインと澱はステンレスタンクに移され、そこでまた寝かされてから、2006年6月に濾過されずに壜詰めされた。生き生きした複雑な香りを持つ2004は、口の中で鮮やかに花開き、明快で舌触りがしっかりしているが豊満ではなく、半透明の幕のようなミネラル感が長いフィニッシュまで続く。

LGr

💰💰 飲み頃：2015年まで

カリフォルニアの太陽を浴びるトーレス・マリマーの葡萄樹。➡

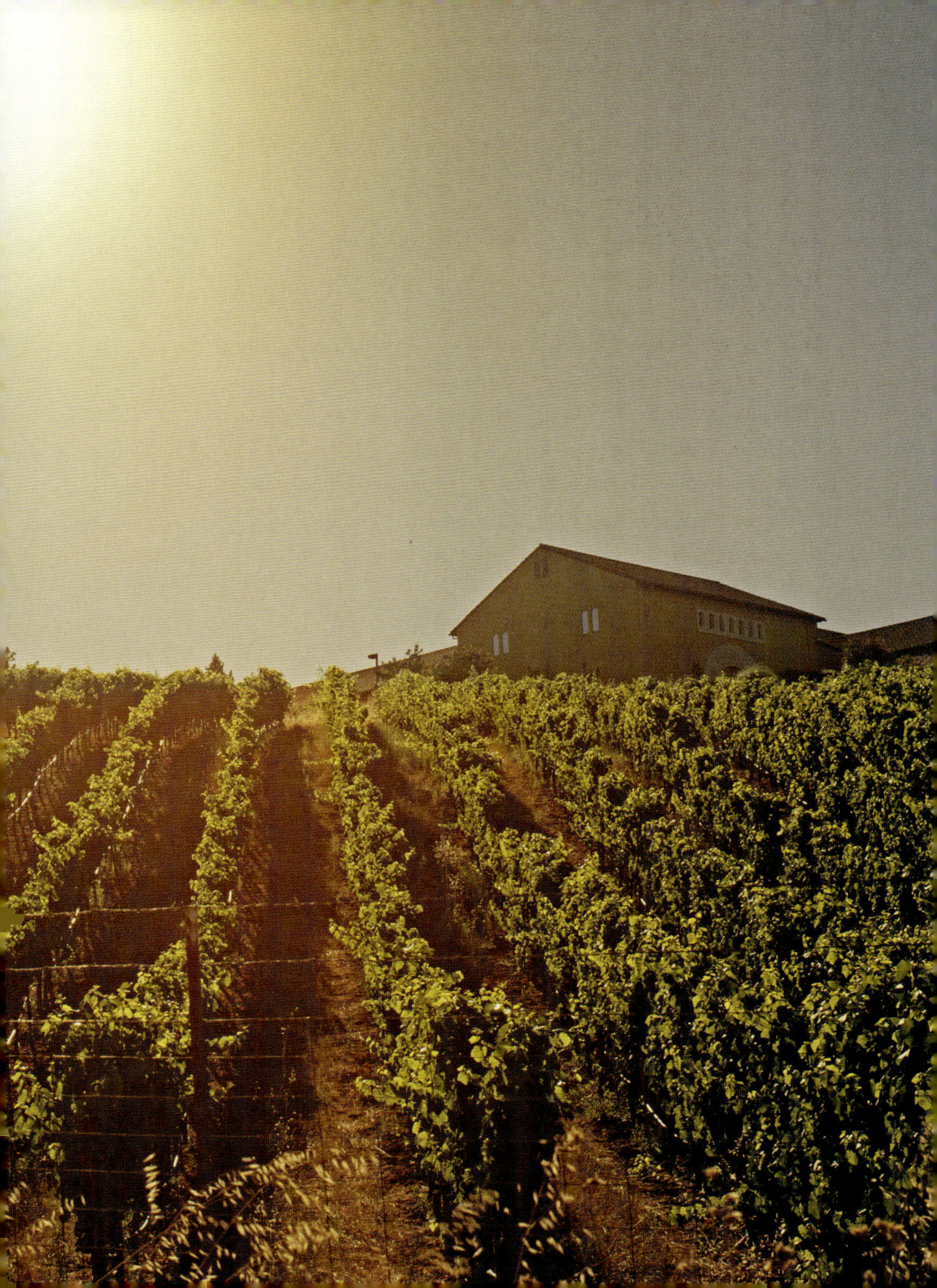

Château La Tour Blanche 2003
シャトー・ラ・トゥール・ブランシュ 2003

産地 フランス、ボルドー、ソーテルヌ、ボンム
特徴 甘口白ワイン、アルコール分14%
葡萄品種 セミヨン80%、ソーヴィニョン・ブラン20%

　1855年の格付けで、イケムが「ボスの中のボス」として無類のカテゴリーを占める一方で、ラ・トゥール・ブランシュはすぐに1級畑の首席に位置づけられた。今日、このシャトーはワイナリーとしてだけでなく、新進の農学者やワイン醸造家のための学校としての役割も果たしている。傘の製造業者でオーナーだったダニエル・イフラ氏は1907年に亡くなったが、無料のワイン学校として運営することを条件に、シャトーを国に遺贈したのだ。約束どおり学校が建てられ、葡萄樹は1955年まで貿易商社のコルディエにリースされていた。ワインはありきたりだったが、1983年に学校の新しい学長としてジャン=ピエール・ジョスラン氏が就任して、事態が一変する。

　ジョスラン氏の下で、36haの葡萄畑のさまざまな区画とさまざまな品種が別々に醸造・熟成されるようになり、約18種のワインを最終的にブレンドできるようになった。収穫量は削減され、ジョスラン氏は最高のワインのためにマスト比重が高い果房だけを使うよう主張する。1987年に空気圧搾が導入され、補糖は廃止された。1989年までに、ワインはすべて新樽で発酵・熟成されるようになる。

　スタイルはボンムにしては濃厚――近隣のクロ・オー=ペイラゲイと比べると確か――だが重くはない。ただしもともと濃密なために若いときは少し無愛想かもしれないので、熟成させるのがよい。2003はこのヴィンテージらしく例年よりコクがあり、モモのシロップの香りがして、新鮮な酸味が味わいの芳醇さを程よく調整し、十分な余韻を与えている。**SBr**

😊😊😊 飲み頃：2025年まで

さらにお勧め
他の優良ヴィンテージ
1990・1995・1996・1997・1998・1999・2001・2005
他のボンムの生産者
ラフォーリー=ペイラゲイ、ラボー=プロミ、レイヌ=ヴィニョー、シガラ=ラボー

シャトー・ラ・トゥール・ブランシュの白い塔。

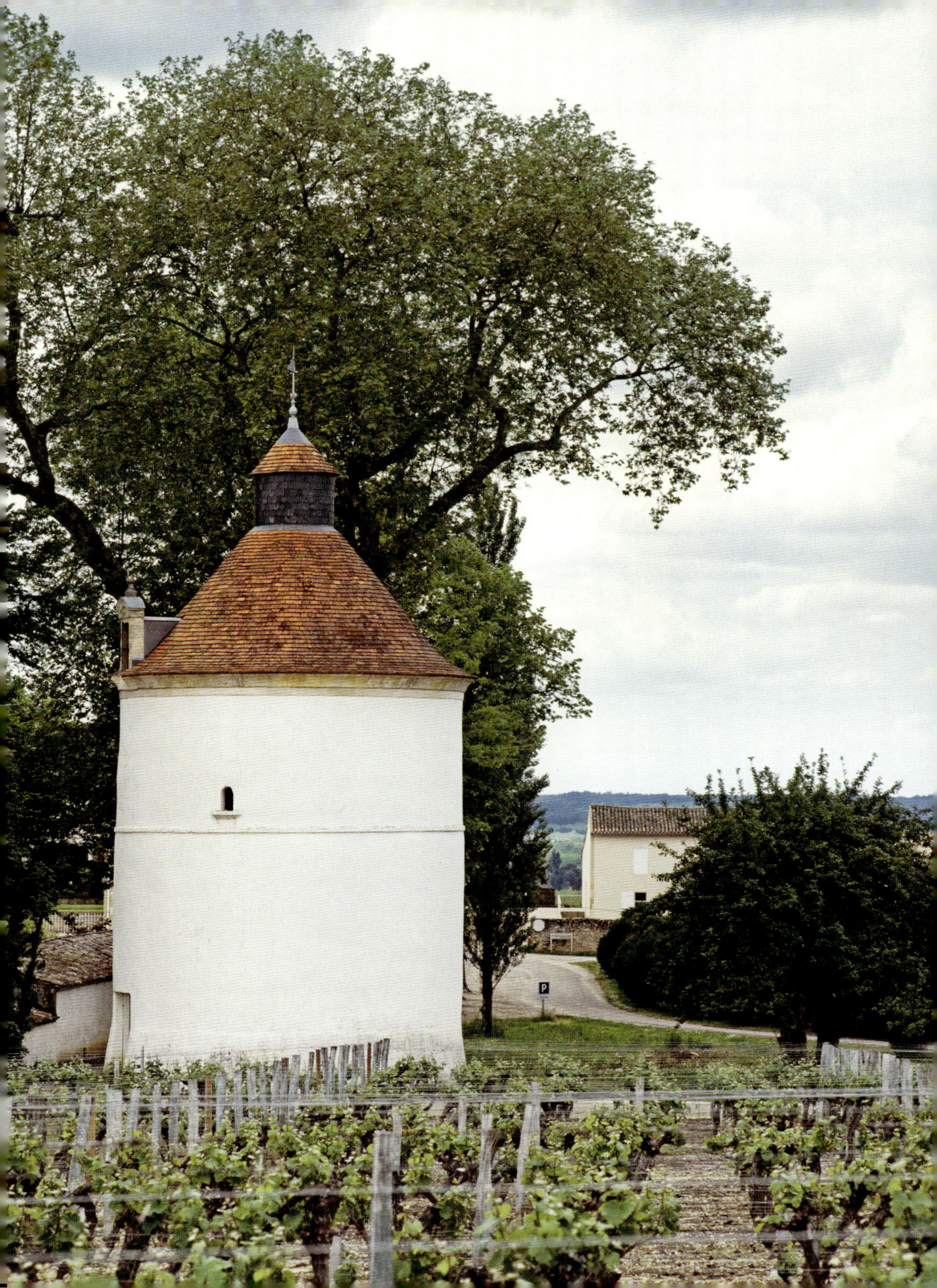

David Traeger *Verdelho* 2002
デヴィッド・トレガー　ヴェルデホ 2002

産地 オーストラリア、ヴィクトリア、ナガンビー・レイクス
特徴 辛口白ワイン、アルコール分12.5%
葡萄品種 ヴェルデホ

デヴィッド・トレガー氏は、ミッチェルトンで醸造家助手として仕事を覚えてから、1978年、中央ヴィクトリアにワイナリーを設立した。彼の畑はナガンビー南部のヒューズ・クリークにあり、カベルネ・ソーヴィニョン、シラーズ、メルロー、プティ・ヴェルドー、テンプラニーリョ、ヴィオニエ、そしてヴェルデホが植えられている。グレイタウン（ヒースコート）にも1891年に植えられたシラーズとグルナッシュの畑があり、トレガー氏は超ベストセラーの赤ワイン、バプティスタ用に使っている。

しかしトレガー氏を真に輝かせるのはヴェルデホだ。マデイラの伝統品種の1つとして名高く、かの地では非常に酸度の高い濃厚な中甘口ワインを産していて、オーストラリアで近年流行しつつある辛口ワインになるものはごくわずかだ。トレガー氏が1994年にナガンビー・レイクス地区にヴェルデホを植えたのは、主として、どこにでもあるシャルドネを避けたかったからだ。

ナガンビーは天候が非常に安定しているので、トレガー氏は普通のたくましいオーストラリアワインではなく、繊細で香り高いスタイルの白ワインを目指すことができる。2005年9月、トレガー氏はヴェルデホの1990年から2004年までの15のヴィンテージでヴァーティカルテイスティングを行った。スタイルと品質の一貫性だけでなく長命も非常に印象的で、口開けの1990年以降の古いほうのヴィンテージもまだ美味しく飲めた。このワインは若いときにはスイカズラとトロピカルフルーツが特徴的な芳香だが、熟成するとビスケットを思わせるようになり、さらに香り高くなる。値段の割に非常に価値が高い。**SG**

❁❁❁　飲み頃:2018年過ぎまで

さらにお勧め
他の優良ヴィンテージ
1991・1993・1994・1996・1998・1999・2001・2003
同生産者のワイン
デヴィット・トレガー・カベルネ/メルロー、デヴィット・トレガー・シラーズ、デヴィット・トレガー・バプティスタ・シラーズ

葡萄はナガンビー・レイクスで摘み取られた後、機械で破砕される。

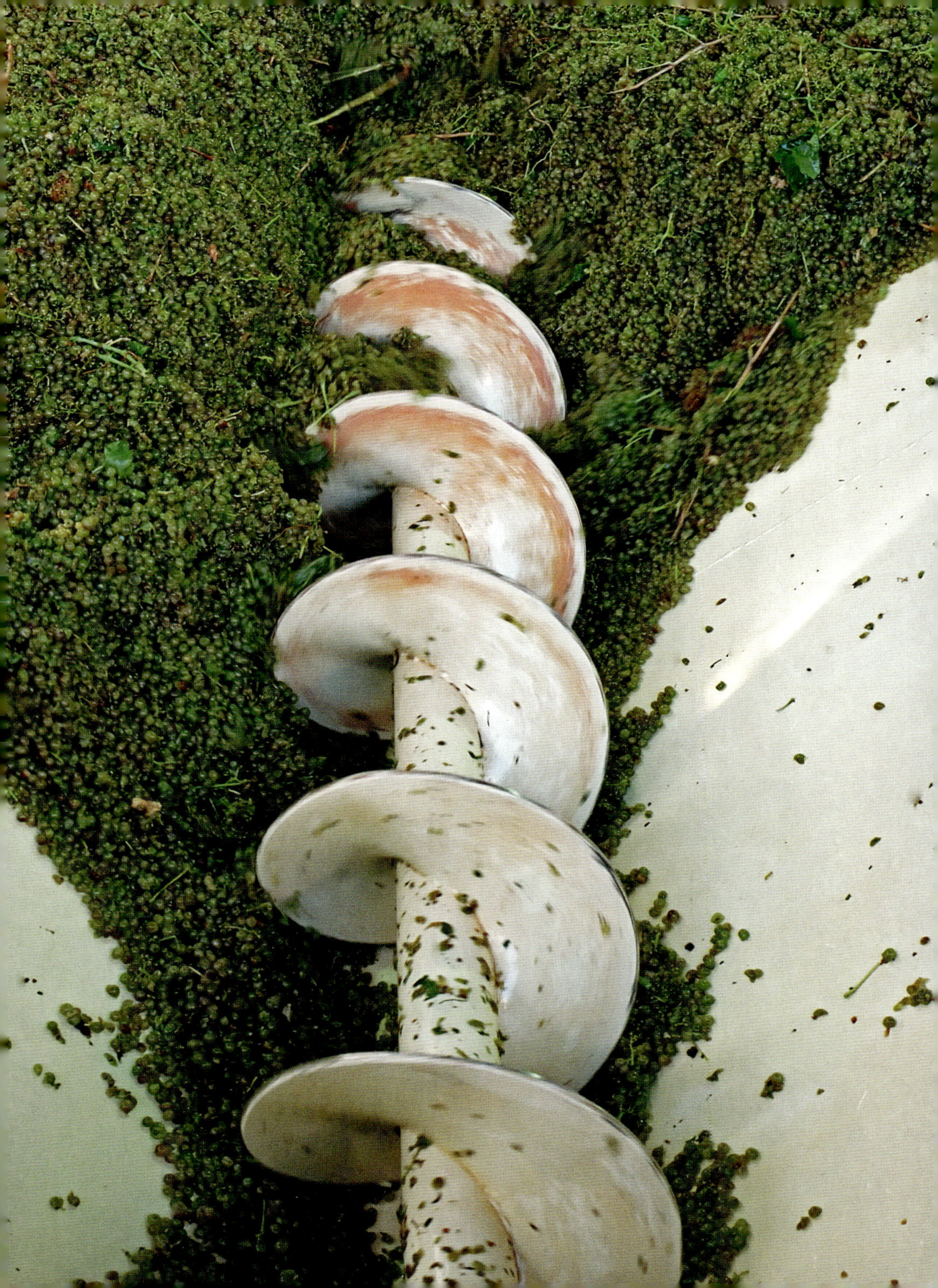

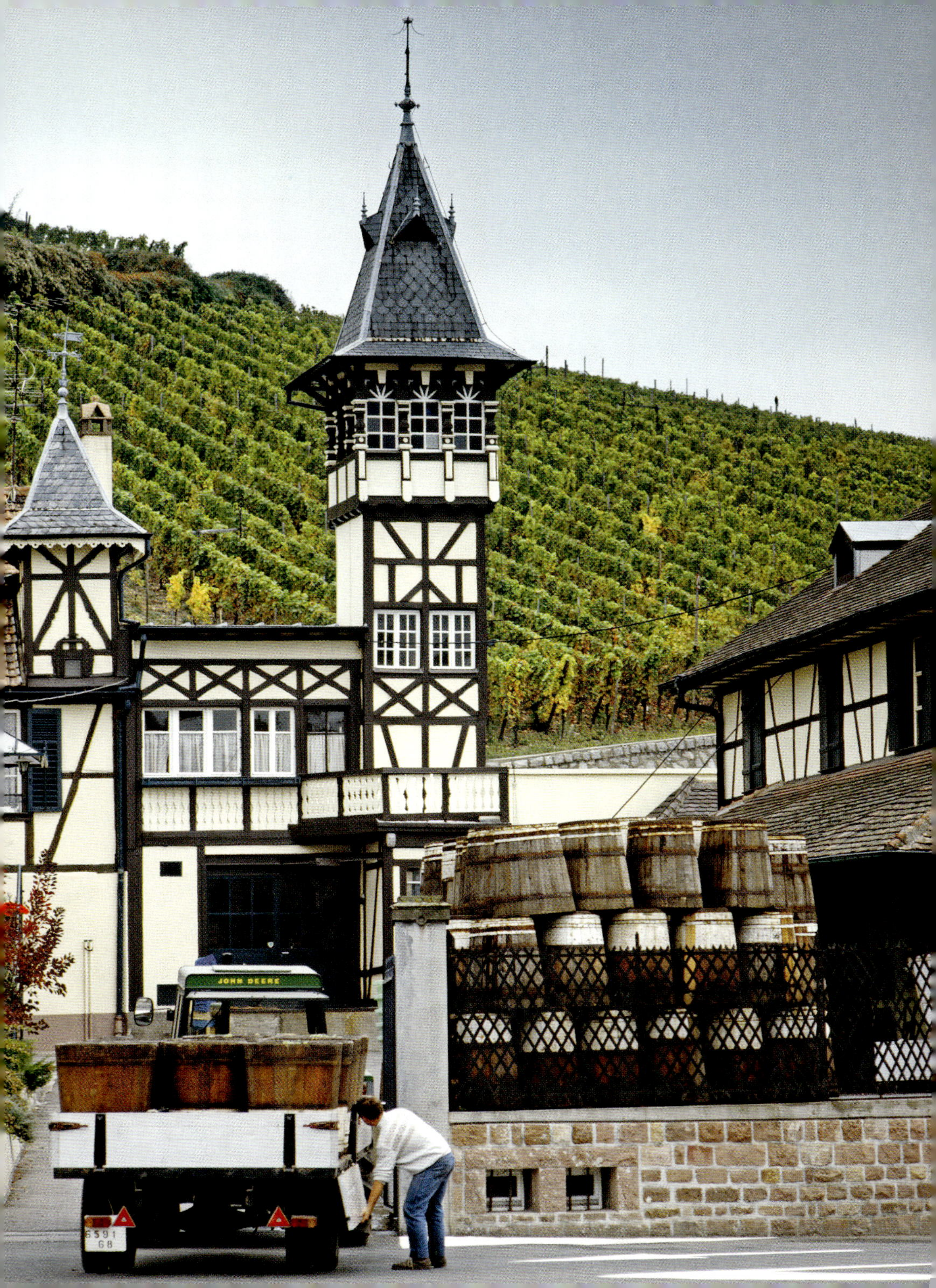
JOHN DEERE

Trimbach
Clos Ste.-Hune Riesling 1990

トリンバック
クロ・サン＝テューヌ・リースリング 1990

産地 フランス、アルザス
特徴 辛口白ワイン、アルコール分13%
葡萄品種 リースリング

　リボーヴィレのトリンバック家は、クロ・サン＝テューヌの1.3haの畑を200年以上前から所有しているが、ワインにその名が付けられたのは1919年になってからのことだ。2005年11月、ワイン競売人のジョン・カポン氏がクロ・サン＝テューヌの13種類のヴィンテージを試飲し、次のように言明している。「1990はすぐに夜のワインだと自己主張した。麝香、雨水、柑橘類、ナッツ、そして甘いアジアのスパイスに満ちたすばらしい香りだった。ワインのコク、長さ、そして育ちのよさはすべて最高だ。柔らかくてジューシーな白肉、雨、柑橘類の粉末、そしてオイルの香味がすべてとても快い。濃厚でエキゾチックですばらしい」
　条令により、アルザスにある単独所有の畑の名前はグラン・クリュとして使えないので、トリンバック家はこのワインのラベルにクロ・サン＝テューヌではなくロザケール――クロ・サン＝テューヌがあるグラン・クリュ――の名を記さなくてはならないことになる。しかしトリンバック家は長年この論理を拒否して、ワインを単なるAOCアルザスとして壜詰めし続けている。「公式」の格は低いが、これは世界最高クラスの辛口白ワインであり、他のどんな辛口アルザスワインよりも高い値が付いている。**SG**
🍷🍷🍷　飲み頃：2015年まで

Trimbach　*Cuvée des Seigneurs de Ribeaupierre Gewürztraminer* 1973

トリンバック　キュヴェ・デ・セニョール・ド・リボーピエール・ゲヴュルツトラミネール 1973

産地 フランス、アルザス
特徴 辛口白ワイン、アルコール分13.5%
葡萄品種 ゲヴュルツトラミネール

　辛口ゲヴュルツトラミネールはどう造られるべきかを実証しているワインがあるとすれば、それはメゾン・トリンバック産のキュヴェ・デ・セニョール・ド・リボーピエールだ。このワインの主な原料はリボーヴィレのグラン・クリュ・オステルベルクの葡萄で、それに同じくリボーヴィレのトロッタケールとユナヴィールのミュエルフォルストの葡萄が加えられている。この3つの畑すべてに共通するのは、白亜質の粘土または泥灰土だ。トリンバック本体の裏手にある東向き斜面のオステルベルクは白亜質泥灰土と石灰石。オステルベルクの北東に位置するトロッタケールには、小石の多い粘土土壌に白亜質の粘土と泥灰土が混ざっていて、トリンバックの伝説のクロ・サン＝テューヌの北東に位置するミュエルフォルストは、化石が非常に多い白亜質粘土を誇る。
　キュヴェ・デ・セニョール・ド・リボーピエールは概して力強く非常に複雑なワインで、10年以上寝かせたほうがよい。1973は1970年以降に造られたキュヴェ・デ・セニョール・ド・リボーピエールの中でもとくに非凡な2つの手本のうちの1つ――もう1つは1976――で、ココナッツに縁取られたスパイス（シナモン、バニラ、ナツメグ）のうっとりするブーケに、新鮮で活気にあふれる果物の味わい、そしてスパイスを感じるフィニッシュが無限に続く。**TS**
🍷🍷🍷　飲み頃：2017年まで

◀ 収穫されたリースリングの葡萄がトリンバックのワイナリーに到着。

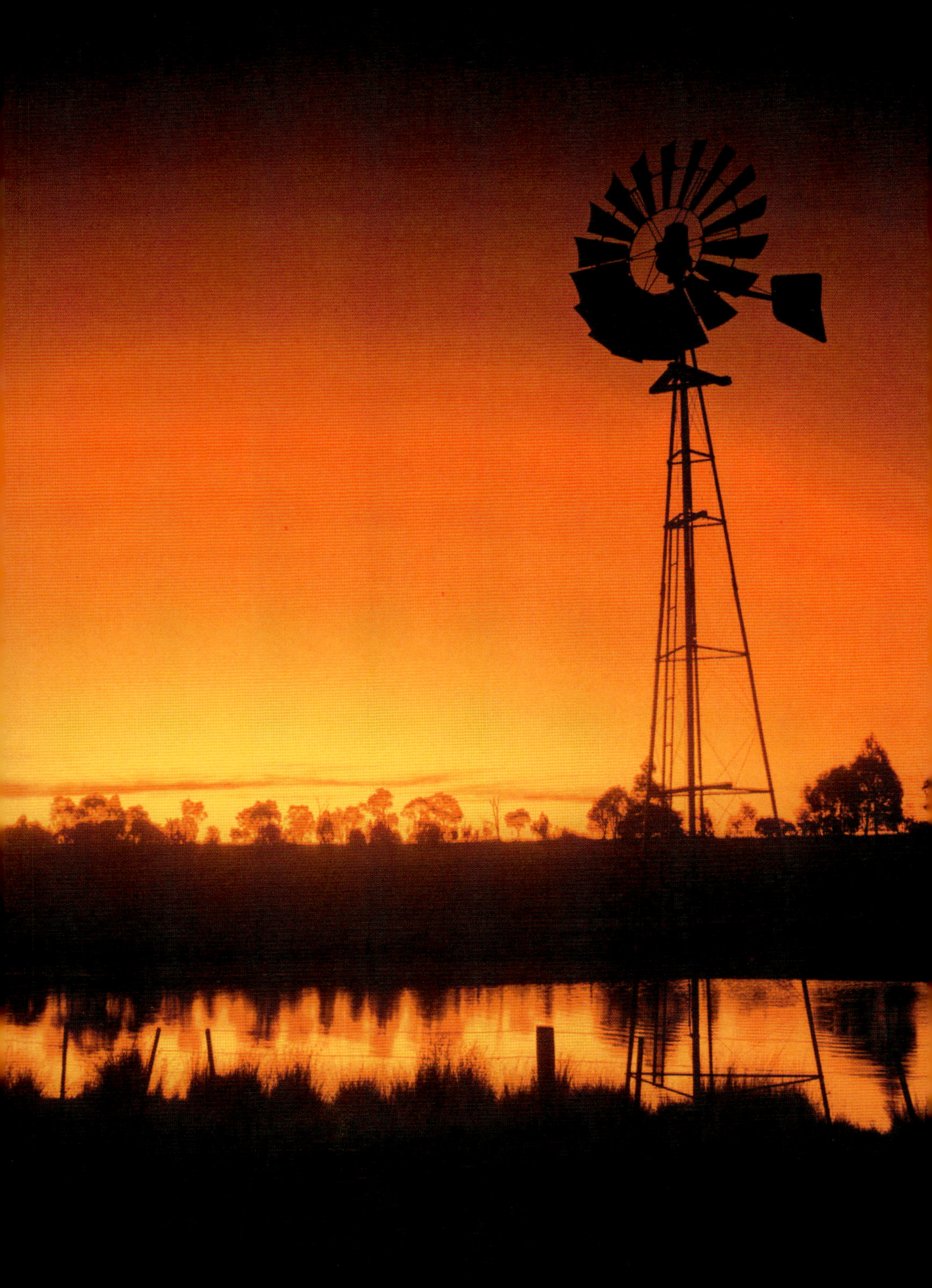

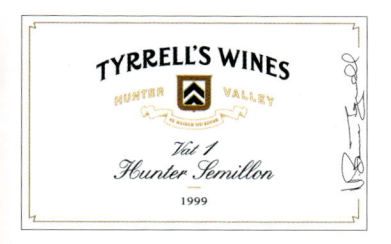

Tyrrell's
Vat 1 Semillon 1999

ティレルズ
ヴァット1・セミヨン 1999

産地 オーストラリア、ニュー・サウス・ウェールズ、ハンター・ヴァレー
特徴 辛口白ワイン、アルコール分10.5%
葡萄品種 セミヨン

　ティレルズはハンター・ヴァレー・セミヨンの達人を自称できるだろう。毎年7種類のラベルの上質なセミヨンを造っていて、中には3種類の単一畑ボトルもある。しかしフラグシップワインは単一畑のものではない——ヴァット1は3つの畑の葡萄から造られている。どの畑も同じ地域にあり、ワイナリー前の丘のふもとの乾いた小川の川床に広がっていて、面積は合わせてほぼ6ha。土壌はみな同じように軽い砂質の沖積土で、方解石が基盤になっている。

　ヴァット1は1962年に初めて、伝統的な名称のヴァット1・ハンター・リヴァー・リースリングとして壜詰めされた。これが1990年にヴァット1・セミヨンに変わったのだ。ティレルズとマウント・プレザントのスタイルの大きな違いは、ティレルズのほうが果汁をあまり清澄せずに発酵させるので、少し濃くて肉付きのよいスタイルになる。ヴィンテージ1999はブルース・ティレ氏によると果汁の収量が高く、とりわけコクと風味のあるワインになっている。「しかしとても質が高く、化学的成分が非常によく、うまく熟成するだろう」。

　オークは使われていない。1999は明るく淡い黄色にまだ緑の色合いを帯びていて、香りは繊細なレモンとほのかなハーブ、そしてわずかなトーストがにじみ出てくる。口に含むと、新鮮で雑味がなく、上質で長く、バランスも見事だ。**HH**

🍷🍷 飲み頃：2020年過ぎまで

Valentini
Trebbiano d'Abruzzo 1992

ヴァレンティーニ
トレッビアーノ・ダブルッツォ 1992

産地 イタリア、アブルッツォ
特徴 辛口白ワイン、アルコール分12.5%
葡萄品種 トレッビアーノ・ダブルッツォ

　トレッビアーノ・ダブルッツォは、トレッビアーノ・ベースのワインの中では例外と考えられる。トレッビアーノ・ダブルッツォという名前は、ワインの法律的な名称であるだけでなく、DOC法で原料として認められている2種類の葡萄品種のうちの1つでもある。その品種とは、ボンビーノ・ビアンコとも呼ばれるトレッビアーノ・ダブルッツォそのものと、（悲しいことに）もっと有名なトレッビアーノ・トスカーノだ。後者は近年、キアンティを含めた多くの伝統的なDOCやDOCGの希薄化を招いた。ボンビーノ・ビアンコはまったく違う。ボンビーノはボンヴィーノまたはブオン・ヴィーノ（よいワイン）という名前が近代に変形したものだ。

　ヴァレンティーニ家は何世代にもわたってトレッビアーノ・ダブルッツォを表現してきた。エドワルド・ヴァレンティーノ氏が2006年4月に亡くなり、家族の会社は息子のフランセスコ・パオロ氏に引き継がれたが、彼にとって大切なのはワイン造りの科学ではなく、ワインが「方言を話す」ことができるかどうかだ。

　1992は信じられないほど秀逸なワインで、枯葉、ビスケット、スパイス、コーヒー、カモミールの花の香りがする。口に含んでもすばらしく、1992というヴィンテージからは予想もつかない新鮮さと生気があり、そのボディと長さは羨望に値する。**AS**

🍷🍷🍷🍷 飲み頃：2015年まで

◀ ハンター・ヴァレーにそびえる象徴的なサザン・クロスの風力ポンプ。

Van Volxem *Scharzhofberger Pergentsknopp Riesling* 2005
ファン・フォルクセン　シャルツホフベルガー・ペルゲンツクノップ・リースリング 2005

産地　ドイツ、モーゼル
特徴　やや辛口白ワイン、アルコール分12%
葡萄品種　リースリング

ロマン・ニエヴォドニツァンスキー氏の野心は、本人と同じくらい大きくて異端だ。ヴィルティンゲンのファン・フォルクセン醸造所を家族が1999年に買ってから、彼はそれを前例のない高みにまで押し上げた。それと同時に、彼は正統の用語をほとんど、あるいはまったく使わないことで、村の同業者の一部の怒りも買っている。たとえばカビネットは彼に言わせると軽すぎてまじめに考えられない。シュペトレーゼよりも、やや辛口とも呼ばれる濃厚かつスパイシーな享楽的スタイルを好んで選ぶ。さらに彼は自分の極上ワインの呼称に、歴史のあるサブ区画名を使うという点でも変わっている。たとえば、世界的に有名なシャルツホフベルク畑、あるいは、「古い葡萄樹」を意味するアルテ・レーベンの中心にあるペルゲンツクノップがその一例だ。ペルゲンツクノップの樹は樹齢100年以上に達する。

彼の表向き辛口のワインはまったく辛口ではないと反対する人もいるが、ニエヴォ氏はすぐさま、今日造られているシュペトレーゼとアウスレーゼは甘すぎると切り返す。「1950年代に造られたシュペトレーゼを見ると、大半が今の私の辛口ワインとほぼ同じ残留糖度だった」

2005年の葡萄は格別に成熟し、酸のストラクチャーがすばらしかった。ワインは淡い黄金色で、天然酵母を思わせるアロマには野生のモモ、甘いハーブ、そしてナッツオイルが香る。口に含むとぴりっとして、スモーキーなアプリコットなどの核果類、しっかりした活力、躍動的なミネラルの塩分が感じられるが、それでいて繊細で、炒ったアーモンドが魅惑的な長いフィニッシュに残る。ニエヴォ氏は自分のワインを収穫の3-8年後に飲む。**JP**

⑤⑤⑤　**飲み頃：2035年まで**

さらにお勧め
他の優良ヴィンテージ
2001・2004
同生産者のワイン
カンツェマー・アルテンベルク・アルテ・レーベン・リースリング、シャルツホフベルガー・リースリング、ヴィルティンガー・ゴッテスフース・アルテ・レーベン・リースリング

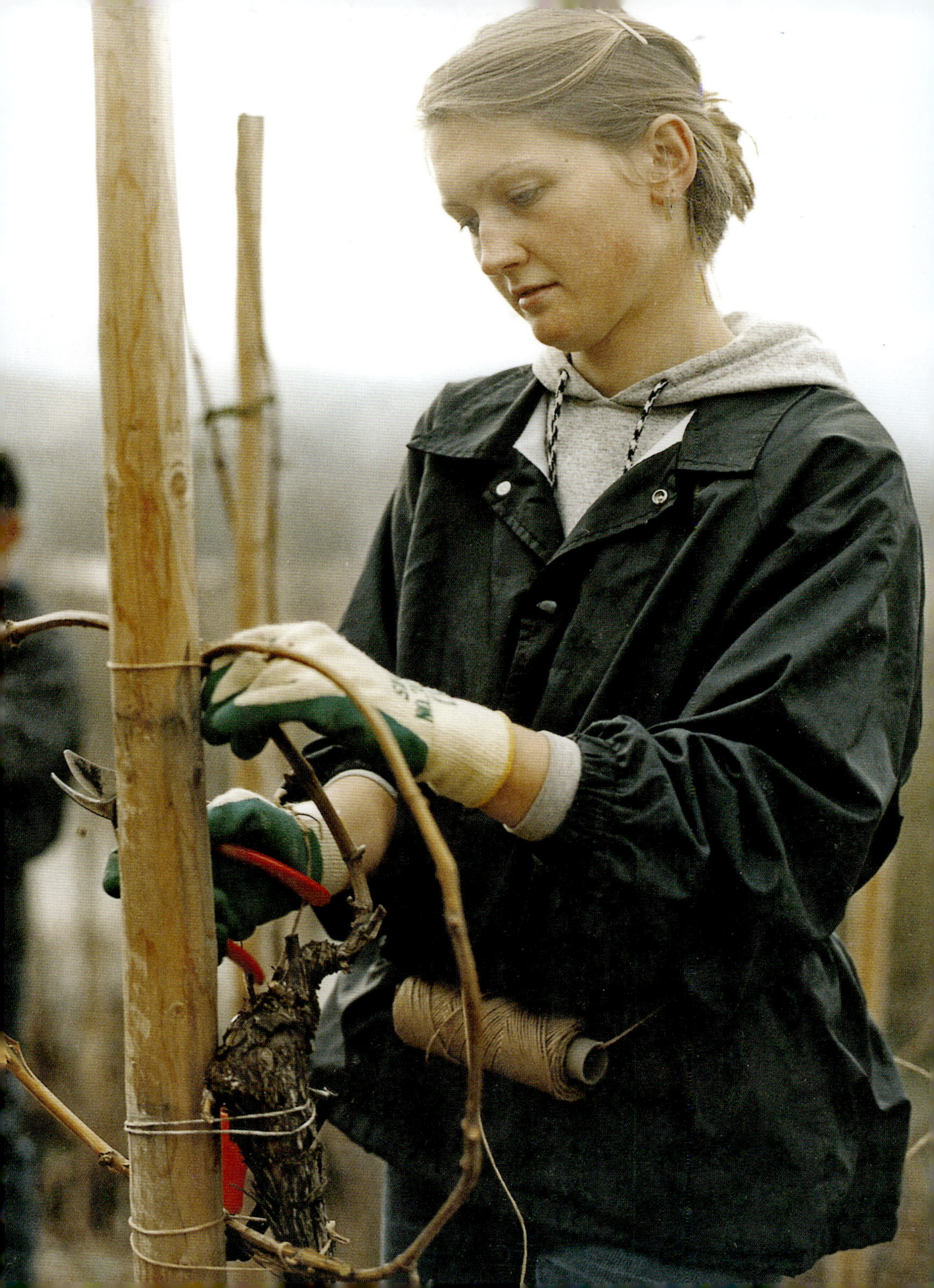

Vergelegen
White 2005
フィルハーレヘン
ホワイト 2005

産地 南アフリカ、ステレンボッシュ
特徴 辛口白ワイン、アルコール分14%
葡萄品種 セミヨン67%、ソーヴィニョン・ブラン33%

　多くの評論家がケープの白ワインはこの地の最高の誇りだと考えていて、必ず引き合いに出されるのが、ケープ屈指の生産者が造るこのフラグシップワインだ。
　このワインは、その自信に満ちた安定感とは裏腹に、生まれてからまだ5年しか経っていない。初ヴィンテージの2001は樽香がはるかに強かっただけでなく、葡萄品種の割合が逆だった。ソーヴィニョンが「最前列の葡萄」として80％近くを占めることが、わけもなく心配性のアンドレ・ファン・レンスブルク氏を最初は安心させたのだ。彼は現在、10年以上熟成する──と本人が信じる──ワインを追求している。ファン・レンスブルク氏の自信は、ヘルダーバーグの高所にある自分の畑の確実な品質にもとづいている。
　セラーではかなり酸化的な方式が採用されている。2種類の葡萄は別々に全房圧搾されてからオーク樽（セミヨン用は大半が新しく、ソーヴィニョン用は大半が古い）で10ヵ月あまり発酵され、その後ブレンドされる。若いうちは樽香が強いが、2、3年のうちに脇役となって、控えめなコク、穏やかな香味の強さ、そして微妙な力強さが、上質の酸味とともに織りなす複雑さの深まりを支える。**TJ**

🅢🅢 飲み頃：2015年まで

Verget
St.-Véran Les Terres Noires 2005
ヴェルジェ
サン＝ヴェラン・レ・テレ・ノワール 2005

産地 フランス、ブルゴーニュ、マコネ
特徴 辛口白ワイン、アルコール分13%
葡萄品種 シャルドネ

　1980年代半ば以降、ブルゴーニュでは役割の反転が起こり、生産者が葡萄やマストやワインを買うネゴシアンのようになり、ネゴシアンは自社畑からの生産の割合が高くなって生産者のようになった。前者の中で、とりわけ野心的な新種の小規模ネゴシアンとなったのがヴェルジェだ。1990年にこの会社を設立したベルギー人のジャン＝マリー・ギュファン氏は、その10年前にプイイ＝フュイッセに自身のドメーヌ・ギュファン＝エナンをつくっている。
　ギュファン氏はマストやワインよりも品質を管理しやすい葡萄を好んで買い、マコネだけでなくシャブリやコート・ドールの葡萄からも代表的なワインを造っている。最高級のワインの中には、グラン・クリュやプルミエ・クリュの名にふさわしいものがあるが、本当に期待を上回るのは、もっと南のそれほど地位の高くないアペラシオンのものだ。
　その典型例が、この比較的低い地位にあるサン＝ヴェラン・テレ・ノワールだ。その黒い土から、濃厚さの兆しをひそかに秘めた白葡萄が生まれる。濃密で引き締まっていて焦点のはっきりしたこのワインは、刺激的なミネラルを蓄えた、新鮮でしゃきしゃきと音を立てそうな核果類を感じさせる。**NB**

🅢🅢 飲み頃：2010年過ぎまで

Georges Vernay
Condrieu Coteau de Vernon 2001

ジョルジュ・ヴェルネイ
コンドリュー・コト・ド・ヴェルノン 2001

産地 フランス、北部ローヌ、コンドリュー
特徴 辛口白ワイン、アルコール分14%
葡萄品種 ヴィオニエ

　コンドリューがジョルジュ・ヴェルネイのコトー・ド・ヴェルノンから受けているほどの恩恵を、1つの象徴的な畑から受けているワイン生産地はほとんどない。その名の由来となっている町を眼下に望む2haの孤立した葡萄畑は、コンドリュー（とヴィオニエ）が荒波に飲み込まれそうだった1950年代、60年代、そして70年代の暗黒の時代にも、灯台のようにちらちらと光っていた。

　葡萄樹の平均樹齢は60年で、根の組織はすばらしい貫通力を備えている。葡萄を果皮接触する場合もあれば、しない場合もある。果汁は樽（新樽率20%）で発酵され、細かい澱とともに12-18ヵ月寝かされてから壜詰めされる。

　理由はその深い根にあるのか、それとも土地そのものの基本的性質にあるのかは議論の余地があるが、このワインは栓を抜く前の貯蔵が必ず報われるコンドリューワインだ。8年から10年経つと色が少し明るい金色を帯び、特徴的な花のアロマはもっとクリーミーでフルーティーになり、時にはスモーキーなものに深まっていく。味わいに満ちあふれるハチミツ漬けの洋ナシとアプリコットはだんだん優雅に消えていき、ほのかな石粉感が残る。**AJ**

🍷🍷🍷 飲み頃：2011年まで

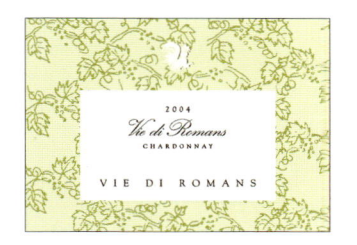

Vie di Romans
Chardonnay 2004

ヴィエ・ディ・ロマンス
シャルドネ 2004

産地 イタリア、フリウリ・ヴェネツィア・ジュリア
特徴 辛口白ワイン、アルコール分14%
葡萄品種 シャルドネ

　ヴィエ・ディ・ロマンスという名前は、「古代ローマの道」という意味の地元の方言に由来する。ガッロ家（カリフォルニアのそれとは関係ない）はこの土地を1世紀以上も所有し、耕している。ジャン・フランコ・ガッロ氏は1978年に家業を継ぎ、畑とセラーで革命的な（少なくとも当時のこの地域では）やり方を導入したため、彼を「頭がおかしい」と言う隣人もいた。彼のソーヴィニヨン・ブランやシャルドネのようなワインが狂気の所産であるなら、もっと狂気がほしいところだ。

　ヴィエ・ディ・ロマンスのシャルドネ2004は華やかなワインだ。グラスの中の鮮やかだが深い黄金色を見ると、次に来るものへの心構えができる。このような色のワインは天国が地獄のいずれかだが、決して無関心ではいられないことはご存知だろう。このワインは天国だ。混然一体となったハーモニーを見せ、マルメロとスギと熟れた洋ナシだけでなく、黄色い花とベイリーフも香り、この得がたいワインがもっと簡単に手に入ったときに出合いたかったと思うだろう。コクのあるストラクチャーとありがたいほど高い酸が、中期から長期の貯蔵ポテンシャルを保証してくれる。**AS**

🍷🍷 飲み頃：2014年まで

Vigneti Massa
Timorasso Costa del Vento 2002
ヴィニェーティ・マッサ
ティモラッソ・コスタ・デル・ヴェント 2002

産地 イタリア、ピエモンテ、ランゲ
特徴 辛口白ワイン、アルコール分13%
葡萄品種 ティモラッソ

ワルテル・マッサ氏は、1980年代末に絶滅寸前だった古代品種を守るべきだと信じ、栽培し、ワインに醸造した最初の生産者だ。ティモラッソ種はピエモンテ南部のトルトーナ丘陵の伝統品種。今日では20近い生産者が栽培しているが、1987年にはワルテル1人だった。

信頼できる文献もならうべき手本もなく、ワルテルは試行錯誤で前進しなくてはならなかったが、1996年というヴィンテージに転機を迎える。その年セラーにスペースがなくて、彼は1バッチ分のワインを澱とともに樽に放置せざるをえなかった。この実験的な1996によってワルテルは、ティモラッソが潜在力をフルに発揮するためには澱の上でもっと時間を過ごす必要があることを確信した。

ワルテルのコスタ・デル・ヴェント 2002 は、彼自身に少し似ている。控えめで落ち着いた気品と複雑さが主な特徴なのだ。ほのかな柑橘類と青リンゴの芳香の後を、ミネラルと灯油を感じさせるもっと複雑な香りが追いかけてくる。口に含むと思いがけずスパイス、とくに白コショウが押し寄せた後、もっと甘くて柔らかい香味で終わる。まだこの先長く生き続けるだろう。**AS**

🅢🅢🅢 飲み頃：2015年過ぎまで

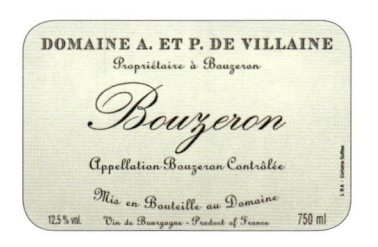

Domaine A. et P. de Villaine
Bouzeron 2005
ドメーヌ・アー・エ・ペー・ド・ヴィレーヌ
ブーズロン 2005

産地 フランス、ブルゴーニュ、コート・シャロネーズ
特徴 辛口白ワイン、アルコール分12.5%
葡萄品種 アリゴテ

世間の目から見ると、オベール・ド・ヴィレーヌ氏の名前は偉大なドメーヌ・ド・ラ・ロマネ＝コンティ（DRC）と切っても切り離せない関係にある。しかしオベール・ド・ヴィレーヌ氏本人は、もっと手ごろな値段のワインと、ブルゴーニュのもっと静かな土地のテロワールの質を追求することにも興味がある。

1973年、彼とアメリカ人の妻のパメラは、シャニーに近いブーズロンの荒れ果てたワイナリーを買った。ブーズロンはつねにアリゴテで知られ、村の石灰岩の斜面から深みとストラクチャーのあるワインが生まれる。ド・ヴィレーヌ夫妻は葡萄畑を植え直し、アリゴテについてはドレと呼ばれる最高の系統を選んだ。ワインは葡萄樹からグラスまで、特別に手をかけられる──葡萄の収穫量の管理、手作業の収穫、（80%を）DRCから取り寄せる使い古しのオーク樽と近代的なタンク両方での発酵、そして6-8ヵ月の熟成後の壜詰め。

ラベルには昇進した村のAOC格付けと並べて、ブーズロンとシンプルに記されている。2005は混然一体となった緑金色が、来るべきコクと濃密さを暗示する。きびきびした新鮮さ、そしてクルミとクリの上質な香りもある。爽快な気分になるワインで、エポワスチーズにぴったりだ。**ME**

🅢🅢🅢 飲み頃：2010年まで

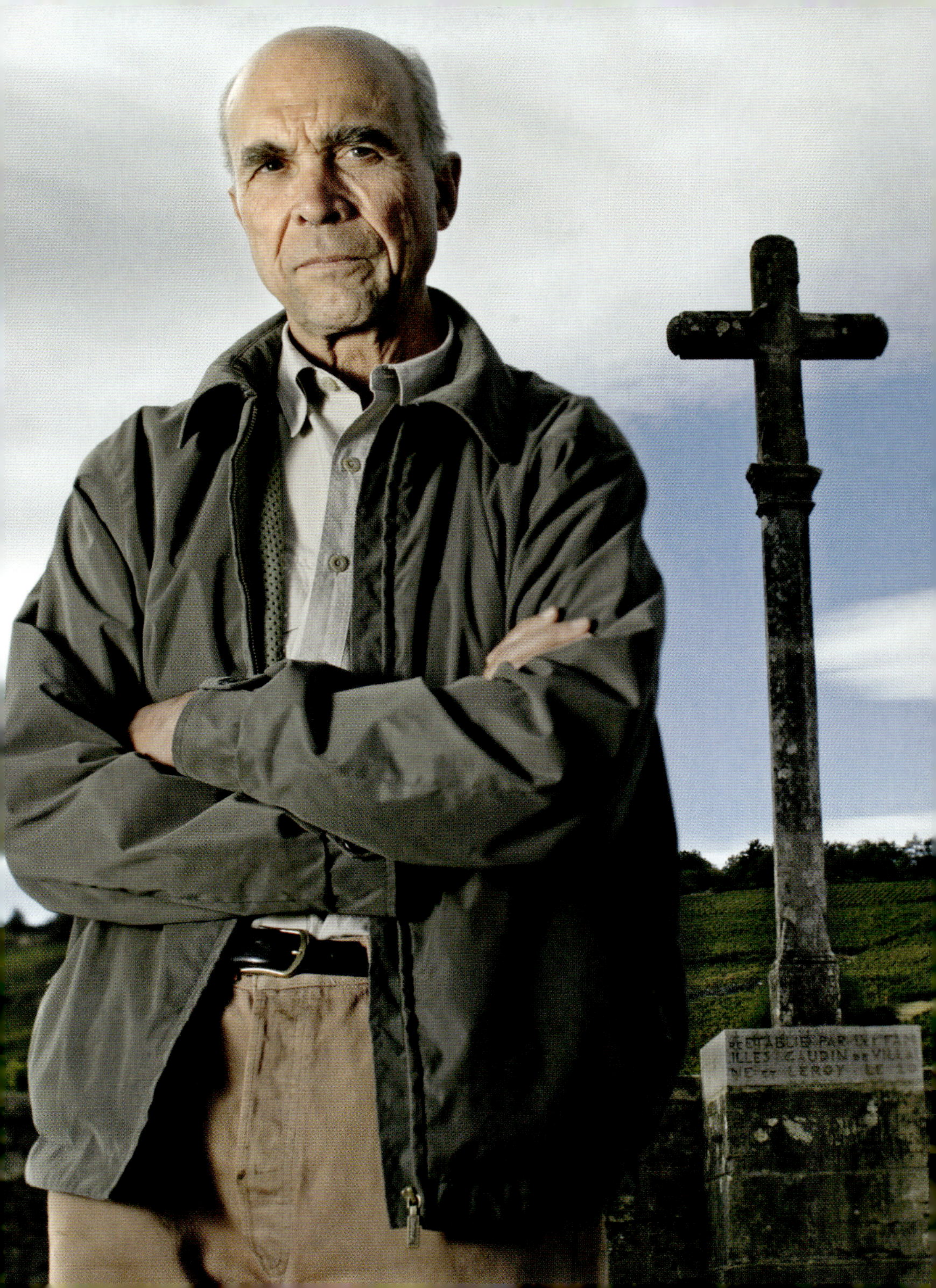

RETABLIE PAR
ILLES GAUDIN
LEROY

MUSIGNY

DOMAINE COMTE GEORGES DE VOGÜÉ

Domaine Comte Georges de Vogüé *Bourgogne Blanc* 1996

ドメーヌ・コント・ジョルジュ・ド・ヴォギュエ
ブルゴーニュ・ブラン 1996

産地　フランス、ブルゴーニュ、コート・ド・ニュイ
特徴　辛口白ワイン、アルコール分12.5%
葡萄品種　シャルドネ

この歴史的ドメーヌはジョルジュ・ド・ヴォギュエ氏の生涯が終わるころ（1987年に死去）に困難な時期を過ごしていたが、1980年から2002年まで仕切っていた娘のエリザベート・ド・ラドゥセット女史が、醸造責任者にフランソワ・ミエ氏、栽培責任者にジェラール・ゴード氏を起用することで、その流れを逆転させた。

ド・ヴォギュエはコート・ド・ニュイで唯一、グラン・クリュの白ワインを造ってきたドメーヌ。1970年代から80年代初めにかけて植え直しは行われなかったので、ミエ氏とゴード氏が1986年に加わったとき、古い樹の大半を根こぎにした。葡萄樹が必要な樹齢に達し、ワインがグラン・クリュという格に求められる品質に達するまで、ミュジニー・ブランをブルゴーニュ・ブランとしてリリースすることになった。このワインは1986年、87年、91年にミュジニーの頂上に植えられた0.4haの若い樹から造られる。あと0.2haは1997年に植え直された。

ド・ヴォギュエ・ブルゴーニュ・ブラン1996はきらめく白のブルゴーニュ。心地よくてミネラル感があって少し鼻につくキャベツを思わせる香りが複雑で濃厚だ。口に含むとコクがあるのに新鮮で、まだ見事な酸味もある。風味が濃厚で、レモンのような爽やかさからナッツのような果実味まであり、はっきりした輪郭と緻密さが表れている。JG

🍷🍷　飲み頃：2015年過ぎまで

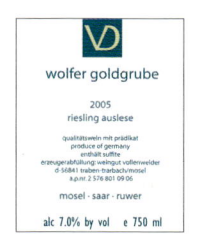

← ドメーヌのミュジニー畑の塀に埋め込まれた看板。

Vollenweider *Wolfer Goldgrube Riesling ALG* 2005

フォーレンヴァイダー
ヴォルファー・ゴルトグルーベ・リースリング・ALG 2005

産地　ドイツ、モーゼル
特徴　甘口白ワイン、アルコール分7%
葡萄品種　リースリング

ダニエル・フォーレンヴァイダー氏はあこがれてワインの世界に入った。母国スイスでの勉強を終えて、彼はモーゼルのエルンスト・ローゼン氏の下でしばらく見習いをしてから、ムルソーのドミニク・ラフォン氏に師事する計画を立てた。しかし彼はラフォンまでたどり着かなかった。放置されて滅びかけている傑出したモーゼルの葡萄畑がどれだけたくさんあるかを知り、フォーレンヴァイダー氏はある日、自転車に乗ってヴォルファー・ゴルトグルーベに出かけた。一目ぼれだった。

古い石垣と葡萄樹――ゴルトグルーベはフィロキセラに侵されなかったので接ぎ木されていないものが多い――を擁する険しい区画は、手ごろな値段で手に入るはずだった。フォーレンヴァイダー氏は土地を買い始め、消滅寸前のセラーを探し出して手に入れ、自然にゆっくり発酵する上品な甘口ワインの追求に情熱的に打ち込んだ。

フォーレンヴァイダー氏の「長い金色の口金」のゴルトグルーベ・アウスレーゼ 2005 ――「普通の」金色の口金のボトルもある――は、この畑のすばらしい潜在力と醸造家の熱狂ぶりを証明している。ハチミツ、あぶったグレープフルーツ、シロップで煮た洋ナシ、砂糖漬けのパイナップル、白レーズン、そしてブラウンスパイスが満ちあふれている。肉付きがよくねっとりと濃厚で、それでいて澄み切っていて、ほのかな塩気があって、爽やかで、ちょっとした奇跡のワインだ。DS

🍷🍷🍷🍷　飲み頃：2025年まで

White wines | 397

Robert Weil
Kiedricher Gräfenberg Riesling TBA G 316 2003

ロバート・ヴァイル　キートリッヒャー・グレーフェンベルク・リースリング・TBA・G316 2003

産地 ドイツ、ラインガウ
特徴 甘口白ワイン、アルコール分6％
葡萄品種 リースリング

　1990年代初期以降、70haのロバート・ヴァイル醸造所は、ドイツにおける甘口貴腐デザートワインの生産にパラダイムシフトを起こしている。辛口リースリングもライツに匹敵する深みを持つようになっているが、ここのシュペトレーゼとアウスレーゼは長年そのスタイルの指標となってきた。1875年にこのワイナリーを設立したロバート・ヴァイル博士は、パリのソルボンヌ大学のドイツ語教授だったが、普仏戦争を逃れるためにパリを離れた。彼はキートリッヒに落ち着き、申し分のない葡萄畑を選択する。12世紀に初めてライングラヴィ山として記されたこの畑は、夕日に照らされる南西向きの急斜面だ。

　トロッケンベーレンアウスレーゼは1989年から毎年この畑の葡萄で造られているが、金色の口金のボトルは1995と1999と2003の3ヴィンテージしかない。実のところ2003年は貴腐甘口のリースリングが豊作で、2種類が作られた——マスト比重282エクスレ度のものと、316エクスレ度のこのワインだ。これはこのワイナリーの最高記録である。

　まばゆいばかりの黄金色をしたこのワインは、シロップ煮のアプリコット、グアヴァ、そしてレモンオイルの爆発的な香りが、ハチミツのような貴腐の層の中に埋もれている。信じられないほど濃密で、テクスチャーはとてもクリーミー、しかも活気に満ちた塩気に近い強い風味がある。とてつもない重みと深さにもかかわらず非常にエレガントで、鮮やかなスパイシーさが味わいを後ろから支え、びっくりするほどの余韻がある。**JP**
🍷🍷🍷🍷🍷　飲み頃：2100年まで

歴史上重要なロバート・ヴァイル氏の領主館。➡

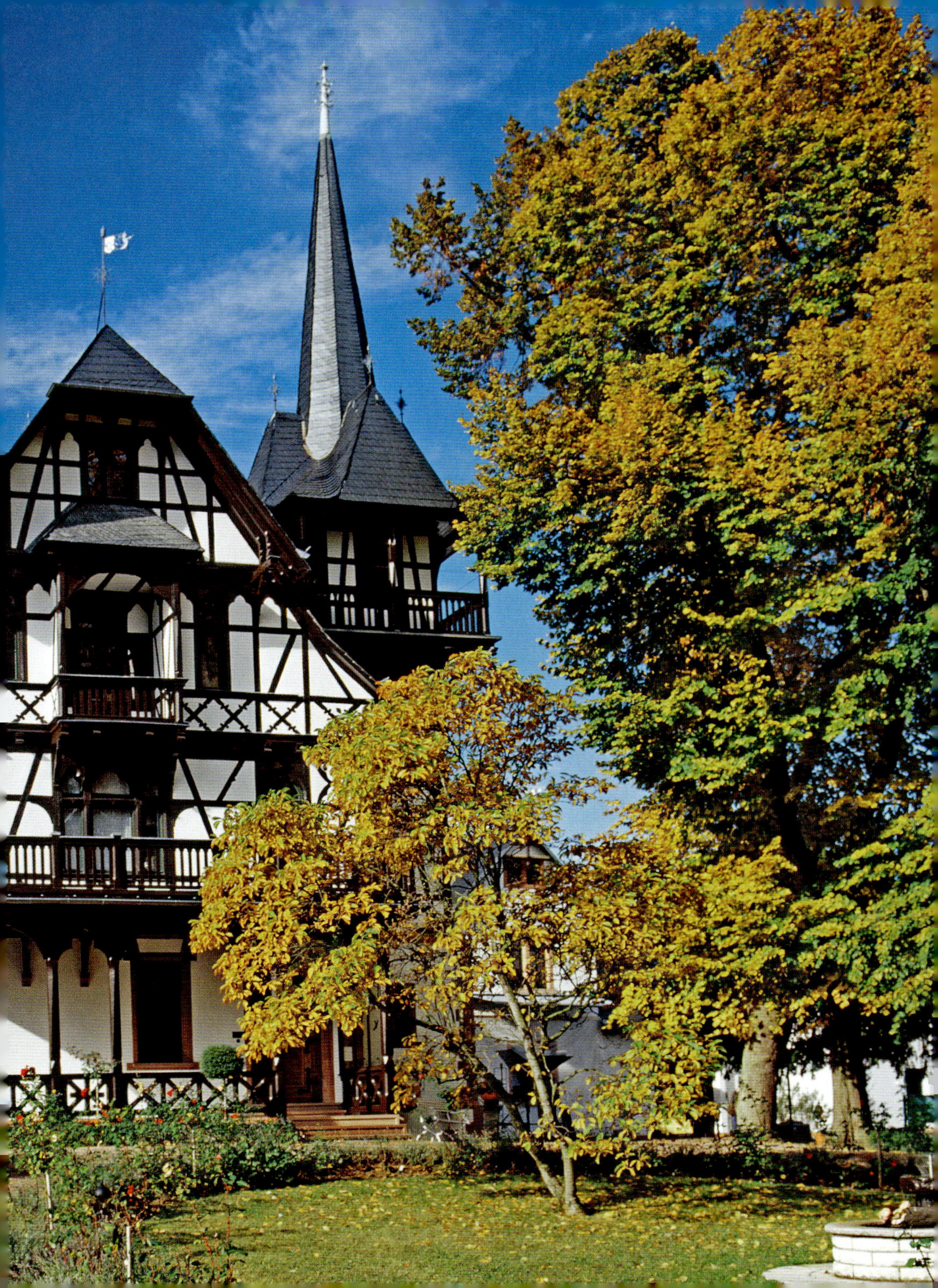

Domaine Weinbach
Cuvée Théo Gewürztraminer 2002

ドメーヌ・ヴァインバック
キュヴェ・テオ・ゲヴュルツトラミネール 2002

産地　フランス、アルザス
特徴　辛口白ワイン、アルコール分13.5%
葡萄品種　ゲヴュルツトラミネール

　ドメーヌ・ヴァインバックはアルザスで最も古く、最も傑出したワイナリーに数えられる。記録によると、カイゼルスベルクでは9世紀のカロリング朝時代にワインが造られていた。後の1600年代初期に、カプチン修道会によってこの地に信仰とワイン造りのコミュニティが設立され、その名が周囲の2haのクロに付けられている。

　1894年、ドメーヌはファレール兄弟に買い取られ、その息子であり甥であるテオこそが、グラン・クリュのカイゼルスベルク、フルシュテンタム、そしてアルテンベルグの潜在力をフルに引き出すことによって、ヴァインバックのワインをアルザスの最高クラスにまで押し上げた人物である。テオ・ファレール氏は率先して自生酵母や低収穫量、そして特性のない大きな古い樽でのゆっくり時間をかける発酵を採用した。

　ヴァインバックのワインは、畑ではなく家族の名にちなんで名づけられることが多い。この2002年のゲヴュルツトラミネールは、テオが眠っているクロ・デ・カプチンで栽培された葡萄から造られている。キュヴェ・テオはバラ、ジャスミン、スパイス、そして砂糖漬けの柑橘類の、えも言われぬアロマを漂わせる。口当たりはこのヴィンテージのスタイルどおり、ビロードのように繊細で上品だ。**ME**

🍷🍷🍷🍷　飲み頃：2015年まで

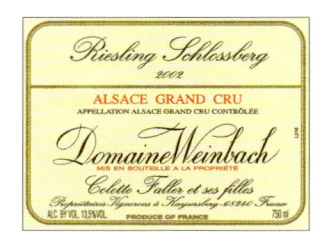

Domaine Weinbach
Schlossberg GC Riesling 2002

ドメーヌ・ヴァインバック
シュロスベルク・GC・リースリング 2002

産地　フランス、アルザス
特徴　辛口白ワイン、アルコール分13.5%
葡萄品種　リースリング

　カイゼルスベルグとキエンツハイムにあるファレール家の23haのドメーヌ・ヴァインバックは、優良ワインを生む最高の天然源としてアルザスでも3本の指に入り、とくにグラン・クリュ・シュロスベルクの斜面は、このドメーヌの最も上質なリースリングを産するすばらしい畑だ。

　シュロスベルグの母岩は花崗岩で、土壌は砂質でミネラルに富んでいる。斜面の頂上、海抜400mあまりの高さでは、その土壌はあまり深くない。そのため葡萄樹の根は母岩に潜りこむことができるので、生き生きとしたミネラルと純粋な果実味のあるワインができる――糖がすべて発酵で完全に消えるこの辛口のグラン・クリュ・キュヴェにとっては理想的だ。

　この活気があってしかも濃厚なスタイルは、2002年というヴィンテージの上品で繊細な特徴にぴったり合っている。暖かかったが暑すぎなかったこの年には、直観的な「感性」が必要だったが、ローレンス・ファレール女史はそれを備えていることで有名だ。このシュロスベルグ2002の香り高く張り詰めた純粋な性質は、牡蠣やシンプルに焼いたハタの海の味とよく合う。キュヴェ・サント・カトリーヌ（2000年がよい）は、シュロスベルグのもっと低くて肥沃な土地で生まれる別のヴァインバック・リースリング。こちらはソースを添えたロブスターや、すばらしいアルザス料理の鶏の白ワイン煮込みにぴったりだ。**ME**

🍷🍷🍷🍷　飲み頃：2012年過ぎまで

ファレール家がヴァインバックのオーナーなので、ワイナリーの壁にその名が記されている。

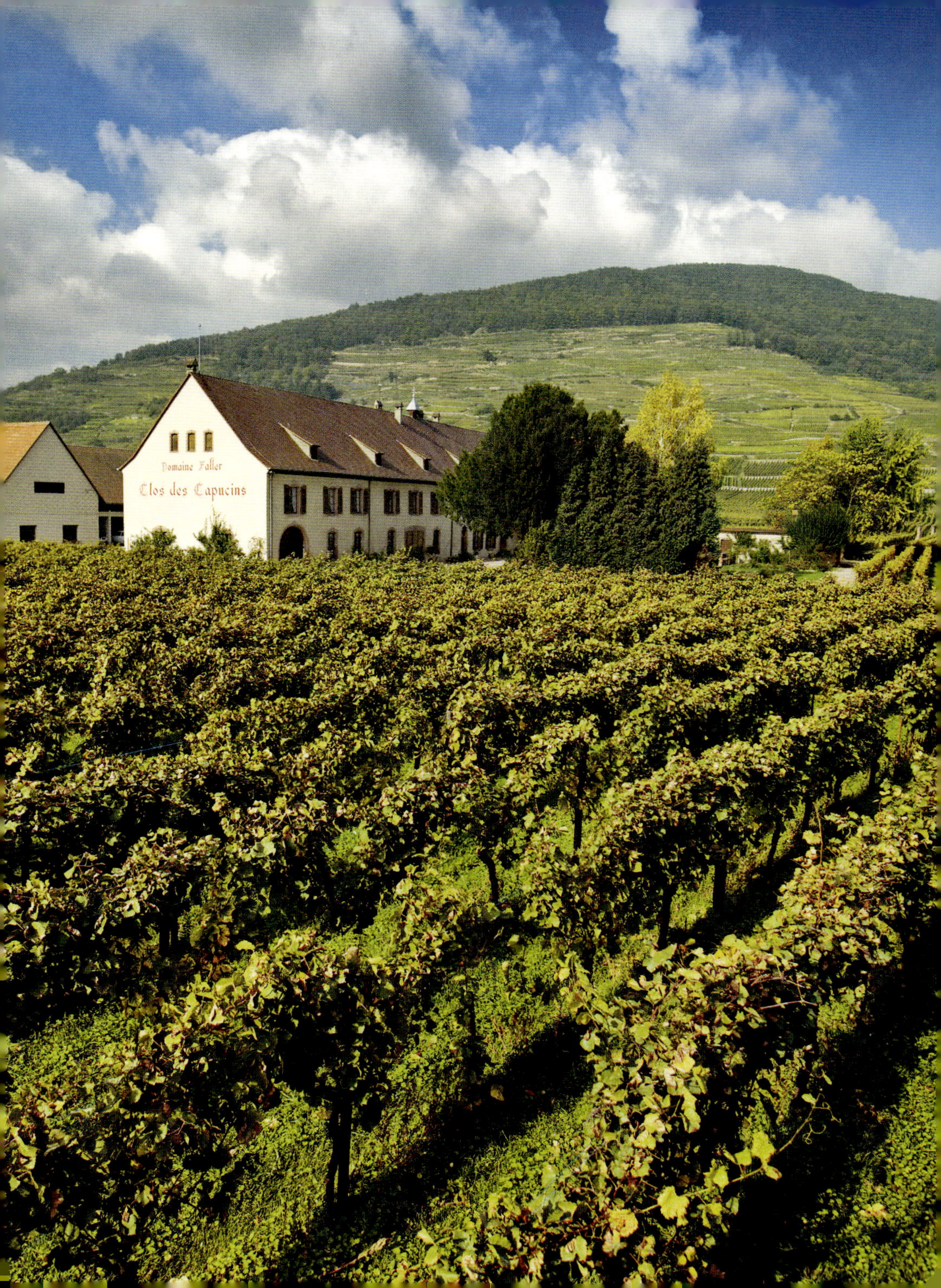
Domaine Faller
Clos des Capucins

Weingut Wittmann *Westhofener Morstein Riesling Trocken* 2001
ヴァイングート・ヴィットマン　ヴェストホフナー・モルシュタイン・リースリング・トロッケン 2001

産地 ドイツ、ラインヘッセン
特徴 辛口白ワイン、アルコール分13%
葡萄品種 リースリング

数キロ先にワイナリーを構える同業者のクラウス・ケラー氏とともに、フィリップ・ヴィットマン氏は、世界中の鑑定家にラインヘッセン南部の内陸地を再び意識させることに成功した。2001年の彼のモルシュタイン・ワインは驚異的で、この年までに彼は確かに、ライン川から約8km離れたかなり平坦な地域でも、同種の最高の見本とされるようなリースリングが育つことを証明したのだ。

ゴー・ミヨがこのヴィンテージの最高の辛口ドイツリースリングとして94点をつけたこのワインは、「エレガンスと勢いの無類の組み合わせ……果実の爆発」が特徴的だ。モルシュタインの畑が最初に文書に記録されたのは1282年、ライン・ヴァレーとパラティネートとアルザスの有力な修道院がここに地所を所有したときのことだ。この畑は石灰岩が幅を利かせていて、深さ30cmしかない表土は重い粘土質の泥灰土であるのに対し、同じくらい重い下層土は石灰岩の帯水層が特徴だ。

フィリップ・ヴィットマン氏とその家族は、長年、環境に優しいことを指針としてこのテロワールを耕作してきた。モルシュタイン・リースリング2001の葡萄は、何度も予備選別をしてから10月の最終週に摘み取られた。これはまさにグラン・クリュであり、ラインフロント北部のワインが持つミネラルの豊かさと、南に隣接するパラティネートのワインが持つ圧倒されるような果実味が融合した独特の個性がある。**FK**

🟡🟡🟡　飲み頃：2015年まで

さらにお勧め
他の優良ヴィンテージ
2002・2004・2005
同生産者のワイン
ヴェストホフナー・アウレルデ・シャルドネおよびリースリング、ヴェストホフナー・シュタイングルーベ・リースリング

この塔からモルシュタインの葡萄畑が見晴らせる。

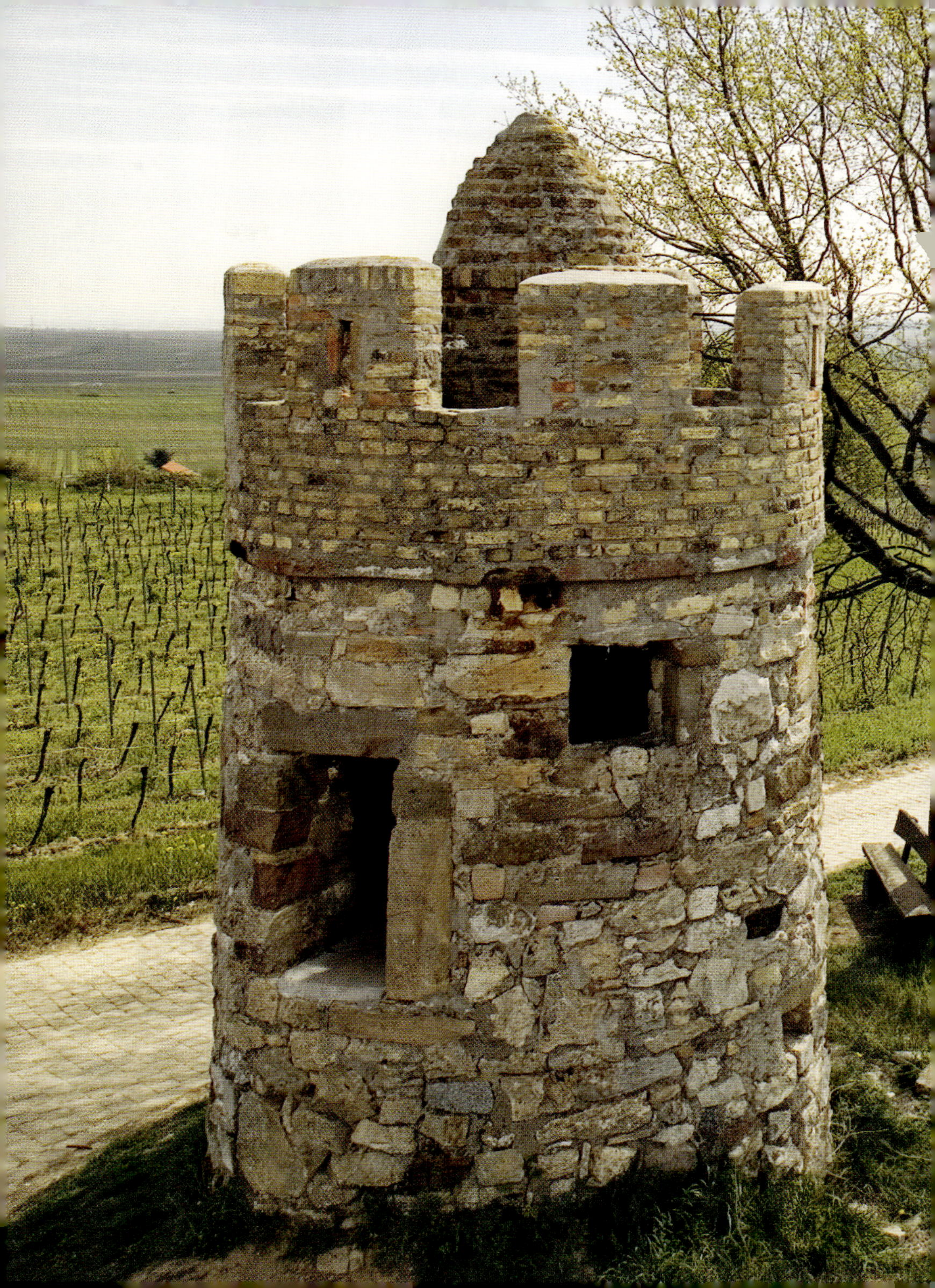

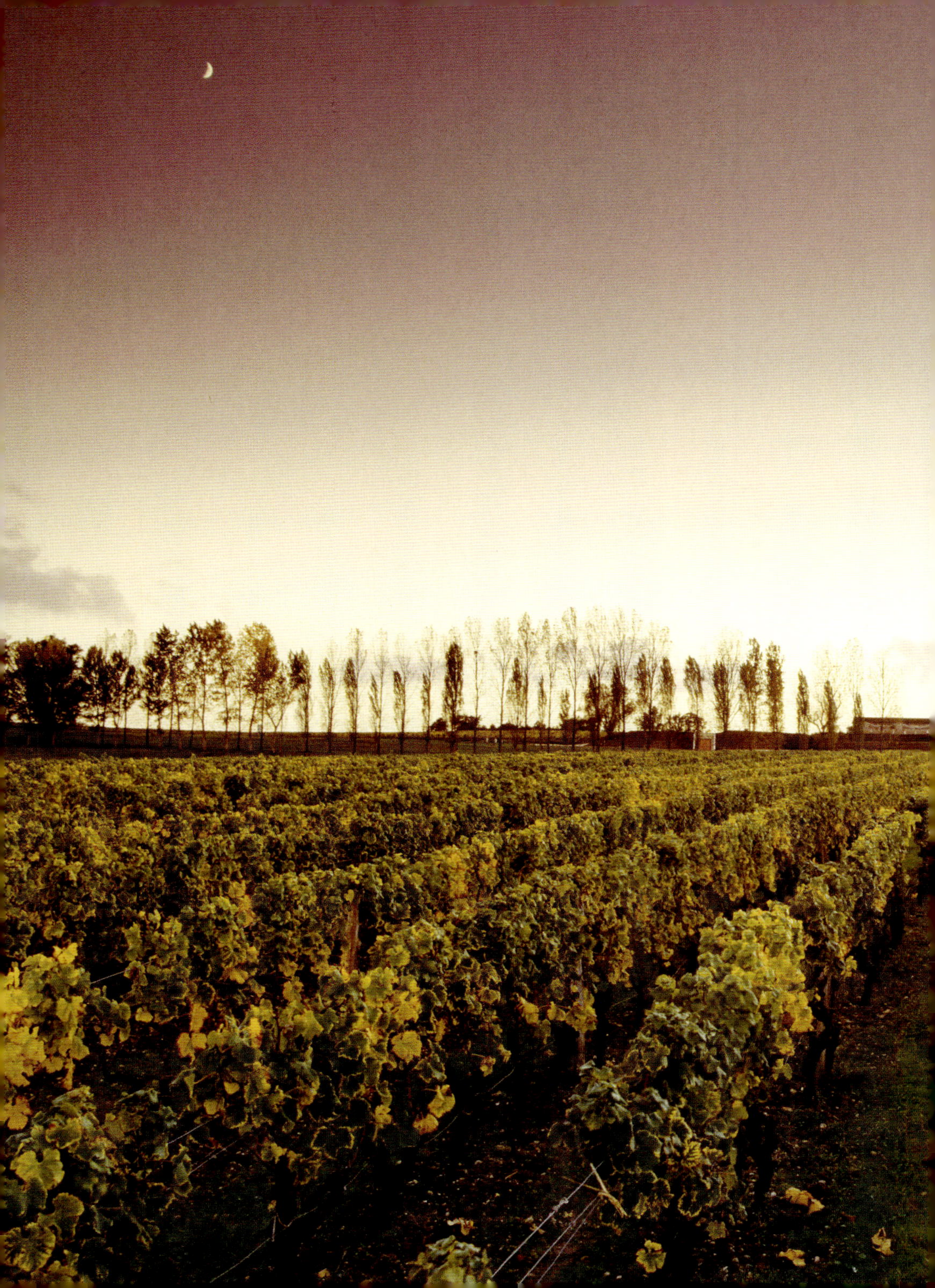

Château d'Yquem
2001
シャトー・ディケム
2001

産地 フランス、ボルドー、ソーテルヌ
特徴 甘口白ワイン、アルコール分13.5%
葡萄品種 セミヨン80%、ソーヴィニヨン・ブラン20%

　シャトー・ディケムはあらゆる意味でソーテルヌの隣人たちを見下ろしている。ラフォリー＝ペイラゲイ、ギロー、リューセックを見下ろす丘の頂上に位置するイケムは、1855年の格付けの際、プルミエ・クリュ・シュペリュールに格付けされた唯一のワインだった。

　生産量は平均して年に6万5,000本のみ。不作の年には作物すべてがシャトーの名を冠するに値しないと見なされる。貴腐化した葡萄のみを確実に選ぶために、収穫期には6回以上の選り分けが行われる。1本の樹からグラス1杯のワインしかできないと語り草になっている。

　「特価」の1999はおそらくイケムがこれまでリリースした中で最も安かった（1本約140ドル）が、2001は再び、トップヴィンテージのトップワインにしか付けられない高額の値段になった。2005年9月29日にリリースされ、大絶賛で迎えられたこのワインは、2007年半ばには1本1000ドルで売られていた。果実味、貴腐、糖、酸が完璧に調和していて、クレームブリュレ、モモ、アプリコットのゴージャスな香味があり、若いうちにも非常に美味しく飲めるが、おそらく1世紀は生き続けるだろう。**SG**

🍷🍷🍷🍷　飲み頃：2050年過ぎまで

Y de Château d'Yquem
1985
イグレック・ド・シャトー・ディケム
1985

産地 フランス、ボルドー、ソーテルヌ
特徴 辛口白ワイン
葡萄品種 セミヨン50%、ソーヴィニヨン・ブラン50%

　貴腐化のための天候条件がそろわない年、ソーテルヌの一握りのトップワイナリーは自分たちの葡萄を使って、違うスタイルのワインを造っている。ヴァン・ブラン・セックとして醸造されるそのワインの名前はシャトーの頭文字になっていて、まるで秘密組織のメンバーのようだ。R（リューセック）とG（ギロー）があり、そして――1959年から――Y（「イグレック」と発音）は確固たる地位を築いている王者、シャトー・ディケムのものだ。イケムの辛口ワインは単なる期待はずれのヴィンテージの代替物ではない。最高の年でもすべての葡萄が貴腐ワインになるわけではなく、そうならなかった葡萄がYへの道を進む。その一方で、Yそのものも厳選の対象であり、平均して2年に1度しか造られない。

　軽く圧搾された後、ワインは発酵されてから、3分の1が新しいオーク樽の中で澱とともに熟成される。熟成は12ヵ月以上続く。1985年（ソーテルヌのヴィンテージとしてはめでたくなかった）の結果は、非常に濃縮された複雑なワインになり、ローヌの白ワインのようにどっしりと重く、熟成によってクルミとハーブの香りが醸しだされているが、レモンのようなソーヴィニヨンの酸味も感じられる。**SW**

🍷🍷🍷🍷　飲み頃：2015年まで

Zilliken *Saarburger Rausch Riesling TBA A.P. #2* 2005

ツィリケン
ザールブルガー・ラウシュ・リースリング・TBA・A.P. #2 2005

産地 ドイツ、モーゼル
特徴 甘口白ワイン、アルコール分7％
葡萄品種 リースリング

　その名（「酩酊」の意）が示すとおり、ザールブルクのラウシュはドイツでもとりわけ目がくらむような畑だ。ハンノ・ツィリケン氏のワインは、その複雑さと最高レベルの糖度で実現するバランスの見事さで知られている。2005年10月10日から22日まで続いたたえまない暖かい風のせいで、ツィリケン氏のリースリングはほぼすべてからからに乾燥し、糖とエキスと風味だけでなく酸も、アイスヴァインにはありえないほど濃縮した。摘み取りはベーレンアウスレーゼとトロッケンベーレンアウスレーゼから始まり、空前の量のアウスレーゼンが続いた。

　2種類のTBAが収穫された。1つはオークションでの販売向け、もう1つ（ラベルの登録番号の下から2桁目に小さい数字の2）は商社と個人顧客に直接販売された。麝香、燻製肉、ブラウンスパイス、キャラメル、レモンオイル、オー・ド・ヴィー・ド・プラムなど、さまざまなアロマが表れている。口に含むと核果類の新鮮なもの、ジャムのようなもの、そしてキャラメルで煮たものが重なり合い、魅惑的なモカとバタークリームが加わる。このように畏敬の念をもって何度もグラスを口に運んでしまうワインは数少ない。**DS**
❁❁❁❁　飲み頃：2015年-2055年

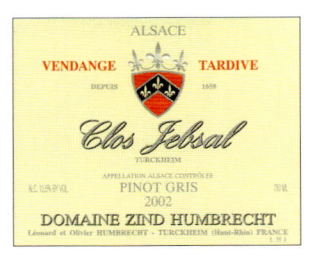

Domaine Zind-Humbrecht *Clos Jebsal Pinot Gris* 2002

ドメーヌ・ズィント＝ウンブレヒト
クロ・イェブサル・ピノ・グリ 2002

産地 フランス、アルザス
特徴 辛口白ワイン、アルコール分13.5％
葡萄品種 ピノ・グリ

　ズィント＝ウンブレヒトは、50年で白ワイン造りの象徴的存在となったアルザスの葡萄栽培一家だ。レオナール・ウンブレヒト氏の一族は17世紀半ばからゲベルシュヴィールで栽培を行っていたが、彼が1959年にヴィンツェンハイムのジュヌヴィエーヴ・ズィントと結婚し、両家の畑が一緒になったことで、18haの有力なドメーヌが生まれた。このドメーヌは現在、アルザス屈指の畑の葡萄から、魅力的な一連の単一畑ワインを造りだしている。中でもクロ・ジョブサルは秀逸だ。

　トゥルクハイムの高地に位置するこのクロは、理想的な日当たりに恵まれている。葡萄の糖度が自然に高くなるので、ピノ・グリには理想的な場所だ。しかし土壌は非常に複雑で、とくに泥灰土と石灰岩がワインに与える極上のミネラル分が、過熟傾向をうまく相殺している。この2002は造るのに本物の「感性」が必要な、スタイリッシュだが刺激的すぎないヴィンテージだ。程よい黄色で、魅惑的な香りは甘いのにスモーキー。味わいは非常に濃密だが、果実味と生き生きした酸味と残糖のハーモニーによって、ほぼ完璧なワインに仕上がっている。**ME**
❁❁❁❁　飲み頃：2015年過ぎまで

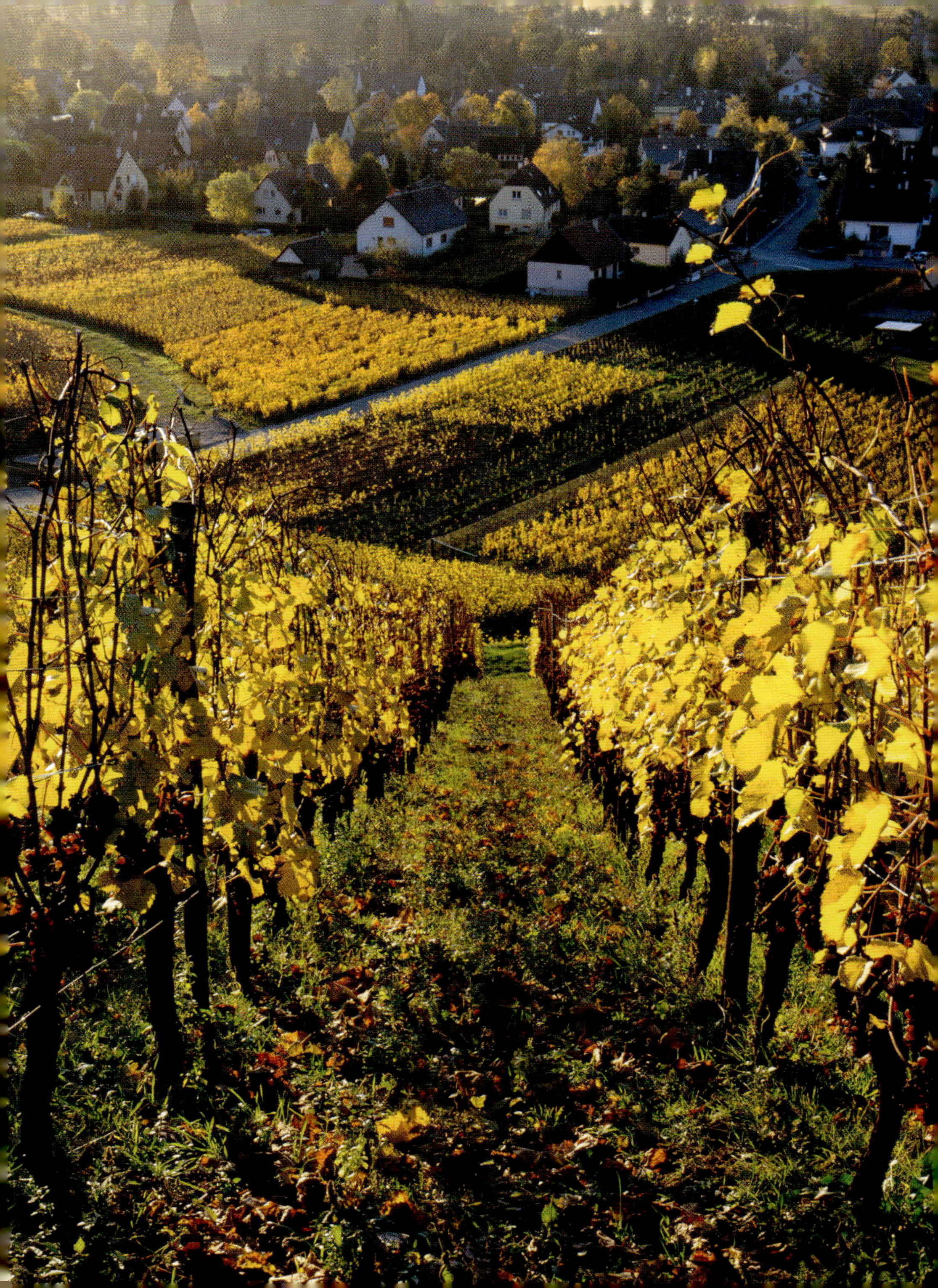

Dom. Zind-Humbrecht GC
Rangen Clos St.-Urbain Riesling 2002
ドメーヌ・ズィント=ウンブレヒト
GC・ランゲン・クロ・サン=テュルバン・リースリング 2002

産地 フランス、アルザス
特徴 辛口白ワイン、アルコール分12.5%
葡萄品種 リースリング

　オリヴィエ・ウンブレヒト氏は根っからのワイン醸造家であり、この職業の技術的奥義に一歩踏み込んだ人物であり、マスターオブワイン協会の試験に初めて通ったフランス人である。父親のレオナールの賢明な指導の下、彼はつい1959年に設立されたばかりのズィント=ウンブレヒトのワイナリーを、アルザスの生産者の中で有利な位置につけることに尽力した。

　許容最高収穫量のわずか半分しか収穫していないズィント=ウンブレヒトは、畑を4つのグラン・クリュに配している。ヘングスト、ブラント、ゴルデール、そしてランゲンだ。トゥール川を見下ろす急勾配の南向き斜面の畑は、軽い砂岩と火山礫と火山灰の混ざった土。クロ・サン=テュルバンはこのランゲン・クリュ内にある。

　葡萄樹はバイオダイナミック農法で手入れをされているので、月の満ち欠けが天候の見通しと同じくらい非常に重要だ。リースリングはとくにミネラル分が大切な味の基準になる。その品質がクロ・サン=テュルバン・リースリングに穏やかな酸味として表れている。アルザスのヴィンテージ2002に生まれたこのワインは、深く濃い色と、力強いグレープフルーツとライムのアロマを持っている。口に含むと、低収穫量ならではの粘性とつながる印象的な果実の濃度が感じられ、酸の際立ち具合は衛兵のブーツと同じくらい磨き上げられている。口の中からなくなっても、ゴージャスな花と柑橘の香りをいつまでも後に残す。**SW**

❖❖❖❖　飲み頃：2020年まで

タンの町を見下ろす
ズィント=ウンブレヒトのクロ・サン=テュルバン。➡

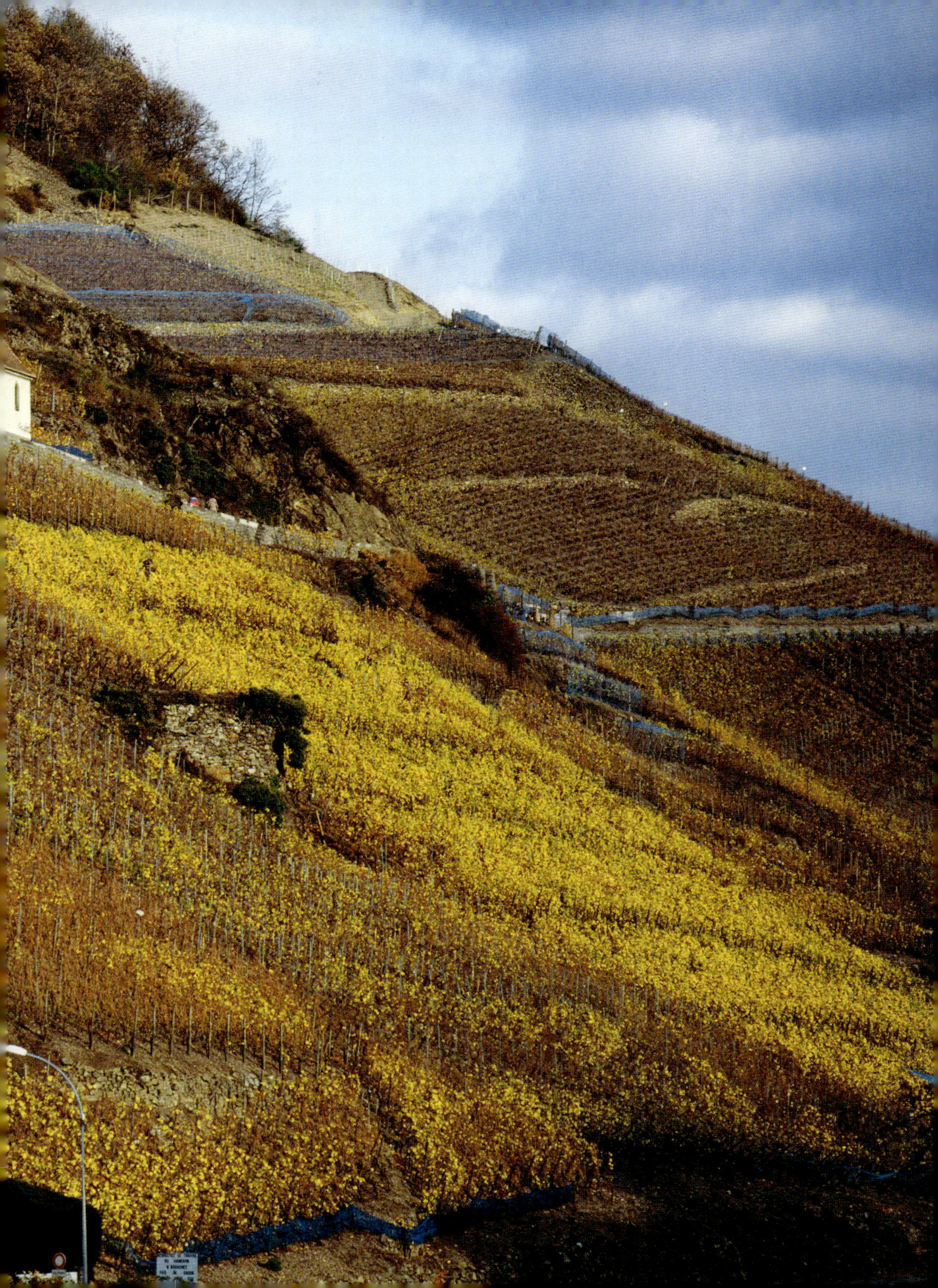

Château G...

Grand Cru Cl...

CLASSEMENT OFFICIEL D...

MARGAU...

1970

APPELLATION MARGAUX...

NICOLAS TARI, PROPRIÉTAIRE A LABARD...

MIS EN BOUTEILLES A...

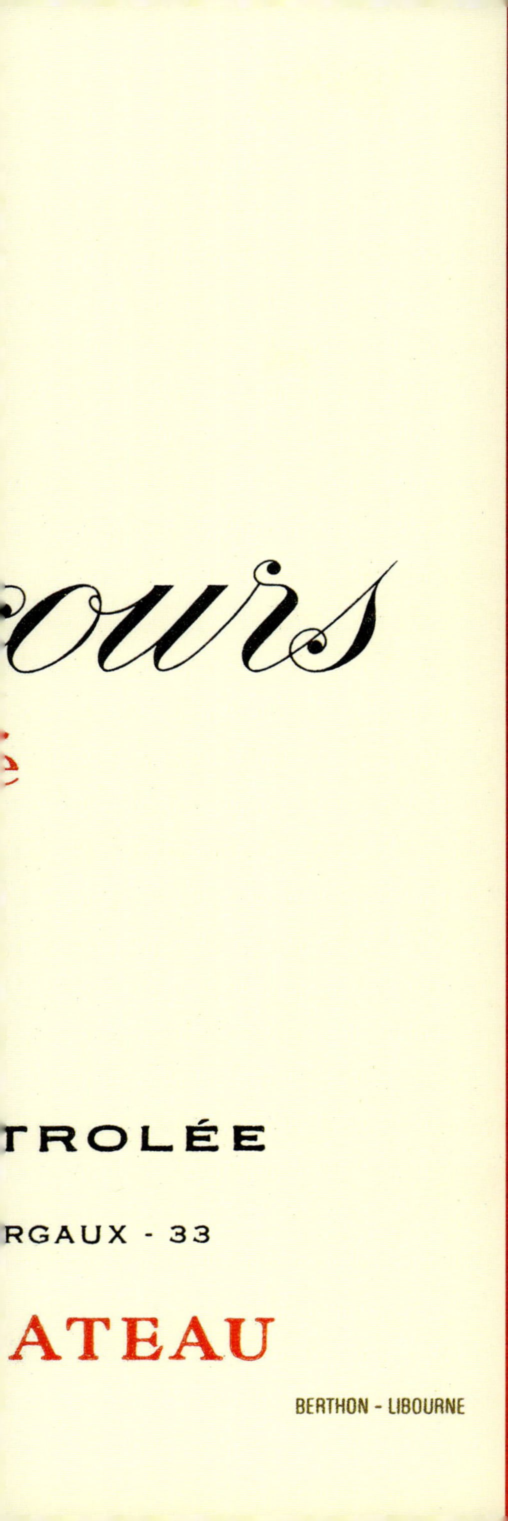

ours

TROLÉE

RGAUX - 33

ATEAU

BERTHON - LIBOURNE

Red Wines

Bodegas Aalto *PS* 2001
ボデガス・アアルト　PS 2001

産地　スペイン、リベラ・デル・ドゥエロ
特徴　赤・辛口：アルコール度数14度
葡萄品種　ティント・フィノ（テンプラニーリョ）

　1992年から1998年までリベラ・デル・ドゥエロ原産地呼称委員会の委員長であったハビエル・ザッカニーニと、1968年から1998年までヴェガ・シシリアのワインメーカーであったマリアノ・ガルシアが手を組み、1999年に立ち上げたのがボデガス・アアルトである。アアルト・ワインは、100haのリベラ・デル・ドゥエロの特選原産地に広がる、さまざまなテロワールを持つ250以上の小区画から生まれる。どの小区画も3ha以下と規模は小さく、葡萄樹はすべて樹齢40年を超えている。標準タイプのワインは、ただ"Aalto"と記されているが、最高品質のものは"Aalto PS"——パゴ・セレクショナドス（「厳選された小区画」の意）——と記されている。どちらも使用される葡萄品種はただ1種、ティント・フィノ（テンプラニーリョとも呼ばれる）だけであるが、アアルトPSは、1920年以前に植えられた古木の葡萄からのみ造られる。

　1999年と2000年は、地元の栽培農家から葡萄を購入したが、2001年からは、ヴァリャドリド、ブルゴス、ラ・オラの3県に点在している32haの自社畑の葡萄だけを使用している。2005年度まではロアの他社所有のボデガを借りて生産していたが、現在はキンタニージャ・デ・アリーバに新設した自社所有ワイナリーで生産している。標準タイプのワインは、ステンレス・タンクでマロラクティック発酵を行うが、アアルトPSだけは、木樽で発酵させている。

　2001年はリベラ・デル・ドゥエロが非常に天候に恵まれた年であったが、アアルトPS2001はベーシック・ワインよりもかなり強いマセラシオンの抽出が行われているため、その至高の味を堪能するには、10年ほど爆熟させる必要がある。このワインはエレガンスというよりも力強さと凝縮感のあるワインであり、ジビエと合わせるとその真価がより発揮される。**SG**

🍷🍷🍷🍷🍷　飲み頃：2010年～2020年

追加推薦情報
その他の偉大なヴィンテージ
2000・2003・2004
リベラ・デル・ドゥエロのその他の生産者
アリオン、ドミニコ・デ・アタウタ、アシエンダ・モナステリオ、エルマーノス・サストレ、ペスケーラ、ピングス、ヴェガ・シシリア

リベラ・デル・ドゥエロの土壌は鉄分を多く含んでいるため、やや赤みを帯びている。

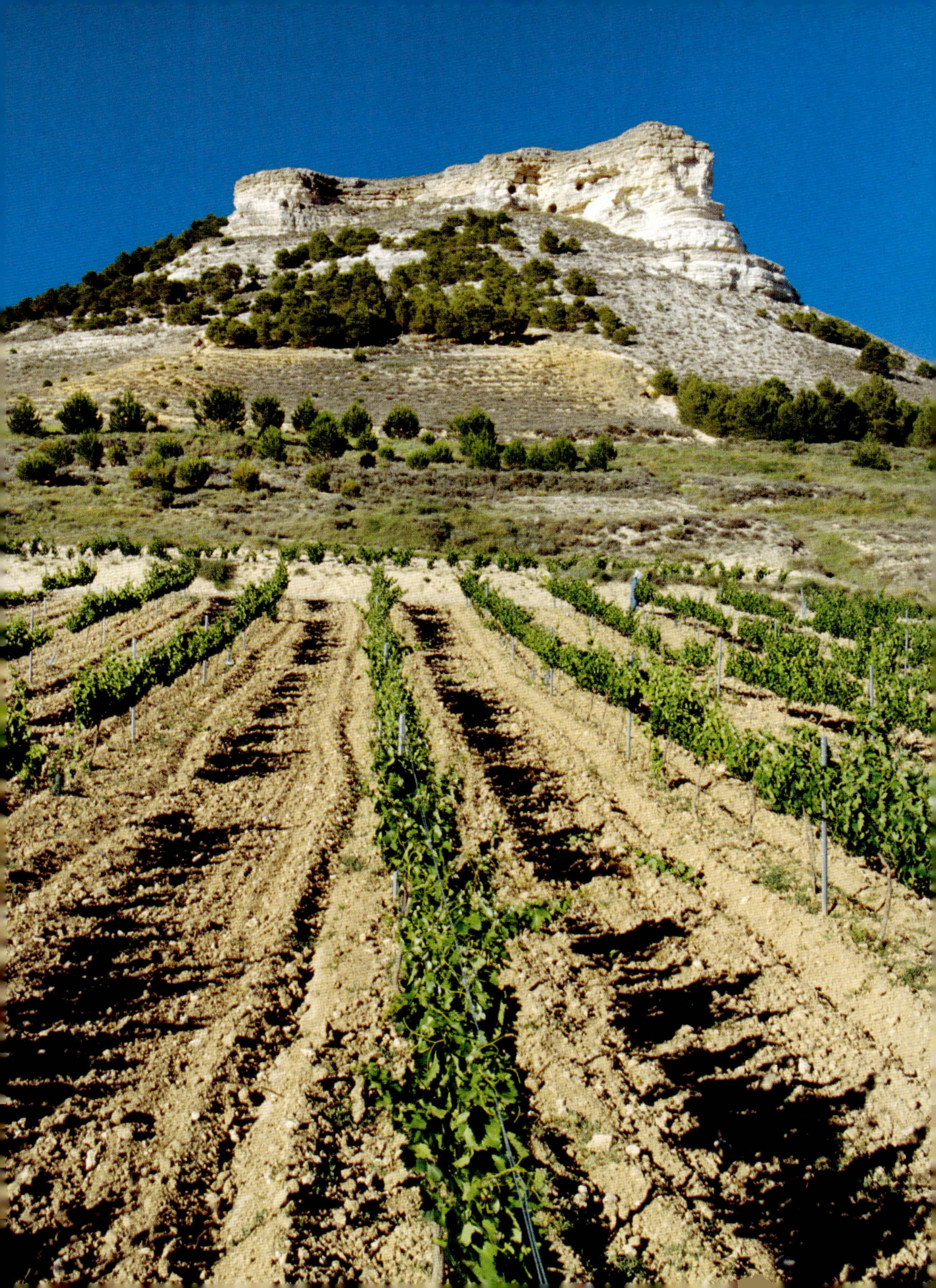

Accornero
Barbera del Monferrato Superiore Bricco Battista 2004

アッコルネーロ
バルベーラ・デル・モンフェッラート・スペリオーレ・ブリッコ・バッティスタ 2004

産地 イタリア、ピエモンテ、ランゲ
特徴 アルコール度数14.5度
葡萄品種 バルベーラ

　アスティ県からアレッサンドリア県に連なるモンフェッラート丘陵の中心に位置するモンフェッラートDOCは、その大部分がアスティDOCと重なっている。そのため生産者は、やや規制の厳しい地域名を取ってバルベーラ・ダスティを名乗るか、それよりも広い栽培地域名のバルベーラ・デル・モンフェッラートを名乗るか、どちらか一方を選択することができる。アッコルネーロ家は一貫してバルベーラ・デル・モンフェッラートを名乗ってきたが、それは彼らが、アスティという呼称よりも、葡萄畑を囲むように連なっている丘陵の名前のほうに強い絆を感じたからである。

　1897年にバルトロメオ・アッコルネーロと彼の息子ジュゼッペが手に入れた20haの土地は、その後代々受け継がれ、現在はジュリオ・アッコルネーロが所有し、彼の2人の息子エルマンノとマッシモとともに葡萄栽培からワイン醸造までを行っている。一家は標高約300mのバッティスタ丘陵に広がる、3区画、3haの土地に根を張る樹齢40年以上の古木から、骨格のしっかりしたバルベーラ・スペリオーレ・ブリッコ・バッティスタを生み出している。「われわれのバルベーラが特別なのは、この古木たちのおかげさ。彼らはわれわれのワインに、自然な果実の凝縮と複雑さを与えてくれるんだ」とエルマンノは言う。バルベーラ種はタンニンが少ないため、マロラクティック発酵と熟成はともに木樽で行う。80％がフランス産オークでできた500ℓの大樽を使うが、残りの20％はそれよりも小ぶりのオーク小樽を使う。

　豪雨に見舞われた2002年と強い日差しに苦しめられた2003年の後、2004年はピエモンテにとって最高のヴィンテージであった。完熟した黒い果実と香辛味、新鮮な酸と引き締まったタンニンが絶妙に調和したこのワインは、15年寝かせてもまだ愉悦を与えてくれるに違いない。**KO**

🅢🅢🅢　飲み頃:2019年過ぎまで

グラッツァーノからアルタヴィッラへと連なるモンフェッラート丘陵 ➡

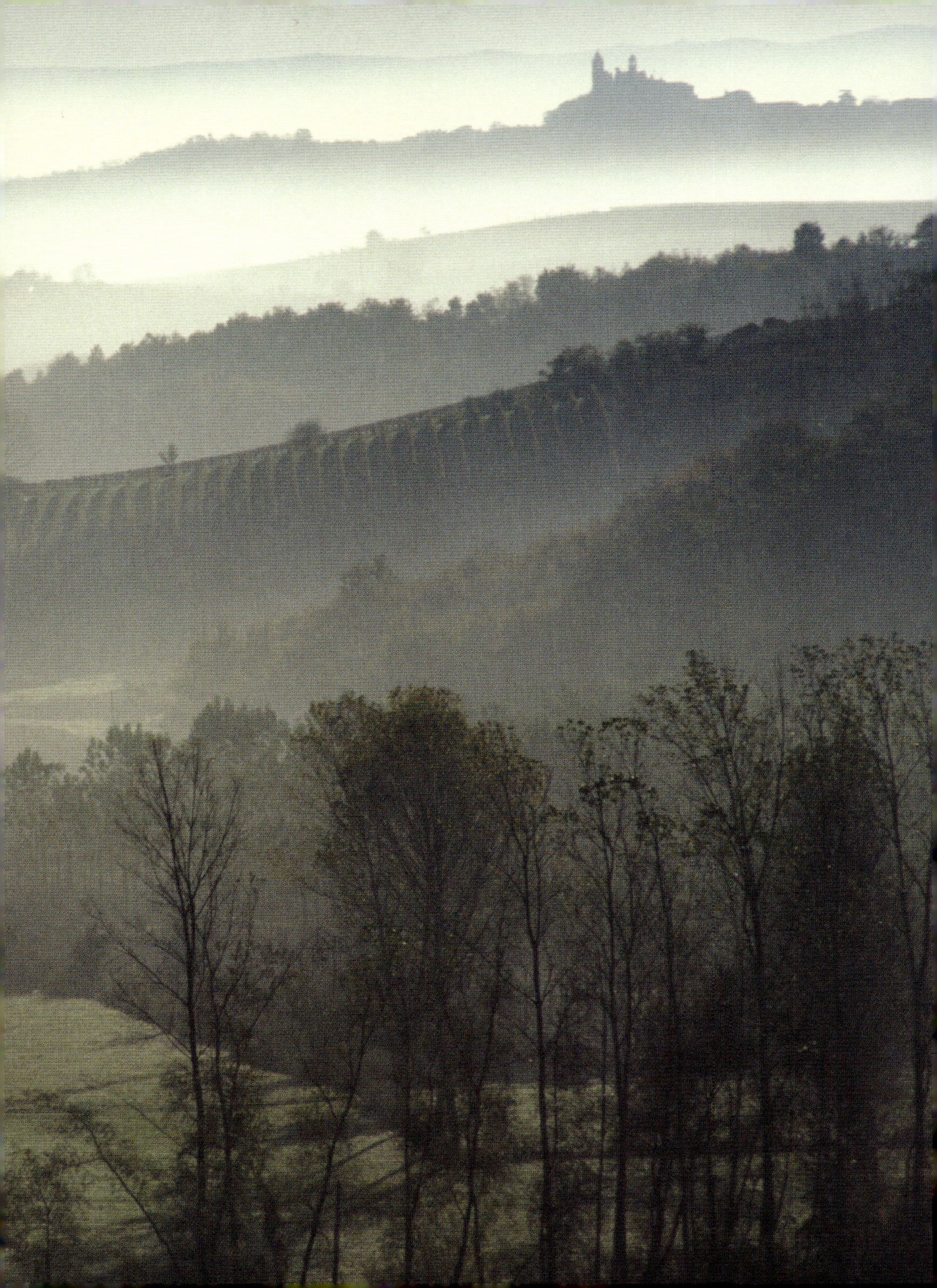

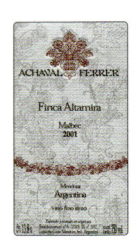

Achával Ferrer
Finca Altamira Malbec 2001

アシャヴァル・フェレール
フィンカ・アルタミラ・マルベック 2001

産地 アルゼンチン、メンドーサ
特徴 赤・辛口：13.8%
葡萄品種 マルベック

　メンドーサのブティック、アシャヴァル・フェレールは、さまざまな個性的マルベックを世に送り出している。「これら3つのマルベック単一品種単一畑のワインは、すべてメンドーサの選ばれた特別な地域に育つ、非常に収量の少ない古木から生まれる」と、サンティアゴ・アシャヴァルは言う。

　フィンカ・アルタミラはこうして生まれる3つのセレクト・ワインの1つである。この5.5haのマルベック葡萄畑は、標高1050mのウコ・ヴァレーの南西、トゥヌジャン川沿いに広がる。土壌は砂が主で、それに砂利と漂礫が混ざる。樹齢80年にもなる古木からは、1本あたりわずか350gの葡萄しか採れず、3本の樹でようやく1壜のワインができるくらいである。「だからこそ、高収量の葡萄からは得られないミネラル風味が生まれるんだ」とアシャバルは言う。アルタミラの葡萄の樹は接ぎ木を行わず、土壌は砂が多く痩せていて、沖積層の粘土を多く含んでいる。また昼間の気温は38℃まで上がるが、夜には12℃まで降下する。

　アルタミラ2001は、個性の強い魅惑的なワインである。凝縮されている一方で、瑞々しい果実のような新鮮さを持ち、ミネラルと程好い酸味がしっかりした骨格を形作っている。そのワインは仏産カオールの最高のマルベックと同じくらいに、起源をしっかりと語る。**JG**

🍷🍷🍷　飲み頃：2012年過ぎまで

Alión
2001

アリオン
2001

産地 スペイン、リベラ・デル・ドゥエロ
特徴 赤・辛口：アルコール度数14度
葡萄品種 ティント・フィノ（テンプラニーリョ）

　スペインを代表するエステートであるヴェガ・シシリアは、1980年代が終わる頃までには、ヴァルブエナ・テルセル・アーニョ（「3年もの」という意味）に代わるものを創り出そうと考えていた。テンプラニーリョ種の葡萄を使い、フランス産オークの樽で熟成させ、より果実味に富んだ現代的なワインを造ること、これが目標であった。それはヴェガ・シシリアの伝統から離れ、独自の個性を持ったワインを創り出そうという画期的な試みであった。1987年、パディージャ・デル・デュエロの25haの土地を手に入れることができ、そこにテンプラニーリョの地元種であるティント・フィノを植えた。発酵はヴェガ・シシリアで行われ、1991年に最初のアリオンが誕生した。アリオンという名前は、ヴェガ・シシリアのオーナーであるアルヴァレス家の発祥の地レオン県の名にちなんで命名された。その後彼らは、ヴェガ・シシリア内の休耕地にも葡萄樹を植え、生産量を増やした。

　2001年はリベラ・デル・デュエロにとって素晴らしい年であったが、アリオンはその年までにすでに年間約30万本生産できる体制を整えており、比較的手頃な値段で高い品質を楽しむことができる、リベラ・デル・デュエロを代表するワインとしての地位を確立していた。その香りは、黒く完熟した香辛味のある果実とバルサミコの風味によって定義され、ほのかにヒマラヤ杉とはっかの香りもする。口に含むと、クリーミーでミディアム・ボディ、そして酸味とのバランスが良く、タンニンは非常にきめが細かい。**LG**

🍷🍷🍷　飲み頃：2020年まで

Red wines

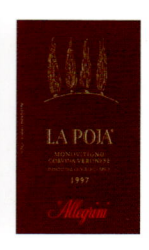

Allegrini
La Poja 1997

アッレグリーニ
ラ・ポージャ 1997

産地 イタリア、ヴェネト
特徴 赤・辛口：アルコール度数14度
葡萄品種 コルヴィナ・ヴェロネーゼ

　アッレグリーニ家は、16世紀からヴァルポリチェッラのワインを演出してきた由緒ある家系である。ジョヴァンニ・アッレグリーニは、ヴァルポリチェッラに最初に高品質ワインの生産を定着させた功労者の1人であると誰からも認められている。そしてその子供たちもその遺志をしっかりと受け継いでいる。ラ・ポージャは、ヴァルポリチェッラDOCで最も重要な品種であるコルヴィナ・ヴェロネーゼだけを使って造られるワイン。そのワインは非常に画期的なものであった。というのは、この地区では単一品種によるワイン造りは行われたことがなかったからである。

　アッレグリーニ・ラ・ポージャ1997は、ルビーのようなとても深い赤色をしており、グラスの縁のほうでは、やや明るいガーネットの輝きを放つ。香りは濃密かつスパイシーで、同時に黒く熟した夏の果実の風味が漂ってくる。1997年を特徴づけた暑熱の気候のせいで、果実のジャムのようなアロマが感じられるのではと想像する人もあるかもしれないが、幸せなことにそのような兆候はまったく感じられない。ワインは煮えた果実のように成熟することなく、ミントやバルサミコの微香を浮かべ、それらが芳醇な主流のアロマの自然な支流としての印象を与える。口に含むと、素晴らしく円熟したヴェルヴェットの感触とともに、ゆっくりとさまざまな風味が立ち昇ってき、それらはとても深く、長く、スパイシーであるが、フィニッシュに向けて鋭く焦点を絞ってくる。**AS**

❸❸❸　飲み頃：2015年まで

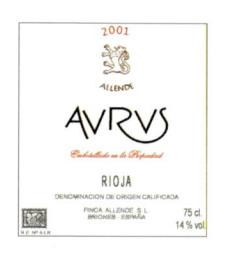

Allende
Aurus 2001

アジェンデ
アウルス 2001

産地 スペイン、リオハ
特徴 赤・辛口：アルコール度数14.5度
葡萄品種 テンプラニーリョ、グラシアーノ

　大学で農学の勉強を終えた後、ミゲル・アンヘル・デ・グレゴリオは、ひとまずリオハのボデガス・ブレトンの技術主任の職に着いた。しかし彼の興味と意志は日々の仕事に満足することを許さず、彼はさらに前へ進んでフィンカ・アジェンデを設立し、1995年には、彼自身のワイン、アジェンデ（スペイン語で「さらに遠く」の意味）を創り出した。1997年、彼は職を辞し、自ら理想とするワイン造りに邁進する。こうして出来上がったのが、アウルス（ラテン語で「黄金」を意味する）である。そのワインはテンプラニーリョとグラシアーノを完璧なバランスでブレンドしたもので、まさに"黄金比"を体現したものだった。

　2001年、フィンカ・アジェンデは、リオハ・アラヴェサのブリオネス村の中心にある17世紀の石造りの建物の隣に現代的なワイナリーを建造し、その石造りの建物を改築して本社とした。2001年という年はまた、リオハにとっては近年まれに見る恵まれた年であった。アウルス2001は、粘土を多く含む傾斜地に育つ古木の葡萄を使用し、葡萄畑でもワイナリーでも厳しい選果を行い、調和のとれた気品のある仕上がりとなっている。色は深く、非常に芳香に富み、若い時は、完熟した果実味を、花の香り（スミレ）、黒オリーブ、オークが彩っている。フル・ボディで、酸は生き生きとしており、果実味とタンニンが豊かであるにもかかわらず、調和のとれた優美な仕上がりとなっている。**LG**

❸❸❸❸　飲み頃：2020年まで

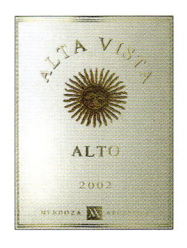

Alta Vista
Alto 2002
アルタ・ヴィスタ
アルト 2002

産地 アルゼンチン、メンドーサ
特徴 赤・辛口：アルコール度数14.5度
葡萄品種 マルベック80％、カベルネ・ソーヴィニョン20％

　1997年、ポムロールのシャトー・クリネのオーナーであるジャン・ミシェル・アルコートと、サンテミリオンのシャトー・サンソネなどのオーナーであるパトリック・ドゥランは、カーサ・デル・レイを買収し、それをアルタ・ヴィスタと改名した。アルコートがこの古い醸造所に惹きつけられた真の理由は、その地下セラーにあった。それはアルゼンチンでも珍しいものであったが、メンドーサの暑い気候のなかで、アルトなどの最高級赤ワインを18ヵ月前後オーク小樽で長期熟成させるのに最適の、冷涼な素晴らしい空間になるに違いない、とアルコートは確信した。2人はともに、アルゼンチンのマルベックに大きな可能性を見いだしていた。

　2002年は、メンドーサ全体が、そして特にアルタ・ヴィスタが最高の天候を享受した年であった。ワイン造りを行ったのは、アルゼンチンのワインメーカーの中でも、最も聡明なホセ・スピッソであった。

　ラス・コンプエルタスのメンドーサ川の渓谷は標高1,050mの高地にあり、その渓谷の上部に根を張っているマルベックの古木は、最も古いものは1920年代に植えられたものである。このあたりの酸性の土の上には一面にマルベックが植えられ、その葡萄は強い栗の香りがする。若いワインが、フランス産オーク小樽の中で酸を和らげるための二次発酵（マロラクティック発酵）を経験すると、その馥郁とした赤い果実の風味がオークのやさしい香りに包まれる。**MW**

🍷🍷🍷　飲み頃：2011年まで

Elio Altare
Barolo 1989
エリオ・アルターレ
バローロ 1989

産地 イタリア、ピエモンテ、ランゲ
特徴 赤・辛口：アルコール度数14度
葡萄品種 ネッビオーロ

　葡萄栽培家の息子であったエリオは、1970年代のバローロの古典的な気質に痛く失望した。ブルゴーニュから戻ってくると、彼はすぐさま葡萄の房の数を減らし、収量を抑えて糖度を高めた。また化学肥料を使うのをやめ、量よりも質を追求する姿勢を示した。しかしそのすべてが、彼の父親にとってはおぞましいことだった。なぜなら当時の葡萄栽培家は、質ではなく、量に応じて収入が決まっていたからであった。エリオがオーク小樽で熟成させるために、チェインソーで父親のオークの大樽を真っ二つに切断したとき、父親はとうとう彼に勘当を言い渡した。しかしその父親が1985年に亡くなると、彼は姉からそのワイナリーを買い取り、革命的なバローロを造り始めた。

　フランス産オークの小樽を使い、マセラシオンの時間を極端に短くした彼の製法は、大きな論議を巻き起こした。エリオの造るバローロは、これまでの筋肉質のものとは異なり、優美で洗練されている。豊かな果実味のなかにスパイス香が効き、タンニンもまろみを帯びている。そのワインは以前のバローロよりも若い時期に飲めるが、長期の熟成にも耐える。ピエモンテの最高の年であった1989年の彼のバローロは、口当たりがなめらかでしなやかさがあり、完熟した黒い果実の奥深い味わいとスパイシーなアロマが、適度なタンニンと新鮮な酸によってバランス良く調和させられている。**KO**

🍷🍷🍷🍷　飲み頃：2020年過ぎまで

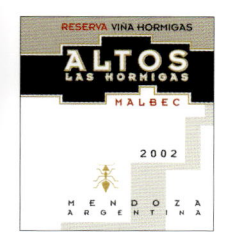

Altos Las Hormigas
Malbec Reserva Viña Hormigas 2002

アルトス・ラス・オルミガス
マルベック・レセルヴァ・ヴィーニャ・オルミガス 2002

産地 アルゼンチン、メンドーサ
特徴 赤・辛口：アルコール度数14.3度
葡萄品種 マルベック

　アルベルト・アントニーニと、若き実業家アントニオ・モレスカルキに率いられた一団のイタリア人が、アルトス・ラス・オルミガスを設立したのは1995年のこと。葡萄畑は、ルハン・デ・クージョの現在のワイナリーのすぐ隣、ローム層の土壌の上に拓かれた。しかし苗を植えて程無く、それはアリ──hormigasオルミガス──の攻撃を受けることとなった。ワイナリーの名前はここから出ている。

　アントニーニらは、残ったマルベックを、少なくとも最初の数年間は、メンドーサの別の小地区ラ・コンスルタの葡萄栽培家の所有する1920年代にまで遡る古木に接ぎ木することにした。ラ・コンスルタのマルベックは天性の新鮮さで際立っている。標高1,000m近くの高地で育つことによって、それは常にアルコール度15％に達するという恩恵を受けている。ルハンよりも100m前後標高が高く、アンデスの万年雪の最低線にきわめて近接しているラ・コンスルタのテロワールは、葡萄の果実をしっかりと引き締め、切れの良い味にしている。

　その新鮮さは、主にオークの新樽で18ヵ月熟成させることによって、ヴィーニャ・オルミガス特有の風味と深い質感を獲得する。2002年は1997年以来の、メンドーサにとっては偉大なヴィンテージであったが、このワインはその年、マルベックの濃密で、クリーミーな質感、ブラック・ベリーの香気を遺憾なく発揮している。**MW**
🍷🍷🍷　飲み頃：2015年まで

Château Angélus
2000

シャトー・アンジェリュス
2000

産地 フランス、ボルドー、サンテミリオン
特徴 赤・辛口：アルコール度数13度
葡萄品種 メルロ50％、カベルネ・フラン50％

　アンジェリュス（1990年に冠詞を取って、ただのアンジェリュスとした）は、サンテミリオンのなかでは一貫して高品質のワインを創りだすことで定評があったが、特に目立ったワインを世に送り出すことは稀であった。しかし1985年、家業を継いだユベール・ブワール・ド・ラフォレが、妻の従兄弟のジャン・ベルナール・グルニエの協力を得て最初のヴィンテージを送り出して以来、アンジェリュスはめきめきと頭角を現し、ついに1996年に、グラン・クリュ・クラッセからプルミエ・グラン・クリュ・クラッセへと昇格した。

　1990年代を通して素晴らしいワインを送り出し続けたアンジェリュスは、2000年に最高潮に達した。そのワインは骨格、深み、タンニン、どれをとっても申し分ない。まだ十分熟成させてない時期の樽の試飲では、すこし角が感じられ、香りも味もどこかアマローネに似ていた。しかしそのワインはその後落ち着きを得て、心地よいアンジェリュスのテロワールを喚起し始めている。アンジェリュスはシュヴァル・ブラン同様にメルロとカベルネ・フランをブレンドして造られ、最近では少しメルロのほうを多く使うようになってきているが、この2000は50対50の割合である。長い試飲の後、ワイン鑑定士のセレナ・サトクリフはこう書いている。「ワインの名前がアンジェリュス『晩鐘』だからというわけではないが、このワインを口に含むと、ミレーの『晩鐘』が畑に鳴り渡るイメージから逃れられなくなる（また逃れようとも思わない）。あの絵には何か永遠を感じさせるものがあるが、このワインも同様である」**SG**
🍷🍷🍷🍷🍷　飲み頃：2010年〜2030年過ぎ

Red wines

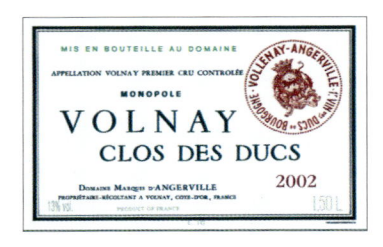

Domaine Marquis d'Angerville
Volnay PC Clos des Ducs 2002
ドメーヌ・マルキ・ダンジュルヴィーユ
ヴォルネイPC・クロ・デ・デュック 2002

産地　フランス、ブルゴーニュ、コート・ド・ボーヌ
特徴　赤・辛口：アルコール度数13度
葡萄品種　ピノ・ノワール

　クロ・デ・デュックの南東の斜面は、擁壁に囲まれた完全に独立した畑であったにもかかわらず、16世紀には、まわりを取り囲むカイユレやタイユピエ、シャンパンなどの畑の一部としてしか語られなかった。1804年にバロン・デュ・メニルの手に移った後、フィロキセラによる壊滅的な打撃を受けた。その後1906年、この畑に優秀な切り枝を植樹し、畑を再開したのが、現在のオーナー、ギョーム・ダンジュルヴィーユの祖父であった。純粋なワインの熱心な擁護者であった祖父は、栽培から壜詰め、販売までを一貫して行う最初の醸造家の1人となった。

　ギョームの父親ジャックは、その父の姿勢を踏襲し、52年間エステートを維持してきた。2002年は彼が最後にワインを送り出した年であり、2005年は、その息子ギョームが最初に衝撃的なヴィンテージを世に問うた年であった。彼はすでに一族の長としての風格を身に付けつつある。2002ヴィンテージは、2.1haの畑で育てられた、専門家の間ではピノ・ダンジェルヴィーユとして知られる優秀な低収量のピノ・ノワールから生まれ、精妙なバランスと絹のような優雅さを持つワインである。2005年も壜詰めの少し前に試飲したが、そのワインもいつの日かさらに素晴らしいワインになると信ずるあらゆる理由があった。**JP**

🍷🍷🍷🍷　飲み頃：2027年まで

Château d'Angludet
2001
シャトー・ダングリューデ
2001

産地　フランス、ボルドー、マルゴー
特徴　赤・辛口：アルコール度数13度
葡萄品種　カベルネ・ソーヴィニョン、メルロ、プティ・ヴェルドー

　マルゴーの河口近くの主要な葡萄畑のうねりからやや内陸部に入った場所にあるアングリュデは、外見上は慎ましやかな農家のようにしか見えないが、1961年に、ボルドーの商人で、シャトー・パルメの共同経営者の1人であるピーター・シシェルによって購入された。1989年、ピーター・シシェルは息子のベンジャミンにアングリュデの管理を任せた。幼少の頃からワイン製造に魅せられていたベンジャミンは、その時にはすでに、アングリュデのテロワールからは、決してパルメやシャトー・マルゴーのような優雅で強烈なワインは生まれないということに気づいていた。シシェル親子は、アングリュデを、適度な価格帯で、しかし長期熟成に耐える骨格のしっかりした壮健なワインとして残していこうと考えた。

　2001年ヴィンテージは、いつものアングリュデよりもやや芳醇であるが、香辛味、生命力、力強さ、ともに申し分ない。1983年などの古いヴィンテージが長期熟成を楽しんでいるのだから、バランスの取れた2001年がそうでないはずはない。それはまさに、かつてクリュ・ブルジョワと呼ばれたワインの典型であり、関係者はそのワインが、2003年にクリュ・ブルジョワ・エクセプショネルに選ばれなかったことに驚いている。その格付けはもう過去のものとなっているが、アングリュデは今も、実際に飲むことができる古典的なボルドーの見本として生き続けている。**SBr**

🍷🍷🍷　飲み頃：2020年まで

アングリュデはル・グラン・プジョーと呼ばれる砂礫層の台地に立っている。

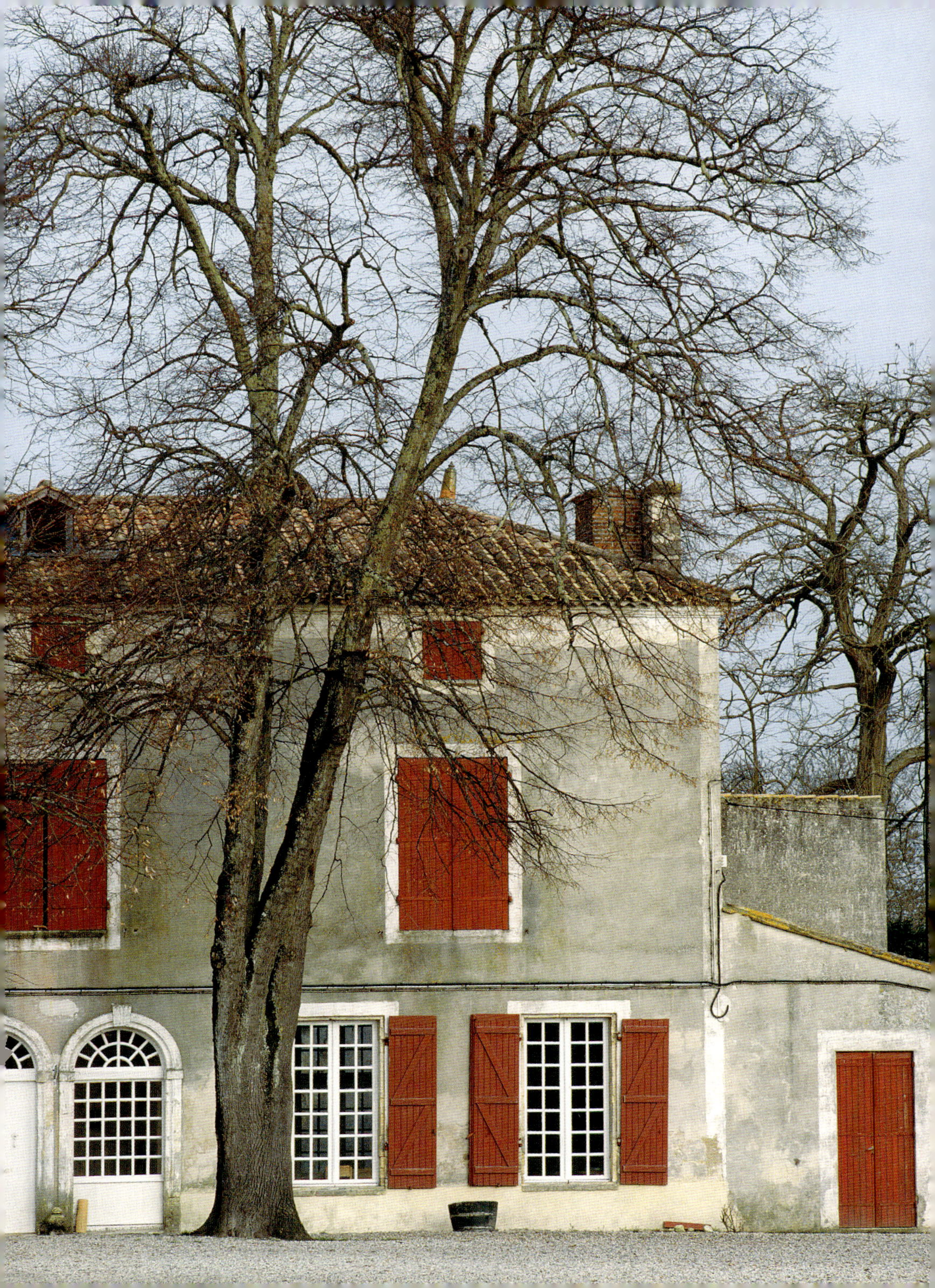

Ànima Negra
Vinyes de Son Negre 1999
アニマ・ネグラ
ヴィネス・デ・ソン・ネグレ 1999

産地 スペイン、マジョルカ
特徴 赤・辛口：アルコール度数14度
葡萄品種 カリェット、マント・ネグロ、フォゴノウ

　このワイナリーは1994年、自分たちだけのオリジナル・ワインを造ろうというマジョルカ島の友達同士の趣味、なかば冗談から始まった。最初は、カベルネ・ソーヴィニョンと、島自生の数種の葡萄品種を混ぜ、発酵はミルクタンクで、道具は中古のものを修理しながら、すべてこの島の伝統的なやり方にしたがって行われた。ところがこのワインは、素晴らしい個性を示し、すぐにマニア、商社、そしてマスコミの目にとまった。こうしてワイナリーが誕生した。

　アニマ・ネグラと名付けられたワイン（その後商標権の問題があって、単にÀNと記されるようになった）は、カリェットを中心に、フォゴノウ、マント・ネグロといったあまり知られていない自生種を使った初めての本格的なワインであった。本格的なワインをこれらの自生種から造るためには、1本当たりの果実の収量を抑えることが必要であった。そのため彼らは、樹齢の高い、乾燥した地域の葡萄畑を探し出し、それを伝統的なゴブレ方式で剪定した。

　そのワインは強烈で野生的である。非常にスパイシーで、バルサミコと野生のハーブの風味に富み、まぎれもなく地中海的である。凝縮された味だが、ボルドーというよりはブルゴーニュ風であり、調和が取れ、エキゾティックで、非常に個性的である。**LG**
🍷🍷🍷　飲み頃：2009年まで

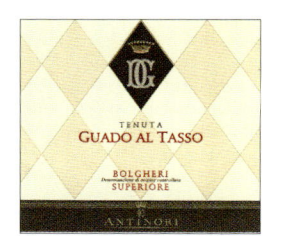

Antinori
Guado al Tasso 2003
アンティノーリ
グアド・アル・タッソ 2003

産地 イタリア、トスカーナ、ボルゲリ
特徴 赤・辛口：アルコール度数13.5度
葡萄品種 カベルネ・ソーヴィニョン、メルロ、シラー、その他

　ピエロ・アンティノーリはトスカーナの名門の長男として生まれ、凋落しつつあったキアンティ・クラッシコDOCを1970年代に再興させた旗手の1人として、また初代スーパー・タスカンの1つ、ティニャネッロの造り手として、その名声はすでに確固たるものとなっていた。そんな彼が1990年に満を持して世に問うのが、グアド・アル・タッソである。叔父の造ったサッシカイアが、そして弟ロドヴィーコのオルネッライアが輝かしい成功を収めたとき、彼はボルゲリにあるロゼ用の農園ベルヴェデーレを造り直すことを決意し、それをグアド・アル・タッソと改名した。その900haの畑は、なだらかな丘陵がティレニア海へと下っていく、マレンマと呼ばれるトスカーナの細長い海岸沿いの棚地の上にある。その棚地を人はゴールド・コーストと呼んでいるが、理由はいうまでもなく、イタリアで最も人気があり、最も高価なワインがここから生み出されるからである。

　2003年という年は、イタリアでは記録的な高温と少ない降水量で記憶に残る年であった。ボルゲリ近郊では葡萄の完熟が早く、8月半ばには、成熟の早い種はすでに非常に高い糖度を示していたが、反面降水量が少ないため収量は低めであった。この年に生まれたグアド・アル・タッソは、濃いルビー色を呈し、豊かに熟れたチェリーの風味が、オーク、コーヒー、チョコレートの香りを伴い、この年に出来たわりには驚くほど新鮮で、タンニンは柔らかく、甘い。**KO**
🍷🍷🍷　飲み頃：2011年過ぎまで

トスカーナの中でも最高の優雅さを誇るアンティノーリ・ワイナリーの入口 ▶

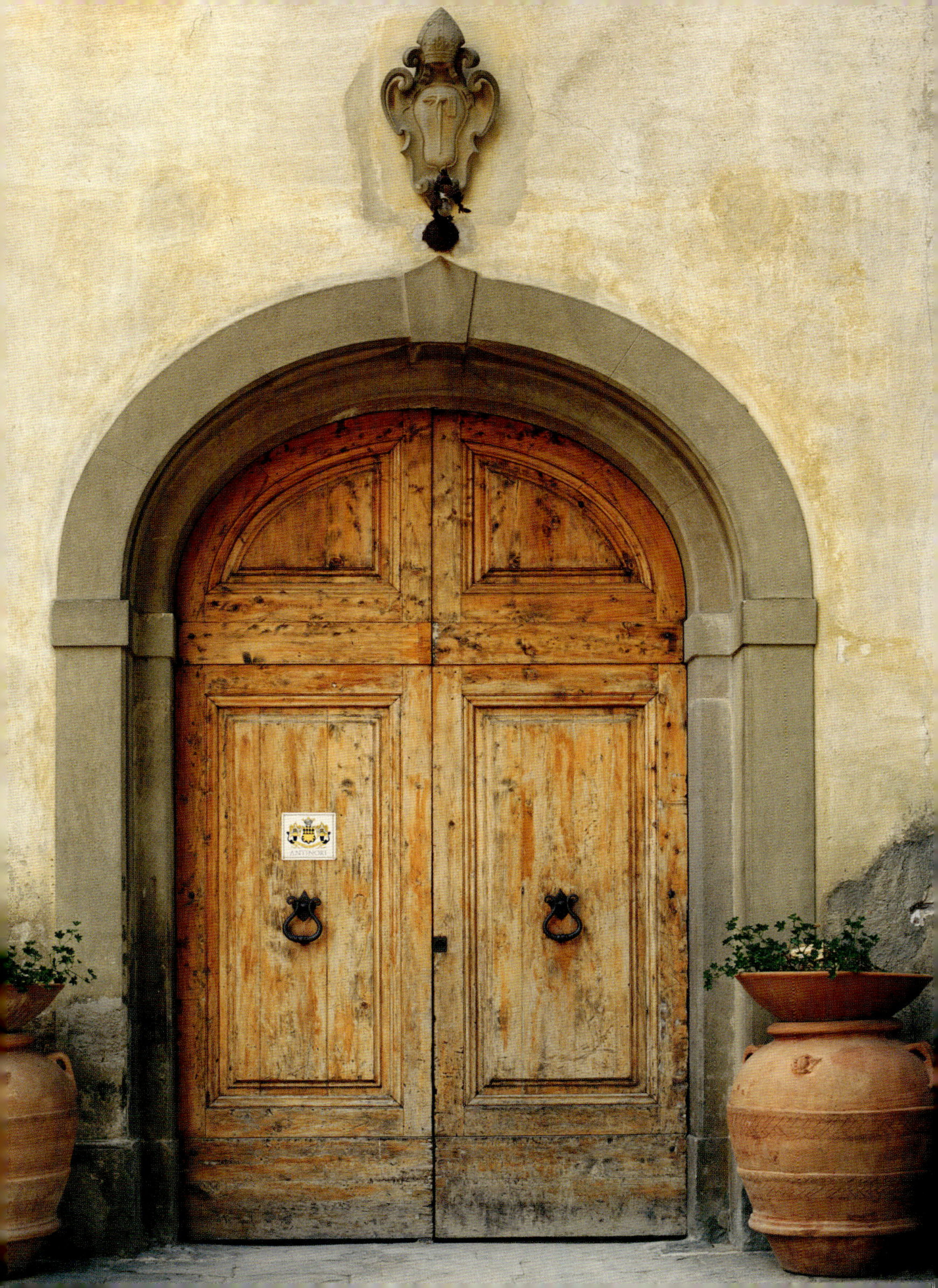
ANTINORI

ANTINORI

FATTORIE ANTINORI

Antinori
Solaia 1985

アンティノーリ
ソライア 1985

産地 イタリア、トスカーナ
特徴 赤・辛口：アルコール度数12.5度
葡萄品種 C・ソーヴィニョン、サンジョヴェーゼ、C・フラン

　イタリア語で「太陽がいっぱい」を意味するソライアは、海抜351〜396mの南西向きの斜面に広がる、石灰質の泥灰土と砕けやすいアルバレーゼ岩が混ざった土壌の葡萄畑である。キアンティ・クラッシコ地域のメルカターレ・ヴァル・ディ・ペザ地区、有名なティーニャネッロ葡萄畑に隣接したサンタ・クリスティーナにある。
　アンティノーリが最初の単一畑ワインをこの農園から出したのは1978年であったが、そのワインはイタリア国内でしか販売されなかった。"ノンキアンティ"の葡萄（カベルネ）を使用していることから、ソライアはDOCGキアンティ・クラッシコではなく、格下のヴィーノ・ダ・タヴォラ・ディ・トスカーナに分類された。
　2006年11月8日、オークションで有名なクリスティーズは、アルビエーラ・アンティノーリの主催で、アンティノーリ・マスタークラスをロンドンで開催した。出品されたワインの中に、1980年代のトスカーナで最上のヴィンテージである1985年のソライアがあった。通常の5%ではなく、10%のカベルネ・フランを含むそのワインは、まだ十分に熟成しているとは言えなかったが、これからますます良くなるという期待を抱かせた。アルビエーラは、「ソライアの飲み頃は15年から25年くらいだ」と言ったが、ワインの酸とタンニンの状態を考えるとその通りだとうなづける。**SG**

🍷🍷🍷　飲み頃：2010年過ぎまで

Antinori
Tignanello 1985

アンティノーリ
ティニャネッロ 1985

産地 イタリア、トスカーナ
特徴 赤・辛口：アルコール度数12.5度
葡萄品種 サンジョヴェーゼ、C・ソーヴィニョン、C・フラン

　初代"スーパー・タスカン"の1つ、ティニャネッロは、アンティノーリのサンタ・クリスティーナ・エステートの標高350〜400mの南西向きの、石灰質泥灰土と石灰岩の混ざった47haの同名の畑の葡萄だけから造られる単一畑ワインである。
　ティニャネッロは元々、ヴィニェト・ティニャネッロと呼ばれるキアンティ・クラッシコ・リゼルヴァの1つであった。最初1970年に単一畑ワインとして造られた時は、まだ伝統的なトスカーナの白ワイン品種であるカナイオーロ、トレッビアーノ、マルヴァシアを含んでいたが、1975年以降、白ワイン品種はすべて排除された。
　2006年11月に試飲したとき、1985——ティニャネッロにとっては、今のところ最高のヴィンテージである——は、美しいハーブの香りに満たされていた。それは完璧に熟成した、本当に愛らしいワインになっており、従姉妹のアンティノーリ・ソライアよりもかなり軽い感じに造られていた。ワイン鑑定士のティム・アトキンは、熟成とともにカベルネが目立ってきたと言ったが、アルビエーラ・アンティノーリは「ティニャネッロは正真正銘のスーパー・タスカンだ。1985のアロマは、まさに熟成されたサンジョヴェーゼのものだ」と答えている。ティニャネッロの最高の飲み頃は、10〜15年熟成した時だとアルビエーラは言っている。**SG**

🍷🍷🍷　飲み頃：2010年過ぎまで

◀ アンティノーリのワインを中心に飾り付けられた酒店の入り口

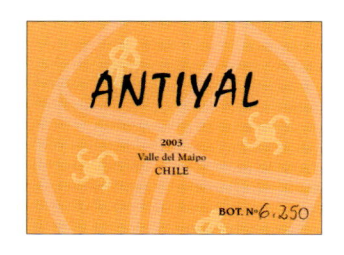

Antiyal
2003
アンティヤル
2003

産地 チリ、マイポ・ヴァレー
特徴 赤・辛口：アルコール度数14.5度
葡萄品種 カルムネール、メルロ、C・ソーヴィニョン、シラー

チリ最初のガレージ・ワイン、アンティヤルが造られたのは、1998年、アルヴァロ・エスピノーサの手によってであった。彼はすでにサンタ・リタの子会社で、自分の名前でカルメンというワインを出していた。エスピノーサと彼の妻マリーナは、サンティアゴの南、パイネの自宅の庭にある物置小屋をワイナリーに改造した。アンティヤルのための葡萄は、エスピノーサの自宅の前庭に残っている葡萄樹と、アルヴァロの母親が持つマイポ・ヴァレーの葡萄畑から調達した。チリ産カベルネ・ソーヴィニョンとカルメネールが、シラーを加えることによって、ともすれば線が細くなりがちなワインに豊麗さがもたらされた。そしてそれらは、エスピノーサの非権威主義的、不介入主義的方法で強調された。

フランス産オーク（そのうちの1部は、サンタ・リタのお下がり）による熟成は別にして、アンティヤル（それは地元のマプチュ語で「太陽の子」を意味する）には、醸造されたという雰囲気、押し付けのようなものは少しも感じられない──完全なバランスと成熟の2003ヴィンテージが示しているように。2007年に完成したアンティヤルの新しいワイナリーは、チリで最初のグリーン・ワイナリーである。太陽光と風力による発電を利用し、開閉式の月光用窓も用意されている。それは陰暦の吉兆の時期に、樽に月光の力を浴びせるためである。**MW**

😊😊　飲み頃：2018年まで

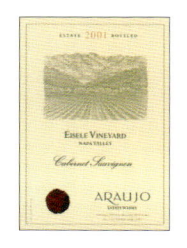

Araujo Estate Wines
Eisele Vineyard 2001
アロウホ・エステート・ワインズ
エイゼル・ヴィンヤード 2001

産地 アメリカ、カリフォルニア、ナパ・ヴァレー
特徴 赤・辛口：アルコール度数14.4度
葡萄品種 C・ソーヴィニョン75％、C・フラン25％

エイゼル・ヴィンヤードは、19世紀の初代オーナーの名前にちなんで名付けられているが、ナパ・ヴァレーで最も早く畑名がラベルに記載された葡萄畑の1つである。19世紀に植樹が始まり、1964年に初めてカベルネ・ソーヴィニョンが植えられた。1970年代に入って、この畑の名前は広く知られるようになったが、それはリッジが、次にジョセフ・フェルプスが、この畑の葡萄を買い入れ、それから精妙で芳醇なワインを造りだしたからである。1990年に、畑の所有者がバート＆ダフネ・アロウホに代わった。この葡萄畑はカリストガの南東、パリセーズ山地の麓に位置し、その山嶺が葡萄樹を北風から守っている。

あの素晴らしい2001年は、比較的降水量の少ない、穏やかな冬から始まり、暖かく乾燥した春が続いた。7月と8月の冷涼な気候は、果実味とタンニンをバランスよく成熟させ、堅実で自然な酸と強い風味をもたらした。それらは9月、夜間に行われた摘果でしっかりと保持された。ステンレス・タンクによる低温浸漬と長めのマセラシオンが行われた後、ワインはフランス産オークの100％新樽で22ヵ月間熟成させられた。鼻を近づけると最初ミントの香りがし、口に含むと、すぐに豊麗な風味が伝わってくるが、その後複雑なミネラルの層が幾重にも感じられる。ワインはしっかりした骨格を持ち、タンニンは強いがしなやかで、驚くべきフィネスを示す。**LGr**

😊😊😊😊😊　飲み頃：2025年まで

石壁に刻まれた美しいアロウホの文字が、ワイナリーの存在を告げている。

ARAUJO

ESTATE WINES

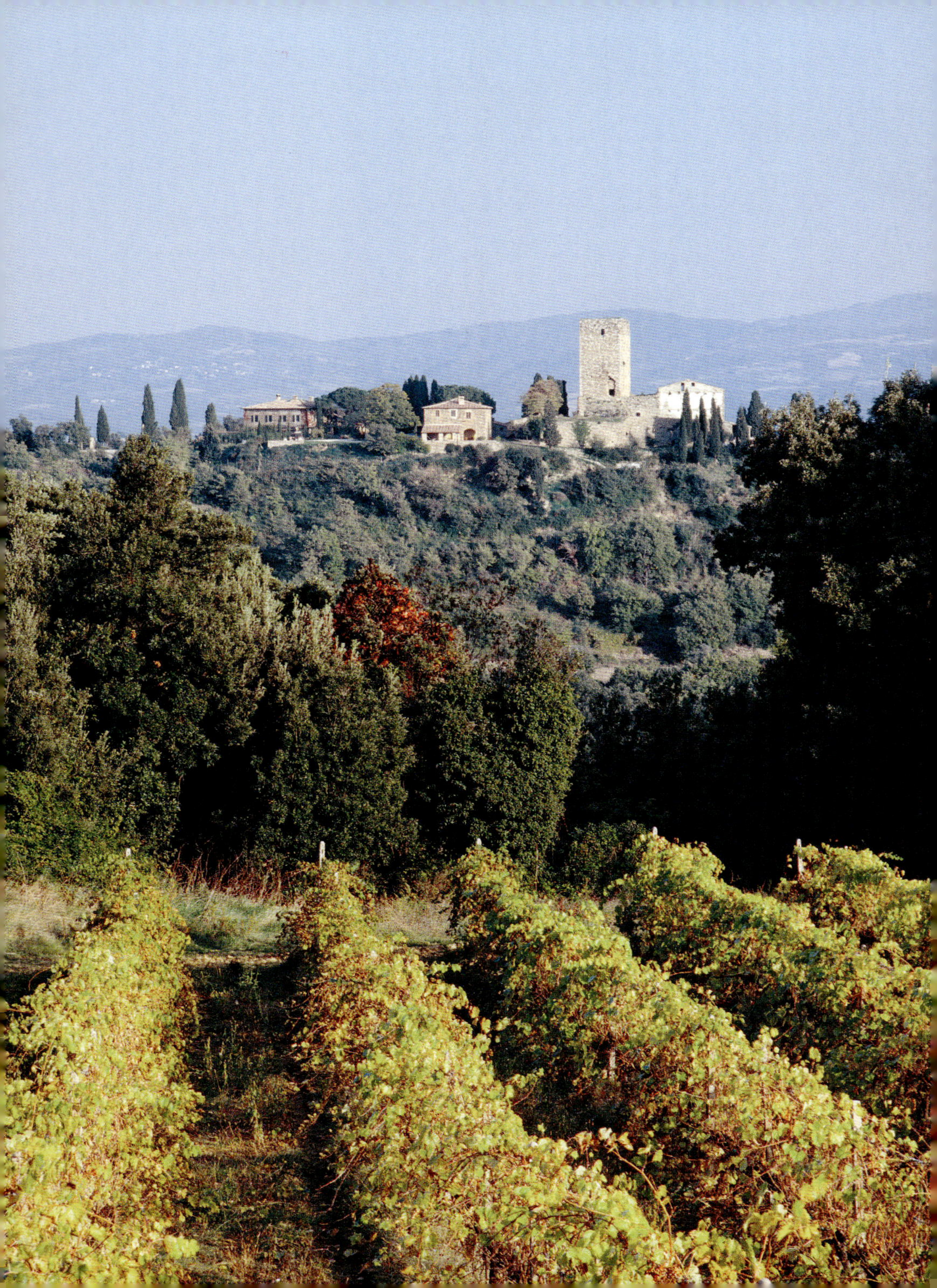

Argiano
Brunello di Montalcino 1995

アルジャーノ
ブルネッロ・ディ・モンタルチーノ 1995

産地 イタリア、トスカーナ、モンタルチーノ
特徴 赤・辛口：アルコール度数13.5度
葡萄品種 サンジョヴェーゼ

　アルジャーノはモンタルチーノの南西部、コッレ村、サンタンジェロの丘の頂上に位置している。アルジャーノという名前は、古代ローマのヤヌス神の星座であり、古代の賢者の道標であった祭壇座の呼び名アラ・ジャニに由来している。ルネサンスの時代に、シエナのある貴族が丘の頂上に壮大な別荘を建てたが、やがてそれはコヴァテリ伯爵の所有となった。1992年、現在の所有者であるノエミ・マローネ・チンザーノがその土地を手に入れ、セラーとブルネッロの醸造設備を全面的に改築した。彼女は、その同じ年に、伝説的な醸造家ジャコモ・タキスと契約した──彼は2003年に引退したが。

　その100haの葡萄畑はアミアタ山によって強風と豪雨に守られ、またマレンマ地方からの暖かい風が、温暖で乾燥した微気象をつくりだし、葡萄を健康的に成熟させる。1995年はモンタルチーノにとっては5つ星のヴィンテージであったが、この年、タキスは最上の葡萄のすべてをただ1つのブルネッロに注ぎ込み、通常であれば良い年には必ず造っていたリゼルヴァを造らないことに決めた。ブルネッロ1995は、半量は小樽で、残りの半量はスロヴァニア産オークの大樽で2年間熟成させられた。そのワインは芳醇で、よく熟した果実と花の香りが口中に広がる。非の打ちどころのないほどバランスが良く、緻密なタンニンを持っており、それは時と共に柔らかくなっていくであろう。**KO**

$ $ $　飲み頃：2015年過ぎまで

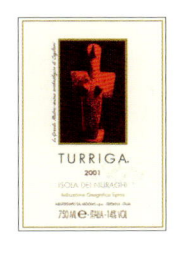

Argiolas
Turriga 2001

アルジオラス
トゥッリーガ 2001

産地 イタリア、サルデーニャ
特徴 赤・辛口：アルコール度数14度
葡萄品種 カンノナウ85％、その他15％

　1970年代後半、島の多くの葡萄栽培農家が嬉々として島自生の葡萄樹を引き抜き、ヨーロッパ主流の品種の樹を植えていたとき、アルジオラスはこれに逆行し、サルデーニャの自生の葡萄樹をさらに広く植え付けるという大胆な決心をした。一家は葡萄畑を改修し、最高の品質を確保するためセラーを現代的なものにした。そして伝説的な醸造家ジャコモ・タキスの指導を受ける契約を交わした。サルデーニャの自生の葡萄を愛していたタキスは、情熱を持って常駐の醸造家マリアーノ・ムルを指導した。

　彼らのフラッグシップ・ワイン、トゥッリーガは、カンノナウを主体に、マルヴァージア・ネッラなどの自生の葡萄をブレンドして造られている。この力強い赤ワインは、すぐに島全体の基準となった。このワインが最初にリリースされたのは1988年で、彼らの最上の葡萄畑トゥッリーガの葡萄が使われた。その畑は海抜230mにあり、石灰質のやや石の多い、完全に南向きの場所にある。誰もが圧倒されるその風味には、熟した果実、スパイス、そしてサルデーニャ島で多く見られるマートル（銀梅花）の香りが含まれている。素晴らしい2001年は極端な少雨から始まり、6月には、このワインの島は、予想される暑く乾燥した夏に備えて緊急の灌漑設備を整えなければならないほどであった。フル・ボディでパワフルな2001年は、その感動的な骨格のおかげで、魅惑的に熟成していくことであろう。**KO**

$ $ $　飲み頃：2020年まで

アルジャーノ・ワイナリーの葡萄畑を見守るアルジャーノ城

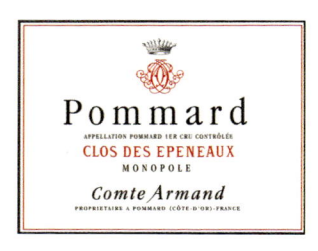

Domaine du Comte Armand
Pommard PC Clos des Epeneaux 2003
ドメーヌ・デュ・コント・アルマン
ポマールPC・クロ・デ・ゼプノ 2003

産地 フランス、ブルゴーニュ、コート・ド・ボーヌ
特徴 赤・辛口：アルコール度数13.5度
葡萄品種 ピノ・ノワール

　ポマールにはグラン・クリュはないが、傑出した畑が2つあるというのは衆目の一致するところだ。リュジアンとレ・ゼプノである。レ・ゼプノはポマールとボーヌの境界に広がる30haの畑で、3区画に分かれている。そのなかで最も小さく、最も優れた区画が、壁に囲まれたクロ・デ・ゼプノで、ビオディナミを実施しているコント・アルマンの単独所有畑である。

　1999年からコント・アルマンのワインメーカーを務めるベンジャミン・ルルーは、葡萄の樹齢、栽培場所に基づいて、通常この畑から4種類のワインを造り、次いでそれをブレンドする。最も樹齢の若い葡萄は、コント・アルマン・ポマール・プルミエ・クリュになり、残りがコント・アルマン・ポマール・クロ・デ・ゼプノとなる。この畑の最も古い樹の樹齢はおよそ60年である。

　レ・ゼプノは非常にタンニンが強く、通常はそのタンニンの攻撃性を和らげるために長期熟成させる必要がある。クロ・デ・ゼプノのワインは、若いうちは人を寄せ付けないところがある。2003年も例外ではないが、そこには驚くべき豊麗なアロマがあり、ラズベリーやオークの複雑に入り組んだ風味がある。果実味は疑いもなく甘くスパイシーで、アルコールがこのヴィンテージ特有の胡椒味のフィニッシュをもたらす。**SBr**

🍷🍷🍷　飲み頃：2020年まで

Artadi
Viña El Pisón 2004
アルタディ
ヴィーニャ・エル・ピソン 2004

産地 スペイン、リオハ
特徴 赤・辛口：アルコール度数14度
葡萄品種 テンプラニーリョ

　アルタディは、1985年、手頃な価格の飲みやすい赤ワインを造ろうという数名の生産者の協同組合として生まれた。しかし10年も経たないうちに、そのワインはリオハの、そしてスペインのワインの頂上にまで登りつめた。この驚異的な進歩を生み出したのは、組合の指導的存在であるホアン・カルロス・ロペス・デ・ラカージェの、世界レベルのワインを造ろうという決断であった。

　ヴィーニャ・エル・ピソンはリオハで最初に生まれた単一畑ワインの1つである。この地では、異なった畑はもとより、異なった小地区の葡萄、ワインさえブレンドされるのが普通だった。その畑には非常に古いテンプラニーリョが栽培されていて、また古い畑はたいていそうだが、少しばかり他の品種（白葡萄品種さえも）も植えられていた。1945年に、その2.5haの畑に葡萄樹を植えたのは、ホアン・カルロスの祖父であった。

　アルタディは、毎年毎年素晴らしい品質を維持し続けているが、特別天候に恵まれた2004年は、すでに優美さの極みともいうべきものの片鱗を見せ始めており、今少しずつ階段を上っている。若い時、そのワインは深く濃い色の中に、バルサミコ、熟れた赤や黒の森の果実、黒鉛、美しく整えられたオークの香りがする。口に含むと、ミディアム・ボディで非常に凝縮され、酸は明るく、熟したタンニンが豊かである。**LG**

🍷🍷🍷🍷　飲み頃：2025年まで

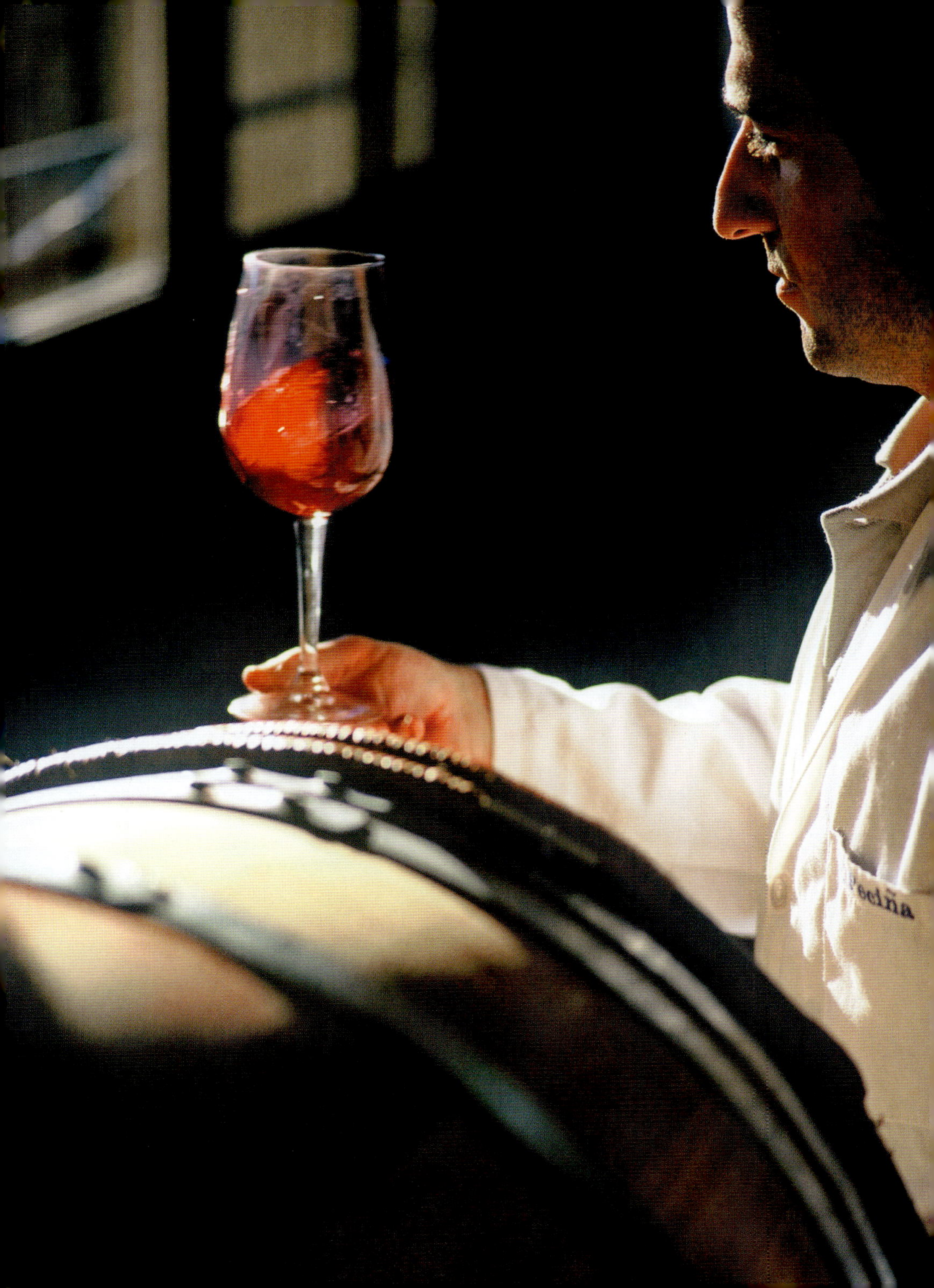

Ata Rangi *Pinot Noir* 2006
アタ・ランギ　ピノ・ノワール 2006

産地　ニュージーランド、マルティンボロ
特徴　赤・辛口：アルコール度数13.5度
葡萄品種　ピノ・ノワール

　クライヴ・ペイトンが1980年にアタ・ランギ——マオリの言葉で、「新しい始まり」、「夜明けの空」を意味する——を購入したとき、それは5haのただのやせた牧草地にすぎなかった。彼がこの地に惹きつけられたのは、その土地が深さ20m位まで小石が重なる独特の地質のため、特別水はけが良く、またノースランドで最も低い年間降水量を記録した場所だったからだ。そのうえ首都のウェリントンからはほんの80kmしか離れていない。

　ペイトンは赤葡萄種——ピノ・ノワール、カベルネ・ソーヴィニョン、メルロ、シラー——を主体に植え、世界レベルのワインを創りだすことを目標に定めた。最初の年からピノ・ノワールはその実力を発揮し、今日では多くの人が、ニュージーランドで最も上手に気まぐれなピノ・ノワールを栽培しているのは、アタ・ランギだと認めている。ピノ・ノワールのなかでもペイトンによって選ばれ、植えられているクローンは、アベル（アタ・ランギの「gumboot（ゴム長靴）」クローンとしても知られている）で、伝えられるところによると、それは1970年代にフランスから違法に持ち込まれたということだ。

　エステートは、ペイトンとその妻フィル、それに彼の妹のアリソンによって所有、経営されている。そのワインは、チャーミングで温和なアタ・ランギの人々を映すかのように魅力的である。2006年のピノ・ノワールは、ニュージーランド育ちのピノ・ノワール特有の香りはあるものの、この地の他の赤にはない格別の深さを持っている。口に含むと濃密な風味が立ち昇るが、それは甘美で新鮮で、その風味は驚くほど長く続き、凝縮されている。アタ・ランギは他にも、シラー、カベルネ、メルロをブレンドしたセレブレという美味しいワインも造っている。**SG**

🅢🅢🅢 飲み頃：2012年過ぎまで

追加推薦情報
その他の偉大なヴィンテージ
1999・2000・2001・2003
マルティンボロのその他の生産者
クラギー・レンジ、ドライ・リヴァー、マルティンボロ・ヴィンヤード、パリサー

アタ・ランギで行われたワインメーカー会議の参加者のサイン ➡

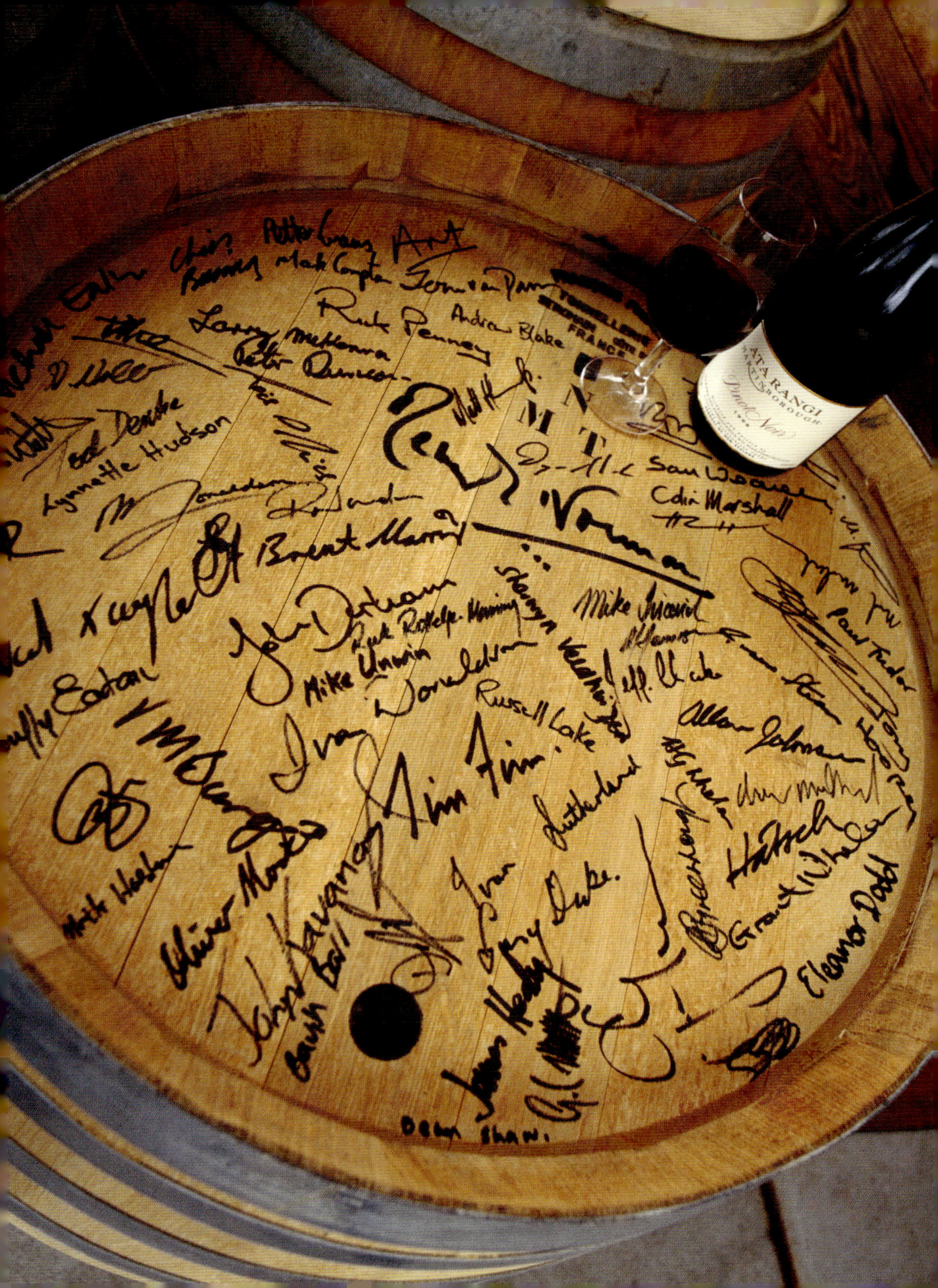
ATA RANGI
MARTINBOROUGH

Dominio de Atauta
Ribera del Duero 2001
ドミニオ・デ・アタウタ
リベラ・デル・ドゥエロ 2001

産地 スペイン、リベラ・デル・ドゥエロ
特徴 赤・辛口：アルコール度数13.5度
葡萄品種 ティント・フィノ（テンプラニーリョ）

　冷涼なソリア県のリベラ・デル・ドゥエロの東端の村出身であったミゲル・サンチェスは、幼い頃から、アタウタという小さな村には、接ぎ木されていない、100年を超える樹齢の葡萄の樹があることを知っており、いつかはその葡萄の樹から世界を驚かすようなワインを創り出したいという夢を抱いていた。フランスのワインメーカー、ベルトラン・スルデを紹介された時、その機会がついに訪れた。

　ドミニオ・デ・アタウタは彼らの主力ワインであるが、他にも数量限定の、特別キュヴェあるいは単一畑ワインを製造している。ヴァルデガティーレス、リャノス・デル・アルメンドロ、エル・パンデロン、ラ・マーラ、サン・ファン（プエルトリコ限定販売）、ラ・ロサなどである。それらのワインは粗野な力強さではなく、バランス、優美さ、新鮮さ、優れた酸を追求している。2000年は最初の、ある意味実験的な年であったが、2001年は最初の「真剣勝負」のワインで、この例外的な年、品質は急上昇を遂げた。アタウタは、色は暗いガーネットで、精妙で優美、そして濃密な熟した赤い果実、スパイス、オレンジの皮の豊かな香りがする。ミディアム・ボディで、酸は生き生きとしており、バランスは絶妙で、芳醇な果実味があり、それがずっと長く続く。すべての成分が、壜の中で進化し高めあう時間を要求している。**LG**

🍷🍷🍷　飲み頃：2015年まで

Au Bon Climat
Pinot Noir 2005
オー・ボン・クリマ
ピノ・ノワール 2005

産地 アメリカ、カリフォルニア、サンタ・バーバラ
特徴 赤・辛口：アルコール度数13.5度
葡萄品種 ピノ・ノワール82％、モンドゥーズ18％

　ブルゴーニュ地方、コート・ドール以外の地域で、カリフォルニアほどピノ・ノワールを熱心に追求しているところはない。集約的な労働は、1980年代に入って徐々に成果をあげ始め、1982年に設立されたジム・クレンデンのオー・ボン・クリマ（ABC）・ワイナリーもその先頭集団の中にある。

　2005年のカリフォルニアは好天続きで乾燥し、そのおかげで果実は驚異的に成熟し、濃縮された。それと葡萄畑自体の成長があいまって、クレンデンが「この年のワインは、ABCワイナリーがこれまでに造った初心者向けのピノの中で最上のもの」と言うのもうなずける。

　それは豊かな深いルビー色をし、ブーケは純粋なピノ果実の香りと共に開くが、すぐに焦げたオーク、スミレのかすかな芳香、コリアンダーのささやきが続く。口に含むと、脳天に激しい一撃を加えられるが、それは大きくどっしりとしていながら、その中心に何となく柔らかさとしなやかさが感じられる。酸の芳醇さとしなやかさ、うっとりする果実味はまさに若い時のピノ・ノワールそのものだが、お望みなら数年間壜熟させるとそれらに優雅さが付け加わるだろう。**SW**

🍷🍷🍷　飲み頃：2020年まで

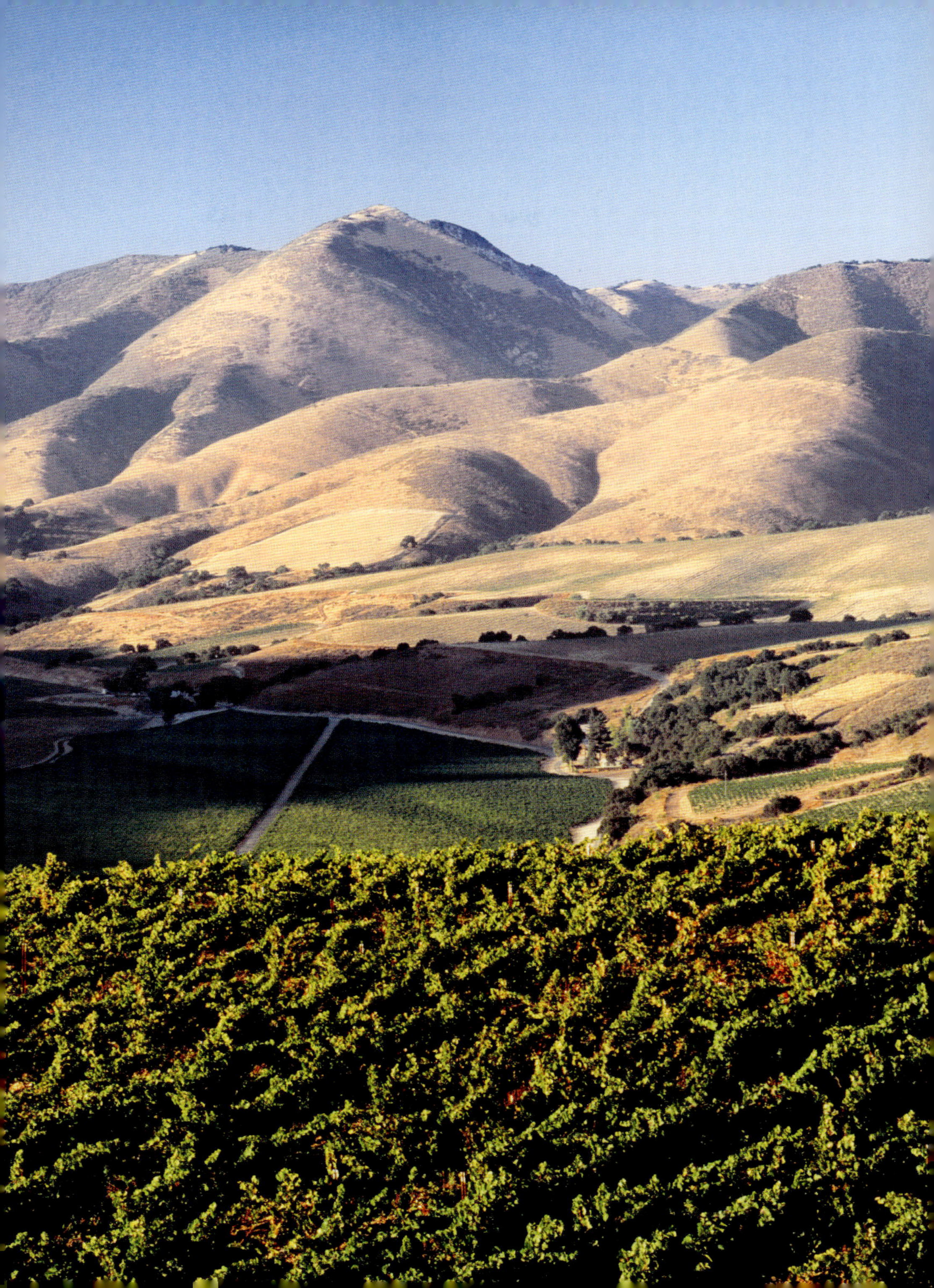

Château Ausone 2003

シャトー・オーゾンヌ 2003

産地 フランス、ボルドー、サンテミリオン
特徴 赤・辛口：アルコール度数14度
葡萄品種 カベルネ・フラン55％、メルロ45％

オーゾンヌはボルドーの代表的なシャトーの中では最も規模が小さいが、サンテミリオンでも、これほど輝かしい評価を得ているシャトーは他にはないだろう。シャトーはサンテミリオンの町並みを見下ろす石灰岩の尾根のうえに鳥のように止まっている。オーゾンヌという名前は、ローマ時代の詩人アウソニウスに由来する。ボトルは1840年代のものから残っており、19世紀のワインを試飲する幸運に恵まれた人々は、高い酒質と力強さがいまなお健在であると証言している。

わりと近い時期、シャトーの所有権は2つの家族の間に分割され、その状態が20年間続いた。しかし、それはワインの質に悪影響を及ぼすどころか、優れたワインは確執の間に生まれることが多いという説の正しさを証明した。1995年に両家は和解し、アラン・ヴォティエが全財産を管理することとなった。知性的で誠実な人柄の彼の指示のもと、オーゾンヌは新たな高みへと達した。あの悪名高い灼熱の2003年でさえ、素晴らしいワインを生み出すことができた。石灰質土壌は葡萄の樹を干害から守り、カベルネ・フランの高い比率のおかげで、2003年としてはめずらしいが、しかしオーゾンヌとしてはいつもと変わらない芳香と精妙さを持つことができた。

ヴォティエは常に細心の注意を払って葡萄畑を管理し、ぎりぎりまで葡萄を完熟させて収穫する。その結果ワインは他に類を見ないほど力強くなり、平均樹齢50年の葡萄樹から揺らぐことのない凝縮された風味が生み出される。その一方で、2003年でさえ、新鮮さもあわせ持ち、しっかりした骨格は長く生き続けることを保証している。**SBr**

🍷🍷🍷🍷　飲み頃：2010年〜2030年

追加推薦情報
その他の偉大なヴィンテージ
1929・1982・1995・1998・2000・2001・2005
サンテミリオンのその他の生産者
ベレール、ラ・ガフリエール、マグドレーヌ、ラ・モンドット、パヴィ、パヴィ・マッカン、テルトル・ロートブッフ、トロロン・モンド

シャトーの栄光を示威しているオーゾンヌの厳かな門

Ausone

Azelia
Barolo San Rocco 1999
アゼリア
バローロ・サン・ロッコ 1999

産地 イタリア、ピエモンテ、ランゲ
特徴 赤・辛口：アルコール度数14度
葡萄品種 ネッビオーロ

　1920年にルイージ・スカヴィーノの祖父の手によって設立された小さなアゼリア・エステートは、数10年もの間バローロを造り続けている。アゼリアの主力ワインであるサン・ロッコは、名高いセラルンガ村の、同じ名前の1.8haの畑に育つネッビオーロから生まれる。比類のない深い色をし、強靭なストラクチャーと長命を誇るそのバローロは、ヘルヴェティアン時代に遡る鉄分の多い石灰岩質の土壌の恩恵を一身に受けている。タンニンが柔らかくなる10年以上の時を待って賞味される伝統的なやり方とは違って、リリースと同時に楽しむことができるという現代的な原則に則って、ルイージはマセラシオンと発酵の期間を10日から12日の間に減らした。彼はまた、サン・ロッコの熟成に新樽と古い樽の両方を使い、攻撃的なタンニンを飼い慣らし、ヴァニラとスパイスの風味を加えている。

　1999ヴィンテージは、バローロ・バルバレスコ品質保護協会から5つ星をもらう栄誉に輝いたが、それはピエモンテの中でも最優秀に値し、その骨格のしっかりした豊かで精緻なワインは長期熟成にも耐える。深い濃密な色をし、豊かな花の香りのなかにバルサミコの微香がただよう。完熟した黒い果実と、よく統一されたオークの風味が口いっぱいに広がり、それらがなめらかでしなやかなタンニンによって調和されている。**KO**

😊😊😊　飲み頃：2012年過ぎまで

Domaine Denis Bachelet
Charmes-Chambertin GC 1999
ドメーヌ・ドゥニ・バシュレ
シャルム・シャンベルタンGC 1999

産地 フランス、ブルゴーニュ、コート・ド・ニュイ
特徴 赤・辛口：アルコール度数12.5%
葡萄品種 ピノ・ノワール

　ドゥニ・バシュレは、ジュヴレイ・シャンベルタンの他のワイン生産者たちと親交を深めることはあまりなく、そのワインも何かの流派やスタイルに属しているわけではない。彼は1963年にベルギーで生まれ、1980年代に祖父の跡を継ぐために、ジュヴレイにやってきた。祖父のドメーヌは2haあまりの小さなものだったが、葡萄畑はジュヴレイの中心地にかたまっており、その中にはプルミエ・クリュのレ・コルボー、グラン・クリュのシャルム・シャンベルタンも含まれていた。バシュレのシャルム・シャンベルタンの0.4haの小区画は、上のほう、すなわち恵まれた場所にある。フィロキセラの災禍の直後に植えられた樹もあるが、大半は1920年代に彼の大叔母によって植えられたもので、ときどき彼女の妹、すなわちバシュレの祖母も手伝っていた。

　バシュレのシャルム・シャンベルタン1999は、いまだに鮮明な深い紫色を誇示し、人を虜にするようなうっとりとした果実の風味が立ち昇る。50%使用の新樽の香りはまったく目立たず、豊かな果実味の脇役に徹している。豊満な風味が口中全体に広がり、均整が取れ、刺激的で、完熟した赤い果実をさまざまに詰め込んだ豪華な果物籠の様で、最後に完璧な長く続くフィニッシュが訪れる。ちょっと香りをかぐだけで、ちょっと啜るだけで、笑みがこぼれること間違いなし。**JM**

😊😊😊😊　飲み頃：2020年過ぎまで

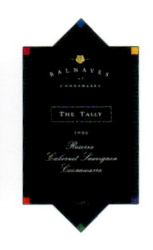

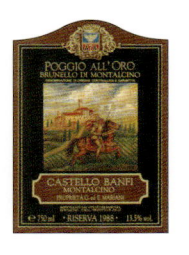

Balnaves
The Tally Cabernet Sauvignon 2005

バルネイヴズ
ザ・タリー・カベルネ・ソーヴィニヨン 2005

産地 オーストラリア、南オーストラリア、クナワラ
特徴 赤・辛口：アルコール度数14.5度
葡萄品種 カベルネ・ソーヴィニヨン

　バルネイヴズは、有名なクナワラのテラ・ロッサ帯状地帯の真ん中に位置する小さな家族経営の会社である。1976年に最初の5haを植えてから、エステートは順調に成長を続け、いまではテラ・ロッサの最高の土壌の上に、57haもの広大な葡萄畑を所有している。1995年にはワインメーカーとしてピーター・ビッセルを招き、以来彼とバルネイヴズは数多くの賞を受賞している。

　バルネイヴズの家長であるダグ・バルネイヴズは、誰からも好かれる温厚な人柄で、ワイン造りを始める前は様々な職業を経験していた。その1つに有名なメリノ羊の羊毛刈りの仕事がある。羊毛刈り職人は毛を刈った羊の頭数で報酬を支払われるが、その時に頭数を記録しておくのが、「タリー（割符）」である。タリーの刻み目が高くまで印されていればいるほど、毛刈り職人の腕の確かさと勤勉さが認められ、報酬は多くなる。バルネイヴズ一家がその最上のワインに「ザ・タリー」という名を付けているのは、このオーストラリア独特の伝統ある制度と同様の気持ちでワイン造りに取り組みたいという気持ちの表れに他ならない。

　最高に手入れされた葡萄畑から、最高の年だけに得られる葡萄で造られるザ・タリーは、しっかりした骨格を持っているが、まろやかで、長期熟成の価値のあるワインである。クナワラのワインの特徴である、強い酸と真っ直ぐ伸びた背筋を持ち、壜熟の過程でさらにミントの香りを高め、艶麗になる。**SG**

🍷🍷🍷　飲み頃：2020年まで

Banfi
Brunello di Montalcino Poggio all'Oro 1988

バンフィ
ブルネッロ・ディ・モンタルチーノ・ポッジョ・アル・オーロ 1988

産地 イタリア、トスカーナ、モンタルチーノ
特徴 赤・辛口：アルコール度数13度
葡萄品種 サンジョヴェーゼ

　1988年という年は、イタリアの多くの地域ではそれ程良い年でもなかったが、トスカーナの極上のワインを生み出す小さな畑にとっては、最高の年だった。マイケル・ブロードベントはその年、「今年最高のワインはモンタルチーノで生まれた」と言ったが、バンフィのポッジョ・アル・オーロ（「黄金の丘」を意味する）単一畑から生まれたブルネッロ・リゼルヴァは、そのヴィンテージを象徴するワインで、熟れた果実の風味と深みはこれまで以上に極まっている。そんなバンフィ社が、良い年にしか造らないのが、ポッジョ・アル・オーロ・リゼルヴァである。

　ポッジョ・アル・オーロ葡萄畑は、海抜250mのところにあり、バンフィによって再植樹が行われたのは1980年であった。モンタルチーノ全域から選ばれた最上のサンジョヴェーゼの中から10株の異なったクローンが選抜された。1985年のデビューの年は、伝統的な方式に則ってスロヴァニア産オークの大樽で42ヵ月間熟成させられたものを出荷したが、その濃縮された精妙さはすぐさま批評家に絶賛された。その後醸造法をより国際的な方法に近づけ、現在ではフランス産オークの小さな樽で、30ヵ月熟成させている。そのワインは国外市場で、特にアメリカで高い人気を獲得している。バンフィ社は、以前は稀少なワインと考えられていたブルネッロを届けることができる企業として、世界中の愛好家に信頼されている。**KO**

🍷🍷🍷🍷　飲み頃：2012年過ぎまで

Barca Velha
1999

バルカ・ヴェリャ・フェレイラ
1999

産地 ポルトガル、ドウロ・ヴァレー
特徴 赤・辛口：アルコール度数13.5度
葡萄品種 ティンタ・ロリス、トゥーリガ・フランカ、トゥーリガ・ナシオナル

　ポルトガル北部の岩だらけのドウロ・ヴァレーほど素晴らしい景観に恵まれた葡萄畑地帯は、世界にもあまりない。しかし何十年もの間、世紀の変わった今日に至っても、ただ1つの例外を除いて、この景勝の地から世界の桧舞台に現れたワインはない。その1つの例外が、バルカ・ヴェリャである。バルカ・ヴェリャは、1950年代にフェレイラでワインメーカーをしていたフェルナンド・ニコラ・デ・アルメイダが生み出したワイン。1940年代にボルドーで修行を積んだ後、アルメイダは、ポルトガルの「ファースト・グロース」を造ろうという野望を持ってポルトガルに戻ってきた。

　標高の高い位置にあるいくつもの小区画に分かれた葡萄畑から生まれる葡萄は、ブレンドに新鮮さと複雑さを与えている。熟成は小さなオークの新樽で12ヵ月から18ヵ月間行われ、さらに壜でそれ以上の期間熟成させられて出荷される。ワインが世に出るのは、葡萄が収穫されてからおおむね6年ほど経ってからである。バルカ・ヴェリャは本当に名に値するものができた時にしか出荷されないため、今までに15ヴィンテージしか存在しない。

　1999年のものは、神々しいほどに新鮮な濃縮した黒果実のフレーヴァーがあり、アロマは木樽による熟成からくるリンゴ酒とヴァニラにおおわれていて、チョコレートと花のほのかな香りもする。凝縮された深さが口中に広がり、それがこれほどの力強さを持ったワインにはあまり見ることのできない上質の優雅さによって見事に調和させられている。**GS**

❺❺❺❺❺　飲み頃：2020年過ぎまで

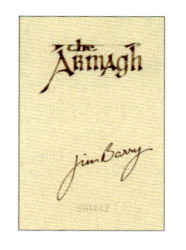

Jim Barry
The Armagh Shiraz 2001

ジム・バリー
ジ・アーマ・シラーズ 2001

産地 オーストラリア、南オーストラリア、クレア・ヴァレー
特徴 赤・辛口：アルコール度数14.5度
葡萄品種 シラーズ

　ジム・バリーは1959年、クレア近郊の土地を購入し、1973年にワイナリーを建て、1974年に初ヴィンテージを出した。彼のエステートは現在、アッパー・クレア地区に約250haの葡萄畑を所有している。

　1985年、バリーは最初のアーマ・シラーズをリリースしたが、そのワインは、1968年に植えた、独特の剪定方法で収量を低く抑えた葡萄樹から造られた。その葡萄を彼は以前にも、センチメンタル・ブローク・ポートというブレンド・ワインに使用したが、そのワインの名前は、オーストラリアの有名な作家C・J・デニスの『ザ・ローリエイト・オブ・ザ・ラリキン（ならず者の月桂樹）』という詩から取ったものだった。アーマの葡萄樹のもう1つ変わったところは、そのクローンがイスラエル出身ということだ。

　アーマ・シラーズは、南オーストラリア州のシラーの極致を体現していると言っても過言ではないだろう。それはがっしりとした骨格を持ち、凝縮され、しかも調和が取れている。それはオーストラリアが今まで生み出したシラーの中では最大の果粒である——本当に驚くほど大きい。

　2004年に試飲したとき、2001は香りはまだまったく閉じていて、すこしだけミントが香っただけだった。口に含むと、非常にしっかりした構造で、ジューシーな酸が飲みやすくしている。フィニッシュはまだタンニンが強いが、力強い。長期熟成させると予想を超える力を見せてくれるだろう。アーマは真面目なワイナリーが造った、真面目なワインだ。**SG**

❺❺❺　飲み頃：2010年過ぎまで

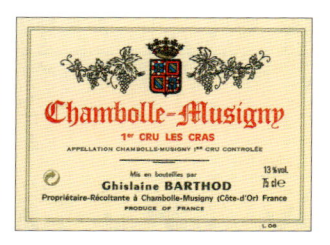

Domaine Ghislaine Barthod
Chambolle-Musigny PC Les Cras 2002
ドメーヌ・ギスレーヌ・バルト
シャンボール・ミュジニィPC・レ・クラ 2002

産地 フランス、ブルゴーニュ、コート・ド・ニュイ
特徴 赤・辛口：アルコール度数13度
葡萄品種 ピノ・ノワール

　シャンボール・ミュジニィは、ブルゴーニュの中にあって、どちらかと言えば「女性的」で、力強さよりも愛らしさ、フィネスに優れているという評判である。その評判はある程度当たっているが、だからといってシャンボール・ミュジニィが若飲みのワインと考えるのは間違っている。それは非常に良く熟成する。特に最上の畑のものはそうだ。村からそう遠くないレ・クラ葡萄畑は、グラン・クリュ・ボンヌ・マールと同じ石灰質の白い土壌で、南向きの区画も東向きの区画も共に良い性質を授かっている。

　7haのドメーヌを集めたのは、ギスレーヌ・バルトの父ガストン・バルトだが、現在そのドメーヌは彼女の名前を冠している。そして彼女の最初のヴィンテージが世に出たのが1986年のことだった。レ・クラは彼女が持つプルミエ・クリュの区画の中では最大で、栽培面積は0.86haである。若い時、レ・クラは紛れもなく稠密であるが、常に心地よい香りが際立っており、それは時にチェリーであったり、時にラズベリーであったりする。熟成させるほど香りは豊麗になり、官能的になる。若い時、やや謹厳に感じられたとしても、5年も壜熟すれば、甘く、しなやかになる。2002年はとりわけ優美で、引き締まっていて強健であるが、豊満な果実味と長く尾を引く余韻は、約束された未来を保証している。**SBr**

🍷🍷🍷 飲み頃：2020年まで

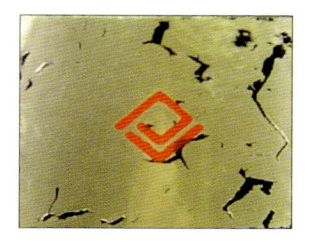

Bass Phillip
Premium Pinot Noir 2004
バス・フィリップ
プレミアム・ピノ・ノワール 2004

産地 オーストラリア、ヴィクトリア、ギップスランド
特徴 赤・辛口：アルコール度数13.5度
葡萄品種 ピノ・ノワール

　フィリップ・ジョーンズはオーストラリア・ワイン界の帝王の1人であり、オーストラリアでのピノ・ノワール造りという最も困難な仕事に全精力を傾けている孤高の人である。彼のひと続きになった4つの葡萄畑は、ほとんどこの気位の高いブルゴーニュ産の赤葡萄に捧げられている。ヴィクトリア州南部に位置し、冷涼で草が青々と茂り、放牧がさかんなこの地に彼が葡萄苗を植えたのは、1979年のことであった。この地は、旱魃が深刻化していない数少ない土地の1つである。彼が毎年送り出しているピノ・ノワールの中で最高峰に位置するのがリザーヴとプレミアムであるが、リザーヴは最高の年だけに、やっと1樽か2樽造られるだけである。

　この2つのワインは毎年、同じ畑に属する別々の区画からの葡萄で造られる。レオンガサは雨量が多く、湿度はオーストラリアのワイン産地の中で最も高いと言ってよいだろう。非常に厚い水捌けの良い土壌がこの気候の難点をカバーしている。その土壌は火山灰が沈積してできた非常に古い地層で、ミネラルを豊富に含んでいる。オーク小樽での熟成期間は、以前は16〜18ヵ月であったが、最近では13〜15ヵ月へといくぶん短縮されている。樽は、軽く焦がしたアリエを用いている。プレミアム2004はまだ本物の色にはなっていないが、すでに頭がくらくらするような風味を持っている。うっとりするような、スパイシーなチェリーのアロマ、最高級のシルクのようなフィネスを持つこのワインが、忘れられない1本になることは間違いない。**HH**

🍷🍷🍷🍷 飲み頃：2018年まで

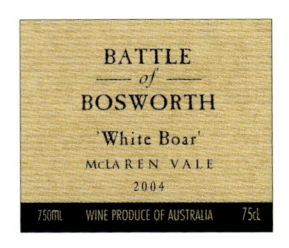

Battle of Bosworth
White Boar 2004

バトル・オブ・ボスワース
ホワイト・ボア 2004

産地 オーストラリア、南オーストラリア、マクラーレン・ヴェイル
特徴 赤・辛口：アルコール度数15度
葡萄品種 シラーズ

　ピーターとアンシアのボスワース夫妻が、マクラーレン・ヴェイルの町の南にエッジヒル・エステートを設立したのは、1970年代初めであった。ウィランガ地区に移民が定住するようになったのは1830年代後半のことで、ボスワース家は早くも1840年代後半から、この地区で葡萄生産を続けてきた。1995年にジョック・ボスワースがエステートを継ぎ、畑の管理から経営まで、すべてを取り仕切っている。彼は彼のブランドに、「バトル・オブ・ボスワース」と名付けたが、それは有機栽培を始めとする彼の新たな挑戦を示唆している。

　北イタリアのアマローネに着想を得ているが、ジョック・ボスワースのホワイト・ボアはそれとはまったく異なっている。アマローネのように葡萄を収穫して、棚の上で乾燥させるのではなく、果実が望んでいた様々なフレーヴァーを成熟させた段階で、ケーン（枝）をカットし、葡萄樹のうえで果実を乾燥させ、干し葡萄化させる。2週間かけてこの過程を終えた後、葡萄は手摘みされ、ゆっくりと時間をかけた発酵へと導かれる。こうして生まれるホワイト・ボアは普通のアマローネよりも果実味と色が濃く、タール、ナツメグ、土、プディングの果実、大豆、バラ、ヒマラヤ杉のようなオーク、ターキッシュ・ディライト、ラム、レーズン、チョコレートなどの多彩な味と香りが乱舞する。**SG**

🅢🅢🅢　飲み頃：2010年過ぎまで

Château de Beaucastel
Hommage à Jacques Perrin 1998

シャトー・ド・ボーカステル
オマージュ・ア・ジャック・ペラン 1998

産地 フランス、ローヌ南部、シャトーヌフ・デュ・パープ
特徴 赤・辛口：アルコール度数13.5度
葡萄品種 ムールヴェドル、その他

　ボーカステル家は16世紀半ばには、すでにクルセゾンに住んでいた。記録によると、1549年に「ノーブル・ピエール・ド・ボーカステル」がクードレの「52 saumées の土地付きの家畜小屋を買った。」1909年にピエール・トラミエールがその土地を購入し、その義理の息子ピエール・ペランがそれを受け継ぎ、そしてジャック・ペランが続いた。現在シャトー・ド・ボーカステルはジャックの2人の息子、ジャンとフランソワによって経営されている。

　1989年は気候がとても良かったので、ペラン兄弟はこの年の葡萄から亡き父に捧げるキュヴェを造ることに決めた。オマージュ・ア・ジャック・ペランは主に、少量の完熟し、濃縮された果実をつけるムールヴェドルの古木の葡萄を使っている。

　そのワインは2006年ワールド・オブ・ファイン・ワイン・ショーでのシャトーヌフ・デュ・パープのブラインド・テイスティングに出品され、シャトー・ド・ボーカステル・オマージュ・ア・ジャック・ペランの4つのヴィンテージが、上位4位を独占し、疑いもなくそれはローヌ南部の最高のワインであることを証明した。スティーヴン・ブローウェットは1998年を、「ゴージャスなワインだ。甘く完熟した果実の風味に溢れ、ミルクチョコレートの香りは暗示を超えている」と激賞した。ペラン兄弟はそのワインを、「退職後の楽しみに取っておくべきワイン」と呼んでいる。**SG**

🅢🅢🅢🅢　飲み頃：2020年過ぎまで

Beaulieu Vineyard
Georges de Latour Cabernet Sauvignon 1976

ボーリュー・ヴィンヤード
ジョルジュ・ド・ラトゥール・カベルネ・ソーヴィニョン 1976

産地 アメリカ、カリフォルニア、ナパ・ヴァレー
特徴 赤・辛口:アルコール度数14.5度
葡萄品種 カベルネ・ソーヴィニョン

　振り返ってみると1976ヴィンテージは、21世紀初頭のナパ・ヴァレーのカベルネ・ソーヴィニョンを定義しているスタイルへの進化の予兆であったかもしれない。収穫時にいくらか雨が降ったが、その年はナパ・ヴァレーが経験した2回の大きな旱魃の最初の年だった。収量は通常の年の半分しかなかったが、ワインはそれまでのものにくらべ凝縮されており、タンニンが強く、力強さもあり、果実味は申し分なかった。

　ボーリュー・ヴィンヤードは1900年にジョルジュ・ド・ラトゥールによって設立されたが、最初のプライヴェート・リザーブが造られたのは1936年。その時ラトゥールはアンドレ・チェリチェフをワインメーカーとして招いていた。チェリチェフはアメリカのワインの歴史に最も大きな影響を与えた人物の1人として多くの者から尊敬されているが、彼はこの限定ワインのスタイルを確立し、1973年の引退まで指導を続けている。

　1976年のプライヴェート・リザーブについて、ロバート・パーカーは1995年に次のように書いている。「リリースの瞬間から驚くべき酒質・・・BV・プライヴェート・リザーブの真髄だ。」それはパワフルでスパイシー、アルコール度数はやや高め、そしてラザフォード・ベンチ特有のつよいダスティなフレーヴァーが感じられ、ヴィンテージの乾燥した気候のおかげで、通常の年よりもさらに凝縮されている。**LGr**

🍷🍷🍷🍷　飲み頃:2015年まで

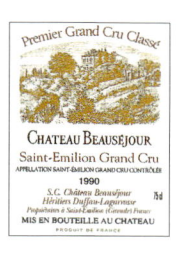

Château Beauséjour Duffau-Lagarrosse 1990

シャトー・ボーセジュール
デュフォー・ラガロース 1990

産地 フランス、ボルドー、サンテミリオン
特徴 赤・辛口:アルコール度数13度
葡萄品種 メルロ60％、カベルネ・フラン25％、カベルネ・ソーヴィニョン15％

　1990年より前、シャトー・ボーセジュール・デュフォー・ラガロースはサンテミリオン・プルミエ・グラン・クリュ・クラッセのエステートの中では、どちらかといえば無名であった。1990年のサンテミリオンは非常に暑く、オーゾンヌ、アンジェリュス、シュヴァル・ブランなどのいくつかの傑出したワインが造られたが、ボーセジュール・デュフォー・ラガロース1990はそれらを取るに足りないものにするほど出色の出来栄えであった。

　このワインが多くの愛好家の垂涎の的となっているのには理由がある。ロバート・パーカーは、彼の隔月発行のニューズレター『ザ・ワイン・アドヴォケイト』の1997年2月号で、ボーセジュール・デュフォー・ラガロース1990に100点満点をつけ、「信じられないほどの凝縮感、際立つ純粋さ、芳醇さと精妙さのほとんど前例を見ない融和、完璧なバランスと調和」と激賞したのである。1990年に100点を獲得したのは、これ以外にはボルドーの3点、マルゴー、ペトリュス、モンローズだけであった。

　このワインは1本45ドルで発売されたが、2006年にはアメリカのオークションで、とうとう1ケース1万ドルという高値がついた。オーナーのジャン・デュフォーとワインメーカーのジャン・ミシェル・デュボーは、1990ヴィンテージに対する熱狂におおむね無関心の様子を保っているが、それ以降、このヴィンテージに近づく酒質と評判を獲得したワインはまだ造られていない。**SG**

🍷🍷🍷🍷　飲み頃:2010年過ぎまで

Château Beau-Séjour Bécot 2002
シャトー・ボーセジュール・ベコ 2002

産地 フランス、ボルドー、サンテミリオン
特徴 赤・辛口：アルコール度数13.5度
葡萄品種 メルロ70%、C・フラン24%、C・ソーヴィニョン6%

ミシェル・ベコは、1760年からサンテミリオンに定住し、1929年からはシャトー・ラ・カルトを所有しているワイン名門の家に生まれた。彼がボーセジュール・エステートを購入したのは1969年のことだった。さらに1979年には、トロワ・ムーラン台地の4.5haの畑も購入し、エステートを拡大させた。現在シャトー・ボーセジュール・ベコとして知られているそのエステートは、完璧に単一のテロワールを持つ16haの大地に広がっている。

1985年にミシェル・ベコが引退した後、2人の息子、ジェラールとドミニックが跡を継いだが、まさにその年、ボーセジュール・ベコは激しい論議のなか、プルミエ・グラン・クリュ・クラッセから滑り落ち、サンテミリオン・グラン・クリュへと降格した。理由は、ボーセジュール・ベコが2つの非プルミエ・グラン・クリュの畑を併合したためであった。その決定は1996年に逆転され、ミシェル・ベコは現在、プルミエ・グラン・クリュ・クラッセBの先頭に位置している。

その16haの葡萄畑は、このアペラシオンの北西部の石灰岩の棚地の上に広がっている。そのワインは、オークの小樽（50〜70%が新樽）で18〜20ヵ月間熟成させられる。ワイン造りは、各地で活躍しているミシェル・ロランの指導を受け、彼のイメージに沿って造られている。2002は、フル・ボディで、凝縮され、豊穣で、幾重にもかさなったカシスの果実の芳香とオークの新樽微香を持つ。グラン・ジュリー・ヨーロピアンのブラインド・テイスティングでは、この評判の良くないヴィンテージから出品された200本以上のワインの中でトップに選ばれた。**SG**

Ⓢ Ⓢ Ⓢ Ⓢ 　飲み頃：2015年過ぎまで

追加推薦情報
その他の偉大なヴィンテージ
1982・1988・1990・1998・2000・2001・2003
その他のサンテミリオン・プルミエ・GC・クラッセ（B）
アンジェラス、ボーセジュール・デュフォー・ラガロース、カノン、クロ・フルテ

ボーセジュール・ベコが中世の修道会までさかのぼる歴史を有していることを示すカーヴ ➡

Red wines

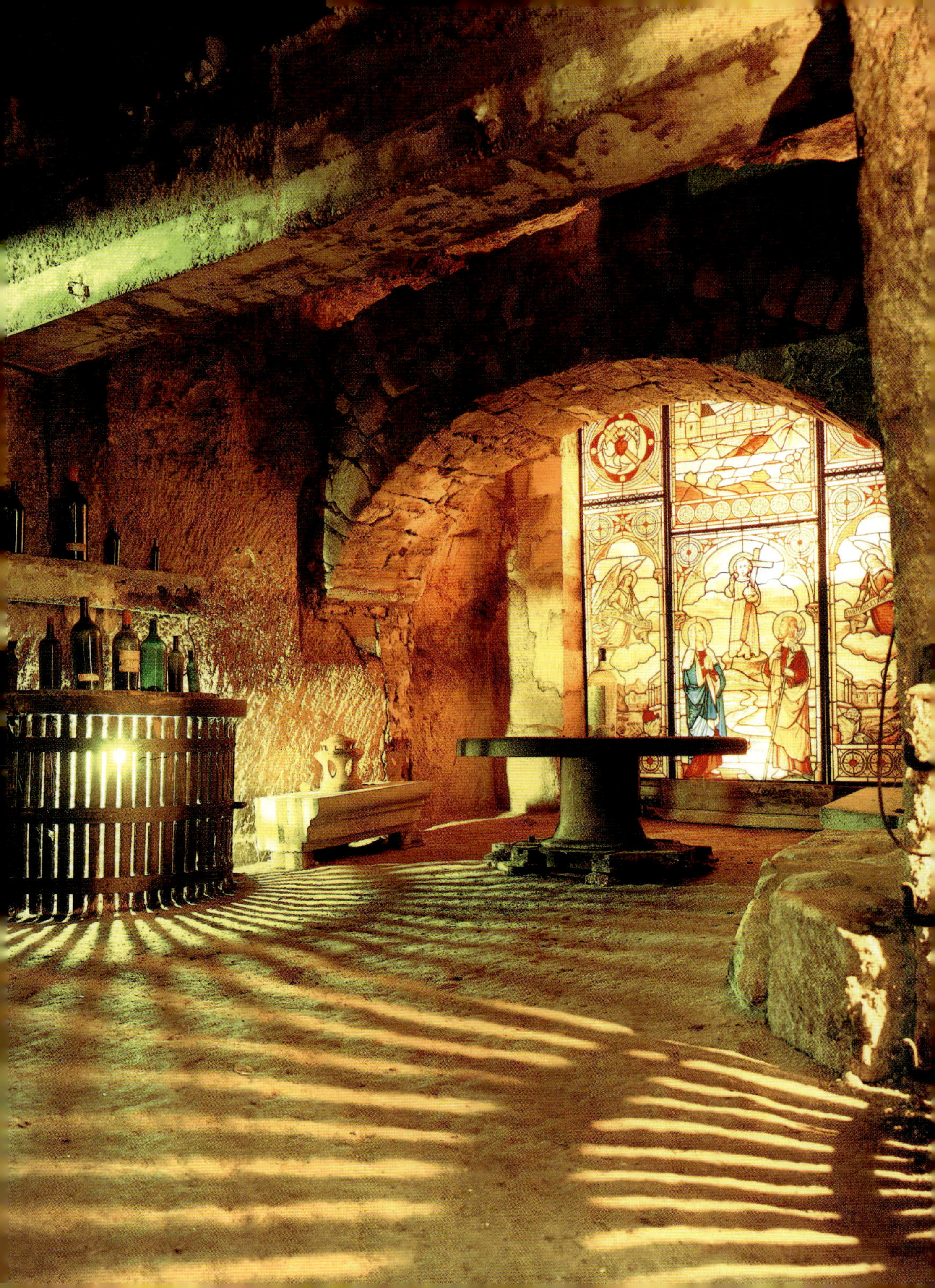

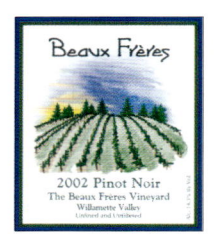

Beaux Frères
Pinot Noir 2002

ボー・フレール
ピノ・ノワール 2002

産地 アメリカ、オレゴン、ウィラメット・ヴァレー
特徴 赤・辛口：アルコール度数14.2度
葡萄品種 ピノ・ノワール

　ボー・フレールは、たとえロバート・パーカーが共同経営者の1人でなかったとしても、それ自身の力で注目されていたであろう。パーカーの義理の兄弟で、製造の責任者であるマイケル・エッチェルは、彼らの畑のあるリボン・リッジに育つピノ・ノワールらしい、彼が考えるその精髄をよく表現できるようなやり方でワインを造ることを自らの使命と考えてきた。

　リボン・リッジはウィラメット・ヴァレーの小区域で、谷底の地域よりも気温は高く、やや乾燥している。そのリッジ（尾根）は、丘の側面になだらかな傾斜を描き、主に、ウィラケンジー土壌と呼ばれる堆積性の粘土質の土壌に覆われている。適度に深い土壌は痩せていて、近隣の火山灰の沈積層よりも土質のきめが細かく、均一である。

　ウィラケンジー土壌は、黒果実の風味を持つワインを生みだす傾向がある（それに対してウィラメットの他の地区のジョリー・ローム土壌は赤果実の風味を生む傾向がある）が、まさにエッチェルのボー・フレール・ピノ・ノワールはその典型で、ブラック・チェリーやブラック・ベリー、ミネラル、そしてタバコの強烈な風味が口の中に広がる。収穫時に少し雨が降ったが、2002年の暖かく安定した成長期は、艶やかな完熟した果実を育て、しっかりした構造を持ち、上質の酸と、複雑さを持つ、スパイシーで洗練されたワインを生み出した。**LGr**

🍷🍷🍷　飲み頃：2015年過ぎまで

Château Belair
1995

シャトー・ベレール
1995

産地 フランス、ボルドー、サンテミリオン
特徴 赤・辛口：アルコール度数12.5度
葡萄品種 メルロ80％、カベルネ・フラン20％

　このプルミエ・グラン・クリュは、1916年にエドゥアール・デュボア・シャロンが購入し、新しい所有者となった。1970年代に、マダム・ハイリイエット・デュボア・シャロンは、若きワインメーカー、パスカル・デルベックをシャトーの支配人に起用するという英断を下した。デルベックは、思慮深い、創造性のある監督であることをすぐさま証明した。ベレールは全面的に有機栽培というわけではないが、彼は常に環境問題に配慮している。2003年にマダム・デュボア・シャロンは亡くなったが、デルベックの献身的な働きに報いるべく、そのエステートを彼に遺産として残した。

　その葡萄畑はサンテミリオンの町に近い丘の上、ドルドーニュ谷へと下っていく斜面に堂々と位置しているが、デルベックは周囲の高名な隣人からは距離を保っている。デルベックの追求しているものは、肉厚な感じと力強さではなく、フィネスと繊細さである。

　いくつかのヴィンテージは、厳しすぎて、芳醇さに欠けるきらいがあるが、デルベックが1995年に送り出したワインは、スモーキーな香り、絹のような質感、生き生きとした甘い果実、長く続くフレーヴァーを持っている。最上のベレールは、最近のサンテミリオンのプルミエ・クリュによく見られる、重厚で、豪華なスタイルのワインと好対照をなしている。1995ヴィンテージは、繊細であるにもかかわらず、非常に良く熟成し、間違いなく20年以上は愉悦を与えてくれるだろう。**SBr**

🍷🍷🍷🍷　飲み頃：2020年まで

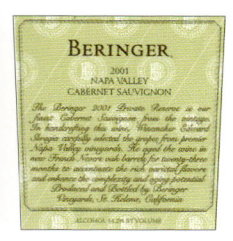

Beringer
Private Reserve Cabernet Sauvignon 2001

ベリンジャー
プライベート・リザーブ・カベルネ・ソーヴィニヨン 2001

産地 アメリカ、カリフォルニア、ナパ・ヴァレー
特徴 赤・辛口：アルコール度数14.9度
葡萄品種 C・ソーヴィニヨン94％、C・フラン6％

　ベリンジャーは、ナパ・ヴァレーで最も長くオーナーとワインメーカーが変わっていないワイナリーである。1977年に現在のベリンジャーの醸造責任者エド・スブラジアと先代の醸造責任者であったマイロン・ナイチンゲールが、思いもかけず雄大で芳醇なカベルネ・ソーヴィニヨンになること間違いなしと確信できる多くの葡萄に出会ったとき、彼はそのワインをフランス産オーク樽で2年間熟成させることを切望し、こうして最初のベリンジャー・プライベート・リザーブのヴィンテージが誕生した。

　その最初のボトルは、現在シャボー・ヴィンヤードと呼ばれている畑の葡萄から造られたが、それはついにこのワイナリーのフラッグシップ・ワインとなった。現在シャボー・ヴィンヤードと、セント・ヘレナ・ホーム・ヴィンヤードからの葡萄が、豊麗な果実味、しなやかなタンニン、肉感的な量感をそのワインにもたらしている。そしてそれに、バンクロフト・ランチ・ヴィンヤード、ハウエル・マウンテンのスタインハウアー・ランチ等からの葡萄が、強烈で濃縮されたカベルネの背骨と骨格を与えている。

　2004年9月に行われた、ナパ・ヴァレー2001ヴィンテージ・ブラインド・テイスティングで、ベリンジャー・プライベート・リザーブは他を圧倒した。そのワインは、凝縮されているが、調和が取れており、芳醇だが優美で、骨格がしっかりしており、精妙で、男らしく、活力に溢れている。**LGr**

🍷🍷🍷🍷　飲み頃：2025年過ぎまで

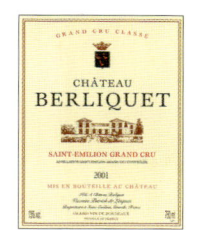

Château Berliquet
2001

シャトー・ベルリケ
2001

産地 フランス、ボルドー、サンテミリオン
特徴 赤・辛口：アルコール度数13度
葡萄品種 メルロ75％、カベルネ・フラン20％、カベルネ・ソーヴィニヨン5％

　その畑は、マグドレーヌ、カノンなどの優良畑が居並ぶ丘の斜面という、非常に恵まれた場所に位置している。1950年代、葡萄畑は衰退するままに放置され、ワインは協同組合で造られた。1960年代に、ヴィコンテ・デ・レスカンとその妻が相次いで亡くなった後、現在の所有者であるヴィコンテ・パトリックがパリでの銀行家としての生活をやめ、シャトーの経営に本格的に取り組み始めた。彼は協同組合を説得して、ベルリケにセラーを建てさせ、それが奏功してこのエステートは、1986年にグラン・クリュ・クラッセに昇格した。

　レスカンは彼の畑が素晴らしいテロワールを有していることを熟知しており、エステートの地位を引き上げることに全力で取り組んでいる。彼は1996年に協同組合を脱退し、1997年には栽培コンサルタントとしてパトリック・ヴァレットを雇い入れた。ベルリケは9haほどの小さな畑にもかかわらず、土壌は複雑で、ヴァレットを雇い入れたことにより、非常に面白いブレンドができるようになった。レスカンは時流に流されない確固とした信念の主で、力強さよりも優雅さを追求している。1997年以降のワインにはそれがはっきりと表れている。1997年、1999年といった不安定な年でさえ、彼の造るワインは骨格がしっかりしていて、洗練されていた。2000年も素晴らしかったが、2001年はそれをさらに上回る出来栄えで、芳醇さとボディーが、生き生きとした酸によって調和され、それがワインに長寿とバランスをもたらしている。**SBr**

🍷🍷🍷　飲み頃：2020年

Red wines | 447

Biondi-Santi *Tenuta Greppo Brunello di Montalcino Riserva* 1975
ビオンディ・サンティ　テヌータ・グレッポ・ブルネッロ・ディ・モンタルチーノ・リゼルヴァ 1975

産地　イタリア、トスカーナ、モンタルチーノ
特徴　赤・辛口：アルコール度数12.5度
葡萄品種　サンジョヴェーゼ

　ビオンディ・サンティは、バローロ、アマローネとならび称されるイタリア3大品種の1つ、伝説的なブルネッロの背後に必ず現れる名前である。というのは、モンタルチーノの葡萄畑（今はここだけではないが）で育つサンジョヴェーゼのクローンに、ブルネッロという名前を「発明」し、付けたのは、他ならない現在の所有者フランコ・ビオンディ・サンティの祖父に当たるフェルッチョだったからである。そしてその息子のタンクレディがそれを引き継ぎ、100年生きるというブルネッロ・モンタルチーノの考え方を率先して実行したからである。

　フランコ・ビオンディ・サンティは「自分は創業者ではなく、継承者にすぎない」と謙遜するが、彼が肝の据わった戦士であり、伝統的なやり方にしがみついているという様々な批判や反発に毅然として耐えてきたことを誰も否定することはできない。背が高く、自信に満ち、高い品格を持った、現在80歳を少し超えた彼は、いまなお彼が育てた25年以上の樹齢の、彼の言うところの「サンジョヴェーゼ・グロッソ」を用いて、発酵の際の自動温度調節器を使うことを拒否し、大きな古いスロヴァニア産のオーク樽を使いながらリゼルヴァを造り続けている。そのワインは、若い時、少しも魅力的でなく、タンニンと酸の骨格ばかりが目立っていて、この厳格さの中で果実味が弾けてくることがあるのだろうかと疑いたくなる。しかしそれは、あらゆる種類の繊細さ、そして、俊敏な翼を持つ鳥のようなアロマと共に現れる。

　1975ヴィンテージは、2000年に絶頂を迎えたが、おそらくあと30年以上はこのままの状態が続くだろう。それはフランコの父が造ったワインと同じく、飛び抜けており、感動的である。**Nbel**
🍷🍷🍷🍷　飲み頃：2015年過ぎまで。

追加推薦情報
その他の偉大なヴィンテージ
1925・1945・1955・1964・1982・1995・2001
モンタルチーノのその他の生産者
アルジャーノ、カーサ・バッセ、コスタンティ、リジーニ、ピエヴェ・ディ・サンタ・レスティトゥータ

ビオンディ・サンティ・エステートは、ブルネッロ・ディ・モンタルチーノの魂の故郷である。

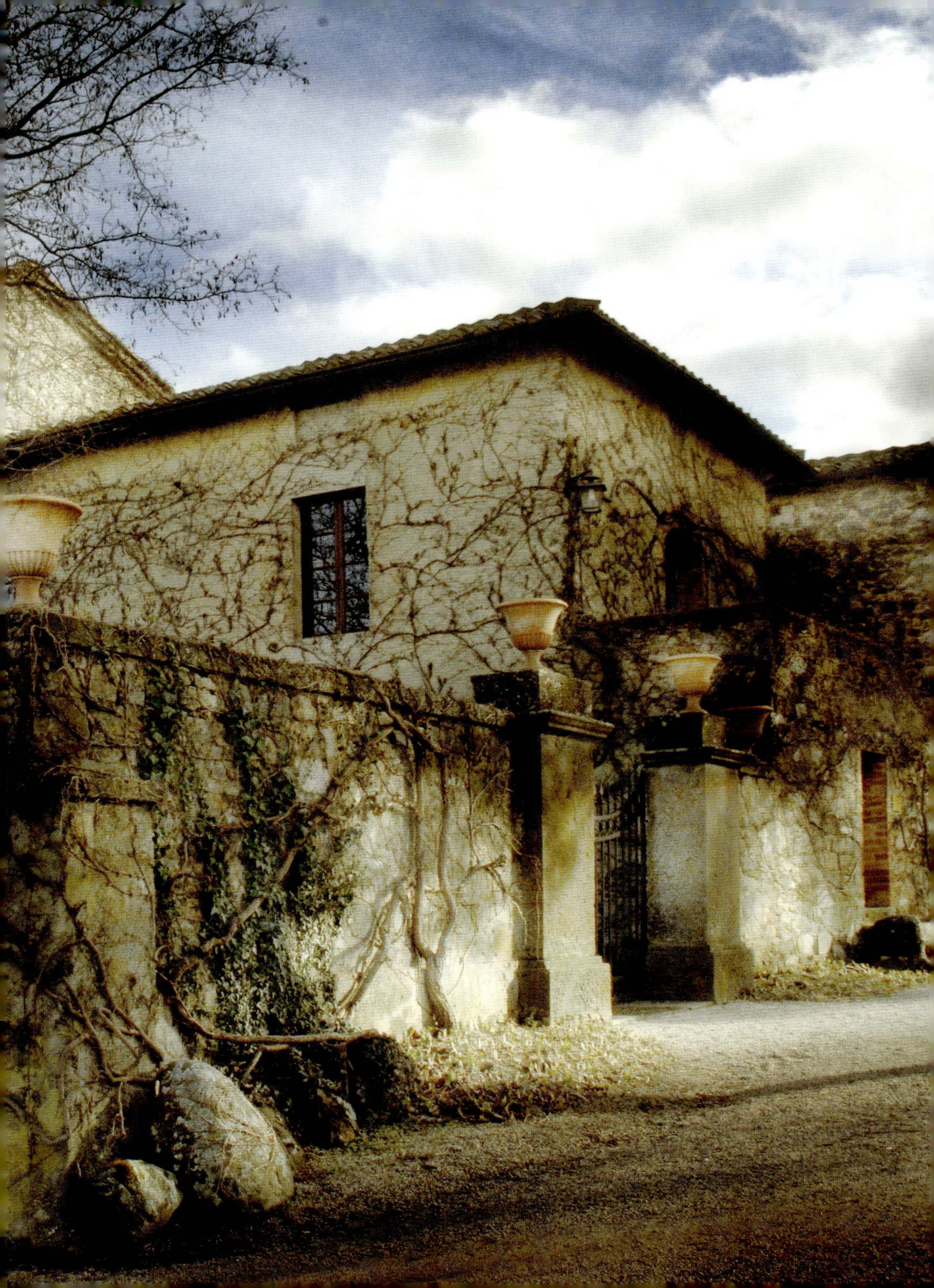

Boekenhoutskloof
Syrah 2004
ブーケンハーツクルーフ
シラー 2004

産地 南アフリカ、コースタル・リージョン、ウェリントン
特徴 赤・辛口：アルコール度数14.6度
葡萄品種 シラー

　世界的に見ても、1997年の処女作以来、ブーケンハーツクルーフ・シラーはケープ・レッドの中で最も賞賛されるワインだろう。それは2006年に行われた南アフリカの批評家と鑑定家の投票において、「最高の赤ワイン」に選ばれ、さらにそのワイナリーは、南アフリカ上位5位以内にランクされている。

　人々が国家的なスキャンダルと呼んだ混乱の中で、サマーセット・ウェスト・ヴィンヤードは、あの有名なシラーの最初のヴィンテージを造った後、工業団地へと姿を変え、消えていった。その後、製造責任者（同時にラベルに描かれている7つの椅子に座る共同所有者の1人でもある）であったマーク・ケントは、ウェリントン地区の丘の斜面に畑を移し、1998年から現在まで、そこから生まれる低収量の成熟したシラーを使っている。しかし醸造と熟成は、いまでもブーケン・ハーツ・クルーフのフランシュック・セラーでそのまま行っている。

　ワイナリーの名前、ブーケンハーツクルーフというのは、オランダ語で「岬の渓谷」を意味する。一方で、南アフリカでは普通シラーズと呼ばれている葡萄品種名を、あえてシラーとフランス語読みで使っているのは、そのワインがヨーロッパ志向（願望）であることを表明している。ジャンシス・ロビンソンが言うように、そのワインは、「うれしいことに『フランス風』シラー」なのである。評判と需要の高まりの中で、そのワインは、他の南アフリカのワイン同様に「熱狂（カルト）」の対象となっているが、その中でも唯一、土着の酵母にこだわり、オークの新樽をまったく使わないのが特徴である。雄大であるが、けっして豪放ではなく（控えめなアルコール、美しい調和、森閑とした佇まい）、芳醇であるが、抑制されていて新鮮である。優雅さと力強さをあわせ持ち、輪郭のはっきりした、魅惑的な果実味が凝縮されている。TJ

🍷🍷🍷　飲み頃：2014年過ぎまで

息を飲むほどに美しいフランシュック・ヴァレーに清楚な佇まいを見せるワイナリー ➡

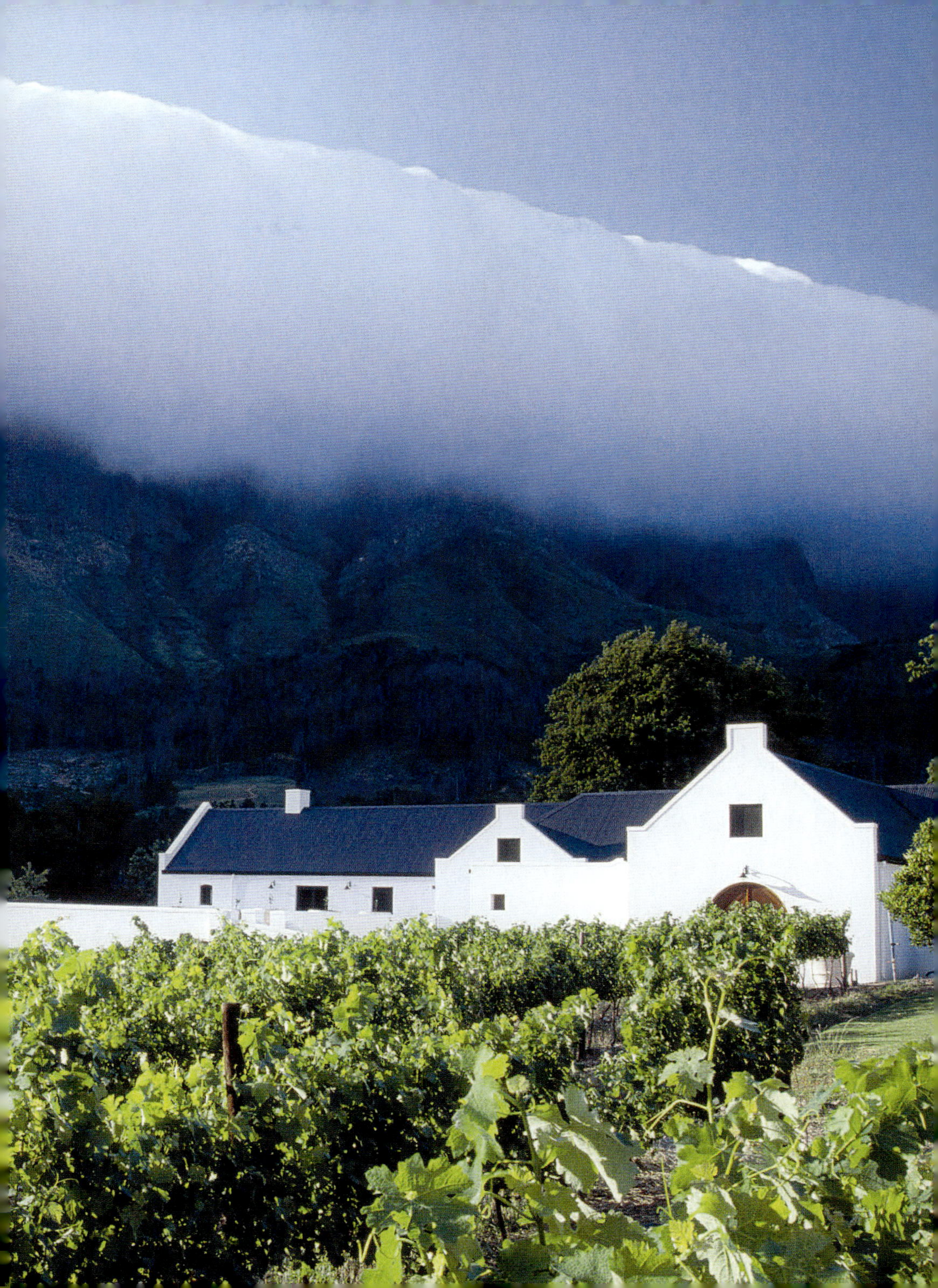

Château Le Bon Pasteur 2005
シャトー・ル・ボン・パストゥール 2005

産地 フランス、ボルドー、ポムロール
特徴 赤・辛口：アルコール度数13度
葡萄品種 メルロ80％、カベルネ・ソーヴィニョン20％

　ミシェル・ロランが世界的に有名なワイン・コンサルタントなので、彼や彼の家族がボルドーの右岸で多くの農園を所有していることは忘れられがちである。最も有名な農園がポムロールのボン・パストゥールで、もう3代も続いている。ポムロールでは良くあることだが、その葡萄畑は多くの分散した小区画から構成されている。しかしシャトーそのものは、このアペラシオンの端、マイエという小さな村にある。最上の小区画は、ガザンとレヴァンジルの近く、恵まれた場所に位置している。それ以外の小区画は、砂質の土壌の場所にある。葡萄樹はどれも古く、ワインは非常にパワフルである。

　当然のことであるが、ロランは彼自身のワインに、自身の標準的手法を適用している。葡萄の果房や葉は適度に間引かれ、熟しすぎた果実を摘むことを恐れず収穫時期をできるだけ遅らせ、ワイナリーでの選別作業は非常に慎重に行い、果粒の破砕は行わない。メルロの場合には、ブルゴーニュ方式の果帽の攪入れを行い、ワイナリーには現代的な垂直圧搾機を導入している。熟成には80％以上の割合でオークの新樽を使い、マロラクティック発酵も新樽で行う。

　結果、豊麗かつ肉感的なワインが出来上がり、それは若い時も十分楽しめるが、適度な期間良く熟成する。2005年は特に出来が良く、チェリー、ミントの葉、オークのアロマが開き、口に含むと、凝縮された官能的な感覚が広がる。このワインがボン・パストゥールにしては高価で、またそれ以前のヴィンテージが、質がやや劣るにもかかわらず高い値をつけられているとしても、それとワインの真価とはなんら関係はない。**SBr**

❸❸❸❸　飲み頃：2020年まで

追加推薦情報
その他の偉大なヴィンテージ
1982・1985・1989・1990・1995・1998・2000・2001
ポムロールのその他の生産者
ラ・コンセイヤント、レグリス・クリネ、ラフルール、ペトリュス、ル・パン、トロタノワ、ヴィユー・シャトー・セルタン

ル・ボン・パストゥールはポムロール・アペラシオンの入り口にある。➡

POMEROL
et ses CHÂTEAUX

- Ch Gazin
- Ch Le Bon Pasteur
- Ch Franc Maillet
- Ch Thibeaud-Maillet

Vous entrez dans la C^ne de **POMEROL**

Henri Bonneau
Châteauneuf-du-Pape Réserve des Célestins 1998
アンリ・ボノー
シャトーヌフ・デュ・パープ・レゼルヴ・デ・セレスタン 1998

産地 フランス、ローヌ南部、シャトーヌフ・デュ・パープ
特徴 赤・辛口：アルコール度数14.5度
葡萄品種 グルナッシュ

　アンドリュー・ジェフォードからローヌ右岸の偉大な変わり者の1人と呼ばれているアンリ・ボノーは、1956年から、シャトーヌフ・デュ・パープの有名なラ・クラウ地区にある小さな農園（6haしかない）でワインを造っている。ボノーは、自分の品質基準に従っていくつかの異なったキュヴェを造っているが、標準的なシャトーヌフ・デュ・パープがキュヴェ・マリ・ブーリエで、最高級品が、ボノー自身の「グラン・ヴァン」と呼ぶレゼルヴ・デ・セレスタンである。

　レゼルヴ・デ・セレスタン1998は、2006年のワールド・オブ・ファイン・ワインのテイスティングに出品された。その時、ファー・ヴィントナーズのスティーヴン・ブローウェットは次のように述べた。「香りはバニュルスのようだ。本当に、本当に、良く熟した甘いグルナッシュで、香りはその精髄を示唆している。口に含むと、香りとまったく同じ味わいで、これがアルコール度数15度以下なんて、まったく信じられない。」フランコ・ジリアーニに言わせると、それは「すでに道の果てに到達したワイン」であり、ワイン鑑定士のサイモン・フィールドは、「轟き始めた誇大妄想のようだ」と結論付けた。

　これらの鑑定家の批評が示唆していることは、ボノーのワインは非常に変わっていて、一般の人がどのようにシャトーヌフ・デュ・パープを考えようと、そんなことはお構いなしということだ。とはいえ、レゼルヴ・デ・セレスタンは、ボノーのそれ以外のワイン以上に、小規模なワインの造り手のためのお手本を示している。それはまさに職人技であり、それがワイン造りはどうあるべきかという理想の姿を指し示しているように思えるのは、私だけであろうか？ **SG**

🍷🍷🍷🍷🍷　飲み頃：2010年まで

シャトーヌフ・デュ・パープの完熟したグルナッシュ ➡

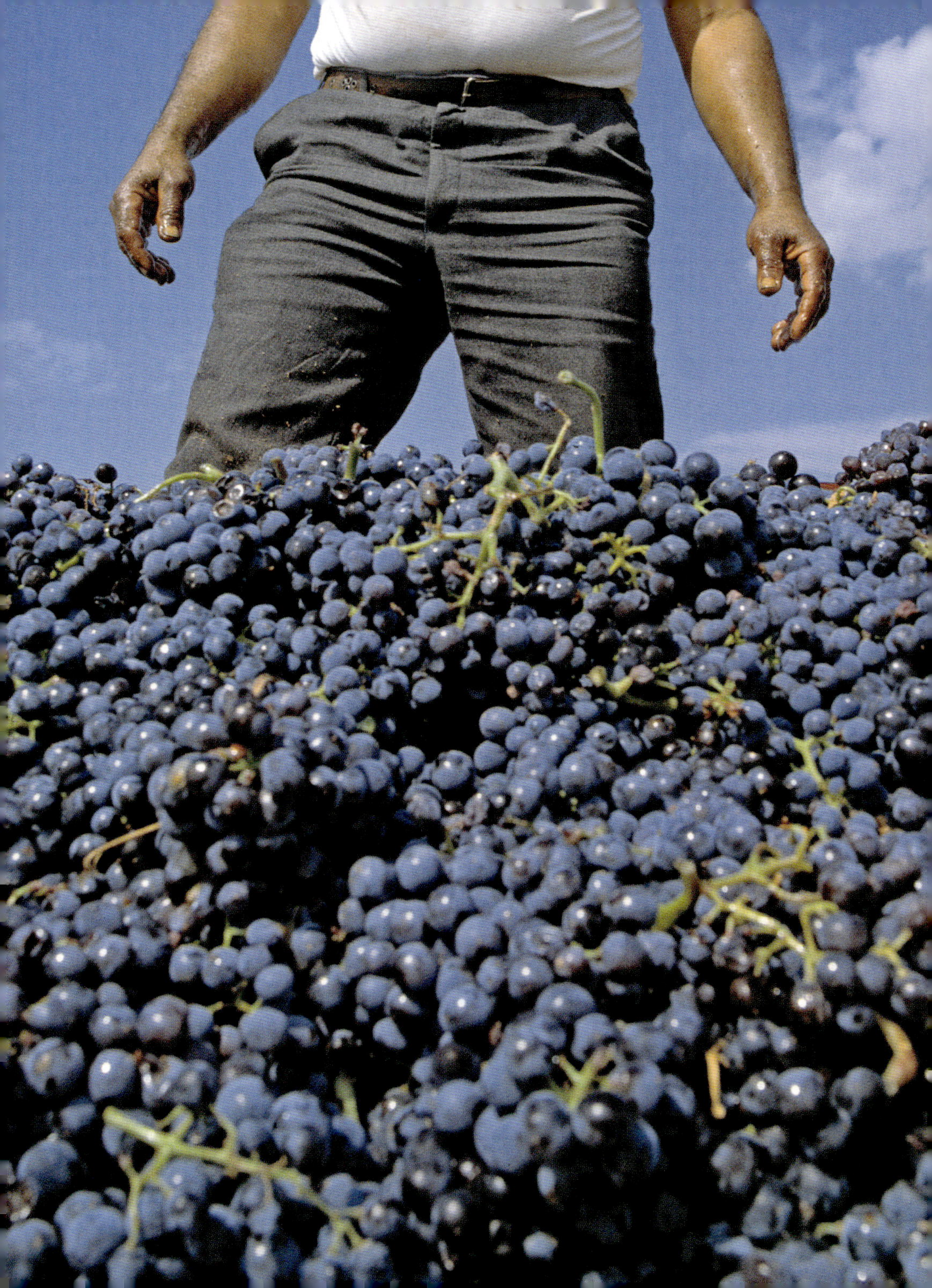

Bonny Doon
Le Cigare Volant 2005

ボニー・ドゥーン
ル・シガール・ヴォラン 2005

産地 アメリカ、カリフォルニア、サンタ・クルーズ
特徴 赤・辛口：アルコール度数13.5度
葡萄品種 グルナッシュ、シラー、ムールヴェドル

　ボニー・ドゥーン・ヴィンヤードを統率する天才ランドール・グラハムは、1980年代半ばに、ピノ・ノワールとカベルネ・ソーヴィニョンによる疑似ブルゴーニュ風からの離反を宣言し、フランスの比較的知られていない地域へと目を向け始めた。彼1人が、カリフォルニア流ローヌ・ブレンドの創始者とは言えないにしても、明らかに彼はその主導者の一人であり、その業績はまさに「ローヌ・レンジャー」というあだ名に値する。

　彼のローヌ・スタイルの赤の主力商品の名前は、フランスでのある逸話に由来している。それは、1954年、フランスでUFOを目撃したという証言が相次ぐ中、シャトーヌフ・デュ・パープの葡萄栽培家たちが、UFO（フランス語でシガール・ヴォラン「空飛ぶ葉巻」という）の葡萄畑への着陸を阻止するという決議をしたというもので、その逸話はラベルの絵にもなっている。

　ワインの混合比は毎年変わるが、シラーとムールヴェドルがグルナッシュを縁取るという形が良く見られる。そのワインはいつも驚くほど果実味が抽出されており、強烈なスパイスが感じられるが、2005ヴィンテージもまさにそのとおりである。それはノーズに一握りのスパイスを投げつけ、その後、ブラック・ベリーとブラック・プラムの果実味がスミレの垣間見える香りを伴ってやって来る。タンニンは優美だが、かなり厳しく、このワインがそれ自身の時を待って開花することを告げている。おそらく15年ぐらいだろう。SW

💲💲💲　飲み頃：2010〜2020年

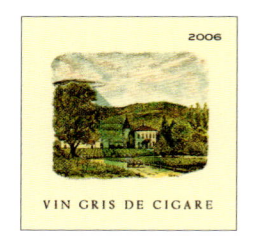

Bonny Doon
Vin Gris de Cigare 2006

ボニー・ドゥーン
ヴァン・グリ・ド・シガール 2006

産地 アメリカ、カリフォルニア、サンタ・クルーズ
特徴 ロゼ・辛口：アルコール度数13度
葡萄品種 グルナッシュ、ムールヴェドル、ピノ・ノワール、G・ブラン

　ボニー・ドゥーンの辛口ロゼは、プロヴァンスのロゼをモデルにしている。プロヴァンスでは、プティ・ローズ・デテは、ヴァン・グリ（グレイ・ワイン）として知られている。しかしボニー・ドゥーンのヴァン・グリには、グレイ（陰気臭さ）を感じさせるものは何もない。毎年葡萄の配合は変わっており、ムールヴェドルを前面に押し出したり、グルナッシュを押し出したりしているが、現在はグルナッシュ・ブランを前面に押し出している。グルナッシュ・ブランはワインに生き生きとした風味を与え、病みつきになるようなピーチの香りを付与し、それによってこのピンク色の若いワインはますます魅力的になっている。

　そのワインは申し分なく辛口で、多くの場合ロゼの特徴とされる残糖の気配はまったくない。ローズヒップやスイカのさわやかなアロマを持ち、豊饒なピーチとラズベリーの調べを口の中に広がらせる。食欲をそそるスパイシーなアロマが、単なる暗示以上に感じられ、ローヌ南部の葡萄が持つ胡椒やグローヴの風味がすると同時に、プロヴァンスのハーブのやさしい微香も漂う。比較的若いうちに飲むことを想定されて造られているが、口に含むと緻密な構造をしているので、リリース後2〜3年は十分熟成させることができる。この素晴らしく魅力的なボニー・ドゥーン・ヴァン・グリは、全般的に求めやすい値段で売られており、カリフォルニア生まれの最高の価値あるロゼの中の1本だ。SW

💲💲　飲み頃：直近のヴィンテージ

Borie de Maurel
Cuvée Sylla 2001

ボリー・ド・モーレル
キュヴェ・シーラ 2001

産地 フランス、ミネルヴォア、ラ・ラヴィニエール
特徴 赤辛口：アルコール度数14.5度
葡萄品種 シラー

　朴訥で、人なつっこく、詩人のようなミシェル・エスカンドは、言葉と考えで人を魅了する何人かのフランス人らしい醸造家の1人である。彼は敬愛する師匠であるシャトー・レイヤスのジャック・レイノー（彼は1997年に他界した）の足跡を追うと同時に、時にアルチュール・ランボーと彼のバトゥー・イーブルを追い求めているように見える。

　ボリー・ド・モーレルには、2種類のシラー、グルナッシュ、カリニャンのブレンド、エスプリ・ドゥトンヌとフェリーヌ、グルナッシュ100％のベル・ド・ニュイと、ムールヴェドル100％のマキシム、白のオード、そしてムールヴェドルとシラーのロゼがある。

　100％シラーのキュヴェであるシーラは、モンターニャ・ノアールの約300m下にある、泥灰土と石灰岩の礫石の多くの小区画から生まれる。その高さと、エスカンドが言うところのエアロロジー（特に夜間頂上から吹き降ろす冷たい空気）は、ゆっくりと、そして丁度良い程度までシラーを成熟させ、エスカンドの理想を具体化する。果房は手で摘まれ、慎重に除果された後、破砕されずに発酵を迎える。そのワインは研ぎ澄まされている。エスカンドはキュヴェ・シーラを南フランスの偉大なシラーの中でも、最も純粋で、しかも最もエアリアルなシラーにしたいと望んでいる。そしてそれは実現した。そのワインはなめらかに急上昇する。潤沢な果実味が魅惑的なアロマとともに人を酔わせ、タンニンは舌の上から積乱雲のように湧昇する。**AJ**

Ⓢ Ⓢ 飲み頃：2011年まで

Borsao
Tres Picos 2005

ボルサオ
トレス・ピコス 2005

産地 スペイン、アラゴン、カンポ・デ・ボルハ
特徴 赤・辛口：アルコール度数14.5度
葡萄品種 ガルナッチャ（グルナッシュ）

　格調高い、現代風のグルナッシュ・ワインはフランスが有名だが、実はガルナッチャの故郷スペインのアラゴンである。

　1980年代にスペイン・ワインの虜になった愛好者にとっては、たとえそのワイナリーが現在カンポ・デ・ボルハ協同組合と呼ばれていようとも、ボルサオという名前が馴染み深いに違いない。高品質のワインをかなり大量に、しかも滑稽なほどに安い値段で25年以上にわたって販売し続けてきた功績は、讃えても讃えきれないものがある。最上のボルサオ・ワインは、グルナッシュが最も良く自分自身を表現できる場所で生まれるワインである。シンプルなデザインのラベルが特徴のボルサオや、最近出されたボルサオ・ガルナッチャ・ミチカは、なめらかな果実味と、価格の3倍から6倍ものしっかりした骨格を持つ素晴らしいワインである。

　しかしガルナッチャの古木から生まれるトレス・ピコスは、その果実の特徴と繊細さを少しも損なうことなく、凝縮と精妙さを異次元の高みにまで飛翔させている逸品である。非常に芳醇で香り高く、空気にふれると同時に様々なアロマとフレーヴァーが立ち昇ってきて、大木の下ばえの香りも暗示され、しっかりした酸と完璧に調和されたアルコールが長く新鮮な余韻を生む。**JB**

Ⓢ 飲み頃：2012年まで

Boscarelli
Vino Nobile Nocio dei Boscarelli 2003

ボスカレッリ
ヴィーノ・ノビーレ・ノチオ・ディ・ボスカレッリ 2003

産地 イタリア、トスカーナ、モンテプルチアーノ
特徴 赤・辛口：アルコール度数14.5度
葡萄品種 サンジョヴェーゼ80%、メルロ15%、マンモロ5%

　ボスカレッリ・エステートが設立されたのは1962年で、1968年には最初のヴィーノ・ノビーレがリリースされた。DOCの規則では、ヴィーノ・ノビーレ・モンタプルチアーノはサンジョヴェーゼを最低70%は含まなければならないが、その残りについては委細を問わないということになっている。かなり緩やかな規則なので、ヴィーノ・ノビーレ・モンタプルチアーノの本当の味はどんなものかを知ることはかなり難しいが、そんな時には、このノチオ・ディ・ボスカレッリを基準とすればよい。

　メルロが含まれているにもかかわらず、ノチオの中では、品種よりもテロワールが優勢を占めているようだ。2003年は非常に暑く乾燥していたが、異常な天候の影響は、このワインには微塵も感じられない。色は暗すぎず（本物のサンジョヴェーゼの特徴）、ガーネット色の輝きがあり、甘酸っぱいチェリーや、おそらくオークによる熟成がもたらしたものであろうミントの香りが心地よい。軽く口に含むと、ヴェルヴェットの豊麗さが口いっぱいに広がり、他の2003ヴィンテージの多くにとっては邪魔になったタンニンがここでは完全に統合され、中盤の精妙さを支えている。フィニッシュは柔らかく、温かい──それがこの悪名高い暑熱の2003ヴィンテージの唯一の証。**AS**

🥂🥂🥂　飲み頃：2018年まで

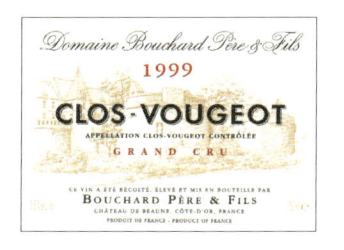

Bouchard Père & Fils
Clos de Vougeot Grand Cru 1999

ブシャール・ペール・エ・フィス
クロ・ド・ヴージョ・グラン・クリュ 1999

産地 フランス、ブルゴーニュ、コート・ド・ニュイ
特徴 赤・辛口：アルコール度数13.5度
葡萄品種 ピノ・ノワール

　1990年代の初め、ブシャール・ワインと、ネゴシアンとしてのブシャールの評判が揺らぎ始め、ブシャールが買い手を求めているという情報が入るや否や、シャンパーニュの醸造家であり、ヴーヴ・クリコの前社長であったジョセフ・アンリオが真っ先に名乗りを上げた。1995年、彼は新しいオーナーになった。彼はブシャールの名声を回復すべく、すぐさま多くの手を打った。基準に満たないと考えるワインは格下げしたり、廃棄したりした。葡萄畑にも巨大な投資を行い、さらにサヴィニーに新たに重力を利用したワイナリーを建設した。

　ブシャールはクロ・ド・ヴージョ葡萄畑内の上のほうに、アンリオがロピトー・ミニヨンから買い入れた0.4haほどの土地を持っている。また下の国道沿いにも畑を持っている。この2つの畑から採れる葡萄をブレンドすると、それぞれ個別に造るよりも素晴らしいワインができるに違いないと主張したのは、醸造責任者のフィリップ・プロストであった。現在こうして年間2,000本前後のクロ・ド・ヴージョが造られている。ブシャールの他の高級ワイン同様に、このワインも新樽比率40%以上で熟成させられる。1999ヴィンテージは、その特質が遺憾なく発揮されている。チェリーと樹脂の重厚なアロマを持ち、口に含むとスパイシーで生命力に溢れているが、角は尖っていない。フィニッシュは強く長く、この若々しいワインが長く生き続けることを示唆している。**SBr**

🥂🥂🥂🥂　飲み頃：2015年まで

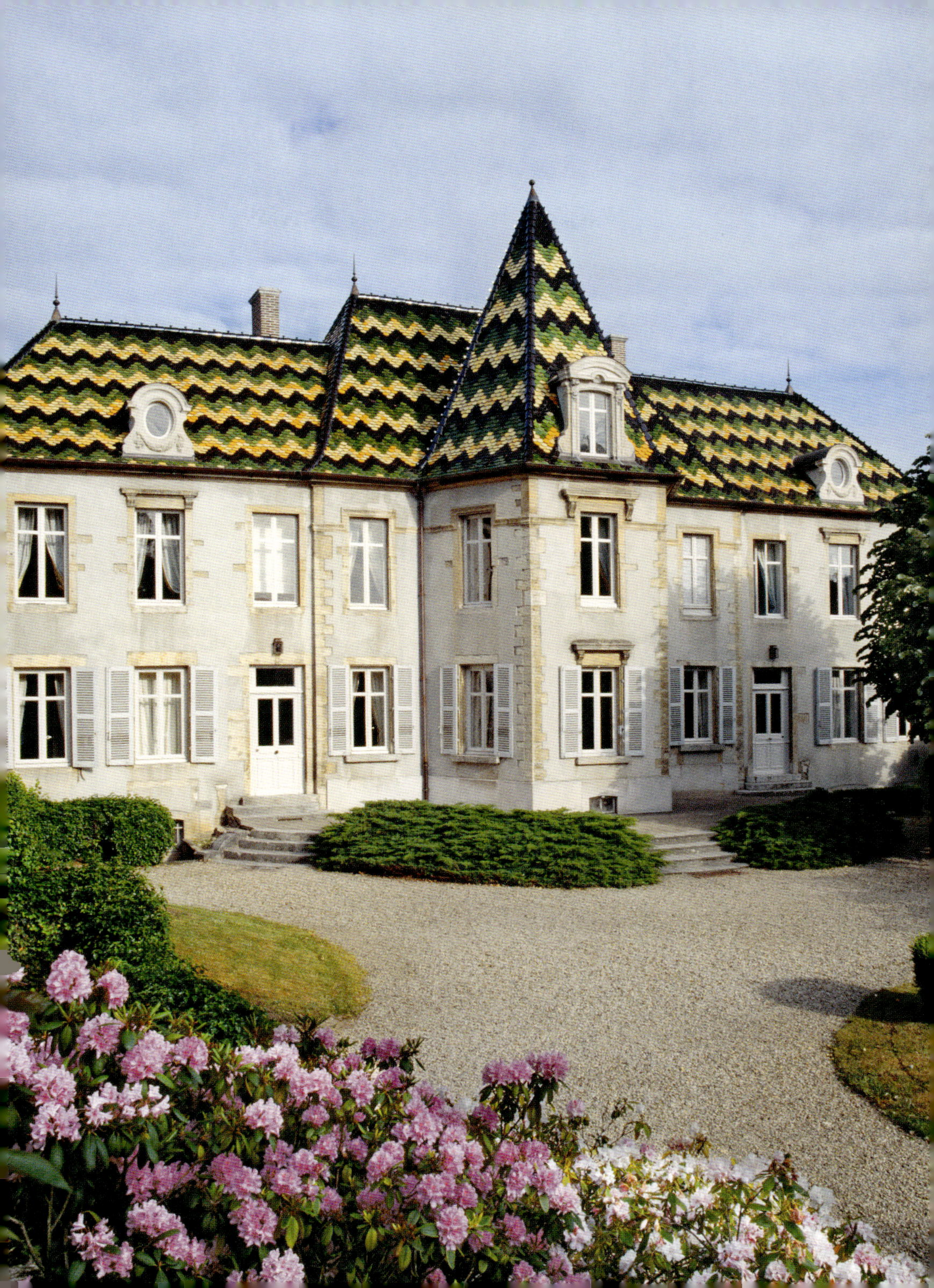

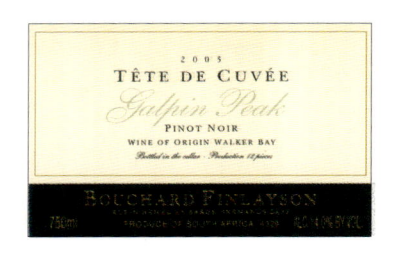

Bouchard-Finlayson
Galpin Peak Tête de Cuvée Pinot Noir 2005
ブシャール・フィンレイソン
ガルピン・ピーク・テート・ド・キュヴェ・ピノ・ノワール 2005

産地 南アフリカ、ウォーカー・ベイ
特徴 赤・辛口：アルコール度数14.2度
葡萄品種 ピノ・ノワール

アフリカ最南端のほど近く、海岸線から数マイル入ったところに、ケープ地域で最も冷涼な葡萄畑地区、ヘーメル－エン－アールデ（「天と地」を意味する）がある。

現代的なワイン農場が出来てからの比較的短い期間、その谷はブルゴーニュ品種と強い繋がりを持ち続けてきたが、1970年代後半にハミルトン・ラッセル・ヴィンヤーズで先駆者的な役割を果たしてきたピーター・フィンレイソンも、その繋がりを大事にしてきた1人である。その彼が1990年に自分自身の農園を拓いた。その時の共同経営者が、ポール・ブシャールで、もちろんブルゴーニュの名家ブシャール・エイネ・エ・フィスの出身である。フィンレイソン自身、ブルゴーニュで働いた経験を持っていたが、やはり最初にブシャールが残していった仕事が多くの点で今を支えている。

そのワインは、果実味の豊かさというよりは、むしろ古典的な風味と味を追求している。ガルピン・ピーク・ピノ・ノワールという名前は、葡萄畑の背後に聳える山の名前から取っている。テート・ド・キュヴェは、最上の年だけに造られ、新樽の比率を通常よりも高めて熟成させた特選樽ワインで、飲み手にかなりの忍耐を要求する。2005年は葡萄の成熟にとって最高の年で、ワインに素晴らしく凝縮された果実味を与えた。若々しいオークの香りは、ラズベリーとチェリーの風味を邪魔せず、それを緻密な構造のタンニンが支え、酸が縁取る。そして長い官能的なフィニッシュがそれに続く。**TJ**

$$$ 飲み頃：2009〜2015年

Braida
Bricco dell'Uccellone Barbera d'Asti 1997
ブライダ
ブリッコ・デルッチェローネ・バルベーラ・ダスティ 1997

産地 イタリア、ピエモンテ、モンフェッラート
特徴 赤・辛口：アルコール度数14度
葡萄品種 バルベーラ

それまでバルベーラ・ダスティは、イタリア北西部に住む人々が夕食の時に飲むだけの、粗野な日常的ワインと考えられていた。しかし故ジャコモ・ボローニャは、単一畑の葡萄をオークの小樽で熟成させたブリッコ・デルッチェローネ・バルベーラ・ダスティで、批評家や鑑定家の度肝を抜いた。

1970年代後半に、最高のワイン造りを学ぼうと、イタリアの若く熱心なワイン製造者たちがフランスの有名なアペラシオンを訪問し始めた時、ボローニャもその一団に加わっていた。その経験からボローニャが学んだことは、バルベーラのきしむような酸を和らげるためには、そして不足しているタンニンを強めるためには、木樽によるマロラクティック発酵が必要だということであった。また同時にボローニャは、オークの小樽は上手に使うならば、バルベーラに優雅な風味を付け加えるだけでなく、その尖った角も丸くすることができると確信した。ピエモンテの他の醸造家たちも、このワインの素晴らしい成功に目を瞠り、こうして長い間さびれていた村に、新たなワイン造りの革命の波が起こった。

ほとんどのバルベーラ・ダスティは、リリース後3年から5年のうちに飲まれるが、ブリッコ・デルッチェローネはかなり長く熟成する力を持っている。前世紀の偉大なヴィンテージの1つ、1997ヴィンテージは、まだ驚くほど新鮮で、タンニンは絹のようになめらか、上質の果実味が甘草の微香と共に現れる。**KO**

$$$ 飲み頃：2015年まで

ブリッコ・デルッチェローネは間違いなくバルベーラ・ダスティの誉れである。

Bricco dell'Uccellone
Bricco dell'Uccellone
TURRIGA
Collezione Privata

Château Branaire-Ducru
2005
シャトー・ブラネール・デュクリュ
2005

産地 フランス、ボルドー、サン・ジュリアン
特徴 赤・辛口：アルコール度数13度
葡萄品種 カベルネ・ソーヴィニョン70%、メルロ22%、その他8%

サン・ジュリアンをドライブしていても、ブラネール・デュクリュに気づく人はあまりいない。というのもその反対側の、もっと大きく、より華美なシャトー・ベイシュヴェルに目を奪われるからだ。しかしブラネールの屋敷は慎ましやかだが、ある種の威厳に満ちている。17世紀、ブラネールの葡萄畑は、ベイシュヴェルの葡萄畑の1部分でしかなかった。ベイシュヴェルから独立した後も、ブラネールの所有者は何代も変わり、そのうちの2つの家名が現在このエステートの名前になっている。1988年にこの土地を買ったのは、パトリック・マロトーであったが、彼の一家は、それまではワインよりも砂糖の商いで有名であった。しかしマロトーは多大な投資をして建物を改築し、48haの畑に手を入れた。さらに、名匠フィリップ・ダルアンを醸造責任者および監督として役員に招きいれた。最初の年から収量は減らされ、セカンド・ワインが導入されて厳しい選果が始まった。

ダルアンとその後継者ジャン・ドミニク・ヴィドゥーの下、ブラネール・ワインはどんどん強くなっていった。1980年代から、そのワインは豊麗さと重厚さを獲得していったが、同時にサン・ジュリアン特有の、洗練され調和のとれた性質も保持し続けている。メドックの多くのエステートがメルロを増やしていくなかで、ブラネールはカベルネ・ソーヴィニョンの栽培面積を広く保っている。とはいえそのワインは、緻密な構造のタンニンを持っているが、決して重苦しい味ではない。それは2005ヴィンテージで特にはっきりと現れている。そのワインは、芳醇さと初々しさが、タンニンと酸によって美しく調和されている。

ブラネール・デュクリュは最高位のエステートとはまだ認められていないが、それでも1990年代半ばからは、一度も生半可なワインを造ったことはない。エステートの外見は19世紀初頭のシャトーのような質素な佇まいであるが、そのワインの質は非の打ち所がない。**SBr**

🍷🍷🍷 飲み頃：2012〜2030年

Château Brane-Cantenac
2000
シャトー・ブラーヌ・カントナック
2000

産地 フランス、ボルドー、マルゴー
特徴 赤・辛口：アルコール度数13度
葡萄品種 メルロ55%、C・ソーヴィニョン42%、C・フラン3%

彼はこのマルゴーの特筆すべき農園の初代所有者ではないが、その名前が現在のエステートの名前になっている。その人こそ「葡萄畑のナポレオン」という異名を持つエクトル・ド・ブラーヌ男爵である。彼は1830年にブラーヌ・ムートン（現在のムートン・ロートシルト）を売却し、1833年にこの畑を手に入れた。幅広い見識とヴィジョンを持つ彼が、この畑を購入し、ブラーヌ・カントナックに全精力を注ぎ込んだということは、この畑の並々ならぬ素質を彼が見抜いていたということを示唆している。彼と彼の後継者たちは、その後次々に畑を広げていったが（全体で90haあり、マルゴーの5つある第2級葡萄畑の中で最大）、このワインに、血統、魅力、繊細さ、そしてフィネスを最も多く注ぎ込んでいるのは、やはり今でもシャトーの目の前に広がる広大なカントナック台地にある元の区画だろう。その30haの畑は、大気の循環と排水が良く、深く、黒っぽい、水晶を多く含んだ土壌（最深部は12mもある）の反射する暖かさに恵まれている。

そのエステートは1925年から、ボルドーでも1、2を争う土地所有者であるリュルトン家の所有になっている。アンリ・リュルトンはこのシャトーで生まれ、1990年代にシャトーを父親から受け継ぐと、彼はこの畑が第2級にふさわしい畑であることを証明することを決意する。

ブラーヌ・カントナックを徹底的に試飲してみた（約50ヴィンテージ、最も古いものは100年前のものであった）が、このワインには顕著な個性、特質があり、それはあまり偉大な年でなくても、驚かされるほどだ。しかし2000年のような偉大な年には、その個性は真にこの畑とそのヴィンテージにふさわしいものとなる。香りは、貴族的で、輝くほど澄明、そして新鮮、口に含むと、濃密だが優美で俊敏である。きめの細かい、良く熟した、洗練されたタンニン、素晴らしく透明なフレーヴァー、そして優美に長く続く余韻。**NB**

🍷🍷🍷 飲み頃：2030年過ぎまで

1964ヴィンテージからアンリ・リュルトンはメルロの割合を増やしている。▶

GRAND CRU CLASSÉ EN...
CHÂTEAU
BRANE-CANTENAC
MARGAUX
1964
APPELLATION MARGAUX CONT...
L. LURTON, PROPRIÉTAIRE A CANTENAC...
MIS EN BOUTEILLES AU CH...

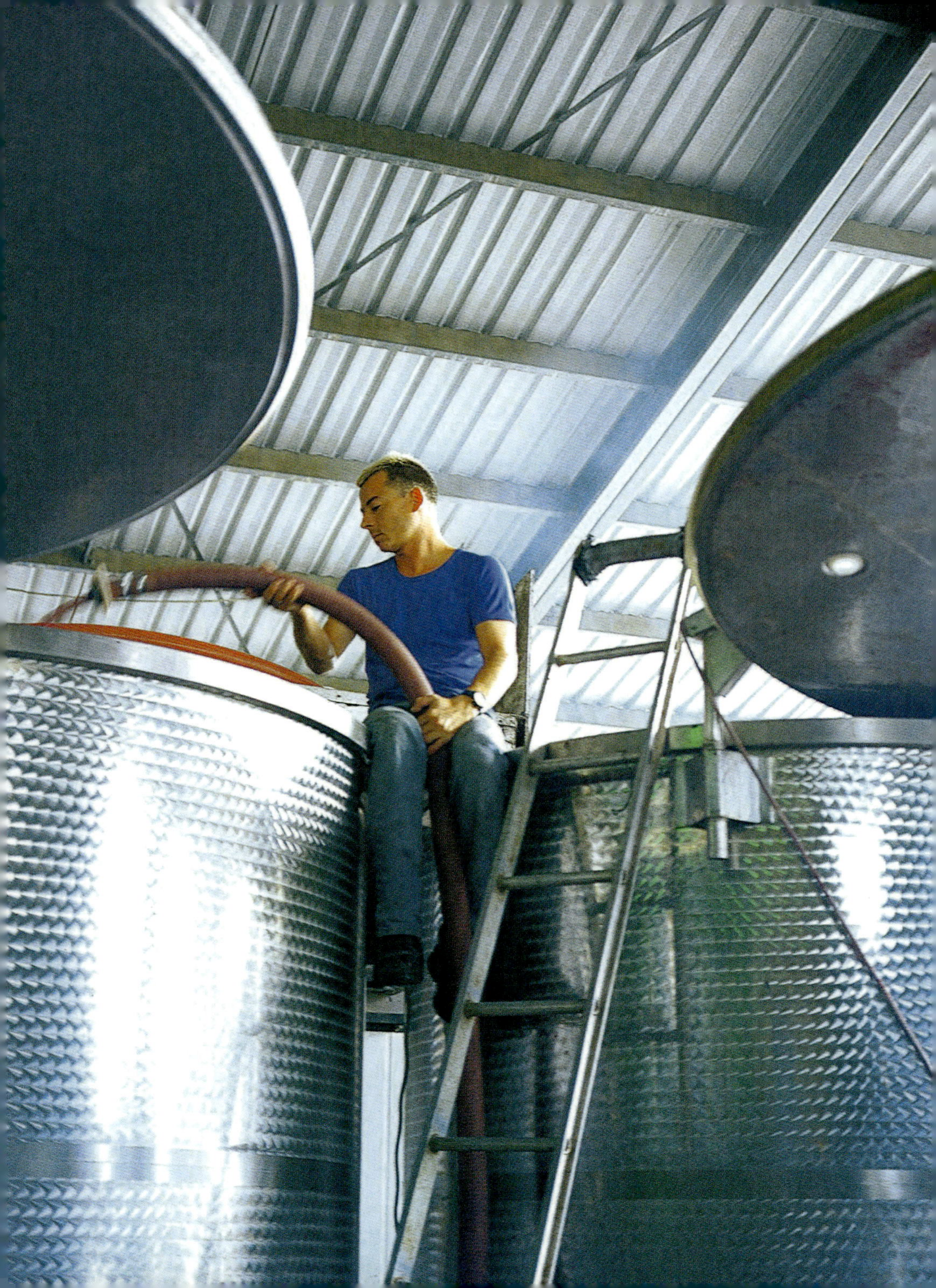

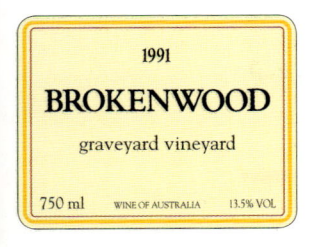

Brokenwood
Graveyard Shiraz 1991

ブロークンウッド
グレイヴヤード・シラーズ 1991

産地 オーストラリア、ニュー・サウス・ウェールズ、ハンター・ヴァレー
特徴 赤・辛口：アルコール度数13.5度
葡萄品種 シラーズ

　ブロークンウッドは1970年に設立されたが、創設者はジェームズ・ハリデイ、トニー・アルバート、ジョン・ビーストンという3人の法律家であった。場所は、ポコルビンのマクドナルドとブローク・ローズの交差点近くの4haの土地。それから3人は、2年ほどかけて、自らの手を汚しながら、苗を植え、剪定・摘果を行い、そして1973年に最初のワインを完成させた。

　1978年、ブロークンウッドは隣接するグレイヴヤード・ヴィンヤードをハンガーフォード・ヒルから買い入れた。それは東向きの、赤い色をした重い粘土のローム土壌の畑で、1969年に最初の葡萄の樹が植えられていた。主な葡萄品種はシラーズで、グレイヴヤード・ヴィンヤードの名前で最初のワインが出荷されたのが1983年のことだった。

　グレイヴヤード・シラーズは、力強さと凝縮感で魅了する種類のワインではない。このワインを特別なものにしているのは、それが一貫してその生まれ故郷であるハンター・ヴァレーの特徴、すなわち革とスパイスの風味、それに真の長寿を表現していることである。1991年は旱魃の年で、葡萄は少々水不足のストレスを受けていた。おそらくそのためであろう、このワインはいつもよりややアルコール度数が低い。しかしそれはグレイヴヤードらしく、筋肉質のがっしりした骨格を持っており、今後数年間かけてまだ進化を遂げ、さらにその後も長く存続するであろう。**JG**

🍷🍷🍷　飲み頃：2011年過ぎまで

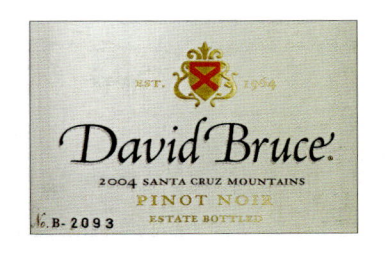

David Bruce
Santa Cruz Mountains Pinot Noir 2004

デヴィッド・ブルース
サンタ・クルーズ・マウンテンズ・ピノ・ノワール 2004

産地 アメリカ、カリフォルニア、サンタ・クルーズ・マウンテンズ
特徴 赤・辛口：アルコール度数14.2度
葡萄品種 ピノ・ノワール

　カリフォルニアの中でも最高の品質のワインを産しながら、あまり高く評価されていない地区の1つに、サンタ・クルーズ・マウンテンズがある。サンホセとサンタ・クルーズの間に横たわる山地である。深々とした森、高い尾根と深く刻まれた谷、それらの間をただよう朝霧と暖かい午後の日差し、これがこの地区のいつもの光景であり、長く穏やかな栽培期間が約束されている。

　Dr.デヴィッド・ブルースの最初の経歴は皮膚科の医師であった。その医師としての手技は、ワイン職人の見習いを始めた1961年から本格的な醸造家となった1985年まで、彼のワイン造りに大いに役立った。デヴィッド・ブルース・ワイナリーの中核となる畑は、海抜640mの高地にある6haの土地であるが、そこまで霧が届くことはめったにない。この地区で彼が有名になったわけは、彼が誰よりも早く、サンタ・クルーズ・マウンテンズのテロワールが秘めている能力——特にシャルドネとピノ・ノワールに対する——を見抜いたからであった。その結果、彼の創り出したピノ・ノワールは、この地区の黎明を告げる1本であったと、誰からも認められている。

　彼自身の畑と近隣の畑から集められた大粒で風味豊かなピノ・ノワールは、ブレンドされ、凝縮した赤果実のフレーヴァーを中核として、フランス産オークの新樽で15ヵ月間熟成させられることによって加わった繊細な焦げ、ナツメグ、ヴァニラの微香を持つ。**DD**

🍷🍷🍷　飲み頃：2012年過ぎまで

Brumont
Madiran Montus Prestige 2000

ブリュモン

マディラン・モンテュス・プレスティージュ 2000

産地 フランス、マディラン
特徴 赤・辛口：アルコール度数15度
葡萄品種 タナ

　アラン・ブリュモンは彼自身の問題を抱えている。彼は実質上マディランAOCを確立した功労者であり、タナという葡萄品種の力を、ほとんど独力で、フランスをはじめ世界に証明したが、2004年彼は墜落した。

　ブリュモンの運命は、彼だけの悲劇ではない。それは我々すべてにとっても悲劇である。彼はワイン界の偉人の1人であった。ことワインに関しては、彼がやったことのすべては、賢明で、熟考されたものだった。彼は旧いものと新しいものの、最上のものを捕まえた。そして幸運にも彼はまだ外に出て、ワインを造っている。そして我々には、慰めてくれる過去のヴィンテージがある。

　ブリュモンが最初のドメーヌ・ブースカッセを造ったのは1979年、そしてモンテュスとモンテュス・プレスティージュを造ったのが1985年であった。ブースカッセとモンテュス・プレスティージュは、両方とも最初から100％タナである。年によっては、信じられないほどタンニンが強く、頑強で、味わうことさえできないことがあるが、2000ヴィンテージは、すべてがうまく調和しているようだ。ブラック・オリーブ、タール、アニスシード、熟した黒果実。ミントとピメントの香りさえする。このワインは、鴨料理と合わせると最高だろう。ワインの澱にしばらく浸けて柔らかくした後、蒸し煮したもの…。**GM**

🍷🍷🍷　飲み頃：2015年まで

Grant Burge
Meshach Shiraz 2002

グラント・バージ

メシャック・シラーズ 2002

産地 オーストラリア、南オーストラリア、バロッサ・ヴァレー
特徴 赤・辛口：アルコール度数14度
葡萄品種 シラーズ

　グラント・バージは、バロッサで家族経営としては一番広い畑を持つ、古くからあるワイナリーの5代目である。彼は1988年に自分の名前の会社を設立し、1993年にはタナンダのイラパッラ・ワイナリーを買い入れ、そこですべての赤ワインを造っている。バロッサの多くのワイナリーと同様、彼も幅広い種類のワインを造っている。

　メシャック・シラーズは、1900年代初めに祖父の手によって植えられたフィルセル葡萄畑から手摘みしたものである。バージはこれとは別に、単一葡萄畑ワイン、フィルセルも造っているので、メシャック・シラーズは、それにバロッサの他の古い葡萄畑からの葡萄をいくらか含めて、さらに肉づきを良くしたワインということができる。いずれにしろ、これらのワインは非常に古い葡萄樹からの葡萄を使っているため、とてつもなく力強く、強烈である。そしてバージはこれらの葡萄の力を最大限引き出すために、ぎりぎりまで完熟するのを待って摘果している。

　2002バロッサ・ヴィンテージは非常に高い評価を得ているが、メシャックは、ワインの茂みに喩えることができる。深く濃い紫色、骨格は力強いが、新鮮さもすばらしい。非常に大胆で活気に溢れ、アルコール度は高い。まさにメシャック2002は大きなワインだ——豊かで、頭をくらくらさせ、オークの香りもほど良く、そして絶対的に芳醇。カンガルーのフィレ・ステーキと飲むと最高である。それもレアで。**SG**

🍷🍷🍷🍷　飲み頃：2010年過ぎまで

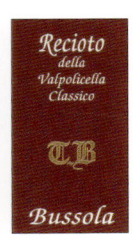

Tommaso Bussola
Recioto della Valpolicella Classico 2003

トンマーソ・ブッソラ
レチョート・デッラ・ヴァルポリチェッラ・クラッシコ 2003

産地 イタリア、ヴェネト、ヴァルポリチェッラ
特徴 甘口・赤：アルコール度数12度
葡萄品種 コルヴィーナ／コルヴィノーネ70%、その他30%

　このワインの起源は古い。レチョートは、収穫した葡萄を房のままワイナリーの軒下で最長で6ヵ月ほど陰干しした葡萄を使って造られる。この過程をアパッシメントというが、それによって葡萄は元の重さの半分まで縮み、非常に濃縮された原液が出来上がる。これをさらに数年かけてゆっくりと熟成させる。その結果、生まれたワインには糖、フェノール、フラボノイドなどの凝固した固形物が、重量比で最大で30％含まれる。
　トンマーソ・ブッソラは偉大なレチョートの個人生産者の1人だ。彼がワイン造りに情熱を示し、熟練の醸造家となったのは、ヴィティコルトーレ（葡萄栽培家）である叔父のジュゼッペ・ブッソラと、美しい段丘に広がる彼の畑ヴァルポリチェッラ・クラッシコのおかげである。トンマーソはまた、ヴァルポリチェッラの長老、名匠のジュゼッペ・クインタレッリにも師事している。その古老の美しいワイナリーは、トンマーソが最近拡張したネグラール、サン・ペレットのワイナリーからも葡萄畑の谷越しに眺めることができる。トンマーソのスタイルは、クインタレッリのワインにくらべると、酸化が少なく、希薄に感じられる。しかし彼は、様々な大きさ、種類、古さの樽を使い分け、すべての段階で葡萄果実とキュヴェの選別を厳しく行い、その結果、ハーブ、花、ヒマラヤ杉、さらには熟成とともに皮、肉、スパイス、タール…その他延々と続く様々な風味を持つワインを創り出した。**NBel**

💲💲💲💲💲　飲み頃：2030年過ぎまで

Ca' Marcanda
IGT Toscana 2004

カマルカンダ
IGT・トスカーナ 2004

産地 イタリア、トスカーナ、ボルゲリ
特徴 赤・辛口：アルコール度数14度
葡萄品種 メルロ50%、C・ソーヴィニョン25%、C・フラン25%

　アンジェロ・ガヤは、まぎれもなくイタリアで最もダイナミックで、最も話題に上ることの多いワイン造り手の1人である。彼が1961年にバルバレスコのエステートを引き継ぐとすぐに、収量を減らし、赤ワインの熟成に大樽ではなくオークの小樽を使い始めたとき、地元の栽培家やワイン生産者たちは、驚きの目で、しかし冷ややかに彼を見ていた。しかしガヤのワインが世界中で大きな反響を呼ぶやいなや、彼らはこぞってガヤの真似をし、彼の手法を採用した。
　1996年、ガヤはボルゲリの近く、カスタニェート・カルドゥッチに101haの畑を買い、その畑をカマルカンダと名付け、最新式のワイナリーを建設した。その畑は海岸に近く、恵まれた気候環境にあり、何世紀にもわたる耕作で痩せてしまっているということもなかった。それらの好条件のおかげで、インターナショナルな赤ワイン用品種はこの地で本領を発揮した。
　カマルカンダのフラッグシップ・ワイン、「マガーリ（if onlyの意味）」の名前は、ピエモンテの人々が自分の達成したことを控えめに言うときの言葉から取ったものである。メルロ、C・ソーヴィニョン、C・フランといったボルドー・スタイルのブレンドと、トスカーナの暑い日ざしによってマガーリはできている。2004年はボルゲリにとって理想的な気候で、葡萄は立派に完熟した。カマルカンダ2004は、土味と、よく熟してはいるが抑制された果実味、新鮮な酸を持ち、タンニンは甘い。**KO**

💲💲💲　飲み頃：2012年過ぎまで

Ca'Viola
Bric du Luv 2001
カ・ヴォオラ
ブリック・デュ・ルッヴ 2001

産地 イタリア、ピエモンテ、ランゲ
特徴 赤・辛口:アルコール度数14.5度
葡萄品種 バルベーラ85%、ピノ・ノワール15%

　ジュゼッペ・カヴィオラは、まだ若いが、非常に有能な、ピエモンテを代表する醸造家である。彼は自分自身のワインを造るだけでなく、その知識と経験をイタリア全土のワイン生産者たちに分け与えている。
　ブリック・デュ・ルッヴ2001は絶世の美女にたとえられるワインで、再度造ることはまったく不可能といえる。なぜなら、ブレンドが変わったからである。2001ヴィンテージは、大半がバルベーラで、残りがピノ・ノワールである。2002年は、気候が悪かったために造られなかった。そして2003年からは、ピノ・ノワールに替わって、さらに少ない割合でネッビオーロがブレンドされた。実は、ルッヴのために育てられていたピノ・ノワールは、ランゲの9人のワイン生産者が資金を出しあって創った慈善プロジェクト、リンシエメ・ワインの生産にまわされたのである。
　ブリック・デュ・ルッヴ2001は、非常に深いルビー色をしており、紫色のエッジもある。香りは、分節化されていると同時に巧妙に組み合わされ、チェリー、ラズベリー、イチゴの心地よい大きなアロマの流れに、もっと高次元の、漢方薬のような、ほとんどヨウ素に近い香りが流れ込んでいる。香りだけでこれだけ魅了されてしまったら、口の中ではもう何にも感じないのではないかと思うかもしれないが、まったくそうではない。いくら飲んでも、フル・ボディで、力強く、ジューシーで、まったく飽きることがない。**AS**

🍷🍷🍷　飲み頃:2015年まで

Château Calon-Ségur
2003
シャトー・カロン・セギュール
2003

産地 フランス、ボルドー、サン・テステフ
特徴 赤・辛口:アルコール度数13度
葡萄品種 カベルネ・ソーヴィニョン60%、メルロ40%

　カロン・セギュールはサン・テステフの北部に位置し、74haの畑と美しいシャトー、そしてジロンド川の土手まで延びる広い庭園で構成されている。ラベルのハートは言うまでもなく、「我ラフィットやラトゥールをつくりしが、我が心カロンにあり」という、18世紀の持ち主、ニコラス・アレキサンダー・ド・セギュール公爵の言葉に由来している。長く続いた静かなヴィンテージの後、スタイルを変えたワインが1995、1996と続けて熱烈な喝采とともに迎えられた。その時期は、マダム・ガスクトンが、夫亡き後、エステートの経営を引き継いだ時期と一致していた。
　2003年という年は、これから1世代にわたって、異常に暑い夏として記憶されるだろう。6月の段階ですでに焼けるほどの暑さで、8月にはついに観測史上の最高気温を突破した。暑く日照りの多い夏は、通常ならば、葡萄にとって好都合であるが、その時の暑さは、ボルドーに関して言えば、まったくそうではなかった。しかしサン・テステフの、礫岩に覆われた冷たく深い土壌は、他の地域よりもその暑熱に耐えることができ、そのヴィンテージのスターワインを生み出すことができた。カロン・セギュール2003は、素晴らしく濃い色をしており、サン・テステフ特有のカシスの実の、これまでにない豊潤さに満ちている。タンニンは豊かな果実味で覆われており、それらが今後10年から15年かけてさらに成熟していくのは間違いない。**JM**

🍷🍷🍷🍷　飲み頃:2012〜2025年

Red wines

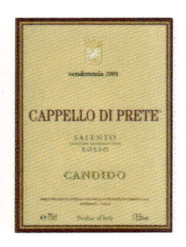

Candido
Cappello di Prete 2001

キャンディード
カペッロ・ディ・プリテ 2001

産地 イタリア、プーリア、サレント
特徴 赤・辛口：アルコール度数13.5度
葡萄品種 ネグロアマーロ

　フランチェスコ・キャンディードは、南イタリアで最も規模の大きい家族経営のエステートである。そのエステートは現在、3代目のアレッサンドロとジャコモによって運営されている。

　その葡萄畑はレッチェとブリンディシの両県にまたがるサレント平原をほぼ占めている。土壌は石灰質だが、粘土質で肥えている。栽培期間中の気候は、日中の暑さと、夜間の激しい冷え込みで特徴づけられ、それによって葡萄はアロマをしっかりと閉じ込め、きめの細かい酸が生まれる。サレントの主な赤ワイン品種はネグロアマーロであるが、その名前のネグロは、果実が非常に黒に近い色をしていることを表し、アマーロは、それから出来たワインのやや苦味のあるフィニッシュを表している。

　カペッロ・ディ・プリテ2001は、その葡萄品種から想像されるとおりのワインであると同時に、なぜ南イタリアがワイン愛好家の間でこれほど人気があるのかを分からせてくれるワインでもある。色は明るい、やや強いルビー色で、少々ガーネットの色合いも持っている。香りは洗練され、広大で、柔らかく、芳醇であるが、優美で、精妙、そしてスパイス、タバコ、リキュール漬けの果実の微香もある。口に含むと、まろやかで深みがあり、タンニンは豊富だが、しつこくない。心地よい余韻は長く続き、ゆっくりと、名前に示されたとおりの、期待通りのやや苦いフィニッシュへと続く。**AS**

🍷🍷🍷　飲み頃：2013年まで

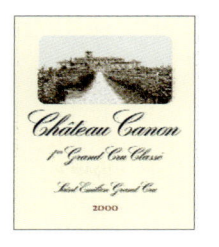

Château Canon
2000

シャトー・カノン
2000

産地 フランス、ボルドー、サンテミリオン
特徴 赤・辛口：アルコール度数13度
葡萄品種 メルロ75％、カベルネ・フラン25％

　この大きなエステートは、1996年、ニューヨークのヴェルテメール家によって購入されたが、多くの問題を抱えていて、ローザン・セグラの支配人であったジョン・コラザにカノンの建て直しが命じられた。

　葡萄樹の多くがウィルスに犯されていたため、コラザは全面的な再植樹に取り掛かった。彼が葡萄の古木を何ヘクタール分も買い求め、カノンの畑に再植樹したにもかかわらず、カノンの平均樹齢はまだ若く、そのワインが過去の栄光を取り戻すまでにはしばらく時間がかかると思われた。しかし所有者の交代はすぐさまワインの質に好影響を及ぼし、早くも1995年には素晴らしいワインが生まれ世間の注目を集めた。カノンは新樽比率を65％にまで高め、また収穫した葡萄の半分しかグラン・ヴァンに使わないというほど、選果を厳しくした。

　最近のヴィンテージは、まだミディアム・ボディで、若いときは、硬く、禁欲的ですらある。しかしプラムの果実味は十分で、その底にしなやかさもあり、熟成させると素晴らしくなることを暗示している。2000はどっしりとしたワインで、まだカノンらしさを十分出し切っているとはいえないが、大きな力を持ち、ブラックベリーとチョコレートの風味がとても豊かで、難なく熟成するだろう。また2004などのあまり恵まれなかったヴィンテージでも、より優雅でフィネスが感じられる仕上がりとなっている。**SBr**

🍷🍷🍷　飲み頃：2025年まで

CHATEAU
Canon-la-Gaffelière
2000
GRAND CRU CLASSÉ
CHATEAU
Canon-la-Gaffelière
2000

Château Canon-La-Gaffelière
2005
シャトー・カノン・ラ・ガフリエール
2005

産地 フランス、ボルドー、サンテミリオン
特徴 赤・辛口：アルコール度数13度
葡萄品種 メルロ55％、C・フラン40％、C・ソーヴィニョン5％

　ステファン・フォン・ナイペルグ伯爵が1985年に、このエステートを父親から受け継いだとき、彼は何をすればよいか、どうすればシャトーを再建できるかを正しく理解していた。まずやったことは、その当時まだあまり知られていなかった（現在は知らないものがいない）醸造家ステファン・デュルノンクールを雇うことであった。
　1970年代を通して何のためらいもなく行われていた除草剤散布による汚染から土壌を復活させるには、まだある程度の時間がかかるが、すでに行われている有機的治療によって畑は基本的に健康を回復している。畑には樹齢の高いカベルネ・フランが多く植えられており、それがワインに優雅さを与え、それは伝統として実直に守られている。ナイペルグはまた、畑の低い方は砂が多く、あまり質の良い葡萄はできないことを知っており、そこからの葡萄をグラン・ヴァンに使うことはめったにしない。
　カノン・ラ・ガフリエールは、肉感的だが、チャーミングなワインで、しばしばカベルネ・フランがもたらす新鮮さが際立つ。また人を誘惑するような性質を持っているが、それはオークの新樽を気前よく使っていることと無関係ではないだろう。若い時でも十分美味しいが、良く熟成する力は確かにある。2005ヴィンテージは、芳醇さと新鮮さの見事な融合を示し、最高の出来であることを証明している。**SBr**
🍷🍷🍷 飲み頃：2025年まで

Canopy
Malpaso 2006
キャノピー
マルパソ 2006

産地 スペイン、カスティージャ・ラ・マンチャ、メントリダ
特徴 赤・辛口：アルコール度数14.5度
葡萄品種 シラー

　キャノピーは、最近のスペイン・ワインの歴史のなかでは最もユニークで、最も自然発生的なサクセス・ストーリーを持っている。それは2004年、ベラルミーノ・フェルナンデスが、料理店オーナーであり、またワイン・テイスター、作家、卸売業者、俳優、TV司会者など数多くの肩書きを持つマルチ・タレントの兄に勧められて、友人とともにプロジェクト・チームを結成した時点から、すでに成功の波に乗っていた。
　最も恵まれたテロワールと、最も優れた品種を選び出すことを最優先してきた彼らがやった最初のことは、マドリッドの近くトレドの、スペイン中央部にある、最も古い葡萄生産地区メントリダで、樹齢40年のガルナッチャとそれよりも若いシラーを見つけ出すことであった。メントリダ・アペラシオンはけっして名声の高い地区ではなく、どちらかといえば大量の安物ワインを生産することで有名なところであった。しかしその土地は、独特のテロワールと古木の葡萄畑など、偉大なワインを生み出す潜在能力を持っていた。
　素晴らしい2005ヴィンテージの後、ベラルミーノと彼の同僚は、かなり困難な年であった2006年にシラーから素晴らしい果実味を引き出した。オーク樽が巧みに生かされ、芳醇で力強いワインが生み出された。**JB**
🍷 飲み頃：2012年まで

シャトー・カノン・ラ・ガフリエールはサンテミリオンの最高のラベルの1つ。

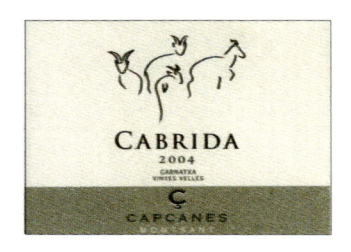

Celler de Capçanes
Montsant Cabrida 2004
セリェル・デ・カプリネス
モンサン・カブリダ 2004

産地 スペイン、カタローニャ、モンサン
特徴 赤・辛口：アルコール度数14.5度
葡萄品種 ガルナッチャ

　セリェル・デ・カプリネスは、タラゴナ県にある現代的な品質重視の協同組合である。スペインの他の協同組合同様、この組合も歴史はかなり古く、1933年に設立されたが、壜詰めまでするようになったのは、1979年になってからのことである。現在組合員数は125世帯、葡萄畑の広さは222ha、毎年200万ℓを生産する。
　生産品目は多彩で、マス・コレット、ラスエンダル、ヴァル・デ・カラス、コステル・デル・クラヴェットなどがあり、価格帯も多様である。また、独特のコーシャー・ワインや、パンサル・デル・カラスという甘口のデザートワインも造っている。カブリダはその中で最高級品にあたる。カブリダという名前は、村から遠く離れた高地にある葡萄畑が、その昔農家によって放置され、山羊（カブラというのは山羊を意味する）に喰われたことに由来している。ワインは100％ガルナッチャで、非常に高樹齢（60～100歳）の樹に実る果実から造られる。その葡萄は、粘土、花崗岩、粘板岩の多い古い地質の斜面に育つことから、ワインに豊富なミネラルをもたらしている。
　2004年はこの地域全体が作柄に恵まれた年だったが、カブリダにとっては最高と呼べるものだった。そのワインは、恥ずかしがり屋のワインではなく、色は黒く、力強く、オークの影響が多く現れ、そのため数年間の壜熟が必要である。黒い果実、チョコレート、エスプレッソ・コーヒーの香りがし、味わいはフル・ボディで、酸は素晴らしく、フィニッシュは非常に長い。**LG**
$$$ 飲み頃：2010～2020年

Villa di Capezzana
Carmignano 1997
ヴィラ・ディ・カペッツァーナ
カルミニャーノ 1997

産地 イタリア、トスカーナ、カルミニャーノ
特徴 赤・辛口：アルコール度数13度
葡萄品種 サンジョヴェーゼ80％、カベルネ・ソーヴィニョン20％

　ワイン愛好家でも多くが知らないことだが、イタリア北部には、キアンティ以外にも数世紀前からの伝統的原産地統制保証区域が多く存在している。
　カルミニャーノもそのような地区の1つである。そこはフィレンチェの西を守っていた小さな要塞のある村で、最初にカベルネ・ソーヴィニョンを土着のサンジョヴェーゼへの供物として混合することを正式に認められた所である。質の高いワインを造ろうという葡萄栽培家たちの並々ならぬ熱意が認められ、1990年にDOCからDOCGに昇格した。カルミニャーノの栽培家たちを先導しているのはコンティニ・ボナコッシ家で、そのカペッツァーナ・エステートの名前は国外市場ではずっと以前から有名であった。
　カペッツァーナ・エステートは低地にあるため、成熟時期の気温が高く、トスカーナの偉大な畑よりも2週間ほど早く完熟する。この地区の1997ヴィンテージはすでに伝説となっている。それは豊かな深い色、驚くべき強靭さ、素晴らしい長寿を生んだ。ヴィラ・ディ・カペッツァーナは、まずプラムとカシスの奔流が襲いかかり、キアンティの多くがもしそれを持っていたら、トレッビアーノを混ぜることを止めたであろう（あるいは止めるべき）筋肉質の凝縮感を持ち、酸とタンニンとアルコールのトリオが完璧な調和を達成している。**SW**
$$$ 飲み頃：2015年まで

Arnaldo Caprai
Sagrantino di Montefalco 25 Anni 1998
アルナルド・カプライ
サグランティーノ・ディ・モンテファルコ・25アンニ 1998

産地 イタリア、ウンブリア、モンテファルコ
特徴 赤・辛口：アルコール度数14度
葡萄品種 サグランティーノ

　30年前まで、サグランティーノはまだ今ほど多くなかった。葡萄畑よりも家庭の畑で多く植えられ、現在サグランティーノ・パッシートと呼ばれている、陰干しした葡萄から造る甘いレチョートタイプのどっしりとしたワイン用であった。今はこれほど流行しているが、1970年代にはまだ辛口のサグランティーノは造られていなかった。
　1990年代初めまで、サグランティーノについてはまったくといって良いほど研究は行われなかった。そんな時、アルナルド・カプライの葡萄畑とカンティーナでは、アルナルドの息子マルコの手によってサグランティーノの実験が繰り返されていた。彼は有名な醸造家アッティリオ・パーリの協力を得て、サグランティーノがイタリアの誇るべき葡萄の1つであることを証明した。
　アルナルド・カプライの最重要畑である25アンニは、アルナルドがエステートを購入してから25年目の1996年に入手した畑であるが、それは先の試みを成就するためであった。サグランティーノの問題点は、その目立つタンニンにあるが、カプライによって行われたクローンの改良と、パーリによって勧められた木樽の使用により、それも改善された。それはサグランティーノ本来の力強さと凝縮力を失うことなく、クリスマスだけでなく、いつでも飲めるワインとなった。芳醇で骨格のしっかりした赤、生の果実やドライフルーツ、タール、コーヒー、そしてブラック・チョコレートなどの様々なアロマが織り成す壮大なスペクトル。**Nbel**
🍷🍷🍷　飲み頃：2020年まで

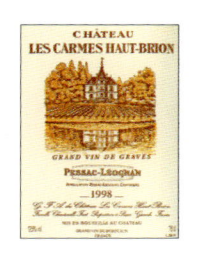

Château Les Carmes-Haut-Brion
1998
シャトー・レ・カルム・オー・ブリオン
1998

産地 フランス、ボルドー、ペサック・レオニャン
特徴 赤・辛口：アルコール度数13度
葡萄品種 メルロ55％、C・フラン30％、C・ソーヴィニヨン15％

　1584年から1789年までこの葡萄畑の持ち主であったカルメル修道会は、革命の中で解散させられ、19世紀にレオン・コーリンがオーナーとなった。その子孫がシャンテカイユというネゴシアンを経営していて、ディディエ・フルトがその家の娘と結婚した。
　フルトが経営を引き受けるまで、葡萄はシャンテカイユ・チェーンのワイナリーで加工されていたが、彼の最初の仕事は、この敷地内に小さなワイナリーを建てることであった。土地はゆるやかに傾斜しているため、オー・ブリオン同様に水捌けは良かった。オー・ブリオンほど礫石は多くなかったが、石灰岩の上にかなりの厚さの粘土が堆積していた。この粘土のおかげで、畑の半分以上にメルロを植えることができる。もう1つの特徴は、カベルネ・フランの割合が多いことだが、それはフルトの自慢の種である。というのはその樹はとても古いものだからである。
　フルトは、このワインは新樽比率50％で熟成させているため、若いうちに飲むこともできるが、長く熟成する力も持っていると信じている。彼の言うように、1998ヴィンテージは、カシスの香りに満ち溢れ、豊麗で、なめらかな質感を持ち、黒い果実と丁度良いオークの香りを持ち、長く続く余韻がある。毎年24,000本ほどと生産量は多くないが、フルトはそのために値を吊り上げるようなことはしない。**SBr**
🍷🍷🍷　飲み頃：2015年まで

Red wines | 473

Bodegas Carrau
Amat 2002
ボデガス・カラウ
アマット 2002

産地　ウルグアイ、リヴェラ
特徴　赤・辛口：アルコール度数14.5度
葡萄品種　タナ

　ウルグアイの南端、モンテヴィデオの郊外にあるカラウ家のラス・ヴィオレタスのレンガとタイルでできたワイナリーにくらべると、1976年にウルグアイの北東部、ブラジルと国境を接する緑の丘陵地帯の「山高帽の頂」を意味するセロ・シャポーの丘に設立された、同名のワイナリーは良い意味でスペースエイジ的である。
　1976年に植えられた1.6haの畑から採れる葡萄は、到着すると地面の上で、手作業により丁寧に選果され、次に重力の作用によって、地下の円状に並べられた数個の小さなステンレス槽に入れられる。そこで人力によりやさしく果帽の櫂入れが行われ、機械による櫂入れでよくある過剰なタンニンを抽出することなしに（タナはその傾向がある）、色とフレーヴァーが抽出される。そのワインは再び重力の作用によって、フランス産とアメリカ産のオークの新樽に詰められ、約20ヵ月間熟成させられる。壜詰めの前にろ過することはしない。
　アマットはウルグアイの主力黒葡萄であるタナから生まれる、非常に豊麗で、アルコール度の高いワインである。タナは、砂の多い土壌と常に暖かい気候によってタンニンが優しくされている。なめらかなタンニンは、鋭敏な感覚による醸造によって一層引き立てられ、オーク樽によって台無しにされてもいない。さまざまな黒い果実の風味の後、ミディアムからフルボディーの味が広がる。**MW**
🍷🍷　飲み頃：2012年まで

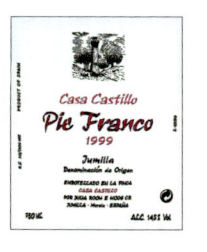

Casa Castillo
Pie Franco 1999
カーサ・カスティーリョ
ピエ・フランコ 1999

産地　スペイン、ムルシア、フミーリャ
特徴　赤ワイン：アルコール度数14.5度
葡萄品種　モナストレル

　カーサ・カスティーリョ・ピエ・フランコのようなワインを口にすると、モナストレルがスペイン東部を見捨て、遠い異国の地で、ムールヴェドルとかマタロとか呼ばれるようになる以前の時代に引き戻される。
　最近のスペイン・ワインの特徴は、葡萄を十分に成熟させ、人の介入を最小限にとどめて、葡萄に自分自身を語ってもらうという点にあるが、ヴィセンテ家もこの方法で傑出したワインを創り出しているワインメーカーの1つである。その真価が最も良く表現されているワインが、カーサ・カスティーリョ・ピエ・フランコである。1999ヴィンテージは、素晴らしいバランスと調和を実現しており、2015年ごろにその絶頂を迎えるようだ。
　フリア・ロシャ・エ・イホス（会社の名前）が所有する174haの畑は、4つの区画に分かれており、最も古い畑が、ラ・ソラナである。そこには1941年に植えられた、フィロキセラ以前からの接木されていないモナストレルが根を張っている。その区画は収量が非常に少なく、きわめて悲しいことであるが、最近になりフィロキセラの餌食になって、毎年少しずつ姿を消していている──フィロキセラがすみにくい砂の多い土壌のため、その進行は緩やかだが。**JB**
🍷🍷　飲み頃：2020年まで

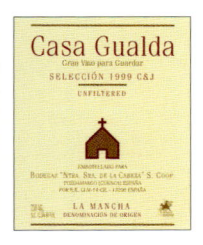

Casa Gualda
Selección C&J 1999
カーサ・グアルダ
セレクシオンC&J 1999

産地 スペイン、ラ・マンチャ
特徴 赤・辛口：アルコール度数12.5度
葡萄品種 センシベル（テンプラニーリョ）

　スペイン中央部のラ・マンチャ地区は、世界で最も広い葡萄栽培地区で、その広さは20万2,350haにも及ぶ。また白葡萄のアイレン種は、世界で最も多く栽培されている葡萄種で、栽培面積は40万4,700ha、そのすべてがスペイン、とくにイベリア半島中央部にある。

　クエンカ県ポサアマルゴにあるコペラティーヴァ・ヌエストラ・セニョーラ・デ・ラ・セベサの歴史は、他の多くの協同組合の歴史と変わらない。それは1958年に設立され、135世帯が加入し、約850haの畑を管理している。ワイナリーは現代的で活気に満ちているが、それはマネージャーであるホセ・ミゲール・ハベガとコンサルタント醸造家のアナ・マルタン・オンザンによるところが多い。彼らは大量に集荷される原料のなかから、最良の房だけを厳選し、発酵、熟成、壜詰めしたワイン、カーサ・グアルダ・セレクシオンC&Jを造ることに決めた。

　このワインは、正直なテンプラニーリョというべきもので、この地域の一般的ワインにくらべてより濃縮されているが、料理に良く合う、素晴らしく価値の高いものである。1999は、アロマはほどよい強さ──きめ細かく、優美で、花のよう、それに赤い果実とシナモン、軽く焦がしたオークの微香も加わり──で、すぐにテンプラニーリョと分かる。口に含むと、しなやかで、再び赤い果実が姿を現す。豊満で、やや収斂性があり、タンニンは申し分なく、余韻も長く続く。**LG**

🕒 飲み頃：**2010年まで**

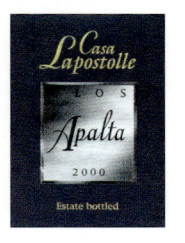

Casa Lapostolle
Clos Apalta 2000
カサ・ラポストール
クロ・アパルタ 2000

産地 チリ、コルチャグア・ヴァレー、アパルタ
特徴 赤・辛口：アルコール度数14.5度
葡萄品種 メルロ、カルムネール、カベルネ・ソーヴィニョン

　1990年代の半ば、アレクサンドラ・マニエ・ラポストールがコルチャグア・ヴァレーに到着したとき、彼女はためらうことなくラバツ家と契約した。その家族が1920年代から葡萄を生産していたからである。この葡萄畑がクロ・アパルタに葡萄を供給している。

　最も古い接ぎ木されていないカベルネ・ソーヴィニョンが植えられている区画は、トラクターではなく、馬によって鋤き起こされているが、盆地になっていて、カルムネールやカベルネを晩熟させるために必要な熱をうまく捉えることができる。さらに、近くを流れるコルチャグア川からの夜に吹く冷たい風と、南向きの斜面という立地は、葡萄が早く熟しすぎるのを防いでいる。地下では、葡萄の根は一生懸命働かなければならない。というのは、地下水の位置が常にあがったり下がったりしているからである。これにより、灌漑の必要は最小限にとどめられると同時に、夏の間の適度なストレスが、葡萄に自然の精妙さと凝縮した味わいを加えている。

　発酵温度はボルドーの通常の温度よりも低く保ち、葡萄がすでに内在している芳醇さが過度にならないようにしている。2000年、タンニンの成熟が比較的遅かったため、支配的な果実味（ブラックチェリー、ブラックベリー）が素晴らしく良く、また抑制されていて、それでいてワインは感動的なほど凝縮されている。**MW**

🕒 飲み頃：**2015年まで**

Viña Casablanca
Neblus 2000
ヴィーニャ・カサブランカ
ネブルス 2000

産地 チリ、アコンカグア、カサブランカ・ヴァレー
特徴 赤・辛口：アルコール度数13.2度
葡萄品種 C・ソーヴィニョン、メルロ、カルムネール

　この本のワインの中で、アイデンティティの危機を感ずることが許されるワインがあるとすれば、それはネブルスだろう。ネブルスの名前で出た最初のヴィンテージ1996は、白ワインで、貴腐菌による甘口のシャルドネであった。ところが、ヴィーニャ・カサブランカの主要輸出先であったイギリスが求めていたのは、辛口の白ワインか、チリお手の物のボルドー・スタイルの赤ワインだったため、ネブルスはすぐにブランド・イメージを変更し、超高級赤ワインを造ることとなった。

　ネブルスは、切れの良いタンニン、さっぱりとした果実味、そして、この暑い国の中で特に涼しさに恵まれたこの地区ならではのフル・ボディを示している。2000ヴィンテージは、仏アリエ産のオーク樽で12ヵ月熟成させられることによって、コルチャグア・ヴァレーなどの暖かい地区から来た葡萄特有の、熟れすぎた果実の風味を和らげることができている。それらの葡萄は、そしてカサブランカ・ヴァレーの葡萄も、通常よりは数週間遅れて摘み取られる（冷たく湿度の多い気候が葡萄の色を変えるまさにその時に）。ボルドーであれば、このようなやり方は眉をひそめられるかもしれないが、チリのように、そして2000年が示したように、世界で最も健康的な葡萄畑が、収穫が遅らされることによって、より複雑な風味を獲得できるのであれば、歓迎されてしかるべきであろう。**MW**

🍷🍷　飲み頃：2010年過ぎまで

Cascina Corte
Dolcetto di Dogliani Vigna Pirochetta 2005
カッシーナ・コルテ
ドルチェット・ディ・ドグリアーニ・ヴィーニャ・ピロケッタ 2005

産地 イタリア、ピエモンテ、ランゲ
特徴 赤・辛口：アルコール度数13.5度
葡萄品種 ドルチェット

　カッシーナ・コルテは1700年頃に建てられた農家で、その後300年近くも放棄されたままだった。アマリア・バッタリアとサンドロ・バロージがそのカッシーナの廃屋と、周囲の葡萄畑を購入したが、2人はワインメーカとしてのキャリアはまったくなかった。自分たちだけでこの大きな仕事をこなすことは不可能だということを知っていたので、2人は醸造担当としてベッペ・カヴィオラを、栽培担当としてジャンピエロ・ロマーナを招いた。

　アマリアとサンドロは、2002年に根付けした葡萄畑からバルベーラとネッビオーロも造っているが、ドグリアーニ村はなんといってもドルチェットで有名であることから、この葡萄の生産に最も力を入れている。2種類のドルチェットがあり、1つは大衆向けのもので、南に面した畑からの葡萄から造られ、もう1種類は、東に面した畑に育つ樹齢60歳の古木から生まれるクリュ、ピロケッタである。

　ピロケッタ2005は、いままで誰も想像したことがないほどジューシーなワインである。美しい深いルビー色に、紫色のエッジもある。黒い果実の香りがし、スパイスの微香も感じられる。口に含むと、大きくまろやかな感触で、心地よく生き生きした酸が精妙なバランスを取っており、かなり長い余韻がしばらく続く。**AS**

🍷🍷🍷　飲み頃：2012年まで

Castaño
Hécula Monastrell 2004

カスターニョ
エクラ・モナストレル 2004

産地 スペイン、カタローニア、イエクラ
特徴 赤・辛口：アルコール度数14.5度
葡萄品種 モナストル

　カスターニョとイエクラはほとんど同義である。なぜならスペインの地中海岸、ムルシア県のデノミナシオン・デ・オリヘン（DO）・イエクラで、自家で壜詰めまでしてワインを出荷しているのは、カスターニョ家だけだから。一家は葡萄栽培を1950年代から始めていたが、1970年代に自前のワイナリーを建ててワイン製造を始め、1985年にようやく壜詰めまで一貫して製造するようになった。

　一家のこだわりは、モナストル種である。それはフランスではムールヴェドルと呼ばれ、バンドールなどの有名なワインとなっているが、スペインでは決して上等な葡萄とは見なされていなかった。どちらかといえば、色とアルコールが強烈な大衆用ワインのための葡萄と見なされ、しばしば他の地域の酒精の弱いワインを強烈にするために加えられた。

　1995年に造った彼らの「現代的」ワイン、エクラは、リリースと同時に、若いモナストルの豊満さを賞味することができるが、6〜7年壜熟させて楽しむこともできる。2004年は、色は稠密で、深く濃い紫色をしている。赤果実と黒果実を合わせた芳香が立ち上り、次にバルサミコの豊かな気配が、地中海特有のスーボアのアロマ、樹皮、それらの背景となって全体をまとめるオークの香りと共にやってくる。しなやかで豊麗、濃密で余韻は長く、飲みやすい。モナストルを手頃な価格で楽しめる、教科書的な1本。**LG**

$ 飲み頃：2011年まで

Castello dei Rampolla
Vigna d'Alceo 1996

カステッロ・ディ・ランポッラ
ヴィーニャ・ダルチェオ 1996

産地 イタリア、トスカーナ
特徴 赤・辛口：アルコール度数14度
葡萄品種 カベルネ・ソーヴィニョン85％、プティ・ヴェルド15％

　この小規模なエステートのワインは、キアンティ・クラッシコのど真ん中に育つ葡萄から生まれる。最も大きな畑は、パンザノ村（グレーヴェ・イン・キアンティ）にある。土壌は軽く、完全に石灰質で、石が多く、粘土の割合が低い。

　このエステートの基礎を築いたのは、アルチェオ・ディ・ナポリ・ランポーラ王子で、彼は1964年、旧家（1739年まで遡ることができる）の所有地を、実業に役立てようと決心した。アルチェオ王子は広い視野の持ち主で、パンザノ村に最初にカベルネ・ソーヴィニョンを導入したのは彼だった。当時、地元の多くの視野の狭い人々が彼の挑戦を嘲笑ったが、彼らのほうが間違っていたことが証明された。彼のサンマルコ（カベルネ・ソーヴィニョン95％、サンジョヴェーゼ5％）は、その最初の年1980年に、消費者からもマスコミからも歓呼の声で迎えられた。アルチェオ王子は1991年に他界したが、彼の2人の息子、ルカとマウリツィアは、1996年、父親の業績を讃えて、新たなブランドを立ち上げた。それが今日トスカーナで最も高く評価されているヴィーニャ・ダルチェオである。

　1996ヴィンテージは、非常に古典的なワインで、美しく熟成しており、カシス、ミント、黒鉛などのアロマが次から次へと現れ、口に含むと、ヴェルヴェットのようになめらかだが、しっかりと掴まえることができ、驚くほど奥行きが深く、感動的に凝縮している。**AS**

$$$$ 飲み頃：2030年まで

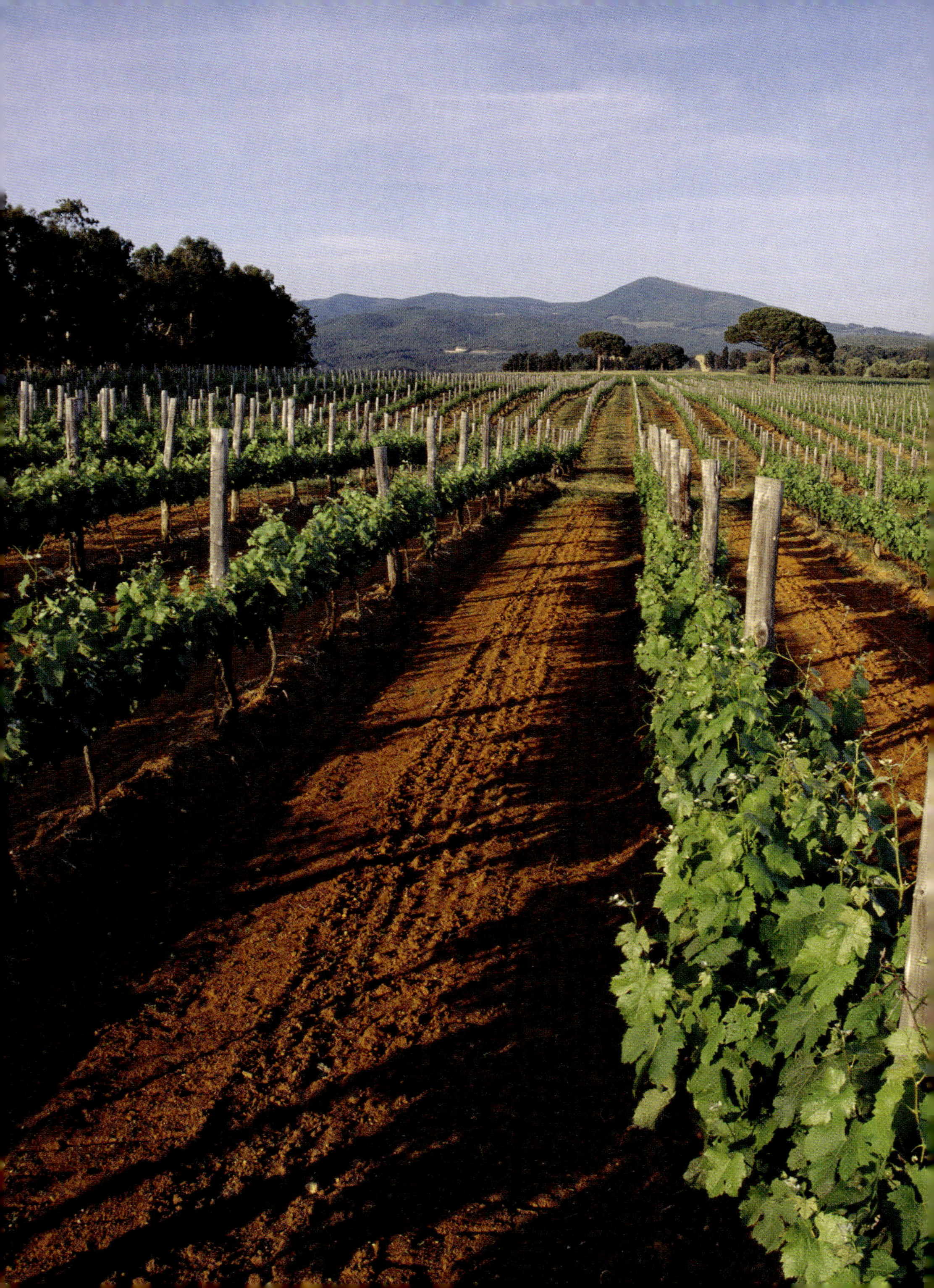

Castello del Terriccio
Lupicaia 1997

カステロ・デル・テリッチオ
ルピカイア 1997

産地 イタリア、トスカーナ、ボルゲリ
特徴 赤・辛口・赤・辛口：アルコール度数14.5度
葡萄品種 カベルネ・ソーヴィニョン90％、メルロ10％

　ピサ県の南端、トスカーナの海岸沿いにあり、隣のリヴォルノ地区（サッシカイアとオルネライアで有名）にも一部入り込んでいる43haのカステロ・デル・テリッチオ・エステートは、1922年から、現在のオーナーであるジャン・アンニバレ・ロッシ・ディ・マデレナ・エ・セラフィニ・フェッリの家の所有である。彼は1975年にこの土地を相続し、しばらくは様々な作物を試していたが、1980年代に、すべてを葡萄とオリーブに捧げることにきめた。

　近くのボルゲリの友人からの勧めもあって、またトスカーナの名醸造家の中でたぶん最も「国際派」であったカルロ・フェリーニをコンサルタントに迎えたこともあずかって、ドクター・ロッシはフランスの優良品種を植えることを決意した。彼が最初に目標として定めたことは、サッシカイアやボルドーのクリュ・クラッセに対抗することができるカベルネ・ソーヴィニョンを育てることであった。そして彼が目をつけたのが、ルピカイア葡萄畑であった。後に、この葡萄品種はそこから800mほど離れた別の畑のほうが良く育つことがわかり、そちらに移ったが、ルピカイア（「狼のいる場所」を意味する）という名前もそこに移した。

　ルピカイアは最高品質のワインであり、オーク小樽で熟成し、国際品種から造られているので、非公式な呼称である「スーパー・タスカン」（IGTトスカーナ）の基準を満たしている。1997年という年はトスカーナにとっては不思議な年だった。しかしドクター・ロッシはそれを「全能なる神は我々に蛇口の鍵を与えてくれた」と捉えた。意味は、雨は1年中ではなく、必要な時だけ降ったということであった。色はやや発達しすぎているようにも感じられるが、香りは非常に表現力豊かだ──ローガンベリー、チェリー、ユーカリ、トリュフ。口に含むと非常にバランスが良く、果実味、タンニン、酸、アルコールが一体となって絶妙の調和でやってくる。10年以上は生き続けるだろう。**Nbel**

💰💰💰💰　飲み頃：2017年まで

◀ カステロ・デル・テリッチオのルピカイア葡萄畑に育つカベルネ・ソーヴィニョン

Red wines | 479

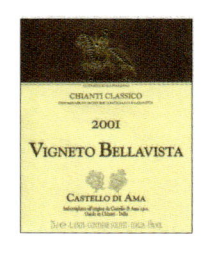

Castello di Ama
Chianti Classico Vigneto Bellavista 2001

カステッロ・ディ・アーマ
キアンティ・クラッシコ・ヴィネート・ベラヴィスタ 2001

産地 イタリア、トスカーナ、キアンティ・クラッシコ
特徴 赤・辛口：アルコール度数14度
葡萄品種 サンジョヴェーゼ80％、マルヴァジア・ネーラ20％

　ずっと昔から素晴らしいワインで有名であった中世からの小集落アーマは、廃墟のようにすたれていた。1970年代、ローマの4つの家が共同でアーマを購入し、その土地を現代的なワイン農園に変えた。農園は、イタリアで最も精力的なワイン醸造家の1人、マルコ・パッランティの協力を得て、すぐさま大成功を収めた。

　パッランティは、キアンティ・クラッシコのなかで葡萄が最も良く成熟する畑を選び、葡萄の成熟を遅らせるための実験も行った。アーマは、日光を果実により多く届かせることができるオープン・リラ（たて琴）式の整枝法をイタリアで最初に導入したところとなった。アーマのフラッグシップ・ワインは、カステッロ・ディ・アーマ・キアンティ・クラッシコであるが、特に作柄の恵まれた年には、熱烈な愛好者のための単一畑ワインをベラヴィスタ葡萄畑からの葡萄で造っている。

　ヴィネート・ベラヴィスタは本当に恵まれた年に、ほんの少量造られるだけだが、他のキアンティ・クラッシコでこれほど高い評価を受けているワインはない。古木から生まれた完熟した葡萄は、凝縮された芳醇なフレーヴァーを生み出すと同時に、530mという高地に育ち、昼と夜の激しい温度差で鍛えられた葡萄は、ワインに精妙なアロマと複雑さを付与する。2001年は星のようなヴィンテージであったが、このワインはその輝きが最も美しいものの1つである。**KO**
🍷🍷🍷🍷　飲み頃：2021年まで

Castelluccio
Ronco dei Ciliegi 2003

カステルッチョ
ロンコ・ディ・チリエージ 2003

産地 イタリア、エミリア・ロマーニャ
特徴 赤・辛口：アルコール度数13.5度
葡萄品種 サンジョヴェーゼ

　カステルッチョ・エステートは、エミリア・ロマーニャ地域のファエンツァとフォルリの2つの町に挟まれたモディリアーラ村にある。その村の土壌は厚く堆積した石灰質泥灰土で、非常にきめが細かく重いため、普通ならば葡萄栽培には向かない土地である。

　しかし1975年、何カ所かの小地区が高品質の葡萄の栽培に向いていることが証明され、当時の土地所有者は、名醸造家ヴィットリオ・フィオーレをコンサルタントとして招いた。フィオーレはカステルッチョの畑に苗を植え、管理を始めたが、そのやり方は当時としては目を瞠るほどに革命的であった。

　カステルッチョは2種類の葡萄だけからワインを造っている。サンジョヴェーゼとソーヴィニョン・ブランである。ロンコ・ディ・チリエージは100％サンジョヴェーゼからできているが、飲むと、他のトスカーナの同類にはない豊富な果実味を持っている。キアンティやブルネッロにときどき見られる尖った角はこのワインには見られないが、サンジョヴェーゼの美点である純真な優美さのすべてがここにはある。タンニンはしっかりと存在を示しているが、絹のようになめらかだ。素晴らしい凝縮感、酸と細かく繊細な収斂性の間の絶妙なバランスは、このワインが長生きすることを保証している。**AS**
🍷🍷🍷　飲み頃：2018年まで

Castillo de Perelada
Gran Claustro 1998

カステロ・デ・ペレラーダ
グラン・クラウストロ 1998

産地 スペイン、カタローニャ、コスタ・ブラヴァ
特徴 赤・辛口：アルコール度数14度
葡萄品種 カベルネ・ソーヴィニョン、メルロ、カリニェーナ、ガルナッチャ

　ペレラーダの城郭は、人気の高い夏祭り、カジノ、ワイン・セラピー・スパ、そして有名なボデガと、魅力一杯の場所である。1923年、実業家のミゲル・マテウ・プラがその城を購入し、1975年には甥のアルトゥーロ・スクウが、そのカルメリテ・セラーでワイン造りを成功させた。それ以来彼は、DOエンポルダ・コスタ・ブラヴァで指導的な役割を果たしている。

　あまり野心のない一家であれば、カヴァスや、ブラン・ペスカドール（年間500万本）、その他の比較的廉価なワインで満足していたであろう。しかし1990年代、彼らはさらに恵まれた区画をいくつか購入して畑を150haまで拡大し、古いボデガを改築して、新しい実験的なワイナリーを完成させ、そこでEx・Ex（Exceptional Experience）というカルト・ワインのあたらしいセレクションを造り始めた。

　グラン・クラウストロはその最初のヴィンテージである1993から、素晴らしい個性を示した。城郭の由来を示す偉大なる修道院を意味するグラン・クラウストロは、このボデガから出された最近のワインの多くを後ずさりさせるほどの力を秘めている。ほとんど不透明に近い鮮烈な色をし、ブラックベリー、バルサミコ、ココア、スーボア（腐葉土）の強い香りが立ち昇る。口に含むと、とても力強く、完熟した果実、豊かなタンニンが広がり、余韻は長く続く。**JMB**

🍷🍷🍷　飲み頃：2012年まで

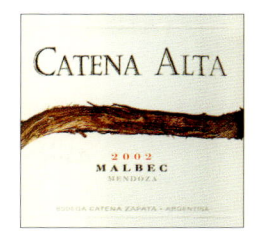

Catena Alta
Malbec 2002

カテナ・アルタ
マルベック 2002

産地 アルゼンチン、メンドーサ
特徴 赤・辛口：アルコール度数14.1度
葡萄品種 マルベック

　カテナの葡萄畑は標高780m（普通の基準からいえば、これでもかなり高い）のエステ・メンドシーノから標高1,500mのヴァジェ・デ・ウコまで幅広い高低差の間に分散している。高度は非常に重要な要素である。標高の高い場所に育つマルベックはゆっくりと成熟し、酸を保ち、アントシアニンなどのポリフェノールを高濃度で含有する。その理由は、たっぷりと紫外線を浴びるからである。その結果、濃縮された、色の濃い、新鮮な酸を持つワインが出来上がる。

　ニコラ・カテナは、アルゼンチンで最も広く栽培されているマルベックの国際的知名度を上げるために尽力してきた。彼はマルベック・ワインの質を決める様々な要素の研究に取り組んでいる。最初のカテナ・アルタ・マルベックが出たのは1996年で、その時はルンルンタ地区のアンジェリカ葡萄畑の単一畑ワインとして生まれた。現在は5つの畑の葡萄のブレンドとなっている。アルタ・マルベックが成功した理由の1つは、異なった標高の葡萄畑から生まれる異なった特徴の葡萄を組み合わせたことにある。

　2002ヴィンテージはやや暖かい気候から生まれたが、このワインの特徴を遺憾なく発揮している。カテナ・ワインの特長は優雅さと調和である。それに加えて、このワインには偉大な個性がある。**JG**

🍷🍷　飲み頃：2012年過ぎまで

Dom. Sylvain Cathiard
Vosne-Romanée PC Les Malconsorts 2000

ドメーヌ・シルヴァン・カティアール

ヴォーヌ・ロマネ・PC・レ・マルコンソール 2000

産地 フランス、ブルゴーニュ、コート・ド・ニュイ
特徴 赤・辛口：アルコール度数13度
葡萄品種 ピノ・ノワール

　レ・マルコンソールは、傑出したプルミエ・クリュであり、その格付けの中でも最も優秀な6つの畑のうちの1つである。ヴォーヌ・ロマネ以外の村であれば、グラン・クリュに選ばれていたはずである。ラ・ターシュと同じ斜面の中腹、南側に位置し、そのワインはヴィンテージを問わず一貫して品質が高く、調和のとれた香りと味の幅広い帯の中にある深みのある果実味が特徴的である。カティアールは、全部で6haある畑のうち、0.75haを所有している。サヴォアの孤児であったシルヴァンの祖父はブルゴーニュにやってきて、ロマネ・コンティやラマルシュで職を見つけ、ついに自分自身の区画を所有するまでになった。

　シルヴァン・カティアールは2000年、他のワインメーカーが成しえないほどの成功を勝ち得た。このヴィンテージの、壜詰めして2年後の200を超えるワインのテイスティングで、カティアールのマルコンソールは他のプルミエ・クリュを圧倒し、ただ2つのグラン・クリュに及ばなかっただけであった。若い時そのワインは輝きに満ちており、完熟した果実の生き生きとした躍動感が口いっぱいに広がる。二次的アロマが、ワインに更なる複雑さを付与するまでには、もう数年必要だろうが、その忍耐を持つ人は必ず報われる。**JM**

🍷🍷🍷🍷　飲み頃：2015年過ぎまで

Cavallotto
Barolo Riserva Bricco Boschis Vigna San Giuseppe 1999

カヴァロット

バローロ・リゼルヴァ・ブリッコ・ボスキス・ヴィーニャ・サン・ジュセッペ 1999

産地 イタリア、ピエモンテ、ランゲ
特徴 赤・辛口：アルコール度数14.5度
葡萄品種 ネッビオーロ

　カスティリオーネ村は、村全体がバローロ生産の資格を持つ3つしかない村の1つである。その村はまた、この地域のなかで最も気温の高い場所で、土壌は複雑で、様々な地質年代のものから構成されており、ブーケと精妙さに富んだワインを生み出す。

　村のリーダー的な存在であるカヴァロット・エステートが生み出すワインは、バローロ地域全体の中でも白眉で、力強さ、優雅さ、バランスの良さは際立っている。セラーも葡萄畑もブリッコ・ボスキスの丘にあるが、現在はこの丘全体が、カヴァロット家の所有となっている。丘の中腹にある3.5haのヴィーニャ・サン・ジュセッペから最上の葡萄が生まれるが、それは単独で、リゼルヴァ・ヴィーニャ・サン・ジュセッペとして壜詰めされる。樹齢50歳の古木は凝縮したフレーヴァーを生み出し、砂と石灰質の泥灰土が混ざった土壌は、ワインにフィネスを与え、粘土が長寿を約束する。この名高い畑が地中海性気候の下にあることは、そこに植わっているオリーブやバナナなどの南国の木で明らかであるが、それらは太陽の光を浴びて繁茂しながら、ブリッコ・ボスキスの斜面に日陰を作っている。

　カヴァロットは、バローロを古典的なスタイルで造り続けてきたが、バローロにとって例外的な年であった1999年、それは豊饒なブーケと、非の打ち所のないバランス、凝縮されたフレーヴァーを持ち、この先何年も美しく熟成していくであろう。**KO**

🍷🍷🍷　飲み頃：2020年過ぎまで

Caymus
Cabernet Sauvignon Special Selection 1994

ケイマス
カベルネ・ソーヴィニョン・スペシャル・セレクション 1994

産地　アメリカ、カリフォルニア、ナパ・ヴァレー
特徴　赤・辛口：アルコール度数13.5度
葡萄品種　カベルネ・ソーヴィニョン

　ケイマス・ワインに関しては、すべてが物議を醸す。熱愛者は、その熟した丸みのある果実味、甘いヴェルヴェットのような口ざわりにうっとりする。しかし嫌いな者は、オークの香りが強すぎると感じ、優雅さとフィネスに欠けると指摘する。ファンは若飲みできることを喜び、批判者は、作柄の良くない、酸の高い年に最も良く熟成すると皮肉っぽく言う。

　グラン・ヴァンのための葡萄は、ラザフォードの東端、沖積地の段丘の6haの区画から生まれる。父チャールズが亡くなった後、チャックは常識的な考え方を再検討し、ワインの製造工程に数点変更を加えた。たとえば、葡萄樹の植え替えを頻繁に行うことにしたが、それは古い樹が必ずしも良いワインになるとは限らないと考えたからである。醸造過程も見直された。チャック・ワグナーは、今まで以上に熟した葡萄を使うこと、それによってアルコール度が高くなってもかまわないこと、熟成期間を18ヵ月に短縮し、熟した果実味を逃さないようにすること、飲みやすくすること、などに変更した。

　1994ヴィンテージは、ケイマスの初期のスタイルにおける逸品である。葡萄の成長期は穏やかで長く、収穫も遅かった。例外といえるほど恵まれていた10月の気候のおかげで、葡萄はしっかり完熟できた。25ヵ月の樽熟を経て、ワインは色に深みが増し、果実味が前面に出て、スパイシーで、官能的な口ざわり、最高である――もしあなたがファンなら。**LGr**

❊❊❊❊　飲み頃：2014年まで

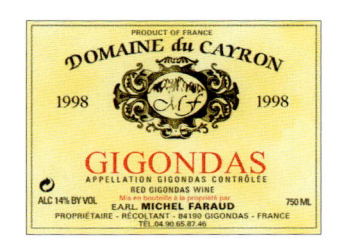

Domaine du Cayron
Gigondas 1998

ドメーヌ・デュ・カイロン
ジゴンダス 1998

産地　フランス、ローヌ、ジゴンダス
特徴　赤・辛口：アルコール度数14.5度
葡萄品種　グルナッシュ・ノワール、シラー、サンソー、ムールヴェドル

　ミシェル・ファラウは、1840年から16haの畑を守り続けてきたファラウ家の4代目で、3人の娘と共にワインを造っている。グルナッシュ70％に、シラー、サンソーを加え、ムールヴェドルも風味付けに入れた、ただ1種のキュヴェのみを造っている。平均樹齢は40歳で、厳しく低収量を守っている。ワインは大樽で6ヵ月から1年間熟成させられる。清澄化もろ過も行わないまま壜詰めされる。1年間の生産量は、6万本ほどである。

　土壌は粘土が主体のため、ジゴンダスはシャトーヌフ・デュ・パープとくらべると、筋肉質で、繊細さが劣ると見なされることが多い。良いジゴンダスはブラウン・シュガーのアロマがするが、ドメーヌ・デュ・カイロンは、それにいくらか土味が加味されている。また肉、土、プロヴァンス風のハーブの香りもする。ロバート・パーカーは特にこれを賞賛して、このワインのことを「セクシーなプロヴァンス果実の爆弾」と呼んだ。彼は、甘草、キルシュ、煙、香料の香りがすると指摘している。

　このワインは料理にとても良く合うワインだ。特に、ニンニク、ローズマリー、タイムをたっぷりと利かせた香りの強い南国風牛肉のシチュー（牛肉をオリーブ・オイルとワインでじっくり煮込んだもの）と飲みたい1本だ。**GM**

❊❊❊　飲み頃：2010年過ぎまで

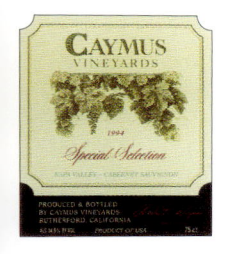

Château du Cèdre
Le Cèdre 2002

シャトー・デュ・セドル
ル・セドル 2002

産地　フランス、南西部、カオール
特徴　赤・辛口:アルコール度数14.1度
葡萄品種　マルベック

　1987年、ヴェラッグは弟のジャン・マルクと共に、ドメーヌの跡を継いだ。「オーセロワ(マルベックの地元での呼び名)の性質や、どうやったら完熟させられるかが分かるまで、約10年かかった」と彼は言う。
　カオールのテロワールは主に3種類に分けられる。川の礫石、河岸段丘の石灰岩質粘土、そして高い土地の混じりけのない石灰石(コスと呼ばれている)。セドルのワインはすべて最初の2つのテロワールからの葡萄をブレンドしている。ここではボルドー・スタイルのブレンドの考え方のほうがうまくいく。石ころの多い土地から力強さを、石灰岩質粘土の土地からフィネスと脂肪をもらうのさ。」ル・セドルは樹齢40歳の古木から採れる低収量のマルベックだけを使ったワインである。選果と除梗の後、葡萄は軽く圧搾される。抽出は人力による櫂入れによって長い時間をかけ、ゆっくりと行われる。次にワインはオークの新樽に詰められ、マロラクティック発酵を行った後、そのまま20ヵ月間熟成させられる。
　不透明な黒色で、スローフルーツのピンと張り詰めた、苦味さえ感じさせる、凝縮された、爆発するのではと思わせるような香りが大きな特徴。オークの香りが果実味を縁取っているが、ほとんど目立たない。スモークと鉄のアロマが、森のささやきを彷彿とさせる。カオールの歴史的伝説を踏まえた濃密で力強いワインであると同時に、新世紀にふさわしい非常に知的なワインでもある。**AJ**

🍷🍷🍷　飲み頃:2016年まで

M. Chapoutier
Châteauneuf-du-Pape, Barbe Rac 2001

シャプティエ
シャトーヌフ・デュ・パープ・バルブ・ラック 2001

産地　フランス、ローヌ南部、シャトーヌフ・デュ・パープ
特徴　赤・辛口:アルコール度数15.2度
葡萄品種　グルナッシュ・ノワール

　ミシェル・シャプティエはシャトー・ラヤスの故ジャック・レイノーをとても敬愛していた。彼のワインはどうも100%グルナッシュ・ノワールでできているようだった。シャプティエ家はシャトーヌフに32haの畑を持ち、ラ・ベルナンディンというグルナッシュ・ベースのワインを造り続けてきた。シャプティエ家はローヌ北を活動舞台とするネゴシアンであったが、彼らが造るワインは、その地区のうんざりするようなブレンド・ワインとは全然違っていた。ミシェルとマルクの兄弟が1990年代初めに父親から家業を受け継いだ時、ミシェルは、シャトーヌフ村の西側にある丘の頂上の10haの畑の最も古いグルナッシュを使って、バルブ・ラックでグルナッシュ100%のワインを造ることを決意した。
　バルブ・ラックの最初のヴィンテージは、1991年に生まれた。それ以降、シャプティエはビオディナミを強化し、その姿勢はロバート・パーカーに強く支持されている。2001ヴィンテージはいま、熟成の最中である。パーカーはその香りを、「ガリグ、甘草、キルシュ酒、カシス、新しい鞍の革」と表現し、15年から20年は生き続けると言った。プロヴァンスの強い匂いの羊の肩肉と一緒に飲むと最高だろう。**GM**

🍷🍷🍷🍷　飲み頃:2021年まで

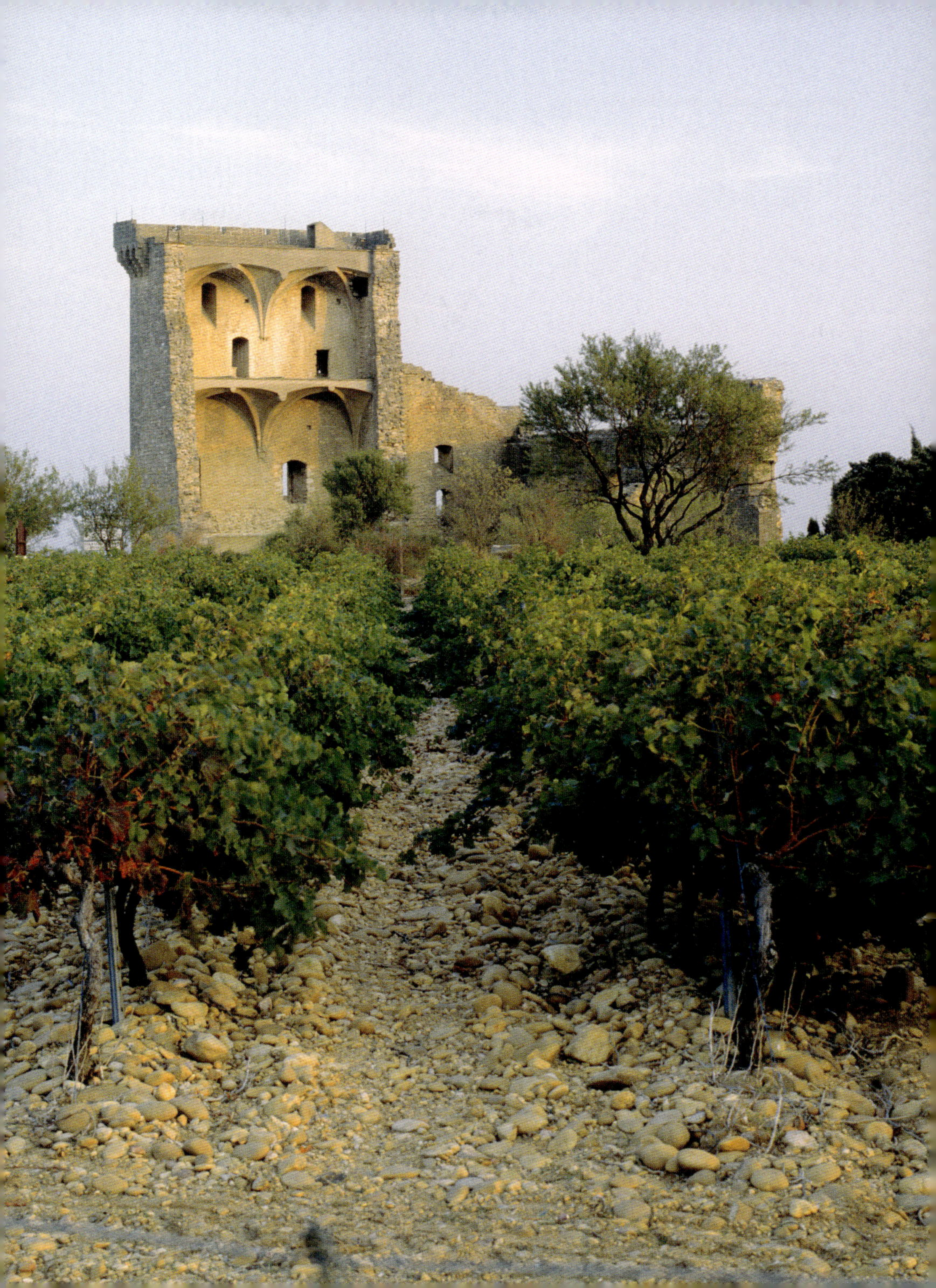

M. Chapoutier
Ermitage Le Pavillon 1999

M. シャプティエ
エルミタージュ・ル・パヴィヨン 1999

産地 フランス、ローヌ北部、エルミタージュ
特徴 赤・辛口：アルコール度数13度
葡萄品種 シラー

　ミシェル・シャプティエは小柄だが、ダイナミックで、そしてこだわりの強い男である。彼のこだわりとは何か？ テロワールである。彼は言う。「どのような醸造家でも、テロワールを修正することはできない」と。

　エルミタージュ・ル・パヴィヨンのテロワールは、約4haのレ・ベサール葡萄畑であるが、花崗岩の下層土の上を堆積土が覆っている。この土壌はエルミットと呼ばれ、養分は分解されていて、鉄分を多く含む。平均樹齢65歳のシラーは、ビオディナミに基づいて栽培されている。これに加えて、オークの小樽を、父の時代にワイナリーをふさいでいたクリの木の大樽から変えたことは、1980年代の後半に彼が父の跡を受け継いだ時にした大きな変革であった。

　ワイン生産者がビオディナミに傾倒する1つの理由は、それによって、ワインが最も良くテロワールを表現することができると考えるからである。ミシェルはこれを、様々な単一キュヴェ・ワインをリリースすることによって、究極まで推し進めている。そしてこのワインもそのような1本である。若い時、それは花のような香りを持ち、魅惑的で、奥深く、コーヒー、石炭で燻した果実、ブラック・チェリーの微香もあり、絹のようななめらかな質感を持つ。1999ヴィンテージは、濃密で、すべすべしており、精力的で筋肉質、そしてタール、ハーブ、ブラック・オリーブのアロマを持つ。素晴らしいバランスと優雅さ、そして長く続く余韻。**MR**

🍷🍷🍷🍷　飲み頃：2010〜2030年

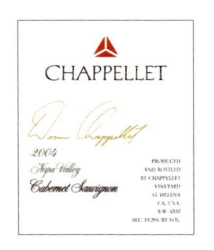

Chappellet
Signature Cabernet Sauvignon 2004

シャペレー
シグニチャー・カベルネ・ソーヴィニョン 2004

産地 アメリカ、カリフォルニア、ナパ・ヴァレー
特徴 赤・辛口：アルコール度数15度
葡萄品種 C・ソーヴィニョン80％、メルロ13％、その他7％

　シャペレーの段丘に最初に葡萄の樹が植えられたのは1963年のことで、この地域では最も早かった。1967年、ドン・シャペレーという人物がこの畑を買い、1970年代を通して成長した壮健なカベルネ・ソーヴィニョンはすぐに評判となった。

　ここは素晴らしい土地である。石の多い土壌はワインに豊富なミネラルをもたらし、海抜366mという高さは酸を適度に保たせる。ドンの息子のシリルがエステートを再活性化した。彼は、あまり出来の良くない葡萄畑を再植樹し、育てる品種の割合も変え、農法を改良し、点滴灌漑システムも導入した。また2000年代初めまでに、すべての葡萄畑を有機栽培に切り替えた。現在最も力を入れているのが、カベルネ・ソーヴィニョンで、それはナパ・ヴァレーの中でも、この付近で最も良く育つ。標準タイプのワインがシグニチャー・セレクションで、それとは別にかなり生産量が少なく高価なプリチャード・ヒルというキュヴェもある。しかしたいていはシグニチャー・セレクションの方が出来は良い。

　2004ヴィンテージは特に素晴らしい。黒い果実と控えめなスモークの香りがする。良く熟しており、溌剌としたブラックベリーが見えるが、それはしつこくなく、口に含むとぱっと燃え上がるようなジューシーさと元気がある。そして再び焦げたオークの香りがし、長いフィニッシュが続く。**SBr**

🍷🍷🍷　飲み頃：2025年まで

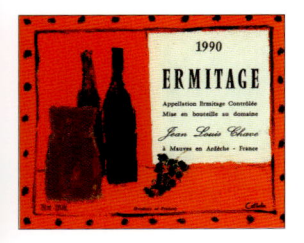

Domaine Chave
Ermitage Cuvée Cathelin 1990

ドメーヌ・シャーヴ

エルミタージュ・キュヴェ・カトラン 1990

産地 フランス、ローヌ北部、エルミタージュ
特徴 赤・辛口：アルコール度数14度
葡萄品種 シラー

　現在ジェラール・シャーヴ──ワインメーカーが好きなワインメーカーとして有名──は引退し、手綱を息子で後継者のジャン・ルイに渡している。彼の偉大さの鍵は、偉大な土地、完熟した葡萄、こだわり抜いた製造工程にある。ディオニエール、ペレア、ボーム、ベサール、エルミットなどのリュー・ディで育った彼の葡萄は、エルミタージュの栄光を築くためにしっかりとその役割を果たした。

　シャーヴはローヌ河の左岸、モーヴ村の砂埃のする大通りの傍の慎ましやかな家に住み、小さいが良く整えられたドメーヌで最上のワインを造り上げてきた。それ以上のことを欲しなかった。その背後にあるセラーで、ワインは柔らかい綿菓子のようなカビで神々しく覆われていて、それは新世界のワイン生産者が見たら喉から手が出るほど欲しがることまちがいない。アイルランドの考古学者テレンス・グレイのエステートを買い求めた後、彼はエルミタージュの丘に約16ha、サン・ジョゼフに1haの畑を有し、生産量は年間約4万本であった。

　キュヴェ・カトラン1990は、ロバート・パーカーによって満点をつけられたワインである。それは肉そのものといってよいほどのワインだ。ローストビーフ、ベーコンの角切り、挽きたての胡椒。牛肉とブラック・オリーブをじっくり煮込んだシチューと一緒に飲めば素晴らしいだろう。**GM**

🍷🍷🍷🍷 飲み頃：2025年まで

Château Cheval Blanc
1998

シャトー・シュヴァル・ブラン

1998

産地 フランス、ボルドー、サンテミリオン
特徴 赤・辛口：アルコール度数13度
葡萄品種 メルロ55％、カベルネ・フラン45％

　ワイン鑑定士のクリーヴ・コーツはシュヴァル・ブランについて、「カベルネ・フランを主体にしたワインのなかで、世界でただ1つ偉大といえるワインだ」と述べた。しかし1998ヴィンテージのセパージュは異なっていた。カベルネ・フランよりもメルロのほうが多く使われていた。

　メルロは早めに摘まれるため、その年の9月27日の豪雨をまぬがれ、風味が希釈されずにすんだ。1ha当りの収量は32hℓと少なく、その結果非常に凝縮した豊麗なワインが出来上がった。だれもが想像するように、このワインはまだかなり閉じられている。しかしすでにシュヴァル・ブラン特有の果実の香りが、スパイシーなヒマラヤ杉の木の香りと共にやってくる。

　2000と比べると、ほんの2年古いだけだが、1998はすでにかなり熟成しており、複雑で、実に多様な香りが鼻孔をくすぐる。口に含むと美しく甘美な味わいで、同時に控えめな優雅さも感じられる。2000のような強烈な凝縮感はないが、心地よいタンニンがヴェルヴェットのような果実の質感とよく調和している。そして素晴らしく長い余韻が続く。シュヴァル・ブラン1998は、2000、2001同様に、アルコール度数は13度を上回っているが、ピエール・リュルトンが言うように、バランスは最高である。このシュヴァル・ブランの最高傑作は今後も熟成を続け、1947、1921同様に、伝説に残るヴィンテージとなるであろう。**SG**

🍷🍷🍷🍷 飲み頃：2010年～2030年過ぎ

Domaine de Chevalier
1995

ドメーヌ・ド・シュヴァリエ
1995

産地 フランス、ボルドー、ペサック・レオニャン
特徴 赤・辛口：アルコール度数13度
葡萄品種 カベルネ・ソーヴィニョン、メルロ、C・フラン、プティ・ヴェルド

　レオニャンの町からシュヴァリエに向うと、葡萄畑をランドの松林が縁取っている様子がよくわかる。なるほど、ここはボルドーの中で最も西側にあり、最も気温の低い地区である。このような条件は、白ワインを造るエステートならば恵まれていると言うことができるが、それよりもはるかに広い面積を占めている赤ワインのための葡萄にとっては、完熟が難しいということを意味している。しかしここの畑の赤葡萄はたいてい完熟している。それは、オーナーのオリヴィエ・ベルナールのこまめな管理のたまものである。

　シュヴァリエが比較的冷涼であるということは、重厚なワインは決して生まれないということを意味している。ここでは、ラトゥールやパヴィを思い起こさせるようなものは現れない。しかしシュヴァリエの最上のものは、力強さではなく、驚愕するようなフィネスで圧倒する。その繊細さは、若い段階のシュヴァリエを過小評価させる原因ともなるが、堰熟とともに、不思議にも、それは凝縮され、重厚さを増す。オリヴィエ・ベルナールは、ほとんどのヴィンテージで濃縮器を使っていることを認めているが、それはアルコール度をほんの0.5度上げるためだけである。彼は、それによってワインの特質が強まると考えている。もちろんこれは、補糖に代わるものであり、慎重に使用されている。珍しいことだが、ここではブルゴーニュ方式の果帽の攪入れ（ピジャージュ）が採用されており、ボルドー方式のルモンタージュ（液循環）は行っていない。

　優美な1995ヴィンテージは、シュヴァリエにとっても官能的であった。森の煙、トリュフ、タバコ、赤果実の風味がし、繊細な果実味がきめの細かい酸で調和されている。肉感的なワインではないが、堅く引き締まり、複雑で、美しい構造をしている。12年目の壮年期を迎えているが、このワインはまだまだ成長する。**SBr**

$ $ $　飲み頃：2020年過ぎまで

テイスティング用に並べられているドメーヌ・ド・シュヴァリエのボトル ➡

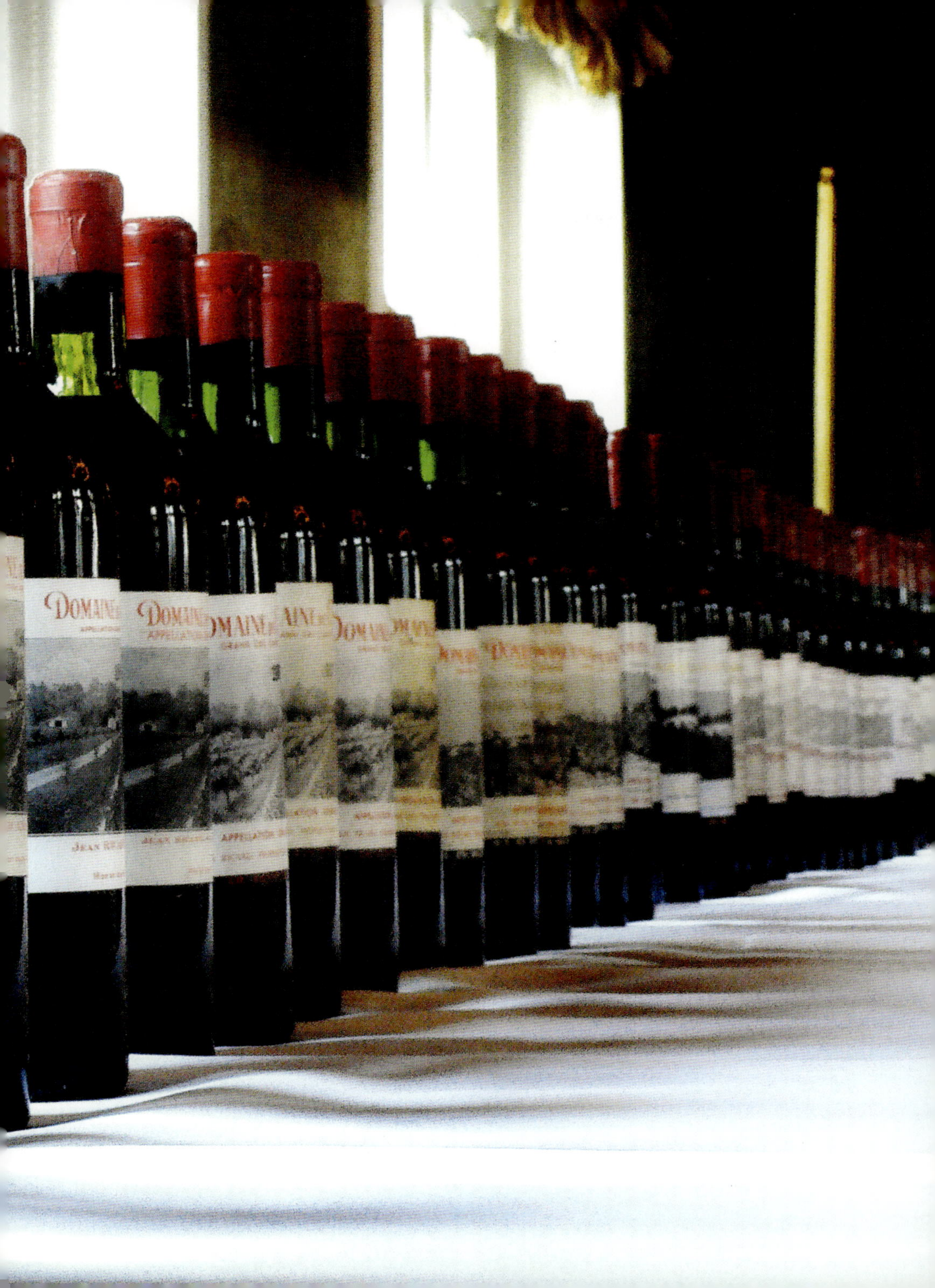

VICARD
TONNELLERIE

DISTINCTION

Thin / Medium plus toast / Toasted heads

CHIMNEY ROCK

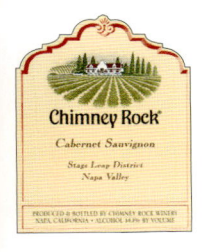

Chimney Rock
Stags Leap Cabernet Sauvignon Reserve 2003

チムニー・ロック
スタッグス・リープ・カベルネ・ソーヴィニョン・リザーヴ 2003

産地 アメリカ、カリフォルニア、ナパ・ヴァレー
特徴 赤・辛口：アルコール度数14.2度
葡萄品種 カベルネ・ソーヴィニョン、メルロ、プティ・ヴェルド

　1980年、シェルドン・「ハック」・ウィルソンと妻のステラはナパ・ヴァレーのスタッグス・リープ地区のシルヴェラード・トレイルにあるチムニー・ロック・ゴルフ場を買い入れ、そのうちの9ホールを葡萄畑にした。主にカベルネ・ソーヴィニョンを植えた。2004年には、ウィルソン夫妻の共同出資者であったテルラート家が資本を買い取り、単独所有者となった。彼らは最近、残りの9ホールをすべて葡萄畑に変えた。

　1990年代にナパ・ヴァレーがフィロキセラに襲われた後、チムニー・ロックは再植樹を行ったが、今度は、柔らかくエレガントな果実味溢れる赤ワインを造ることに焦点を合わせた。収穫された葡萄果実は、除梗は行われるが、破砕は行われず、圧搾ワインはブレンドには加えないこととした。さらに、新樽比率50％のフランス産オーク樽でエレヴァージュ（熟成）させることによって、ワインの質感は伝説的なものに回帰し、常にその形容に、「ヴィロードのような」とか、「しなやか」、「芳醇」などの言葉が使われるワインが出来上がった。

　チムニー・ロック2003カベルネ・ソーヴィニョンは寒い年に生まれたが、絹のような気品のある果実味、緻密な構造のタンニン、カシスの風味、繊細なミネラル、きめの細かい酸を示し、それよりもより官能的で、たぶん、より明快な2002よりもずっと長く生き続けるであろうことを示唆している。**LGr**

🍷🍷🍷　飲み頃：2025年過ぎまで

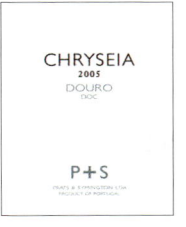

Chryseia
2005

クリゼイア
2005

産地 ポルトガル、ドウロ・ヴァレー
特徴 赤・辛口：アルコール度数13度
葡萄品種 トゥーリガ・ナシオナル、トゥーリガ・フランカ、ティンタ・ロリス

　クリゼイアは、酒精強化していないドウロ・ワインのニューウェーブの1つで、地元の生産者とボルドーの優れたシャトー──今回は、サン・テステフのシャトー・コス・デストゥルネルの前所有者であったブルーノ・プラッツ──による最初のジョイント・ベンチャーである。

　そのワインは最上の年にしかリリースされず、良くない年は格下のポスト・スクリタムだけが造られる。葡萄はキンタス・ヴィラ・ヴェーリャ、ボンフィン、ペルディス、そして時々はヴェスヴィオの急峻な斜面の葡萄畑で育ったものを使う。厳しいトリアージュ（選果）が行われるため、生産量は限られている。醸造は、ピニャオンの川下にある超近代的なワイナリー、キンタ・ド・ソルで行われる。ポルトガル生まれのワインとしては例外的であるが、そのワインはボルドーのネゴシアンを通じて市場に出されるため、量が少ないわりには入手しやすい。

　クリゼイア2005は、2003や2004に比べ、より軽く気品のあるワインに仕上がっている。香りは明らかにポルトガルらしさが出ており、トゥーリガ・ナシオナルの古典的アロマがある。スタイルは新世界的であるが、ボルドーの影響はフィネスと優雅さによく現れている。クロスグリの果実味をヒマラヤ杉とヴァニラが縁取り、トゥーリガ・ナシオナルの花の香水のような微香もある。緻密だがヴェルヴェットのようになめらかで、それがタンニンの骨格によって統合され、すべてが見事に調和している。**GS**

🍷🍷🍷　飲み頃：2015年まで

← チムニー・ロックが熟成させられているフランス産オーク樽

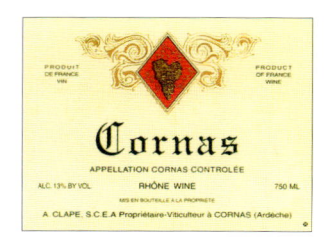

Domaine Auguste Clape
Cornas 1990
ドメーヌ・オーギュスト・クラップ
コルナス 1990

産地 フランス、ローヌ北部、コルナス
特徴 赤・辛口：アルコール度数13度
葡萄品種 シラー

　ローヌ北部の偉大な赤ワイン・アペラシオンの中で、最も理解されにくいのがコルナス・アペラシオンであろう。そこから生まれるワインは、若い時、他の若いシラーよりも堅くひき締められており、あまり恵まれていない畑の葡萄を使ったワインは、ずっと南で出来るシラー・ブレンドに気味が悪いほど似ている。しかしクラップのシラーは、そんなことはない。
　その葡萄畑は、ローヌ河沿いに長く延びるローヌ北部地域の西岸、南向きの段丘の少し奥まった場所にあり、ミストラルによる乾燥から守られている。土壌はこの地区特有の花崗岩質の粘土である。こうした環境から生まれる葡萄は、生得の素質により、十分なアルコール度をもたらす成熟度に達し、土臭くない凝縮感を生み出すことができる。
　木製の開放型発酵タンクで発酵が行われた後、ルモンタージュと櫂入れを組み合わせて色とポリフェノールを十分抽出し、ステンレスとオークの小樽に分けて2年間熟成させる。若い時、クラップ・コルナスは緻密に凝縮され、すべすべしていて、タンニンは堅く引き締まり、血なまぐさい感じがする。しかし10歳を過ぎる頃から、栄光の1990ヴィンテージは、イチジクやレーズンなどの乾燥果実のアロマと、成熟したローヌ特有の猟鳥の強い匂いを発するようになる。そのワインは、かなり長い間、若さの象徴である敏捷性と愛らしさを持ち続ける。**SW**

🍷🍷🍷🍷　飲み頃：2015年過ぎまで

Domenico Clerico
Barolo Percristina 2000
ドメニコ・クレリコ
バローロ・ペルクリスティーナ 2000

産地 イタリア、ピエモンテ、ランゲ
特徴 赤・辛口：アルコール度数14.5度
葡萄品種 ネッビオーロ

　ドメニコ・クレリコは、1979年に彼の最初のワインをリリースし、程なく、バローロ・モダニスト派の設立メンバーの1人になった。彼とその仲間は、伝統を守ろうとする人々から、気品のある貴族的なバローロというイメージを壊していると非難されているが、彼は動揺する素振りはまったく見せず、果実味を前面に押し出したワインを造り続けている。慎重に使用するならば、オークの新樽はバローロ特有の尖った角を丸く削り取ることができ、フレーヴァーの華やかさを高めることができると彼は信じている。
　クレリコ・ペルクリスティーナは、海抜370mにあるクリスティナ葡萄畑から生まれる。彼がこの畑を入手したのは1995年であったが、その畑には樹齢56歳に達する樹もあり、ピエモンテの中ではかなり古い部類に属する。
　暑かった2000年は、ピエモンテにとっては最高の年であった。酸はいつもの年に比べやや低かったが、ヴェルヴェットのようなタンニンとよく調和した。この年のバローロは、いつもの年よりも早い時期に楽しむことができると同時に、しばらくはほどよく熟成していくと思われる。その年に生まれ、オークの新樽で25ヵ月間熟成させられたクレリコ・ペルクリスティーナは、完熟したチェリーやスパイスの香りに包まれ、この先10年ほど優雅に熟成していくであろう。もちろん若いうちに飲んでも美味しい。**KO**

🍷🍷🍷🍷　飲み頃：2012年まで

Clonakilla
Shiraz/Viognier 2006
クロナキラ
シラーズ・ヴィオニエ 2006

産地 オーストラリア、ニュー・サウス・ウェールズ、キャンベラ
特徴 赤・辛口：アルコール度数14.5度
葡萄品種 シラーズ94％、ヴィオニエ6％

　1971年、アイルランド生まれのジョン・キルクはキャンベラから北へ40kmほど行ったムランベイトマン村の近くの18haの農場を購入し、そこにカベルネ・ソーヴィニョンとリースリングを0.5haずつ植えた。

　1970年代から1980年代にかけて、キルクはカベルネ・ソーヴィニョンとシラーズを、当時のオーストラリアの伝統的なスタイルに則ってブレンドしていた。しかし1990年からそれぞれ単独に壜詰めしリリースするようになると、シラーズがいくつかの品評会で賞を獲得した。こうして彼は、ムランベイトマンのシラーズの能力に気づいた。また同じ頃の1991年、彼の4番目の息子ティムがローヌを旅行し、マルセル・ギガルのシラーズとヴィオニエの単一畑ブレンドを味わう機会を得た。それらのワインに霊感を受けたキルクは、1992年以降、少量のヴィオニエをシラーに加えることにした。

　シラーズ単独のボトルであるニュー・サウス・ウェールズ・シラーズは、スパイシーで、タンニンもどっしりしすぎる嫌いがあるが、クロナキラ・ブレンドは、2種類の葡萄の良いところを捕らえ、また生育地の比較的冷涼な気候を十分に生かしている。いまこのオーストラリア産のシラーズとヴィオニエのブレンドにライバルがあるとしたら、トルブレックのランリグぐらいだろう。キルクは1998年に、ヴィオニエだけのボトルもリリースしたが、それもまた非常に優れた質の白ワインで、オーストラリア・ヴィオニエの基準ワインとなっている。**SG**

🍷🍷🍷 飲み頃：2016年過ぎまで

Clos de l'Oratoire
1998
クロ・ド・ロラトワール
1998

産地 フランス、ボルドー、サンテミリオン
特徴 赤・辛口：アルコール度数13度
葡萄品種 メルロ90％、C・ソーヴィニョン5％、C・フラン5％

　カノン・ラ・ガフリエールの修復を済ませたステファン・フォン・ナイペルグ伯爵は、次に、彼の父が1971年に買ったもう1つのサンテミリオンの畑、クロ・ド・ロラトワールに目を向けた。葡萄は石灰質粘土の斜面に植えられ、下へ行くほど砂が多くなっていた。

　有機栽培を基本とし、葡萄樹の列の間には緑の下草を植えた。醸造に関しては、カノン・ラ・ガフリエールの方法を踏襲し、木製開放型タンクで発酵させ、人力で果帽の攪入れを行う。ナイペルグ伯爵と、長きにわたって彼のコンサルタントをしてきたステファン・デュルノンクールは、この畑の快楽主義的側面を強調するために、新樽比率をぐっと上げることにした。また清澄化もろ過も行わない。

　ナイペルグ伯爵はこのワインの価格を比較的低めに抑えている。というのはこの畑が、葡萄が完全に成熟する暖かい年だけに例外的に素晴らしいものができる畑であることをよく知っていたからである。最近ではだんだん少なくなってきつつある寒い年には、クロ・ド・ロラトワールはそれ程良いとは言えないようだ。1998年は素晴らしい年だった。ワインはこれまでになく芳醇で、馥郁としており、それでいて少しもぜい肉が感じられない。タンニンは骨格がしっかりしており、バランスも申し分ない。若いうちに飲んでも十分楽しめたが、その豊かな果実味と魅力はまだまだ持続している。**SBr**

🍷🍷 飲み頃：2015年まで

Clos de los Siete
2004
クロ・デ・ロス・シエテ
2004

産地 アルゼンチン、メンドーサ、ウコ・ヴァレー
特徴 赤・辛口：アルコール度数15度
葡萄品種 マルベック45％、メルロ35％、その他20％

　名匠ミシェル・ロランと故ジャン・ミシェル・アルコードが組んだ大型プロジェクトとなると、人はどんなワインを想像するだろうか？　そのプロジェクトによって生まれたクロ・デ・ロス・シエテは、確かに大きくて、芳醇で、凝縮されたワインではあるが、一般に言われているほど、難解で、抽出の強い、あるいはオーク香の強いワインではない。

　その理由の一端は、ロランがここでは、発酵したワインを人工的に温めた果皮の上に置き、温められたワインのアルコールによって色とタンニンを溶出させるという旧世界方式を採り、まだ発酵が始まる前の果醪を、冷やした果皮の上に浸けるという方法に変えたことにある。こうすることによって過剰なタンニンを抽出することなしに、フレーヴァーを十分引き出すことができる。それを発酵後にオーク樽で熟成させることによって、ふくよかなタンニンを持ちながらも、精妙で豊かな風味を持つワインが生まれるのである。

　ロランの仕事は、こうして生まれたタンクの中から最上のものを選び出し、クロ・デ・ロス・シエテ（「7人の葡萄畑」の意味）をブレンドして仕上げることである。その残ったものは、各人がそれぞれのブランドに使う。ロランの抑制の効いた醸造とウコ・ヴァレーのテロワールが結びついて生まれたこのワインは、他のメンドーサのワインよりも自然な酸を多く含んだとても風味豊かなワインである。**MW**

🍷🍷　飲み頃：2020年まで

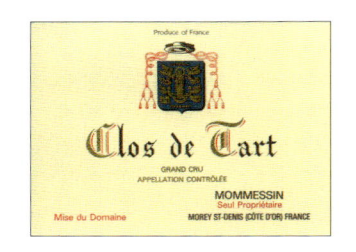

Clos de Tart
2005
クロ・ド・タール
2005

産地 フランス、ブルゴーニュ、コート・ド・ニュイ
特徴 赤・辛口：アルコール度数13.5度
葡萄品種 ピノ・ノワール

　クロ・ド・タールは12世紀に、タール修道会によって設立され、聖職者の手によって維持されてきたが、フランス革命に伴い世俗化され、1932年に現在の所有者であるモメサン家のものとなった。ブルゴーニュの多くのエステート同様、クロ・ド・タールも1960年代から1970年代にかけて、停滞を経験した。本格的に立ち直ったのは、1995年にワインメーカーとしてシルヴァン・ピティオを迎えてからであった。

　クロ・ド・タールは正方形に近い形をした葡萄畑で、石灰岩質のどちらかと言えばやせた土壌で、水捌けはとても良い。ピティオは畑をいくつかの小区画に分け、小区画ごとに別々にワインを造り、最後にそれらの異なった味をブレンドしてクロ・ド・タールを完成させる。

　ピティオは、除梗はするが、果粒を破砕することはしない。彼のこだわりは、1週間の低温浸漬、自然酵母による発酵、非常に低温のセラー、長いマロラクティック発酵など随所に現れている。ワインはすべて新樽で熟成させられる。偉大なヴィンテージ、2005は、クロ・ド・タールの良いところがすべて出た逸品である。チェリーの香りが大きな流れを作っているが、スミレのアロマが頻繁に現れる。ヴェルヴェットのような質感を持ち、果実味は純粋、芳醇で凝縮されているが、控えめできめ細かく、きびきびとした酸が、とても長く続く余韻を支えている。**SBr**

🍷🍷🍷🍷　飲み頃：2030年まで

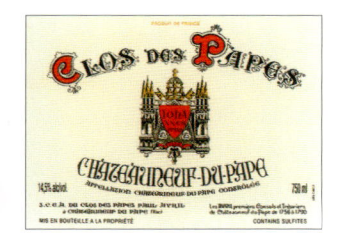

Clos des Papes
2001

クロ・デ・パープ

2001

産地 フランス、ローヌ南部、シャトーヌフ・デュ・パープ
特徴 赤・辛口：アルコール度数13.5度
葡萄品種 グルナッシュ65%、ムールヴェドル20%、その他15%

　早くも1896年には、現在の持ち主であるポール・アヴリルの祖父が、クロ・デ・パープの名前でワインを出荷していた。現在ポールは、ブルゴーニュで修行を積んで帰ってきた息子のヴァンサンと共に、その名前のワインを造っている。名前からすると、単一畑からのワインのように聞こえるが、実はこのワインは、シャトーヌフ地区に分散する合わせて32haの18の小区域からの葡萄を集めて造られている。

　クロ・デ・パープの赤のシャトーヌフは、13品種もの葡萄から出来ているが、強調されているのはグルナッシュとムールヴェドルである。ワインは果実味を生かすために、新樽比率をわずか20%に抑えている。アヴリルはまたそのために、「霧発生器」を導入している。それにより、暖かいミストラルがローヌ・ヴァレーを吹き抜けるときでも、ワイナリーを高い湿度に保ち、熟成を継続させることができる。

　その豊かな果実味のおかげで、クロ・デ・パープはリリースとほぼ同時に飲むことができるが、2001のような素晴らしい仕上がりのものは、20年以上も熟成を続けることができる。このワインは、セラーに入って4〜5年でその最上の素質を見せ始めるが、子羊、鴨、猟鳥などの肉と合わせると最高だろう。アヴリルはまた、ル・プティ・ラヴリルというノン・ヴィンテージ・ワインを出しているが、これは直近の3年間のものをブレンドしたものである。**SG**

❸❸❸ 飲み頃：2020年過ぎまで

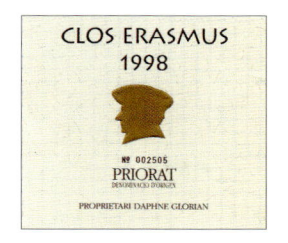

Clos Erasmus
1998

クロ・エラスムス

1998

産地 スペイン、カタローニャ、プリオラート
特徴 赤・辛口：アルコール度数14.5度
葡萄品種 ガルナッチャ、シラー、カベルネ・ソーヴィニョン

　1980年代のこと。ダフネ・グローリアンは、ワイン取引でヨーロッパ中を駆け巡っていた。アルヴァロ・パラシオスとレネ・バルビエがこの忘れられたワイン地区プリオラートに腰を落ち着け、ここを再興しようと決心したとき、彼らは何人かの友人に参加を呼びかけたが、この難しい仕事に挑戦すると手を上げた1人が、グローリアンであった。

　グローリアンのワイン、クロ・エラスムスは、今スペインで数少ない熱烈な崇拝者を持つワインの1つとなった。彼女は、粘板岩の多い土壌の急斜面に育つ、乾式農法のガルナッチャ・ティンタの古木を探し求め、その補完としてシラーとカベルネ・ソーヴィニョンを植えた。彼女の樽は2000年までバルビエのセラーに保管されていたが、その年彼女は、自分だけの活動の場を求めて、以前パラシオスが畑を持っていたグラタヨップスの古い段々畑に移った。

　1989年は最初のヴィンテージであった。異なった生産者から集められた葡萄は、すべて一括して発酵させられ、別々に壜詰めされて、新しいプリオラートが誕生した。それから10年近くが経った1998年、最高のエラスムスが生まれた。色は非常に深く、若いときは黒色に近い。アロマは複雑で、たっぷりの完熟したベリー、スミレ、乾燥ハーブ、樽由来のスモーキーな香りもする。フル・ボディーで、ミネラルは力強く（濡れた粘板岩）、持続力があり、長く精妙な余韻が持続する。**LG**

❸❸❸ 飲み頃：2025年まで

Clos Mogador 2001
クロ・モガドール 2001

産地 スペイン、カタローニャ、プリオラート
特徴 赤・辛口：アルコール度数14.5度
葡萄品種 ガルナッチャ、C・ソーヴィニョン、シラー、その他

疑いもなくレネ・バルビエは、現代プリオラートの父であり、1989年以来のこの地区のワイン復活の偉大なる触媒である。この土地の持つ潜在能力を初めて本当に確信したのは彼であった。彼の熱情は非常に伝染力が強く、この土地から世界レベルのワインを送り出すという彼の夢は、周りの人々を自然に輪の中に巻き込んでいった。彼の信念と決断力は、その可能性を現実のものにした。

バルビエは、ペネデスでワイン造りを行っていたフランス人醸造家の子孫である。レネ・バルビエのラベル名はそのフランス人醸造家が使っていたが、大分以前に誰かに売ってしまっていた。そのため現在、そのラベルと彼とは何の関係もない。彼の葡萄畑は、シウラナ川を見下ろす巨大なすり鉢型の粘板岩斜面に広がっている。そこで彼はプリオラートでよく見かける葡萄品種を植えているが、それ以外にピノ・ノワールやモナストルなどのこの地では珍しい品種も育てている。

そのワインは若い時、しばしばタンニンが勝ちすぎて、引っ込み思案になり、萎縮しているようで、若いうちのブラインド・テイスティングではあまり好評ではないが、年月と共に、自信を深め、プリオラートの中で最も首尾一貫したワインとなる。1997年や2002年といったかなり難しい年でも、モガドールはそのヴィンテージの中で非常に良くできたワインであり、中長期的に見てもそう言えるものだった。そして偉大な2001年、その輝きはまばゆいくらいである。

レネのジュニアが今父親と一緒に働いており、プリオラートにとっては浮き浮きすることだが、彼はクロ・マルティネ（プリオラート復活の先駆者である初代の5つのクロのうちの1つ）の娘と結婚した。彼らは現在、友人の助けを借りながらワイン造りに励んでいる。伝統は受け継がれていくようだ…。**LG**

🅢🅢🅢　飲み頃：2016年まで

追加推薦情報
その他の偉大なヴィンテージ
1994・1988・1999・2004
プリオラートのその他の生産者
クロ・エラスムス、コステルス・デル・シウラナ、マス・マルティネ、アルヴァロ・パラシオス

クロ・モガドールはプリオラートのワイン革命発祥の地

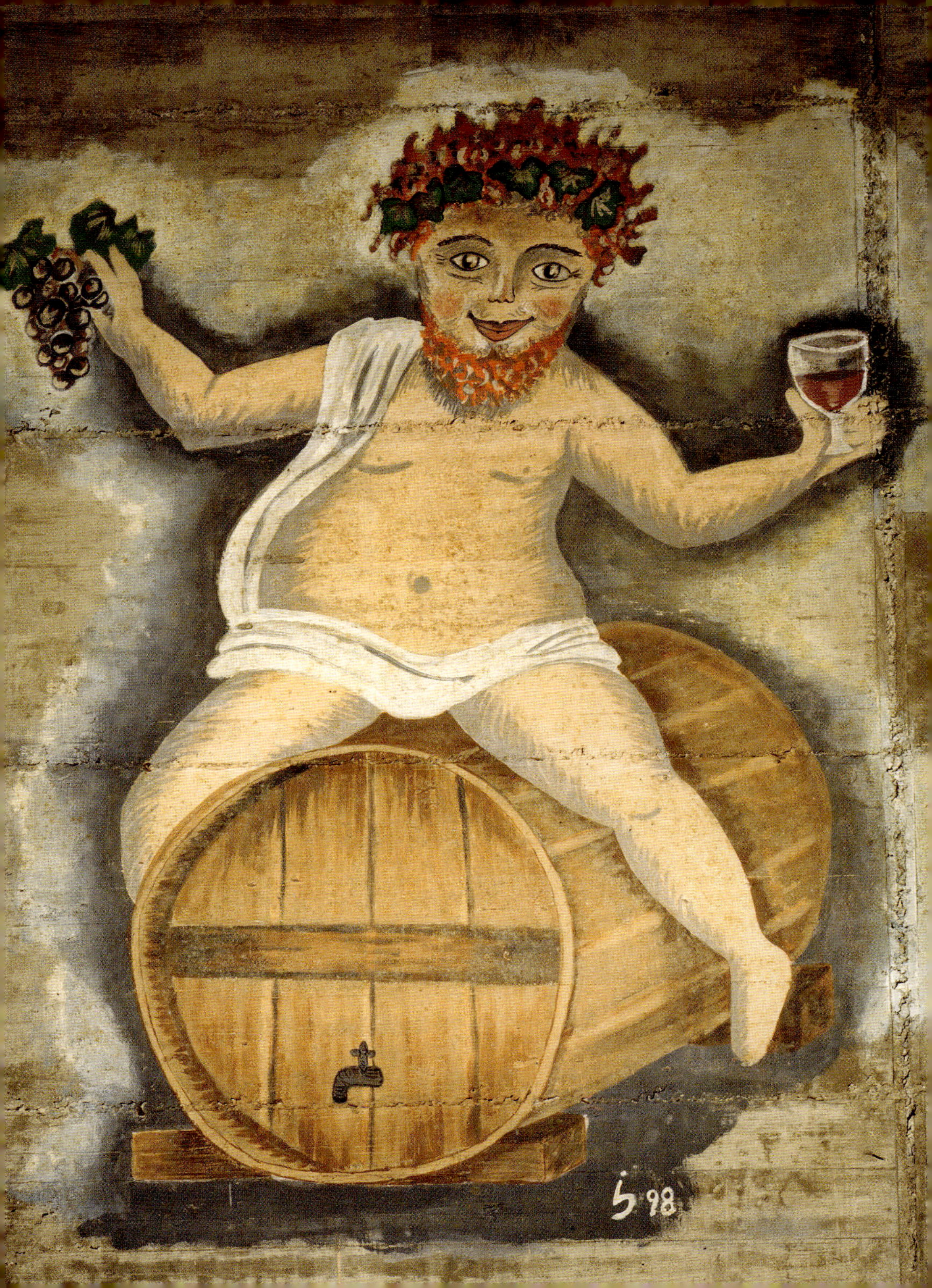

Coldstream Hills *Reserve Pinot Noir* 2005
コールドストリーム・ヒルズ　リザーヴ・ピノ・ノワール 2005

産地　オーストラリア、ヴィクトリア、ヤラ・ヴァレー
特徴　赤・辛口：アルコール度数13.5度
葡萄品種　ピノ・ノワール

ジェームズ・ハリデイと妻のスーザンは、1985年にコールドストリーム・ヒルズを立ち上げた。彼らのエステートは、いまや小さいながらもオーストラリア・ワインを牽引するものとなった。ハリデイは1996年にエステートをサウスコープに売却したが、その後もコールドストリーム・ヒルズの顧問となって、敷地内に住んでいる。コールドストリーム・ヒルズはヤラ・ヴァレーにあり、気候は、ボルドーよりは寒いが、ブルゴーニュよりはやや暖かいと言ったところ。ここはオーストラリアの中でも優秀なピノ・ノワールとシャルドネを生み出す産地の1つとして知られている。

低収量のすり鉢状のAブロック（ワイナリーの下の険しい北向きの斜面で、葡萄の樹は1985年に植えられ、2006ヴィンテージからは単独で壜詰めされている）の葡萄を主体にした、エステートのフラッグシップ・ワインであるリザーヴ・ピノ・ノワールは、選りすぐった葡萄だけを使い、他と区別して特別ていねいに造られている。「選りすぐった葡萄からできたワインを、新樽比率を高めたフランス産オークで、長い熟成期間をかけて造っているので、このワインはしっかりした構造を有している」と、ボルドーで修行してきたコールドストリームのワインメーカー、アンドリュー・フレミングは言う。

リザーヴ・ピノ・ノワールは毎年造られるわけではなく、またこのエステートで出来るピノ・ノワールの10％を超えることはないと言われている。オーストラリアの中の冷涼な地で育つピノ・ノワールを使い、特に入念に造られたこのワインは、ピノ・ノワールの持つ特徴を強く打ち出し、中期の保存に適している。ブルゴーニュの模倣だと非難する人もいるが、2005年のような最上の年、コールドストリーム・ヒルズはオーストラリアで育つピノ・ノワールの良さを最大限発揮した正真正銘の逸品となる。**SG**

🅢🅢🅢　飲み頃：2010年過ぎまで

追加推薦情報
その他の偉大なヴィンテージ
1995・1996・1997・1998・2002・2004・2005
ヤラ・ヴァレーのその他のピノ・ノワール
デ・ボルトリ、マウント・メアリー、ヤラ・イエリング、イエリング・ステーション

オーストラリア有数の美しさを誇るコールドストリーム・ヒルズ・エステート ➡

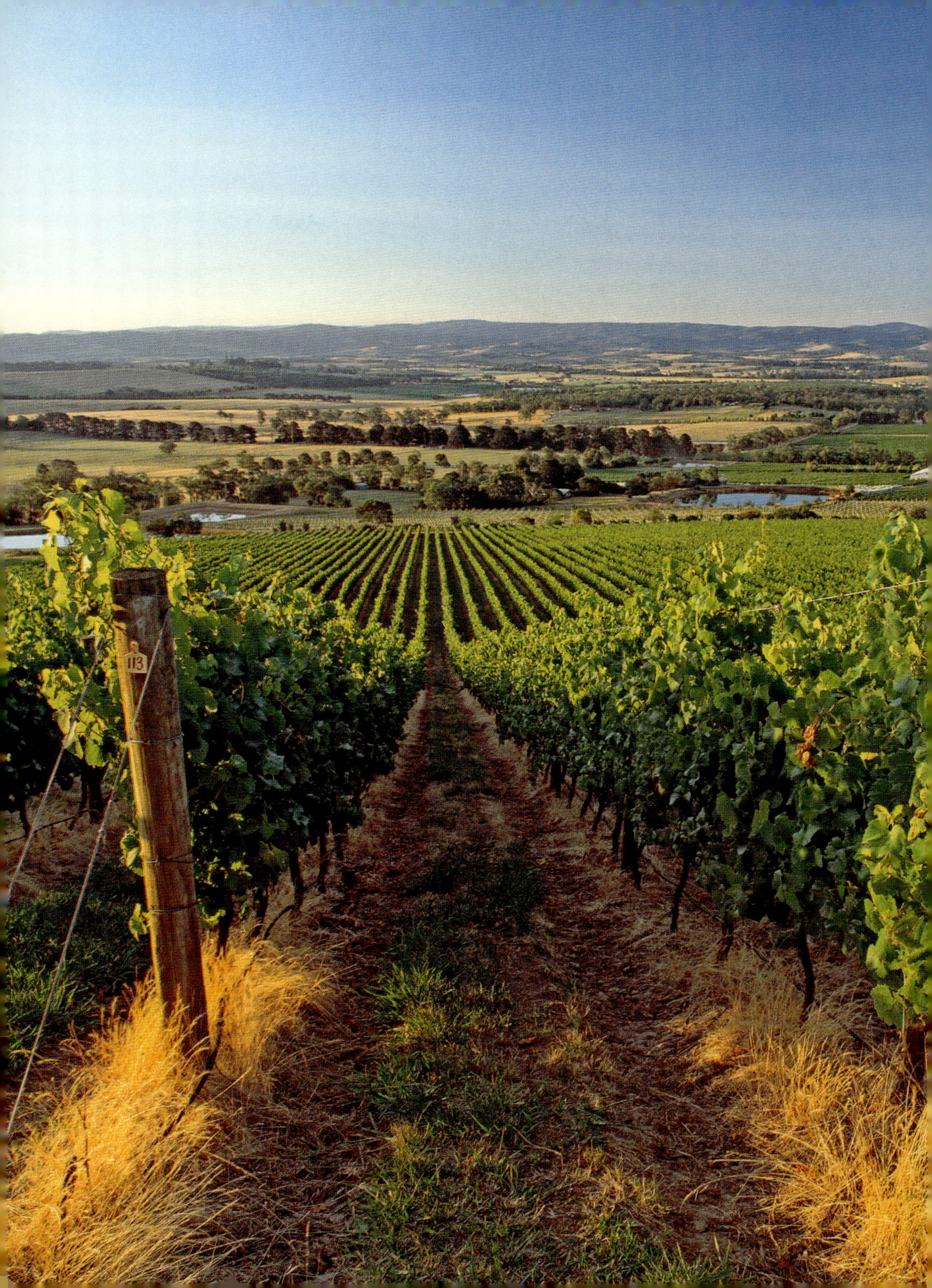

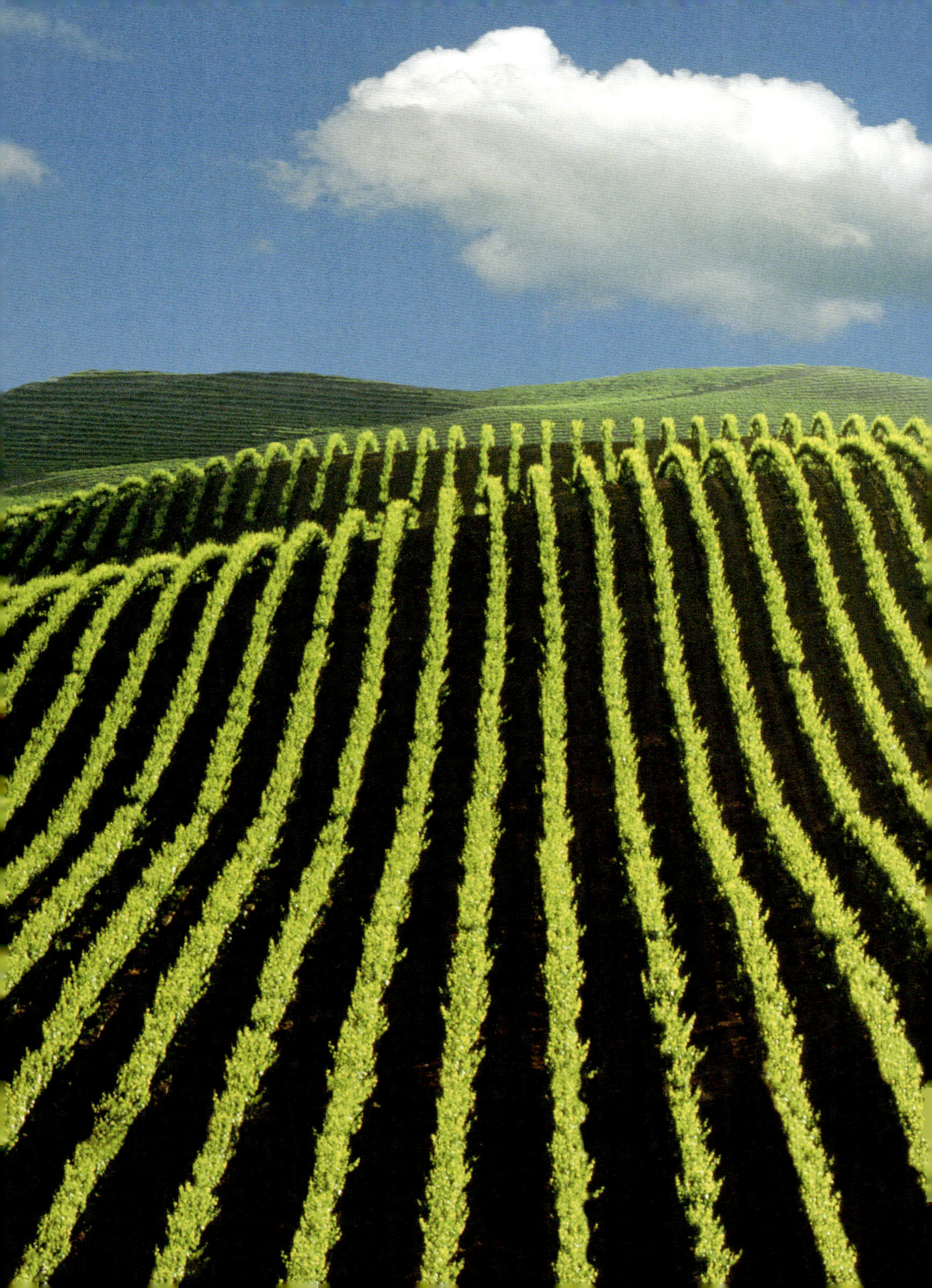

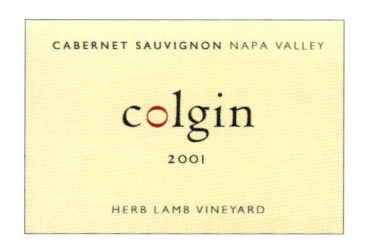

Colgin Cellars
Herb Lamb Vineyard Cabernet Sauvignon 2001
コルギン・セラーズ
ハーブ・ラム・ヴィンヤード・カベルネ・ソーヴィニョン 2001

産地 アメリカ、カリフォルニア、ナパ・ヴァレー
特徴 赤・辛口：アルコール度数15度
葡萄品種 カベルネ・ソーヴィニョン

　名画の商いを行ってきた関係上、アン・コルギンは、何が名作を生み出すのか、本物とは何か、ということについて、ある程度のことは学んでいた。そんなテキサス生まれの彼女が、自分自身の名前を冠したワインを造るにあたって、最も輝かしい最強のスタッフを牧場の柵のなかに囲い入れたとしても少しも驚くにはあたらない。
　1992年のコルギンの最初のワインは、すべての葡萄をハーブとジェニファーのラム夫妻が所有する3haの畑からのものを使った。次の年、2人は急峻な岩の多い斜面に、2haほどカベルネ・ソーヴィニョンを植えた。ラム夫妻はその後、半分以上を植え替えて、110Rの台木にクローン7を接木した。コルギンのための葡萄は、畑の最上部の選ばれた列からのものである。
　ワイン造りは、すべて最高の技術と最大の手間をかけて行われる。早朝の摘果、二重選果、低温浸漬、ステンレス・タンクによる発酵、1日2回のルモンタージュ、2〜3週間かけた発酵、そして30〜40日かけた発酵後マセラシオンなど。マロラクティック発酵は樽内で行うが、2001ヴィンテージは、100%タランソー社の新樽を使い、19ヵ月熟成させた。ワインは清澄化もろ過も行われない。コルギン・セラーズは、これとは別に2つの畑を所有しているが、ハーブ・ラムがフラッグシップ・ワインであることに変わりはない。そのワインはなめらかで、いい表しようのないほど優美である。**LGr**

🍷🍷🍷🍷　飲み頃：2025年過ぎまで

Bodega Colomé
Colomé Tinto Reserva 2003
ボデガ・コロメ
コロメ・ティント・リセルヴァ 2003

産地 アルゼンチン、カルチャキ・ヴァレー
特徴 赤・辛口：アルコール度数14度
葡萄品種 マルベック80%、カベルネ・ソーヴィニョン20%

　アルゼンチンの最北部にあるコロメ・ワイナリーは、起源を1831年に遡り、アルゼンチン最古のワイナリーと考えられている。サルタのスペイン人最後の市長によって設立され（おそらく）、1854年に婚姻関係を通じてダヴァロス家へ譲渡された。ダヴァロス家が造るコロメ・ワインは、特にマルベック主体のものは、強烈であったが、イライラさせられるほど品質にばらつきがあった。
　2001年6月、カリフォルニア、ヘス・コレクションのスイス人オーナーが、その40haの土地を購入したが、葡萄が植えられていたのは、その一部でしかなかった。しかしその中には、4haの、ダヴァロス家が19世紀半ばに植えたフィロキセラ禍以前のマルベックとカベルネ・ソーヴィニョンがあった。コロメ・リセルヴァはその葡萄から造られる。
　その葡萄畑はほとんど雨が降らないため、灌漑はアンデスの雪解け水を溝に引き込んで行う。標高は2,743mと、世界で最も高い位置にある葡萄畑の1つに数えられるが、日差しは強烈で、そのため葡萄の色は濃く、タンニンはとても柔らかくなり、酸は柔らかいが、だれていず、単にエキゾチックな果実のフレーヴァーがするというだけでなく、信じられないくらい輝いたフレーヴァーがある。比較的低温で行われる発酵は、フレーヴァーの新鮮さを保ち、ブレンドの半量を樽熟成させているだけなので、このリセルヴァは非常に消化が良い。**MW**

🍷🍷🍷　飲み頃：2013年まで

← ナパ・ヴァレーを途切れることなく蔽う葡萄樹の列

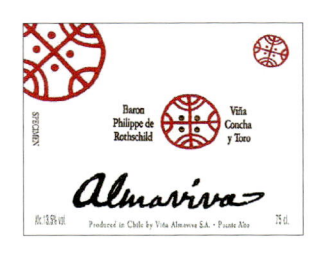

Concha y Toro
Almaviva 2000
コンチャ・イ・トロ
アルマヴィヴァ 2000

産地 チリ、マイポ・ヴァレー
特徴 赤・辛口：アルコール度数13.5度
葡萄品種 カベルネ・ソーヴィニョン86％、カルムネール14％

　バロン・フィリップ・ド・ロートシルトの娘のフィリピンヌが父の遺志を受け継ぎ、新興ワイン国の自然資源と、フランスなどの古いワイン国の豊かな経験を融合させる試みをまた1つ成功させた。こうして生まれたワインがアルマヴィヴァで、もう1人の親がコンチャ・イ・トロである。

　1996年の契約が完了する前、すでにコンチャ・イ・トロの生産者たちは、彼らのプレミアム・ワインであるドン・メルチョーのために、有名なプエンテ・アルト地区にある最上の葡萄畑の摘果を始めていた。少量ずつのマイクロヴィニフィケーションであったため、アルマヴィヴァのための葡萄は十分残っていた。

　2000ヴィンテージは、ムートンの技術主任であるパトリック・レオンと、フランスで修行を積んだコンチャ・イ・トロの醸造家、エンリケ・ティラドによってブレンドされた。そのワインは、アルマヴィヴァ用に新たに建造された未来型の地下ワイナリーで発酵、熟成させられ、明らかに前のヴィンテージよりも数段進歩していた。このワインの完成までに費やされた年月が口の中いっぱいに広がり、ジューシーな果実風味が、果実とオークの両方に由来するきめ細かなタンニンと融合している。**MW**

🍷🍷🍷🍷　飲み頃：2012年まで

Château La Conseillante
2004
シャトー・ラ・コンセイヤント
2004

産地 フランス、ボルドー、ポムロール
特徴 赤・辛口：アルコール度数13度
葡萄品種 メルロ80％、カベルネ・ソーヴィニョン20％

　シャトー・ラ・コンセイヤントはめずらしく（少なくともポムロールでは）、1871年から同じ所有者——リブルネのニコラス家——の下にある。2004年にエステートの支配人兼ワインメーカーとして、精力的なジャン・ミシェル・ラポルテを迎えたが、彼は長い間この地で維持されてきたきわめて高い水準のワイン造りの伝統を守っているだけでなく、それをさらに高い地平へと押し上げている。

　土壌はポムロールの多くの畑同様、一定ではない。半分よりやや多くが粘土質で、残りが砂礫層、ペトリュスに近い方は石が多い。疑いもなく、こうした地形の複雑さが、ワインに精妙さと繊細さを付与している。

　ラ・コンセイヤントは、若い時も十分印象に残る味わいだが、トリュフと甘草のアロマ、ヴェルヴェットの触感、華麗な果実味、比類なきバランスの良さと余韻の長さなど、感覚に訴えるそのとてつもない力を真に発揮するまでには、10年はかかるだろう。2004ヴィンテージは、若い時、爆発するようなブラック・チェリーのアロマ、しなやかな質感の背後を支えるしっかりしたタンニンを持つが、以前のヴィンテージがそうであったように、それはまだまだ10年単位で進化し続ける。理由ははっきりしないが、ラ・コンセイヤントは長い間いく人かの批評家によって不当に低く評価されてきた。そのためこのワインは、決して安くはないが、その高い品質と持久力を考えると、リーゾナブルな価格に収まっているといえる。**SBr**

🍷🍷🍷　飲み頃：2012〜2030年

コンセイヤント・ワインはその持久力で有名である。

CRU POMEROL
CONSEILLAN
1912

Contador

2004

コンタドール

2004

産地 スペイン、リオハ
特徴 赤・辛口：アルコール度数14度
葡萄品種 テンプラニーリョ

　ベンハミン・ロメオの個人的プロジェクトであるコンタドールは、1990年代後半、小さなボデガ──15ha、将来は年間2万本まで持っていく計画──として始まった。コンタドールでの最初の数年間は、アルタディでのワインメーカーとしての15年の最後の数年間と重なっていた。

　コンタドールの赤ワイン（コンタドール、クエヴァ・デル・コンタドール、ラ・ヴィーニャ・デ・アンドレス）の質の高さを証明する受賞記録のようなものはまだないが、コルクを抜くと同時に、それらは自らを語り始める。初めてリリースされるにもかかわらず、いきなり数百ドルの値が付けられる価値のあるワインがあるとしたら、このコンタドール2004は間違いなくそうしたものの1本である（素晴らしい2005もお見逃しなく）。しっかりしているがシルクのようななめらかさを持つタンニン、心地よい酸、素晴らしい果実の表現力、口の中一杯に広がる滋味、これらすべてが限りない優雅さで包まれている。

　ワイン愛好家なら誰でも一度は、評判も値段も高いワインに期待を膨らませてコルクを開けると、期待はずれでがっかりさせられた経験を持っているだろう。しかしベンハミン・ロメオの生み出すワインに限ってそのようなことはない。少なくとも彼の偉大なコンタドール2004に関しては。**JB**
🍷🍷🍷🍷　飲み頃：2020年まで

Giacomo Conterno

Barolo Monfortino Riserva 1990

ジャコモ・コンテルノ

バローロ・モンフォルティーノ・リゼルヴァ 1990

産地 イタリア、ピエモンテ、ランゲ
特徴 赤・辛口：アルコール度数14度
葡萄品種 ネッビオーロ

　1990ヴィンテージは、ピエモンテにとって最高に近いもので、暑く乾燥した夏、丁度良い時期と量の雨、そして当然収量は低かった。この年に生まれたジャコモ・コンテルノ・バローロ・モンフォルティーノは、文句なしにイタリアで最も偉大なワインの1つとされ、その英雄を思わせる骨格と何十年も生き続ける生命力で、すでに伝説となっている。

　1990年代はイタリア全土のワイン生産者にとって、そして特にバローロにとっては、論争の耐えない時代だった。伝統を守ろうとする人々は、樽熟成の方法が旧態依然としていると批判された。しかしジョヴァンニ・コンテルノは、父の造ったモンフェルティーノの熟成期間を縮めるようなことはせず、予定通りオークの大樽で7年間熟成させた。その息子ロベルト・コンテルノもまた、父の哲学に忠実に従い、木樽の熟成期間を縮めず、フランス産オークの小樽も使わないことを堂々と宣言している。

　モンフォルティーノ1990は、バローロの本物の力、偉大さがどのようなものかを誇らしげに謳いあげている。それは今なお非常に若すぎる範疇にあり、タンニンは堅いがシルクのようななめらかさがあり、酸はとても切れが良い。このワインの特徴である、甘草、ミント、花の香り、それらを合わせた感覚はグラスの中でゆっくりと進化していく。このワインはその絶頂に達するまでには、まだまだ長い歳月が必要である。**KO**
🍷🍷🍷🍷　飲み頃：2010〜2040年過ぎまで

Conterno Fantino
Barolo Parussi 2001

コンテルノ・ファンティーノ
バローロ・パルッシ 2001

産地 イタリア、ピエモンテ、ランゲ
特徴 赤・辛口：アルコール度数14度
葡萄品種 ネッビオーロ

　又従兄弟の関係にあるグイド・ファンティーノとクラウディオ・コンテルノの2人は、1982年に自分たちのワイナリー、コンテルノ・ファンティーノを設立した。最初は両親から受け継いだモンフォルテの畑の葡萄を使っていたが、後にそれよりも広い畑を付け加えた。

　コンテルノは栽培担当で、合理的葡萄栽培に取り組んでいる。有機肥料しか使わず、葡萄樹の列の間には、マメ科の植物を植え、土壌成分の自然なバランスを維持している。一方、ファンティーノが醸造担当で、数年間の実験を経て、新樽によるマロラクティック発酵と熟成に踏み切った。

　パルッシ葡萄畑はカスティリオーネ・ファレットの優良畑の1つで、コンテルノ・ファンティーノは1997年から2001年までその畑をリースで借りていた。そしてその間、畑名を冠した単一畑バローロを生み出した。軽い石灰岩土壌のおかげで、パルッシは、モンフォルテの筋肉質のバローロとは違う、柔らかいタンニンを持つ優雅なバローロとなる。パルッシ2001は、この畑の所有者が再度自分でワインを造ることを決意してリースを打ち切る最後の年に造られたもので、しっかりした構造を持ちながらも洗練され、豊潤な果実味と甘いタンニンが特徴的である。若いうちも十分美味しいが、10年以上は寝かせておきたいワインである。**KO**

🍷🍷🍷　飲み頃：2012年過ぎまで

Contino
Viña del Olivo 1996

コンティーノ
ヴィーニャ・デル・オリヴォ 1996

産地 スペイン、リオハ
特徴 赤・辛口：アルコール度数13.5度
葡萄品種 テンプラニーリョ95％、グラシアーノ5％

　1973年に設立されたコンティーノは、自社の畑でできた葡萄だけを使ってワインを造っている。それは、ブレンド・ワインが主流のこの地区で単一畑ワインを始めた先駆者的存在である。

　そのワインのスタイルは、1970年代中葉のものとしてはきわめて革命的であった。色は暗めで、果実味が豊か、アメリカ産オークではなく、フランス産オークの樽を使い、テンプラニーリョを少量のグラシアーノが引き締めている——そのスタイルは、当時消えかかっていたが、コンティーノの活躍のせいもあって、うれしいことに復活している。

　コンティーノの最高級ワインとして1995年に最初に造られたのがヴィーニャ・デル・オリヴォである。コンティーノは新樽によるマロラクティック発酵など、いくつかの技法を実地に試したいと思っていた。石灰質の斜面の、約20年前に植えられた非常に小さな果粒をつける葡萄畑が選ばれ、24ヵ月の熟成を経て、伝説となる新しいリオハが生まれた。

　2000年には、毎年スペインの名醸造家が集まるエノフォーラムという会議において、このヴィーニャ・デル・オリヴォ1996が最優秀赤ワインに選ばれた。色は黒く、香りは精妙、優美で、熟した赤い果実、上質の毛皮、スパイス、ロースト香、バルサミコが馥郁と香り、豊麗なフレーヴァーが口いっぱいに広がる。このワインは驚異的に熟成していくはずだ。**LG**

🍷🍷🍷🍷　飲み頃：2020年過ぎまで

Coppo
Barbera d'Asti Pomorosso 2004
コッポ
バルベーラ・ダスティ・ポモロッソ 2004

産地 イタリア、ピエモンテ、モンフェッラート
特徴 赤・辛口：アルコール度数14度
葡萄品種 バルベーラ

　コッポ家は、1900年代初期からワイン生産にたずさわってきたが、バルベーラに焦点を合わせた高品質生産に舵を向けたのは、創立者の4人の孫であった。
　この4人の若者は皆非常に聡明で、1984年に家業の舵取りを任されたとき、これからの進路をしっかりと予測することができた。彼らはこの年、バルベーラ・ポモロッソを誕生させたが、それはフランス産オークの小樽で熟成させたものだった。こうして、かつては蔑まれていたバルベーラはアスティの誇りとなり、今日それにふさわしい評価を受けている。
　コッポのフラッグシップ・バルベーラであるポモロッソは、フランス産オークの小樽で15ヵ月間熟成させられ、熟したチェリー、ブラック・ベリーを主体に、キルシュ、チョコレート、エスプレッソ、ヴァニラの繊細な香りを統合させた精妙で豊かなブーケを薫らせる。2002年、2003年と気候は極端な変動を見せた後、2004年はうれしいことに再びピエモンテの古典的なヴィンテージに戻り、新鮮さと骨格が際立つ素晴らしいバルベーラが生まれた。ポモロッソ2004は、バルベーラ・ダスティの精髄で、豪華だが優美、酸は歯切れよく、タンニンはヴェルヴェットのようになめらかで、今後数年間は生き続けるしっかりした骨格を持っている。**KO**
🍷🍷🍷　飲み頃：2015年まで

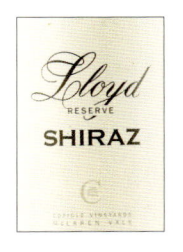

Coriole
Lloyd Reserve Shiraz 1994
コリオレ
ロイド・リザーヴ・シラーズ 1994

産地 オーストラリア、南オーストラリア、マクラーレン・ヴェイル
特徴 赤・辛口：アルコール度数14度
葡萄品種 シラーズ

　コリオレはヒュー・ロイドとその妻モーリーが1967年に創立したワイナリーで、今もとても家族的な雰囲気で営まれており、現在は彼らの息子のマーク・ロイドが代表者となっている。
　ロイド・リザーヴはコリオレのフラッグシップ・ワインであり、マクラーレン・ヴェイルの名を世界中に広めたワインの1つで、品質はきわめて高い。フル・ボディ、超芳醇であるが、ポート的ではなく、アルコール度数も控えめで、熟しすぎた果実のいやな風味はまったくない。そのワインは、ワイナリーの近く、やせた泥板岩土壌に育つ、1919年に植えられた葡萄から造られる単一畑ワインである。1.2haの畑は、わずかに東を向いており、比較的涼しい気候にあることから、ワインに優雅な味わいが生まれている。
　発酵は開放型発酵タンクで、櫂入れとルモンタージュの両方を行い、圧搾の時期は比重計ではなく、テイスティングによって決める。またそれによって圧搾機の強さを調節する。タンクで発酵を終わらせた後、オーク樽へ移されるが、最近は100%フランス産である。赤ワインにとって素晴らしいヴィンテージであった1994年は、アメリカ産オーク樽からフランス産オーク樽への移行期にあたり、ちょうど半々の割合であった。ワインメーカーのサイモン・ホワイトによれば、ロイド・リザーヴのピークは10～15年くらいで、その頃にシービュー地区の特徴である海草やヨード香がよく分かるということである。**HH**
🍷🍷🍷　飲み頃：2012年まで

Corison
Cabernet Sauvignon Kronos Vineyard 2001
コリソン
カベルネ・ソーヴィニョン・クロノス・ヴィンヤード 2001

産地 アメリカ、カリフォルニア、ナパ・ヴァレー
特徴 赤・辛口:アルコール度数13.8度
葡萄品種 カベルネ・ソーヴィニョン

　企業で働いている多くの人がそうであるように、キャシー・コリソンも、いつかは自分自身の歴史と思想に基づいた「優美でしかも力強い」ワインを造りたいという気持ちを抱いていた。
　そんな彼女のカベルネ・ソーヴィニョンが植わっているのが、ラザフォードとセント・ヘレナの中間、谷の西側の沖積層の棚地で、地形の特徴がワインによく表現されている。その土地は、ベイル砂礫ローム層と呼ばれ、粘土の含有量は少なく、カベルネ・ソーヴィニョンが生育する時に必要な水分を溜めている。コリソンのカベルネ・ソーヴィニョンには静かに湧き出る力があり、果実味は新鮮さを少しも失っていない。そして、そのワインを口に含むと、その生まれ故郷をはっきりと伝える精妙な「ラザフォード・ダスト」が感じられるのである。
　コリソンはワイナリーの周囲に広がる3haのクロノス葡萄畑を、1996年から所有している。その畑は、彼女の持つ他の葡萄畑よりも石が多く、葡萄は自然な酸をたっぷり保有している。それこそ彼女が、ワインの脊柱として、また長寿を保証するものとして求めていたものであった。クロノス2001は新樽比率50%のフランス産オーク樽で熟成させられており、他の大型ヴィンテージやスタイルのものに比べると、控えめである。しかしそれはしっかりした構造を持ち、優美さと静かな力、躍動的な複雑さを滲出させている。**LGr**
🍷🍷🍷🍷　飲み頃:2025年まで

Matteo Correggia
Roero Ròche d'Ampsèj 1996
マッテオ・コレッジャ
ロエロ・ロッケ・ダンプセイ 1966

産地 イタリア、ピエモンテ、ランゲ
特徴 赤・辛口:アルコール度数14.5度
葡萄品種 ネッビオーロ

　マッテオ・コレッジャの肖像画ともいうべきロッケ・ダンプセイは、他のワインにもまして、ある1人の男の夢と情熱を具現化している。これまで長い間ロエロの砂の多い険しい斜面は、葡萄栽培に関してはバローロやバルバレスコに劣ると考えられてきた。またその斜面に育つネッビオーロやアルネイスからできるワインは、ひどく時代遅れだとも言われてきた。しかしマッテオは、早くからはっきりと認識していた。この土地に欠けているものはない、投資を除けば、と。ステンレス・タンクとオークの新樽は供給が少なく、逆に葡萄の収量は嫌になるほど多かった。
　若者はロエロ地区の評価を引き上げるため、樹齢25歳のネッビオーロが高い植密度で植えられている3haの区画と格闘を始めた。1ha当たりの収量を30hℓに減らし、マセラシオンの長さを1週間以内とし、「アンファン・テリブル」を閉じ込めるために、新樽比率を100%とした。変革は劇的に効果を表し、因習に束縛されない彼の非妥協的なやり方は、すぐにマスコミに取り上げられた。1996年、彼のロッケ・ダンプセイはイタリア・ワインの最高の栄誉であるトレ・ビッキエーレに輝いた。大部分この1人の若者──彼は2001年不慮の事故により早逝した──の努力のおかげで、ロエロはワイン界の日のあたらない場所であることを止め、2005年にDOCGへと昇格した。**MP**
🍷🍷🍷🍷　飲み頃:2010〜2025年過ぎまで

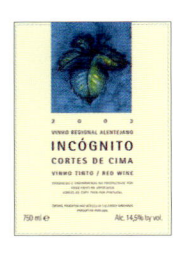

Cortes de Cima
Incógnito 2003
コルテス・デ・シーマ・インコグニート
2003

産地 ポルトガル、アレンテージョ
特徴 赤・辛口：アルコール度数14.5度
葡萄品種 シラー

　陽光降り注ぐポルトガル、アレンテージョの先進的なエステートであるコルテス・デ・シーマは、1980年代後半にハンスとキャリーのジョーゲンセン夫妻によって設立された。

　現在、この畑の主力品種の1つとなっているシラーは、最初の植樹の時点では、まだこの地での栽培許可が下りていなかった。そのためジョーゲンセンは、その葡萄からできたワインにインコグニート（匿名）と名付けた。最初のヴィンテージである1998年から、このワインはアレンテージョ地区の旗手となり、ポルトガルで熱狂的な支持者を得、この地の潜在能力を世界中に知らしめた。

　インコグニート2003は、暑いヴィンテージの産物である。その年、異常な暑さは、果粒内部のポリフェノールの発達を遅らせたが、ワインには否定的な影響を及ぼさなかった。遅れた収穫は、雲ひとつない晴天の中で行われ、濃密で芳醇なワインをもたらした。そのワインはきわめて誘惑的だが、真面目な側面も持っている。暑かった気候は、豊潤な果実味の中に表れているが、そのワインは、言うならばバロッサと北部ローヌの間に位置し、ややバロッサよりである。フランス産とアメリカ産のオーク樽を半分ずつ使用して8ヵ月熟成させたこのワインは、落ち着かせるために1～2年は壜熟する必要があるが、その後も長く楽しめる。**JG**

🍷🍷　飲み頃：2018年まで

COS
Cerasuolo di Vittoria 1999
コス・チェラスオロ・ディ・ヴィットリア
1999

産地 イタリア、シチリア、ヴィットリア
特徴 赤・辛口：アルコール度数13度
葡萄品種 ネロ・ダボラ、フラッパート、ネロ・ダボラ、フラッパート

　1980年のこと、シチリア島南東部ヴィットリアの3人の高校生仲間——ジャンバッティスタ・シリア、ジュスト・オッチピンティ、グイセッピオ・ストラーノが、大学へ入学する前の暇つぶしに、彼らの父親の畑の葡萄を使ってワインを造ろうと計画した。お金はなかったが、やる気だけはたっぷりあったので、古いセラーで、葡萄を足で潰し、古いコンクリートのタンクで発酵させ、出来たワインを地元の酒屋に持っていった。こうして彼らは、半ば無意識的に、落ちぶれていたチェラスオロ・ディ・ヴィットリアDOCを復活させ、シチリアのワイン・ルネサンスの立役者になっていった。

　1980年代後半から1990年代初めにかけて、オッチピンティとシリアはカリフォルニアを訪れ、しばらくはカリフォルニア流の醸造法に大きな影響を受けていた。しかしここで若い醸造家は立ち止まった。彼らはオーク小樽を何回も使用し、以前の大きな樽をもう一度使うことにした。さらに、その頃シチリアの多くのワイナリーは世界的に主流の品種を多く導入し始めていたが、彼らは土着品種のネロ・ダボラとフラッパートにこだわり続け、それをチェラスオラでブレンドした。

　葡萄畑では化学薬品は一切使わず、酵母はワイナリーで培養している。そして赤ワインはろ過しない。チェラスオロ・ディ・ヴィットリア1999は、芳醇で土味があり、甘い果実味と長く続くミネラルの余韻がある。**KO**

🍷🍷　飲み頃：2012年まで

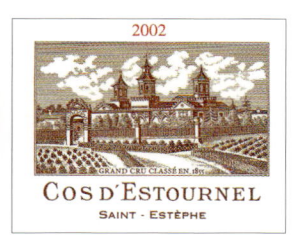

Château Cos d'Estournel
2002

シャトー・コス・デストゥルネル
2002

産地 フランス、ボルドー、サン・テステフ
特徴 赤・辛口：アルコール度数13度
葡萄品種 C.ソーヴィニヨン58％、メルロ38％、その他4％

　シャトー・コス・デストゥルネルは19世紀はじめに設立された。1917年にはジネスト家が買い取り、その後、婚姻関係を通してプラッツ家のものとなった。1998年にブルーノ・プラッツは、このエステートをミシェル・レヴィエという食料品会社の社長に売却したが、その息子のジャン・ギョームはエステートの管理人として残っており、伝統は今も伝えられている。

　一般にサン・テステフの土壌は隣のポイヤックよりも粘土質が多いと言われているが、コス・デストゥルネルは例外で、砂利が多く、ポイヤックの偉大な畑と同じ土質である。しかし違う点は、コス・デストゥルネルはポイヤックよりもメルロを多く植えているということである。もしメルロがなかったら、そのワインはもっとごつごつして、タンニンが嫌味になっていたであろう。というのも、その土壌が生み出すカベルネ・ソーヴィニヨンは非常に骨格がはっきりして、それを和らげるためにはメルロが必要なのである。そのサン・テステフは凝縮していて、色もフレーヴァーも濃いが、それだけではなく、他の多くのサン・テステフと比べると、より優美である。それはまた熟成にも向いている。

　2002年はメドック全体が良かったというわけではなかったが、この地では非常に良く、高い比率で使用した新樽由来の焦げやチョコレートのアロマがあり、豊麗で、長く贅沢な余韻が続く。**SBr**
🍷🍷🍷　飲み頃：2010〜2025年まで

Andrea Costanti
Brunello di Montalcino 2001

アンドレア・コスタンティ
ブルネッロ・ディ・モンタルチーノ 2001

産地 イタリア、トスカーナ、モンタルチーノ
特徴 赤・辛口：アルコール度数14度
葡萄品種 サンジョヴェーゼ

　ブルネッロにとって4つ星ヴィンテージであった2001年は、モンタルチーノの南側、海抜500mまで上っている高地の畑にとっては飛び抜けて良い年であった。この地を発祥とするサンジョヴェーゼは、モンタルチーノから2kmほど南、コッレ・アル・マトリチーズの海抜400〜450mに広がるコンティ・コスタンティの畑で育つと、比肩するものがないほど優美で洗練されたワインを生み出す。2001ヴィンテージがあまりにも素晴らしかったので、コスタンティは、偉大な1997ヴィンテージ以来久しぶりに少量のリゼルヴァも造った。

　コスタンティ家はモンタルチーノでは歴史ある名前の1つで、フィレンチェとシエナの間でたびたび激しい戦闘が繰り広げられていた15世紀半ばに、シエナからこの地に移ってきた。騒乱が収まった後も、一家はモンタルチーノに残り、畑は買い増しされて広大となり、豪華な邸宅も建て、今もそこに住んでいる。ティト・コスタンティは19世紀後半に最初にサンジョヴェーゼだけでワインを造った先駆者で、彼はそれをブルネッロと名付けた。

　1983年に跡を継いだアンドレア・コスタンティは、一家の伝統を受け継ぎ、輝かしい出来栄えのブルネッロを造り続けている。コスタンティ家は、エノロジストのヴィットリオ・フィオーレの指導を仰ぎながら、伝統と革新を巧みに融合させ、様々な大きさと年代の樽を使い分け、非常に香り高い優雅なワインを造り続けている。**KO**
🍷🍷🍷　飲み頃：2020年まで

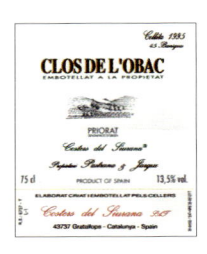

Costers del Siurana
Clos de l'Obac 1995

コステス・デル・シウラナ
クロ・デ・ロバック 1995

産地 スペイン、カタローニャ、プリオラート
特徴 赤・辛口：アルコール度数13.5度
葡萄品種 ガルナッチャ、カリニェーナ、シラー、その他

　ここはプリオラートのワインの復活を果たした5人のパイオニアの1人、カルロス・パストラーナとその妻マリオナ・ジャルケが所有する畑である。コステス・デル・シウラナとは、「シウラナ川の河岸」という意味。

　コステス・デル・シウラナの最初のヴィンテージは1989年であったが、その仕事はすでに1970年代に始まっていた。2人は半ば放棄されていた古い葡萄畑を復活させ、新しい品種を導入し、マス・デン・ブルーノなどの歴史的畑を修復した。2人は、自分たちの乾地農法の畑で生まれる葡萄しか使わないが、その畑では一切殺虫剤も化学薬品も使わない。すべての畑に数種の同一品種を植え、それらから様々なワインを造りだしている。白のキリエ、赤のミゼレーレ、甘口のドルス・デ・ロバック、そしてフラッグシップ・ワインがクロ・デ・ロバックである。

　クロ・デ・ロバックは、どこか他のプリオラートとは違う。それは色もおだやかで、凝縮感も控えめで、なんだか格調高い人生を象徴するようなプリオラートである。プリオラートのワインが、ヴィンテージごとに洗練されていった時代、ロバックは一歩先に躍り出て、1995年に最高のものを出した。バルサミコとミネラルの豊饒な香りが溢れ、ガリーグの微香も感じられる。フル・ボディだがバランスは申し分なく、優雅で、タンニンはすでに溶けているが、年月と共にまだまだ溶けていくだろう。長く続く、満ち足りたフィニッシュの中に、ヒマラヤ杉とユーカリのこだまが聞こえてくる。**LG**
🍷🍷🍷🍷　飲み頃：2015年まで

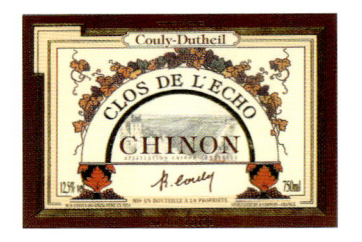

Couly-Dutheil
Chinon Clos de l'Echo 2005

クーリー・デュテイユ
シノン・クロ・ド・レコー 2005

産地 フランス、ロワール、トゥレーヌ
特徴 赤・辛口：アルコール度数13.5度
葡萄品種 カベルネ・フラン

　ほとんどの葡萄栽培農家が2haほどの畑しか持っていないこの村で、クーリー・デュテイユは91haもの土地を所有し、さらにネゴシアンとして、傘下に30haの畑を従えている。クーリー・デュテイユの製品は、いわば平均的なワインで、日常的に飲むにはまずまずの味ということができる。しかし、ここにクロ・ド・レコーがある。その畑は、美しい南向きの16haのリュー・ディで、シャトー・ド・シノンの隣にあり、粘土と石灰岩の混ざった土壌をしている。ワインはワイナリーの背後の崖の中まで延びたカタコンベ（地下墳墓）状のセラーの中、ステンレス製のタンクで熟成している。

　クロ・ド・レコーは、とりわけ2005ヴィンテージは、若い時、肉付きが良く、黒果実のフレーヴァーとたっぷりのタンニンがぎっしりと詰まっており、それが強い酸と闘っているようである。そのため、少なくとも5年以上は壜熟させないと本当の味わいは出てこない。すると、そのふくよかなフレーヴァーは、柔らかく、猟鳥肉のようになり、黒果実の風味が立ってくる。タンニンはきめ細かくなり、それらすべてを酸が新鮮に保つ。ちなみにクロ・ド・レコー1952は、甘美な香りの奥に、干草、マッシュルーム、森林の腐葉土が感じられ、口に含むと、柔らかく、革とラズベリーの香りもする。余韻はそれほど長くはないが、50年経っても、そのワインには豊麗さが感じられる。**KA**
🍷🍷🍷　飲み頃：2020年過ぎまで

Viña Cousiño Macul
Antiguas Reservas Cabernet Sauvignon 2003

ヴィーニャ・コウシーノ・マクール
アンティグアス・レセルヴァス・カベルネ・ソーヴィニョン 2003

産地 チリ、マイポ・ヴァレー
特徴 赤・辛口：アルコール度数13.5度
葡萄品種 カベルネ・ソーヴィニョン

　コウシーノ・マクールのアンティグアス・レセルヴァが最初に造られたのは1927年のことであった。彼らの最初の葡萄畑は、サンティアゴ市の南東に位置し、チリで最も古い歴史を有し、マイポ・ヴァレーでも最も評価の高い畑の1つである。しかし残念なことに、サンティアゴ市のスプロール現象と、灌漑用水の不足のため、1996年、コウシーノ家はやむなくブインに移らざるを得なくなった。

　この移動は、コウシーノ家の弔鐘となるどころか、眠れる巨人であった（歴史的な意味で）チリ・ワインを大きく目覚めさせる契機となった。畑を新たに買い求め、新しいワイナリーで発酵タンクを温度管理のできる密閉された室内に置くことができるようになったことなどが奏功し、より澄明で芳醇な、バランスの良いワインが生まれた。というのも、サンティアゴの古いワイナリーの周辺は住宅が密集していたため、ちょうど良い時期に摘果することも、衛生的に保管することもままならなかったからである。

　2002年以来、アンティグアス・レセルヴァスは、豊潤な黒果実の風味、きめ細かく優しいタンニン、適度なアルコール度数で、チリのカベルネ・ソーヴィニョンの水準点としての位置を確立している。同業者の多くが現代フランス流の過剰な抽出、強すぎるオーク香、そして高い価格などで低迷している中、コウシーノ家が衰退することなくさらに進化し続けているのは、おそらく彼らが頑固に家族経営を維持していることが理由だろう。**MW**
🍷🍷　飲み頃：2018年

Craggy Range
Syrah Block 14 Gimblett Gravels Vineyard 2005

クラギー・レンジ
シラー・ブロック14・ギムブレット・グラヴェルズ・ヴィンヤード 2005

産地 ニュージーランド、ホークス・ベイ
特徴 赤・辛口：アルコール度数13度
葡萄品種 シラー

　1980年代後半、オーストラリアを中心に活動していた実業家テリー・ピーボディは、ワイン業界に参入することを決意した。そんな時、ワイン鑑定士のスティーヴ・スミスがピーボディに、ホークス・ベイの小地区ギムブレット・ロードの、葡萄畑として最高の土地の最後の1区画を買うように勧めた。ギムブレット・グラヴェルズ・アペレーションは、ナルロロ川の過去の流れがもたらした砂礫（グラヴェル）土壌で、1860年代の大規模な洪水の後、荒地になっていたところである。

　クラギー・レンジは1999年に、マールボロとホークス・ベイの葡萄畑から最初のワインを造った。醸造はすべて、ホークス・ベイにある2カ所のワイナリーで行った。1つがテ・マタ・ピークの麓にあるジャイアント・ワイナリーで、SH50ワイナリーは、さらにそれよりも大きい。

　クラギー・レンジは高品質のメルロとピノ・ノワール（そして白ワイン）も造っているが、やはりシラーがその中でも最高である。2005ヴィンテージは、深い紫色をしていて、驚異的なワインになることを予感させる。しかしクラギーは、そのワインを軽いタッチで造っており、それはかなり抑制されている。暗く、抑えた香りがし、シラー特有のスパイスと、芳醇なフレーヴァーも感じられる。フィニッシュにチョークのようなタンニンがあるが、ニュージーランド・シラーにありがちなアルコールが燃える感じはしない。**SG**
🍷🍷🍷　飲み頃：2010年過ぎまで

Red wines

Cullen
Diana Madeline Cabernet Sauvignon Merlot 2001
カレン
ダイアナ・マドリーン・カベルネ・ソーヴィニョン・メルロ 2001

産地 オーストラリア、西オーストラリア、マーガレット・リヴァー
特徴 赤・辛口：アルコール度数14度
葡萄品種 カベルネ・ソーヴィニョン75%、メルロ25%

　ドクター・ケヴィン・カレンと彼の妻ダイアナがマーガレット・リヴァーに実験的に葡萄の樹を植えたのは、1966年のことだった。1981年、カレンがウィリャブラップにある現在の葡萄畑を整えて10年め、ダイアナは専業の醸造家となった。彼女が59歳の時だった。彼女はメルロとカベルネ・フランを西オーストラリア州に初めて持ち込んだが、やがてそれはカレンのフラッグシップ・ワイン、ボルドー・ブレンドになる。

　1989年、彼女はワインメーカーとしての仕事を娘のヴァーニャに譲ったが、今度はそのヴァーニャの指導の下、葡萄畑は、2003年には有機栽培で、2004年にはビオディナミで認証を受けた。2000年、ヴァーニャは女性としては初めて、カンタス・ワインメーカー・オブ・ザ・イヤー賞を受賞した。

　オーストラリアにおけるボルドー・ブレンドの最高傑作であるこのワインは、しっかりした構造、黒果実、桑の実、プラムの強烈な凝縮された風味を持つが、それらは、痩せた水捌けの良い鉄鉱石の砂礫層という土壌、その上での抑えた収量、乾式農法などの産物である。またその比類なきタンニンのきめの細かさは、スコット・ヘンリー（人名）整枝法、ワイナリーでの最小限に控えた人為的操作などから生まれるものである。その醸造法は、木と果実の素晴らしい統一感に良く表現されている。熟成とともに、そのワインは暖かい土、タバコ、瀝青などの複雑な風味を紐解いていく。

　気象観測記録の残る126年間で最も乾燥していた2001年は、素晴らしいワインを多く生み出したが、とりわけカベルネ・ソーヴィニョンの出来が良く、そのためこの年は、カベルネ・フラン、マルベック、あるいはプティ・ヴェルドは加えていない。2001ヴィンテージから一部スクリュー・キャップに変わったが、そのヴィンテージからの最大の変化は、2003年にダイアナ・カレンが他界したことにより、彼女の業績を讃えるために、ボトルの名称を、ダイアナ・マドリーン・カベルネ・ソーヴィニョン・メルロとしたことである。**SA**

飲み頃：2025年まで

カレンの葡萄畑では、ビオディナミが実践されている。

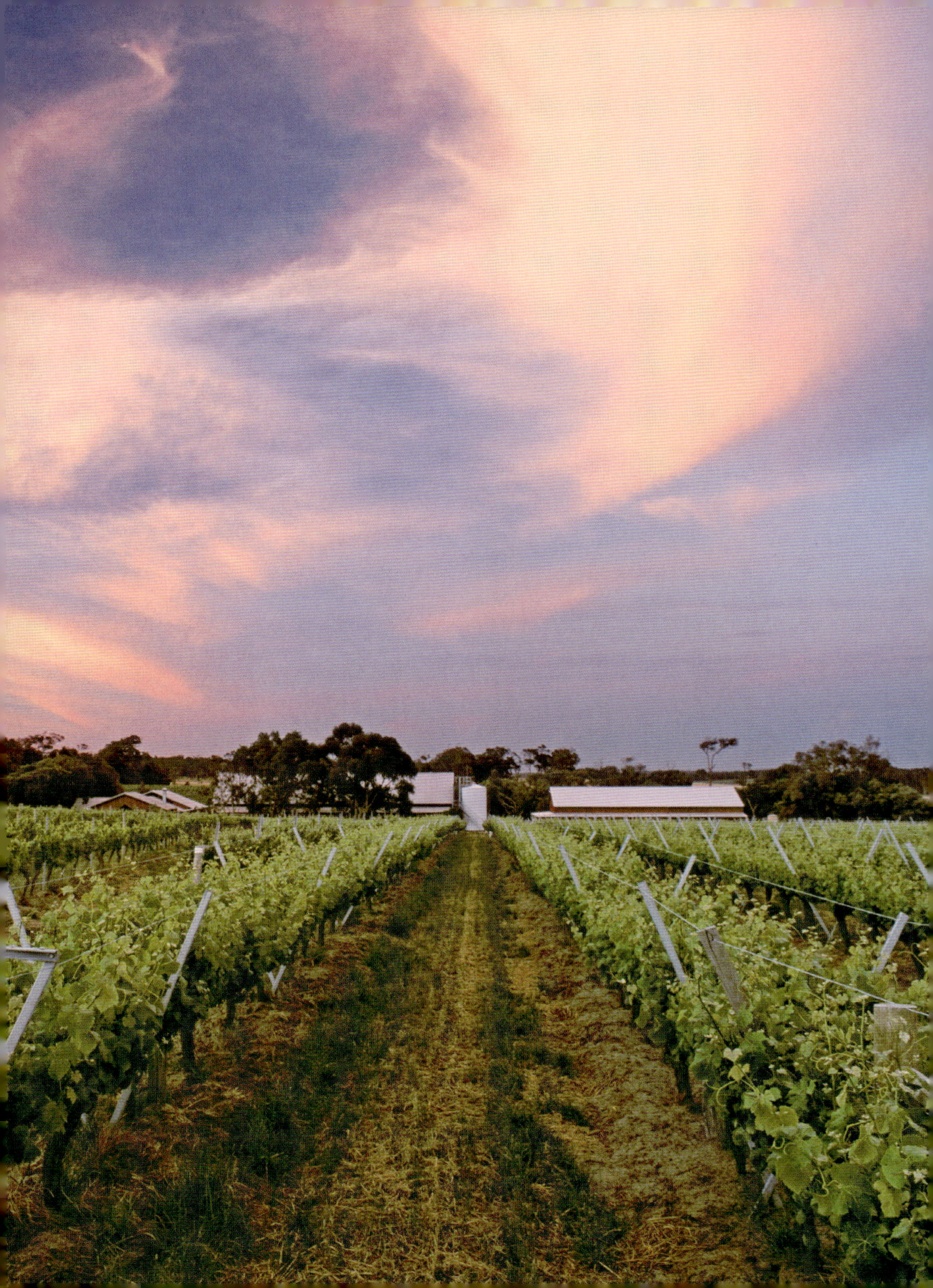

CVNE *Real de Asúa Rioja Reserva* 1994
CVNE　レアル・デ・アスア・リオハ・レセルヴァ 1994

産地　スペイン、リオハ
特徴　赤・辛口：アルコール度数13度
葡萄品種　テンプラニーリョ95％、グラシアーノ5％

　1879年に創設されたコンパーニャ・ヴィニコラ・デル・ノルテ・デ・エスパーニャ、略してCVNE、あるいはクネは、インペリアル、ヴィーニャ・レアル、コンティーノなどのラインナップを持っている。レアル・デ・アスアは非常に作柄の良かった1994年に生まれたブレンドであるが、それを造ろうという考えは、歴代のクネのワインメーカーの間で受け継がれてきた。レアル・デ・アスアというのは、クネの2人の創立者兄弟の名前である。彼らが最初に取得した葡萄畑の1つが、ヴィラルバで、ハロ市の北西5kmほど、リオハ・アラヴェサの中心に位置している。この新しいワインは、主にそのヴィラルバの古木からの葡萄を使っている。畑は海抜540mの場所にあり、主にインペリアル・ブレンドに使われている。

　ハロ駅の隣にあるクネ・ワイナリーは、中央に中庭があり、その周りを19世紀に建てられたワイン製造所、熟成蔵、壜詰め工場などの建物が取り囲み、歴史を感じさせる佇まいである。レアル・デ・アスアはまさにこの発祥の地で醸造される。葡萄は手摘みされ、一度冷蔵庫で冷やされた後、選果される。最終的に破砕された葡萄は、小さなオーク製のタンクで発酵させられる。次に、後発酵のためにフランス産オークの大樽に入れられるが、移動は重力の作用を利用して行われる。

　レアル・デ・アスアは現代リオハの最前線を行くワインである。大きくフル・ボディで、色は濃く、骨格は非常にしっかりしており、落ち着くのに10年以上はかかると思われるタンニンを持っている。最近のヴィンテージはフランス産オーク樽をさらに多く使っているため、より深く成熟し、丸みを帯びてくるものと思われる。このワインは、いまアメリカ市場で非常に高い人気を博している。**SG**

🍷🍷🍷　飲み頃：2014年過ぎまで

追加推薦情報
その他の偉大なヴィンテージ
1995　・　1996　・　1999　・　2000
CVNEのその他の赤ワイン
CVNEクリアンサ、CVNEレセルヴァ、コンティーノ・レセルヴァ、ヴィーニャ・デル・オリヴォ、ヴィーニャ・レアル・グラン・レセルヴァ

19世紀に造られたCVNEのワイナリーには、当時からのヴィンテージが多く保管されている。

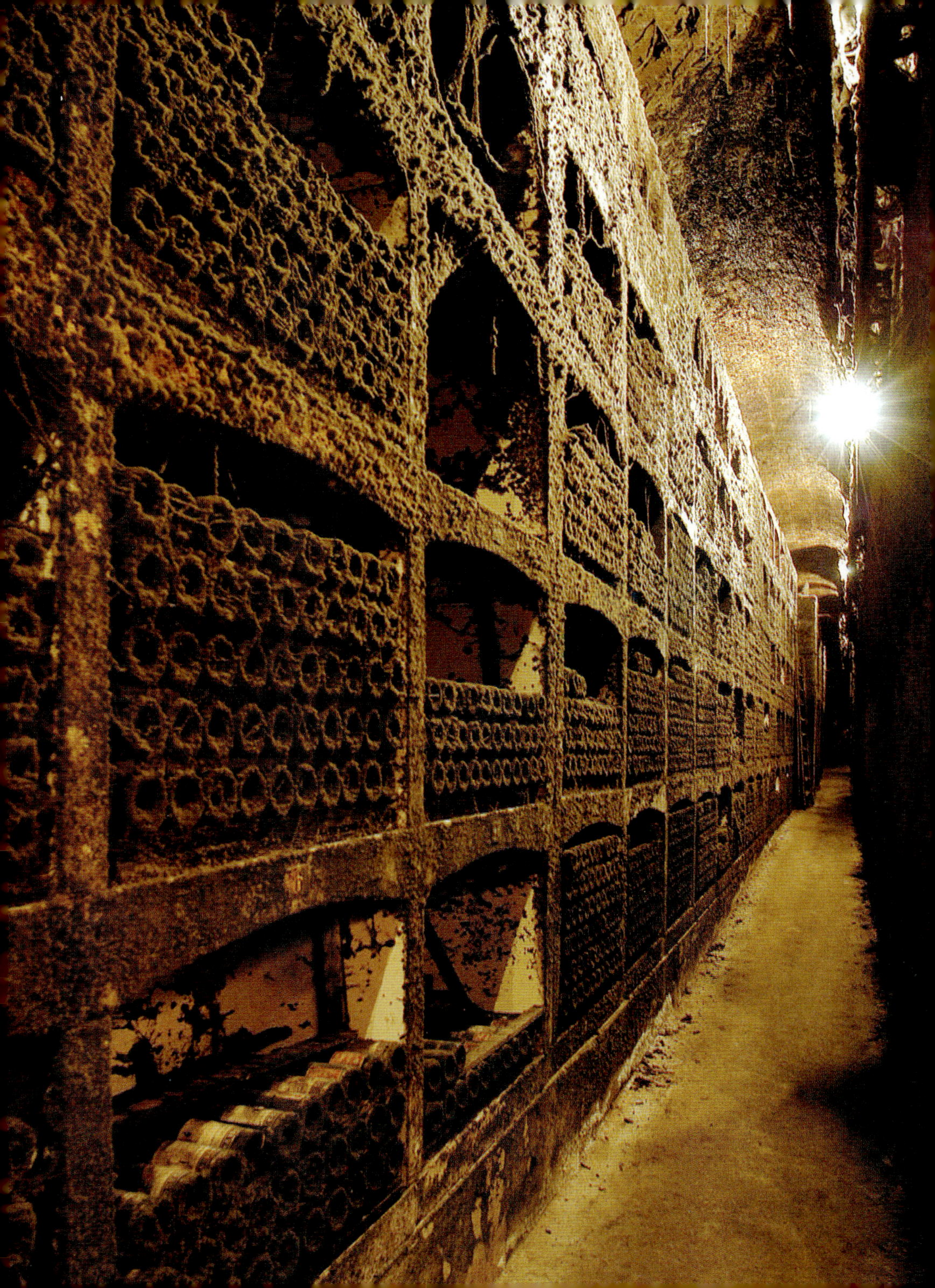

Romano Dal Forno
Amarone della Valpolicella 1985
ロマーノ・ダル・フォルノ
アマローネ・デラ・ヴァルポリチェッラ 1985

産地 イタリア、ヴェネト、イッラージ
特徴 赤・辛口：アルコール度数15度
葡萄品種 コルヴィーナ、ロンディネッラ、オゼレータ

　イッラージ・ヴァレーはヴェローナの東約25kmに位置し、ヴァルポリチェッラDOCとソアヴェDOCの東側の境界を成している。そこが、ネグラールやフマーネといった有名な村が名を連ねるヴァルポリチェッラ・クラッシコの一部に含まれると見なされたことは一度もなかった。
　ロマーノ・ダル・フォルノは1957年、3世代以上にわたって葡萄栽培を続ける家に生まれた。ロマーノの運命は、彼を違った方向へと導くあの出会いがなかったら、他の何千という葡萄栽培家の運命と同じものだったろう。若きダル・フォルノが、当時すでにヴァルポリチェッラの帝王と見なされていたジュゼッペ・クインタレッリに会ったのは1979年のことだった。クインタレッリは、地元の品種を使い、自分たちの方法でワイン造りをしている数少ない生産者を率いていた。ロマーノにとってクインタレッリとの出会いは、まさに神の啓示のようなものだった。すなわち高品質のヴァルポリチェッラが、ダル・フォルノの手の届くところに来ていたのである。
　高い植密度の葡萄畑、低収量、長い熟成、これらの組み合わせから生まれるロマーノのワインは、ヘラクレスのような強靭なワインである。自然な酸が全体を引き締め、バランスよくまとめている。ロマーノ・ダル・フォルノの一大叙事詩である1985アマローネは、これからも複雑さ、構造、長寿の目指すべき到達点として燦然と輝き続けるだろう。**MP**
🍷🍷🍷🍷　飲み頃：2010年過ぎまで。

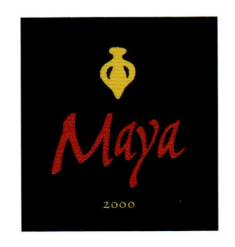

Dalla Valle
Maya 2000
ダラ・ヴァール
マヤ 2000

産地 アメリカ、カリフォルニア、ナパ・ヴァレー
特徴 赤・辛口：アルコール度数14度
葡萄品種 カベルネ・ソーヴィニヨン65％、カベルネ・フラン35％

　グスタフ・ダラ・ヴァールは、引退を契機に妻ナオコとナパ・ヴァレーに住むことにした。1982年、彼らはオークヴィルのすぐ東の丘に小さな土地を見つけた。その土地は石の多い、火山性の土壌で、畑は降霧線のすぐ上にあり、暖かい微気象を享受している。グスタフ亡きあと、ナオコが経営を行っている。
　2種類のワインが造られていて、1つは、カベルネ・ソーヴィニョンに10％ほどカベルネ・フランをブレンドしたもの、もう1つがマヤで、カベルネ・フランはかなり多くブレンドされている。マヤはそのフレーヴァーのずば抜けた深さで、ダラ・ヴァーノの評価を不動のものにしている。初期のマヤは、タンニンが強すぎると批判されたこともあったが、現在はすごく調和が取れている。若い時のマヤはやや謹厳すぎるように感じられるかもしれないが、それは現在ナパ・ヴァールを覆っているように見える、大柄で濃密な、アルコール度数の高いワインとは一歩隔てた所にいる。
　2000ヴィンテージは濃密なチョコレートのアロマがあり、それに75％の新樽比率のフランス産オークが完璧に調和している。非常に芳醇で、艶麗であるが、しっかりしたタンニンが背骨を作り、カベルネ・フランを35％使っていることを領かせる新鮮なあとくちがある。そのバランスの良い洗練されたワインは、難なく長期熟成に耐えるであろう。**SBr**
🍷🍷🍷🍷　飲み頃：2022年まで

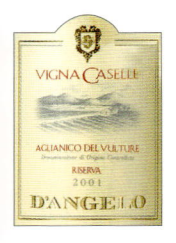

D'Angelo
Aglianico del Vulture Riserva Vigna Caselle 2001

ダンジェロ
アリアニコ・デル・ヴルトゥーレ・リゼルヴァ・ヴィーニャ・カセッレ 2001

産地 イタリア、バジリカータ
特徴 赤・辛口：アルコール度数13度
葡萄品種 アリアニコ

　カーサ・ヴィニコラ・ダンジェロの本部は、ヴルトゥーレDOCの丘の上、リオネーロにある。それは現在のオーナー、ドナート・ダンジェロの祖父によって1950年に創設された。

　アリアニコは、南イタリアの赤葡萄品種の中で最も有望で、やりがいのある品種であろう。様々な地域で生育しているが、カンパーニャ（特にイルピニア地区）とバジリカータのヴルトゥーレ山が最も優れているようだ。また標高の高い場所のほうが良いパフォーマンスを発揮するようだ。イルピニアとヴルトゥーレの葡萄畑の平均標高は350mだが、それほど急な斜面が必要というわけではない。ヴルトゥーレDOCのヴェノーザ周辺は、標高400mの台地で、ここで育つアリアニコは、たとえそれが大柄で、肉感的な、豊満なワインを生み出すとしても、どれも等しく素晴らしい。

　リゼルヴァ・ヴィーニャ・カセッレは、伝統的なアリアニコ・デル・ヴルトゥーレの完璧な実例である。色は中庸の濃さのルビー・レッドで、甘酸っぱいチェリー、スパイスの香りがし、魅惑的な上等のタバコの微香もある。口に含むと、重量感はないが、精妙で、良く熟成させられており、その余韻の長さは、記憶に残る。**AS**

$ $　飲み頃：2012年まで

D'Arenberg
Dead Arm Shiraz 2003

ダーレンベルグ
デッド・アーム・シラーズ 2003

産地 オーストラリア、南オーストラリア、マクラーレン・ヴェイル
特徴 赤・辛口：アルコール度数14.5度
葡萄品種 シラーズ

　ジョゼフ・オズボーンが、すでに十分基礎の出来上がっていたミルトン・ヴィンヤードを買ったのは1912年のことだった。その畑は現在のマクラーレン・ヴェイルのグロスターとベルヴューの町のすぐ北側の丘にある。その後、ジョゼフの孫であるフランシス・ダーレンベルグ（いつもダリーと呼ばれている）が、病気の父親を手伝うために16歳で学校を辞め、農場に戻ってきたのが1943年であった。1957年、ダーレンベルグは農場の経営を全面的に引き受け、1969年のロイヤル・メルボルン・ワイン・ショーでのジミー・ワトソン・トロフィーの受賞を始めとした、オーストラリアの主要なワイン・ショーで相次ぐ成功を収め、彼はオーストラリアで最も重要な醸造家の1人と見なされるようになった。

　デッド・アーム・シラーズは「死んだ腕のシラーズ」という不吉な名前にもかかわらず、ダーレンベルグの主力ワインである。名前の由来は、ダーレンベルグ畑の古木がEutypa Lataという菌に犯されたとき、その菌によって徐々に腐らされていた枝を切り落としたところ、残った枝に素晴らしく凝縮された風味の強い果実が実り、その実から大評判のワインが生まれたことに由来する。

　デッド・アーム・シラーズは熟したプラムやカシスの風味を持ち、非常に凝縮され、焦げたアメリカン・オークのフレーヴァーがある。このワインは、豪華で大胆な、濃くのある料理、特にオーブンで焼いた肉や野菜、シチュー、キャセロール料理と飲むのに最適である。**SG**

$ $ $ $ $ $ $ $　飲み頃：2010年過ぎまで

De Trafford
Elevation 393 2003

ド・トラフォード
エレヴェーション393 2003

産地 南アフリカ、ステレンボッシュ
特徴 赤・辛口：アルコール度数14.8度
葡萄品種 C・ソーヴィニョン42％、メルロ33％、その他25％

このワインの名前は、ステレンボッシュとヘルダーベルグの間の深い渓谷を望む家庭的なモン・フルール葡萄畑の標高を表している。それはまた、建築学的意味も持っており、ラベルを良く見ると、そこにはワイナリーの北と西の立面図（エレヴェーション）が描かれている。

物静かなデヴィッド・トラフォードは、実際プロの建築家であり、また信念を持ったワイン醸造家（兼ラベル・デザイナー）である。彼は公式な認定章を持たないケープの新しい世代のワイン生産者としては、今最も輝いている人物といえる。認定章を持たないことは、国際的評価を上げるのに少しも障害にならず、特にアメリカでは、このワインと、もう1つの素晴らしいシラーズで、高い評価を得ている。

ボルドー・スタイルのブレンドにシラーを入れることによって、エレヴェーション303は、主にステレンボッシュのヘルダーベルグ地区から生まれている、この地の伝統、地域的特殊性をヨーロッパの古典的権威と結合させようとしている少数の野心的な生産者の1人と目されている。最近の最上のヴィンテージの1つである2003は、上質な果実味と、濃く、しなやかなタンニンが、このワインが長期熟成の中でどんどん進化していくことを示唆している。完熟した素直な力強さ、重い質感の芳醇さ、贅沢なフランス産オークの香り、これらの中にも、このワインは現代的な性格も表現している。そしてあくまでも自然なワイン造りが、それらを完結させている。**TJ**

⑤⑤⑤　飲み頃：2011年過ぎまで

DeLille Cellars
Chaleur Estate 2005

デリール・セラーズ
シャルール・エステート 2005

産地 アメリカ、ワシントン、ヤキマ・ヴァレー
特徴 赤・辛口：アルコール度数15.2度
葡萄品種 C・ソーヴィニョン、メルロ、C・フラン、プティ・ヴェルド

1992年の契約以来、デリール・セラーズを支える協力農家は一丸となって、素晴らしいワイン──セラーズの設立者であるクリス・アップチャーチが望む力強いワイン──を生み出すことに専心している。彼以外のワインメーカー単一品種ワインに目を向けていたとき、彼はブレンドされた葡萄の相互作用に向けていた。しかし彼のいうブレンドとは、品種のブレンドではなく、異なった畑のブレンドである。シャルール・エステートは基本的に温暖な気候のレッド・マウンテン・ワインであるが、アップチャーチは、この地のカベルネ・ソーヴィニョンの良く成熟しているがタンニンが強いという性格を和らげるため、冷涼な気候のブーシェイ・ヴィンヤードのメルロをブレンドして調和させている。カベルネ・フランはアロマの複雑さを加え、プティ・ヴェルドがすべてを高める、とアップチャーチは言う。これは凝縮された調和ともいうべきワインである。

シャルール・エステートは通常100％フランス産オークの小樽で、18ヵ月熟成させ、自然な澄明感と新鮮なスパイスを際立たせる。清澄化は行うがろ過は決してしない。2005ヴィンテージは、ワシントン州では過去10年で最も良いヴィンテージであったが、シャルール・エステート2005は、若い時でさえ継ぎ目のない構造をしており、果実味の華やかな高音の響きの奥に、精妙な凝縮されたハーブのニュアンスがあり、黒果実、ミネラルの微香もある。交響曲のような余韻が長く続く。**LGr**

⑤⑤⑤　飲み頃：2017年過ぎまで

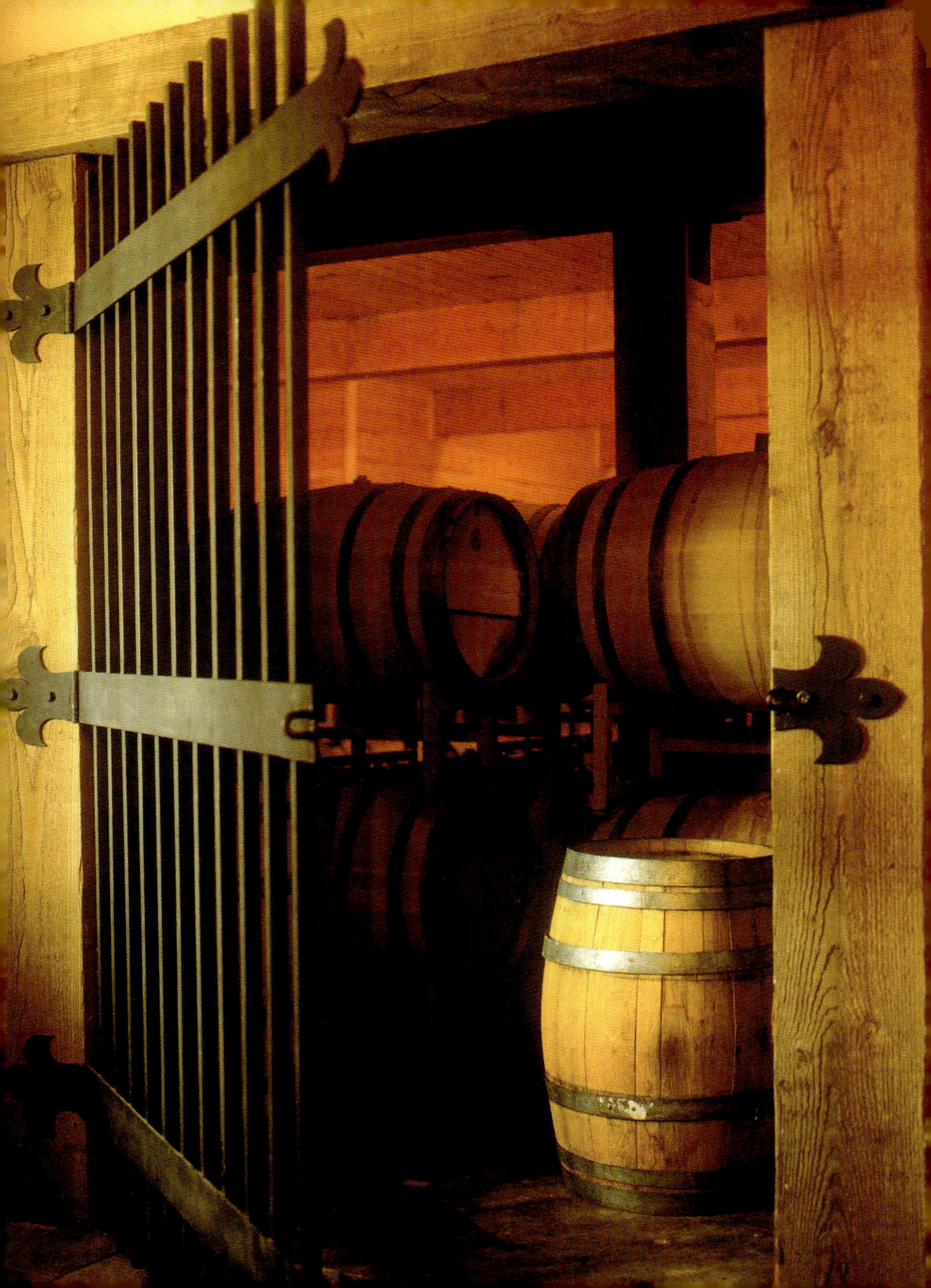

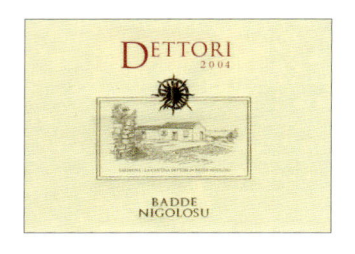

Azienda Agricola Dettori
Cannonau Dettori Romangia 2004
アジェンダ・アグリコーラ・デットーリ
カンノナウ・デットーリ・ロマンジア 2004

産地 イタリア、サルデーニャ
特徴 赤・辛口：アルコール度数17.5度
葡萄品種 カンノナウ（グルナッシュ）

　地理的に孤立していることもあって、サルデーニャの岩だらけの丘は、過去2000年間にわたってほとんど発展していないことを自他共に認めている。人口の少ない、乾燥した内陸部は農業中心の社会で、そこに住む人々は昔ながらの伝統的な生活に誇りを持って暮らしている。アレッサンドロは彼の偉大なワインにデットーリという名を付けているが、そこにはこのヨーロッパの辺境の島のワイン造りを支えてきた先祖に対する尊敬の念がこめられている。

　このワインのために、平均樹齢100歳を超える古代の低木種カンノナウが、海岸から4kmしか離れていないサルデーニャの北西の石灰質の畑で、灌漑せずに育てられている。焦がすような日差しと絞り込まれた収量は、葡萄を信じられないほど成熟させ、自生の酵母でさえそれを辛口にまで発酵させるためには必死で闘わねばならないくらいである。

　このワインの秘密を解き明かすことができるであろう質問が2つある。どのようにしてこの葡萄は酸を失うことなしにここまで糖度を上げることができるのか？そして、酵母はどのようにしてこの壊れやすい酸を駄目にせずに、18度近くまでアルコール度数を高めることができるのか？デットーリは先史の謎であり、ワインの起源を我々に教えてくれる。そして我々がいかに飼い慣らそうとしても、母なる大地はそれ自身であり続けることを伝えている。**MP**

ⓈⓈⓈⓈ　飲み頃：リリース後5年めまで

Diamond Creek Vineyards
Gravelly Meadow 1978
ダイアモンド・クリーク・ヴィンヤーズ
グレイヴリー・メドゥ 1978

産地 アメリカ、カリフォルニア、ナパ・ヴァレー
特徴 赤・辛口：アルコール度数13.5度
葡萄品種 C・ソーヴィニヨン88%、C・フラン6%、メルロ6%

　1968年、故アル・ブロウンスタインが葡萄苗を植えるため、28haのダイアモンド・マウンテン・ヴィンヤードを整地し始めたとき、彼はダイアモンド・クリークには様々な土地があり、土壌のタイプも日照も違うことに気づいていた。先史時代川底であった2haの比較的平坦な土地に、グレイヴリー・メドゥ葡萄畑がある。畑は東向きで、ダイアモンド・クリークでは2番目に気温の低い畑である。

　ダイアモンド・クリークから生まれるワインは、すべて力強い骨格を持ち、タンニンが非常に強烈である。しかし1990年からのワインは、わずかに飲みやすくなっている。とはいえ、それらがしっかりした、山育ちのワインであることに変わりなく、歌いだすまでには10～12年の堰熟が必要である。

　1976、1977と、早魃にたたられた不運なヴィンテージの後、次のヴィンテージは、冬に多量の雨が降り、春は霜がぜんぜん降りなかった。続く夏は、何回か暑い日照りがあったが、全般に温暖であった。その年初めて、レイク・ヴィンヤードからの葡萄が、グレイヴリー・メドゥにブレンドされなかった。レイクの葡萄が完全に熟しきれなかったためであるが、そのせいか、グレイヴリー・メドゥ1978はより肉付きが良く、豊満であった。木製の開放型発酵槽を使い戸外で発酵させ、フランス産オーク小樽で熟成させたが、そのワインは単一葡萄畑からの、1ヴィンテージだけの、1度限りのワインとなった。**LGr**

ⓈⓈⓈⓈ　飲み頃：2010年まで

グレイヴリー・メドゥ葡萄畑は、先史時代の川底にある。

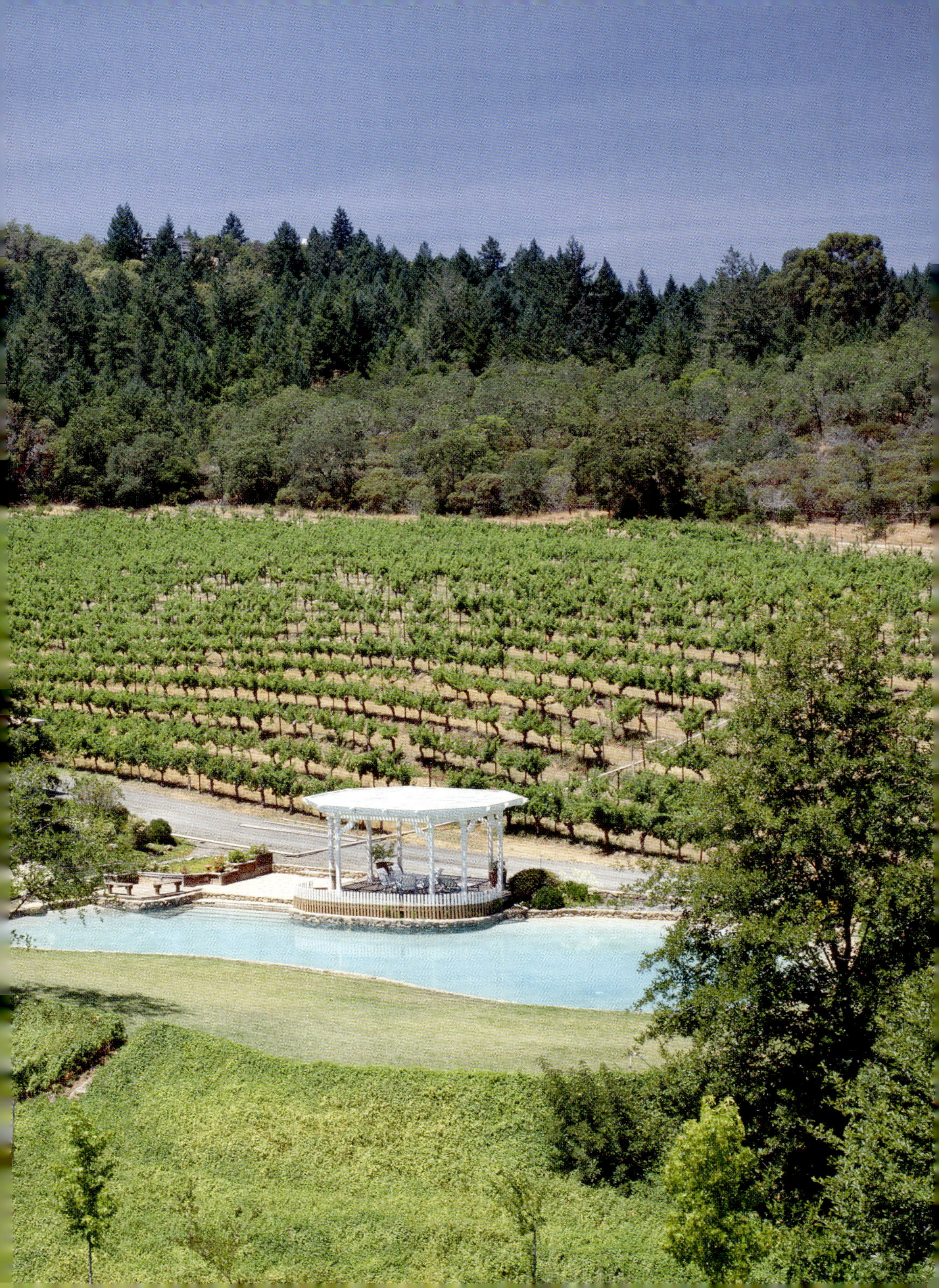

Domaine A
Cabernet Sauvignon 2000
ドメーヌA
カベルネ・ソーヴィニョン 2000

産地 オーストラリア、タスマニア、コール・リヴァー
特徴 赤・辛口：アルコール度数13.5度
葡萄品種 C・ソーヴィニョン、メルロ、プティ・ヴェルド、C・フラン

　ドメーヌAはホバートから車で30分ほど行った、タスマニア南部の美しいコール・リヴァー・ヴァレーにある20haの畑である。1973年に最初の葡萄樹が植えられ、1989年に現オーナーであるピーターとルースのアルサウス夫妻が購入した。コール・リヴァーは冷涼な気候であるが、成長期の間、乾いた北風がたびたび谷を通過するので、葡萄は十分成熟できると、アルサウス夫妻は考えた。
　カベルネ・ソーヴィニョンはドメーヌAのフラッグシップ・ワインであり、間違いなくタスマニアで1番のカベルネである。2番手のストーンニー・ヴィンヤードは毎年生産されるが、ドメーヌAは、その水準に到達できると考えられるヴィンテージにだけ生産される。
　カベルネ・ソーヴィニョン2000は、古典的なボルドー・スタイルで、カベルネ・ソーヴィニョン、メルロ、プティ・ヴェルド、カベルネ・フランをブレンドし、新樽比率100％のフランス産オーク樽で、24ヵ月熟成させた。その間ワインは8回澱引きされ、ろ過せずに壜詰めされた。その後ドメーヌAのセラーで12ヵ月壜熟した後、2004年の9月に市場に出された。真紅色で、黒いチェリーの縁取りがあり、カシス、赤果実のカベルネ・ソーヴィニョンらしいアロマを発し、葉の茂ったシソのような、どこかクナワラを感じさせる微香もある。**SG**
😊😊😊　飲み頃：2010年過ぎまで

Domaine de l'A
2001
ドメーヌ・ド・ラ
2001

産地 フランス、ボルドー、コート・ド・カスティヨン
特徴 赤・辛口：アルコール度数13度
葡萄品種 メルロ、カベルネ・フラン、C・ソーヴィニョン

　ステファン・デュルノンクールは1999年にドメーヌ・ド・ラを手に入れるとすぐに、1本当たりの負荷を減らして、低収量と葡萄樹数のバランスを取るため、妻のクリスティーヌとともに植密度を6,000本／haまで増やした。現在葡萄樹の平均樹齢は35歳である。
　その畑は、サンテミリオンのすぐ隣の村、サンテ・コローム村を流れるドルドーニュ川の河岸の斜面に広がっている。土壌の大半は石灰質粘土であるが、フロンサックの土壌と同じだと言う人もいる。ここでは刈り込みから収穫まで、すべてを手作業で行う。セラーでは、ステファンはミニマリストである。ワインの澱引きは1度しか行われず、清澄化はけっして行わない。
　ステファン・デュルノンクールは人為的に作られたような、または過剰な抽出を行ったようなワインをけっして誉めない。抑制された控え目なワインを望むが、それは彼の性格そのものである。驚くことではないが、彼はまた2001のような古典的な、見過ごされやすいヴィンテージのほうを、2000や2003、あるいは2005のような新世界的な華やかなヴィンテージよりも好む。ドメーヌ・ド・ラ2001は、彼の好みの象徴であり、優雅さとバランスと飲みやすさの典型のようなワインである。**JP**
😊😊😊　飲み頃：2018年まで

Red wines

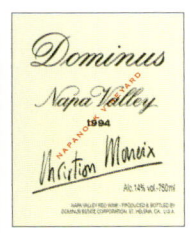

Dominus
1994

ドミナス
1994

産地 アメリカ、カリフォルニア、ナパ・ヴァレー
特徴 赤・辛口：アルコール度数14度
葡萄品種 C・ソーヴィニヨン、メルロ、C・フラン、プティ・ヴェルド

　ペトリュスのオーナーであり、他にもボルドーの特級畑をいくつか所有しているクリスチャン・ムエックスが、ナパ・ヴァレーとそのワインに恋をし始めたのは、1968年から1969年にかけて、彼がカリフォルニア大学デイヴィス校で醸造学を学んでいる時だった。理想の畑地を何年もかけて探し求めた後、1982年、彼はこの地でジョイント・ヴェンチャーを立ち上げた。相手は、カリフォルニア、ヨーウントビルの有名なナパヌック葡萄畑からイングルヌック・カスク・セレクションを出したジョン・ダニエルの2人の娘、ロビン・レイルとマルシア・スミスであった。

　ドミナスの最初のヴィンテージは1983年で、先駆者的なオーパス・ワンのボルドー・ナパ・コラボレーションの4年後であった。ドミナス1994は、クリスチャン・ムエックスが単独で造った最初のヴィンテージであった。ロバート・パーカーはその1994に99点をつけた。

　ドミナスの初期のヴィンテージでは、ラベルに毎年違った画家によって描かれるクリスチャン・ムエックスの肖像画が描かれている。最も個性的なのが、1988年のピーター・ブレイクによるラベルだろう。1991年からは、画家によるラベル・シリーズにかわってボルドー風のラベルになった。ドミナス・ワイナリーを設計したのは、ロンドンのテート・モダンを設計したスイスの建築家、ヘルツォーク＆ド・ムーロンである。とはいえ、そのワイナリーは、ワイン自体が注目に値する。**SG**

🍷🍷🍷　飲み頃：2014年過ぎまで

Domaine Drouhin
Oregon Pinot Noir Cuvée Laurène 2002

ドメーヌ・ドルーアン
オレゴン・ピノ・ノワール・キュヴェ・ローレン 2002

産地 アメリカ、オレゴン、ウィラメット・ヴァレー
特徴 赤・辛口：アルコール度数13.5度
葡萄品種 ピノ・ノワール

　キュヴェ・ローレンは、当初ワイナリー・ブレンド・ワインであった。その場所の性質、特殊性、その土地が生み出すワインの個性、このようなものを正確に把握するには、何年も、あるいは何世代もかかるため、実際、最初はそうならざるを得ない。

　ヴェロニク・ドルーアンには、何世代にもわたって培われてきた畑の性質を理解する一家の伝統的能力がある。ドメーヌ・ドルーアンがオレゴンにエステートを創設したとき、そして畑を買い足していくとき、彼らは従来のオレゴンの方法とは違う方法を用いた。最初のクローンは、ピノ種の自根のポマール（UCD5）とヴァーデンスヴィル（UCD2A）であったが、彼らはそれを他の畑よりも高い植密度で植えた。さらに彼らはクローンを、ディジョン大学で開発された寒い地域用の115や777に換え、それらをフィロキセラに対して耐性のある台木に接木した。

　これらの方法と厳しい選果が、キュヴェ・ローレンの凝縮感と複雑さをいくらか説明しているだろう。ワインは果皮の上に4〜5日置いておき、その後圧搾する。最終ブレンドには、プレス・ワインは最大で2％しか含まれない。2002ヴィンテージは、比較的安定した気候だったが、昼間の暑さと、夜の冷え込みが特徴的で、その結果、優美な質感、しっかりした骨格、森の果実と甘草のフレーヴァーが溢れる躍動的なキュヴェ・ローレンとなった。**LGr**

🍷🍷🍷　飲み頃：2115年まで

Joseph Drouhin 1204

24/09	1081	17
25/09	1083	17
26/09	1083	17
27/09	1082 CH?	17
	1080	12
28/09	1087	18
	1096	17
29/09	1094	17
	1085	1
	CH	

Domaine Joseph Drouhin
Musigny Grand Cru 1978

ドメーヌ・ジョセフ・ドルーアン
ミュジニィ・グラン・クリュ 1978

産地　フランス、ブルゴーニュ、コート・ド・ニュイ
特徴　赤・辛口：アルコール度数12.5度
葡萄品種　ピノ・ノワール

ジョセフ・ドルーアンは、このドメーヌの名前の由来となる1880年の創立者であるが、現在のドメーヌ・ジョセフ・ドルーアンの基礎を築いたのは、1957年に弱冠24歳でドメーヌを継承したロバート・ドルーアンであった。質を高めるための彼の戦略は、多岐にわたっていた。肥料を制限し、化学薬品の使用を大幅に削減し、収量を抑えた。しかしもっと大きなことは、シャンベルタン・クロ・ド・ベーズやボンヌ・マール、ミュジニィの畑を買ったことである。

1973年、彼はまた、ブルゴーニュで最初の女性醸造家——ローレンス・ジョバール——を雇った。彼女は味覚の確かさ、判断の正確さ、経験の豊富さで彼を驚かせた。その彼女が、元々はフランス国王のために造られたブルゴーニュ公爵の豪壮なシャトーの下の、この堂々としたゴシック様式のセラーで造ったワインが、これである。

ヴォーヌから北へ向い、グラン・エシュゾーとクロ・ヴージョを過ぎたあたり、シャンボール村のすぐ手前に、まるで日光浴をしながら下の平原を見下ろしているかのような小さな高台がある。土壌は軽めで、ちいさな玉石が散らばっている。ここがミュジニィで、かくも純粋なワインの故郷である。若い時、チェリーとスミレのアロマが支配しているが、時が経つにつれ、本当のフレーヴァーが現れてくる。洗練されていて、精妙で、枯葉、東洋の香木、さらには革の微香さえする。口に含むと、比類なきフィネス、ハーモニー、優雅さが感じられる。最上の時、それは世界中で最も純粋にピノ・ノワールを表現する。それはヴェルヴェットの手袋に包まれた鋼鉄の拳である。1978年はブルゴーニュ全体にとって忘れられぬ年であった。ミュジニィ1999は全部で220ケースしか造られなかった。このボトルをセラーから取り出してくることができる人はとても幸せな人である。**JP**

🍷🍷🍷🍷　飲み頃：2020年まで

Pierre-Jacques Druet
Bourgueil Vaumoreau 1989

ピエール・ジャック・ドリュエ
ブルグイユ・ヴォーモロー 1989

産地　フランス、ロワール、トゥーレーヌ
特徴　赤・辛口：アルコール度数13度
葡萄品種　カベルネ・フラン

ピエール・ジャック・ドリュエは自ら新しくエステートを創設した一代目である。シノンとブルグイユの両方の畑からの葡萄を使っているが、彼の評価を一躍高めに押し上げたのは、ブルグイユである。多くの者が、そのワインはこのアペラシオンで最上のものであると認めている。ブロワとトゥールズの間に位置する小さな町モンリシャールのネゴシアンの息子であるドリュエは、ボーヌ、モンペリエ、ボルドーと各地で栽培と醸造を学んだ。自分のワインを生み出す前奏曲として、ワイン製造機器の販売をやり、ついでボルドーで輸出業を営んだ。満を持して自分自身のワインを世に送り出したのは、1980年、ソーミュールとトゥールズの間のロワール川、ブネからであった。

彼はシノンも数種出しているが、ブルグイユの16haの畑から4種類のキュヴェを造っている。最高級ワインがグラン・モンとヴォーモローであるが、その下のル・サン・ボワスリーと、ヴォーべも、やや軽めであるが、優れたワインである（決して軽いワインではない）。フラッグシップ・ワインであるヴォーモローは、1910年に植えられた低収量のカベルネ・フランから造られる。ドリュエは時々色を抽出するために発酵前に果醪を温めることがあるが、ヴィンテージとキュヴェを見ながら、醸造法の一部を臨機応変に修正している。ヴォーモローは壜詰め前に、2～3年木樽で熟成させられる。

間違いのないように言っておくが、これらのワインは非常に真剣なワインで、飲み手の側に忍耐を要求する。しかしその忍耐は、特に良い年のものは、複雑さ、強烈さ、フィネスによって必ず報われる。1989年の成長期、ロワールは暑く乾燥して葡萄は十分完熟し、酸とタンニンのバランスも申し分ない。ドリュエ1989は力強いワインで、ブラック・ベリー、スミレのアロマとフレーヴァーが立ち上がり、その下を土味が支えている。フィニッシュは新鮮で、ハーブとチョコレートの余韻が残る。**JW**

🍷🍷🍷🍷　飲み頃：2014年まで

← ドルーアンのチョークボードには、タンク内の発酵の進み具合が記録されている。

Dry River *Pinot Noir* 2001
ドライ・リヴァー　ピノ・ノワール 2001

産地 ニュージーランド、マルティンボロ
特徴 赤・辛口：アルコール度数13度
葡萄品種 ピノ・ノワール

　ニュージーランドのブルゴーニュ風ピノ・ノワールの大半が、この小さなマルティンボロ地区で造られているだろう。ここには多くの優れた生産者が揃っているが、最も有名なのがドライ・リヴァーである。そのピノは、多くのヴィンテージで、ニュージーランドで最も凝縮されていて、最も長命である。

　他のワインと同様に、このワインにおいても、ニール・マッカラムのワイン造りはすべてのステージで徹底している。最も重要な選択がクローンだが、彼は主に"ポマール"クローンであるクローン5を使っている。それはワインの前面に躍り出てくる果実味を演出する。葡萄畑では、地面に反射板が敷かれ、葡萄の完熟を促進している。またワイナリーでは、全房発酵が行われている。この方法は非常に古くからブルゴーニュに伝わる技法で、より芳醇な味と香りのワインが生まれる。

　ドライ・リヴァー・ピノ・ノワールは若い時、色は非常に濃く、すでに他とは異質のワインという雰囲気を持っている。香りはまだ固く、抑制されていて、口に含むと、切れ味の良い芳醇さと華やかさがある。熟成とともに、腐葉土と、ユーカリのフレーヴァーが発展してくる。酸が高く、タンニンが低い構造をしており、若い時に飲んでも十分味わえるが、10年ほどの熟成にも耐える力は十分持っている。マッカラムは1996ヴィンテージを手にする人に対して次のように警告している。「これは弱い人向きのワインではない。しかしそのために、ピノ・ノワールの本質である優雅さを犠牲にしてもいない。」2004年にウェリントンで行われたピノ・ノワール競技会では、オーストラリア・ワインの帝王ジェームズ・ハリディが2001ヴィンテージのテイスティングの後、こう宣言した。「ドライ・リヴァーはニュージーランド・ピノ・ノワールのポマールだ。」

❸❸❸ 飲み頃：リリースから10年後まで

追加推薦情報
その他の偉大なヴィンテージ
1996・1999・2002・2003
マルティンボロのその他の生産者
アタ・ランギ、クラギー・レンジ、マルティンボロ・ヴィンヤード、パリサー

マルティンボロ、ドライ・リヴァー・ワイナリーの入り口 ➡

DRY RIVER

Duas Quintas *Reserva Especial* 2003
デュアス・キンタス　レセルヴァ・エスペシアル 2003

産地　ポルトガル、ドウロ・ヴァレー
特徴　赤・辛口：アルコール度数14.5度
葡萄品種　トゥーリガ・ナシオナル、ティンタ・バロッカ

1880年にアドリアーノ・ラモス・ピントによって設立されたラモス・ピントは、革新的でユニークな宣伝も奏功して、特に南米市場で好調に売り上げを伸ばした。当時のラモス・ピントは、他のポートのワイン製造会社と同じく、酒精強化しない家庭用のワインを少量生産する一会社に過ぎなかった。

しかし20世紀に入り、ラモス・ピントの当時の会長であったホセ・ラモス・ピント・ローザスとその甥のジョアン・ニコラウ・デ・アルメイダは、ドウロの葡萄品種の研究を始めた。今日使われているような推奨品種をリストアップしたのは彼らの功績であった。

その家族経営の会社は、1990年にシャンパーニュ・ルイ・ロデレールに売却されたが、現在もなお、ジョアン・ニコラウ・デ・アルメイダが指揮を取っている。彼の一家は、ドウロに高品質のテーブル・ワインが生まれる可能性があることを最初に示した家であったが、それは主に彼の父、フェルナンド・ニコラウ・デ・アルメイダの強い影響力によるものだった。そのワインはデュアス・キンタスの名前で売られているが、その意味は2つのエステートからのワインという意味である。たいていはキンタス・エルヴァモイラとボンス・アレスの2つの畑をさしている。

レセルヴァ・エスペシアルは伝統的手法に回帰している。葡萄はリオ・トルト・ヴァレーにあるキンタス・ボン・レティーロとウルチーガの畑に育つ古い品種の混ざったものを使用している。足踏みによる破砕、最低限の除梗など、聖書の時代に帰った感がある。さらにこのヴィンテージでは、新樽の使用比率は低く抑えられている。その結果、豊饒で、ボリューム感のある、美味しく、成熟した、しっかりしたタンニンと骨格を持つ、偉大な未来を約束するワインが生まれた。**GS**

🍷🍷🍷　飲み頃：2024年まで

追加推薦情報
その他の偉大なヴィンテージ
2000・2004
ドウロ・ヴァレーのその他のテーブル・ワイン
クリゼイア、ニーポート・バトゥータ、ニーポート・シャルム、キンタ・ド・クラスト、キンタ・ド・ノヴァル、ロマネイラ

ドウロ・ヴァレーの葡萄畑からは、ポルトだけではなく、美味しいテーブル・ワインも生まれる。

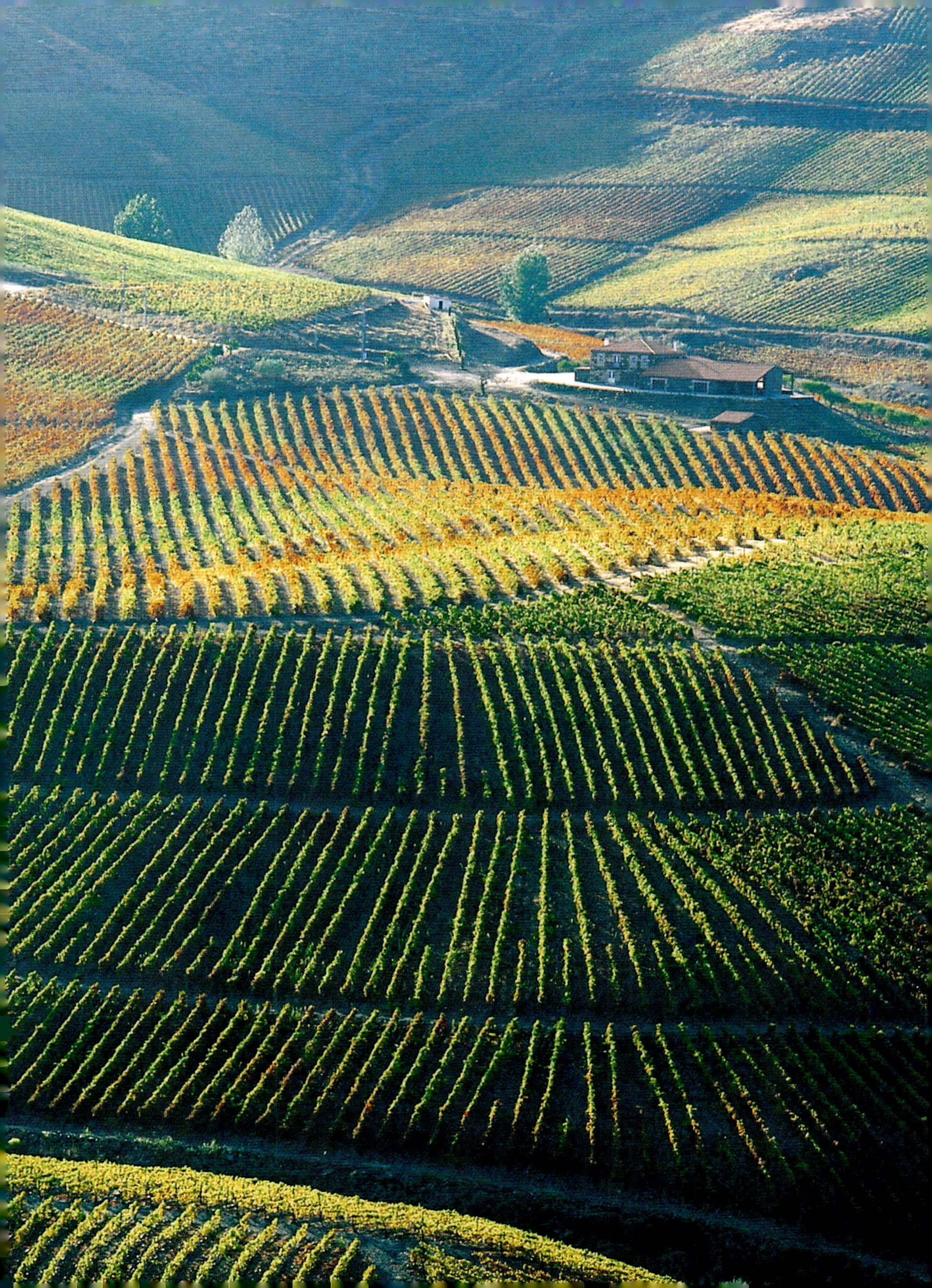

Georges Duboeuf *Fleurie La Madone* 2005
ジョルジュ・デュブッフ　フルーリー・ラ・マドーヌ 2005

産地　フランス、ボジョレ、フルーリー
特徴　赤・辛口：アルコール度数13.5度
葡萄品種　ガメ

ボジョレにある10のクリュ・ワインの中で、フルーリーは愛好者の心を最も強く掴んでいるワインである。その名前はまさに、デュブッフの多くのボジョレのラベルを飾る花飾りを想起させ、若い時、最も魅惑的なボジョレの1つである。

ラ・マドーヌ葡萄畑は、20世紀に入ってまもなく拓かれた畑で、この地域特有の花崗岩の土壌である。畑の真ん中に教会があり、そこに立つ聖母マリアの像は、畑のどこからでも拝むことができる。デュブッフのワインは、平均樹齢50歳のガメが根を張る6haの畑の葡萄から出来ているが、畑の持ち主はロジェ・ダローズで、1955年にラ・マドーヌを購入し、90歳を越えた今でも現役を続けている。デュブッフは30年以上もこのエステートの全キュヴェを購入し、壜詰めしている。

彼らが（そして我々が）手にしているものは、しっかりした構造を持つフルーリー・キュヴェで、8分の1が新樽で熟成させられる。そのワインは、古典的なガメ特有の野生イチゴ、バラの花弁が立ち昇り、ヒマラヤ杉の木立のような香りで微妙に研ぎ澄まされている。口に含むと、熟した紫色の果実が、優しくしっかりしたタンニンの構造に支えられながら、全面的に開花する。多くのクリュ・ボジョレが、たとえ北の隣人であるピノ・ノワールほどには長期熟成に耐えられないにしても、あまりにも早く飲まれすぎているが、このようなワインは、できれば長く置いておきたいワインである。そうすればその生意気な酸は落ち着き、必ずそれに応えてくれるはずだ。たとえ、あえて言うなら、2005がもう十分に熟成し、なめらかさを持っていて、早くそれに出会いたいという誘惑に勝つためには、鉄の意志が必要であったとしても。SW

🍴🍴　飲み頃：2012年まで

追加推薦情報
その他の偉大なヴィンテージ
1999・2000・2001・2003・2004
フルーリーのその他の生産者
ピエール・シェルメット、ミシェル・シニャール、クロ・ド・ラ・ロワーレ、アンドレ・コロン、ギュイ・デパルドン、ドメーヌ・ド・ラ・プレール

フルーリーの葡萄畑を見守るラ・マドーヌのチャペル。

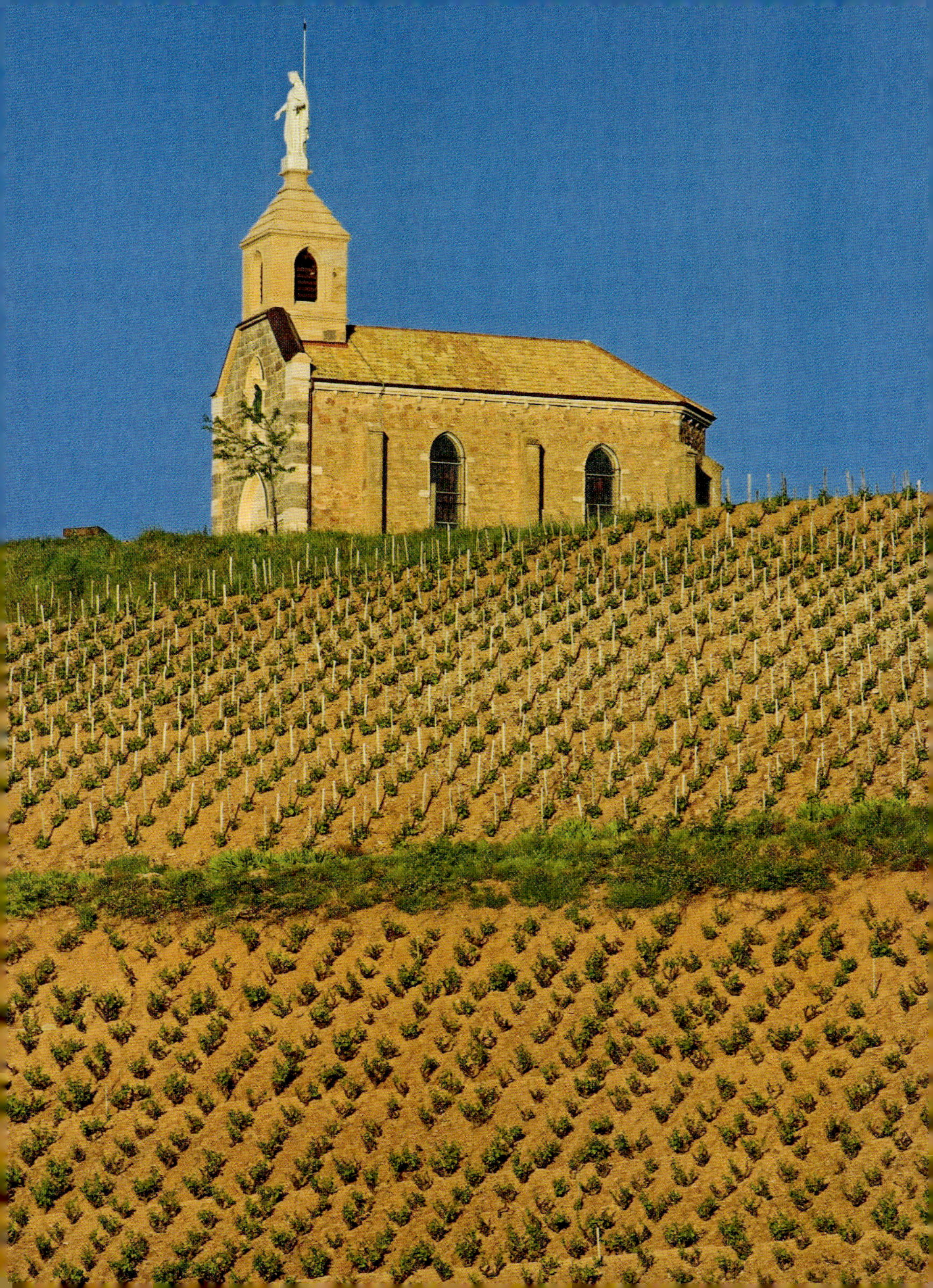

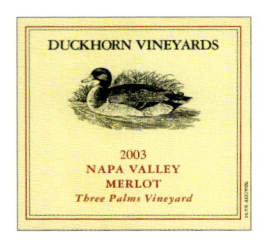

Duckhorn Vineyards
Three Palms Merlot 2003

ダックホーン・ヴィンヤード
スリー・パームズ・メルロ 2003

産地 アメリカ、カリフォルニア、ナパ・ヴァレー
特徴 赤・辛口：アルコール度数14.5度
葡萄品種 メルロ75％、C・ソーヴィニヨン10％、その他15％

　ナパ・ヴァレーのメルロは、1980年代に入ってようやく真価を発揮し始めた。強烈な熟した果実の風味と凝縮感、その下に広がる柔らかな誘惑するような質感、こうしたナパ・メルロの評判は、疑いもなく1979年の最初のヴィンテージから最高品質のメルロだけを造ることに専念してきたダンとマーガレットのダックホーン夫妻が築き上げたものである。33haのスリー・パームズ・ヴィンヤードの名前は、以前その土地の所有者であった19世紀サンフランシスコ社交界の女王の邸宅が取り壊されたとき、そこに残っていたのが3本のパーム・ツリーだったことに由来している。ヴァレーの北東、扇状地の沖積層に位置し、何世紀もかかってダッチ・ヘンリー・キャニオンから洗い流されてきた火成岩に覆われている。1967年にアップトン兄弟（現在ダックホーンの共同経営者となっている）が最初の葡萄樹を植えたが、フィロキセラの害に襲われ、1990〜1999年の間に植え替えが行われた。

　スリー・パームズがエステート・メルロと違う点は、主に強烈さと凝縮感である。リリース直後は容易に気を許さないが3〜4年の壜熟を経ると、成熟の踊り場に達し、その状態がヴィンテージから15年は持続する。2003年は、断続的な厳しい暑さ、急な寒さ、摘果時期を遅らせた8、9月の低温と、かなり難しい年だったが、精妙な複雑さ、美しく組み立てられた構造、うまく統合されたオーク香を持つ素晴らしいワインが出来上がった。**LGr**
🍷🍷🍷🍷　飲み頃：2017年まで

Château Ducru-Beaucaillou
2000

シャトー・デュクリュ・ボーカイユ
2000

産地 フランス、ボルドー、サン・ジュリアン
特徴 赤・辛口：アルコール度数13度
葡萄品種 C・ソーヴィニヨン65％、メルロ25％、C・フラン10％

　粘土質の、深い、石の多い土壌の上で、このサン・ジュリアンのクリュ・クラッセ第2級（昔から第2級の中では最高位に属すると考えられてきた）は、サン・ジュリアンの赤の模範──柔らかくしなやかで、ブラック・ベリーの甘美な風味があり、同時に長期熟成する能力をすべて保持している──のようなワインを生み出す。ワインは大樽で18ヵ月間熟成させられ、樽の半数以上が毎年交換される。

　このワインの変わらぬ魅力の1つが、若い時すでに、非常に濃い色をしていることであり、それは重い、タンニンの強いワインを想像させるが、意外にも精緻で、優美、そして繊細で、それゆえにこのシャトーが讃えられるのだと納得させられる。

　伝説となった2000ヴィンテージは、飛び抜けたフィネスと凝縮、長期熟成に耐えるワインを生み出した。デュクリュ・ボーカイユ2000年の栓を抜くと、甘やかな良く熟したブラック・ベリー、ラズベリーが香り、赤肉、焦げ、タイムの深いアロマが続く。口の中では、強烈で巨大で、タンニンは堂々としているが、熟した果実味と完全に調和し、酸は柔らかく、ヴァニラとオークの香りが長く続く。**SW**
🍷🍷🍷🍷　飲み頃：2010〜2030年過ぎまで

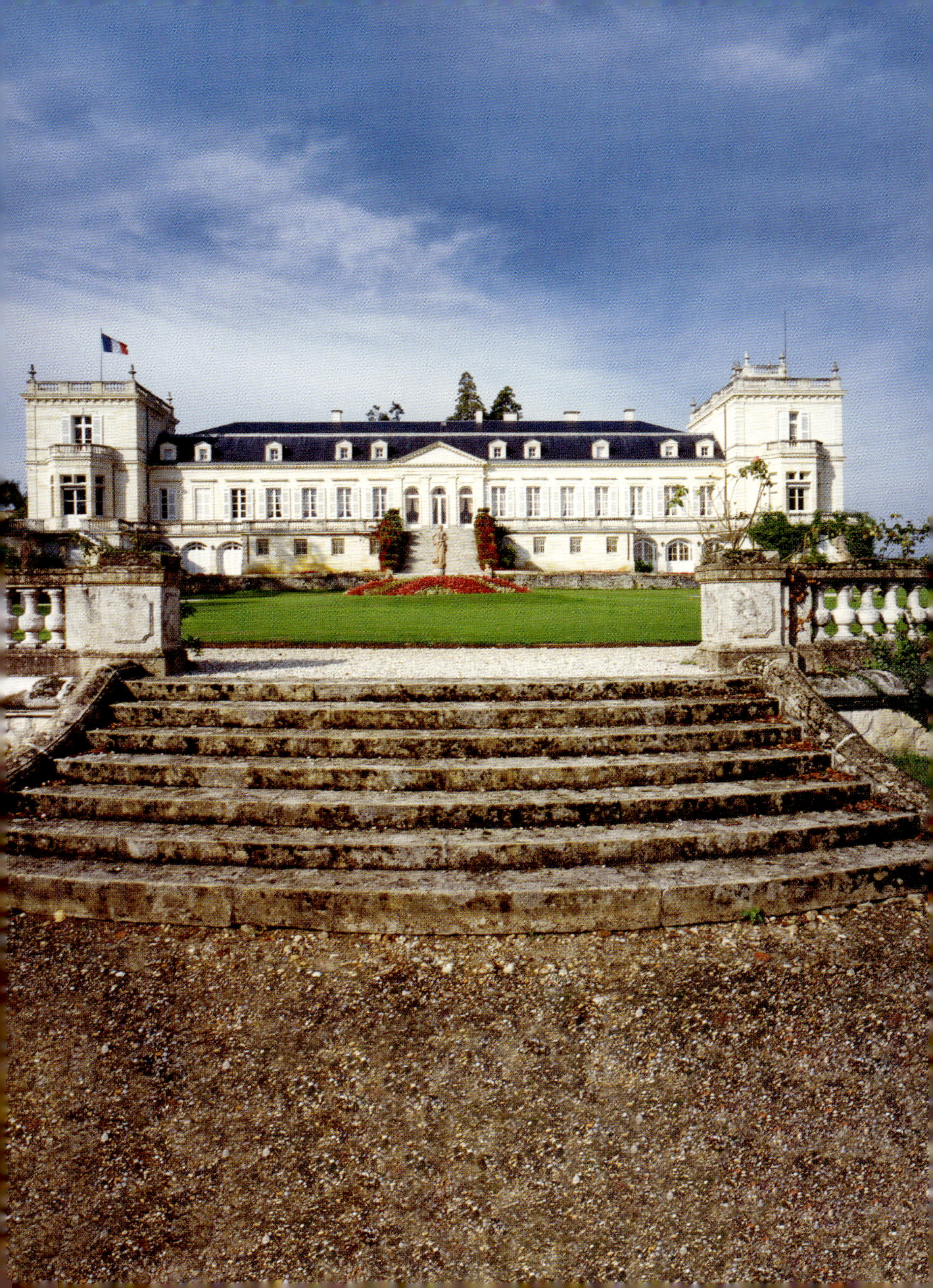

Domaine Claude Dugat
Griotte-Chambertin GC 1996

ドメーヌ・クロード・デュガ
グリオット・シャンベルタン・グラン・クリュ 1996

産地　フランス、ブルゴーニュ、コート・ド・ニュイ
特徴　赤・辛口：アルコール度数13度
葡萄品種　ピノ・ノワール

　ジュヴレイ・シャンベルタンの北西側の教会と城の近くを登っていくと、セリエ・デ・ディムと書かれた建物がある。この建物が、クロード・デュガが彼の最上の畑から生み出したワインを熟成させているところである。デュガ家がジュヴレイの歴史に登場するのはフランス革命の頃で、1つ前の世代にはモーリス、ピエール、テレーズなどの名家が名を連ねる。クロードはモーリスの息子で1956年生まれである。ベルナール・デュガ・ピィはピエールの息子で、彼もまた隣り合わせの畑で良いワインを造っている。テレーズはアンベール家に嫁したが、ここもまた素晴らしいワインを造っている。

　冷徹なフランスの相続法のおかげで、畑は不可避的に分割される。その結果、クロード・デュガは今、わずか4haの畑で2人の息子と働いている。しかしそこから何という素晴らしいワインを創りだすのだろう。古い葡萄樹の茂る村ジュヴレイ・シャンベルタンの名前を冠したワイン、クラピヨとペリエールをブレンドしたプルミエ・クリュ、そしてラヴォー・サン・ジャック。グラン・クリュでは3つのワインを持っている。シャペル・シャンベルタン、シャルム・シャンベルタン、そしてグリオット・シャンベルタン。しかしその量はきわめてわずかで、グリオット・シャンベルタンは年に2〜3樽しか造られない。

　ワイン評論家はしばしば、グリオットの中にチェリーの香りがすると評する。このことには少しの問題もないが、しかしこのワインの名前グリオットは、ジャムを造るのに適した苦味のあるチェリー品種の名前グリオットとはまったく関係がない。ここで言うグリオットは石灰岩由来の土壌の名前である。クロード・デュガのグリオットは、非常に謹厳で、進化の速度は彼のワインの中では最も遅いが、最も深く進化する。1996は、まだ進化の途上である。それは素晴らしい生命力を持ち、気品に満ち、そのうえ愛らしく、果実味はいま本当に豊麗になりつつある。**CC**

🍷🍷🍷🍷　飲み頃：2026年まで

Domaine Dugat-Py
Mazis-Chambertin Grand Cru 1999

ドメーヌ・デュガ・ピィ
マジ・シャンベルタン・グラン・クリュ 1999

産地　フランス、ブルゴーニュ、コート・ド・ニュイ
特徴　赤・辛口：アルコール度数13度
葡萄品種　ピノ・ノワール

　ベルナール・デュガは、名匠であり、ワインを操る芸術家である。彼の畑は最上の畑と言えないかもしれないが、彼以上に自分の畑の葡萄を完璧に仕上げる醸造家はいない。情熱的で、理知的で、それでいて親しみやすい彼は、決してごまかしに頼らない。どんな畑からでも最上のものを引き出す鍵は、古木、低収量、全房発酵である。清澄化も、ろ過も行わず、それ以外にも必要最低限の介入しかしない醸造法から、澄明で、独特の風味を持ち、魅惑的なワインが生まれたとしても、少しも不思議ではない。

　ジュヴレイ村の上方、かつて修道院であった建物のアーチ型の天井を持つ地下蔵でデュガのワインを試飲するときほど、精神が研ぎ澄まされる時はない。彼の1999は、息が止まるほどに衝撃的で、そのあまりに非妥協的な純粋さで口中に電気が走る。その年、彼は葡萄を早めにすばやく摘み取り、9月22日に摘果を終わらせた。そして翌23日からは果てしない雨が続いた。この同じ年、彼は有機栽培を始めたが、それは今日まで続いている。彼の小さなワイナリーにも成功が訪れ、彼は今所有地を広げ、10haの葡萄畑を、妻のジョセリーヌと息子のロイクと共に手入れしている。

　彼の造るすべてのワインは、ブルゴーニュで見かけるほとんどのワインよりも、色が濃く、血のようで、構造がしっかりしている。驚くほど濃縮されているが、人工的なものや作為的なものは微塵も感じられない。そのワインは非常に完熟した葡萄から造られているが、熟しすぎた重みは感じられない。馬によって耕された畑に育つ、樹齢70歳の葡萄から造られるデュガの1999マジ・シャンベルタンは、ブラック・ベリー、ヘーゼルナッツの信じられないほど深いフレーヴァーを表現し、凝縮され、しっかりした骨格を持ち、ヴェルヴェットのようななめらかなタンニンが口中を覆い、長い長い余韻が続く。**JP**

🍷🍷🍷🍷　飲み頃：2050年

Domaine Dujac
Gevrey-Chambertin PC Aux Combottes 1999

ドメーヌ・デュジャック
ジュヴレイ・シャンベルタン・PC・レ・コンボット 1999

産地 フランス、ブルゴーニュ、コート・ド・ニュイ
特徴 赤・辛口：アルコール度数13度
葡萄品種 ピノ・ノワール

ジャック・セイスがヴォルネイのジュラール・ポテルの下でワイン造りを修行していた1960年代、醸造家になることは今ほど魅力的なことではなかった。また彼は1967年にエステートを購入したが、それもあまりたいした投資のようには思えなかった。運命は彼に試練を与えた。彼の最初のヴィンテージは、彼の生涯のうちで最も酷いものだった。それ以降、多くの記憶に残る年月を経て、エステートは5haから13haに拡大した。現在彼の息子のジェレミーが彼の二の腕となって働き、その妻のカリフォルニア大学デイヴィス校卒業のダイアナが、セラーを切り盛りしている。

デュジャックは5つのグラン・クリュも持っているが、一番力を入れているのはプルミエ・クリュで、その中にコンボットがある。それは文字通りグラン・クリュにまわりを囲まれ、ジュヴレイ・シャンベルタンでは最も恵まれた畑の1つである。コンボットの特徴を一言で述べるなら、それはその周りを囲んでいる、クロ・ド・ラ・ロッシュ、ラトリシエール・シャンベルタン、シャルム・シャンベルタンを総合したもの、と言うことができる。その3haのコンボットの中で、デュジャックは、3分の1を少し超える面積を有している。

1999がコンボットで最上のヴィンテージであったかどうかは、いまだ憶測の段階である。いずれにしろ、それは最も異常なヴィンテージの1つである。芳醇で、稠密で、巨大な構造をしているが、まだひどく閉ざされている。いまそのワインを唯一飼い慣らすことができるように見える方法は、野生の肉と合わせることである。ジャック・セイスは、2005年が彼が経験した中で最も優れたヴィンテージだと考えているが、それが絶頂に達するのはまだ15年から20年先のことだ。その代わり、彼は1997を飲むことを勧める。「とても繊細だが、まだ若い果実を示している」と。**JP**

🍷🍷🍷🍷　飲み頃：2030年まで

Dunn Vineyards
Howell Mountain C. Sauvignon 1994

ダン・ヴィンヤーズ
ハウエル・マウンテン・C・ソーヴィニョン 1994

産地 アメリカ、カリフォルニア、ナパ・ヴァレー、ハウエル・マウンテン
特徴 赤・辛口：アルコール度数13.5度
葡萄品種 カベルネ・ソーヴィニョン

ランディ・ダンは、1980年代、ケイマスが有名になりつつあるとき、そこでワインメーカーとして働いていたが、現在の彼自身のワインは、いろいろな意味でその対極にある。純粋な山の果実である彼のワインは、凝縮され、緊縛されている。しかしたぶん、最も大きな違いは、ダンのワインはすぐに満足したいと思っている人のためのワインを目指しているのではないということであろう。たいていのヴィンテージが、その幾重にも重なった複雑な層をほどき始めるのに、少なくとも12年はかかる。

彼のハウエル・マウンテンの生育条件は、ナパの他の地区とかなり異なっている。海抜610mと、降霧線の上に位置しているため、谷底よりも気温は6〜8度低いにもかかわらず、すぐに温められる。また、夜間の気温は、谷を下ったところよりも高い。それは、春が寒いので芽がほころぶのは遅いが、秋の収穫は他のナパ地区に追いついて同じ時期になる、ということを意味している。

ダンのワインは、若いうちに飲まれることを拒否している。葡萄は手摘みの後、除梗され、破砕される。酵母を植えつけ、発酵はそれ自体の速度に任せ、柔らかさを付け加えるための余分なマセラシオンはしない。マロラクティック発酵はタンクで行い、その後木樽に移し、終わらせる。普通のヴィンテージの場合、フランス産オークの新樽比率40〜50％で、30ヵ月熟成させる。ワインは、ろ過はするが、清澄化はしない。ハウエル・マウンテンは、まさにダンの精髄である。「巨獣」、パーカーはこう評した。フル・ボディで、すさまじいエクストラクト、強烈さを持ち、黒い果実の複雑な層、花の香り、そしてミネラルの核が口の中で躍動し、余韻は長く続く。**LGr**

🍷🍷🍷🍷　飲み頃：2030年過ぎまで

Château Durfort-Vivens
2004
シャトー・デュルフォ・ヴィヴァン

2004

産地 フランス、ボルドー、マルゴー
特徴 赤・辛口：アルコール度数13度
葡萄品種 C・ソーヴィニョン65％、メルロ23％、C・フラン12％

　第2級に格付けされているように、この畑はかなりの実力を持っていると見なされていた。しかし1937年、その畑がシャトー・マルゴーに売られると、シャトー・マルゴーは不法侵入した。その結果、デュルフォのラベルは危うく消えるところだった。1962年、ルシアン・リュルトンがその土地を買い、畑を奪還した。

　1992年、ルシアン・リュルトンはデュルフォ・ヴィヴァンを息子のゴンザーグに譲った。ゴンザーグ・リュルトンはグリーン・ハーベストを止め、葡萄樹を短く剪定して収量を落とし、新樽比率は40％以内にとどめることとした。彼は、過度な芳醇ではなく、フィネスを求めているのだと、強調する。そしてこれが、彼のワインが第2級の畑から生まれたものにしては軽すぎると、鑑定家に言わせる原因なのである。確かにいくつかのヴィンテージでは、彼のワインは軽い。しかし香りと粘度が出てくるまでには時間がかかる。デュルフォ・ヴィヴァン2004はスパイシーでコクがあり、そのためこのエステートから生まれたワインにしては例外的といえる。ゴンザーグ・リュルトンは非常に控えめな人柄で、彼のワインもその性格を映しているようだ。彼とそのワインは、時に不当に低く評価されるが、価格は適度であり、他の多くのエステートが対極の重厚な方向に向いつつある時、彼と彼のワインの抑制されたフィネスは歓迎されるべきものである。**SBr**

🍷🍷🍷　飲み頃：2020年まで

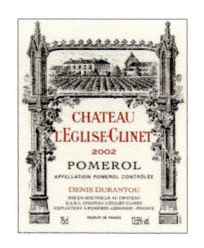

Château L'Eglise-Clinet
2002
シャトー・レグリズ・クリネ

2002

産地 フランス、ボルドー、ポムロール
特徴 赤・辛口：アルコール度数13.5度
葡萄品種 メルロ75％、C・フラン20％、マルベック5％

　この6haの畑とワイナリーは、1882年から代々引き継がれドゥニ・ドゥラントゥの代に至っている。しかし彼は、今までの伝統的方法を守ってワインを造ることだけで満足することはできない。栽培と醸造の全過程が見直された。畑には多くの古木があるにもかかわらず、彼はそのうちの3分の1を植え替えた。なぜなら、それらの台木は彼が求めている質をもたらさないと判断したからである。なかでも彼は、カベルネ・フランに特に注意を払う。それはワインに花の性質をもたらすからである。葡萄畑は様々な土壌の上に広がっており、ワインに複雑さをもたらす。粘土は力強さを、砂礫はフィネスを。

　ドゥラントゥはワイナリーでの選果作業にあまり信頼を置いていない。それよりも収穫前に念入りに葡萄畑を点検し、熟しすぎた房や満足できない房を切除することを重視している。彼は、少量であれば、葡萄の葉や茎がタンクの中に入っても、ワインの質にそう大きく影響することはないと言う。

　ドゥラントゥは、鑑賞力のある批評家ならば、長期熟成する価値のあるワインが持つタンニンと酸のレベルがどんなものか知っているだろうと言う。彼はまた、この2002がよく示しているように、あまり作柄の良くない年でも素晴らしいワインを生み出す。それは非常に凝縮されているが、完熟した甘い果実味は少しも失われていず、タンニンのきめも細かい。**SBr**

🍷🍷🍷🍷　飲み頃：2020年まで

Red wines

レグリズ・クリネをポムロールの偉大なエステートに押し上げたドゥラントゥ

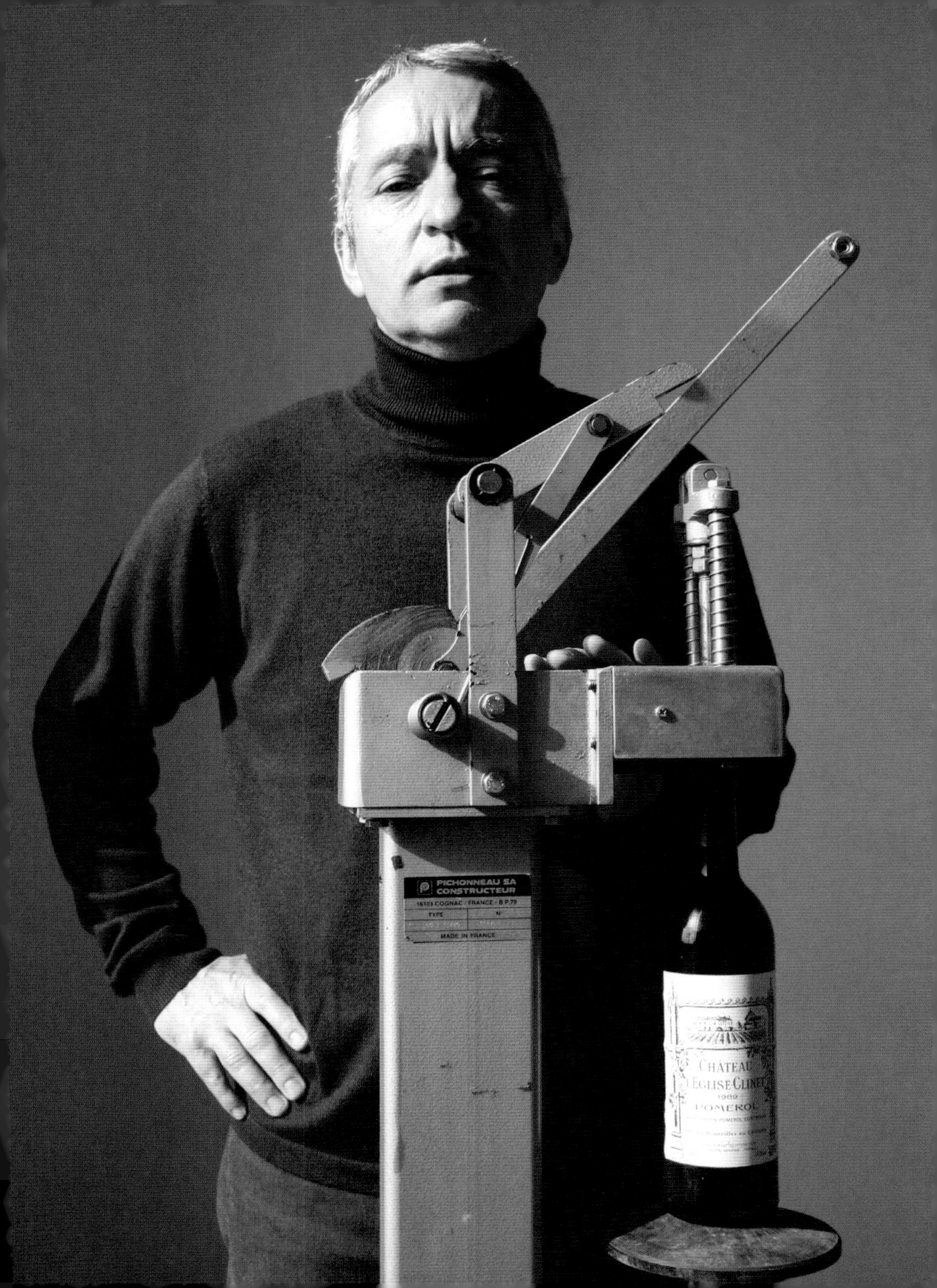
PICHONNEAU SA
CONSTRUCTEUR
16103 COGNAC · FRANCE · B.P.79
TYPE
MADE IN FRANCE
CHÂTEAU
1989

El Nido
Clio Jumilla 2004

エル・ニド
クリオ・フミーリャ 2004

産地 スペイン、ムルシア、フミーリャ
特徴 赤・辛口：アルコール度数14度
葡萄品種 モナストル、カベルネ・ソーヴィニョン

　このワインは、ジル・ヴェラ家と、アメリカの有力な輸入業者ホルヘ・オルドニェスが共同経営するボデガス・エル・ニドが創り出したワインである。いくつかの点でこれは、ミヒャエル・ジルが中心となって運営されているボデガ・イホス・ド・ファン・ヒルと並行するプロジェクトである。フィンカ・ルソンにいたとき、ミヒャエル・ジルは1990年代のフミーリャの素晴らしい躍進の立役者の1人であった。その時出現したワインには、他にカーサ・カスティーリョ、ラス・グランヴァス、ヴァルトスカ、カーサ・ド・ラ・エルミータ・プティ・ヴェルドーなどがある。このクリオと、威厳があり重厚な（多くの人にとって）エル・ニド──凝縮と価格の点で、クリオの兄貴分に当たる──の醸造の指導をしたのは、オーストラリアのワインメーカー、クリス・リングランドであった。彼は彼自身のスリー・リヴァーズ・バロッサ・シラーズでその評価を不動のものにしていた。リングランドはその他にも、オルドニェスのスペインでのプロジェクトに多く参加している。
　エル・ニド・ワイナリーは、フミーリャから10kmほど離れたパラヘ・デ・アラゴーナにあり、その町の名は、アペラシオン名にもなっている。設備の規模は小さく、このワイナリーの品質重視の姿勢によく似合っている。このような素晴らしいワインは、葡萄の生育と醸造のすべての過程に対する厳しい管理からしか生まれない。
　クリオ2004は、力強さとフィネスを兼ねそなえたワインで、このような特性は厳選された葡萄と、それらを特別なものに仕立て上げる特別な感性を持ったオーケストラの指揮者がいて初めて可能となる。ロバート・パーカーは次のように賞賛した。「異様な長さとバランスを伴う全面的に快楽主義的な営み。足腰は強靭だが、フットワークはとても軽い。」JB

🍷 飲み頃：2012年まで

Viña El Principal
El Principal Cabernet Sauvignon 2001

ヴィーニャ・エル・プリンシパル
エル・プリンシパル・カベルネ・ソーヴィニョン 2001

産地 チリ、マイポ・ヴァレー
特徴 赤・辛口：アルコール度数14度
葡萄品種 C・ソーヴィニョン、メルロ／カルメネール、C・フラン

　パトリック・ヴァレットは、父が1998年にシャトー・パヴィを売却すると、生誕の地であるチリに戻り、エル・プリンシパルを立ち上げた。ヴィーニャ・サンタ・リタの前オーナーであり、現在はサンティアゴの南東30kmのマイポ・ヴァレーの小地区ピルケに畑を所有するフォンテーヌ家との共同事業であった。ピルケの暖かい春風は、メルロの開花時期を早める（9月半ば）が、花を散らすほどに激しく吹くことはない。
　しかしピルケが持つもっと良い点は、その玉石を多く含む深い土壌である。玉石は北に向うマイポ川によってアンデスから洗い流されてきたもので、畑を下から支えている。この土壌のおかげで、若い葡萄樹は主根を深くまで届かせることができると同時に、すばやく細根の網の目を構築することができる。また排水も良いため、晩熟種であるカルメネールやカベルネ・ソーヴィニョンがまだ生育途上にあるときに雨が多く降ったとしても、それを太平洋に排出して、影響を最小限に抑えることができる。
　父の健康状態が悪くなっていく中（2002年に亡くなった）、パトリック・ヴァレットはプリンシパル2001を造り、またセカンド・ワイン、メモリアスも出した。さらにサンテミリオンにある彼所有のエステート、シャトー・フラン・グラース・デューでは、軽いタッチのワインも数種造った。しかしこの年の最大の成果は、エル・プリンシパルのより豪胆でより糖度の高い葡萄から、まだそれらは比較的若い樹であるにもかかわらず（大半は1994年以降に植えられたもの）、力強い本物のワインを造りだしたことである。そのワインは非常に輪郭がはっきりしており、芳醇でありながらも贅肉はつかず、ハッカ、ペッパー、カシスのフレーヴァーが漂い、それらをフランス産オークの香りが優しく支えている。MW

🍷 飲み頃：2010年過ぎまで

Ernie Els
2004

アーニー・エルス
2004

産地 南アフリカ、ステレンボッシュ
特徴 赤・辛口：アルコール度数14.5度
葡萄品種 C・ソーヴィニョン62%、メルロ24%、その他14%

プロ・ゴルファーがワインの世界に参入することは、かなり大きな出来事だ。アーニー・エルス以外にも、これまでにグレッグ・ノーマン、デヴィッド・フロスト、アーノルド・パーマー、マイク・ウェイア、ニック・ファルド等が参入している。『ゴルフ・コノッサー』誌は、2005年に彼らのワインを採点して、「南アフリカはずっと前から世界レベルのゴルファーを輩出しているが、世界レベルのワインはまだ造ることができない」と、親切にも揶揄した。しかし同時に、アーニー・エルス2002を「赤ワインの部プロ審査員特別賞」に選び、2000年の初リリース以来そのラベルを賞賛していたアメリカの愛好者の輪の中に加わった。

アーニー・エルスのワイン業界への参入は、古くからの友人、ラス・エン・フレーデ・エステートのジャン・エンゲルブレヒトとの共同事業として始められた。最初のヴィンテージは彼のエステートで造られた（ついでにエルスはここで後に妻となる人と出会う）。エルスは事業を公表するにあたって、こう述べた。「これは私のゴルフと同じです。つまり、プロと一緒にするのです」と。2004年、彼はヘルダーベルグのかなり良い土地を購入し、独立したアーニー・エルス・ワインの故郷を持つことができた。新しいセラーが建造され、そこでは醸造家のルイス・ストリドムが2005年の収穫を待ち望んでいた。

このワインの目指しているものについて、宣伝担当者は「アーニーの持っているものすべてを表現しているワインです。立派な体躯、温和な性格」と述べる。そしてそのワインは、今度は逆に、このゴルファーに対する評価を引き上げつつある。ボルドー・スタイルというよりは、ナパ・スタイルを採り、品種の構成もそれに合わせて造られているこのワインは、深い色をし、フル・ボディかつフル・フレーヴァーで、果実の甘いタッチ、良く熟した骨格のしっかりしたタンニンを持ち、張り詰めたミネラルがしっかりとグリップしている。TJ

🍷🍷🍷🍷 飲み頃：2012年過ぎまで

Domaine René Engel
Clos de Vougeot Grand Cru 1992

ドメーヌ・ルネ・アンジェル
クロ・ド・ヴージョ・グラン・クリュ 1992

産地 フランス、ブルゴーニュ、コート・ド・ニュイ
特徴 赤・辛口：アルコール度数13度
葡萄品種 ピノ・ノワール

グラン・クリュ・クロ・ド・ヴージョは、ブルゴーニュに数多くある謎の1つである。理論的には、14世紀に築かれた石の壁によって囲まれている単一畑なのだが、50haのその土地は、80もの生産者によって細分化されている。また畑内の立地の違い、生産者の力量の違いなどから、同じクロ・ド・ヴージョであっても、品質のばらつきが激しい。アンジェルの1.4haの区画は、シャトー・クロ・ド・ヴージョのシャトーの真南、真ん中よりやや上段という恵まれた場所にある。

ドメーヌ・ルネ・アンジェルは、これ以外にもエシュゾー、グラン・エシュゾー、ヴォーヌ・ロマネ・レ・ブリュレ、それに村名ACヴォーヌ・ロマネも持っている。創設者はルネ・アンジェル（1896～1991）である。しかし悲しいことに、「持っていた」と言わざるを得ない。というのは孫に当たるフィリップ・アンジェルが、2005年に突然、予期せぬ死を迎え、ドメーヌはフランソワ・ピノー（シャトー・ラトゥールのオーナー）に売却され、名前もドメーヌ・ドュジニーに変わったからである。

1992年は、ブルゴーニュの赤にとってはあまり良い年ではなかった。ワインには夏の雨の影響が現れ、早い時期に飲めば楽しめるが、凝縮感はそれほど感じられない。しかしこのクロ・ド・ヴージョは例外である。そのワインによってフィリップは、念願の「ジュヌ・ヴィニュロン・ド・ラネ」（年間最優秀若年醸造者賞）を受賞することができた。そのワインはすでに15年の歳月が流れているが、いまだに強烈に若々しく、古典的で柔らかなブルゴーニュのピノ・ノワール特有の香りの中に、時折閃光のように黒果実の振動が現れる。新樽比率70%のオーク成分は、ワインの新鮮さと構造に完全に調和し、最も満足させるやり方で口の中を満たす。このワインは醸造家としてのフィリップ・アンジェルの魂そのものである。JM

🍷🍷🍷🍷 飲み頃：2012年まで

Viña Errázuriz/Mondavi
Seña 2001
ヴィーニャ・エラスリス／モンダヴィ
セーニャ 2001

産地 チリ、アコンカグア・ヴァレー
特徴 赤・辛口：アルコール度数14.5度
葡萄品種 C・ソーヴィニョン75％、メルロ15％、その他10％

　高い名声を確立しているチリのヴィーニャ・エラスリスの棟梁、エデュアルド・チャドウィックが、同じく高い評価を得ているカリフォルニアのモンダヴィ家との間で、「戦う」赤ワインと、カリテラのブランド名による白のブレンド・ワインを造る目的で共同事業にサインするとき、それを象徴する赤のアイコン・ワイン、セーニャが生まれるのは当然の帰結であった。セーニャとは、「サイン」「象徴」「信号」を意味するが、そのワインの出現は、世界に対して、「チリはその価格にふさわしい質を備えた高額ワインを造る実力を備えている」ということを示す信号であった。

　セーニャのための特別な葡萄畑が拓かれたが、それが軌道に乗るまでは、セーニャは一部アコンカグア・ヴァレーのエラスリスの葡萄畑の最上の樽をセレクトして造られた。エラスリスで醸造を担当していたのはアメリカ生まれのエド・フラハティーで、彼はすでにチリではその実力を高く評価されていた。彼独自のスタイルは、果実のフレーヴァーと、樽熟の間に得られる木のフレーヴァーとの完璧な統合を強調するというものであった。そしてティム・モンダヴィの力量の見せ所は、各ロットがブレンドされる時に、彼は優雅さを損なうことなく、アコンカグアの元気一杯の自然な果実を輝かせた。ワイン鑑定士のジャンシス・ロビンソンはその結果を「チリのワイン業界の歴史を変える出来事」と評した。**MW**

🍷🍷🍷　飲み頃：2015年まで

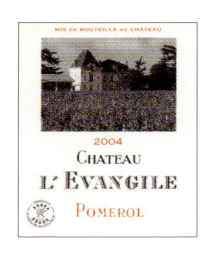

Château L'Evangile
2004
シャトー・レヴァンジル
2004

産地 フランス、ボルドー、ポムロール
特徴 赤・辛口：アルコール度数13度
葡萄品種 メルロ70％、カベルネ・フラン30％

　満開のレヴァンジルは、ポムロールで最も華やかなワインである。その13.7haのエステートはシュヴァル・ブランのすぐ近くにあるが、テロワールはまったく違う。シャトーの近くの区画の多くは重い粘土で、それ以外は粘土の上に砂礫が載っている。また砂質の土壌もあるが、その上で育つ葡萄はけっしてグラン・ヴァンには使われない。

　レヴァンジルは1990年までマダム・デュカスの所有であったが、その年、エリック・ド・ロートシルトが資本の70％を取得した。しかしすぐに彼を狼狽させたことは、恐るべきマダム・デュカスがエステートに対する支配権を微塵も譲る気がないということを発見したことだった。いかなる変更も許されず、必要な投資を行うこともできなかった。彼女が許した唯一の改革は、セカンド・ワインを出すことだけだった。彼女がその長い人生を閉じ永眠したのが2000年で、ここにようやくロートシルト・チームは完全な支配権を掌握することができた。早速彼らは、カジェットと呼ばれる小型コンテナでの摘果を導入し、環状のセラーの付いたワイナリーを新設し、オークの新樽を100％の比率で使うこととした。

　レヴァンジル2004は新しいオークのマントを華やかにまとい、赤果実とプラムの魅惑的なアロマを振り撒いている。2004にしては、とても新鮮な口当たりで、まだすこし厳しさがあるが、これは年とともに消えていくだろう。**SBr**

🍷🍷🍷🍷　飲み頃：2015～2030年

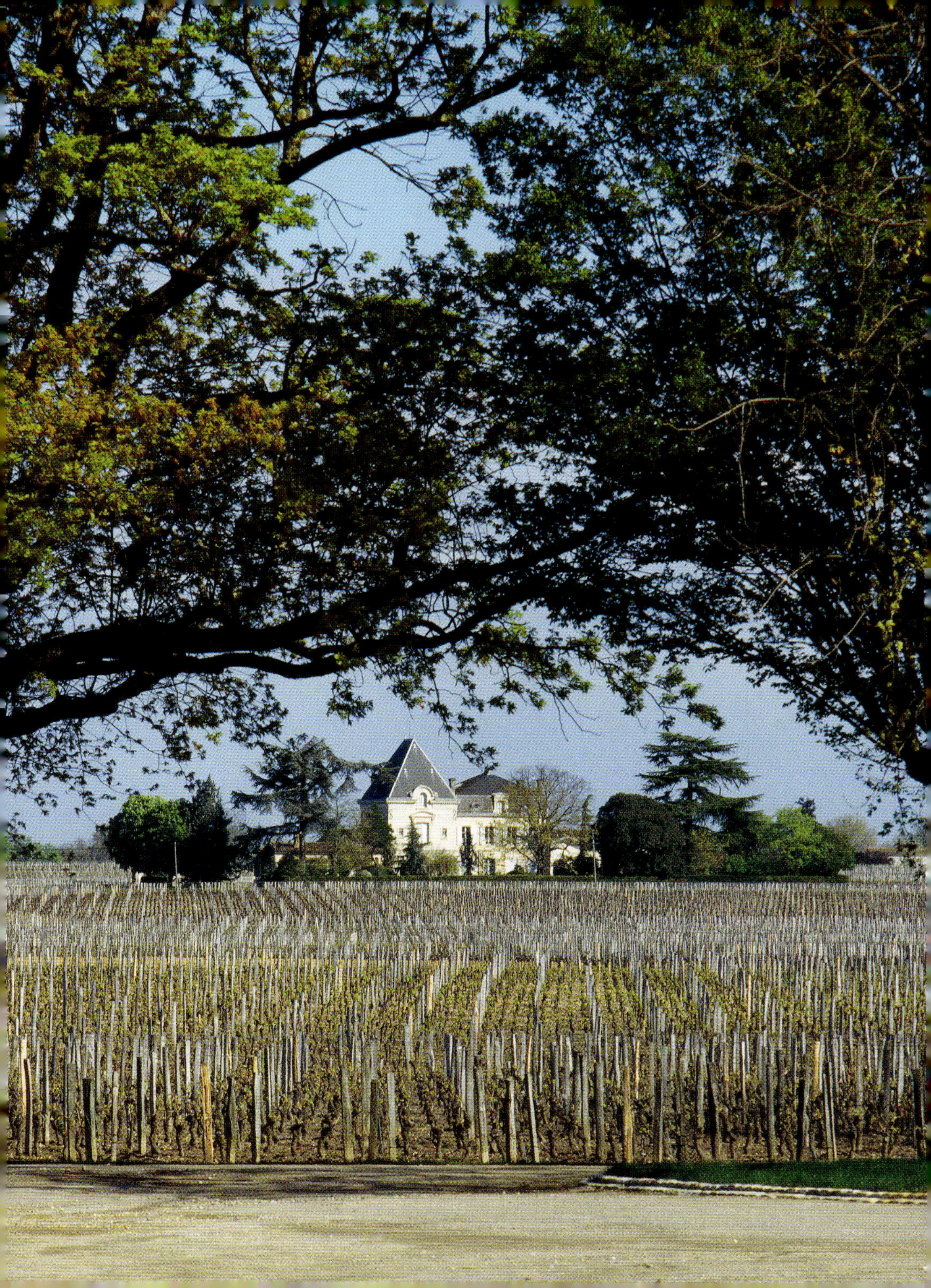

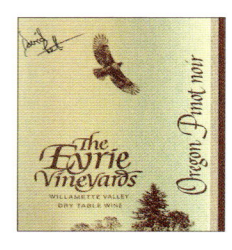

Eyrie Vineyards
South Block Reserve Pinot Noir 1975

アイリー・ヴィンヤーズ
サウス・ブロック・リザーヴ・ピノ・ノワール 1975

産地 アメリカ、オレゴン、ウィラメット・ヴァレー
特徴 赤・辛口：アルコール度数12.5度
葡萄品種 ピノ・ノワール

　1979年、レストラン・ガイド誌ゴー・ミヨの主宰で、フランスの最強ワインと、それ以外の世界から選抜したワインのテイスティング競技が行われた。優勝したのが、デヴィッド・レットのアイリー・ヴィンヤーズ・サウス・ブロック・リザーヴ・ピノ・ノワール1975だったため、フランスの生産者は眉を吊り上げ、闘争心に火が点いた。なかでも最も激しく燃えたのがロベール・ドルーアンで、彼はその結果を不服として、1980年にボーヌでリターン・マッチを開催した。同じワインが出品され、審査員は変わっていた。今度はアイリーのピノは、ドルーアンのシャンボール・ミュジニィ1959に10点中2点の差で負け、2位になったが、シャンベルタン・クロ・ド・ベーゼ1961を3位に押し止めた。こうしてコート・ドールにしか興味のなかった愛好家の耳にも、突然、オレゴン北部のウィラメット・ヴァレーにはダンディー・ヒルズという素晴らしい畑がある、ということが聞こえてきた。

　アイリー1975は、他のすべてのデヴィッド・レットのワイン同様に、繊細で、抑制されていて、過剰な抽出や力強さは強調されず、フィネスの芳香で魅了する。1975が完璧な実例であるが、レットが生み出すワインは、今もそのスタイルのままである。以前は、ブルゴーニュ以外の土地では良いピノは育たないといわれていたが、アイリー・ヴィンヤーズ1975はこれを根底から覆した。**SG**

🍷🍷🍷🍷　飲み頃：2010年過ぎまで

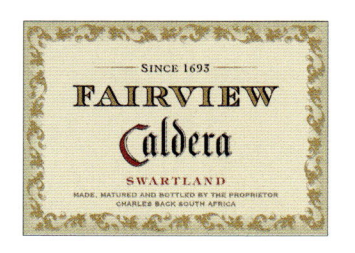

Fairview
Caldera 2005

フェアヴュー
カルデラ 2005

産地 南アフリカ、スワートランド
特徴 赤・辛口：アルコール度数14.5度
葡萄品種 グルナッシュ50%、ムールヴェドル27%、シラーズ23%

　1970年代後半、大学で醸造学を学び卒業したばかりのチャールズ・バックは、スワートランドの協同組合セラーで収穫の作業を行っていた。後年、パールにある彼の家族ワイナリー（山羊チーズ工場も併設）で彼はよく言ったものだ。「この地域では、なんて容易に求める品質が得られるんだ。」それから20年後、ケープで最も活躍している尊敬すべき人物の1人となった彼は、素晴らしい葡萄を生む産地としてのスワートランドの再発見に乗り出した──特にローヌ南部にゆかりのある品種の産地として。

　パールのホーム・ワイナリーでは、今もスワートランドの葡萄からワインを造り続けている。最近の最も優れたワインが、この灌漑を行わないゴブレット型の低木から生まれたブレンドで、グルナッシュはケープでは最も古い1940年代の畑からのものである。名前は、このワインの地中海的性質を強調して、カルデラと名付けられているが、それは「香り豊かな料理」を作るときに使われる伝統的な土器、カタランから取っている。バックはその容器はワインにも合うと考えている。

　確かにカルデラは、素朴な要素を持ち、その芳醇な優しさで生まれ故郷の暖かな大地を表現している。そしてそれらが巧妙なオークによる熟成と自然な醸造法で完成させられている。それはまた新鮮さも備え、若い時でさえ本物のフィネスを示し、鉱脈も幾筋か発見され、豊潤なタンニンは精妙で堅固な構造をしている。**TJ**

🍷🍷　飲み頃：2014年まで

フェアヴューのめずらしい山羊小屋。ここの山羊のチーズもまた逸品。

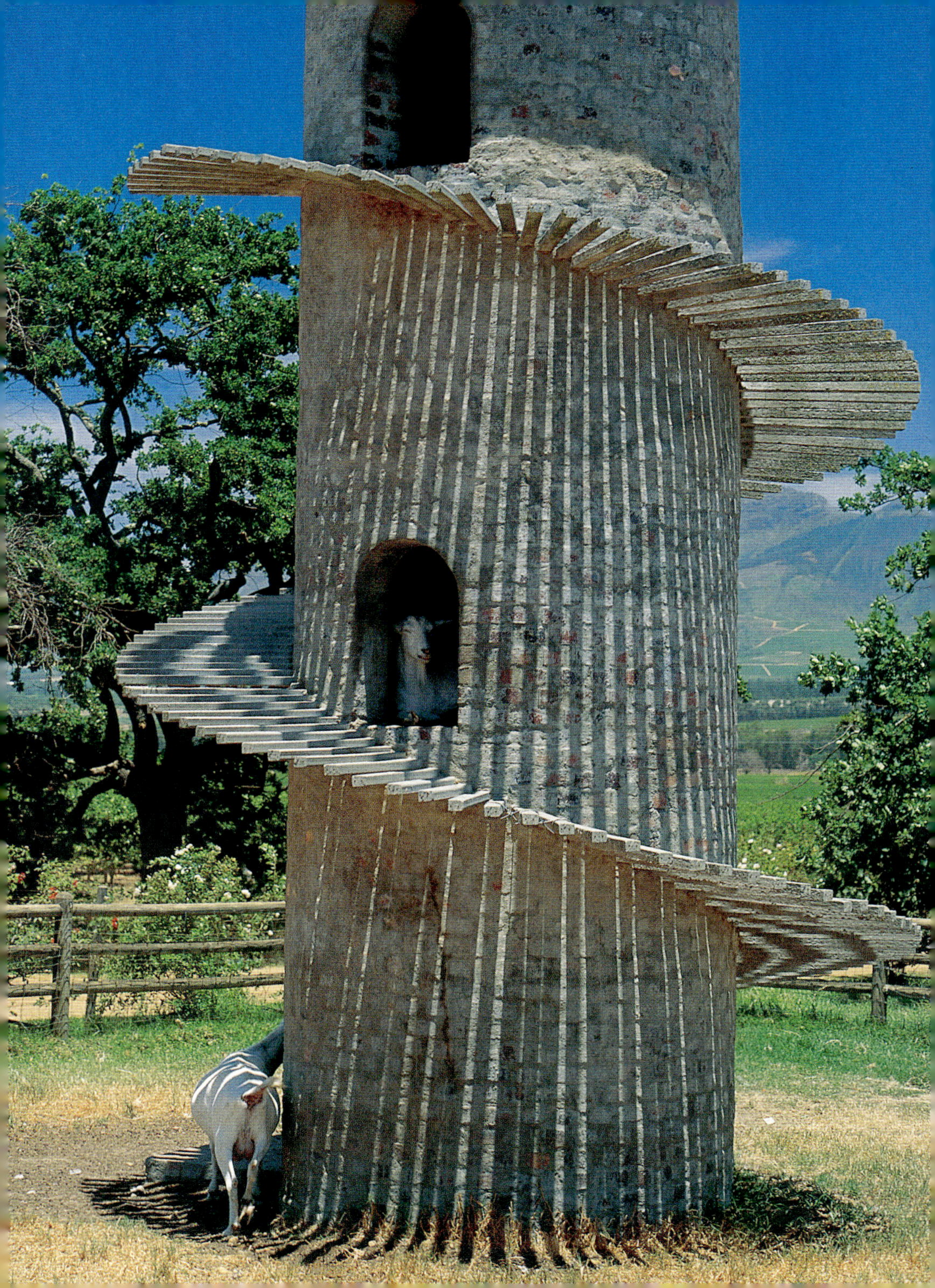

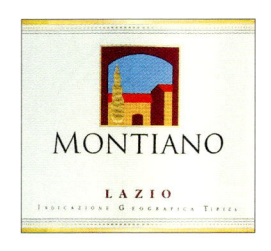

Falesco
Montiano 2001

ファレスコ
モンティアーノ 2001

産地 イタリア、ラツィオ
特徴 赤・辛口：アルコール度数13.5度
葡萄品種 メルロ

　ずっと昔、中央イタリアに、本物の赤ワインはできないと信じられていた地域があった。そこへファレスコが現れ、最初のワイン、モンティアーノ1993をリリースすると、一夜のうちに状況は一変した。地域のワイン産業全体の運命を変える力を持つワインがあるとしたら、まさにこのワインがそれにあたる。モンティアーノのためのメルロが育つ村が、モンテフィアスコーネである。多くのエステートを指導してきたリッカルド・コッタレッラは、単独で、あるいはイタリア土着の品種とのブレンドの中で、メルロが発揮する力、性質を知りぬいたエノロゴであった。実際、多くのイタリア・ワインの復活に彼は関わっており、彼を筆頭にほんの数名の醸造家の力で、イタリアの土着品種は広く知られるようになった。

　彼らの成功の秘密はなんだろうか？　一言でいえば、果実味を引き出したということだ。彼らは、甘美で、豊麗な、黒く熟した果実の風味を大胆に引き出したが、それはイタリアのワイン生産者たちが長い間忘れていたものだった。モンティアーノ2001は、この現代イタリア・ワイン界の傾向を象徴する、果実味中心のワインである。華やかな濃いルビー色は、鮮やかな紫色の翳りがあり、柔らかく、愛撫するようなカシスがバルサミコのほのかな調べと共に漂ってくる。ていねいに誂えられたタンニンと、長く続く確かな余韻が、飲むことの悦びを堪能させる。**AS**

😊😊😊　飲み頃：2015年まで

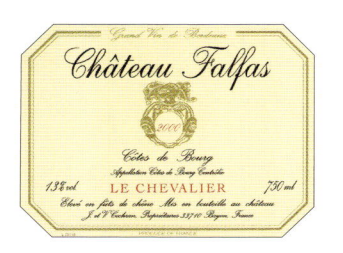

Château Falfas
Le Chevalier 2000

シャトー・ファルファ
ル・シュヴァリエ 2000

産地 フランス、ボルドー、コート・ド・ブール
特徴 赤・辛口：アルコール度数13.5度
葡萄品種 メルロ55％、C・ソーヴィニョン30％、その他15％

　コート・ド・ブールの波のようにうねる丘陵を手繰り寄せるように、1612年に建立されたルネサンス様式のシャトーは威風堂々として魅力的である。初代オーナーはゲイラード・ド・ファルファで、エステート名は彼の名前から取っている。1988年、エステートはパリ在住のアメリカ人弁護士ジョン・コクランによって購入された。彼の妻が、フランスのビオディナミの先導者の1人である人物の娘、ヴェロニクであったので、コクランが最初にしたことが、畑を全面的にビオディナミに変えることだったのは少しも驚くにあたらない。

　その畑は22haと、かなり広大で、土壌も多様である。コクランはグリーン・ハーベストを嫌っていたが、収量は低く抑えられていた。ワインは土着の酵母によって自然に行われ、新樽比率3分の1で熟成される。1990年、コクランはキュヴェ・シュヴァリエという特別醸造ワインを出した。これは樹齢70歳のものも含む、最も古く、低収量の葡萄樹から造られる。

　キュヴェ・シュヴァリエ2000年は、想像されるとおり、オーク香がはっきりと確認できるワインだが、居丈高ではない。それは自信に満ちていて、芳醇で、飲み応えのあるワインである。長く生き続けるように造られており、喉ごしは味わい深く、余韻は長く続く。普通のファルファは若いうちに飲んでも楽しめるが、シュヴァリエは熟成させるほど美味しくなる。**SBr**

😊😊　飲み頃：2015年まで

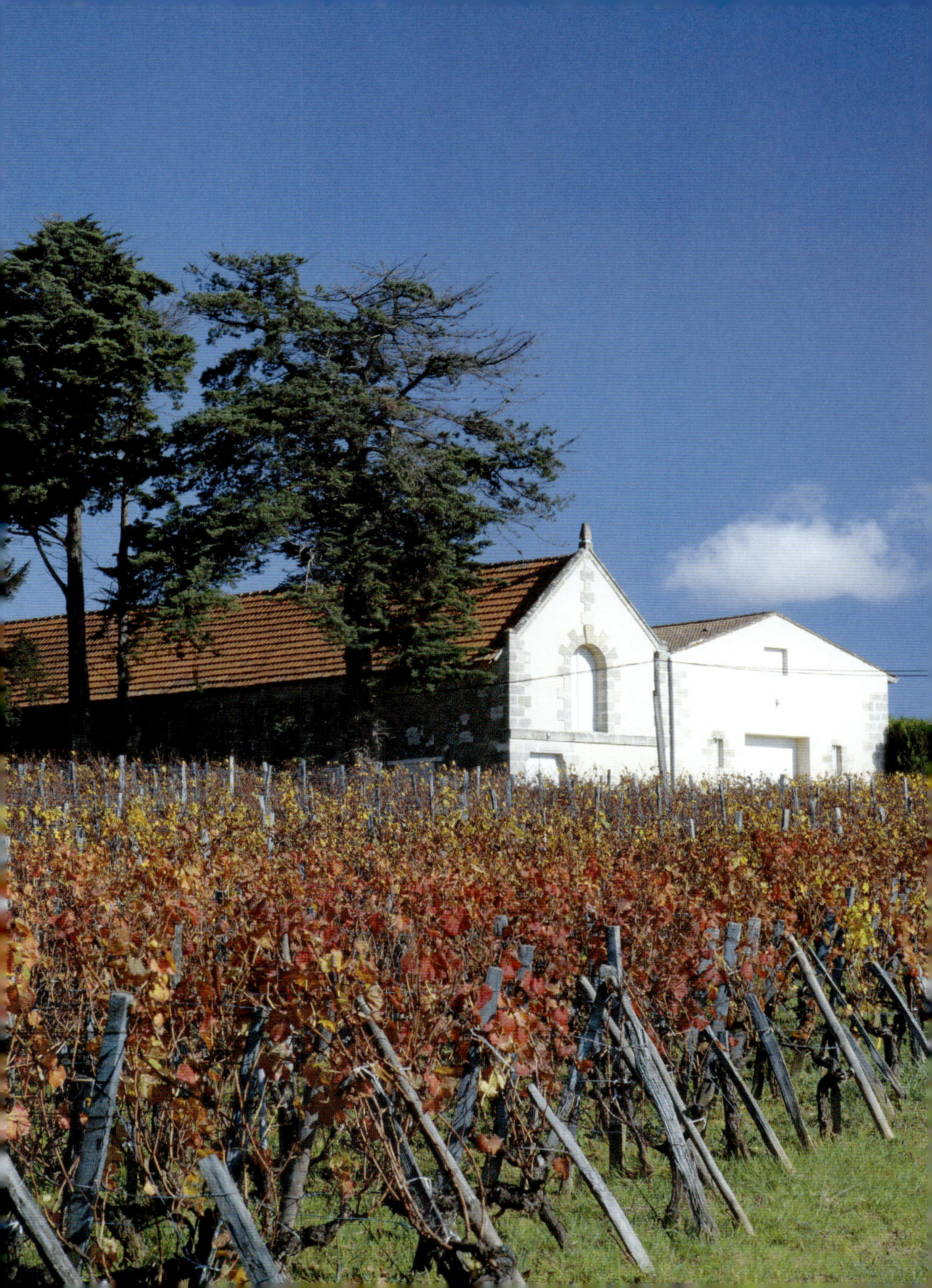

Far Niente
Cabernet Sauvignon 2001
ファー・ニエンテ
カベルネ・ソーヴィニョン 2001

産地 アメリカ、ナパ・ヴァレー
特徴 赤・辛口：アルコール度数13.5度
葡萄品種 C・ソーヴィニョン93％、メルロ4％、プティ・ヴェルドー3％

　ダーク・ハンプソンは、最初の収穫の年1982年から、ワインメーカーとしてであれ、総監督としてであれ、何らかの形でファー・ニエンテのワイン造りに関わってきた。これはめずらしいことで、この一貫性がファー・ニエンテを他のエステートと区別する大きな点である。というのは、契約醸造家は、契約が切れると他へ巡回していくのが常だからである。

　オクラホマの苗木屋であったギル・ニッケルが、将来ファー・ニエンテになるワイナリーを買ったのは、1979年のことであった。そのワイナリーは1885年に設立されたものだったが、禁酒法により放棄されていた。彼はマルゴーのように香り高い、気品のあるワインを造りたいという願望をもとにそれを改修し、2003年の早すぎる死までワイン造りに関わってきた。

　2001年は、ファー・ニエンテ・カベルネ・ソーヴィニョンが、100％オークヴィル・エステートの葡萄で造られた最初の年で、ステリング・ヴィンヤード（40ha）と、サレンジャー・ヴィンヤード（17ha）のロットを厳選してブレンドした。ステリング（2001は90％がここの葡萄）の葡萄は、大半がワイナリーの裏手の砂礫ローム層で育ち、オークヴィルの西側の丘を牽引している。オークヴィル扇状地の沖積層の土壌は、ファー・ニエンテにベリーのような果実味、丸みを帯びたタンニン、官能的な魅力を付与している。2001ヴィンテージは、9月の最終週から10月の第1週にかけて収穫され、フランス産オーク樽（新樽比率95％）で20ヵ月熟成させられた。比較的穏やかな生育期間は、美しい骨格のワインを生み出した。古典的な優雅さを持ち、ファー・ニエンテの目指す意味においてスタイリッシュで、長く熟成させるにつれ、気品を身につけ、調和のとれた美しさになることを約束している。**LGr**

🍷🍷🍷🍷 飲み頃：2020年まで

サン・パブロ湾からの霧に覆われたオークヴィル・ヴィンヤーズ ➡

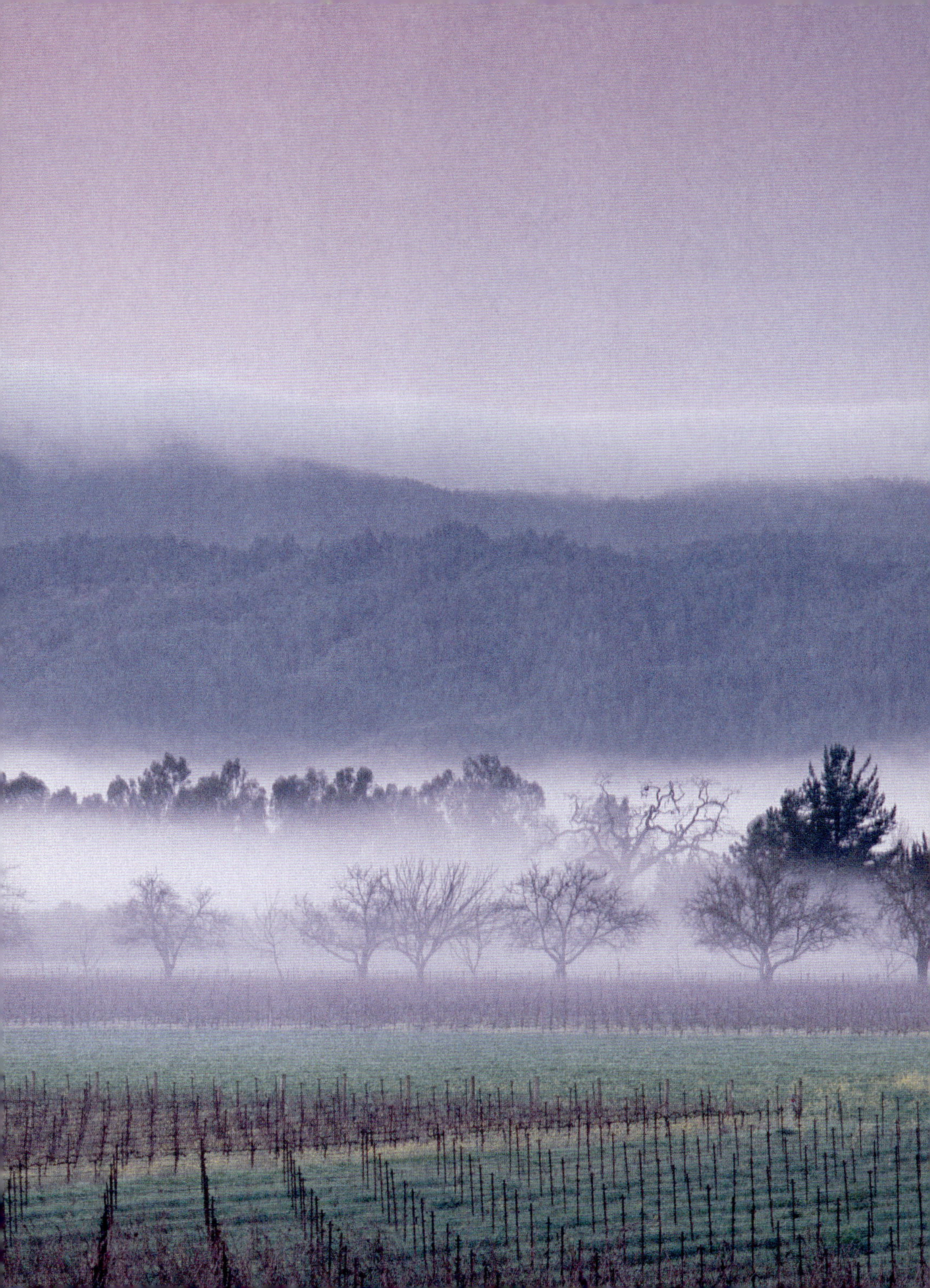

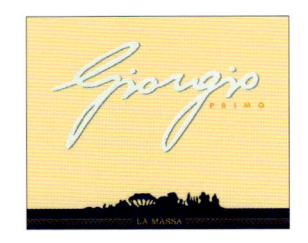

Fattoria La Massa
Chianti Classico Giorgio Primo 1997

ファットリア・ラ・マッサ
キアンティ・クラッシコ・ジョルジオ・プリモ 1997

産地 イタリア、トスカーナ、キアンティ・クラッシコ
特徴 赤・辛口：アルコール度数14度
葡萄品種 サンジョヴェーゼ91％、メルロ9％

　パンツァーノ・イン・キアンティのファットリア・ラ・マッサのワイン造りの歴史は、13世紀までさかのぼる。現在のオーナーであるジャンパオロ・モッタは高名なトスカーナの醸造家（フォントディ、カステッロ・ディ・ランポッラ）の下で修業した後、1992年、ファットリア・ラ・マッサを買った。

　モッタは、カルロ・フェリーニをコンサルタント醸造家として雇ったが、醸造上の重要な決断は彼自身で下した。ワインを頻繁にバトナージュしながら澱と接触させることは、キアンティでは、特にサンジョヴェーゼではまだ新しい試みであった。このような伝統に反する方法にもかかわらず（あるいはそれゆえに）、ジョルジオ・プリモ1997をはじめとする彼のワインは、マスコミの注目を集め、同時に消費者の目を惹いた。

　モッタは今こんなことを言っている。「もし僕が1997年に今の知識を持っていたら、僕はもっともっと素晴らしいワインを造れただろう。なんといっても、あの年の葡萄は信じられないくらい良かった。」とはいうものの、このワインの色と香りは、絶品である。口に含むと、すこぶる元気で、香りは引き続き華やかである。豊かな果実味、かすかな焦げ、革と甘草の土臭い微香。**AS**

🍷🍷🍷🍷　飲み頃：2017年まで

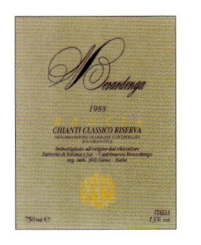

Fèlsina Berardenga
Chianti Classico Riserva Rancia 1988

フェルシナ・ベラルデンガ
キアンティ・クラッシコ・リゼルヴァ・ランチャ 1988

産地 イタリア、トスカーナ、キアンティ・クラッシコ
特徴 赤・辛口：アルコール度数13度
葡萄品種 サンジョヴェーゼ

　グランチャ・フェルシナ（ランチャという葡萄畑名はここから取った）は、中世ヨーロッパ各地に造られた大規模な施療院の1つ、サンタ・マリア・デッラ・スカラの一部で、複数の建物と畑から成り、以前は主にベネディクト派の修道僧によって管理されてきた。葡萄畑は標高410mにあり、南向きで6haの広さがある。葡萄が最初に植えられたのは、1958年のことである。キアンティ・クラッシコの南東の角、カステルヌオーヴォ・ベラルデンガ村にあるそのエステートを、1961年にドメニコ・ポジアーリが購入した。その後、彼の娘グロリアと結婚したヴェネトの教師ジュゼッペ・マッツォコーリンが、教師の仕事を辞め、コンサルタント醸造家のフランコ・ベルナベイの指導の下、今日までエステートの経営に専念している。

　1988年、マッツォコーリンとベルナベイは本領を発揮し、これまでで最高の出来のワインを造り上げた。そのワインはキアンティ・クラッシコにはめずらしく、100％サンジョヴェーゼでできている。若い時、構造はきつく閉じられているが、壜で5年以上熟成させると、花弁を開き始め、ハーブ、紅茶の葉、熟したすももの香りで口のなかを贅沢に満たす。**SG**

🍷🍷🍷🍷　飲み頃：2012年過ぎまで

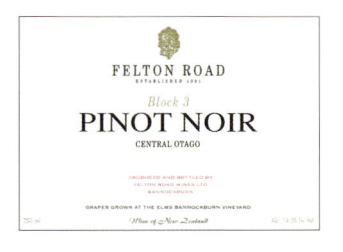

Felton Road
Block 3 Pinot Noir 2002

フェルトン・ロード
ブロック3・ピノ・ノワール 2002

産地 ニュージーランド、セントラル・オタゴ
特徴 赤・辛口：アルコール度数14度
葡萄品種 ピノ・ノワール

　ナイジェル・グリーニングはイギリスを拠点に活動する映画製作者であったが、彼はニュージーランドのフェルトン・ロード・エステートのワインが大好きで、ある時など、彼の住む町のすべての酒屋を車で回って、このエステートのワインを買い占めたこともあったほどだった。ヴィクター・カイアムが電気剃刀の会社を買ったように、彼もワイン好きが高じて、ついにその会社を買ってしまった。この時すでにグリーニングは、その近くのコーニッシュ・ポイントに彼自身の畑を所有していたのだが…。

　セントラル・オタゴのバンノック・バーンは世界で最も南に位置するワイン地域で、ニュージーランドで唯一、海洋性気候よりも大陸性気候が優勢な地域である。そのため霜の恐れはあるが、降水量が少なく、日照時間が長いという利点もある。こうした中間的な気候は、上質なピノ・ノワールを栽培するには最適の気候である。

　フェルトン・ロード・ブロック・3・ヴィンヤードは完全に北向きで、表土は風に運ばれて厚く堆積した黄土である。ブロック3の2002ヴィンテージは出色の出来で、豊かなフレーヴァーを持ち、酸は高くタンニンは低い。喉越しは柔らかで、余韻がしばらく続く。赤い果実のアロマが立ち上り、スパイスの影も見える。比較的若い時に飲むほうが楽しめるが、10年間は熟成させることもできる。ナイジェル・グリーニングが会心の作と認めるヴィンテージである。**SG**

🍷🍷🍷　飲み頃：2012年まで

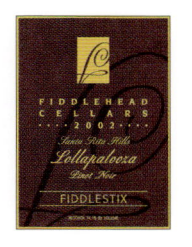

Fiddlehead
Lollapalooza Pinot Noir 2002

フィドルヘッド
ロラパルーザ・ピノ・ノワール 2002

産地 アメリカ、カリフォルニア、サンタ・バーバラ
特徴 赤・辛口：アルコール度数14度
葡萄品種 ピノ・ノワール

　キャシー・ジョセフは、もともとは微生物学者であったが、ワイン造りに魅せられ、ナパ・ヴァレーのペコタで働きながらワイン造りを学び、1989年、自分のワイナリーをサンタ・バーバラに立ち上げた。主要品種は、ソーヴィニョン・ブランとピノ・ノワールで、ピノ・ノワールは地元のサンタ・バーバラの葡萄畑からだけでなく、オレゴンからも仕入れた。彼女のやり方には、どこか遊びのような気まぐれなところがあった。たとえば、ソーヴィニョンのキュヴェを「Goosebury（Gooseberryクロスグリではない、buryには埋葬するという意味がある）」や「スイカズラ」と名付けたり、ピノをロラパルーザと名付けたりした。

　1997年、彼女は有名なサンフォード&ベネディクト・ヴィンヤードの向かい側の土地を購入し、ピノ・ノワールを40haほど、植密度を高くして植えた。その場所は冷涼で、水捌けも良かった。畑はフィドルスティックスと名付けられ、最初のヴィンテージは2000年であった。

　フィドルスティックスのピノ・ノワールは728と名付けられたが、同時に彼女は、最上の樽を厳選してロラパルーザを造った。728同様に、それは新樽比率50%で熟成される。2002は特に素晴らしい出来であった。甘美なチェリーのアロマ、良く統一されたオーク、なめらかな質感、若々しい甘い果実、成熟したタンニン。骨格は驚くほどしっかりしていて、まだ若いにもかかわらず、上質の余韻が長く続く。**SBr**

🍷🍷🍷　飲み頃：2012年まで

Château Figeac
2001
シャトー・フィジャック
2001

産地 フランス、ボルドー、サンテミリオン
特徴 赤・辛口：アルコール度数13度
葡萄品種 C・フラン35%、C・ソーヴィニヨン35%、メルロ30%

　サンテミリオンにフィジャックという名前のついた畑が他にいくつもあるということは、フィジャックがかつては途方もなく大きなエステートであったことを物語っている。とはいえ、フィジャックは現在でも40haの面積を有する大手である。他の多くのサンテミリオンの畑と違い、ここの畑は粘土質が少なく、砂礫の多い3つの斜面で構成されているが、テロワールはどちらかといえばメドックに似ている。地形の類似性は品種の類似性につながり、カベルネ・フランが高い比率を占め、カベルネ・ソーヴィニヨンもかなり多く栽培されている。

　特級畑の大半を含め、サンテミリオンの他の畑が、より豊麗で、ふくよかなワインを生み出すのに反して、フィジャックは、若い時、より抑制され、謹厳である。そのため、若い時期それは過小評価される傾向があるが、幸運にも古いヴィンテージを試飲する機会に恵まれた人々は、誰もが、フィジャックは熟成すると、優雅さと調和の極みだと確信する。それは洗練されているが、けっしてか細くなく、100%新樽に耐えうるボディーを有している。

　サンテミリオンの2001ヴィンテージは、格別良い年で、あの素晴らしい2000ヴィンテージを超えるワインもいくつかある。オークの新樽は、香り、味ともに明確に認識されるが、ワインを支配しているものは、チェリー、赤い果実の華麗なフレーヴァーである。**SBr**

🍷🍷🍷　飲み頃：2012〜2025年

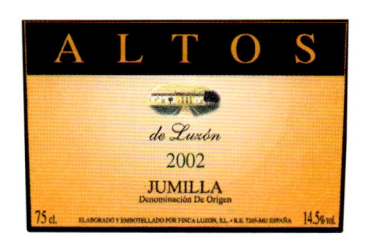

Finca Luzón
Altos de Luzón 2002
フィンカ・ルソン
アルトス・ド・ルソン 2002

産地 スペイン、ムルシア、フミーリャ
特徴 赤・辛口：アルコール度数14.5度
葡萄品種 モナストル、C・ソーヴィニヨン、テンプラニーリョ

　2005年に所有者が変わり、フィンカ・ルソンはボデガス・ルソンと名前が変わった。現在の生産量は、年間約100万本で、90%がアメリカとヨーロッパに輸出されている。畑の面積は700haで、主に古くからの品種モナストルを植えているが、テンプラニーリョ、カベルネ・ソーヴィニヨン、メルロ、シラーなども植えている。

　所有者の変更に伴い、いくつかの大きな運営上の変更が行われた。フィンカ・ルソンを大衆用ワインの会社から、スペイン南東部で押しも押されもせぬ位置にまで引き上げた第一の功労者は、ミゲル・ヒルで、それを助けてきたのが醸造家のホアキン・ガルヴェスであった。2005年以来、2人は独立し、それぞれがこの地域でめざましい活躍を見せている。ヒルは彼自身のフミーリャのボデガ、イーホス・デ・ホアン・ヒルで、そしてガルヴェスは、ラファエル・ベルナベの隣のベリーナ（アリカンテDO）で。とはいえ、このことはルソンの品質重視の姿勢に何ら影響していないようだ。

　アルトス・デ・ルソンは、毎年、そして特に2002年、スペインの品種、モナストルを主体にしたワインの実力を証明してきた。中世の頃、スペイン南東部で始めて育てられたモナストルは、いまオークの巧みな使用により、制御された力強さを持つ調和の取れたワインを生み出している。**JB**

🍷　飲み頃：2010年過ぎまで

Finca Sandoval
2005

フィンカ・サンドヴァル
2005

産地 スペイン、カスティーリャ・ラ・マンチャ、マンチュエラ
特徴 赤・辛口:アルコール度数14.5度
葡萄品種 シラー、モナストル、ボバル

　ごくまれにだが、ワインが好きで好きでたまらなくて、ついに自分でワイン業を始める人がいる。もしその物語の主人公が、ワイン評論家の第1人者だとしたら？それがフィンカ・サンドヴァルの創設者で現オーナーのヴィクトル・デ・ラ・セルナの場合である。そして彼の素晴らしいところは、ただ机に座ってあれこれと考えるだけでなく、長靴を履いて葡萄畑に入り、葡萄の茂みのなかに頭を突っ込んでいることだ。彼はまた地元の優れたエノロジスト、ラファエル・オロスコの手助けも楽しんでいる。

　フィンカ・サンドヴァルは標高770mにある10haの畑で、石灰粘土質の土壌にシラーを植えている。ここの気候と土壌に合うことで、シラーが選ばれた。彼の会社は、他にもムールヴェドル、ボバル、ガルナッチャ、ティントレーラ、トゥーリガ・ナシオナルなどを自社で栽培したり、契約で調達したりしている。

　2002ヴィンテージはスペインの温暖な地方にとっては素晴らしい年で、マンチュエラも例外ではなく、この年のフィンカ・サンドヴァルは申し分なく素晴らしい出来であった。それは大西洋の風味と地中海の風味が最高のバランスで溶け合っている。しかし、このワインの将来の姿と質を最も良く指し示すワインを、と言われれば2005年を推すべきであろう。それはすでに壮大であるが、年を経るごとに評価は高まっていくであろう。**JB**

🍷🍷🍷　飲み頃:2020年まで

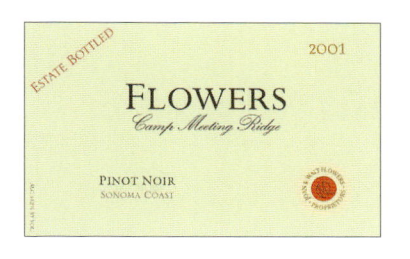

Flowers
Camp Meeting Ridge Sonoma Coast Pinot Noir 2001

フラワーズ
キャンプ・ミーティング・リッジ・ソノマ・コースト・ピノ・ノワール 2001

産地 アメリカ、カリフォルニア、ソノマ・コースト
特徴 赤・辛口:アルコール度数14度
葡萄品種 ピノ・ノワール

　2列のフラワーズ・ヴィンヤードが、ソノマ海岸段丘の上から見下ろしている。ペンシルヴァニアで苗木商を営んでいたウォルト・フラワーズが、ここソノマ・コーストに自ら葡萄畑を開いたのは、1991年のことであった。彼と妻のジョアンは、その畑にキャンプ・ミーティング・リッジと名付けたが、それは標高335mから427mの高地に広がっている。1998年、フラワー夫妻はさらに高いところに葡萄畑を拓いた。ある日フラワーが潅木の生い茂ったところや林を抜けていくと、彼はそこに粘土粒子の混じった赤い火山性の土壌を見つけた。土壌を専門家に分析してもらい、空気の流れを観測すると、その一画が素晴らしい畑になることがわかった。整地され植樹されたフラワーズ・ランチ・ヴィンヤードは、最初のヴィンテージを2004年に迎えた。どちらの畑とも、収量は非常に少なかった。

　フラワーズ・ピノ・ノワールの特徴は、なんといってもフィネスにある。しかしだからといって果実味が不足しているとか、弱々しいとかいうわけではない。年々生産量は増えているが、2つのフラワーズ・ヴィンヤードからの葡萄と、契約栽培葡萄畑からの葡萄を混ぜ合わせて造られる基本のピノ・ノワール・キュヴェは、高い水準を維持している。2001ブレンドは、ラズベリーと控えめなオーク香のアロマが心地よく、明るくジューシーで凝縮されたフレーヴァーが口いっぱいに広がり、やがて長く純粋なフィニッシュへと昇りつめる。**SBr**

🍷🍷🍷　飲み頃:2012年まで

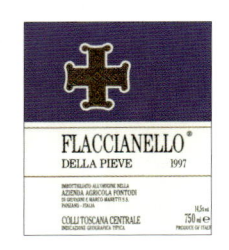

Fontodi
Flaccianello della Pieve 1997
フォントディ
フラッチャネッロ・デッラ・ピエーヴェ 1997

産地 イタリア、トスカーナ
特徴 赤・辛口・アルコール度数13.5度
葡萄品種 サンジョヴェーゼ

　サンジョヴェーゼだけから造られるワインとして最も高く評価されているワインの1つ、フラッチャネッロという名前は、キアンティのコンカ・ドーロ（黄金の盆地）、パンツァーノと同じ標高400mに位置する10haの南西を向く畑の名前から取っている。ちなみにフォントディというのはラテン語のFons-odi（憎しみの泉）から来ており、その名称はローマ時代にさかのぼる。
　キアンティ出身のマネッティ家は、3世紀以上も前から伝統的なテラコッタを作っていたが、1968年、フォントディを買い求め、それ以来少しずつ畑を拡大し、その素晴らしいワインの質を高め続けている。
　フラッチャネッロ1997は、この偉大なタスカン・ヴィンテージがもたらした豊饒をすべて表現している。若い時、それは純粋なサンジョヴェーゼだけが持つ壮大さを示し、チェリー、プラムの華やかな香りの下に、紅茶の葉、ハーブの香りも潜ませている。すでに果実と酸とタンニンのバランスが非常に良いので、若くても飲みたいという誘惑に負けそうになる。良い状態で10年ほど熟成させたものでも、まだまだ若いほうだが、香りと味の複雑さ、肉厚なフレーヴァーはすでに始まっている。このワインは多くの栄誉に輝いているが、なかでもイタリアの影響力の強いワイン・ガイド誌『ガンベロ・ロッソ』誌で、最高賞トレ・ヴィッキエリに輝いたことは特筆に価する。**SG**
🍷🍷🍷🍷　飲み頃：2010年過ぎまで

Foradori
Granato 2004
フォラドリ
グラナート 2004

産地 イタリア、トレンティーノ、メッツォロンバルド
特徴 赤・辛口：アルコール度数14度
葡萄品種 テロルデゴ

　グラナートというのはイタリア語で"柘榴（ざくろ）"を意味する。葡萄と柘榴は、どちらも地中海沿岸が原産地であり、そこから、トレンティーノで最も重要な赤ワイン品種であるテロルデゴから生まれる凝縮された深い味わいのこのワインにその名が付けられた。この世界レベルのワインを生み出しているのは、テロルデゴ種の最上の表現型を持つクローンであり、葡萄畑の生物多様性であり、低い収量である。
　グラナート2004は、2007年のガンベロ・ロッソ・ガイドにおいて最高賞の"トレ・ビッキエリ"を獲得した。葡萄はフォラドリの故郷であるメッツォロンバルド近郊のテロルデゴの葡萄畑と、特にモレイ、スガルツォン、セスーラなどの砂礫の多い沖積層土壌の単一畑からのものを使用している。
　オークの大型開放槽で発酵させた後、オークの小樽で18ヵ月間熟成させる。ワインは劇的で深いルビー色をしており、アロマとフレーヴァーがぎっしり凝縮されていることを暗示している。豊麗で、粘着性があり、ハーブのような、えもいわれぬ香りがし、強烈であるがとても優美である。しっかりと織り込まれたタンニンが基礎構造を支え、その上を生垣のベリー類や、ある批評家が言った柘榴のような果実味が次から次に柔らかな旋律に乗ってやってくる。**ME**
🍷🍷🍷🍷　飲み頃：2020年まで

Château Fourcas-Hosten
2005

シャトー・フルカ・オスタン

2005

産地 フランス、ボルドー、リストラック
特徴 赤・辛口：アルコール度数13度
葡萄品種 メルロ45％、C・ソーヴィニョン45％、C・フラン10％

　メドックの名だたる葡萄畑からかなり離れたところにあるリストラックは、これまでどちらかと言えば、優雅さにかける田舎臭いワインだと考えられてきた。確かに当たっている場合もある。しかし一方で、ここのワインは長期熟成に向いている。多くのワイン生産者がシャトー・フルカの名前を使っているが、村の教会の近くにあるこのシャトー・フルカ・オスタンが、もっとも均整が取れ、美しい佇まいである。

　1983年、オーナーであるニューヨークのワイン商、ペーター・MF・シシェルは隣のシャトー・フルカ・デュプレのオーナーであるパトリス・パジェに、畑の管理と、ワイン造りの監督を依頼した。いくつかの葡萄畑は機械で摘み取りが行われる。ワインは新樽比率3分の1で12ヵ月熟成させられる。

　パジェは葡萄栽培についてはかなり経験を積んでいると自負しているが、このワインが自らのフルカ・デュプレと非常に違っていることに頭をかしげる。若い時、確かにそれは田舎臭さがあるが、10年以上壜熟させると、アロマは精妙になり、フレーヴァーが湧き上がってくる。たとえば1971年は、それほど飛び抜けて良いというほどのワインではないが、30年以上経った現在でも、まだ若々しく個性的である。シャトー・フルカ・オスタン2005年は、豊かな果実の香りが広がり、タンニンはまだ少しきめが粗いが、いつもの年よりも肉感的である。**SBr**

🍷🍷　飲み頃：2025年まで

Domaine Fourrier
Griotte-Chambertin GC 2005

ドメーヌ・フーリエ

グリオット・シャンベルタンGC 2005

産地 フランス、コート・ド・ニュイ
特徴 赤・辛口：アルコール度数13度
葡萄品種 ピノ・ノワール

　クロ・ド・ベーズの斜面の下側に、2.73haと、この村で最も小さいグラン・クリュがある。それがグリオット・シャンベルタンである。この畑は5ないし6人のオーナーしかいないが、その中で量ではなく質で最も重要視されているのが、ドメーヌ・フーリエである。そのドメーヌは年間大樽4つ分ぐらいしか生産しない。

　1980年代後半に、ジャン・マリー・フーリエが父親とともに働くことになった頃、エステートの評判は低迷していた。1950年代と60年代は良かったが、それ以降は駄目だと。ジャン・マリーは故アンリ・ジャイエから醸造学を学び、オレゴンのドメーヌ・ドルーアンで修行を積んできていた。彼はワイン造りの全工程を見直し、収量を減らし、4つのジュヴレイ・シャンベルタンのプルミエ・クリュの葡萄を別々に分けてキュヴェにした（5つ目のクロ・サン・ジャックは以前から単独キュヴェになっていた）。こうして、1993年以降のワインは再びかつての栄光を取り戻した。

　2005年は偉大なブルゴーニュ・ヴィンテージであった。グリオット（フランス語で、石灰岩が崩壊してできた土壌の意味で、別の意味であるサクランボとは関係ない、しかしブラック・チェリーの香りは確かにする）はこの村で最も洗練されたワインの1つである。それはミュジニィの陰を持ったジュヴレイといえるかもしれない、愛すべきワインである。**CC**

🍷🍷🍷🍷　飲み頃：2019～2035年過ぎ

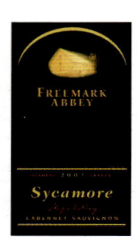

Freemark Abbey
Sycamore Cabernet Sauvignon 2003

フリーマーク・アビー
シカモア・カベルネ・ソーヴィニヨン 2003

産地 アメリカ、カリフォルニア、ナパ・ヴァレー
特徴 赤・辛口：アルコール度数14度
葡萄品種 C・ソーヴィニヨン85％、メルロ8％、C・フラン7％

　セント・ヘレナの真北にあるこの場所にワイナリーが造られたのは1886年のことだったが、その所有者は次から次に変わっていった。1955年にいったん閉鎖されたが、1967年に再開された。2001年、ワイナリーとフリーマーク・アビーというブランド名はレガシー・エステート・グループに売却されたが（葡萄畑は違う）、その新オーナーは手を伸ばしすぎて苦境に陥った。2006年、今度はジェス・ジャクソンによって購入されたが、フリーマークというラベルは残された。

　1970年代以降、フリーマーク・アビーは、乾式農法のボッシュ・ヴィンヤードからのカベルネを使った単一葡萄畑ワインで有名になった。1984年には、当時の共同経営者の1人であったシカモア・ヴィンヤードからの単一葡萄畑ワインが、第2のカベルネとして加わった。シカモアはラザフォードでも最高の場所にあり、ボッシュよりも濃密で、よりしっかりした骨格のワインを生み出す。同じ葡萄畑で出来るカベルネ・フランやメルロを少量加えることで、ワインに深みが与えられている。

　シカモア・カベルネ2003は、アロマの豊かさが圧倒的で、ブラック・チェリーやミントの芳香もあり、ジャミネスに近い豊麗さがある。口に含むと強い凝縮感があるが、タンニンは邪魔をせず、過度な抽出は感じられない。生き生きとした長い余韻が続く。古典的なナパ・カベルネがここにある。**SBr**
🍷🍷🍷　飲み頃：2025年まで

Frog's Leap
Rutherford 2002

フロッグス・リープ
ラザフォード 2002

産地 アメリカ、カリフォルニア、ナパ・ヴァレー
特徴 赤・辛口：アルコール度数13.6度
葡萄品種 C・ソーヴィニヨン89％、C・フラン11％

　フロッグス・リープ・ラザフォードのワインは、肉厚なぎっしり詰まったワインに対するアンチ・テーゼであり、「比類なき酒質」という彼らのキャッチフレーズを確かめるには、やや生産量が少なすぎるように思える。1981年、ラリー・ターリーとジョン・ウィリアムズによって設立されたこのワイナリーの目指すものは、ナパ・ヴァレーの葡萄を使って、しなやかで美味しいワインを創りだすこと、価格ではなく、味覚的な意味で近づきやすいワインを生み出すことであった。

　常に100％乾式農法で育てられているラザフォード生まれのカベルネ・ソーヴィニヨンを主体にしたそのワインは、非常に精巧に造られ、アンドレ・チェリチェフがナパ・ヴァレーの真髄と考えてきたものが見事に表現されている。アロマは強烈で、黒果実が繊細なグリーン・オリーブの微香に持ち上げられ、チェリチェフが「ラザフォード・ダスト」と名付けた調和のとれた質感は、玉石の上にヴェルヴェットを被せた感じに似ている。

　ウィリアムズは、コクがあるが柔らかくしなやかなワインを造るため、圧搾機を使うのを控え、そのかわりマセラシオンの期間を30日間まで延長している。2002年の夏は暑く、フロッグ・ラザフォードの目指すワインの葡萄にとっては最適の気候であった。生き生きとした潤沢な果実味が蛙のようにグラスから飛び出し、口の奥からかすかに引き寄せるしっかりしたダスティなタンニンを通して、豊麗な触感がその生まれた土地を物語っている。**LGr**
🍷🍷🍷　飲み頃：2012年過ぎまで

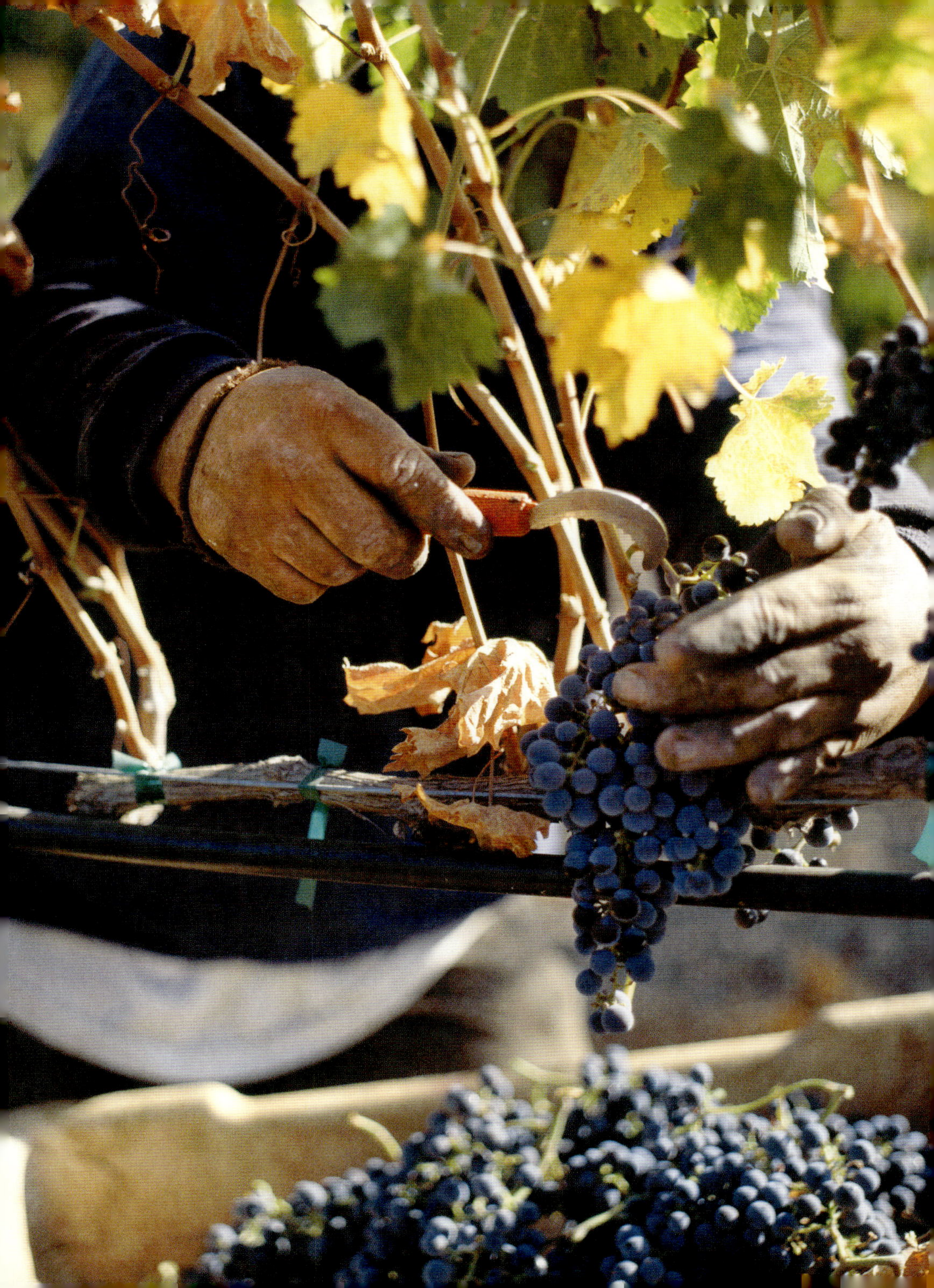

Fromm Winery
Clayvin Vineyard Pinot Noir 2001
フロム・ワイナリー
クレイヴァン・ヴィンヤード・ピノ・ノワール 2001

産地　ニュージーランド、マールボロ
特徴　赤・辛口：アルコール度数14度
葡萄品種　ピノ・ノワール

　フロム・ワイナリーは数種の上質な単一葡萄ワインを出しているが、そのうちの半数以上がピノ・ノワールである。オーナーであるフロム・ジョージは、それが「ニュージーランドで育つ品種のなかで最も高い国際的基準を達成している」と確信しているからである。
　フロムは、2カ所のブランコット・ヴァレーの葡萄をブレンドしたラ・ストラーダ・ピノ・ノワールに加え、2種類の単一葡萄畑ワインを出している――フロム・ヴィンヤードとクレイヴァン・ヴィンヤード。後者は、ブランコット・ヴァレーにある日当たりの良い丘の中腹の美しい畑で、クレイヴァンという名前は、青から赤まで様々な色を持つ複雑な粘土質（クレイ）土壌から付けられた。15haのその畑は、1991年に2人の地元農家が植樹し、収穫の一部をフロムに納めていたが、1998年にフロムとそのイギリスの販売代理店レイ&ウィーラーに買い取られた。
　ジョージは2001年を、1996年以来の最高の出来だと述べているが、そのワインは2004年に開かれた錚々たるワインが一堂に会するニュージーランド・ピノ・ノワール祭典にマールボロ代表として出品され、フランスの代表的なワイン評論家ミシェル・ベタンヌに高く評価された。しっかりした構成を持ち、黒い果実と優しいスモークの香りが滴るように新鮮で、調和の取れた豪華な口当たりを持ち、特権的に恵まれた畑のミネラルと個性を遺憾なく発揮している。**NB**
🍷🍷🍷　飲み頃：2012年まで

Elena Fucci
Aglianico del Vulture Titolo 2004
エレーナ・フッチ
アリアニコ・デル・ヴルトゥーレ・ティトロ 2004

産地　イタリア、バジリカータ、ヴルトゥーレ
特徴　赤・辛口：アルコール度数13.5度
葡萄品種　アリアニコ

　エレーナ・フッチは2000年に出来たばかりのまだ若いエステートであるが、オーナーであるエレーナ・フッチも若く、最近プロの醸造家としての資格を取得したばかりである。エレーナ・フッチ・エステート最初のヴィンテージは、コンサルタント醸造家のセルジオ・パテルノステルの助けを借りながら、彼女の父親サルヴァドーレが完成させたものだった。アリアニコ・デル・ヴルトゥーレ・ティトロは、同名の畑から出来る葡萄を使っているが、そのバリレ村の畑は、サルヴァドーレとエレーナの自宅の裏庭に間違えるほど小さく、整然としている。
　ティトロ2001はエステートの実力の片鱗を見せたにすぎない驚くべき前奏曲だった。次の2002と2003は、まったく違った気候だが、ともに困難な年であった。しかし両ヴィンテージとも、このオーナーがどんなに困難な状況にあっても、それに立ち向かっていく力を持っていることを如実に示した。続く2004ヴィンテージは、このエステートの実力が成熟した年だった。
　ティトロ2004は深く鮮烈な色をし、熟した豊潤な黒果実、さらには土と革の濃い暗示など驚くほどに複雑な芳香を持ち、ブーケはバルサミコやミントの微香で完結させられている。エレーナ・フッチはバリレがいつの日か、バジリカータのモンタルチーノになることを夢見ている。そしてこのワインは、その日がそんなに遠くないことを教えている。**AS**
🍷🍷🍷　飲み頃：2025年過ぎまで

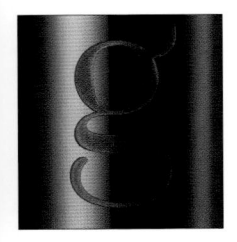

Gago Pago La Jara
2004

ガゴ・パゴ・ラ・ハラ
2004

産地 スペイン、トロ
特徴 赤・辛口：アルコール度数14.5度
葡萄品種 ティンタ・デ・トロ（テンプラニーリョ）

　実家のワイナリー、リオハのレメユリで10年ほど働いた後、1994年に、テルモ・ロドリゲスは、同じくボルドーで学んだ友人と共に会社を設立する決心をした。2人はスペイン中を醸造機材を積んだ車で移動しながら、多くのアペレーションを再発見すると同時に、古典的な地域でも働き、東西南北各地のワインを造ってきた。

　テルモの「モーダス・オペランディ（やり方）」は、地元の栽培家と協力し、シンプルで安価なワインを造りながら、その地の葡萄、土壌、気候を理解し、最上のワインを生み出すことができる優れた葡萄畑を探し出すというものである。トロでも同じやり方が行われ、そこで造られたのがデヘーサ・ガゴと、このパゴ・ラ・ハラの前のガゴである。パゴ・ラ・ハラのための葡萄は、標高686mの玉石で覆われた石灰岩粘土質の3つの区画に、1940年代に植えられた葡萄樹からのものである。

　2004年はトロにとっては素晴らしいヴィンテージであった。そのワインは、2003や2005と比べると最初は厳しく、タンニンが触るが、酸とのバランスは良く、長期熟成に向く凝縮感がある。そのワインは、ピート、黒鉛、スモーク、黒果実（ブラックベリー、ブルーベリー）などの豊富なミネラルの香りを持ち、スミレの姿も見える。大きくて力強い口当たりで、タンニンと新鮮な果実が絶妙のバランスを取っている。そして長く持続する余韻が続く。**LG**

§§§　飲み頃：2009〜2019年

Gaia Estate
Agiorghitiko 1998

ガイア・エステート
アギオルギティコ 1998

産地 ギリシャ、ペロポネソス、ネメア
特徴 赤・辛口：アルコール度数13.5度
葡萄品種 アギオルギティコ

　ペロポネソス半島はギリシャ本土最南端に位置し、ギリシャの他の地域同様に山が多い。ここコウティス村は石灰岩土壌で、ギリシャで最も高品質なワインを生み出しているガイア・エステート——古代ギリシャの大地の神の名前から取っている——の所在地である。ガイアは2人の若きギリシャ人醸造家、レオン・カラツァロウスとヤニス・パラケヴォポロウスによって設立された。2人がワイン造りを始めたのはサントリーニ島で、今でもそこでギリシャで最も優れた白ワインを造っている。

　大半のネメア・ワインは、丘にはさまれた平らな盆地の畑に育つ、アペレーション規則で許されている高収量で実る葡萄を使って造られる、軽くて飲みやすいワインであるが、ガイア・エステートのワインはそれらとは異質である。レオンとヤニスは丘の斜面の葡萄畑を購入し、そこに低収量だがずば抜けた特性を持つアギオルギティコ（サン・ジョルジュ）を植えている。それは世界でも最も素晴らしい味と香りを持つ隠れた名品種である。

　1998ヴィンテージは、深く、ほとんど不透明といえる色をし、熟した黒い果実（ブラック・チェリーやスモモ）、甘いスパイス、トーストの濃厚なアロマやフレーヴァーが漂う。口に含むと、豊潤な果実味が、酸と、ヴェルヴェットのような柔らかなタンニンと完璧なバランスを取っている。ガイア・エステートはギリシャ・ワインの最前線で、世界レベルのワインと競っている。**GL**

§§§§　飲み頃：2012年まで

Gaja *Barbaresco* 2001
ガイア　バルバレスコ 2001

産地　イタリア、ピエモンテ、ランゲ
特徴　赤・辛口：アルコール度数13.5度
葡萄品種　ネッビオーロ

　ガイア家がピエモンテに登場するのは17世紀半ばのことで、1859年にジョヴァンニ・ガイアが自分の名前を冠したエステートを創設した。1961年にアンジェロが家業に加わり、現在ではバルバレスコとバローロに101haもの畑を所有し、さらに遠くトスカーナにも2つの畑を持っている。アンジェロが現在、代表者で販売の責任者であるが、醸造はグイード・リヴェッラが長く取り仕切っている。

　ガイアのワインには、3種の単一葡萄畑バルバレスコがある。ソーリ・ティルディン、ソーリ・サン・ロレンツォ、コスタ・ルッシである。また2種のバローロもある。借り受けているグロミス・エステートから生まれるスペルスとコンティサ・チェロッキオである。しかし言うまでもなく、ガイアのフラッグシップ・ワインは14の畑のネッビオーロをブレンドして造られる、何も付随する語句のない"バルバレスコ"である。

　2000年と2001年は、アルバのワインが1995年から享受している、「豊作の7年」と名付けられためずらしく良い作柄が続いた最後の2年に当たる年だった。ワインは次々に壜詰めされていったが、結局、2001が最も気品があり、優雅で、長期熟成する力強さを持つ、最も優れたヴィンテージだったことが明らかになった。2006年3月に試飲する幸運に恵まれたが、ガイア・バルバレスコ2001はやはり出色の仕上がりで、ネッビオーロの純粋な成熟した香気が立ち昇った。口に含むと、予想通りまだ閉じて、未発達であったが、凝縮感と余韻の長さは圧倒的であった。2001年のような恵まれた年のバルバレスコは、30年以上の熟成に耐えることができるが、このバルバレスコは10年前後経って初めて近づくことのできるワインになるようだ。**SG**

🍷🍷🍷🍷🍷　飲み頃：2031年過ぎまで

追加推薦情報
その他の偉大なヴィンテージ
1961・1964・1971・1985・1989・1990・1996・1997
ガイアのその他の生産者
バローロ・スペルス、コスタ・ルッシ、ガイア＆レイ、シャルドネ、ソリ・サン・ロレンツォ、ソリ・ティルディン

Domaine Gauby *Côtes du Roussillon-Villages Rouge Muntada* 2003
ドメーヌ・ゴビー　コート・デュ・ルーション・ヴィラージュ・ルージュ・ムンタダ 2003

産地　フランス、ルーション
特徴　赤・辛口：アルコール度数13.5度
葡萄品種　シラー45％、グルナッシュ30％、カリニャン25％

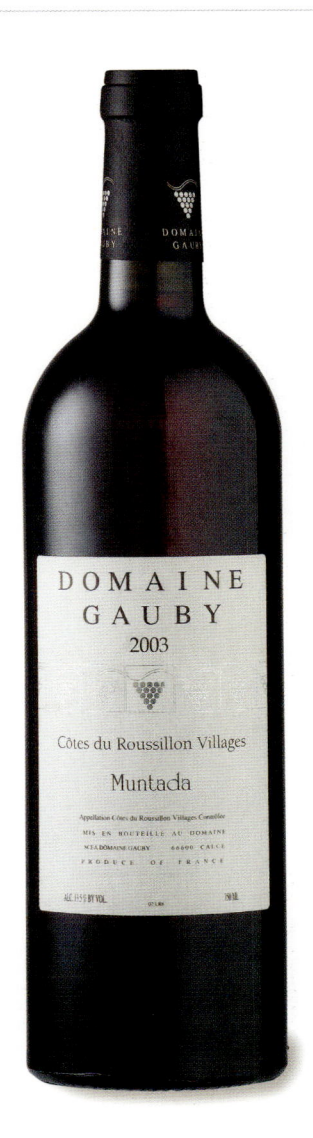

　ラグビーのフランス代表選手の息子であるジェラール・ゴビーは、しばしばルーションの「無冠の帝王」と評される。1985年に母方の祖父から畑を相続したとき、彼の自由になる区画は5haで、その葡萄はすべて地元の協同組合に納めていた。その後彼は順次畑を買い増しし、現在ではペルピニャンの西のはずれ、アグリー・ヴァレーに45haの畑を所有している。

　葡萄畑の大半はカルチェ村にあるが、ずっと内陸部の現在脚光を浴びているフェヌーデ地区にも畑を持っている。土壌は主にチョーク質──カルチェというのは石灰を意味する──で、主にグルナッシュを植えている。1947年に植えられたものもあり、全体的に収量は低い。

　フラッグシップ・ワインはムンタダ・コート・デュ・ルーション・ヴィラージュ・ルージュである。ムンタダは以前はアルコール度数が平均して15度もあったが、ゴビーは1990年代の終わり頃、ルーションの畑には欠陥があると確信した。その畑は常に農薬を散布する必要があった。彼は農薬散布を止め、2000年以降は完全なビオディナミに移行した。すると葡萄の姿形が少しずつ変化し、ワインも変化していった。彼はワイナリーでも、新樽の比率も控えめにし、抽出も抑制した。彼の目指すところは、フィネスを深化させることで、それはブルゴーニュへの彼の憧れの表明だった。かつてアルコール度数の高い大柄なワインであったムンタダは、いまでは新鮮で抑制されたワインとなり、熟成を要求するまでに成長した。**SG**

🍷🍷🍷🍷　飲み頃：2015年まで

追加推薦情報
その他の偉大なヴィンテージ
1998・1999・2000・2001・2002
ゴビーのその他のワイン
レ・キャルシネール、ラ・クーム・ジネストレ、ヴィエイユ・ヴィーニュ

Red wines | 559

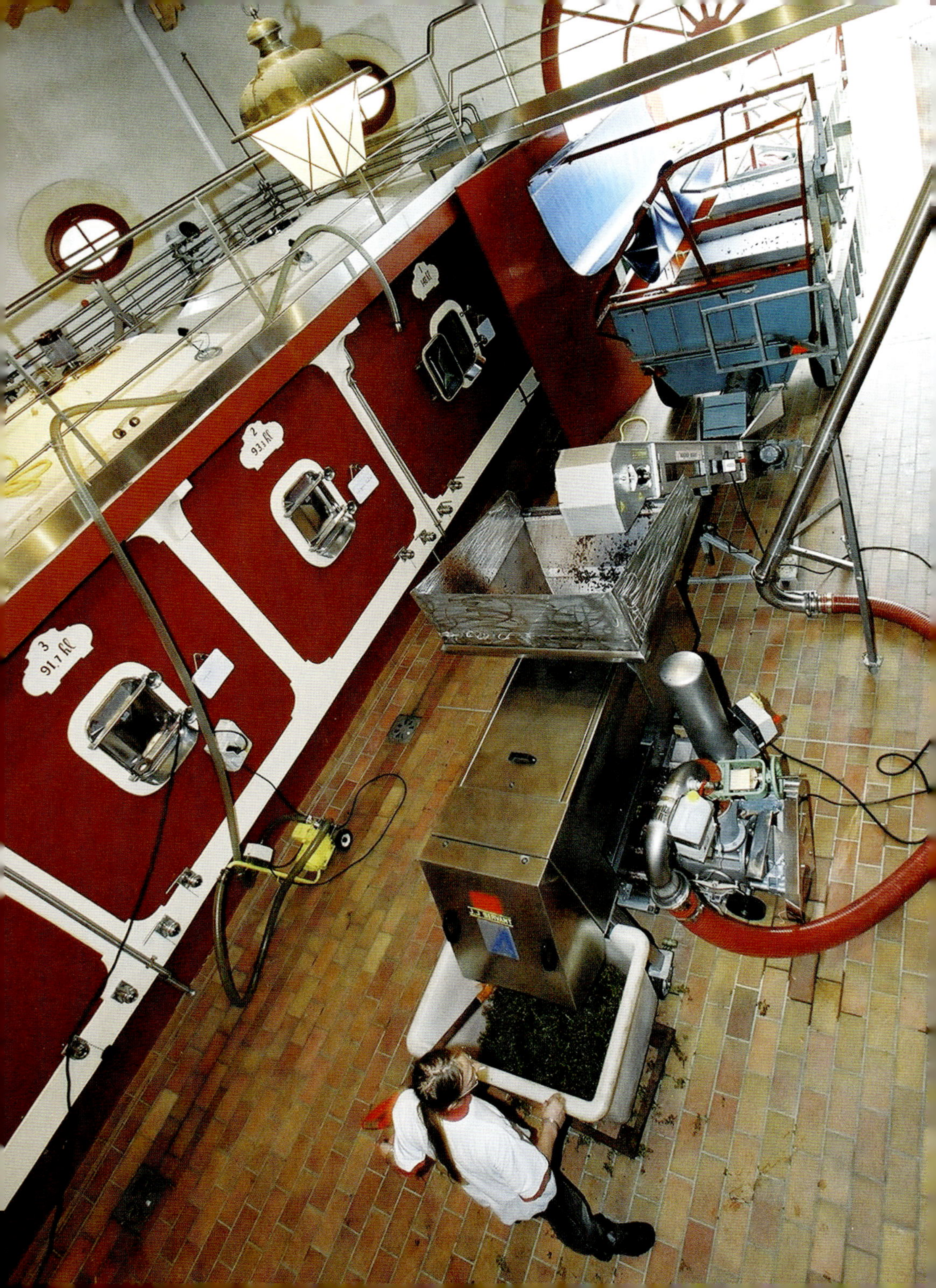

3
91,7 hl
2
93,1 hl

Château Gazin
2004
シャトー・ガザン
2004

産地 フランス、ボルドー、ポムロール
特徴 赤・辛口：アルコール度数13度
葡萄品種 メルロ90％、カベルネ・ソーヴィニョン7％、カベルネ・フラン3％

　隣のシャトー・ペトリュスの豪壮なシャトーと違い、ガザンのシャトーは優雅な田舎風邸宅といった佇まいで、バイヤンクール家がここに90年前から住んでいる。1970年代、ガザンは苦境に陥った。バイヤンクール家はもう1カ所、サンテミリオンにシャトー・ドミニクを保有していたが、ガザンを維持するために、その区画と、ガザンの畑のうちの約4.8haを売りに出さなければならなくなった。その買い手は、他でもない、隣のペトリュスであった。しかも買い取られた区画は、ガザンの最も恵まれた部分であった。
　ガザンの畑はすべてが好立地にあるというわけではないが、24haの畑の3分の2は恵まれたポムロール台地にあり、そこをペトリュスなどいくつかのシャトーと分け合っている。ガザンはペトリュスほどの力強さ、重量感はないが、若い時、それは凝縮され、タンニンが豊富だ。1988年以来、そのワインは着実に品質を向上させているが、まだ正当に評価されないことが多い。理由は、大部分がポムロールの銘で売りに出され、稀少ワインとして探し求められる銘柄を確立していないことにあるだろう。しかしガザンは全般的に裏切られることがなく、ガザン2004は、それほど素晴らしいヴィンテージでなくても、このシャトーが上質のワインを生み出すことができるということを証明している。強烈な香気が立ち昇り、豊潤な果実が口いっぱいに広がり、スパイスも感じられ、甘美な余韻が続く。**SBr**
🍷🍷🍷　飲み頃：2012〜2025年

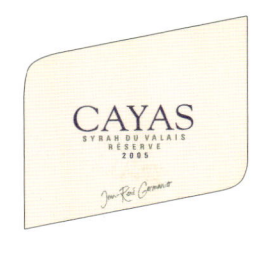

Jean-René Germanier
Cayas Syrah du Valais Réserve 2005
ジャン・レネ・ゲルマニエ
カヤス・シラー・デュ・ヴァレー・レゼルヴ 2005

産地 スイス、ヴァレー、ヴェトロス
特徴 赤・辛口：アルコール度数13度
葡萄品種 シラー

　スイス、ヴァレー州は5,000haの面積を持ち、スイス一番のワイン生産地域であるだけでなく、ローヌ河の源流があるところでもある。そんなわけで、醸造家であるジャン・レネ・ゲルマニエはいつも、偉大なシラーを造りたいと夢見ていた。彼のワイナリーの歴史は古く、1896年、ウルヴァン・ゲルマニエがヴェトロスのパラヴォーに葡萄畑を拓いた時に始まる。現在はゲルマニエ家の4代目、ジャン・レネ・ゲルマニエの甥のジリ・ベスがワイナリーを取り仕切っている。
　100％シラー・カヤスの最初のヴィンテージは1995年で、その時はシラー・デュ・ヴァレーとしてリリースされた。カヤスはフランス語のcaillou（フランス語で「玉石」）を意味するが、ヴェトロスの粘板岩土壌の特徴を表している。最初のヴィンテージから、カヤスは優雅さ、凝縮感、力強さ、長寿において秀でており、スイス一番のシラーと認められてきた。ワイナリーは2004年にセカンド・ワインを、シラー2004という銘で出したが、その目的はカヤスの質をさらに一段と高めることであった。
　カヤス2005は、色は濃く、ほとんど紫色をしている。カシス、苔、コーヒーのアロマがあり、飲み口はとても甘美で新鮮、熟した赤い果実と、土味、ミネラル、スパイスのバランスがとても良い。タンニンは濃くしっかりしており、余韻は長い。**CK**
🍷🍷🍷　飲み頃：2009〜2015年

← ガザン・ワイナリーでは、到着した葡萄房はまず除梗される。

Gerovassiliou *Avaton* 2002
ゲロヴァシリウ　アヴァトン 2002

産地　ギリシャ、エパノミ
特徴　赤・辛口：アルコール度数14度
葡萄品種　リムニオ、マヴロウディ、マヴロトラガノ

エヴァンゲロス・ゲロヴァシリウの同名のドメーヌは、おそらくギリシャで一番のドメーヌであろう。ドメーヌはテサロニキの南西約24kmのエパノミにあり、エヴァンゲロスはそこで生まれ育った。現在のエステートは一家が所有していた2.5haの葡萄畑を発祥としており、彼は1981年にそこに、ギリシャの土着品種と国際種を植えた。エヴァンゲロスには良いワインを造ることができる恥ずかしくないバックグラウンドがある。彼はボルドーで修行を積み、現在の彼の影響力の源となっている偉大なエミール・ペイノーの薫陶を受け、1976〜1999年までシャトー・カラスのワインメーカーを務めてきた。

元の小さな葡萄畑は、現在は45haまで拡大し、今もギリシャの土着品種と国際種の両方を植えている。シャルドネ、ソーヴィニョン・ブラン、ヴィオニエ、グルナッシュ、シラー、メルロといった国際種のスターたちが、ギリシャの土着品種、アシルティコ、マラグシア、リムニオ、マヴロウディ、マヴロトラガノと肩を寄せ合って果房を実らせている。マラグシアはゲロヴァシリウの愉悦でもあり、誇りでもある。なぜなら、この絶滅しかかっていた品種を救ったのは他ならない彼だったからである。

ゲロヴァシリウの造る白ワインは非常に鮮烈だ。しかしそれ以上に彼の突出した才能を示すのは赤である。確かにゲロヴァシリウのシラーも秀逸だが、彼の赤の最高傑作はやはり何といってもアヴァトンだろう。ギリシャの土着品種、リムニオ、マヴロウディ、マヴロトラガノをブレンドして造られた赤ワインであるからなおさらである。これは実に存在感のあるワインである。現代的な土っぽい黒い果実が、愛らしい香辛味の骨格と共存している。セラーで20〜30年寝かせておく間に、まだまだ成長を続ける生命力を持った、真のヴィンテージ・ワインである。**JG**

🍷🍷　飲み頃：2020年過ぎまで

追加推薦情報
その他の偉大なヴィンテージ
2001 ・ 2003 ・ 2004
ゲロヴァシリウのその他のワイン
クティマ・ゲロヴァシリウ（赤・白）、クティマ・ゲロヴァシリウ・フューム、シャルドネ、ヴィオニエ、シラー

ゲロヴァシリウ・ワイナリーに到着したばかりのリムニオ種。

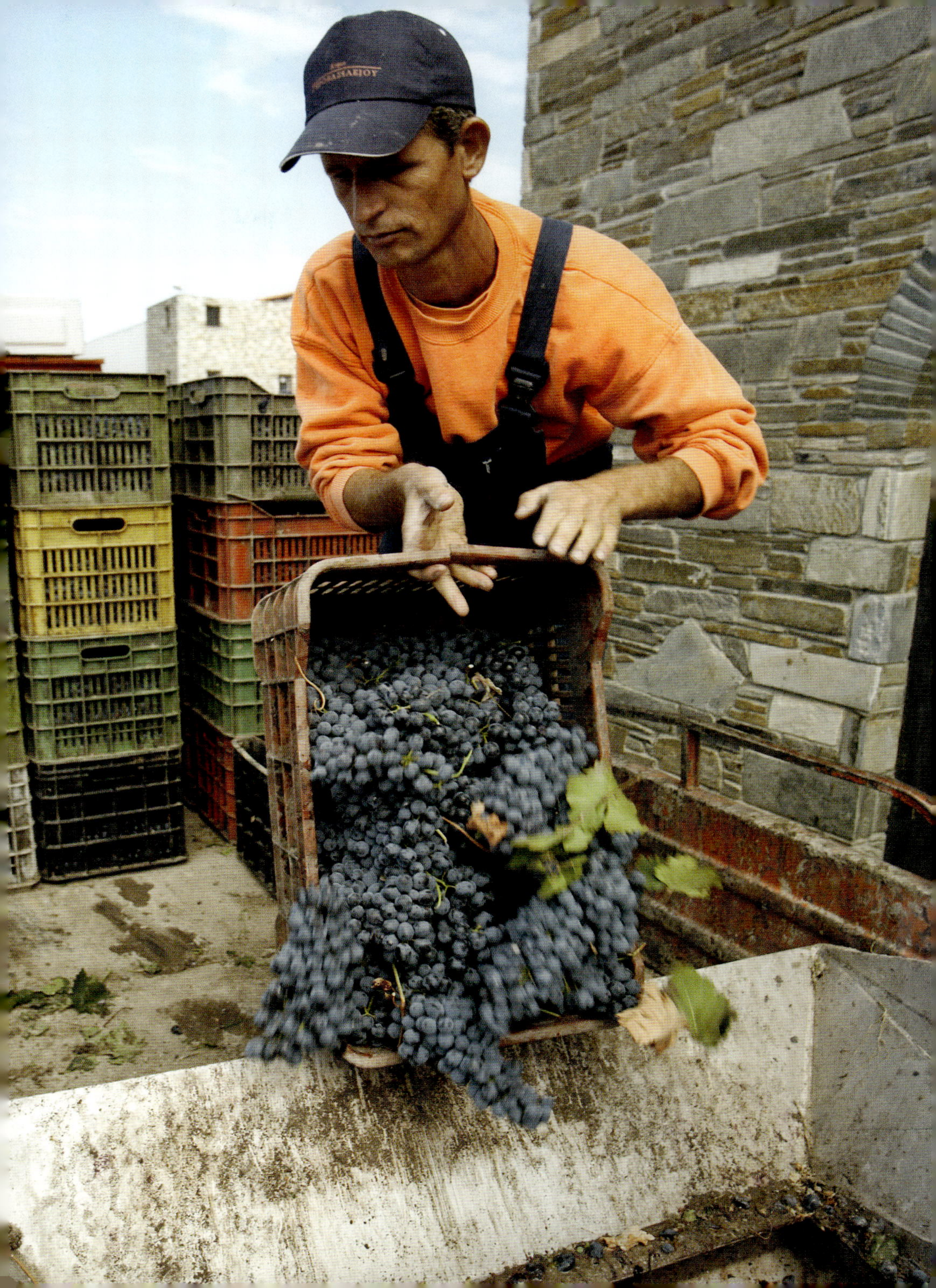

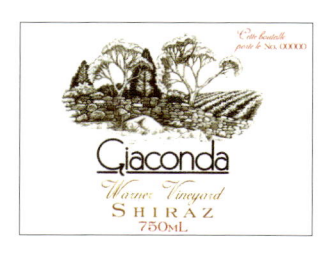

Giaconda
Warner Vineyard Shiraz 2002

ジアコンダ
ワーナー・ヴィンヤード・シラーズ 2002

産地 オーストラリア、ヴィクトリア、ビーチワース
特徴 赤・辛口：アルコール度数13.5度
葡萄品種 シラーズ

　気取らない静かな語り口のリック・キンツブラナーは、オーストラリアワイン界の教祖的存在である。彼は旨いワインを造るためなら、できることすべてを葡萄栽培に投入する真のヴィニュロン（葡萄栽培家）である。ジアコンダがワインを最初に造ったのは1985年で、すぐにシャルドネは大きな評判を生んだが、カベルネ・ソーヴィニョンとピノ・ノワールはいまいちであった。1999年に始めてシラーが登場するが、それはジアコンダの隣のワーナー・ヴィンヤードで育てられたものである。それは登場とともにセンセーションを巻き起こし、シラーズの競争相手には事欠かないオーストラリアにあって、たった4年のヴィンテージで、評論家からオーストラリア・シラーズの最高峰と折り紙を付けられるまでになった。

　そのシラーズはジアコンダ・ヴィンヤードからそう遠くないワーナー・ヴィンヤードの2haの畑と、その後に拓かれた0.8haのエステート所有の畑（将来エステートのシラーズをすべて供給できるようになるだろう）からのものである。土壌は両方とも花崗岩質である。

　2002は大きな、よく凝縮されたワインである。色は血のように鮮やかで、様々な果物の香りがするが、プラム、ブラック・ベリー、スパイスのミックスされた香りが支配的である。口あたりは濃く、豊麗で、噛みたくなるほどであるが、それでいて優美でしなやか。20年以上は長生きするワインである。**HH**
🍷🍷🍷　飲み頃：2022年まで

Bruno Giacosa
Asili di Barbaresco 2001

ブルーノ・ジャコーザ
アジリ・ディ・バルバレスコ 2001

産地 イタリア、ピエモンテ、ランゲ
特徴 赤・辛口：アルコール度数14度
葡萄品種 ネッビオーロ

　イタリアは多くの自慢できるワイン生産者を持ち、世界に名だたる名匠をも輩出しているが、いざ天才となると、この人を置いて他にあるまい。ブルーノ・ジャコーザである。ブルーノは一介のコメルシアンテ（フランスのネゴシアンに相当）で、父親と同様に、長く信頼関係を築いてきた葡萄農家から葡萄を買い入れ、それを特別なワインに仕立て上げる仕事をしていた。ブルーノは常に、どこの葡萄が彼の最高のワインに役立つかを知っていた。それが、彼のリゼルヴァの赤ラベルが高い評価を得る大きな理由である。

　彼はバルバレスコのアジリ地区の大きな葡萄畑、そしてバローロのセラルンガ地区のファレットを購入し、自分自身の葡萄畑を持つに至った。アジリは力強さというよりも、優雅さと気品で有名である。ファレットは、その謹厳さとしっかりした骨格、成熟までにかかる年月の長さ、長期熟成に耐える能力で有名である。

　アジリ2001やファレット・リゼルヴァ2000などのジャコーザの最高級ワインは、良い意味で交響楽的であり、精妙なアロマとフレーヴァーが響きあい、甘さと苦さがせめぎあい、果実味と酸とタンニン、ハーブとフラワー、革やタールとオーク（彼は大樽しか使わないが）が精妙な和音を聞かせる。さらに、きのこ、時にはトリュフ、肉、猟鳥の要素も忘れてはならない。**Nbel**
🍷🍷🍷🍷　飲み頃：2030年過ぎまで

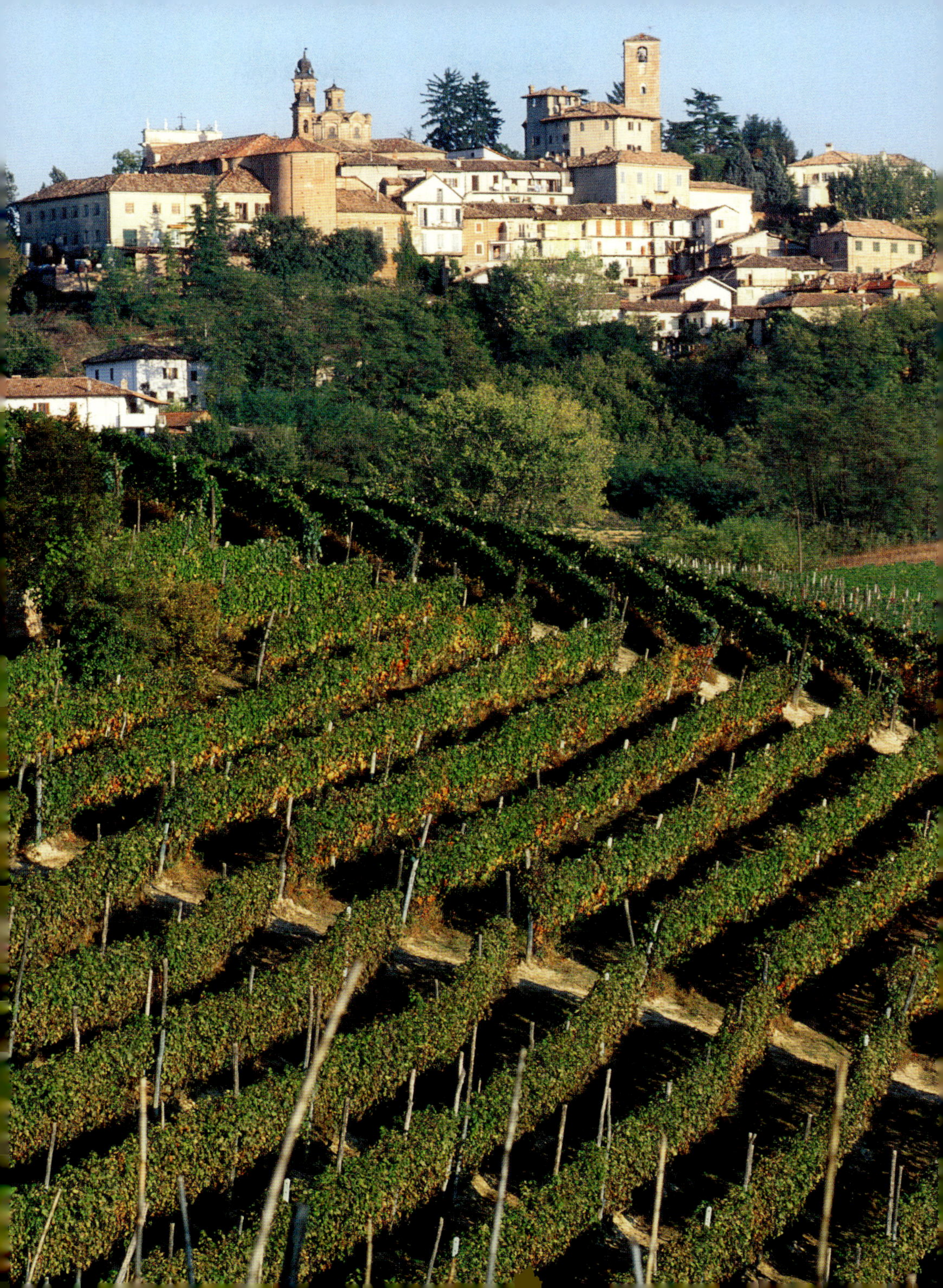

Château Giscours
1970

シャトー・ジスクール
1970

産地 フランス、ボルドー、マルゴー
特徴 赤・辛口：アルコール度数12.5度
葡萄品種 C・ソーヴィニョン53％、メルロ42％、その他5％

 14世紀中世の時代、このシャトーは恐ろしい地下牢のある城として有名であった。しかしすでに1552年、シャトーは売りに出され、かなり高い格付けの葡萄園に変わった。第2帝政（1852～70）の時代、当時の所有者であったペスカトーレ伯爵が、銀行業で成した財を用いて、ナポレオン3世の婚約者エンプレス・ユジニーを迎えることができるようにシャトーを大規模に改築した。ニコラ・タリとその息子のピエールは、この葡萄畑が第2次世界大戦後の栄光の時期を経験するのを見てきた。そして現在シャトーは、負債整理に伴い、オランダの金融家フランコフィル・イェルゲルズマの一族のものになっている。

 葡萄畑は4つの区画に広がっている。メドック特有の小石混じりの砂質の土壌で、上層は粗い玉石が多くなっているため、葡萄作りに重要な浸透性が備わっている。1970年、ボルドーは全体として素晴らしい天候を享受し、いまわしい1960年代を影に追いやった。特にメドックは、収穫が10月まで引き伸ばされたほどの異常に遅い摘果も奏功して、素晴らしく凝縮された、驚くほど長生きするワインを生み出した。

 ジスクール1970年は、濃く、暗い色をしており、今でも1990年代初期に成熟の頂点に達した時の豊麗なブラックベリーの華やかな香り、甘草の微香もたたえている。その後の熟成によりさらに、乾燥イチジク、ハーブ類（オレガノ）のフレーヴァーも加わり、依然として健康な筋肉を持ち、優雅に年を重ねたタンニンがそれを支えている。まだまだ長く生き続けるワインである。**SW**

🍷🍷🍷🍷🍷 飲み頃：2015年過ぎまで

1847年にペスカトーレ伯爵によって築かれた豪華なシャトー ➡

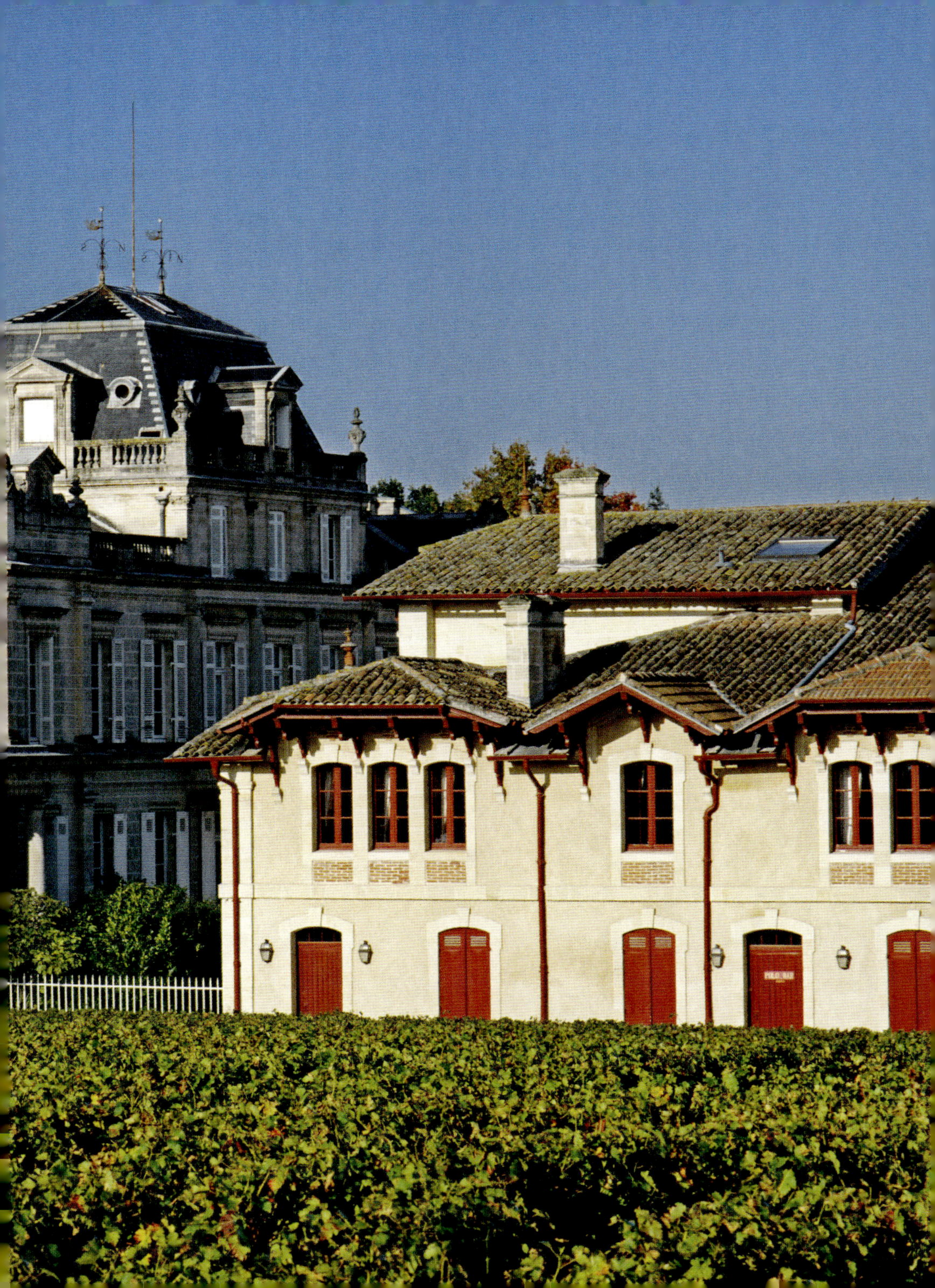

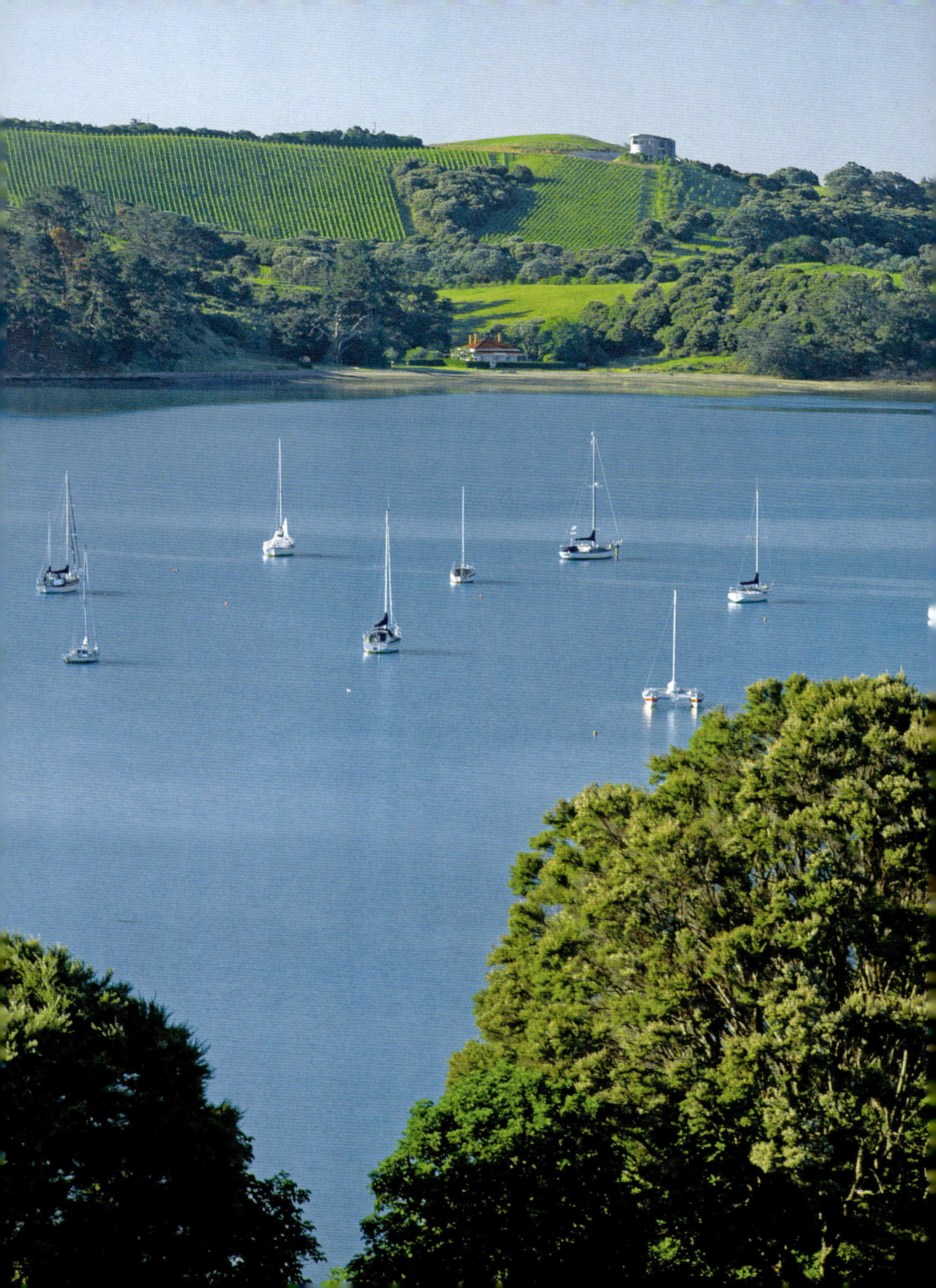

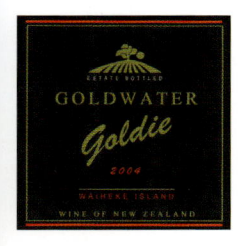

Goldwater
Goldie 2004

ゴールドウォーター
ゴールディ 2004

産地 ニュージーランド、オークランド、ワイヘケ島
特徴 赤・辛口：アルコール度数13.5度
葡萄品種 カベルネ・ソーヴィニョン、メルロ

　キムとジャネットのゴールドウォーター夫妻が、ワイヘケ島に初めて葡萄樹を植えたのは1978年のことであった。2人はすぐに、この島がカベルネ・ソーヴィニョンとメルロの生育にとても適していることを証明した。
　2002ヴィンテージからゴールディという名前でリリースされるようになった、このカベルネ・ソーヴィニョンとメルロのブレンドの成功を見て、他の野心的なワイン生産者達もこの島に葡萄を植え始めた。しかし彼らの大半が、高額な地代の土地に育つ低収量の葡萄から出来るワインは、あまり利益にならないことを発見する結果となった。ゴールドウォーター夫妻は例外で、その他にもマールボロの葡萄から造るワインでも成功を収めた。
　新しく拓いた葡萄畑と、カベルネ・ソーヴィニョンとメルロのクローンの改良が功を奏して、ワインの質はさらに向上した。ワインはより凝縮され、より成熟したフレーヴァーを持つようになり、上品なオーク香の影響が強くなった。2004年、ワインは多くの小区画ごとに分けて醸造され、その結果各クローンと各区画の特徴がより鮮明に出せるようになり、それらをブレンドした。ワインは新樽比率50％のフランス産オークの小樽で概ね17ヵ月熟成させられた。それは良く凝縮された優美な赤ワインで、黒い果実、アニス、甘草のフレーヴァーが広がり、東洋のスパイスの影も見える。**BC**

🍷🍷🍷　飲み頃：2015年まで

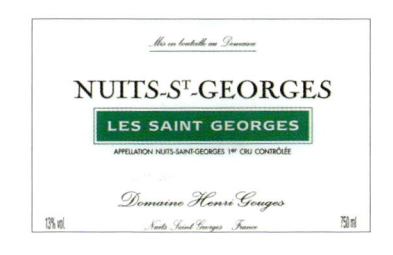

Domaine Henri Gouges
Nuits-St.-Georges PC Les St.-Georges 2005

ドメーヌ・アンリ・グージュ
ニュイ・サン・ジョルジュ・PC・レ・サン・ジョルジュ 2005

産地 フランス、ブルゴーニュ、コート・ド・ニュイ
特徴 赤・辛口：アルコール度数13度
葡萄品種 ピノ・ノワール

　グージュ・エステートは、村の人けのない通りに沿い目立たない壁の奥にひっそりと佇んでいる。1929年、多くの栽培家が葡萄をネゴシアンに売っていたとき、アンリ・グージュはワインの元詰めを始めた。1967年、彼の息子がその跡を継ぎ、葡萄畑は現在15haまで拡大している。1985年からは、2人の従兄弟がエステートを運営している。葡萄畑を担当しているのがピエールで、自然栽培を取り入れつつある。クリスチャンが現代的に生まれ変わったセラーの管理を行っている。
　19世紀末、ニュイ村は村一番の葡萄畑の名前を村名に加えて、ニュイ・サン・ジョルジュと称するようになった。その畑は1,000年以上の歴史を持ち、村の南、真っ直ぐ太陽の方を向いている。7haの畑を15軒の栽培家が分け持っている。グージュはそのなかでも大きい方で、1haを有し、そこには樹齢50歳の葡萄樹が植わっている。
　2005年は非常に雨の少ない年だった。2007年の初めに壜詰めされたが、それは良く凝縮された、畑の性格を色濃く示す妥協のないワインになっている。若い時厳しいワインは、歳月とともに味わいを深めていくが、2005年は以前のヴィンテージに比べて、肉感的で艶麗で、ブラック・ベリーやミネラルの芳香が漂う。このエステートが造り出したサン・ジョルジュの最高傑作かもしれない。**JP**

🍷🍷🍷🍷　飲み頃：2030年まで

◀ オークランドの海岸の目と鼻の先にある葡萄樹で覆われたワイヘケ島。

Grace Family Vineyards
Cabernet Sauvignon 1995

グレイス・ファミリー・ヴィンヤーズ
カベルネ・ソーヴィニョン 1995

産地 アメリカ、ナパ・ヴァレー
特徴 赤・辛口：アルコール度数13.5度
葡萄品種 カベルネ・ソーヴィニョン

　グレイス・ファミリー・ヴィンヤーズができたのは1976年のことで、0.4haの土地にディック・グレイスが、ラザフォードのブーシュ・ヴィンヤード生まれのカベルネ・ソーヴィニョンの苗木を植えた。その果実の素晴らしさに目をつけたのが、ケイマスのチャーリー・ワグナーで、彼はその葡萄を使って単一畑ワインを造っていたが、両者の間に諍いが起き、ディックは自らそれをワインにすることに決めた。

　少量のワインをメーリング・リストに載っている人だけに販売するというやり方によって、疑いもなくグレイス・ファミリーはカリフォルニア初のカルト・カベルネの生産者となった。年間生産量は200ケースを下回ることがあるにもかかわらず、4,000人が予約リストに名を連ねている。カルト・ワインをラベルの背後にあるスターの力と定義するならば、グレイス・ファミリーのカベルネはその素晴らしい血統書を誇示することができる。ゲイリー・ギャレロン、ハイジ・ペーターソン・バレット、ゲイリー・ブルックマン、デヴィッド・エイブリューなどの人々がその製造に関わっているのだから。ディック・グレイスの息子の、キルク・グレイスが現在葡萄畑を管理しているが、その畑は、1990年代のフィロキセラ禍の後、大規模な再植樹が行われた。

　オークションでグレイス・ファミリー・カベルネよりも高い値を付けられるワインはめったにない。1985年のナパ・ヴァレー・ワイン・オークションでは、厳重に梱包された5本のコレクションが、1万ドルで落札された。グレイス・ワインを望む声は留まるところを知らず、2003ヴィンテージの線刻入り12ℓボトルは、2006年の同じオークションで、1本9万ドルで落札された。ハイジ・ペーターソン・バレットによって壜詰めされた1995ヴィンテージは、ナパ・ヴァレー・カベルネの真髄と見なされている。**LGr**

🍷🍷🍷🍷🍷　飲み頃：2015年過ぎまで

エステート内に建てられているグレイス家の自宅。

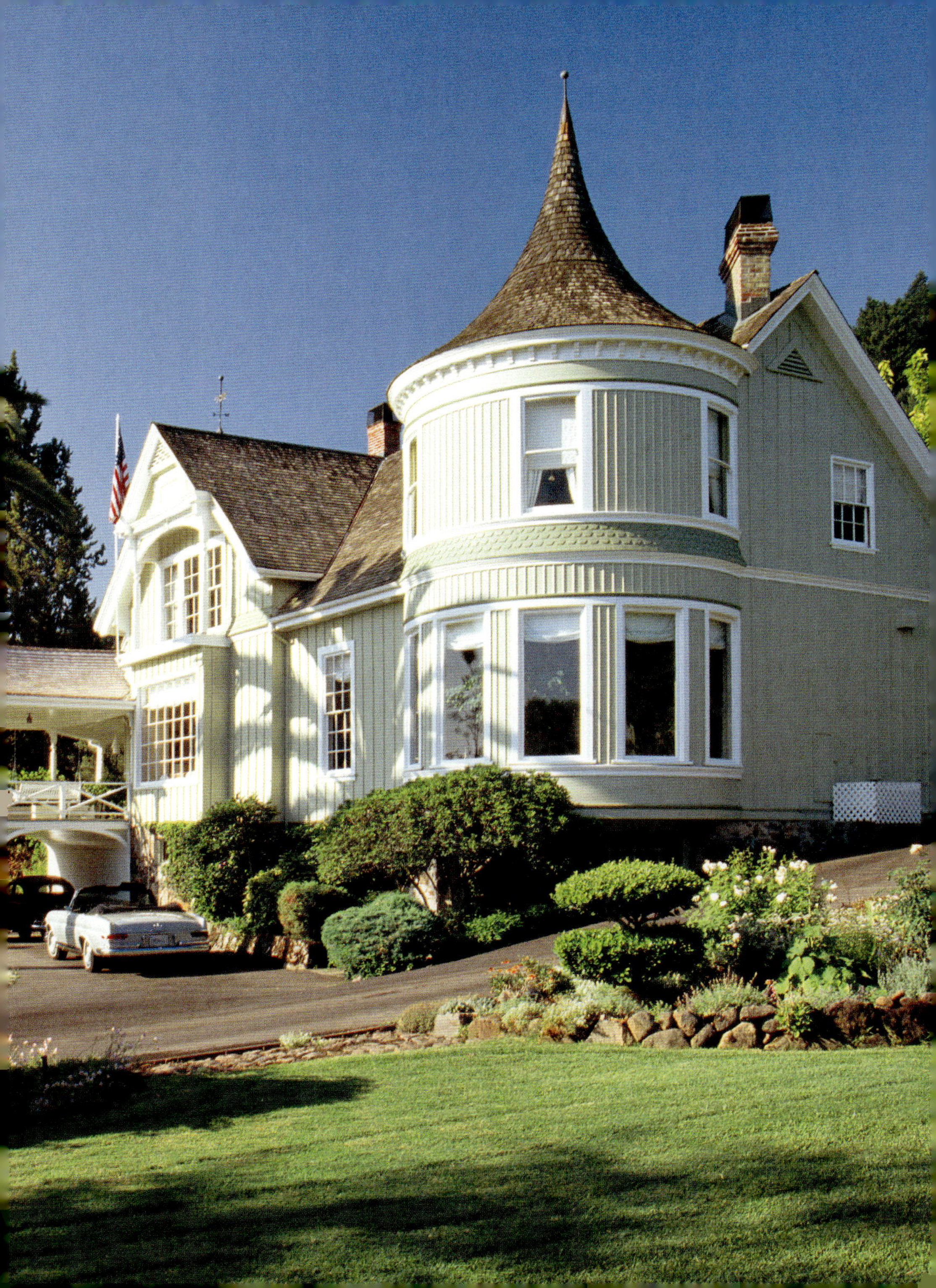

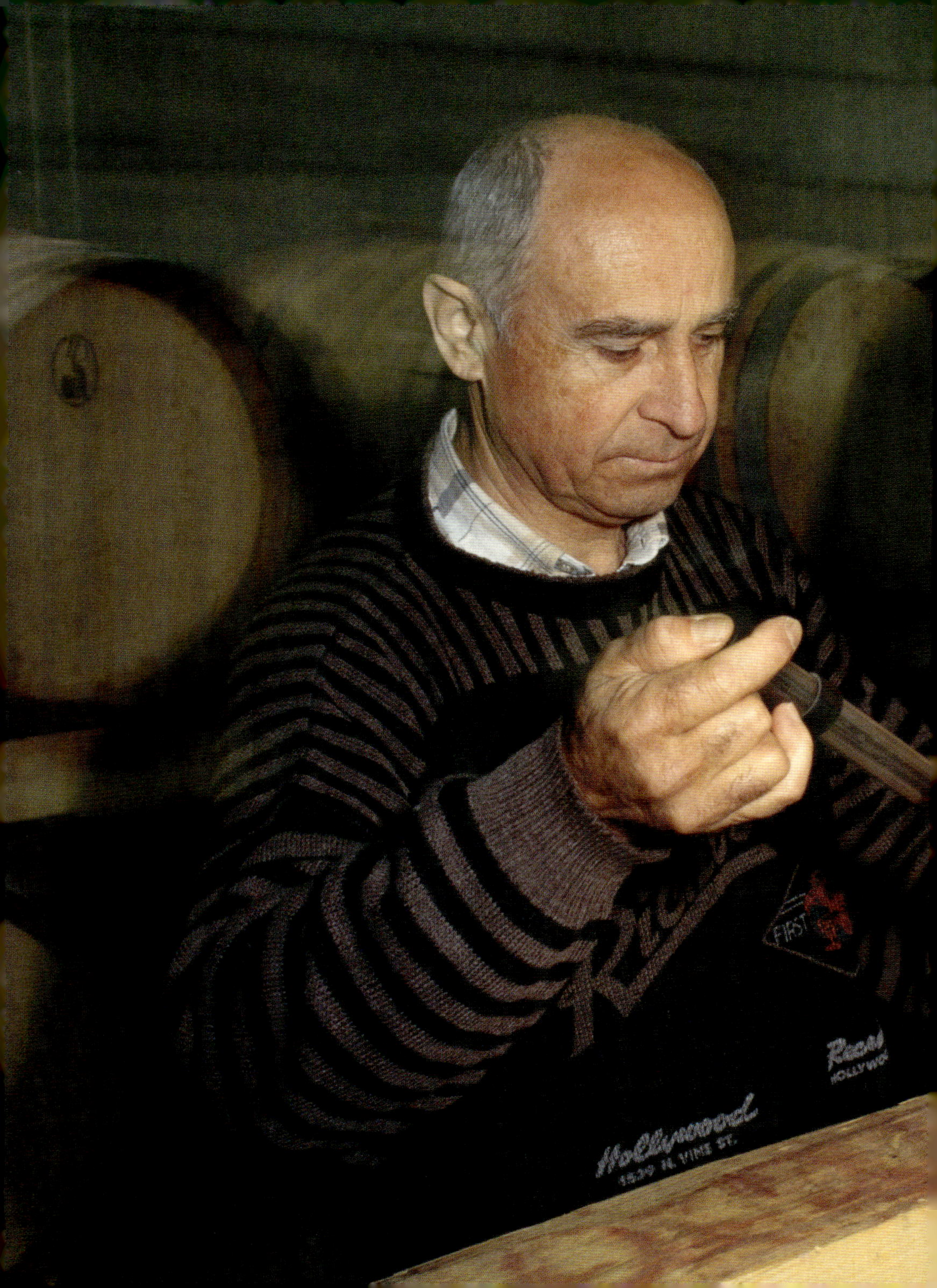
FIRST
Hollywood

Alain Graillot
Crozes-Hermitage 2001

アラン・グライヨ
クローズ・エルミタージュ 2001

産地 フランス、ローヌ北部、クローズ・エルミタージュ
特徴 赤・辛口：アルコール度数13度
葡萄品種 シラー

　独学でワイン造りを学んだという人はかなりめずらしいが、アラン・グライヨはそのような人の1人である。彼は農機具メーカーのセールスマンをしていたが、ワイン好きが高じて元詰め栽培業者となり、1985年に自分の名前のドメーヌから最初のヴィンテージを出した。クローズ・エルミタージュはローヌ河とイゼール河の合流点近くの15haの畑で、砂礫、砂、小石の混ざった沖積層である。

　葡萄は発酵前、19℃前後の低温で2〜5日間、コンクリート槽の中で果梗の上に浸漬させられる。清澄化のあと、葡萄は異なった熟成過程に入る。20%はコンクリート槽の中に留まり、残りはオークの新樽と、2年を経過した樽に分けられて1年間熟成させられる。

　2001年は、灼熱の8月の後、比較的冷涼で、しかも幸いなことに雨の少ない9月が続いた。その結果、小さめで皮の厚い、良い酸を持った生理学的に良く熟した葡萄が生まれた。摘果は9月の最終週に行われた。他のローヌ北部地域同様に、この畑の2001年は、誇大広告された2000年に比べ、はるかにバランスの良いワインを生み出した。

　グライヨ・クローズ2001年は若い時、インク・ブラックの色をした非常に濃縮されたワインで、熟した果実のタンニンに覆われた堅く締まった貝のようで、上質のローヌ北部・シラーの特徴であるスモーク、肉の強烈な風味を持っている。口に含むと、その貝の口からラズベリー、ブラック・ベリーが静かに流れ出て、熟成3年後のバランスの良さを証明し始める。**SW**

⓼⓼⓼ 飲み頃：2016年まで

◀ オーク樽で熟成中のワインを試飲するローヌのワインメーカー。

Château Grand-Puy-Lacoste 2000
シャトー・グラン・ピュイ・ラコステ 2000

産地 フランス、ボルドー、ポイヤック
特徴 赤・辛口：アルコール度数13度
葡萄品種 C・ソーヴィニョン70%、メルロ25%、C・フラン5%

　ポイヤックの他のエステートほどには知られていないが、グラン・ピュイ・ラコステは、手頃な値段で、美味しいポイヤックを長年送り出してきた、ある意味で記録保持者である。その畑はネゴシアン、ボリー家が所有する堅実な資産の一部を構成している。エステートを運営しているのは、フランソワ・グザヴィエ・ボリーで、彼は他にも格付け畑のシャトー・オー・バタイユを管理している。ちなみに、彼の弟のブルーノはサン・ジュリアンのスーパー・セカンド、デュクリュ・ボーカイユを運営している。シャトーは1850年代まで遡ることができる歴史を有し、その背後には散策のできる英国式庭園とプールが広がっている。それは格式ばった、きれいに整形された庭が多いこの辺りでは、かなりめずらしいものである。

　葡萄畑は2つの礫石の多い小山に広がっており、150年間その面積は変わっていない。葡萄樹の平均樹齢は約40年と古く、それが素晴らしい凝縮感と鮮明さをワインにもたらしている。グラン・ピュイ・ラコステは男らしい堂々としたワインであり、けっして粗野な田舎ワインなどではない。

　葡萄はていねいに選果され、抽出し過ぎないように注意を払われる。ヴィンテージにコクが欠けると判断した場合は、多めにプレス・ワインが加えられる。グラン・ピュイ・ラコステは常に均衡が取れ、ポイヤックが持つ自然な力を表現する一方で、高いレベルのフィネスと前面に現れてくる果実味を持つ。2000年は、いつになく豪華で、快楽主義的性質があり、辛抱するのが難しいくらいだ。妖艶なヴェルヴェットのような質感があり、チョコレートのような長い余韻がある。1982年がそうであったように、2000年は間違いなく美しく熟成し、抗うことのできない甘美な果実味を漂わせるようになるであろう。**SBr**

🟡🟡🟡 飲み頃：2010～2030年

追加推薦情報
その他の偉大なヴィンテージ
1961・1982・1988・1990・1995・1996・2005
ポイヤックのその他の生産者
ダルマイヤック、バタイエ、クレール・ミロン、ランシュ・バージュ、ポンテ・カネ

グラン・ピュイ・ラコステの歴史は、15世紀にまで遡る。

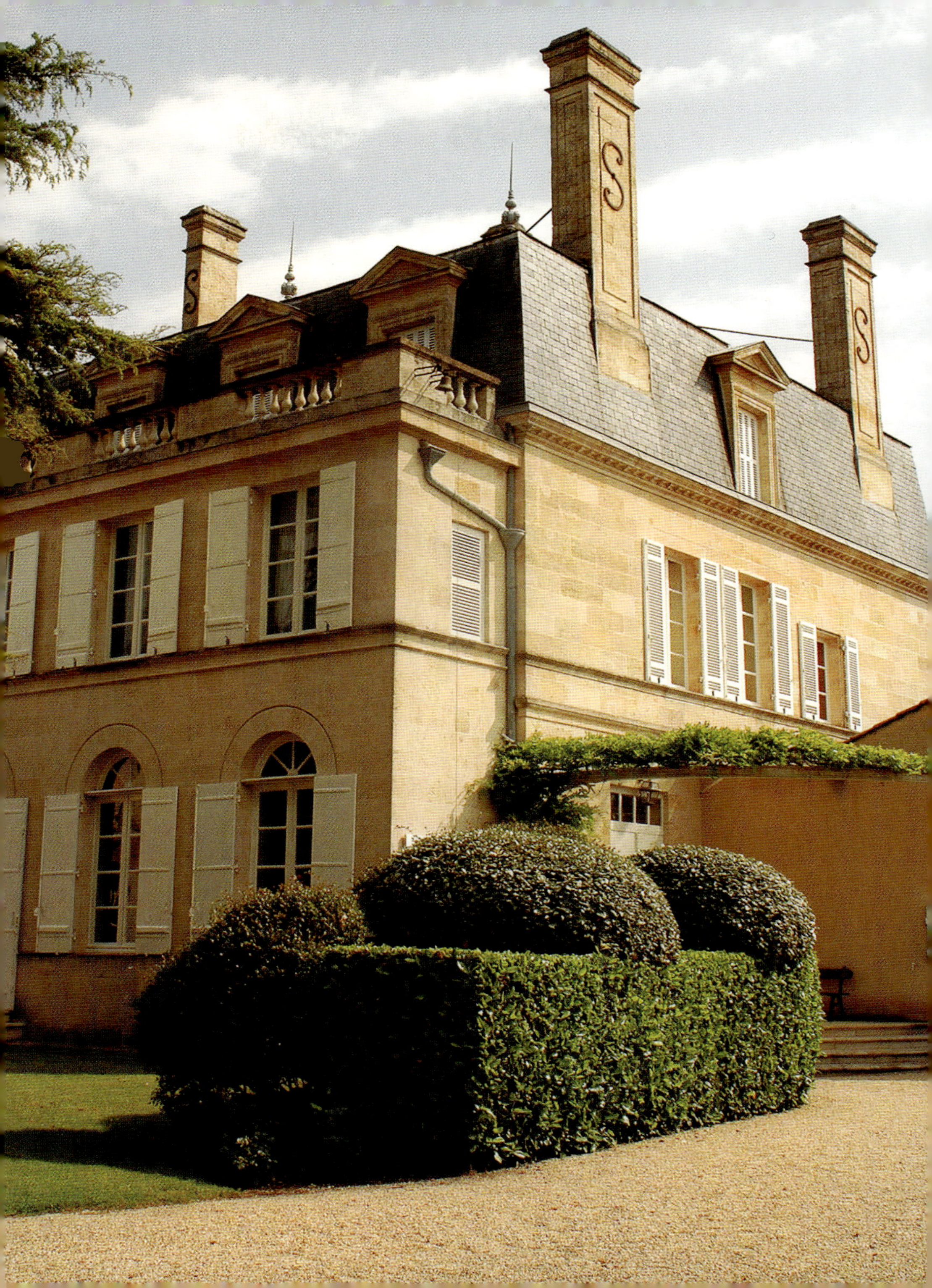

Grange des Pères
2000
グランジュ・デ・ペール
2000

産地 フランス、ラングドック
特徴 赤・辛口：アルコール度数13.5度
葡萄品種 シラー、ムールヴェドル、C・ソーヴィニョン、クーノワーズ

　1970年代に、香り高く長寿のワインを生み出すカベルネ・ソーヴィニョンを使って、ラングドックからも上質なワインが出来ることを世に示したのは、偉大なエミール・ペイノー指導下のアニアーヌのマ・ド・ドゥマ・ガサックであった。それゆえ、何人かの批評家がドゥマ・ガサックの後に続くエステートと見なしているのが、同じくアニアーヌに基盤を置くロラン・ヴェイユのグランジュ・デ・ペールであったとしても不思議ではない。理学療法士のヴェイユが11haのドメーヌを開いたのは1990年代初めで、最初のヴィンテージが1992年であった。

　収量はかなり低めで、ワインはシラー、ムールヴェドル、カベルネ・ソーヴィニョンと、少量のクーノワーズをブレンドする。最後の少量のクーノワーズのために、このワインのラベルはAOCコート・デュ・ラングドックではなく、ヴァン・ド・ペイになっている。しかしワインが本当に旨いときに、誰がアペラシオンなど気にするものか。ワインはオーク樽で20ヵ月もの長期にわたり熟成させられる。

　グランジュ・デ・ペールの成功の鍵は、他のワイン同様、そのバランスの良さにあり、2000年でも良く示されている。重く、暗いワインではなく、快活な香りを放ち、繊細な熟れた果実の香りとともにかすかに獣の香りもある。味わいは複雑で、開け放たれていて、かすかに甘く、強烈で豊潤な果実味にハーブや獣の片鱗も見せる。バランスが良く、長期樽熟されているので、これから先まだ10年以上は熟成させることができる。**JG**

🍷🍷🍷　飲み頃：2010年過ぎまで

Elio Grasso
Barolo Runcot 2001
エリオ・グラッソ
バローロ・ランコット 2001

産地 イタリア、ピエモンテ、ランゲ
特徴 赤・辛口：アルコール度数14度
葡萄品種 ネッビオーロ

　エリオ・グラッソは間違いなくバローロの家元の1人、この地が誇るバロリスタの一員となった。1970年代後半まで銀行勤めをしていたグラッソは、銀行を辞めて家業を継ぎ、葡萄畑を再植樹し、最初の彼自身のワインを1978年に壜詰めした。彼は自らを伝統主義者とも、モダニストとも呼ばないが、人からもどちらのラベルを付けられることを嫌う。彼は彼の畑を最大限表現することだけを望み、醸造家であるよりも栽培家として評価されたいと思っている。

　グラッソの14haの葡萄畑は、雄大なガヴァリーニ丘陵のモンフォルテ・ダルバ村にある。彼は3種類のバローロを造っている。ガヴァリーニ・ヴィーニャ・キニエラ、ジネストラ・ヴィーニャ・カーサ・マテ、そして単一畑ワイン、ランコットである。エリオの息子のジャンルカはもっと現代的な方法でランコットを表現したいと考え、このワインを、強力なタンニンをなだめるため、フランス産オークの小樽で熟成させることにした。南向きの1.8haの畑は、やや低地にあり、石灰石と粘土の土壌が自然にワインに骨格を与えている。ランコットは1995ヴィンテージから始まったが、最上の年にしか造られない。

　全体として2001ヴィンテージは、バローロとバルバレスコ・コンソルツィオから4つ星しかもらえなかったが、大半の生産者にとっては5つ星のヴィンテージで、長期熟成に向くことは確かである。ランコット2001はなめらかで良く磨かれており、熟した果実、オーク、スパイスの複雑な香りの層が次々と展開され、非常に長い余韻が続く。**KO**

🍷🍷🍷🍷　飲み頃：2015年まで

Silvio Grasso
Barolo Bricco Luciani 1997

シルヴィオ・グラッソ
バローロ・ブリッコ・ルチアーニ 1997

産地 イタリア、ピエモンテ
特徴 赤・辛口：アルコール度数14度
葡萄品種 ネッビオーロ

　シルヴィオ・グラッソ・エステートは1927年に設立され、現在は農学者であり醸造家でもあるフェデリコ・グラッソによって運営されている。畑は14haの広さでラ・モッラ村の周囲に広がり、その半分にネッビオーロが植えられている。土壌はモンフォルテやセラルンガ・ダルバよりも軽い砂質である。そのためより優美で、明快なワインが生まれる。
　フェデリコ・グラッソはバローロの生産者たちの間では、「モダニスト」派に属すると見なされている。しかし彼はその一方で、非常に伝統的なワイン——アンドレ——も造っている。その名前は、誰かに捧げるといったようなものではなく、ピエモンテの言葉で、「後方」を意味している。このバローロは40日にも及ぶ長いマセレーションを経て、伝統的なオークの大樽で熟成させられる。
　ブリッコ・ルチアーニは、ラ・モッラ村のなかでも特級の畑に育つ葡萄から、より現代的な方法で造られる。短いマセレーションと、オークの小樽による熟成によって、ワインはリリースと同時に楽しめる。1997年はその良い例で、色は鮮烈だが、未熟さのかけらもなく、紫色の響きがある。香りははっきりと開かれ、強烈で、侵入してくるが、それでいて優雅で、小さな赤い果実の奥に、ドライフラワー、森の下草の存在が見える。フル・ボディで凝縮され、暖かく、非常にきめの細かい甘やかなタンニンに覆われている。10年前後の熟成で十分飲めるが、さらに待つ人には相応のご褒美をもたらしてくれるワインである。**AS**
🍷🍷🍷🍷　飲み頃：2025年まで

Grattamacco
2003

グラッタマッコ
2003

産地 イタリア、トスカーナ、ボルゲリ
特徴 赤・辛口：アルコール度数13.5度
葡萄品種 C・ソーヴィニヨン65%、メルロ20%、サンジョヴェーゼ15%

　グラッタマッコ・エステートは、リヴォルノ県ボルゲリのワインの歴史において重要な役割を果たしてきた。グラッタマッコ・ラベルのワインが登場したのは1978年で、それはすぐさまワイン愛好者に温かく迎えられた。しかし2002年、同エステートは売りに出され、現在はスイス系イタリア人で、今大いに躍進しつつあるモンテッコDOCの美しい葡萄畑、コッレ・マッサーリの所有者であるドットール・ティパの所有となっている。
　グラッタマッコ葡萄畑は、ボルゲリとカスタニェート・カルドゥッチの間の標高91mの丘にあり、気候は温暖で雨が少なく、葡萄の成熟にとって最も必要な夏の終わりに向かって昼と夜の温度差が大きくなる。土地は全部で30haあり、そのうち11haが葡萄畑で、3haにはオリーブが植えられ（グラッタマッコのオリーブ・オイルは、これもまた絶品である）、残りは森になっている。
　2003ヴィンテージはヨーロッパの大半で異常な暑さと少雨を記録したが、トスカーナも例外ではなかった。しかしグラッタマッコはこのサハラ・ヴィンテージの不快さを少しも感じさせない。柔らかく熟した果実（ブラックベリー、ブルーベリー）の新鮮で律動するような香りが現れ、オークは完璧に統一され、果実味を少しも邪魔しない。とてもなめらかで官能的に、そして肉感的に口の中に滑り込み、満開となるが、決して押しつけがましくはない。その深さと長さは群を抜いており、それがちょうど良い（これも驚きだが）酸によって均衡され、興趣の尽きないものとなっている。タンニンは乾いてもいず、粗くもない。長く熟成させておく価値のあるワインである。**AS**
🍷🍷🍷🍷　飲み頃：2020年過ぎまで

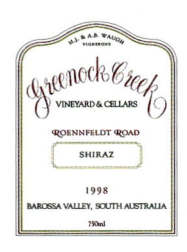

Greenock Creek
Roennfeldt Road Shiraz 1998
グレノック・クリーク
ロエンンフェルト・ロード・シラーズ 1998

産地 オーストラリア、南オーストラリア、バロッサ・ヴァレー
特徴 赤・辛口：アルコール度数15度
葡萄品種 シラーズ

　グレノック・クリークは1988年に最初のヴィンテージを送り出すと、彗星のごとく、特にアメリカ市場で、バロッサのスーパースターダムにのし上がった。葡萄はすべてエステート所有の畑に育つ樹齢10〜70歳のシラーズ、カベルネ・ソーヴィニョン、グルナッシュで、どれも低収量、乾式農法で育てられている。
　グレノック・クリーク・キュヴェの多くはマラナンガとセペッツフィールズの畑からの葡萄を使っているが、土壌は沖積層から重いローム層、さらにはローム層の上を石灰石や花崗岩が覆っているものまで多様である。ワインは当初ロックフォードのクリス・リングランドによって造られていたが、彼は今彼自身のワインを造っており、グレノック・クリークでのワイン造りは現在、マイケル・ウォーが行っている。
　ここでは少なくとも5種類のシラーズ・キュヴェが、セブン・エーカー、クリーク・ブロック、アリズズ・アプリコット・ブロック、そしてロエンンフェルト葡萄畑の葡萄から造られている。ロエンンフェルト・ワインの葡萄は、マラナンガ葡萄畑からのものを使っている。1998はバロッサ・ヴァレーにとっては素晴らしいヴィンテージであった。ワインは濃い紫色で、並外れた個性をうかがわせ、香りも味も凝縮された巨塊である。カシスやブラック・ベリーの果実味がスモークやタールの微香を伴いながら口いっぱいに豊潤な味覚をふくませる。**JW**
🍷🍷🍷🍷　飲み頃：2010〜2025年

Miljenko Grgić
Plavac Mali 2004
ミリェンコ・グルギッチュ
プラヴァッツ・マリ 2004

産地 クロアチア、ペリャシャッツ、ディンガチ
特徴 赤・辛口：アルコール度数13.5度
葡萄品種 プラヴァッツ・マリ

　ドブロヴニクから車で1時間ほど北西に行ったペリャシャッツ半島の中心部には、完璧といえるほどの好条件を備えた地中海葡萄畑地域がある。ここの葡萄は、古代クロアチアの品種であるクリャナックの子孫といわれているカリフォルニアのジンファンデルと良く似たプラヴァッツ・マリで、完全にこの地に適応している。この地域で最も良い畑が集中するところがディンガチ地区である。葡萄畑は信じられないくらい細い帯状で、急な斜面をアドリア海に向けて落ち込み、葡萄樹を太陽の方向にさらしている。
　ミリェンコ・グルギッチュは生粋のクロアチアっ子であるが、故郷を出てドイツに向かい、次いでカナダ、そして最後にアメリカに到達し、そこで多くのワイナリーで働いた。しかしグルギッチュの故郷を思う気持ちはますます募るばかりで、彼はついに1995年、身につけてきた国際的な技術を集大成した彼自身のワイナリーをペリェシャッツに開いた。
　グルギッチュの造るディンガチ生まれのプラヴァッツ・マリは、古代からの葡萄、現代的テクノロジー、夢を持った男、この3つが組み合わされてできた最高傑作である。そのワインはすべてが巨大である。色は深く、香りは決然としており、熟した黒果実、レーズンに近い芳醇な甘味がふくよかに口いっぱいに広がる。アルコールとタンニンの含有量は高いが、完璧に統合されており、均衡が取れている。真に比類なきワインだ。**GL**
🍷🍷🍷　飲み頃：2015年まで

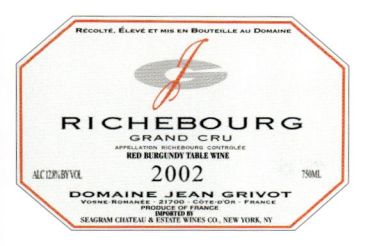

Domaine Jean Grivot
Richebourg Grand Cru 2002

ドメーヌ・ジャン・グリヴォ

リシュブール・グラン・クリュ 2002

産地 フランス、ブルゴーニュ、コート・ド・ニュイ
特徴 赤・辛口：アルコール度数13.5度
葡萄品種 ピノ・ノワール

　グリヴォ家がブルゴーニュの歴史に登場するのは18世紀後半からで、当初は農業をしながら桶の製造を行っていたが、1930年代の半ばにはすでに元詰めのワインを売り出すようになっていた。ジャン・グリヴォは1928年生まれで、ジャイエ家との婚姻関係の結果、畑を追加し、さらに1984年にはリシュブール葡萄畑の1区画を手に入れ、合わせて現在の16haまでに拡大した。そしてその頃、息子のエティエンヌが本格的にワイン造りに参加するようになった。

　リシュブールは、ヴォーヌ・ロマネ村の背後に広がる広大な帯状葡萄畑のなかの偉大なグラン・クリュの1つである。グリヴォはその畑のなかに樹齢60歳の葡萄が根を張る1区画を所有している。その畑はブルゴーニュのなかでも特別な部類に属すると思われているが、グリヴォは彼言うところの「残忍な」ワインを造ろうとは少しも思わない。彼が実現したいと思っているワインは、偉大なエネルギーに満ちていながら、風のようにさわやかなワインである。2002年はグリヴォにとって偉大なヴィンテージであり、エティエンヌは評判の高い1999年よりもこちらのほうを好む。チェリーの香りが鮮烈で、酸は気品があり、完璧なバランスを保っていながら、豊麗さと力強さは圧倒的で、重く成熟したタンニンがそれを支えている。**SBr**

⑤⑤⑤⑤　飲み頃：2025年過ぎまで

Domaine Anne Gros
Richebourg Grand Cru 2000

ドメーヌ・アンヌ・グロ

リシュブール・グラン・クリュ 2000

産地 フランス、ブルゴーニュ、コート・ド・ニュイ
特徴 赤・辛口：アルコール度数13.5度
葡萄品種 ピノ・ノワール

　このドメーヌは元々ドメーヌ・ルイ・グロの持分の1つであったが、1963年にフランソワ・グロが独立し、所有するようになった。1988年にフランソワが引退すると、娘のアンヌが全面的に取り仕切ることとなった。1994年までこのドメーヌは、ドメーヌ・アンヌ・エ・フランソワ・グロという名前で知られていた。

　アンヌがドメーヌを管理し始めるまでは、ワインの質は平凡でしかなかったが、彼女の指導の下、酒質は急上昇した。まだ認定されていないが、2000年からは本格的に有機栽培を取り入れている。醸造法は、至極明快で、木製の開放槽で自然酵母を用いて発酵させ、オークの新樽をかなり気前良く使い、グラン・クリュの場合は通常80％の比率で使う。アンヌ・グロは、ワインのなかの乾いたタンニンが嫌いだと公言し、ワインになめらかな、特に果実のとろみのような感覚を持ち込むよう意識している。

　リシュブールは時々、ブルゴーニュの基準からすれば、重量感のあるワインを生むと考えられているが、彼女のワインには当てはまらない。鮮烈で、タンニンは非常にきめ細かく、思慮深い力強さがあり、オークは香りには感じられるが、果実味をまったく妨げない。そしてきわめて長い余韻がある。アンヌ・グロの生み出すリシュブールは一貫したスタイルを維持しながらも、ヴィンテージの特徴を良く表現している。**SBr**

⑤⑤⑤⑤　飲み頃：2025年まで

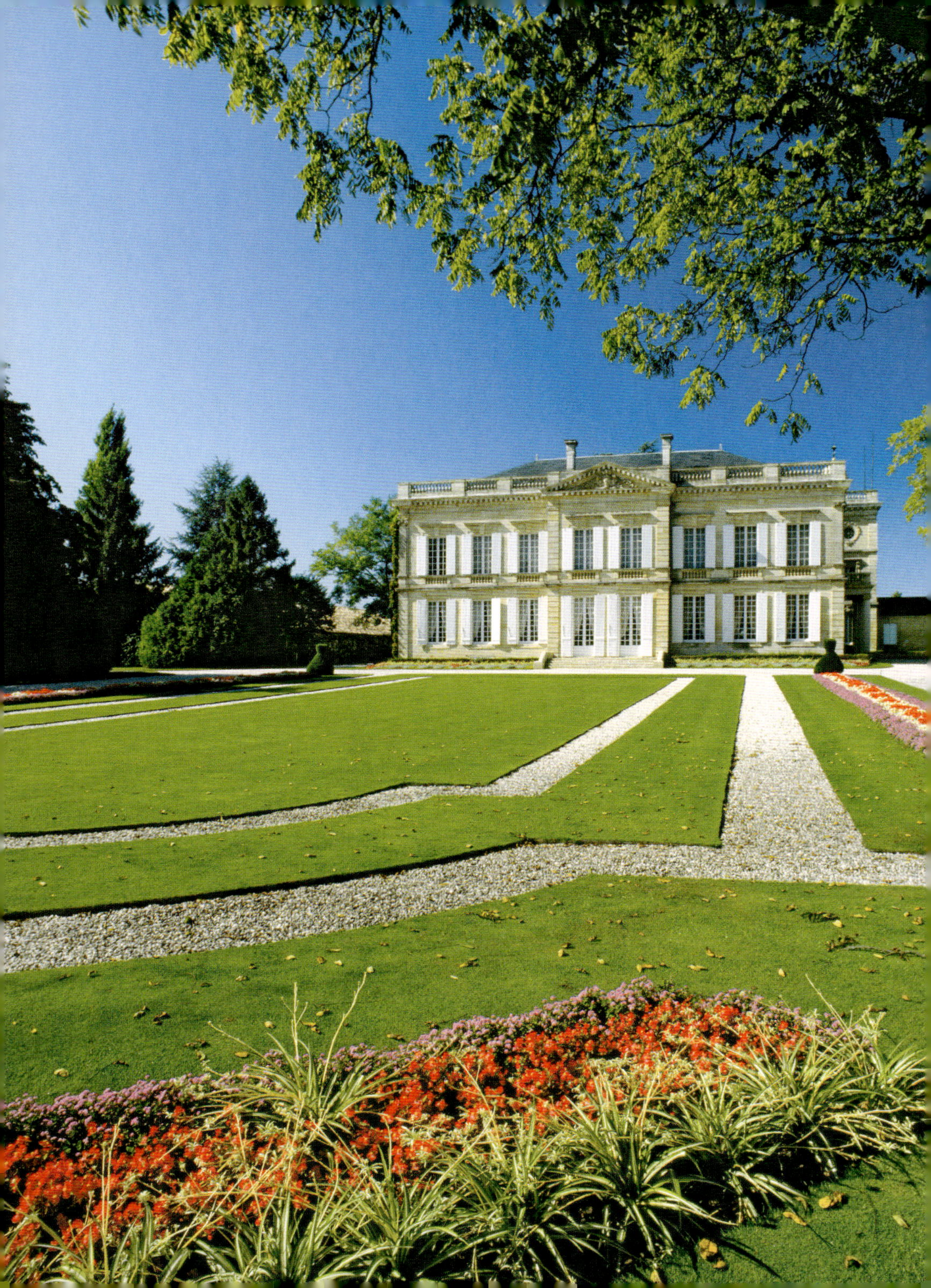

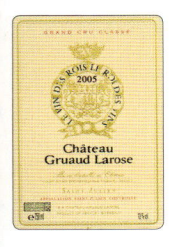

Château Gruaud-Larose
2005

シャトー・グリュオー・ラローズ
2005

産地 フランス、ボルドー、サン・ジュリアン
特徴 赤・辛口：アルコール度数13度
葡萄品種 C・ソーヴィニョン57%、メルロ31%、その他12%

　このエステートは、メドックの豊かさを最も豪勢に表現している。1875年に完成されたシャトーは威風堂々としており、その塔からは80haもの広大な畑が見下ろせる。ワインの質の高さは18世紀中葉から広く知られていたが、100年後に所有権の問題から、同じワインであるにもかかわらず、2つの異なったラベルで売られるという不遇の時代を迎えた。1917年に、ネゴシアンのデジレ・コルディエがそのうちの一方を購入し、1935年にはもう片方も購入して、再度ラベルは統一された。現在エステートは、ネゴシアンのもう一方の雄、メルロ家の持ち物となっている。メルロ家はコルディエの時のベテランの醸造家ジョルジュ・パウリをそのまま引き続き雇用し、今も精力的にワイン造りを監督している。

　グリュオー・ラローズは、少しも頑強なところも硬直したところも見られず、その鍛えられた筋肉は新鮮さと豊潤さで均衡がとれている。2005ヴィンテージは、この畑の長所を最大限に表現している。官能的なほどに豊麗な花の香りとスパイス、口に含むと劇的な振動が伝わってくる。大地のエネルギーと葡萄の生命力を飲む心地がし、余韻はあくまでも長く続く。おそらく他のサン・ジュリアンほど大々的な宣伝を行っていないせいだろう、グリュオー・ラローズはしばしば実力よりもかなり低く評価されているが、偉大な年、それは本当に秀逸で均整の取れたワインである。**SBr**

$ $ $　飲み頃：2012〜2035年まで

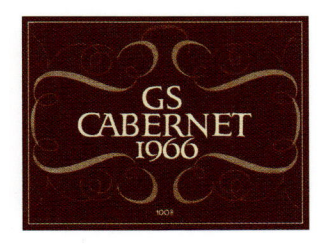

← グリュオー・ラローズはメドック地区第2級の筆頭である。

GS
Cabernet 1966

GS
カベルネ 1966

産地 南アフリカ、ステレンボッシュ
特徴 赤・辛口：アルコール度数12度
葡萄品種 カベルネ・ソーヴィニョン

　南アフリカのワイン前史に造られた名品については、あきれるほどにほとんど知られていない。最近になってようやく、ほんの時折オークションなどに顔を見せるそれらのワインに諸外国の愛好家が興味を示すようになった。というのも、それは商業的販売目的に造られたものではなく、つながりの深い人へセラーからセラーへと渡されていくようなワインだったからである。

　そのワインを造ったのは、ステレンボッシュ・ファーマーズ・ワイナリーのオーナーであるジョージ・スパイズである。彼は自分のイニシャルをラベルに載せることによって、ある実験を行ったことを高らかに宣言していた。その1つは、ミニマリスト的なラベルに小さく記されている100%の文字である。それは、疑いを持つ人々に対して、ケープから上質のワインが生み出されるとしたら、100%カベルネ・ソーヴィニョンからのものだけであるということを表明している。当時はラベル標記に厳しい規則はなく、サンソーなどを大幅に混ぜ合わせていても、カベルネとだけ記すことが許されていたのである。

　2つの事だけが明らかになっている。熟成は大きな1基の古いタンクでのみ行われたこと。そしてもう1つは、醸造は主に、畑のあったダーバンビル農場で行われたということである。残念なことにその後すぐにその畑は閉鎖された。もう1回だけ1968年に、同じ葡萄、同じラベルの下にワインは造られ、それも同じように素晴らしかった。1967年はどうだったか、誰も知る人はいない。**TJ**

$ $ $　飲み頃：2016年まで

Red wines | 581

Guelbenzu
Lautus 1998

ゲルベンス
ラウトゥス 1998

産地 スペイン、ナヴァラ、カスカンテ
特徴 赤・辛口：アルコール度数13.5度
葡萄品種 テンプラニーリョ、C・カベルネ、メルロ、ガルナッチャ

　1989年のこと、弁護士の仕事を引退していたリカルド・ゲルベンズに、7人の兄弟から要請があった。それは一家の古い農場、ボデガ・デル・ハルディンを再建してほしいというものであった。その農場が現在のボデガス・ゲルベンズへと発展し、この地区の指導的存在になること、そしてリカルドがアラゴンやチリでもワインメーカーとして活躍するようになることを、当時誰が予測できたであろうか？
　一家の誇りでもあり、悦びでもあるラウトゥスは、カスカンテ村に近いケイレス・ヴァレーにある彼らの37haの畑の中の、最も優れた区画6haからの葡萄を使って造られる。砂、石灰、粘土、石灰岩の混ざった土壌と、温暖の差の激しい大陸性の気候によって、4つの品種はどれも素晴らしい葡萄に育ち、ブレンドされる。ラウトゥスとはラテン語で"壮大"を意味する。そのワインが最初に造られたのは、1996年だった。
　それ以降、1999と2001ヴィンテージがリリースされているだけである。というのも、ワインはフランス産新オーク樽で、12ヵ月熟成させられ、その後壜詰めされてさらに3年間を経て市場に出されるからである。そのワインは果実味とオークが壮大な均衡を創り出し、チェリーのような色で、甘酸っぱいベリー、スパイス、トーストのアロマの中に、バルサミコも感じられる。フル・ボディでなめらか、豊麗で、タンニンは良く熟れており、優美な残影はなかなか消えない。**JMB**

🟠🟠🟠　飲み頃：2012年まで

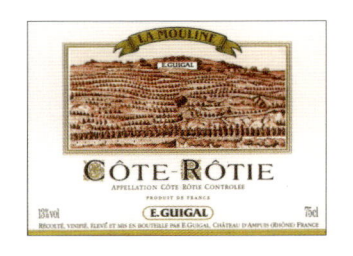

Guigal
Côte-Rôtie La Mouline 2003

ギガル
コート・ロティ・ラ・ムーリンヌ 2003

産地 フランス、ローヌ北部、コート・ロティ
特徴 赤・辛口：アルコール度数13度
葡萄品種 シラー90％、ヴィオニエ10％

　ここ30年、マルセル・ギガルは彼のコート・ロティ3部作──ラ・ランドンヌ、ラ・ムーリンヌ、ラ・テュルク──で快進撃を続けている。その素晴らしさを国際舞台で最初に褒め称えたのは、ジョン・リヴィングストン・リアーマンスであり、メルヴィン・マスターズであった。そしてそれから10年後、ロバート・パーカーがそれに加わると、価格は急上昇した。
　シラーが主体となっているが、それはリヨンの数キロ南の砂質片麻岩土壌の傾斜角55度の斜面に育つものである。ラ・ムーリンヌはコート・ブロンドの樹齢75歳の樹から造られ、その畑はコート・ブリュンヌよりもブルゴーニュ的だと言われるが、それは前者の所有者の多くがアロマの強いヴィオニエを20％近くも加えるせいかもしれない。ギガルの場合はだいたい11％ぐらいである。またギガルは、ラ・ムーリーヌは除梗しているが、ラ・ランドンヌの場合は果梗が生み出す茶目っ気な性格をそのまま残すようにしている。
　ワインは柔らかく官能的で、顕著なカシスのアロマや、革の微香が、シラー主体のワインであることを示している。2003年は100％オークの新樽で、42ヵ月間熟成させられた。優に30年はもつ。スティーヴン・タンザーは、このワインには「ブラック・ラズベリー、燻製肉、炒ったナッツ」のフレーヴァーがあるといったが、フィニッシュにはチョコレートの味もする。ローストしたヤマシギと共に味わうと最高だろうが、なければヤマウズラでも結構。**GM**

🟠🟠🟠🟠🟠　飲み頃：2030年過ぎまで

Hacienda Monasterio
Ribera del Duero Reserva 2003

アシエンダ・モナステリオ
リベラ・デル・ドゥエロ・レセルヴァ 2003

産地 スペイン、リベラ・デル・ドゥエロ
特徴 赤・辛口：アルコール度数14度
葡萄品種 テンプラニーリョ、カベルネ・ソーヴィニオン、メルロ

　1990年代の初め、リベラ・デル・ドゥエロは爆発した。一群の投資家が有名な2つの村——ヴァルブエナ・デ・ドゥエロとペスケーラ・デ・ドゥエロ——の間に、新ワイナリーを建設する計画を進めた。この渦中に1人のデンマーク人がスペインに到着した。ボデガス・モナステリオの技術指導をするために。その人の名前はピーター・シセックといい、当時まだ無名であったが、5年もしないうちに全世界は彼と彼の造るワインから目が離せなくなった。

　レセルヴァは長期熟成——最低でも36ヵ月、そのうち12ヵ月以上オーク樽——が必要なセレクトであるが、それよりも短い熟成期間のクリアンサも、同カテゴリーの中では最高の部類に入る。2003年はヨーロッパ全体でかなり暑い気候であったが、シセックはさすがに非常にバランスの良いワインを造り出した。カベルネとメルロが、テンプラニーリョに新鮮さを加え、時にはミントの香りさえも漂ってくる。色は深く、香りは鮮烈で、オークは時とともに統一されていくだろう。熟した黒い果実とスパイスが支配し、ミディアム・ボディで、優美な余韻が長く続く。この地域の郷土料理であるロースト・ラムと一緒に味わうのが最高である。若いうちは、開花する時間を与えるためにデキャンティングしたほうが良いだろう。**LG**

🌀🌀🌀　飲み頃：2020年まで

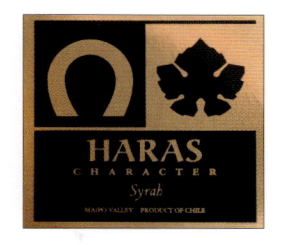

Viña Haras de Pirque
Haras Character Syrah 2004

ヴィーニャ・アラス・デ・ピルケ
アラス・カラクテール・シラー 2004

産地 チリ、マイポ・ヴァレー
特徴 赤・辛口：アルコール度数14.8度
葡萄品種 シラー85％、カベルネ・ソーヴィニオン15％

　1991年、チリの実業家エドゥアルド・マッテ・ロサスと彼の息子エドゥアルドは、マイポ・ヴァレー、ピルケのサラブレッド牧場を購入した。マッテ親子は訓練用トラック、パドック、厩舎など馬のための飼育、訓練用の土地を半分以下に収め、残りの土地を葡萄畑に変えた。その馬蹄形型の丘は、標高、日照など複雑な微気象を生み出し、栽培の監督を任されたアレハンドロ・フェルナンデスを悩ませた。

　1997年、アラス・デ・ピルケの自社ワイナリーが完成し、フェルナンデスの友人のアルヴァロ・エスピノーザが醸造を取り仕切ことになった。フェルナンデスもエスピノーザもともにボルドーで修行を積んできていたが、2人は、マイポ・ヴァレーにはシラーを植えるのが最善だと判断した。当時チリでは、シラーはアコンカグア・ヴァレーやコルチャグア・ヴァレー、海岸近くの丘陵地などにふさわしく、マイポ・ヴァレーやアンデス山脈の麓には適さないと考えられていた。マイポ・シラーに対する彼らの読みは的中し、タンニンの構造は、粗大ではなく、しなやかで、赤果実や森の下草のフレーヴァーが、声高にではなく、優しく、しかし明快に口の中に広がる。心を洗われるようなワインだ。**MW**

🌀　飲み頃：2013年まで

Hardys *Eileen Hardy Shiraz* 2001
ハーディーズ　アイリーン・ハーディー・シラーズ 2001

産地　オーストラリア、南オーストラリア
特徴　赤・辛口：アルコール度数14.5度
葡萄品種　シラーズ

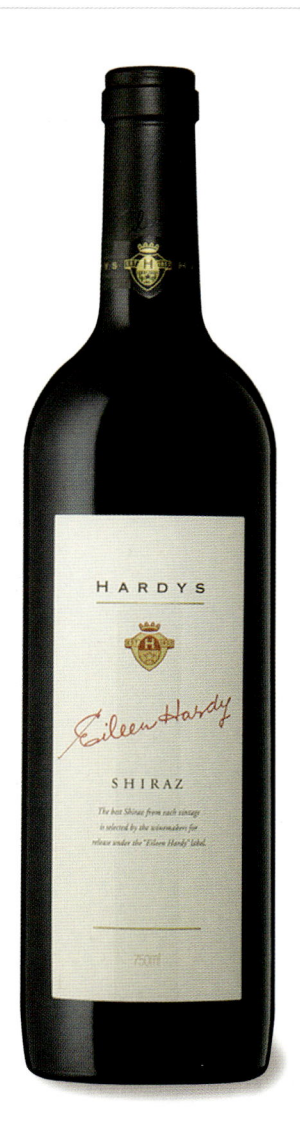

　1850年、20歳の若者がイギリス、デヴォン州から南オーストラリアの新しい入植地にやってきた。トーマス・ハーディーという名のその若者は、早くも1853年にはトーレンス川のアデレードの河岸にワイナリーを開いた。1970年代半ば、4代目ハーディー家は、トーマス・ハーディー・アンド・サンズ社を設立し、運営していた。一家の家母長であるアイリーン・ハーディーの名前を冠したその500ケースのワインは、選ばれた最上のキュヴェから造られ、会社から彼女への誕生日プレゼントとして壜詰めされた。1973年に「アイリーンおばちゃん」の80歳の誕生日を祝してリリースされたのが最初で、当初はシラーズで、後に一時カベルネ・ソーヴィニヨンに変わったが、現在はずっとクレア、パッサウェイ、マクラレン・ヴェールのシラーズを使っている。

　2001ヴィンテージは、クレア・ヴァレーのショーバーズ・ヴィンヤード、マクラレン・ヴェールのアッパー・ティンタラ、イーヌンガとフランクランド・リバー、それにパッサウェイの自社の広大な畑からのシラーズで造られている。コンクリート製開放槽で発酵させられた後、伝統的なバスケット・プレスで圧搾され、マロラクティック発酵の後、フランス産オークの新樽か2年目の小樽で、18ヵ月間熟成させられる。この点は、大半の大柄なサウス・オーストラリアン赤ワインがアメリカ産オーク樽を使うのとは異なっている。いつもはもっと体格の良い、アルコール度数の高いワインだが、アイリーン・ハーディー2001は優美で、抑制されている。有名なオーストラリア・ワイン評論家のジェームズ・ハリディは次のように述べている。「このラベルで出されたワインの最高傑作だ。ミディアム・ボディでシルクのような質感、とても長い余韻、すばらしいあとくち。」SG

Ⓢ Ⓢ Ⓢ　飲み頃：2010年過ぎまで

追加推薦情報
その他の偉大なヴィンテージ
1987・1988・1993・1995・1996・1997・1998・2000
ハーディーズのその他のワイン
アイリーン・ハーディー・シャルドネ、トーマス・ハーディー・カベルネ・ソーヴィニヨン

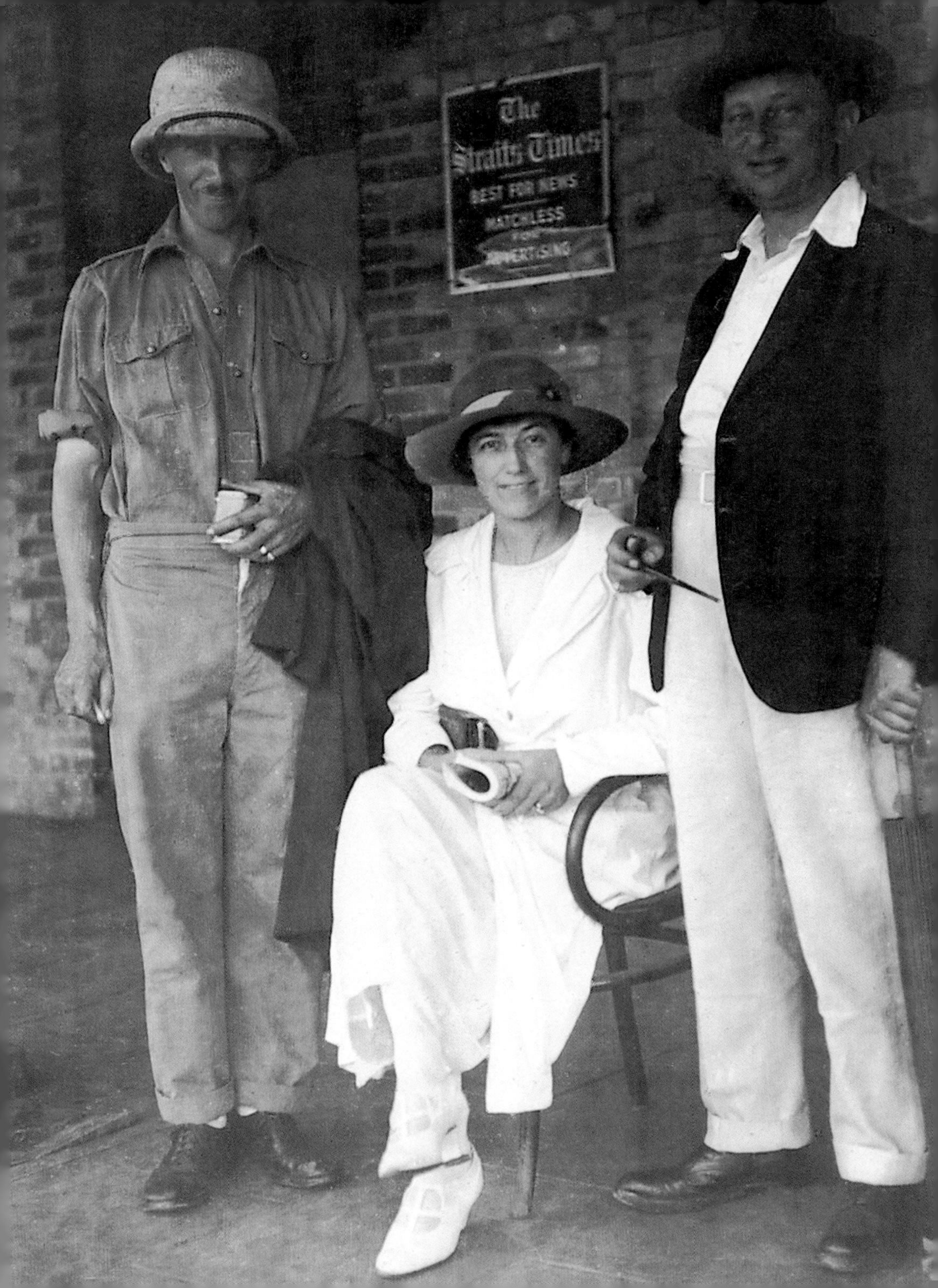
The
Straits Times
BEST FOR NEWS
MATCHLESS

Harlan Estate *Proprietary Red Wine* 1994
ハーラン・エステート　プロプライエタリィ・レッド・ワイン 1994

産地　アメリカ、ナパ・ヴァレー
特徴　赤・辛口：14.5%
葡萄品種　C・ソーヴィニョン70%、メルロ20%、その他10%

　最初目をつけた土地が、良いワインを造るには寒すぎ、土壌は肥沃すぎたことに気がついたビル・ハーランは、卓越した質を持ち、個性と伝説を有するワインを創りだすことのできる土地の発見へと向かった。
　フランスの最上の畑はどれも丘の斜面にあることを確認したハーランは、ナパ・ヴァレーのよく知られた畑の近くの土地を探し出した。しかしそれは丘の斜面ではなかった。1983年に彼が見つけ出した土地は、オークヴィルの西側、トカロン・ヴィンヤードからあまり離れていない、ハイツ・マーサズ・ヴィンヤードの西側の端に接する場所だった。これらの葡萄畑は谷底の平地にあったが、ハーランが葡萄樹を植えたところは、標高92～184mの谷の中腹にあたり、排水が良く、日照も良好であった。ハーランは、デヴィッド・エイブリューの能力を早くから認めていたので、彼に最初の植樹を指導してもらった。偉大なワインを造るため、すべての工程で細心の注意が払われた。低収量、1房ごとの選果、ステンレスと木樽による少量発酵、フランス産オーク樽での熟成など。
　ハーラン・エステート・プロプライエタリィ・レッドが幾重にもかさなったアロマとフレーヴァーを漂わせ、豪華なワインにふさわしい豊かな質感を持ち、深い凝縮された味わいをもたらすのは、そしてロバート・パーカーが何度も100点を付けるのは、少しも不思議ではない。彼は1994を、「グラスのなかの永遠」という言葉で激賞した。最初に批評家の賞賛を獲得した1994年は、オークションでも素晴らしい人気である。2007年のオークションでは、ハーラン・エステート1994は1本1,600ドルで落札された。**LGr**

💲💲💲💲　飲み頃：2015年過ぎまで

追加推薦情報
その他の偉大なヴィンテージ
1995・1996・1997・1999・2001・2002・2003
ナパのその他の生産者
ケイマス、コルギン、コリソン、ダイアモンド・クリーク、ダックホーン、グレイス・ファミリー、ハイツ、キンテッサ、ルビコン・エステート

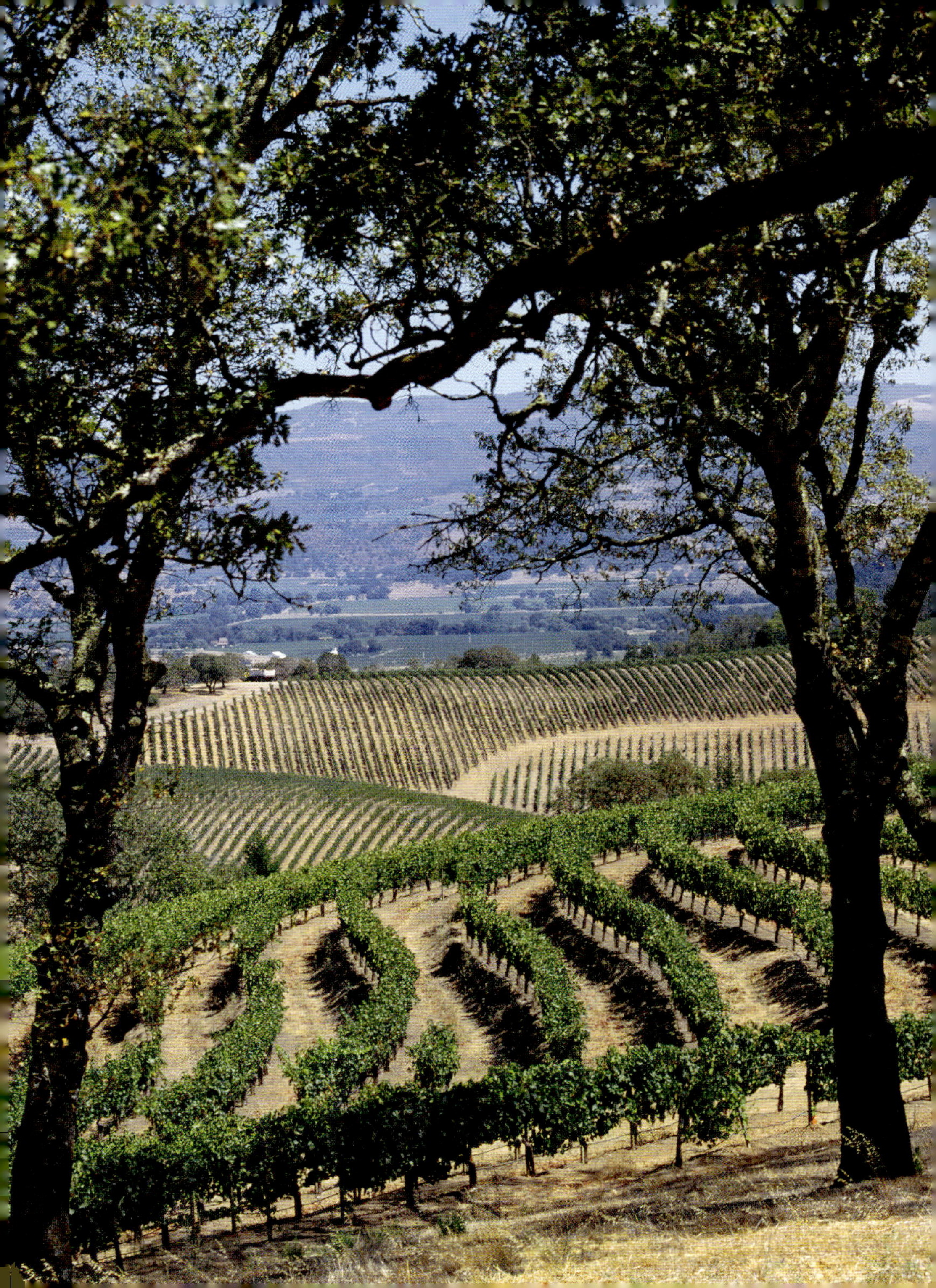

Château Haut-Bailly 2005
シャトー・オー・バイイ 2005

産地 フランス、ボルドー、ペサック・レオニャン
特徴 赤・辛口：アルコール度数13度
葡萄品種 C・ソーヴィニョン65％、メルロ25％、C・フラン10％

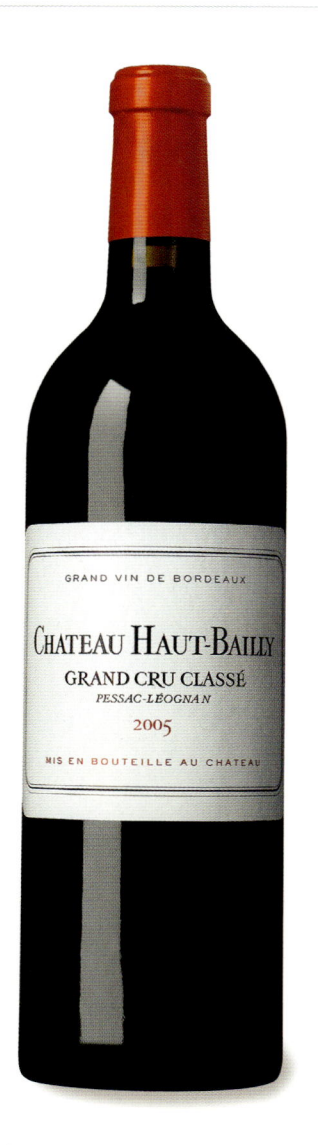

　グラーヴ地区の大半の、特に北側に区画を持つエステートは、多くが赤も白も同量造っているが、オー・バイイはここではめずらしく赤の品種だけを植えている。このエステートは19世紀末に高い評価を受け、その評価は今日に至るまで維持されているが、1920年代から1950年代にかけての所有者の交代が汚点を残した。1955年、ベルギー出身のネゴシアン、ダニエル・サンダースがこのエステートを購入し、その息子ジャンが1979年に跡を継ぐと、彼は畑を修復し、持分を拡大した。その結果、1980年代、オー・バイイはグラーヴ地区最高の赤ワインを造るエステートとして高い地位を確立した。

　しかし悲しいことにジャン・サンダースの姉妹が彼女らの持分を売りたがり、とうとうオー・バイイは売りに出され、1998年、新しい所有者が決まった。ニューヨークの銀行家、ロバート・ウィルマーズである。ウィルマーズは非常に優秀なジャンの娘、ヴェロニクをエステートの支配人に指名し、また彼女を支えるチームも結成した。そして彼らを支えたのが、エステートに残っていた大量の古木で、なかにははるか昔からの接木されない葡萄もあり、またカルメネールも少しあった。

　オー・バイイの特徴はその優美なところにあるが、だからといってそれは薄っぺらな、痩せたワインではない。肉厚なそれと分かるオーク香があるが、香りと味の深みは少しも失われていない。またタンニンはでしゃばらず、最上のヴィンテージはその質感にいささかの継ぎ目も感じさせない。なめらかで洗練された2005年は、オー・バイイの最も美しい姿を見せている。以前のヴィンテージ同様、それはすぐにその個性と魅惑的な容姿を現し、その後何十年もその美しさを保ち続けるであろう。**SBr**
🌀🌀🌀 飲み頃：2030年まで

追加推薦情報

その他の偉大なヴィンテージ

1945・1947・1959・1961・1970・1978・1983・1985・1986・1990・1995・2000・2001・2004

ペサック・レオニャンのその他の生産者

ドメーヌ・ド・シュヴァリエ、フューザル、オー・ブリオン、ラ・ルーヴィエール

その高い名声にもかかわらず、オー・バイイの邸宅は慎ましい。

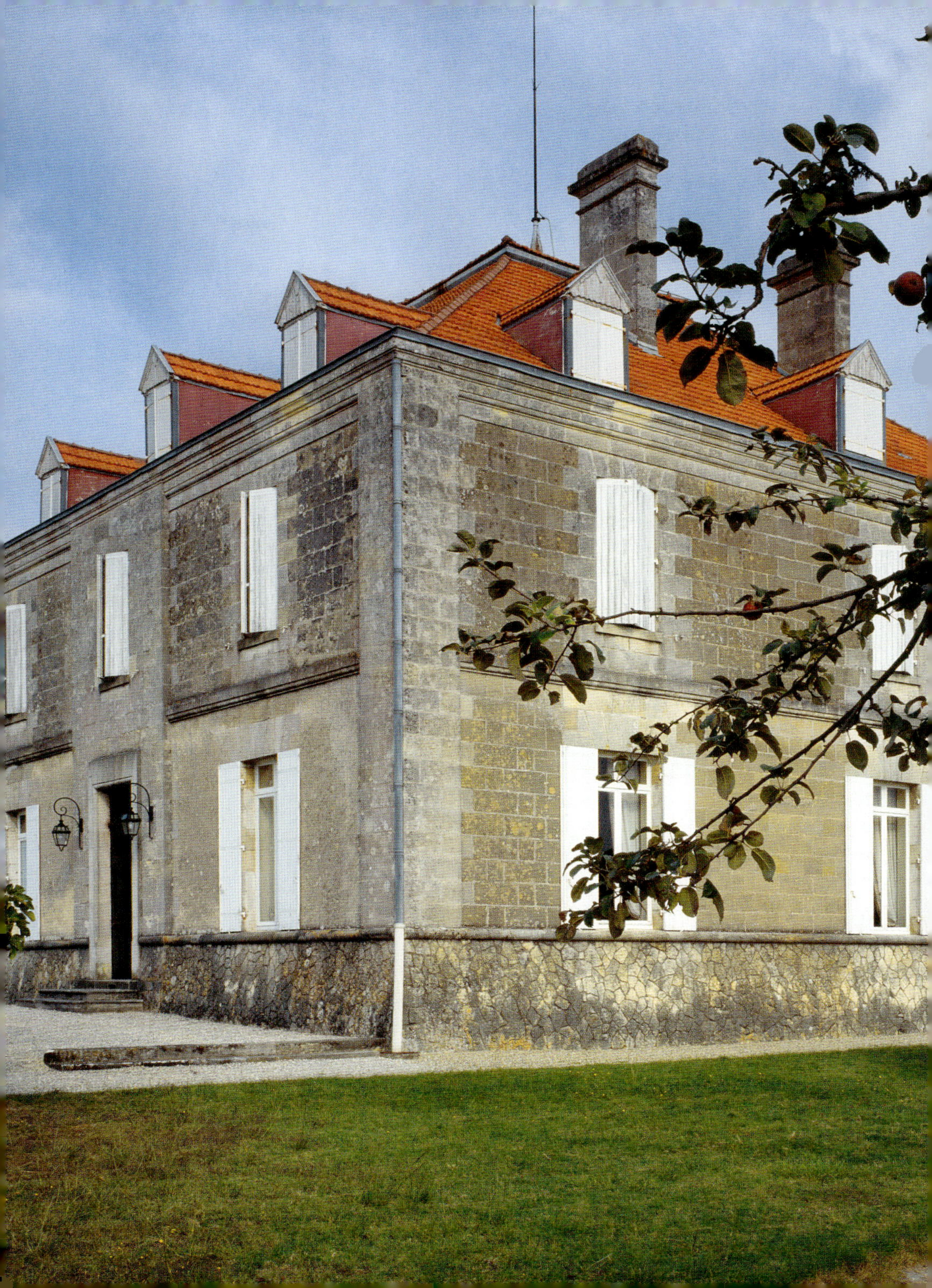

Château Haut-Brion
1989

シャトー・オー・ブリオン
1989

産地 フランス、ボルドー、ペサック・レオニャン
特徴 赤・辛口：アルコール度数13度
葡萄品種 C・ソーヴィニョン45％、メルロ37％、C・フラン18％

　グラーヴ地区の中で唯一オー・ブリオンだけに最高位のメドック第一級を与えたのが、1855年に行われた格付けの大きな特徴であった。歴史は、この時の格付けの正しさを証明した。オー・ブリオンの名は、商才にたけたポンタック家がそのワインをロンドンに広めたことにより、すでに17世紀には世界中に知れ渡っていた。

　畑は現在ボルドーの住宅地に周りをすっかり囲まれているが、素晴らしい畑の質はそのまま維持されている。1935年にアメリカの銀行家クラレンス・ディロンのものとなって以来、オー・ブリオンは平穏な日々を享受している。現在は、彼の孫娘ムーシィ公爵夫人と、彼女の息子プリンス・ロバート・オブ・ルクセンブルグが統括している。エステートは1921年以来、デルマ家3代にわたって管理運営されているが、1961年にジャン・ベルナール・デルマがボルドーで初めてステンレス発酵タンクを用いたことは有名である。彼はまた、この畑の葡萄樹のクローンと台木の徹底的な調査を行ったことでもよく知られている。葡萄畑は、見た目よりも高い位置にあり、全体として厚い砂礫の土壌であるが、粘土を多く含む区画があり、それがブレンドに力強さをもたらしている。

　1989年は、オー・ブリオンにとっては最高の年であった。今そのワインは20年目に達しようとしているが、豊麗なアロマを揺らめかせ、ヒマラヤ杉、カシス、チョコレートが現れ、依然としてしっかりした骨格を保ち、しかもヴェルヴェットのなめらかさで、けっして粗くはなく、フレーヴァーは驚くほど長く続く。この伝説のワインは、これから先まだ数十年は生き続けるであろう。**SBr**
🍷🍷🍷🍷　飲み頃：2025年まで

16世紀にまで遡る歴史を持つ、小塔のあるシャトー・オー・ブリオン ➡

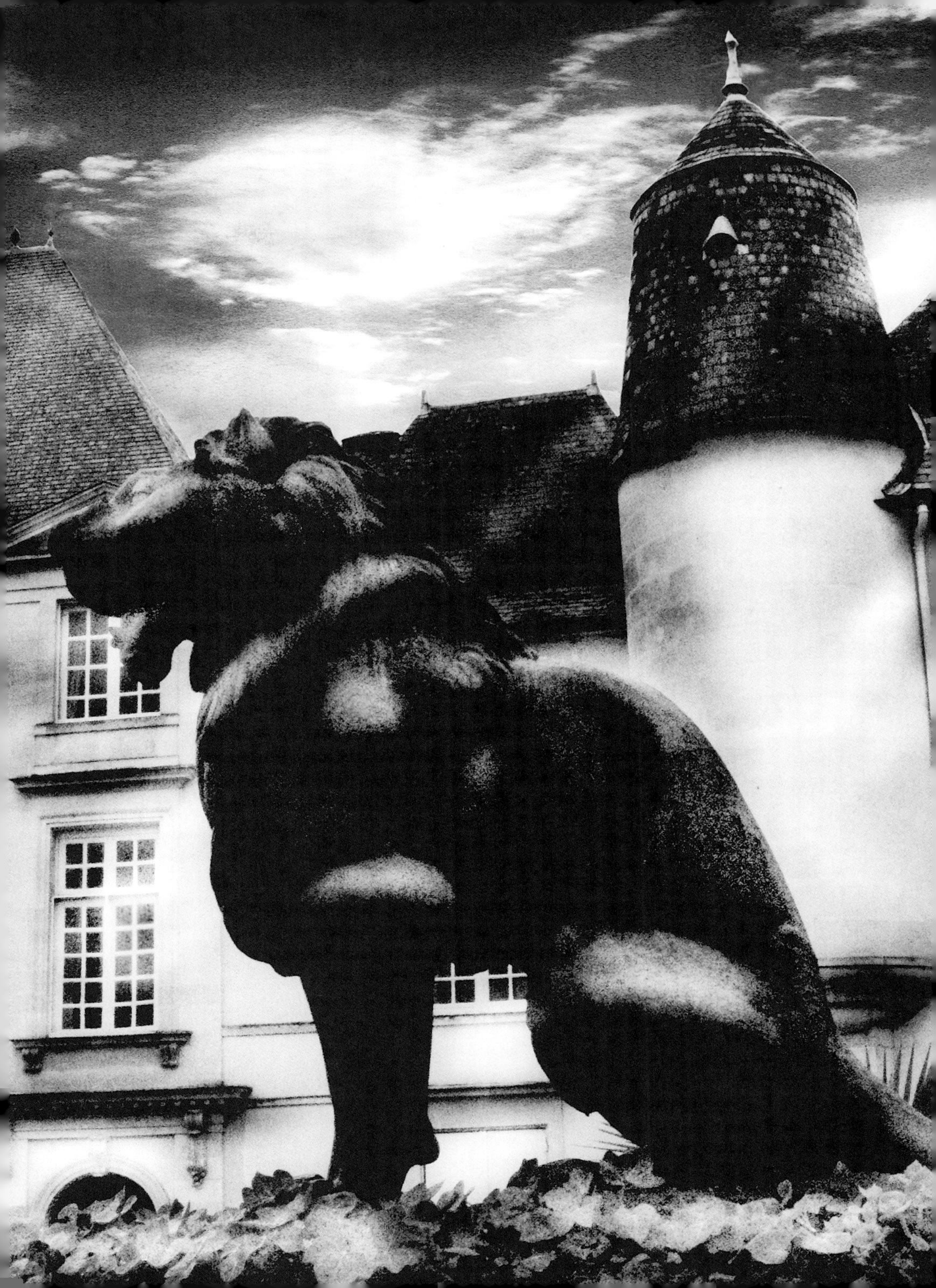

Château Haut-Marbuzet
1999

シャトー・オー・マルビュゼ
1999

産地　フランス、ボルドー、サン・テステフ
特徴　赤・辛口：アルコール度数13度
葡萄品種　メルロ50%、C・ソーヴィニョン40%、C・フラン10%

　アンリ・デュボスはこの地区の南東の角に一群の畑を所有しているが、その中で最も優れた畑がオー・マルビュゼである。アンリの父親が1952年に初めてこの地区の葡萄を買い入れて以来、デュボス家は、1948年に細分化された伝統あるドメーヌ・デュ・マルビュゼを再度統一することを自らの使命と考えてきた。そしてその仕事は1996年に完結した。
　オー・マルビュゼの土壌には粘土が多く含まれており、それに合わせてメルロの栽培比率も高くなっている。そしてそれがこのワインに豊麗な風味を付与している。このワインの人気のもう1つの理由は、100%オークの新樽で熟成させられていることにある。しかし奇妙なことに、このワインからはそのようなオークの気配は感じられない。新オークはおそらく、ワインの甘さ、飲みやすさ、しなやかさに関係しているのであろう。しばしばサン・テステフは固いワインと評されるが、オー・マルビュゼはいつもリリースとともに堪能することができる。しかし長期熟成にも向いており、ピークはだいたい15年ぐらいである。
　1999年は、デュボスは2000年よりもこちらを推すが、オー・マルビュゼの特性を完璧に表現している。豊かなアロマ、凝縮感、スパイシーさがあり、タンニンは良く統合され、フレーヴァーは長く続く。オー・マルビュゼが落胆させることはまずありえない。**SBr**

🍷🍷🍷　飲み頃：2020年まで

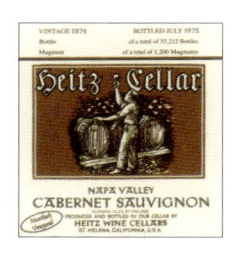

Heitz Wine Cellars
Martha's Vineyard Cabernet Sauvignon 1974

ハイツ・ワイン・セラーズ
マーサズ・ヴィンヤード・カベルネ・ソーヴィニョン 1974

産地　アメリカ、カリフォルニア、ナパ・ヴァレー
特徴　赤・辛口：アルコール度数13.5度
葡萄品種　カベルネ・ソーヴィニョン

　1974年に最初に出したナパ・ヴァレー・カベルネ・ソーヴィニョンが歓呼の声で迎えられて以降、ハイツのマーサズ・ヴィンヤード・ブランドはヴィンテージ・ワインであることを表明してきた。1968年と1970年同様、1974年もジョー・ハイツが生み出した最高傑作だと考えられているが、実はそれを造ったのは彼ではなかった。その年、収穫が始まったとき、ジョー・ハイツは腰の痛みで起き上がれず、息子のデヴィッドが収穫から醸造まですべてを行った。事実上、これがデヴィッドのワインメーカーとしての最初のヴィンテージとなった。この若いワインメーカーにとって、何という始まりだったのだろう。しかしそのワインは、カリフォルニアで最も古く、最も人気の高いカルト・ワインの1つとなっている。
　カベルネ・ソーヴィニョンだけを植えているその葡萄畑は、沖積扇状地の砂礫ロームの土壌で、ナパ・ヴァレーの西側山麓に向かって広がっている。この独特の地形から顕著なユーカリのアロマがワインにもたらされている。
　この1974年は、ロバート・パーカーから1つの批評の中で2回も"記念碑的"という言葉を使って賞賛されているが、"圧倒される"ような凝縮感がある。リリースされてから30年以上経つにもかかわらず、その色は深く、完全に統一されたタンニンと甘く芳醇な果実味が飽和している。真に伝説的なワインがここにある。**LGr**

🍷🍷🍷🍷　飲み頃：2027年まで

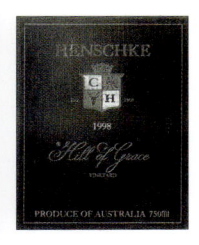

Henschke
Hill of Grace 1998

ヘンチキ
ヒル・オブ・グレイス 1998

産地 オーストラリア、南オーストラリア、エデン・ヴァレー
特徴 赤・辛口：アルコール度数14度
葡萄品種 シラーズ

　オーストラリアの赤ワインの序列の中で、唯一ペンフォールズ・グランジに越されているだけのヘンチキのヒル・オブ・グレイスは、グランジとは非常に異なったワインである。そのワインは、いくつもの畑の葡萄をブレンドしない単一畑ワインで、力強さよりも優雅さを極めている。

　その葡萄畑の最も古い区画は、"グランド・ファーザーズ"と呼ばれているが、たぶん1860年代に植えられたものであろう。それらは初期の移民たちによってヨーロッパからもたらされたフィロキセラ以前のもので、自根である。主にシラーズが植えられているが、リースリング、セミヨン、マタロ（ムールヴェドル）もある。

　ワインはプラム、ブラック・ベリー、チョコレートと、豊麗なアロマに包まれ、タンニンはしなやかで優しく、とても長い後味が続く。これから先まだ10年は確実にもつ。現在のオーナーであるスティーヴンとプリュのヘンチキ夫妻は、ヒル・オブ・グレイスの芳醇さの秘密は、乾式農法、老齢な葡萄樹、昼と夜の寒暖の差にあると言う。しかし、ヘンチケのもう1つの単一畑シラーズであるマウント・エーデルストーンも、時にそれと同様の、あるいはそれ以上の水準に達していることがある、と感じるのは私だけだろうか？ **SG**

🍷🍷🍷🍷　飲み頃：2015年過ぎまで

Herdade de Cartuxa
Pera Manca 1995

エルダーデ・デ・カルトゥーサ
ペラ・マンカ 1995

産地 ポルトガル、アレンテージョ
特徴 赤・辛口：アルコール度数14.6度
葡萄品種 トリンカデイラ、アラゴネス、カベルネ・ソーヴィニヨン

　コンヴェント・デ・カルトゥーサは、以前はカルトゥーサ修道院のあったところである。修道院は1587年に設立されたが、1834年の宗教的秩序の崩壊に伴い私有化された。1974年の「カーネーション革命」によって農業労働者に占拠され、その後前オーナーに戻されたときには、畑は荒れ放題の状態で、1980年代を通じて修復を続けなければならなかった。

　エステートの最高級ブランドはペラ・マンカで、それはフィロキセラの災厄の前には良く知られていた。疫病神が畑を通り過ぎた後、この地は森に変わり、そのラベルは消えていたが、ようやく1987年になって復活した。

　このワインは最上の年にしか造られず、1995は最も成功したヴィンテージの1つである。力強さと芳醇さを兼ねそなえ、ヴィンテージ・ポルトに勝るとも劣らない甘苦いチョコレートのような強烈なフレーヴァーを有している。カベルネもちょうど良い具合にアロマに参入し、カシスが濃いモレロ・チェリーと、レーズンのような果実味を強調している。熟成とともに、燃えるような、野性味を顕在化させる。ペラ・マンカは驚くべき価格で売られており、北ポルトガルのバルカ・ヴェーリャと肩を並べる南ポルトガルのカルト・ワインになりつつある。**RM**

🍷🍷🍷🍷　飲み頃：2015年過ぎまで

Herdade de Mouchão
2001
エルダーデ・デ・モウシャン
2001

産地 ポルトガル、アレンテージョ
特徴 赤・辛口：アルコール度数13度
葡萄品種 アリカンテ・ブーシュ70%、トリンカディラ30%

　モウシャンは19世紀中葉からレイノルズ家の所有であるが、その起源は、トーマス・レイノルズがコルク畑を求めてポルトから南のアレンテージョに下ってきたことにある。現在でもエステートの大半にコルクが植えられているが、このエステートの名前が知られるようになったのは、残りの小さな葡萄畑のおかげである。
　1974年のカーネーション革命のさなか、アレンテージョ地域も地域的紛争の場となり、モウシャン・エステートは地元の農民に奪取された。この奪取の結果は2つあった。1つは、畑の荒廃であり、もう1つは、保管していたワインが飲み干されたことであった。畑は1985年から1986年にかけてレイノルズ家に返還され、再建が始まった。その結果、葡萄樹はすべて新しく植樹されたが、ワイナリーはまだ大部分古いままなのである。
　2001はこのエステートの100回目のヴィンテージにあたる。アリカンテ70%とトリンカディラ30%のブレンドは、色は黒く、豊潤かつスパイシーで、しっかりしたタンニンの骨格を持ち、きわだって肉感的でスパイシーなエッジを持つ。スタイル的には現代風に果実味が前面に押し出されているが、その背後には旧世界の深い複雑さが潜んでいる。若い時期に飲んでも良いが、1990がもし入手できれば、手元に置いて爛熟させる価値がある。**JG**

🅢🅢🅢　飲み頃：2015年まで

Herdade do Esporão
Esporão Reserva 2004
エルダーデ・ド・エスポラン
エスポラン・レセルヴァ 2004

産地 ポルトガル、アレンテージョ
特徴 赤・辛口：アルコール度数14.5度
葡萄品種 テンプラニーリョ、C・ソーヴィニョン、トリンカデイラ

　多くの意味で、エスポランはアレンテージョの名を世界中のワイン愛好家に知らしめた最初のエステートである。そのわけの1つは、このエステートがポルトガル最大の広さを有していること、そしてもう1つは、オーストラリアの醸造家デヴィッド・ベイヴァーストックの影響力である。醸造家としての、また情報発信者としての彼の能力は、いつも世界のワイン愛好家の興味を惹きつける。
　エスポランは、ポルトガルの首都リスボンから南、内陸部の方に190kmほど入ったレゲンゴス・モンサラーシュにある。地勢は北部とは正反対で、広大で、開けており、ゆるやかに起伏する平原は、夏は灼けるように暑く、非常に少雨で、常に旱魃に脅かされている。そのため、つい最近まで良いワインの話しは聞かれなかった。しかし現在、灌漑のための大規模なダムが完成している。
　毎年ワイナリーで破砕される9,000トンの葡萄のうち、ほんの数%がエスポラン・ラベルで売り出される。エスポラン・レセルヴァはこのエステートのフラッグシップ・ワインで、毎年最上の葡萄を厳選して造られる。黒い果実、カシスの香りが華やかで、ヴァニラの微香もある。口に含むと新世界の飲みくちで、他の多くのポルトガルの伝統的赤に比べると、ソフトで、タンニンの骨格はそれほど強くはないが、それでいて豊麗で、フレーヴァーに溢れている。**GS**

🅢🅢　飲み頃：2020年まで

Herzog
Montepulciano 2005

ヘルツォーク
モンタプルチアーノ 2005

産地 ニュージーランド、マールボロ
特徴 赤・辛口：アルコール度数14.6度
葡萄品種 モンテプルチアーノ

　ハンスとテレーズのヘルツォーク夫妻は、マールボロに移住する前は、スイスにワイナリーとミシュラン1つ星レストランを所有していた。なぜ故郷スイスでの安全で、尊敬される生活を捨ててまでここにやって来たのかと尋ねられると、ハンスはいつもこう答える。「スイスでは造ることができないワインが、ここではできるからさ」。
　ちょっと見ただけではマールボロの気候は、ソーヴィニョン・ブランやリースリング、ピノ・ノワールなどこの地域のスター選手と性格が異なるモンテプルチアーノを成熟させるには寒すぎるように思える。しかしヘルツォーク夫妻は、マールボロで最も温暖な地区を選び出し、生理学的成熟を保証するために収量を厳しく制限した。その結果すばらしく凝縮されたフレーヴァーを持つ葡萄が実った。葡萄は手摘みされ、ていねいに選果された後、除梗される。自生の酵母を使った長い時間かけて行われるゆっくりした発酵は、フレーヴァーと色を鮮明に凝縮させる。
　モンテプルチアーノはニュージーランドでは、あるいは実際イタリアの外では、栽培が成功した例はなかった。ところがヘルツォークは、限りなく完成に近い、燦然と輝くワインを造り続けている。2005は1998以来のすばらしいヴィンテージであった。強烈な濃い色をし、プラム、黒い果実、スミレ、チョコレート、甘草、ミックススパイスのフレーヴァーが、次から次に鼻腔をくすぐる。**BC**

🍷🍷🍷　飲み頃：2017年まで

Hirsch Vineyards
Pinot Noir 2004

ハーシュ・ヴィンヤード
ピノ・ノワール 2004

産地 アメリカ、カリフォルニア、ソノマ・コースト
特徴 赤・辛口：アルコール度数14.3度
葡萄品種 ピノ・ノワール

　デヴィッド・ハーシュの葡萄畑は、太平洋岸から内陸へ5kmほど入った岩だらけの尾根沿いに、標高300m前後で横に長く延びている。夏の間はおおむね降霧線よりも上にあたり、葡萄栽培に適している。この地区はルシアン・リバーの北側、大陸の太平洋海岸線と平行に走る最初の3～4本の稜線からなる細長い地域である。ハーシュがその土地を買ったのは1978年のことで、当初そこを都会の喧騒から逃れられる瞑想の場所として考えていた。ところが、ワイン業界で働く友人に、ピノ・ノワールを植えれば最高のものができると勧められ、そうすることにし、そして実際その通りであった。
　葡萄畑は、大洋底堆積層と海洋地殻の塊が複雑に入り組んだフランシスカン・メランジェという地層の上にある。実際彼の土地には断層が溢れている。劇的に性質の違う岩が隣り合わせに並び、土壌の種類は一定せず、突如として変わる。また地形も複雑で、微気象もかなり相違している。そのような地質学的相違に加えて、台木やクローンも異なっている。そのため、区画ごとに葡萄の性質は劇的に変化している。彼は2002年には自分自身でワインを造り始めたが、この葡萄の性質の違いをワインに生かすため、最後のブレンド直前まで、主な35区画と小区画の葡萄は別個に醸造される。2004は強烈なアロマを立ち昇らせ、酸のバランスは良く、タンニンは統一され、ハーシュ・ピノ・ノワールの特徴である土味が低音部を支えている。**JS**

🍷🍷🍷　飲み頃：2020年まで

Château Hosanna
2000

シャトー・オサンナ
2000

産地　フランス、ボルドー、ポムロール
特徴　赤・辛口：アルコール度数13.5度
葡萄品種　メルロ70％、C・フラン30％

　このワインはポムロールの新人であるが、ただの新人とは違い歴史を有している。1998年にエタブリスモン・ムエックスが買収するまでは、このエステートはセルタン・ジローと呼ばれていた。4.5haからなる単一区画で、粘土質土壌の上に砂礫が載っている。畑はペトリュスとポムロールの集落の中間にあり、周りには、ラフルール、ラ・フルール・ペトリュス、セルタン・ド・メイなどがある。クリスチャン・ムエックスはその畑を買収した後、その最も優れた標高の高い部分をオサンナと名付け、新しい畑として独立させた。

　非常に恵まれた立地にあるにもかかわらず、セルタン・ジローはムエックスが買収するまでは高い評価を得ることができなかった。クリスチャン・ムエックスは、その理由の一端は排水が良くないことにあるとして、すぐさま排水を改善するためのポンプ・システムを導入した。

　2000ヴィンテージは、彼が購入してからまだ2年しか経っていないのに何とすばやく進化したことかと感心させられるワインである。カシスのアロマは無口のように見えるが、いったん口に含むと、豊潤で、フル・ボディ、よく凝縮され、果実味がこぼれるほどに滴り、バランスはとても良く、優美で、余韻がうっとりするほど長い。品質は一貫して高いが、価格も同じく高い。**SBr**

◉◉◉◉　飲み頃：2020年まで

Isole e Olena
Cepparello Toscana IGT 1997

イゾレ・エ・オレーナ
チェパレッロ・トスカーナIGT 1997

産地　イタリア、トスカーナ
特徴　赤・辛口：アルコール度数13.5度
葡萄品種　サンジョヴェーゼ

　パオロ・デ・マルキのワイン、チェパレッロが最初に造られた1980年代初め、サンジョヴェーゼ100％のワインがキアンティ・クラッシコに入ることが許されていたら、それはキアンティ・クラッシコに入っていただろう。それは最初のスーパー・タスカンの1つであり、今もそのなかの最上のものである。

　ピエモンテの彼の一家がそのエステートを買ったのは1960年代で、パオロ・デ・マルキは1970年代にその管理を任された。彼はすぐにチェパレッロのスタイルを確立した――イゾレ・エ・オレーナの最上の畑から採れるサンジョヴェーゼだけを樽で熟成させる。彼は、キアンティ・クラッシコに畑を所有している数少ないトスカーナ生まれでないよそ者所有者の1人であり、葡萄畑とワイナリーの両方の指揮を取っている（友人のドナート・ラナティとジャンパオロ・キアティーニが少し手伝っている）。

　多くのトスカーナ・ワインと同じく、イゾレ・エ・オレーナも1997年は素晴らしいヴィンテージであった。量は少なめで、3,900ケースであった。『ワイン・スペクテイター』誌から、「パオロ・デ・マルキの最高傑作」と大絶賛された1997年は、チェパレッロとしては初めて、同誌の年間トップ100年に選ばれた。チェパレッロは天からの贈り物にちがいない。**SG**

◉◉◉◉　飲み頃：2010年過ぎまで

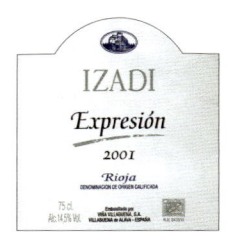

Viña Izadi
Rioja Expresión 2001
ヴィーニャ・イサディ
リオハ・エクスプレシオン 2001

産地 スペイン、リオハ
特徴 赤・辛口：アルコール度数14.5度
葡萄品種 テンプラニーリョ

　世紀の変わり目、リオハにはワイン造りの考え方に2つの学派があった。1つは深さと複雑さを極めるグラン・レセルヴァ派。もう1つが、いわゆる"アルタ・エクスプレシオン"派で、要約すれば、大きく、力強く、オークを贅沢に使った「国際的な」スタイルである。

　ずっと以前からヴィリャブエナ・デ・アルバに葡萄畑を所有してきたアントン家は、1987年にヴィーニャ・イサディを設立した。そのワイナリーの哲学は、1997年にドン・ゴンサロ・アントンが、ヴェガ・シシリアで30年間醸造長を務めてきたマリアノ・ガルシアを招聘したときに変わった。イサディの現職のワインメーカー、アンヘル・オルテガも一緒になって、アントンとガルシアは、現代的で、より国際的な"アルタ・エクスプレシオン"スタイルへと舵を切った。

　リオハにとって素晴らしいヴィンテージあった2001年、イサディもおそらくこれまでで最高のエクスプレシオンを造ったと自負していた。しかしそれは2005年にリオハで開かれたワールド・オブ・ファイン・ワインのテイスティングで、なんとかトップ20に選ばれただけだった。批評家たちはその芳醇さを褒めたたえたが、そのワインの"アルタ・エクスプレシオン"の衣装に戸惑ってしまった。スペインのワインに詳しいジョン・ラドフォードは次のように書いた。「非常に良く抽出された重量感のあるワインだ。しかしそれは、人がリオハを買うときに求めているものだろうか？」と。**SG**

🍷🍷🍷🍷　飲み頃：2010年過ぎまで

Paul Jaboulet Aîné
Hermitage La Chapelle 1978
ポール・ジャブレ・エネ
エルミタージュ・ラ・シャペル 1978

産地 フランス、ローヌ北部、エルミタージュ
特徴 赤・辛口：アルコール度数13.4度
葡萄品種 シラー、その他

　最も偉大な赤ワインの1つ、ポール・ジャブレ・エネのエルミタージュ・ラ・シャペルは、ローヌ河とタン・レルミタージュの町を見下ろす偉大なエルミタージュの丘に広がるいくつかの畑の葡萄をブレンドして造られる。

　どのような素晴らしいヴィンテージであろうとも、依然としてローヌ北部の優秀さの基準はシャブレのワインである。2007年の半ば、ラ・シャペル1978は1本1,000ドルの値を付けられたが、それでも1961年に付けられた6,000ドルの価格に比べれば、まだ低いほうである。その年はおそらくラ・シャペルで最高の、また最も貴重なヴィンテージだったろう。

　しかし近年、ラ・シャペルの品質にかなりの翳りが見えるようになってきた。ジャンシス・ロビンソンは1950年から1999年までの垂直テイスティングをした後、次のように書いている。「この伝説的なワインには、1990年代を通じて何かが起こっている。1990は今でも確かに偉大なワインである…。しかし最近のラ・シャペルで最も興奮させられたのは1991である。」とはいえ、1978は今も輝き続けており、また現在新しいオーナーを迎えたことにより、将来のヴィンテージは必ずそれと同じ輝きを復活させるに違いない。**SG**

🍷🍷🍷🍷　飲み頃：2012年過ぎまで

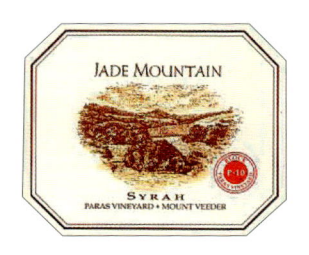

Jade Mountain
Paras Vineyard Syrah 2000
ジェイド・マウンテン
パラス・ヴィンヤード・シラー 2000

産地 アメリカ、カリフォルニア、ナパ・ヴァレー、マウント・ヴィーダー
特徴 赤・辛口：アルコール度数15度
葡萄品種 シラー94％、ヴィオニエ3％、グルナッシュ3％

　ジェイド・マウンテンは、サンフランシスコの精神科医師ダグラス・カートライトによって1984年に設立され、すでに同年代末までには、ローヌ品種を使ったワインが高い評判を得るまでになった。現在のナパ・ヴァレーでは、シラーやヴィオニエはめずらしくないが、20年ほど前までは、ローヌ・スタイルのワインを目指すワイナリーはまだ数えるほどしかなかった。ワインのすべてが、自社畑からの葡萄で造られているわけではないが、最上のものの多くが、ヴィーダー山を366mほど登った所にある8haのパラス・ヴィンヤードの葡萄から造られている。この畑は1世紀前に拓かれた古い畑であるが、カートライトによって再植樹された。

　ジェイド・マウンテンは多くの種類のワインを造っているが、大半はブレンド・ワインである。パラス・ヴィンヤード・シラーズは通常少量のヴィオニエとグルナッシュをブレンドしている。新樽比率50％以上のフランス産オーク樽で、18ヵ月前後熟成させる。ヴィンテージによっては、2000年のように、P10と呼ばれる単一区画だけを別個に醸造し、リリースする場合もある。パラス・シラー2000は、ブラックベリー、ブラック・ペッパーの濃厚な香りの後、大きな塊のような果実味が驚異的な凝縮感を伴ってやってくる。しかしアルコールはさほど気にならず、長く熟成させる価値のあるワインだと確信させる力強さがある。**SBr**

😊😊😊　飲み頃：2012年まで

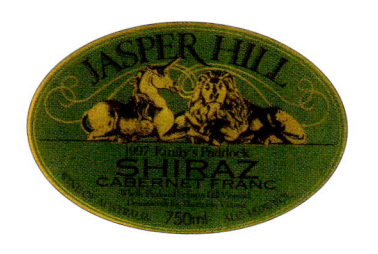

Jasper Hill
Emily's Paddock Shiraz 1997
ジャスパー・ヒル
エミリーズ・パドック・シラーズ 1997

産地 オーストラリア、ヴィクトリア、ヒースコート
特徴 赤・辛口：アルコール度数14度
葡萄品種 シラーズ90〜95％、C・フラン5〜10％

　ロン・ロートンがジャスパー・ヒル・ヴィンヤードを拓いたのは1975年であったが、その時2つの区画にエミリーとジョージアという2人の娘の名前を付けた。葡萄樹は接木されず、灌漑も行われず、有機栽培とビオディナミで育てられている。

　エミリーズ・パドックの場合、シラーズ（90〜95％）とカベルネ・フラン（5〜10％）は、混植されている。収穫はすべて手摘みで、一緒に発酵槽に入れられる。エミリーズはフランス産オーク樽で熟成させられるが、ジョージアはフランス産と、甘い香りのアメリカ産の両方を使う。ヒースコート・シラーズはミントや胡椒の香りというよりは、熟した果実の風味に特徴がある。

　エミリーとジョージアの2つのパドックから生み出されるワインは、単なる果物の味ではなく、土の味のするシラーズを造り出すことで知られている。エミリーズ・パドックはジョージアに比べ、より高い位置にあり、さえぎるものが少なく、日照に恵まれている。そして表土は浅い。「エミリーズ・パドックは、ジョージアに比べ、色は薄めで、ミネラルが多く感じられ、優美である。なぜなら表層のものを除いて、葡萄の根はすべて最も深層の岩盤まで届いているから」と、ロンは言う。エミリーズの葡萄は元々低収量であるが、それは果実の甘さがあまり強く主張されず、ミネラルや芳香、タンニンの構造が深められていることを意味している。**MW**

😊😊😊　飲み頃：2010〜2030年

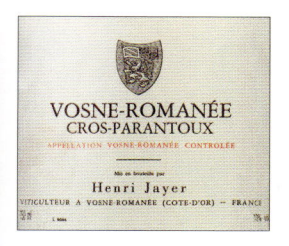

Domaine Henri Jayer
Vosne-Romanée PC Cros Parantoux 1988

ドメーヌ・アンリ・ジャイエ
ヴォーヌ・ロマネ・PC・クロ・パラントゥ 1988

産地 フランス、ブルゴーニュ、コート・ド・ニュイ
特徴 赤・辛口：アルコール度数13度
葡萄品種 ピノ・ノワール

　2006年に84歳でこの世を去ったアンリ・ジャイエは、ブルゴーニュの歴史に偉大な足跡を残した。戦時中、彼は物納契約でドメーヌ・メオ・カミュゼの葡萄栽培を請け負っていたが、葡萄栽培よりも醸造に強い関心を示していた。ジャイエは完全なる清潔、樽の恒常的な補填、最小限の人為的介入を強く主張した。彼はまた、果梗を加えたままの発酵にも強く反対し、今ではブルゴーニュの大部分のエステートが彼を見習って除梗後に発酵させている。

　リシュブールとヴォーヌ・ロマネ・レ・ブリュレの間に挟まれている1haのパラントゥは、メオ・カミュゼ家の所有であったが、荒れるにまかされていた。戦後、アンリが植樹し、現在は彼の甥で後継者のエマニュエル・ルジェが3分の1を所有し、残りをメオ・カミュゼが所有している。葡萄の樹齢は高く、そのため出来るワインは常に特級畑の中でも最上のもののうちの1つである。

　1988年はジャイエが正式に引退を表明する前の年に造られたワインで、その1haの畑の葡萄をすべて使って1種類のワインが造られた。ジャイエのすべてのワイン同様に、1988年は新オークの存在は明らかに観取されるが、その下にある熟したタンニン、重量感、豊麗な果実味は、多くのワインが固く閉じた感じに仕上がったこのヴィンテージとしては異常なくらいである。**CC**

🍷🍷🍷🍷🍷　飲み頃：2038年まで

K Vintners
Milbrandt Syrah 2005

K ヴィントナーズ
ミルブラント・シラー 2005

産地 アメリカ、ワシントン、コロンビア・ヴァレー
特徴 赤・辛口：アルコール度数13.9度
葡萄品種 シラー

　ウォルーク・スロープはワシントン州の中でも最も暑い地区に入り、毎年必ずといって良いほど完熟した葡萄を生み出す。1990年代のホット・ヴィンテージの連続から、栽培家は葡萄樹のトゥウィーキング、灌漑システムの構築など多くのことを学び、葡萄は成長期の中間に周期的に訪れる暑熱の日々をうまく利用することができるようになった。

　バッチとジェリーのミルブラント夫妻の222haの葡萄畑は、1997年に最初の葡萄樹が植えられ、チャールズ・スミスのK・シラーの原料となっている。この地の2005ヴィンテージは素晴らしかった。旱魃のような夏の後、温暖な冬が続き、春の雨と降雪で終了した。乾燥は開花と結実に良い方向に作用し、7月いっぱい果実は健やかに成長した。7月の末から8月にかけて熱波が襲い、気温38度を超える日が何日も続いた。しかし2005年の本当の美しさは完璧な9月と10月にあった。暖かく、穏やかな晴れの日が続き、収穫は遅くまで引き延ばすことができた。素晴らしいワインを語るとき、調和という言葉は欠かせないが、K・シラーはそれをとても美しく表現し、甘いベリー・フルーツの果実味を燻製肉の食欲をそそる精妙な香りが補完し、広大でバランスの取れた構造が実現されている。**LGr**

🍷🍷　飲み頃：2015年まで

Traubenblut schafft frohen Mut!
(Berliner Ratskeller)

Kanonkop
Paul Sauer 2003

カノンコップ
ポール・ザウアー 2003

産地 南アフリカ、シモンズバーク、ステレンボッシュ
特徴 赤・辛口：アルコール度数13.5度
葡萄品種 C・ソーヴィニョン64％、C・フラン30％、メルロ6％

　このワインが最初に登場したのは1981年のことで、ボルドー・ブレンドをイメージした赤ワインとしては、南アフリカではかなり早いものだった。ワインの名前は、1930年代にこの地で農場を経営していた著名な政治家にちなんでいる。偶然にも、カノンコップというのは大砲の丘という意味で、17世紀の頃近辺の農家に、ヨーロッパとアジアを結ぶ大型貿易船がテーブル湾に入ったことを知らせる大砲がすぐ近くの丘の上から発せられたことに由来している。
　ワインの造り方は、1981年から大きく変わっている。当時はアルコール度数を14度まで上げるのは至難の業で（ポール・ザウアーが時々達成しているが）、100％オークの新樽を使った発酵など夢のまた夢であった。とはいえ、ポール・ザウアーは依然として古いセメント製の開放槽で発酵させており、ケープで最も優れた赤ワインという評価はますます揺るぎないものになっている。2003年はまだ若く、オーク由来の煙草やヒマラヤ杉の香りが支配的だが、しっかりした骨格の中に豊潤な黒果実が予定通り待ち伏せし、特徴的なスミレ、紅茶の葉、ブラック・ベリーとともにその存在を顕示している。**TJ**

❸❸❸ 飲み頃：2018年まで

Kanonkop
Pinotage 1998

カノンコップ
ピノタージュ 1998

産地 南アフリカ、シモンズバーク、ステレンボッシュ
特徴 赤・辛口：アルコール度数13.5度
葡萄品種 ピノタージュ

　ある者にとっては、ピノタージュは南アフリカ・ワインの独自性を示すセールス・ポイントであり、極上品種のリストの1つとして大きな貢献をするが、他の者にとっては、それは構造とフレーヴァーに問題を有する扱いにくい葡萄である——しかしカノンコップがピノタージュから様々な卓越したワインを造りだしていることを否定するものはほとんどいない。
　ピノタージュの最初の市場向けワインはランチェラック1959であるが、その葡萄の起源はずっと古く、1925年であった。カノンコップ・エステートは最初にピノタージュを植えた畑の1つであるが、それが今日のレベルまで育ったのは、ベイヤーズ・トルッターの信念と熱心な努力のたまものである。彼はカノンコップで1980年から2002年までワインメーカーとして働いてきたが、彼自身のベイヤーズクルーフ・ラベルに時間を割くために辞めた。1991年のインターナショナル・ワイン・アンド・スピリッツ・コンペティションで、トルッターがロバート・モンダヴィ・インターナショナル・ワインメーカー賞を受賞することができたのは、このピノタージュ1989によるものだった。
　1998はまだ若いが、ピノタージュがすでに素晴らしく熟成していることが良くわかる。様々な種類の甘いプラムのフレーヴァーが、トマト・カクテルやきのこ、土味、大半が良く統一された新樽のオークから発するスパイスなどによって複雑さを増幅させている。そして、きめの細かいタンニンがしっかりした骨格を形成している。**TJ**

❸❸ 飲み頃：2012年まで

カノンコップ・エステートのワイン・ミュージアム

Red wines

Katnook Estate *Odyssey Cabernet Sauvignon* 2002
カトヌック・エステート　オデッセイ・カベルネ・ソーヴィニョン 2002

産地　オーストラリア、南オーストラリア、クナワラ
特徴　赤・辛口：アルコール度数14.5度
葡萄品種　カベルネ・ソーヴィニョン

　カトヌック・ブランドがリリースされた1980年から、ウェイン・ステベンスが醸造を担当している。オデッセイは最上のヴィンテージにしか造られないが、最初のヴィンテージは1991で、リリースされたのが1997年である。ステベンスは、「オデッセイは偉大なカベルネを生み出したいという願望であり、必ずしも偉大なクナワラでなくても良い」と言う。確かに、オデッセイ以外のカトヌック・エステート・カベルネ・ソーヴィニョンは、クナワラ地域の他のワインと似ている。オデッセイの中核となる葡萄を供給しているのは3つの葡萄畑で、標高の高い、表土の薄い石灰岩の尾根に、樹齢の高い低収量葡萄樹が植わっている。その中でも最上の畑は、設立当初からあったクナワラ中心部の、石灰岩の上を古いテラ・ロッサの赤い土壌が覆っている細長い畑である。

　オデッセイは、出来上がったカベルネ・ワインの中から、最も力強く、最も凝縮され、長熟に向く樽を選び出して壜詰めされるバレル・セレクションである。発酵は18～25度の温度に保たれたステンレス・タンクで、毎日ポンプ・オーバーしながら行われ、クナワラのワインにしてはかなり長く36ヵ月間熟成させられる。これができるのもしっかり凝縮されているからである。クナワラ・ワインにしてはめずらしく、オーク樽は通常3分の1がアメリカ産で、残りがフランス産である。そのワインは、クナワラ・カベルネとしては異常なほどに高い抽出を示し、モカのような複雑なブーケを持ち、肉感的で、ヴェルヴェットのようななめらかな口当たりのワインに仕上がっている。2002ヴィンテージは、気温は低く、非常に低収量であったが、オデッセイの真髄がよく表現されている。ヒマラヤ杉、煙草の箱、チョコレート、モカといったアロマが、カシスと一緒に織り上げられ、芳醇でシルクのようなタンニンが深遠な味わいを生み出している。**HH**

Ⓢ Ⓢ Ⓢ　飲み頃：2025年まで

追加推薦情報
その他の偉大なヴィンテージ
1991・1992・1994・1996・1999・2001
クナワラのその他の生産者
バルネイヴズ、ボーエン・エステート、マジェラ、パーカー・エステート、ペンリー・エステート、ペタルマ、リミル、ウィンズ

クナワラ、ペノラの町のワイナリーを示す看板 ➡

- Hungerford Hill
- Katnook Estate
- Leconfield WINES
- BOWEN ESTATE
- PENOWARRA WINES

Château Kefraya *Comte de M* 1996
シャトー・ケフラヤ　コンテ・ド・M 1996

産地　レバノン、ベカー高原
特徴　赤・辛口：アルコール度数14度
葡萄品種　C・ソーヴィニヨン60％、シラー20％、ムールヴェドル20％

いつごろからレバノンでワインが造られ始めたかは正確には分からないが、現在のレバノン人の祖先であるフェニキア人が、世界で最も早くワインを造っていた人々であったことは間違いないようだ。時代が下って古代ローマ時代、この地でワイン文化の花が開いたことを、ベカー高原のバールベックにあるバッカス寺院遺跡が示している。

1947年、ミシェル・ド・ビュストロスはケフラヤ（バールベックの近く）の一家のエステートを継いだ。彼は石灰岩質粘土の土地を開墾し、およそ303haの土地に、フランスから輸入したサンソー、カリニャン、グルナッシュ、ムールヴェドル、カベルネ・ソーヴィニヨンを植えた。その葡萄畑は標高1,000mの高地にあるが、彼の会社のモットーも、「常にもっと高く」である。

ド・ビュストロスはフランスの会社の支援を受け、1978年、戦争のさなかにワイナリーを建てた。1984年、ケフラヤのフランス人醸造家イヴ・モラールはシリアとイスラエルの砲撃戦の最中に捕まり、すぐにテルアビブ刑務所に収監された。モラールはローヌ出身で、ベカー高原の気候がローヌ地方とよく似ていたので、同様の品種を植えることを提案していた。新しい畑の葡萄の質は素晴らしく、ド・ビュストロと新しい醸造家のジャン・ミシェル・フェルナンデスは、その葡萄に感銘を受け、1996年にあるワインを造り出した。それはオーク樽で1年間熟成させられ、それからさらに3年経ってリリースされた。フル・ボディの、素晴らしく凝縮された芳醇なコンテ・ド・M1996は、1977年のブリストルで、セルジュ・オシャールや、彼のベカー赤ワイン、シャトー・ミュザールが受けたのと同様の歓呼で迎えられた。**SG**

🆂🆂🆂　飲み頃：2012年過ぎまで

追加推薦情報
その他の偉大なヴィンテージ
1997・1998・2000・2001
レバノンのその他の生産者
クロ・サントマ、コウロウム、シャトー・クサラ、マサヤ、シャトー・ミュザール、ワーディ

シャトー・ケフラヤで籠一杯に葡萄を摘んで一服する摘み子たち ➡

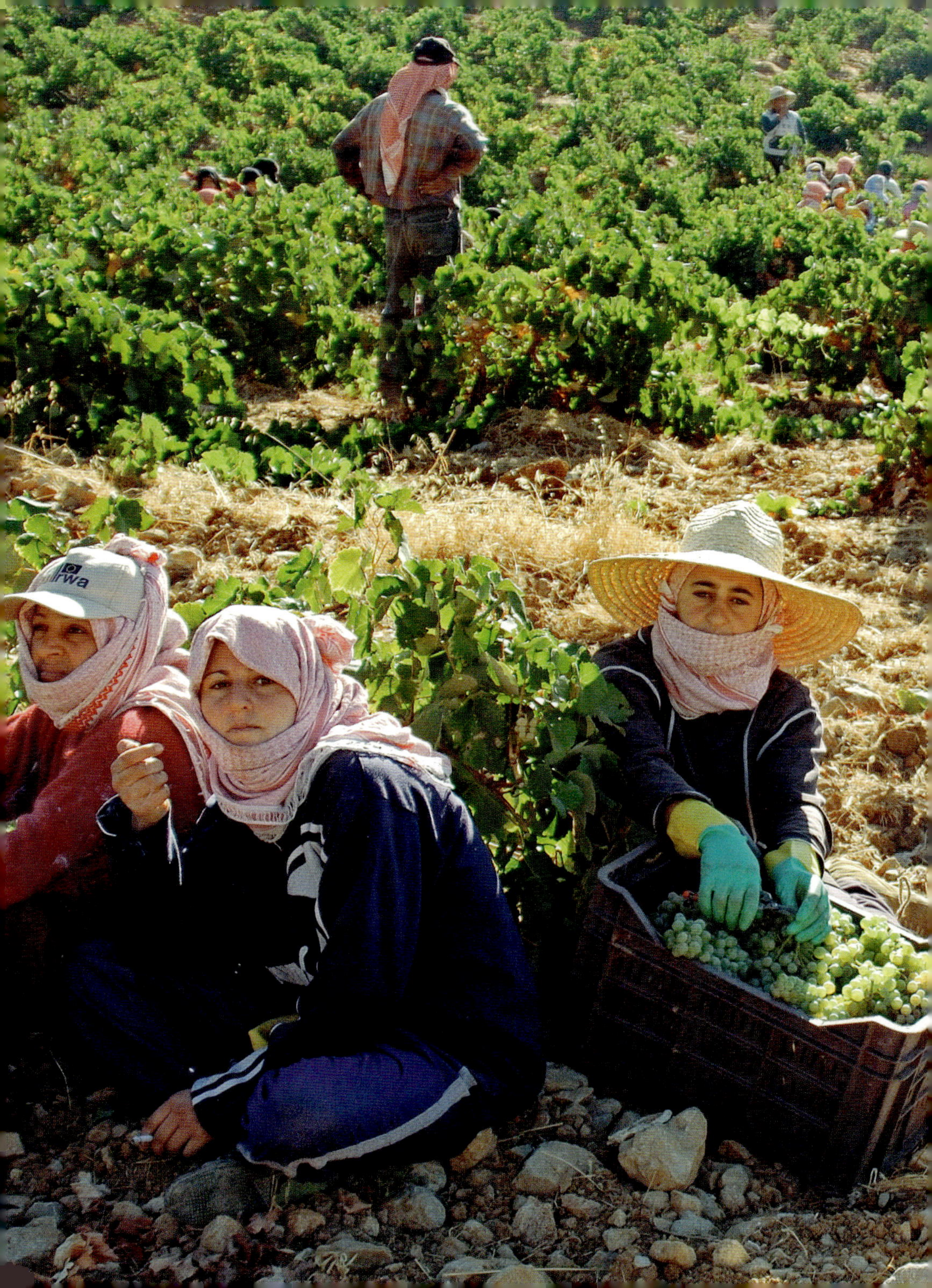

Klein Constantia/Anwilka Estate
Anwilka 2005

クレイン・コンスタンシア・アンウィルカ・エステート
アンウィルカ 2005

産地 南アフリカ、ステレンボッシュ
特徴 赤・辛口：アルコール度数14度
葡萄品種 カベルネ・ソーヴィニョン63％、シラー37％

　アンウィルカは、クレイン・コンスタンシアのローウェル・ヨーステと、ブルーノ・プラッツ（シャトー・コス・デストゥルネルの元オーナー）、それにシャトー・アンジェリュスのユベール・ド・ブアール・ド・ラフォレの3人による共同事業として生まれた。そのブレンド・ワインはクレイン・コンスタンシア・ワイナリーで造られる。

　葡萄畑はステレンボッシュの南西、ヘルダーベルグにあり、1997年に購入された。

　1998年、ウイルス感染を防ぐため（葡萄畑ウイルスはケープの風土病）、大規模な再植樹が行われた。3人の哲学は、「建物や門などに無駄なお金はつぎ込まないが、ワインのためならお金を惜しまない」というものであった。ワインは南アフリカでは、2006年3月3日にリリースされ、残りはその1ヵ月後、国際販売に向けたボルドーの取引所にリリースされた。小売価格は南アフリカ産ワインとしては高い1本40ドルであった。しかしそれにもかかわらず、ロバート・パーカーがアンウィルカは「私がこれまでに試飲した南アフリカ産赤ワインの中では最高」と評したこともあって、売り切れる店が続出している。

　ではそのワインの味は？　深く、インクのような、粘性のある紫色をし、かすかに揮発性があり、ダスティで、非常に芳醇な果実味とクリームのようなオークのアロマがある。温かくスパイシーで、フル・ボディで非常に凝縮されているにもかかわらず、ヴェルヴェットのような質感がある。2～3年熟成すれば、粗い角が取れ、飲みやすく、何杯も注ぎ足したくなる「国際派」スタイルのワインとなる。2006ヴィンテージは、メルロを5％ほど混ぜており、アルコール度数はやや低くなっているが、全般に初ヴィンテージの2005年に非常に良く似ている。**SG**

$／$$／$$／$　飲み頃：2010年まで

ヘルダーバーグ山麓のすぐ傍に横たわるアンウィルカ葡萄畑

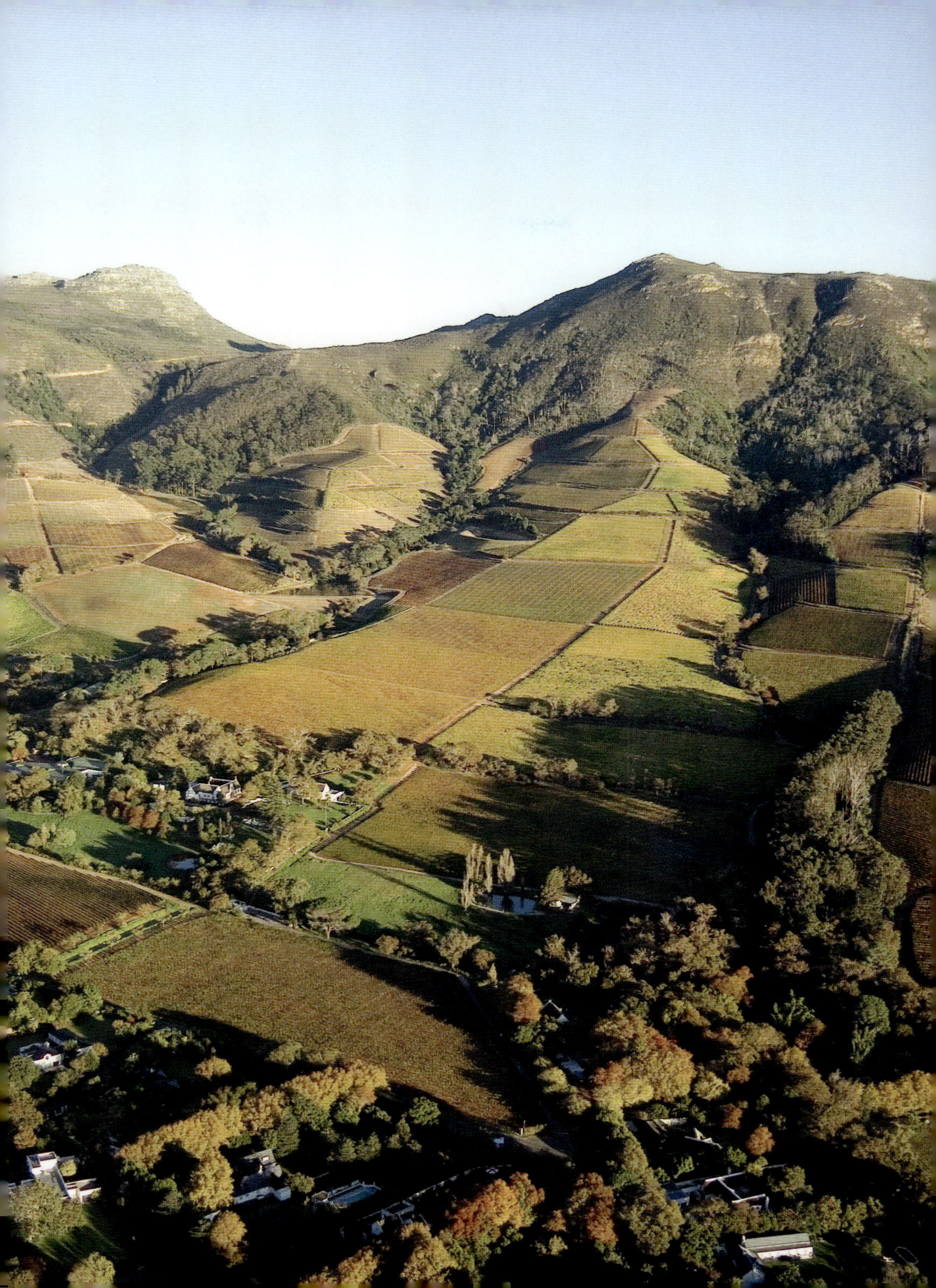

Staatsweingüter Kloster Eberbach Assmannshäuser *Höllenberg Spätburgunder Cabinet* 1947
シュターツヴァインギューター・クロスター・エーベルバッハ・アスマンズホイザー　ヘーレンベルク・シュペートブルグンダー・キャビネット 1947

産地　ドイツ、ラインガウ
特徴　赤・辛口、アルコール度数不明
葡萄品種　ピノ・ノワール

シュペートブルグンダー(ピノ・ノワール)とブルゴーニュの赤を比較するのは公平ではないだろう。しかしそのシュペートブルグンダーがアスマンズホイザー・ヘーレンベルクの良いヴィンテージのものならば、かなり互角に近い勝負になる。実際ジャンシス・ロビンソンはその赤ワインを別格として扱っている。「別格のスターとして1947アスマンズホイザー・ヘーレンベルク・シュペートブルグンダー・トロッケン・キャビネットを挙げたい。それは私が長年親しんできたブルゴーニュの赤と同じぐらい印象深い。1947ヴィンテージでは、それはブルゴーニュの3つのグラン・クリュを後に従えている。(中略)そのどれもが、この素晴らしいシュペートブルグンダーに脱帽せざるを得ない。」

このワインは赤ワインではドイツで最も有名な地域——ラインガウの西の端、急峻な南または南西向きの斜面——の生まれである。ピノ・ノワールはここヘーレンベルク(地獄の山)で遅くとも1470年には栽培され始め、リースリングに目がなかったゲーテでさえ、1814年のライン谷巡りの旅では、この赤ワインを楽しんだほどである。

粘板岩土壌はとても優美なベリーの味わいのワインを生み出し、独特の印象的なアーモンドの芳香も漂う。60年経っているにもかかわらず、幻惑させられるような複雑な果実味があり、新鮮さは驚くほどだ。「1947シュペートブルグンダーは、暗い紫色がかった深紅色をしており、驚くほど芳醇で生気に満ち、劇的だ。スミレ、木の煙、甘草、トリュフなどを強く連想させ、まだまだ刺激的な命を生き続ける」と、ジャンシス・ロビンソンは述べている。**FK**

🍷🍷🍷🍷🍷　飲み頃：2012年過ぎまで

追加推薦情報
その他の偉大なヴィンテージ
1893・1921・1953・2003・2005
ドイツのその他のピノ・ノワール
ダウテル、ドイツァーホフ、ドクター・ヘーガー、フュースト、フーバー、ジョナー、ケスラー、クニスパー、メイヤー・ナッケル

Château Ksara *Cuvée du Troisième Millénaire* 2004
シャトー・クサラ　キュヴェ・デュ・トロワジェーム・ミレネール 2004

産地 レバノン、ベカー高原
特徴 赤・辛口、アルコール度数13.5度
葡萄品種 プティ・ヴェルド、C.フラン、C.ソーヴィニョン、シラー

　ベカー高原の中心部、バールベックの近くに、レバノンで最も大きい古参のエステート、クサラ・エステートがある。クサラとは要塞の意味で、十字軍の時代にはその場所に要塞があった。ジェズイット派の神父たちがこの土地を購入したのは1857年のことで、すでに葡萄の樹が植えられていた。キルム司祭の時代に質の良い葡萄樹が積極的に輸入され（アルジェリアから）、多くの新種が定植された。標高1,100mの地点にあるクサラは、世界で最も高い位置にある葡萄畑の1つである。

　クサラのワイン・セラーは、元はローマ人によって発見された洞窟で、彼らはそれをアーチ型の梁で補強し、さらに周囲の石灰質の土を掘って狭いトンネルを数本造っていた。1972年、ジェズイット派はヴァチカン第2公会議（1962～1965年に開催）の指示により、エステートを売却するよう求められ、クサラは合弁会社の下に帰属した。その時クサラはレバノンのワイン生産量の85％を占め、事業としては大成功を収めていた――ヴァチカンによればあまりにも成功しすぎていた。それは現在、レバノンのワイン生産量の38％を占めている。

　クサラの最も独創的なフラッグシップ・ワインが、キュヴェ・デュ・トロワジェーム・ミレネールである。この赤ワインは、ボルドー品種の中ではあまり目立たないプティ・ヴェルドを主体にして造られている。他のクサラのワインに比べ抽出は軽く、より優美な仕上がりとなっている。すぐ飲むこともできるが、2～3年堪熟させるとさらに熟成した味わいになる。**SG**

🅢🅢🅢　飲み頃：2010年過ぎまで

追加推薦情報
その他の偉大なヴィンテージ
2001・2002・2003
シャトー・クサラのその他のワイン
ブラン・ド・ロブセルヴァトワール、キュヴェ・ド・プランタン、レゼルヴ・デュ・コンヴェント

Red wines

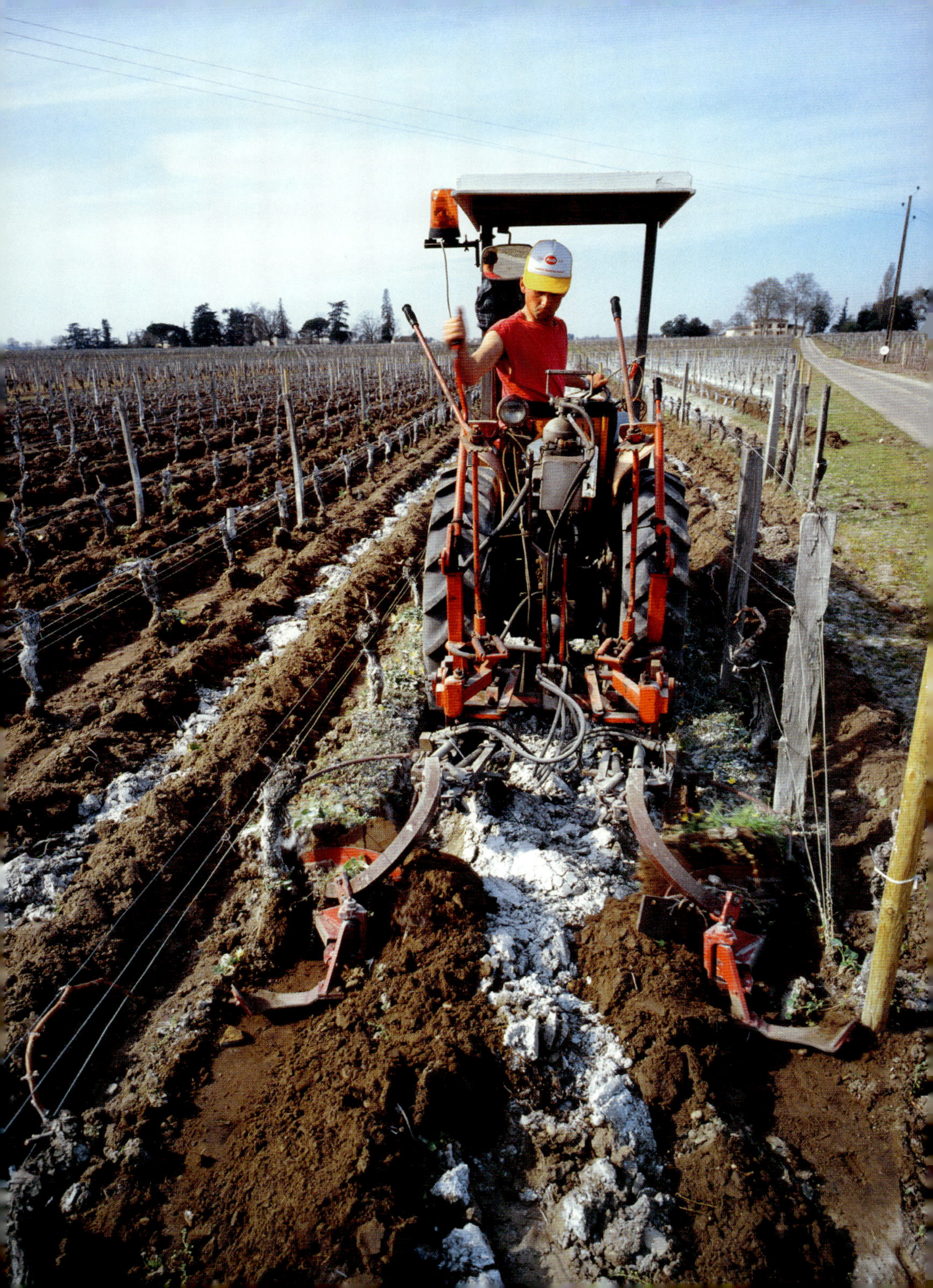

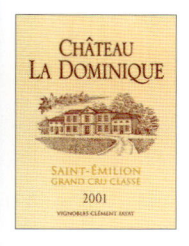

Château La Dominique
2001

シャトー・ラ・ドミニク
2001

産地 フランス、ボルドー、サンテミリオン
特徴 赤・辛口、アルコール度数13度
葡萄品種 メルロ86％、C・フラン12％、C・ソーヴィニョン2％

　18世紀にこのエステートを創設した初代オーナーは、カリブ海で財を築いた人物で、それを懐かしんで、そのフランス領の島の名前をシャトーに付けた。エステートは1933年から1969年まで、ポムロール、シャトー・ガザンのド・バイヤンクールがオーナーであったが、建設会社の大立者クレマン・フェアに売却した。フェアは、以後その他にもメドックやポムロールのエステートを買収している。彼はミシェル・ロランのアドバイスを受けながら、畑を全面的に改修したが、2006年に戦略を変更し、ネゴシアンでありシャトー・ヴァランドロウのオーナーであるジャン・リュック・テュヌヴァンに、エステートの運営をすべて任せた。

　熟成7年目を迎えたドミニク2001年は、2000年以上の仕上がりで、プラムやオークの芳醇な香りを漂わせ、甘く、洗練された味わいである。ここ数年間、ラ・ドミニクは素晴らしいヴィンテージを送り出すこともあるが、まだ一定したスタイルを確立できていず、さらに問題なのは、質が安定していないことである。たいていのヴィンテージは豊饒で凝縮されているが、時々何かが失われていると感じさせられることもある。立地からすれば、本当に素晴らしいワインを生み出すことができるはずである。クレマン・フェアによって実施された大掛かりな戦略の変更は、もうすぐその効果が現れるだろう。**SB**

😊😊😊　飲み頃：2020年まで

Château La Fleur-Pétrus
1998

シャトー・ラ・フルール・ペトリュス
1998

産地 フランス、ボルドー、ポムロール
特徴 赤・辛口、アルコール度数13度
葡萄品種 メルロ90％、カベルネ・フラン10％

　ジャン・ピエール・ムエックスは1952年から、ポムロールで最も偉大な畑の1つ、シャトー・ラ・フルール・ペトリュスを所有している。彼がこの畑を購入して5年目、ボルドー全体を襲った恐ろしい霜害に遭い、その畑はほぼ壊滅状態となり、大半の葡萄が再植樹された。ラ・フルール・ペトリュスはポムロール村の東側の台地にある砂礫の多い9haの畑で、両側を偉大なエステートであるラフルールとペトリュスに挟まれている。後者もジャン・ピエール・ムエックスがオーナーである。

　多くのポムロール同様、ラ・フルール・ペトリュスも、素晴らしいヴィンテージであった1998年を謳歌した。2005年に試飲したが、まだ成熟は始まったばかりであった。最初香りが立ち上がり、鼻腔をくすぐられたが、その30分後には完全に閉じてしまった。口に含むとかなり力強く感じられたが、まだとてもぎこちなく、しかしその後、心地よい、土味、スパイスのフレーヴァーがオーク由来のヴァニラの風味に支えられてあらわれた。骨格は完璧に近く、酸はまだ口をすぼめさせるほどで、このワインが長期熟成用に造られていることを確認させられる。しばらくすると、豊潤で優美な姿が現れるが、フィニッシュはまだ固い。今でも驚くほど十分飲みやすいが、まだまだ閉じられている。無愛想なのではなく、恥ずかしがり屋なのだ。豊麗さと若々しさの奇跡的なバランスは、現代ボルドーの赤の最高水準を示している。**SG**

😊😊😊😊😊　飲み頃：2010〜2020年過ぎ

◀ 機械で肥料を鋤き込んでいるラ・ドミニク葡萄畑

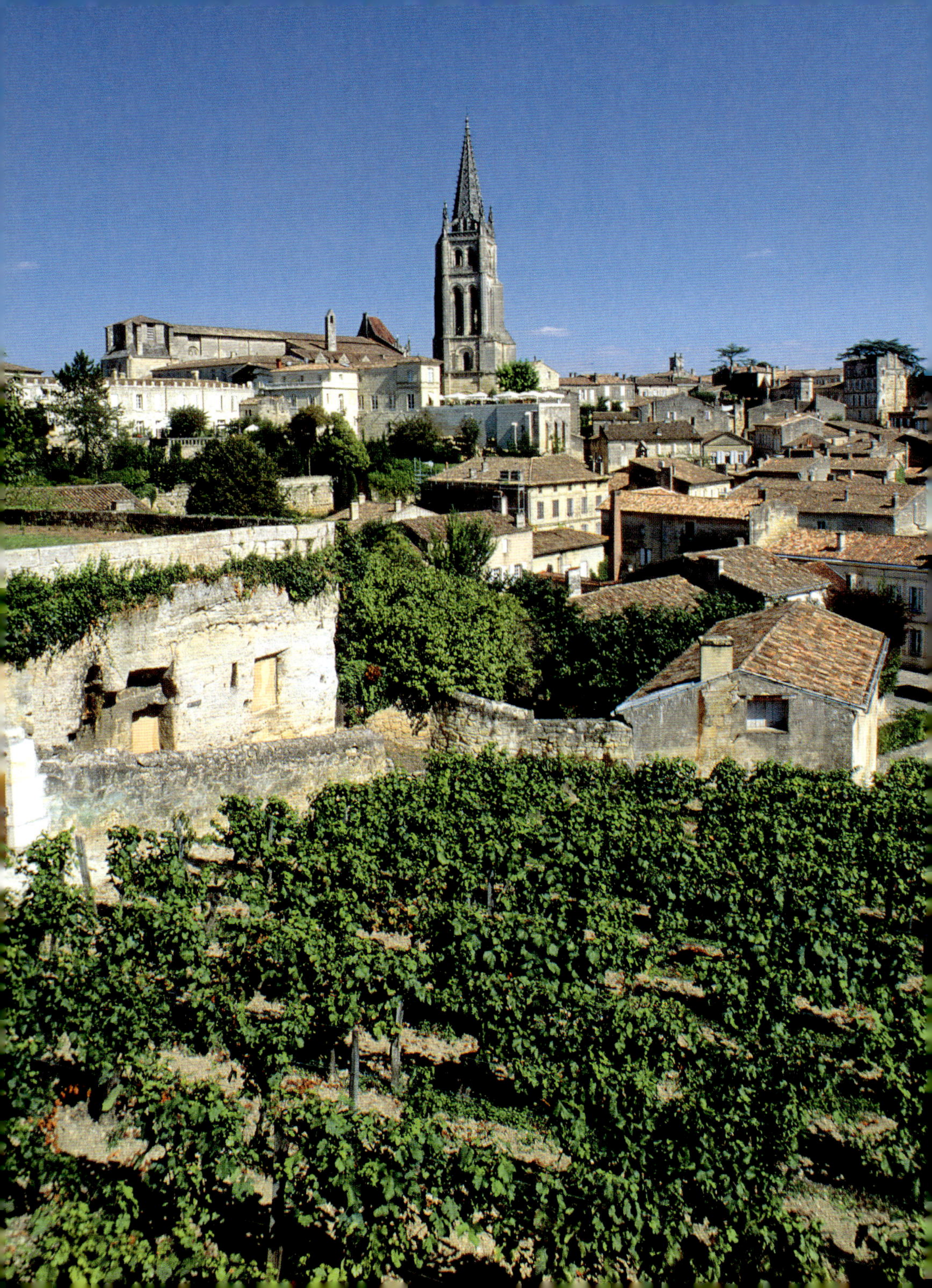

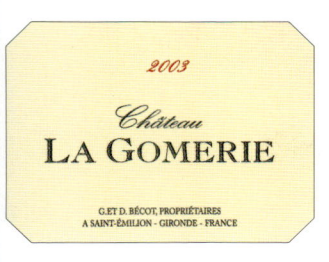

Château La Gomerie
2003

シャトー・ラ・ゴムリー
2003

産地 フランス、ボルドー、サンテミリオン
特徴 赤・辛口、アルコール度数13度
葡萄品種 メルロ

　この新しいサンテミリオンのスパースターの登場は、半ば事故のようなものだった。2.5haの畑を持つこの慎ましやかな家は、サンテミリオンの郊外1kmほどのリブルネへ向う道路脇にある。ボー・セジュール・ベコーのオーナーであるベコー家にとっては、1995年に買ったゴムリーの良いところは、その1部が彼らのプルミエ・グラン・クリュ・クラッセと隣接しているということであった。もしかすると、その畑は1級畑の1部になるかもしれない。

　ベコー家がその畑を買ったとき、彼らはおそらくそこがどれほど凄いテロワールを持っているかを知らなかった。土壌の表面は砂に覆われているが、その下には粘土と鉄の焼塊があった。また土壌と微気象のせいで、ここの葡萄は早なりであったので、1級畑よりも早く収穫することができた。

　ラ・ゴムリーはボー・セジュール・ベコーよりも高い価格で売られているにもかかわらず、ヴァン・ド・ガラージュと蔑まれている。これは公平ではない。なぜなら、その葡萄はサンテミリオン台地の周縁部の特別なテロワールに育っているのだから。2005年に行われた、3つのヴィンテージのブラインド・テイスティングに基づいて勝敗を決める隔年開催の大会において、ラ・ゴムリーはサンテミリオン賞を受賞し、その質の高さを証明した。**SB**

🍷🍷🍷🍷　飲み頃：2015年まで

La Jota Vineyard Company
20th Anniversary **2001**

ラ・ホタ・ヴィンヤード・カンパニー
20thアニヴァーサリー 2001

産地 アメリカ、カリフォルニア、ナパ・ヴァレー
特徴 赤・辛口、アルコール度数14.9度
葡萄品種 カベルネ・ソーヴィニョン

　ラ・ホタ・ヴィンヤードは、1898年にフレデリック・ヘスによって創設されて以来、長い道のりを歩んできた。ヘスは、自ら葡萄樹を植え、火山岩でワイナリーを築き、葡萄畑名に、米西戦争の賠償に伴い払い下げられたその土地の元の名前を残した。そのワイナリーは、20世紀のはじめにはかなり高い評判を得ていたが、禁酒法時代に閉鎖され、その後放置されたままになっていた。1974年、ビルとジョンのスミス兄弟がオーナーとなり、再建を始めて評判も回復したが、2004年にジェス・ジャクソンとバーバラ・バンケに売却された。

　ハウエル・マウンテンはナパ・ヴァレーで最初のサブ・アペレーションになった地区で、標高は427mと降霧線の上側に位置している。谷底部に較べ、雨が多く、昼間は涼しく、夜間は暖かい。ラ・ホタの葡萄畑はその山の南側にあり、水捌けは良く、痩せた火山性の土壌は、葡萄の繁茂を抑制し、凝縮された果実を生み出す。

　20thアニヴァーサリー2001は血のように強烈な色をし、甘い果実、乾燥ハーブの香りがあり、中盤で感じるミネラルは、それがマウンテン生まれであることを証明している。しかし同時にその優美な味わいは、以前の高く評価されたヴィンテージよりもさらに1ランク上にこのヴィンテージを引き上げている。新しいオーナーがこの畑に費やした莫大な投資と、心くばりによって、このワインはこれから先のヴィンテージも目が離せられないものになることは確かだ。**LGr**

🍷🍷🍷🍷　飲み頃：2020年過ぎまで

サンテミリオンは家々の間の小さな空き地にも葡萄が植えられている。

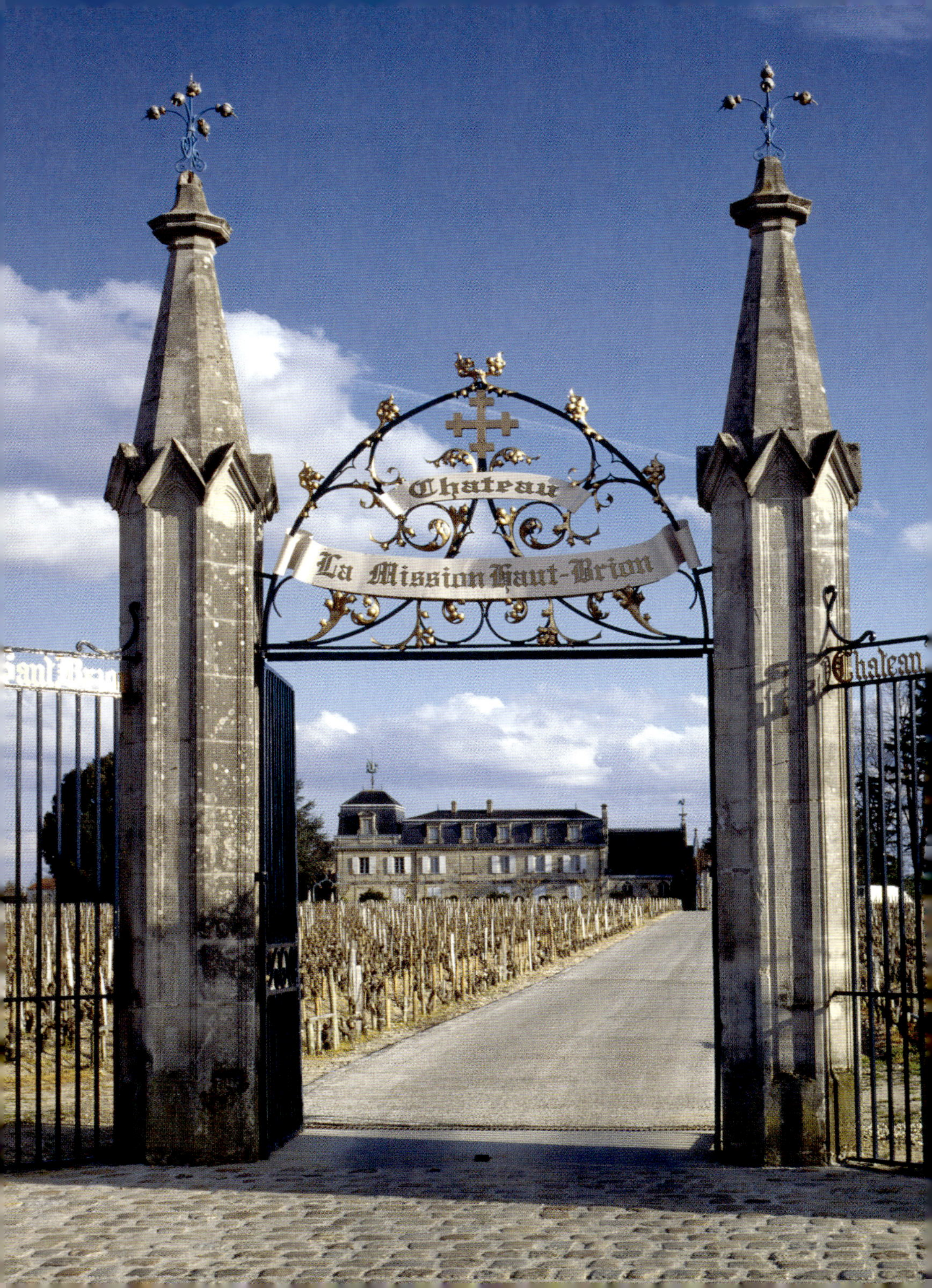
Chateau
La Mission Haut-Brion

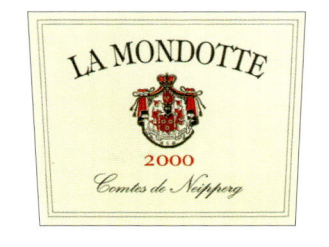

Château La Mission Haut-Brion
1982
シャトー・ラ・ミッション・オー・ブリオン
1982

産地　フランス、ボルドー、ペサック・レオニャン
特徴　赤・辛口、アルコール度数13度
葡萄品種　C・ソーヴィニョン48％、メルロ45％、C・フラン7％

　このエステートは、隣のシャトー・オー・ブリオンの一部であったが、1630年に、サン・ヴィンセント・ド・ポールによって設立されたラザリテ修道会に売却された。彼らの造るワインは高い評価を呼び、その売り上げは貧民の救済に大いに役立てられた。

　フランス革命に伴い修道会による所有は終わりを告げたが、この葡萄畑はその後もオーナーに恵まれ、1世紀以上にわたって葡萄は大事に育てられ、商業的にも成功し続けてきた。第1次世界大戦の後、シャトーはウォルトナー家のものとなった。一家の御曹司アンリは、その後半世紀にわたって、このシャトーが後に高い位置に上るための基礎を造る建築家としての役割を果たした。1984年、シャトーはオー・ブリオンによって買い取られ、本来の場所に戻り、現在はジャン・フィリップ・デルマスが支配人となっている。

　20世紀の最高のヴィンテージの1つである1982年、種々の条件がうまく重なり、真夜中のように黒く凝縮されたワインが生み出された。リリースから25年経っても、そのワインにはカシスの香気が感じられ、堪熟の過程でトリュフも加わっている。そのヴィンテージの最高のワインのどれもがそうであるように、タンニンのしっかりした骨格とヴェルヴェットの質感が絶妙の空間を創りだし、余韻はパイプオルガンのソステヌートのように長く響き続ける。**SW**

🍷🍷🍷🍷🍷　飲み頃：2040年まで

La Mondotte
2000
シャトー・ラ・モンドット
2000

産地　フランス、ボルドー、サンテミリオン
特徴　赤・辛口、アルコール度数13.5度
葡萄品種　メルロ、カベルネ・フラン

　現在のオーナーであるステファン・フォン・ネイペルグの父親がラ・モンドットを購入したのは1971年のことで、当初はカノン・ラ・ガフリエールの非公式なセカンド・ワインを造る目的であった。1996年の格付けにおいて、ステファン・フォン・ネイペルグはサンテミリオンの役員に対して、この方法を正式に認めさせようとしたが拒否され、そのワインのために新たにワイナリーを建設するように言われた。彼は、投資はやむをえないとしたが、同時にそれに見合った「特別なことをする」決心をし、役員たちにこう警告した。「それは格付けを無意味にするワインになるかもしれない」と。こうして生まれたのが、ラ・モンドットである。その1996ヴィンテージはボルドーのワイン市場に対する爆弾となり、その場でロバート・パーカーにより95～98点と採点された。それ以降今日まで、ネイペルグと2人3脚で働いてきているコンサルタント醸造家が、ステファン・デュルノンクールである。2人はラ・モンドットを「実験場」と位置づけている。

　こうして生まれた2000年は、陶酔させるような力強いアロマを漂わせ、香、レーズン、チョコレート、キルシュも感じられる。アロマは口の中で躍動し、そのしっかりした骨格と持続性は、螺旋を描きながらだんだん強く現れる。デュルノンクールとフォン・ネイペルグがますます強く求めているものは、澄明さとフィネスである──もちろん、サンテミリオンらしさの中心近くにある力強い官能を放棄することなく。**AJ**

🍷🍷🍷🍷🍷　飲み頃：2025年まで

キリスト教との深いつながりを示すラ・ミッションのゴシック様式の門

La Rioja Alta
Rioja Gran Reserva 890 1985
ラ・リオハ・アルタ
リオハ・グラン・レセルヴァ・890 1985

産地 スペイン、リオハ
特徴 赤・辛口、アルコール度数12.5度
葡萄品種 テンプラニーリョ、マスエロ

　ラ・リオハ・アルタはスペインで最も古いエステートの1つである。1890年に、リオハの5軒のワイン生産者とバスク国が共同で設立したもので、現在もその5家族が共同経営している。場所は、リオハで最も伝統的な地区アロのバリオ・デ・ラ・エスタシオン（「駅の隣」）にあり、近くには、ムガ、ロペス・エレディア、ボデガス・ビルバイナス、CVNEなどの錚々たるボデガが並んでいる。温度管理されたステンレス槽による発酵の後、100年以上も経つオークのタンクに入れ、マロラクティック発酵と清澄化を行う。その後アメリカ産オークの大樽で8年間熟成させるが、その間蝋燭の明かりの下で15回手作業による澱引きを行う。ワインに被せてある針金製のネットは、中身を安いワインに入れ替えて一儲けしようとたくらむ不届き者に対する予防措置だったらしい。現在それは1つの伝統を物語るデザイン的特徴となっている。

　ワインの色は赤色というよりも透明なオレンジ色で、それは樽での長い熟成、そしてその後の数年間の壜熟の過程で、色素が沈着したためである。香りは3次アロマが主体で、革、森の下草、きのこ、トリュフ、スパイスなどである。口あたりはなめらかで、タンニンのきめは細かく、余韻は長く持続する。リオハの伝統を今に伝えるワインである。**LG**

🍷🍷🍷🍷　飲み頃：2015年まで

La Spinetta
Barbaresco Vigneto Starderi 1999
ラ・スピネッタ
バルバレスコ・ヴィニェト・スタルデリ 1999

産地 イタリア、ピエモンテ、ランゲ
特徴 赤・辛口、アルコール度数14.5度
葡萄品種 ネッビオーロ

　ジュゼッペ・リヴェッティは1977年、カスタニョーレ・ランツェ村のラ・スピネッタ・エステートを購入した。この地区はモスカートの生産が有名で、ジュゼッペもそれから始め、1978年にはイタリア初の単一畑モスカートを造った。続く1985年に、最初の赤ワインを造り、1989年にはその息子たちリヴェッティ兄弟が、ネッビオーロとバルベーラという革命的なブレンドによって、父に捧げるワイン「ピン」をリリースした。最初のバルバレスコ、ガリーナが世に出たのは、1995年のことだった。

　バルバレスコ・ヴィニェト・スタルデリは、ネイヴェ地区のスタルデリ葡萄畑の葡萄を使用して1996年から造られている。このワインは技術的に言うと、「現代」バルバレスコの範疇に入るが、古いヴィンテージを見る限り、長い時間の単位では、ネッビオーロという品種自体が、醸造法や熟成法に勝っている、ということができる。

　1999年はネッビオーロにとって素晴らしいヴィンテージであった。ヴィニェト・スタルデリ1999は、中心は美しく鮮烈なルビー・レッドの赤色をし、縁の周りは明るいガーネット色に輝いている。若々しく表現力のある香りがあり、最初バルサミコが現れ、次に柔らかく甘い果実、スパイス、ブラック・チョコレートが登場する。口に含むと暖かく心地よいタンニンをアニスの微香が補完し、とても長い余韻が続く。**AS**

🍷🍷🍷🍷　飲み頃：2025年まで

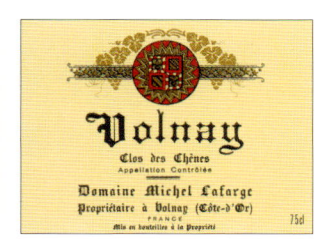

Domaine Michel Lafarge
Volnay PC Clos des Chênes 1990

ドメーヌ・ミシェル・ラファルジュ
ヴォルネイPC・クロ・デ・シェヌ 1990

産地 フランス、ブルゴーニュ、コート・ド・ボーヌ
特徴 赤・辛口、アルコール度数13度
葡萄品種 ピノ・ノワール

　この葡萄畑が文献に登場するのは1476年、ヴォルネイとしてはわりと遅いほうで、クル・デ・シャイネとして載っている。ラヴァレ博士の1855年の格付けでは第3級キュヴェにあげられているだけだが、クロ・デ・シェヌがヴォルネイを代表する葡萄畑の1つであることは多くの人が認めている。そしてこれはおそらく、大部分ミシェル・ラファルジュの生み出すワインの質の良さによるものであろう。彼の葡萄樹はこの葡萄畑の下側の区画、RN73の隣にあたる。そこは南向きの日当たりの良い場所で、東には排水性の良い斜面があり、ジュラ紀の石灰岩質の基盤の上に褐色の土壌が広がっている。
　1990年以来、ワイン造りはミシェルの息子のフレデリックが担当しているが、醸造法は変わっていない。しかしビオディナミへと静かに移行していくなかで、ほんの少しずつであるが、ワインの質はさらに高まっていきつつあるようだ。醸造法は昔どおりで、新樽はほとんど使わず、この美しいヴォルネイ村の中心にある、周辺をウサギが跳ね回るセラーの中で18ヵ月間熟成させられる。
　1990年は依然として力強く、血のような色をしているが、まだその本当の精妙さ、ラファルジュ・ワインの真骨頂である優雅な豊麗さは現れていないようである。果実味としっかりした骨格はすでに明らかであるが、詳細が現れるのはまだ先のようだ。**JM**
😀😀😀😀　飲み頃：2010～2020年

Château Lafite Rothschild
1996

シャトー・ラフィット・ロートシルト
1996

産地 フランス、ボルドー、ポイヤック
特徴 赤・辛口、アルコール度数13度
葡萄品種 C・ソーヴィニョン83％、メルロ7％、その他10％

　ラフィットにおける本格的なワイン生産の歴史は、17世紀、当時の所有者であったジャック・セギュールがそのために先祖伝来の葡萄畑を再整備した時に始まる。それから60年後、そのワインの評判は広く知れ渡り、イギリスの初代首相ロバート・ウォルポールが在任中、年に4回も注文するまでになった。
　しかし20世紀の大半はラフィットにとって苦難の時代であった。ナチ占領下の時代、それは不名誉にも司令部の駐屯地にされ、また1960年代から1970年代初めにかけて、そのワインは他のプルミエ・クリュに比べると質が劣ると多くの人に評された。ジャン・クレットが1976年に支配人となり、ようやくラフィットは名誉挽回の端緒につき、1983年にはギルバート・ロクヴァムがそれを磐石なものにした。ラフィット1996は並外れたワインである。それは公式晩餐会に供されるだけあって、力強さ、芳香、フィネスの3拍子揃ったワインである。甘いスパイス、さまざまな砂糖漬けのベリー・フルーツの入り組んだ香りがブーケの上に開き、口あたりは丸みがあり、しなやかで力強い。タンニンは畏敬の念を起こさせるほどに荘厳であるが、しつこくはなく、このワインの長寿を証明している。このワインは今後数10年にわたって静かに航行し続けるであろう。**SW**
😀😀😀😀😀　飲み頃：2010～2050年過ぎ

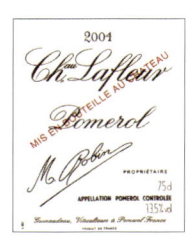

Château Lafleur
2004

シャトー・ラフルール
2004

産地 フランス、ボルドー、ポムロール
特徴 赤・辛口、アルコール度数13.5度
葡萄品種 メルロ50%、カベルネ・フラン50%

　ペトリュスやラ・フルール・ペトリュスからそう遠くないところに、わりと寂れた田舎臭いワイナリーがある。遠くから来た人は、そこがボルドーで最も偉大な、そして最もリーゾナブルなワインを生み出すエステートの1つだとは気づかないだろう。シャトー・ル・ゲ同様に、そこは慎ましやかなロビン姉妹の所有であったが、1984年にテレーズ・ロビンが亡くなると、妹のマリーはラフルールを従兄弟のジャック・ギノードウに貸し出し、1985年から彼がワインを造っている。2001年にマリーが亡くなると、ギノードウは資産家ではなかったが、ラフルールを自分のものにした。

　ラフルールは4.5haと狭いけれど、その1区画のなかに4つの異なったテロワールがある。それがこのワインに深みをもたらしていることは間違いないが、他の要素もその秀逸さに貢献している。樹齢の高い葡萄樹、きわめて低い収量、熟しきった葡萄だけをワインにするための細心の注意を払って行われる摘果など。ギノードウの完全主義は、期待はずれのワインを出すことを許さない。2004はとてつもなく素晴らしい。優美なオーク、ミントとともに、芳しい花の香りが鼻腔をくすぐる。口いっぱいに豊潤さが広がり、複雑だが調和が取れていて、余韻は留まることを知らない。残念なことに本当にわずかしか生産されず、待ち受けている愛飲者も多いため、この静かなポムロールの、成熟した豊麗な姿を見ることができる幸運な人は限られている。**SBr**
🍷🍷🍷🍷　飲み頃：2015〜2035年

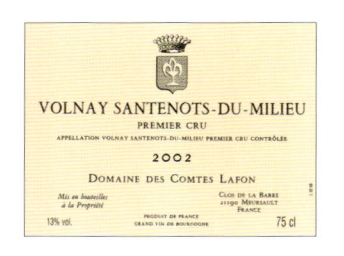

Domaine des Comtes Lafon
Volnay PC Santenots-du-Milieu 2002

ドメーヌ・デ・コント・ラフォン
ヴォルネイPC・サントノ・デュ・ミリュ 2002

産地 フランス、ブルゴーニュ、コート・ド・ボーヌ
特徴 赤・辛口、アルコール度数13%
葡萄品種 ピノ・ノワール

　弱冠26歳でこのドメーヌの支配人となったドミニク・ラフォンは、官能的なほどに果実味が豊かでスパイスの力強いシャルドネを生み出すことでよく知られているが、人が考える以上に、ピノ・ノワールでも素晴らしい手腕を発揮している。土壌と気象に対する彼の感覚の鋭敏さによるものであろう。サントノ・デュ・ミリュをはじめ、いくつかのワインが実際にムルソーの村で造られているにもかかわらず、法律によりヴォルネイのラベルを貼ることしか許されていない。

　父レネの跡を継いだドミニクは、彼の先祖が結んだ小作契約を徐々に破棄し、一家の素晴らしい葡萄畑をすべて彼自身の手で運営するところまでこぎつけた。以来彼は、豊潤で、澄明、バランスの良いワインの造り手として名声を築いてきた。

　「凝縮と酸を欠く赤ワインを改善することは難しいが、より自然なバランスを持つ健康な葡萄を作り出すことができれば、セラーではそう攻撃的になる必要はない」と彼は言う。「今では抽出はそれほど強くないが、ワインはより優雅になっている。」ドミニクによれば、2002はまだ非常に閉じられているとのことで、まだ長く生きられる人のためのワインのようだ。そこまで辛抱できないという読者は、1997と1992が現在でも美しく味わうことができるので、こちらをどうぞ。**JP**
🍷🍷🍷🍷　飲み頃：2027年まで

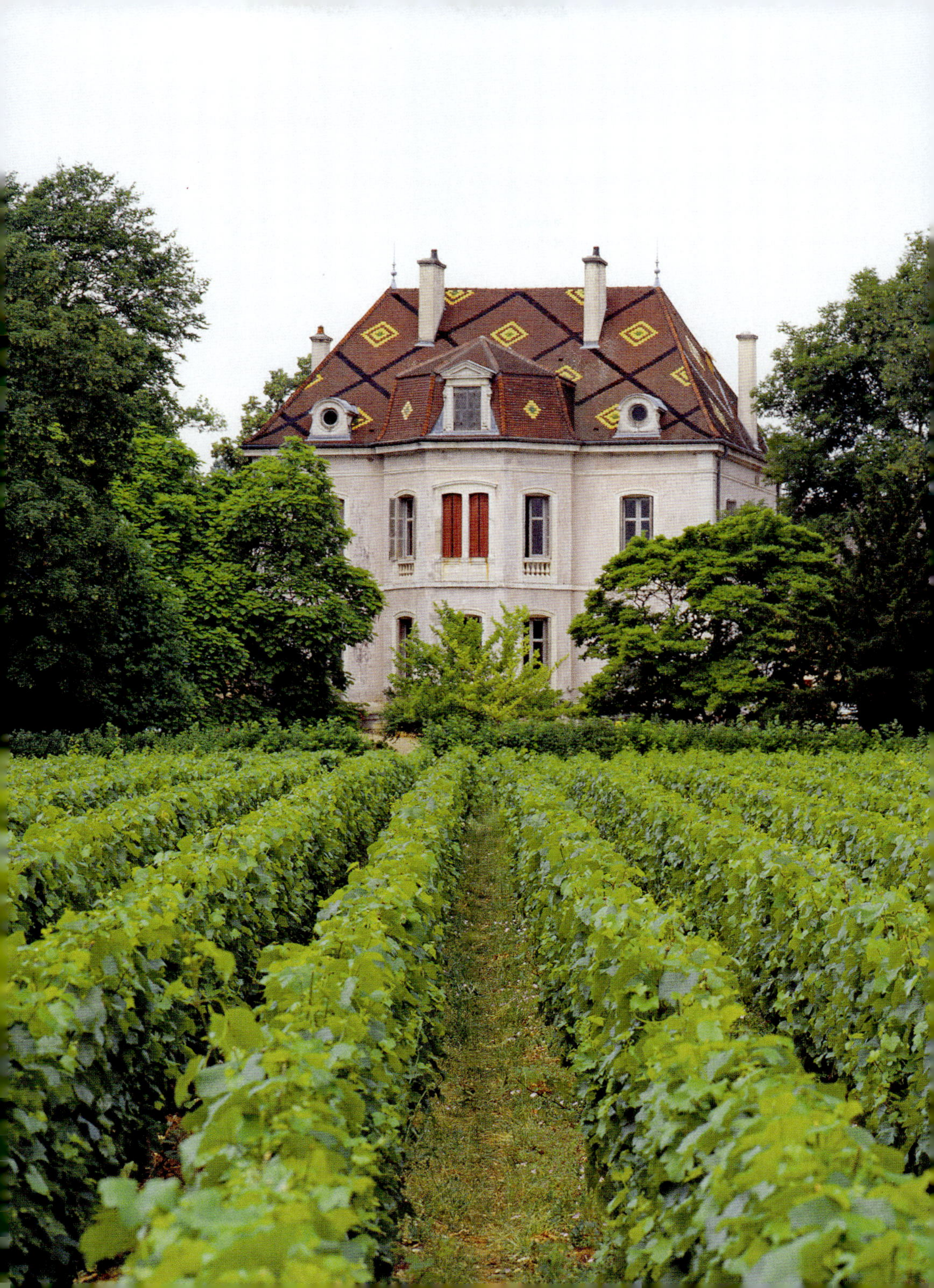

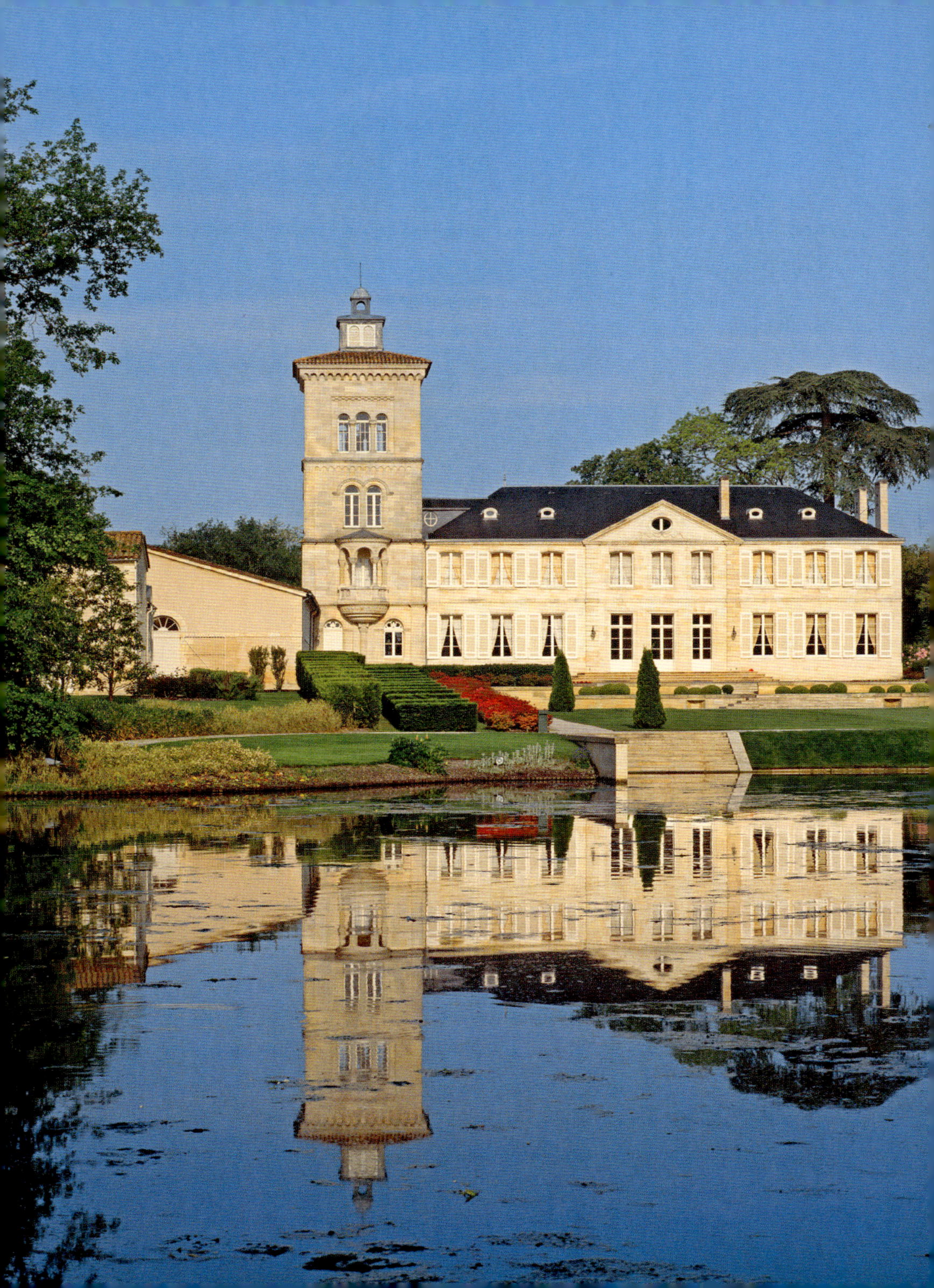

Château Lagrange
2000

シャトー・ラグランジュ
2000

産地 フランス、ボルドー、サン・ジュリアン
特徴 赤・辛口、アルコール度数13度
葡萄品種 C・ソーヴィニョン65%、メルロ28%、プティ・ヴェルド7%

　1983年、日本のサントリーはラグランジュを買い受け、資金を投入してシャトーを改修し、前のオーナーによって売却されていた多くの葡萄畑を買い戻した。サントリーは的確な人選を行い、総支配人としてマルセル・デュカスを招いた。彼は以後、1983年から2007年までラグランジュを育て上げてきた。

　デュカスは、ここの土壌は決して肉厚で力強いワインを生み出すことはない、ということを知っていた。反対にラグランジュの長所は、たとえば、レオヴィル・ラスカーズよりも軽いが、優美なワインを生み出すことができるということであった。とはいえ、彼はレオヴィル・バルトンのフィネスは大いに賞賛している。デュカスの指導の下、ワイン製造者たちはワインに過剰なタンニンが入らないように注意し、バランスに最も気を使った。ラグランジュは熟成に向くワインではあるが、特別長くセラーに寝かせておくような構造ではない。

　2000はラグランジュの長所が最もよく表現されている。若々しく甘いカシスの香りのなかに、おそらく新樽比率60%のオーク由来であろう、かすかなスモークが感じられる。このヴィンテージの特徴である豊饒さが漂うなか、確かな新鮮さがワインを躍動的にし、長く続く余韻を生み出している。デュカスが引退したことによって、ラグランジュの黄金時代は一応終わったかもしれないが、長年彼の下で技術指導を行ってきたブルーノ・イナードが後任になったので、伝統は受け継がれている。**SBr**

🅢🅢🅢　飲み頃:2020年まで

Château Lagrézette
Cuvée Pigeonnier 2001

シャトー・ラグルゼット
キュヴェ・ピジョニエ 2001

産地 フランス、南西部、カオール
特徴 赤・辛口、アルコール度数14度
葡萄品種 マルベック

　このショーケースのように美しい65haの葡萄畑とシャトーは、リッシュモン・グループの総帥アラン・ドミニク・ペランがオーナーである。ペランがこの土地を購入したのは1980年のことで、それから10年を費やして、今日の壮麗な姿に改修された。

　畑の中央に作られている鳩小屋から名前を取ったピジョニエが1997年に最初に出来たとき、実は、それは偶然のたまものだった。その年葡萄は遅霜に襲われ、収量は1haあたり18hℓときわめて少なく、収穫された葡萄はすべて1基の75hℓのオークのタンクで発酵させられた。ところが出来あがったワインがあまりにも素晴らしかったため、ペランと彼のチームは、剪定を厳しく行い、収量を低く抑えることによって、毎年これと同じワインを造ることに決めた。生産量は年間7,000本と少なく、当然カオール生まれのワインのなかでは最高の価格となっている。

　ピジョニエ2001は非常に濃い色をしており、中世の頃から「ブラック・ワイン」と呼ばれてきたカオールの伝統を今に伝えている。スタイルは超現代的で、豊潤な果実味の芳香のなかに、かすかにオークの香りが漂い、凝縮された厚みのある質感が感じられる。タンニンはしっかりしており、力強いフィニッシュが訪れ、余韻は長く続く。ピジョニエは同じくラグルゼットのキュヴェ・ダム・オヌールの妖艶さとしなやかさには欠けているが、高価な超大作をお望みの諸兄には最高の1本であろう。**SG**

🅢🅢🅢🅢🅢　飲み頃:2010年過ぎまで

ラグランジュのイタリア風の塔は1820年に増築されたもの。

La Grande Rue

Domaine François Lamarche

Domaine Lamarche
La Grande Rue PC 1962

ドメーヌ・ラマルシュ
ラ・グランド・リュ・PC 1962

産地 フランス、ブルゴーニュ、コート・ド・ニュイ
特徴 赤・辛口、アルコール度数13度
葡萄品種 ピノ・ノワール

　コルトンの丘は別にして、ブルゴーニュ赤ワインのグラン・クリュは、ヴォーヌ・ロマネ村の南端ラ・ターシュから始まり、ほとんど途切れることなくジュヴレイ・シャンベルタン村の入り口まで続く。しかしラ・ターシュとラ・ロマネを頂上として、ラ・ロマネ・コンティを通りロマネ・サン・ヴィヴァンへと下る広い帯との間には、1つの小さな隙間がある。この1.65haの細長い隙間が、ラマルシュ家の単独所有畑ラ・グランド・リュである。

　この畑には1つの逸話がある。エステートの現在のオーナーであるフランソワの先代アンリ・ラマルシュは、現在のワイン法が施行された1936年にグラン・クリュの申請を行わなかったが、理由は税金が高くなるからということであった。その後1992年なって、ようやくラ・グランド・リュはグラン・クリュになった。それゆえ、この1962ヴィンテージはプルミエ・クリュでしかないが、実はその時、この畑は絶頂を迎えていた。その後品質は低迷期を迎えたが、ここ15年をかけて持ち直している。

　この1962ヴィンテージには、誘惑するような、古いピノ・ノワールの魔法がある。それは絹のシフォンのように優美でしなやかで、土味、マッシュルームの香りが官能を刺激する。しかし同時にこのヴィンテージであるにもかかわらず、新鮮さがあり、それが味に深みと余韻の長さをもたらしている。このワインは食事とともに飲んではいけない。食事も済み、すっかり満足した時に、ボトルを開けてもらいたい。カーテンを閉め、ステレオも消し、明かりもできる限り落として、ゆっくりと静かに味わって欲しい。ヴィンテージ・ポートを味わう時のように。**CC**

🍷🍷🍷🍷🍷　飲み頃：2012年過ぎまで

← ドメーヌ・ラマルシュのラ・グランド・リュ・グラン・クリュ葡萄畑

Red wines | 623

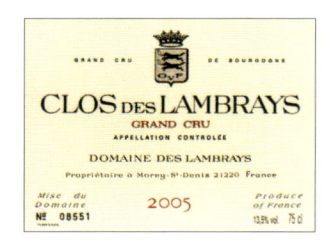

Domaine des Lambrays
Clos des Lambrays GC 2005

ドメーヌ・デ・ランブレイ
クロ・デ・ランブレイGC 2005

産地 フランス、ブルゴーニュ、コート・ド・ニュイ
特徴 赤・辛口、アルコール度数13.5度
葡萄品種 ピノ・ノワール

　クロ・ド・タールの真北にもう1つの名高いグラン・クリュがある。それがクロ・デ・ランブレイである。クロ・デ・ランブレイの大半はドメーヌ・デ・ランブレイが所有しているが、グラン・クリュに昇格したのは1981年のことである。しかしその昇格には、疑問な点が残っていた。その時、葡萄畑はもう何年間も放置されたままで、大規模な植え替えが必要な状態だったからである。そしてその結果、ワインの質はその後数年間かなりひどい状態だった。しかし1940年代のクロ・デ・ランブレイのヴィンテージを飲む幸運に恵まれた人々は、その素晴らしい酒質を皆ほめたたえている。

　1996年に、クロ・デ・ランブレイは新しいオーナーを迎えた。ドイツ人実業家のギュンター・フロイントである。運営は、1980年からこのドメーヌを管理してきた有能なティエリー・ブロワンに任せている。そのワインは男らしいワインだが、決して粗暴ではない。骨格はしっかりしているが、豊かな芳香と優雅さもある。ワインの質はここのところ安定しているが、クロ・デ・ランブレイがさすがグラン・クリュのことだけはあると思わせるのは、1990年代半ばを過ぎてからである。

　2005は、ずば抜けて質の高いワインだ。赤い果実のアロマが高々と立ち昇り、花の姿も見える。豊潤な果実もあるが、なめらかさもあり、凝縮感と新鮮さのバランスも優れ、長期熟成にも耐える。複雑さと精妙なバランスを兼ねそなえた秀逸なワイン。**SBr**
🍷🍷🍷🍷　飲み頃:2030年まで

Landmark
Kastania Vineyard Sonoma Pinot Noir 2002

ランドマーク・カスタニア・ヴィンヤード
ソノマ・ピノ・ノワール 2002

産地 アメリカ、カリフォルニア、ソノマ・コースト
特徴 赤・辛口、アルコール度数14.5度
葡萄品種 ピノ・ノワール

　ランドマーク・ワイナリーは、ソノマ・ヴァレーを縦断するハイウェー沿いの村、ケンウッドにある。マービー家がランドマーク・ブランドを立ち上げたが、1989年、その会社の共同出資者であったダマリス・ディアー・エスリッジが他の出資者の株を買い上げ、彼女の息子のマイケルとその妻メアリーとともにワイナリーを運営している。アメリカのほとんどすべてのトラクターにジョン・ディアーの名前が刻印されていることから分かるように、その子孫であるダマリスは、資金には事欠かなかった。ワイナリーはシャルドネとピノ・ノワールを主体にやってきたが、シラーなどのワインも造っている。

　ランドマークはグラン・デトゥールという確かな品質のピノ・ノワールを造っているが、それはサンタ・バーバラの畑を含む5つの畑の葡萄をブレンドしてできている。一方カスタニアは単一葡萄畑ワインで、1994年に、流行のディジョン・クローンと、カリフォルニアでは長い歴史を持つポマール・クローンを植えた畑の葡萄を使っている。

　2002はチェリー、煙草、紅茶、トーストなどの魅惑的な芳香を漂わせ、それだけで酔ってしまいそうである。豊麗で、フル・ボディで、シルクのようになめらか。芳醇なブラック・チェリーの背後に、かすかにオークが香り、あと口の酸は新鮮である。**SBr**
🍷🍷🍷　飲み頃:2010年まで

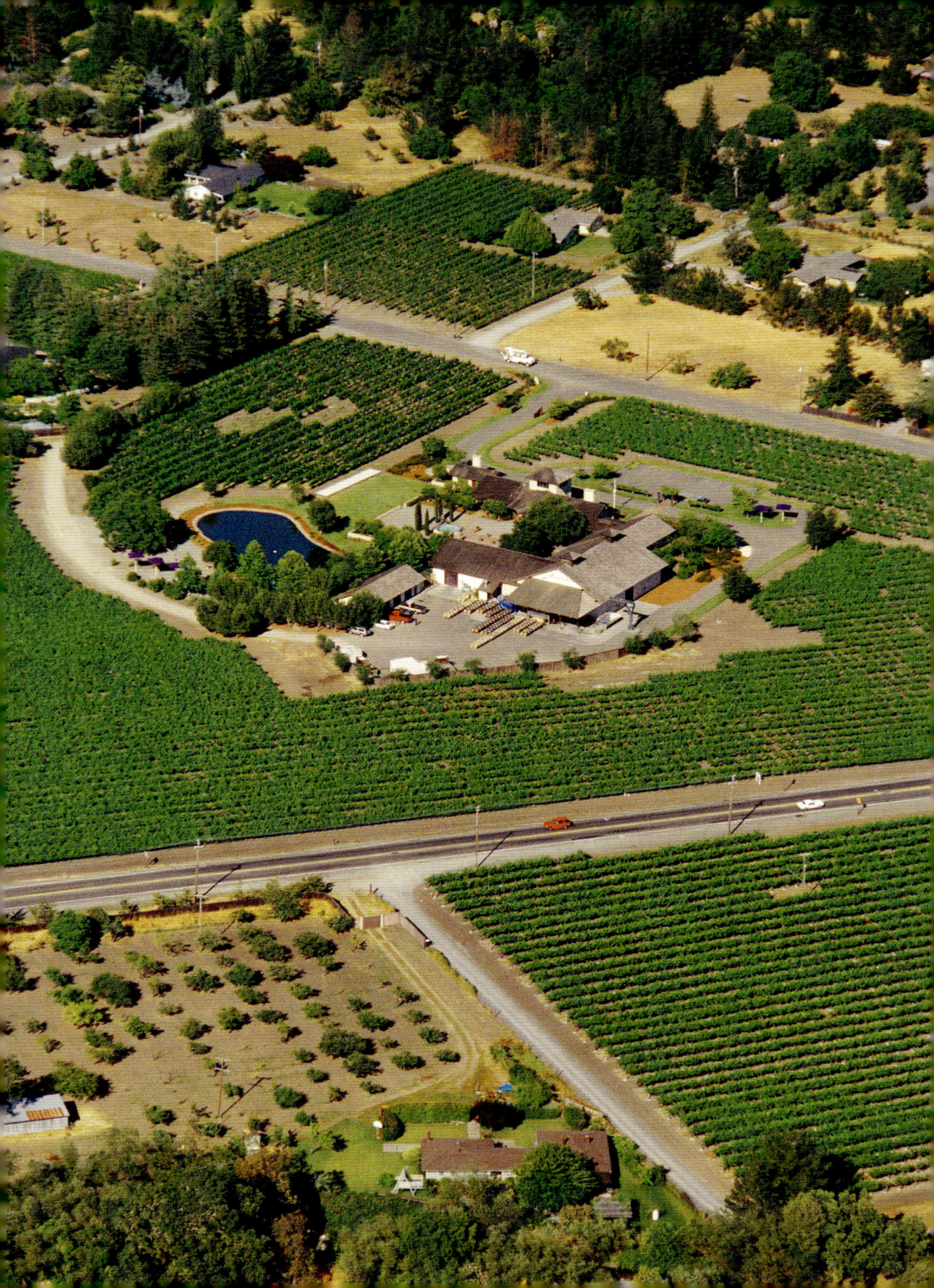

Château Latour 2003

シャトー・ラトゥール 2003

産地 フランス、ボルドー、ポイヤック
特徴 赤・辛口、アルコール度数13.3度
葡萄品種 C・ソーヴィニヨン81％、メルロ18％、プティ・ヴェルド1％

　エステートの名前の由来になっている塔（トゥール）が建てられたのは14世紀後半で、100年戦争の時の要塞としてであった。それは途中、17世紀始めに建て替えられ、現在の円形ドームとなったが、実際に鳩小屋として使うためのものだった。

　1855年の格付けにおけるメドック第一級（それがラフィットの後塵を拝しているのは、ただアルファベットの順番に従っているだけだと言う人もいる）から今日に至るまで、ラトゥールは世界最高位のワインの位置を維持し続けている。砂礫の多い土壌に深く根を下ろした葡萄樹は、おそらくすべての1級畑の中でも最も長く熟成させることができるワインとなる。そして高い比率でカベルネ・ソーヴィニヨンを含んでいる（ヴィンテージによっては80％以上）ということは、どのようなことがあろうとも20年を過ぎてからしか開けるべきでないということを意味している。ラトゥール2003は、そのヴィンテージの葡萄の成熟が完璧に近いものであったため、開栓の時期が異常に先延ばしされたワインとなっている。その年ヨーロッパを襲った激しい熱波で多くの人が犠牲となったが、このワインは暗黒といって良いほど暗い色をし、少なくとも他のヴィンテージの2倍は誘惑に駆られる。カシス、ブラック・プラム、スモーキー・オークの豪奢な香りが揺らめき、タンニンはしっかりしているにもかかわらず、酸はとても優しく、果実味の甘さは、それを主に楽しみたいと思う人にはまだ早すぎるようである。アルコール度数13.3度のこのワインは、まったくの大物で、しかもその背後にある馬力は、凝縮した果実味と完全に統一されている。**SW**

🍷🍷🍷🍷🍷　飲み頃：2020〜2075年過ぎ

追加推薦情報
その他の偉大なヴィンテージ
1982・1986・1989・1990・1995・1998・2000
ポイヤックのその他の生産者
ラフィット・ロートシルト、ムートン・ロートシルト、ピション・ロングヴィル（バロン）、ピション・ロングヴィル（コンテス）

1630年に造られたラトゥール・エステートの凝った造りの鳩小屋 ➡

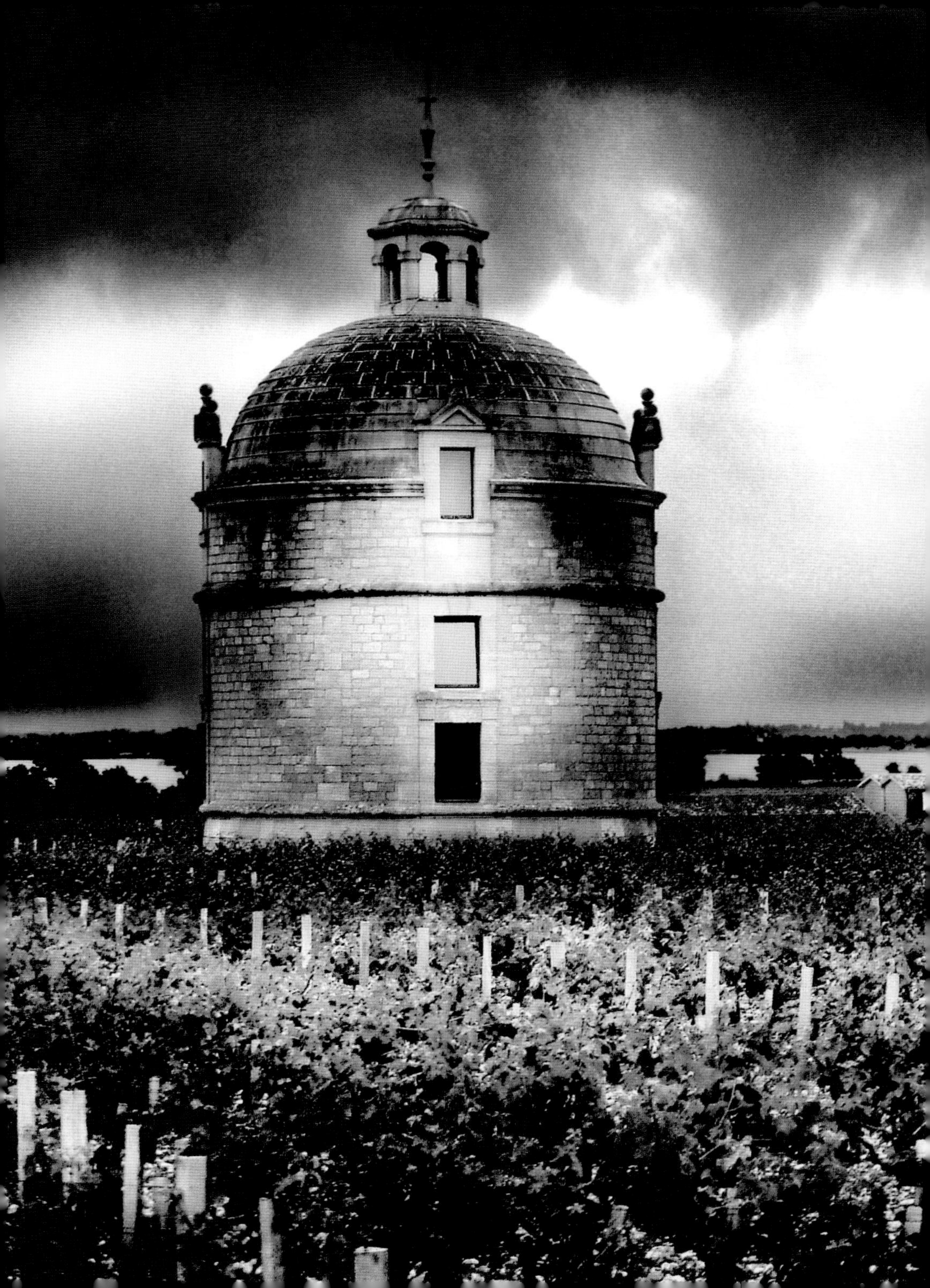

Château Latour-à-Pomerol
1961
シャトー・ラトゥール・ア・ポムロール
1961

産地　フランス、ボルドー、ポムロール
特徴　赤・辛口、アルコール度数13度
葡萄品種　メルロ、カベルネ・フラン

　このシャトー・ラトゥールはボルドーの多くのラトゥールと自分を区別するために、たいてい"ア・ポムロール"を名前の後に付け加える。最初のオーナーはシャンボウと呼ばれていた人で、1875年、その一人娘がルイ・ガリティと結婚した。ガリティの長女でラトゥールの相続人となったのが、名高い女傑のマダム・エデュアルド・ルバで、彼女はラトゥールを拡大するだけでなく、ペトリュスの基礎も築いた。

　シャトー・ラトゥールは1962年以来、J・P・ムエックス社が運営しているが、オーナーはマダム・ルバの娘のマダム・リリー・ラコステである。シャトー・ラトゥールは疑いもなく、ポムロールの最高位エステートの1つである。8haの葡萄畑は2区画に分かれ、メルロ90％、カベルネ・フラン10％の割合で植えられている。そのワインは同じくムエックスの製品であるシャトー・ラ・フルール・ペトリュスほどには洗練されていないが、大物のワインである――どちらも同じ値段で売られている。

　1961年、その葡萄畑は、そこそこの古さを持つ畑であった。というのは1956年の霜害の後に植えられた若い葡萄樹が、まだグラン・ヴァンに入ってきていない時代に当たるからである。この事情と、短かったが凝縮され、完全にバランスの取れたヴィンテージのおかげで、記念すべきワインが生まれた。芳醇で、クリーミーで、肉感的、バランスの取れた豊麗なワインである。**CC**
🍷🍷🍷🍷　飲み頃：2012年過ぎ

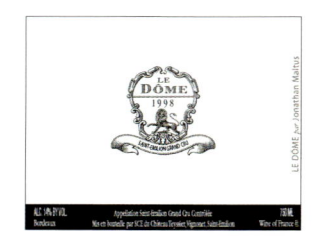

Le Dôme
1998
ル・ドーム
1998

産地　フランス、ボルドー、サンテミリオン
特徴　赤・辛口、アルコール度数13度
葡萄品種　カベルネ・フラン75％、メルロ25％

　イギリス人ジョナサン・マルテュスが1996年にル・ドームを初めて造ったとき、それはガラジスト（ガレージ・ワイン）というレッテルを貼られた。しかしル・ドームのスタイルは驚くほど伝統的だ。なぜ驚かされるかというと、マルテュスは、少なくともボルドーでは正真正銘の門外漢で、因習を次々と打破していく変革者であるにもかかわらず、その初期のヴィンテージがきわめて伝統的であったからだ。

　マルテュスの原則は常に単一畑ワインで、その畑で採れた葡萄しかブレンドに入れない。初期のヴィンテージは新樽比率150％であった。というのは最初100％新樽で熟成させ、次に新樽比率50％の樽へ澱引きするからである（後にあとの50％は免除された）。これにより、ワインは噛み応えのあるものとなっているが、決して抽出され過ぎてはいず、常にバランスは保たれ、樽から直接試飲するときでさえ歌い出したくなるような不思議な何かがある。カベルネ・フランの比率が高いため、アロマの新鮮さは驚異的である。この1998はまだ成熟の途上にあるが、ラズベリー、黒い果実の芳香が立ち昇り、構造はしっかりしていてしなやかで、風味豊かな余韻が驚くほど長く続く。すごく魅惑的で、途中でやめることのできないワインだ。**MR**
🍷🍷🍷🍷　飲み頃：2030年まで

Le Due Terre
Sacrisassi 1998

レ・ドゥエ・テッレ
サクリサッシ 1998

産地 イタリア、フリウリ
特徴 赤・辛口、アルコール度数13度
葡萄品種 レフォスコ50％、スキオッペティーノ50％

　レ・ドゥエ・テッレは、1984年にシルヴァーナとフラヴィオ・バジリカータによって設立された小さなエステートである。セラーはスロヴェニアとの国境沿いに延びる、山々が連なるウディネ県のコッリ・オリエンターリ・デル・フリウリ村にある。ここは昔から白ワインで有名なところであったが、近年素晴らしい赤ワインを造り出すところとしても広く知られるようになった。この地区の赤ワイン用品種のなかで最も重要なのが、レフォスコ・ダル・ペドゥンコロ・ロッソ（地元以外ではモンドゥーズという名前のほうでよく知られている）とスキオッペティーノで、これは明るい色の黒胡椒の香りが特徴のユニークなワインを生み出す品種である。レ・ドゥエ・テッレ・サクリサッシ・ロッソは、この2種類の葡萄の個性を組み合わせて造られるワインである。繊細だがバロック調の優雅さを持つスキオッペティーノが、レフォスコのどこか粗いエッジを丸くし、後者がブレンドに色と肉付きを加える。

　1998は、イタリア北東部産ワイン特有の新鮮さと豊麗さが、暖かく深みのある黒い果実の風味によって支えられている。タンニンは軽めで、酸が心地よいフィニッシュに向って果実味を定義し支えている。これは独特な個性を持ち、生まれてきた大地が強く表情にあらわれている人に魅せられるのと同じような気持ちになるワインである。**AS**

🍷🍷🍷　飲み頃：2012年まで

Le Macchiole
Paleo Rosso 2001

レ・マッキオーレ
パレオ・ロッソ 2001

産地 イタリア、トスカーナ、ボルゲリ
特徴 赤・辛口、アルコール度数14度
葡萄品種 カベルネ・フラン

　レ・マッキオーレは、1980年代の初め、故ユージェニオ・カンポルミがワインに対する強い情熱に導かれるまま、多額のお金をつぎ込んで改修し、丹精こめて創りあげた畑である。彼はその畑に、カベルネ・フラン、カベルネ・ソーヴィニョン、メルロなどの国際品種を植え、1991年には醸造コンサルタントとして若きルカ・ダットマを雇った。ユージェニオは2002年に若すぎる死を迎えたが、彼の遺志は有能な妻のチンツィアに受け継がれた。彼女はすぐに、非妥協的に質を追求するという姿勢においてユージェニオに負けず劣らず有能であり、几帳面であることを実証した。良いワインは葡萄畑の中でしか生まれない、これが彼女と今は亡き彼女の夫の信念である。

　パレオ・ロッソは、ユージェニオが全身全霊をこめて創りあげたワインである。その本質は2001ヴィンテージの中に鮮明に描き出されている。その年、彼はカベルネ・ソーヴィニョンとカベルネ・フランのブレンドを止め、カベルネ・フランだけを使うことに決めた。明るいルビー色が美しく、優雅な野菜の風味（けっして青臭くなく）と赤い果実が、なめらかなバターのような質感に支えられて現れ、故人を偲ばせる。**AS**

🍷🍷🍷　飲み頃：今から2018年過ぎまで

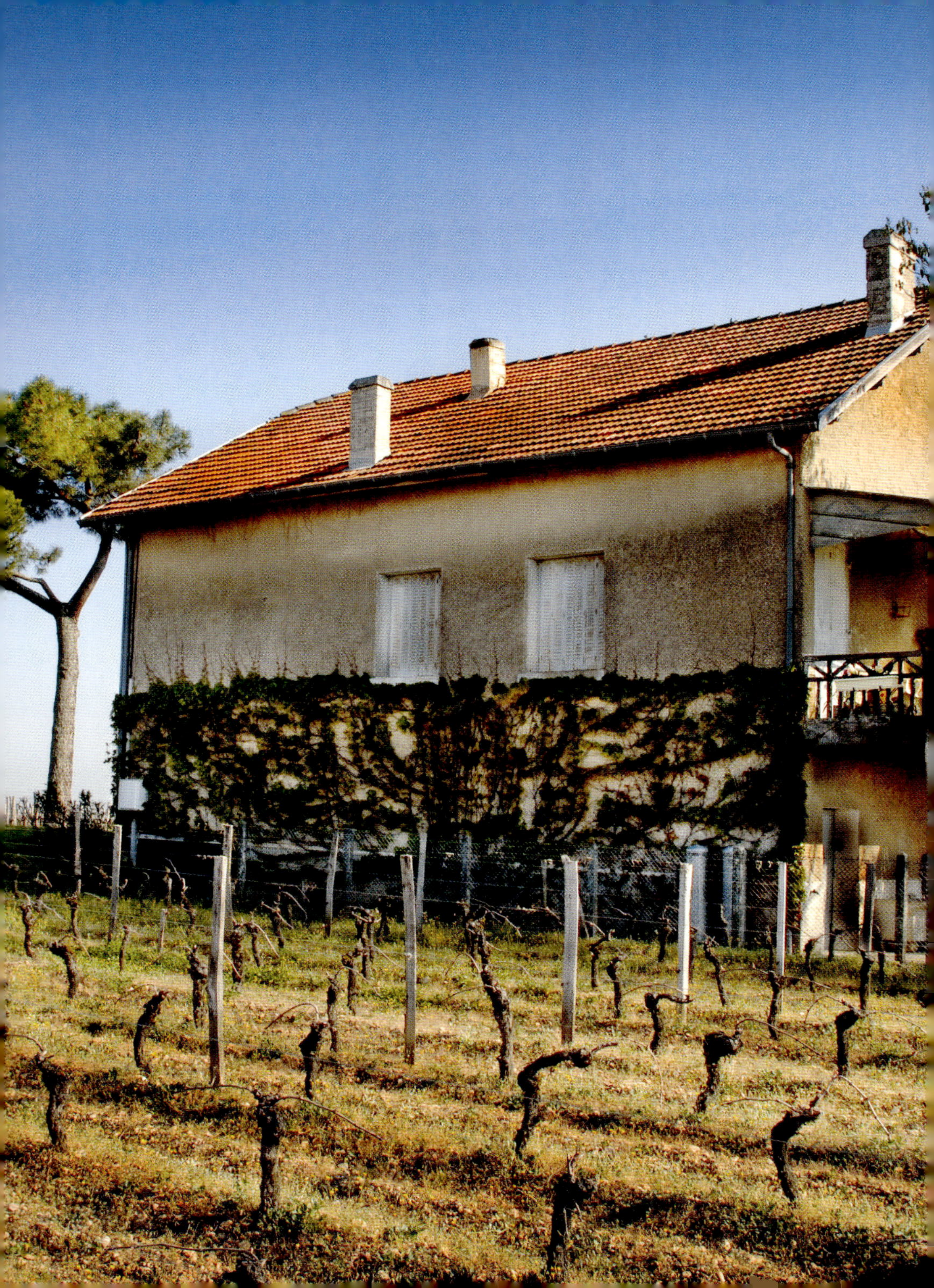

Le Pin
2001

ル・パン
2001

産地 フランス、ボルドー、ポムロール
特徴 赤・辛口、アルコール度数13度
葡萄品種 メルロ92%、カベルネ・フラン8%

　世界で最も高価なワインの1つル・パンは、元祖ガレージ・ワインである。それはポムロールの非常に質素な農家の地下室で生まれる。実際、畑も建物もとても慎ましやかなので、シャトーと名乗るのを止め、ただのル・パンとしている。

　ティアンポン家はベルギー出身のかなり古くからあるワイン商で、マルゴーにシャトー・ラベゴルス・ゼデを、そしてコート・ド・フランにもいくつかの畑を持っている。彼らは1979年に、マダム・ロービからル・パンを購入したが、それまで彼女はその1haの畑を有機栽培で育てていた。彼女はそのワインを、ただのポムロールとして販売していただけだった。その狭小の畑からは、年間600〜700ケースしか生産されないが、シャトー・ラ・フィット・ロートシルトが年間約2万9,000ケース、そしてペトリュスでさえ約4,000ケース造っているのと比較すると、その量がいかに少ないかがわかる。極端に少ない生産量と、世界中の愛好者からの需要の増大で、このワインの価格は天井知らずとなっている。

　因習打破的であり、快楽主義的であるル・パンは、"古典的な"ボルドーを育ててきた人々から排斥されている。なぜならそれは、スタイルにおいても、価格においても、歴史あるボルドーの序列、ヒエラルキーを破壊しているからである。柔和なジャック・ティアンポンは、彼のワインの異常な高値に多少当惑しているように見えるが、冷静にこう述べる。「私は銀行家ではありません。もしあなたがワインを買い、その価格が下がった時は飲めばよいのです。でも、紙の値段が下がったとしても、それを食べるわけにはいきません」と。**SG**

$ $ $ $ $ 　飲み頃：2010〜2020年

← その名前の由来である松（フランス語でル・パン）の木が左に見えるル・パンの質素な農家

Le Riche *Cabernet Sauvignon Reserve* 2003
ル・リッシュ　カベルネ・ソーヴィニヨン・レゼルヴ 2003

産地 南アフリカ、ステレンボッシュ
特徴 赤・辛口、アルコール度数14度
葡萄品種 カベルネ・ソーヴィニョン

エティエンヌ・ル・リッシュは、スタイルも手法もすっかり出来上がっているエステートで働きながら、いつかは自分自身のワインを自分流のやり方で造りたいと夢見る数多くのワインメーカーの1人であった。そして彼はその夢を実現した。1990年代半ば、彼はそれまで20年間務めてきた、すっかり老舗になっている大手エステート、ラステンバーグを辞め、ステレンボッシュの、ヨンカースヘック・ヴァレーの小さな農場に造られた粗末なワイナリーにやって来た。

その農場の名前はリーフ・オブ・フープといったが、それは実に当を得、そしてふさわしくも、アフリカーンス語で「希望を持って生きる」という意味であった。その粗末なワイナリーはガレージストにふさわしく、古いセラーはすでに何十年も前からトラクター格納庫兼農機具置き場として使われ、大掛かりな改築が必要であった。しかしいつも伝統を大事にするル・リッシュにとっては、何よりも古い開放型コンクリート槽を発酵に使えることが嬉しいばかりだった。ワインはすべての葡萄がヨンカースヘック・ヴァレーからのものというわけではなく、3分の1前後はステレンボッシュの他の畑から購入したものである。

小さなワイナリーのフラッグシップ・ワインが、カベルネ・ソーヴィニョンだけから造られるということは、ケープではとてもめずらしいことである。多くのワイナリーがボルドー流のブレンドを造りたがる。しかしル・リッシュのこの新鮮で調和の取れたレゼルヴは、単一品種ワインに欠けることの多い古典的な完全さを有している。成熟した果実の強烈な風味と豊麗さが、タンニンと酸のしっかりした構造によって支えられている。オークは抑制されていて（新樽比率は50％以下）、ワインと造り手の個性がぴったり一致したワインとなっている。**TJ**

$ $　飲み頃：2013年まで

追加推薦情報
その他の偉大なヴィンテージ
1997・1998・2000・2001
ステレンボッシュのその他の生産者
カノンコップ、ミヤルスト、モルゲンスター、ルステンベルグ、ラス・エン・フレーデ、セレマ

高峰に囲まれたヨンカースヘック・ヴァレーの葡萄畑

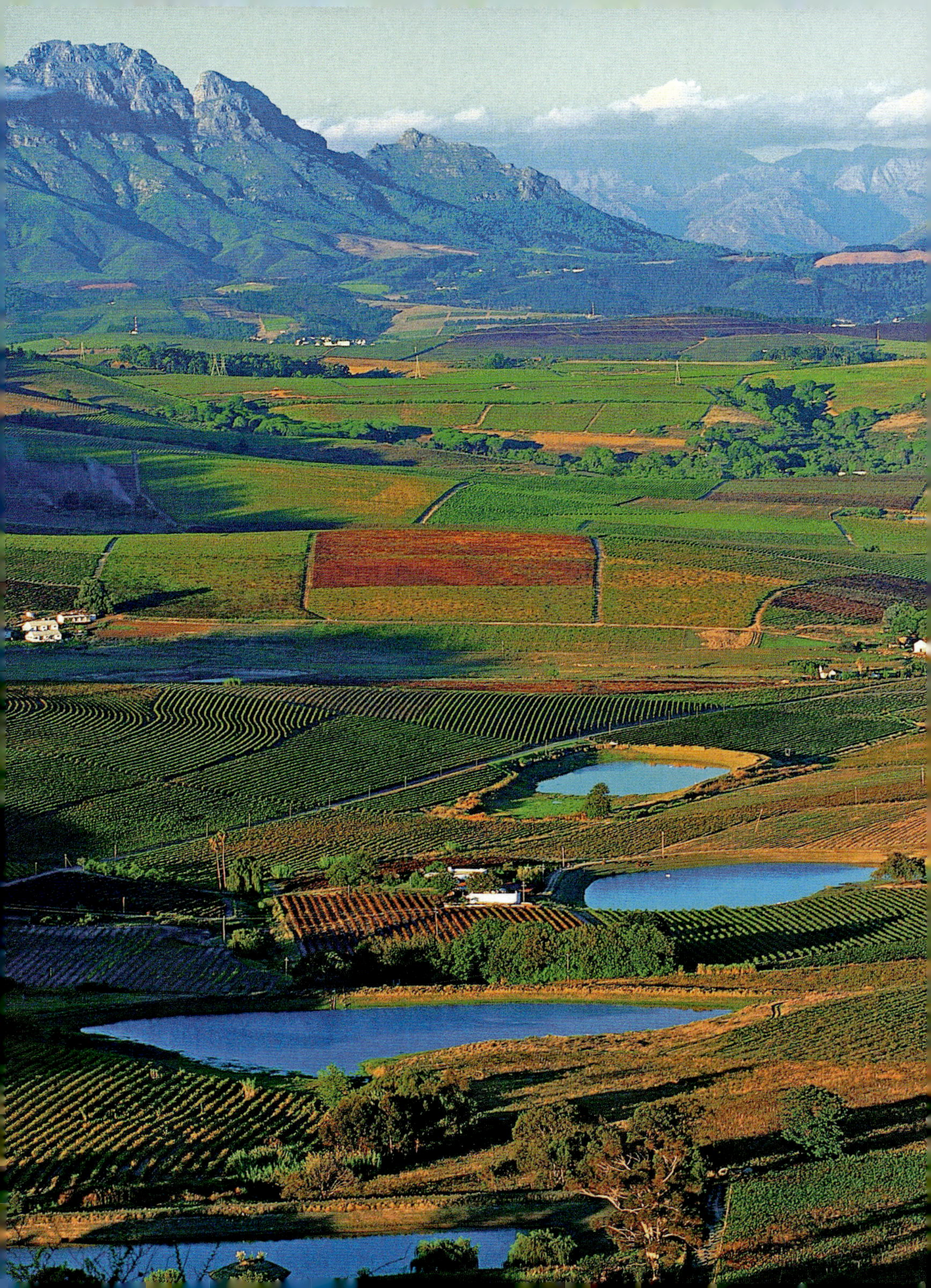

L'Ecole No. 41 *Walla Walla Seven Hills Vineyard Syrah* 2005
レコールNo41　ワラワラ・セブン・ヒルズ・ヴィンヤード・シラー 2005

産地　アメリカ、ワシントン州、コロンビア・ヴァレー
特徴　赤・辛口、アルコール度数14.5度
葡萄品種　シラー

　ワシントン州のワイン生産の歴史はまだ浅いが、その広がりは急激なものがあった。シアトル周辺の海岸線沿いは雨が多く、葡萄栽培には適さないが、内陸部の谷の多い地域は亜乾燥地帯で、葡萄を完熟させるためには、逆に灌漑をしなければならないくらいである。それらの谷は、日中は暑く、夜は冷涼で、緯度が高いため、カリフォルニアよりも日照時間が長い。これらの気象条件のおかげで、ワシントン州の葡萄は長い生育期間を享受することができ、新鮮で芳醇な実をつけることができる。

　レコールNo41は、1983年に創設され、今日までマーティ・クラブが経営を行っている。設立当初、ワイナリーはシュナン・ブランと、かなりオーク香の強いセミヨンで大きな評判を呼んだが、最近ではさまざまな赤ワインでその実力が高く評価されている。最上のものは、ワラワラ近郊の有名なペッパー・ブリッジ・ヴィンヤードとセブン・ヒルズ・ヴィンヤードからの葡萄を使った、単一品種ワインとボルドー・ブレンドである。

　新しいワイン地域にはよくあることだが、初期のヴィンテージは、造り手がまだはっきりと葡萄の能力を把握していないため、品質にばらつきが出ることが多い。レコールNo・41の場合も確かにそうだったが、1990年代後半になると、ワインメーカーのマイケル・シャロンががっちりとワラワラの葡萄の特性を把握し、ワインは素晴らしく一貫性を持つようになった。新樽比率3分の1で熟成させたセブン・ヒルズ・シラー2005は、深い色をし、甘いブルーベリーの香りが漂い、とても魅惑的で鮮烈な味がする。ここよりも温暖なナパ・ヴァレーのようなところのシラーに比べると、少し豊麗さに欠けるきらいがあるが、そのワインは香辛味に溢れ、生き生きとしており、ミントの葉の新鮮な風味がそれを補って余りある。**SBr**
❸❸❸　飲み頃：2018年まで

追加推薦情報
その他の偉大なヴィンテージ
2001・2002・2003・2004
ワシントン州のその他の生産者
カヌー・リッジ、シャトー・サン・ミシェル、レオネッティ・セラーズ、クイルセダ・クリーク

今はレコールNo41・ワイナリーとなっている1915年に建てられた小学校

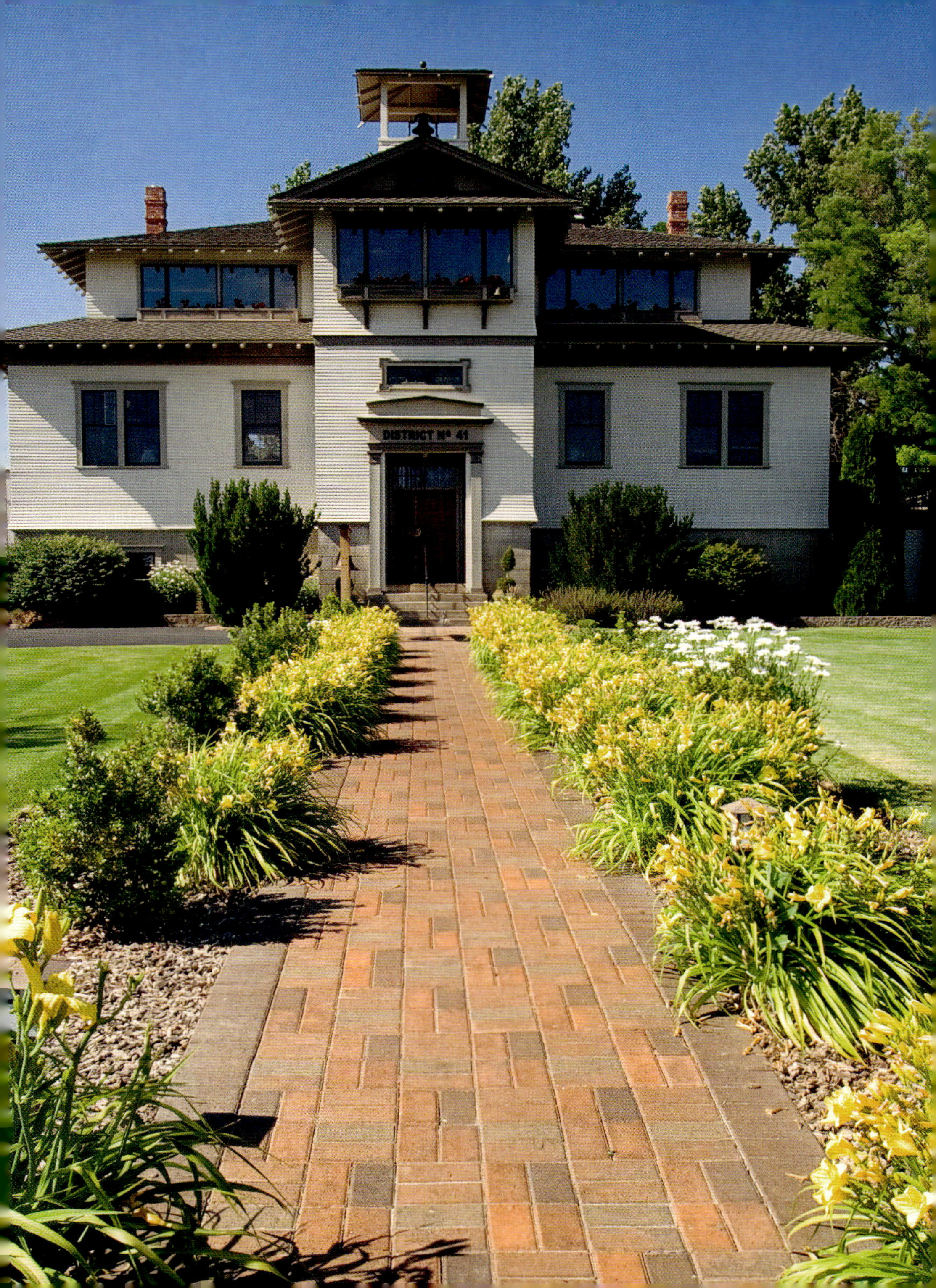
DISTRICT Nº 41

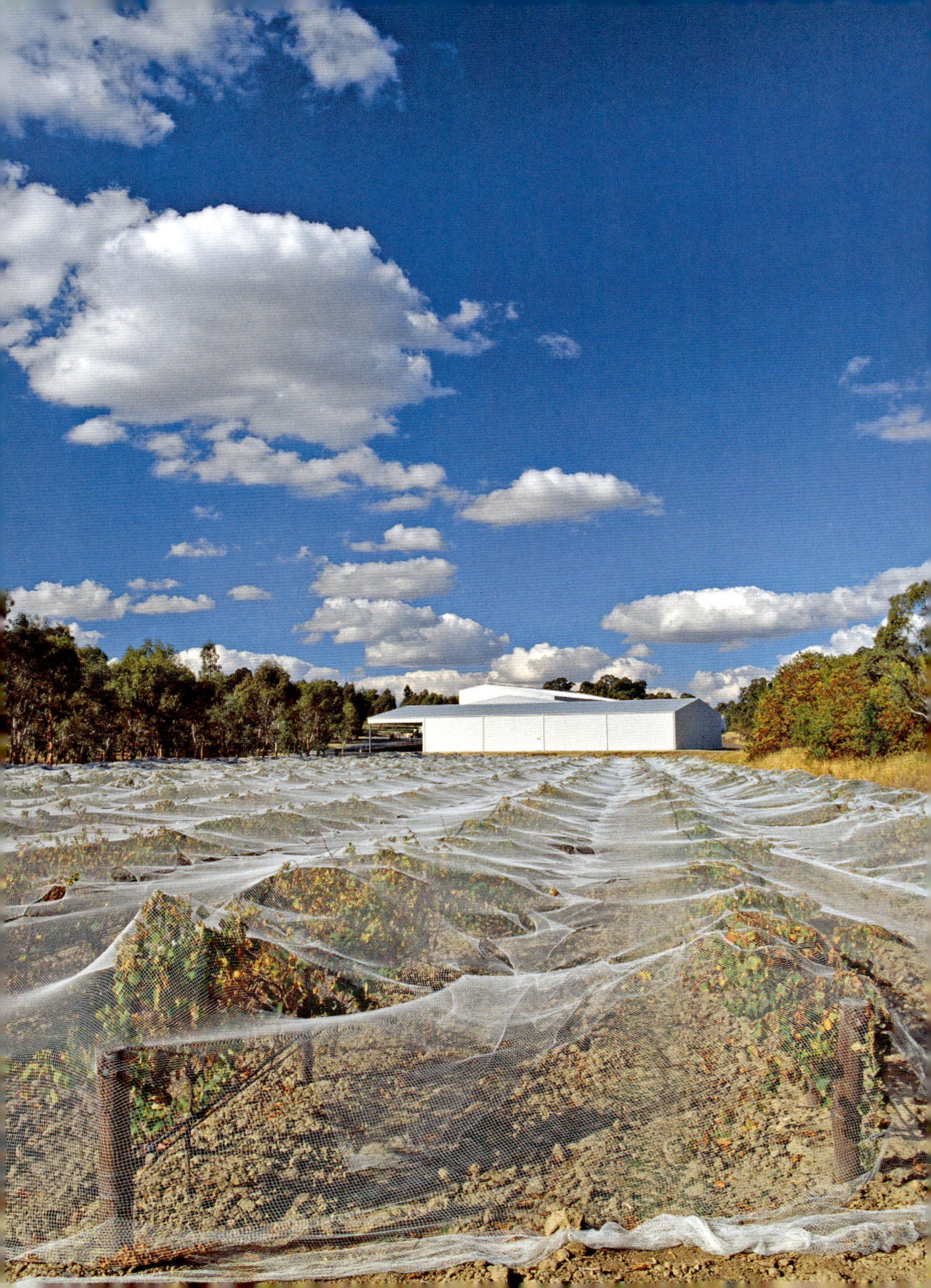

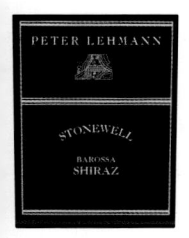

Peter Lehmann
Stonewell Shiraz 1998

ピーター・レーマン
ストーンウェル・シラーズ 1998

産地 オーストラリア、南オーストラリア、バロッサ・ヴァレー
特徴 赤・辛口、アルコール度数14.5度
葡萄品種 シラーズ

　5代目のバロッサっ子であるピーター・レーマンは、1980年までソルトラム・ワインズでワインメーカー兼支配人として働いていた。彼が契約農家との間に強い信頼関係を築いたのはこの時期で、契約書ではなく、握手で取引を完了させることができたほどだった。
　1979年、ワインと、そして当然葡萄は深刻な供給過剰に陥った。ソルトラムはレーマンに、言葉での葡萄買い付け契約を撤回するように命令した。彼はそれを断り、自ら新しいワイナリーを設立する決断をした。1980年に最初のヴィンテージのための仕込みが始まり、1982年、ワイナリーはピーター・レーマン・ワインズとして産声をあげた。
　ストーンウェル・シラーズのための葡萄は、バロッサ西側の乾燥した地区に育つ、高齢で低収量の樹からのもの。1990年代半ばの低迷の時期を乗り越えた1998年、この地区に再び脚光が当てられ、多くの素晴らしい赤ワインが生まれた。造り手と同じく、これは大物のワインで、果実味もアルコールも酸も桁外れである。フレーヴァーはバロッサの真髄で、革、スパイス、カシス、甘いオークの香りが溢れんばかりである。しかしその大きな骨格にもかかわらず、1998年は非常に飲みやすく、洗練されたワインである。このワインは、2000年の、アデレード、ブリスベン、そしてホバートのナショナル・ワイン・ショーでの金メダルなど、数多くの賞に輝いている。**SG**

$ $　飲み頃：2015年まで

Leonetti Cellars
Merlot 2005

レオネッティ・セラーズ
メルロ 2005

産地 アメリカ、ワシントン州、コロンビア・ヴァレー
特徴 赤・辛口、アルコール度数14.3度
葡萄品種 メルロ85%、C・ソーヴィニヨン8%、プティ・ヴェルド7%

　ゲイリー・フィギンズの初期のワインは、大物で、豊潤、非常に濃縮されたもので、ワシントン州の砂漠の暑く乾燥した気候の中でありがちなワインであった。しかし彼と息子のクリスがワインメーカーとして成長していくにつれ、そのワインは洗練さを増し、より調和のとれたものに変わっていった。それはリリース直後に飲んでも美味しいし、セラーで寝かせておくこともできる。
　フィギンズは、コロンビア・ヴァレーにある6つもの畑の葡萄をブレンドしてこのメルロ・ワインを造っている。ワインはフランス産とアメリカ産、両方のオークの新樽で14ヵ月間熟成させられるが、フィギンズはけっして樽を2段重ね以上にはしない。ワインを熟成させる空気の循環が損なわれるからだ。
　2005年は興味津々のヴィンテージであった。なぜなら新しく植えた葡萄がブレンドに加えられたからである。霜害で生産量が3分の1に減少した2004年の次の年、2005年は素晴らしい天候に恵まれた。2003年よりも涼しい夏、秋の安定した天気、霜の心配がなかった収穫期、これらのおかげで葡萄はゆっくりとフレーヴァーを蓄積し、酸を保持して、バランスの良い、優美で、調和の取れた、それでいて弾けるような果実味に溢れたワインができあがった。2005は、優雅さに溢れた口あたりの滑らかなミディアム・ボディのワインで、すべてが渾然一体となって飲みやすく、純粋な果実のフレーヴァーの後、ミネラルの余韻が長く続く。**LGr**

$ $ $ $ $ $　飲み頃：2020年過ぎまで

防鳥網に護られているピーター・レーマンの若い葡萄樹

Château Léoville-Barton 2000

シャトー・レオヴィル・バルトン 2000

産地 フランス、ボルドー、サン・ジュリアン
特徴 赤・辛口、アルコール度数12.5度
葡萄品種 C・ソーヴィニョン72％、メルロ20％、C・フラン8％

ボルドーの歴史のなかで、アイルランド人はかなり重要な役割を果たしてきた。1690年のボイン川の戦いでプロテスタントのオレンジ侯ウィリアムズが勝利した結果、多くのカトリック系アイルランド人が故郷を追われボルドーにやってきた。彼らには、かつてイギリス人に与えられた土地所有権は許されていなかったが、アイルランドの血を受け継ぐボルドー人は今も多く存在する。バートン家もそのような一家の1つで、1821年にこの地に辿りついた。彼らはすぐさまワインとシャトー・ランゴアに魅了され、それを購入した。その後、彼らはさらにレオヴィル・エステートの小さい方の区画を購入し、そこから2つの象徴的なワインを送り出している。いまでは彼らは、約2世紀の古い歴史を誇るボルドーで最も古参のワインメーカーとなっている。

レオヴィル・エステートはサン・ジュリアン・アペラシオンの中心部に、49haの砂礫粘土層の畑を保有している。そのワインはきわめて伝統的な方法で造られ、オークの小樽（新樽比率約50％）で18〜20ヵ月熟成させられた後、ブレンドされ、壜詰めされる。

奇跡のヴィンテージであった2000年は、いたるところで秀逸なワインを生み出したが、優れた畑ではなおさらのこと飛び抜けた品質のワインが創り出された。レオヴィル2000は歴史の重さを感じさせるワインだ。強烈で、重厚感に満ち、芳醇で、肉付きが良く、スモークされたオークの緻密な香りが、妖艶な、デカダン的なカシスの果実味を支え、それらをドーリア式の柱のような優美なタンニンの構造が壮大な建築物に築き上げている。成熟のどの段階で味わっても驚嘆させられる、畏敬の念さえ覚えるワインだ。**SW**

🍷🍷🍷🍷　飲み頃：2010〜2040年過ぎ

追加推薦情報
その他の偉大なヴィンテージ
1989・1990・1995・1996・1998・2001・2003・2005
サン・ジュリアンのその他の生産者
デュクリュ・ボーカイユ、グリヨ・ラローズ、ラグランジュ、ランゴア・バルトン、レオヴィル・ラス・カーズ、タルボ

Red wines

シャトー・レオヴィル・バルトンのオーナー、アンソニー・バルトン ➡

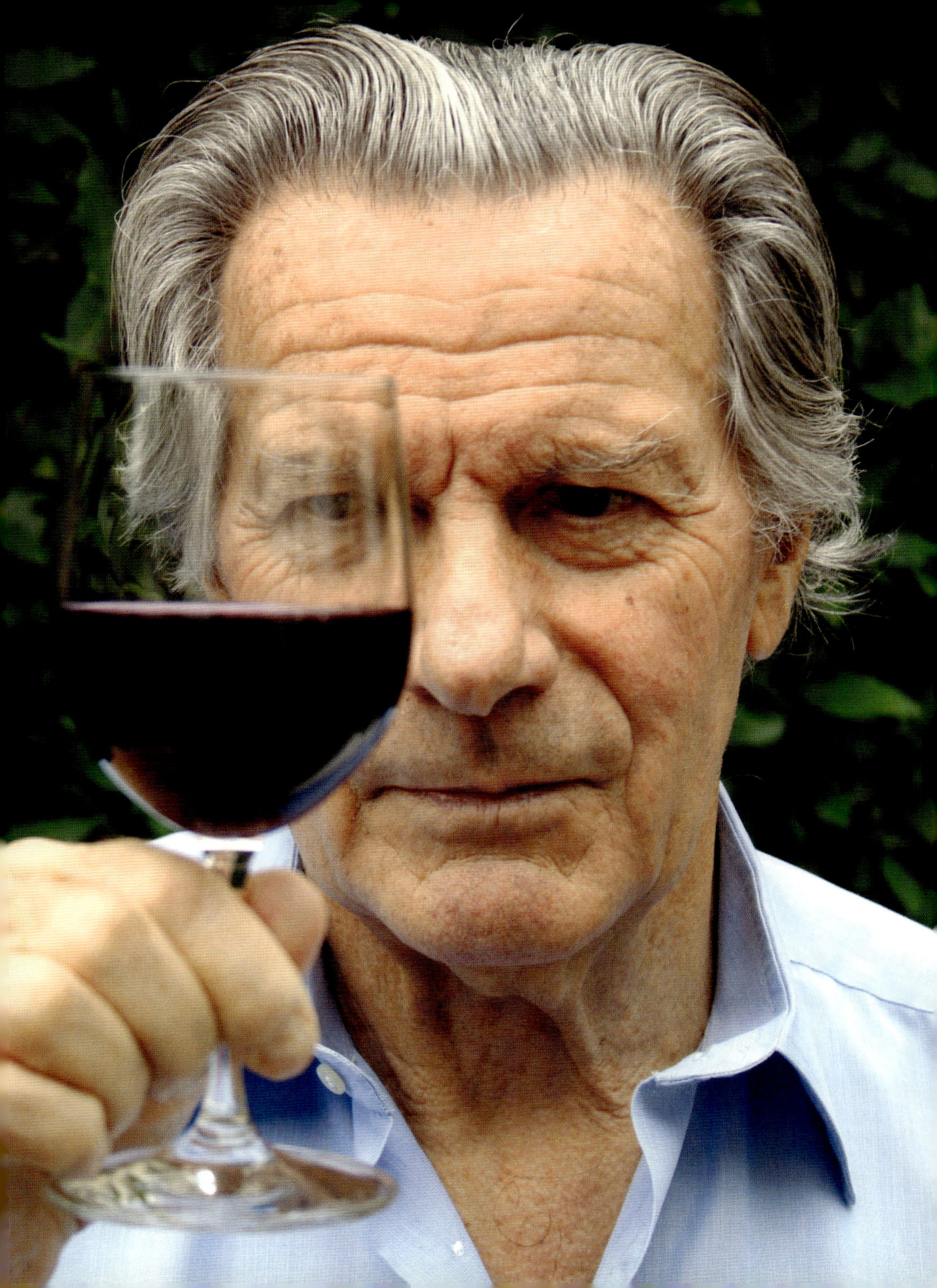

Château Léoville-Las Cases
1996

シャトー・レオヴィル・ラス・カーズ
1996

産地 フランス、ボルドー、サン・ジュリアン
特徴 赤・辛口、アルコール度数13度
葡萄品種 C・ソーヴィニョン65％、メルロ20％、その他15％

何十年も前から、ドゥロン家は彼らの畑をプルミエ・クリュに匹敵する質を持った畑だと考えてきたし、実際偉大なヴィンテージにはそれらに負けない質の高いワインを造りだしてきた。選果は非常に厳しく、全収量の40％以下しかグラン・ヴァンに使われない年もある。残りはセカンド・ワインのクロ・デュ・マルキに廻される。

レオヴィル・ラス・カーズは筋肉質のワインで、血のような濃い暗い色をしており、タンニンは強く、骨格は強靭で、若い時すこし厳格すぎるように感じられるが、それは長期熟成に耐えることの証明でもある。しかし、そのワインにあまり好感を持てない人々もいる。彼らは、そのワインは抽出がきつすぎ、凝縮感を加えるために行う逆浸透などの手法は作為的過ぎると批判する。

1996は、レオヴィル・ラス・カーズが辛抱を要求するワインだということを良く表している。若い時、それは明らかに攻撃的で、果実味はタンニンで覆われていた。しかし現在、その秀逸さは歴然としている。それは依然として固く凝縮されてはいるものの、贅肉のないしなやかな体つき、ヒマラヤ杉やカシスの優雅なアロマがはっきりと感じられる。タンニンが程好く感じられるようになり、果実がその豊麗さを現すまでになるには、さらにもう数年は辛抱が必要だろう。**SBr**

💰💰💰💰 飲み頃：2030年まで

Château Léoville-Poyferré
2004

シャトー・レオヴィル・ポワフェレ
2004

産地 フランス、ボルドー、サン・ジュリアン
特徴 赤・辛口、アルコール度数13度
葡萄品種 C・ソーヴィニョン65％、メルロ25％、その他10％

強大であったレオヴィル・エステートは、フランス革命の後分割され、こちら側はポイヤックへ向かう道路沿いの、主に砂礫層の土壌の上にある。1920年から、元々は北フランスのワイン商であったキュヴァリエ家がオーナーとなり、現在はディディエ・キュヴァリエが支配人である。

レオヴィル・ポワフェレのスタイルは、より伝統的で厳格でさえあるレオヴィル・バルトンや、非常に凝縮されて力強い、劇的なレオヴィル・ラス・カーズとはかなり異なっている。それは若い時、より豊麗で、快楽主義的であり、魅惑的である。たとえ他の2つのレオヴィルに比べてサン・ジュリアンらしくないと言われているとしても、その官能的魅力に抗うのはとても難しい。しかしキュヴァリエが目指しているのは、長期熟成に向くワインであり、それゆえ、多くのメドックのエステートがメルロの比率を上げている時でさえ、彼は逆に減らしてきた。

2004はこの畑の最高のものを顕在化させた。カシスのアロマはみずみずしさを失わず、魅力的であるが、ワインはあくまでも力強く、生気に溢れ、バランスが良く保たれており、黒い果実のフレーヴァーが豊かで、余韻は長い。一貫して優れた品質を保つレオヴィル・ポワフェレは、価格と格付けは第2級だとしても、質はそれ以上である。**SBr**

💰💰💰 飲み頃：2022年まで

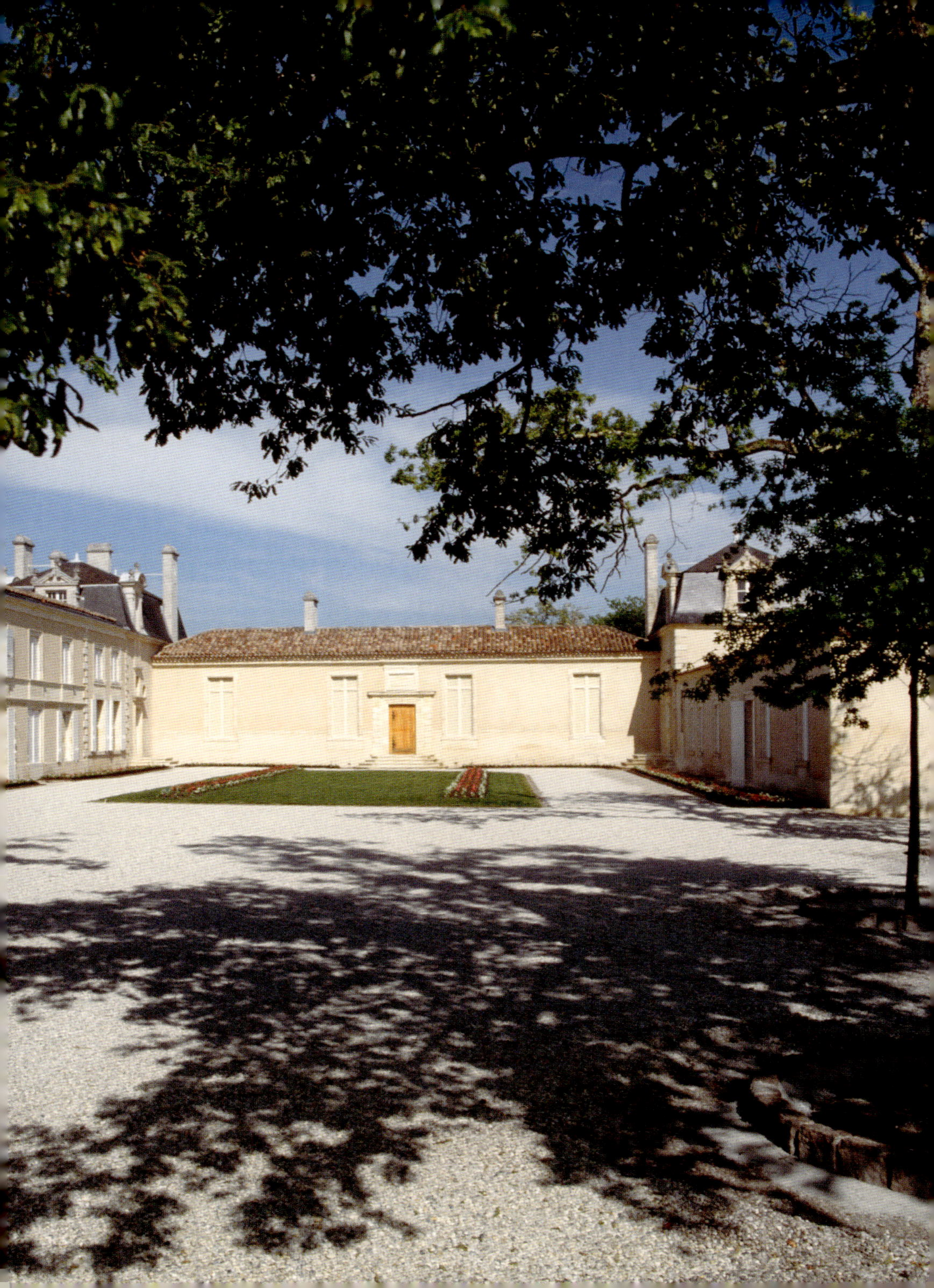

Domaine Leroy
Romanée-St.-Vivant Grand Cru 2002

ドメーヌ・ルロワ
ロマネ・サン・ヴィヴァン・グラン・クリュ 2002

産地 フランス、ブルゴーニュ、コート・ド・ニュイ
特徴 赤・辛口、アルコール度数13度
葡萄品種 ピノ・ノワール

　当時ドメーヌ・ド・ラ・ロマネ・コンティ（DRC）の共同経営者であり、一家の会社であるメゾン・ルロワの支配人でもあったマダム・ラルー・ビーズ・ルロワは、1988年、シャルル・ノエラ・ドメーヌを見に来てほしいと招かれた。それはヴォーヌ・ロマネのドメーヌで、買い手を捜しているところだった。葡萄樹の半分は枯れてしまい、残った半分も何年も放置されていた。しかしそれらの葡萄樹はただ古いだけでなく、他所ではめったに見ることのできない、古い種類の、上質なピノ・ノワールであった。素晴らしいワインが生まれる可能性がある。こうして取引は成立した。

　ロマネ・サン・ヴィヴァンのルロワが所有している区画は、1haに少し足りないほどである。ここからマダム・ビーズは、DRCと同量のワインを造っているが、これら2つのロマネ・サン・ヴィヴァンを混同しないように。ルロワ・ワインは全房発酵から生まれたワインであることをそぶりにも見せていない。それは抑制されてはいず、豊満で芳醇、官能的で大らかである。2002は1年未満で壜詰めされ──ここでも造り方は違っている──フル・ボディで、非常に深く凝縮され、熟した果実がぎっしりと詰め込まれており、そのヴィンテージ特有の素晴らしい酸を持っている。それは長く長く生き続ける、驚異的なワインだ。**CC**

🍷🍷🍷🍷　飲み頃：2015〜2050年

L'Enclos de Château Lezongars
2001

ランクロ・ド・シャトー・ルゾンガール
2001

産地 フランス、ボルドー、プルミエール・コート・ド・ボルドー
特徴 赤・辛口、アルコール度数13度
葡萄品種 メルロ70％、C・フラン15％、C・ソーヴィニョン15％

　ガロンヌ川を見下ろす丘の上のヴィルナーヴ・ド・リオンの村にあるこのシャトーは、1998年、イギリスからやってきたラッセルとサラのイルス夫妻によって購入された。彼らは現在も、息子のフィリップとワインメーカーのマリエル・カズーとともにワイン造りに励んでいる。

　基本となるレゾンガールは新樽比率3分の1のオークの小樽で9ヵ月間熟成させられ、そのなかの最上の樽がさらにそのまま寝かされて、ランクロ・ド・シャトー・ルゾンガールとなる。2000年からは、砂礫の多い斜面の区画からの葡萄を元にしたスペシャル・キュヴェが造られている。こちらはほとんどメルロだけから造られ、新樽の比率もかなり高い。

　イルス夫妻は、ワイン造りを始めてまだそう経っていないにもかかわらず、その進歩は目を瞠るものがある。スペシャル・キュヴェは市場の反応を見定めているようだが、主力ワインであるランクロは、質もスタイルも非常に一貫性がある。甘く、優美なチェリーのアロマがあり、質感はまろやかで肉感的、果実味はちょうど良い具合に凝縮されており、長くスパイシーな余韻が続く。さらに良いことに、価格はリーズナブルである。比較的若い時期に楽しめる現代風のクラレット。**SBr**

🍷🍷　飲み頃：2012年まで

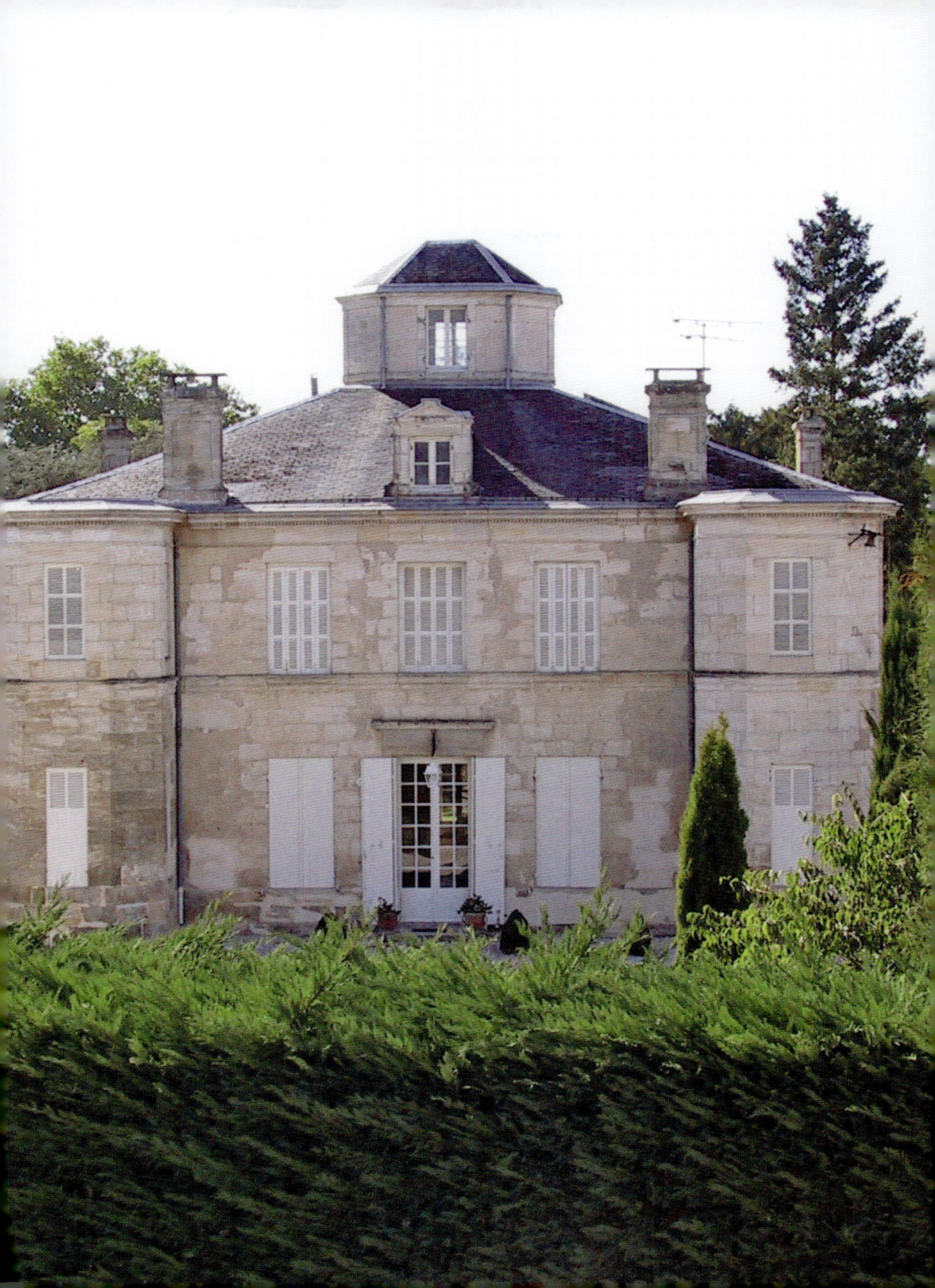

Domaine du Viscomte Liger-Belair
La Romanée GC 2005

ドメーヌ・デュ・ヴィコント・リジェ・ベレール
ラ・ロマネGC 2005

産地 フランス、ブルゴーニュ、コート・ド・ニュイ
特徴 赤・辛口、アルコール度数13度
葡萄品種 ピノ・ノワール

　ラ・ロマネはブルゴーニュのグラン・クリュのなかで最も小さく、0.83haしかない。すべてのクリュが独自の原産地統制呼称（AOC）を有しているが、ラ・ロマネはフランスで最も小さいAOCである。その畑は、他の畑が畝を東から西へ向って走らせているのに対して、北から南へと走らせ、多くの斜面からなり、すぐ下にあるラ・ロマネ・コンティと同様に単一所有畑で、1827年以来リジェ・ベレール家が所有している。

　2001年以前、その畑は地元ヴォーヌ・ロマネの醸造家で自分自身のエステートも所有していたレジ・フォレによって管理され、ワインも醸造されていた。しかしそのワインは、熟成を含めてそれから先の壜詰め、販売までは、ブシャール・ペール・エ・フィスによって行われ、ラベルだけは独自のラベルを保有していた。この変則的な仕組みは、若きワインメーカー、ルイ・ミシェル・リジェ・ベレールの登場とともに終わりを告げ、フォレとの間のリース契約は打ち切られた。それから先の3つのヴィンテージでは、ラ・ロマネの半分はブシャールによって、残りの半分はルイ・ミシェルによって造られていた（2002年の両者のワインを飲み比べると面白いことが分かる。ルイ・ミシャルの造ったワインのほうが、若干繊細で、フィネスが多く感じられる）が、2005年以降、すべてのワインはリジェ・ベレール自身の手によって造られている。

　ロマネ・コンティ同様に、ラ・ロマネはラ・ターシュやリシュブールよりも軽く、女性的である。これまでそれは常に、ロマネ・コンティよりも細かで、独自の血筋を持たなかった。しかしもはやこれは当てはまらない。この2005年は素晴らしいの一語に尽きる。複雑で深遠、純粋で調和が取れ、まったく愛らしい。これはおそらく2005年の最高傑作であろう。われわれは、待ち、そして確かめなければならない。**CC**

🍷🍷🍷🍷　飲み頃：2020～2040年過ぎ

Lisini
Brunello di Montalcino Ugolaia 1990

リジーニ
ブルネッロ・ディ・モンタルチーノ・ウゴライア 1990

産地 イタリア、トスカーナ、サンタンジェロ・イン・コッレ
特徴 赤・辛口、アルコール度数14度
葡萄品種 サンジョヴェーゼ

　サンタンジェロ・イン・コッレの小さな集落にあるリジーニ・エステートは、1960年代後半からモンタルチーノで重要な役割を果たしてきた。今も現役のエリーナ・リジーニは、まだブルネッロの名が世界に知れ渡る以前の1967年に発足したコンソルツィオの設立メンバーである。一家は1970年代に畑とセラーを全面的に改修し、彼らの1975リゼルヴァはこの偉大なヴィンテージの最高傑作であった。

　1983年、一家はコンサルタント醸造家で、サンジョヴェーゼのスペシャリストであるフランコ・ベルナベイと契約した。彼のテロワール志向の哲学は、エリーナの甥のロレンツォ・リジーニと彼の家族を大いに勇気づけ、彼らは自分たちの畑の優秀さを前面に押し出すことに決めた。こうして彼らの畑名であるウゴライアを冠した単一畑ワインが造られた。モンタルチーノで最も暑い栽培地域であるサンタンジェロ・イン・コッレと標高320mのカステルヌォーヴォ・ダバーテの中間にある1.5haの彼らの畑は、全面南西向きで、最高の葡萄を実らせ、長命で、凝縮された、複雑さの極みともいうべきブルネッロを生み出す。

　ウゴライアは最良のヴィンテージにしか造られない。伝統的な方法によって醸造され、スロヴァニア産オークの大樽で36ヵ月間熟成させられる。エステートの最上のクローンだけを移植して作られた畑ウゴライアは、力強さの極致である。前世紀の最も偉大なヴィンテージの1つに造られたウゴライア1990は、育ちの良い正統派ワインで、ワイン批評家のフランコ・ジリアーニに言わせれば、その精妙さと力強さは、「スタンディング・オヴェイション」に値する。**KO**

🍷🍷🍷　飲み頃：2020年過ぎまで

このセラーの道具が示していることは、樽には満杯にワインが入っており、空気とは完全に遮断されているということ。

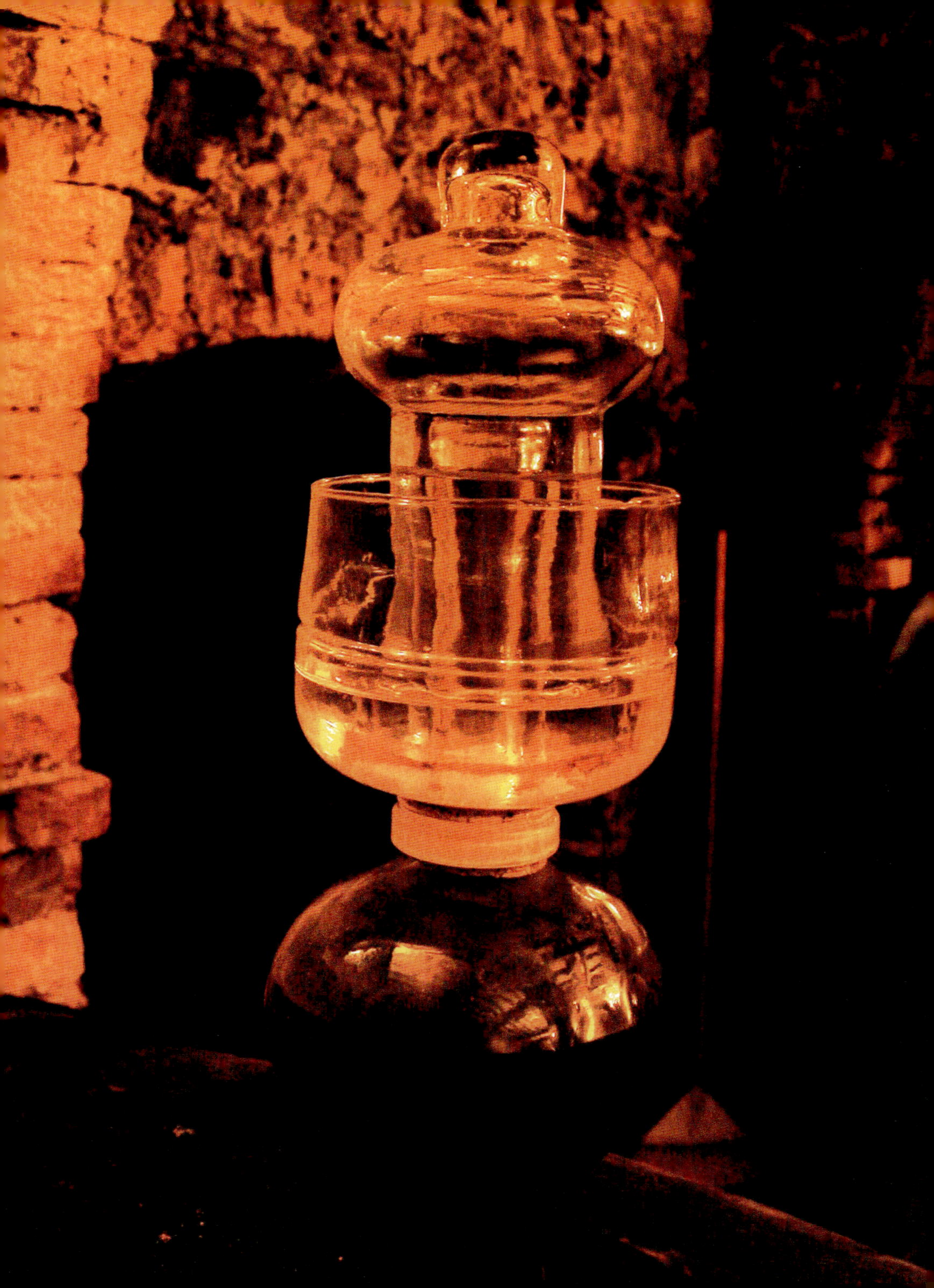

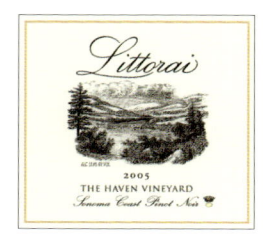

Littorai Wines
The Haven Pinot Noir 2005

リトライ・ワインズ
ザ・ヘヴン・ピノ・ノワール 2005

産地 アメリカ、カリフォルニア、ソノマ・コースト
特徴 赤・辛口、アルコール度数13.8度
葡萄品種 ピノ・ノワール

　テッド・レモンは、ブルゴーニュのエステートで支配人兼ワインメーカーとして務めた最初のアメリカ人である。ムルソーのドメーヌ・ギィ・ルーロであった。彼は1990年代にアメリカに戻り、テロワール重視のリトライ・ワインズを設立した。品種もピノ・ノワールとシャルドネという、畑の持つ特性を最も良く表現することができる品種にした。

　ヘヴンはレモンの主力畑である。海岸線から数マイル入った内陸部にあり、標高は366mと、この地では例外的に冷涼な場所にある。底土は多様で、それに応じて栽培から、摘果、醸造まで別々に行われている。レモンは基本的に乾式農法を好むが、必要に応じて灌漑も行っている。

　春の雨は2005年の開花を台無しにし、収穫は激減した。果粒は小さかったが、低収量の時にありがちな、厳しいタンニン、攻撃的な性質は微塵も感じさせない。色は濃く強烈で、芳醇な黒い果実の風味が滴り、酸は程好く、タンニンは侵襲的ではない。ただ1つ残念なことは少量しか生産されなかったことだ。2006年も同様だが2005は、ワインに生まれた土地を最大限に語らせることに全精力を注ぐというレモンの哲学を最も端的に表現したワインである。**JS**

❸❸❸❸　飲み頃：2014年過ぎまで

López de Heredia
Viña Tondonia Rioja GR 1964

ロペス・デ・エレディア
ヴィーニャ・トンドーニア・リオハGR 1964

産地 スペイン、リオハ
特徴 赤・辛口、アルコール度数12.5度
葡萄品種 テンプラニーリョ75％、ガルナッチャ15％、その他10％

　ロペス・デ・エレディアは1877年に、ドン・ラファエル・ロペス・ド・エレディア・イ・ランデータによって設立された。彼は1913年から1914年まで2年がかりで、エブロ河の左岸にトンドーニア葡萄畑を拓いた。それはリオハで最も有名な畑となり、ブランドとなった。彼に続く世代も、このエステートの伝統を維持していくために最善を尽くした。葡萄はすべて手摘みされ、異なった大きさの72基のオークのタンクで発酵させられる。マロラクティック発酵は、そのタンクに入ったまま、あるいはバリックに移されてから行われる。ワインの醸造には、すべてオーク樽が用いられるが、けっして新樽ではない。

　「リオハでは、それを今世紀最高のヴィンテージと呼んだわ」と、マリア・ホセ・ロペス・ド・エレディアは1964について語る。「でも私達はそれを奇跡のヴィンテージと呼ぶの。というのは、それは歳を取らないように見えるから。」このヴィンテージは樽で9年間熟成させられ、その間18回澱引きが行われた。卵白で清澄化された後、ろ過は行わずに瓶詰めされた。出来上がったのが、1973年のことである。美しく明るい赤色をし、グラスの縁はレンガ色をしている。ブーケは完全に成熟しているが、依然として生気に溢れ、秋の枯葉、ポルチーニ茸、革、甘酸っぱいチェリー、紅茶、マラスキーノ・チェリー、煙草などが次々と現れる。口あたりはなめらかで、タンニンは完全に溶融され、酸がしっかりした背骨を支えている。まだまだ長く生き続けるワインだ。**LG**

❺❺❺❺❺　飲み頃：2025年まで

Château Lynch-Bages
1989

シャトー・ランシュ・バージュ
1989

産地 フランス、ボルドー、ポイヤック
特徴 赤・辛口、アルコール度数12.5度
葡萄品種 C・ソーヴィニヨン73%、メルロ15%、その他12%

　ジョン・リンチがアイルランドからボルドーへ移民してきたのは1691年のことで、彼は繊維、木材、皮革などの商売を行ったが、その息子のトーマスはワインのための鼻腔を磨いた。18世紀になると、リンチ家はポイヤックの2つの畑を買い求め、それをランシュ（リンチのフランス語読み）・ムーサとランシュ・バージュと名付けた。それから2世紀、両方の畑は1855年にともに第5級に格付けされたが、別々の道を歩んだ。

　カーズ家がランシュ・バージュを購入したのは第二次世界大戦前夜で、それ以来1855年の格付けからずっと先へ進んでいる。その第2級の質を持ったワインは、非常に凝縮された秀逸なワインである。それは非常に長命なワインであるにもかかわらず、優雅さと飲みやすさを備えており、シャルマン（魅惑的）という言葉以外には形容しようがないほどである。1989年ヴィンテージは、全般に官能的で、豊麗、肉感的なワインを生み出したが、このランシュ・バージュほどのワインは他にない。力強いタンニンの構造はあるが、紫色の果実は豊潤で、ポイヤック・カベルネ独特のミントの香りがし、ユーカリの姿もちらつき、大きくて、しかし優美なフィニッシュが訪れる。**SW**

❂❂❂❂❂　飲み頃：2010〜2030年過ぎ

Macari Vineyard
Merlot Reserve 2001

マッカリ・ヴィンヤード
メルロ・リザーヴ 2001

産地 アメリカ、ニューヨーク、ロング・アイランド、ノース・フォーク
特徴 赤・辛口、アルコール度数13度
葡萄品種 メルロ

　「この土地すべてが実験なんだ」とジョー・マッカリは言う。彼は葡萄畑とワイナリーにのめり込んでいったが、それはある意味偶然の産物だった。彼の父は1963年以来、ロング・アイランドのノース・フォークに土地を所有していた。そして、いつかは2人で葡萄栽培でもやろうと語っていた。マッティタックの畑は北西方向に延び、30〜84mの高さで崖が切り立つロング・アイランドの入り江まで達している。その海のおかげで、気候は比較的温暖である。砂質の土壌は、ミディアム・ボディで酸の生き生きとした、純粋なフレーヴァーを持つワインを生み出す。それはマッカリ家が最も大切にしているものである。

　1990年代から、マッカリは有機栽培を始め、ビオディナミの実験にも取り掛かっている。ビオディナミの専門家は彼に、ロング・アイランドは湿気が多すぎて、ビオディナミには向かないと言ったが、彼は毎年ビオディナミで育成を始め、どうしても収穫が難しいと分かった時にそれを中止する。

　暖かいヴィンテージだけに造られるリザーヴは、まさにロング・アイランドの真髄で、ラズベリーの甘い香りが主旋律を奏で、煙草、ミネラルがその低音部となり、酸の振動がそれらを響かせる。**LGr**

❂❂　飲み頃：2012年過ぎ

Château Magdelaine
1990

シャトー・マグドレーヌ
1990

産地 フランス、ボルドー、サンテミリオン
特徴 赤・辛口、アルコール度数13度
葡萄品種 メルロ95％、カベルネ・フラン5％

　ムエックス家は1952年にこのエステートを買収すると、すぐに畑のほぼ全体を植えなおした。葡萄樹がとても弱々しかったからである。畑はサンテミリオンでもあまり見かけないほどに高い植密度となり、1haあたり9,000本が植えられた。畑の場所はいわば特等席で、東にベレール、すぐ北にカノンが控えている。

　またマグドレーヌは、メルロの比率が高いことでも、サンテミリオンの他の畑とは異なっている。土壌は粘土混じりの石灰岩で、いくつかの区画では馬による耕作が行われているが、これもサンテミリオンではめずらしいことである。醸造は典型的なムエックス方式で、過度な抽出は避けられている。

　メルロの比率が高いにもかかわらず、マグドレーヌは最初それほど肉感的ではない。若い時それは、濃縮されオークが強く感じられるサンテミリオンのプルミエ・クリュに比べると抑制されているように見える。しかしそのワインは、熟成とともに重厚かつ精妙になる。1990年は今、純粋で洗練されたアロマを持ち、シルクのような口あたりで、調和は絶妙、タンニンの構造はしっかりしていて、余韻は長く続く。いまでも凄く美味しいが、まだまだ素晴らしくなる。**SBr**
🟡🟡🟡　2015年まで

Majella
The Malleea Cabernet/Shiraz 1998

マジェラ
ザ・マリーア・カベルネ／シラーズ 1998

産地 オーストラリア、南オーストラリア、クナワラ
特徴 赤・辛口、アルコール度数13.5度
葡萄品種 カベルネ・ソーヴィニョン、シラーズ

　現在マジェラ・ワイナリーの畑となっている場所は、最初羊の放牧場として使われていたが、1968年に、"教授"と呼ばれているブライアン・リンが葡萄樹を植えた。葡萄は、ハーディーズ用としてエリック・ブランドの元に、そして後に、ウィンズ・クナワラ・エステートに搬入された。1991年、マジェラは自らワイン生産に乗り出し、エリック・ブランドのライラ・ワイナリーを借りて、ブルース・グレゴリーが醸造担当でシラーズを造った。マジェラは自社の醸造設備を持ったが、彼らの関係は今も続いている。

　1996年には、シラーズに続いて、ザ・マリーアという名のカベルネ・ソーヴィニョンとシラーズのブレンド・ワインが生まれた。マリーアというのは、アボリジニの言葉で、"緑の牧草地"を意味している。マジェラは現在、他社への葡萄の供給を漸次減らし、自社ワインの生産へと移行しつつある。その60haの畑には、カベルネ・ソーヴィニョンの他、メルロ、リースリングも植えられている。

　ザ・マリーア1998は、オーストラリア伝統の大型のワインで、ミント、シナモン、オークのアロマがあり、口に含むと大きな黒い果実のフレーヴァーが一杯に広がる。タンニンは豊富で、精妙な余韻が長く続く。熟成とともにあと口のタンニンは和らぎ、凝縮された果実味や酸にとぎれなく調和していく。**JW**
🟡🟡🟡　2020年まで

Malvirà
Roero Superiore Mombeltramo 2001
マルヴィラ
ロエロ・スペリオーレ・モンベルトラモ 2001

産地 イタリア、ピエモンテ、ランゲ
特徴 赤・辛口、アルコール度数14度
葡萄品種 ネッビオーロ

　マルヴィラという名称は、うがった見方をすれば、"劣悪な(マル)場所(ヴィラ)"という意味に取れるが、実際この卓越したロエロ・ワイナリーが以前あったカナーレの土地は、南向きではなく、北向きであった。マルヴィラは白や赤の輝くばかりの優れたワインを生み出しているが、それらは、アルバ近郊のタナロ川左岸に育つアルネイスやネッビオーロがいかに優秀であるかを示している。そのエステートは1950年代に、ジュゼッペ・ダモンテによって設立され、現在息子のマッシモとロベルトが運営している。2人は、父親の伝統的なワイン造りを踏襲すると同時に、現代的な手法の最善のものを採り入れている。

　ロエロ・モンベルトラモ2001は、一家の新しいワイナリー、カノーヴァ・ワイナリー周辺の畑で育つネッビオーロだけを使って造られた。ワインはオークの小樽で20ヵ月間熟成させられ、ヴィンテージの2年後に壜詰めされた。2001年はピエモンテ全体で素晴らしい作柄であったが、それはこのワインの明るく澄明なルビー色に良く現れていて、ほとんどブルゴーニュと変わらない。その素晴らしさはラズベリーの愛くるしいブーケにも現れ、スパイスがそれを縁取る。口あたりは、最初柔らかくヴェルヴェットのようだが、数秒後には、乾いた、しかし甘美に成熟したタンニンが最後のフレーヴァーを支える。完璧なワインだ。**ME**
🍷🍷🍷　**2012年過ぎまで**

Marcarini
Barolo Brunate 1978
マルカリーニ
バローロ・ブルナーテ 1978

産地 イタリア、ピエモンテ、ランゲ
特徴 赤・辛口、アルコール度数13.5度
葡萄品種 ネッビオーロ

　最も香り高く高貴なバローロを生み出すことで名高い丘の頂きの村ラ・モッラは、眼下に葡萄畑で覆われた起伏のある台地を見下ろし、息を飲む素晴らしい景観をわが物としている。ここのバローロの優しさの秘密は、明らかにこの村のマグネシウムを多く含む土壌にある。ラ・モッラで最も尊敬されているワインメーカーの1つであるマルカリーニ家は、1950年代からきわめて優美なバローロを造り続けている。

　現在この古典的スタイルのバローロは、アンナ・マルカリーニ・バーヴァと、その娘ルイーザ、そしてその夫マヌエル・マルケッティによって生み出されている。マルカリーニは、低収量と、畑の個性を前面に押し出す醸造法で、この地では先駆者である。マルカリーニは1958年に、最初の単一畑ワインをブルナーテ葡萄畑から出したが、それは現在彼らの主力製品となっている。一家は誇らしげに、「ブルナーテはランゲで最も重要な畑の1つで、それは1477年の古文書にも記されている」と言う。

　マルカリーニ・ブルナーテは魅惑的なブーケを持ち、煙草の微香もくゆらせ、非常に複雑な風味とフィネスがある。このワインはとても長命で、1978ヴィンテージは素晴らしく熟成している。**KO**
🍷🍷🍷　**2018年まで**

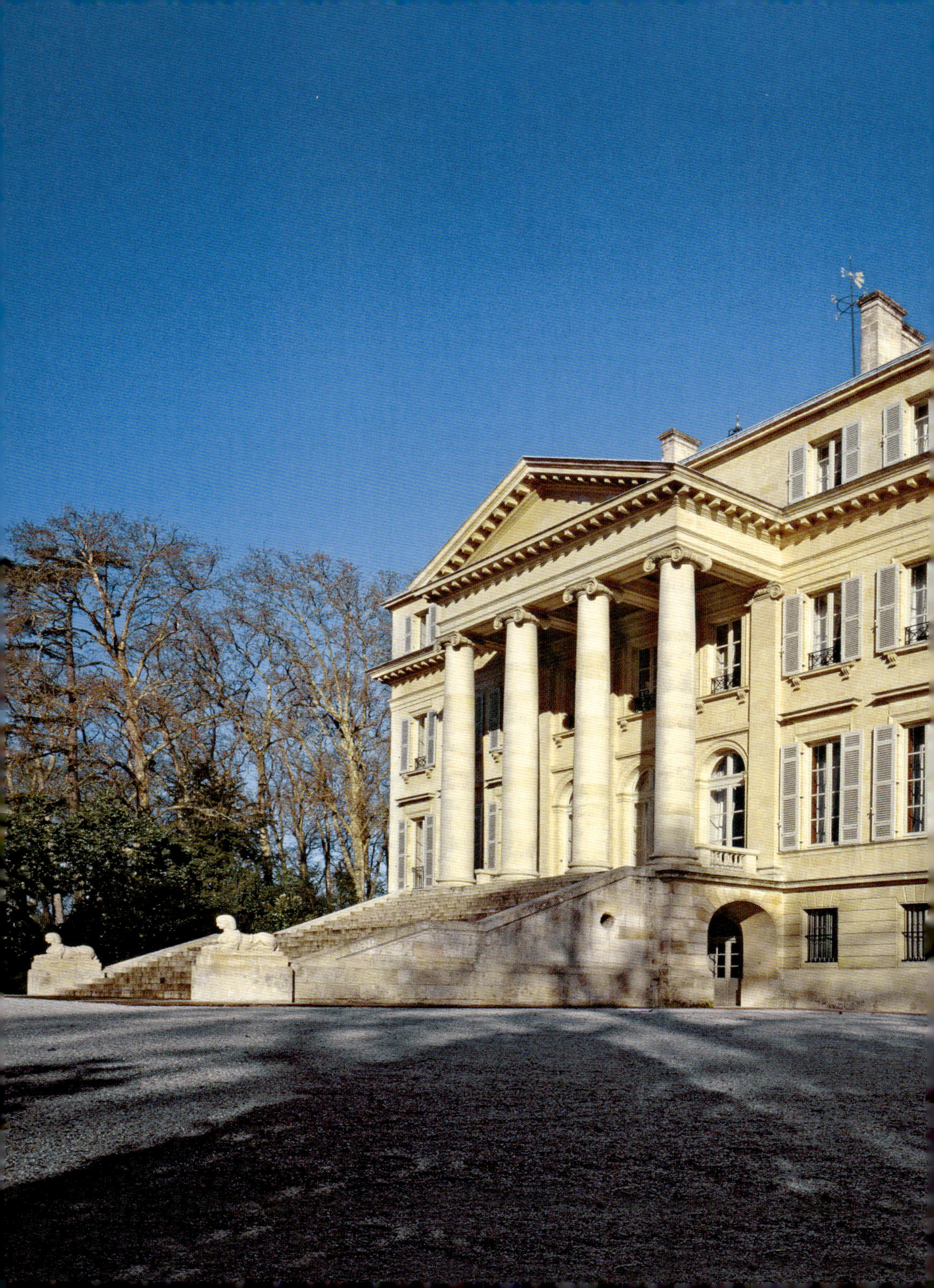

Château Margaux
2004

シャトー・マルゴー
2004

産地 フランス、ボルドー、マルゴー
特徴 赤・辛口、アルコール度数13度
葡萄品種 カベルネ・ソーヴィニヨン78％、メルロ18％、プティ・ヴェルド4％

　1855年の包括的ワイン格付け以来、この地区を従え、唯一地区名をシャトー名としているマルゴーは、かつてはラ・モット・ド・マルゴーと呼ばれていた。ラ・モットというのは、小丘という意味で、平坦な土地が続くメドックでは、日照を多く享受できる特権的な位置にあることを意味している。

　1977年、マルゴーはギリシャのホテル王の息子であるアンドレ・メンチェロプーロスによって購入された。歴史あるエステートに新しいオーナーが現れると、その人物は非常に大きな役割を果たすのが常であるが、これほどのエステートでそれが起こった例はたぶん他にはないだろう。メンチェロプーロスは早すぎる死を迎えたが、彼が指揮した様々な改革──そのなかには広大な地下貯蔵庫の建設もある──によって、マルゴーはしっかりと復活の道を進み始めた。1978年はマルゴーの転換点に当たるヴィンテージで、それ以降そのワインは、次から次に高峰を越え、更なる高みへと上昇を続けている。

　ワイン・エステートを評価する基準のひとつに、それが良くないヴィンテージにどれだけ優れたワインを生み出すことができるかということがある。2003年と2005年という2つの高いツイン・タワー・ヴィンテージに挟まれた2004年は、当然その両者の陰にあたる。それはけっして酷い年ではなく、普通であれば、堅実な信頼できるヴィンテージとして何不足ない年であった。シャトー・マルゴー2004年は、葡萄の一部が雨の中収穫されたが、ボディとタンニンに関していえば、通常よりも線は細いが、華麗な花のアロマは少しも失われていず、幻惑させるような精妙な風味は圧巻である。核にスパイスの微香があるカシスのまわりに、様々な花の香りが舞踊を繰り広げ、巧みに使用されたオーク樽が余韻に丸みを与えている。**SW**

🍷🍷🍷🍷　2010〜2030年過ぎ

⬅ ラ・コロニラ侯爵が依頼して1810年に建立されたシャトー・マルゴー

Red wines | 651

Marqués de Griñón
Dominio de Valdepusa Syrah 1999

マルケス・デ・グリニョン
ドミニオ・デ・ヴァルデプーサ・シラー 1999

産地 スペイン、モンテス・デ・トレド
特徴 赤・辛口、アルコール度数13.5度
葡萄品種 シラー

　カルロス・ファルコ・イ・フェルナンデス・デ・コルドヴァ・マルケス・デ・グリニョンは、スペインの貴族であり、有名人であるが、現代スペイン・ワイン業界のパイオニアでもある。彼は1974年、モンテス・デ・トレドのマルピカ・デ・タホにある自邸の周囲にドミニオ・デ・ヴァルデプーサ葡萄畑を拓いた。

　シラーは、今ではスペインで非常に人気の高い品種となっているが、それを1991年に最初に植え、単一品種ワインとして販売したのはファルコであった。42haの畑には、主にカベルネ・ソーヴィニョンが植えられているが、他にもシラー、メルロ、シャルドネ、プティ・ヴェルドなども栽培されている。彼の畑は2002年にスペインで初めて、単独の畑としてアペラシオンに認定された。すなわち、ドミニオ・デ・ヴァルデプーサはそれ自体がデノミナシオン・オリヘンである。

　1999年、シラーの生育は非常に良かった。その深いチェリー色はほとんど光を通さず、イチゴジャム、ブラック・オリーブ、スパイスの香りが鮮烈で、焦げたオークがその背景となっている。非常に凝縮され、フル・ボディで濃厚、酸は明確で、余韻は長く続く。偉大な人格を持つワインだ。**LG**

🍷🍷 2010年まで

Marqués de Murrieta
Castillo Ygay Rioja GR Especial 1959

マルケス・デ・ムリエタ
カスティーヨ・イガイ・リオハGR・エスペシアル 1959

産地 スペイン、リオハ
特徴 赤・辛口、アルコール度数13度
葡萄品種 テンプラニーリョ、マスエロ、ガルナッチャ、グラシアーノ

　このリオハでもっとも古いワイナリーの基礎は1825年に築かれた。その年、イガイ・エステートは最初の葡萄樹を植えた。ワイナリーは1852年に、ルチアーノ・フランシスコ・ラモン・デ・ムリエタ、後のマルケス・デ・ムリエタによって開かれた。1878年、彼はイガイ・エステートと葡萄畑を購入し、それ以来スペインで最も古く偉大なボデガスの1つとして君臨している。

　葡萄畑の広さは180haと、とてつもない広さで、セラーには1万4,000個ものアメリカ産オーク樽が積まれ、300万本のワインが壜熟させられている。そのワインは最初、シャトー・イガイと名付けられたが、最終的にカスティーヨ・イガイに落ち着いた。それは最上の年だけにグラン・レセルヴァ・エスペシアルとして造られる。

　1959年が壜詰めされたのは1986年のことで、発酵槽の中で6ヵ月、アメリカ産オークの樽の中で26年間と、気の遠くなるような熟成を経て壜詰めされる。しかしここからさらに6年半の間壜熟させられ、ようやく市場に出たのは1991年のことであった。そのオレンジがかったレンガの煌きは、熟成の年月を象徴している。清楚で新鮮な香りがし、チェリー・フルーツの風味が本流となるなか、オーク由来のヴァニラも感じられ、ちょうど良く乾燥させられたオーク材が使われていることを教えている。しっかりした構造と滲入してくるようなフレーヴァーが特徴的だ。**LG**

🍷🍷🍷🍷 2015年まで

Marqués de Riscal
Rioja RM (Reserva Médoc) 1945
マルケス・デ・リスカル
リオハRM（レセルヴァ・メドック）1945

産地 スペイン、リオハ
特徴 赤・辛口、アルコール度数11.9度
葡萄品種 カベルネ・ソーヴィニョン70％、テンプラニーリョ30％

　1858年、カミロ・ウルタド・デ・アメサガ・マルケス・デ・リスカルはリオハにワイナリーを開いた。彼は1836年からボルドーに住んでいたので、自分のエルシエゴにあるエステートで、フランス由来の品種を使ってワインを造ってみようと考えた。彼のワインはすぐに数々の賞を獲得し、非常に人気を高めていったので、不届きものがそれにいたずらするのを防ぐため、途中でコルクの開栓ができないように、針金で周囲を防護しなければならなくなった。マルケス・デ・リスカルは世界でもっとも印象的なワイナリーを所有しているが、それは世界的に有名な建築家フランク・ゲーリーが設計したもので、1862年からのすべてのヴィンテージを保管し、またホテルやワイン・スパも併設している。
　マルケス・デ・リスカルは1940年代までに、200万本のワインを製造している。1945年のような特に優れた年には、カベルネ・ソーヴィニョンを多く含むいわゆるレセルヴァ・メドックを30～40樽保存した。めったにないことだが、支配人のフランシスコ・ウルタド・デ・アメサガはそれを試飲させてくれた。2000年3月、そのワインは暗い色をし、若々しく、ベリー・フルーツの香りがまだ残り、ミントの微香もあった。フル・ボディでタンニンも感じられ、たくさんのフレーヴァーが凝縮され、長い余韻が続いた。世界最高のワインの1つがそこにはあった。**LG**
🍷🍷🍷🍷　2025年まで

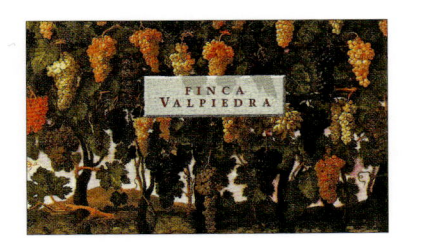

Martínez-Bujanda
Finca Valpiedra Rioja Reserva 1994
マルティネス・ブハンダ
フィンカ・ヴァルピエドラ・リオハ・レセルヴァ 1994

産地 スペイン、リオハ
特徴 赤・辛口、アルコール度数13.2度
葡萄品種 テンプラニーリョ、カベルネ・ソーヴィニョン

　フィンカ・ヴァルピエドラは、より現代的な伝統的リオハ、またはより伝統的な現代的リオハである。すなわちそのワインは、伝統的な基準よりもオークの使用量を減らして、より果実味と色を際立たせ、より新鮮なあじわいにするが、リオハらしさはしっかり保っている、そのようなワインとして造られた。それは大衆的なワイン、コンデ・デ・ヴァルデマールで有名なマルティネス・ブハンダ家の傑作である。一家の創業は1889年にさかのぼり、自社畑で育つ優秀な葡萄を使い、シャトー・スタイルのワインを創り出すことが目標であった。そしてついに1997年、完全に独立したワイナリーを建設し、そこから単一畑ワインを出すことができた。
　1994年はリオハ全体が非常に良い作柄に恵まれた年で、またフィンカ・ヴァルピエドラにとっては、出発点となる年であった。その1994年は、強烈なガーネット色で、ブラック・ベリー、チーズやバルサミコの微香、インク、チョコレート、革、森の下草、八角などの複雑なアロマを持つ。口に含むと腐葉土と香辛味が感じられ、ミディアム・ボディで果実の重さ、酸、フィネスがちょうど良く、余韻が印象的である。初期のヴィンテージのバロック調のラベルは、すぐにミニマリスト的な黒と白の石が転がるデザインに変わったが、ヴァルピエドラというのは石の多い谷を意味する。**LG**
🍷🍷🍷　2010年過ぎまで

Mas de Daumas Gassac
1990

マ・ド・ドーマ・ガサック
1990

産地　フランス、ラングドック、ペイ・ド・レロー
特徴　赤・辛口、アルコール度数14度
葡萄品種　カベルネ・ソーヴィニョン70%、その他30%

　イタリアにはスーパー・タスカンがあり、リベラ・デル・ドゥエロにはヴェガ・シシリアがある。そしてラングドックには、マ・ド・ドーマ・ガサックがある。ラベルには、ヴァン・ド・ペイ・ド・レローとしか書かれていないが、そのワインは、すでに殿堂入りを果たしている。その畑を購入したのは、パリ生まれの手袋メーカー社長エメ・ギベールであったが、彼は最初ワインを造るつもりは毛頭なかった。そんな彼に、ある醸造学の教授が、その畑が、ガリグ土壌、その下の赤い氷河跡の層、高い標高特有の冷たい空気の循環など素晴らしいテロワールを持っていることを教えた。

　畑には、主に古いメドック・カベルネの切り枝を植え、残りは年ごとに変化する様々な品種を植えている。現在30haの広さとなっている。デビューとなる1978ヴィンテージは、その巨大な可能性を誰の目にも明らかにした。マ・ド・ドーマ・ガサック赤は、ろ過されていず、質感もタンニンも非常に凝縮しており、長期の熟成に耐えることを伝えていた。

　1990ヴィンテージを10年後に試飲してみたが、タール、なめし革などの二次的アロマに満ち溢れている。タンニンの殻はまだ無垢のままで、赤い果実の酸も乙女のようである。しかしスパイスの風味は家中に充満するほどで、甘草、ジンジャー、胡椒があちらこちらと飛び回り、恐ろしいほどに魅惑的なワインの複雑さをさらに深め、輝かせている。**SW**
🍷🍷🍷　**2015年過ぎまで**

Mas Doix
Costers de Vinyes Velles 2004

マス・ドイス
コステルス・デ・ヴィニェス・ヴェルス 2004

産地　スペイン、カタローニャ、プリオラート
特徴　赤・辛口、アルコール度数15度
葡萄品種　カリニャーナ、ガルナッチャ、メルロ

　葡萄栽培農家が自分でワインを造り始めるのは、けっしてめずらしいことではないが、そうして造られたワインがすぐさま地域一番となり、世界中に知られるようになるということはめったにない。しかしそれがマス・ドイスで起こったことだ。そのワイナリーは、ラモン・ジャゴステラが家業を継いだときに、共に5代目の葡萄栽培農家であるドイス家とジャゴステラ家の共同事業として1998年に設立された。会社は現在、ポボレダ、プリオラートに20haの畑を所有し、伝統種であるカリニャーナや、ガルナッチャを主体に、国際種のシラー、カベルネ・ソーヴィニョン、メルロも栽培している。

　コステルス・デ・ヴィニェス・ヴェルスは樹齢70〜100歳のカリニャーナとガルナッチャをほぼ半分ずつ、そして少量のメルロをブレンドして造られる。その2004年は、色は非常に暗く、アロマはかなり鮮烈で、豊潤な完熟した黒い果実が、良く統合されたオーク香に支えられて広がる。口に含むと骨格はしっかりとしており、酸は程好く、強い果実味が強烈である。若い時はタンニンの存在が目立つが、15%のアルコールはまったく気にならず、それは深い果実味、グリセリン、酸に上手に包み込まれている。**LG**
🍷🍷🍷　**2019年まで**

Mas Martinet
Clos Martinet Priorat 2000
マス・マルティネ
クロ・マルティネ・プリオラート 2000

産地 スペイン、カタローニャ、プリオラート
特徴 赤・辛口、アルコール度数14.7度
葡萄品種 ガルナッチャ、シラー、C・ソーヴィニョン、カリニャーナ

ファルセットからグラタヨップスへドライブする途中、大きな椰子の木が見えるが、それがマルティネ・イ・オヴェヘロ家のマス・マルティネ・ワイナリーの目印である。一家はすでに7haの畑からワインを造っているが、さらに新しい畑からの葡萄が少しずつ加わっている。

彼らの最初のワインがクロ・マルティネで、最初のヴィンテージが1989であったが、2000は彼らの最高傑作のひとつである。2000年はプリオラートにとっては素晴らしい年であったが、けっして楽な年ではなかった。6月には乾燥した風が葡萄の発育を妨げ、続いて暑く乾燥した夏が訪れた。マルティネ葡萄畑では、一家は葡萄の手助けをしてやらねばならず、房の数を減らすことによって、ようやく残った房を完熟させることができた。収穫は9月12日（シラー）から10月21日（カリニャーナ）にかけて行われ、各品種は別々のステンレス・タンクで、1ヵ月のマセラシオンを伴いながら醸造された。ワインはフランス産のきめの細かい新オーク樽で18ヵ月間熟成させられた後、清澄化されずに2002年4月に壜詰めされた。そのワインは深いガーネット色で、良く熟した赤い果実の、力強いが優美なアロマが、ミネラルのかすかな芳香を連れて現れる。芳醇な滋味が口いっぱいに広がり、果実味が潤沢で名残惜しいあと口が続く。飲む前にデキャンティングすることをお奨めするが、もう数年壜熟させておくほうがもっと良い。**LG**

🍷🍷🍷 2020年まで

Más Que Vinos
La Plazuela 2004
マス・ケ・ヴィノス
ラ・プラスエラ 2004

産地 スペイン、カスティージャ
特徴 赤・辛口、アルコール度数14度
葡萄品種 センシベル（テンプラニーリョ）85%、ガルナッチャ15%

マス・ケ・ヴィノス（"ワインを越えたワイン"の意味）は、3人の著名な醸造家――ゴンサロ・ロドリゲス、その妻のマイ・マドリガル、ドイツ生まれのアレキサンドラ・シュメデス――によって創立された、まだ若い会社の名前である。彼ら3人は1998年、リオハで別々のワイナリーのコンサルタントをしている時に出会った。

ラ・プラスエラ――そのワイナリーのある村の中心の"小さな広場"を意味する――は、彼らが造る最高級ワインである。格付けは、ヴィーノ・デ・ラ・ティエラ・デ・カスティージャで、フランスのヴァン・ド・ペイにあたる。スペインの何人かの批評家は、このワインをスペイン中部から生まれた最高のワインと賞賛し、カスティージャのポムロールと評する人もいる。それは確かに一流のボルドー・ワインの豊麗さを有しているが、少量のアメリカ産オーク樽由来の甘いココナッツ香など、カスティージャらしさもみられる。かなり深い色で、ほとんど黒に近い。香りは表現力豊かで、完熟した黒い果実を中心に、黒鉛、ピート、甘草などが華やかに彩りを添える。構造は非常にしっかりしており、酸とのバランスはとても良く、フレーヴァーは強烈である。タンニンはもう少し壜の中で磨きをかける必要がある。**LG**

🍷🍷🍷 2015年まで

Bartolo Mascarello
Barolo 1989
バルトロ・マスカレッロ
バローロ 1989

産地 イタリア、ピエモンテ、ランゲ
特徴 赤・辛口、アルコール度数13.5度
葡萄品種 ネッビオーロ

　2005年に他界したバルトロ・マスカレッロは、伝統的なバローロの権化であった。そのバローロは、昔のオレンジがかった色調の、マーマイトやボヴリルの匂いのする劣悪なバローロではなく、情熱を持って入念に手造りされたバローロである。確かに、最近のモダニストのワインは、色はより深い赤色で、脆くなく、より飲みやすく、厳しくはなく、若い時でもタンニンと酸の構造が人を拒むというようなことはない。しかしそれはまた魔法のような魅力が色あせ、長期保存にあまり向かない。バルトロ・マスカレッロ・バローロには魂がある。魂を感じることのできる人にはそれがわかるだろう。そうでない人は否定するかもしれないが。
　バルトロ・バローロは、単一畑ワインではなく、いくつかの畑の葡萄をブレンドしているという点でも伝統的である。通常は4つの葡萄畑——カンヌビ、サン・ロレンツォ、バローロ村のリュ、ラ・モッラのロッケ・ディ・トリリオーネ——の葡萄で構成されている。1989は3つの連続する素晴らしいヴィンテージの真ん中で、たぶん最高のものだったろうが、リュは再植樹のため含まれなかった。しかしコンセプトは同じで、残りの畑は、娘のマリア・テレーザの手厚い庇護の下、大事に育てられていた。無味乾燥の現代でも、魂は死んではいない。**Nbel**
🍷🍷🍷🍷　2030年過ぎまで

Giuseppe Mascarello
Barolo Monprivato 1998
ジュゼッペ・マスカレッロ
バローロ・モンプリヴァート 1998

産地 イタリア、ピエモンテ、ランゲ
特徴 赤・辛口、アルコール度数14度
葡萄品種 ネッビオーロ

　バローロの偉大なクリュのなかでも、バローロ地域の中心部にあるカスティリョーネ・ファレットのモンプリヴァートほどの名声を勝ち得ているものは少ない。1881年に祖父によって設立されたワイナリーを守っているマウロ・マスカレッロは、誇らしげにこう語る。「モンプリヴァートは、1666年に造られたカスティリョーネ・ファレットの古い地図にも載っている歴史ある畑だ。赤の辛口のバローロが生まれる200年も前からある畑だ」と。
　マスカレッロ家はモンプリヴァートの一部を1904年から所有しているが、その畑から単一畑ワインを造ろうと考えたのは、マウロが最初だった。1970年が最初のヴィンテージであるその単一畑ワインは、優れた年にしか造られない。マウロは伝統的な醸造法でそれを造っている。
　1998ヴィンテージは、バローロ・コンソルツィオによって5つ星を授けられたが、喝采で迎えられマスコミでも大きく取り上げられた1997年や1998年ほどには人気がない。理由は若い時、かなり厳しく感じられるからだろう。しかしモンプリヴァート1998は、ずば抜けて優美で、このワインの特徴である繊細なルビー・ガーネット色をし、バラ、チェリー、スモークの精妙なブーケを漂わせる。甘草や煙草の微香も感じられる果実のフレーヴァーが、豊かな、しかしシルクのようになめらかなタンニンとうまく調和して、非の打ち所がない。**KO**
🍷🍷🍷　2015年過ぎまで

カスティリョーネ・ファレットの村から扇風機の羽のように広がる葡萄畑 ➡

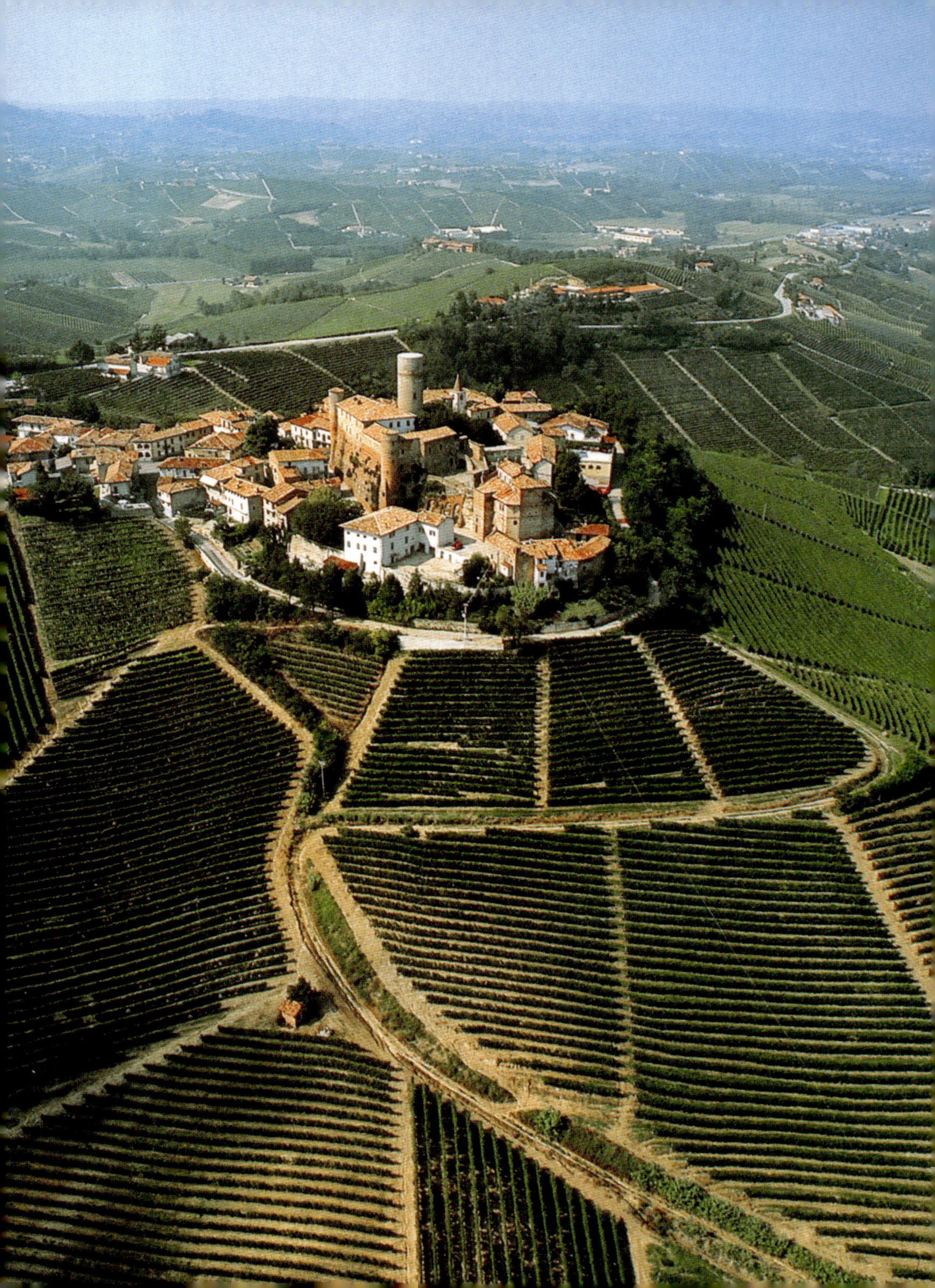

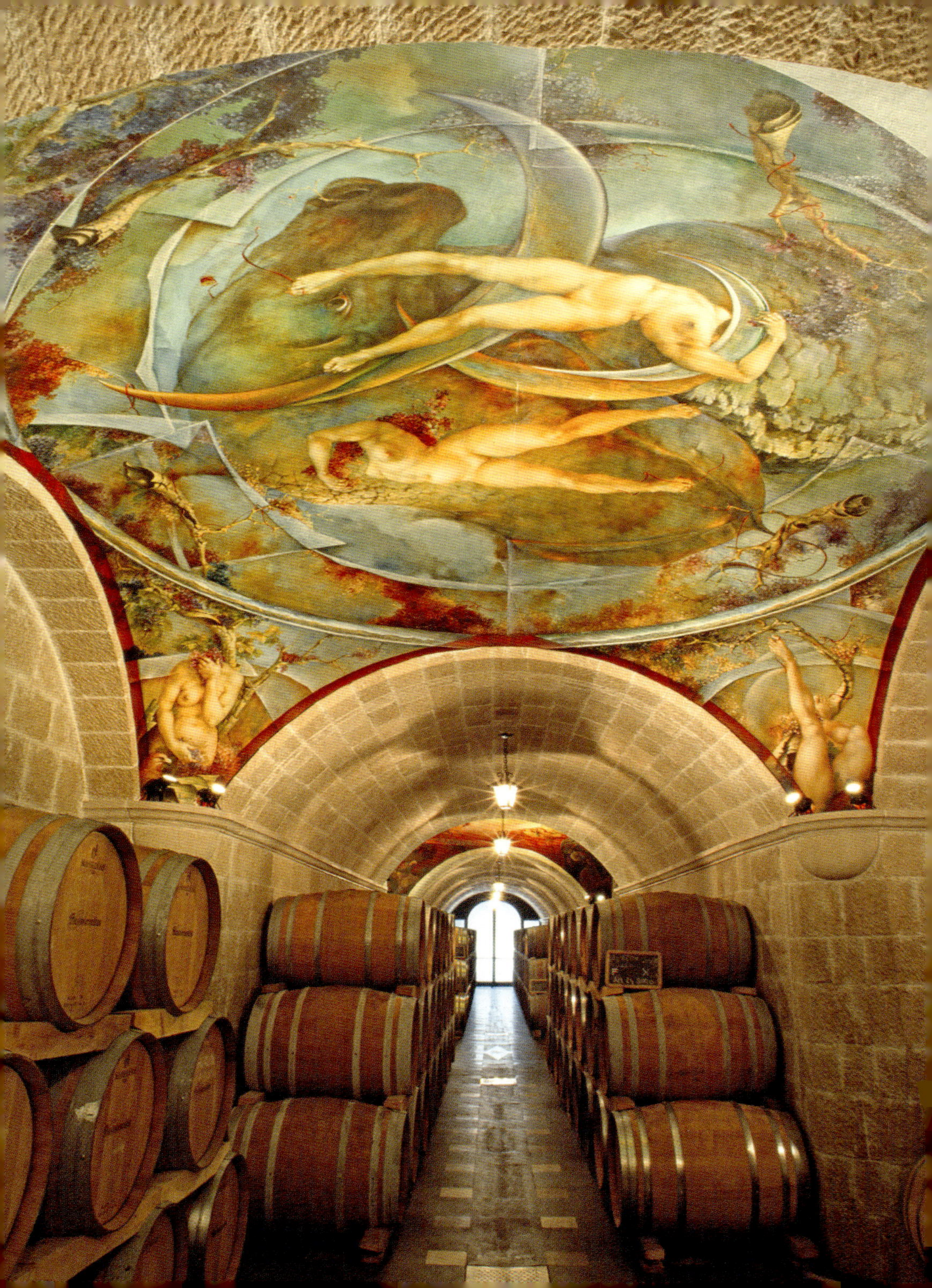

Mastroberardino
Taurasi Riserva Radici 1997

マストロベラルディーノ
タウラージ・リゼルヴァ・ラディーチ 1997

産地 イタリア、カンパーニャ、アルトゥリパルダ
特徴 赤・辛口、アルコール度数14度
葡萄品種 アリアニコ

　南イタリアに最近起こったワイン・ルネッサンスにもかかわらず、高名なマストロベラルディーノ家は依然としてこの地域の重鎮としてとどまり、重要な役割を果たしている。そのワイン造りの歴史は17世紀までさかのぼる。一家の畑は1878年に拓かれたが、その後この地域はワインの暗黒時代を迎え、明るい光が差し始めたのはようやく20世紀の後半になってからであった。

　地元の品種――特に、最近人気の高まっているタウラージの起源で、古代からあるアリアニコ種――に対する一家の強い愛着は、このワインを世界に広める原動力となっている。アントニオ・マストロベラルディーノのタウラージ・ラディーチは、異なった区画の最上の葡萄を使って造られ、1980年の壊滅的な地震の後のワイナリーの再建を祝して、1986年に初めて造られた。タウラージ・ラディーチ1997は、これまでリリースされた中で最高のものの1つで、花のブーケの下に革やトリュフ、野生のチェリーのフレーヴァーが感じられ、甘草の余韻が長く続く。バランスは非の打ち所がなく、イタリアのワインの歴史の中でも最高のヴィンテージの1つで、いみじくもマイケル・ブロードベントが"イタリア人の心を湧き立たせる"と表現した、あの1997年のアリアニコを余すところなく表現している。**KO**

🍷🍷🍷　2030年まで

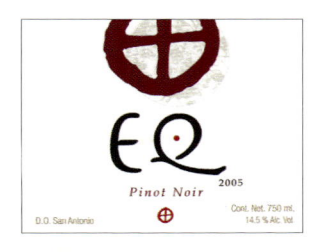

Matetic
EQ Pinot Noir 2005

マテティック
EQ・ピノ・ノワール 2005

産地 チリ、アコンカグア、サン・アントニオ
特徴 赤・辛口、アルコール度数14.5度
葡萄品種 ピノ・ノワール

　マテティック家は、1900年に故郷のクロアチアを離れてチリに定住し、ビジネスの世界で大きな成功を収めた。彼らが、所有する10,000haの土地の一部を、肉牛のための土地から葡萄樹のための土地へと転換することを決心した時、世界は、牛肉の需要の減少と美味しいワインへの需要の増大が、ついにこの農場に葡萄の樹をもたらしたと、大きく取り上げた。

　サン・アントニオは、カサブランカ・ヴァレーの南西のはずれにあたり、さらに一段と冷涼な気候はピノ・ノワールに最適と思われた。EQという畑名は、"equilibrium（均衡）"の略で、早熟の777（50%）は、切れの良いレッド・チェリーのアロマを出すため、中庸の成熟度の115（30%）は、ヴェルヴェットの質感を、最後の遺伝子的に混種となっている晩熟の「ヴァルディヴィエソ」（20%）は、タンニンの広がりと色を出すため、3つの種が均衡して素晴らしいワインができるようにとの願いがこめられている。

　葡萄畑は有機認証され、ビオディナミに基づいて管理されている。テロワールの特性を最大限発揮するように、収量は低く抑えられている。2005年は顕著に冷涼な気候であった。その結果ピノ・ノワールはピンと張り詰めた成熟を迎え、すぐに飲むことのできる気品のあるワインに仕上がった。**MW**

🍷🍷　2010年まで

◀ デ・ローサ、ミコッツィ、ボテスの3人によって描かれたマストロベラルディーノのセラーのフレスコ画

Domaine Maume
Mazis-Chambertin GC 2002

ドメーヌ・モーム
マジ・シャンベルタンGC 2002

産地 フランス、ブルゴーニュ、コート・ド・ニュイ
特徴 赤・辛口、アルコール度数13%
葡萄品種 ピノ・ノワール

　モーム・ワイナリーはニュイからディジョンへ向かう国道沿い、ジュヴレイ・シャンベルタンにある。ワインメーカーのベルナール・モームは二足の草鞋を履いていた。セラーにいないときは、ディジョン大学の教授であり、酵母の研究をやっていた。彼は現在、ワインメーカーの仕事から一応引退し、息子のベルトランが跡を継いでいる。

　ドメーヌ・モームは、すべてジュヴレイにある4.5haの畑を所有し、そこから主に2つのグラン・クリュ、マジ・シャンベルタンとシャルム・シャンベルタンを出している。前者のほうが量は多い。職人の仕事場を思わせるセラーの雰囲気から伺えるとおり、そのワインは、伝統的で、どこか鄙びた感じがするが、センスはとても良い。フルボディでタンニンが豊富、筋骨たくましく、優美というよりは、自信に満ちている。しかし深みも十分にあり、余韻も長い。2つのグラン・クリュは対照的で、シャルムのほうがより柔らかく都会的であるが、マジはジプシー風で、ほとんど野生的である。

　2002年マジ・シャンベルタンは、ヴィンテージの特徴であるフィネスが加わり、さらに素晴らしくなった。今はまだ荒削りで、タンニンが表に出すぎているが、その背後には芳醇なバランスの良い果実味があふれ、野性味が躍りださんばかりである。猟鳥のシチューとともに味わいたい。**CC**

🟢🟢🟢🟢　2012～2027年

Mauro
Terreus Pago de Cueva Baja 1996

マウロ
テレウス・パゴ・デ・クエヴァ・バハ 1996

産地 スペイン、カスティージャ
特徴 赤・辛口、アルコール度数14度
葡萄品種 テンプラニーリョ

　マリアノ・ガルシアはいうまでもなくスペインでもっとも有名な醸造家である。彼は1968年から1998年までの30年間ヴェガ・シシリアに務めている間、数多くの記念碑的なワインを生み出してきた。1984年、彼は彼自身の小さなワイナリーをリベラ・デル・ドゥエロ・アペラシオンのすぐ外側のトゥデラ・デ・ドゥエロに開き、父親の名にちなんでマウロと命名した。標準ワインのマウロと、その後に出されたマウロ・ヴェンディミア・セレクシオナーダは、すぐさまドゥエロ地区のトップに躍り出た。現在彼の2人の息子がともに働いている。

　テレウスというのは、"土から生まれる"という意味だが、1996ヴィンテージに初めて造られた。それは1950年以前に植えられたテンプラニーリョと少量のガルナッチャ──収量はとても低い──が育つ3haのパゴ・デ・ラ・クエヴァ・バハの畑からの単一畑ワインである。それは最上のヴィンテージにしか造られず、長期間壜熟させられる。

　そのワインは、フランス産オークの新樽で30ヵ月熟成させられ、若い時は焦げたオークの香りが強い。色は濃く、完熟した赤い果実の複雑な風味が広がる。口に含むと骨格はどっしりとしており、タンニンはヴェルヴェットのようで、甘美な果実が酸によってうまくバランスを保たれ、新鮮な感覚が押し寄せる。1996はこれまでのテレウス・ワインの中でもっともエレガントである。**LG**

🟢🟢🟢🟢　2016年まで

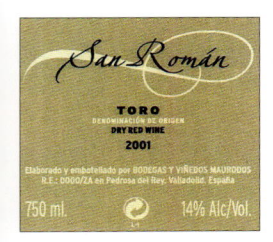

Maurodos
San Román Toro 2001

マウロドス
サン・ロマン・トロ 2001

産地 スペイン、トロ
特徴 赤・辛口、アルコール度数14度
葡萄品種 ティンタ・デ・トロ（テンプラニーリョ）

　マウロドスというのは、トロにあるマウロ・ワイナリーの名前である。オーナーはガルシア家──父マリアノと2人の息子アルベルトとエドゥアルド──である。サン・ロマンはトロ生まれの"新世代ワイン"の1つで、その名前は、彼らの現代的なしゃれたワイナリーとブドウ畑の大半がある小さな村の名前からとっている。

　トロの気候はかなり極端で、夏はとても暑く、冬は寒い。土壌は粘土の含有量が多く、礫石に覆われた畑の上には伝統的なゴブレ仕立ての葡萄樹が並んでいる。このような条件から生まれるワインは、間違いなく力強いものとなるので、鍵を握るのはバランスとフィネスである。

　サン・ロマンの最初のヴィンテージは少量のガルナッチャを含んでいたが、この品種はトロでは育てるのが難しいため、2001年はティンタ・デ・トロ（テンプラニーリョの地元種）100％で造られた。フランス産とアメリカ産の両方の樽を使って、22ヵ月間熟成させられ、壜詰めされた。色はとても深く、香りは華やかである。プラムやその他の黒い果実のアロマの中に、スミレが時折現れ、クリームの微香もあり、それらをオークが背後から支えている。ミディアムからフル・ボディで酸は新鮮。凝縮され、余韻は長いが、タンニンは最後の磨き上げのために、いましばらく壜熟することを要求している。**LG**

❸❸❸　2009〜2020年

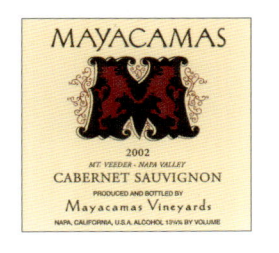

Mayacamas
Cabernet Sauvignon 1979

マヤカマス
カベルネ・ソーヴィニョン 1979

産地 アメリカ、カリフォルニア、ナパ・ヴァレー
特徴 赤・辛口、アルコール度数12.5度
葡萄品種 C・ソーヴィニョン90％、メルロ5％、C・フラン5％

　マヤカマス山地のかなり上の方、標高610mのところに、この石造りのワイナリーはある。ドイツ人移民のフィッシャー家がここにエステートを築いたのは1890年代のことであったが、彼らは空気の循環と排水の良い場所をすぐに見つけ、畑を拓いた。その後1968年、サンフランシスコの株式仲買人であったボブ・トラヴァースが、この21haのエステートを購入した。

　1970年代を通して多くのワインが造られたが、何といっても素晴らしいのはボルドー流のカベルネ・ソーヴィニョンである。醸造法はきわめて伝統的で、カベルネは最初、大樽で約2年間熟成させられ、さらにその後、新樽比率20％のフランス産オークの小樽で1年間寝かされる。トラヴァースは完熟が限界に達する前に摘果するので、若い時、そのカベルネはタンニンが強く感じられる。

　トラヴァースは自分のワインをリリースから25年目に飲むのを好むが、1979を試飲するとその理由が良くわかった。色は濃く、熟成の痕跡はかすかにしか感じられないが、香りは濃密で、なめし革の微香が熟成を暗示している。果実味が豊潤で、タンニンがしっかりと骨格を支え、腐葉土が興趣を添えている。余韻はとても長い。万人向けのワインではないが、疑いもなくナパが生み出した逸品である。**SBr**

❸❸❸❸　2015年まで

Josephus Mayr
Maso Unterganzner Lamarein 2004
ヨーゼフ・マイヤー
マソ・ウンターガンツナー・ラマレイン 2004

産地 イタリア、アルト・アディジェ
特徴 赤・辛口、アルコール度数13度
葡萄品種 ラグレイン

　マソ・ウンターガンツナーが造ったこのワインを飲めば、降参すること間違いなし。マイヤー家がこのアルプス山麓にマソ農場を開いたのは1629年のことで、現在のオーナーであるヨーゼフとバーバラは10代目に当たる。農場は葡萄とワインだけでなく、クリ、リンゴ、クルミ、キウイ・フルーツ、オリーブなどを産出しているが、それらはすべてアルト・アディジェの恵まれた気候の産物である。

　マソ・ウンターガンツナーは標高290mにあり、エガ川がイサルコ川に合流するボルツァノ盆地の東のはずれにある。マイヤー家の、代々受け継いできた伝統を大事にしようとする気持ちは、葡萄の仕立て方に良く表れているが、現在では低収量、高植密度へと、少しずつ変更されている。土壌は温かく、斑岩質の石で被われており、完璧といえるほどラグレイン種の生育に適している。

　ラムレイン2004は果実味の極致である。色は濃く、信じられないほどに凝縮しており、チェリーやブラック・ベリーの芳醇な香りが湧き立ち、それに続いて、柔らかいスパイス、ヴァニラ、ペパーミントなどの芳香が揺らめく。純粋で、厚いヴェルヴェットのような舌触りが、きめの細かいタンニンの上でかすかに振動する。酸の切れは良く、まるで夏の果実を噛んだときのようなさわやかさがあり、フレーヴァーは名残惜しげにとどまっている。しかし最後の瞬間までその輪郭は明瞭である。**AS**
🟢🟢🟢 2013年まで

ヨーゼフ・マイヤー・マソ・ウンターガンツナー・ラマレイン2004のラベル ➡

von Wolkenstein Klaskin

Meerlust *Rubicon* 1996
ミヤルスト　ルビコン 1996

産地　南アフリカ、ステレンボッシュ
特徴　赤・辛口、アルコール度数13.5度
葡萄品種　C・ソーヴィニョン70％、メルロ20％、C・フラン10％

南アフリカのこの傑出したエステートが設立されたのは1693年のことで、時のケープ総督であったシモン・ファン・デル・シュテルはヘニング・フュージンクに土地の所有を許可した。ヘニングは、フォルス湾から内陸部に向けて吹き込んでくる風にちなんで、この農場をミヤルスト（海からの愛）と名づけた。その後ヨハネス・アルベルトゥス・マイバーグが1757年に買い取り、現在のハーネス・マイバーグがその8代目にあたる。

ルビコンはミヤルストのボルドー・スタイルのフラッグシップ・ワインで、カベルネ・ソーヴィニョンに強調が置かれている。最初に造られたのが1980年で、1990年代に素晴らしいヴィンテージの連続を経験したが、おそらく1996年がその頂点であろう。そのヴィンテージは雨の多い年であったが、当時のワインメーカーであった（今は引退している）ジョルジオ・ダッラ・キアは、他のワインメーカーよりも遅くまで収穫を待った。ミヤルストのセラーの記録を見ると、ぎりぎりまで引き延ばされ、好機を見計らった摘果が行われていたのが良くわかる。精密な予測と決断力が報われたのである。

10年を経たルビコン1996は、少し茶色のエッジがあり、熟成された心地よい香りが立ち上り、成熟したポイヤックを思わせる。最初にヒマラヤ杉と煙草のアロマがやってくるが、スパイシーなベリー・フルーツの芳醇な香りがその背後から押し寄せてくる。口に含むと、まだ依然として甘くジューシーな果実味があり、ジビエのフレーヴァーは鼻で嗅ぐときよりもはっきりと感じられる。深く凝縮された果実味はチョークのようなきめの細かいタンニンでよく調和されている。そのタンニンは最初の数年間は重く、気難しかったであろうが、現在は落ち着いている。このルビコンをひとたび口にしたら、もう後には引き返せない。**SG**

🍷🍷🍷　2010年まで

追加推薦情報
その他の偉大なヴィンテージ
1984 ・ 1986 ・ 1992 ・ 1995 ・ 1998 ・ 2000 ・ 2001 ・ 2003
ステレンボッシュのその他の生産者
カノンコップ、ル・リシュ、モルゲンスター、ルステンベルグ、ラス・エン・フレーデ、セレマ

ミヤルストのケープ・ダッチ・コンプレックスは1989年に国定重要記念物に指定された。

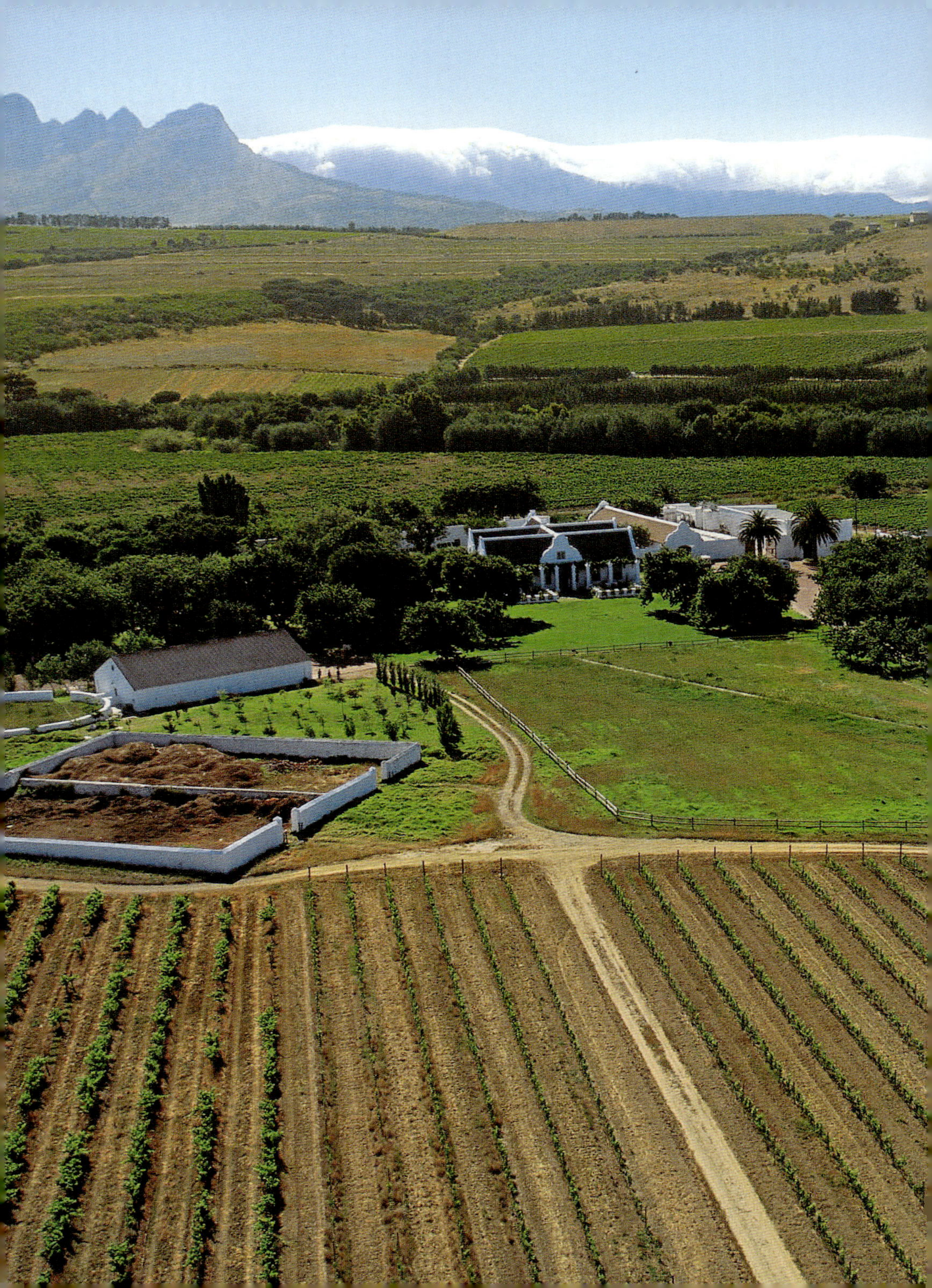

Charles Melton *Nine Popes* 2004
チャールズ・メルトン　ナイン・ポープス 2004

産地 オーストラリア、南オーストラリア、バロッサ・ヴァレー
特徴 赤・辛口、アルコール度数14.5度
葡萄品種 グルナッシュ54％、シラーズ44％、ムールヴェドル2％

1973年、シドニーのグレーム・メルトンという青年が南オーストラリア州のバロッサ・ヴァレーにやってきた。彼と彼の友人は、オーストラリア横断旅行の途中、乗っていたホールデンが故障し、修理代を稼ぐためにアルバイトを探していたのだ。2つの仕事が提示された。1つはクロンドーフというセラーでの手伝い、もう1つは、道路を下ったところにある葡萄畑の作業であった。2人はコインで決めることにし、結果メルトンがセラーの手伝いをすることになった。

クロンドーフで彼が出会ったのが、バロッサのワインメーカー、ピーター・レーマンであった。レーマンが自分の名前をつけたワイナリーを開いたとき、メルトンは彼について行った。それから10年間、メルトンはレーマンの下で醸造技術を学び、その後フランスへと向かった。彼はそこでローヌ・ヴァレーのワイン、特にローヌ南部のワインに惚れ込んだ。そこではグルナッシュ、シラー、ムールヴェドルが他の11種もの品種とブレンドされ、シャトーヌフ・デュ・パープが造られていた。

1984年、メルトンが自分のワイナリーとセラーを建てていたちょうどその時、オーストラリア政府は補助金を出して、バロッサの葡萄栽培家に彼らのシラーズやグルナッシュを引き抜くよう奨励していた。それらがもう、はやらないからという理由で。しかしメルトンはこれらの品種が素晴らしいワインを生み出すことをフランスで経験的に知っていたので、それらから彼の"ナイン・ポープス"ブレンドを造り出した。その名前はシャトーヌフ・デュ・パープをもじってつけられた。オークの小樽で20ヵ月熟成させられた2004年は、ラズベリー、チェリー、プラムの豊麗なアロマが立ち昇り、スパイシーなオークが彩りを添えている。芳醇で胡椒味の効いた味わいで、長い余韻が続く。オーストラリア1番のローヌ南部・スタイルのワインだ。**SG**

$ $ $　2014年過ぎまで

追加推薦情報
その他の偉大なヴィンテージ
1993・1996・1997・1998・2002
チャールズ・メルトンのその他のワイン
バロッサ・ヴァレー・シラーズ、ローズ・オブ・ヴァージニア、ソット・ディ・フェッロ

バロッサ、タヌンダのブッシュ仕立てのチャールズ・メルトン葡萄畑

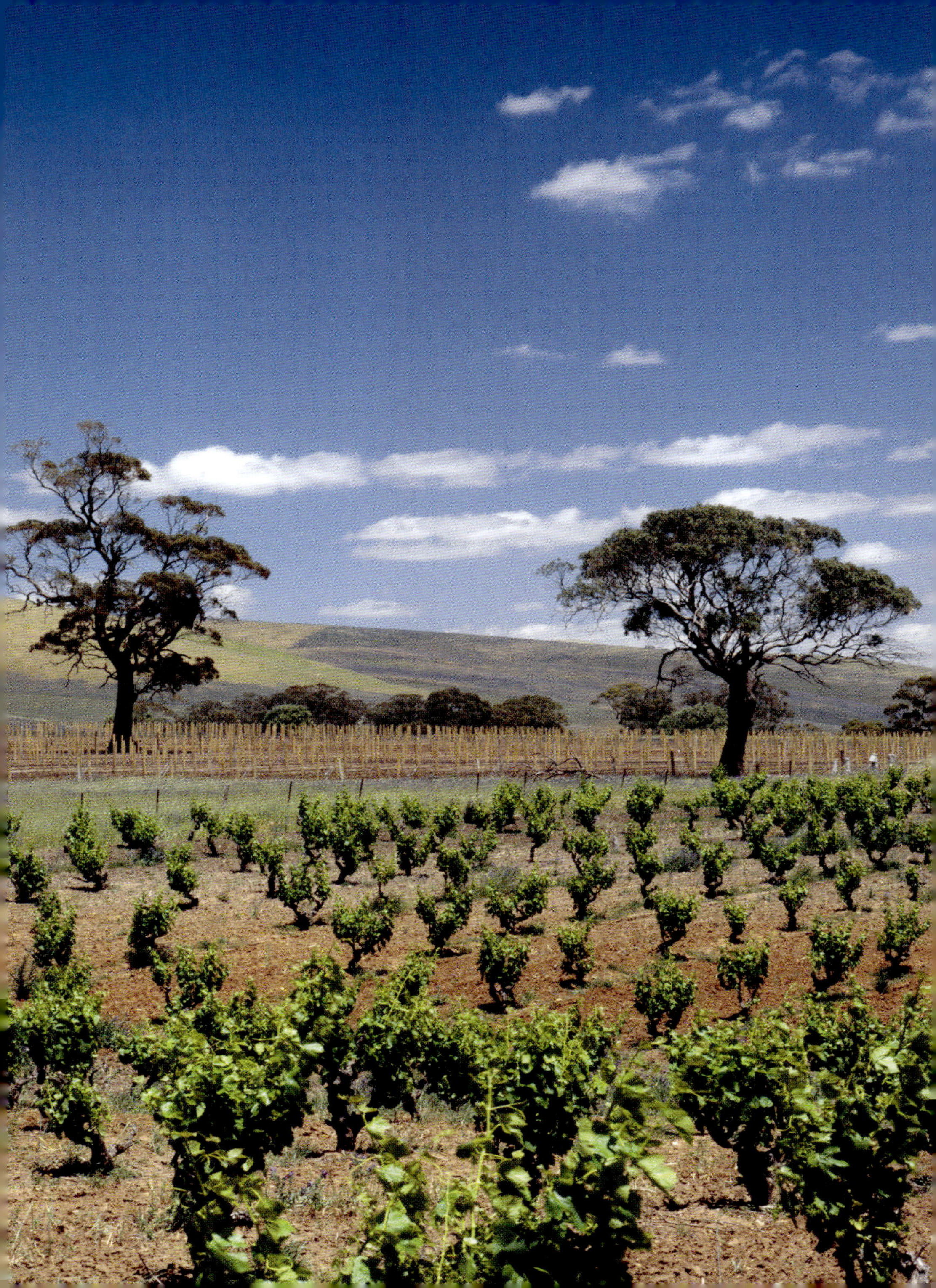

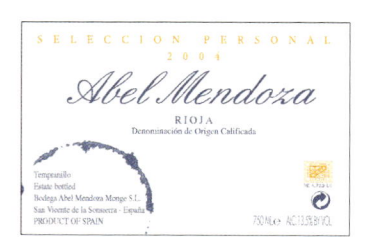

Abel Mendoza
Selección Personal 2004
アベル・メンドーサ
セレクシオン・ペルソナル 2004

産地 スペイン、リオハ
特徴 赤・辛口、アルコール度数13.5度
葡萄品種 テンプラニーリョ

　アベル・メンドーサ・モンジェはサン・ヴィセンテ・デ・ラ・ソンシエラに小さなエステートを構えている。彼が葡萄栽培を担当し、妻のマイテ・フェルナンデスが醸造主任である。2人は二人三脚でバランスの取れた優美で表現力に富むワインを生み出している。そのボデガは1988年に設立され、18haの畑をエブロ川左岸に持っている。粘土と泥灰土、砂の混ざった土壌に、主にテンプラニーリョと、少量のグラシアーノ、ガルナッチャ、それに白ワイン品種のガルナッチャ・ブランカ、マルヴァジア・リオハーナ、トゥルンテス、ヴィウラの古木を育てている。
　1998ヴィンテージからのフラッグシップ・ワインが、セレクシオン・ペルソナルである。エル・サクラメントの2haの畑に育つ樹齢40年のテンプラニーリョを大きなタンクで発酵させ、さらに1～2年目のフランス産オーク樽で12ヵ月間マロラクティック発酵させる。アベルは、コート・ロティでやられているように、少量の白ワインを加えることを好むが、それはワインにフィネスと酸、そして新鮮さを付与するためである。そのワインは、強烈な暗い色で、ブラックチェリー、チョコレート、スパイス、月桂樹、軽いトーストのアロマがあり、口に含むと、ミディアム・ボディで、酸は程好く、骨格はしっかりしており、タンニンは滑らか。素晴らしい果実味が持続する。**JMB**

😊😊 2015年まで

E. Mendoza
Estrecho 2004
E・メンドーサ
エストレッチョ 2004

産地 スペイン、アリカンテ
特徴 赤・辛口、アルコール度数14度
葡萄品種 モナストル（ムールヴェドル）

　アリカンテほど地中海らしいワインが生まれる地域はない。このアペラシオンにはアリカンテ県の51の村と、隣のムルシア県のいくつかの村が含まれる。湿度の高い沿岸部は、まさに地中海性気候で、甘みの強いマスカットで有名である。内陸部の、アルマンサやイエクラ、フミーリアに隣接しているところでは、赤ワイン品種が有名である。
　1960年代、ワインに夢中になっていたセールスマンのエンリケ・メンドーサは、現在彼のワイナリーがあるベンドームのすぐ近くのアルファス・デル・ピ村に葡萄畑を拓いた。1990年、彼は自分の畑で取れた葡萄を使ってワインを造り始めたが、それは瞬く間にアリカンテを代表するワインとなった。
　現在彼の2人の息子が跡を継ぎ、ペペがワイン造りを、フリアンが販売を担当している。2003年、2人は初めてエストレッチョをリリースした。単一区画に育つ樹齢50歳以上のモナストルを使ったワインは、鮮烈な色をし、バルサミコや赤い果実のアロマが湧き立ち、口に含むと、ミディアム・ボディでヴェルヴェットのような質感があり、優美で、どこかブルゴーニュ的である。モナストルにありがちな田舎臭さは少しも感じられず、アリカンテの欠点である過完熟や酸化の痕跡も感じられない。**LG**

😊😊 2012年まで

Domaine Méo-Camuzet
Richebourg Grand Cru 2005

ドメーヌ・メオ・カミュゼ
リシュブール・グラン・クリュ 2005

産地 フランス、ブルゴーニュ、コート・ド・ニュイ
特徴 赤・辛口、アルコール度数13%
葡萄品種 ピノ・ノワール

　ジャン・ニコラ・メオの案内でヴォーヌ・ロマネの村を出て、コルバンヘと向かう道路をしばらく進み、車を降りて徒歩で丘を登り、ブリュレやクロ・パラントゥのプルミエ・クリュを抜けていくと、リシュブールの彼の区画に行き着く。彼はここに0.35haの畑──十分すぎるほどだ──を持ち、そこから5樽分の、または12本入り125ケースのワインを生み出す。

　メオ家とカミュゼ家はかつての上流階級、不在地主であり、国家の公僕で、政治家であった。彼らの15haの畑は、分益耕作契約の下、45年間にわたってアンリ・ジャイエによって管理されていた。最初のころは、メオもジャイエも葡萄を地元のネゴシアンに一括販売していたが、1970年代に入り、ジャイエは彼自身の小さなドメーヌを所有し、自分の名前でワインを造り始めた。彼はそのワインで名声を高めていった。ジャイエは1988年の分益耕作の契約満了に伴い引退したが、畑の管理を継ぐことを決心したジャン・ニコラ・メオは、引き続きジャイエに数年間コンサルタントとして指導してもらうことにした。

　リシュブールは豊麗なワインを生み出す。このメオ2005年は、その到達点を示し、フル・ボディでタンニンが強く、オークは明確であるがけっして支配的ではなく、そして何よりも、非常に、非常に、芳醇で凝縮されている。**CC**

🍷🍷🍷🍷🍷　2020〜2040年

Denis Mercier
Cornalin 2005

ドニ・メルシェ
コルナリン 2005

産地 スイス、ヴァレ、シエール
特徴 赤・辛口、アルコール度数13度
葡萄品種 コルナリン

　コルナリンはヴァレでいま最も注目を集めている葡萄品種である。1950年代、コルナリン（ルージュ・デュ・ヴァレまたはルージュ・デュ・ペイとも呼ばれている）はグランジュやランスの村でしか見ることがなかったが、現在その栽培地域はヴァレ全域に広がっている。1972年、ジャン・ニコリエールは自分の畑に育つルージュ・デュ・ヴァレにコルナリン・デュ・ヴァレという名前をつけた。ヴァレ・ダオステで同じ葡萄がコルナリンと呼ばれていたからであった。しかし最近ホセ・ヴォイリャモスの下で行われたDNA鑑定では、この両方のコルナリンは関係がないことが分かった。もう一方のコルナリン・ダオステも現在ヴァレで、ユマーニュ・ルージュという名前で盛んに栽培されている。コルナリンは完熟するのが難しい品種として知られている。

　アンネ・カトリーネとドニ・メルシェは1982年からヴァレに6haの畑を所有し、そのうちの10%ほどにコルナリンを植えている。それらの区画は、ゴウビン、プラデク、コリンと名付けられ、1991年の最初のヴィンテージ以来、彼らの主力ワインとなっている。

　2005年は煌くような赤色で、熟した赤い果実、ブラック・チョコレートの香りがし、口に含むと、酸は新鮮で、生き生きとしたカシス、チェリーのフレーヴァーが口いっぱいに広がる。タンニンのきめは細かく、とても長い余韻が続く。**CK**

🍷🍷🍷　2012年まで

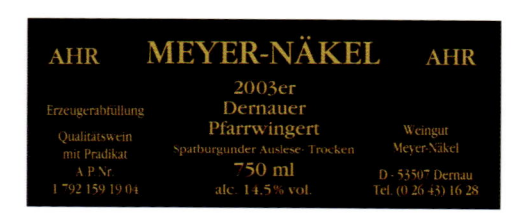

Meyer-Näkel
Dernau Pfarrwingert Spätburgunder ATG 2003
メイヤー・ナッケル
デルナウアー・プファーヴィンゲルト・シュペートブルグンダーATG 2003

産地 ドイツ、アール
特徴 赤・辛口、アルコール度数14.5度
葡萄品種 ピノ・ノワール

　ドイツのワイン生産地域のなかで最も北に位置するアール・ヴァレーが、主に赤ワインを造っている生産地であるということを初めて知った人は、誰もが驚きを禁じえないであろう。この非常に小さな（葡萄畑の総面積は544ha）アンバウゲビートから、ドイツ産赤ワインの88％が生まれ、とくにそのシュペートブルグンダー（ピノ・ノワール）は秀逸である。

　ボンの南、ライン河に向かって開いたこの狭い谷間には、南向きの、粘板岩に覆われた非常に急峻な斜面が点在する。そこで育つピノ・ノワールは、補糖なしにアルコール度数が14％になるまで完熟する。その高いアルコール含有量にもかかわらず、アール・シュペートブルグンダーは素晴らしいフィネスを示す。

　このワインはデルナウアー・プファーヴィンゲルト葡萄畑から生み出された傑作で、これによりメイヤー・ナッケルはドイツでもっとも優秀な赤ワイン生産者と認められるようになった。その葡萄畑からは、非常に香り高く、複雑な果実味を持ち、風味が強く、シルクのような舌触りのワインが生み出される。ミネラルをたっぷり含んだ土壌から、レッドカラント、チェリー、ハックルベリーなどのブーケがもたらされ、チョコレートやスミレの微香も感じられる。**FK**
🍷🍷🍷🍷　2015年まで

Miani
Merlot 1998
ミアーニ
メルロ 1998

産地 イタリア、フリウリ
特徴 赤・辛口、アルコール度数14.5度
葡萄品種 メルロ

　イタリア北部のコッリ・オリエンタリ・デル・フリウリ地区は、イタリアでもっとも秀逸な白ワインを生み出す地区として有名だが、赤ワインも優れている。土壌は石灰質の泥灰土と砂が混ざり、信じられないくらい微気象の多様性を見せる。ミアーニ・エステートは12haの畑から、年間わずかに1,000ケースのワインしか生産していない。そのためけっして安くはないが、価格に見合う確かな質を持っている。

　メルロ1998は、ただ一言、これまで造られたあらゆるメルロの中でも最高の部類に入る。樹齢45年の古木から1本当たり0.45kgしかできない果醪から生まれるワインは、ボディーは豊かで、優美であり、映画『サイドウェイ』に出てくるピノ・ノワールに対する反感のセリフは一体何だったのだろうかと感じさせずにはおかない。色は光の侵入を拒み、香りは非常に芳醇で、果実、シナモン、煙草、チョコレート、ヨウ素、ミント、ヴァニラと多彩で、その後にさらに腐葉土も近づいてくる。口に含むと、滑らかで温かく、まるでキスのようで、しかしそれ以上に力強い。アルコールとタンニンのバランスは良く、口の中いっぱいに広がる豊麗な風味は、完璧な酸と深いミネラルによって新鮮に保たれる。**AS**
🍷🍷🍷🍷🍷　2020年過ぎまで

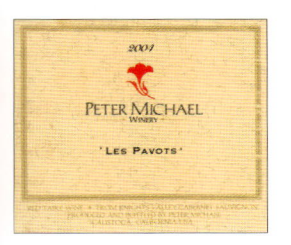

Peter Michael Winery
Les Pavots 2004

ピーター・マイケル・ワイナリー
ル・パーヴォ 2004

産地 アメリカ、カリフォルニア、ソノマ・カウンティ
特徴 赤・辛口、アルコール度数15.1度
葡萄品種 カベルネ・ソーヴィニョン、カベルネ・フラン、メルロ

　このワインを構成するカベルネ・ソーヴィニョン、カベルネ・フラン、メルロの3種の葡萄が育つのは、ソノマ・カウンティの東側のナイツ・ヴァレーの上、標高457mの葡萄畑である。マイケル夫人は、山腹に咲き誇るポピーにちなんで、畑にル・パーヴォと名付けたが、そのワインは優美さ、しっかりした凝縮感、躍動するアロマで飲む人を虜にする。

　1989年に葡萄樹が植えられた畑は、岩が多く、水捌けは良好で、カリウムを多く含む流紋岩土壌は、光合成を促進し、深い色調と豊かなフレーヴァーを葡萄にもたらした。南向きであることから、葡萄は完全に成熟するが、太平洋からの優しい風がそれをゆっくりと進行させ、そのおかげで葡萄はミネラルをたっぷりと捕獲することができる。葡萄樹は古典的な小ぶりのクローンで、そのため葡萄はしっかりした、凝縮された構造を持つものに育つ。

　ル・パーヴォはブレンド・ワインだが、基本的にカベルネ・ソーヴィニョンが中核となっている。このワインの栄光は、その飲みやすさから生じたものではなく、それが時間の経過とともに花開き、深さ、複雑さ、調和を発展させていくことによる。**LGr**
🍷🍷🍷🍷　2015年過ぎまで

Moccagatta
Barbaresco Basarin 1998

モッカガッタ
バルバレスコ・バザリン 1998

産地 イタリア、ピエモンテ、バルバレスコ
特徴 赤・辛口、アルコール度数14度
葡萄品種 ネッビオーロ

　このエステートは1912年にセルジオ・ミヌートが開き、その後2人の息子、マリオとロレンツォが経営してきたが、1952年に2人は別々の道を歩むこととなり、現在はマリオの2人の息子、セルジオとフランコが経営を受け継いでいる。

　モッカガッタという名前は、セラーのある場所にちなんで1979年に付けられた。クリュ・コールとクリュ・バザリンが、このエステートで最も古い最上の単一畑ワインである。ブリック・バリンはあまり知られていないが、このエステートの歴史にとっては画期的なワインである。ミヌート兄弟は、このワインによって古い呪縛から解き放たれ、新しい醸造法と熟成法を試すことができるようになったからである。

　彼らはブリック・バリンのためにネッビオーロを使って試行錯誤する中で、最終的に彼らのバルバレスコを伝統的なオークの大樽ではなく、オークの小樽で熟成することに決めた。バザリン1998は、優美なガーネットの輝きを持つ、美しい中庸な濃さの色で、やわらかな花の香りと、腐葉土となめし革、バルサミコ(ユーカリ)のアロマがうっとりとさせる。タンニンは存在感を示すが、きめは細かく、フレーヴァーが口一杯に拡がり、余韻が長く続くのを助けている。**AS**
🍷🍷🍷🍷　2025年まで

Salvatore Molettieri
Taurasi Riserva Vigna Cinque Querce 2001

サルヴァトーレ・モレッティエーリ
タウラージ・リゼルヴァ・ヴィーニャ・チンクエ・クエルチェ 2001

産地 イタリア、カンパーニャ、イルピニア
特徴 赤・辛口、アルコール度数15度
葡萄品種 アリアニコ

　アリアニコの心のふるさとDOCGタウラージは、ナポリを取り囲むように連なる山並みに拡がっている。そのやせた火山性の土壌から、サルヴァトーレ・モレッティエーリはこれほどに強烈なアリアニコを生み出したが、これにより彼はイタリアの代表的なワイン・ガイド誌『ガンベロ・ロッソ』で2005年セラー・オブ・ザ・イヤーの栄誉に輝いた。この賞はこれまでアンジェロ・ガヤやロベルト・ヴォエルツィオといった名匠だけに与えられたものであった。

　アリアニコの系譜は紀元前7世紀、ギリシャがプーリアに侵略してきた時まで遡ることができる。古代ローマ人はその葡萄にヴィティス・ヘレニカと名付けたが、それが時の経過の中で現在のアリアニカに変わっていった。"南のバローロ"と言われているタウラージは、ネッビオーロ同様にブルゴーニュ的な力強さと優雅さを総合することに成功した。わずか225haの広さでしかないが、DOCGタウラージはいま最も目が離せない地区となっている。

　低収量のアリアニコの古木は、粘土の多い平凡な土壌から、アルコール度数の高い、ラズベリー、煙草、スミレなど、この品種特有のアロマを凝縮させたワインを生み出した。新樽比率20%のフランス産の小樽による熟成は、しっかりした輪郭と芳香、重厚感をワインにもたらし、さらに、ヴォーヌから遠く離れたこの地では見ることがなかった官能的な奔放さまでも付与している。**MP**

🍷🍷🍷　2015年過ぎまで

Robert Mondavi
Cabernet Sauvignon Reserve 1978

ロバート・モンダヴィ
カベルネ・ソーヴィニョン・リザーヴ 1978

産地 アメリカ、カリフォルニア、ナパ・ヴァレー
特徴 赤・辛口、アルコール度数13度
葡萄品種 カベルネ・ソーヴィニョン、カベルネ・フラン

　流行や味覚は変わっていくが、伝説は生き続ける。世界の偉大なワインと肩を並べるワインを造りたいというロバート・モンダヴィの熱望が凝縮されたこのワインは、時に"最々先端の"技巧的なワインやカルト・ワインの陰に隠れてしまうかのように見える時もある。しかし数十年の間このナパ・ヴァレーに繰り広げられてきた流行の移り変わり、オーナーの交代、家族のドラマの中で、このワインはただひたすら自らの道を歩み続け、一貫したスタイルと質を維持してきた。モンダヴィ・リザーブはけっしてブロックバスターではない。その繊細なスタイルは、ナパ・ヴァレーの折々のヴィンテージを写す鏡である。後期の冷涼なヴィンテージでは、アロマが強く、構造は優美であるが、初期の暖かいヴィンテージでは、構造はより明確で果実味はたくましい。

　1978年は、生育期、収穫期ともに乾燥した暑い日が続き、時々は熱波も訪れたが、それは究極まで熟した豊潤な果実を生み出した。冷涼なヴィンテージならばもう少しフィネスが現れたかもしれないが、この1978モンダヴィ・カベルネ・ソーヴィニョン・リザーヴは、少なくとも30年は生き続けることを意図して造られており、いま確かにそれはまだ生き生きとしている。それは他の偉大なヴィンテージ同様に、このワインと、その慧眼の造り手の伝説を築き続けている。**LGr**

🍷🍷🍷🍷　2015年まで

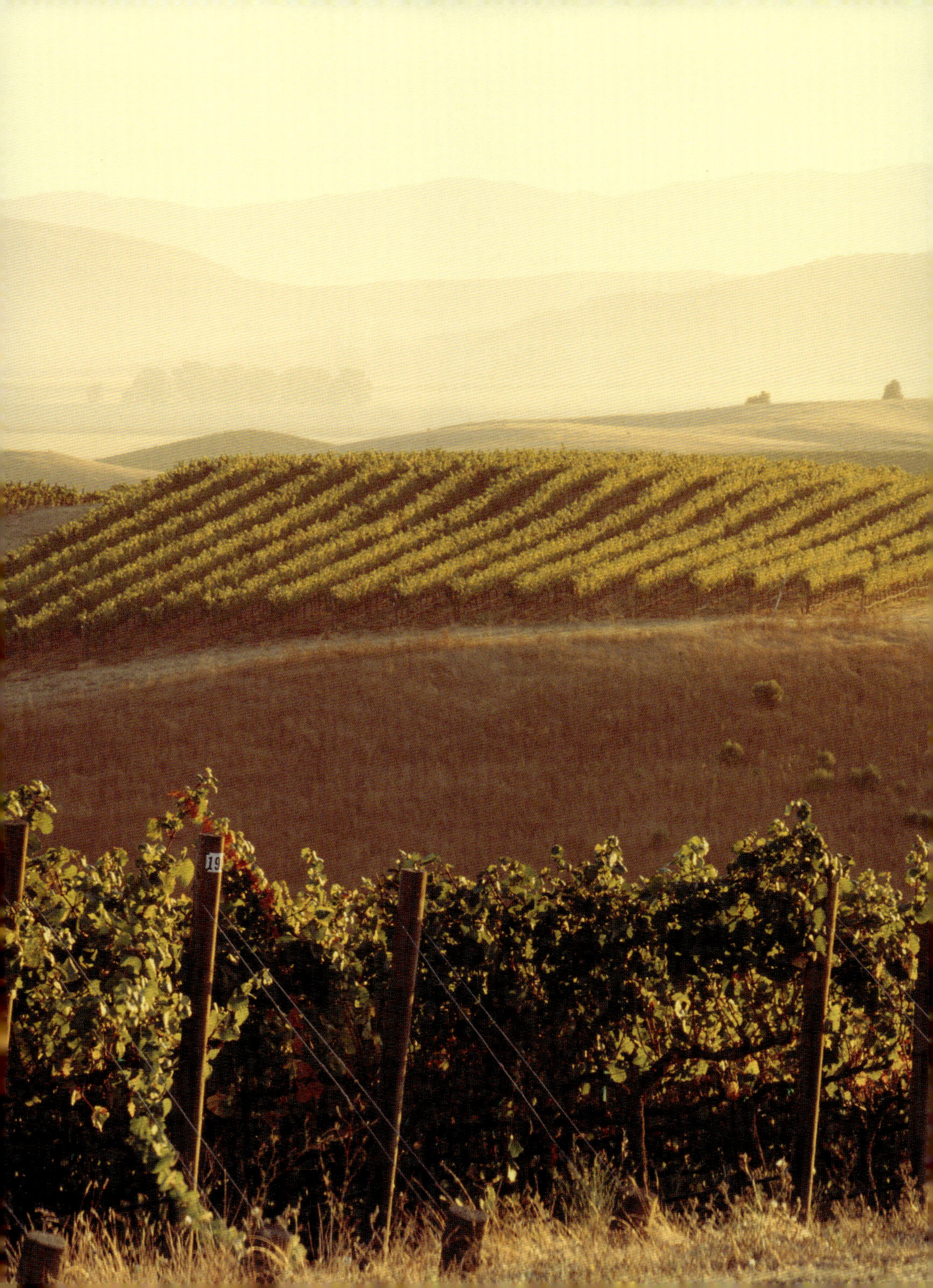

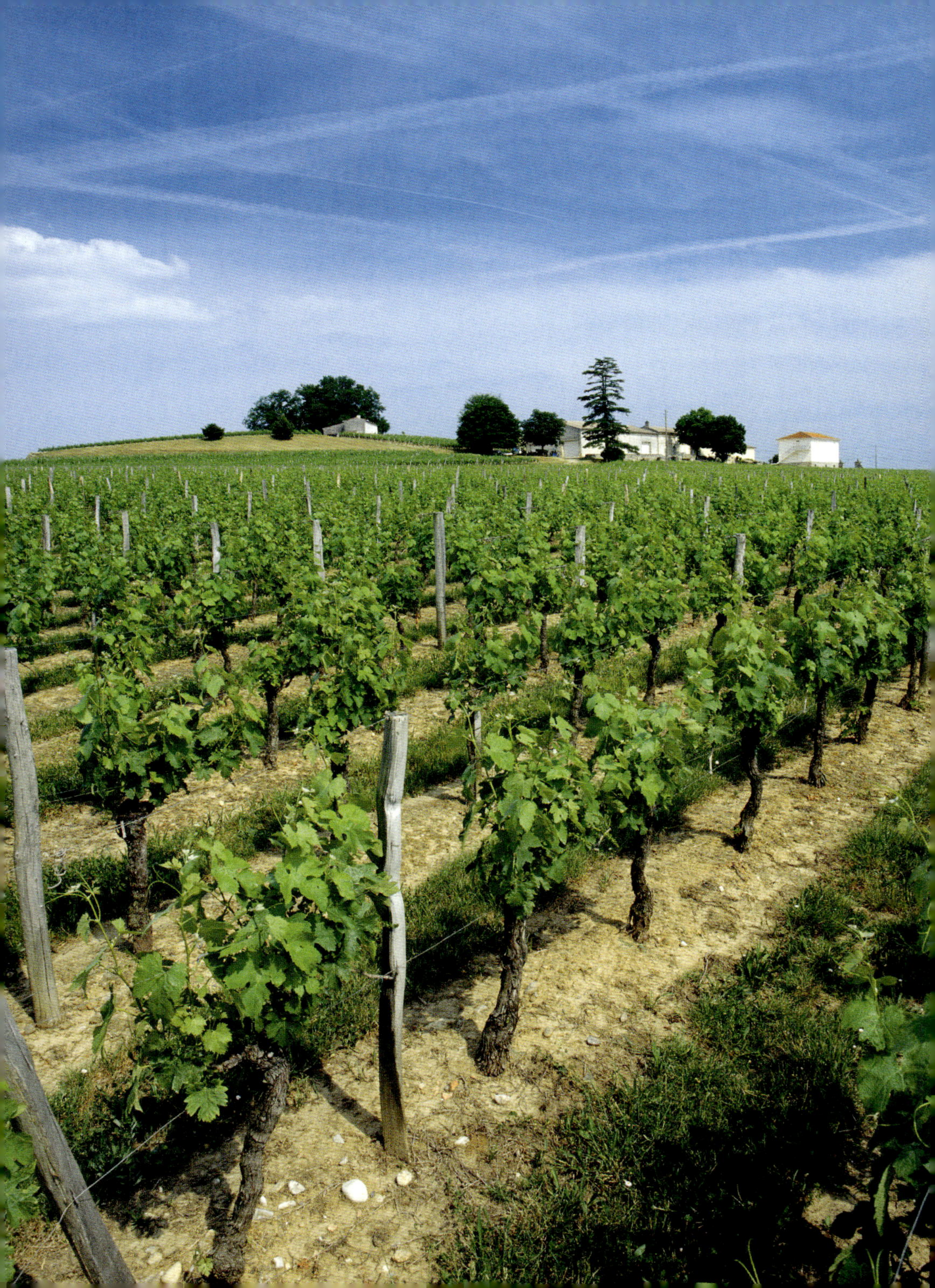

Château Montaiguillon
2004

シャトー・モンテギヨン
2004

産地 フランス、ボルドー、モンターニュ・サンテミリオン
特徴 赤・辛口、アルコール度数13度
葡萄品種 メルロ60％、C・フラン20％、C・ソーヴィニヨン20％

　サンテミリオンの真北、バルバンヌ川を渡ったところが、モンターニュ・サンテミリオン地区である。土壌は基本的に石灰岩質粘土であるが、非常に多様である。そのアペラシオンのなかで一貫して質の高いワインを生み出しているエステートが、モンテギヨンである。現オーナーの祖父、シャンタール・アマール・テルノーによって1949年に購入されたが、それは実に広大な葡萄畑で、南および南西向きの30haの単一区画である。

　テルノー夫人は、自分の栽培法──葉落とし、グリーン・ハーベスト、最低限の施肥──は、サンテミリオンの葡萄畑のそれと変わらないと言う。ここではたいていの年、カベルネ種はよく成熟し、ワインにしっかりした骨格を与えることを彼女は良く知っている。葡萄房の摘み取りは、手と機械の両方を使って行われる。ワインは新樽比率3分の1のオーク樽で、12ヵ月熟成させられ、ろ過なしで壜詰めされる。

　ここにはそれほど長く熟成させることを意図したワインはない。7～10年ほど熟成させた頃が最も楽しめると彼女は言う。2004年はオーク香が強く、よく凝縮され壮健であるが、けっして粗暴ではなく、新鮮な果実味がずっと長く続くワインである。**SBr**

🟢🟢　2012年まで

Chateau Montelena
Cabernet Sauvignon 2003

シャトー・モンテリーナ
カベルネ・ソーヴィニヨン 2003

産地 アメリカ、カリフォルニア、ナパ・ヴァレー
特徴 赤・辛口、アルコール度数13.5度
葡萄品種 C・ソーヴィニヨン90％、メルロ5％、C・フラン5％

　ナパ・ヴァレーの北のはずれ、カリストガにモンテリーナはある。ここはヴァレーの中ではもっとも気温の高い所で、骨格のしっかりした、芳醇で、長命のカベルネ種が育つ。このエステートの創立は、1882年にまで遡る。

　ワイナリーは筆頭オーナーの息子であるボー・バレットによって1981年に改修された。32haほどの区画にカベルネが植えられているが、台木がセント・ジョージであったため、20年前にヴァレーを襲ったフィロキセラのなか生き残ることができた古木である。土壌は多様性に富んでおり、沖積層の砂礫の場所もあれば、火山性土壌の場所もある。バレットは、この多様性をうまく利用して、毎年最上のブレンドを創りだしている。ワインに即効性を付与するために、少量のカベルネ・フランが加えられ、熟成は24ヵ月とかなり長いが、新樽比率は25％ほどである。

　2003はまばゆいぐらいのカベルネで、強烈なカシスの風味のなかにキイチゴも感じられ、肉感的で、豪華であり、非常に凝縮されているが、パンチ力もあり、骨格もしっかりしている。今でも鮮烈な印象であるが、壜熟させるとさらに味わいは増すに違いない。**SBr**

🟢🟢🟢🟢　2030年まで

◀ モンテギヨン葡萄畑から望むモンターニュ・サンテミリオンの地平線とシャトー

Red wines

Montes *Folly* 2005
モンテス　フォーリー 2005

産地 チリ、サンタクルス、コルチャグア
特徴 赤・辛口：アルコール度数15度
葡萄品種 シラー

　モンテスの歴史は1987年まで遡ることができる。その年、どちらも長いワイン造りの経験を持つアウレリオ・モンテスとダグラス・マーレイが力を合わせることを約束する。1年後、アルフレード・ヴィダウッレとペドロ・グランドが加わり、ヴィーニャ・モンテスが正式に発足した。"チリで初のウルトラ・プレミアム・シラー"と銘打たれたモンテス・フォーリーが最初に造られたのは、2000年であった。その黒いラベルには、"フロム・チリ・ウイズ・プライド"と刻まれていた。総額で650万ドルかかったワイナリーは2005年2月に完成したが、それは風水に則って建設された。

　フォーリーのための葡萄は、アパルタ・ヴァレーの非常に高い場所にある最も急峻な斜面の畑、フィンカ・デ・アパルタに育つシラーである。このワインに、"folly（愚かなこと）"という名を付けたのは、チリでは誰も試したことがなく、それを植えるのはばかげたことだと考えられていたシラーに敢えて挑戦している自分たちの誇りからである。標高300mの場所にある傾斜角45度の斜面の葡萄を、手摘みで、しかも夜中に収穫する彼らを見て、気違い沙汰だと言う同業者もいる。

　そうして収穫された葡萄は、粒は非常に小さいが、しっかり凝縮され、低い位置の畑に比べ、アウレリオが言うように、「より純粋に完熟した果実」なのである。その果実から生まれるワインは、色は濃く、香りは深く、タンニンはしっかりしており、力強く、アルコール度数も14度を超える。毎年9,000本ほどしか生産されない。大物であった2004年の後、2005年は再び2003年同様の柔らかく、飲みやすい仕上がりになっている。温かく、スパイシーで、甘美に熟しており、非常に飲みやすく、また10年以上の長期熟成にも耐える。**SG**

🍷🍷🍷🍷　2015年まで

追加推薦情報
その他の偉大なヴィンテージ
2000・2001・2002・2003・2004
モンテスのその他のワイン
アルファ・M
アンヘル、シェラブ

Red wines

フォーリーのラベルはイギリスの漫画家ラルフ・ステッドマンによるもの。

Montes Folly

'Apalta Valley was where my dreams and instincts led, searching for the best terroir for red wines in Chile. My partners agreed and "La Finca de Apalta", a mountain Estate, was cleared as high as we could and Syrah —untested in this region— planted in the steeper slopes. Both were considered folly by the conventional wine trade. This wild wine, harvested by acrobats, is the result. Only the genius of Ralph Steadman could translate this emotional wine into a label, to him our gratitude'.

2005

Aurelio Montes

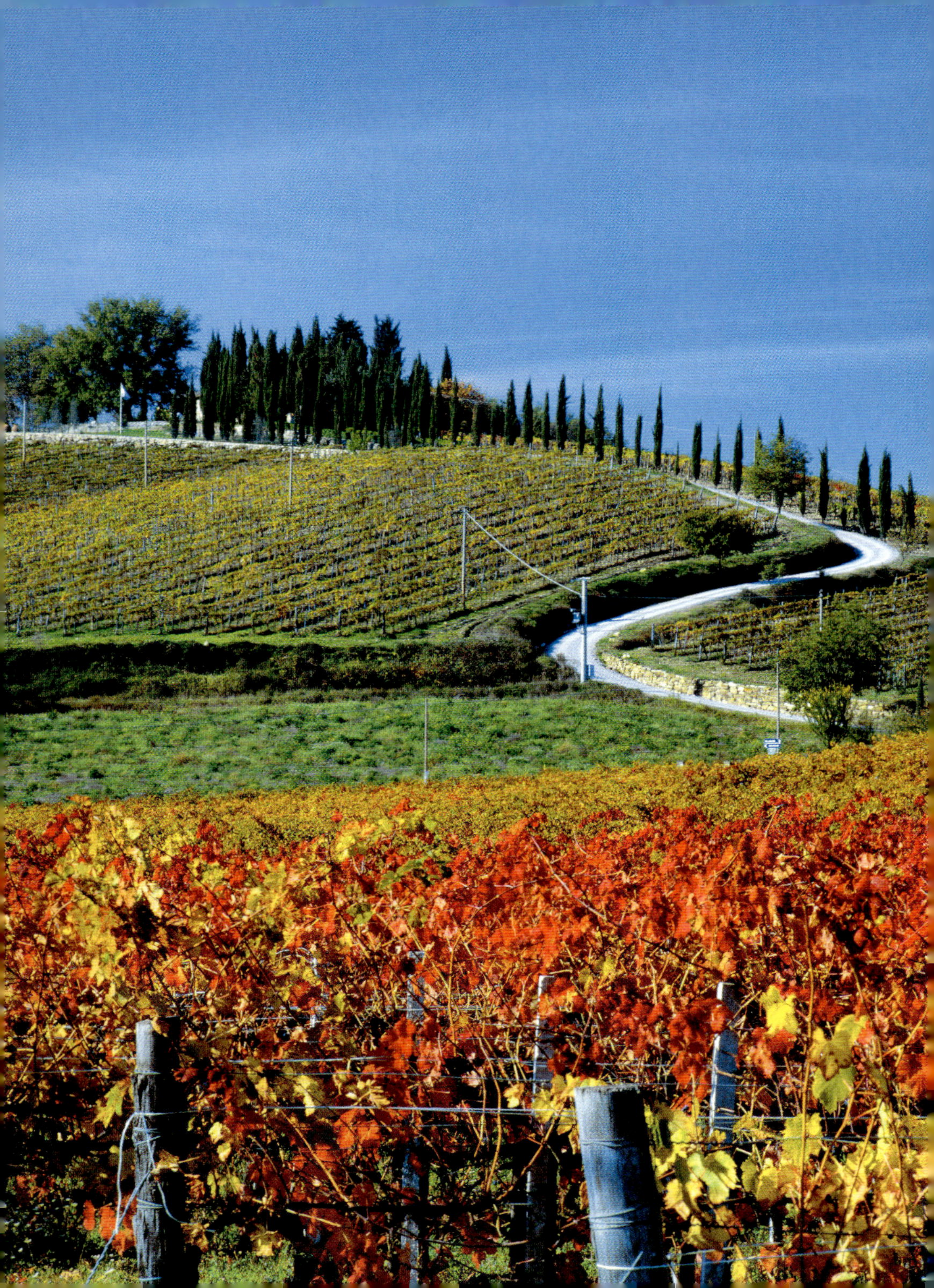

Montevertine
Le Pergole Torte Vino da Tavola 1990

モンテヴェルティーネ
レ・ペルゴーレ・トルテ・ヴィーノ・ダ・ターヴォラ 1990

産地 イタリア、トスカーナ、ラッダ・イン・キアンティ
特徴 赤・辛口：アルコール度数13度
葡萄品種 サンジョヴェーゼ

　2000年に他界したセルジオ・マネッティを、イタリア・ワインの"リナシメント"における因習打破主義者の1人であったと見る人は多い。彼が反逆者であったことは疑い得ないが、彼の伝説はあくまでも肯定的なものであり、彼が造り出したワインもまたトスカーナ・ワインのもっとも高貴な表現であった。実業家のセルジオがこの小さなエステートを買ったのは、1967年のことだった。最初それは趣味として始まったが、やがて情熱となり、ついに、当時のトスカーナではめずらしい商品であった高級ワイン造りの中心地となった。その彼がワインメーカーとして雇ったのが、"利き酒のマエストロ"であり、トスカーナ高級ワインの教祖であったジュリオ・ガンベッリだった。

　ガンベッリと同様に、セルジオのワイン造りの考え方は、できるだけ自然に、というものであった。添加物は一切加えず、人為的なことは極力避け、ろ過は行わず、そして何より驚かされることは、現在では誰もが不可欠だと考え、行っている温度管理さえしていないのである。しかし彼が最もこだわっていたのは、サンジョヴェーゼという品種であった。セルジオは最後までフランス品種をブレンドすることを拒否した。現在彼の遺志は息子のマルティーノに受け継がれ、ぶれることなく守られている。予想されるとおり、確かにそのワインには、やや田舎臭いところがある。しかしサンジョヴェーゼにしか出せない複雑な個性がしっかりと表現されている。**Nbel**

🍷🍷🍷🍷　2020年まで

Montevetrano
2004

モンテヴェトラーノ
2004

産地 イタリア、カンパーニャ
特徴 赤・辛口：アルコール度数13度
葡萄品種 カベルネ・ソーヴィニョン60%、メルロ30%、アリアニコ10%

　モンテヴェトラーノ・エステートの歴史は、実は1985年に始まる。その年、現オーナーのシルヴィア・インパラートは、現在はイタリアでもっとも高名なワインメーカーの1人であるが、当時はまだ無名であったリッカルド・コッタレッラをエノロゴに招いた。葡萄畑とワイナリーでの新しい実践を経て、1991年に最初のヴィンテージがリリースされた。その段階では、アリアニコがもっと多く含まれていたが、1993年からメルロの含有率が高くなった。

　モンテヴェトラーノは個性もスタイルも独特なワインである。モンテヴェトラーノ2004は5大イタリア・ワイン・ガイドブックの2007年版のすべてで最高得点を獲得した唯一の（もちろんトスカーナで唯一の）ワインであった。最初、刈ったばかりの青草やカシスの香りが現れるが、次にガリーグやジャコウ、鉛筆、ブラック・ペッパーなどの印象的なアロマへと発展していく。口に含むと、調和の極致で、好良いオークは完璧に統合され、酸が少しもすっぱさを感じさせることなく、果実味を新鮮に保ち生き生きとさせている。存在感のある、しかし非常に滑らかなタンニンが、これから先まだ何年もこのワインが輝き続けることを保障している。**AS**

🍷🍷🍷🍷　2022年過ぎまで

Domaine Hubert de Montille *Volnay PC Les Taillepieds* 1985

ドメーヌ・ユベール・ド・モンティーユ　ヴォルネイPC・レ・タイユピエ 1985

産地　フランス、ブルゴーニュ、コート・ド・ボーヌ
特徴　赤・辛口：アルコール度数12度
葡萄品種　ピノ・ノワール

　ヴォルネイのコンブ通りの壁面にあるドアを開けると、扉が閉まったままの一連の古い建物と、瀟洒な屋敷が見える。それがディジョンの著名な弁護士であり、ブルゴーニュで最も優れた栽培家兼醸造家のメートル・ユベール・ド・モンティーユの夏の住まいである。現在彼の息子エティエンヌによって経営されているドメーヌは、今もヴォルネイとポマールの4つのプルミエ・クリュからの最高水準のワインを造り続け、最近ではボーヌとコルトンにも区画を確保している。

　メートル・ユベール・ド・モンティーユの厳格で伝統的なワイン造りの姿勢を最もよく味わうことのできるワインが、このプルミエ・クリュ・レ・タイユピエである。ド・モンティーユは、アルコール度数を12〜12.5度に上げるようなシャプタリザシオンは行うべきではないと考えているが、それは1959年のある出来事がきっかけであった。その年ユベールは彼のタイユピエに加える糖の分量を間違え、その結果、ワインのアルコール度数は11.5％にしか達しなかった。しかしそのワインは、その年彼が造ったどのワインよりも美味しく、より繊細で優美なフレーヴァーと果実味を現したのだった。

　このド・モンティーユ・タイユピエ1985年は、オークションか二次マーケットで買い求めることが可能である。その年、秋の収穫期は暑かったにもかかわらず、色はうっとりとするような透明なルビー色で、ガーネットに至るグラデーションを見せ、空気に触れるとすぐに強烈なピノ果実のアロマが立ち昇り、この葡萄畑特有の生き生きとした躍動感を顕在化させる。口一杯に1985ヴィンテージ独特の甘美な果実味が広がり、空気と触れたことによってさらにまろやかになった味わいが感じられる。精妙でとても心地よい余韻がずっと長く続く。**ME**
🅢🅢🅢　2015年まで

追加推薦情報
その他の偉大なヴィンテージ
1966・1971・1978・1987・1999・2002・2005
ドメーヌ・ユベール・ド・モンティーユのその他のワイン
ポマールPC・ペズロル、ポマールPC・リュジアン、ピュリニィ・モンラッシュPC・レ・カイユレ、ヴォルネイPC・リュジアン

ヴォルネイの風格あるワイン村をトラクターで行く葡萄畑労働者

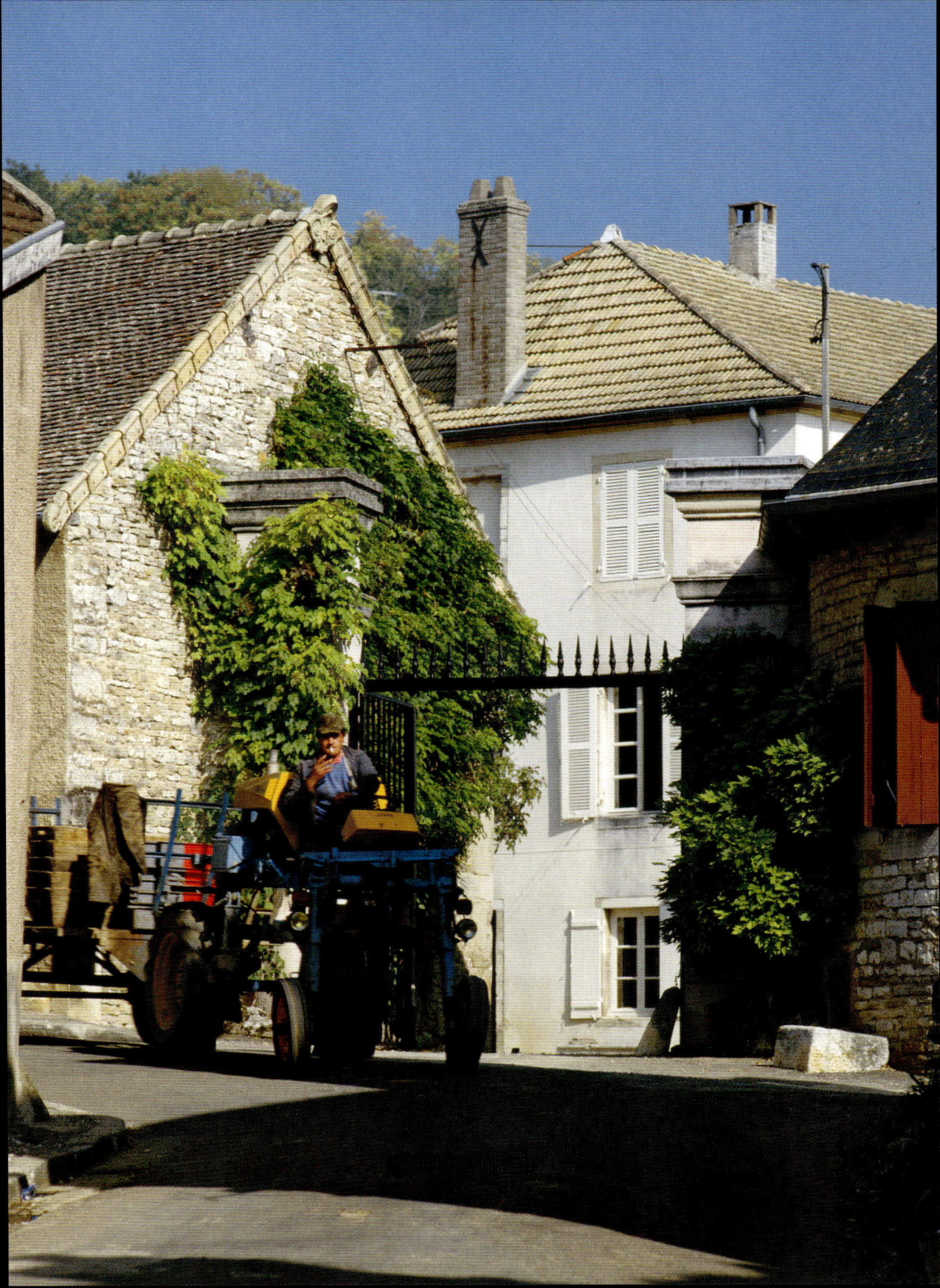

Château Montrose
2003

シャトー・モンローズ
2003

産地 フランス、ボルドー、サン・テステフ
特徴 赤・辛口：アルコール度数13度
葡萄品種 C・ソーヴィニヨン65％、メルロ25％、C・フラン10％

　モンローズの歴史は、ようやく19世紀になって始まった。エティエンヌ・テオドール・デュモリンは、シャトー・カロン・エステートの未開墾地として石の多い荒地を相続したが、それを整地し、葡萄を植えることに決めた。その葡萄樹はいまそこにしっかりと根を張っている。当時その土地は、"カタツムリの土地"と呼ばれていたが、葡萄栽培に最適な土地であることが分かったため、デュモリンはそこに新たにシャトーを設け、名前もモンローズ・エステートと改めた。そのエステートは彼の一時代だけで50haまで拡大し、非常に優れたワインを造り続けたため、1855年の格付けでは難なく第2級に序せられた。

　2003年ほどの大型のヴィンテージはまだない。夏の間の焦がすような熱波が、カベルネやメルロをとてつもなく恐ろしいほどに凝縮させた。そのワインの色は濃く、芳香は強烈で、巨大な骨格をしている。カシス、焦げたオーク、ヴァニラ、ローズ、セージのアロマが、大梁のようなタンニンの構造から立ち昇る。余韻は非常に力強く、若い時は熱いくらいだが、その瑞々しい果実味は30年後も健在であろう。**SW**
🍷🍷🍷🍷🍷　2010〜2040年過ぎ

Château Montus
Cuvée Prestige 2001

シャトー・モンテュス
キュヴェ・プレスティージュ 2001

産地 フランス、マディラン
特徴 赤・辛口：アルコール度数14度
葡萄品種 タナ

　"インターナショナル"・テイストのワインが氾濫する中、南西フランス生まれのワインは、一服の清涼剤のようだ。特に、アラン・ブリュモンのモンテュスとブスカッセは、いまや高級ワインの殿堂入りを果たしている。ブリュモンが単身その使命を自覚し、最初の葡萄樹を植えたのが1979年のことで、最初のヴィンテージが世に送り出されたのは、1982年のことであった。

　マディランの先天的弱点は、そこで育つタナ種に付随するものであった。その品種は、何も手を加えないなら、若い時は手に負えないほどタンニンが強いくせに、そのタンニンが溶融する頃には逆に果実味がへたれてしまう。ブリュモンはこのタナを100％の除梗とオークの新樽を多く使った熟成によって、手なずけようとした——ただし手なずけ過ぎることがないように。

　このキュヴェ・プレスティジュ2001年は、彼の葡萄畑の最上の区画から生まれる葡萄を選りすぐり、南西フランスのこの地でしか出せない野性味を捕らえながら、粗暴過ぎないようにしたものである。それは野生的な黒い果実に支配された大きなワインで、偉大な凝縮と構造を示す一方で、新オークの洗練された優雅さも感じられる。このワインは熟成に伴ってまだまだ美味しくなるワインであるが、今でも十分堪能できる。**JG**
🍷🍷🍷　2020年過ぎまで

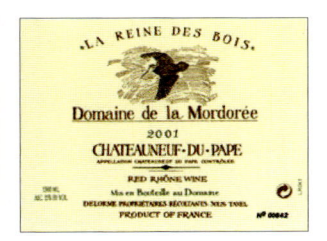

Domaine de la Mordorée
Cuvée de la Reine des Bois 2001

ドメーヌ・ド・ラ・モルドレ
キュヴェ・ド・ラ・レーヌ・デ・ボワ 2001

産地 フランス、ローヌ南部、・シャトーヌフ・デュ・パープ
特徴 赤・辛口：アルコール度数15度
葡萄品種 グルナッシュ・ノワール

　シャトーヌフ・デュ・パープの2000年は、誰もが喜ぶような年ではなかった。少しばかり暑すぎた結果、力強く、アルコール度数の高いワインができたが、よくあるように少しきめが粗かった。翌年の2001年は誰もが知るとおりの、優美でバランスの取れた、そして長期熟成に耐える素質をすべて備えたワインを生み出した。

　ドメーヌ・ド・ラ・モルドレはけっして古いドメーヌではない。それはかなり最近、1986年に、フランシス・デロルムと息子のクリストフによって設立された。モルドレというのは、彼らの大好きな鳥、ヤマシギのことである。最初のワインが生まれたのが、1989年であった。デロルム親子は、隣り合わせのタヴェルとリアック葡萄畑に区画を持っており、最近コンドリューにも区画を買った。すべてをあわせると38区画、53haになる。

　キュヴェ・ド・ラ・レーヌ・デ・ボワは3.5haの区画から生まれる。彼らのワインは、フランスのワイン・ガイド誌『ギド・アシェット』でクー・ド・クール賞を受賞するなど数々の栄誉に輝いている。その2001年は、ワインの世界ではこれ以上ない名誉であるロバート・パーカーによる100点満点を獲得した。インクのような黒い色、黒く甘酸っぱいチェリーのブーケ、そしてスパイシーな味わい。このワインは、ヤマシギやイノシシ、その他匂いの強い猟獣や猟鳥の肉と一緒に賞味するとき、最もよく実力を発揮する。**GM**
🍷🍷🍷🍷　2010〜2025年

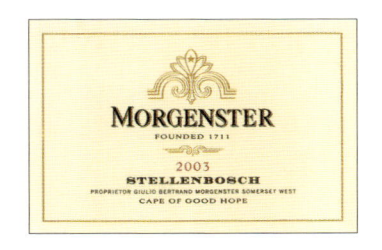

Morgenster
2003

モルゲンスター
2003

産地 南アフリカ、ステレンボッシュ
特徴 赤・辛口：アルコール度数13.5度
葡萄品種 カベルネ・ソーヴィニョン、カベルネ・フラン、メルロ

　モルゲンスターは、1708年に分割されるまでは、ケープの総督ウィレム・アドリアーン・ファン・デル・シュテルの農場であったフィルハーレヘンの一部であった。モルゲンスター──明けの明星の意味──と呼ばれているその区画を買ったのは、亡命フランス人のユグノー・ジャック・マランで、彼が建てた邸宅は、ケープ・ダッチ建築様式を今に伝えている。

　1992年、イタリア人実業家のジュリオ・ベルトランはそれを購入すると、すぐに新しく葡萄畑を拓き、オリーブの樹を植えた。オリーブの樹を植えたのは、そこが彼の故郷モンテマルセロに似ているからであった。次に彼が行ったことは、シュヴァル・ブラン（後にデイケム）のワインメーカーであったピエール・リュルトンを、地元の第一級のスタッフを指導するコンサルタントとして雇うことであった。

　2003年は、彼らのフラッグシップ・ワインの第3回目のヴィンテージ（2002年はない）で、それはケープにとって非常に恵まれた年であり、そのワインの質は頂点を極めた。アメリカのワイン批評家スティーヴン・タンザーは、「たしかにシュヴァル・ブランが感じられる」と述べた。静謐で優雅、しっかりした構造は上質のミネラルがもたらすバランスの中、華やかなフレーヴァーを支えている。**TJ**
🍷🍷🍷　2015年まで

Moris Farms *Avvoltore* 2004
モーリス・ファームズ　アッヴォルトーレ 2004

産地　イタリア、トスカーナ、マッサ・マリッティマ
特徴　赤・辛口：アルコール度数14度
葡萄品種　サンジョヴェーゼ75%、C.ソーヴィニョン20%、シラー5%

　モーリス家がスペインを離れて、ここトスカーナ・マレンマ地方へやってきたのは2世紀も前のことであるが、普通の農業をやめて葡萄栽培とワイン造りに特化したのは、ほんの数10年前のことである。モーリス・エステートは、北マレンマ地方のマッサ・マリッティマ近くの420haの土地と、オンブローネ川の南の56haの土地の2つの区画に分かれている。葡萄畑の総面積は70haあり、北側の区画（モンテレジォ・ディ・マッサ・マリッティマDOC）と南側の区画（モッレリーノ・ディ・スカンサーノDOC）に、ほぼ中央で分かれている。

　アッヴォルトーレはエステートのフラッグシップ・ワインで、北側の区画から採れる葡萄から造られる。その葡萄畑は、標高80〜100mのところにあり、土壌は粘土が多いが、排水性は良い──骨格のしっかりした赤ワイン造りに最適。

　アッヴォルトーレ2004は、紫色がかった暗いルビー色をしている。ブレンドは最高の結果を生み出しているように見える。サンジョヴェーゼはワインに骨格と神経を与え、カベルネ・ソーヴィニョンが深さとみずみずしさ、そして新鮮さを付与している。ブラック・ベリーやピーマンの香りがし、カベルネが芳香を支配しているようだ。オーク由来のミントの香りが全体のアロマの構図を完結させている。口に含むと、優美でどこか張り詰めた感じがし（明らかにサンジョヴェーゼの特質である）、柔らかいが豊潤な味覚が口一杯に広がる中、再度香りの波が押し寄せてくる。**AS**

🟠🟠🟠　2025年まで

追加推薦情報
その他の偉大なヴィンテージ
1990・1997・2001・2003
マレンマのその他のワイン
カマルカンダ、グラッタマッコ、グァド・アル・タッソ、ルピカイア、オルネライア、サッシカイア、ミケレ・サッタ

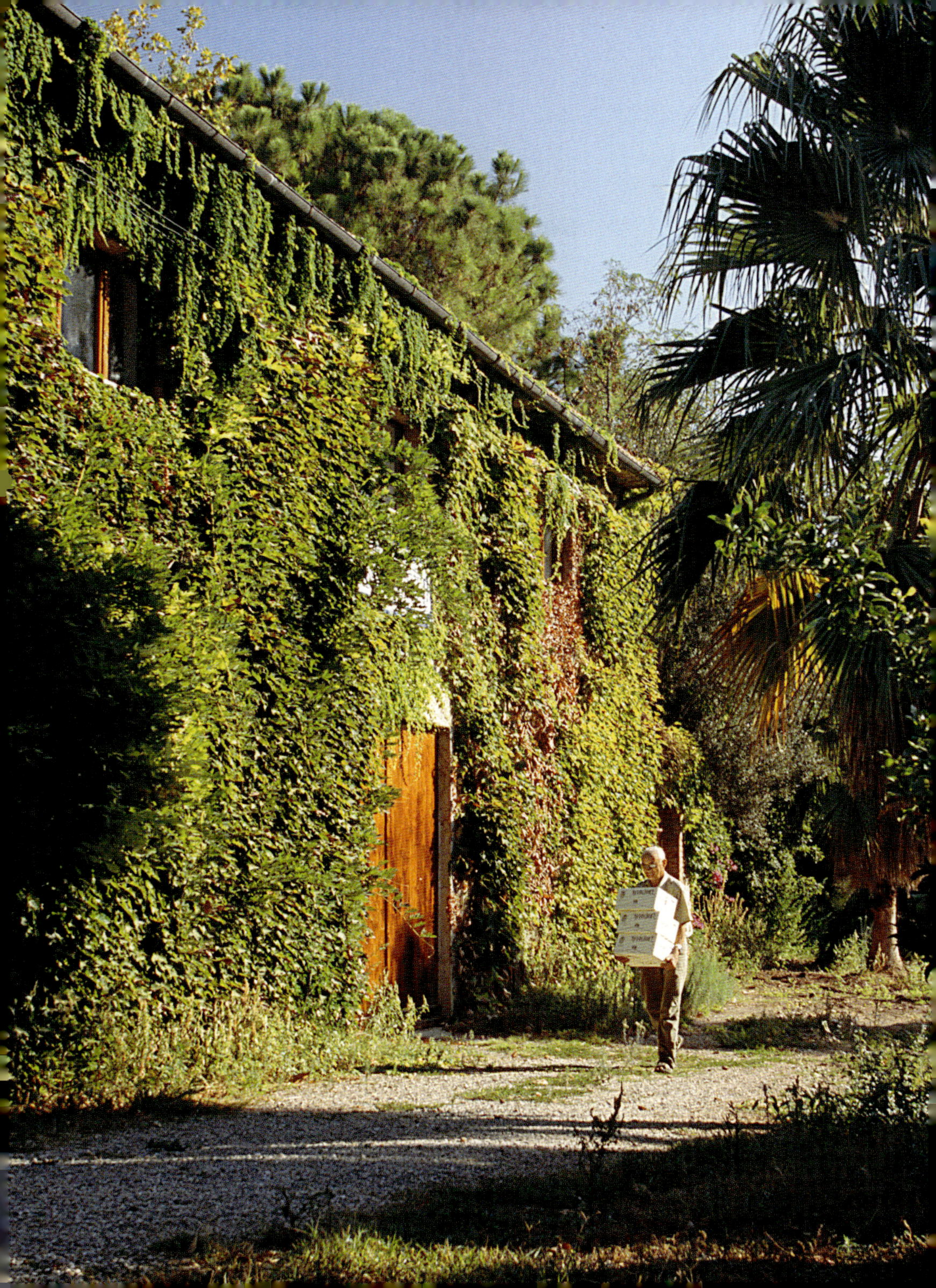

EMILIO MORO

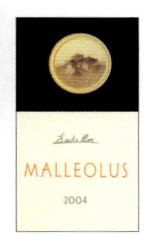

Emilio Moro
Malleolus 2004

エミリオ・モロ
マレオルス 2004

産地 スペイン、リベラ・デル・ドゥエロ
特徴 赤・辛口：アルコール度数14度
葡萄品種 テンプラニーリョ

　1980年代後半、ここリベラ・デル・ドゥエロに多くの新しいボデガが興った。その多くが地元の人々によって設立されたものだが、彼らは以前、安いワインを地元用に、あるいは葡萄や果醪、ワインを他の製造者に売り渡していた人々であった。しかしこのボデガス・エミリオ・モロの設立はそれよりもずっと古く、3世代前に遡り、主に自家の畑からの葡萄を使って生産者元詰めワインを造ってきた。現在その中の古木から選んだクローンによる再植樹がほとんど終わったところだ。

　ボデガス・エミリオ・モロは、完熟した果実とトースト香が特徴の幾種類かのワインを造っている。その中には非常にバランスが良く、フィネスに富むハウス・ワインも含まれている。モレウス2004は中庸の価格ながら、きわめて高い質を持ち、生産量も多い。一方、マレオルス・ディ・サンチョマルティンとマレオルス・ディ・ヴァルデラミロは生産量は少なく、価格も高い。マレオルスというのは、この地域の多くの小区画に付けられ、またペスケーラ・ディ・ドゥエロ村で畑名に最も多く使われているスペイン語"majuero（サンザシ）"のラテン語の元の形である。このワインに使われている葡萄は、樹齢25歳から75歳までの古木である。**JB**

🟡🟡🟡 **2018年まで**

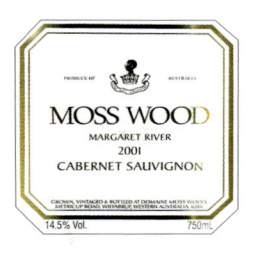

Moss Wood
Cabernet Sauvignon 2001

モス・ウッド
カベルネ・ソーヴィニョン 2001

産地 オーストラリア、西オーストラリア、マーガレット・リヴァー
特徴 赤・辛口：アルコール度数14.5度
葡萄品種 C・ソーヴィニョン、C・フラン、プティ・ヴェルド、メルロ

　モス・ウッドはオーストラリアのラングトンの格付けで最高位のエクセプショナルに選ばれ、そのカベルネ・ソーヴィニョンは、優雅さ、抑制された力強さ、長期熟成に耐える能力で、オーストラリアでも指折りの品質と絶賛されている。2001年以前は、モス・ウッド・カベルネ・ソーヴィニョン・スタイルの基準は、1974〜1977年に造られたワインであった。ラングトンの2007年9月のメルボルン・オンライン・オークションでは、その1973ヴィンテージ（最初のヴィンテージ）は、1970年以後のオーストラリアン・ヴィンテージとしては最高の1,850ドルで落札された。また1974ヴィンテージは、1,400ドル近くまで吊り上げられた。

　このモス・ウッド・カベルネ・ソーヴィニョン2001は、豊かな芳香としっかりした構造を持ち、この生産者が生み出したワインの中でも間違いなく最高傑作である。カシスのアロマがあり、ヒマラヤ杉、スミレも顔を表す。1996ヴィンテージから、オーク樽による熟成を24ヵ月まで延長し、カベルネ・フランやプティ・ヴェルド、メルロなどをブレンドすることによって、色はより深く、風味は高まり、質感はより滑らかになり、オークと果実のバランスもずっと良くなった。この2001が、いまや伝説となっている1973年と1974年以上の熟成に耐えるかどうかは、時間だけが言えることである。**SG**

🟡🟡🟡 **2011年過ぎまで**

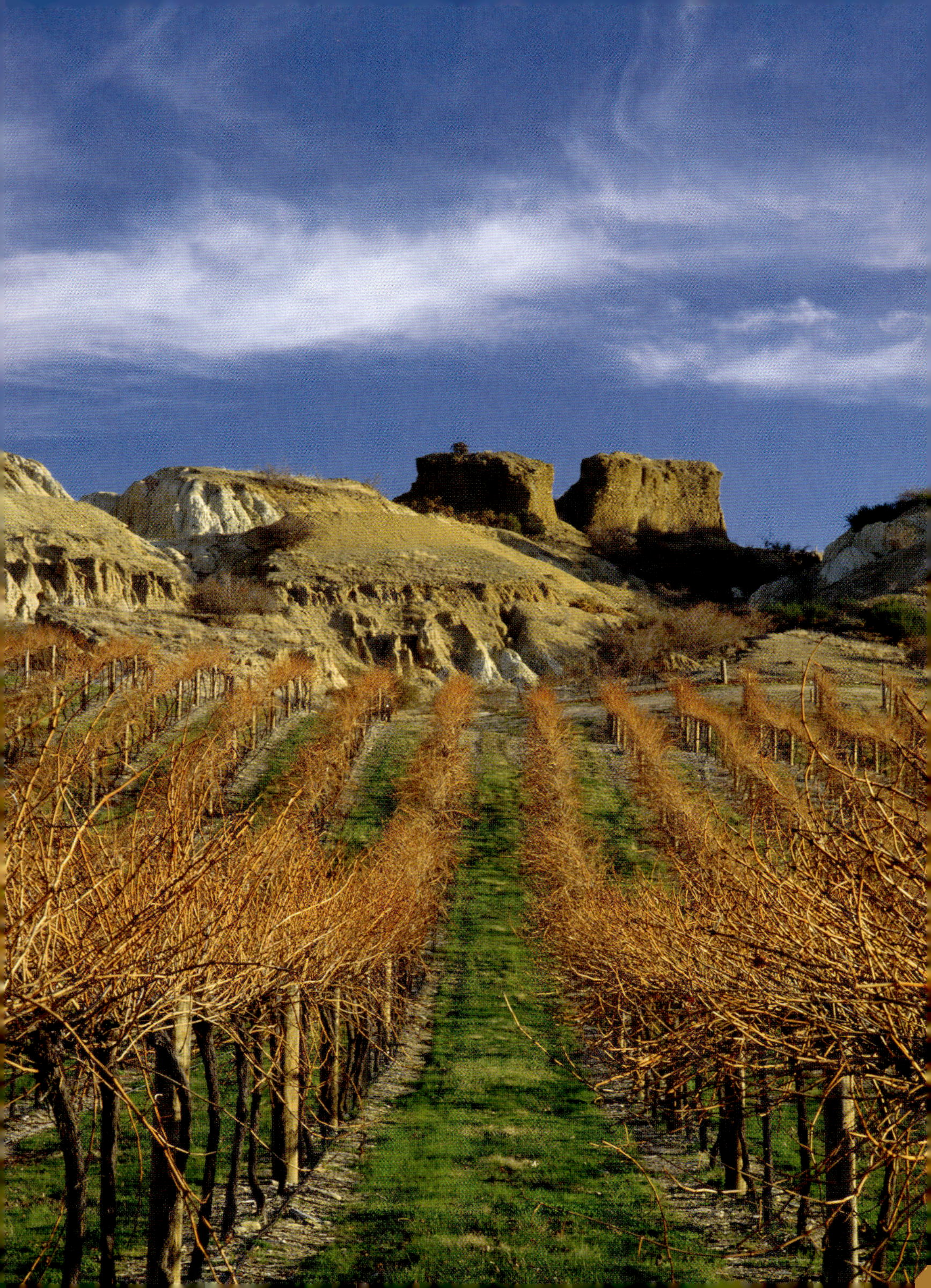

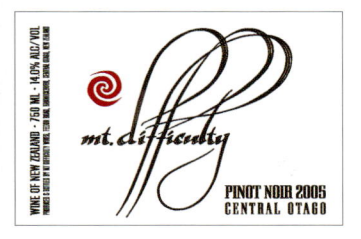

Mount Difficulty
Long Gully Pinot Noir 2005

マウント・ディフィカルティ
ロング・ガリー・ピノ・ノワール 2005

産地 ニュージーランド、セントラル・オタゴ
特徴 赤・辛口：アルコール度数14度
葡萄品種 ピノ・ノワール

　マウント・ディフィカルティは、セントラル・オタゴの最優良小地区、バンノックバーンの中心に7つの葡萄畑を所有している。各葡萄畑は、それぞれ多様な土壌構成を有しており、6つもの小区画に区分される畑もある。各畑、各土壌にあわせて、ピノ・ノワールのクローンも変えてある。

　ワインメーカーのマット・ダイシーは、各土壌の性質を知り抜いており、最高の単一葡萄畑ワインを生み出す。葡萄樹は剪定、芽摘みされ、20haあたり約1tまで収量が減らされる。それでも単一畑ワインが造られるのは、ヴィンテージの状況が良い時だけである。

　2005年は比較的涼しいヴィンテージで、この地域で最も暑いバンノックバーンには幸いした。ロング・ガリー葡萄畑は、マウント・ディフィカルティの中でも最も古い方の畑で、拓かれて16年が経つ。セントラル・オタゴの基準ではやや重い土壌の部類に入り、灌漑はそれほど必要ない。この畑は、現在働き盛りに入っており、今後は毎年単一畑ワインが生まれそうである。そのワインは、見事な果実の純粋さを持ち、チェリー、プラム、花、スパイスのフレーヴァーが、あとくちに孔雀の羽のように華麗に広がる。**BC**

🍷🍷🍷　2015年まで

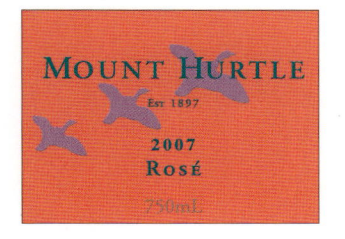

Mount Hurtle
Grenache Rosé 2007

マウント・ハートル
グルナッシュ・ロゼ 2007

産地 オーストラリア、南オーストラリア、マクラーレン・ヴェイル
特徴 ロゼ・辛口：アルコール度数13.5度
葡萄品種 グルナッシュ

　オーストラリア・ワイン界を代表する人物の1人であるジェフ・メリルが、パートナーとともに1980年に立ち上げたエステートが、ストラットマー・ヴィンヤーズである。エステートの最初の頃、そのワインは南オーストラリア州のさまざまなワイナリーを借りて造られた。シャトー・レイネッラ、ピッラミンマ、ピーター・レーマン・ワインズなどである。5年後、ストラットマーは南アデレードの郊外ウッドクロフトにある、使われなくなっていたワイナリー、マウント・ハートルを購入した。

　マウント・ハートルは19世紀後半、若きイギリス人モスティン・オーウェンによって設立された。彼は亡くなる1940年代半ばまで、ワイナリーと葡萄畑を経営していた。そのワイナリーは当時としてはかなり最先端を行っており、最近この地域で標準仕様となっている重力による葡萄の搬入がすでに行われていた。メリルは2年がかりで、そのワイナリーを現在の美しい建物に改築し、1988年に自分自身のブランドであるマウント・ハートルを立ち上げた。

　マウント・ハートルの力強い、酸の少ないスタイルのロゼは、グルナッシュの果醪の一部を使って造られるが、残りは、マウント・ハートル・グルナッシュ・レッドのベースとなる。**SG**

🍷🍷　リリースと同時

⬅ かつてゴールド・ラッシュで沸いたマウント・ディフィカルティ葡萄畑

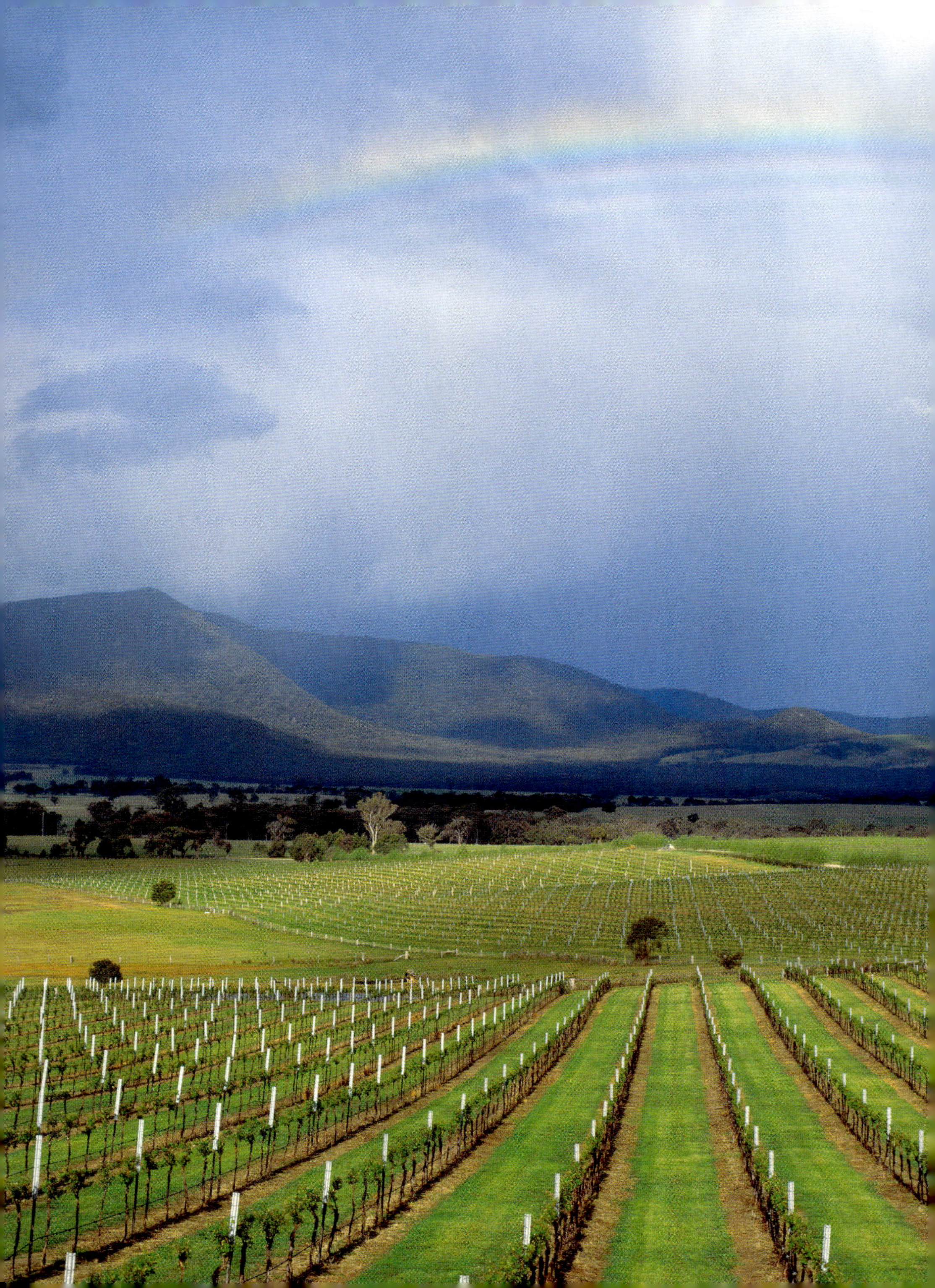

Mount Langi Ghiran
Shiraz 2003

マウント・ランギ・ジラン
シラーズ 2003

産地 オーストラリア、ヴィクトリア、グランピアンズ
特徴 赤・辛口：アルコール度数15度
葡萄品種 シラーズ

　トレヴァー・マストは1970年代半ばから、ヴィクトリア州のグランピアンズ地区でワインを造り続けていたが、イタリア人のフラティン兄弟のワイナリーで見たシラーズの発酵槽に感銘を受け、彼らに頼み込んでワインメーカーとして働かせてもらうことになった。そして1987年、マストは彼らからマウント・ランギ・ジラン・エステートを購入した。その葡萄畑は、ランギ・ジラン山が険しい岩肌を見せる標高350mの麓に、素晴らしい景観を形作りながら広がっている。

　その葡萄畑は、最初1870年代に葡萄の樹が植えられたが、世紀の変わり目に羊の放牧地に転換させられた。そして1963年にフラティン兄弟によって再度葡萄畑へと戻された。シラーズは、"オールド・ブロック"という、花崗岩質の砂とシルトが赤いローム質粘土層に混ざっている表土でできている区画から生まれる。この多様性に富んだ土壌は、水の供給を適度に制限することによって、きわめて重要な生長期に葡萄にストレスを与え、その結果非常に果実味の凝縮されたワインが生まれる。

　マウント・ランギ・ジランは、力強いが、優美なシラーズである。暖かかった2003年の気候は、グラスの中にも現れ、完熟したブルーベリーの香りの中に、シラーズの特徴であるペッパーが感じられる。若い時は大きく、噛み応えのあるワインであるが、5年以上壜熟させると、冷涼な気候のシラーズ特有の風味が発展してくる。**SG**

🍷🍷🍷　2010年過ぎまで

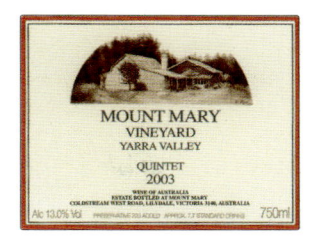

Mount Mary
Quintet Cabernet 2003

マウント・メアリー
クィンテット・カベルネ 2003

産地 オーストラリア、ヴィクトリア、ヤラ・ヴァレー
特徴 赤・辛口：アルコール度数13度
葡萄品種 C・ソーヴィニョン50%、C・フラン30%、その他20%

　ヤラ・ヴァレーは蘇った地域である。様々な理由——大恐慌、ビールや蒸留酒などに向かったオーストラリア人のテーブル・ワイン離れなど——のため、ヤラ・ヴァレーにおけるワイン造りは、1920年代から始まる50年という長い中断の時期を迎えた。1970年代、ようやく少数の先駆的な人々がヤラ・ヴァレーに帰還してきた。それらの人々の中に、Drジョン・ミッドルトンがいた。1971年、ミッドルトンは10haの土地に、カベルネ・ソーヴィニョンやピノ・ノワールなど数種の葡萄を植えた。

　それからしばらくして、マウント・メアリーはオーストラリアを代表するカルト・ワインの1つになった。しかしそのワインは、必ずしもすべての人に賞賛されるようなワインではなかった。たとえばロバート・パーカーは、批判的な見解を述べた文章を書いた。その時ミッドルトンはどうしたか？　その文章を誰もが見ることのできる樽の側面に、大きく表示した。

　マウント・メアリーのもっとも有名なワインは、クィンテットであろう。複雑な甘酸っぱいカシスの風味が漂い、スパイシーで、食欲をそそるような、そしてほとんどミントに近い大地の香りがし、口に含むと素晴らしく凝縮され、完熟したカシス、赤い果実の複雑な重厚な味わいがする。このワインは他の多くのマウント・メアリーのワイン同様に、セラーに入れ、10年前後その存在を忘れておくべきワインである。**JG**

🍷🍷🍷　2012〜2025年

グランピアンズ地区ararat近郊に豊かに広がるマウント・ランギ・ジラン葡萄畑。

1945
ANNÉE DE LA VICTOIRE

RÉCOLTE MISE EN BOUTEILLES AU CHÂTEAU

1945

Cette récolte a produit...
numérotés de 1 à 74482
N° 67.377

Philippe de Rothschild

1924

CE VIN A ÉTÉ MIS EN BOUTEILLE AU CHÂTEAU

CHÂTEAU MOUTON-ROTHSCHILD

Négociants Propriétaires à Bordeaux

TOUTE LA RÉCOLTE MISE EN...

1945

Cette récolte a produit
24 jéroboams numérotés de...
1445 magnums numérotés de...
74482 bout & ½ bout numérotés de...
3000 Réservé du Château marqués R
Cette bouteille porte le N° 67.27...

Philippe de R...

Château Mouton Rothschild
1945

シャトー・ムートン・ロートシルト
1945

産地 フランス、ボルドー、ポイヤック
特徴 赤・辛口：アルコール度数13度
葡萄品種 C・ソーヴィニョン85%、メルロ8%、C・フラン7%

　第2次世界大戦の終結を迎えた1945年は、平和を象徴する輝かしい"ヴィクトリー・ヴィンテージ"となった。フランス全土で、接木されていない古木──戦時中は1本も植え替えられなかった──に、最高の質を持った葡萄が実った。とりわけ、設備がかなり傷んでいたにもかかわらず、ムートン・ロートシルトの出来は素晴らしく、いまだに歴史上もっとも偉大なワインの1つに数えられるほどである。ブロードベントは、あの有名な言葉"ワインのチャーチルだ！"をムートン1945に送ったが、ワインそれ自体については一言も述べていない。そのワインには、若きフラン人画家フィリップ・ジュリアンのデザインによる、チャーチルの"勝利へのVサイン"をあしらったラベルが貼られていた。それ以来、ムートンはヴィンテージごとに新進の芸術家にラベルを依頼している。

　1993年6月、シャトーのオーナーであるフィリップ・ド・ロートシルト男爵は、200名以上の賓客にムートン1945をふるまった。当初1,475本しか造られなかったマグナムを供する予定であったが、試飲の後メートル・ドゥ・シェは、まだ早すぎるとそれを引っ込め、代わりにボトルで供したという話である。このワインは、まさに長期熟成のために造られたワインである。**SG**
🍷🍷🍷🍷🍷　2050年まで

Muga
Prado Enea Gran Reserva Rioja 1994

ムガ
プラド・エネア・グラン・レセルヴァ・リオハ 1994

産地 スペイン、リオハ
特徴 赤・辛口：アルコール度数13.5度
葡萄品種 テンプラニーリョ、マスエロ、グラシアーノ

　ボデガス・ムガは、リオハのハロ地区にあり、イサーク・ムガ・マルティネスによって1932年に開かれた。いまは3代目の兄弟と従兄弟が、それぞれ葡萄畑、ワイナリー、国内市場、国際市場と役割を分担して活躍している。

　ムガの最大の特徴は、ワイン造りにおけるオークの使用、否、オークしか使用しないという点である。葡萄は160の発酵槽で発酵させられ、14,000個の樽で熟成させられる。土着の酵母の使用から卵白による清澄化まで、すべてが伝統に則って行われている。しかしそのワインは、そのままで現代的であり、伝統的なワインを好む人にも、現代的なものを好む人にも、両方に受けいれられている。

　1994年は、現代リオハが爆発した年であった。プラド・エネアはルビー色で、エッジがオレンジ色がかっているが、それは槽、樽、そして壜で過ごした6〜7年間の歳月を物語っている。赤い果実、森の下草の香りが陶酔させるよう、ポルチニ茸やトリュフも現れる。スパイス、なめし革、柑橘類も感じられる。ミディアム・ボディで、酸は程好く、タンニンは柔らかで、余韻は長い。これはブルゴーニュ好みのためのリオハだ。**LG**
🍷🍷🍷　2020年まで

← 中央がムートン1924で、両端が1945。1924は画家にラベルを依頼した最初のヴィンテージ

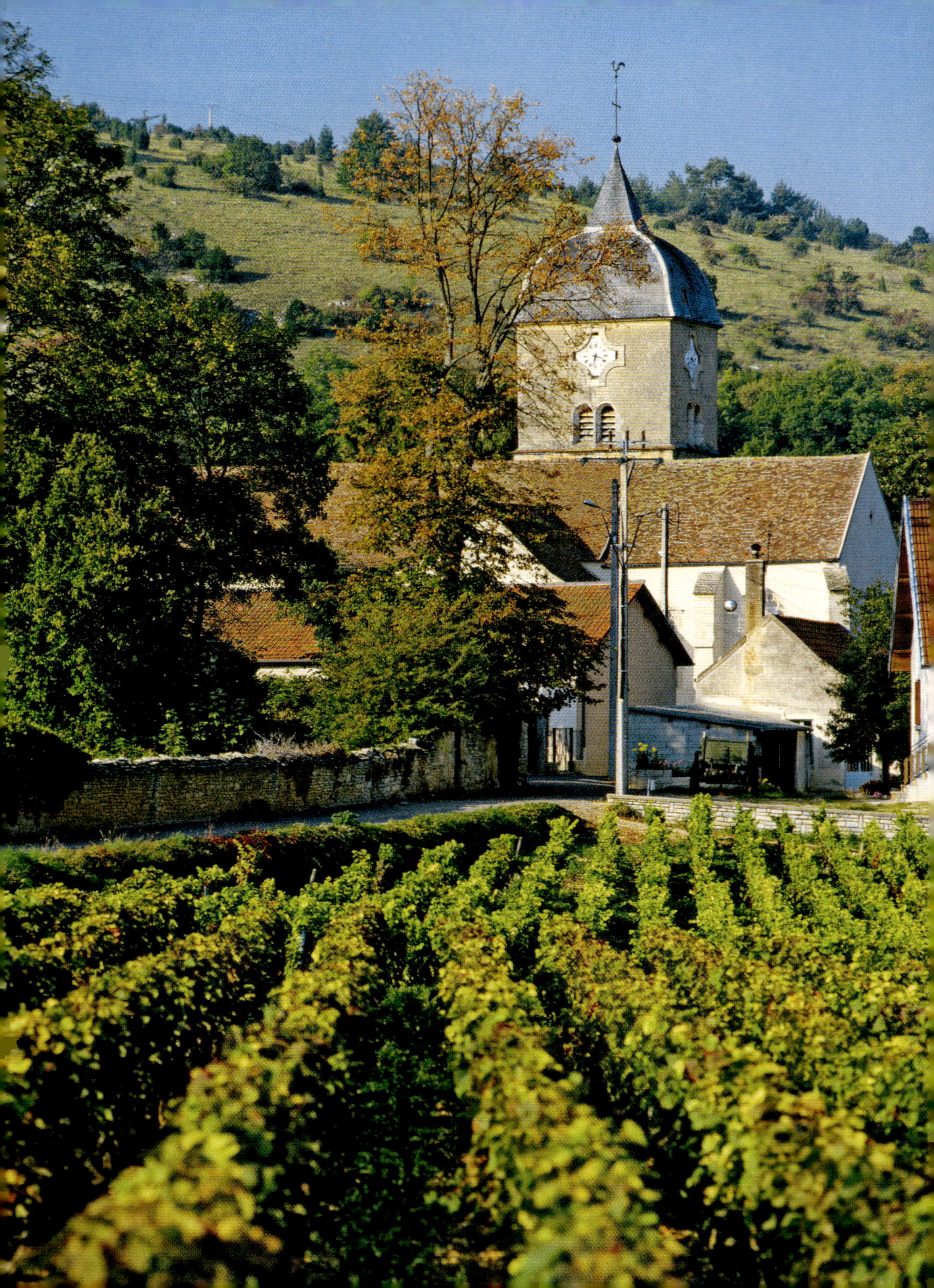

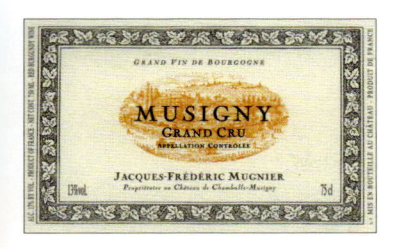

Domaine Jacques-Frédéric Mugnier
Le Musigny GC 1999

ドメーヌ・ジャック・フレデリック・ミュニエ
ル・ミュジニィGC 1999

産地 フランス、ブルゴーニュ、コート・ド・ニュイ
特徴 赤・辛口：アルコール度数13%
葡萄品種 ピノ・ノワール

　フレデリック・ミュニエ——友人たちはフレディと呼ぶ——は、幸運な男だ。いまは瀟洒なシャトー・ド・シャンボール・ミュジニィの住人であり、シャンボールとニュイにある畑から生まれるワインの管理人であるが、1988年にエステートに戻り、管理に全面的に取り組むことを決意するまでは、海洋油田の技術者であり、プロのパイロットでもあった。

　プルミエ・クリュのレ・フュエや、魅惑的なレザムールズを含むシャンボールの畑の中で、フレディが最も気に入っている畑は、グラン・クリュ・ル・ミュジニィの穏やかな1.4haの区画である。その葡萄樹は1947年から1962年の間に植えられたものである——コレクターの多くにとっては、このアペラシオンの最高のワインにしては樹齢がまちまちである。

　1999年はブルゴーニュの基準からすれば、暑い年であったが、フレディの努力が報われた年であった。彼は言う。「偉大なワインは土壌の産物なんだ。僕等が出来ることは、土壌と葡萄の生き生きとした均衡を尊敬することだけだ。僕等の方法を押し付けてはいけない。環境が及ぼす副次的影響を推し量り、ワインに障害が起きないようにすることが大切なんだ。」偉大なコート・ド・ニュイの大空を浮遊するような気分にさせるワインだ。ME

😊😊😊😊　2009〜2025年過ぎ

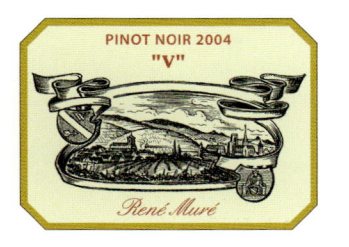

René Muré
Pinot Noir Cuvée "V" 2004

ルネ・ミュレ
ピノ・ノワール・キュヴェ"V" 2004

産地 フランス、アルザス
特徴 赤・辛口：アルコール度数13.5%
葡萄品種 ピノ・ノワール

　この"V"は、アルザス南部のコート・ド・ルーファハ地区のグラン・クリュ、ヴォルブールの頭文字を表している。そのグラン・クリュをはじめとして、ここルーファハの丘に広がる見晴らしの良い大地は、古代ローマ時代から葡萄栽培家や醸造家を魅了してきた。このワインのためのピノ・ノワールはまさしくそのグラン・クリュから生まれたものであるが、アペラシオン・グラン・クリュを名乗ることの出来る品種はリースリング、ピノ・グリ、ゲヴュルツトラミネール、ミュスカに限られているため、このワインはヴォルブールを名乗ることができないのである。

　この2004年ピノ・ノワールは例外的なほどに秀逸で、素晴らしい色、鮮烈な果実味、完熟したポリフェノールが、けっして過抽出ではない力強さを生み出している。このワインはろ過も清澄化も行われていない。深く濃いルビー色をした液体からは、スミレ、ピンク・ペッパー、新鮮な黒い果実の東洋的なファースト・アロマが次から次へと香り立ち、シナモンやクローヴなどの香辛料も感じられる。口に含むと圧倒的な量塊感があり、タンニンは滑らかで、ブラック・チェリーやラズベリーと楽しそうに溶け合っている。余韻は長く輪郭がはっきりしており、熟した酸とミネラルがこのワインの旅を完結する。この印象的なピノは、ローストした七面鳥や猟鳥と合わせると自然なパートナーとなる。ME

😊😊😊　2012年まで

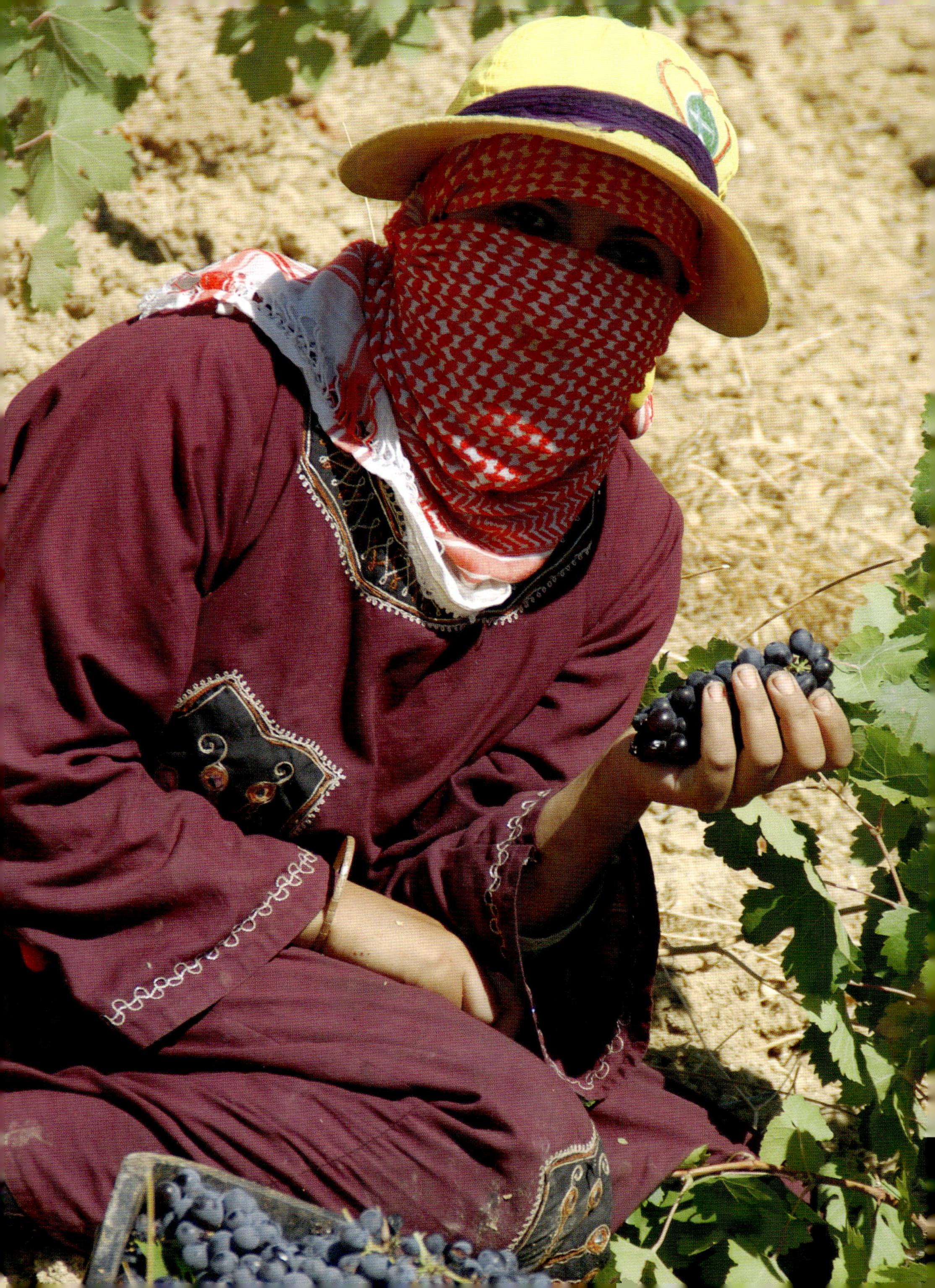

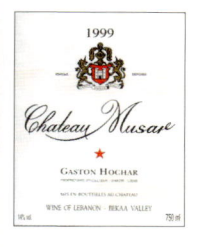

Château Musar
1999

シャトー・ミュザール
1999

産地 レバノン、ベカー高原
特徴 赤・辛口：アルコール度数14度
葡萄品種 カベルネ・ソーヴィニョン、サンソー、カリニャン

　フランスでの長い滞在を終えたガストン・オシャールは、1930年にレバノンに戻り、地中海を見下ろすガジルの17世紀に建てられたムザール城のセラーに、シャトー・ミュザールを開いた。1959年には、ボルドーで醸造学を修めた長男のセルジュが仕事に加わり、1962年には、セルジュの弟のロナルドが、マーケティングと、経理を担当することになった。1966年からは、兄弟がすべてを取り仕切っている。
　シャトー・ミュザールは、顕著にBrettanomyces（"カビに近い湿った蔵"の臭いのする酵母）や、揮発性の酸（酢酸で、ワインをヴィネガーのような匂いにする）の香りがする。これらをこのワインの欠点とみなす人もいるかもしれないが、ミュザールにとってはそれも個性を構成する特徴のひとつである。
　品種の構成はヴィンテージごとに変わり、当然シャトー・ミュザールはヴィンテージごとに性質もスタイルも違う。1999年はミュザールの最上のものがそうであるように、色はわりと薄く、特徴的な"湿った蔵"の匂いが熟した果実味とうまくバランスをとり、酸はかなり低めである。2007年に飲んでも美味しかったが、あと5年くらいはまだ熟成していくと思われる。**SG**

🍷🍷🍷　2012年過ぎまで

Bodega Mustiguillo
Quincha Corral 2004

ボデガ・ムスティギージョ
クィンチャ・コラル 2004

産地 スペイン、ヴァレンシア、ウティエル・レケナ
特徴 赤・辛口：アルコール度数14.5度
葡萄品種 ボバル96％、シラー4％

　ボデガ・ムスティギージョを設立したのは、ビジネスの世界からワイン造りに転進したトニー・サリオンである。彼の家族は葡萄畑を持っていたが、その葡萄は醸造業者に販売されるだけだった。彼は醸造学を学び、1年に2度の収穫期を経験するために南半球を旅し、最上のコンサルタントを雇って、可能な限りの短期間で技術を習得した。1999年に一度試行を行い、2000年に初のヴィンテージを出した。彼が選んだ品種はボバルで、ウティエル・レケナでは主流の品種である。国際レベルのワインがこの葡萄から造られたという実績はなかったが、色は濃く、アルコール度数も高めで、収量は非常に多い。サリオンは、この葡萄はもっと評価されて良い葡萄だと考えた。
　クィンチャ・コラルのブレンドは、毎年変わっている。過去、テンプラニーリョやカベルネも加えられた。2004はボバルを96％使用し、バランスをとるためにシラーを加えている。ワインの色は深い紫色で、完熟したプラム、クワの実、ブルーベリーなどの豊麗な香りが繰り広げられ、クリーム、ミネラル、スモークの微香も潜み、花の香りも感じられる。口に含むと、フル・ボディで凝縮され、スパイシーで鮮烈、熟した黒い果実と熟れたタンニンが口中に溢れ、それでいて新鮮で調和が取れている。**LG**

🍷🍷🍷　2019年まで

シャトー・ミュザールのアーナ葡萄畑で葡萄を摘むベドウィン族の女性

Fiorenzo Nada
Barbaresco Rombone 2001

フィオレンツォ・ナーダ
バルバレスコ・ロンボン 2001

産地 イタリア、ピエモンテ、ランゲ
特徴 赤・辛口：アルコール度数14度
葡萄品種 ネッビオーロ

　ブルーノ・ナーダの話は、最後はめでたしめでたしで終わる説教話のようだ。彼は1951年、トレイゾ村に生まれた。父親のフィオレンツォは、そこで小さなバルバレスコ・エステートを開いていたが、ブルーノは何か資格を取って、もっと華やかな生活がしたいと、村を出る決心をした。彼はトリノの工科大学で学位を取得した後、バローロのホテル学校で教鞭をとっていた。しかし故郷であるランゲからの引力は強く、彼は食品とワインへの道を歩み始める。

　1980年代初期、彼はついに父親の元に戻った。その頃彼の父は、ワインを醸造業者に一括販売していたが、彼は「新しいことを始め、ワインを自分たちで販売しよう」と父親を説得した。フィオレンツォの答えはただ一言、「Pruvuma（よし、やろう）」だった。それ以来2人は、伝統を大切にした手間を惜しまないワインを造り続けている。

　ロンボンは堂々としたワインである。特に2001年のような素晴らしい年には、若いうちは厳格だが、芳醇なアロマはまさにバルバレスコそのもので、スミレやブラックベリーを彷彿とさせ、ほとんどブルゴーニュに近い豊饒さがある。口に含むと温かく、力強いワインで、タンニンはまだこなれていないが、しっかりした骨格が質感として伝わってくる。そして素晴らしく長い余韻が続く。この先数十年は熟成を続けるワインである。**ME**

🥂🥂🥂🥂　2011〜2030年過ぎ

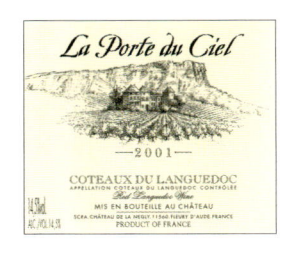

Château de la Négly
La Porte du Ciel 2001

シャトー・ド・ラ・ネグリ
ラ・ポルト・デュ・シエル 2001

産地 フランス、コトー・デュ・ラングドック、ラ・クラップ
特徴 赤・辛口：アルコール度数14.5度
葡萄品種 シラー

　このラ・クラップ地区の沿岸部に広がる石灰岩山塊の東側斜面にある50haの畑からは、華やかで、刺激的な、それぞれに独特の個性を持った数種類のワインが生み出されている。現オーナーであるジャン・ポー・ロセは、ネゴシアンへ葡萄や搾汁を売ることだけで満足し低迷していたラングドックのワインに栄光を取り戻すことを決意し、1992年家業を受け継いだ。彼はそれ以降、畑もワイナリーも全面的に改修し、さらにコンサルタント醸造家としてクロード・グロと契約した。

　赤では、ラ・ファレーズと、主にムールヴェドルを使用したランスリーが、ともに深みがあり、凝縮されていて秀逸である。しかし以下2種のワインは、どちらもシラー100％のワインである。ジェフリー・デイヴィスの協力の下造られたクロ・デ・トリュフィエはサン・パルジョアのいくつかの葡萄畑からの葡萄を使って造られ、クロ・デュ・シエル（この名前の畑は世界中に少なくとも3つはある）はネグリ・エステート自身の畑からの葡萄を使って造られている。ラ・ポルト・デュ・シエルはみずみずしく、豊麗で、凝縮されており、地中海からの潮風を取り込んだ果実が生み出す塩の味がくっきりと浮かび上がる（白のブリゼ・マリネはもっとはっきりと、喜ばしく塩味が感じられる）。結局、ポー・ロセの父親はそんなに間違った考え方はしていなかった。なぜなら、ラ・クラップに初めてシラーを植えたのは、彼だったから。**AJ**

🥂🥂🥂　2011年まで

Nino Negri
Sfursat 5 Stelle 2003

ニーノ・ネグリ
スフルサート・5・ステレ 2003

産地 イタリア、ロンバルディア、ヴァルテッリーナ
特徴 赤・辛口：アルコール度数14.5度
葡萄品種 キアヴェンナスカ（ネッビオーロ）

　スイスとの国境のすぐ手前、ロンバルディア・アルペン・ヴァレーの最奥部に位置するヴァルテッリーナは、ピエモンテ地区の外側にある小さなワイン地区であるが、ここから地元でキアヴェンナスカと呼ばれているネッビオーロ種から優れたワインが生み出されている。この地区で指導的な役割を果たしているのがニーノ・ネグリである。事実、ヴァルテッリーナ地区から一貫して秀逸なワインが送り出されるようになった背景には、ニーノ・ネグリのエノロゴでありワインメーカーであるカシミーロ・マウレの多大な影響力がある。スフルサート・5・ステレは彼の最高傑作で、その中でもこの2003年は最高のヴィンテージの中の1つであり、あの猛暑の年の偉大な成果である。

　2003年は濃いガーネット色で、グラスの端にレンガ色の輝きが見える。その年の暑さは、すぐに立ち昇る豊饒でスパイシーなアロマをもたらし、その油性の香りの中に、プルーン、レーズン、バルサミコが現れる。しばらくすると、ブーケが開き始め、満開のバラとトーストしたナッツやコーヒーの焦げた匂いの混ざった香りが広がり、ヴァニラも感じられる。口に含むと、今度は一転して、貴族的でしっかりした構造を示し、落ち着いていて優美で、力強さを礼儀正しさで隠しているような魅力を感じさせる。スフルサート・ノルマーレ2003もブラックチェリーの香りが口一杯に広がり、カシミーロ・マウレの名匠の技が感じられる。**ME**
🍷🍷🍷🍷　2009〜2018年

Niebaum-Coppola Estate
Rubicon 2003

ニーバム・コッポラ・エステート
ルビコン 2003

産地 アメリカ、カリフォルニア、ナパ・ヴァレー
特徴 赤・辛口：アルコール度数14.5度
葡萄品種 C・ソーヴィニヨン、C・フラン、メルロ、プティ・ヴェルド

　1871年のこと、ウィリアム・C・ワトソンがナパ・ヴァレーに32haの土地を購入し、そこに葡萄樹を植えてイングルヌック・エステートと名付けた。次いで1880年、アラスカにおける毛皮取引で財を成したフィンランド人のギュスターヴ・ニーバムがこのエステートを買った。すぐにそのワインは評判となり、1901年には、イングルヌック・クラーレットは南太平洋鉄道の御用達ワインとなった。

　1964年に、アライド・グレープ・グロワーズがイングルヌックの商標とシャトー、そして葡萄畑のうちの38haを購入し、エステートは分割された。その後有名な映画監督のフランシス・フォード・コッポラが両方を購入し、再びニーバム・コッポラという単一のエステートになった。とはいえコッポラは、『地獄の黙示録』の資金を作るためにこのエステートを担保に出し、1970年代後半にはほとんど破産しかけていた。

　コッポラのルビコンが最初に造られたのは1978年であったが、それは樽の中で7年間熟成させられ、1985年にリリースされた。初期のヴィンテージは非常に凝縮され、タンニンが強いが、1990年以降、そのスタイルはかなり受け入れられやすくなった。2003年はナパの基準からすると驚くほど瑞々しく、長期熟成にも向いている。2006年にニーバム・コッポラという名前は取り下げられ、現在はルビコン・エステートとなっている。**SG**
🍷🍷🍷🍷　2012年過ぎまで

Red wines | 699

Ignaz Niedrist
Lagrein Berger Gei 2004
イニャッツ・ニードリスト
ラグレイン・ベルガー・ゲイ 2004

産地 イタリア、アルト・アディジェ
特徴 赤・辛口：アルコール度数13度
葡萄品種 ラグレイン

　このエステートは、1870年にニードリスト家によって開かれた。それから数10年間、一家は地元コルナイアーノの醸造業者に葡萄を売って生計を立てていたが、1990年代の初め、いままで植えていたスキアーヴァ（トロリンガー）種を引き抜き、ラグレインを植えた。自分たちで納得のいくワインを造るためである。

　コルナイアーノ村は、コルダーロ湖のすぐ北に位置し、数100万年前の氷河の後退によって生まれた温かく排水の良い土壌を有している。ラグレインは、アルト・アディジェの南の地区だけに育つ品種で、果汁味たっぷりのロゼ・ワイン（ラグレイン・クレッツァー）に良く使われているが、色は非常に濃く豊かで、タンニンの量はとても少ない。果皮の上で発酵させると、深く、非常に芳醇だが、豊かな果実味が加わった飲みやすい赤ワインとなる。

　グラスに注ぐと、ラグレイン・ベルガー・ゲイ2004は、色調はほとんど黒色に近い色で、鮮やかな紫色のきらめきもある。ブラックベリー、クランベリー、柔らかく熟した果実のアロマが広がり、スパイス、ココア、煙草のような香りも感じられる。口に含むと重厚な質感で、ジャムのような凝縮感があるが、同時に、さわやかな搾りたての夏の果実の味わいもある。**AS**

🍷🍷 2014年まで

Niepoort
Batuta 2004
ニーポート
バトゥータ 2004

産地 ポルトガル、ドウロ
特徴 赤・辛口：アルコール度数14度
葡萄品種 多くの地元種のフィールド・ブレンド

　ディルク・ニーポートは数多くいる真面目なワイン狂のなかでも、特に幸運な位置にいる。彼はワイナリーを持っているだけでなく、様々なことを試すことのできる世界で最も恵まれたテロワールを持っている。そのテロワール──ポルトガル、ドウロのシマ・マルゴ地区にある砂礫質の斜面の段々畑──は、これまでポートワインのための葡萄が育てられていたところである。しかし現在彼にとっては、赤ワインのための、北向きの、そこよりも冷涼な畑のほうが大事である。彼はポートのための最上の葡萄畑は、赤ワインのための最上の葡萄畑にはならないことを良く知っている。

　バトゥータは1999年に最初に造られ、そのスタイルはボルドーの格付けワインに似ている。果汁は、壮健であるが、きめの細かいタンニンを得るために果皮の上で30～40日間浸漬される。そのワインは野生的で強烈であると同時に、非常に洗練されていて、素晴らしいフィネスを有し、余韻は長い。

　おそらくこれまでで最も恵まれたヴィンテージが2004年だろう。それはロドマほど野生的ではないが、力強くエレガントで、凝縮されていて、しかも洗練されている。甘いブラック・チョコレートやスパイス、乾燥果実の香りがし、輪郭がはっきりしている。凝縮された味わいは芳醇な甘い果実のようだが、その下にしっかりとした骨格を持っている。新鮮で厳格なスタイルは、このワインが長命であることを示唆している。**JG**

🍷🍷🍷 2010～2030年

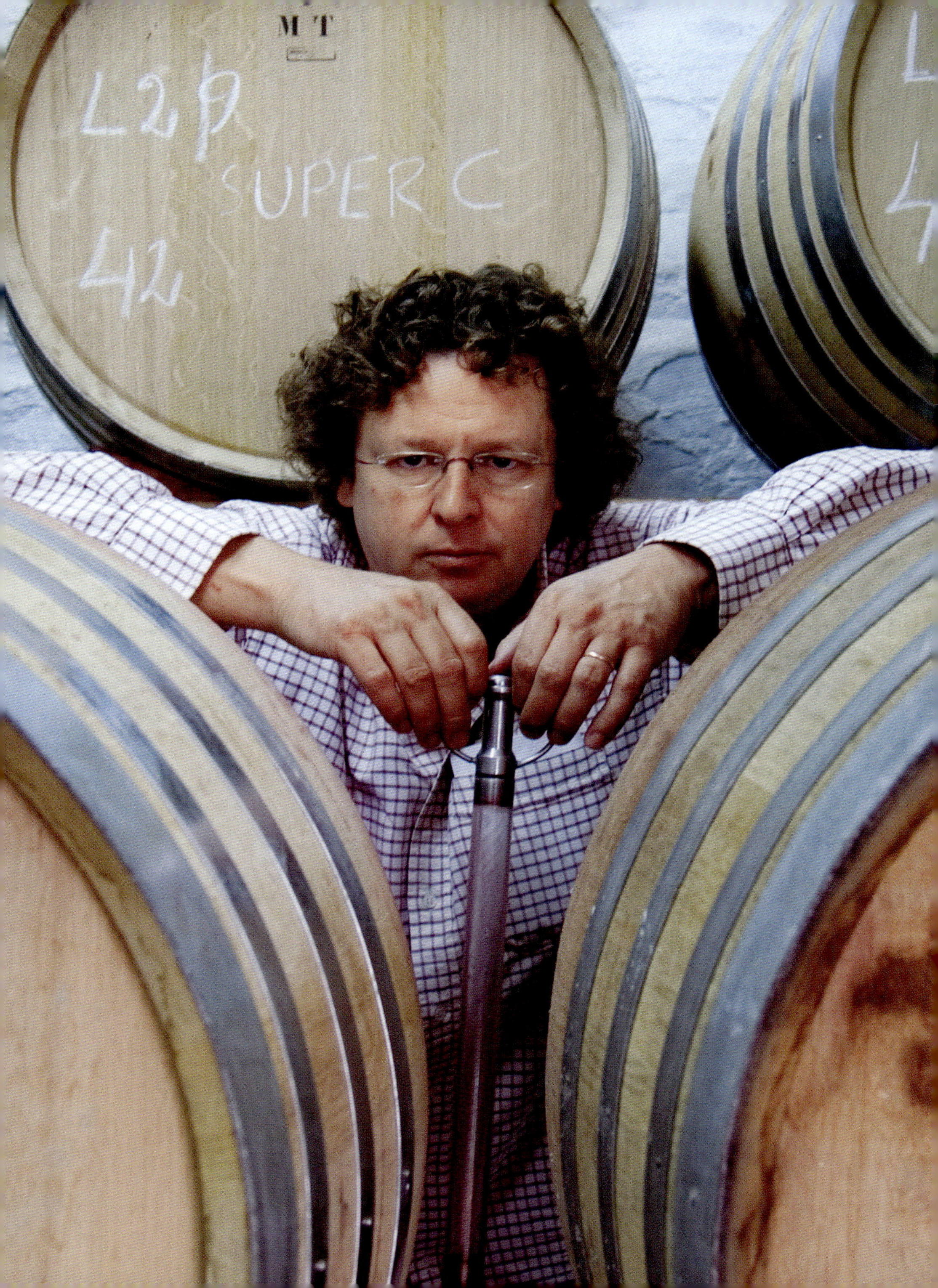
SUPER C

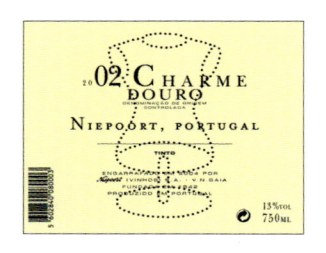

Niepoort
Charme 2002
ニーポート
シャルム 2002

産地 ポルトガル、ドウロ
特徴 赤・辛口：アルコール度数13度
葡萄品種 多くの地元種のフィールド・ブレンド

　ドウロにおけるスティル・ワイン革命の指導者ディルク・ニーポートは、おそらく高級ワイン造りに取り憑かれているのであろう。世界のワイン生産地域の中で彼がもっともあこがれている地域は、ブルゴーニュである。彼はすでに、レドマ、バトゥータの赤、それに鮮烈なブルゴーニュ風レドマ・ブランコ・レセルヴァで名声を獲得していたが、ドウロの別の違った表現方法を模索するのに忙しかった。それがシャルムである。

　「良いワインと偉大なワインの間には、100のディテールが横たわっている」とニーポートは言う。葡萄は果梗のついたままラガレス（花崗岩製の発酵槽）に入れられ、足踏みされる。そして浸漬の期間が絶妙に調節される。大半はそのラガレスの中ですばやく抽出されるが、残りはゆっくりと時間をかけて抽出される。ニーポートによれば、2001年は、数時間のずれがあったので、この年はシャルムは造らなかったということである。

　シャルムの最初のヴィンテージは2002年である。香りは滑らかで、よく熟しており、優美である。芳醇で、深みがあり、果梗由来のスパイシーさもある。口に含むと、こちらも滑らかで、完熟しており、スパイスとしっかりしたタンニンが感じられる。このワインは、ドウロは力強さと野性味だけではなく、優雅さとフィネスも表現できることを如実に示している。**JG**

🍷🍷🍷　2025年過ぎまで

Bodega Noemía de Patagonia
Noemía 2004
ボデガ・ノエミア・デ・パタゴニア
ノエミア 2004

産地 アルゼンチン、パタゴニア、リオ・ネグロ・ヴァレー
特徴 赤・辛口：アルコール度数14.5度
葡萄品種 マルベック

　ノエミアはノエミ・マローネ・チンザーノと、ワインメーカーであるハンス・ヴィンディング・ディールスの2人のフラッグシップ・ワインである。2001年のこと、ハンスがパタゴニアのリオ・ネグロ・ヴァレーで働いていたとき、彼はたまたまある葡萄畑に入り込んだが、その畑には1930年代に植えられた、フランスのコット種の変種である"本物"のマルベック（完熟が遅いのが特徴）があった。それはイタリアからの移民たちによって、南アルゼンチンの葡萄畑用の"マザー"葡萄畑として植えられていたものであった。この葡萄畑からの2001年のデビュー・ワインは、アルゼンチン初のガレージ・ワインとなった。

　ノエミアはヴィンディング・ディールの手によって、生果実を箱詰めする冷蔵室でポンプを使わずに（そしてその他の機械類も一切使わずに）、発酵させられた。その後、ヴィンディング・ディールがトスカーナでコンサルタントとして働いていたときの雇い主であるチンザーノが加わり、ノエミアのための本格的ワイナリーが完成し、2004ヴィンテージが生まれた。

　ワインはろ過されず、重力の作用で壜詰めされているため、飲む前に1～2日デキャンティングする必要がある。そのワインは非常に凝縮された果実味と、異国風のタンニンが感じられるが、その量塊感にもかかわらず、優雅さも備え、マルベック種の最も良い点を見事に表現している。その比類のないタンニンの広がりは、まったく"タンニンらしさ"を感じさせない。**MW**

🍷🍷🍷🍷　2015年まで

Andrea Oberto
Barbera Giad 2004

アンドレア・オベルト
バルベーラ・ジアーダ 2004

産地 イタリア、ピエモンテイタリア、ピエモンテ
特徴 赤・辛口：アルコール度数14.5度
葡萄品種 バルベーラ

　このエステートは、1978年にアンドレア・オベルトによって開かれたが、彼の望みは、ただ家業の葡萄栽培を継続させたいということだけだった。彼が事業を始めた時期は、けっして理想的とはいえない状況だった。多くの生産者が、バルベーラ10〜15ケースを、バローロ1ケース分の価格で売り渡すといった具合だった。バローロはピエモンテのフラッグシップ・ワインであったが、バルベーラはピエモンテの人々の日常の食卓用ワイン（そして品種）に過ぎなかった。当時はピエモンテ以外の人で、バルベーラ特有の強烈な酸味を好む人はほとんどいなかった。

　オベルトのバルベーラ・ジアーダが最初に造られたのは1988年のことで、ピエモンテ以外の人々に愛されるバルベーラの第1陣であった。ジアーダのための葡萄は1951年に植えられたもので、葡萄の質はとても良く、収量は低く抑えられている。発酵は徹底した温度管理の下に行われ、抽出を多くし芳醇さを出すため、何度もルモンタージュが繰り返される。これはこれまでのバルベーラのイメージを変える1本である。2004年は優美さと瑞々しい果実味を前面に押し出したワインである。ローズマリーやガーリックをたっぷり利かせたラムの脚肉のローストとお試しいただきたい。**AS**

🍷🍷🍷　2010年過ぎまで

Ojai Vineyard
Thompson Syrah 2003

オーハイ・ヴィンヤード
トンプソン・シラー 2003

産地 アメリカ、カリフォルニア、サンタ・バーバラ
特徴 赤・辛口：アルコール度数13.5度
葡萄品種 シラー

　アダムとヘレンのトルマック夫妻が1981年に、彼らの狭い葡萄畑にシラーを植えたとき、小さなリゾート地であるオーハイも、U.S.シラーもほとんど知られていなかった。その葡萄畑がピアス病に襲われたとき、彼はもはやそれを植え替えまいと決心した。彼は自分で葡萄を栽培するのではなく、この地で知り合った多くの葡萄栽培家と一緒に組んで仕事をすることのほうを選んだのである。トルマックは1991年以来、彼独自のワイン造りを追求してきたが、彼が一番関心を持っていることは、葡萄栽培とワイン造りの各過程における様々な要因の因果関係である。彼の今日までの歩みは、カリフォルニア州サンタ・バーバラから、各畑の特徴を最もよく表現した単一畑ワインを造り出すことに捧げられてきた。

　この過程で彼が認識したことは、高い糖分濃度、それゆえ高いアルコール度数は、複雑なフレーヴァーの実現とは相容れないということであった。そのため彼の探索の旅は、優美な長期熟成に耐えるワインにふさわしい冷涼な気候の畑の方向へと進んだ。2003年はトルマックの求める低収量の、比較的やりやすいヴィンテージであった。トンプソン・シラーは、よく凝縮された力強いワインで、その潜在的な複雑さは、このワインが10年過ぎまで調和と統合を進化させていくということを示している。**LGr**

🍷🍷🍷　2015年過ぎまで

Willi Opitz
Opitz One 1999
ヴィリー・オピッツ
オピッツ・ワン 1999

産地　オーストリア、ノイジードラゼー／ゼーヴィンケル、イルミッツ
特徴　赤・甘口：アルコール度数11度
葡萄品種　ブラウブルガー、その他オーストリア黒皮品種

　ヴィリー・オピッツは元々は週末に、彼の小さな葡萄畑を手入れするぐらいであった。しかし仕事を辞めてからは、彼自身の畑を広げると同時に、理由があって自分で葡萄をワインに加工しない人々から、区画単位で貴腐葡萄を購入し始めた。シュペトレーゼからトロッケンベーレンアウスレーゼまで、様々な甘みのワインを造るため、キュヴェごとにすべてが厳密に計量され、等級付けが行われる。貴腐菌が付かない年には、葡萄は霜が下りる直前まで畑に置いておかれるか（これは国立公園鳥獣保護区のすぐ近くのイルミッツではとても危険なことである）、乾燥した藁の上に果房を並べて乾燥させ、シルフヴァインのために使用される。これは1980年代にオピッツが復活させたもので、彼はこれをシルフマンドゥル（藁の小人）と呼んでいる。
　オピッツ・ワンは彼の新しい試みで、葡萄を藁の上で乾燥させて造った赤ワインである。オーストリア独自のブラウブルガー交配種（ブラウエル・ポルトギーザー×ブラウフレンキッシュ──フリードリッヒ・ツヴァイゲルトの作り出した品種）から造られるか、他の品種をブレンドして造られるかのどちらかである。オピッツ・ワン1999は独特のピンクがかった赤色で、ヌガー、アルコール付け果物、チョコレート・ムースのような香りと味覚が印象的である。ザッハー・トルテをつまみに飲むのが最高だろう。**GM**

🍷🍷🍷　2015年過ぎまで

Opus One
1987
オーパス・ワン
1987

産地　アメリカ、カリフォルニア、ナパ・ヴァレー
特徴　赤・辛口：アルコール度数13.5度
葡萄品種　C・ソーヴィニョン95％、C・フラン3％、メルロ2％

　『ショー・ミー・ワット・ユー・ガット』のなかでジェイ・Zは、「俺は時とともに味わいを増すオーパス・ワンのようなもの」と唄っている。ナパの新興のワイナリーに向けるのと同じぐらい目を向けるようにと要求しているわけではないが、オーパス・ワンはナパで初の、"デザイナー"または"ブティック"ワイナリーであった。ロバート・モンダヴィとバロン・フィリップ・ロートシルトが初めてハワイで顔を合わせたのは、1970年のことだった。8年後、今度はボルドーで会ったが、カリフォルニアで一緒にワイン造りをすることを約束するまでに1時間もかからなかった。著名な2人が造るワインが、高値で取引されるのは当然予想されることだった。
　オーパス・ワンが独自のスタイルを完成させるまで、何回かのヴィンテージが必要であったが、カリフォルニア方式で育てられた葡萄とボルドー流のワイン造りを結合させるという独自のスタイルに落ち着いた。オーパス・ワンがボルドー・ワインと間違えられることはないだろう──それはボルドーよりもよく熟成してアルコール度数も高い──が、それ以降のどの秀逸なカリフォルニア・カベルネと比べても芳醇で、アルコール度数は低い。
　オーパス・ワン1987は2006年でも、まだ深い色をし、最初不快ではない青草の香りがし、次いで、空気に触れるとともに煙草が漂ってくる。フル・ボディでよく凝縮されており、心地よいタンニンの大きなフィニッシュが訪れる。まだこれから先数年は熟成し続ける力を持っている。**SG**

🍷🍷🍷🍷　2015年まで

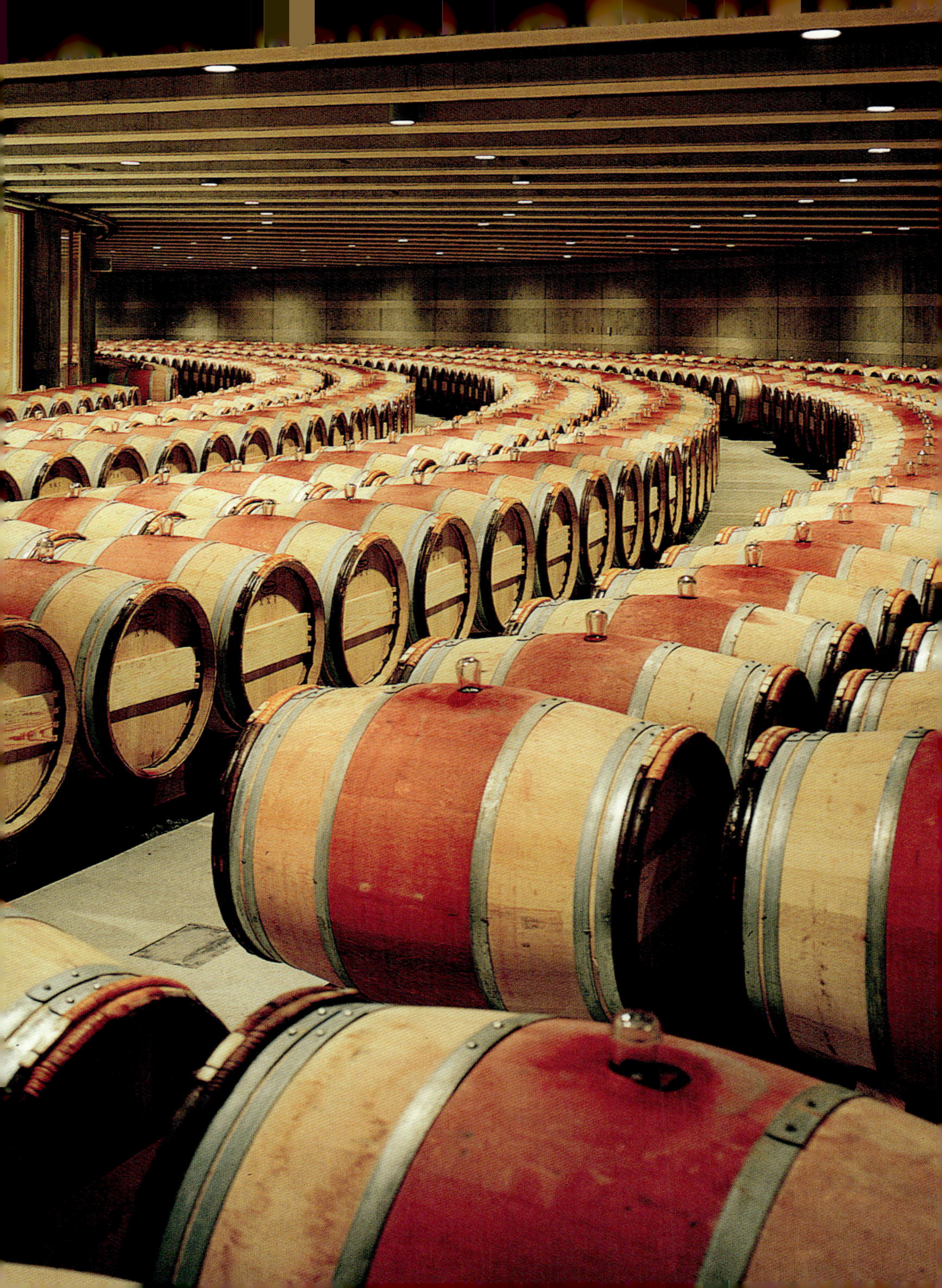

Siro Pacenti
Brunello di Montalcino 2001
シロ・パチャンティ
ブルネッロ・ディ・モンタルチーノ 2001

産地 イタリア、トスカーナ、モンタルチーノ
特徴 赤・辛口、アルコール度数14度
葡萄品種 サンジョヴェーゼ

ジャンカルロ・パチャンティの父親のシロが、モンタルチーノの20haの畑を買ったのは1960年のことだった。彼の祖父は1世代前の物納小作人としてその土地で働いていた。モンタルチーノDOCGの北端の、一家の7haの畑に育つサンジョヴェーゼは、冷涼な気候と砂質の土壌の恩恵を十分に受け、非常に複雑なアロマを持つ素晴らしいワインとなる。一方そのDOCGの南にある13haの畑は、肥えた沖積層の石灰質の豊富な土壌で、力強く、アルコール度数の高いワインを生み出す。パチャンティのワインがかくも複雑で、長期熟成に耐えるのは、この両方の土地が生み出す葡萄の融合によるものである。

ジャンカルロが言うには、2001年はサンジョヴェーゼの究極の表現であるということである。そのワインは大聖堂の地下の光栄あるセラーで醸造される。ワインは果皮の上での20日間のマセラシオンの後、フランス産オークの小樽で24ヵ月間熟成させられ、ろ過も清澄化も行われず壜詰めされる。パチャンティ一家は、ワイン造りの中にモンタルチーノのすべてを表現することに疲れを知らない。シロ・パチャンティ2001は伝説となっている。**MP**
🍷🍷🍷 飲み頃：2015〜2025年

Pago de los Capellanes *Parcela El Picón Ribera del Duero* 2003
パゴ・デ・ロス・カペジャーネス・パルセーラ
エル・ピコン・リベラ・デル・ドゥエロ 2003

産地 スペイン、リベラ・デル・ドゥエロ
特徴 赤・辛口、アルコール度数14.5度
葡萄品種 ティント・フィノ（テンプラニーリョ）、C・ソーヴィニョン

パゴ・デ・ロス・カペジャーネスは、リベラ・デル・ドゥエロのまだ出来て間もないワイナリーである。名前は、"司教たちの葡萄畑"を意味しているが、理由は、その畑がかつて教会の所有で、ペドロサ村の司教たちによって手入れされていたからである。ワイナリーとその周囲の101haの畑を所有するのは、ロデロ・ヴィッラ家で、畑の80％にテンプラニーリョを、その残りに、カベルネ・ソーヴィニョンとメルロを植えている。

パルセーラ・エル・ピコンはティント・フィノ（テンプラニーリョ）の特別なクローンを植えている2haの畑から生まれる単一畑ワインで、その微気象は独特の質の良いタンニンをワインにもたらす。これはリベラ・デル・ドゥエロから生まれる希少な単一畑ワインで、特に優れた年にしか造られない。現在までに、1998,1999,2003の3つのヴィンテージがあるだけである。

2003年はきわめて収量の少ない年で、1999年の4分の1にも満たなかった。非常に濃いガーネット色で、中心はほとんど黒色に近い。肉、スパイス、よく熟した赤い果実の強烈で精妙なアロマがあり、オークの香りとうまく統合されている。ミディアム・ボディで、酸も程好く、フレーヴァーに満ち、新鮮で、とても長い余韻が続く。**LG**
🍷🍷🍷🍷 飲み頃：2018年

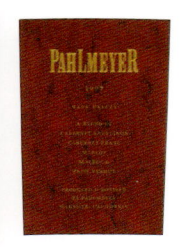

Pahlmeyer
Proprietary Red 1997

パルメイヤー
プロプライエタリー・レッド 1997

産地 アメリカ、カリフォルニア、ナパ・ヴァレー
特徴 赤・辛口、アルコール度数14.7度
葡萄品種 C・ソーヴィニヨン、メルロ、マルベック、その他

ナパ・ヴァレーではとても良く知られた人物であるジェイソン・パルメイヤーは、以前は銀行家で、法廷弁護士でもあったが、クームスヴィルとアトラスピークの両地区に、素晴らしい畑を拓いた。彼はまた、ナパ・ヴァレーにおいても、厳密に旧世界の伝統的な葡萄栽培法と醸造法を守ってボルドー・スタイルのワインを造ることができることを証明した。特筆すべきは、彼がこれを、テクノロジーが支配し、単一品種ワインが一般的であり、ただの"赤ワイン"というブレンド・ワインのラベル表示が消費者を敬遠させる地で行ったということである。

パルメイヤー・プロプライエタリー・レッド――カベルネ・ソーヴィニヨン、メルロ、カベルネ・フラン、プティ・ヴェルドの伝統的なボルドー・ブレンド――のための葡萄は、主に急峻な低収量の丘の斜面から生まれる。彼は成熟が極点に達し、糖度が最も高まった時点を逃さず収穫する。ワインは新樽80%、残りは2年目の樽で、2年間熟成させられ、清澄化も濾過も行われずに壜詰めされる。そのワインは時間の経過とともに、ますますタンニンが滑らかになり、果実味が豊饒となり、圧倒的な力強さを得る。**DD**

🅢🅢🅢🅢 飲み頃：2012年過ぎまで

Paitin
Barbaresco Sorì Paitin 1999

パイティン
バルバレスコ・ソリ・パイティン 1999

産地 イタリア、ピエモンテ、ランゲ
特徴 赤・辛口、アルコール度数14度
葡萄品種 ネッビオーロ

偉大なバルバレスコDOCGが正式に誕生したのは1894年のことであるが、ネッビオーロ・ディ・バルバレスコが造られ始めたのはそれよりもずっと前である。バルバレスコ・ソリ・パイティン（ソリというのは、ピエモンテの方言で、南に面した葡萄畑を意味する）が初めて壜詰めされたのは、1893年のことである。その畑は最初1796年に、ペリッセロ家のベネデット・エリアによって購入され、それ以来代々伝わって、現在はセコンド・パスケロ・エリアと2人の息子、ジョバンニとシルバーノによって運営されている。

ソリ・パイティンのための葡萄は、まず32℃の温度で8〜9日間の短い期間浸漬される。次にそのうちの60%は、スロヴァニア産オークの大樽で、残りはフランス産オークの小樽で熟成される。樽のうち20%が、毎年新樽に交換される。

1999年は、多くの生産者がネッビオーロの色づきの良さに驚いた。そのワインは深いが艶のあるルビー・レッドで、明るいガーネット色の輝きもある。スミレや赤い果実（ザクロ、チェリー）の優美で精妙なアロマが立ち昇り、黒いタールの香りも感じられる。口に含むと、豊饒で、柔らかく、温かく愛撫されているようで、きめの細かいタンニンがしっかりした骨格を作り、酸はうまく統合されている。**AS**

🅢🅢🅢🅢 飲み頃：2030年まで

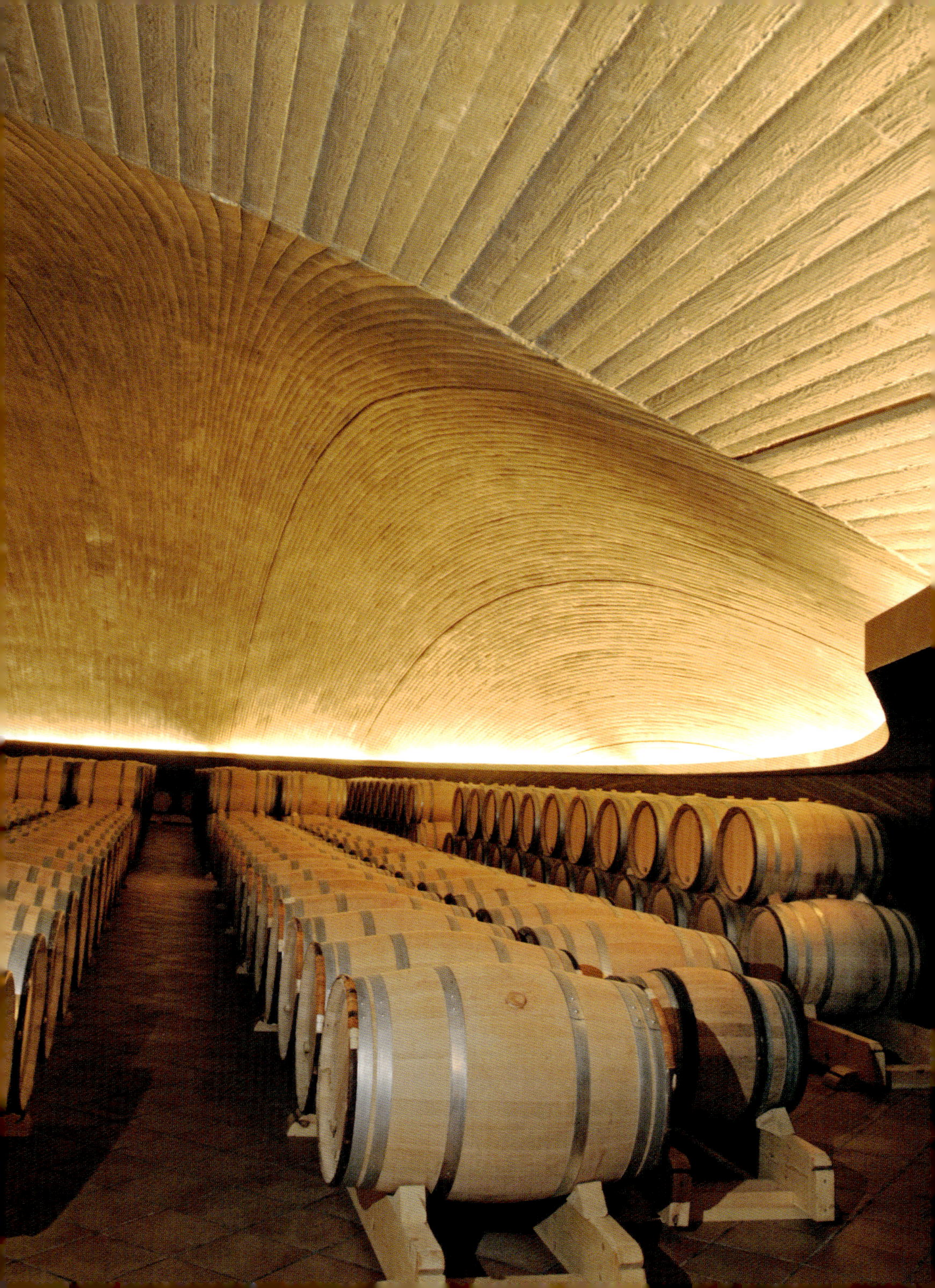

Alvaro Palacios
L'Ermita 2000

アルヴァロ・パラシオス
レルミタ 2000

産地 スペイン、カタローニャ、プリオラート
特徴 赤・辛口、アルコール度数14度
葡萄品種 ガルナッチャ、カベルネ・ソーヴィニヨン、カリニャン

　1980年代、レネ・バルビエールがリオハのパラシオス・レモンド・ワイナリーの営業で世界中を飛び回っていたとき、若きアルヴァロ・パラシオスが同行し、彼とともに一家のワインの販路を拡大していた。その過程で2人は共に、新しい土地で国際的なレベルのワインを自分達自身の手で造りたいという夢を抱き始めた。2人は最終的にプリオラートに落ち着き、レネがクロ・モガドールを、そしてアルヴァロがクロ・ドフィ――後にフィンカ・ドフィと名を改めたが、それは技術的にはクロを超えている――を拓いた。

　しかしアルヴァロはもっと先へ進むことを望んだ。彼は自分の理想とする畑を探し求め、そうして見つけた畑が、レルミタである。その円形劇場のような畑には、主にブッシュ仕立てのガルナッチャの古木が植えられ、それ以外にカリニャンやカベルネ・ソーヴィニヨンも少々植えられている。その急勾配の斜面は、地元では"リコレリャ"と呼ばれている粘板岩の砕石で被われ、その砕石がワインに豊かなミネラルを注入している。

　2000年、パラシオスは絶妙のバランスを持つレルミタを創り上げた。そのワインは、非常に強烈な暗いガーネット色をし、熟した黒い果実の精妙で凝縮されたアロマを持ち、花や鉱物(黒鉛)の香りもする。口に含むと芳醇で肉感的であり、澄明で静謐、みずみずしくフル・ボディで、余韻は非常に長い。レルミタがスペインでもっとも高価なワインであるのがうなずける。**LG**

🍷🍷🍷🍷🍷　飲み頃：2020年まで

Descendientes de J. Palacios
Corullón 2001

デセンディエンテス・デ・ホセ・パラシオス
コルリョン 2001

産地 スペイン、ビエルソ
特徴 赤・辛口、アルコール度数13.5度
葡萄品種 メンシア

　ビエルソはカスティージャからガリシアに向う中継地で、温暖で湿度の高い土地である。ここにはメンシアという自生種があるが、誰もそれに注目する者はいなかった――リカルド・ペレス・パラシオスと彼の叔父アルヴァロ・パラシオスがやって来るまで。彼らは、高地に育つ、果粒が小さく、果汁が凝縮されていて、色の濃い葡萄を探していた。その時までメンシアは、ロゼ用の葡萄としてしか見なされていなかった。

　このワインのための葡萄が採れた村コルリョンは、山間の小さな村で、急峻な粘板岩の斜面にメンシアの古木の小さな畑が散在している。機械を入れることができない土地なので、耕作はすべてロバか馬で行われる。2001年は、ビエルソにとってはとてもバランスの良い年で、優美で調和の取れたワインが生まれた。それらのワインは非常にゆっくりと開花していき、その本当の魅力を発揮するまでにはかなり時間がかかる。

　コルリョン2001は、色は貴婦人のドレスのような深みのある暗い色で、バルサミコの強い香りの合間から、甘酸っぱいイチゴ、レッドカラント、ブルーベリー、花の香りが漂い、口に含むと、生き生きとした酸がしっかりした骨格を造り、さまざまな凝縮したフレーヴァーが広がる。パラシオスはいつもバランスとエレガンスを追求している。そのスタイルは、この2001年にも貫かれており、それは美しく長く生き続ける。**SW**

🍷🍷🍷　飲み頃：2013年まで

Palari Faro
2004

パラリ・ファロ
2004

産地 イタリア、シチリア
特徴 赤・辛口：アルコール度数14度
葡萄品種 ネレッロ・マスカレーゼ、N・カプッチオ、その他

　ファロ・ワインは数世紀前から、メッシーナ海峡に面した丘の上で造られてきた。アラブ民族による支配の時期を除き、フィロキセラが猛威を振るう20世紀前半まで、シチリア島はワイン造りが盛んであった。それ以降は衰退を続け、1985年に最低のところまで落ち込んだ。
　そんな時、イタリア食品産業の父であり、ワイン評論家でもあるルイジ・ヴェロネッリに、「ファロDOCを再興してくれないか？」と声をかけられたのが、サルバトーレ・ジェラーチであった。ジェラーチはピエモンテのワインメーカー、ドナート・ラナーティに一度自分の葡萄畑を見てくれと頼んだ。それは海に向かって急斜面で駆け下りている7haの畑で、非常に樹齢の高い地元品種や、はっきりしない品種の樹が植わっていた。もちろんラナティは、その畑と恋に落ち、そうして出来上がったのが現在の、豊麗さを極め、独特の個性を持つファロである。
　色は濃すぎないルビー色で、熟成を重ねるにつれオレンジ色がかってくる。赤い果実に彩られた、溌剌とした、土味の強い、スパイシーで花のようなアロマがあり、生肉や東洋の香辛料の芳香もある。口に含むと、程好い辛口で、バランスが良く、まろやかで、甘いタンニンが果実味を支え、長く透明な余韻が続く。**AS**
🍷🍷🍷　飲み頃：2013年まで

Château Palmer
1961

シャトー・パルメ
1961

産地 フランス、ボルドー、マルゴー
特徴 赤・辛口：アルコール度数13度
葡萄品種 C・ソーヴィニヨン47％、メルロ47％、C・フラン6％

　伝説的ヴィンテージから生まれた、伝説的ワインであるシャトー・パルメ1961は、忘れることのできない完璧なワインの1つである。戦後の最も偉大なヴィンテージの1つ1961年は、2度の酷い霜という困難な状況から始まったが、収量は少ないが健康で完熟した葡萄が採れた。低い収量と高い凝縮によって、驚くほどに質の高いワインが生み出された。
　2006年6月、フィンランド人ワイン鑑定家であるペッカ・ヌイッキは、そのワインの7回目のテイスティングを行ったが、次のように述べている。「信じられない芳香だ。チョコレート、トリュフ、カシス、キャラメルのミックスした独特の魅惑的なアロマが一面に広がり、フル・ボディで芳醇、甘く、柔らかく、とてもバランスの良い余韻が続く。予想していたほど深く、肉厚で凝縮されているわけではないが、私がこれまで試飲したパルメ1961の中では最高の味の1つだ。すでにとても美味しいが、残念なことにまだ私が望むような伝説的な域に達していない。このパルメは今飲んでも素晴らしい、そして…私の正直なアドバイスは、待つな、売るな、──自分自身に優しく、いま楽しめ、である。」
　ヌイッキの体験が示していることは、このワインは最近気まぐれになっているということである。彼はさらに続けている。「私はまだパルメ1961の完全なるボトルをまだ見たことがない。」**SG**
🍷🍷🍷🍷🍷　飲み頃：2015年まで

シャトー・パルメは1816年、英国人ジョン・パルマーによって購入された。

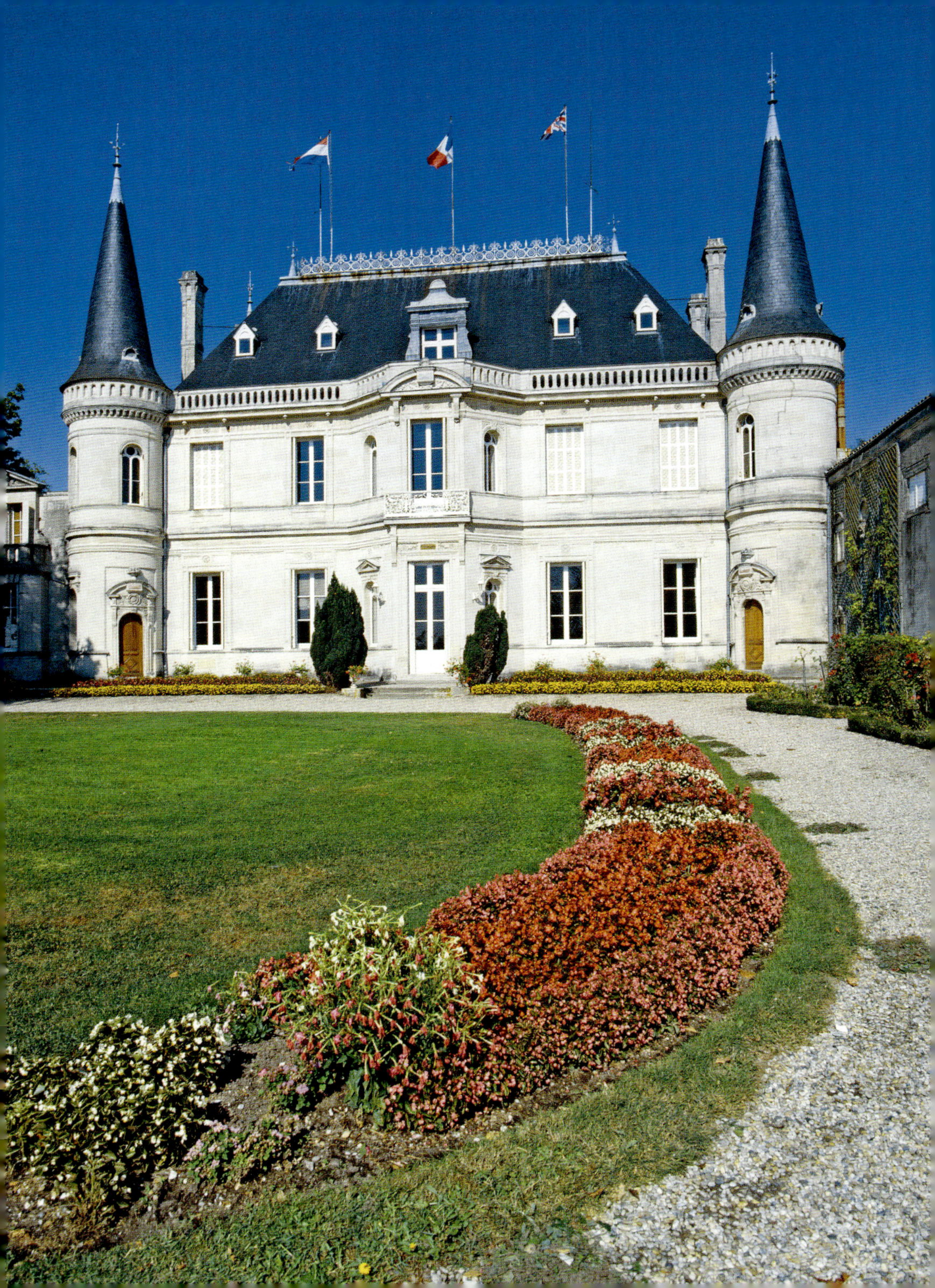

Château Pape-Clément 2000

シャトー・パプ・クレマン 2000

産地 フランス、ボルドー、ペサック・レオニャン
特徴 赤・辛口：アルコール度数13度
葡萄品種 カベルネ・ソーヴィニョン60％、メルロ40％

ここでパプ・クレマンについて語るのは、けっして怠惰な思いつきからではない。1305年、ボルドーの大土地所有者であり、大司教であったベルトラン・ド・ゴットは法王クレマン5世となり、ボルドー市はその栄誉をたたえて、このエステートをシャトー・パプ・クレマンと名付けた。1939年以来モンターニュ家の所有であったが、婚姻関係を通して、現在はボルドーで最も有力なネゴシアンであるベルナール・マグレがオーナーになっている。パプ・クレマンは依然としてボルドーにおける彼のフラッグシップ・エステートであり、彼の指示によりワインの質は目覚しく向上している。

その葡萄畑はオー・ブリオンほどには恵まれていないが、土壌は明らかに優れている。低温浸漬、果房の櫂入れ、大半がオークの新樽による熟成と、醸造法は現代的である。収量は低く抑えられ、非常に凝縮されている。1994年以来、少量であるが、素晴らしい白ワインも造っている。かつてはこの地にも白ワイン用の品種がところどころに植えられていたが、それらは市場に出されることはなかった。現在ベルナール・マグレはシャトーの脇に2haほど白ワイン品種を植え、非常に洗練された、オークの香りの強い、手頃な価格の白ワインを送り出している。

パプ・クレマンが、ペサック・レオニャンを代表する最も芳醇で、豪華なワインであることを疑う人はほとんどいない。そのワインは、凝縮され、オークの香りが強いにもかかわらず、豊かなフィネスを表現している。2000年は、このスタイルの極致で、スモーク、甘草、黒い果実の豊饒なアロマが漂い、フル・ボディで、タンニンの骨格はしっかりしており、力強く、優美で、スパイシー、そして長く続く余韻がある。**SBr**

🍷🍷🍷🍷　飲み頃：2012年まで

追加推薦情報
その他の偉大なヴィンテージ
1986・1989・1990・1995・1996・1998・2002・2005
ペサック・レオニャンのその他の生産者
オー・バイイ、オー・ブリオン、ラ・ルーヴィエール、ラ・ミッション・オー・ブリオン、スミス・オー・ラフィット

法王クレマン5世の若い時の住居であったシャトー・パプ・クレマン

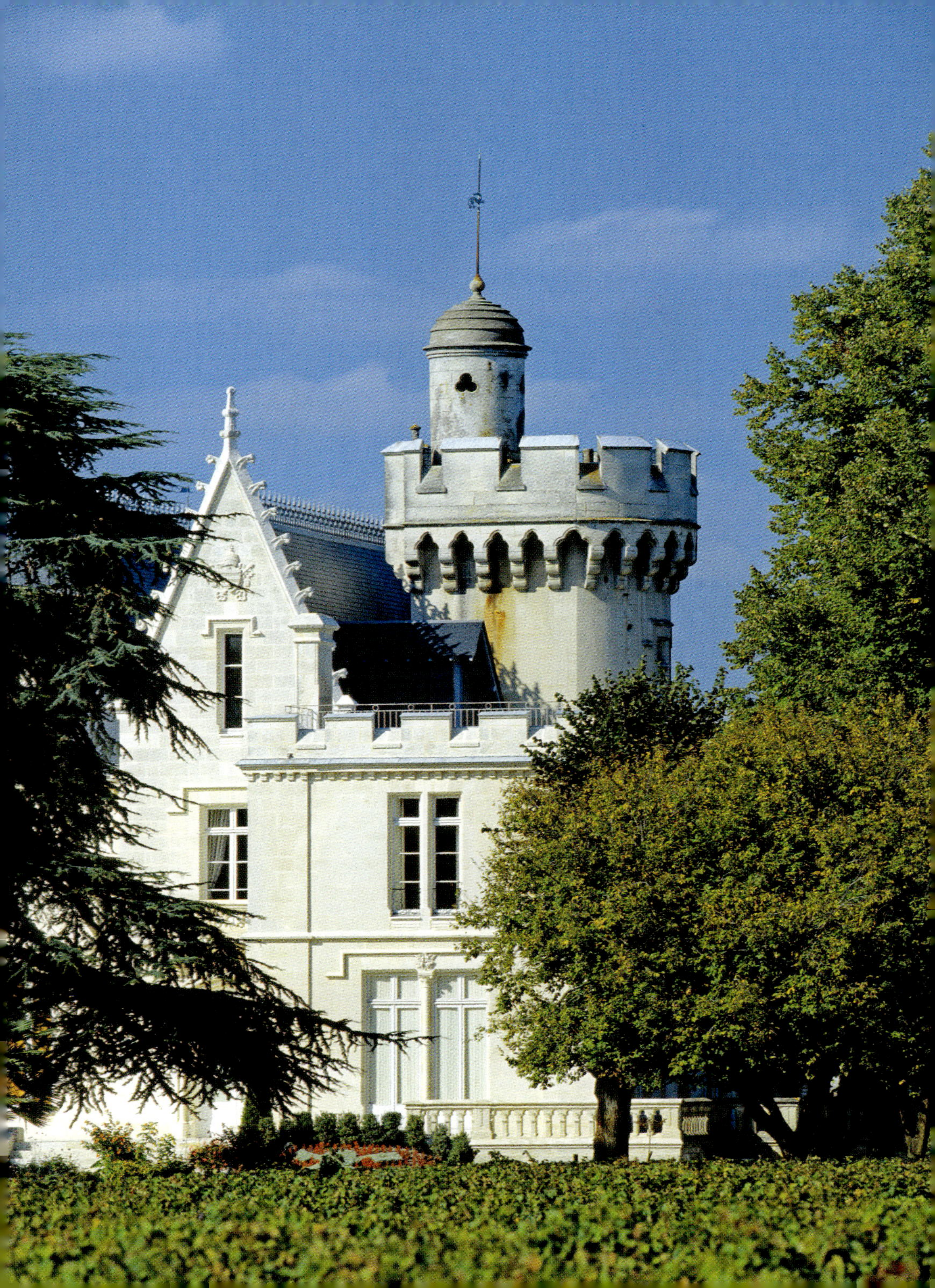

Parker *Coonawarra Estate Terra Rossa First Growth* 1996
パーカー　クナワラ・エステート・テラロッサ・ファースト・グロース 1996

産地 オーストラリア、南オーストラリア、クナワラ
特徴 赤・辛口：アルコール度数14.5度
葡萄品種 カベルネ・ソーヴィニョン、メルロ

パーカー・エステートは故ジョン・パーカーによって1985年に設立され、2004年にイエーリング・ステーションのオーナーであるラスボーン・ファミリーによって買収された。その畑はクナワラ地区の最南端に位置し、微気象は北端よりもかなり冷涼で、新芽の剪定、完熟を見計らった摘果、収量を抑えるための果房の間引きなど、非常にこまめな管理が行われている。

ファースト・グロースとは的を射た命名で、1985年に植えられたパーカー・ヴィンヤードの後ろ側の部分と、足りない分は、その隣のバルネイヴス・ヴィンヤードに育つ最上の果実だけを使って造られる。土壌はクナワラ地区特有のテラロッサで、砂礫層が多いところにはカベルネ・ソーヴィニョンを、そして下に硬盤のある浅い土壌にはメルロを植えている。

1996ヴィンテージから、ピーター・ビッセルがバルネイヴスですべてのワインを造っている。ファースト・グロースは、3種類あるパーカー・エステートの赤ワインの中のフラッグシップ・ワインで、良い年にしか造られない（1992,1995,1997,2002,2003年は造られなかった）。メルロの混合比は10〜14％の間で調整されている。葡萄は機械によって摘み取られ、発酵はステンレス・タンクで、そして、澱下げ、戻しによって抽出が行われる。ワインのうち約80％は、ビッセルいわく「しっかりした骨格を得るため」、長期浸漬──果皮の上で30日間──され、フランス産オークの新樽で20ヵ月間熟成させられる。ファースト・グロースは芳醇で、オークをたっぷり利かせたワインである。熟成の過程でアロマはモカやスモークした腸詰類へと変わり、凝縮された肉感的な味わいで、重厚感があり、アルコールは温かい。**HH**

🍷🍷🍷　飲み頃：2016年まで

追加推薦情報
その他の偉大なヴィンテージ
1998・1999・2001・2004・2005
クナワラのその他の生産者
バルネイヴス、ボーエン・エステート、カトヌック、マジェラ、ペンリー、リミル、ウィンズ

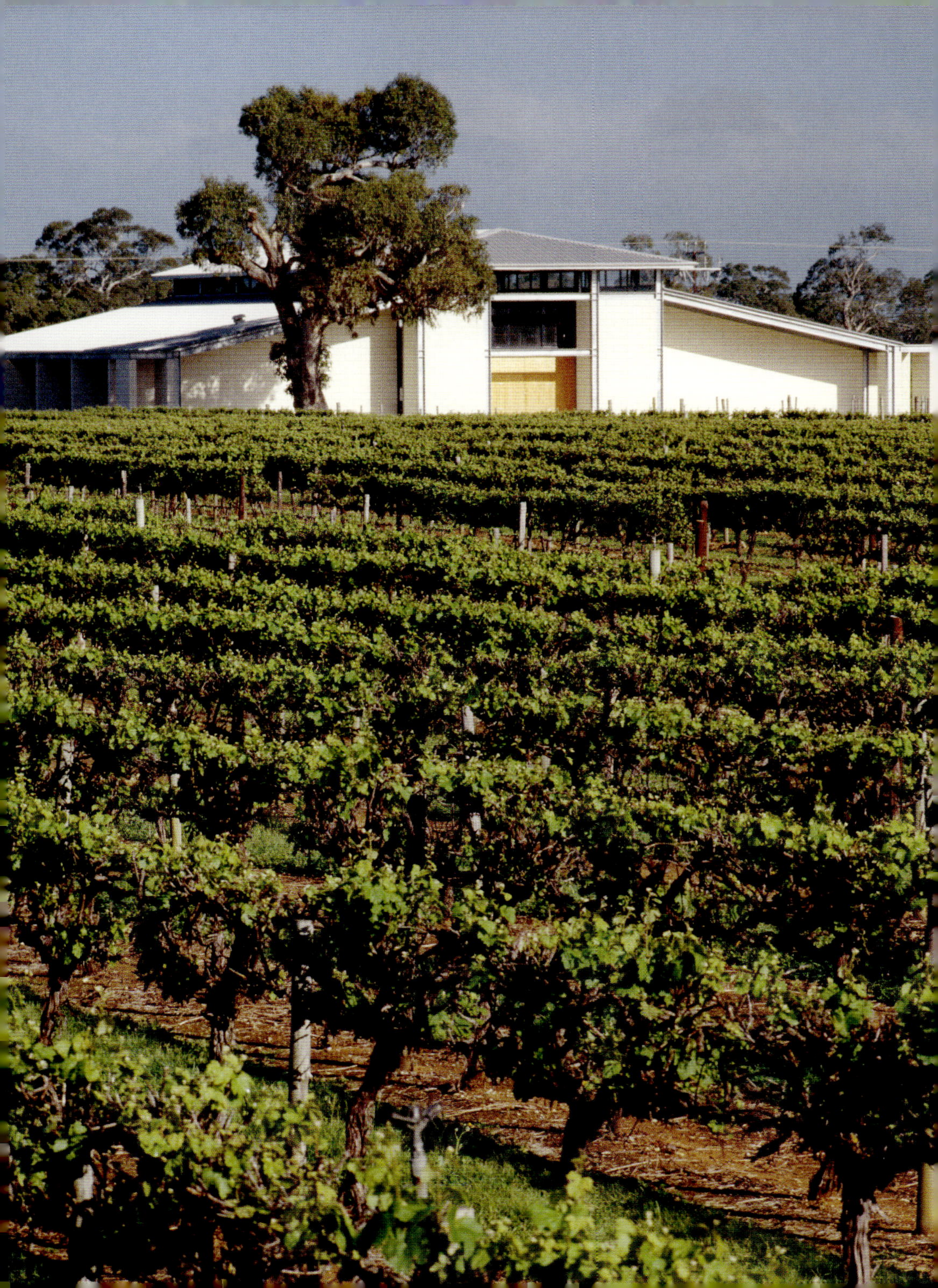

Parusso
Barolo Bussia 2001

パルッソ
バローロ・ブッシア 2001

産地 イタリア、ピエモンテ、ランゲ
特徴 赤・辛口：アルコール度数14度
葡萄品種 ネッビオーロ

　ブッシア2001は、ブッシアの丘の偉大なる3つの葡萄畑に育つ、樹齢10～50年のネッビオーロから生まれる。ブッシアの丘は、モンフォルテ・ダルバにあり、力強く、骨格のしっかりした、長命のバローロを生み出すことで有名である。

　一家のエステートを切り回しているのは、マルコとティツィアーナの兄弟で、ティツィアーナが営業と経理を、マルコがワイン造りを担当している。マルコは何事につけ改善できるところはすべて改善しなければ気のすまない性格で、それは実験的計量器に関するものから保管棚にまで及んでいる。こうした絶えざる改革にもかかわらず、ワインの質は常に優美で、あくまでも自然である。

　バローロ・ブッシア2001は驚くほど凝縮された深みのあるワインで、強烈な果実（ビング・チェリー、クランベリー、シトラス）から、繊細な花、スパイス（ヴァニラ、ナツメグ）、土味（タール、革）まで多彩で複雑なアロマを持っている。口に含むと、あまりにも凝縮されているため粘着性が感じられるが、その芳醇な滑らかさは、しっかりしたきめの細かいタンニンによってバランスが取られている。酸とタンニンのバランスの良さは、この本核的ワインの長命を保証している。**AS**

😊😊😊　飲み頃：2040年まで

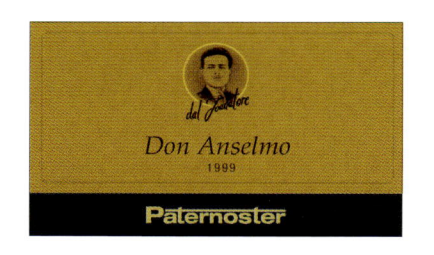

Paternoster
Aglianico del Vulture Don Anselmo 1999

パテルノステル
アリアーニコ・デル・ヴルトゥーレ・ドン・アンセルモ 1999

産地 イタリア、バジリカータ
特徴 赤・辛口：アルコール度数13.5度
葡萄品種 アリアーニコ

　今ではアリアーニコ・デル・ヴルトゥーレを数語で説明するのは難しくなっている。現在このDOCは活動が活発化し、歴史も血統も持たないが、すばらしい品質のワインを、考えられないくらいの値段で売り出す"新進気鋭"の生産者と既存の生産者が、激しい競争を展開している。

　パテルノステル家は、ヴルトゥーレ山の麓に広がるこのDOCの村バリーレに本拠を置く、この地で最も長い歴史を有するエステートである。ヴルトゥーレ山は死火山で、その周囲は独特の火山性土壌となっており、葡萄はその恩恵をこうむっている。多孔質の石灰石や珪酸塩は水分をよく貯留し、葡萄がこの地の長く、時に酷く乾燥する夏を乗り切るのを可能にすると同時に、豊富なミネラルを付与している。

　ドン・アンセルモは偉大なワインであり、そのため世に出るまで長い歳月を必要とする。ガーネット色で、酸っぱいチェリーから黒トリュフ、スパイスからミントやバルサミコの微香まで、複雑なアロマを持ち、タンニンはしっかりしているが非常にきめ細かく、渋さを出すことなく、ワインの骨格を支えている。長く複雑で、それでいて明確に定義され、深い満足を与えてくれる余韻が続く。**AS**

😊😊😊　飲み頃：2025年まで

Luis Pato
Quinta do Ribeirinho Pé Franco Bairrada 1999

ルイス・パト
キンタ・ド・リベイリーニョ・ペ・フランコ・バイラーダ 1999

産地　ポルトガル、バイラーダー
特徴　赤・辛口：アルコール度数13度
葡萄品種　バガ

　ルイス・パトは自らを、"バイラーダの土着品種、バガの守護者"と呼んでいる。バガはバイラーダで昔から栽培されてきたが、最上の畑と、最上のヴィンテージという条件が揃わなければワインになり得ない、という気難しい性質を持っている。そうでない場合は、そのワインはタンニンが強すぎて、果実味を覆い隠してしまい、とても飲めたものではない。
　キンタ・ド・リベイリーニョ・ペ・フランコは、パトの悲願──現代において、フィロキセラ以前のワインを造る──の実現である。パトの葡萄畑には砂地の場所があり、幸いにもフィロキセラは砂地を嫌うことから、彼は1988年にバガを接木せずにそこに植えることができた。
　徐々に畑の面積は広げられ、現在は3.5haにまで拡大しているが、接木されない低収量の葡萄樹からは、1本当たりグラス1杯分のワインしかできず、全部合わせても1ヴィンテージにボトル1,800本しか生産できない。1999は長時間の浸漬により、バイラーダの古典的な構造が形作られ、タンニンはしっかりしているが、以前よりも果実味を前面に押し出した現代的なワインとなっており、甘酸っぱいチェリーとプラムのアロマが、1年間の樽熟によるスパイスと甘草に縁取られている。非常に現代的であると同時に、バイラーダの伝統を今に伝えるワインだ。**GS**

☺☺☺　飲み頃：2020年まで

Domaine Paul Bruno
Viña Aquitania Cabernet Sauvignon 2000

ドメーヌ・ポール・ブルーノ
ヴィーニャ・アキタニア・カベルネ・ソーヴィニョン 2000

産地　チリ、マイポ・ヴァレー
特徴　赤・辛口：アルコール度数13.5度
葡萄品種　カベルネ・ソーヴィニョン90%、メルロ10%

　ドメーヌ・ポール・ブルーノは、サンティアゴのケブラダ・デ・マクール地区の、以前のヴィーニャ・コウシーノ・マクール・ヴィンヤードの上にある。ポール・ブルーノという名前は、ボルドーで最も尊敬されている2人の人物の名前を合わせたものである。シャトー・マルゴーから最も優美なメドック第一級を生み出しているポール・ポンタリエと、1998年以来シャトー・コス・デストゥルネルのオーナーとなり、それを"スーパー・セカンド"まで押し上げたブルーノ・プラッツである。2人によるチリでの共同事業は1990年に始まったが、そこにワインメーカーのフェリペ・デ・ソルミニャックが加わった。
　ボルドーのフランスでの古い呼び名であるアキタニアの上に、ラテン系のヴィーニャという語が踊っているが、この赤ワインは、カベルネ・ソーヴィニョンを主体にしているにもかかわらず、ボルドーのオー・メドックの雰囲気をあまり感じさせない。最初の6ヴィンテージ（始まりは1993）は、元気一杯の果実味を誇示していたが、この2000年は、マクール・ヴィンヤードの果実由来の深い味わいと、新樽による熟成が融合し、単なる大物ではない、より重厚感のある、幾重にも絡み合う深みのあるワインとなっている。しなやかな果実味と、研ぎ澄まされたタンニンがこの2000年の実力を証明している。**MW**

☺☺☺☺　飲み頃：2010年まで

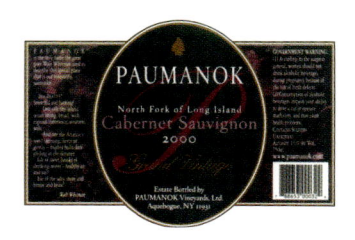

Paumanok
Cabernet Sauvignon Grand Vintage 2000
パウマノック
カベルネ・ソーヴィニョン・グランド・ヴィンテージ 2000

産地　アメリカ、ニューヨーク、ロング・アイランド、ノース・フォーク
特徴　赤・辛口、アルコール度数13度
葡萄品種　C・ソーヴィニョン97％、メルロ2％、C・フラン1％

　パウマノックのワインはどれも、ヨーロッパ的なバランス感覚によって特徴付けられる。グランド・ヴィンテージは名が示すとおり、それに値するヴィンテージにしか造られないが、キュヴェをブレンドするときの定義は、バランスの良さ、精妙な複雑さ、そしてロング・アイランドの特徴である甘いタールと煙草の香りである。

　2000年は異常なほどに冷涼で、生育期間は非常に長かった。葡萄はかなり多くが全粒のまま残るように破砕、除梗される。3日間の低温浸漬の後、ステンレス・タンクで発酵させられる。新旧のフランス産オーク樽と古いアメリカ産オーク樽による14ヵ月の熟成によって、ワインは、繊細なスパイスやトースト香によって彩られた青と赤の果実のアロマを持つようになる。ロング・アイランドの微風と、ワインメーカーの匠の技によって、ワインは切れの良い酸と、静謐な優美さを保持する。

　ロング・アイランドはメルロが有名だが、それは多くの畑でカベルネ・ソーヴィニョンが育ちにくいからである。しかしそれにもかかわらず、ロング・アイランドで最も偉大なワインはパウマノック・グランド・ヴィンテージ・カベルネ・ソーヴィニョンではないかという意見が常に出ている。**LGr**

🌀🌀🌀　飲み頃：2015年過ぎまで

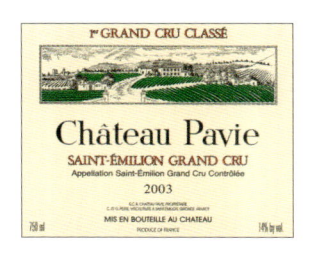

Château Pavie
2003
シャトー・パヴィ
2003

産地　フランス、ボルドー、サンテミリオン
特徴　赤・辛口、アルコール度数14度
葡萄品種　メルロ70％、C・フラン20％、C・ソーヴィニョン10％

　ジェラール・ペルスのシャトー・パヴィほど評価の分かれるワインはボルドーでは見当たらない。そしてその2003年ほど批評家を二分した赤ワインは、歴史上まだない。2003年の第1回目のアン・プリムール（樽からの）・テイスティングにおいて、ロバート・パーカーは「完全主義者のオーナー、シャンタルとジェラールのペルス夫妻による…畏敬すべき芳醇さ、ミネラル、輪郭の正しさ、高貴さを持つワイン」と評した。

　しかし他方で、ジャンシス・ロビンソンはあまり強い印象を受けなかったようで、「完全に飲む気を削ぐ、熟しすぎたアロマ…ボルドーの赤というよりも、不快な青草の匂いのある収穫が遅すぎたジンファンデルに似ている」と述べた。クライヴ・コーツは「このワインが美味しいと思うものは、脳と味覚の移植手術を受けたほうが良い」とまで酷評した。マイケル・シュスターは、2003年ボルドーで開催される『ザ・ワールド・オブ・ファイン・ワイン』のキャンペーン報告の中で、「…奇妙な香りの赤ワイン。完熟した果実、レーズン、ポートとアマローネ・ディ・ヴァルポリチェッラの苦いアーモンドが混ざったようなかすかな薬品臭さ…点数は付けられない」と述べた。見解の相違は、ついに英米間の批評家対決にまで発展した。ロバート・パーカーはイギリスの批評家を"反動的な階級差別主義者"と名付けた。このワインを買い求めて、自分の味覚で確かめて欲しい。**SG**

🌀🌀🌀🌀🌀　飲み頃：2010年過ぎまで

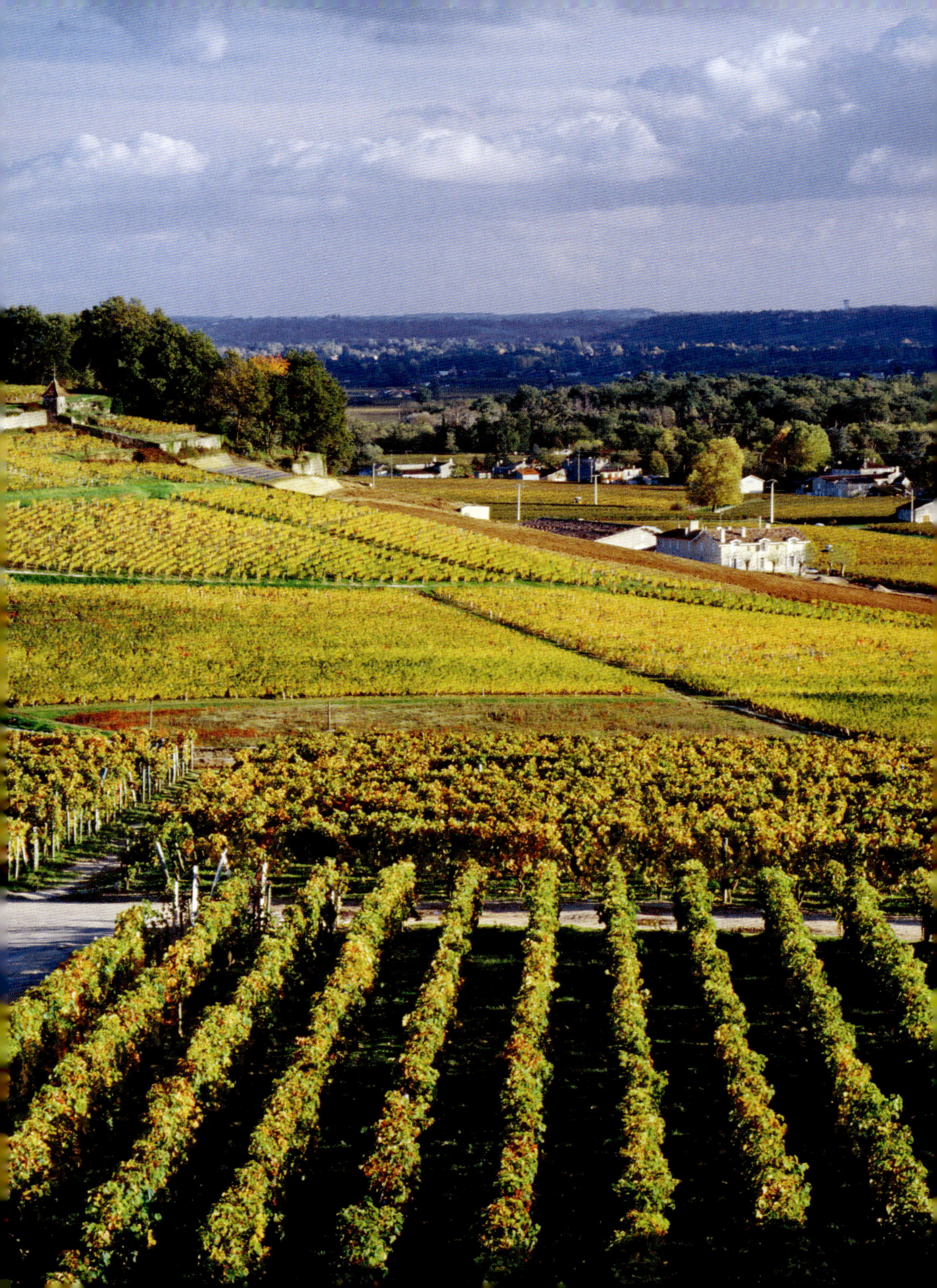

Château Pavie-Macquin 1999
シャトー・パヴィ・マッカン 1999

産地 フランス、ボルドー、サンテミリオン
特徴 赤・辛口、アルコール度数13度
葡萄品種 メルロ70%、C・フラン25%、C・ソーヴィニョン5%

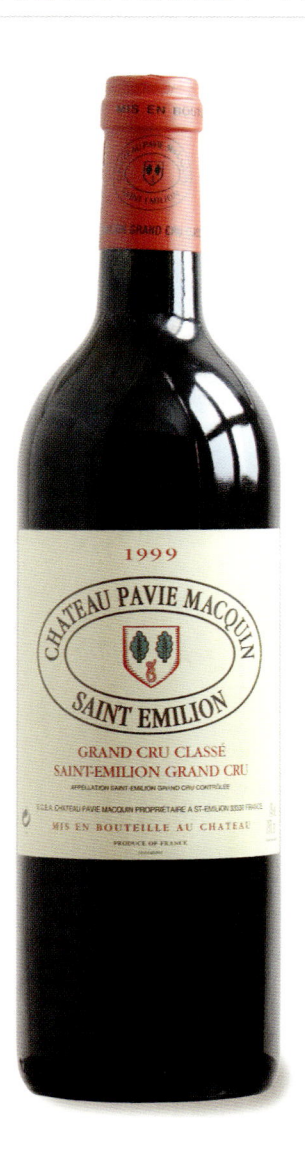

　1911年に他界したこの畑の以前のオーナー、アルベール・マッカンは、ヨーロッパのワイン産業の偉人の1人である。フランスの葡萄樹がフィロキセラによって大量破壊された時、アメリカ産の台木にそれを接木して救ったのが彼である。1990年、この畑はボルドーで先頭をきって早い時期にビオディナミを採用した畑の1つであったが、1993年にウドンコ病の災禍に見舞われた。1994年に管理を引き継いだニコラス・ティエンポンによってビオディナミは廃止された。

　土壌はかなり不均一で、非常に厚く堆積している場所もあり、それがワインに力強さをもたらしている。若い時、パヴィ・マッカンはタンニンが圧倒している感じがあるが、数年すると果実味が勝ってくる。醸造は厳密に伝統に則って行われていて、発酵槽には19世紀歴史ロマン小説の登場人物の名前──クネゴンド、ベルト、イリアーヌ──が付けられている。

　2006年の新しいサンテミリオンの格付けの結果、パヴィ・マッカンはプルミエ・クリュ・クラッセに昇格したが、昇格できなかったシャトーが格付けの不当性を訴える裁判を起こしたことから、それはまだ保留中である。しかしニコラ・ティエンポンは、少しも動いていない。彼の好敵手、ワイン鑑定家、そして全体としての市場は、パヴィ・マッカンの飛び抜けた優秀さを認めている。1999年は、サンテミリオンではあまり恵まれたヴィンテージではなかったが、パヴィ・マッカンは明確にテロワールを語っている。ワインはまだタンニンが強く、優しくはないが、非常に凝縮されているにもかかわらず、果実味が輝いている。**SBr**

Ⓢ Ⓢ Ⓢ　飲み頃：2008〜2020年

追加推薦情報
その他の偉大なヴィンテージ
1998・2000・2001・2004・2005
サンテミリオンのその他の生産者
アンジェリュス、ボー・セジュール・ベコ、シュヴァル・ブラン、マグドレーヌ・パヴィ

このサンテミリオンのシャトーの、風格のあるごつごつとした古木の価値は計り知れない。

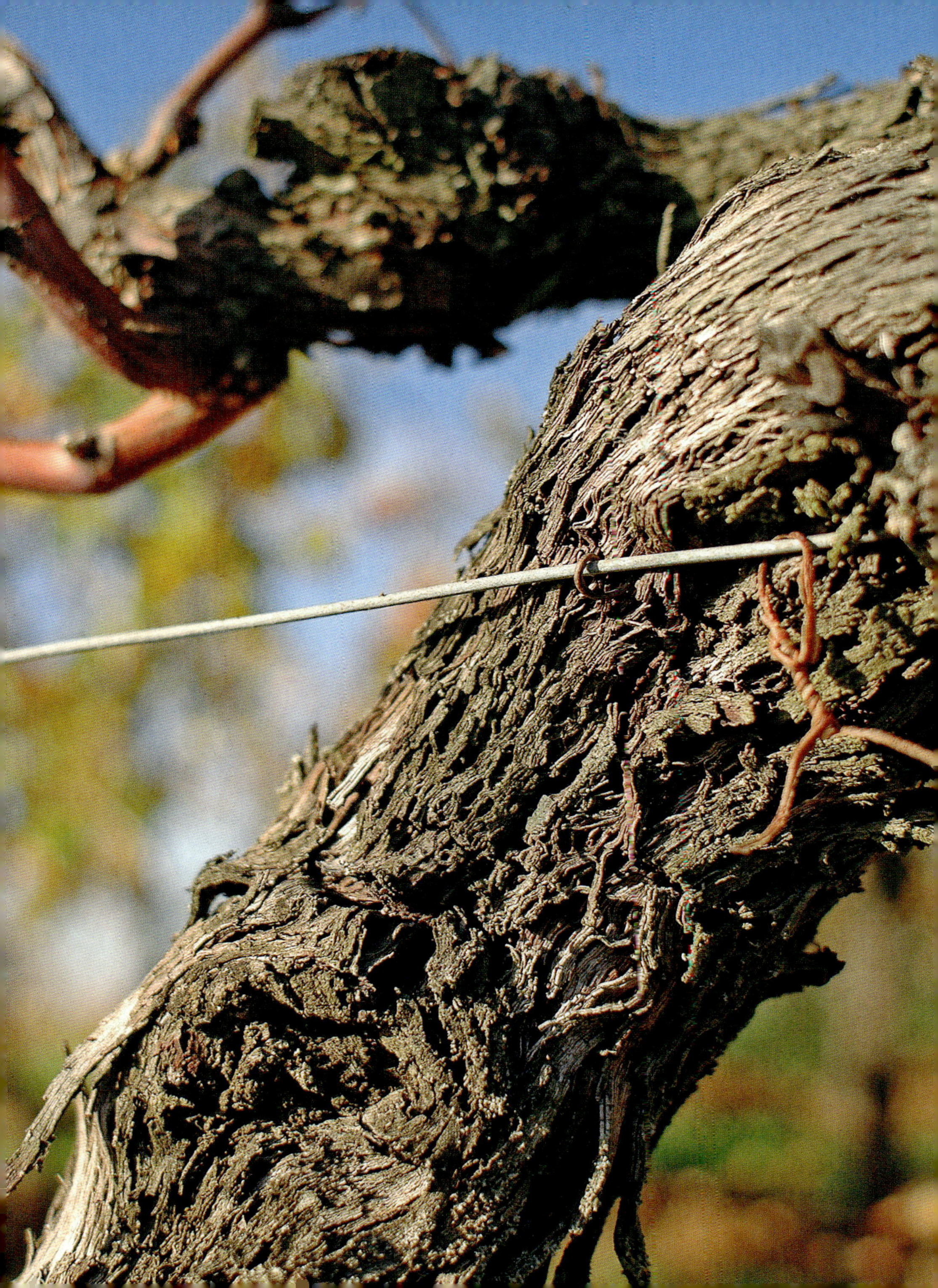

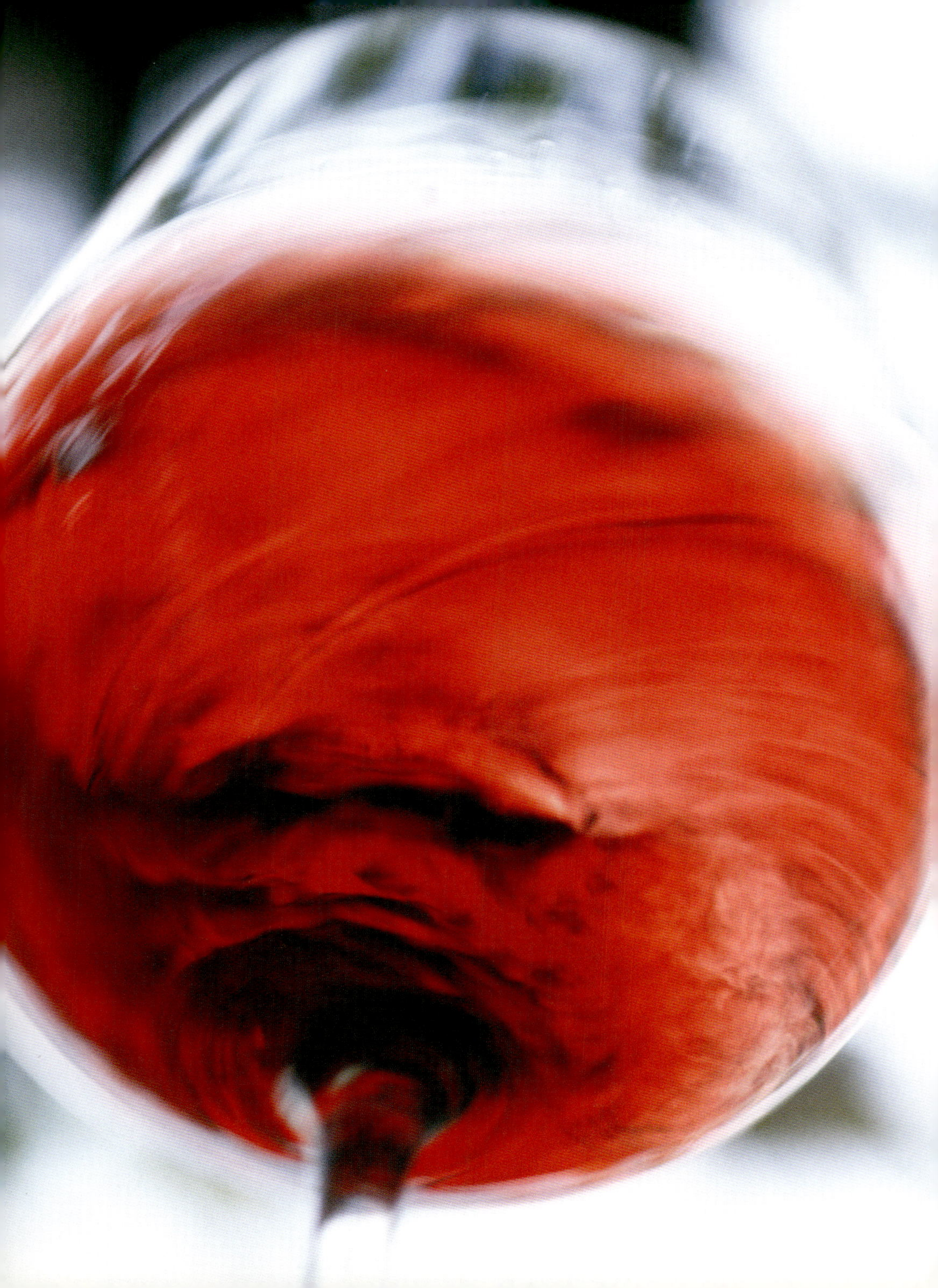

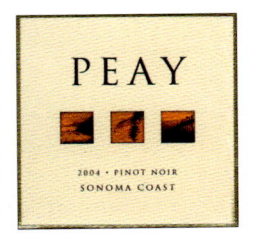

Peay Vineyards
Pinot Noir 2004

ペイ・ヴィンヤーズ
ピノ・ノワール 2004

産地 アメリカ、カリフォルニア、ソノマ・コースト
特徴 赤・辛口、アルコール度数13.9度
葡萄品種 ピノ・ノワール

　岩だらけの丘、深い谷、海岸から起こる霧、冷涼な気候によって特徴付けられるソノマ・コーストから素晴らしいワインを送り出している、今注目度がアップしている一群の小規模生産者のなかにペイはいる。
　1990年代、ニックとアンディのペイ夫妻は、ある特徴的な地形の文脈の中で、ピノ・ノワールが最も強くその特性を表現できる気候と土壌を見つけたいと願っていた。そうして見つけ出したのが、この以前牧羊地であった畑で、そこに彼らは、主にピノ・ノワールとシラーを、そして少量のシャルドネ、さらにわずかばかりのヴィオニエ、ルーサンヌ、マルサンヌを植えた。
　ペイ夫妻は、"ヴォリューム"はあるが、"重さ"のないピノ・ノワールを生み出すことを常に目標としている。葡萄畑での几帳面な手入れ、ワイナリーでの優しい扱いによって、素晴らしく統一されたバランスの良い、しっかりした骨格のワインが生み出された。2004年は、この地域の特徴であろう新鮮な酸とミネラルによって釣り合いを取られた深みと凝縮感のあるワインとなった。2005年、彼らは2種類のピノ・ノワールを造り出したが、良く熟した果実からは、それぞれのテロワールの特徴が明確に表現されている。このヴィンヤードが現在の軌跡のまま成長を遂げるならば、ペイ・ピノ・ノワールは必ず、アメリカで最も切望されるワインとなるであろう。**JS**

😊😊😊　飲み頃：2015年過ぎまで

Giorgio Pelissero
Barbaresco Vanotu 1999

ジョルジョ・ペリッセロ
バルバレスコ・ヴァナトゥ 1999

産地 イタリア、ピエモンテ、ランゲ
特徴 赤・辛口、アルコール度数14度
葡萄品種 ネッビオーロ

　ペリッセロは、バルバレスコDOCGのトレイソ地区にある家族経営のエステートである。一家は単なる葡萄栽培農家であることに満足せず、バルバレスコで最も尊敬されるワイン生産者の仲間入りを果たした。最初のボトルは、1960年にルイジィによって造られ、現在は息子でエノロゴのジョルジョが跡を継いでいる。
　ヴァナトゥというのは、地元の人がジョヴァンニという名前につけるあだ名で、彼らの畑の名前であるが、その畑を管理していたのがジョルジョの祖父のジョヴァンニであった。これにペリッセロのフラッグシップ単一畑ワインである。独特の地形、気候、主に石灰質の土壌のおかげで、ヴァナトゥ・ヴィンヤードはあまり良くないヴィンテージでも大変上質のワインを生み出す。
　ジョルジョは現代的精神に満ちたワインを造り出す。新樽比率80%のフランス産のオーク小樽で、18ヵ月熟成させられたワインは、果実味がしっかりと凝縮され、タンニンは甘く、若い時でも十分楽しめる。9月半ばに降った雨にもかかわらず、1999年はピエモンテでは素晴らしいヴィンテージであった。ヴァナトゥ1999はラズベリー、チェリーの芳醇なアロマとフレーヴァーを持ち、ヴァニラとスパイスがよく融合され、タンニンはヴェルヴェットのようである。**KO**

😊😊😊　飲み頃：2012年過ぎまで

◀ 光のほうに向けて回転させたグラスに浮かぶピノ・ノワールの濃淡の煌き

Red wines | 723

Penfolds *Bin 95 Grange* 1971
ペンフォールズ　ビン95・グランジ 1971

産地 オーストラリア、南オーストラリア
特徴 赤・辛口、アルコール度数12.3度
葡萄品種 シラーズ87％、カベルネ・ソーヴィニョン13％

　1950年代初期に、現在のペンフォールズのフラッグシップ・ワインであり、マックス・シューバートの最高傑作であるグランジが造られたときに、初めてオーストラリアからボルドーの格付けワインに比肩しうるワインが造られたといっても過言ではない。この国の大半が酒精強化ワインの生産に夢中になっていたとき、シューバートはフランスの格付けワインに匹敵する精妙さと長熟に耐える能力を持つワインを造りだすことに専心していた。ボルドー系品種を植えたわずかばかりの畑以外のすべてが欠乏している中で、シューバートはシラーズに目を向けた。それ以降その品種は、南オーストラリアで最も広く栽培される品種となった。

　驚いたことに、グランジの初期のヴィンテージはあまり陽の目を見なかった。それが世に出ることになったのは、1960年にペンフォールズ社の役員の1人が、それが造られたマギルの醸造所を訪れ、初期のヴィンテージを試飲させてくれと申し出たことがきっかけであった。彼がシドニーの本社に戻り試飲の結果を報告したとき、そのワインは伝説となった。

　1993年の講演会において、シューバートは言った。「グランジの求めているものが最もよく表現されているワインは、1971年であろう」と。1979年のパリにおけるワイン・オリンピアードにおいて、1971年は、ローヌの最上のものが参加しているクラスで、最高賞の金メダルを獲得した。その年の作柄は素晴らしく良く、葡萄の質の高さは、遥かな時を越えた今もボトルの中にとどまっている。アメリカ産オークの新樽で18ヵ月間熟成させられたワインは、芳醇な果実味が、堪熟によって生まれた複雑な腐葉土やトリュフの香りに裏打ちされている。そのタンニンの構造は35年経った今でも少しも壊れていず、美しく新鮮で、輝くばかりの余韻が長く続く。SW

🍷🍷🍷🍷🍷　飲み頃：2016年過ぎまで

追加推薦情報
その他の偉大なヴィンテージ
1963・1966・1986・1991・1994・1996・1998・2004
シラーズをベースにしたその他のオーストラリア産ワイン
ジム・バリー・ザ・アーム、グレッツァー・アモン・ラ、ヘンチキ・ヒル・オブ・グレース、ウィンダム・エステート・ブラック・クラスター

Penfolds *Bin 707 Cabernet Sauvignon* 2004
ペンフォールズ　ビン707・カベルネ・ソーヴィニヨン 2004

産地　オーストラリア、南オーストラリア
特徴　赤・辛口、アルコール度数13.5度
葡萄品種　カベルネ・ソーヴィニヨン

　グランジのカベルネ版であるビン707の名前が、前カンタス航空の宣伝マンの発案でボーイング707にちなんで命名されたのは有名な話である。最初のヴィンテージが1964年であったが、それは名前どおり、飛ぶように売れた——とはいえ、ペンフォールズはそれ以前の1948年から、有名なカリムナ・ブロック42・ヴィンヤード（その葡萄樹は1888年に植えられたもの）からカベルネを造っていた。実のところ、マックス・シューバートはグランジ・プロジェクトの最初の頃、カリムナのカベルネ・ソーヴィニヨンを使って実験的な試みをやっていた。しかしその葡萄畑は作柄が不安定で、上質のワインを一定量造り続けるには小さすぎた。葡萄の供給とワインのスタイルの不安定さのせいで、ビン707は1970〜1975年まで造られなかった。しかし1976年からクナワラの葡萄が使われるようになって以降、それはオーストラリアのカベルネ・ソーヴィニヨンを代表するワインとなった。

　ビン707は、その名前の由来となったボーイング707のようなワインである。非常に力強く、アルコール度数は高く、タンニンは熟成し、甘い果実味にあふれている。葡萄は、バロッサ・ヴァレーやクナワラ、マクラレン・ヴェールといった南オーストラリア州の優秀な赤ワイン地域全体から集められる。その葡萄畑ブレンドのワインは、通常はアメリカ産オークの新大樽で、最長で18ヵ月間熟成させられる。

　最上の年には、ビン707とは別に、単一畑ワインとしてブロック42も造られる（最近では、1996年と2004年）。2004年は、ブロック42が4,500ℓもできるほど素晴らしい年であったが、ビン707もここ数年間で最高のものが出来上がった。**SG**

🅢🅢🅢🅢🅢　飲み頃：2010〜2020年

追加推薦情報
その他の偉大なヴィンテージ
1990・1991・1995・1996・1997
その他のペンフォールズ社のワイン
カリムナ・ビン28、マギル・エステート、RWT、セント・ヘンリー、スペシャル・ビンズ（42、60A）

Fed wines | 725

Penley Estate
Phoenix Cabernet Sauvignon 2005
ペンリー・エステート
フェニックス・カベルネ・ソーヴィニョン 2005

産地 オーストラリア、南オーストラリア、クナワラ
特徴 赤・辛口、アルコール度数15度
葡萄品種 カベルネ・ソーヴィニョン

　1988年にペンリー・エステートを開くとき、キム・トゥーリーは、血筋を引くペンフォールドとトゥーリーの両家のワイン造りの伝統を継承したいと考えた。ペンリーというワイナリーの名前は、その両方を合体させたものである。
　フェニックスという名前も、1888年にダグラス・オストラル・トゥーリーが買収し、ザ・フェニックス・ワインメイキング・アンド・ディスティリング・カンパニーとして設立した最初のワイン醸造会社の名前にちなんでいる。当時の記録に次のような記載がある。「クナワラのワインは明らかにホープ・ヴァレー（アデレードの近くのトゥーリー家の葡萄畑）のものとは違う。それは紫色が濃く、発酵中に独特の芳香を発する。」それから1世紀経った現在でも、状況はほとんど変わっていない。
　フェニックス・カベルネ・ソーヴィニョン2005は典型的なクナワラ・カベルネ・スタイルで、カシスとヒマラヤ杉のアロマがある。オークの新樽の影響は比較的抑えられているが、ヴィンテージごとに違う。樽熟によって得られたオーク由来のタンニンは、ワインにしっかりした構造を付与している。若い時もクナワラ・カベルネの鮮烈な個性を楽しむことができるが、5年前後瓶熟させたほうがもっと良く賞味することができるだろう。ペンリーは優秀な葡萄畑を選りすぐり、長期間熟成させたリザーブも造っている。**SG**

🍷🍷🍷　飲み頃：2010年過ぎまで

Tinto Pesquera
Janus Gran Reserva 1995
ティント・ペスケーラ
ハヌス・グラン・レセルヴァ 1995

産地 スペイン、リベラ・デル・ドゥエロ
特徴 赤・辛口、アルコール度数13度
葡萄品種 ティント・フィノ（テンプラニーリョ）

　アレハンドロ・フェルナンデスが、この地域で最初の高級ワインの1つであるペスケラを造ったのは、1972年のことである。この名前で3種類のワインが造られているが、どれもテンプラニーリョだけから造られる。
　リベラ・デル・ドゥエロDOが誕生した1982年、アレハンドロは同じくテンプラニーリョを使ってある試みを行った。それは、葡萄の半量を全房のまま中世からの花崗岩でできたラガレスで発酵させ、伝統的方法でプレスし、残りの半量は除梗した上でステンレス・タンクで発酵させる。次にその両方をブレンドし、古いアメリカ産の樽で3年間熟成させるというものであった。このワインはその後も、この手の込んだ方法で造られているが、最上の年に、ほんのわずか造られるだけの希少なワインである。
　1995年は、リベラにとってそのような年にあたり、フェルナンデスは非常に深い味わいのワインを生み出した。若い時は厳粛ささえ感じられるが、ペスケーラの真髄である優美な純粋さが際立つ。色は暗いルビー色で、赤い果実、乳製品、スパイシーなオークのアロマが広がり、なめし革、焼いた肉、トリュフなどの芳醇な第3の感覚が現れる。ミディアムからフル・ボディで、強烈な果実味のまわりを程好い酸が取り巻き、バランスは良く、瑞々しい余韻が長く続く。**LG**

🍷🍷🍷🍷　飲み頃：2020年まで

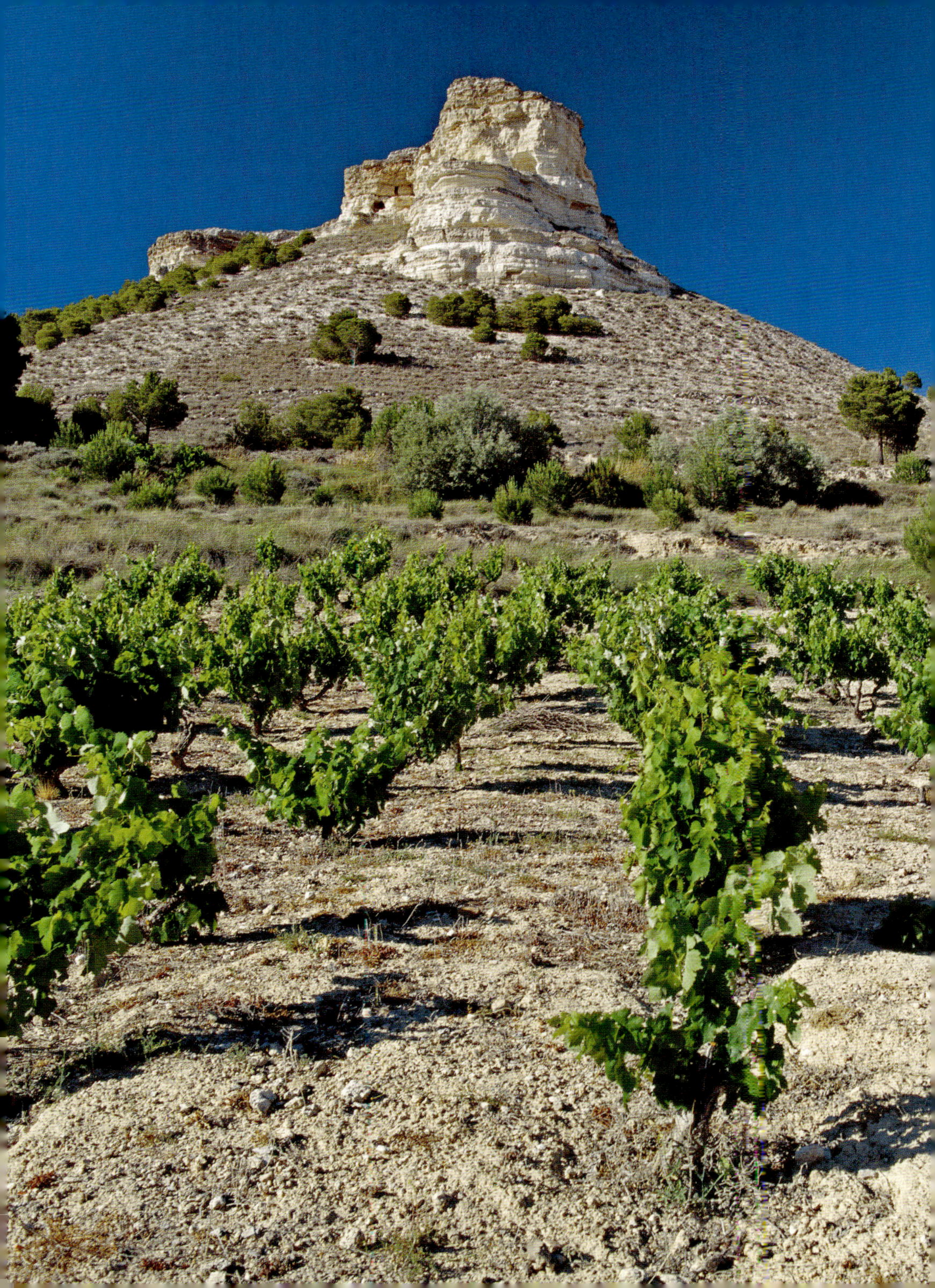

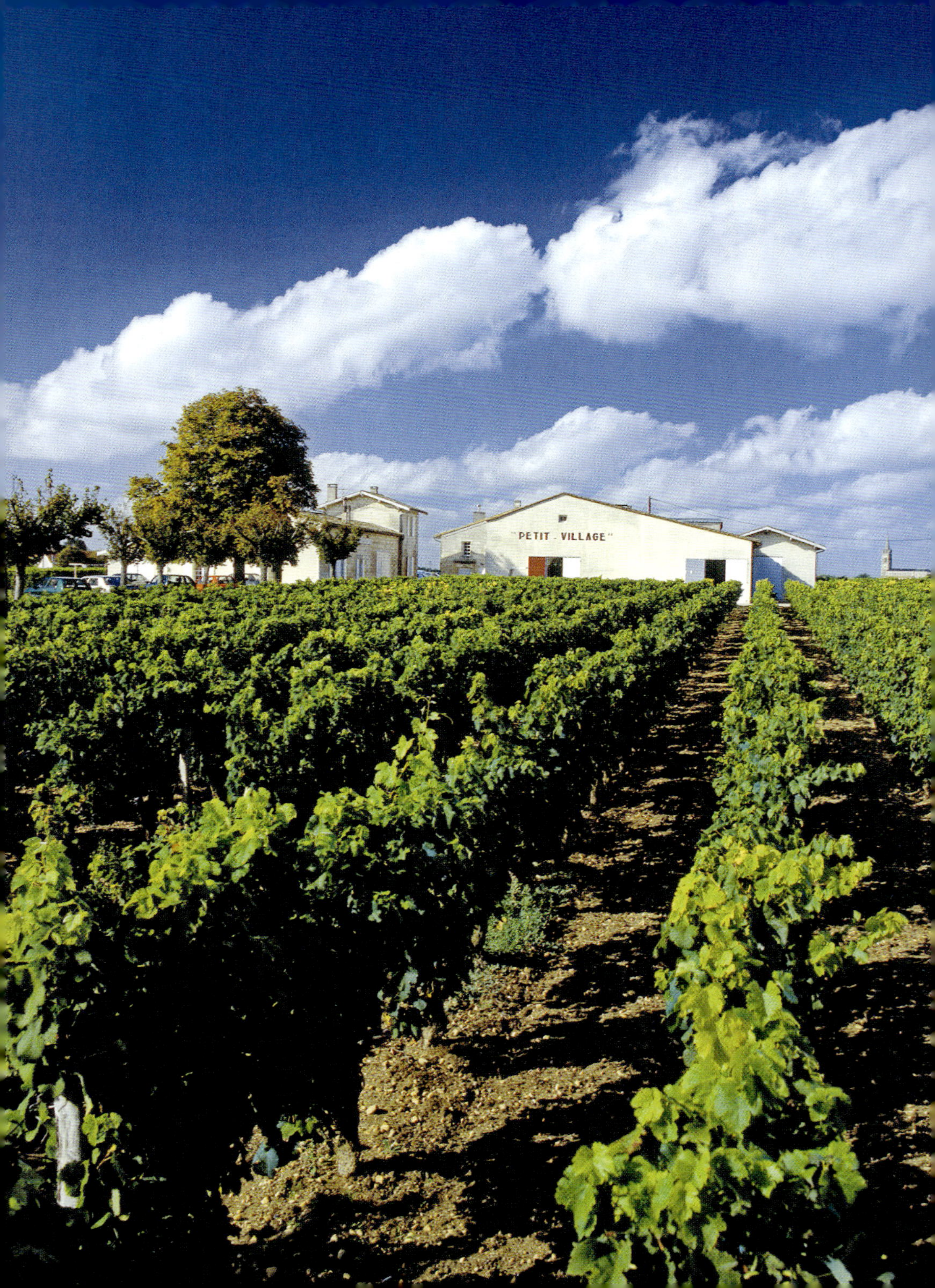
"PETIT - VILLAGE"

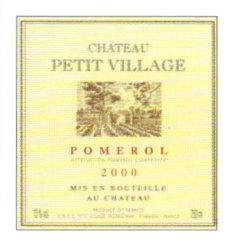

Château Petit-Village
2000

シャトー・プティ・ヴィラージュ
2000

産地 フランス、ボルドー、ポムロール
特徴 赤・辛口、アルコール度数13度
葡萄品種 メルロ75%、C・ソーヴィニヨン17%、C・フラン8%

　プティ・ヴィラージュ葡萄畑は、石と砂礫ばかりの三角形の土地に広がっている。プラッツ家の所有であったが、1989年にブルーノ・プラッツによってアクサ・ミレジムに売却された。

　過去、プティ・ヴィラージュの評判は好悪あい半ばしており、ポムロールの生産者たちは、プラッツ家はメドックでの高い収量に慣れていたので、ここでもそれを許していたと示唆している。アクサ・チームはグラン・ヴァンの品質を高く維持するために、1995年にセカンド・ワインを導入した。彼らはまた、ワイナリーを改造し、区画ごとの醸造が行えるようにした。また新樽比率も微調整され、100%に達したヴィンテージもあったが、最近では70%で落ち着いている。

　1990年代は、多くのヴィンテージが不満足なものであったが、2000年に、プティ・ヴィラージュは真価を発揮した。確かに新オークはまだこなれていないが、芳醇な果実と優雅さが感じられる。口に含むと、肉厚な凝縮感があり、大きな熟れたタンニンが骨格をしっかりしたものにしている。余韻は、ポムロールの最高のものから得られるのと同じ瑞々しさがある。**SBr**
😊😊😊　飲み頃：2010〜2025年

Petrolo
Galatrona 2004

ペトローロ
ガラトローナ 2004

産地 イタリア、トスカーナ
特徴 赤・辛口、アルコール度数14.5度
葡萄品種 メルロ

　ガラトローナはルチア・バッゾッキ・サンジェストと彼女の息子ルカの傑作である。バッゾッキ家は1940年代からこのエステートを所有しているが、質にこだわったワイン造りを始めたのは、1980年代になってからである。この変化はトスカーナの2人の重要人物をコンサルタントに招いたことによって生まれた。カルロ・フェッリーニとジュリオ・ガンベッリである。

　ガラトローナ2004は、壜からグラスに注いだその瞬間から、強烈な印象を与えるワインである。色は深く、濃い紫色のエッジがある。鮮やかな色は、黒い夏の果実の甘酸っぱい完熟したアロマを期待させるが、ちょっと香りを確かめ、一口すするだけで、この期待は良い方向に裏切られる。

　口に含むと滑らかな重厚感があり、カシス、モレッロ・チェリー、クランベリーの巨大な、輪郭のはっきりした波が押し寄せ、次に腐葉土や黒トリュフの微香も感じられ、新鮮で高揚させられるようなバルサミコの溌剌さで閉じられる。タンニンは非常にきめが細かく、均質で、素晴らしくバランスの良い酸とあいまって、このワインがこの先何年間も優雅に熟成していくことを物語っている。**AS**
😊😊😊😊😊　飲み頃：2030年まで

Pétrus 1989
ペトリュス 1989

産地 フランス、ボルドー、ポムロール
特徴 赤・辛口、アルコール度数13.5度
葡萄品種 メルロ95％、カベルネ・フラン5％

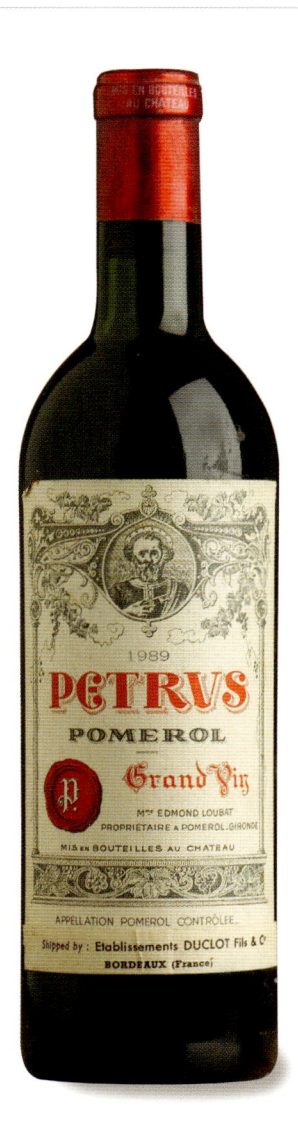

ペトリュスは伝説になった。その名声はつとに高く、その価格は1世紀前からとどまるところを知らない。1925年からルバ家の所有であったが、1943年にムエックス家が独占的販売権を得、ムエックス家とペトリュスとの長い付き合いが始まった。数十年もの間の秘密の取引を通じて、ついに1969年、ムエックス家はペトリュスの筆頭株主になった。

ポムロールの他のエステート同様に、シャトーそのものは特に目立つところはないが、同じことは葡萄畑には当てはまらない。複雑な地質構成を持つポムロール台地の中に、最高の畑が位置している20haほどの、鉄分を多く含む青みがかった粘土質の土壌が厚く堆積している土地があるが、ペトリュスはその半分以上を占めている。砂礫層はペトリュス全体の中で、ほんの1haほどを占めているだけである。

ペトリュスの力強さと長命の秘密は、ワイナリーでの入念な醸造工程にあるというよりは、葡萄樹と土壌にあるようだ。その葡萄畑は、既述の土地の最上の部分にあたり、1969年に4haの区画をペトリュスに売却した隣のシャトー・ガザンが、今でもそれを悔やんでいるほどである。ペトリュスは、この1989年でも分かるように、抽出を多くした大物ワインではない。現在見ても、その色はほとんど変わっておらず、香りをかぐだけでワインの力強さが伝わってくる。瑞々しく、オークが存在感を示しているが、軽やかで優美である。口に含むと豊essありで、官能的であり、タンニンは力強いが、フィニッシュは甘美で明るく、堂々としていると同時に優雅である。**SBr**

🍷🍷🍷🍷🍷 　飲み頃：2035年まで

追加推薦情報
その他の偉大なヴィンテージ
1929・1945・1947・1961・1964・1970・1975・1982・1990・1995・1998・2000・2001・2003・2005・2006
ムエックスのその他の畑
オザンナ、ラ・フルール・ペトリュス、マグドレーヌ、プロヴィダンス

ずっと昔からワイン愛好家の垂涎の的であるペトリュスのラベル

1989

PETRVS

POMEROL

Grand Vin

Mme L.P. LACOSTE-LOUBAT
PROPRIÉTAIRE A POMEROL (GIRONDE) FRANCE

MIS EN BOUTEILLES AU CHATEAU

APPELLATION POMEROL CONTRÔLEE

3.5% vol.   75 cl

Château de Pez 2001

シャトー・ド・ペズ　2001

産地　フランス、ボルドー、サン・テステフ
特徴　赤・辛口、アルコール度数13度
葡萄品種　カベルネ・ソーヴィニヨン45%、メルロ44%、その他11%

　この畑は500年前からあるが、葡萄樹が植えられたのは、ようやく16世紀後半になってからである。1995年にシャンパーニュ・ロデレールのルゾー家の所有となるまでは、ロベール・ドゥソンがオーナーであった。1970年、ドゥソンは5つの伝統的なボルドー品種を、各1樽ずつ、それぞれ別個に壜詰めすることにした。メドックでは、単一品種ごとに壜詰めすることはなかったので、これは鑑定家たちにとって、各品種が熟成の過程でどのように変化するかを知るまたとない機会となった。

　1995年にドゥソンの時代が終わり、新しいオーナーであるルゾー家の時代が始まると、葡萄畑とワイナリーに多くの改革が導入された。選果が厳しく行われるようになり、古い木製の発酵槽に温度管理が施されるようになった。ドゥソンのワインは、ミディアム・ボディだが、カベルネ・ソーヴィニヨンの高い比率のせいもあって、サン・テステフ特有の厳しさがあった。ルゾー家の下でメルロの比率が上げられ、抽出はドゥソン時代よりも優しく行われるようになった。

　古いスタイルのペズは、その最上の時を迎えるまでに約10年の年月が必要であったが、新しいスタイルのワインは、瑞々しく、はるかに飲みやすくなった。また、前と同じように長期熟成にも耐える。2000年は、粗くはないが、質実で堅固で、2002年は魅惑的で洗練されている。その中間の2001年は最高である。しっかりした構造が複雑さを支え、豊麗な質感と、十分な新鮮さが直感に訴えてくる。**SBr**

😊😊😊　飲み頃：2015年まで

追加推薦情報

その他の偉大なヴィンテージ

1982・1995・1998・2000・2002・2005

サン・テステフのその他のシャトー

カロン・セギュール、コス・デストゥルネル、オー・マルビュゼ、ラフォン・ロシェ、モンローズ、レゾルム・ド・ペズ、フェラン・セギュール

ジロンド川の風景をモティーフにした1899年のペズのポスター ➡

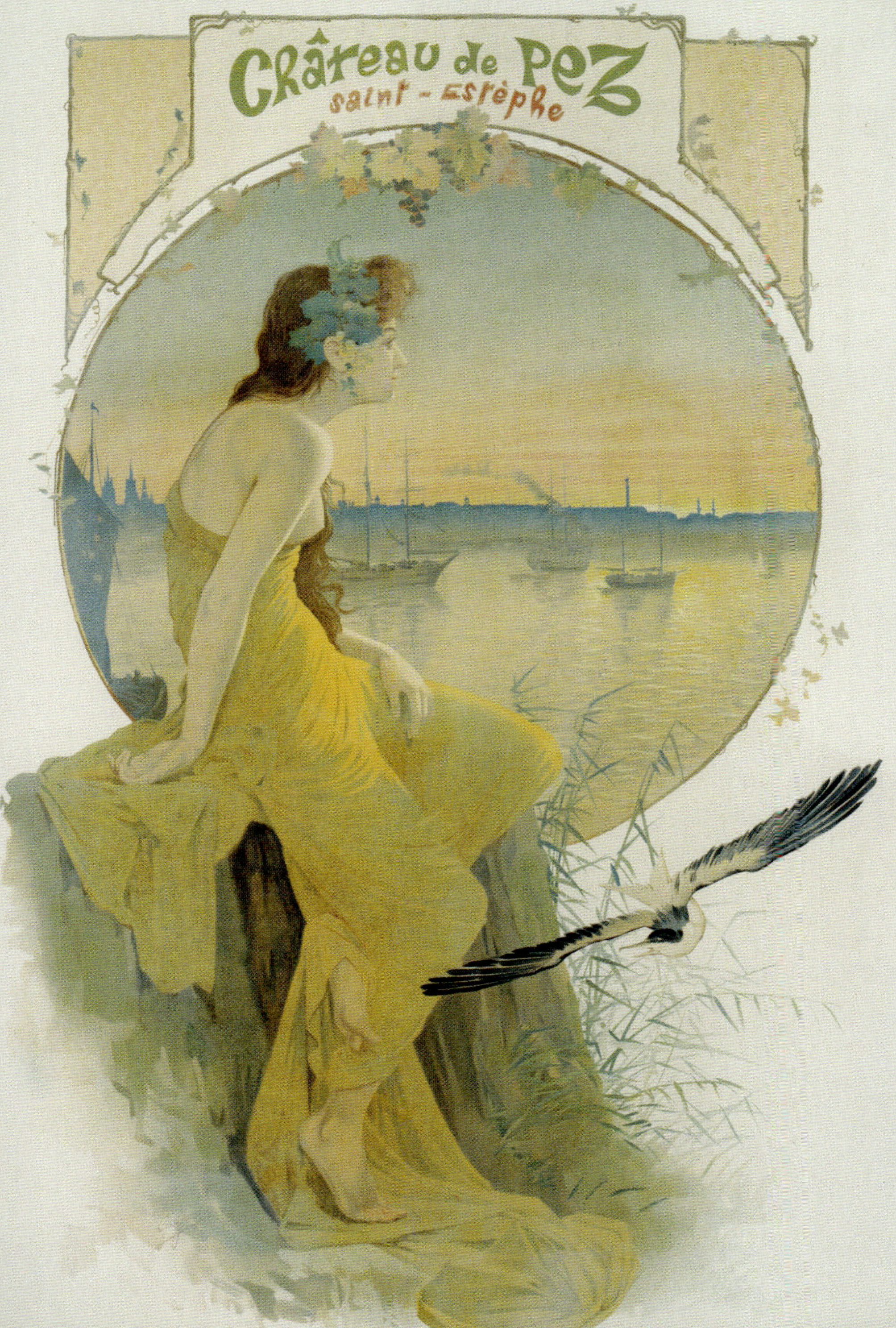
Château de Pez
saint - estèphe

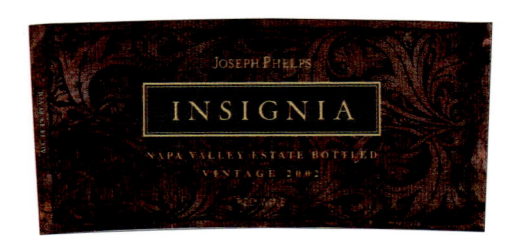

Joseph Phelps
Insignia 2002
ジョセフ・フェルプス・インシグニア
2002

産地 アメリカ、カリフォルニア、ナパ・ヴァレー
特徴 赤・辛口、アルコール度数14度
葡萄品種 カベルネ・ソーヴィニョン78%、メルロ14%、その他8%

　インシグニアが誕生したのは1974年であったが、最初の数ヴィンテージは、カベルネ・ソーヴィニョンかメルロかどちらかの単一品種ワインであった。ブレンド・ワインという現在のスタイルが確立されたのは1977年からである。

　しかしそのスタイルは、1990年代を通じて変わっていった。新樽の比率が高くなり、ワインメーカーは成熟度の高い葡萄を厳選するようになり、その結果アルコール度数は14度以上まで高まった。樽熟の期間は、24〜28ヵ月まで延長された。同年代末には、プティ・ヴェルドもブレンドに加えられた。そして2004年には、自社の葡萄だけを使ったインシグニアが生まれた。2000年代のフェルプス社の改革を通じて、生産量はより限定されるようになった。

　インシグニアはかなりの量生産されているにもかかわらず、この30年間品質は安定している。光を通さない色、黒い果実、トースト、コーヒーの芳醇なアロマなど、インシグニア2002は、このワインの特徴である風格を備え堂々としている。肉付きがよく、非常に凝縮しており、その果実味の重さは、攻撃的な酸というよりは、力強いタンニンに支えられている。インシグニアは若い時はやや厳しさがあるが、長期熟成向けに造られており、歳月とともに自然に精妙さを増していくワインである。**SBr**
⑤⑤⑤⑤　飲み頃：2030年まで

Piaggia
Carmignano Riserva 1999
ピアッジャ
カルミニャーノ・リゼルヴァ 1999

産地 イタリア、トスカーナ、カルミニァーノ
特徴 赤・辛口、アルコール度数13度
葡萄品種 サンジョヴェーゼ70%、C・ソーヴィニョン20%、メルロ10%

　最も長い間DOCGになることを拒否されたイタリアのワイン生産地域の1つであるカルミニャーノは、非常に古い歴史を有し、すでに1716年には、世界最初のアペレーション法を制定していたほどである。

　このような長い歴史を有する以上、浮き沈みのあるのは仕方のないことであろう。イタリアがファシスト政権の下にあった1932年、カルミニャーノはキアンティDOCの下に組み込まれ、数世紀にわたる誇り高い歴史は危機に瀕した。1960年代になって数名の生産者たちが、カルミニャーノの自治を要求して立ち上がった。1975年にDOCとなり、ようやく1990年に、DOCGに昇格することができた。

　カルミニャーノ・リゼルヴァ1999は荘厳なワインで、明るいルビー色をし、周縁部は赤レンガのようなオレンジ色の輝きがある。ブルーベリー、クランベリー、チェリーのアロマが立ち昇った後、腐葉土が訪れ、最後に現れる苦いチョコレートが、甘い完熟した果実味と調和を取っている。口に含むと、大胆かつ肉感的であり、ミネラルが心地よく響き、酸ときめの細かいタンニンは完璧なバランスを保っている。長く続く余韻は、長期熟成に向くワインであることを暗示しており、最初の10年間ももちろん十分楽しめるが、待つ余裕のある人は、それよりも数年経って飲むと、さらに美味しくなっていることに驚かされるはずである。**AS**
⑤⑤　飲み頃：2020年まで

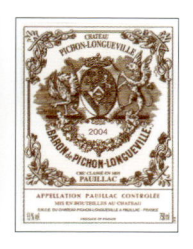

Château Pichon-Longueville Baron
2004
シャトー・ピション・ロングヴィル・バロン
2004

産地 フランス、ボルドー、ポイヤック
特徴 赤・辛口、アルコール度数13.5度
葡萄品種 C・ソーヴィニヨン、メルロ、C・フラン、プティ・ヴェルド

　19世紀半ばまで、ピション・ロングヴィルとピション・ラランドは一体であった。家族騒動の結果、エステートは2分され、1933年には、ピション・ロングヴィルはブテイユ家の所有となった。しかし同家の支配の下、エステートとシャトーは坂を転げ落ちるように没落していった。そして1987年、アクサ・ミレジムが購入し、現在オーナーとなっている。
　1960年代から1970年代を通じて、その品質は第2級に属するシャトーとしては惨憺たるものであった。しかしジャン・ミシェル・カーズと彼の有能なチームの動きは素早く、ワインもシャトーも見る見る過去の偉大さを取り戻していった。機械摘果といった方法は廃止され、格段の心配りが葡萄栽培と醸造に向けられるようになった。
　結果は圧巻である。2000年や2005年ほど高く評価されていないが、2004年はピションの栄光を余すところなく表現している。カシスやチョコレート、甘草のアロマは力強く、凝縮感が口一杯に広がり、荒々しさのかけらもない。力強さと構造だけなら飲む人を疲れさせるかもしれないが、ピションはずば抜けた新鮮さも持ち、過度な抽出はまったく行われていない。**SBr**

🍷🍷🍷🍷　飲み頃：2030年過ぎまで

Château Pichon-Longueville Comtesse de Lalande
1982
シャトー・ピション・ロングヴィル・コンテス・ド・ラランド
1982

産地 フランス、ボルドー、ポイヤック
特徴 赤・辛口、アルコール度数12.5度
葡萄品種 C・ソーヴィニヨン45％、メルロ35％、その他20％

　歴史と立地の特異性から、このエステートは官僚的な処遇の犠牲となり、同一エステートから2つのアペラシオンのワインが造られるという異常な時期を経験した。懸命の訴えの結果、このエステートは以前も、そしてこれから先も、サンジュリアンではなくポイヤックに属すると見なされることとなった。
　葡萄畑は、粘土に砂礫が混ざった土壌にある。概して現代的な醸造法をとっており、新樽比率50％で18カ月間のオークの小樽による熟成が行われる。伝統的に、他のポイヤックに比べ、柔らかく、"女性的"と見なされてきたが、どのような要因がそういった特徴を生み出しているのかについては、まだはっきりした結論は出ていない――メルロの比率が高いことによるのか、あるいはサン・ジュリアンに隣接していることによるのか。
　この1982年は、全般に英雄的なヴィンテージにあって、少し異色である。開栓と同時に、ある鑑定家がプルーンに似ていると評したように、熟しすぎた果実の香りや、うっとりする花の香りが広がる。若い時には、野生のマッシュルームや腐葉土の2次的、3次的アロマが現れる。タンニンはワインの中にしっかりと溶融しているが、それに支えられた完熟した茶色のチェリーやブラックベリーはまったく傷つけられていない。**SW**

🍷🍷🍷🍷🍷　飲み頃：2015年過ぎまで

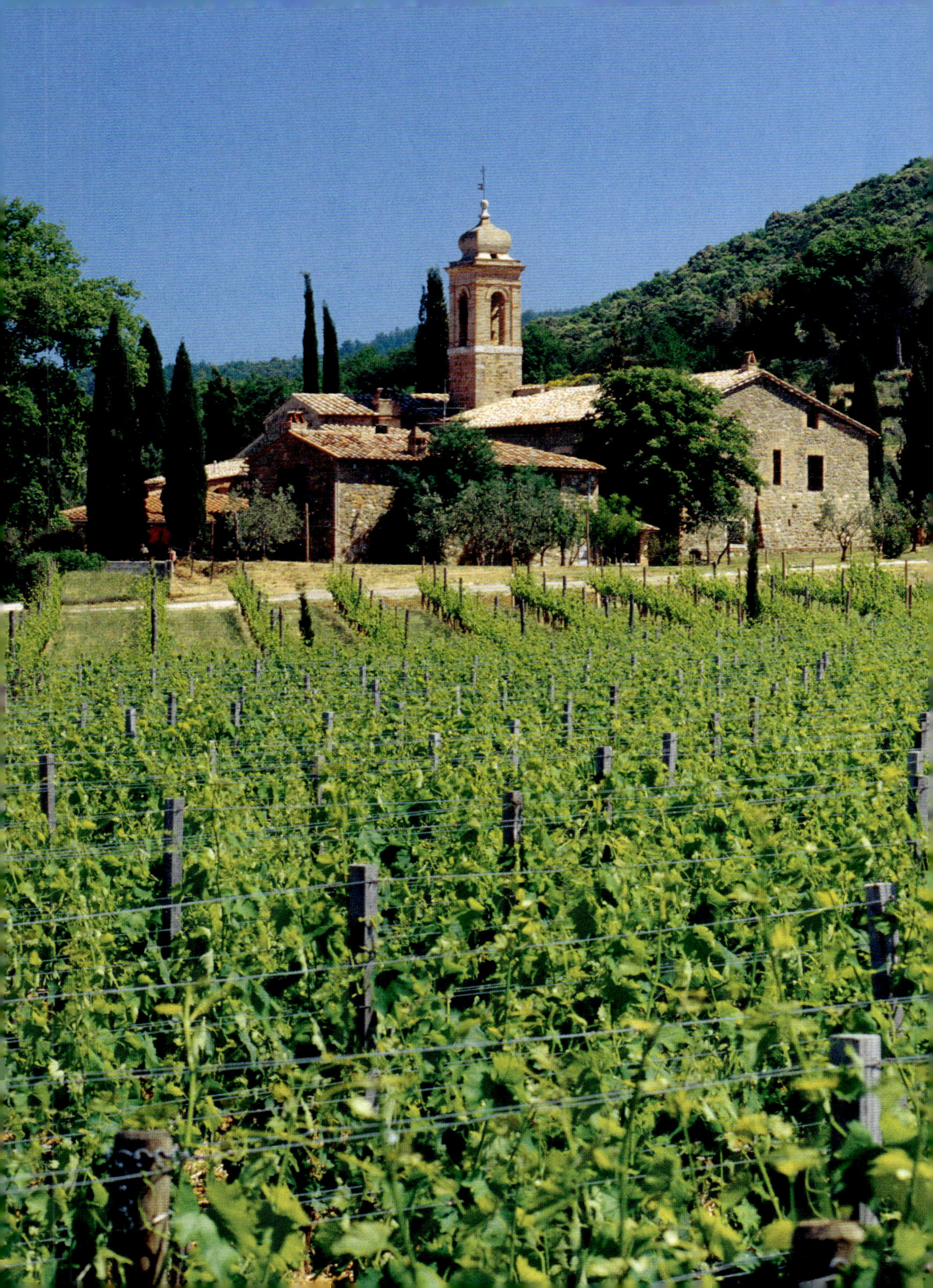

Pieve di Santa Restituta
Brunello di Montalcino Sugarille 2000

ピエーヴェ・サンタ・レスティトゥータ
ブルネッロ・ディ・モンタルチーノ・スガレッリ 2000

産地 イタリア、トスカーナ、モンタルチーノ
特徴 赤・辛口、アルコール度数13度
葡萄品種 サンジョヴェーゼ

　サンタ・レスティトゥータ教会は非常に古い歴史を持つ教会で、西暦650年に記された古文書にも記載がある。12世紀にこの教会の所有する葡萄畑からワインが造られていたという記録もある。
　この土地は1972年にロベルト・ベリーニに売却され、彼と彼の妻フランカの手によって畑はさらに拡大され、現代的なワイナリーも建設された。また歴史あるセラーも改修された。彼らは名匠アンジェロ・ガイアに協力を求め、1990年代にガイアはこのエステートの経営を引き継いだ。
　ガイアはサンタ・レスティトゥータで3種類のワイン——IGT（プロミス）と2種類のブルネッロ、レニーナとスガレッリを造っている。両者とも素晴らしいブルネッロであるが、スガレッリのほうが筋肉質で、馴らされていない感じで、ブルネッロらしさがある。とりわけ、このスガレッリ2000はブルネッロの真髄で、偉大な果実の純粋さと複雑な味わいがうまく融合させられている。甘酸っぱいチェリーとなめし革の香りが、オーク香によって、滑らかにされ、力強いがけっして出しゃばらないタンニンとうまく調和している。ヴィンテージのあと8年目に飲んでも十分楽しめたが、この2〜3倍の時が経過してもさらに良くなっているだろう。**AS**

$ $ $ $　飲み頃：2030年まで

Dominio del Pingus
2004

ドミニオ・デル・ピングス
2004

産地 スペイン、リベラ・デル・ドゥエロ
特徴 赤・辛口、アルコール度数14度
葡萄品種 テンプラニーリョ

　ピングスは1995年に、デンマーク生まれのピーター・シセックによって設立された。彼が目指したものは、「まぎれもなくスペインのテロワールが生み出すワイン…ガレージ・ワイン」であった。その最初のヴィンテージである1995に、ロバート・パーカーが100点満点中96点を付けたことから、その評判は一気に高まった。
　"ピングス"というのは、叔父であるピーター・ヴィンディング・ディールズが彼に与えたあだ名で、叔父は彼をリベラ・デル・ドゥエロに送り、アシエンダ・モナスタリオでの新しいプロジェクトに参加させた。シセックはサンテミリオンのシャトー・ヴァランドローでのジャン・リュック・トゥヌヴァンの方法に感銘を受け、ティント・フィノ（テンプラニーリョ）の古木が植わっている3つの区画を見つけ出し、ピングス・ワイナリーを設立した。シセックのこだわりは、"あくまでも自然に"ということで、古木から生まれた低収量の葡萄の厳しい選臭、新しいオーク樽による発酵、それ以上に新しいオーク樽への澱下げなどであり、こうして生まれるワインは、非常に大きく、豊饒で、力強く、アルコール度数は15度までに達することがある。
　シセックは1995年と1996年を"大きな獣のよう"と形容するが、それ以降のヴィンテージはより抑制され、優美である。パーカー・ポイント100点満点を獲得したピングス2004は、2007年に、あるロンドンのワイン商によって、1,430ドル超の価格で販売された。**SG**

$ $ $ $ $　飲み頃：2035年過ぎまで

Pintia
Toro 2003

ピンティア
トロ 2003

産地 スペイン、トロ
特徴 赤・辛口、アルコール度数15度
葡萄品種 ティンタ・デ・トロ（テンプラニーリョ）

　ピンティアはヴェガ・シシリアがトロで生み出したワインで、これによりヴェガ・シシリアはトロで最も注目される存在となった。彼らのプロジェクトはまず、トロおよびサン・ロマン・デ・オルニハ——ここに彼らのワイナリーが新設された——の村々の古い接木されていない葡萄樹を買い求めることからはじまった。彼らはまた、新しい苗も、こちらも自根のものを、コブレット仕立てで植えた。

　ワイナリーはアリオンと同じ建築家によるもので、それとよく似た造りになっている。ただ違う点は、巨大な冷蔵室設備で、取れたての葡萄はここで一晩5℃まで冷やされた後、4日間の前発酵自然マセレーションに入る。

　2003年は非常に暑い年で、ワインの中で起こる発熱をどう避けるかという問題を乗り越えて完成されたピンティア2003は、色は暗く、ほとんど黒に近い色で、光を通さず、非常に凝縮されており、少し鼻腔に近づけるだけで、黒い果実、花、ミネラル（チョーク）、そしてよく統合された木の香りが感じられる。フル・ボディで構造は雄大であるにもかかわらず、アルコールは完全に統合され、酸によってうまく調和され、果実味は新鮮で、余韻は非常に長い。まだタンニンは少しこなれていない感じだが、これから先数年の壜熟で、素晴らしく滑らかに研磨されるだろう。**LG**

🍷🍷　飲み頃：2013年過ぎまで

Podere
Salicutti Brunello di Montalcino Piaggione 2003

ポデーレ
サリクッティ・ブルネッロ・ディ・モンタルチーノ・ピアッジオーネ 2003

産地 イタリア、トスカーナ、モンタルチーノ
特徴 赤・辛口、アルコール度数15度
葡萄品種 サンジョヴェーゼ

　フランチェスコ・レアンツァがワイン造りを始めたのは、人生の後半に入ってからだった。その後彼はひと時も無駄にせず、モンタルチーノで不動の地位を占めるまでになった。慎ましやかで、働くことが好きで、偽りのない謙虚さの持ち主である彼は、他人と同じぐらい自らの成功に驚いていると告白する。分析化学の専門家であったフランチェスコがこのエステートを買ったのは1990年のことで、1994年に新たに開墾した4haの土地に葡萄樹を植えた。この単一畑ブルネッロのための葡萄を育んでいるピアッジオーネは、理想的な南向きの斜面にあり、石灰質を多く含む土壌から、モンタルチーノにしては例外的なほどに力強いワインを生み出している。

　20世紀末、ブルネッロ・ディ・モンタルチーノは未曾有の人気復興を経験した。投機資金が入り込み、土地も葡萄も価格が跳ね上がった。投資家は多大な利益を要求し、高騰したワインの価格で利益を得ている生産者はほとんどいない。しかしフランチェスコは流れに逆らって泳いでいる。ピアッジオーネ葡萄畑はまだ若い畑だが、2003年は驚かされることばかりである。豊饒で滑らかで、酸は巧みに調整され、黒い果実、チェリー、甘草、甘いスパイス、タールなどのアロマが次から次に現れる。**MP**

🍷🍷🍷🍷　飲み頃：2020年まで

Poliziano
Vino Nobile di Montepulciano Asinone 2001
ポリッツィアーノ
ヴィーノ・ノビレ・ディ・モンテプルチアーノ・アジノーネ 2001

産地 イタリア、トスカーナ、モンテプルチアーノ
特徴 赤・辛口、アルコール度数14度
葡萄品種 プルニョーレ・ジェンティーレ(サンジョヴェーゼ)90%、その他10%

　フェデリコ・カルレッティは農芸化学の学位を得た後、北イタリアのワイン・セラーで決められた期間修行し、1980年にポリッツィアーノ・エステートを開いた。彼はすぐに、この新しい事業を成功させるためには、葡萄栽培と醸造に関する世界最先端の知識を得ておくことが不可欠だと悟った。この点で、学生時代の友人であったカルロ・フェリーニと、マウリツィオ・カステッリとの交際が大きな意味を持った。

　現在カルレッティはモッレリーノ・ディ・スカンサーノDOCの最上の地区に入るトスカーナ・マレンマにも畑を持っている。しかし彼にとって最も重要なワインは、やはりアジノーネ・ヴィーノ・ノビレ・ディ・モンテプルチアーノである。それはこの地の最良の伝統と、世界最先端のワイン醸造技術の融合が生み出した傑作である。

　このワインに使われているブルニョーレ・ジェンティーレ種は1960年代に行われたマス・セレクションの結果得られたものである。それは普通のサンジョヴェーゼよりもずっと小さく、凝縮されている。そのワインは、色は暗く、濃く、口に含むと、力強いが滑らかで精妙、バルサミコの香りが熟れた柔らかい果実味に新鮮さを付与している。AS

🍷🍷🍷　飲み頃：2020年過ぎまで

Domaine Ponsot
Clos de la Roche Vieilles Vignes 2001
ドメーヌ・ポンソ
クロ・ド・ラ・ロッシュ・ヴィエイユ・ヴィーニュ 2001

産地 フランス、ブルゴーニュ、コート・ド・ニュイ
特徴 赤・辛口、アルコール度数13%
葡萄品種 ピノ・ノワール

　「最上のピノ・ノワールはブルゴーニュ以外の土地でもできる。」ローレン・ポンソは皮肉っぽい笑みを浮かべて辛辣にいう。「われわれはここでブルゴーニュを造っているんだ。」彼の最上のワインの1つが、中世の時代から葡萄樹が植えられてきた、周りを塀で囲った畑、クロ・ド・ラ・ロッシュから生まれる。そのクロは種苗場でもあり、そこから挿し木を採るのがポンソの昔からの伝統である。"ヴィエイユ・ヴィーニュ(古木)"の葡萄樹は、こうして1940年代にローランの父、ジャン・マリーが植えたものだ。

　このエステートはずっと昔から、補糖をしないために、ぎりぎりまで完熟させて葡萄を収穫するというリスクを背負ってきた。その結果、芳醇で、凝縮され、信じられないぐらい長く続く余韻を持つワインが生まれる。2001年は非常に調和の取れたワインだが、それは丘の中腹の地下に新しく建設された、自然冷房で重力利用のワイナリーの有利性を存分に発揮した。

　ローレンは彼の造るワインのすべてを古い樽で熟成させるが、彼はその理由を単刀直入にこう述べる。「新しい木は、ワインの本質に仮面を被せるからさ。」ブラインド・テイスティングでは、新オーク樽で華やかに装ったセクシーなワインに負けるかもしれないが、このワインの控えめだが、どこか心引かれるアロマ、スパイスの効いた黒い果実、ラズベリー、ココアの芳香は、振動する酸と一緒になって、肥えた舌を誘惑する。JP

🍷🍷🍷🍷　飲み頃：2030年まで

Château Pontet-Canet
2004

シャトー・ポンテ・カネ
2004

産地　フランス、ボルドー、ポイヤック
特徴　赤・辛口、アルコール度数13度
葡萄品種　C・ソーヴィニョン62％、メルロ32％、その他6％

　1975年、コニャックの生産者として有名なギー・テスロンは、ノン・ヴィンテージのワインをフランスの鉄道会社へ卸していただけのエステートを買った。跡を継いだ息子のアルフレッドは矢継ぎ早に改革を推し進め、品質は目覚しく向上した。彼は卓越したワインメーカーであるジャン・ミシェル・コムと、コンサルタントとして招いたミシェル・ローランに助けられながら、改革を実行している。

　ジャン・ミシェル・コムは本能的なワインメーカーである。たとえば彼は、あえて温度管理装置を入れていない。彼は自分の目で確かめることにこだわり、若いワインをゆっくりと、手間隙かけて発酵させることを好む。彼のチームは、穏やかな抽出を好んでいるが、カベルネ・ソーヴィニョンを多く含み、かなり高い新樽比率の熟成によって生まれるポンテ・カネは、力強く、タンニンがしっかりしている。そのため、その本当の美味しさが現れるまでには、数年の瓶熟が必要である。

　最近のヴィンテージで、ポンテ・カネはポイヤックの偉大なワインの仲間入りを果たした。しかしその価格はまだまだ実際の価値を下回っている。なぜなら、ワイン商も顧客も、アルフレッド・テスロンと彼のチームが達成した素晴らしい進歩にまだ気がついていないからだ。**SBr**

🅢🅢🅢　飲み頃：2035年まで

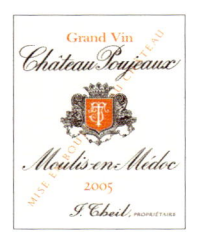

Château Poujeaux
2005

シャトー・プジョー
2005

産地　フランス、ボルドー、ムーリス
特徴　赤・辛口、アルコール度数13度
葡萄品種　C・ソーヴィニョン50％、メルロ40％、その他10％

　プジョーは、1921年から今日までずっとテイユ家が所有している。それ以前は、この畑は3つのエステートによって分割所有されていたが、長い時間をかけてテイユ家が再統一した。葡萄栽培は非常に入念で、土壌の鋤き入れが行われ、必要なときはグリーン・ハーベストも行う。ワイン造りもまた精緻である。

　若いとき、質感はしっかりしており、熟成に耐える能力を示しているが、プジョーはずっと昔から最上のクリュ・ブルジョワと見なされてきた。そして2003年、他の8つの畑と同時に、クリュ・ブルジョワ・エクセプショネルに昇格した。クリュ・ブルジョワというカテゴリーは現在消滅したが、プジョーはそのカテゴリーに最初に認定されたときの質を今も保ち続けている。

　シャトー・プジョーはどっしりとしたワインで、タンニンがしっかりしており、過度な抽出や人為的操作は何も行われていない。そのワインは常に最高の味わいを更新しているように見え、1990ヴィンテージでさえ、今も美しく熟成を続けている。

　この秀逸な2005年も同じ構造である。オークの存在が明確に感じられるが、物腰は柔らかで、優美である。バランスは絶妙で、押し付けがましくないが、印象的である。歳を重ねるごとに、見事な一貫性を表現するようになるワインだ。**SBr**

🅢🅢　飲み頃：2020年まで

テイユ家がプジョーを手に入れてすぐに造った1922ヴィンテージのラベル

Grand Vin

Château Poujeaux

Moulis-Médoc

1922

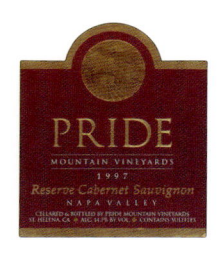

Pride Mountain
Reserve Cabernet Sauvignon 1997

プライド・マウンテン
リザーヴ・カベルネ・ソーヴィニヨン 1997

産地 アメリカ、カリフォルニア、ナパ／ソノマ・ヴァレー
特徴 赤・辛口、アルコール度数14.1度
葡萄品種 カベルネ・ソーヴィニヨン

ナパとソノマの境界、マヤカマス・レンジと呼ばれる高い尾根の上に完全にまたがっている形で広がっているのが、プライド・マウンテン・エステートで、サミット・ランチとも呼ばれている。このエステートのリザーヴ・カベルネ・ソーヴィニヨンを試飲すると、北カリフォルニア山頂の最高のテロワールの特長がはっきりと分かる。

プライド・マウンテン葡萄畑は標高640mの高所にあり、岩が多く、水捌けのよい火山性の土壌にある。最大の特長は、それが太平洋からナパとソノマの谷底へと流れ込み、急激な天候の変化を呼び起こす、冷たく湿気の多い厚い霧の線よりも上方に位置しているということである。この厚い霧に伴う冷却効果はプライド・マウンテンに有利に作用し、また高地にあるということ自体も優位性となる。しかし最も優位な点は、葡萄の生育期に太陽の直射日光を谷底に比べかなり長く享受することができるという点である。その太陽の直射日光は、葡萄を過度に成熟させるのではなく、長く安定した生育期間を与えるという方向に作用する。

ナパ・ヴァレーの谷底のカベルネ・ソーヴィニヨンのほうが、タンニンはより滑らかで、ヴェルヴェットに近い質感を持っているかもしれないが、このワイン──この場所でできるワインの中で最上のものと言っても良いであろう──は、より芳醇で、より荒々しく、黒い果実の性格が鮮明である。**DD**

🟡🟡🟡🟡　飲み頃：2015年まで

Prieler
Blaufränkisch Goldberg 2003

プリウラー
ブラウフレンキッシュ・ゴルトベルク 2003

産地 オーストリア、ブルゲンラント、ノイジードラゼー、ヒューゲルラント
特徴 赤・甘口、アルコール度数14度
葡萄品種 ブラウフレンキッシュ

ゴールトベルクの山頂、ブルゲンラントの、鉄と珪岩を多く含む石灰質と雲母片岩の露頭は、何百万年もの侵食に耐え、その低い位置に砂を多く堆積させた。この砂地の上、石の多い場所にブラウフレンキッシュが植えられている。

1993年、プリウラー家は、このゴールトベルク山頂に育つブラウフレンキッシュから、単一畑、単一品種ワインを造ることを決心した。その年そのワインは、国内ではたったの24本しか売れなかったが、あるスイスの業者が品質に惚れ込み、救いの手を差し伸べた。1994年──現在は刺激的なスモーク香があり、芳醇な黒い果実の洗練された風味を持つ──は、オーストリア国内で、60本まで売り上げを伸ばした。

1997年になって、隣町ルストのエルンスト・トライボイマーがブラウフレンキッシュ・マリエンタルをリリースし、赤ワインの戦列に参戦してくれたことによって、追い風が吹いてきた。それから10年後、この両方のワインは、オーストリアで最も高値で販売される国内産赤ワインになった。ゴールトベルク2003は、甘苦いナッツ・オイル、カシス、スミレ、カルダモン、ピートの芳醇なアロマが立ち昇り、口に含むと、よく研磨されたきめの細かいタンニンと、かすかに塩味の効いたピリッとした新鮮な刺激の黒い果実が、そのヴィンテージの厳しい暑さとそれが熟成させられた新樽の強い香りをうまくカバーしている。**DS**

🟡🟡🟡🟡　飲み頃：2010〜2020年

Dom. Prieuré St.-Christophe
Mondeuse Prestige 2004
ドメーヌ・プリューレ・サン・クリストフ
モンドゥーズ・プレスティージュ 2004

産地 フランス、サヴォア
特徴 赤・辛口、アルコール度数12度
葡萄品種 モンドゥーズ

　ミシェル・グリザールは、ほぼサヴォアだけにしか生育していない赤品種モンドゥーズの救世主である。最上の年にしか造られないモンドゥーズ・プレスティージュは、この品種が非常に精妙で、猟鳥獣肉や黒い肉料理に良く合い、長く熟成していく素質を持つワインを造りだす力を持っていることを証明している。
　そのドメーヌは、種苗業者が多く集まっていることで有名なフレテリーヴにあり、グリザール家も種苗業を営んでいる。モンドゥーズ・プレスティージュ2004の葡萄は、フレテリーヴとアルバンの葡萄畑からのものである。その葡萄樹は、2003年の暑さにも耐えることができたほど力強く、この2004も過保護に育ったわけではない。最上の年でさえモンドゥーズは自然のままだと11％ほどしかアルコール度数は上がらないが、素晴らしい赤い果実のフレーヴァーをかもし出す。
　そのワインは、若々しい紫色がかったクリムソン色で、プラムの香りが充満し、スパイシーなシナモン・オークの微香やジャムの感触もある。口に含むと、酸のバランスも良く、ミディアム・ボディで、タンニンはまろやかである。プラムやグリオット・チェリー、スパイシーな焦げたフレーヴァー、薬草のような余韻が続く。それはまだ若く、閉じられていて、1年前後してからようやく優雅に熟成し始めるであろう。飲む前に、デキャンティングすることをお勧めします。**WL**
🍷🍷🍷 飲み頃：2030年まで

Prieuré de St.-Jean de Bébian
2001
プリューレ・ド・サンジャン・ド・ベビアン
2001

産地 フランス、コトー・デュ・ラングドック
特徴 赤・辛口、アルコール度数14度
葡萄品種 グルナッシュ、シラー、ムールヴェドル

　ワイン評論家としての職を辞したシャンタール・ルクティとジャン・クロード・ルブランは、1994年にラングドックに落ち着き、12世紀にまで遡る歴史を持つ、以前は修道院の畑であったこの土地を引き継いだ。その少し前まで、それはアラン・ルーの所有であり、彼がシラーとムールヴェドルを植え始めていた。
　畑はシャトーヌフ・デュ・パープとよく似た、粘土と砂礫の混ざった土壌であったため、彼らは思い切って、シャトーヌフ・デュ・パープに育つ13品種のすべてをここに植えることにした。彼らはこの地に適した葡萄樹を買うために各地を訪ね、エルミタージュのシャーヴェからシラーを、シャトー・ラヤスからシャトーヌフの品種を、そしてバンドールのドメーヌ・タンピエからムールヴェドルを仕入れた。これらに元からあるグルナッシュが加わる。
　プリューレはこのドメーヌの最高級赤ワインである。ブレンドは、グルナッシュが50％前後を占め、残りがシラーとムールヴェドルである。新樽比率3分の1のオークの小樽で熟成させられる。ミシェル・ベタンヌとティエリー・ドゥソーヴは、プリューレ2001を、その"大きさ、血統、芳醇さ"で称えた。グリルした雛鳥と一緒に賞味すると最高だろう。**GM**
🍷🍷🍷 飲み頃：2012年過ぎまで

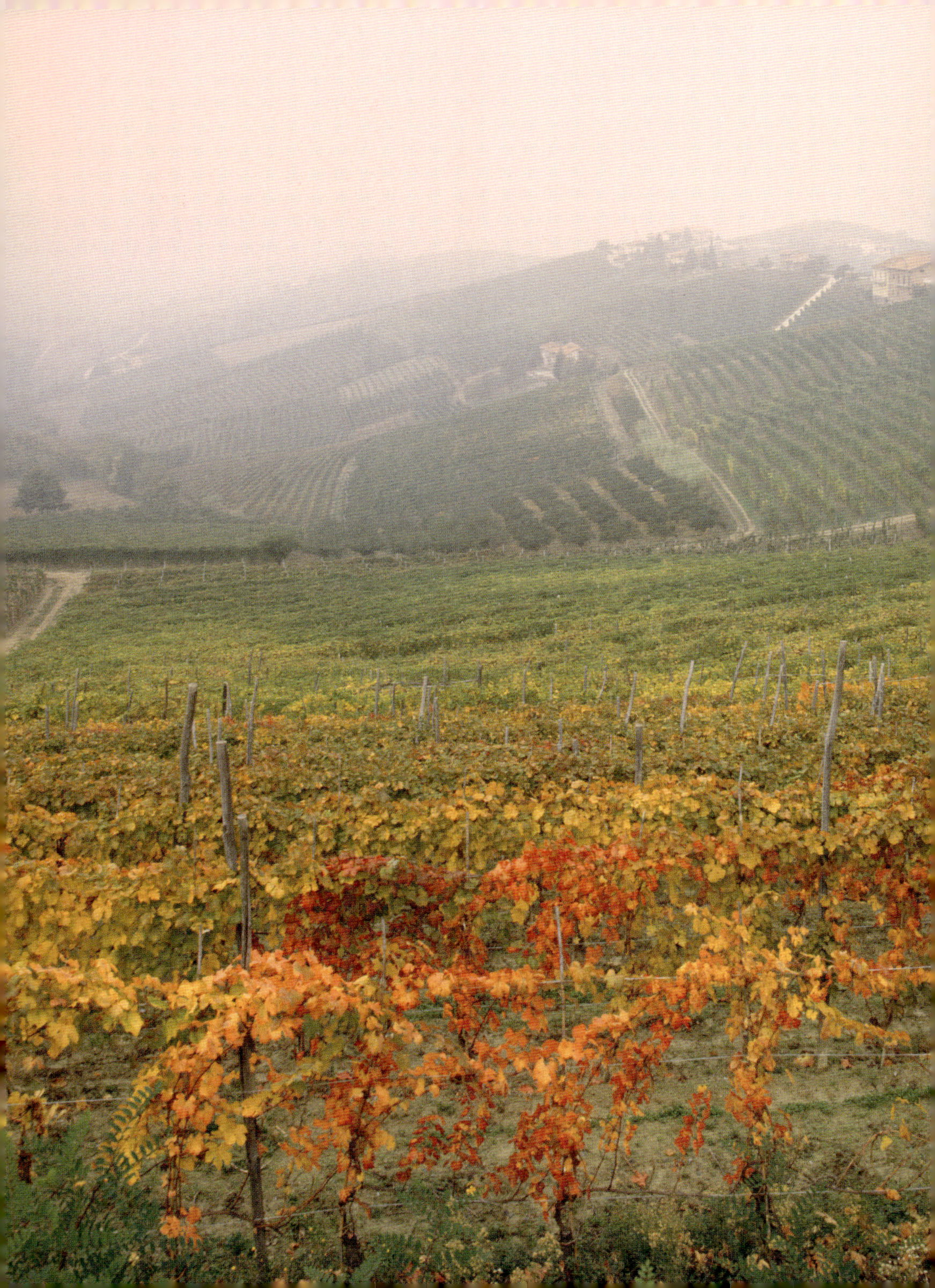

Produttori del Barbaresco
Barbaresco Riserva Rabajà 2001
プロドゥットーリ・デル・バルバレスコ
バルバレスコ・リゼルヴァ・ラバヤ 2001

産地 イタリア、ピエモンテ、ランゲ
特徴 赤・辛口、アルコール度数13.5度
葡萄品種 ネッビオーロ

　ラバヤは、バルバレスコでも最も優秀な葡萄畑の1つに入ると誰もが認めている畑である。それを決定付ける要因の1つが、タナロ川から上ってくる冷たい微風に影響される微気象である。主に砂地と石灰岩の土壌は、優美でしかも力強いバルバレスコを生み出す。それは若い時も非常に魅惑的だが、この地域の中で最も長期熟成に向いている。
　プロドゥットーリ・デル・バルバレスコは、1958年に、バルバレスコの創立の父、ドミジオ・カヴァッツァがよく使っていたセラーのある地区に設立された協同組合である。現在、アルド・ヴァッカの指導の下、秀逸なバルバレスコを造り続けている。伝統的にバルバレスコの最も優れた畑の葡萄から造られる協同組合の単一畑リゼルヴァは、イタリア・ワインの中でも至宝と呼べるものである。
　バルバレスコ・リゼルヴァ・ラバヤ2001は、プロドゥットーリ・デル・バルバレスコによって最近リリースされた最高傑作の1つである。その素晴らしいヴィンテージを余すところなく表現し、フル・ボディでエレガント、バランスは絶妙である。タンニンの構造と新鮮さは、このワインがこの先10年単位で熟成していくことを示唆している。**KO**
🍷🍷🍷　飲み頃：2025年まで

Château Providence
2005
シャトー・プロヴィダンス
2005

産地 フランス、ボルドー、ポムロール
特徴 赤・辛口、アルコール度数13度
葡萄品種 メルロ95%、カベルネ・フラン5%

　ポムロールが全体として注目を集めるようになったのは、わりと最近のことなので、ここにはまだ完全にその真価が発揮されていない畑がいくつか残っている。そのような畑の1つが、シャトー・サルタン・ド・メイの近くにあるラ・プロヴィダンスである。この畑に目をつけたのがクリスチャン・ムエックスで、彼はオーナーであるメゾン・デュピュイと合意に達し、共同経営者となった。その3年後、ムエックス社は全株式を購入し、このエステートを傘下におさめた。この買収を世に知らせるため、クリスチャン・ムエックスはその名前をラ・プロヴィダンスから、ただの素っ気ないプロヴィダンスに変えた。
　3haの畑は、砂礫と赤い粘土の混ざった水捌けのよい土壌である。ここではカベルネ・フランは比較的副次的な位置しか占めていず、多くの品種が混植されているので、新しいオーナーもまだ正確な比率を確認していない。
　プロヴィダンスは1,000ケースしか生産されていない希少ワインであり、今後も変わらないようだ。2000年も肉感的で美味しかったが、2005年はそれ以上だ。アロマはきわめて純粋で、シルクのような滑らかな質感を持ちながらも、タンニンと凝縮に欠けるところはない。ムエックスはそのワインに、バランスと洗練を刻印した。**SBr**
🍷🍷🍷　飲み頃：2022年まで

← ネッビオーロの葉が美しい赤色に染まるバルバレスコの秋

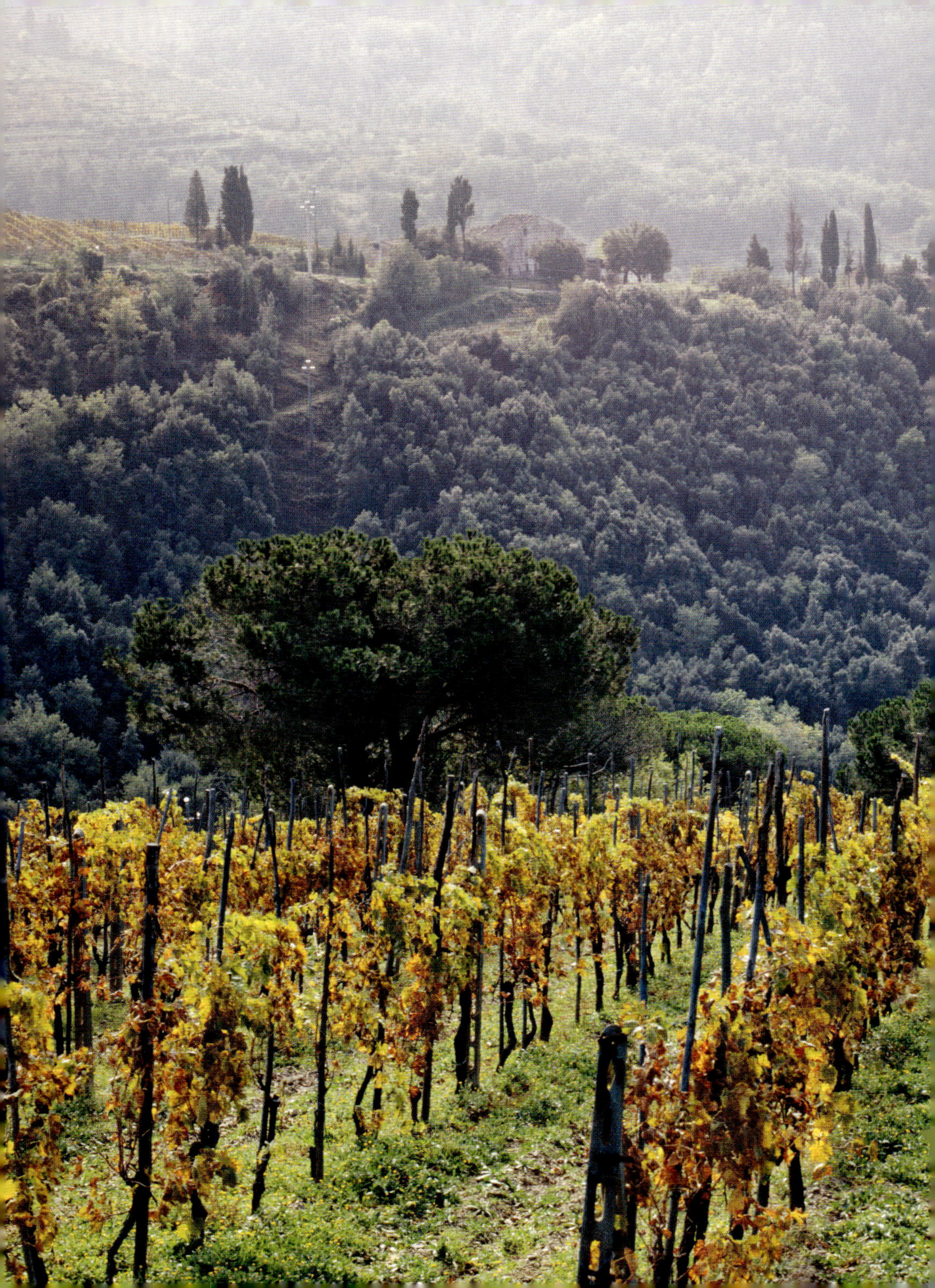

Agricola Querciabella
Chianti Classico 1999

アグリコーラ・クエルチャベッラ
キアンティ・クラッシコ 1999

産地 イタリア、トスカーナ、キアンティ
特徴 赤・辛口、アルコール度数13度
葡萄品種 サンジョヴェーゼ95%、カベルネ・ソーヴィニョン5%

　富裕な実業家であり、フランス・ワインの熱狂的なコレクターで、イタリアで最も多くルイ・ロデレール・クリスタルを愛蔵しているジュセッペ・カステリオーネが1974年に設立したエステートが、アグリコーラ・クエルチャベッラである。それはグレーヴェ・イン・キアンティにあり、当初は1haほどの畑と古い建物があるだけのものだったが、現在では26haの葡萄畑と、12haのオリーブ畑を擁するまでに広がっている。

　アグリコーラ・クエルチャベッラは、全部で4種類のワインを造っている。シャルドネとピノ・ブランをブレンドしたものがバタール、サンジョヴェーゼとカベルネ・ソーヴィニョンがカマルティーナ、そしてメルロとサンジョヴェーゼがパラフレーノである。これら3種類のIGTワインは、イタリア・ワインのスーパースターであるが、このクエルチャベッラの最高級ワインは、唯一DOCGに認定されており、キアンティ・クラッシコである。このワインのための葡萄は、フォーレ、ソラティオ、サンタ・ルチアの畑で採れるが、それぞれ順番に、南、南西、南東を向いており、海抜350〜500mの高地に位置している。葡萄畑は基本的にビオディナミが実践され、年間生産量は約14万4,000本である。

　ヒュー・ジョンソンOBEによって"キアンティ・クラッシコの指導者"と評されたクエルチャベッラは、世界に名高いトスカーナ・ワインの代表であり、1995年にはイタリア・ワインのガイド誌ガンベロ・ロッソ誌でトレ・ビッキエリに輝いている。1999年のような恵まれたヴィンテージには、そのワインはしっかりした骨格を持ち、リリースと同時に楽しめるが、10年以上熟成させて楽しむこともできる。**SG**

💰💰💰　飲み頃：2010年過ぎまで

◀ グレーヴェ近郊のトスカーナの丘に囲まれた
　クエルチャベッラの葡萄畑

Quilceda Creek
Cabernet Sauvignon 2002
クィルセダ・クリーク
カベルネ・ソーヴィニョン 2002

産地 アメリカ、ワシントン
特徴 赤・辛口、アルコール度数15度
葡萄品種 C・ソーヴィニョン97%、メルロ2%、C・フラン1%

　アレックス・ゴリツィンがヤキマ・ヴァレーの葡萄を使って、初めてカベルネ・ソーヴィニョンの樽を造ったのが1974年のことであった。この実験的な試みは、1978年にワイナリーの石組みを始めるまでに進み、翌1979年にはクィルセダ・クリーク・カベルネの初ヴィンテージが出た。1995年に、息子のポールがワインメーカーを継ぎ、2004年、ついに彼らのワイナリーが完成した。

　そのワインは、ポールがワインメーカーとなることによって、飛躍的に質を上げたといわれている。彼の父は、ポールが並外れた味覚を持っていることを認めている。その味覚はブレンドに生かされている。

　2002年は、4つの異なった葡萄畑の原料をブレンドして造られた。葡萄は味見によって完全に成熟したと確認された後に収穫され、除梗の後、軽く破砕される。その後、重力の作用を利用して発酵槽へと入れられる。特別に仕入れた酵母によって発酵は行われ、完全に糖分が無くなるまで続けられる。その後ポンプでフランス産オークの新樽に入れられ、マロラクティック発酵が行われる。ワインは22ヵ月間樽で熟成させられた後、9ヵ月間の壜熟を経てリリースされる。クィルセダ・クリーク2002は、非常に鮮烈なワインだ。凝縮されていながらエレガントで躍動的、精妙なアロマとフレーヴァーを持ち、タンニンはしっかりしているがしなやかで、素晴らしく長い余韻が続く。**LGr**

❺❺❺❺　飲み頃：2025年過ぎまで

Quinta do Côtto
Grande Escolha 2001
キンタ・ド・コット
グランデ・エスコリア 2001

産地 ポルトガル、ドウロ・ヴァレー
特徴 赤・辛口、アルコール度数13度
葡萄品種 トゥーリガ・ナシオナル、ティンタ・ロリス

　キンタ・ド・コットはドウロ・ヴァレーで最も古い葡萄畑の1つで、その歴史は14世紀まで遡ることができる。また、そのエステートがポルトガル建国以前に設立されたということを証明するいくつかの証拠もある。

　畑はドウロの低い方に位置し、1756年の最初の産地限定地区の指定にも含まれている。それはまた、ドウロ・ワインをヴィラ・ノヴァ・デ・ガイアのシッパー（ワイン商）を通さず直接輸出することを許可した、1986年の規制緩和を最も早く利用したエステートの1つでもある。

　エステートは、酒精強化していない高級ワインを1970年代から生産しており、世界に通用するワインをポルトガルから送り出した最初の生産者の1つである。当時の多くの生産者は、スティル・ワインはただ自家用に少量造るだけで、市場には出していなかった。このエステートでは、現在2種類のワインが造られている。1つは若い樹からのもので、もう1つのこのグランデ・エスコリアは、樹齢25年以上の古木から、作柄の良い年にしか造られない。3週間の浸漬によって、馥郁とした芳醇なワインとなり、タンニンはしっかりした骨格を形作り、2年間に及ぶポルトガル産のオーク樽による熟成によって、ややしなやかになっている。**GS**

❺❺　飲み頃：2030年まで

Quinta do Mouro
Alentejo 2000
キンタ・ド・モウロ
アレンテージョ 2000

産地 ポルトガル、アレンテージョ
特徴 赤・辛口、アルコール度数14.5度
葡萄品種 テンプラニーリョ、アリカンテ・ブシェ、その他

　南ポルトガルの暑く乾燥したアレンテージョ地区は、最近、高級ワインの生産者が増えてきているが、その中の1人がルイス・ロウロである。彼が葡萄樹を最初に植えたのは1989年のことで、その片岩を多く含む畑は、現在22haまで拡大され、主にポルトガルの自生種──アラゴネス（ティンタ・ロリスまたはテンプラニーリョ）、アリカンテ・ブシェ、トゥーリガ・ナシオナル、トリンカディラ──と、少量のフランス輸入種が植えられている。
　キンタ・ド・モウロは、すべてこの畑で育った葡萄でできており、古い樹と新しい樹が混ざり合って奇跡的な味を生み出している。葡萄は足で2日間踏まれて破砕され、温度管理されたステンレス・タンク──この暑い土地で美味しいワインを造ろうとするなら、これは不可欠である──で、発酵させられ、フランス産とポルトガル産を組み合わせたオーク樽で熟成させられる。
　非常に暑い地域で造られるワインは、熱によって焼かれ、ジャムのようになる可能性がある。しかしキンタ・ド・モウロは優美さとフィネスをしっかりと保っている。適度に濃い色で、甘い黒い果実やスモーク、ヒマラヤ杉の香りがし、きめの細かいしっかりしたタンニンが、ボディとアルコールのバランスを取っている。芳醇な果実味と花の香りの混ざった精妙な余韻が残る。**GS**

$ $　飲み頃：2010年まで

Quinta do Vale Meão
2000
キンタ・ド・ヴァレ・ミアオン
2000

産地 ポルトガル、ドウロ・ヴァレー
特徴 赤・辛口、アルコール度数14.5度
葡萄品種 T・ナシオナル、T・フランカ、その他

　キンタ・ド・ヴァレ・ミアオンは長い間1つのワイン、この葡萄から造られるフェレイラのバルカ・ヴェーリャで有名であった。このエステートを創設したのは、ポルトガル版ヴーヴ・クリコとも言うべきドウロ地区の伝説的未亡人、ドニャ・アントニア・フェレイラである。それは彼女が残した最後の遺産であった。彼女はその畑が完成した1896年に亡くなった。
　ドウロ・スペリオールの奥深くにあるキンタ・ド・ヴァレ・ミアオンは、現在ドニャ・アントニア・フェレイラの偉大なる孫であるフランシスコ・ハヴィエル・デ・オラサバルがオーナーになっている。彼はA・A・フェレイラの前社長であったが、1998年にその職を辞し、彼自身の単一葡萄畑ワインを造ることに専念した。1999年に最初のワインがリリースされたが、彼は2000年が最初のヴィンテージで、彼が今まで造ったワインの中で最高傑作だと考えている。
　そのエステートの葡萄畑は、川岸の低地から200mの高台まで激しい高度差がある。その畑には、伝統的品種である、トゥーリガ・ナシオナル、ティンタ・ロリス、トゥーリガ・フランセーザ、ティンタ・アマレーラ、ティンタ・バロッカ、ティンタ・カンが植えられているが、このキンタ・ド・ヴァレ・ミアオンのフレーヴァーを支配しているのは、トゥーリガ・ナシオナルの甘い黒い果実の香りである。**GS**

$ $ $ $　飲み頃：2015年過ぎまで

Quinta dos Roques *Dão Touriga Nacional* 2005

キンタ・ドス・ロケス　ダン・トゥーリガ・ナシオナル 2005

産地　ポルトガル、ダン
特徴　赤・辛口、アルコール度数14度
葡萄品種　トゥーリガ・ナシオナル

キンタ・ドス・ロケスはポルトガル北央部に位置するダン地区にある優秀なワイン生産者の1つである。ダン地区は昔から協同組合の力の強いところで、生産者たちの葡萄は、協同組合が造る膨大な量のブレンド・ワインの無名の一部分になることを余儀なくされていた。1978年、キンタ・ドス・ロケスのオーナーであるルイス・ローレンソは一大決心をし、畑の葡萄をこの地に最も適した品種に植え替え、エステート元詰めワインを造ることにした。

その葡萄畑は現在40haまで拡大され、12の区画に分けられている。土壌は主に花崗岩質の砂で、畑は全般に高台にあり、アルコール度数は高いが、新鮮で構造のしっかりしたワインを生み出す。

キンタのラベルで最初のワインがリリースされたのが1990年で、最初はブレンド・ワインであった。1996年に、単一品種ワインを造り始めると、それはすぐに国際的な注目を集め、特にトゥーリガ・ナシオナルは脚光を浴びた。その純粋なワインは、古くからある花崗岩のラガレスと、最先端の設備を組み合わせた新しいワイナリーで造られている。フランス産オークの新小樽で14ヵ月間熟成させられたワインは、ブラック・チェリー、キイチゴ・ジャムのトゥーリガ・ナシオナル特有のアロマを放ち、チョコレートのようなハーブ香もある。芳醇なフル・ボディで、酸とタンニンのバランスは抜群であり、しっかりとした骨格を感じさせる。リリースと同時に楽しめるが、10年以上熟成させても、それに応えてくれる。**GS**

❸❸　飲み頃：2020年過ぎ

追加推薦情報
その他の偉大なヴィンテージ
1996・2000
ダンのその他のワイン
デュケ・デ・ヴィゼウ、フォンテ・ド・オウロ、グラン・ヴァスコ、ポルタ・ドス・カルヴァリャイス

ダン地区マングアルデの葡萄畑をトウモロコシの枯れ草を頭に載せて運ぶ ➡

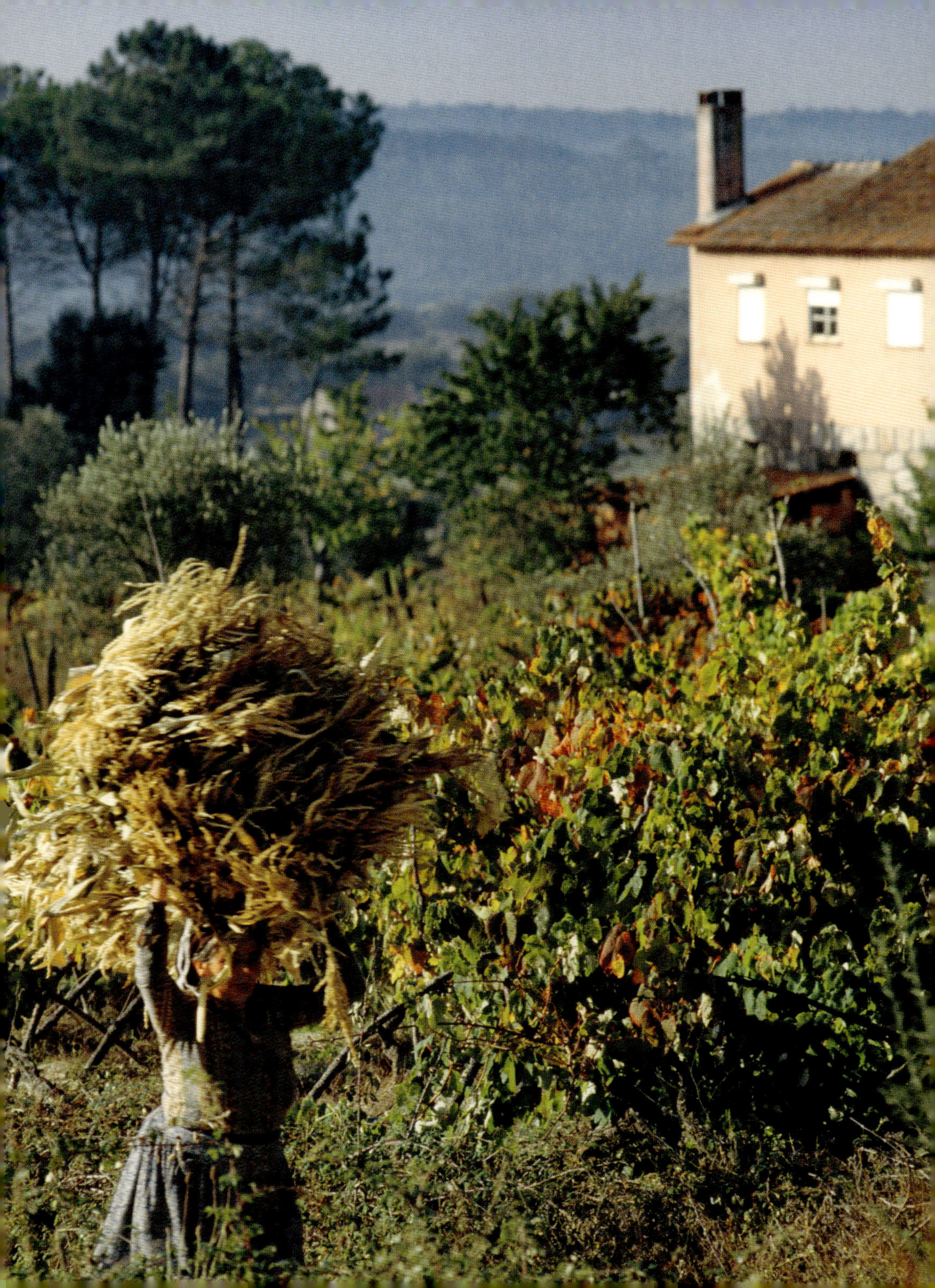

Quintarelli
Amarone della Valpolicella 1995
クインタレッリ
アマローネ・デッラ・ヴァルポリチェッラ 1995

産地 イタリア、ヴェネト
特徴 赤・辛口、アルコール度数15.5度
葡萄品種 コルヴィーナ、ロンディネッラ、モリナーラ

「レチョートが発酵を続け、糖分をすべて消費して辛口になっていくとき、今でも貧しかった当時のことを思い出すよ。」とジュゼッペ・クインタレッリは、ヴァルポルチェッラの因習の中にあった彼のルーツを語りながら、こう述懐する。辛口のレチョートというのは、とりもなおさずわれわれの愛するアマローネのことである。アマロというのはイタリア語で、苦いという意味だが、ここでは"辛口"を意味している。レチョート・アマロというのがこのワインの最初の名前だったが、それはその誕生があまり歓迎されない出来事と考えられたときのものだった。アマローネというのは、アデリーノ・ルケーシーという名の、カンティーナ・ソシアーレ・ディ・ヴァルポリチェッラの有能なワインメーカによって付けられた名前だった。1936年の春、発酵槽からそのレチョートを利き酒したルケーシーは、その味に歓喜してこう叫んだ。「これはレチョート・アマロではない。これはまったく新しいアマローネだ!」と。

クインタレッリ・アマローネ1995のアロマは、誇張ではなく部屋中に充満する。モレッロ・チェリー、チョコレート、乾燥イチジク、挽きたての胡椒、香草、これらの香りが、その高いアルコールと同じぐらいに、近くにいる人を酔わす。芳醇で、グリセリンのように滑らかな花の蜜が、数分間も口の中で踊り続ける。それでいて、そのワインはけっして筋肉質でも、過抽出でもない。**AS**
🍷🍷🍷🍷 飲み頃:2035年過ぎまで

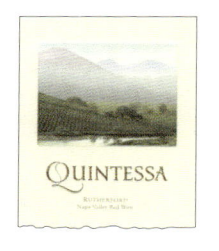

Quintessa
2000
クインテッサ
2000

産地 アメリカ、カリフォルニア、ナパ・ヴァレー
特徴 赤・辛口、アルコール度数14.5度
葡萄品種 カベルネ・ソーヴィニョン70%、メルロ20%、C・フラン10%

ラザフォードのシルヴェラード・トレイルの西側の端、小さな丘の下にある大きな湖の周り全体を占拠しているのが、クインテッサの葡萄畑とワイナリーである。その土地はナパ・ヴァレーに残された貴重な最後の未開墾地の1つで、1990年に売りに出された。購入したのはフランシスコ修道会のワイン・エステートで、ボルドー・ブレンドの超高級ワインのための葡萄畑として開発した。最初のヴィンテージが出されたのが1993年であった。

美しい輪郭を描くその葡萄畑は全部で65haあり、26の区画に分割されている。このさまざまな区画の葡萄を巧みにブレンドさせて、理想的なワインを創り出すのがワインメーカーの腕の見せ所である。満足できるものができなかったときは、そのワインは安く売りさばかれる。土壌は火山性の砂礫を多く含み、2004年からは、ビオディナミを導入している。ワインは、新樽比率60%のフランス産オーク樽で、18ヵ月間熟成させられる。

2000はクインテッサらしさのよく出たワインで、まずオークの香りが立ち昇る。しかしその贅沢な質感の背後に、スパイスや十分な酸があり、それが長い余韻を生み出す。これは美しく造られたワインである。しかし、あまり個性がない、官能的だがミネラルに欠けるなど、評価の分かれるワインでもある。**SBr**
🍷🍷🍷🍷 飲み頃:2020年まで

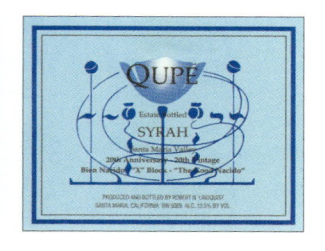

Qupé
20th Anniversary Syrah 2001
キュペ
20th・アニヴァーサリー・シラー 2001

産地 アメリカ, カリフォルニア, サンタ・バーバラ
特徴 赤・辛口、アルコール度数13.5度
葡萄品種 シラー

　ボブ・リンクイストがキュペを立ち上げたのは1982年のことで、1989年からはジム・クレンデネンと一緒に、サンタ・マリア・ヴァレーのビエン・ナシード・ヴィンヤードにあるワイナリーを共同で使用しながら、ワインを造っている。リンクイストはかなり以前から、冷涼な土地で育つシラーに惹かれていた。どこか抑制された感じがして、長期熟成に向くところが好きなのである。
　このアニヴァーサリー・シラーはキュペの設立20周年を記念するもので、リリース後20年は熟成し続けることを意図して造られた。すべての葡萄は、ビエン・ナシードの最も古いシラーの区画、2haの"X"ブロックから供給される。3分の1の葡萄が、果梗の付いた全房のまま発酵槽に入れられ、特徴的なスパイスとしっかりしたタンニンがワインに付与されている。小さな開放槽で、1日2回の櫂入れを行いながら14日間発酵させた後、5日間の発酵後マセラシオンを行い、プレス、澱下げ後、フランス産オーク樽で20ヵ月熟成させられる。リンクイストは新樽を使わないが、それはビエン・ナシードのテロワールを明確に表現するためである。
　アニヴァーサリー・シラー2001は、引き締まった抑制されたワインで、骨格はしっかりしており、タール、なめし革、スモークした肉、ブルーベリー、スパイスの張り詰めたアロマが広がる。**LGr**
😊😊😊 飲み頃：2021年過ぎまで

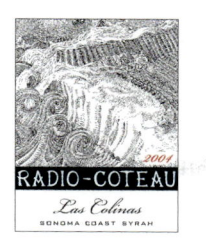

Radio-Coteau
Cherry Camp Syrah 2004
ラディオ・コトー
チェリー・キャンプ・シラー 2004

産地 アメリカ, カリフォルニア, ソノマ・コースト
特徴 赤・辛口、アルコール度数15度
葡萄品種 シラー

　フランス、ワシントン州、カリフォルニアと各地で研鑽を積んだエリック・サスマンは、彼自身のワインを造るために2002年にこのワイナリーを開いた。この新世界の土地で、旧世界の方法に敬意を表しながら、品種とテロワールを生かしたワインを造ること、これが彼の目標であった。彼の興味は海岸近くの冷涼な気候にあり、それは水も肥料も最小限で葡萄を育てることを可能にしている。彼は葡萄畑のオーナーと共に働き、ワイナリーでもミニマリストであることを貫く。「最大でもワインに人間の指紋を優しくつけるだけだ」と、彼は強調する。
　チェリー・キャンプ・ヴィンヤードは、ルシアン・リヴァー・ヴァレー地区の端、フリーストーンの町の上の尾根に広がっている。とはいえその場所は海岸性の気候に支配されている。1世紀にわたるチェリー果樹園に幕を下ろしてシラーが植えられたのは2002年で、最初のヴィンテージが2004年であった。そのワインは、リリースの時点では閉じているが、すでにその段階で、深く凝縮されたアロマとフレーヴァー、スパイス、腐葉土、自然なきめの細かい酸でバランスを取られた果実味、といった先天的素質を感じることができる。2005年も同様である。それはカリフォルニア生まれの冷涼な気候に育つシラーの頂点を示し続ける、葡萄畑とワイナリーの新たな神話の始まりである。**JS**
😊😊😊 飲み頃：2017年まで

Château Rauzan-Ségla
2000

シャトー・ローザン・セグラ
2000

産地 フランス、ボルドー、マルゴー
特徴 赤・辛口、アルコール度数13度
葡萄品種 C・ソーヴィニョン54%、メルロ41%、その他5%

　1855年、このマルゴーの畑は第二級の最高位の1つに選ばれた。しかし1960～1980年代に造られたワインを飲んだものは、この格付けに頭をひねらざるを得なかった。というのは、そのワインは明らかに凡庸だったからだ。1990年代の初頭、ローザンは売りに出された。1994年にそれを購入したのが、ファッション・ハウス・シャネルを経営するニューヨークのヴェルトハイマー家であった。一家は最初ラトゥールを手に入れたいと望んだが、無理だと分かり、セグラに落ち着いたという経緯がある。しかしそれは良い選択だった。価格は非常に低かったが、明らかに大いなる可能性を秘めていた。スコットランド人のジョン・コラサに畑の管理が任された。

　コラサはシャネル・グループの豊富な資金力をバックに、精力的に畑の改修に乗り出した。彼は多くの葡萄樹を植え替え、品種間のバランスも変えた。また植密度も高くし、排水設備も改善した。発酵槽は小さめのものを多く揃えることによって、区画を細かく分割しブレンドすることが可能になった。1994年、コラサのチームは良いスタートを切ることができ、以来品質は向上している。多くの葡萄樹はまだ若く、コラサは抽出しすぎないように注意している。マルゴーの特長は、力強さではなく、優美さであることを彼は良く知っているからである。

　2000年は威厳のあるワインである。オークが強く感じられる（ローザン・セグラは通常新樽比率50%）が、その筋肉質の体を覆い隠すようなフレーヴァーが漂い、果実味がはっきりと現れる。そのバランスの良さは、このワインがこれから先も長く愉悦を与えてくれることを証明している。**SBr**

🍷🍷🍷　飲み頃：2010～2025年

20世紀にクリュズ家によって建てられたシャトー ➡

754 | Red wines

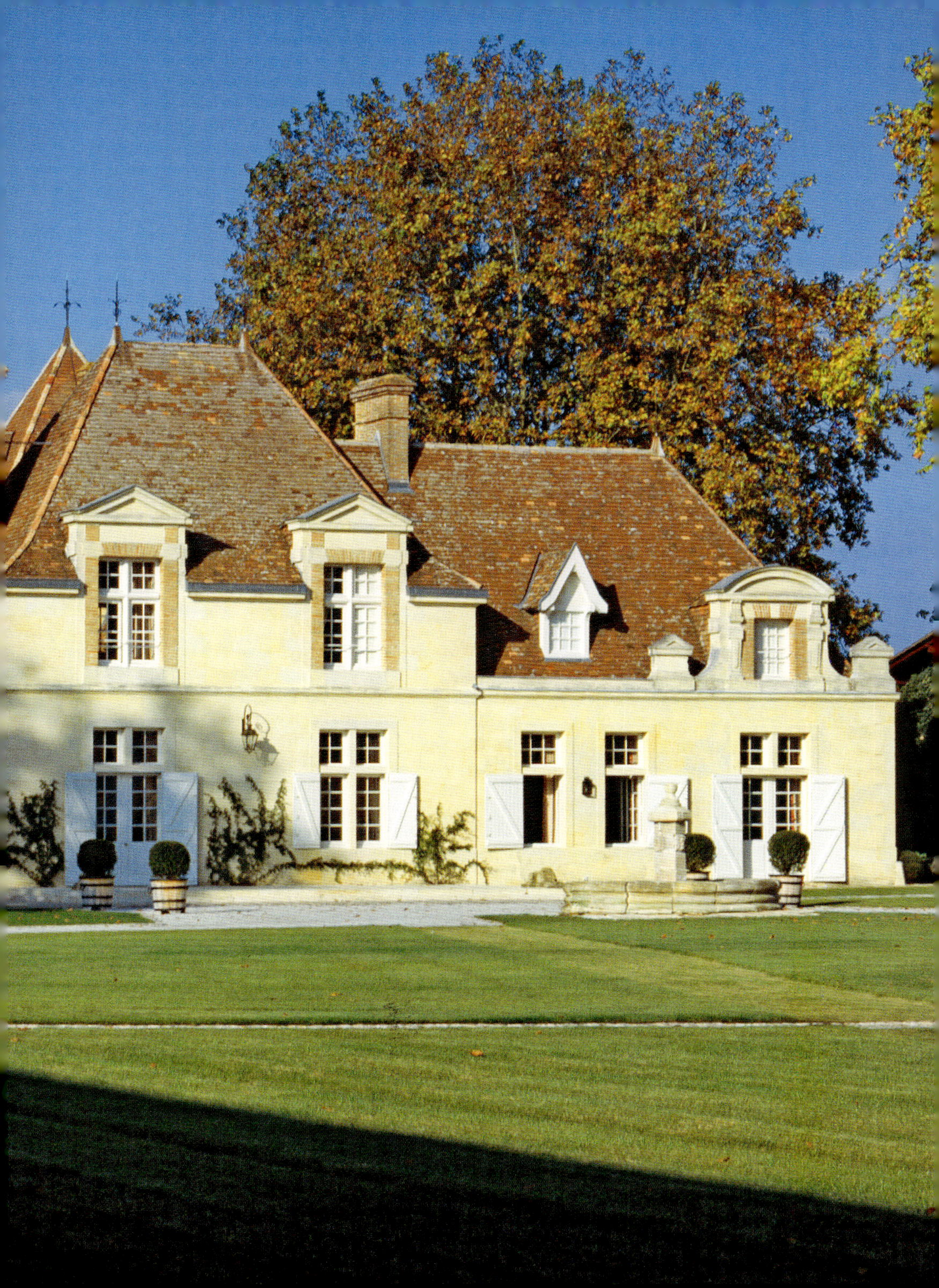

Ravenswood
Sonoma County Old Hill Vineyard Zinfandel 2002

レイヴェンズウッド
ソノマ・カウンティ・オールド・ヒル・ヴィンヤード・ジンファンデル 2002

産地 アメリカ、カリフォルニア、ソノマ・ヴァレー
特徴 赤・辛口、アルコール度数14.2度
葡萄品種 ジンファンデル75％、その他25％

　レイヴェンズウッドが産声を上げたのは1976年、以前ガレージだった今にも壊れそうな道路沿いのワイナリーの中であった。オーナーであり、ワインメーカーでもあるジョエル・ピーターソンは免疫学者という本業を持っており、彼は1987年までその仕事も続けた。彼は、ワイン造りは自分の中にある科学的精神と芸術家的魂を結合させることのできる仕事だと確信した。

　ピーターソンは土着の酵母を信頼しながら、頻繁に櫂入れを行い、ヌヴェール産オーク樽を新樽比率を変えながら使っている。ろ過はめったに行わない。彼はソノマの樹齢の高い葡萄樹を使って、多くの単一畑ワインを造ってきた。またヴィントナーズ・ブレンドという、量が多く、比較的廉価な、フル・ボディのジンファンデルも送り出している。

　ワイナリーのモットーである「ウィンピー・ワインを造らない」という言葉は、ピーターソンのワイン造りの姿勢を正確には言い表してはいない。彼の造るジンファンデルの中には、確かに大柄で、力強いものがあるが、大半はこの品種ではめったに目にすることのない優美さを備えている。2001年、巨大なコンステレーション・グループがこのワイナリーを買収した。生産量は一気に増え、妥協も行われた。しかしピーターソンは、彼の単一葡萄畑ワインを造り続けている。オールド・ヒル・ランチは、1880年に植えられた古木もある19世紀から続く低収量の古い葡萄畑である。当初から14品種の葡萄が植えられているが、ジンファンデルが一番多い。2002年はこの畑の価値をよく表現し、優美なチェリーとヴァニラのアロマが広がり、滑らかな質感で、酸は生き生きとしている。しっかり凝縮されて粘着性があり、非常に長い余韻を持つ。**SBr**

🌀🌀🌀　飲み頃：2015年まで

レイヴェンズウッドのオールド・ヒル・ヴィンヤードに育つジンファンデル ➡

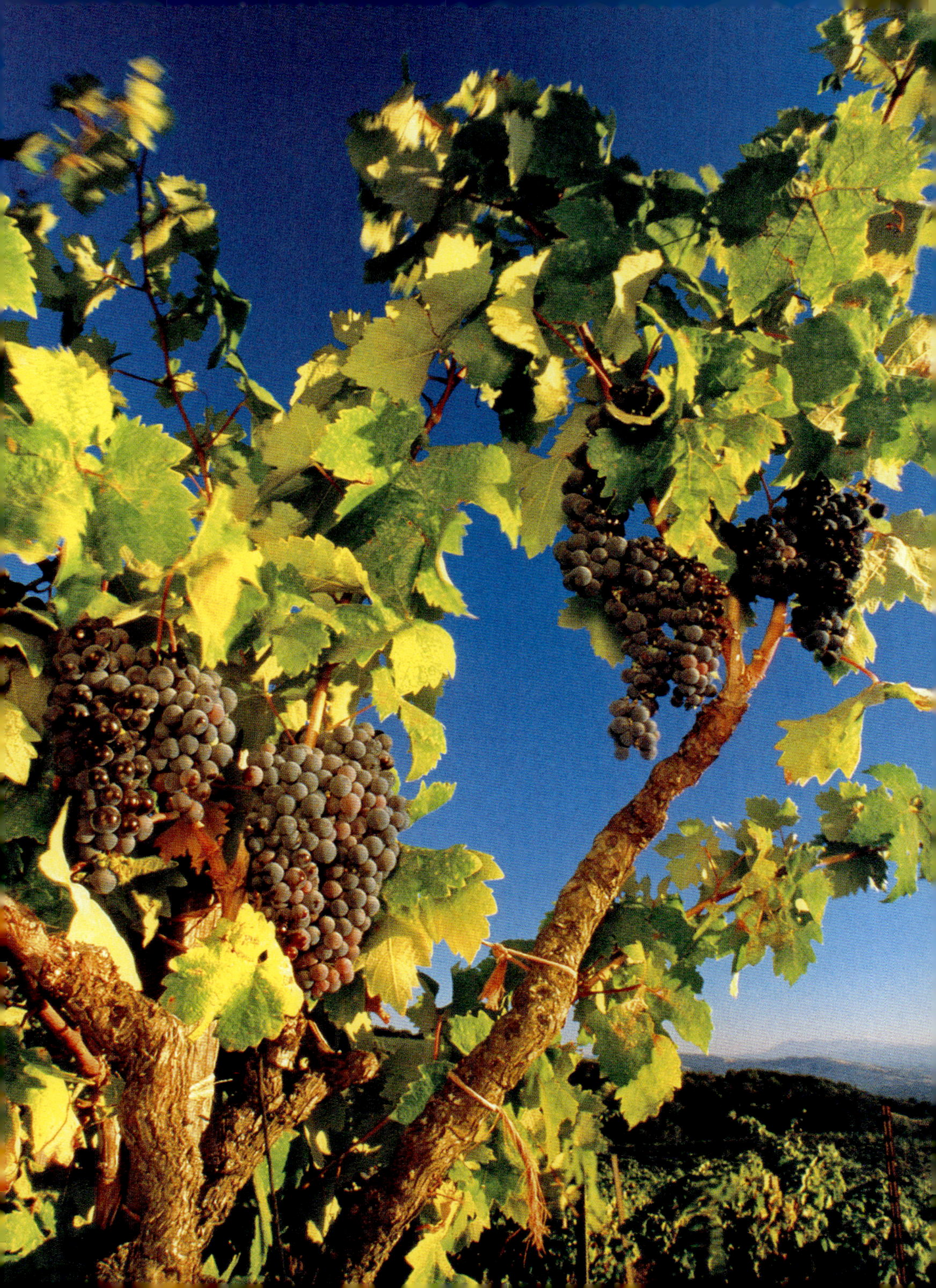

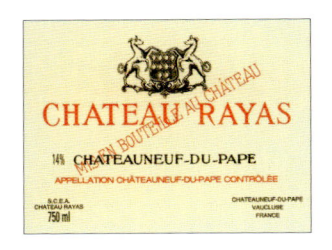

Château Rayas
1990

シャトー・ラヤス
1990

産地　フランス、ローヌ南部、シャトーヌフ・デュ・パープ
特徴　赤・辛口、アルコール度数14度
葡萄品種　グルナッシュ

　シャトーヌフ・デュ・パープの名門エステートであるシャトー・ラヤスは、1970年代からほとんど何も変わっていない。羽毛の手触りを感じさせるレイノー家のブレンドの技は、創業者のルイから息子のジャック・レイノー、そして彼の甥のエマニュエルへと受け継がれている。ここは、その方法がシャトーヌフの基準となるエステートである。すべてが、あるいは大半がグルナッシュで、低収量であり、かなり古色の出た樽で熟成させる。その少し歪んだ側面には、古代ギリシャ文字が刻印され、ヴィンテージ・ナンバーは逆転されている。あまり望ましくない、予告なしに訪れる客に対しては、脚の壊れた試飲グラスが渡される。

　強烈なワインがはやる昨今、シャトー・ラヤスはまるで手押し車を押しているようで、そのぼんやりとした薄い赤色は、すぐにグラスの中でどんよりとしたイチゴ色に変わる。量塊的なアロマや強い口あたりは、どこに？しかしこのワインは静かにグラスの中で休み、時が来ればスパイスが効き始めることを暗示しているだけである。1990年は、円熟し、甘いブーケを漂わせ、煮た果物の香りがする。深さと、抑制された生命力が感じられ、本物のフィネスが、豊麗な、しっかりした余韻のなかに現れる。**JL-L**

😊😊😊😊　飲み頃：2030年まで

Remírez de Ganuza
Rioja Reserva 2003

レミレス・デ・ガヌーサ
リオハ・レセルヴァ 2003

産地　スペイン、リオハ
特徴　赤・辛口、アルコール度数13度
葡萄品種　テンプラニーリョ、グラシアーノ

　フェルナンド・レミレス・デ・ガルーサは葡萄畑の販売の仲介をする不動産業を営んでいるときに、葡萄畑に関する知識を吸収し、自らもワインメーカーになりたいという願望を抱くようになった。サマニエゴ村に小さなボデガを開いたのが1989年で、リオハ・ワインのルネッサンスに参戦した。その時彼の定めた原則は、彼のリオハ・アラヴェサの最上の区画で採れる葡萄だけを使うこと、そしてその葡萄を直感を頼りに独自の方法でワインにするということであった。彼の47haの南向きの畑には、粘土と石灰岩の混ざった土壌の上に、35〜100歳までの古木が植わっており、90％がテンプラニーリョである。

　レミレス・デ・ガルーサはリオハ・ルネッサンスの基準を作った生産者の1人である。彼の最初の赤ワイン、レミレス・デ・ガヌーサ・リオハ・レセルヴァは、1992年に最初のヴィンテージを迎えたが、それは24ヵ月間樽で熟成させ、さらに同期間壜熟させるクリアンサである。それは彼の代表作であり、最も信頼しているワインである。濃いチェリー色をし、きめの細かいトーストと完熟した果実の香りに裏打ちされた軽やかなアロマが舞い上がる。バランスは絶妙で美しく、ヴェルヴェットのように滑らかで、しかも精気に満ちている。存在感のある優美なレセルヴァがその真価を発揮するためには、まだあと数年間の壜熟が必要であろう。**JMB**

😊😊😊　飲み頃：2015年まで

Domaine Louis Rémy
Latricières-Chambertin GC 2002

ドメーヌ・ルイ・レミー
ラトリシエール・シャンベルタンGC 2002

産地 フランス、ブルゴーニュ、コート・ド・ニュイ
特徴 赤・辛口、アルコール度数13％
葡萄品種 ピノ・ノワール

　マダム・マリー・ルイ・レミーと娘のシャンタル・レミー・ロジエは、ジュヴレイの彼らのドメーヌ、レミーを必死で守り続けている。レミーの義理の弟フィリップは、1989年に彼の所有地をマダム・ラルー・ビーズ・ルロワに売却することを余儀なくされた。モレ・サンドニ村の高台、クロ・デ・ランブレイの下のパレス・デュ・モニュマンに面した場所に、マダム・レミーは、大きなヴォールト構造の2階建てセラーの向かいに住んでいる。そのセラーは、彼らの2.6haの畑からすれば、少し大きすぎる感じがしないわけではない。

　このドメーヌは、1940年代から、50年代、60年代と素晴らしいワインを送り出してきたが、その後品質は低下していった。1982ヴィンテージの半ばでルイ・レミーは他界したが、品質低下はそのまま続いた。しかし、シャンタル・レミーは天性のエノロジストで、彼女の指導の下、ワインの質は上昇に転じた。1999ヴィンテージでそれははっきりと示されたが、2002年に確かなものとなった。

　ラトリシエール・シャンベルタンはグラン・クリュ観光ルートの上、シャンベルタンのすぐ南に位置している。ラトリシエールの葡萄は、全般にスパイシーさが特徴であるが、このレミー・2002も例外ではない。フル・ボディで、芳醇で、いかにも古木らしい性格が出ているが、それでいて筋肉質で、力強い。このラトリシエール・シャンベルタンは、長く生き続けるワインとして造られている。**CC**
🍷🍷🍷🍷　飲み頃：2015〜2030年

Ridge
Monte Bello 2001

リッジ
モンテ・ベロ 2001

産地 アメリカ、カリフォルニア、サンタ・クララ・カウンティ
特徴 赤・辛口、アルコール度数14度
葡萄品種 C・ソーヴィニヨン、メルロ、プティ・ヴェルド

　1959年、スタンフォード大学の数名の科学者が、休日の保養地として共同でサンタクルーズ山地の高台に土地を購入した。彼らはそこにカベルネの古木が植わっていることを発見し、それを植え増しし、ワインに加工した。彼らはその味の素晴らしさに驚き、19世紀後半にここにあったワイナリーを再開することに決め、ワインメーカーとしてポール・ドレーパーを招いた。彼は今もここで働いている。

　ドレーパーは最初様々なワインを造っていたが、すぐに古いカベルネの樹が一番上質の実をつけることに気づいた。モンテ・ベロ葡萄畑は拡張され、カベルネ以外のボルドー種が植えられた。ここは標高700mの位置にあり、気候はかなり冷涼である。

　ドレーパーはモンテ・ベロを、主にアメリカ産の空気乾燥のオーク樽で熟成させる。そのワインは34ものロットを集めて造られており、ブレンドはすべてブラインド・テイスティングで行われる。ドレーパーは、若い時も十分楽しめるが、熟成させるとさらに美味しくなるワインを目指している。最近のヴィンテージの中では、2001年が断然魅力的である。それはスパイスが効き、非常に元気で、劇的なワインである。きめの細かい酸がしっかりとした骨格を造り、長命であることを保証している。**SBr**
🍷🍷🍷🍷　飲み頃：2028年まで

Giuseppe Rinaldi
Barolo Brunate-Le Coste 1993

ジュゼッペ・リナルディ
バローロ・ブルナーテ・レ・コステ 1993

産地 イタリア、ピエモンテ
特徴 赤・辛口、アルコール度数13度
葡萄品種 ネッビオーロ

　1992年までジュゼッペ・リナルディのバローロは、伝統を受け継ぐ2種類のラベルで出されていた。1つが、普通のバローロで、もう1つがブルナーテ畑の葡萄を使ったリゼルヴァであった。しかし彼は1993年に変更を決断し、やはり2つのラベルであるが、1つはブルナーテとレ・コステの畑のブレンドに、もう1つをラヴェラとカンヌビ・サン・ロレンツォの畑のブレンドとすることにした。

　リナルディは伝統を破壊する意図は持っていなかった。彼はただ、レ・コステやラヴェラのような冷涼な気候の畑は、ブルナーテやカンヌビのような暖かい畑と組み合わせたときに、ちょうど良いバランスになることに気づいただけである。長い浸漬と発酵、オークの大樽（ボッティ）しか使わない熟成と、彼の醸造法はいたって伝統的である。

　ジュゼッペのワインは、若い時に飲むためのものとして造られていない。時間がその魔法を終える完全なる熟成を待って楽しまれるべきものである。その魔法は2段階で現れる。まず、若さ特有の荒々しい角を丸くし、次にバロック様式の荘重な美を出現させる。アルコール漬けのチェリー、甘草、ホワイト・ペッパー、煙草、黒トリュフの香りさえする。この1993ヴィンテージは、リナルディの決断がけっして無駄ではなかったことを証明している。**AS**

$ $ $ $　飲み頃：2020年過ぎまで

Chris Ringland
Three Rivers Shiraz 1999

クリス・リングランド
スリー・リヴァー・シラーズ 1999

産地 オーストラリア、南オーストラリア、バロッサ・ヴァレー
特徴 赤・辛口、アルコール度数15度
葡萄品種 シラーズ

　バロッサ・ヴァレーのいわゆる"ティン・シャッキスト（掘っ立て小屋の醸造家）"と呼ばれる造り手の中で最も畏敬されている人物が、クリス・リングランドである。彼は彼のシラーを毎年1,000本以下しか造らない。1989年に、彼はそのシラーに、"スリー・リヴァーズ"という名をつけたが、それはオーストラリアの国民的カントリー歌手スリム・ダスティの『スリー・リヴァーズ・ホテル』から取ったものである。リングランドのワインは、すぐにロバート・パーカーの注目するところとなり、1996、1998、2001の各ヴィンテージは100点満点を付けられた。その結果スリー・リヴァーズは国際市場に登場し、オーストラリアでの価格は1年間に400％も上昇した。"ティン・シャッキスト"をはじめとする"カルト"ワインの価格は2001年に急落したが、このワインは今でも高価格を維持したままである。

　多くのワインメーカーとは異なり、リングランドは、樽を積み重ねない。彼は樽にシリコンの栓をし、6ヵ月に1度試飲するだけである。樽を頻繁に開けなければ、酸素は入らないし、蒸発が促進され、ワインはさらに凝縮されると、彼は言う。彼のシラーは、大きく、力強く、アルコール度数も高いことから、スクリーミング・イーグルスやギガルの単一畑のワインになぞらえられる。それはスリム・ダスティの歌詞の一節「だから僕等はスリー・リヴァーズ・ホテルが好きなんだ」で予言されたとおりのワインになっているようだ。**SG**

$ $ $ $ $ $　飲み頃：2012年過ぎまで

Rippon
Pinot Noir 2005

リッポン
ピノ・ノワール 2006

産地 ニュージーランド、セントラル・オタゴ、レイク・ワナカ
特徴 赤・辛口、アルコール度数13度
葡萄品種 ピノ・ノワール

　ニュージーランドの、ダニーディンとワナカの中間の辺りで育ったロルフ・ミルズは、いつかは祖父のパーシーが1912年に開いたレイク・ワナカの近く、ワナカ・ステーションの一家の農場に戻りたいと思っていた。1974年、ロルフと妻のルイスの念願はかなった。ドウロ・ヴァレーへの研修旅行で勇気づけられた2人は、家のすぐ裏に広がる急峻な斜面に、数列の葡萄樹を植えた。多くの葡萄栽培家が反対する中、ミルズは気象データを集め、確信を得て、1981年、最初の本格的葡萄畑を拓いた。

　イギリスからオーストラリアへ移民してきたパーシーの祖母、エンマ・リッポンの名を取って付けられたリッポン・ヴィンヤードは、セントラル・オタゴの中では最も北に位置しているが、世界中の葡萄畑の中では、最も南に位置している部類に入る。それは標高330mのレイク・ワナカ湖畔の美しい丘陵に広がっている。標高の高さと、湖の冷却効果によって、その畑からは、わりと明るい色の、構造も軽めの、瑞々しい果実味にあふれたピノ・ノワールが生まれる。リッポンではビオディナミが実践されているが、こんなに美しい自然の中で農薬を散布したいと考える葡萄栽培家がいたらお目にかかりたいものだ。**SG**

🍷🍷🍷　飲み頃：2010年過ぎまで

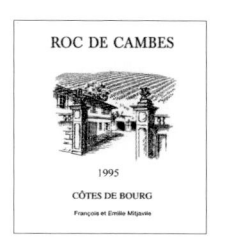

Château Roc de Cambes
1995

シャトー・ロック・ド・カンブ
1995

産地 フランス、ボルドー、コート・ド・ブール
特徴 赤・辛口、アルコール度数13度
葡萄品種 メルロ70%、C・ソーヴィニョン25%、マルベック5%

　当時はまだ無名であったコート・ド・ブールのこれらの葡萄畑の潜在能力に目をつけるとは、さすがにサンテミリオンのシャトー・テルトル・ロートブッフのオーナーであるフランソワ・ミジャヴィルの眼力は鋭い。その葡萄畑はジロンド河の河口に2区画で横たわっており、河口の気候緩和作用のおかげで、1956年の壊滅的霜害を受けずにすんだ。そのためロック・ド・カンブ葡萄畑には、多くの古木が残っている。その畑はほぼ南向きで、日照に恵まれている。土壌はサンテミリオンよりもやや肥沃だが、古木であることから低収量に収まっている。ワインは、セメント・タンクで自然酵母により発酵させられ、新樽比率50%のオーク樽で熟成させられる。

　ミジャヴィルの献身的な労働によって、ロック・ド・カンブはこのアペラシオンで最も高い評価を得ている。バランスの良さに最大の注意を払って造られるこのワインは、良いヴィンテージには素晴らしい成熟を見せる。そのため、1995年のような古いヴィンテージのものに人気が集まっている。瑞々しさがまだしっかりと残っており、魅惑的で、純粋な赤い果実が口中にあふれ、質感は滑らかだが、スパイシーさがあり、凝縮された芳醇さが、煙草の微香などの二次的フレーヴァーで和らげられている。**SBr**

🍷🍷🍷　飲み頃：2008〜2015年

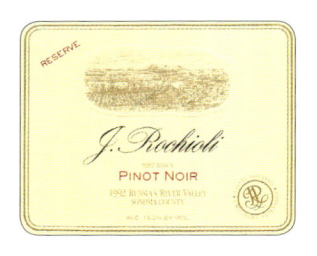

J. Rochioli
West Block Pinot Noir 1992

J・ロキオリ
ウェスト・ブロック・ピノ・ノワール 1992

産地 アメリカ、カリフォルニア、ソノマ・ヴァレー
特徴 赤・辛口、アルコール度数14.5度
葡萄品種 ピノ・ノワール

　セントラル・ヴァレーの他の葡萄畑との競合の中、ロキオリ家は1960年代を通じて苦境に立たされていた。そんな中、ジョー・ロキオリは、ピノ・ノワールを植えることを決断した。量を重視する父親と衝突し、ガメ・ボージョレを推奨するカリフォルニア大学の権威者の助言に逆らってのことだった。そのとき彼が植えた1.6haのウェスト・ブロックは、それ以降、芳醇で、凝縮されたピノ・ノワールを産出するというこの地区の高い評価の源泉となっている。1969年には、東側の深い土壌にもピノ・ノワールが植えられた。

　1980年代半ばから、息子のサン・ロキオリがワイン造りを始め、ウェスト・ブロックが1992年に初めてリリースされた。葡萄畑とワイナリーでの厳しい選果の後、葡萄は3〜5日間低温浸漬され、次に3tの開放槽で8〜10日間発酵させられる。その間果帽の櫂入れは毎日3回行われる。ワインは発酵槽の中で、マロラクティック発酵のための酵母を注入され、その後酵母の澱や固形物をできるだけ残存させるために、沈殿させないまま樽に移しかえられる。発酵後マセレーションは行わない。新樽比率100％のフランス産オーク樽で15ヵ月間熟成させる間、繊細な果実味を壊さず、その芳醇さをできる限り保存するために、澱下げは1度しか行わず、ろ過せずに壜詰めされる。**LGr**

🍷🍷🍷　飲み頃：2012年まで

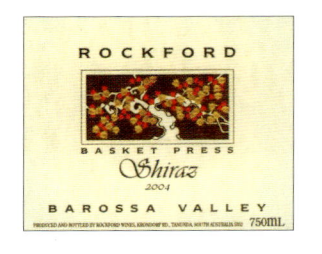

Rockford
Basket Press Shiraz 2004

ロックフォード
バスケット・プレス・シラーズ 2004

産地 オーストラリア、南オーストラリア、バロッサ・ヴァレー
特徴 赤・辛口、アルコール度数14.5度
葡萄品種 シラーズ

　1980年代、バロッサ・ヴァレー全域でオーストラリア政府主導の葡萄樹の植え替えが進行したが、それがもたらす害悪を予測できた数少ない生産者の1人が、ロバート・"ロッキー"・オキャラハンであった。植え替えのできないシラーズの古木が次々と引き抜かれていく中、オキャラハンは借金をしてまで、栽培家が古木を引き抜かなくてすむように手配した。"ロッキー"は、風貌も、振舞いも、昔のバロッサのワインメーカーそのままである。タヌンダの郊外、クロンドルフ・ロード沿いにある1850年代に建てられた小屋は、彼のワイナリーというよりは、名所旧跡の1つに見える。バスケット・プレス・シラーズは、1950年代スタイルの、茶色の壜に詰められている。

　一般的な評判とは違うかもしれないが、バスケット・プレスは、けっしてバロッサ流ブロックバスター・ワインではない。オーク樽で熟成させるが、新樽比率はめったに15％を超えることなく、そのためいくつかのバロッサ・ワインが失っている、瑞々しさやミネラルがしっかりと感じられる。また現在の大半のバロッサと違い、優に10年は熟成する。2004年は、それ以前のものと比べて、より熟成され、甘美になっているように感じられる。ともあれ、バスケット・プレスはオーストラリアの誇る伝統的な手作りワインの象徴である。**SG**

🍷🍷🍷　飲み頃：2010年過ぎまで

Bodegas Roda
Rioja Cirsión 2001

ボデガス・ロダ
リオハ・シルシオン 2001

産地 スペイン、リオハ
特徴 赤・辛口、アルコール度数14.5度
葡萄品種 テンプラニーリョ

　ボデガス・ロダは1987年、マリオ・ロットリャントとカルメン・ダウレリャ夫妻によって設立された。目指すものは、現代的な"アルタ・エクスプレシオン"スタイルを持ち、しかも伝統的なリオハの特色を生かした赤ワインであった。単一畑キュヴェとして別々に造られたワインは、ブレンドされるが、ロダ・ウノ・レセルヴァの樽は、構造のしっかりした堅固なワインをセレクトしてブレンドしたもので、他方のロダ・ドス・レセルヴァの樽は、より性格のはっきりした表現力豊かなワインをセレクトしたものである。つまりそれぞれが、異なった葡萄畑、異なった品種を表現している。

　フラッグシップ・ワインであるシルシオンは、1998年に生まれた。それは典型的な"アルタ・エクスプレシオン"スタイルで造られ、テンプラニーリョの古木から生まれる低収量の葡萄だけを使い、オーク樽で10ヵ月間熟成させられる。2005年のリオハにおけるワールド・オブ・ファイン・ワイン・テイスティングでシルシオン2001はトップの栄冠に輝いたが、これにより名実共に"アルタ・エクスプレシオン・リオハ"の象徴となった。明るい紫色の液体から黒い果実のアロマが揺らめき昇り、果実のフレーヴァーとオーク由来のタンニンの調和は絶妙で、スパイシーで温かい余韻が長く続く。しかし他の多くの"アルタ・エクスプレシオン"ワインと違い、シルシオンの評価は分かれている。「確かにこれはとてつもないワインだ。しかしこれはリオハなのか」と。**SG**

❶❶❶❶　飲み頃：2010年過ぎまで

Dom. Rollin
Pernand-Vergelesses PC Ile-des-Vergelesses 1990

ドメーヌ・ロラン
ペルナン・ヴェルジュレスPC・イル・デ・ヴェルジュレス 1990

産地 フランス、ブルゴーニュ、コート・ド・ボーヌ
特徴 赤・辛口、アルコール度数13度
葡萄品種 ピノ・ノワール

　ペルナン・ヴェルジュレス村は、ブルゴーニュで唯一赤ワインと白ワインの両方で、AOCからグラン・クリュまでのすべてのレベルの格付けを持つ村である。ドメーヌ・ロランのコルトン・シャルマーニュの威光が強すぎて、素晴らしい白ワイン――アリゴテからペルナン・ヴェルジュレス・プルミエ・クリュ・スー・フレティまでの――だけでなく、他の赤ワインも不当に影が薄くなってしまっている。その中で最も秀逸なワインが、この村の最高の畑から生まれる、プルミエ・クリュ・イル・デ・ヴェルジュレスである。

　現在の家長であるレミは、妻のアニエスと息子シモンの力強い支援の下、葡萄畑とワイナリーの両方で、きわめて念入りな作業を行っている。赤ワインは、低温浸漬された後、大きなセメント開放槽で土着酵母によって発酵させられ、毎日2回櫂入れが行われる。イル・デ・ヴェルジュレスは、他のワインに比べて多く新樽を使っているようだが、それでも20〜25％にとどまっている。16ヵ月の熟成のあと、できる限り清澄化もろ過も行われずに壜詰めされる。1990年をはじめとして、最近の暖かいヴィンテージのものは、抜栓と同時に、無垢な誘惑を感じる。黒いチェリー、土味、花の香りの後、ミディアム・ボディでミネラルの豊かな、心地よい力強さの、シルクのような滑らかさが充満する。**NB**

❶❶❶　飲み頃：2012年過ぎまで

Red wines | 763

ReETABLIE PAR LES FAM
ILLES GAUDIN DE VILLAI
NE ET LEROY LE 20

Domaine de la Romanée-Conti
La Tâche GC 1999

ドメーヌ・ド・ラ・ロマネ・コンティ
ラ・ターシュGC 1999

産地 フランス、ブルゴーニュ、コート・ド・ニュイ
特徴 赤・辛口、アルコール度数13.5%
葡萄品種 ピノ・ノワール

　1760年にクローネンブルグ家がヴォーヌとラ・ターシュの葡萄畑を売却することに決めたとき、そのワインはすでに燦然たる名声を謳歌していた。そのため、入札競争は熾烈を極め、最終的にコンティ王子、ルイ・フランソワ・ド・ブルボンが、8,000リーブルという信じられない値で不倶戴天の敵ポンパドール夫人を破って落札した。コンティ王子は、彼の名前をエステート名に付け加えたが、その貴重な宝石は30年後、革命の中で没収された。

　ラ・ターシュの優れているところは、理論的には"オフ"とされているヴィンテージでさえ、素晴らしいピノ・ノワールを生み出す点にある——それはブルゴーニュ産ピノ・ノワールのあの頑固さを考えると、奇跡に近い。葡萄畑はわずかに6haほどで、生産量は毎年約1,900ケースでしかないが、それでもこのエステートの生み出すグラン・クリュの中では最大である。その希少さと、エステートの高貴さが、このワインの成層圏に達するほどの価格を説明している。

　1999年はとりわけ生産量が少なかったが、その分、ワインはさらに凝縮された。リリース直後に試飲したが、熟成した肉、ストロベリー・エッセンス、スモークの驚くほど複雑なブーケを持ち、口に含むとタンニンはかなり厳しかったが、それは赤や黒の果実、贅沢なオーク、チェリーのような煌く酸に被われており、最後にブラック・チェリー、ビャクダン、インディアン・スパイスなどの重厚感のあるフィニッシュが訪れる。**SW**

ⓈⓈⓈⓈ　飲み頃:2015〜2040年過ぎまで

← ブルゴーニュで最も有名なエステートの境界に建つ石造りの十字架

Domaine de la Romanée-Conti
Romanée-Conti GC 2005
ドメーヌ・ド・ラ・ロマネ・コンティ
ロマネ・コンティGC 2005

産地 フランス、ブルゴーニュ、コート・ド・ニュイ
特徴 赤・辛口、アルコール度数13%
葡萄品種 ピノ・ノワール

　ブルゴーニュで最も偉大なワインの村——ある者にとっては、世界一の——は、ヴォーヌ・ロマネである。6つあるヴォーヌのグラン・クリュの中で、4つが単独所有畑である。ラ・ターシュ、ラ・グランド・リュ、ラ・ロマネ、そしてロマネ・コンティである。その最後の畑の単独所有者が、ドメーヌ・ド・ラ・ロマネ・コンティ社で、その先祖にはルイ15世の遠い従兄弟であるコンティ王子や、もっと近くでは、共同経営者であるド・ヴィレーヌ家の先祖であるディボー・ブロシェ家がある。オーベル・ド・ヴィレーヌはこの地区で知らぬもののない完全主義者だ。その1.6haの畑は、ただ1人の人間だけに耕すことが許される。新しい接木は、ドメーヌ自身の種苗場から持ってこられる。果醪は除梗せずに発酵させられ、100%新樽が使用される。

　このセラーの唯一のライバルであるラ・ターシュが男性的だとすれば、ロマネ・コンティは女性的である。オークションでは後者のほうが数倍の高値を付けられるが、必ずしもいつも前者よりも良いワインというわけではない。しかしこの2005年のように、最上のヴィンテージでは、それは崇敬すべきものとなる。これ以上にフィネスを持ち、これ以上に精妙で、これ以上にフレーヴァーが強烈で、これ以上にいとも簡単に完全を表現しているワインが他にあるだろうか？ **CC**

🍷🍷🍷🍷　飲み頃:2020〜2040年まで

René Rostaing
Côte-Rôtie La Landonne 2003
ルネ・ロスタン
コート・ロティ・ラ・ランドンヌ 2003

産地 フランス、ローヌ北部
特徴 赤・辛口、アルコール度数13度
葡萄品種 シラー

　土地開発の仕事をしていたルネ・ロスタンは、1971年にラ・ランドンヌのわずかばかりの土地と、コート・ブロンドのいくらかの葡萄樹を持って、ワイン業界に参入した。やがて彼は、アルベール・デルヴィユー・テーズの娘と結婚することになり、その結果、フォンジェ、ラ・ガルド、ラ・ヴィエリエールの3.5haの区画を贈与された。最後に、彼の叔父マリウス・ジェンタから1.2haの畑を相続した。デルヴィユー同様、彼はブリュンヌとブロンドの2つの斜面の葡萄を別々に醸造し、あまり目立たないワインは単なるコート・ロティとして壜詰めする。

　彼は穏やかな方法を採り、オークの新樽をあまり使わず、デルヴィユーから受け継いだ素晴らしい古木に自分自身を語らせるだけである。彼の最も古い葡萄樹は、コート・ブロンドにあり、樹齢100年に達するものもある。それらの古木は非常に凝縮された果汁を与えると同時に、その深い根は、厳しい気候に耐える力を蓄えている。

　しかし彼のワインは、その色の悪さと、ハイテク技術に頼りすぎる点で批判されることが多い。ロスタンはラ・ランドンヌではヴィオニエを使っていない。それは100%シラーである。その代表作である2003ヴィンテージが、チェリー、土、なめし革、コリアンダー、煙草のアロマを全開するには、あと数年必要だろう。**GM**

🍷🍷🍷🍷　飲み頃:2011〜2025年

Domaine Georges Roumier
Bonnes Mares Grand Cru 1999

ドメーヌ・ジョルジュ・ルーミエ
ボンヌ・マール・グラン・クリュ 1999

産地 フランス、ブルゴーニュ、コート・ド・ニュイ
特徴 赤・辛口、アルコール度数13.5%
葡萄品種 ピノ・ノワール

　1924年に、ジョルジュ・ルーミエはジュヌヴィエーヴ・クァンクインと結婚したが、その時彼女は、彼の出来たばかりのエステートにいくつかの葡萄畑を選んで持参した。当時、葡萄はあまり高く売れず、ジョルジュは生計を立てるために、隣のドメーヌ・コント・ジョルジュ・ド・ヴォギュエで働かざるを得ず、1955年までそこでワインメーカーを務めていた。

　1952年、息子のジャン・マリーが1人前になったとき、ジョルジュはボンヌ・マールのいくつかの区画を買い求めた。上のほうの区画は、石灰質の白い土壌で、下のほうの区画は、赤い色をした石の多い粘土質の土壌であった。ジョルジュとジャン・マリーは、それらを別々に醸造し、自ら壜詰めした。上のほうの土壌からできるテール・ブランシュはミネラル由来のスパイスが特徴で、下のほうのテール・ルージュは、芳醇さと、瑞々しさが特徴である。第3世代のクリストフが1981年に彼らの戦列に加わると、エステートの葡萄はすべて元詰めワインにされ、1987年から、クリストフは2つの区画のワインをブレンドし始めた。

　1999年はとても芳醇なワインであるが重くはなく、ブラック・チョコレートやブラッド・オレンジ、甘草などのアロマが広がり、バランスの良さが印象的である。2002年はそれほど凝縮されてないが、より優美な感じがある。2005年は、壜詰め前に試飲したが、この両者が結婚したような感じだった。**JP**

🍷🍷🍷🍷🍷　飲み頃：2035年まで

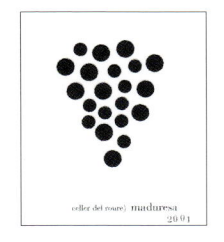

Celler del Roure
Maduresa Valencia 2001

セラー・デル・ロウレ
マデュレサ・ヴァレンシア 2001

産地 スペイン、ヴァレンシア
特徴 赤・辛口、アルコール度数14度
葡萄品種 C・ソーヴィニョン、メルロ、テンプラニーリョ、その他

　セラー・デル・ロウレは、ヴァレンシアのアルマンサのすぐ近くにある、小さな家族経営の品質重視のワイナリーで、若きワイン狂パブロ・カラタユードの活躍の場である。パブロの野望は、この地域の固有種であるマンドゥを復活させることである。彼がそれを発見したとき、それは忘れ去られたようにほんの数本の古木が残っていただけだったが、彼は数年かけてそれらの古木を繁殖させ、今では何とか1つの葡萄畑になるくらいまでに再生させた。

　それと並行して、パブロは他の品種でも実験的試みを行っている。2001年は彼の2度目の本格的ヴィンテージである。ブレンドはまだ実験の最中で、将来的には、シラーとモナストルがより重要な役割を果たしそうだ。

　マデュレサは力強い地中海風のワインで、色は濃く、芳醇な黒い果実の香りが充満し、スモーク、炭、スパイス、なめし革の微香も感じられる。ミディアムからフル・ボディで、酸がしっかりと背骨を形作り、瑞々しく、豊かな果実味が核をなしており、余韻は長い。あと数年間熟成させると、タンニンはさらに磨かれているだろう。**LG**

🍷🍷　飲み頃：2012年過ぎまで

Domaine Armand Rousseau *Chambertin-Clos de Bèze GC* 2005

ドメーヌ・アルマン・ルソー　シャンベルタン・クロ・ド・ベーズGC 2005

産地　フランス、ブルゴーニュ、コート・ド・ニュイ
特徴　赤・辛口、アルコール度数13％
葡萄品種　ピノ・ノワール

ドメーヌ・アルマン・ルソーは葡萄畑シャンベルタンの最大の区画所有者であるだけでなく、隣のシャンベルタン・クロ・ド・ベーズでも2番目に広い区画を所有している。このエステートは6つものグラン・クリュに区画を持っており、それらを合わせると8haにもなる。これらすべては、シャルル・ルソーと彼の父親によって1950年代から1960年代にかけて築き上げられたものである。ワインはジュヴレイ・シャンベルタン郊外の現代的なワイナリーで造られている。シャンベルタンとクロ・ド・ベーズは別々に造られ、マロラクティック発酵の段階で、同じセラーで貯蔵される。前のヴィンテージの壜詰めが終わると、樽は、地下のより深いところにある温度の低いセラーに移され、1回の澱下げ（以前は2回行われていた）の後、壜詰めされる。ここまでで、通常収穫から20ヵ月ほど経過する。

シャンベルタンと、シャンベルタン・クロ・ド・ベーズは、ブルゴーニュの序列の中でも、トップのヴォーヌ・ロマネと並ぶ最高位に位置する2つの畑であるが、シャンベルタンとシャンベルタン・クロ・ド・ベーズの違いはどこにあるのだろうか？　ルソーの場合、シャルル自身の言葉を引用すると、「シャンベルタンは男性的で、頑健である。若い時は、少しフィネスに欠けるきらいがあるが、やがて円熟してくる。クロ・ド・ベーズはより精妙で、洗練されており、繊細である。」どちらを選ぶかは好みの問題である。この素晴らしいヴィンテージに生まれたシャンベルタン・クロ・ド・ベーズは、奥行きが深く、多次元的で、凝縮は超絶的である。豊麗で、生き生きとしており、バランスはとても美しい。**CC**

🅢🅢🅢🅢🅢　飲み頃：2018～2040年過ぎまで

追加推薦情報
その他の偉大なヴィンテージ
1988・1989・1990・1993・1995・1996・1999・2002
アルマン・ルソーのその他のグラン・クリュ
シャンベルタン、シャルム・シャンベルタン、クロ・ド・ラ・ロシュ、クロ・ド・ルショット、マジ・シャンベルタン

Domaine Armand Rousseau *Gevrey-Chambertin Premier Cru Clos St.-Jacques* 1999
ドメーヌ・アルマン・ルソー　ジュヴレイ・シャンベルタン・プルミエ・クリュ・クロ・サン・ジャック 1999

産地 フランス、ブルゴーニュ、コート・ド・ニュイ
特徴 赤・辛口、アルコール度数13%
葡萄品種 ピノ・ノワール

クロ・サン・ジャックは1954年までコント・ド・ムーシュロンの単独所有畑であった。しかし彼は、先年の原産地規制呼称の格付けにおいて、その畑を多くのグラン・クリュの中の1つに入れることに失敗した。彼がその畑を売らざるを得なくなったとき、畑はそれぞれが頂上から麓までの斜面を構成する帯状の5つの区画に分割された。その中で最も南に位置する区画を手に入れることができたのが、ドメーヌ・アルマン・ルソーであった。その区画は他の区画同様3つの土壌を有しており、それぞれが個性ある葡萄を生み出す。最上段の土壌が白っぽいマール岩で、力強さを生み、中断が岩の多い土壌でフィネスをもたらし、下段が新鮮さを付与する。

クロ・サン・ジャックの格付けはプルミエ・クリュでしかないが、ドメーヌ・ルソーにおける格付けと価格は、他の4つのグラン・クリュ（シャルム・シャンベルタン、マジ・シャンベルタン、ルショット・シャンベルタン、クロ・ド・ラ・ロシュ）よりも高い。シャンベルタンとクロ・ド・ベーズだけがそれよりも上位にある。この高い格付けと価格の理由は、クロ・サン・ジャックの区画が東と南の両方を向いているという例外的な立地によるものである。

1999年は、ブルゴーニュにとっては理想的ともいえる生育期間をもたらした。色は、ブルゴーニュで最も深い色というわけではないが、抜栓と同時に偉大なピノのブーケが広がり、精妙な格子造りを思わせる柔らかな夏の果実のアロマが漂う。口に含むと、強烈さに圧倒された後、洗練された瑞々しい余韻が魔法のようにいつまでもさまよい続ける。**JM**

🆂🆂🆂🆂🆂　飲み頃：2020年まで

追加推薦情報

その他の偉大なヴィンテージ

1985・1988・1989・1990・1991・1996・2002・2005

クロ・サン・ジャックのその他の生産者

ブリュノ・クレール、ミシェル・エモナン、ジャン・クロード・フーリエ、ルイ・ジャド

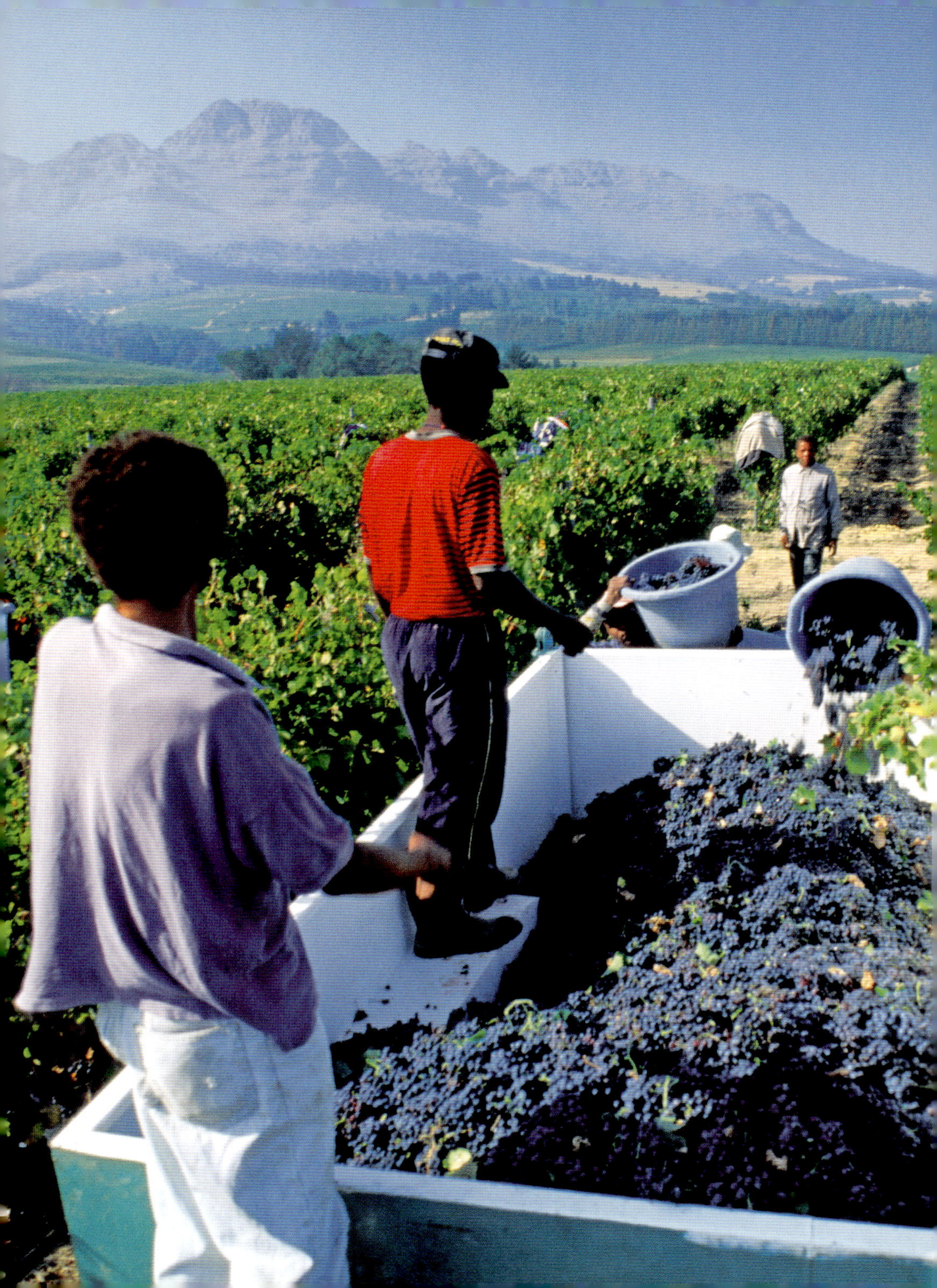

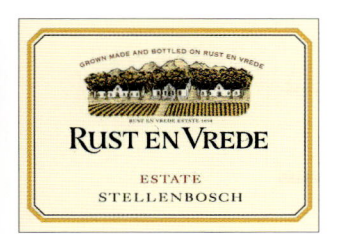

Rust en Vrede
Estate Wine 2001

ラス・エン・フレーデ
エステート・ワイン 2001

産地 南アフリカ、ステレンボッシュ
特徴 赤・辛口、アルコール度数14度
葡萄品種 C・ソーヴィニョン53％、シラー35％、メルロ12％

　このヘルダーバーグ山の麓に広がる、"休息と平安"という名の優れたエステートは、1730年からの長い歴史を持っているが、一時期荒れ放題のままだった。1978年、元スプリングボックのラグビー選手だったヤニー・エンゲルブレヒトがオーナーとなり、畑の修復に乗り出したとき、新しい歴史が始まった。ケープにはめずらしく、赤ワインの生産に重点が置かれた。
　1986年、エステートの最初のワインが、カベルネとメルロのブレンドとして生まれた。1998年、それにかなりの量のシラーを加えて以来、そのワインはケープで最も優れたワインの1つに数えられるようになった。それはまた、ケープで最も早く新樽での熟成というスタイルを確立したワインの1つでもある。アメリカに住み、カリフォルニアの最高の赤ワインの洗礼を受けてきたヤニーの息子のジャンが帰郷することによって、改革は一段と加速された。
　1998年から、そのワインは現代的手法の最高のお手本となってきた。ウィルスの心配のない葡萄畑で、葡萄は超完熟を許され、タンニンはしっかりしているが、ヴェルヴェットのように滑らかで、美味しい黒い果実のアロマとフレーヴァーはより鮮明で、オークによるスパイスも効いている。またフレーヴァーに満ちた瑞々しさがあり、非常に飲みやすいワインとなっている。**TJ**

🍷🍷🍷 飲み頃：2011年過ぎまで

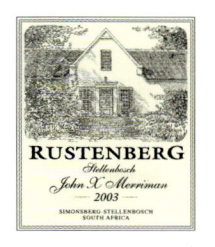

Rustenberg
John X Merriman 2003

ラステンバーグ
ジョン・X・メリマン 2003

産地 南アフリカ、ステレンボッシュ
特徴 赤・辛口、アルコール度数14.8度
葡萄品種 メルロ52％、C・ソーヴィニョン42％、その他6％

　ケープ屈指の美しいエステートであるラステンバーグは長い歴史を有し、この地に植民が始まって間もない1682年にまで遡る。ここではめずらしいことに、葡萄の病害と不況の後、後にケープ植民地総督となったジョン・X・メリマンが畑の復興に自ら乗り出した1892年以来、生産者元詰めワインの生産がずっと途切れず続いている。
　このラステンバーグ・ジョン・X・メリマンは、単一畑ワインのピーター・バロー・カベルネ・ソーヴィニョンほど高い評価を受けていないが、そのブレンドは長い一貫した歴史を有し、有名な古くからある単一品種ワインであるカベルネやドライ・レッドと共に、比較的抑制されていて優美である。たとえば、出来の良かったカベルネ1982は、今でも十分美味しい。ブレンドはヴィンテージごとに変更を加えられているが、2003年の葡萄は、現在と同じように、エステートの背後に聳えるシモンズバーグの南西向きの、主に花崗岩土壌の斜面に育ったものである。ワインは現代的な完熟した果実を、自然な酸としっかりした滑らかなタンニンという古典的基調に組み合わせたものとなっている。イギリス人ワイン批評家のジェイミー・グードはそれを次のように表現した。「口に含むと愛すべき凝縮感があり…、新鮮で、よく定義されたスタイルを有し、精密なミネラルのエッジがそれを縁取っている。」**TJ**

🍷🍷 飲み頃：2013年過ぎまで

ラス・エン・フレーデ・エステートの葡萄の収穫風景

Sadie Family
Columella 2004

セイディー・ファミリー
コルメラ 2004

産地 生産地：南アフリカ、スワートランド
特徴 赤・辛口、アルコール度数14.5度
葡萄品種 シラー80％、ムールヴェドル20％

　イーベン・セイディーがラベルにラテン語を使うのは、めずらしさで人目を引くためではなく、このワインにかける彼自身の情熱の大きさを表現したいからだ。国際語である英語や、彼自身の言語であるアフリカーンス語ではどうしても表現しきれないものがある。2000年が初ヴィンテージであったこのワインで表現しようとしているもの、それはスワートランド——内陸部は小麦の一大産地であり、山岳性の花崗岩土壌の上には葡萄畑が広がっている——のテロワールの持つ無限の可能性である。

　20世紀の末近くまで、この地は多収量の、まずまずの葡萄を協同組合に納めることで満足していた。セイディーは、葡萄栽培と醸造に非常に細やかな神経を使い——ビオディナミの原則と手法を徐々に取り入れながら——、スワートランドをワインの中に表現している。

　コルメラは、広く分散した6つの畑——すべて長期リースで借りている——で採れる葡萄から造られる。土壌は頁岩を多く含む赤っぽい粘土質から砕けた花崗岩まで多様である。セイディーはこれらの畑の葡萄を別々に醸造し、「それ自身の要求するところに従って」、畑の個性を表現し、その後でそれらをブレンドする。そのワインは絹のように滑らかで芳醇であり、新鮮で洗練されていて、同時に個性的であり、きめの細かい瑞々しいタンニンとスワートランドのミネラルが豊かに感じられる。**TJ**

🍷🍷🍷 飲み頃：2014年過ぎまで

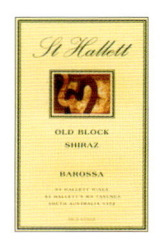

St. Hallett
Old Block Shiraz 2001

セント・ハレット
オールド・ブロック・シラーズ 2001

産地 オーストラリア、南オーストラリア、バロッサ・ヴァレー
特徴 赤・辛口、アルコール度数14度
葡萄品種 シラーズ

　リンドナー家によって1944年に設立されたセント・ハレットは、長い間酒精強化ワインの生産を中心にやってきた。しかし1980年代、セント・ハレットはバロッサの偉大な個性的人物の1人であるボブ・マクリーンと契約し、シラーズの古木から本格的なワインを造る試みを始めた。現在のワインメーカーであるスチュワート・ブラックウェルが最初にバロッサでワイン造りを始めたのは、1973年のことで、その時彼は小樽による発酵と、オークの新樽による熟成を実験していた。後年、彼と一緒に働くことになったのが、イギリス生まれの醸造家マット・ガットで、彼はその仕事に就いてはや4年目で、"ヤング・ワインメーカー・オブ・ザ・イヤー"賞を受賞した。

　オールド・ブロックは8つの古い畑——6つはバロッサで、2つはエデン・ヴァレー——からの葡萄を使って造られる。オールド・ブロックというのは、ワイナリーのすぐ横に広がる自社所有畑の名前である。2001年のバロッサは暖かく、そのためアルコール度数も14度と高めで、タンニンもやや強く感じられる。しかしスモーク、チョコレート、モカ、動物的香りなど多彩なフレーヴァーが存分に楽しませてくれ、口いっぱいに古木の深みのあるアロマが広がる。そして心地よい芳醇な余韻が長く続く。これはバロッサのシラーズの到達点であり、価格からは想像できない価値を持ち続けるワインである。**SG**

🍷🍷 飲み頃：2011年過ぎまで

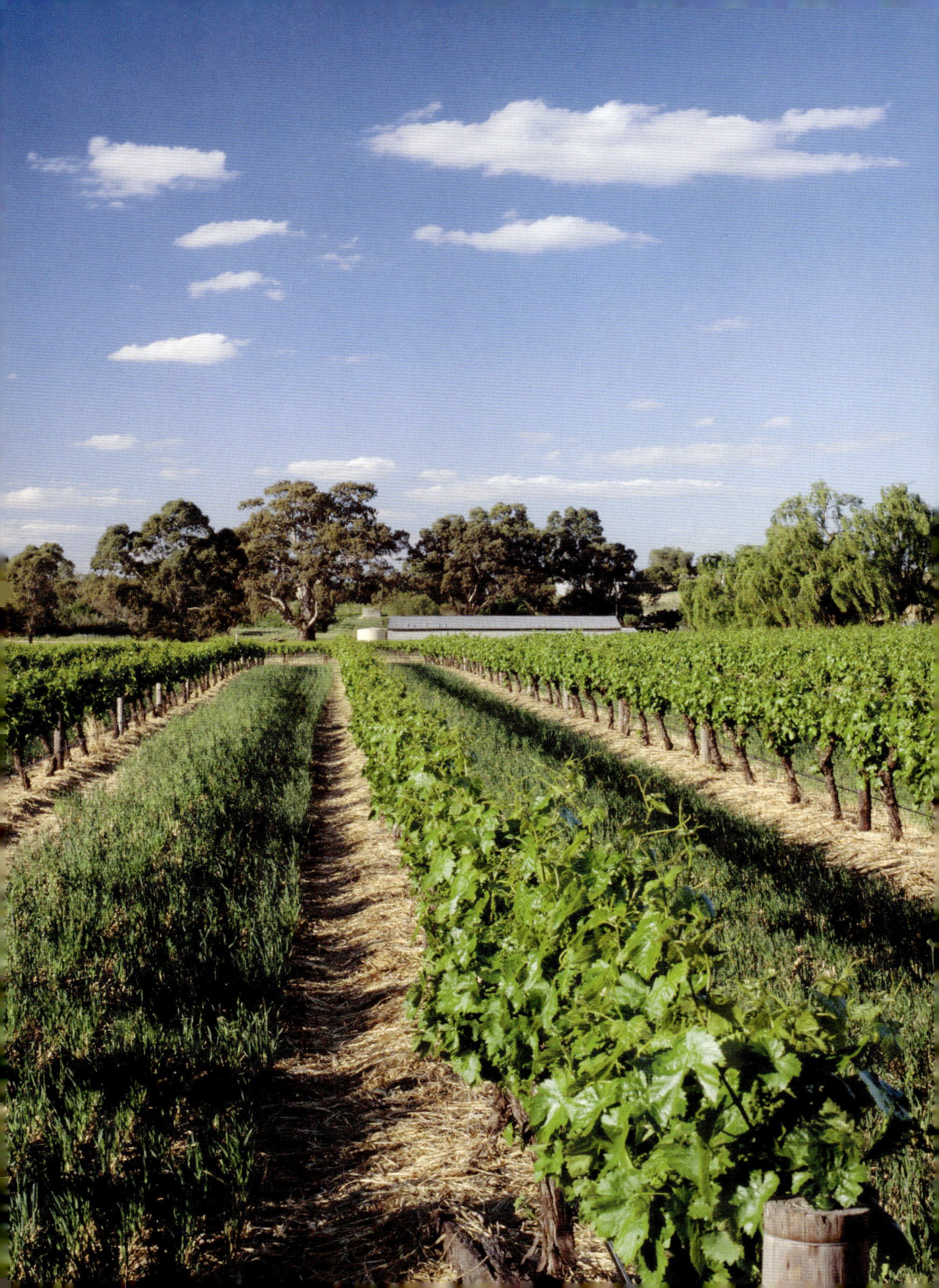

Salvioni
Brunello di Montalcino 1985

サルヴィオーニ
ブルネッロ・ディ・モンタルチーノ 1985

産地 イタリア、トスカーナ、モンタルチーノ
特徴 赤・辛口、アルコール度数14度
葡萄品種 サンジョヴェーゼ

　1985年のデビュー以来、ジューリオ・サルヴィオーニの量は少ないが秀逸なワインは、世界中から忠実な信奉者を獲得してきた。サルヴィオーニの父親は、長い間家族と友人のために、サルヴィオーニ家のチェルバイオーラ畑から採れる葡萄を使ってワインを造ってきた。標高420mの高台にある南向きのこの畑が大きな可能性を秘めていることに気づいたジューリオは、1980年代に全精力をワイン造りに注ぎ込むことを決心し、畑を改修し、生産量を増やしてきた。

　サルヴィオーニは、コンサルタント・エノロゴのアッティリオ・パーリの指導を請いながら、伝統的な方法に則って、モンタルチーノの町の中心にある彼のセラーでワインを造っている。彼は温度管理のための装置は一切使わずにブルネッロを発酵させ、スロヴァニア産オークの大樽で熟成させる。また、培養された酵母は使わず、ろ過もしない。

　そのワインは、華やかなブーケを持つ長期熟成向けのワインで、スミレ、チェリー、煙草などの精妙なフレーヴァーが広がり、素晴らしく優美である。ワイナリーの歴史はまだ浅いが、この最も古いヴィンテージは美しく輝いている。1985年は2,400本しか造られなかったが、2007年に試飲したとき、まだそれは若々しく、この先数年は熟成させたほうが良いと感じた。**KO**

🍷🍷🍷🍷　飲み頃：2015年まで

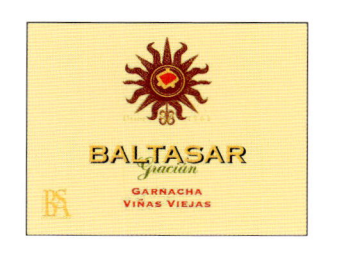

San Alejandro
Baltasar Gracián Garnacha Viñas Viejas 2001

サン・アレハンドロ
バルタサール・グラシアン・ガルナッチャ・ヴィニャス・ヴィエハス 2001

産地 スペイン、アラゴン、カラタユド
特徴 赤・辛口、アルコール度数14.5度
葡萄品種 ガルナッチャ

　カラタユドはアラゴンの最も新しいデノミナシオン・デ・オリヘンで、粘土、泥灰土、石灰質に富む盆地に位置している。盆地の特徴として昼と夜の温度差が激しく、それが葡萄の成熟に大きな影響を与え、葡萄の完熟はアラゴンで最も遅い。

　ボデガス・サン・アレハンドロは1962年に協同組合として設立され、1996年に単一のボデガとなった。現在300名のメンバーを擁し、所有している畑は1,214haに及ぶ。その畑には、主にガルナッチャが植えられている。輸入業者のエリック・ソロモンはこれらの畑に根を張っているガルナッチャの古木に一目惚れし、アメリカ市場向けの特別なキュヴェであるラス・ロカス・デ・サン・アレハンドロを造らせた。ロバート・パーカーはその2001年について、こう書いている。「精妙で芳醇、豊かな質感、余韻は40秒も続く。不透明な紫色で、驚くほど凝縮され、純粋なキルシュにブラックベリーとミネラルを混ぜたような並外れて豊饒なワインだ。この値段でこれほどの質を持ったワインに今後出会うことがあるだろうか？」これと同様にヨーロッパ市場向けに造られたのが、このワインである。その85％がスペイン国外で売れた。サン・アレハンドロは古くからある諺の正しさを証明した。"自分の国では誰も預言者にはなれない。"**JMB**

🍷　飲み頃：2012年まで

San Vicente
2000

サン・ヴィセンテ

2000

産地 スペイン、リオハ
特徴 赤・辛口、アルコール度数13.5度
葡萄品種 テンプラニーリョ

　マルコス・エグレンは、1980～1990年代にかけて綺羅星のごとく現れたリオハの若きワインメーカーの1人である。彼は両足でしっかりとリオハの大地を踏みながら、同時に改革を断行する勇気も持っている。これがエグレン家のワイン造りの成功の秘密である。

　すべてのマルコスのワインの中で、彼が一番気に入っているのがサン・ヴィセンテで、1991年の最初のヴィンテージからそうであった。そのワインの登場は、エグレン家が伝統からモダンへと舵を切ったことを示した。サン・ヴィセンテはラ・カノカ葡萄畑の葡萄を使っているが、その18haの畑は、1980年代に他の畑からの低収量の葡萄樹ばかりを選んで植え替えて造った畑である。不思議なことにこれらの葡萄樹は、他の葡萄樹にはない共通した特徴を持っていた。葉の繁り方が独特で、果粒が小さく、房がまばらで、葉がヴェルヴェットのような感触である──ここからこれらの葡萄はテンプラニーリョの亜種としてテンプラニーリョ・ペルード（産毛の多いテンプラニーリョ）と呼ばれている。

　このワインに関しては、1つのヴィンテージだけを挙げることは難しい。他のヴィンテージもどれも秀逸だが、この特に円熟して優美なサン・ヴィセンテ2000は、アロマの複雑さと、酸、タンニンのバランスが絶妙である。**JB**

🍷🍷🍷　飲み頃：2015年まで

Luciano Sandrone
Barolo Cannubi Boschis 1998

ルチアーノ・サンドローネ

バローロ・カンヌビ・ボスキス 1998

産地 イタリア、ピエモンテ、ランゲ
特徴 赤・辛口、アルコール度数13度
葡萄品種 ネッビオーロ

　バローロの指導的な生産者の1人であるルチアーノ・サンドローネは、マルケージ・ディ・バローロでエノロゴとして働いているときに、その芸術的感覚を磨いた。彼は1970年代後半に彼自身の葡萄を使ってワイン造りを始め、徐々に名声が高まっていくなかで、ついにマルケージ・ディ・バローロを辞し、自らのワイナリーを開いた。現在彼は、22haの畑から、毎年約8,000ケースのワインを造り出している。

　彼のワインの中で最上のものは、2種類の単一畑ワインで、レ・ヴィーニュは瑞々しく芳香が豊かで、一方カンヌビ・ボスキスは、より凝縮され、テロワールが表現され、長命である。彼の醸造法は、熟成にフランス産オークの新しい小樽を少し使うなど、わりと現代的な手法も取り入れているが、彼自身はけっしてモダニストではない。10％ほどフランス産新オーク樽を使うことによって、彼のワインは若い時も飲みやすいが、長く生き続けるのに必要な力強さと構造も持っている。

　スコットランドのワイン商であるズバイル・モハメドは、偉大な1998ヴィンテージのバローロ・レ・ヴィーニュについて、「赤い果実や甘草の繊細な香りが広がり、しっかりしたタンニンが赤い果実の瑞々しい新鮮さを支え、長くバランスの取れた余韻が続く」と述べている。このカンヌビ・ボスキス1998も、同じ造り手のワインとして、バローロの素晴らしさを象徴している。**SG**

🍷🍷🍷🍷　飲み頃：2018年過ぎまで

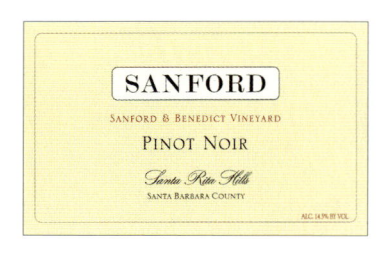

Sanford
Sanford & Benedict Vineyard Pinot Noir 2002
サンフォード
サンフォード&ベネディクト・ヴィンヤード・ピノ・ノワール 2002

産地 アメリカ、カリフォルニア、サンタ・リタ・ヒルズ
特徴 赤・辛口、アルコール度数14.8度
葡萄品種 ピノ・ノワール

　サンフォード&ベネディクト・ヴィンヤードはサンタ・リタ・ヒルズで2番目に早くピノ・ノワールを植えた畑で、その最初のリリースは大きな衝撃をもたらした。しかしそれからほんの5ヴィンテージしか経っていない1981年、リチャード・サンフォードとマイケル・ベネディクトの共同経営は破綻した。サンフォードはそれから彼自身の事業を始め、葡萄畑に近づくことはなかったが、1990年代になって再びもとの葡萄畑を管理するようになった。

　その葡萄畑は非常に排水が良く、丘の斜面に広がる北向きの畑は、太平洋からわずか数kmしか離れていない。サンタ・リタ・ヒルズは、水路が西から東に向かって流れ、朝霧と強風により冷涼な気候が維持される。そのため葡萄の生育期間が長く、酸と骨格のしっかりした、完熟した果実が収穫される。

　葡萄はたねが茶色に変わる頃に収穫され、比較的低温で(29〜32℃)発酵させることによって繊細なアロマを逃さないようにしている。ワインは発酵が完了する直前にプレスされ、熟成は100%新樽で行う。ろ過は行わないが、ゼラチンで清澄化する場合もある。2002年は上々の出来で、骨格がしっかりしており、強烈で、瑞々しい精妙さが長く維持され、余韻も長く続く。**LGr**
🍷🍷　飲み頃:2012年まで

Viña Santa Rita
Casa Real Cabernet Sauvignon 2003
ヴィーニャ・サンタ・リタ
カーサ・レアル・カベルネ・ソーヴィニョン 2003

産地 チリ、マイポ・ヴァレー
特徴 赤・辛口、アルコール度数14度
葡萄品種 カベルネ・ソーヴィニョン

　ヴィーニャ・サンタ・リタの赤のフラグシップ・ワインの名前は、創立者のドミンゴ・フェルナンデス・コンチャが1880年に、サンティアゴから南へ35kmのところにあるマイポ・ヴァレーのブインに建てた"ロイヤル・ハウス"(現在ホテルになっている)にちなんでいる。1950年代に植え替えが行われたブインのカーサ・レアル葡萄畑が、カーサ・レアル・ブレンドの中心となっているが、このワインは外資との共同経営ではなく、チリ人自身の経営による純粋なチリ・ワインの代表的存在である。20年近くそのブレンドを監督してきたセシリア・トーレスは、チリで最も優秀な女流ワインメーカーで、堅実に品質の向上を図ってきた。1993年頃からオーク樽による熟成を始め、1997年から果実味を表現の中心に据えてきた。

　このワインは、チリのカベルネ・ソーヴィニョンの真髄である。円熟して、骨格はしっかりしており、ミント、カシス、煙草、鉛筆などのフレーヴァーを持ち、タンニンは攻撃的でなく、凝縮されていながら優美である。カーサ・レアルが、チリを代表する赤ワインにしては低く見られているだけでなく、その値段もあまりにも低すぎると考えるチリのワインメーカーは多い。**MW**
🍷🍷🍷🍷　飲み頃:2020年まで

Santadi
Terre Brune Carignano del Sulcis 1990

サンタディ
テッレ・ブルーネ・カリニャーノ・デル・スルチス 1990

産地 イタリア、サルディーニャ、サンタディ（カリアリ）
特徴 赤・辛口、アルコール度数13度
葡萄品種 カリニャーノ95％、ボヴァーレドゥ5％

　コンキスタドールと共にスペイン人がサルディーニャ島にもたらした多くの品種と同様に、カリニャーノ種も島の南西の角、スルチス周辺に多く栽培されている。その葡萄は長い間、単なるブレンド用品種としてしか見なされず、あまり将来性がないように思われていた。
　しかしイタリアで最も優良な協同組合の1つであるサルディーニャ島のサンタディは、カリニャーノの優れた可能性を証明してきた。サンタディの栽培者たちは、1980年代から収量を低くする取り組みを始め、セラーでの工程もより改良されたものに変えていった。彼らはまた、イタリアの誇る醸造家ジャコモ・タキスとコンサルタント契約を結んだ。
　1984年、タキスに指導されたサンタディのワインメーカーは、カリニャーノに自生種のボヴァーレドゥを少量混ぜ、フランス産新オークの小樽で熟成させたテッレ・ブルーネを創り出した。その名前は、スルチス周辺の黒い土を称えて付けられたものである。ブッシュ仕立てで育てられた低収量の樹齢50年前後の葡萄樹からていねいに選果された葡萄は、ワインに芳醇な精妙さをもたらす。最高のヴィンテージに生まれるテッレ・ブルーネはまた、今でもイタリアで語り草となっている1990ヴィンテージのこのワインが示すように、葡萄固有の高い酸とタンニンのしっかりした構造のおかげで、驚くほどの力強さを持続させる。**KO**

🍷🍷🍷 飲み頃：2012年まで

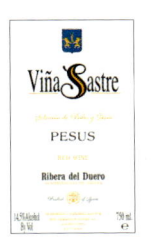

Viña Sastre
Pesus 2004

ヴィーニャ・サストレ
ペスス 2004

産地 スペイン、リベラ・デル・ドゥエロ
特徴 赤・辛口、アルコール度数14.8度
葡萄品種 ティンタ・デル・パイス、カベルネ・ソーヴィニョン、メルロ

　サストレ家はリベラ・デル・ドゥエロの中心地ラ・オラ（ブルゴス）で、3世代にわたってワインを造ってきた。ラファエル・サストレは父親と2人の息子、ペドロとイエススの協力を得て、1992年にボデガ・エルマーノス・サストレを開いた。そのボデガは、ティンタ・デル・パイスの古木が植わっている46haの畑を持っており、土壌は粘土と砂、石灰岩の混ざったもので、深い松林によって北風から守られている。
　イエススは昔ながらの持続可能な方法で葡萄栽培を続け、一方ペドロは、葡萄の特色を最も良く表現するために現代的技法を取り入れている。彼らのフラッグシップ・ワインはペススであるが、それはペドロとイエススの2人の名前を組み合わせたものである。そのワインは樹齢100年近くにもなる古木を擁する葡萄畑（ヴァデライエグア、カニュエロ、カランギ、ベルシアル）からセレクトされた葡萄から造られる。
　2004年は深い紫色が美しく、カシス、プルーン、コーヒー、スレート、スモーク、シナモン、ミント、ビャクダンのアロマが広がり、口に含むと、円熟して凝縮され、骨格はしっかりしており、果物のコンポート、ココア、スパイス、ハーブのあとくちが長く続く。ペススは、初ヴィンテージの1999からリベラの新しい偉大なワインの1つに数えられ、伝説のピングスと同等、あるいはそれを越える評価を得ている。**JMB**

🍷🍷🍷🍷 飲み頃：2020年まで

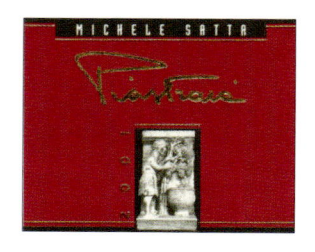

Michele Satta
Piastraia 2001
ミケーレ・サッタ
ピアストライア 2001

産地 イタリア、トスカーナ、ボルゲリ
特徴 赤・辛口、アルコール度数13.5度
葡萄品種 サンジョヴェーゼ、メルロ、C・ソーヴィニョン、シラー

　ミケーレ・サッタがワイン造りにのめりこんでいくきっかけとなったのが、ミラノ大学での夏の農業実習であった。彼は、トリンガリ・カサノーヴァ・ワイナリーの葡萄畑に一目惚れをした。彼はワイン造りを天職として定め、ピサ大学へ転校し、卒業後そのワイナリーに就職した。1984年、サッタはワインメーカーとして独立することを決意し、自分自身のワイナリーを設立した。葡萄はトリンガリ・カサノーヴァ葡萄畑をリースで借り受けることとした。

　その後彼は、カスタニェート・カルドゥッチに自らの葡萄畑を購入し、その地域で最高のメルロやカベルネを造り出した。ワインの評判は、すぐさま地域を越えて広まっていった。サッタの100%サンジョヴェーゼ・ワインであるカヴァリエーレは、心をこめて栽培されたサンジョヴェーゼがどれほどの実力を発揮できるかを世界に誇示している。もう1つの、サンジョヴェーゼを主体としたブレンド・ワインであるピアストライアでは、メルロとカベルネがその素晴らしい特性を表現し、サンジョヴェーゼがそれに優雅さを付け加え、シラーが円熟味を添えている。ピアストライア2001は今までで最高の出来である。それは若い時も十分楽しませてくれるが、その優雅さと瑞々しさの融合した味わいは、熟成することによってさらに深まるであろう。**KO**
🍷🍷🍷　飲み頃：2020年まで

Paolo Scavino
Barolo Bric dël Fiasc 1989
パオロ・スカヴィーノ
バローロ・ブリック・デル・フィアスク 1989

産地 イタリア、ピエモンテ、ランゲ
特徴 赤・辛口、アルコール度数14.5度
葡萄品種 ネッビオーロ

　ヴィニョーロ葡萄畑の麓にあるスカヴィーノ・セラーは、バローロとラ・モッラ、カスティリオーネの3つの村の中間地点に位置している。ここはネッビオーロの魂の故郷で、スカヴィーノ家は1921年から20haの畑を手入れしてきた。一家は1958年に生産者元詰めを始め、1964年には樽売りをやめた。1970年代後半、エンリコ・スカヴィーノは父パオロから一家の経営を任されると、すぐに一家の最初のクリュ・ワインをブリック・デル・フィアスク葡萄畑の葡萄を使って造ることを決意した。

　その6haの葡萄畑は、完全な南西向きの日照を存分に享受し、この地特有の有名な灰青色の泥灰土を謳歌している。スカヴィーノの1.6haの区画は1938年に植えられた古木からなり、それはワインに複雑なアロマと、豊かなミネラル風味をもたらしている。収量はきわめて低く、収穫は手摘みでていねいに行われる。

　ブリック・デル・フィアスク1989は、今はまだその若さからくる厳しいタンニンを見せているが、ネッビオーロの驚くべき精妙さも現している。ブリック・デル・フィアスクは、バローロの評価を上げる中心的な役割を果たしており、そうすることによって、ワインメーカー、エンリコ・スカヴィーノの名声を世界に広めている。**MP**
🍷🍷🍷🍷　飲み頃：10〜20年先まで

Screaming Eagle
1992
スクリーミング・イーグル
1992

産地 アメリカ、カリフォルニア、ナパ・ヴァレー
特徴 赤・辛口、アルコール度数13.5度
葡萄品種 カベルネ・ソーヴィニョン

　ジーン・フィリップスがスクリーミング・イーグル葡萄畑を購入したのは1986年であったが、彼はすぐにリースリングをカベルネ・ソーヴィニョンに植え替えた。その最初のヴィンテージが1992年で、ほんの225ケースの生産であった。ロバート・パーカーがそのワインに99点という驚異的点数をつけると、ある現象が起き、スクリーミング・イーグルは最も高価で、最も人気の高いカベルネ・ソーヴィニョンとなった。年間生産量は今でも約500ケースと非常に少なく、メーリング・リストに記載された顧客にのみ販売している。その時の価格は1本300ドルとまあまあ控えめであるが、オークションでは非常に高い値を付けられる。シカゴのオークション・ハウス、ハート・デイヴィス・ハートでは、2005年に、スクリーミング・イーグルの30本の垂直コレクションが、4万1,000ドルで落札された。

　フィリップスは2006年に、スクリーミング・イーグルを実業家のチャールズ・バンクスとスタンリー・クロエンケに売却した。その時人々の間では、新しいオーナーはすでに葡萄樹が植わっている別の24haの畑を使って、スクリーミング・イーグルの生産量を増やすのではないかという憶測が流れた。しかしバンクスはこう答えた。「これ以上造る必要はない。スクリーミング・イーグルは特別な存在なんだ。それは特別であり続ける。」**SG**

🍷🍷🍷🍷🍷　飲み頃：2010年まで

Seghesio
Home Ranch Zinfandel 2005
セゲシオ
ホーム・ランチ・ジンファンデル 2005

産地 アメリカ、カリフォルニア、ソノマ・カウンティ
特徴 赤・辛口、アルコール度数15.3度
葡萄品種 ジンファンデル

　1886年にアスティを後にしたエドアルド・セゲシオは、1895年にソノマで家と葡萄畑を買うことができた。その後20世紀中は、ほぼバルク・ワインの生産に従事してきたが、1990年代にそれを打ち切り、葡萄栽培家のフィル・フリーズを招聘して本格的ワイン生産に乗り出した。

　ホーム・ランチ・ジンファンデル畑は、自宅のすぐ横に広がり、最初に葡萄樹が植えられたのは、1895年のことである。そこは海洋の影響を受けないアレキサンダー・ヴァレーに位置し、気候は温暖で、ワインにジューシーな果実味と、柔らかな酸をもたらす。土壌は、玄武岩、砂岩、蛇紋石の上に粘土とロームが堆積したもので、表土の薄さと、粘土の養分の少なさが葡萄にストレスを与え、より凝縮した果粒を実らせている。ジンファンデルは、成熟の度合いが不均一であることで有名で、同じ房に青い実とレーズン状の葡萄が同時に存在していることがある。セゲシオ家は成熟をできるだけ同じ時期にするように手を加えている。

　2005年は比較的冷涼で、生育期間は長く、そのため骨格のしっかりした、非常に複雑なアロマを持つ、腰の強いワインが生まれた。芳醇で、円熟しており――レーズン状ではなく――果実味が豊かで、バランスは絶妙、ジンファンデル特有の優しいアルコールが際立つ。**LGr**

🍷🍷🍷　飲み頃：2017年まで

Red wines

Serafini e Vidotto
Rosso dell'Abazia 2003
セラフィニ・エ・ヴィドット
ロッソ・デル・アバジア 2003

産地 イタリア、ヴェネト
特徴 赤・辛口、アルコール度数13度
葡萄品種 C・ソーヴィニョン、C・フラン、メルロ

　フランチェスコ・セラフィニとアントネッロ・ヴィドットが、世界に通用する本格ワインを造ろうと会社を結成したのは、1987年のことだった。当時この地域では、それはきわめて異例のことだった。セラフィニとヴィドットは、この地の数世紀前にまで遡ることのできる葡萄畑を、1年に1haの割合で植え替えている。

　葡萄畑は南向きで、土壌はまったく痩せているが、石や礫岩が多く、水捌けは良い。気候は海とピアーヴェ・バレー川から流れ込む冷気が特徴で、大きな気温差が果実にフレッシュなアロマと、適度な酸を与えている。

　ロッソ・デル・アバジア2003は、この地区の大きな可能性を証明している。このワインは、そのヴィンテージの厳しい暑さにもかかわらず、ミディアム・ボディの優美さと精妙なアロマを堅持している。色はそれほど濃くなく、カシス、黒鉛のアロマと、北イタリアのカベルネ主体のワインが示す優しい若葉の香りを持つ。口に含むと、最初柔らかく円熟した風味が広がり、次に熟した果実、繊細な植物的アロマへと心地よい変化が訪れる。口中が温かくなる感じで、最後に輪郭のはっきりした、長い余韻が続く。本物の愉悦がある。**AS**

🍷🍷🍷　飲み頃：2018年まで

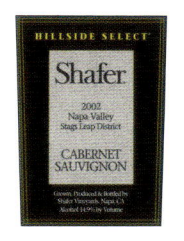

Shafer
Cabernet Sauvignon Hillside Select 2002
シェーファー
カベルネ・ソーヴィニョン・ヒルサイド・セレクト 2002

産地 アメリカ、カリフォルニア、ナパ・ヴァレー
特徴 赤・辛口、アルコール度数14.9度
葡萄品種 カベルネ・ソーヴィニョン

　ジョン・シェーファーは1972年、長い間勤めてきた出版会社を辞め、スタッグス・リープの農場を購入して、家族ともどもナパ・ヴァレーに移住してきた。農場の一部に、1920年代に植えられた葡萄畑があったが、シェーファーはその葡萄樹を、彼が新たに切り拓いた、岩だらけの急斜面の段々畑に植え替えた。現在彼らの畑は、85haまで拡大している。ジョン・シェーファーはその後1979年に、単なる葡萄栽培家から醸造家へと変貌し、また息子のダグが1983年にワインメーカーとなった。1994年からは、彼の助手であったイリアス・フェルナンデスが醸造の責任者となっている。

　ヒルサイド・セレクトのための葡萄は22haの自社葡萄畑から採れるが、その畑はスタッグス・リープの北側の斜面に位置し、標高は90mで、斜面の傾斜角は最大で45度もある。侵食された岩盤の上に、場所によってはわずかに46cmほどしか堆積していない石の多い火山性土壌は、葡萄に完熟と凝縮のための理想的な環境を提供している。そしてそれがシェーファーのワインの一貫した特徴を生み出している。

　エステートの設立から30年を経過したときに生まれたヒルサイド・セレクト2002は、ナパに育つ葡萄の輝かしい栄冠である。強烈で力強い優雅さが、瑞々しいタンニンで研ぎ澄まされ、黒い果実、スミレ、スパイス、煙草、ミネラルが躍動している。**LGr**

🍷🍷🍷🍷🍷　飲み頃：2025年まで

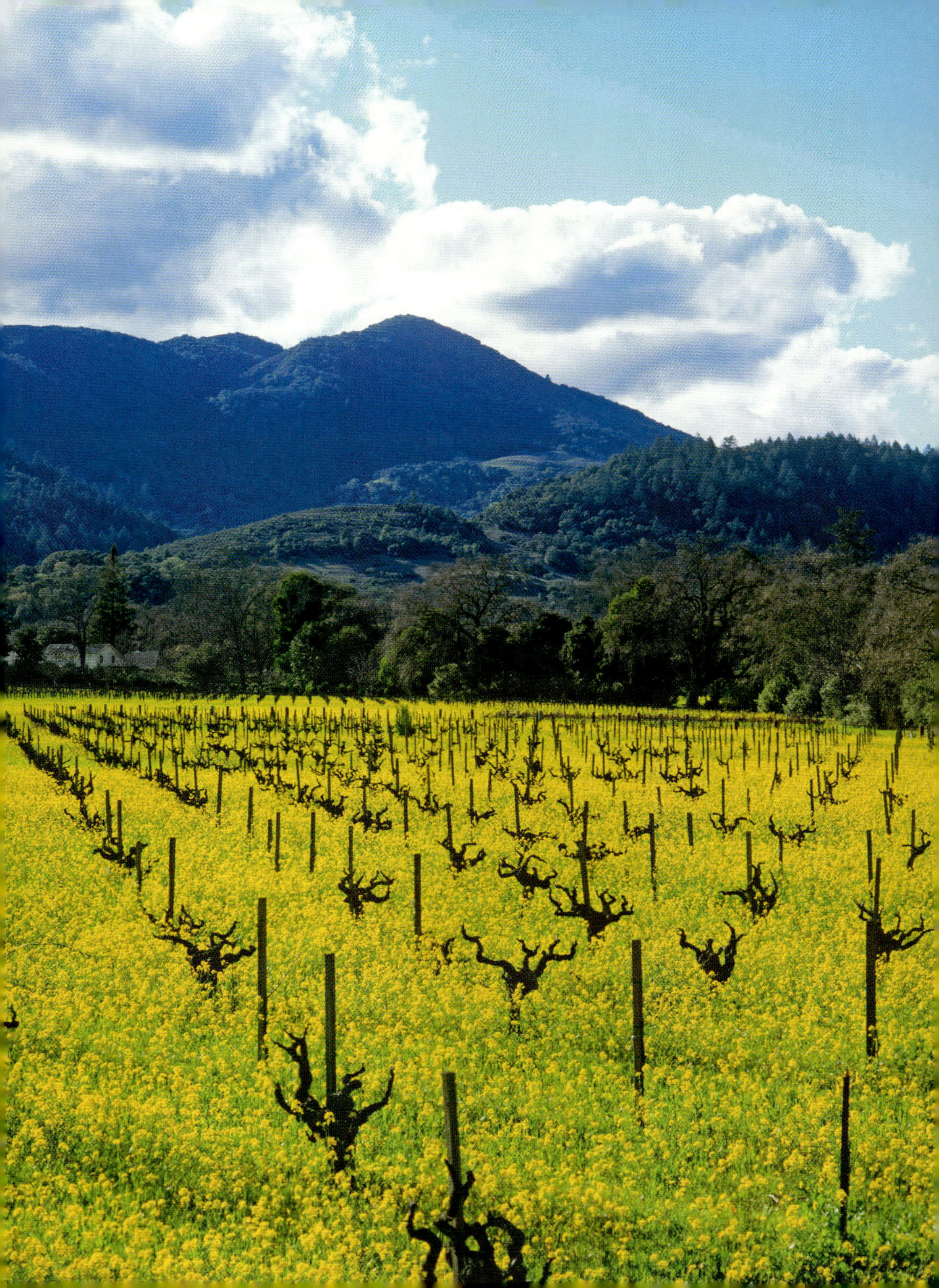

Cillar de Silos
Torresilo 2004

シャール・デ・シロス
トレッシロ 2004

産地 スペイン、リベラ・デル・ドゥエロ
特徴 赤・辛口、アルコール度数14度
葡萄品種 ティント・フィノ（テンプラニーリョ）

　シャール・デ・シロスは1994年にリベラ・デル・ドゥエロで生まれたまだ若い会社。設立したのは、アラゴン・グラシア兄弟である。彼らは冷涼なブルゴス県の小さな村、キンターナ・デ・ピディオに50haの畑を持っている。この地区は、リベラ・デル・ドゥエロの辺境に位置しているが、非常に古い葡萄樹という貴重な宝物を持っている。

　兄弟はこの古い葡萄樹を使って、2種類のワイン──シャール・デ・シロス・ラベルのクリアンサとレセルヴァ──を造り始めたが、その後すぐに、彼らの主力ワインであるトレッシロを創り出した。2人は常に最高のものを目指し、ときには落胆しながら、改良を積み重ねている。彼らは年毎の作柄に合わせて、浸漬とオーク樽の使用の加減を慎重に測っている。そうして生まれるワインは、クリーミーで、輪郭がはっきりし、バランスが取れていて、瑞々しい。

　2004年は、ほとんど黒色といっても良いほどに色は濃く、グラスの縁に紫色の輝きがある。アロマは強烈で、焦げたオーク、スパイス、革、甘草、インク、乾燥ハーブの微香の中心に、完熟した黒い果実が現れる。フルボディでしっかりした骨格を持ち、清澄で、純粋である。酸とのバランスは良く、果実味は芳醇で、非常に長い余韻が続く。**LG**

🍷🍷 **飲み頃**：2015年まで

Château Simone
Palette Rosé 2006

シャトー・シモンヌ
パレット・ロゼ 2006

産地 フランス、パレット
特徴 辛口ロゼ、アルコール度数12.5度
葡萄品種 グルナッシュ45%、ムールヴェドル30%、その他25%

　エクス・アン・プロヴァンスの真東に位置するこの瀟洒なシャトーは、多くの決まりを破っている。葡萄畑はすべて北向きで、周りを高い木立の森に囲まれている。見事に手入れされた庭園の下を、アーク川が流れ、A8号線が通っている。この葡萄畑は、小規模の品種展示場（グルナッシュ、ムールヴェドルに加え、サンソー、シラー、カステ、マノスカン、カリニャン、その他様々なミュスカ）になっており、このロゼのための葡萄の樹齢は世界でもあまり例を見ないが、50歳を超えている。

　これらの葡萄をブレンドして生まれるロゼは、教養のある穏やかな人柄のレネ・ルージエによると、ロゼ・ド・ルパ（食事時のロゼ）である。明るくきらめくピンク色で、新鮮な果実のフレーヴァーがあり、地形から生まれる酸が躍動的で、完熟の遅さからくる特質が良く出ている。交響楽団のようなブレンドから、ロゼ・ワインにはめずらしい精妙さが流れてくる。

　パレットはレネの父親ジャン・ルージエの忍耐強い努力によって実現した23haの小さなアペラシオンであり、今でもその3分の2はルージエ家の所有である。**AJ**

🍷🍷 **飲み頃**：できるだけ早く

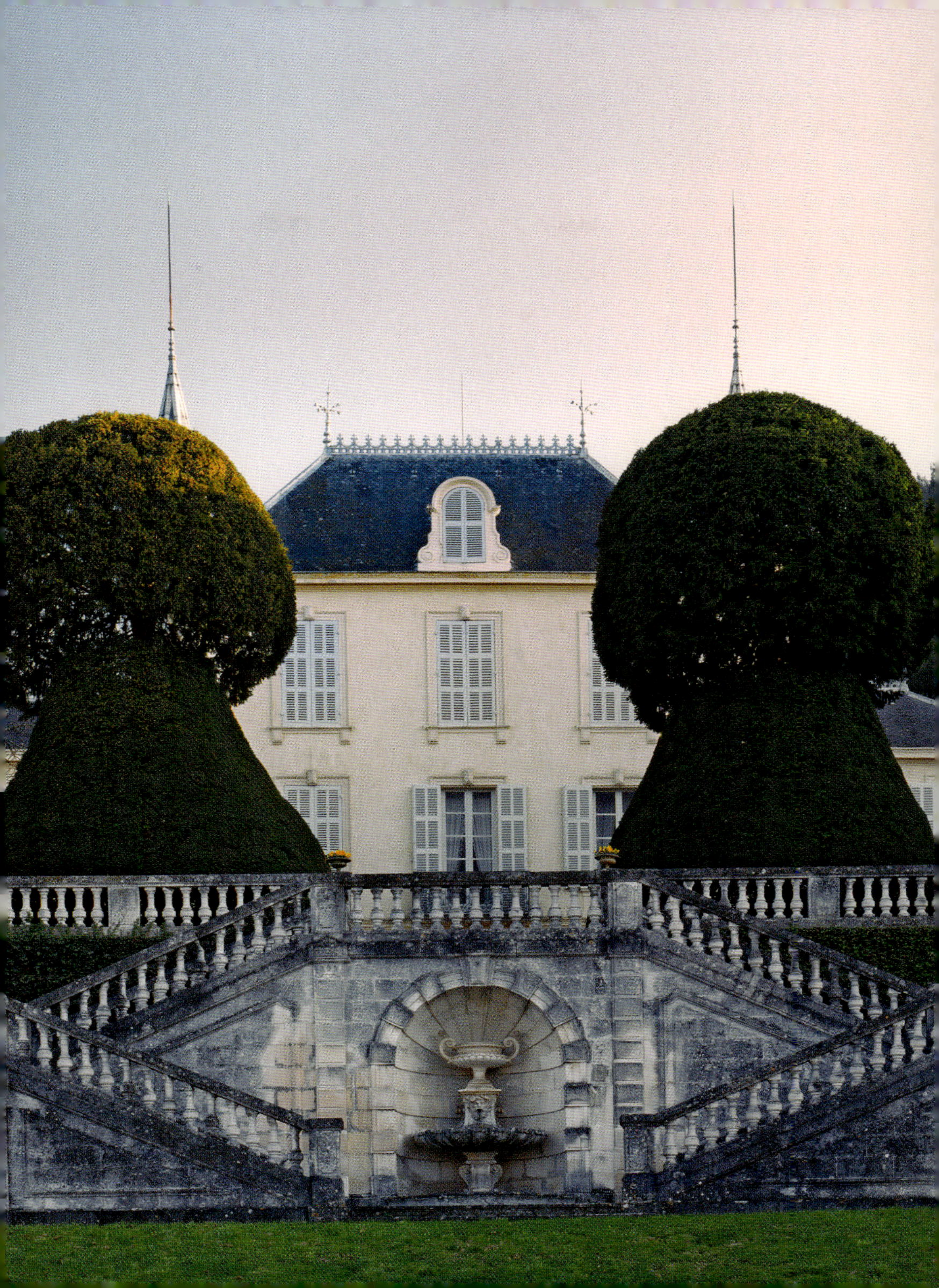

Château Sociando-Mallet
2005

シャトー・ソシアンド・マレ
2005

産地 フランス、ボルドー、サン・スーラン
特徴 赤・辛口、アルコール度数13度
葡萄品種 C・ソーヴィニョン55％、メルロ40％、C・フラン5％

　1969年、ネゴシアンのジャン・ゴートローは、別荘としてサン・テステフの北に一軒の家を購入した。そこにはたまたま4.8haほどの葡萄畑があり、それは河口を見下ろす斜面に広がっていた。ゴートローにはその葡萄畑を拡張しようという意思はなかったが、かなり経ってから友人がそのテロワールの良さを彼に指摘した。土壌はサン・テステフの最上の畑と同じく粘土の上に砂礫層が堆積しているもので、またその葡萄樹は、どうも前世紀のものらしかった。

　ゴートローは現在、畑を74haまで拡張している。彼はエンジン全開のスタイルを好み、ブレンドにはかなりの割合でプレス・ワインが含まれている。1990年代初めからは、ソシアンドは新樽比率100％のオーク樽で熟成させられている。そのワインの質の高さに、多くのワイン商や顧客は驚いた。というのも、ゴートローは収量を減らすためのグリーン・ハーベスティングに対する頑固な反対意見の持ち主であったから。彼の葡萄樹の収量は高いが、彼は、「健康な状態にある植密度の高い葡萄畑は、間引きしないでも凝縮された葡萄を生む」と主張する。醸造の後、基準に満たないワインは格下げする。

　ジャン・ゴートローは2003年のクリュ・ブルジョワの格付けに何の興味も示さなかった。しかし、もしソシアンドが申請していたら、エクセプショネルに選ばれていたであろうという見方が一般的である。2005年はまだアロマは開ききっていないが、口に含むと、芳醇でジューシーともいえる黒い果実、スパイスが広がり、驚くほど長く残存する。他の良いヴィンテージのソシアンド同様に、このワインも長熟する構造を有している。ゴートローは伝統的なやり方を無視する一匹狼と言われることが多い。しかし彼のワインの質と、その人気の高さは、すべてを物語っている。**SBr**

🍷🍷🍷　飲み頃：2012〜2025年

Soldera
Case Basse Brunello di Montalcino 1990

ソルデラ
カーサ・バッセ・ブルネッロ・ディ・モンタルチーノ 1990

産地 イタリア、トスカーナ、モンタルチーノ
特徴 赤・辛口、アルコール度数14度
葡萄品種 サンジョヴェーゼ

　ジャンフランコ・ソルデラは天才肌のワイン職人である。ソルデラ夫妻は、熱心なビオディナミ実践者で、彼らは8haの葡萄畑を含む慎ましやかなエステートの庭に、鳥やコウモリ、蛙などを放ち、小さな生態系を構築している。

　ミラノのビジネスマンであったソルデラは、モンタルチーノのブームが始まる大分前の、1970年代の始めにこのエステートを手に入れ、世界一の品質を誇るワインを造ることを目標に定めた。彼が輝かしい成功を収めたと考えるのは、彼1人だけではないが、時にこの自信は高慢に受け取られることがあり、世界の多くのワインメーカーの反感を買っている。実際、彼の毒舌、軽蔑の対象から除外されているのはジョヴァンニ・コンテルノだけで、彼同様に有名なバローロの生産者たちは、「生涯一度も優れたワインを造ったことがない」と、ばっさりと斬り捨てられている。

　ソルデラは根っからの伝統主義者で、彼のワインは、長期の浸漬、温度調節一切なし、スロベニア産の大樽による5年半もの長期熟成などの伝統的手法に則って造られるが、それらすべてが30年以上にわたって、マエストロ・アッサジャットーレ（ワイン鑑定士）であるジュリオ・ガンベッリによって監督されてきた。こうして生まれるワインは、色は明るいが、様々な顔を持ち、きわめて優美で、新鮮な果実、乾燥果実、ハーブ、花々のアロマやブーケが現れては消え、消えては現れ、翻弄されているようだ。このスタイルは、確かにやや深みと力強さに欠けるといえるかもしれないが、優雅、幽玄といった趣がある。しかしそれは必ずしも、点数で評価する評論家に認められているわけではない。ともあれ、カーサ・バッセを飲まずして、ブルネッロ・ディ・モンタルチーノを語るなかれ、である。**Nbel**

🍷🍷🍷🍷🍷　飲み頃：2040年過ぎまで

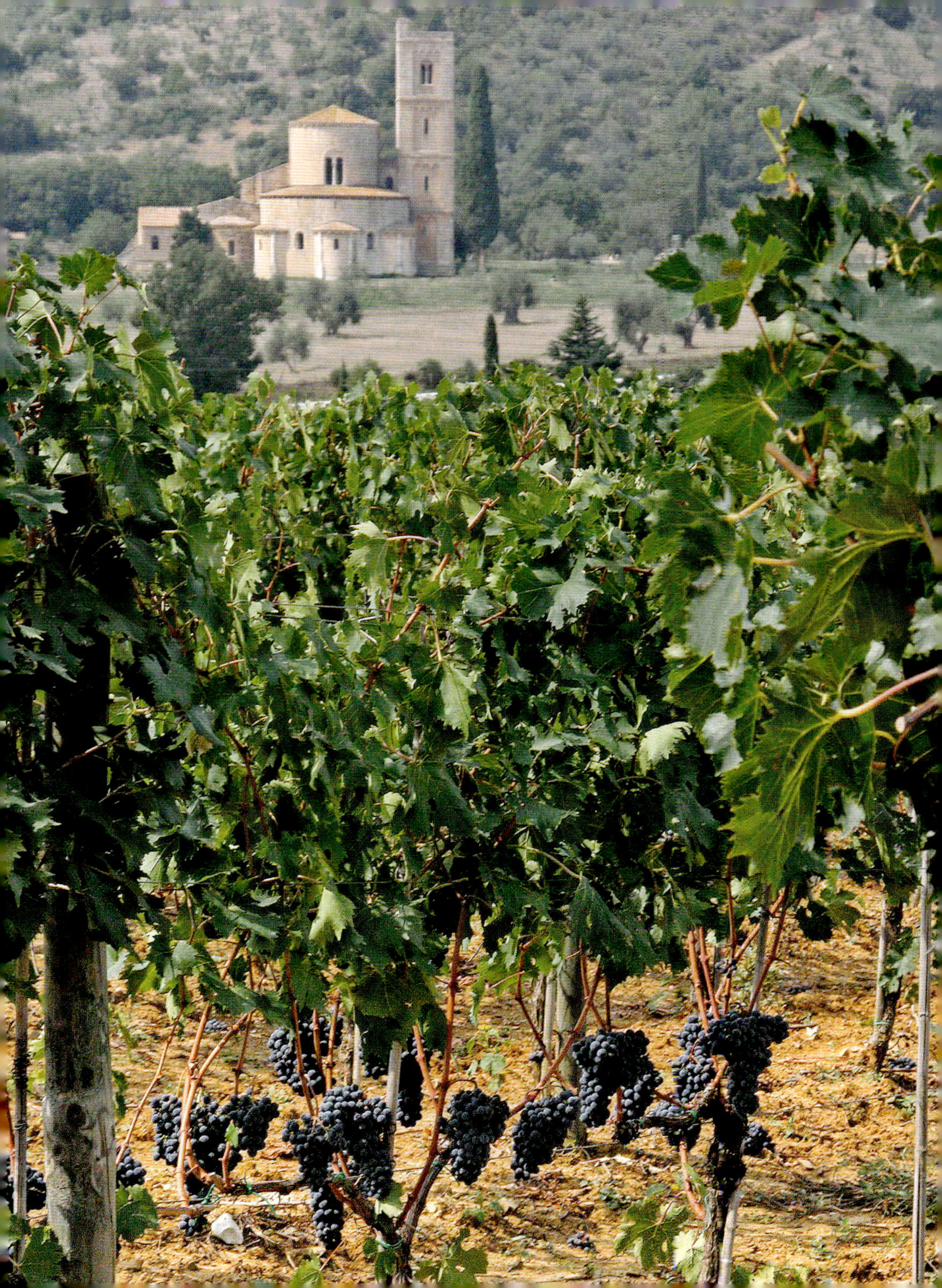

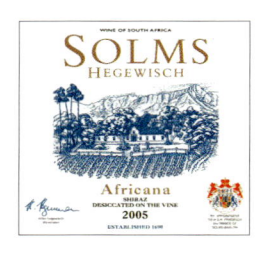

Solms-Hegewisch
Africana 2005
ソルムス・ヘーゲヴィッシュ
アフリカーナ 2005

産地 南アフリカ、ウェスタン・ケープ
特徴 赤・辛口、アルコール度数15度
葡萄品種 シラー

　神経医学の科学者でもあるマーク・ソルムスは、美しい景観に恵まれたフランシュック・ヴァレーで畑作りを行いながら、古代のワイン造りの伝統を復元した。温暖な気候で最高のワインを生み出すにはどうすればよいかを模索していく中で、彼は地中海で古くから行われてきた方法を、この地に適用することに辿り着いた。彼とワインメーカーのヒルコ・ヘーゲヴィッシュは、葡萄樹の幹に傷をつけることによって、果粒を樹に付いたままで乾燥させる実験を行っている。

　繊細さと品種の特徴を前面に出すことは、アフリカのワインの得意とするところではない。彼らが造った最初の赤ワインは、完全に乾燥した葡萄から造られた。そのワインにはドラマと力強さがあり、その上さらに、苦みばしった甘さもほのかに感じられ、熟成とともに、妖艶なアロマ、複雑なフレーヴァーを開花させる。ケープの中で最も興味深く、最も大きな可能性を秘めているワイナリーの1つとなったソルムス・ヘーゲヴィッシュはまた、人権問題にも深く関与している。彼らは、移動展示館を通じて「土地没収、奴隷制度、アパルトヘイトなどの苦難の歴史」を教宣し、歴史的な負の遺産を背負っている雇用労働者に株式譲渡を行っている。ネイル・ベケットは、ソルムス・ヘーゲヴィッシュの保守的で革新的な試みを賞賛しながら、こう述べている。「刺すような香り、力強いタンニン、非常にユニークなワインだ。」**TJ**
🍷🍷　飲み頃：2013年まで

Marc Sorrel
Hermitage Le Gréal 2004
マルク・ソレル
エルミタージュ・ル・グレアル 2004

産地 フランス、ローヌ北部、エルミタージュ
特徴 赤・辛口、アルコール度数15度
葡萄品種 シラー92%、マルサンヌ8%

　マルク・ソレルは地元の公証人の息子であったが、法律よりもワインに興味があり、父親の職業は弟に継がせた。しかしその父はまた、エルミタージュの偉大な丘に、小さいが価値あるドメーヌを持っており、彼は1982年、父親のワイン造りを手伝い始めた。その2年後に父親が亡くなったが、1988年ごろから彼は本領を発揮し始め、1998年からはドメーヌの指導者の1人となっている。現在彼は2haのエルミタージュの畑から、年間約8,000本のワインを生み出している。

　ル・グレアルはグレフューとメアルの2つの畑の彼の区画から生まれるワインをブレンドしたもので、名前はその2つの畑名を結合させたものである。彼のワインはロバート・パーカーに見出され、一躍脚光を浴びるようになった。それは独自のスタイルを持っている。大きく、堅固で、タンニンが豊富で、シラー・ワインの特徴であるが、熟成とともに野性味が増してくる。

　収量は非常に低い。1980年代の後半には、1ha当たりの収量は、25hℓ前後であった。2004年は8%のマルサンヌが加えられており、それがアロマをさらに複雑にしている。葡萄は除梗されないまま発酵させられた後、18〜24ヵ月熟成させられ、ろ過されないまま壜詰めされる。バイオレット、カシス、ジャコウの香りを持つこのワインは、リリース後楽に20年間は生き続ける。**GM**
🍷🍷🍷🍷　飲み頃：2025年まで

Sot
Lefriec 2004
ソト
レフリエク 2004

産地 スペイン、ペネデス
特徴 赤・辛口、アルコール度数13.5度
葡萄品種 C・ソーヴィニョン、メルロ、カリニャーナ

　イレーヌ・アレマニーはヴィアフランカ・デル・ペネデス出身で、彼女の一家はこの地域で数世代にわたって葡萄畑を所有してきたが、本業ではなかった。一方、ロラン・コッリオはブリタニー出身で、ジュラで育った。2人はともにワインの虫に取り付かれ、醸造学を学んでいるうちに、ブルゴーニュで知り合い、ソト・レフリエクを立ち上げた。その最初のヴィンテージである1999年は、ペネデス初のガレージ・ワインで、文字通りヴィアフランカの小さな納屋で発酵、熟成させられた。2人は自分たちの手でステンレス発酵タンクを造り、それ以外にもすべてのものを手造りで造っている。生産量は少ない。彼らの所有する8haの畑には、古いカリニャーナ（1940年代に植えられたもの）と、若いメルロ、カベルネ・ソーヴィニョン（1980年代に植えられたもの）が植えられている。

　2004は、今のところ最高にバランスの良いソト・レフリエクである。色は暗く、深みがあり、香りは最初閉ざされているので、グラスを揺らして香りを開かせる必要がある。若い時期に飲む場合は、かなり前からデキャンティングしておくことも必要だろう。ボルドー流の本格ワインで、黒い果実、黒鉛、インク、スモークの香りがし、口に含むと新鮮でバランスが良く、完熟したタンニンがしっかりとした骨格を形作り、味わいは持続し余韻は長い。壜の中でゆっくりと熟成していくワインである。**LG**

🍷🍷🍷　飲み頃：2019年まで

Stag's Leap Wine Cellars
Cabernet Sauvignon 1973
スタッグス・リープ・ワイン・セラーズ
カベルネ・ソーヴィニョン 1973

産地 アメリカ、カリフォルニア、ナパ・ヴァレー
特徴 赤・辛口、アルコール度数13度
葡萄品種 カベルネ・ソーヴィニョン93％、メルロ7％

　ウォーレン・ウイナスキーのカベルネ・ソーヴィニョン1973は、疑いもなくアメリカのワインの歴史の中で、最も有名で、最も影響力の強いワインである。それはウイナスキーの初ヴィンテージで、樹齢わずか3年の若樹から造られたものであるが、1976年のスティーブン・スパリアー氏のパリ・テイスティングにおいて、並み居るボルドーのトップ・クリュを打ち負かし、最高と判定された。アメリカのワインはこの時初めて、世界にその実力が認められた。

　ウイナスキーの構想とワイン造りの哲学は、この地域の他の生産者たちとは異なっており、なぜ彼のワインが、同じ土壌から生まれるにもかかわらず特別なのかを説明している。彼の基礎は、高い理想、各要素に対するバランスの対置、それによる躍動感、調和に立脚しており、時にそれは超越的でさえある。この理想は、抑制、感覚、配分のたゆまぬ鍛錬から生まれるものである。

　彼は1969年にネイサン・フェイのワインを試飲したときに、その隣にあるプラム畑を購入することに決めたと述懐している。彼はそこにカベルネ・ソーヴィニョンとメルロを植え、1986年には、フェイの葡萄畑も買い入れた。1980年代後半と1990年代に二度植え替えを余儀なくされた。ウイナスキーは、植密度の高い、垂直型の格子によるコルドン仕立てが葡萄樹に偉大な表現力をもたらしていると信じている。**LGr**

🍷🍷🍷🍷🍷　飲み頃：2010年過ぎまで

Stonier Estate *Pinot Noir Reserve* 2003
ストニアー・エステート　ピノ・ノワール・リザーヴ 2003

産地 オーストラリア、モーニントン・ペニンシュラ
特徴 赤・辛口、アルコール度数13.5度
葡萄品種 ピノ・ノワール

冷涼な気候のモーニントン・ペニンシュラに最初の葡萄樹が植えられたのは、1970年代のことであった。ストニアーは1978年にピノ・ノワールを植えたが、最初それは赤ワインを造る目的ではなく、スパークリング・ワインのためのベース・ワインを造るためだった。しかしすぐにストニアーらは、金鉱を掘り当てたことに気がついた。ストニアーのピノ・ノワールは、標準もリザーヴもどちらも驚くほど質が高い。「この畑の発達は、素晴らしい学習曲線を描いている」とジェラルディン・マクフォールは言う。「ピノはとても畑に敏感なの。以前私たちはそれを間違った場所に植えていたわ。何をどこに植えれば良いかが分かるようになって、本当に良かったわ。」

マクフォールは、2002ヴィンテージをブルゴーニュのドメーヌ・ド・ラルロでの研修に費やした。それ以来彼女は、リザーブの質を持った葡萄を使って、全房発酵を実験している。2003年から、リザーヴには約5%の全房発酵ワインが含まれている。また50ケースほどは、全房発酵ワイン単独で壜詰めしている。リザーヴ・ピノ・ノワールは果帽の櫂入れを行いながら、10～14日間、小さな開放発酵槽で発酵させられる。

このワインは、精妙さとエレガンスというピノが持つ可能性――失われることも多い――のオーストラリア的な解釈である。2003リザーヴは特に優れた出来具合で、ハリデーの評価では97点と、オーストラリアのピノでは最高得点をマークした。香りは明るく、複雑で、スパイス味のあるブラック・チェリー、赤いベリーが感じられる。口に含むと、凝縮されていて、優美で、きめが細かく、果実味とスパイス味の間に絶妙なバランスが形作られている。JG

$ $　飲み頃：2018年まで

追加推薦情報
その他の偉大なヴィンテージ
1988・1989・1990・1995・1996・1998・1999・2000・2004・2005
モーニントン・ペニンシュラのその他の生産者
メイン・リッジ、ムールダック、テンミニッツ・バイ・トラクター

内陸の方向に向き、海風から守られているストニアーの葡萄畑

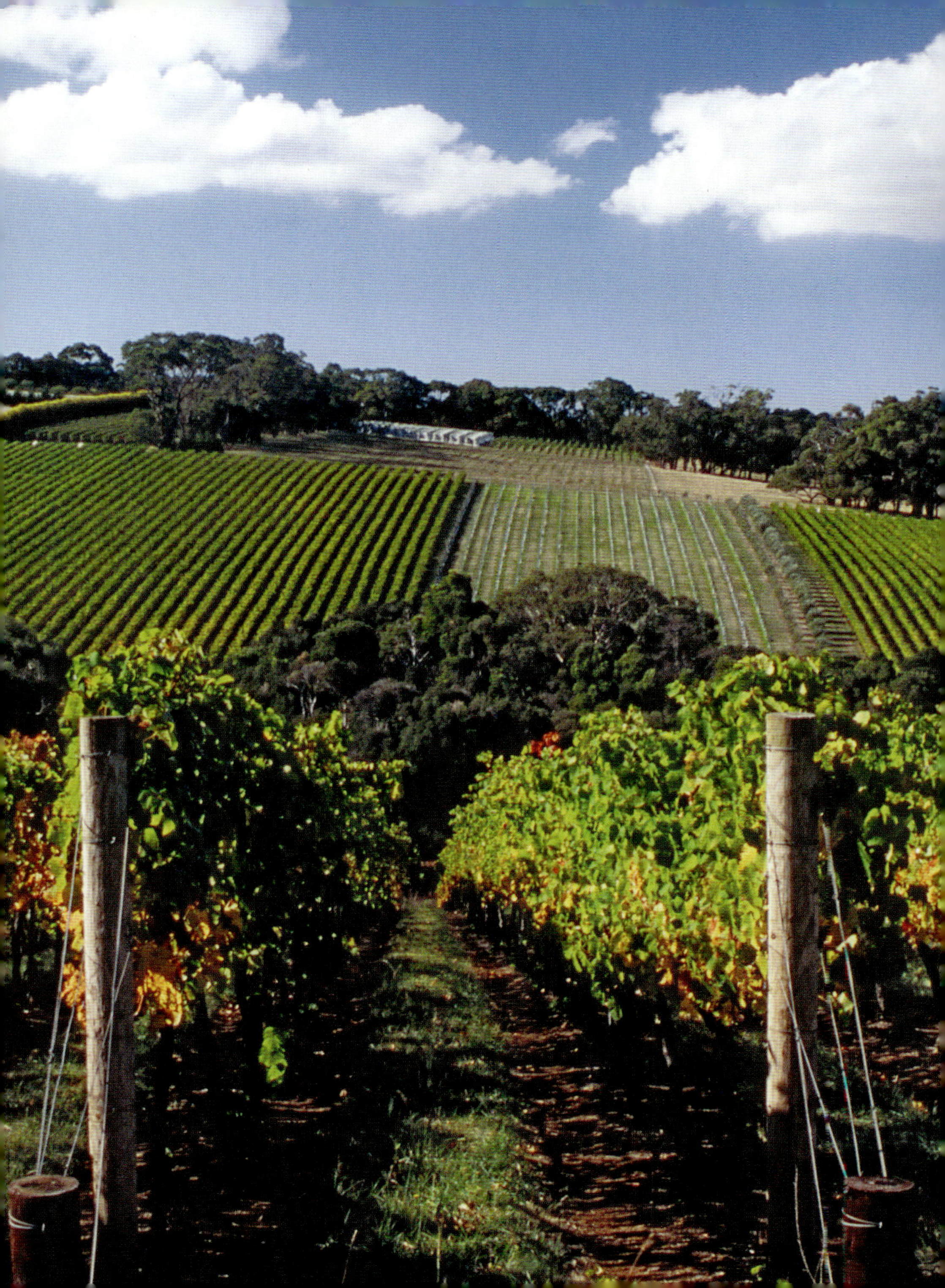

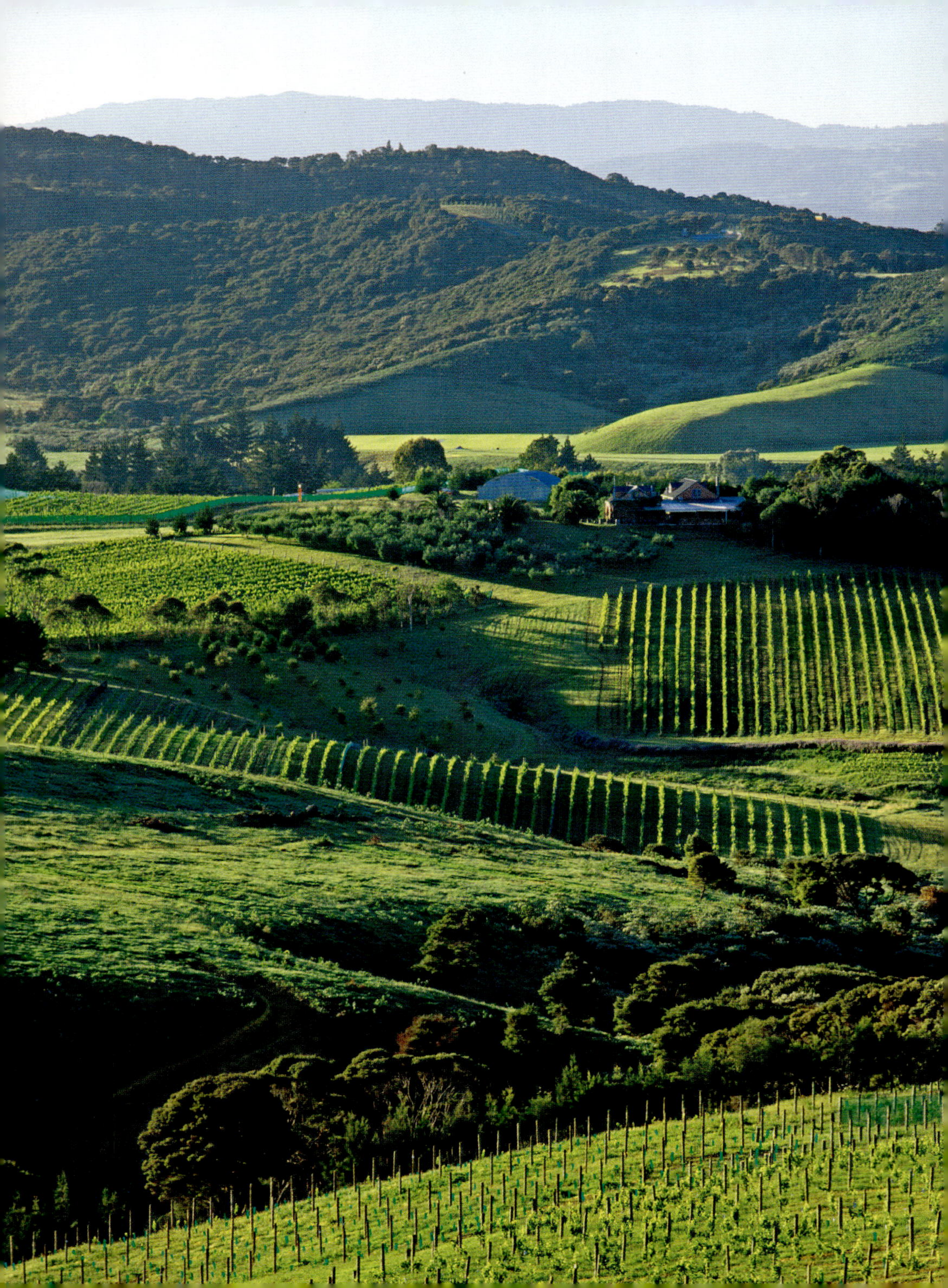

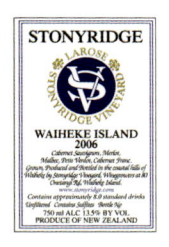

Stonyridge
Larose 2006

ストニーリッジ
ラローズ 2006

産地 ニュージーランド、オークランド、ワイヘケ
特徴 赤・辛口、アルコール度数13.5度
葡萄品種 C・ソーヴィニョン、メルロ、C・フラン、その他

　ストニーリッジは本物のガレージストである。オーナーであるステファン・ホワイトの以前のワイナリー兼自宅は、文字通りアルミ板製の大きなガレージであった。ホワイトは、ゴールドウォーターに次ぐワイヘケ島第2のエステートに成長し、間違いなく最高のワインメーカーであろう。

　ラローズの最初のヴィンテージは1985であったが、素晴らしい1987ヴィンテージで、この小さなワイナリーはワイン地図に名前が記載されることになった。それから数年もしないうちに、そのワインはカルト・ワインの仲間入りをし、人気の高いヴィンテージは、正規の価格の数倍の価格で売られている。2006のような偉大なヴィンテージが、投機家やコレクターの垂涎の的となるのはまったくうなづける。しかしワイヘケ島の気候条件は厳しく、重要な生育期間中に湿度が高くなり、腐れを生じる危険性がある。完熟しないうちに収穫しなければならなくなるかもしれないという不安といつも戦っていなければならない。

　ラローズはカベルネ・ソーヴィニョンを主体として5種類のボルドー種をブレンドしているが、ホワイトはそれがこのワインに奥深さを付与していると確信している。2006年は大物ワインというよりは優美なワインで、赤い果実、野生の花、ミックス・スパイス、なめし革のアロマがある。力強さのあるワインであるが、その力はきわめて静かに行使されている。**BC**

🍷🍷🍷 飲み頃：2020年まで

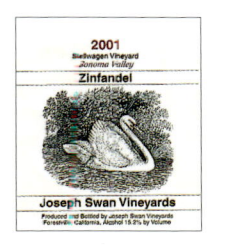

Joseph Swan
Stellwagen Vineyard Zinfandel 2001

ジョセフ・スワン
ステルワーゲン・ヴィンヤード・ジンファンデル 2001

産地 アメリカ、カリフォルニア、ソノマ・ヴァレー
特徴 赤・辛口、アルコール度数15.2度
葡萄品種 ジンファンデル

　ジョセフ・スワンはカリフォルニア初のカルト・ワインをいくつも造り出した人物である。彼は1967年にパイロットを引退すると、ルシアン・リヴァー・ヴァレーのフォレストヴィルの近くに住み、ラグナ・ロードの畑に、シャルドネ、カベルネ・ソーヴィニョン、ピノ・ノワールの優良苗を植えた。それらの苗が成長する間、彼は他所から購入した葡萄を使ってジンファンデルを造った。

　スワンの初期のジンファンデルは伝説と化している。というのも、当時ジンファンデルの古木に関心を示すワインメーカーはほとんどいなかったからである。ジョセフの最後のヴィンテージは1987で、彼はその2年後に他界した。その後彼の義理の息子のロッド・ベルグランドが跡を継いだ。ロッドのワインはフランス産オーク樽で熟成させられ、スタイルはカリフォルニアでは変則的である。それは他の多くのカリフォルニア・ワインに比べると、果実味とオーク香が控えめで、個性的であり、抑制されていて、バランスが良く、果実と畑の個性からくる透明感が表現されている。

　ステルワーゲン葡萄畑は、厚く堆積した肥えた火山性の土壌が特徴で、そこに1880年代に植えられた古木が根を張っている。この2001年は特に優美である。非常に辛口で、しっかりした引き締まった骨格をし、酸は切れが良い。口に含むと、新鮮なレッドカラント、ホワイト・ペッパー、スパイスの瑞々しいフレーヴァーが広がり、最後にレーズンが現れる。**SB**

🍷🍷🍷 飲み頃：2010年まで

起伏の多いワイヘケ島の景観の中のストニーリッジ葡萄畑（中央）

Château Talbot 2000
シャトー・タルボ 2000

産地 フランス、ボルドー、サン・ジュリアン
特徴 赤・辛口、アルコール度数13度
葡萄品種 カベルネ・ソーヴィニヨン66%、メルロ26%、その他8%

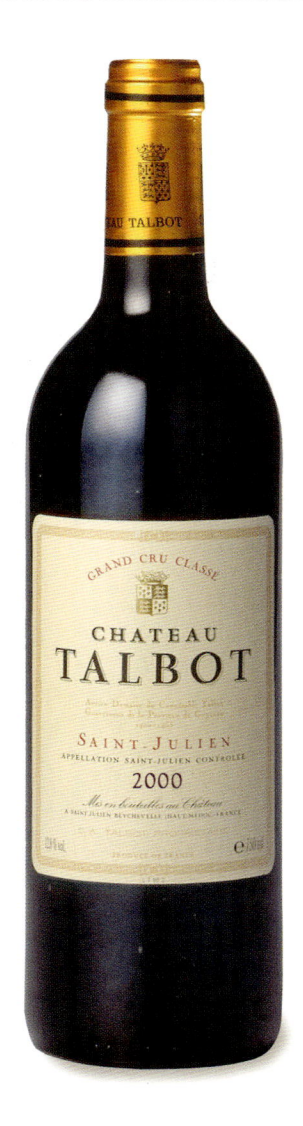

タルボは101haとメドック有数の面積を誇る葡萄畑で、サン・ジュリアン・アペラシオンの8分の1を占める。シャトーとワイナリーは、アペラシオンの中央に隠れるように佇み、通りからはなかなか見えない。1917年に、デジレ・コルディエによって買い取られ、現在、彼の直系の子孫であるナンシー・ビニョンとロレーヌ・リュストマンの姉妹がオーナーとなっている。葡萄畑は驚くほど均質で、砂礫層の厚さが場所によってやや異なり、砂質の場所が少しあるくらいである。姉妹は1990年代に大きな投資を行い、新しい建物を造り、排水を整備し、厳しい選果を導入した。

1990年代に1934、1945、1949、1955の古いヴィンテージを試飲したが、まだしっかりした噛み心地があり、生き生きとしており、タルボの実力が侮れないことを認識させられた。若い時、そのワインは、優美で、おしとやかで、あまり可能性を秘めていないように見える。実際、1960年代と1970年代のワインは、どこか栄養失調の感があったが、その後の改良が奏功し、新しいタルボの姿形が形作られつつある。その価格は今のところ、その地位に比してまだ控えめである。

2000年は新生タルボの実力を遺憾なく発揮している。黒い果実の香りが主流を占め、控えめなオーク香がそれを持ち上げている。予想通りタンニンも過不足なく、カシスに代表される果実味が瑞々しく広がり、切れの良い酸がバランスを取って、このワインの長命なことを示唆している。エネルギーと優美さを結合させたワインだ。**SBr**

🍷🍷🍷 飲み頃：2010〜2035年

追加推薦情報

その他の偉大なヴィンテージ
1961・1982・1986・1990・1996・2004・2005

サン・ジュリアンのその他の生産者
デュクリュ・ボーカイユ、ラグランジュ、レオヴィル・バルトン、レオヴィル・ラスカーズ、レオヴィル・ポワフェレ

シャトー・タルボの優美なブレンドは、何年間も生き続ける。

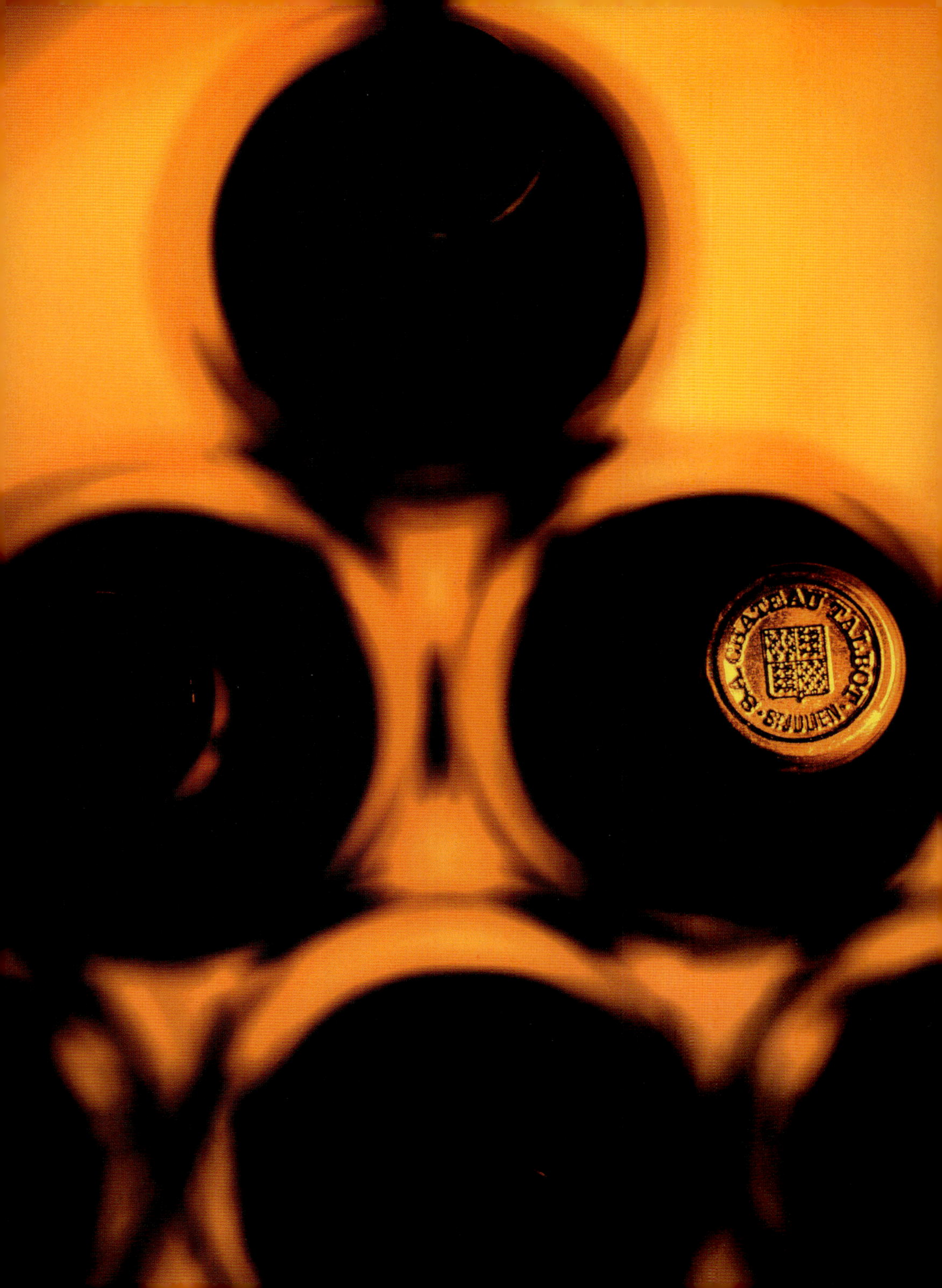
S.A. CHATEAU TALBOT
ST JULIEN

Tapanappa Whalebone Vineyard *Cabernet/Shiraz* 2004
タパナッパ・ホエールボーン・ヴィンヤード　カベルネ・シラーズ 2004

産地 オーストラリア、ウラットンバリー
特徴 赤・辛口、アルコール度数14.3度
葡萄品種 C・ソーヴィニョン、シラーズ、C・フラン

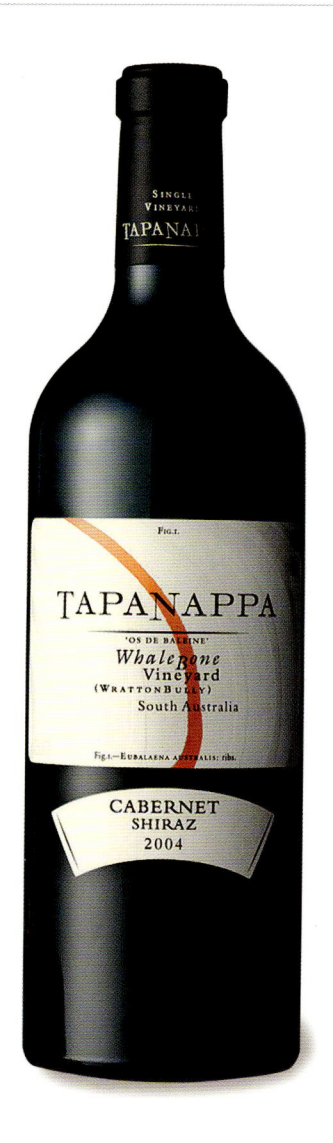

　ブライアン・クローザーは1970年代半ばにハーディーズのチーフ・ワインメーカーの職を辞し、ニュー・サウス・ウェールズのリヴァリーナ・カレッジで選ばれた人を対象としたワイン科学講座を開設し、一躍時の人となった。同じ頃彼はまた、有力なワイン・コンサルタント会社を設立し、彼自身のワイナリー、ペタルマも開いた。2001年にペタルマの経営権を失うと、再び彼自身の新たな事業を模索し始めた。そうして立ち上げたのがタパナッパで、ボランジェ、ジャン・ミシェル・カーズとの共同事業であった。

　最初のヴィンテージが、ホエールボーン・ヴィンヤード・レッドで、クナワラ・アペレーションのすぐ外側、ウラットンバリーの葡萄畑から生まれたものである。この葡萄畑から最初にワインを生み出したのが1980年で、彼はそれ以降今日までこの畑の買収工作を続けている。

　その葡萄畑には樹齢30年の古木が植わっており、収量は1ha当たり15hℓときわめて低い。ザ・ホエールボーン・レッド2004はこのワインの2度目のヴィンテージである。クナワラと似たミネラルを含む、黒と赤の果実の甘い香りが立ち昇り、バランスは素晴らしく、滑らかで精妙である。口に含むと、甘い円熟した果実味が、しっかりした絹のようなタンニンで均衡させられている。その甘さはまったく新世界ならではのものであるが、奥行きの深さと玄妙さも備えている。このワインの特長はその絶妙のバランスで、クナワラ・カベルネほどのミネラルや青々とした感じはあまりなく、完熟した味わいがワインをより完璧なものにしている。**JG**

🅂🅂🅂　飲み頃：2020年まで

追加推薦情報
その他の偉大なヴィンテージ
2003・2005
タパナッパのその他のワイン
ティヤーズ・ヴィンヤード・シャルドネ、ホエールボーン・ヴィンヤード・メルロ

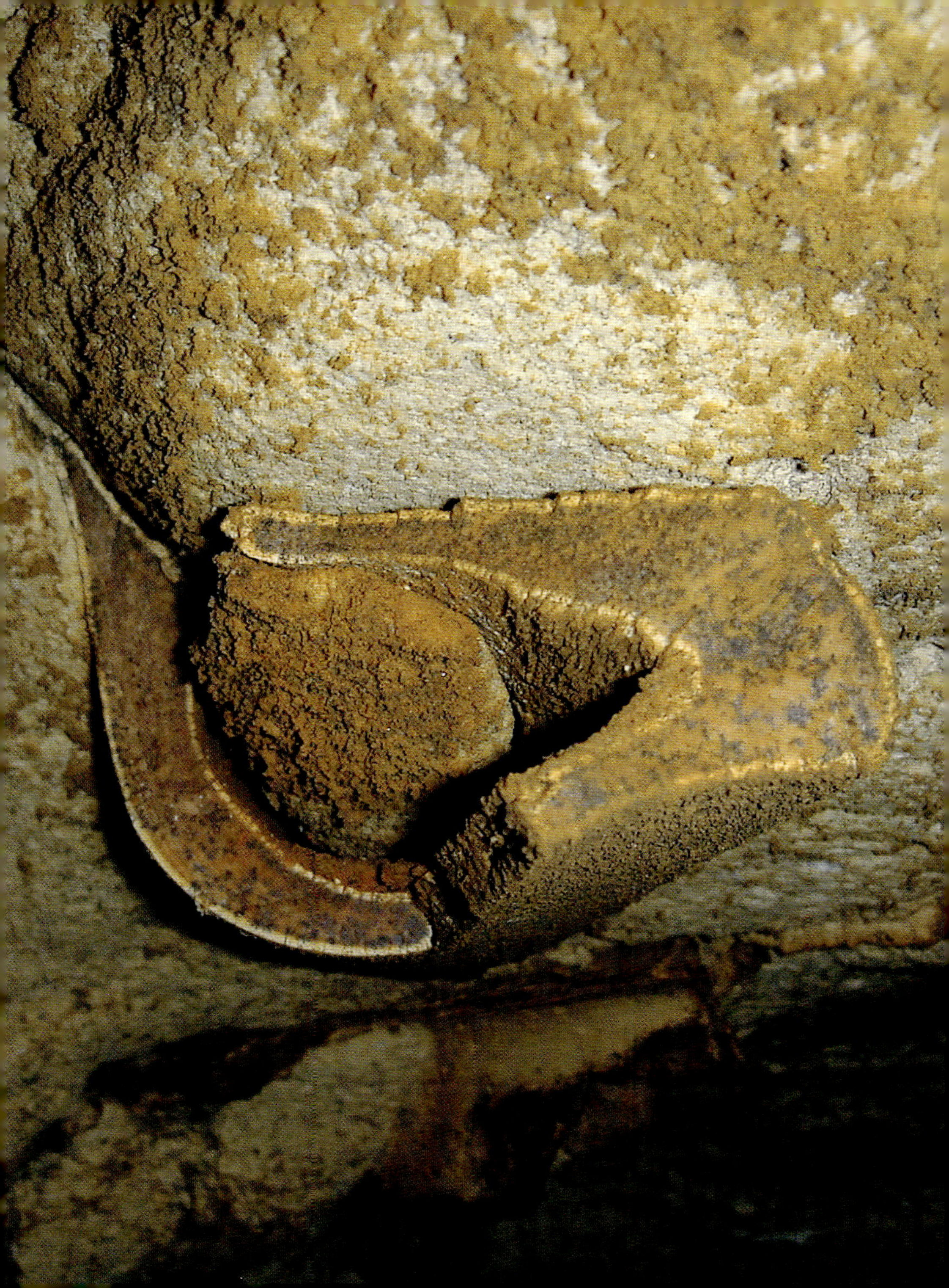

Dominio de Tares
Cepas Viejas Bierzo 2000
ドミニオ・デ・タレス
セパス・ヴィエハス・ビエルソ 2000

産地 スペイン、ビエルソ
特徴 赤・辛口、アルコール度数13.5度
葡萄品種 メンシア

　ドミニオ・デ・タレスは、スペイン北西部のビエルソDOで世紀の変わり目に生まれた、まだ非常に若々しいワイナリーである。目指しているのは、地元の品種だけを使って、伝統と最先端の技術を融合させた最高品質のワインを造り出すことである。

　最初に市場に送り出されたワインが、このセパス・ヴィエハス（古木という意味）2000である。葡萄はこの地方土着のメンシアの、樹齢60年を超える親木からのものを使っている。土壌は粘板岩を多く含む、アルギーロ石灰質土壌である。手摘みされた果実はワイナリーに到着すると同時に選果台に並べられ、完全な房だけが選別される。発酵は15日間続けられ、アメリカ産オーク樽でマロラクティック発酵させられる。アメリカ産とフランス産の、そして新樽と古い樽の混合で9ヵ月熟成させられ、ろ過されないまま壜詰めされる。

　セパス・ヴィエハス2000は色は非常に濃く、ほとんど光を通さない。アロマは強烈で、乾燥した藁、枯葉、野生の花が、完熟した果実を包み込んでいる。ミディアム・ボディで、酸は心地よく、バランスは素晴らしい。馥郁とした力強い余韻が長く続く。**LG**

🅂🅂　飲み頃:2010年過ぎまで

Tasca d'Almerita
Rosso del Conte 2002
タスカ・ダルメリタ
ロッソ・デル・コンテ 2002

産地 イタリア、シチリア
特徴 赤・辛口、アルコール度数14度
葡萄品種 ネロ・ダヴォラ

　タスカ・ダルメリタは他の数軒のワイン生産者とともにシチリア島のワイン革命を牽引した指導的エステートで、ネロ・ダヴォラの質を飛躍的に高めた功労者である。

　そのエステートは今でも家族経営で、この地域に最初に垣根仕立て法を持ち込んだルーチョ・タスカと息子のコント・ジュゼッペ・タスカによって運営されている。ロッソ・デル・コンテは、最初レガレアリ・リゼルヴァ・デル・コンテという名前で出されたが、そのワインはブッシュ仕立てのネロ・ダヴォラをクリ材の大樽で熟成させたものであった。それはまたシチリア島最初の単一畑ワインで、葡萄は1959年（ブッシュ仕立て）と1965年（短果枝コルドン仕立て）に植えられた1ha当たり25,000本と、非常に高い植密度の単一畑のものを使って造られた。

　ロッソ・デル・コンテ2002は、一時代の終わりを告げるワインである。というのも2003年からは、ワインはエステートの最上の選ばれた葡萄を加えられるという恩恵に浴することになるからである。このワインは美しく仕上げられたワインで、この不運な、しかし非常に有意義なヴィンテージについて多くの人の考えを変えることのできるワインである。力強い骨格の、きめの細かいしっかりしたタンニンの後、甘美なカシスの驚くほど芳醇な果実味が現れてくる。**AS**

🅂🅂🅂🅂　飲み頃:2028年まで

コント・ジュゼッペ・タスカの手によって美しくしつらえられたレガレアリ・エステートの葡萄畑 ▶

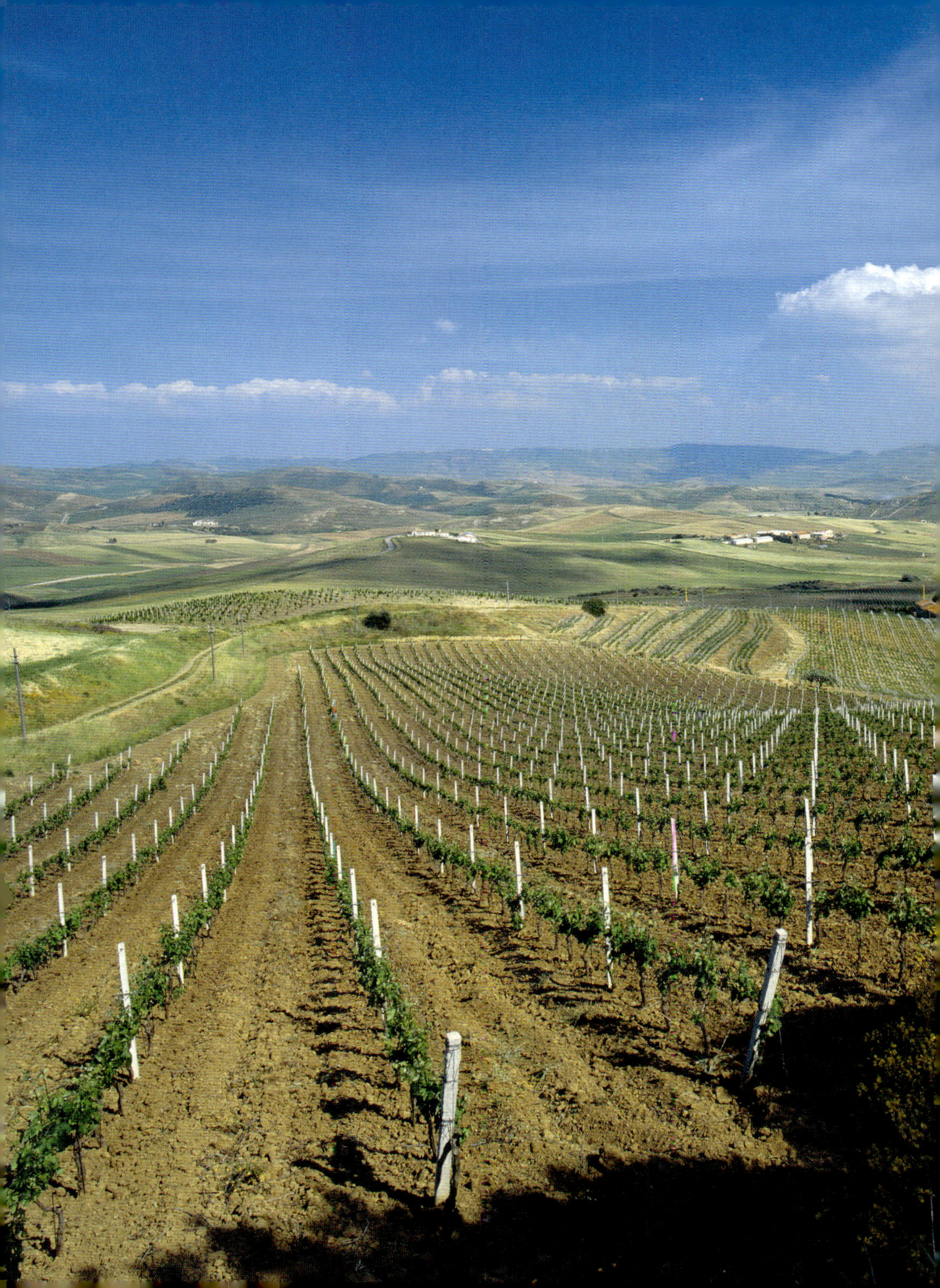

Te Mata *Coleraine* 2005
テ・マタ　コルレイン 2005

産地 ニュージーランド、ホークス・ベイ
特徴 赤・辛口、アルコール度数13.5度
葡萄品種 カベルネ・ソーヴィニョン、メルロ、カベルネ・フラン

テ・マタ・エステートは、最初にワインを造ったのが1896年で、ニュージーランドで最も古いエステートの1つである。現在のオーナーがこのエステートを購入し、荒れ果てた葡萄畑を再生したのが1978年のことだった。当時ニュージーランドの葡萄畑は、ハイブリッド種が隆盛を極め、"ポート酒"や"シャリー酒"が横行していた。オーナーで管理者のジョン・バックはイギリスでのワイン商の仕事を辞め、本格ワインを造るという情熱とともにニュージーランドに戻ってきた。1981年、テ・マタは少量のカベルネ・ソーヴィニョン／メルロ・ブレンドを造ったが、それは当時のニュージーランドの赤ワインの領域を越えていた。そのワインは、ワイナリーの自宅の葡萄畑の名前を取って、コルレインと名付けられたが、ニュージーランドのワイン造りの質、特に赤ワインの質をいっきに引き上げる役割を果たした。

当初そのワインは、単一畑ワインであったが、ヴィンテージごとの気候変化が激しく、質もスタイルも安定しなかった。1982年以降もコルレアンは毎年造られたが、1989年、エステートは賢い決断をし、コルレアンという畑名は残すが、単一畑ワインではなく、ホークス・ベイの9つの葡萄畑の最上のものから造るブレンド・ワインとすることにした。基準に満たないワインは、2つのセカンド・ワインに回されている。2005年はホークス・ベイにとっては素晴らしいヴィンテージで、1991年以来、ニュージーランドで初めて作柄の良い奇数年であった。そのワインはしっかり凝縮されているが重くはなく、濃縮されたブラックベリー、ヒマラヤ杉、キイチゴ、スパイシーなオークの香りが華やかに薫り立つ。**BC**

❢❢❢ 飲み頃：2020年まで

追加推薦情報
その他の偉大なヴィンテージ
1995・1998・2000・2002・2003・2004
ホークス・ベイのその他の生産者
クラギー・レンジ、CJパスク、セイクリッド・ヒル、ストーンクロフト、トリニティー・ヒル

テ・マタ・コルレイン・ヴィンヤードに囲まれたジョン・バックの自宅

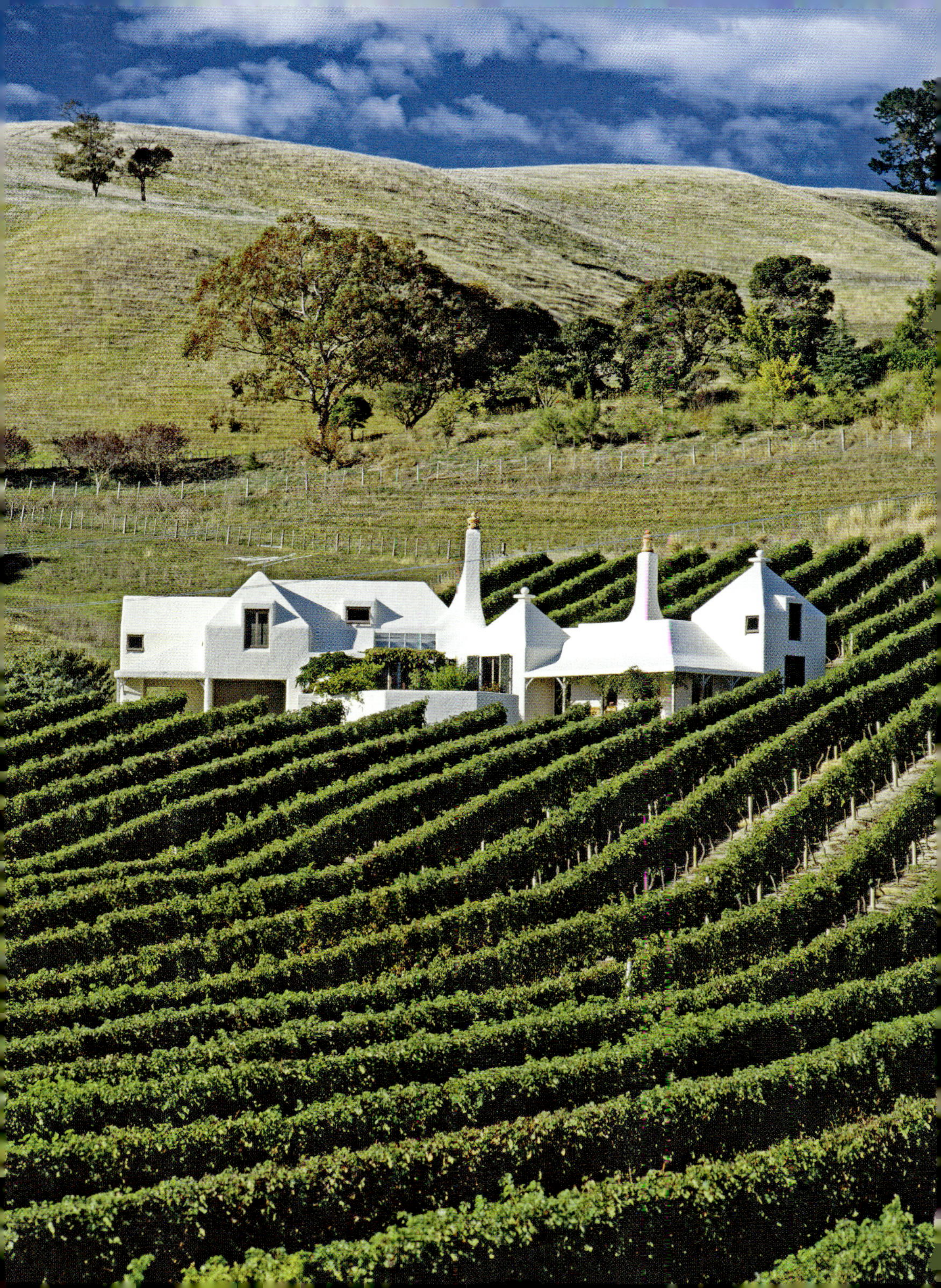

Te Motu
Cabernet/Merlot 2000
テ・モトゥ
カベルネ・メルロ 2000

産地 ニュージーランド、オークランド、ワイヘケ
特徴 赤・辛口、アルコール度数13度
葡萄品種 カベルネ・ソーヴィニヨン74％、メルロ26％

　ワイヘケ島の古くからの住人であるダンリーヴィー家は、1989年に初めて葡萄樹を植え、1993年に最初のテ・モトゥをリリースした。テ・モトゥのブレンド比は毎年変わる。品種ごとに別々に熟成させ、1年後に試飲して、どの樽がセカンド・ワイン行きかを決定する。そうして残ったワインの最上のものが、その後さらに6〜9ヵ月熟成させられ、テ・モトゥとしてブレンドされる。

　2007年にリリースされた2000年は非常によく熟成し、色はルビー色で、縁はガーネットの輝きがある。香りはカベルネが前面に出て、煙草、スモーク、カシスのフレーヴァーも暗示された。すでに森の下草のアロマも出ていたが、これは熟成を重ねるごとに、さらに強まっていくであろう。テ・モトゥは土味と香辛味が特長である。ミディアム・ボディで豊かなタンニンと瑞々しい酸が健在である。2000は2010年ごろにピークを迎えるであろうが、そのまま数年はその場所にとどまるであろう。テ・モトゥはリリースと同時に飲んでも楽しめるが、セラーで寝かせておくと、その辛抱は必ず報われる。テリー・ダンリーヴィーは、2007年10月に、「1993年は絶対的に鮮烈で、新鮮な甘いベリー、カシスが感じられる」と語った。**SG**
🍷🍷🍷　飲み頃：2012年過ぎまで

Domaine Tempier
Bandol Cuvée Cabassaou 1988
ドメーヌ・タンピエ
バンドール・キュヴェ・カバッソウ 1988

産地 フランス、プロヴァンス、バンドール
特徴 赤・辛口、アルコール度数13度
葡萄品種 ムールヴェドル、シラー

　バンドールの巨大な石灰岩の盆地の北側に向かって開けているタンピエの区画は、3つの村に分散している。その3つの畑は単一畑ワインとして造られるが、カバッソウはその中でもっとも小さな畑である。

　2000年からこのドメーヌを管理しているダニエル・ラヴィエは、醸造の主眼をバランスに置いている。葡萄は除梗され、抽出はわりと軽めで、古い大きな木樽で18ヵ月間熟成させる。

　カバッソウ1988は依然として不透明な赤黒い色をしている。アロマは非常に複雑で、獣の巣やミツバチの巣箱、パイン、トマト、ローズヒップなど多彩である。グラスの中でワインはさらに円熟味を増し、甘く感じられるようになる。やがて糖蜜、蜂蜜、モルトの香りが立ち上がってくる。口に含むと、依然として腰が強く、タンニンは上質のなめし革のようで、酸は成熟し、鮮烈で、それでいて丸みを帯びている。革と腐葉土のフレーヴァーの中に豪華さが滲出してくる。この素晴らしいバンドールはただ複雑なだけでなく、明快でもある。それはすべてのヴァン・ド・テロワールの目指すべき姿ではないだろうか？ **AJ**
🍷🍷🍷🍷　飲み頃：2015年まで

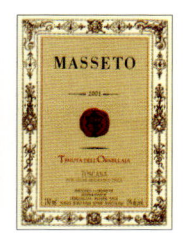

Tenuta dell'Ornellaia
Masseto IGT Toscana 2001

テヌータ・デル・オルネライア
マセット・IGTトスカーナ 2001

産地 イタリア、トスカーナ、ボルゲリ
特徴 赤・辛口、アルコール度数14度
葡萄品種 メルロ

　ボルゲリの素晴らしい土地を母親から譲り受けたロドヴィーコ・アンティノーリは、それを飛び切り上等の葡萄畑にすることに決めた。アンティノーリは、最高品質のワインはボルドー・スタイルから生まれると考えていた。1980年代、彼は処女地を開拓し、葡萄樹を植え、最高のワインを造り出すための設備を完備した宇宙基地のようなカリフォルニア・スタイルのワイナリーを開いた。オルネライアの最初のヴィンテージは1985年で、カベルネ・ソーヴィニョン、カベルネ・フラン、メルロのブレンドであった。
　マセットが生まれたのは1986年であったが、その年マセット葡萄畑から採れたメルロがあまりにも素晴らしかったため、それを単独で壜詰めすることにしたのだった。その最初のヴィンテージは、メルロという単純なラベルで出されたが、翌年からその7haの畑の名前をラベルに大きく記載することにした。
　その最初のヴィンテージからマセットは大きな注目を集め、国際的な人気を博したが、2001年に『ワイン・スペクテイター』誌に100点満点をつけられてからは、スターのような存在に変わっていった。2007年9月のオークションでは、マセット2001は、あの崇敬されているサッシカイア1985と同じ価格で落札された。**SG**

🍷🍷🍷🍷 飲み頃：2020年過ぎまで

Tenuta dell'Ornellaia
1988

テヌータ・デル・オルネライア
1988

産地 イタリア、トスカーナ、ボルゲリ
特徴 赤・辛口、アルコール度数12.5度
葡萄品種 カベルネ・ソーヴィニョン80%、メルロ16%、C・フラン4%

　オルネライアは、カベルネ・ソーヴィニョンの比率はいつも高いが、1990年代後半はメルロの比率が顕著に高かった。ワインはそれぞれ別々の樽で12ヵ月間熟成させられたあと、最終的にブレンドされ、さらに6ヵ月間樽熟される。その後壜詰めされて、今度はさらに12ヵ月間壜熟される。
　このエステートは1981年にロドヴィーコ・アンティノーリによって設立されたが、2005年にフレスコバルディ家が単独所有者となった。エステートの方針と実践にそのまま維持されているが、コンサルタントとしてミシェル・ロランが年に3回訪問し、ブレンドに大きく関与することとなった。
　オルネライアが最初に造られたのは、静かな1985トスカーナ・ヴィンテージであったが、このエステートが大きく飛躍したのは、1988年であった。力強さと骨格はより明瞭に、質感はさらに堅固となり、複雑さと奥行きが顕れた。アーモンド、ヒマラヤ杉などの強烈なアロマがあり、タンニンの存在感は確かだが、それを豊かな果実味が包み込んでいる。非常に古典的な、長く熟成させたいワインである。**SB**

🍷🍷🍷🍷 飲み頃：2010年過ぎまで

Red wines | 801

Tenuta delle Terre Nere
Etna Rosso Feudo di Mezzo 2004

テヌータ・デッレ・テッレ・ネーレ
エトナ・ロッソ・フェウド・ディ・メッツオ 2004

産地 イタリア、シチリア、エトナ山
特徴 赤・辛口、アルコール度数14度
葡萄品種 ネレッロ・マスカレーゼ95％、ネレッロ・カプッチョ5％

　エトナDOCはシチリア島で最初のデノミナシオンとなった所であるが、そのワインは特色がなく、田舎くさいものであった。しかし1990年代半ば、少数のワインメーカーや起業家がこの地に投資を始めると、事態は急変した。彼らが最初に行ったことは、ワイン批評家や鑑定士の度肝を抜いた。というのもエトナ山麓が目撃したものは、イタリアの葡萄栽培の歴史で最も衝撃的な革命であったからである。

　それらのワインの輝かしい素質に魅了された、イタリア系アメリカ人で、職人的な勘を持つワイン商人マルク・グラッツィアは、2002年、自らエトナ山の北側斜面の葡萄畑を購入した。彼はそのエステート（そこで彼は自ら葡萄栽培を行いワインメーカーとなっている）を、その黒い火山性の土壌に敬意を表してテッレ・ネーレ（黒い土）と名付けた。

　1927年と1947年に植えられた非常に古い葡萄樹から造られるそのワインは、芳醇で、妖艶である。その古木からは、赤い果実、ハーブ、腐葉土のアロマがもたらされ、1日の気温変化の激しさを生み出す標高の高さは、ワインに精妙さと気品を付与している。初ヴィンテージとなるフェウド・ディ・メッツオ2004は、新鮮かつ複雑であり、ピノ・ノワールを思わせる旺盛なイチゴのアロマがあり、上品で長く熟成する価値のある構造を持っている。**KO**

😊😊😊　飲み頃：2014年過ぎまで

Tenuta di Valgiano
Rosso Colline Lucchesi 2003

テヌータ・ディ・ヴァルジャーノ
ロッソ・コッリーネ・ルッケージ 2003

産地 イタリア、トスカーナ
特徴 赤・辛口、アルコール度数14度
葡萄品種 サンジョヴェーゼ60％、シラー30％、メルロ10％

　モレノ・ペトリーニが最初このエステートを買ったとき、「まあ、ずっと維持していけるぐらいの収入があればいい」と簡単に考えていた。しかし彼は広く各地のワインを試飲してきた熱心なワイン・コレクターで、鑑定士であったので、すぐに自分が購入した葡萄を安く見積もり過ぎていたことに気づいた。

　ペトリーニは、この畑から独特の個性を持った素晴らしいワインができるに違いないと確信する一方で、そのためには葡萄樹がこの土壌の中でどのように"作用するか"を知る必要があると考えた——こうして彼は、ビオディナミを実践することにした。

　1999年になってようやく、彼は会心のロッソ・コッリーネ・ルッケージをリリースすることができると確信した。そのワインはすぐさまイタリア・ワイン界の中で重要な位置を占めることとなり、今もそうである。テヌータ・ディ・ヴァルジャーノ2003は、甘く、スパイシーで、凝縮感がある。香りは力強く、優美である。存在感はあるが、居丈高ではないオークが、最初甘いという印象をもたらすが、すぐに非常にきめの細かい、引き締まったタンニンに取って代わる。それにつられるように口中が果実味で満たされ、そして長い余韻が後を引く。辛抱強い愛好者が報われるワインである。**AS**

😊😊😊　飲み頃：2025年過ぎまで

Tenuta Le Querce
Aglianico del Vulture Vigna della Corona 2001

テヌータ・レ・クエルチェ
アリアニコ・デル・ヴルトゥーレ・ヴィーニャ・デッラ・コローナ 2001

産地 イタリア、バジリカータ、ヴルトゥーレ
特徴 赤・辛口、アルコール度数14度
葡萄品種 アリアニコ

アリアニコ・デル・ヴルトゥーレをまだ試してないなら、このテヌータ・レ・クエルチェを飲んでみるのが一番良いだろう。そのエステートは、イタリアの長靴の爪先と、かかとのちょうど中間に位置する死火山、ヴルトゥーレ山の斜面にある村、バリレにある。この地域はまだ観光地化されておらず、美しい村々と景観が新鮮な驚きを与える。

ヴルトゥーレDOは本当に小さいワイン地域だ。ワインの大部分は、実際はヴルトゥーレ山からかなり遠いヴェノッサで造られており、芳醇で、生得の優美さを持っている。そして、かなり少ないその残りの部分が、ヴルトゥーレの山頂に近い場所で生まれる。その畑は、日照に恵まれ、火山性の土壌で、1日の気温差が激しく、常に微風が吹き、それは葡萄を健康に保ちながら、高い酸をもたらす。

そしてこのヴィーニャ・デッラ・コローナはこの山頂に近い場所で生まれる。2001は深く鮮烈な色で、果実味とスパイスが特に強い。ブルーベリー、サワーチェリー、ヴァニラ、コーヒー、腐葉土、心地よい農家の庭先のようなアロマを有し、ボディは巨大で、バランスは絶妙、余韻は長く、圧倒されるワインである。**AS**

❸❸❸❸ 飲み頃：2035年まで

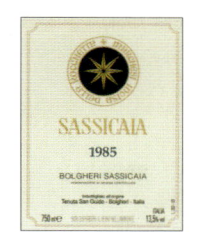

Tenuta di San Guido
Sassicaia 1985

テヌータ・ディ・サン・グイード
サッシカイア 1985

産地 イタリア、トスカーナ、ボルゲリ
特徴 赤・辛口、アルコール度数13度
葡萄品種 C・ソーヴィニョン85%、C・フラン15%

1970年代初め、世界のワイン界に驚愕が走った。ピエモンテの葡萄栽培家であったマルケーゼ・マリオ・インチーザ・デッラ・ロッケッタがサッシカイアの1968ヴィンテージを市場に送り出したのである。彼は1943年、ゲラルデスカ家の妻（ピエロ・アンティノーリの叔母に当たる）から譲り受けたボルゲリのエステートへ移り住み、そこでワインを造り始めた。そのワインは当初、自家用あるいは友人への贈り物として、またわずかな量個人的に販売するだけのものであった。しかし1970年、息子のニコレが彼を説得し、アンティノーリの従兄弟の助けを借りながら市場に出すことになった。

サッシカイアはイタリア初のオークの小樽熟成ワインであり、初の本格的カベルネであり、そしてイタリアで最初にロバート・パーカーに100点を付けられたワインである。つい最近、ワイン鑑定士のニコラス・ベルフリッジは1985年を試飲して、色も味わいもまだ依然として若々しいと述べた。「カベルネ・ソーヴィニョン特有のカシスのアロマがあり、フランス産オーク樽で熟成させたカベルネ特有の鉛筆も感じられる。そしてハーブや、スパイス、なめし革の芳醇な香り。口に含むと驚くほどの生命力が感じられ、豊麗な甘い果実、凝縮されているが滑らかなタンニンがある。」偉大な優雅さを持ち、大いなる若さもあるサッシカイア1985は、まさに不滅のワインだ。**SG**

❸❸❸❸❸ 飲み頃：2025年過ぎまで

Tenuta Sette Ponti
Crognolo 2004
テヌータ・セッティ・ポンティ
クロニョーロ 2004

産地 イタリア、トスカーナ
特徴 赤・辛口、アルコール度数14度
葡萄品種 サンジョヴェーゼ90%、メルロ10%

現在のオーナーであるアントニオの父親、アルベルト・モレッティがこのエステートを買ったのは1957年のこと。1990年代末、その息子は、このエステートから世界レベルの最高品質のワインを出すことを決意した。彼はカルロ・フェリーニをコンサルタントとして招聘したが、待つ間もなく彼のワインを褒めちぎる記事を多く目にすることとなった。

エステートの最も古い畑は、とても美しいヴィーニャ・デル・インペロで、1935年に拓かれたが、同じ年のイタリアのアフリカ・キャンペーンの終結とイタリア帝国の誕生を祝す意味で、この名前が付けられた。造成にかなり困難を要したこの畑は、商業用にサンジョヴェーゼを植えている畑としては、この地域で最も古いものの1つである。

クロニョーロは、このエステートが出した最初の本格的ワインで、1年後にはオローロがリリースされた。クロニョーロは主にサンジョヴェーゼを使い、そのトスカーナ種本来のジューシーさを損なわずに田舎っぽさを消すため、少量のメルロを加えている。2004はこのスタイルの特長が最もよく現れており、完熟した柔らかいチェリーとスパイシーな香辛味がうまく融合している。よく調整されたタンニンと新鮮な酸が、このワインを幅広い食事に合う理想的なパートナーにしている。AS

🟡🟡🟡 飲み頃：2015年まで

Terrazas/Cheval Blanc
Cheval des Andes 2002
テラザス／シュヴァル・ブラン
シュヴァル・デ・アンデス 2002

産地 アルゼンチン、メンドーサ
特徴 赤・辛口、13.5%
葡萄品種 カベルネ・ソーヴィニョン60%、マルベック40%

このエステートは、フランスのシャトー・シュヴァル・ブランのピエール・リュルトンと、モエ・エ・シャンドン社傘下のテラザス・デ・ロス・アンデスの責任者ロベルト・デ・ラ・モタが共同で運営している。2人は1920年に拓かれた、メンドーサのヴィスタルバ地区の古いテラザス・デ・ロス・アンデス葡萄畑から素晴らしいワインを造りだした。

ピエール・リュルトンがこの地を訪れるきっかけとなったのは、フィロキセラに襲われる前のサンテミリオンの主要品種であったマルベックを探しに来たことだった。マルベックはフィロキセラに耐性のあるアメリカ産台木をあまり使っていなかったため、その地位から転落してしまっていた。シュヴァル・デ・アンデスが含む接木されていないマルベックは、接木されたものよりも純粋にその特性を表現できるという人もいる。

ともあれこのワインは、アルゼンチンが得意とする、円熟して豊満で、ほとんどエキゾチックで非常に官能的な魅力と、最上のボルドーに見られるような抑制されていて、滑らかで、しかし生き生きとした切れの良さという特質をうまく融合させている。同時にこのワインは、葡萄畑での成熟をできる限り遅らせることによって生まれるリュルトン好みの抑制の美学と、過度のマセラシオンとオークによってワインの純粋さが損なわれることを嫌うモタの哲学の両方を表現しているワインである。MW

🟡🟡🟡 飲み頃：2015年まで

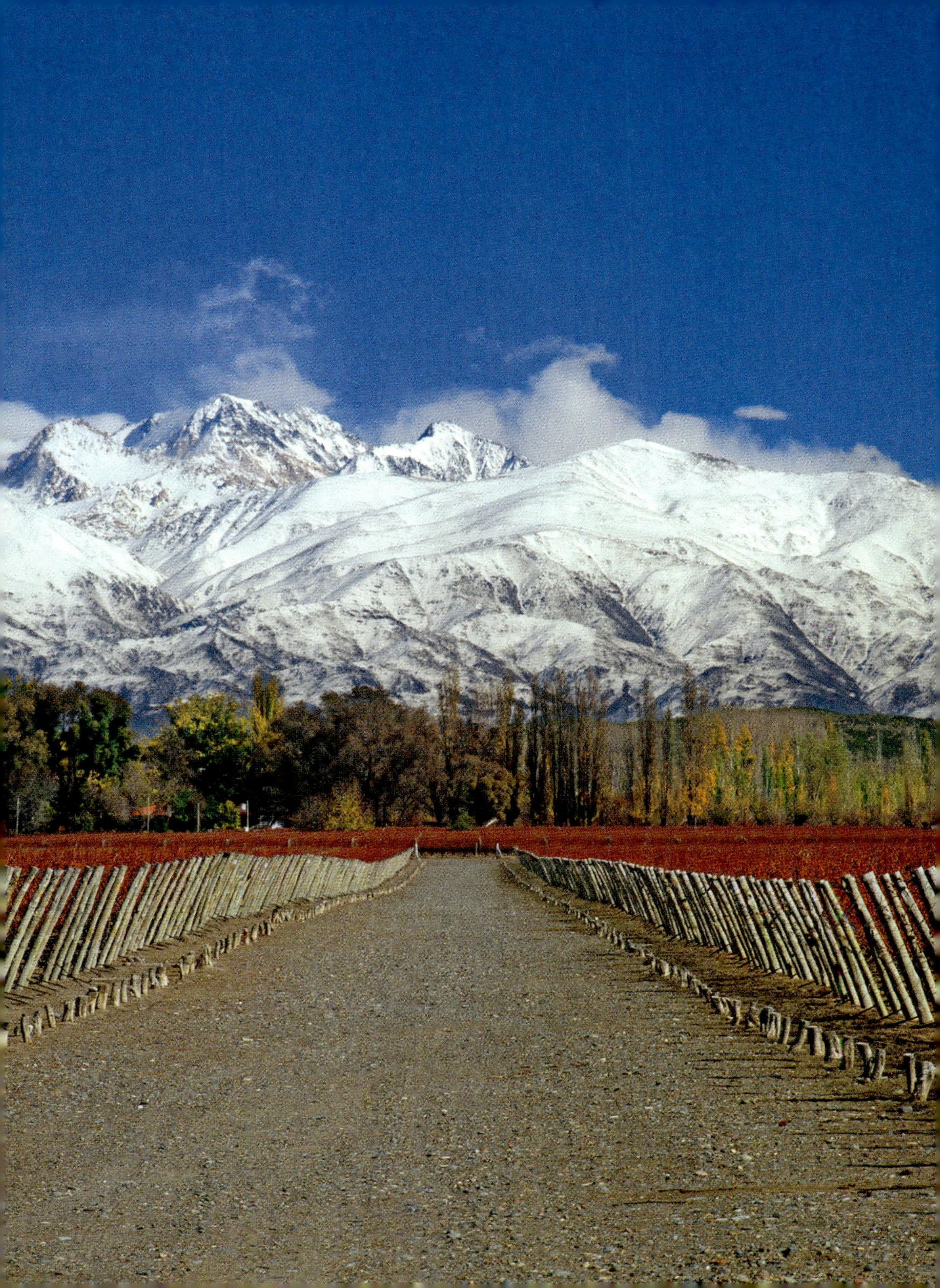

LE·TERTRE
ROTEBOEUF

Château Tertre-Roteboeuf
2001
シャトー・テルトル・ロートブッフ
2001

産地 フランス、ボルドー、サンテミリオン
特徴 赤・辛口、アルコール度数13.5度
葡萄品種 メルロ85％、カベルネ・フラン15％

　フランソワ・ミジャヴィルは、妻の実家のかなり落ちぶれていたエステートを、サンテミリオン有数のものに変身させた。1978年に管理を任されるとすぐに彼は、自宅の裏側にあるドルドーニュ渓谷に面したすり鉢状斜面の5.6haの畑が、とてつもない素質を持った畑であることに気づいた。彼はこの畑から非常に高い品質の、そして高い価格を持つワインを造りだすことを目標に定めた。

　ミジャヴィルは、彼の葡萄樹とこの土壌に最も適したやり方だとして、サンテミリオンでは見たことがないほど母枝を低く剪定したコルドン仕立てを作り出した。そのことによって葡萄は、非常に高レベルの、熟成とも呼べるほどの完熟状態になるが、レーズン状にはならない。彼は最近流行のグリーン・ハーヴェストを嫌うが、それは高収量の葡萄樹は、樹齢の高さや性質によって低い収量となっている葡萄樹と釣り合いを取っている、と考えるからである。ワインはセメント・タンクで発酵させられ、オークの新樽で18ヵ月以上熟成させられる。

　テルトル・ロートブッフは豊麗なワインで、あまり長期熟成には向かないという批評家もいるが、タンニンの構造はしっかりしている。2001年はこのワインの特徴が最もよく表現されたヴィンテージで、黒い果実とともに、テルトル・ロートブッフ特有の黒オリーブのアロマが湧き立ち、口に含むとフル・ボディで、とても力強く、アルコール度数も高いが、粗暴と言わさないような滑らかさと上品さも兼ね備えている。このワインの質について今ここで論争する紙幅はないが、このワインがその価格に見合う資質を持っているかどうかを疑問視する人がいることは確かだ。**SBr**

🍷🍷🍷🍷　飲み頃：2010〜2025年

Sean Thackrey
Orion 2001
シーン・サッカリー
オライオン 2001

産地 アメリカ、カリフォルニア、ナパ・ヴァレー
特徴 赤・辛口、アルコール度数15度
葡萄品種 シラー80％、その他20％

　シーン・サッカリーの本業は、アンティークの書籍や版画、19世紀の写真などを得意とするサンフランシスコを拠点とする古美術商であった。その彼が今、太平洋を見下ろすボリナスでワインを造っている。この地は霜や氷結の害が多く葡萄栽培には向いていないので、サッカリーは州内の様々な畑から集めた葡萄を、ここの開放型ワイナリーでワインに仕立て上げている。天井がないため、雨や雪などが降ってきた場合は、防水シートで発酵槽を覆ってやる必要がある。彼のブレンドは削除法で行われ、満足のいく形で熟成が行われていないキュヴェは廃棄される。そうして素晴らしく個性的なワインが生まれる。澱下げはめったに行われず、ろ過もされない。

　最初のリリースが1981年で、1980年代半ばにはスタイルを確立した。サッカリーは職業柄、古木には目が利き、セント・ヘレナのアーサー・シュミットの葡萄畑のシラーは、オライオンで大きな役割を果たしている。困ったことに、時々スワンソンやベリンジャーのような裕福な生産者が葡萄を買い占めることがあるが、そんな時サッカリーは新しい葡萄畑を探さなくてはならなくなる。1991年は、古い乾式農法のシラーを含む、多品種混合栽培のロッシ葡萄畑の葡萄を使わざるを得なかった。

　オライオン2001は非常に芳醇で、凝縮され、豊麗なアロマを持ち、それはフレーヴァーの中にも映し出されている。アルコールの高さと豊満さにもかかわらず、スパイスにあふれ、余韻は非常に長い。プレアデスという名の非常に飲みやすいローヌ・スタイルのブレンド・ワインは別にして、他のサッカリーのワイン同様に、このオライオンはしっかりした構造を持っており、長期熟成に十分耐える。**SBr**

🍷🍷🍷🍷　飲み頃：2018年まで

◀ テルトル・ロートブッフの境界を示す歴史を感じさせる標石

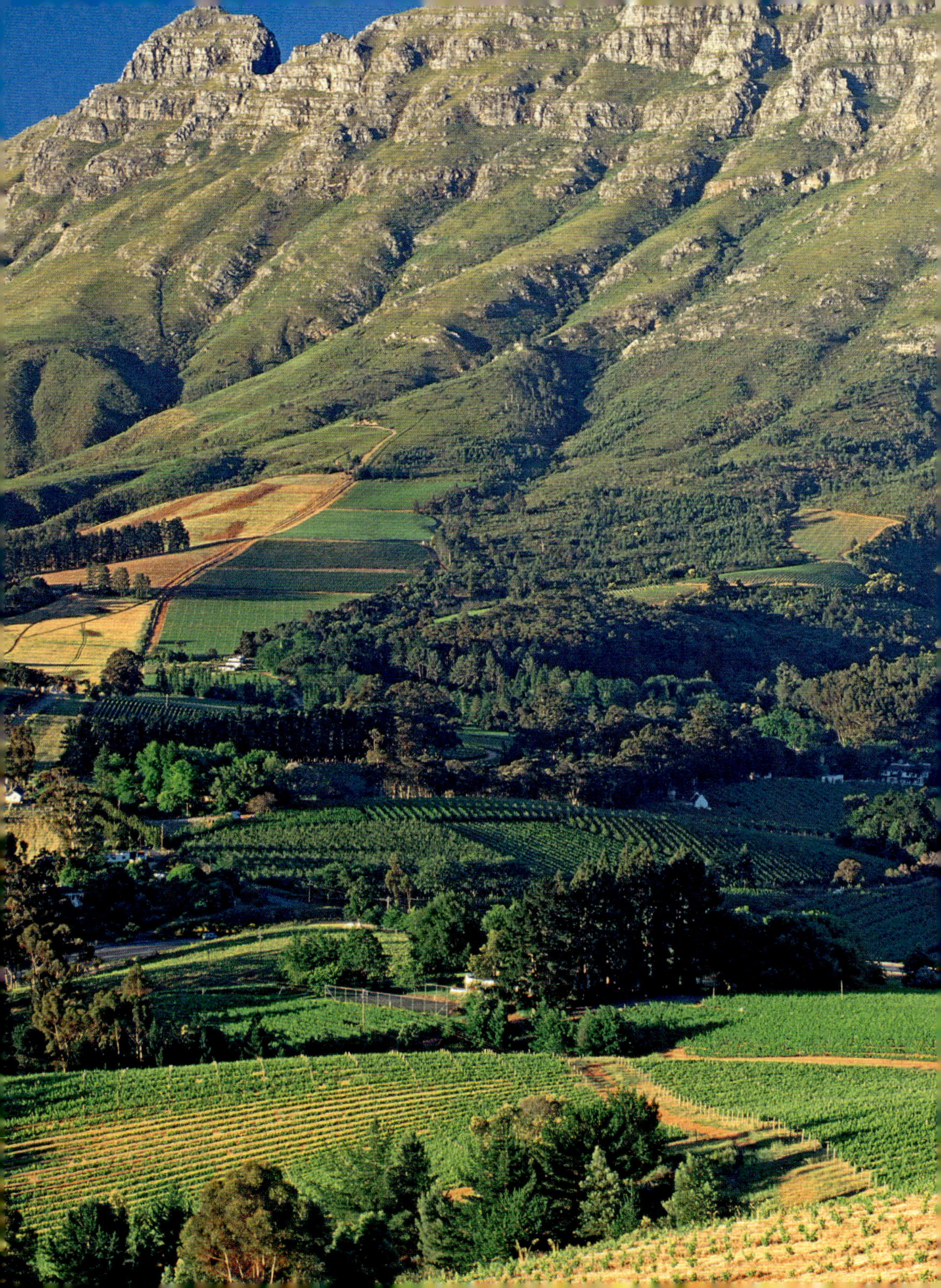

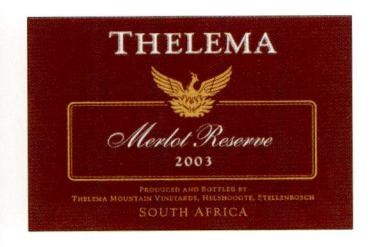

Thelema
Merlot Reserve 2003

セレマ
メルロ・リザーヴ 2003

産地 南アフリカ、ステレンボッシュ
特徴 赤・辛口、アルコール度数14.1度
葡萄品種 メルロ

　セレマ・マウンテン・ヴィンヤードのワインは、現在のこの地区の大物ワインに比べるとほとんど古典的といえるものなので、今ではそれが最初市場に出されたときに、ワインメーカーのガイルズ・ウェッブがまるで因習打破主義者のように見えたことが嘘のようだ。
　そのエステートは古い果樹園を改修したもので、多くの葡萄畑は山腹を削って造成された。ステレンボッシュでは最も標高の高い部類に入る。
　セレマは今ではその赤ワインですっかり有名だが、これは運命のいたずらといえるかもしれない。というのも彼にもう一度醸造家として自分を訓練しなおそうと決意させたのは、ピュリニィ・モンラッシェの1本の白ワインだったからである。彼のメルロ・リザーヴは、最高のヴィンテージの時だけ、最高水準のメルロから、ほんのわずかしか造られるだけである。しかしこのワインは、映画『サイドウェイ』のなかで、マイルスにさんざんけなされた青々とした甘いスタイルのワインではない。これはもっと厳かな意志を持って造られたメルロである。豊饒で鷹揚、華やかというよりも優美、軽妙というよりも精緻なワインで、凝縮されたカシスがウイキョウと草の微香によってさらに高められている。**TJ**

🍷🍷🍷　飲み頃：2013年まで

Tilenus
Pagos de Posada Reserva 2001

ティレヌス
パゴス・デ・ポサダ・レセルヴァ 2001

産地 スペイン、ビエルソ
特徴 赤・辛口、アルコール度数13.5度
葡萄品種 メンシア

　ボデガス・エステファニアは、スペイン北西部の新興ワイン地域ビエルソに1999年に設立された若いエステートで、主力ワインがこのティレヌスである。そのエステートは、ブルゴス出身のフリアス家──その名前は酪農業界では有名──の私的事業で、彼らは、ポンフェラーダから6.5km離れた、デエサ村とポサダス・デル・ビエルソの間にある牛乳集荷所の1つを、新興ビエルソ有数のワイナリーに変えた。
　事業はまず、1911年から1947年の間に植えられたメンシア（この地の自生赤葡萄種）が育つ34haの古い葡萄畑を手に入れることから始まった。そのパゴス・デ・ポサダ葡萄畑はヴァルチュイエ・デ・アリバの中でも最も古い畑の1つで、その葡萄を使ってこのワインは造られる。フランス産オークの新樽で13ヵ月熟成させられた後、ろ過されずに壜詰めされる。
　2001年は、色は濃く鮮烈で、若い時は石炭、スモーク、煎ったコーヒーの焦げたアロマが広がり、ヒマラヤ杉、ホワイト・ペッパー、花の微香の中心にラズベリーが華やいだ香りを発している。骨格はしっかりしており、酸は生き生きとしているがしなやかで、芳醇な果実味を湛え、タンニンは完全に融合し、長く調和の取れた余韻が続く。**LG**

🍷🍷🍷　飲み頃：2011年まで

Torbreck *RunRig Shiraz* 1998
トルブレック　ランリグ・シラーズ 1998

産地 オーストラリア、南オーストラリア、バロッサ・ヴァレー
特徴 赤・辛口、アルコール度数14.5度
葡萄品種 シラーズ

経済学を修めたデヴィッド・パウエルは、南オーストラリア州のワイン業界に身を投じた。バロッサのいくつかの古い放置されていた葡萄畑を買い入れ、1994年にワイン造りを始め、1997年に最初のトルブレックをリリースした。

そのワインの名前は、スコットランドのハイランド地帯で木こりとして働いていた頃の思い出に由来している。トルブレックというのは、彼が働いていた森の名前で、"ランリグ"というのは、そのハイランド地帯に住む氏族に残る土地分配制度の名称である。その制度は、個人の私有地よりも、氏族共同体の農業全体を優先するというもので、バロッサ・ヴァレーの様々な畑の葡萄をブレンドしてワインを造りだすパウエルの方法に通じるものがある。

ランリグはシラーズの古木から生まれる葡萄を主体に、少量のヴィオニエをブレンドしている。トルブレックの最上ワインは、非常に芳醇で、超熟した果実の味わいがある。しかしその豊麗さにもかかわらず、非常に優雅で、最上のヴィンテージのものは、美しいヴェルヴェットのような質感を持つ。また優に10年は長期熟成に耐える。2007年に試飲したが、1998年は非常に素晴らしい状態で、強烈な黒い果実、滑らかな舌触りがあり、それでいて最高の味わいを出すためにはデキャンティングが必要であった。ランリグは最近、マセラシオンの強いスタイルに変わりつつある。2004は非常に強烈で、新樽比率は2003年の40％から60％に上げられている。このワインが、1990年代後半から今世紀初めにかけて生まれたものと同じくらい良い熟成を続けていくかどうかは、ただ時だけが教えてくれる。とはいえ、毎年1,500ケースしか造られないランリグが、その高価格に値するバロッサ・ワインの最高峰の1つであることは間違いない。**SG**

🍷🍷🍷🍷　飲み頃：2015年過ぎまで

追加推薦情報
その他の偉大なヴィンテージ
1993・1994・1995・1996・1997・1998・1999
トルブレックのその他のワイン
レザミ、デセンダント、ザ・ファクター、ジュヴナイルズ、ザ・ピクト、ザ・ステディング、ザ・スツルイ

ランリグ・シラーズの最近のヴィンテージの香りを確かめるデヴィッド・パウエル

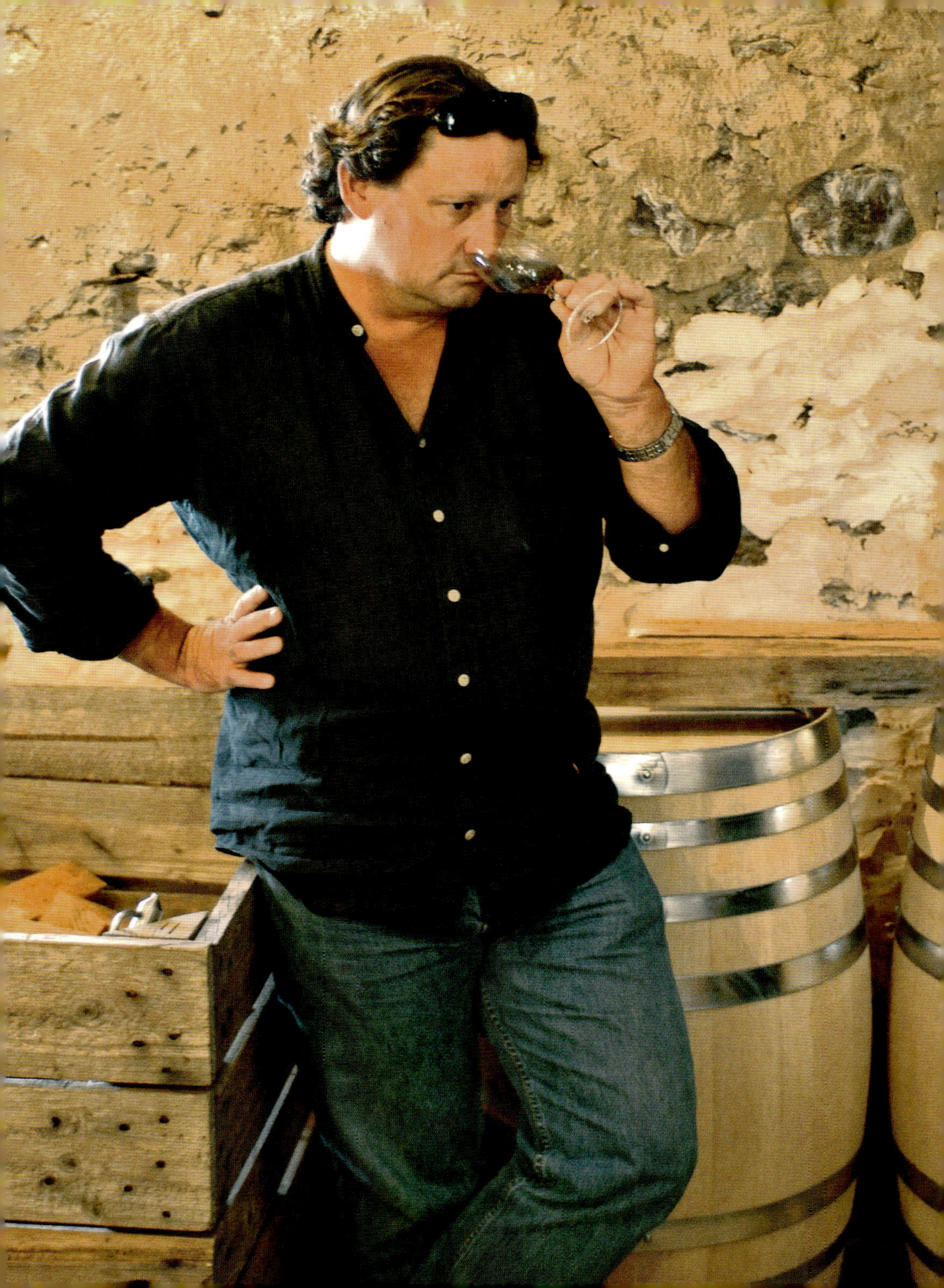

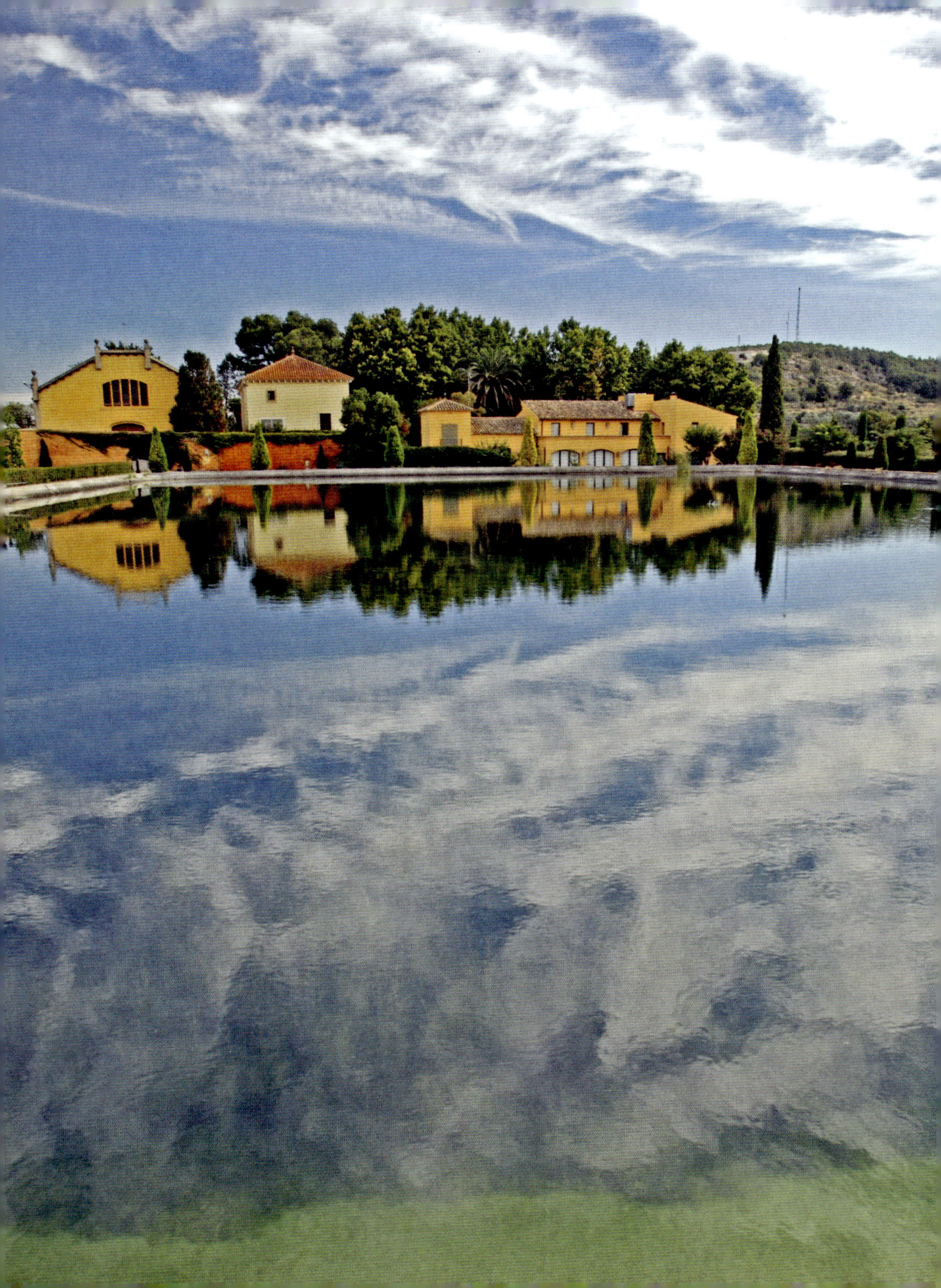

Torres
Gran Coronas Mas La Plana 1971
トーレス
グラン・コロナス・マス・ラ・プラーナ 1971

産地 スペイン、カタローニャ、ペネデス
特徴 赤・辛口、アルコール度数13.5度
葡萄品種 C・ソーヴィニョン、テンプラニーリョ、モナストル

　革命的なグラン・コロナス・マス・ラ・プラーナは、農場の5代目当主で、世界中を飛びまわるスペイン・ワイン大使としても名高いミゲル・A・トーレスの造った会心のワインである。ミゲルがカベルネ・ソーヴィニョンを実験的に栽培し始めたのは1960年代のことであった。この地域ではこの品種は外来物で、その品種の導入は地元の伝統主義者の顰蹙を買った。しかしミゲルが最も強く興味を持っていたことは、品種と土地との出会いで、今ではカベルネがマス・ラ・プラーナの土地ととても相性が良いということを否定する人はほとんどいない。

　彼のプロジェクトの真価が初めて認められたのは1979年のことで、ゴー・ミヨ主催の"ワイン・オリンピック"のカベルネ部門で、彼のトーレスはシャトー・ラトゥールを初めとする並み居るフランス・ワインを抜いてトップに立った。1971年は、この1970年よりもさらに良い仕上がりであった。香りは複雑で興奮させられ、1970年同様の様々な果実の統合、ミネラルが感じられ、濡れた葉、牛肉、ジビエ、ビャクシン、煙草のような野性味もある。口に含むとさらに芳醇でクリーミーなカシスが強く感じられ、幾重にも重なったヴィロード、うっとりするような滑らかさがあり、それらをスウェードのようなタンニンが支え、余韻は素晴らしく長い。NB

🍷🍷🍷🍷　飲み頃：2015年過ぎまで

Domaine La Tour Vieille
Cuvée Puig Oriol 2005
ドメーヌ・ラ・トゥール・ヴィエイユ
キュヴェ・プイグ・オリオール 2005

産地 フランス、ルーション、コリウール
特徴 赤・辛口、アルコール度数14度
葡萄品種 グルナッシュ・ノワール、シラー

　ヴァンサン・カンティエの一家は、代々コリウールの特産品である塩漬けアンチョビを樽詰めして販売する由緒ある卸問屋であった。世界中を旅行して見聞を広めてきたヴァンサンが戻ってきて決意したことは、アンチョビではなく、ワインで樽を満たすことであった。彼を献身的に助けている妻クリスティーヌは、隣村バニュルスの大きなワイン・エステートの娘で、ラ・サレットという名の立派な葡萄畑を彼にもたらした。

　2人は地中海を望む片岩の段丘に広がるその76haの畑を、すべて伝統に厳しく従いながら管理し、コリウールを初めとする数種類の魅惑的な酒精強化ワインと同時に、現代的スタイルの本格ワインも造っている。

　キュヴェ・プイグ・オリオール2005は、ブラックベリーの強いアロマが印象的で、質感は非常に柔らかく、イギリスの哲学者ロジャー・スクルートンはそれを、バニュルスをこよなく愛しそこで一生を終えた彫刻家アリスティド・マイヨールの婦人像の豊満な臀部になぞらえたほどである。マイヨールの彫刻にはこの地域の風土が色濃く表現されている。ワイン商のカーミット・リンチはこのワインを評して、「バンドールの雰囲気、コート・ロティの面影もあるが、忘れてならないのは、カタローニャ訛りである」と述べた。GM

🍷🍷🍷　飲み頃：2017年過ぎまで

ペネデスにあるミゲル・トーレスの自宅

Domaine de Trévallon
Vin de Table des Bouches du Rhône 2001

ドメーヌ・ド・トレヴァロン
ヴァン・ド・ターブル・デ・ブーシュ・デュ・ローヌ 2001

産地 フランス、プロヴァンス
特徴 赤・辛口、アルコール度数13.5度
葡萄品種 カベルネ・ソーヴィニョン、シラー

　ジョルジス・ブリュネにとっては、カベルネ・ソーヴィニョンにシラーの健康な血液を輸血するというワインの特殊な公式の発見は、ある意味シャンパーニュとボルドーからの避難の産物であった。そしてそれは最終的に、コトー・レ・ボー・ド・プロヴァンスAOCの設立に導いた。その公式はフランスがそれまで見たことがないほど、新世界的であり、今でもそれほどのものはないという人もいる。

　1973年のこと、両親がやはりこの村に1960年代からドメーヌを経営している若き建築家エロイ・デュルバックがレ・ボーにやって来て、シャトー・ヴィニュローでブリュネとともに働くことになった。デュルバックは1978年に彼の最初のワインをリリースし、1980年代初めには、彼のワインはパリのウイリー・ワイン・バーなどで大きな評判となった。次いで、ロバート・パーカーから激賞され、それ以来今日まで高い評価を維持し続けている。1994年、当局は彼らの仕事を台無しにしようと、アペラシオンの規則を変更し、カベルネの混合比を20%以下にすると定めた。しかしデュルバックはまったくひるむことはなかった。彼はトレヴァロンをただヴァン・ド・ターブル・デ・ブーシュ・デュ・ローヌで売ることにしただけだった。

　そのワインは現在、カベルネとシラーの混合比は半々である。2001年の葡萄の実は、小さく凝縮されていて、ミストラルがその乾燥に大きな役割を果たした。そうして生まれたワインは、素晴らしい色と抽出をし、カシスとイチゴのアロマが豊かに立ち昇り、煙草やハーブの翳も見える。ミネラルの強い余韻が長く続く。**GM**

🍷🍷🍷🍷　飲み頃：2020年まで

アルピーユ山脈の斜面に広がる
ドメーヌ・ド・トレヴァロンの葡萄畑 ➡

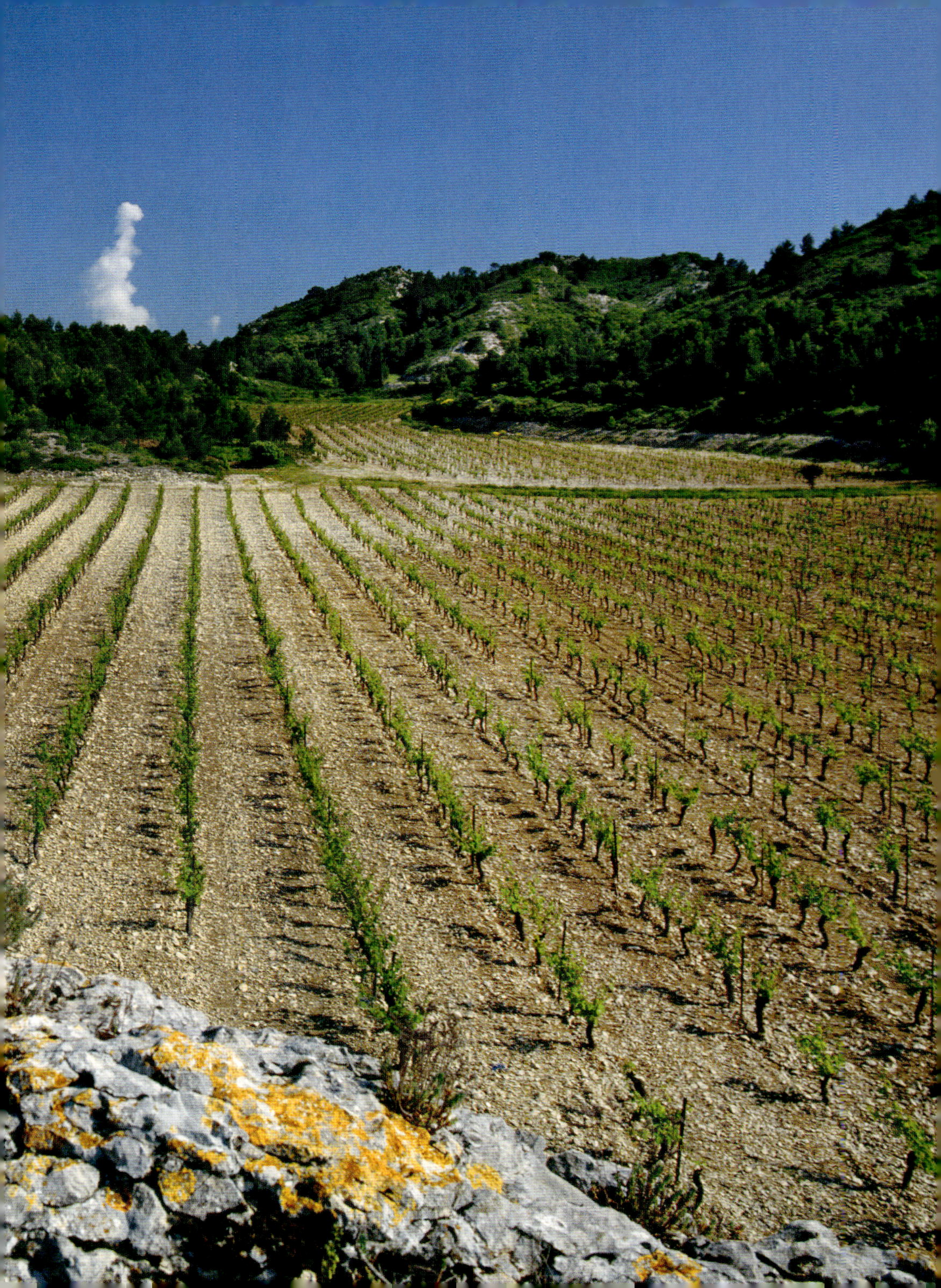

Trinity Hill *Homage Syrah* 2006
トリニティー・ヒル　オマージュ・シラー 2006

産地　ニュージーランド、ホークス・ベイ、ギムブレット・グラヴェルズ
特徴　赤・辛口、アルコール度数14度
葡萄品種　シラー、ヴィオニエ

オマージュは故ジェラール・ジャブレに捧げられたワインである。トリニティー・ヒルのオーナーでありワインメーカーであるジョン・ハンコックによると、このワインの着想を与えてくれたのが彼だということである。ハンコックはジャブレの下で1ヴィンテージの間働いただけであったが、彼から多大な影響を受けた。ジャブレは1997年に他界したが、このワインには彼がジョンに提供した葡萄樹の実が含まれている。

トリニティー・ヒルは、ニュージーランドで最も早く、シラーに少量のヴィオニエをブレンドすることを始めたワイナリーの1つである。4％前後ヴィオニエを混ぜると、シラーはぐっと女性らしくなり、アロマに花の香りが加わり質感がより滑らかになる、とハンコックは考えている。1999年からは、最上の質を得るための収量はどの程度にすれば良いかを決定する実験が行われている。オマージュのための葡萄は、トリニティー・ヒル葡萄畑の特別の区画で栽培されており、栽培手順はより細かく決められ、収穫期の選果もより厳密に行われている。

ワインの醸造法はきわめて伝統的なもので、開放槽で発酵させられ、1日に4回、人力で櫂入れが行われる。発酵後マセレーションを短期間行った後、果皮がプレスされ、フランス産オークの新しい小樽に澱下げされ、18ヵ月間熟成させられる。オマージュは芳醇で力強いワインであり、黒い果実、甘草、アニス、スパイシーなオークのフレーヴァーと、複雑な香りの衣をひらめかせる。凝縮され、骨格がしっかりしているので、すでに飲みやすいが、長期熟成にも向いている。**BC**

❸❸❸　飲み頃：2020年まで

追加推薦情報
その他の偉大なヴィンテージ
2002・2004
トリニティー・ヒルのその他のワイン
ギムブレット・グラヴェルズ、ホークス・ベイ、オマージュ・シャルドネ、オマージュ・ザ・ギムブレット

ホークス・ベイを向く
ギムブレット・グラヴェルズに広がるトリニティー・ヒル葡萄畑 ➡

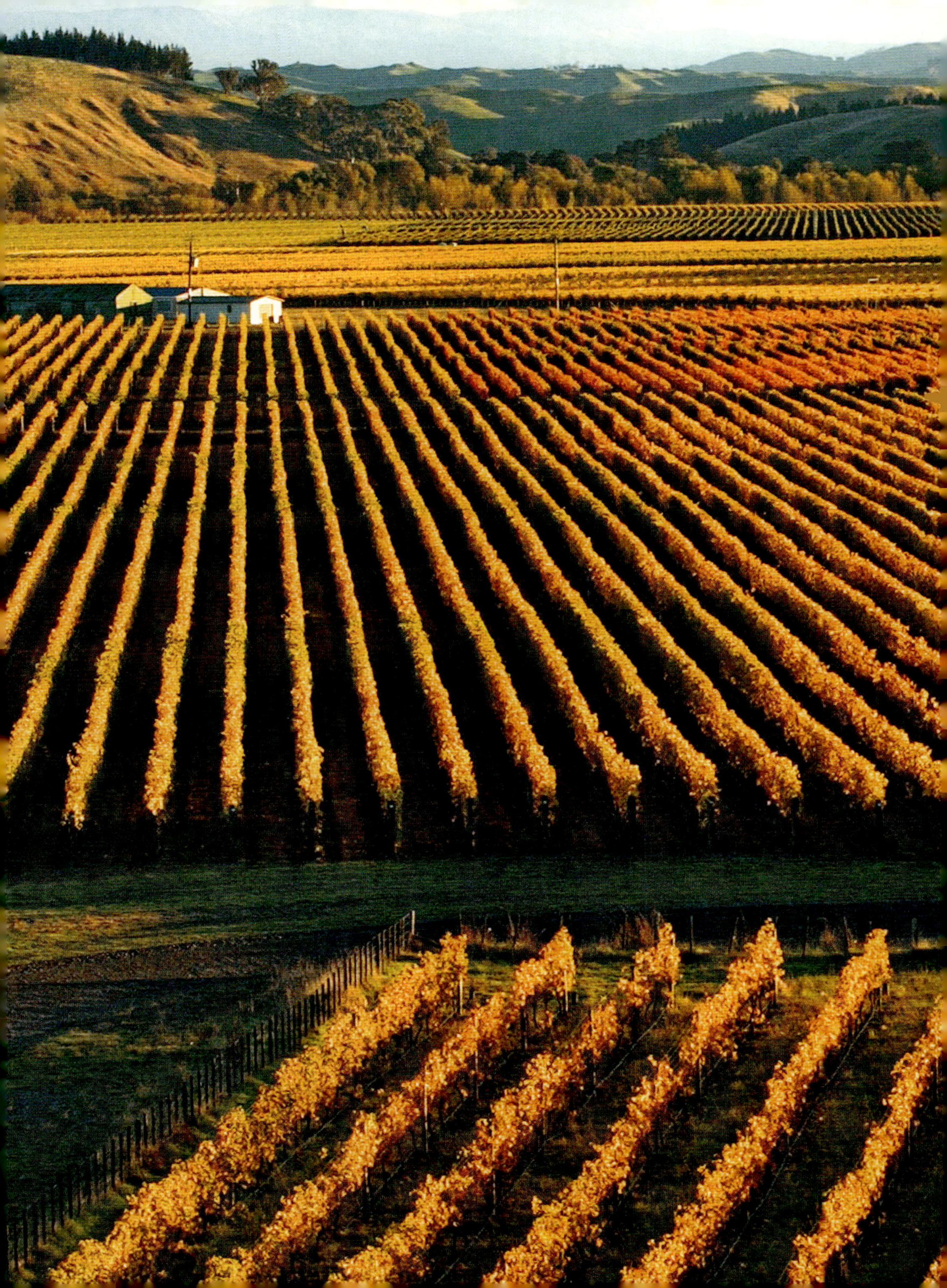

Château Troplong-Mondot
1998

シャトー・トロロン・モンド
1998

産地 フランス、ボルドー、サンテミリオン
特徴 赤・辛口、アルコール度数13度
葡萄品種 メルロ90％、C・フラン5％、C・ソーヴィニョン5％

　この素晴らしい畑は、1936年からヴァレット家が所有しており、当主はクリスティーヌ・ヴァレットである。彼女はかなり早くからミシェル・ロランをコンサルタントとして招いており、彼の指導の結果、収量は減り、収穫は遅くなった。1960年代から70年代にかけて、エステートは深刻な危機に見舞われたが、彼らの努力は報われ、トロロン・モンドは2006年にプルミエ・クリュ・クラッセに昇格した。それを驚く者は誰もいなかった。

　超完熟のメルロが生み出す豊麗さと官能美、トロロン・モンドはまさにサンテミリオンの真髄であり、快楽主義が厳格主義を圧倒している。新オーク樽の艶がワインの角を滑らかにし、果実の甘みを加えている。しかしトロロンには優雅さも備わり、熟成する能力も持っている。1998年はサンテミリオンにとっては最高の年だった。このヴィンテージのトロロンは、若い時非常に鮮烈で凝縮されていたが、熟成とともに、誘惑されるような官能美は抗いがたくなってきた。口に含むとまだ骨格はしっかりしており、タンニンも存在感がある。しかし同時に甘く生き生きとしたシルクのようなあとくちもあり、この先まだ何年も熟成していく力を秘めている。

　最高に熟した年、トロロン・モンドは危険な綱渡りをして生まれるが、干し葡萄やチョコレートのようなアロマとフレーヴァーが勝りすぎていると感じる人もいるかもしれない。その一方で、あまりにも高価なワインばかりが並ぶこのアペラシオンの中で、トロロン・モンドをお気に入りの1本としているワイン愛好者も多い。**SBr**

🍷🍷🍷　飲み頃：2020年まで

モンドの丘の頂上に佇むトロロン・モンドのシャトー ➡

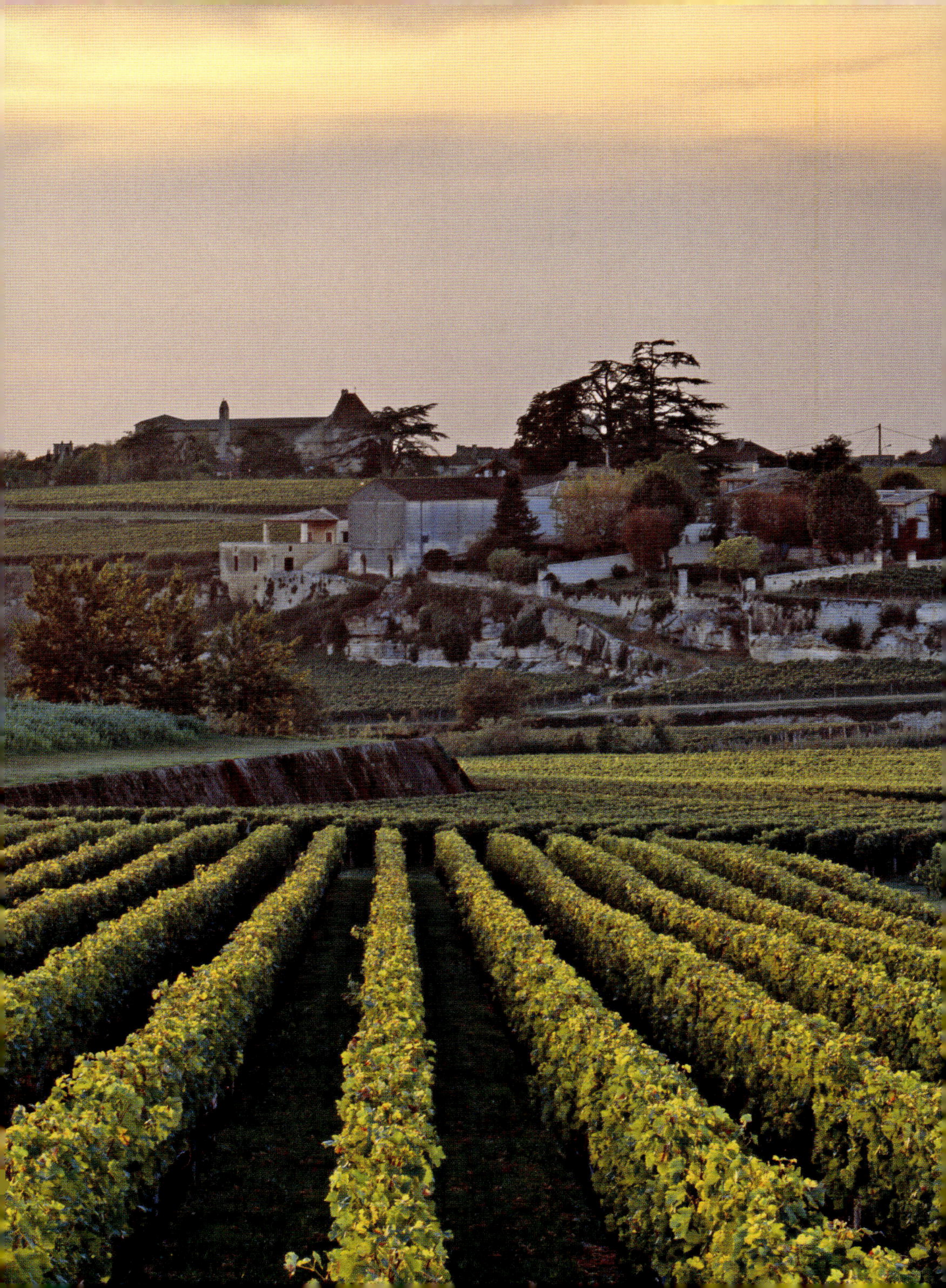

Château Trotanoy 2005

シャトー・トロタノワ 2005

産地 フランス、ボルドー、ポムロール
特徴 赤・辛口、アルコール度数13度
葡萄品種 メルロ90%、カベルネ・フラン10%

　このエステートは、元々は"トロ・アンニュイ"と呼ばれていたが、それは痩せた砂礫の多い粘土層の畑での仕事の辛さを表現したものだった。その名前は、19世紀初めに現在の名前に変えられたが、畑の場所は、ペトリュスから西に1.5kmほど行った高台にあり、1953年からムエックス社が所有している。8haほどの小さい畑から、慎ましい量のワインを生産するトロタノワは、ボルドーの大空に解き放たれ、格付けのないただのポムロール・ワインとなっている。しかし今ポムロールで、このワインは同じくムエックス社所有のペトリュスに次ぐとの評価を得ている。

　コンクリート発酵槽で発酵させられた後、20ヵ月間樽で熟成させられるが、新樽の比率はこの数十年間毎年上げられている。ラベルは大胆不敵といえるほど単純で、すべてのイラストを排して、ただシャトー名と地区名だけを浮き立たせている。

　栄光ある2005ヴィンテージを若い時に試飲したが、想像したとおりの味だった。それはまさに宝石のようなワインである。構造は緻密で、牛肉のように筋肉質であるが、バラの花弁のような芳香を放ち、その香りはブラックベリーやブラック・チェリーの果実の上にそよぐ微風のように流れてくる。完熟したヴィンテージ特有の絹のような質感があり、豪華なスパイスが共鳴するような壮大な余韻が続く。しかしそれが本当の輝きを示し始めるのはまだ先のようだ。**SW**

🍷🍷🍷🍷🍷 飲み頃：2015～2050年過ぎ

追加推薦情報
その他の偉大なヴィンテージ
1982・1990・1993・1995・1998・2000・2001・2003
ムエックス社のその他のワイン
オザンナ、ラフルール・ペトリュス、ラトゥール・ア・ポムロール、マグドレーヌ、ペトリュス、プロヴィダンス

シャトー・トロタノワの植密度の高い葡萄樹の列

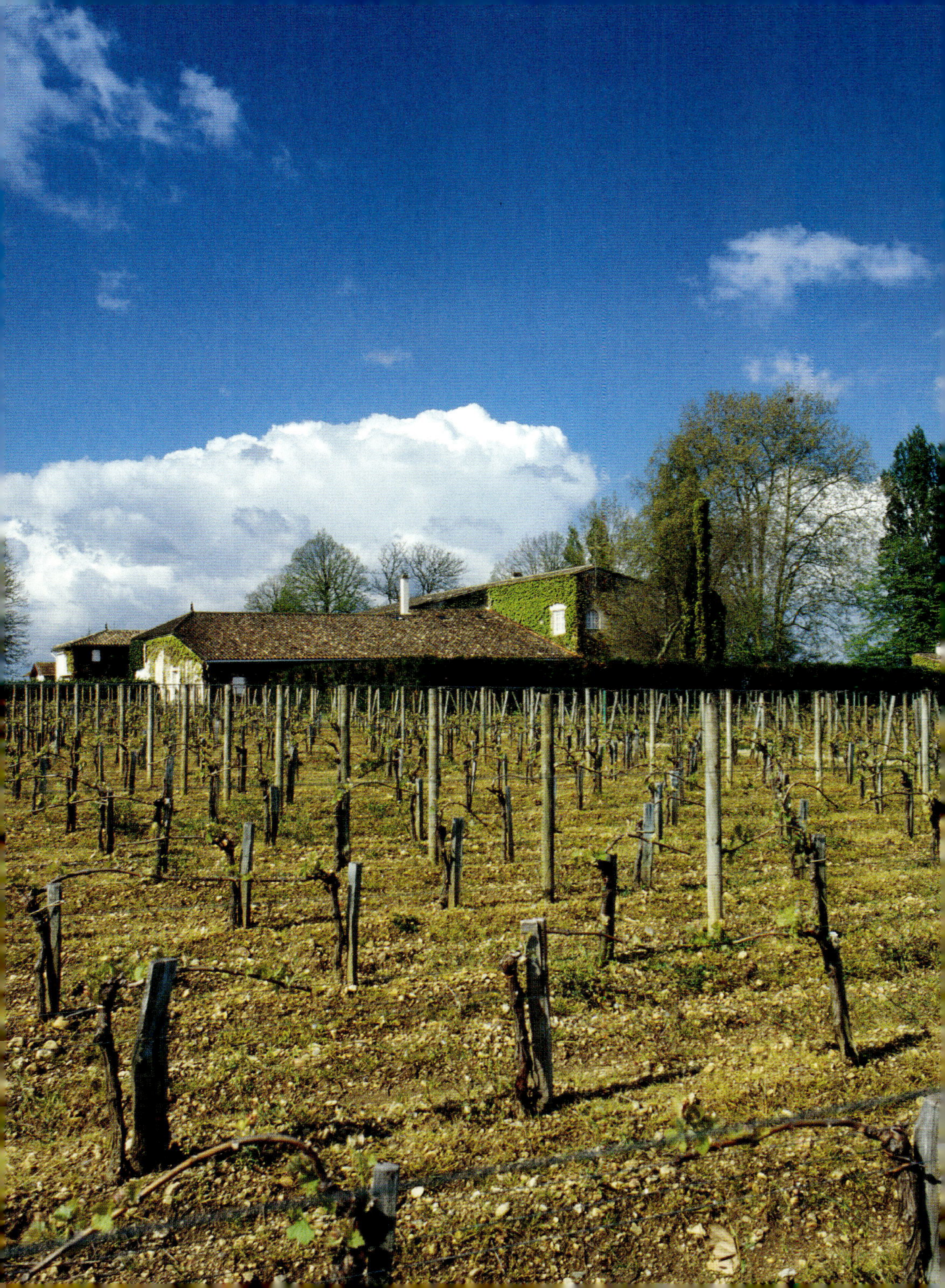

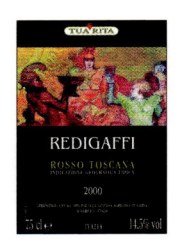

Tua Rita
Redigaffi IGT Toscana 2000
トゥア・リータ
レディガッフィ・IGTトスカーナ 2000

産地 イタリア、トスカーナ、マレンマ
特徴 赤・辛口、アルコール度数14.5度
葡萄品種 メルロ

　レディガッフィはトスカーナで初めて注目を浴びた100％メルロというわけではないが、『ガンベロ・ロッソ』誌のトレ・ビッキエリの常連であり、ロバート・パーカーの『ワイン・アドヴォケイト』誌では、2000ヴィンテージで100点満点の栄冠を達成した。
　トゥア・リータは現在、リータ・トゥアと、夫のヴィルジリオ・ビスティ、そして彼らの娘の夫ステファノ・フラスコーラによって営まれている。最初の数ヴィンテージで目覚しい成功を収めた彼らは、毎日メルロを主体に、カベルネ・ソーヴィニョン、シラーを植えるのに忙しい。彼らは要望に応えて、この貴重な液体の入った壜を増産しているが、1990年代の極端な品切れ状態の印象が強かったせいか、世界中のバイヤーたちは、予約を取るため彼らの家に日参している。
　そのワインは人気の高さに驕ることなく、深い色をして、芳醇で、ヴェルヴェットのような質感をし、ベリー・フルーツの爆弾のようだ──若々しいボルドーのメルロが見せるような官能的豊麗さ。レディガッフィを手に入れ、代金の支払いをするのは、ある意味マゾヒズム的な行為であるかもしれないが、それを飲む行為は間違いなく快楽主義的である。もし余裕があるのなら、是非ともそうして欲しい。人生は短いのだから。**Nbel**
🍷🍷🍷🍷　飲み頃：2015年まで

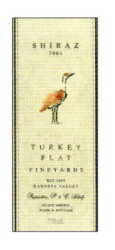

Turkey Flat
Shiraz 2004
ターキー・フラット
シラーズ 2004

産地 オーストラリア、南オーストラリア、バロッサ・ヴァレー
特徴 赤・辛口、アルコール度数14.5度
葡萄品種 シラーズ

　ターキー・フラットはバロッサで最も古い畑かもしれない。その畑が文献に登場するのは1847年（当主は1844年に植えられたと言っているが）で、拓いたのはヨハン・フィールダーである。たぶんバロッサで最も古いワインメーカーは、フィールダー家ということになるだろう。
　その葡萄畑の所有権は、1865年にゴットリープ・エルンスト・シュルツの手に移ったが、彼はその葡萄を地元の醸造業者に売っていた。現在4代目に当たるピーター・シュルツは1990年代初めに、妻のクリスティーとともに生産者元詰めワインの生産に乗り出し、葡萄栽培一筋のシュルツ家をとうとうワイン生産者として生まれ変わらせた。ターキー・フラットのラベルを描いたのは、地元の画家ロッド・シューベルトである。彼はこのワインの上品な味わいを見事にラベルに表現している。
　このシラーズは、強烈な、光を通さない深い紫色で、チョコレート、ココア、プラム・タルトのフレーヴァーをくゆらせ、豊満で、非常に凝縮され、長い余韻を持つ。この地域のシラーズとしては比較的抑制されており、セクシーなバロッサ・シラーズと言えるかもしれない。そして何よりも驚かされることは（喜ばしいことに）、このワインは150年も前の畑から生まれる葡萄を含んでいるにもかかわらず、その価格が手の届く範囲に収まっているということである。**SG**
🍷🍷🍷　飲み頃：2012年過ぎまで

Turley Wine Cellars
Dragon Vineyard Zinfandel 2005
ターレー・ワイン・セラーズ
ドラゴン・ヴィンヤード・ジンファンデル 2005

産地 アメリカ、カリフォルニア、ナパ・ヴァレー
特徴 赤・辛口、アルコール度数16.1度
葡萄品種 ジンファンデル

　ラリー・ターレーとエーレン・ジョーダンによって造られているターレー・ジンファンデルの評価は真っ二つに分かれている。抽出し過ぎの、誇張されたスモー（相撲）・ワインと嘲る者もいるが、これこそがジンファンデルの真髄だと激賞するものもいる。そのワインは、開放的、スパイシー、そしてジャムのようで、アルコール度数は優に15％を超える。

　ラリー・ターレーがフロッグス・リープの共同経営を離れ彼自身のワイナリーを開いたのは、1993年のことだった。1995年まで姉のヘレン・ターレーがワインメーカーを務めていたが、彼女は彼女自身のプロジェクトを立ち上げるため去っていった。彼女の助手であったエーレン・ジョーダンがその跡を継いでいる。ジョーダンは、そのワインはもちろんだが、もうひとつ誇りに思っていることがある。それは質よりも量を重んじた生産者によって、ほぼ1世紀にわたって酷い仕打ちに合ってきたジンファンデルの古木を救ったことである。

　ターレー・ジンファンデルは驚くべき透明性を示し、その中でそれぞれのキュヴェは、その出生地を明瞭に語っている。ドラゴン・ヴィンヤードの特徴は、凝縮された堅固な核にあり、それが新鮮なブラック・ペッパーとなって破裂する。口に含むと、高い度数のアルコールと、瑞々しい熟した果実が甘い印象を与える。ターレー・ジンファンデルはその芳醇さで、"偉大なアメリカン・ワイン"の有力な候補の1つとなっている。**LGr**

🍷🍷🍷　飲み頃：2015年過ぎまで

Umathum
Zweigelt Hallebühl 2004
ウマトゥム
ツヴァイゲルト・ハーレブール 2004

産地 オーストリア、ブルゲンラント、ノイジードラゼー
特徴 赤・甘口、アルコール度数11度
葡萄品種 ツヴァイゲルト、ブラウフレンキッシュ、C・ソーヴィニョン

　ウマトゥム・エステートに隣接するユダヤ人の墓標は、われわれに憂鬱な時代を思い起こさせる。トルコ軍の侵攻の時代に見張り砦があったすぐ近くの砂と砂礫に覆われた高台（ブール）からは、以前強制収容所があった茫漠とした土地が見渡せる。

　しかし何という逆説！　まさにその高台ハーレブール畑のツヴァイゲルトとヨーゼフ・ウマトゥムは、オーストリアで最も喜びに満ちた、最も活気あるワインとワイナリーなのである。ツヴァイゲルトに深遠なワインを生み出す力があると考えるワインメーカーはほとんどいないが、ウマトゥムの手にかかると、この目立たない葡萄は非常に雄弁に語りだす。

　甘く熟したチェリーのエッセンスと刺激的なオレンジの香りがグラスから立ち昇り、その後から、煙草、レーズン、鉛筆、ブラック・チョコレートが顔を出す。生き生きとした果実味とクリームの滑らかさが、この抗しがたい魅力を持つワインの複雑な味わいを生み出している。ウマトゥムはいろいろな年代の古い樽と新しい樽で、2年間熟成させられた後、さらに壜熟を経てリリースされる。この畑のマンガン成分の異常な多さが、このツヴァイゲルトの芳醇なフレーヴァーを生み出しているのだろうか？　誰もその答えを知らない。しかしオーストリアでヨーゼフ・ウマトゥム以上に、自らが造りだしたワインに決然と"テロワールを語らせる"ことのできるワインメーカーはいない。**DS**

🍷🍷🍷　飲み頃：2015年まで

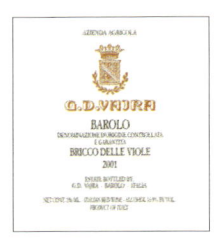

Azienda Agricola G. D. Vajra
Barolo Bricco delle Viole 2001

アジェンダ・アグリコーラG.D.ヴァジュラ
バローロ・ブリッコ・デッレ・ヴィオレ 2001

産地 イタリア、ピエモンテ、ラ・モッラ
特徴 赤・辛口、アルコール度数14度
葡萄品種 ネッビオーロ

　ラ・モッラとノヴェロ、ヴェルグネの間を走る標高350mの尾根の上に、バローロで最も高い位置にある村がある。その村の有名な白い泥灰土の上に育つ葡萄は、一番遅く熟し、秋の遅い雨に襲われる危険といつも戦わねばならない。しかし2001年のような素晴らしいヴィンテージには、風が吹き抜けるその葡萄畑からは、こよなく優美なネッビオーロが生み出される。
　ネッビオーロは最上のヴィンテージでさえ、扱いの難しい葡萄だ。この頑固な葡萄を飼い慣らし、その複雑なアロマを十分にワインに生かしたいというのが、バローロとラ・モッラに10haのネッビオーロ畑を持つアルドとミレナ・ヴァジュラの年来の望みである。アルドは家族の伝統を受け継ぎ、低収量を守り、歴史を感じさせる大きなオーク樽を使い続けている。
　2001年のバローロ・ブリッコ・デッレ・ヴィオレは、このアルドの方法の良さが前面に押し出された。公式にはバローロ地区に属しているが、ブリッコ・デッレ・ヴィオレはラ・モッラ特有の上品な果実味を持っている。2001年、ネッビオーロは完璧に成熟し、雄弁な酸とタンニンが、赤い果実、枯れ草、煙草、甘草などの豊饒のアロマで一杯の口の中を支えている。**MP**

🍷🍷🍷🍷 飲み頃：2010〜2030年

Château Valandraud
2005

シャトー・ヴァランドロー
2005

産地 フランス、ボルドー、サンテミリオン
特徴 赤・辛口、アルコール度数14度
葡萄品種 メルロ、C・フラン、C・ソーヴィニョン、マルベック

　シャトー・ヴァランドローは1989年の設立以来、少しずつ畑のコレクションを増やしている。良くなかった1993年、普通の1994年、そして良い1995年と、初期のヴィンテージで3年連続で素晴らしいワインを送り出し名声を高めたが、このワインが本物の官能的な魅力を獲得し、それと同時に多くの批評家に認められるようになったのは、サンテミリオン台地のフルール・カルディナルに隣接する区画を買い求めてからである。
　オーナーのジャン・リュック・テヌヴァンは現在9haの畑を集め、ヴァランドローのワイン・"ファミリー"は、ユダヤ教向けのコッシャー・ワインから、白ワイン、セカンド・ワインのヴィルジニー、ヌメロ3まで拡大している。
　ヴァランドローの秘密は、もし秘密があればの話だが、テヌヴァンの同僚ムリエル・アンドラウドによる潔癖なほどの低い収量と、テヌヴァン自身の知的でていねいなワイン造りの結合にある。濃い色をした、新鮮な香りを持つ2005年（最初に購入した葡萄畑は10％しか含まれていない）は、古典的なヴァランドローの甘さと果実の純粋さを結合させたものになっているが、その器量の良さの背後には、均整の取れた抽出、生き生きとした酸、薫り高いタンニンが控え、初期のヴィンテージにない長く生き続ける美しさが約束されている。**AJ**

🍷🍷🍷🍷 飲み頃：2025年まで

Château *Valandraud*
Saint Emilion G^d cru

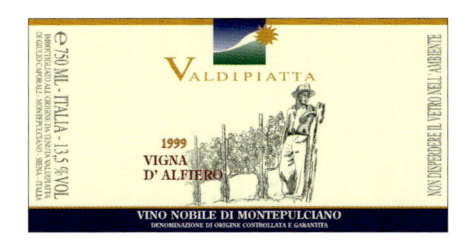

Valdipiatta
Vino Nobile di Montepulciano Vigna d'Alfiero 1999

ヴァルディピアッタ
ヴィーノ・ノビレ・ディ・モンテプルチアーノ・ヴィーニャ・ダルフィエロ 1999

産地 イタリア、トスカーナ、モンテプルチアーノ
特徴 赤・辛口、アルコール度数14度
葡萄品種 サンジョヴェーゼ

　ギュリオ・カポラーリが1980年代の終わり近くにこのエステートを引き継ぐことになったとき、彼の夢は素晴らしいワインを造り、世界の主なレストランのワイン・リストに名を連ねることであった。その当初の夢は軽々と越えられてしまった。
　ヴァルディピアッタ・エステートは現在、彼の娘のミリアムが支配人となって、ワイン造りだけでなく、美しい農家を活用した観光にも力を入れている。しかしやはり何といっても中心はワインである。ヴィーノ・ノビレ・ディ・モンテプルチアーノ・ヴィーニャ・ダルフィエロは、サンジョヴェーゼだけを植えた畑からできる単一畑・単一品種ワインである。それはリセルヴァでもなければ、極上の年だけにできるワインでもない。しかしそれは毎年このワインが楽しめるということを意味し、嬉しい限りである。
　1999年は偉大なトスカーナの葡萄の、鄙びた優雅さが滲み出るようなワインである。熟したチェリーの香りとともに、花やミントをつまんだ時のようなスパイシーな刺激もある。口に含むとやや緊縛された感じがして、いつもと違うのではないかと思われるかもしれないが、鑑定士にそれこそがこのワインの持ち味だと保証している。長く優美な余韻が続き、このワインが今後長く熟成させることによって、より精妙に、より表現力豊かに、より魅惑的になることを示唆している。**AS**
😊😊😊 飲み頃:2020年過ぎまで

Valentini
Montepulciano d'Abruzzo 1990

ヴァレンティーニ
モンテプルチアーノ・ダブルッツォ 1990

産地 イタリア、アブルッツォ
特徴 赤・辛口、アルコール度数12度
葡萄品種 モンテプルチアーノ

　ピエモンテやトスカーナの有名なワイン城砦の外側には、有名なワインばかりを探索する人々には見逃されがちな多くの古い地区がある。そのような村の1つが、モンテプルチアーノ・アブルッツォで、エドアルド・ヴァレンティーニはその村のスーパースターである。
　現在はエドアルドの息子のフランチェスコ・パオロが跡を継いでいるが、依然としてこのワインからは目が離せない。モンテプルチアーノの古木は、色とフレーヴァーが最高に引き出せるぎりぎりまで待って収穫される。低収量と、ろ過をしない壜詰めのため、そのワインはインクのような濃い強烈な色をしており、魅惑的な凝縮された粘性があり、長期熟成に耐える力も十分保持している。古いクリ材の大樽で熟成させられる。
　1990年の栄光のヴィンテージは、ヴァレンティーニの先代が造ったワインの中でも最上のモンテプルチアーノの1つに数えられる逸品である。最初ポイヤックのような杉の香りが現れ、粘々するプラムやダムソン・プラムの周りを歯切れの良い香辛味が洗い流している。タンニンは依然としてしっかりしている。数時間後のワインの姿を夢想したくなるような余韻が長く続く。**SW**
😊😊😊 飲み頃:2015年過ぎまで

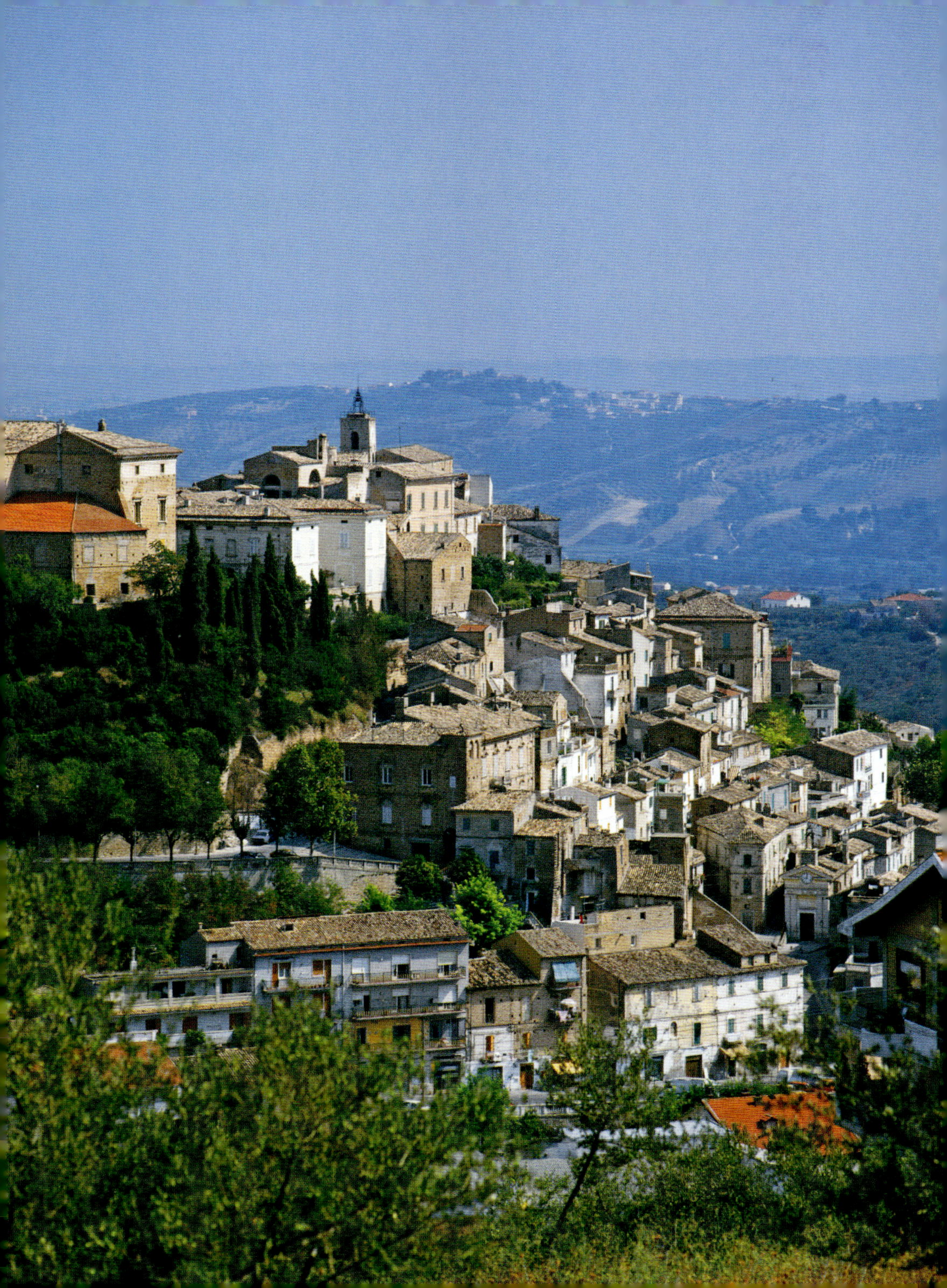

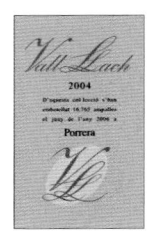

Vall Llach
2004
ヴァル・リャック
2004

産地 スペイン、カタローニャ、プリオラート
特徴 赤・辛口、アルコール度数15.5度
葡萄品種 カリニャーナ、メルロ、カベルネ・ソーヴィニョン

ルイス・リャックはカタローニャの偉大なフォーク歌手で、政治的な著作も多く出しているが、1990年代半ばから、生まれ育ったポレラでワイン造りを始めた。ボデガ・シム・デ・ポレラを通じてポレラの協同組合の再生を支援した後、彼は幼馴染のエンリケ・コスタと2人で、同じ村にセラー・ヴァル・リャックを開いた。

シム・デ・ポレラもヴァル・リャックも、主要品種は、ガルナッチャではなくカリニャーナであり、その品種は村の周囲のコステルス（段々畑になっていないという意味）のリコレーリャ（粘板岩土壌）の上で一番良くその個性を開花させる。現在そのボデガは3種類のワインを出している。エンブルースとイドゥスの上に立つのが、このヴァル・リャックで、樹齢100年を超えるカリニャーナの古木の果実が3分の2、残りがカベルネ・ソーヴィニョンとメルロという構成である。

ヴァル・リャック2004はプリオラートの最高のヴィンテージに生まれ、この地が生んだワインの中で最も壮大なワインかもしれない。非常に強烈なチェリーの赤色をし、ブラックベリー、黒鉛、トーストのアロマが立ち昇り、味わいはほぼ完璧に近く、驚くほど広大で、力強く、しかも優美で調和が取れ、余韻も長い。偉大なプリオラート・ワインの中でも卓越しており、虜になりそうだ。**JMB**

😊😊😊 飲み頃：2015年まで

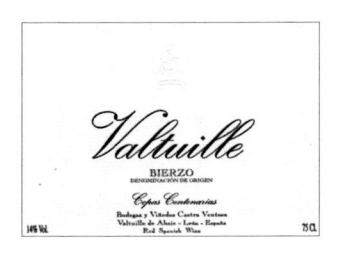

Valtuille
Cepas Centenarias 2001
ヴァルトゥィエ
セパス・センテナリアス 2001

産地 スペイン、ビエルソ
特徴 赤・辛口、アルコール度数13.5度
葡萄品種 メンシア

若きラウル・ペレス・ペレイラは自由な精神の持ち主で、ワイン造りにもそれが発揮され、独創的なワインを生み出している。その1例がスケッチという名の信じがたいアルバリーニョで、その熟成は大西洋の海底で行われる。ラウルは生粋のビエルソっ子で、一家のボデガス・イ・ヴィネドス・カストロ・ヴェントーサの葡萄畑とワイナリーで生まれ育った。1990年代後半に跡を継ぐと、彼は一家に革命を起こし、ビエルソDOの中だけでなく外でも幅広い種類のワインを造っている。彼は休むことを知らない。

名前から想像できるように、ヴァルトゥィエ・セパス・センテナリアスは樹齢100年を越えるメンシアから生まれる。それはローヌ北部の力強さと、コート・ド・ニュイの最高級品のフィネスの両方を持っている。新樽比率80％のフランス産オーク樽で、14ヵ月前後熟成させると、色は深く強烈で、ほとんど光を通さず、若い時は紫色をしている。その土味と凝縮の凄さは、まさに古木ならではのものである。焦げたオークの香りは確かで、それにミネラル（黒鉛）、インク、豊かな黒い果実（ブルーベリー）が融合している。非常にしっかりした構造で、深い果実味が印象強く、タンニンは滑らか。とても長い余韻が続く。**LG**

😊😊😊 飲み頃：2015年まで

Vasse Felix
Heytesbury Cabernet Sauvignon 2004
ヴァス・フェリックス
ヘイツベリー・カベルネ・ソーヴィニオン 2004

産地 オーストラリア、西オーストラリア、マーガレット・リヴァー
特徴 赤・辛口、アルコール度数14.5度
葡萄品種 カベルネ・ソーヴィニオン95％、シラーズ5％

　ヴァス・フェリックスは、マーガレット・リヴァー地区で最も早く拓かれた葡萄畑である。1965年にこの地を訪れたドクター・ジョン・S・グラッドストーンは、ここがワイン造りにとても適した土地であることを見抜いた。その2年後に、ドクター・トム・カリティーが葡萄樹を植え、ヴァス・フェリックスが誕生した。1987年に実業家のロバート・ホルムズ・ア・コートが買収し、現在は未亡人のジャネット・ホルムズ・ア・コートが指揮を取っている。

　ヘイツベリー・カベルネは、マーガレット・リヴァー地区の様々な栽培家の畑の葡萄をブレンドしたワインである。ブレンドすることによってヴァス・フェリックスは、単一畑、単一地区ワインというよりは、このワイナリーの哲学を反映して、どちらかといえばハウス・スタイル的なものになっている。フランクリン・リヴァーとマウント・ベーカーのカベルネ・ソーヴィニオンを少量加えることによって、ワインに奥行きが出ている。またヴィンテージの異なるマルベック、メルロ、カベルネ・フランもブレンドされている。

　ヘイツベリー・カベルネは、オークの新樽を気前よく使い、ヴィロードのような強烈なフレーヴァーを放ち、チョコレートのアロマもある。ラベルの鳥はハヤブサで、ドクター・カリティーが収穫期の害鳥を追い払うために飼っていたものを意匠化している。**SG**

🍷🍷🍷　飲み頃：2010年過ぎまで

Vecchie Terre di Montefili
Bruno di Rocca 2002
ヴェッキエ・テッレ・ディ・モンテフィリ
ブルーノ・ディ・ロッカ 2002

産地 イタリア、トスカーナ
特徴 赤・辛口、アルコール度数13.5度
葡萄品種 カベルネ・ソーヴィニオン60％、サンジョヴェーゼ40％

　1200年のこと、フィレンチェのある名家がこの葡萄畑を修道院に寄進した。それから長い歴史を経た1979年、アクート家がこの畑を買った。目的は世界に誇れる本格ワインを造ることであった。

　アクート家はすぐさま葡萄畑の改修に乗り出し、醸造設備も最新式のものに変えた。良い栽培家と醸造家に恵まれ、一家はすぐに目標を達成することができた。彼らはキアンティ・クラッシコの延長線上にあるこの土地で、サンジョヴェーゼが大きな可能性を秘めていることを認めていたが、他の品種も試してみた。その結果、今のところ彼らにとって最も重要なワインであるブルーノ・ディ・ロッカが生み出された。

　ブルーノ・ディ・ロッカ2002は、とても魅惑的なワインであり、この年、多くのフイン造りの"専門家"があまり良い成績を収められなかったことを考えると、とても爽快な気分になる。このワインをじっと注視してきたわれわれにとってはなおさらである。深い輝きを持つヴェルヴェットのような紫色をゆっくり堪能したあと、魅惑的なカシスとミントの香りを深く吸い込んで欲しい。口に含むと、天国に行った心地で、強烈でしかも優しく、カシス・リキュールの中に、新鮮な柔らかい革、ブラック・ペッパー、ヴァニラが織り込まれている。尽きることのない愉悦！ **AS**

🍷🍷🍷　飲み頃：2028年まで

Vega de Toro
Numanthia 1998

ヴェガ・デ・トロ
ヌマンシア 1998

産地 スペイン、トロ
特徴 赤・辛口、アルコール度数14.5度
葡萄品種 ティンタ・デ・トロ（テンプラニーリョ）

　ヌマンシア・テルメシスはエグレン兄弟によるカスティリャの冒険である。ヌマンシアというのは、紀元前133年に古代ローマ軍の侵攻に対して人民が最後の1人まで戦い抜いた都市の名前であるが、兄弟はこの名前を、フィロキセラの猛攻に打ち勝って生き残ったティンタ・デ・トロの古木に捧げたのである。
　その古木は標高701mの高地に根を張っている。土壌は豊かな粘土と石灰層であるが、砂を多く含んでいるため、フィロキセラは生きていくことはできない。
　最初のヴィンテージが1998年であるが、このワインはいきなり大成功を収めた。1週間かけた発酵の後、ワインは澱と果皮による20日間のマセラシオンを受けオークの新樽でマロラクティック発酵させられながら18ヵ月熟成させられる。清澄化もろ過も行われず、壜詰めされる。完全に不透明なダーク・チェリーの色で、上質なオーク、黒鉛、そして黒い果実（マルベリー、ブルーベリー）の強烈なアロマが揺らめく。芳醇な果実味が口一杯に広がり、フルで力強く、タンニンは数年間の壜熟を要求している。それに従えば、よく統一された長命なワインとなる。**LG**

🍷🍷🍷　飲み頃：2020年まで

Vega Sicilia
Único 1970

ヴェガ・シシリア
ウニコ 1970

産地 スペイン、リベラ・デル・ドゥエロ
特徴 赤・辛口、アルコール度数13度
葡萄品種 ティント・フィノ（テンプラニーリョ）、メルロ、その他

　ヴェガ・シシリアがスペインの頂点に君臨するワイナリーであることを疑う人はいないだろう。しかし1970年がどれほど素晴らしいヴィンテージであったとしても、当時のスペインでは、高価なワインが市場で捌かれることはまずありえなかった。それゆえ、こうしたワインは注文があってはじめて瓶詰めされるため、熟成期間とスタイルが販売の状況に応じて変わるという結果を生じた。
　ウニコ1970はその一生において数々の転機を迎えている。ワイナリーの必要に応じて、またオーナーが変わることによって、それはセメントの発酵槽、オークの大樽、オークの小樽へと移動させられた。しかしその間ずっと、若き醸造家マリアノ・ガルシアによって手厚く保護され、樽は補填され、酸化はできる限り防止され、果実味は保持され、気まぐれな酸は抑制され、古いウニコの特徴であるポルトのようなスタイルが守られてきた。
　そのワインはヴィンテージの後、25年目にしてリリースされた。しかしまだそのワインは飲み頃に達していないという批評家もいる。ワイナリーで香りを確かめ、口に含んだが、その年齢を推し量ることは不可能だった。なぜならそれはまだ若々しかったから。色は深く、くらくらするような芳香を放ち、ヴェルヴェットの質感で、新鮮で清澄、滑らかで鮮烈、バランスが取れ優美、複雑で純粋、輪郭のはっきりした深く長い余韻。スペインがこれまでに生み出したものの中で最高のワインであると多くの人が認めている至宝。**LG**

🍷🍷🍷🍷　飲み頃：2020年まで

1864年に設立されたヴェガ・シシリアは、"スペインのシャトー・ラトゥール"といわれている。

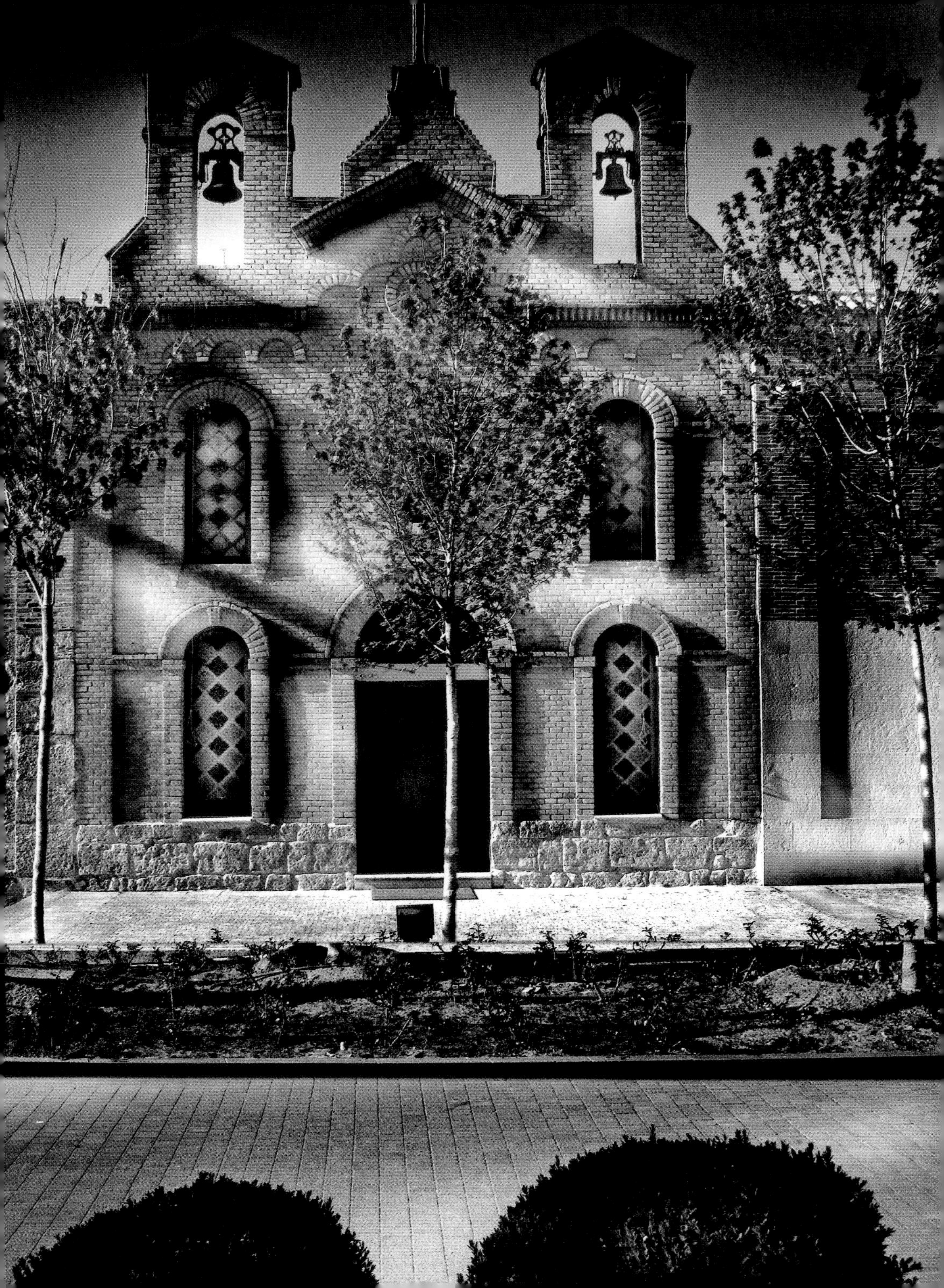

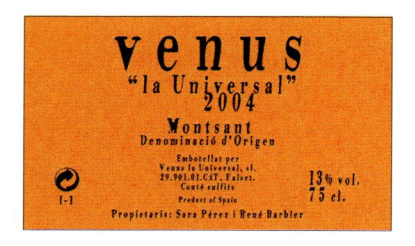

Venus
La Universal 2004
ヴェヌス
ラ・ウニヴァルサル 2004

産地 スペイン、モンサン
特徴 赤・辛口、アルコール度数13度
葡萄品種 カリニャーナ50％、シラー50％

サラ・ペレスとレネ・バルビエールは、それぞれプリオラートの先駆者的存在であるクロ・マルティネとクロ・モガドールの第2世代である。1999年、サラは独立し、個人的ワイナリーとしてファルセットでヴェヌス・ラ・ウニヴァルサルを開いた。現在ファルセットはモンサンDOに入っているが、元はタラゴナに属していた。サラとレネが結婚し、ワイナリーは2人の共同事業となった。

ラ・ウニヴァルサルというのはファルセットの4haの畑の名前で、痩せた酸性の花崗岩土壌に若いシラーが植えられている。彼らは地元の5つの畑から、樹齢50〜60歳のカリニャーナ──1つは花崗岩、2つは粘板岩、残りの2つは粘土質と石灰岩の土壌、すべて有機栽培──を買い入れている。

ヴェヌス2004は濃い色をし、黒い果実（カシス、マルベリー、ブルーベリー）の香りが主流をなし、焼いた食パン、ブラック・オリーブ、スミレの香りも感じられる。ミディアム・ボディでバランスは良く、酸も程良い。芳醇な果実味の後、非常に長い余韻が続く。サラは自分の造るワインに対して、非常に明確なイメージを持っている。「ヴェヌスは私たちの美の探究から生まれたの。ワインのボトルで表現した女性そのものなの。神秘的で、魅惑的、そして聡明で、官能的。」**LG**

🍷🍷🍷 飲み頃：2011年過ぎまで

Vergelegen
2003
フィルハーレヘン
2003

産地 南アフリカ、ステレンボッシュ
特徴 赤・辛口、アルコール度数14度
葡萄品種 C・ソーヴィニョン80％、メルロ18％、C・フラン2％

フィルハーレヘンに葡萄樹が最初に植えられたのは1700年、時のオーナーであるケープ植民地総督ウィレム・アドリアーン・ファン・デル・シュテルの命令によるものだった。

南アフリカ最初の民主主義的選挙と同じ年の1994年に始まった南アフリカ・ワイン産業の復興の波の中で、このエステートも再び台頭してきた──アメリカのワイン批評家スティーヴン・タンザーの「このエステートは南アフリカで最も優れた個人ワイナリーだ」という評価に反対する人はほとんどいない。

ワインメーカーのアンドレ・ファン・レンズバークが偉大なカリフォルニア風の"カルト・ワイン"を目指しているとすれば、それは主として、強烈で、劇的な、印象の強い、ただ単に"V"と呼ばれているカベルネかもしれない。しかしフィルハーレヘンの赤のフラッグシップ・ワインはフィルハーレヘン・ブレンドであり、テロワールを最も良く表現しているのもこのワインである（そのため"V"は最上のヴィンテージにしか造られないが、こちらは毎年造られる）。

2003年はケープでは特に素晴らしいヴィンテージで、フィルハーレヘンはそれを存分に謳歌し、若い時、初期の複雑さを示すが、長熟する可能性を示している。芳醇で完熟しており、タンニンはなめらか、黒く輝く果実が豊富なオークによって支えられ、それが統合されるまでまだ数年かかりそうだ。**TJ**

🍷🍷🍷 飲み頃：2015年まで

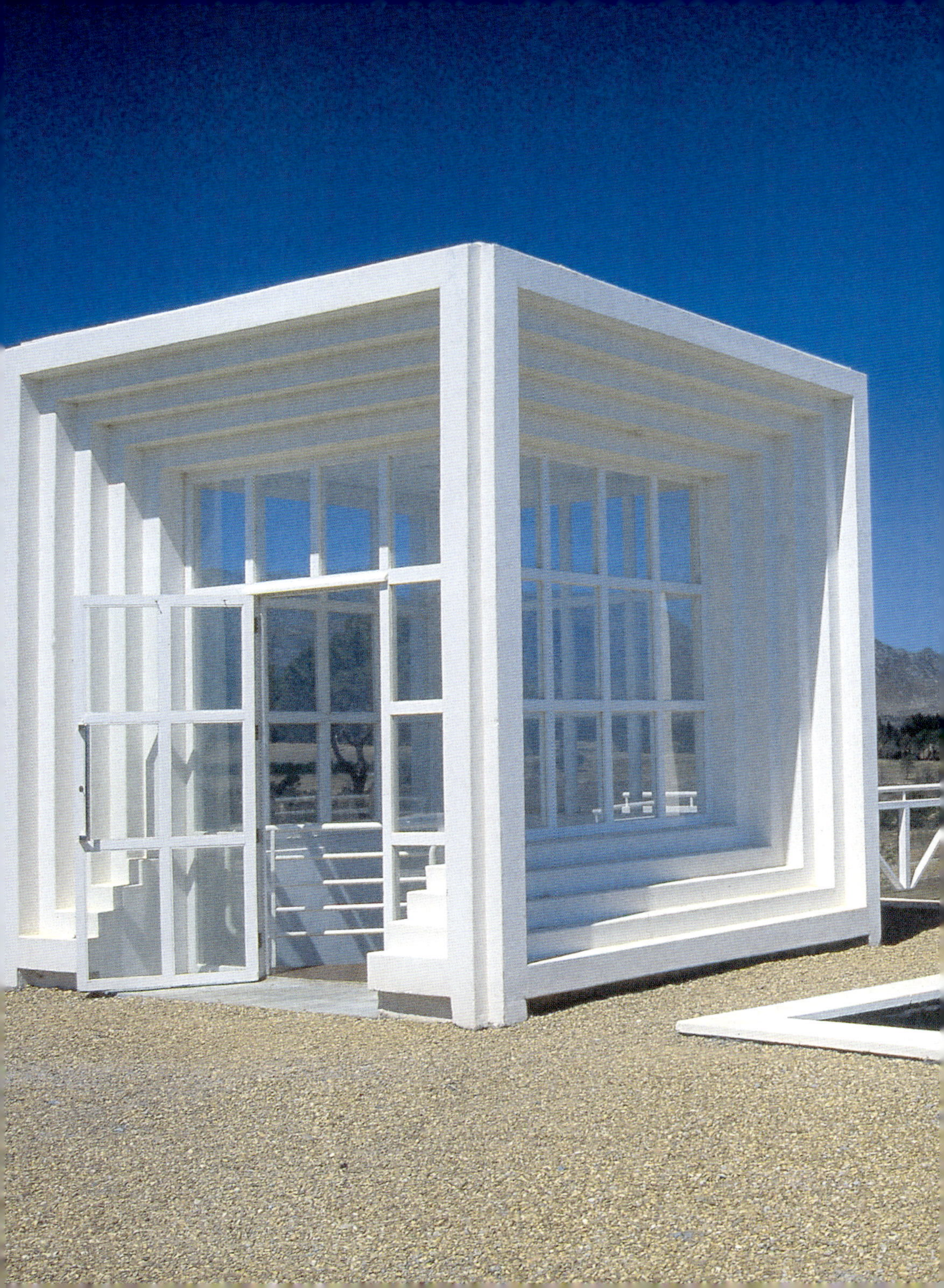

Noël Verset
Cornas 1990

ノエル・ヴェルセ
コルナス 1990

産地 フランス、ローヌ北部、コルナス
特徴 赤・辛口、アルコール度数14度
葡萄品種 シラー

　ノエル・ヴェルセはいつも布帽子をかぶった小柄な好々爺である。彼は父親からエステートを継いだが、その父親は100歳過ぎまで長生きし、その葡萄樹もそれと同じくらい長生きしている。ノエルは1942年にワイン造りを始めたが、それ以来ずっと今日まで、3つの畑——サブロット、レ・シャイヨー、シャンペルローズ——の葡萄を合わせて1種類のワインを造ってきた。

　ヴィンテージのすぐ後でも、1990年は非常に肉感的で、タールやブラックベリーの濃厚なアロマを放散しているようだった。木炭が燻っていると評する鑑定士もおれば、「ねぐらから引き摺りだされたばかりの野獣の匂い」と印象深いコメントをした人もいた。ロバート・パーカーはこのワインに100点満点をつけ、世界中の愛好家の目をコルナスに向けさせた。

　ノエル・ヴェルセの魅力は、その伝統的なスタイルにある。除梗は行われず、足で破砕され、セメント槽で発酵させられる。そして古いオーク樽で熟成させられる。そのため、匂いが気になるという批評家もいたし、「ボトル・バリエーションだ」と吐き捨てるようにけなす人もいた。1990年は依然として物議をかもしている。すでにそれは劣化が始まっていたという人も1人か2人いる。1990年代を通して、ヴェルセの葡萄畑は部分的に新興のティエリー・アルマンに譲渡された。**GM**

🍷🍷🍷🍷🍷　飲み頃：2015年まで

Vieux Château Certan
2000

ヴィユー・シャトー・セルタン
2000

産地 フランス、ボルドー、ポムロール
特徴 赤・辛口、アルコール度数13.5度
葡萄品種 メルロ70％、C・フラン20％、C・ソーヴィニョン10％

　記録によると、シャトー・セルタンが誕生したのは16世紀のことで、スコットランド出身のドゥメ家が創立者であった。1924年にベルギーのワイン商、ジョルジュ・ティアンポンが買い受けた。

　セルタンの畑は台地の上の1区画全体を占め、表土はボルドー砂礫層で、その下は鉄分を多く含んだ砂質粘土となっている。

　葡萄は手摘みされた後、大きな木製の槽で発酵させられ、果皮の上での長いマセラシオンが行われる。新樽比率50％のオーク樽で18〜24ヵ月熟成させられ、卵白による清澄化の後、ろ過されずに壜詰めされる。

　2000年は不安定な気候が続いた後、8月いっぱいと9月の初めは、日照に恵まれた穏やかな日が続いた。そのため、とても複雑なアロマが生まれ、ラズベリー、ブラック・プラム、甘草などが次々と気を引きに現れる。口に含むと、優美なタンニンの上に巨大な構造が組み立てられ、グローヴ、ビャクダン、シナモンなどが濃縮された紫色の果実とともに現れる。余韻は非常に長く残り、このボルドー2000は、この先まだまだ長熟する力を秘めていることを教えている。**SW**

🍷🍷🍷🍷　飲み頃：2010〜2030年過ぎまで

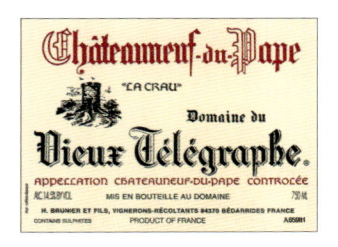

Domaine du Vieux Télégraphe
Châteauneuf-du-Pape 1998

ドメーヌ・デュ・ヴィユー・テレグラフ
シャトーヌフ・デュ・パープ 1998

産地　フランス、ローヌ南部
特徴　赤・辛口、アルコール度数14.5度
葡萄品種　グルナッシュ65％、シラー15％、その他20％

　シャトーヌフ・デュ・パープはとても魅力的な村だ。何世代にも渡って葡萄を飼い慣らしてきた一握りの家族経営のエステートから、素晴らしいワインが生み出されている。そのうちの1つが、アペラシオンの南東の端、石の多いラ・クラウの台地に立つヴィユー・テレグラフである。

　シャトーヌフ・デュ・パープの生産者たちは、自らに厳しい規準を課している。許されている収量は、他のいずれのアペラシオンよりも低く、葡萄はすべて手摘みでなければならず、自然なアルコール度数は12.5度以上と定められている。また、ワインが選りすぐった葡萄からできていることを証明するために、最低5％の葡萄は廃棄されなければならないことになっている。

　ヴィユー・テレグラフは小さなエステートとして始まったが、現在は70haもの区画を所有している。葡萄の3分の2はグルナッシュで、それがエステートの赤ワインのすべすべした肉感を生み出し、残りの15％ずつのシラーとムールヴェドルが温かさ、骨格、スパイスを付与している。品質を保証するために、1994年から、セカンド・ワインのテレグラフが出された。1998年以降、実験的なワインであるヒポリット──このエステートの創立者の名前──を造っているが、それはまだリリースされていない。**JP**

$ $ $　飲み頃：2025年まで

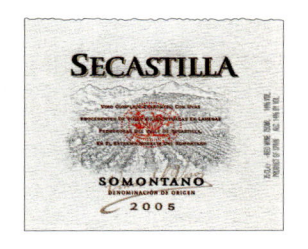

Viñas del Vero
Secastilla 2005

ヴィニャス・デル・ヴェロ
セカスティーリャ 2005

産地　スペイン、アラゴン、ソモンターノ
特徴　赤・辛口、アルコール度数14度
葡萄品種　ガルナッチャ90％、その他10％

　偉大な世界のワインは、それぞれが独創的でユニークに見えるが、実は主要な要件の多くが似通っており、気候とテロワールという側面を合わせて概ね3～4のタイプに分けることができる。セカスティーリャもこれらのタイプの1つで、石の多い急峻な斜面、樹齢100年前後のガルナッチャの古木、750mという標高、太陽の方向を向いた葡萄畑、そして昼と夜の寒暖の差を特徴とする。

　セカスティーリャ・ヴァレーは、ソモンターノ地区の北東部にあたり、その粘土と石灰質の土壌は、他の区画の軟弱な砂の斜面と対照的である。ヴィニャス・デル・ヴェロのペドロ・アイバーがセカスティーリャのための葡萄を入手しているのは、チャパーロと呼ばれている、アーモンドとオーリーブが繁茂している森に囲まれたガルナッチャの古木からである。彼はそのワインを、持ち味である野性味を損なうことなく、年々洗練されたものにしている。

　セカスティーリャがその初ヴィンテージの2001年以来一貫して持っている特長は、最初は内気と思われるほどに複雑だが、本物にしかない輝きを持ち、時間とともに円熟していく深遠な魅力である。2005年はまだ若いにもかかわらず、空気に触れると、すでにオークに負けない芳醇な果実味、新鮮な酸、心地よい肉感を感じさせ、長く複雑な余韻を持っている。**JB**

$ $　飲み頃：2015年まで

Red wines | 835

Viñedos Orgánicos Emiliana *Coyam* 2003

ヴィニョドス・オルガニコス・エミリアーナ　コヤム 2003

産地 チリ、セントラル・ヴァレー
特徴 赤・辛口、アルコール度数14度
葡萄品種 カルムネール、シラー、C・ソーヴィニョン、その他

チリ最初の大規模ビオディナミ・ワイナリーであるヴィニョドス・オルガニコス・エミリアーナ（現在はエミリアーナ・オルガニコ）の最高級赤ワイン、コヤムの2001ヴィンテージが、2003年にサンティアゴで開催された初の"ワインズ・オブ・チリ・アワード"で"ベスト・オブ・ショー"賞に輝いたとき、それはビオディナミの勝利だと大きな喝采を浴びた。エミリアーナ・オルガニコはサンタ・エミリアーナの分枝としてギリサスティ家によって設立され、主にバルク・ワインを生産していたが、1990年代後半、支配人のホセ・ギリサスティは思い切ってビオディナミに変えることを決意した。彼はアルヴァロ・エスピノザをビオディナミの実践者、ワインメーカーとして招聘し、主要なフィンカ・ロス・ロブレス葡萄畑をビオディナミに変えた。エスピノザはまた、暑熱の気候を持つ葡萄畑特有の問題、たとえばダニの問題なども解決した。「ダニは埃をかぶった葡萄樹を好む。だからわれわれは、葡萄畑の周りの小道にコルチャグア川の小石を敷き詰め、トラクターが通っても埃が立たないようにしたんだ。」

メルロのドーナツ化現象――ワインの味わいの中間部が希薄になること――は、からからに乾燥した土壌の上に有機堆肥を撒いて冷やすことで解決した。しかしコヤムの最大の特長は、カベルネ、メルロ、それにボルドー古来のカルムネール種に、シラーとムールヴェドルという地中海種をブレンドしたことにある。

コヤムはボルドーの優美さと、地中海の艶美さを融合させることに成功した。そしてその味わい深い果実味はチリ・ワインそのものであり、強いミネラルはビオディナミの贈り物である。MW

$ $ $ 　飲み頃：2018年まで

追加推薦情報

その他の偉大なヴィンテージ

2001 ・ 2002 ・ 2004 ・ 2005

ヴィニョドス・オルガニコス・エミリアーナのその他のワイン

ノヴァス・カベルネ・ソーヴィニョン、ノヴァス・カルムネール・カベルネ・ソーヴィニョン

チリ・セントラル・ヴァレーの肥沃な谷底と、乾燥した丘

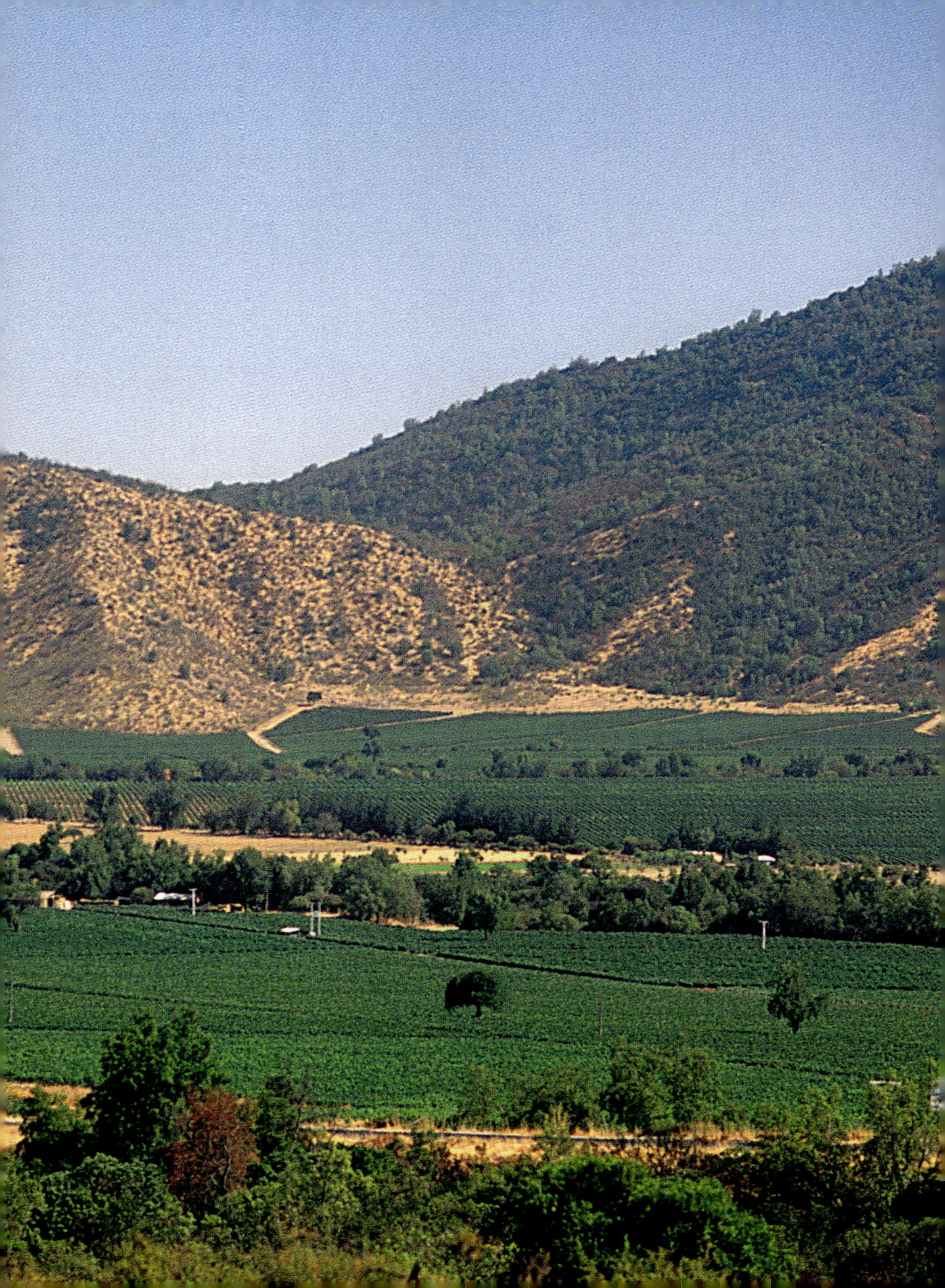

Roberto Voerzio
Barolo Cerequio 1999

ロベルト・ヴォエルツィオ
バローロ・チェレクィーオ 1999

産地 イタリア、ピエモンテ、ラ・モッラ
特徴 赤・辛口、アルコール度数14度
葡萄品種 ネッビオーロ

　ロベルト・ヴォエルツィオは古いものと新しいものの中間で舵を切っている。彼の最大のこだわりは、葡萄畑での丹念な手入れである。葡萄の樹1本につき4房しか実らないようにしているため、非常に凝縮されたフレーヴァーを持つワインが生まれる。発酵は各畑の土壌、見立て、微気候に応じて2週間から30日かけて行われる。

　まさにそこが問題なのである。結局のところ、テロワールはワインメーカーよりも、そしてさらに品種よりも重要である。それこそが、ロベルトの造るバルバラ・ダルバ・リゼルヴァ・ポッツォ・デル・アヌンツィアータ——いわゆる二流品種のバルベーラの古木であるにもかかわらず、ラ・モッラの最上の畑から生まれたもの——が示していることなのである。もちろん、ネッビオーロは一流品種であり、ラ・モッラは最も瑞々しく、しなやかなバローロの故郷である。そしてそれを最も端的に象徴しているのが、ロベルトの、艶やかに、豊潤に実った1999ヴィンテージのチェレクィーオなのである。

　この魅惑的なワインは、精妙な香りを持ち、なめし革のような肉感的なアロマがあるが、バラ、トリュフの微香もある。口一杯に、モレロ・チェリーと自然な風味のオークが広がり、豪華で豊饒な質感が感じられ、最後にワインの花が開くような輝かしいフィナーレが訪れる。**ME**

🍷🍷🍷🍷 飲み頃：2020年過ぎまで

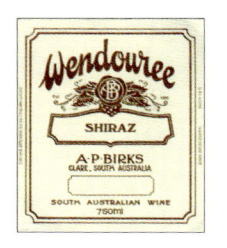

Wendouree
Shiraz 2000

ウェンドウリー
シラーズ 2000

産地 オーストラリア、南オーストラリア、クレア・ヴァレー
特徴 赤・辛口、アルコール度数13.5度
葡萄品種 シラーズ

　オーストラリア・ワインのカルト伝説の1つであるウェンドウリーは、メーリング・リストを通じてのみ購入可能であるが、それはもうずっと前から完全にふさがっている。時々、セカンド・マーケットに出てくることはある。その畑に最初に葡萄樹が植えられたのは1892年で、現在のオーナーであるトニー・ブラディがそれを購入したのは、1974年である。彼はその時、葡萄栽培もワイン造りもまったく経験がなかった。しかし幸いなことに、ワインメーカーがそのまま引き続き7年間残留してくれ、その間に妻がワガワガでワイン醸造学の学位を取ってきた。

　いろいろな品種の中で、シラーに最も神経が注がれているが、古くからの伝統に従って栽培されている。シラー2000を6年目に試飲したが、暗く、スパイシーで、引き締まった香りがした。口に含むと、魅惑的な凝縮感と愛らしい新鮮さが、豊潤に熟した果実味とバランスを取り、スパイシーな構造と酸もしっかりしていた。これは計り知れない潜在能力を持ったワインで、無限といってよいほどの長熟の可能性を持つ。**JG**

🍷🍷🍷 飲み頃：2030年過ぎまで

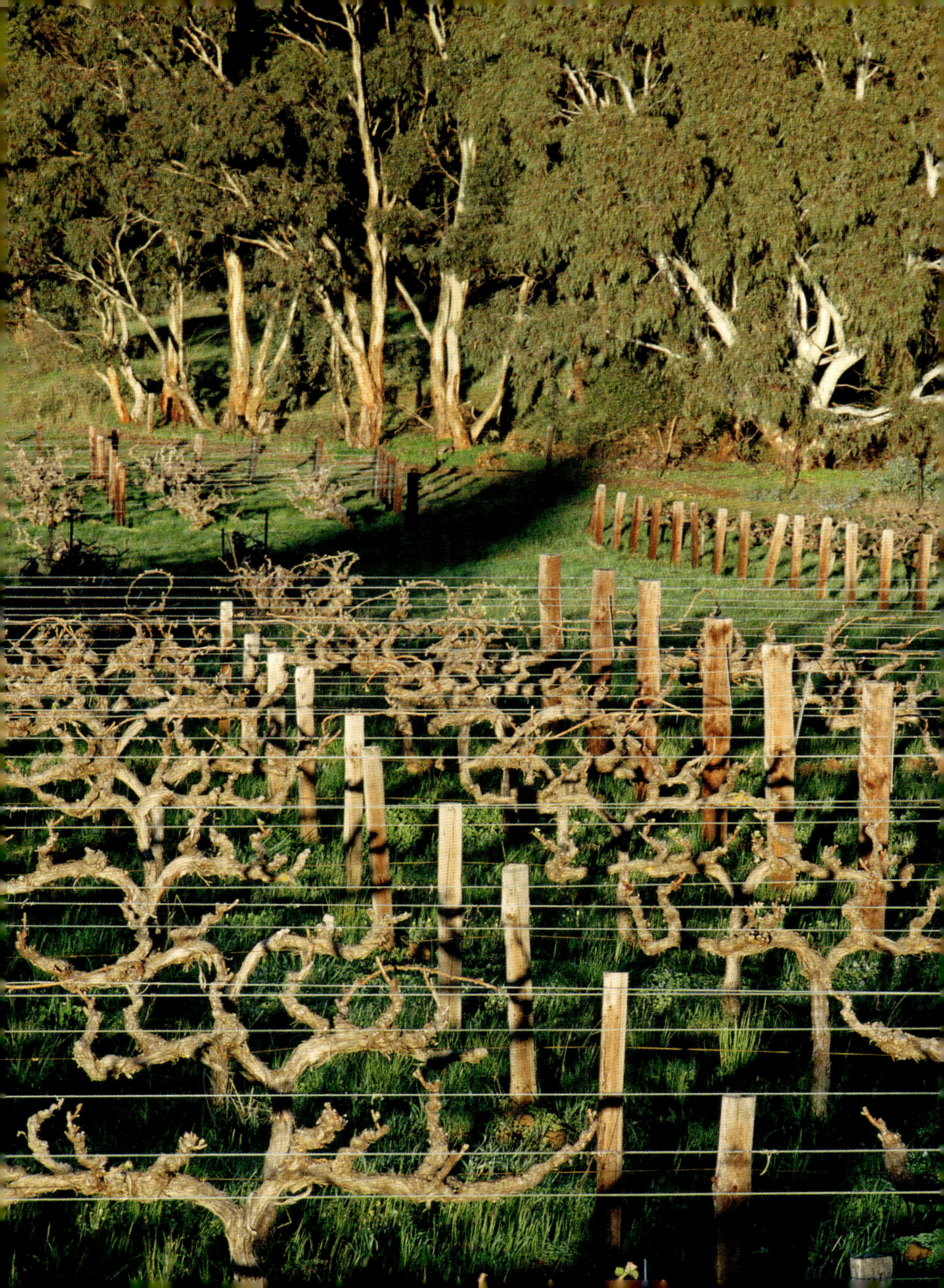

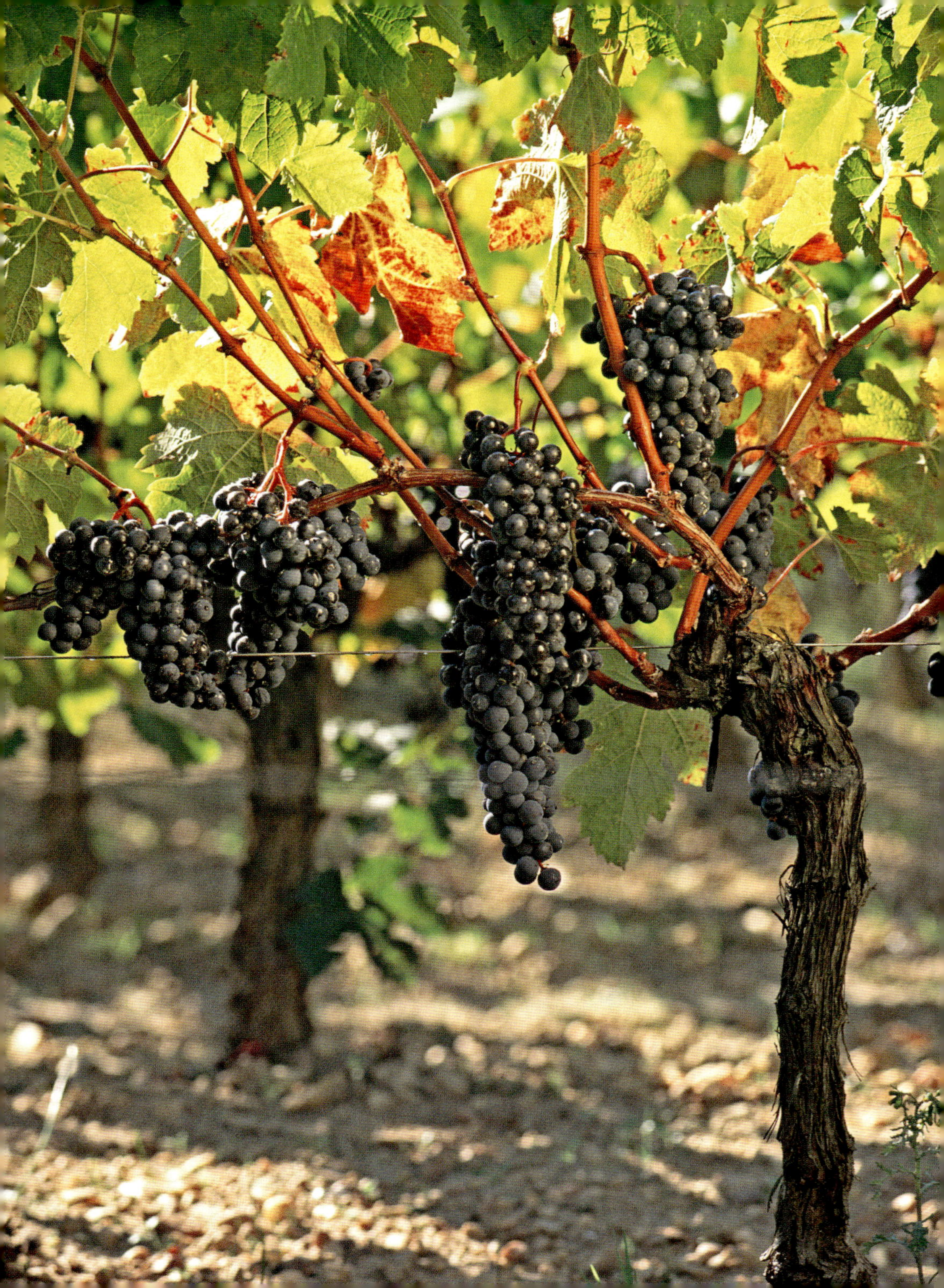

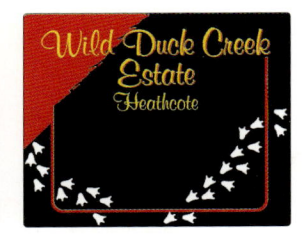

Wild Duck Creek
Duck Muck 2004

ワイルド・ダック・クリーク
ダック・マック 2004

産地 オーストラリア、ヒースコート
特徴 赤・辛口、アルコール度数17度
葡萄品種 シラーズ

　ダック・マックの創生は1994ヴィンテージである。その年、数列のシラーズが摘み取られないまま残されていた。発酵槽が一杯だったからである。2週間後、アンダーソン（あだ名はダック）と、友人でありワインメーカーの同僚であったデヴィッド・マッキーはたまたまこれらの葡萄樹に目が留まった。糖度を計ると17.5度ボーメあり、酸は8g/ℓであった。その葡萄からできたワインの樽に、マッキーは"ダック・マック"と書き付けた。そのワインは友人に配られただけであったが、すぐに神話となった。

　この偶然生まれたヒーローは、オーストラリアの最も風変わりなトップ・ワインとなっている。まず驚かされるのは、アルコール度数の高さである。それは17度まで達しているが、それでいてバランスが崩れていないのは、果実味がそれに均衡するだけの凝縮感と、芳醇さを持っているからである。実は最近、ワイルド・ダック・クリークのアルコール度数は少しずつ落ち続けており、アンダーソンはそれがさらに進むことを熱望している。そのわけは、葡萄がレーズン化することなしに糖分濃度をぎりぎりまで上げれる線を狙っているからである。高い糖度での高い酸というのが、ヒースコートの葡萄の特長である。

　ダック・マックのスタイルは、贅沢な芳醇さと肉感的な魅力、ポートとは異なるニュアンスの甘い果実、元気が良くしなやかなタンニン、そしてこのワインの生命線である大切な酸に守られた新鮮さである。**HH**

🍷🍷🍷🍷　飲み頃：2024年まで

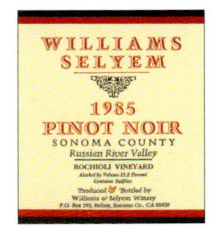

Williams Selyem
Rochioli Vineyard Pinot Noir 1985

ウィリアムズ・セリエム
ロッキオリ・ヴィンヤード・ピノ・ノワール 1985

産地 アメリカ、カリフォルニア、ソノマ・カウンティ
特徴 赤・辛口、アルコール度数13.5度
葡萄品種 ピノ・ノワール

　バート・ウィリアムズとエド・セリエムが1970年代後半にワイン造りを始めたのは、単なる趣味としてであったが、そのワインはたちまち最初のU.S."カルト"ピノ・ノワールとなった。それ以降、ウィリアムズはワイン造りの腕を磨いてきた。

　厳しい剪定がこのワインの凝縮の秘密である。発酵前低温浸漬の過程で、ワイナリーに自生している数種の酵母が発酵を始め、5〜6日間の発酵期間中、毎日2〜4回のピジャージュ（櫂入れ）を行った。発酵が完全に終わった段階で果醪はプレスされ、マロラクティック酵母を接種されて、澱下げされた。フリーラン（プレスしないで）を詰めた樽には、プレスした果汁が補填された。

　ウィリアムズ・セリエムがロッキオリのウェスト・ブロックの葡萄を使ったのは1985〜1997年の間であったが、その最初の年、そのワインはカリフォルニア州主催の大会で、"ワイナリー・オブ・ザ・イヤー"に選ばれ、スポットライトを浴びた。その後の12年間を通じてこのワインは、カリフォルニアで最も優秀なピノ・ノワールを産出する畑としてのウェスト・ブロックの地位を不動のものにしていった。1985年は彼らがガレージでワイン造りを行った最後のヴィンテージで、それはその後のルシアン・リヴァー・ヴァレー・ピノ・ノワールの基準となった。凝縮され、豊かなフレーヴァーを放ち、優美で甘い果実味とヴェルヴェットのような質感を持つワインといえる。**LGr**

🍷🍷🍷　飲み頃：2010年過ぎまで

ワイルド・ダック・クリークのスプリングフラット・ヴィンヤードの熟したシラーズの房

Wynn's *Coonawarra Estate John Riddoch Cabernet Sauvignon* 2004
ウィンズ　クナワラ・エステート・ジョン・リドック・カベルネ・ソーヴィニョン 2004

産地 オーストラリア、南オーストラリア、クナワラ
特徴 赤・辛口、アルコール度数14度
葡萄品種 カベルネ・ソーヴィニョン

　オーストラリアにヨーロッパ流のテロワール重視のワイン造りを普及させた功績を誇る地区があるとするなら、それはクナワラ——テラ・ロッサという名で知られている赤いローム層の土壌を特徴とする細長いひと続きの葡萄畑地帯——であろう。この地区で他を圧倒している品種がカベルネ・ソーヴィニョンである。それはボルドー・スタイルのカシス果実の純粋さを持っている反面、移り気でもある。時に揮発性があり、時にスパイシー、またバルサミコ風のアロマを持つこともある。

　ウィンズのジョン・リドック・カベルネ・ソーヴィニョンは、1982年にはじめて造られた特選ワインで、ヴィンテージの状態が良い時だけに、最高に熟した1％のカベルネだけを使って造られる。フランス産オーク樽でおよそ2年間熟成される、ピッチのように暗い色をしたその液体は、その後も壜の中でゆっくりと熟成していくように造られたワインである。

　2004年のカベルネは成熟が遅く、いつもより遅れて摘果された。ワインは、新樽、1年樽、2年樽の3種類の樽で、20ヵ月間熟成させられた。若い時、色はイカ墨インクのような暗い色で、プラム、ブラックベリー、芳醇なカシスの香りは、まだぐずぐずしていて出たがらないようであった。将来の可能性は、厳しいがよく熟したタンニンの鉄のカーテンの背後にまだ隠されているようであった。口に含むと、ミントの香りが最初に現れ、その後紫色の果実の巨大な塊が湧昇してくる。チョコレートのような豪華なあと口が残り、それはこのワインが成熟していく中でさらに発展させていくものを予告している。SW

🅢🅢🅢 飲み頃：2009～2025年

追加推薦情報
その他の偉大なヴィンテージ
1982・1990・1993・1997・1998
クナワラのその他のカベルネ
ホリック・レーヴェンズウッド、ハンガーフォード・ヒル、カトヌック・エステート、パーカー・エステート、ペンリー・エステート、ヤルンバ・ザ・メンジーズ

ウィンズ・ワイナリーのオークの新樽とステンレス・タンク

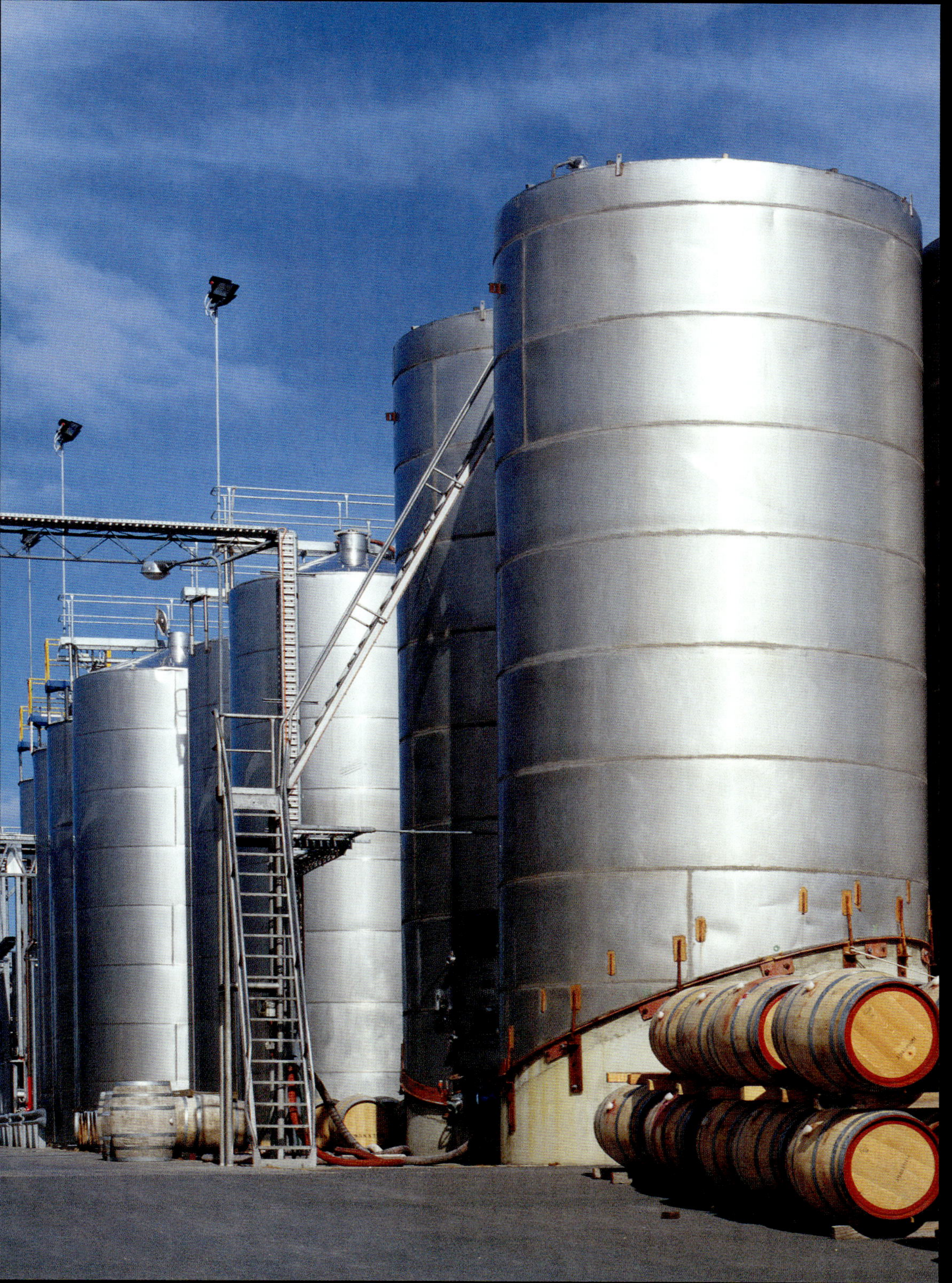

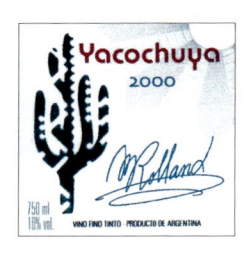

Yacochuya de Michel Rolland
2000

ヤコチューヤ・デ・ミシェル・ロラン
2000

産地 アルゼンチン、カルチャキー・ヴァレー、カファヤテ
特徴 赤・辛口、16％
葡萄品種 マルベック90％、カベルネ・ソーヴィニョン10％

　1988年にアルナルド・エチャートはミシェル・ロランをコンサルタントに招いたが、それ以降2人は固い友情で結ばれることになった。1996年にエチャート・ワイナリーはペルノ・リカールから多額の支援を受けることになるが、その前にすでに2人は、サン・ペドロ・ヤコチューヤというワイナリーを共同で立ち上げることに決めていた。そしてこのワイナリーから最初に生まれたワインが、ヤコチューヤ2000と、軽い仕上がりのセカンド・ワイン、サン・ペドロ・ヤコチューヤであった。

　灰色の乾燥した岩に囲まれたこの畑は、部分的に段々畑になっており、それにより潅漑用の溝を設けることが可能となっている。標高の高さと、雲母を多く含む土壌が合わさって、完熟した、ほとんどレーズン状態に近い強烈な果実味の葡萄がロランに与えられる。そのためワインは、ロランのトレードマークである果皮の上での1ヵ月間に及ぶマセラシオンと、フランス産新オーク樽による15ヵ月の熟成が可能となる。

　ロランの好む"抽出の強い"ワイン造りは、アルゼンチンのこの高地で理想の姿を見出したといえる。強烈な光と熱はタンニンに、ボルドーでは不足していた溌刺さと可鍛性を与え、ロランは思う存分腕を振るっている。**MW**

🍷🍷🍷　飲み頃：2015年まで

Yalumba
The Octavius 1998

ヤルンバ
ジ・オクタヴィウス 1998

産地 オーストラリア、南オーストラリア、バロッサ・ヴァレー
特徴 赤・辛口、アルコール度数14.5度
葡萄品種 シラーズ

　ヒル・スミス家が所有するヤルンバは、個人経営のワイナリーとしては、オーストラリアで最も成功しているものの1つであろう。ワインは、大ヒットしたスパークリング・ワインのアンガス・ブリュットから、本格派ワインのオクタヴィウスまで幅広いレパートリーを揃えている。

　1990年に初めてリリースされたこのワインは、バロッサで最も古い数カ所の葡萄畑の葡萄を使い、ワインの量に対する表面積の割合が通常よりも高い80ℓ入りのアメリカ産オークを使った樽"オクターヴズ"で熟成させる。この独特の形状をした樽は、実はこのヤルンバで作成されているもので、ヤルンバは自家製の樽を使っている数少ないワイナリーの1つである。ミズーリ産の板材は8年間屋外に放置され、雨、風、太陽に曝されると、オークの好ましくないフレーヴァーが抜け、予想するほどオークの影響を受けないワインが生まれる。

　2005年に行われたラングトンの格付けで、オクタヴィウスははじめて"アウトスタンディング"の仲間入りを果たした。温暖であった1998ヴィンテージは、オクタヴィウスのまろやかさに良く表現され、2007年に開かれた"ワールド・オブ・ファイン・ワイン"のバロッサ・シラーズの部で最優秀賞を獲得した。バロッサで最も多くの歓呼に迎えられたワインとなった。**SG**

🍷🍷🍷　飲み頃：2012年過ぎまで

Yarra Yering
Dry Red Wine No. 1 1990
ヤラ・イエリング
ドライ・レッド・ワインNo.1 1990

産地 オーストラリア、ヤラ・ヴァレー
特徴 赤・辛口、アルコール度数13.5度
葡萄品種 C・ソーヴィニョン、メルロ、マルベック、プティ・ヴェルド

　創立者であり、栽培家兼醸造家であるドクター・ベイリー・カローダスは、一風変わった興味深い人物で、多くの偉大なワインを生み出してきたオーストラリア・ワイン界の本流を外れたところを、自分自身のボートで闊達に漕ぎ回っている。彼は自分が何を欲しているのか、それを達成するには何から始めれば良いかを知っている人間である。

　カローダスは1969年にヤラ・イエリングに葡萄樹を植え、いまそれは成熟の高みに達しようとしている。ワインはすべてこの自社所有の74haの畑から生まれる。土壌は深いシルトのローム層で、その下に粘土があり、砂礫の帯が通っている。葡萄樹は北向きの斜面で乾式農法で育てられ、針金1本だけの格子で植密度は高く、収量は低い。

　なぜこのワインは、ドライ・レッド・ワインNo.1（ちなみに彼のシラーズの最高級品はドライ・レッド・ワインNo.2である）なのだろうか？　カローダスはこう答える。「ワインの造り方やブレンドを変えても、ラベルを作り変える必要がないからさ。」ドライ・レッド・ワインNo.1 1990は、カベルネをベースにした、非常に優美で、質感の細やかな、バランスの良いワインである。ヒマラヤ杉や煙草のブーケがあり、ミディアム・ボディで、エレガンス、バランスが取れ、輪郭がはっきりしていて、長く味わえる。ヴィンテージの18年後に試飲したが、あと少なくとも10年は熟成を続けると感じた。**HH**
❸❸❸　飲み頃：2018年まで

Alonso del Yerro
María 2004
アロンソ・デル・イエロ
マリア 2004

産地 スペイン、リベラ・デル・ドゥエロ
特徴 赤・辛口、アルコール度数14度
葡萄品種 ティンタ・デル・パイス（テンプラニーリョ）

　ドミニオ・デ・アタウタを始めとする数人の生産者とともに、アロンソ・デル・イエロも"ボデガス・ブティック"という概念を体現している――家族経営で、非常に精巧に造られた限定ワインを造りだすワイナリー。その新しい概念は、リベラ・デル・ドゥエロから周囲に広まっていった。アロンソとマリア・デル・イエロにとって、キャリアを捨て、ブルゴス県のロア村でワイン造りを始めることは、投資ではなく、生き方の選択であった。それゆえ彼らが、ボデガの横に自宅を建て、彼らの最高級ワインに娘と同じマリアという名前を付けたのは、そしてピレネー山脈を越えてステファン・ドゥルノンクールを説得しコンサルタントになってもらったことは、至極当然の成り行きであった。

　彼らは2003年から、2種類のワインを造っている。ベーシック・ワインのアロンソ・デル・イエロと、意欲的な自信作マリアである。どちらも合わせて5haにしかならない区画で育つ葡萄を使い、毎年10,000～15,000ボトルをリリースしている。マリア2004はこれまでで最高の出来である。力強い赤ワインで、深いチェリー色をし、アロマと味わいは強烈で、熟した黒い果実、香木、黒鉛、ピートの香りが広がり、口に含むと、きわめて均整の取れたフル・ボディで、タンニンは滑らか、そして長い余韻が続く。**JMB**
❸❸❸　飲み頃：2015年まで

Fattoria Zerbina
Sangiovese di Romagna Pietramora 2003

ファットリア・ゼルビーナ
サンジョヴェーゼ・ディ・ロマーニャ・ピエトラモーラ 2003

産地 イタリア、エミリア・ロマーニャ、ファレンザ
特徴 赤・辛口、アルコール度数15度
葡萄品種 サンジョヴェーゼ97％、アンチェロッタ3％

　ボローニャの真東、アペニン山脈の麓に広がる40haの祖父の畑で、1987年から葡萄樹の世話をしているのは、クリスティーナ・ジェミニアニである。醸造学の学位で武装し、地元の伝統に囚われない自由な精神の持ち主であるクリスティーナは、ほとんど目立った伝説もない平凡な地域で、本格的なサンジョヴェーゼを造り始めた。サンジョヴェーゼの最も新しいクローン──いくつかは自分のエステートのもの──で、葡萄畑を全面的に植え替えたクリスティーナが目指しているものは、この地でこれまで見ることがなかった凝縮感を出すため、葡萄樹を低収量にすることであった。その厳しいやり方は、この地では初めてのことであったが、その正しさはすぐに証明された。

　彼女のピエトラモーラの最初のヴィンテージは1985年で、それ以来最上のヴィンテージの時だけ、エステートの中央を走る粘土と石灰岩の尾根に広がる最も古い畑の古木から採れる葡萄だけを使用して造られる。3週間のマセラシオンは、ワインに深みのあるフレーヴァーと絹のようなタンニンを付与し、新樽比率70％のフランス産オーク樽での1年間の熟成によって、偉大なサンジョヴェーゼの特性である複雑な香辛味が生まれる。

　ピエトラモーラはイタリア・ワインの限りない可能性を顕著に思い起こさせる1本である。それはワインよりもプロシュット（生ハム）やパルミジャーノ（チーズ）で有名なこの地でも、素晴らしく洗練されたワインができることを証明した。高収量、不適切な仕立て、粗雑な醸造によって、これまでエミリア・ロマーニャはピエモンテやトスカーナの後塵を拝していたが、この秀逸なサンジョヴェーゼはこれらすべてを変える力を持っている。**MP**

🍷🍷🍷🍷　飲み頃：2010～2015年

カステッラ・ルクアートの城砦の下に広がる
エミリア・ロマーニャの葡萄畑 ➡

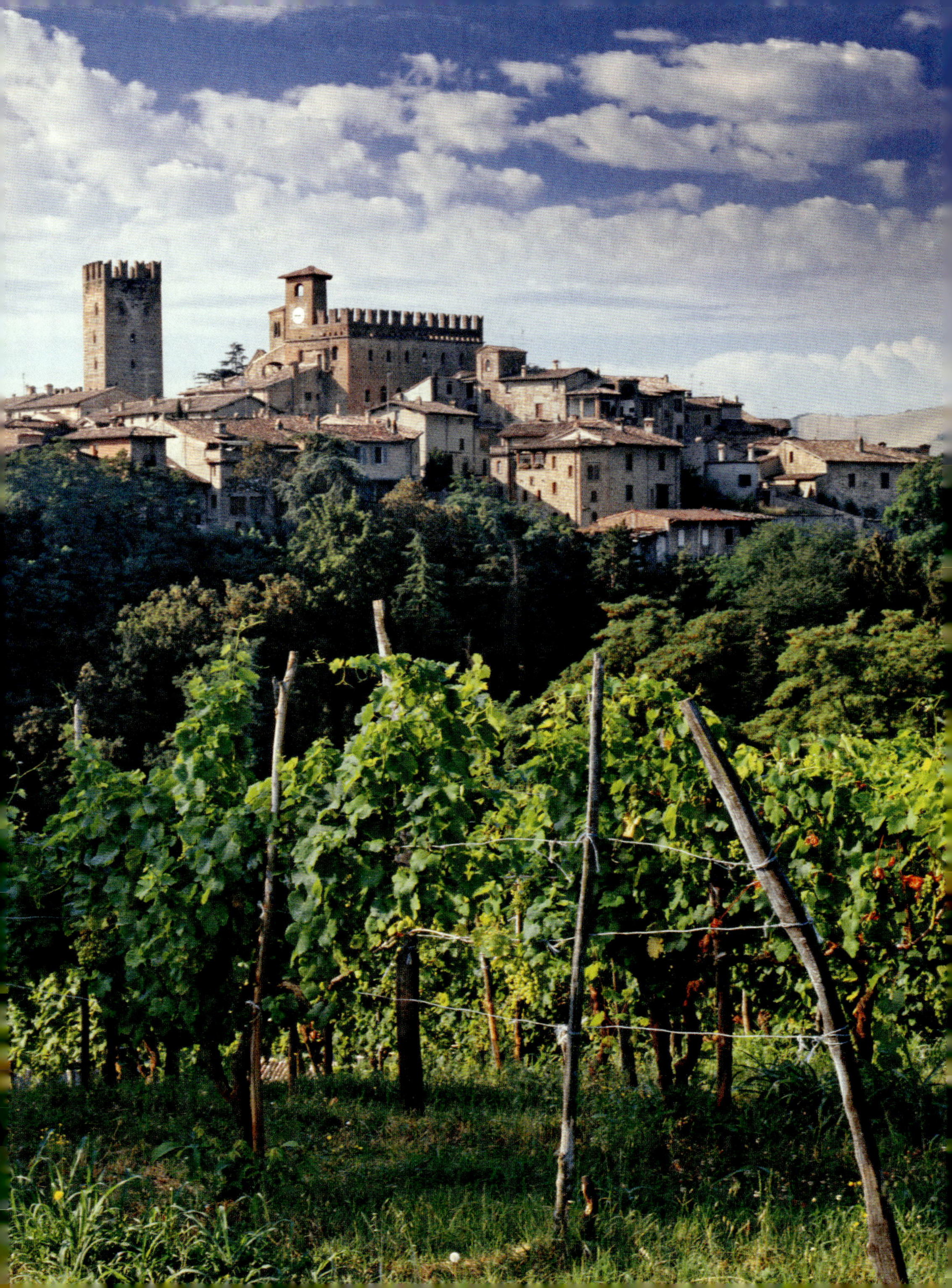

A·R·VALDESP[...]

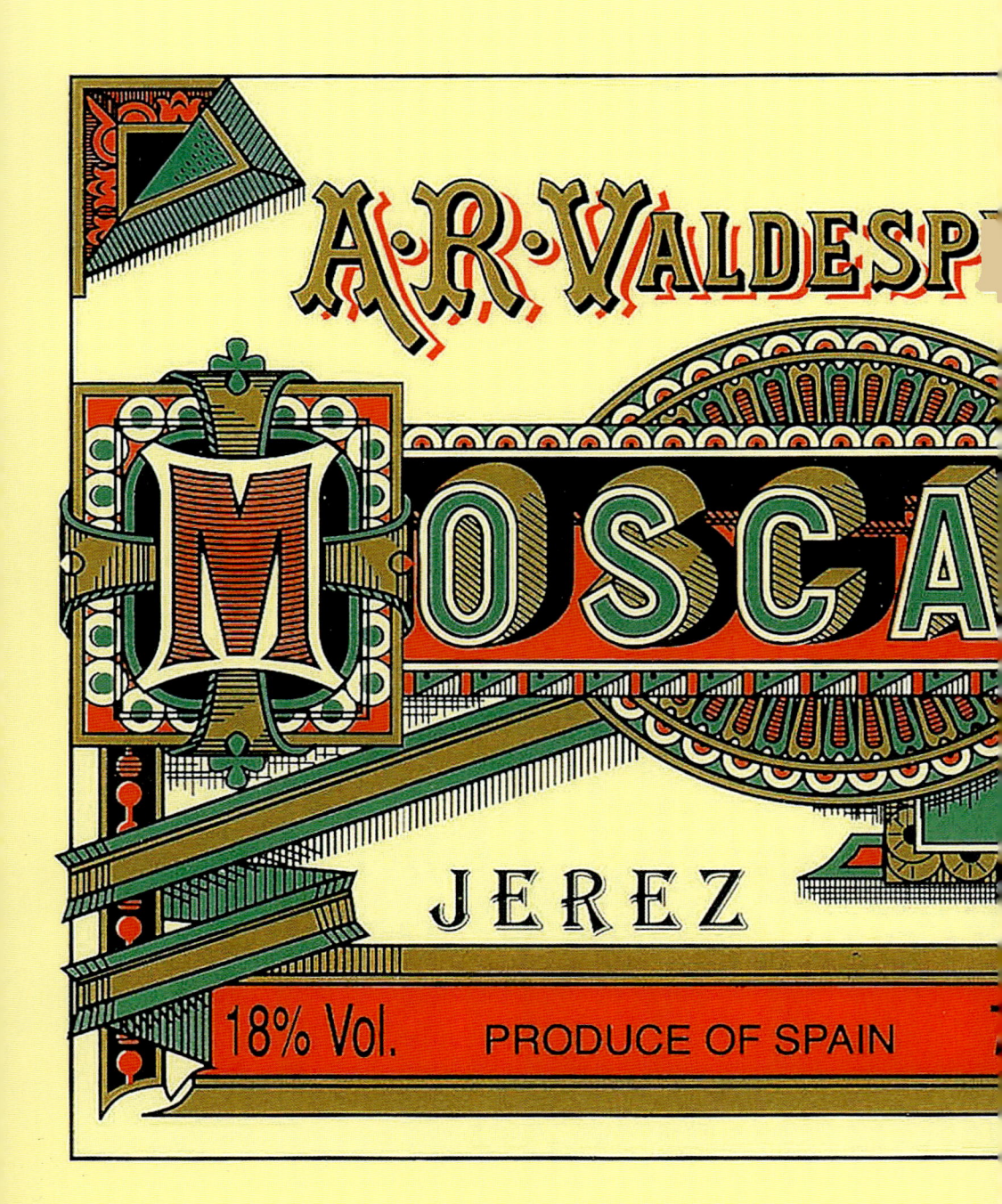

MOSCA[...]

JEREZ

18% Vol.   PRODUCE OF SPAIN

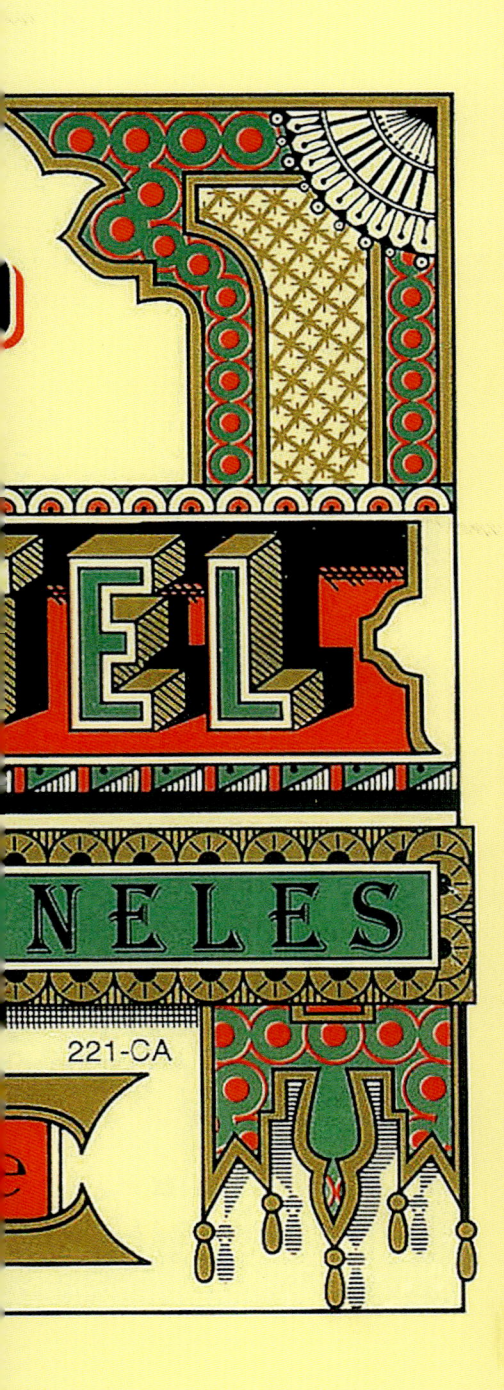

Fortified *Wines*

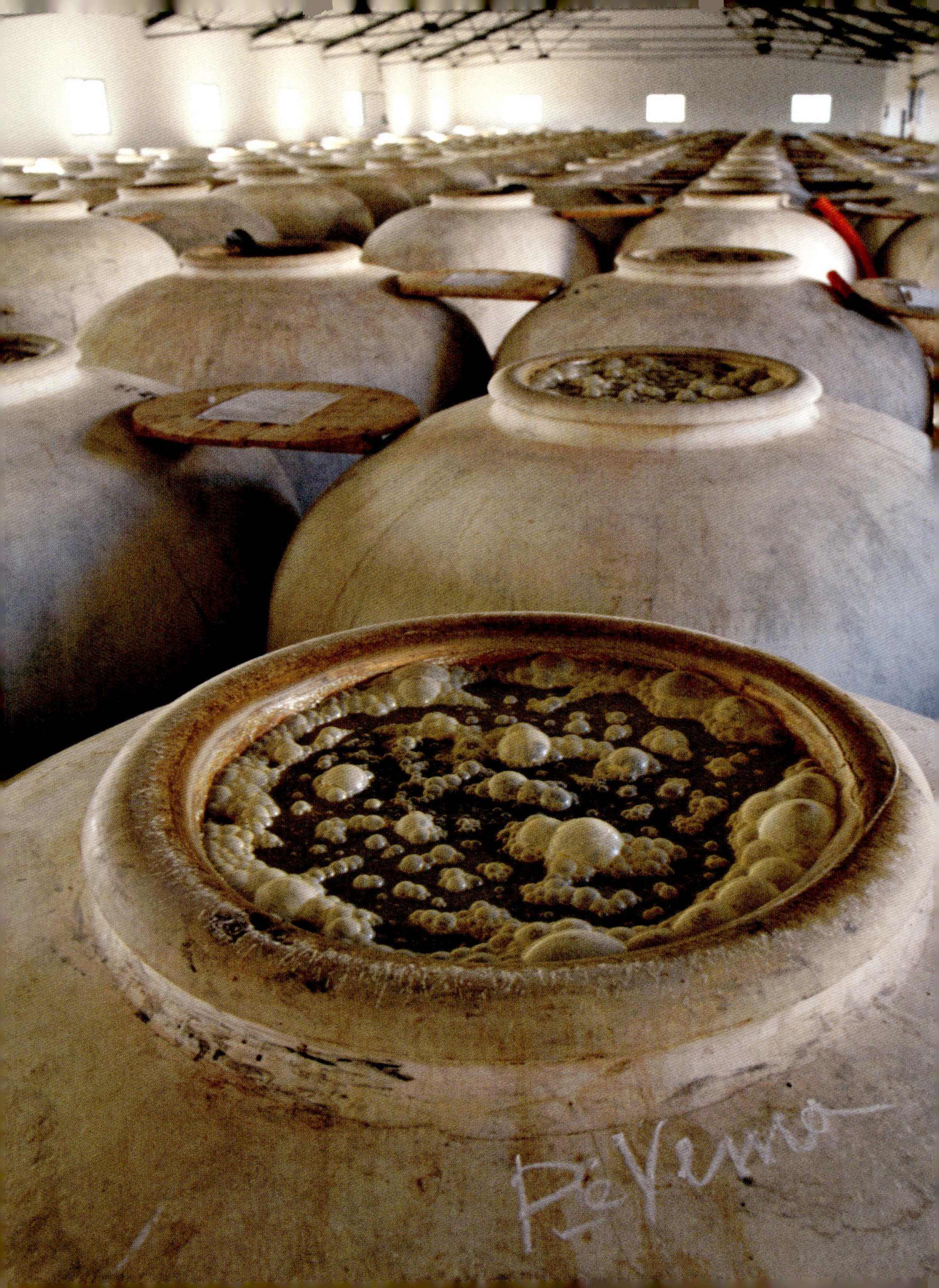

Alvear *Pedro Ximénez 1830 Solera Montilla*

アルヴェアル
ペドロ・ヒメネス・1830 ソレラ・モンティーリャ

産地 スペイン、モンティーリャ・モリレス、モンティーリャ
特徴 アルコール度数11.5度
葡萄品種 ペドロ・ヒメネス

　ボデガス・アルヴェアルの歴史は古く、17世紀にスペイン北部カンタブリア地区からやってきたディエゴ・デ・アルヴェアル一家がモンティーリャに定住したのが起こりとされる。最も古い文書によると、この地でワイン醸造が始まったのは1729年で、一家はそれ以来家族経営を続け、現在も単独所有の畑で採れる葡萄からワインを造っている。

　すべてのアンダルシアの名家と同様、アルヴェアルの質の高さは、輝かしい伝統と匠の技のバランスの上に成り立っている。ワイン造りを率いているのは、アンダルシア・ワインの伝統を体得しているベルナルド・ルセナである。

　アルヴェアル1830ペドロ・ヒメネスは非常に古い、稀少なワインで、ソレラを構成する3つの樽に、わずかに1,500ℓあるだけである。2000年の終わりにリリースされると、この高貴なワインは、愛好家からも評論家からも未曾有の賞賛を浴びた――注文が殺到したが、ソレラを希釈させないように、販売がしばらく中断させられたほどであった。その間、別のペドロ・ヒメネス・ワイン――ソレラ1910とソレラ1920――がリリースされ、どちらも高い質を持っていたが、やはり長兄のソレラ1830の深みと精妙さにはかなわなかった。JB

🍷🍷🍷🍷 **飲み頃：**リリース後少なくとも50年間

← 空気に曝されながらティナハス（発酵甕）で発酵しているボデガス・アルヴェアルのワイン。

Argüeso *San León Reserva de Familia Manzanilla*

アルグエソ
サン・レオン・レセルヴァ・デ・ファミリア・マンサニーリャ

産地 スペイン、サンルカール・デ・バラメーダ
特徴 アルコール度数15度
葡萄品種 パロミノ・フィノ

　他の多くのボデゲロス（醸造家）同様に、スペイン北部生まれの商人であったレオン・デ・アルグエソは、1822年にこのボデガを開いた。彼は彼のマンサニーリャに自分の洗礼名をつけ、サンルカール・デ・バラメーダの偉大なワインの1つを造り続けた。

　伝統的な方法でマンサニーリャ・パサーダ（古酒）として壜詰めされたサン・レオンは、ワイン鑑定家から高く評価されている。アルグエソ家が2000年の初めに、わりと新しい、やや深みにかけるワインとともに、この本物のサン・レオン・レセルヴァ・デ・ファミリアを同時にリリースしてくれたことに敬意を表したい。

　マンサニーリャ・サン・レオン・レセルヴァ・デ・ファミリアは、サンルカールの中心に位置する冷房設備の整ったボデガ・サン・ファンに貯蔵された平積みの44基の樽から抜き出される。抜き出しは毎年春と秋の2回だけ行われ、抜き出された分の同量が、6段のソレラ・システムに積まれた877個のマンサニーリャ・サン・レオン・クラシカの樽の最下段のソレラから補填される。ワインの真の味わいを損ねないように、壜詰め前の清澄とろ過は軽めに行われる。熟成されたサン・レオン・レセルヴァ・デ・ファミリアは、ボディも香りも、正真正銘のマンサニーリャ・パサーダである。JB

🍷 **飲み頃：**リリース後3年間

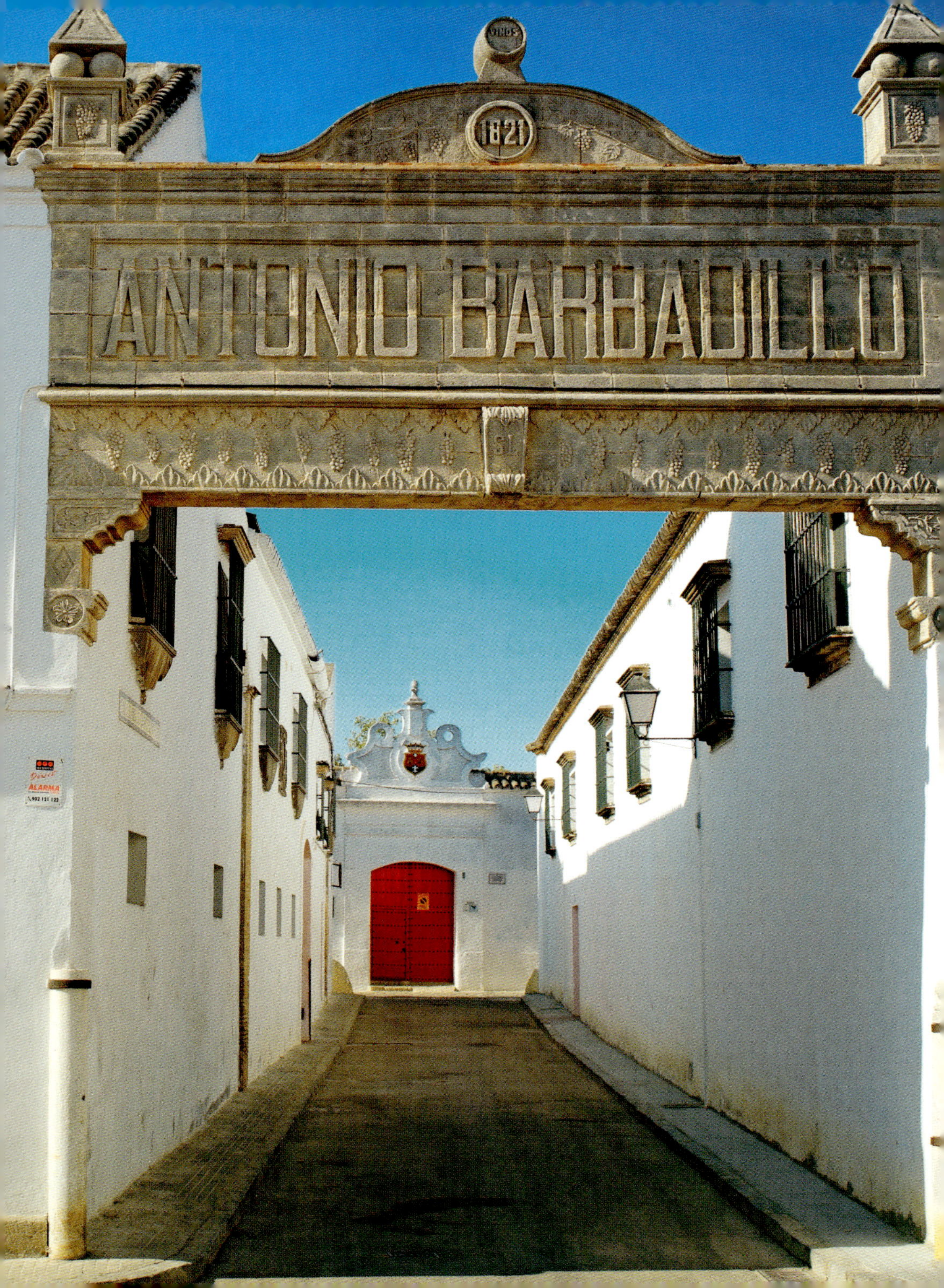
VINOS
1821
ANTONIO BARBADILLO
SL
ALARMA

Barbadillo
Palo Cortado VORS Sherry

バルバディーリョ
パロ・コルタド・VORSシェリー

産地 スペイン、サンルカール・デ・バラメーダ
特徴 アルコール度数22度
葡萄品種 パロミノ・フィノ

　バルバディーリョは1821年、北部スペイン山岳地帯出身の実業家のグループによって設立された。（アルヴェアル、イダルゴ・ラ・ヒターナ、エミリオ・イダルゴ、アルグエソ、ラ・ギータなどの他のアンダルシアのボデガも同様の経緯で誕生。）同社の醸造工場は、サンルカール・デ・バラメーダのバリオ・アルト地区にあり、大きな敷地を持つ。バルバディーリョのオーナーの努力もあって、カスティーリョ・デ・サン・ディエゴの歴史的地区は現在もよく昔の姿を伝えている。この町の他の地区では、過去数十年の間に多くのボデガが消えていき、新しいビルが立ち並んでいる。この町を訪れる観光客は、このような遺産の大規模な消失が、ワイン・セラーなどの歴史的建造物を守るべき当局自身の手によって公然と行われていることに唖然とさせられる。

　バルバディーリョの製品の中で、4つのブランドが公式にVORSに格付けされているが、VORSというのは、ヴェリィ・オールド・レア・シェリーの略で、30年以上熟成させられたものだけに許されている。その4ブランドは、アモンティリャード、オロロソ・セコ、オロロソ・ドゥルセ、そしてパロ・コルタドである。最初の3ブランドも注目に値するが、パロ・コルタドがその本物の味わい、強い個性でひときわ輝いている。そのすべてが、長い時間と惜しみない手間を物語っており、グラスの縁は深い緑がかった色で、香りは正真正銘の非常に古いパロ・コルタドそのものである。複雑で、清澄、強烈で、オレンジの皮の微香もある。口に含むと、フル・ボディで、酸は心地良く、長い凝縮の歳月を想起させる。そして最後に、古酒だけが持つ長い印象的な余韻が続く。**JB**

🍷🍷🍷 飲み頃：リリース後少なくとも30年間

Barbeito
20 Year Old Malmsey Madeira

バーベイト
20イヤー・オールド・マルムジー・マデイラ

産地 ポルトガル、マデイラ
特徴 アルコール度数20度
葡萄品種 マルヴァージア

　バーベイトは現在も商売を続けているマデイラのシッパー（フランスのネゴシアンにあたる）の中では最も新しく、また最も革新的である。島内にある他の5つのシッパー同様に、バーベイトの主な商売はワインを大量に買い付け、販売することであった。1990年に、にわかに売り上げが半減し、会社は苦境に立たされたが、創立者の孫に当たるリカルド・ディオゴが当主になると、質を重視した経営に転換し、日本の木下家からの資金援助を受けて建て直すことができた。木下家は1991年にバーベイト社の共同経営者となった。

　会社は3つの地域を統括し、それぞれの地域から特色ある古酒を造り出している。エストレイト・デ・カマラ・デ・ロボスのアデガ（ワイナリー）は、最も冷涼な場所にあり、美味しく優しいワインを造っている。フンシャルのレイズ・ホテルの隣にある崖の上のワイナリーからは、より凝縮された、強いワインが生み出されている。そして、フンシャルの中心地の坂の上にある一家のワイナリーからは、最も強く、最も芳醇なマデイラが造り出されている。

　バーベイト・20イヤー・オールド・マルムジーは、非常に洗練されたブレンド・ワインである。単一年に生まれたワインは、大樽で20年以上熟成させて初めて"ヴィンテージ"を名乗る資格を得る。少量を壜詰めしたバーベイト・20イヤー・オールドは、華麗で、現代的で、異彩を放っている。琥珀色で、グラスの縁のほうではオリーヴの緑色に輝き、格調高いバルサミコのアロマがあり、ヴァニラも感じられる。芳醇で、精妙、そして繊細なマデイラである。マルメロの実に似た甘さと、ピリッとした酸が良く調和し、心地よい灼熱のフィニッシュが訪れる。究極の均衡を有するワインです。**RM**

🍷🍷🍷 飲み頃：2020年過ぎまで

Barbeito
Single Cask Colheita Madeira
バーベイト
シングル・カスク・コルヘイタ・マデイラ

産地 ポルトガル、マデイラ
特徴 アルコール度数20度
葡萄品種 マルヴァージア、ブアル

　コルヘイタという範疇がマデイラを再出発させる契機を作った。1998年まで、樽で20年以上熟成されたワインだけが"ヴィンテージ"として壜詰めすることが許され、ラベルにヴィンテージを記載することができた。それらのワインは当然高価で、非常に少量しか造られなかった。しかし1998年に規則が改定された。コルヘイタ・ポルトと違い、コルヘイタ・マデイラは基本的に早めに壜詰めされるヴィンテージ・ワインで、単一品種からできるワインを5年以上樽熟成させて壜詰めされる。マデイラ島のすべてのシッパーがこのスタイルを歓迎するなかで、バーベイトはこのコルヘイタという範疇をさらに一歩進め、単一の番号を打たれた樽から造られる数量限定のボトルを出すようにした。500mℓのボトルで約1,000本ずつ、マルヴァシア・カスク・21c・1992、同・18a・1994、同276・1994、ブアル・カスク・80a・1995、マルヴァシア・カスク・81a・1995が相次いでリリースされ、すべてが大好評であった。

　これらのバーベイト・シングル・カスク・コルヘイタは、それぞれ独自の個性を持っているが、多くの共通点も有している。色はかなり薄く（ワインメーカーのリカルド・ディオゴは色付けのためのカラメルの使用を控えめにしている）、表現力が豊かで、澄明で新鮮、上質のコニャックの切れ味を有している――ブアルやマルムジーとして出された以前の色の濃い、粘液状のブレンド・ワインとは違う世界を体現している。フランス産オークの新樽を使った熟成に由来する強いヴァニラ香のするものもある。裏ラベルに各ワインの出生の記録が載っているが、単一葡萄畑から生まれたものもある。バーベイトのシングル・カスク・コルヘイタはすでにカルト的な愛好者を生み出している。最新のリリースを探して欲しい。RM

🍷🍷 飲み頃：2025年過ぎまで

Barbeito
Terrantez Madeira 1795
バーベイト
テランテス・マデイラ 1795

産地 ポルトガル、マデイラ
特徴 アルコール度数21度
葡萄品種 テランテス

　ヴィンテージ・マデイラほど持久力のあるワインは他にない。18世紀末に造られたというのに、このワインは依然として力強く、信じられないことだが、まだ販売されている。このワインは、そのオーナーであるバーベイト社が創立された時よりも151年も早く生まれた。元々は、マデイラ島でサトウキビの精製を行っていたヒントン家（ポルトガルにサッカーを伝来させたといわれている）の所蔵であったが、その後有名なマデイラの商人で、コレクターであったオスカー・アキアイオリを経て、1946年にシッピング会社を設立していたマリオ・ヴァスコンセス・バーベイトのものとなった。彼は当時ガラスの大瓶に入っていたこのワインを木の大樽に戻し、1970年代に壜詰めして販売を始めた。

　このワインの稀少価値は、それがマデイラで最も高く評価されていた葡萄であるテランテス種から出来たものであるだけに、なおさらである。この種は18世紀にポルトガル本土から持ち込まれたが、19世紀半ばに、ウドンコ病とフィロキセラという二度にわたる災禍に見舞われた。1920年代まで、テランテスはほぼ絶滅状態にあると報告されていたが、現在幸いなことに、少しずつ復活しつつある。テランテスはうっとりするほど香気に満ちたワイン――アロマに富み、最初は甘味と渋味があるが、カスクで美しく熟成する力がある――を生み出す。

　バーベイト・テランテス1795は今絶頂の時期にあるかもしれない。琥珀やマホガニーの色をして、優しく曇ったアロマがあり、依然として美しく新鮮で、緑茶やジャスミンを想起させる高貴さがあり、ラプサンスーチョン（高級中国茶）の香りもする。切れがよく、辛口にしては侵襲的なフレーヴァーがあり、驚くほど芳醇で、質感に富み、孔雀の羽のような七色の輝きの余韻が残る。RM

🍷🍷🍷🍷 飲み頃：2025年過ぎまで

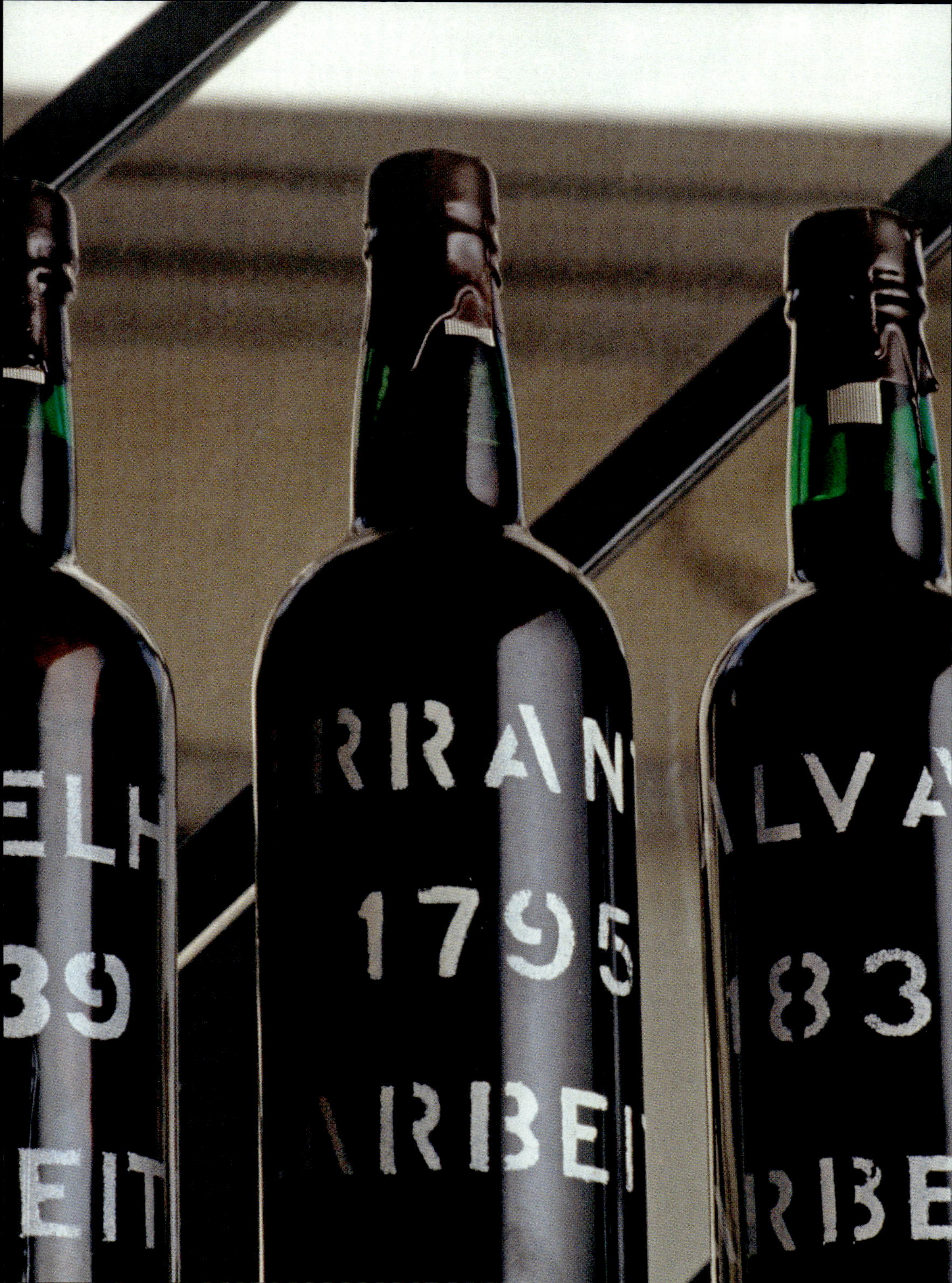
ELH
39
EIT
RRAN
1795
RIBE
LVA
183
RIBE

628 Lᵒˢ

BLANDY'S

VINHOS MADEIRA

Blandy's
1863 Bual Madeira

ブレンディーズ
1863ブアル・マデイラ

産地 ポルトガル、マデイラ
特徴 アルコール度数20度
葡萄品種 ブアル

　英国海軍の操舵手であったジョン・ブレンディーがマデイラ島に最初に上陸したのは、1807年、ナポレオン戦争のときであった。その4年後、彼は再び島を訪れ、会社を設立した。彼の名前は今も会社名として残っている。見事な舵さばきで、彼の会社は19世紀を通じて、採炭、シッパー、銀行業と事業を拡大していった。1850年代と1870年代のウドンコ病、フィロキセラという二度にわたる災禍の中で、会社はさらに勢いを強め、息子のチャールズは他の多くのシッパーが島を去る中、先見の明よろしく彼らの貯蔵ワインを買い集めていった。

　ブレンディーズ・ブアル1863は、1872年マデイラ島を襲ったフィロキセラ危機の前に造られた。1863年は収量は少なかったが、島の南側、カマ（現在はカマラ）・デ・ロボス周辺で育つマルムジーやブアルなどの甘口ワイン品種にとっては最良の年であった。赤いマホガニーの色で、グラスの縁に向かって緑色のオリーヴのような輝きを見せる。上質の馥郁としたアロマを持ち、1世紀半経っているにもかかわらず、今なお信じられないほどに生き生きとして新鮮である。糖蜜、バタースコッチ、糖蜜キャンディーを思わせる凝縮された濃厚な甘苦い味わいで、力強い長く続く余韻が残る。**RM**

$ $ $ $　飲み頃：2020年過ぎまで

Bodegas Tradición
Oloroso VORS Sherry

ボデガス・トラディシオン
オロロソ・VORSシェリー

産地 スペイン、ヘレス・デ・ラ・フロンテラ
特徴 アルコール度数20度
葡萄品種 パロミノ・フィノ

　ボデガス・トラディシオンは、実業家ホアキン・リヴェロが満を持して設立した会社である。彼は、200年以上も前に今では伝説的ブランドとなっているCZを造っていた偉大なワイン醸造一家の子孫である。彼は1998年の創立から2003年の初リリースまでの間、存続が難しくなったボデガや、所有しているが販売のめどが立たないワインを持つボデガから、様々な年代の貴重なソレラや秀逸なワインの大樽を買い集めた。

　ボデガス・トラディシオンは、非常に古いワインの熟成と販売に経営を特化しており、その4つのワインはどれも、原産地呼称統制委員会による、VORS（30年以上の熟成）かVOS（20年以上）のいずれかの認証を受けている。オロロソ・VORSは、VORSならではの味わいで、スパイシーで表現力に富み、円熟していながら力強い。30年以上の熟成を要する古酒だけが醸し出すことのできる深みを持っている。

　ヘレスの北側に新設されたセラーには、1,000基以上の大樽に詰められた古酒が熟成を続けており、その傍らには、15世紀から19世紀までのスペイン名画を集めたホアキン・リヴェロ・コレクションが展示されている。**JB**

$ $ $　飲み頃：リリース後15年過ぎまで

200年近くマデイラを造り続けてきたブレンディーズの樽。

Bredell's
Cape Vintage Reserve 1998
ブレデルズ
ケープ・ヴィンテージ・リザーヴ 1998

産地 南アフリカ、ステレンボッシュ
特徴 アルコール度数20度
葡萄品種 ティンタ・バロッカ50%、その他50%

　EUとの粘り強い交渉の結果、南アフリカの酒精強化ワインのラベルから"ポート"の文字が段階的に消えていくことになったが、ステレンボッシュの生産者たちは、今なおドウロからの訪問者たちを感銘させている。ブルース・ギマラエンスはかつて、「ここのワインの素晴らしいところは、まだ若いにもかかわらず、トゥーリガ・ナシオナルやティンタ・バロッカを正しく表現するワインを造っていることだ」と述べたことがある。一方、ジョニー・グラハムは、優しく泡を立てている発酵中のトゥーリガ・ナシオナルの香りをかいだあと、「信じられない──まさにドウロの香りだ」と述べた。これらのワインが、ポート・ワインほどの熟成能力を示すかどうかはまだ試験中であるが、すでに10年経とうとしているこのワインがとても美味しく、まだまだ若々しく感じられることからすれば、それが試験に合格することは間違いなさそうだ。

　J.P.ブレデル・ワインズ（内陸部のカリズドープではなく、ステレンボッシュのヘルダーズ・バーグ低地にある）は、1990年代初期に始まったケープのポート・スタイル・ワイン革命の指導者の1人である。甘さは控えめになり、アルコール度数は上がり、より古典的なスタイルのワインに近づけるために、ポルトガルの有名な生産者から教えを受けた。（"リザーヴ"というのは、生産者の主観に基づく呼称で、特に作柄の良い年にできたことを示す。同様の意味で、"ヴィンテージ"という単語も良く使われるようになった。）

　ブレデルズ・リザーヴはその質の高さで、南アフリカの多くの賞を受賞している。プラム、ドライ・フルーツ、なめし革、ナッツの香りがあり、複雑なフレーヴァーを有し、タンニンは力強く、アルコールはしっかりしており、長い辛口の余韻が残る。**TJ**
🍷🍷🍷 飲み頃：2018年過ぎまで

ブレデル・ワインの故郷、ヘルダー・バーグ低地の美しい海岸線。➡

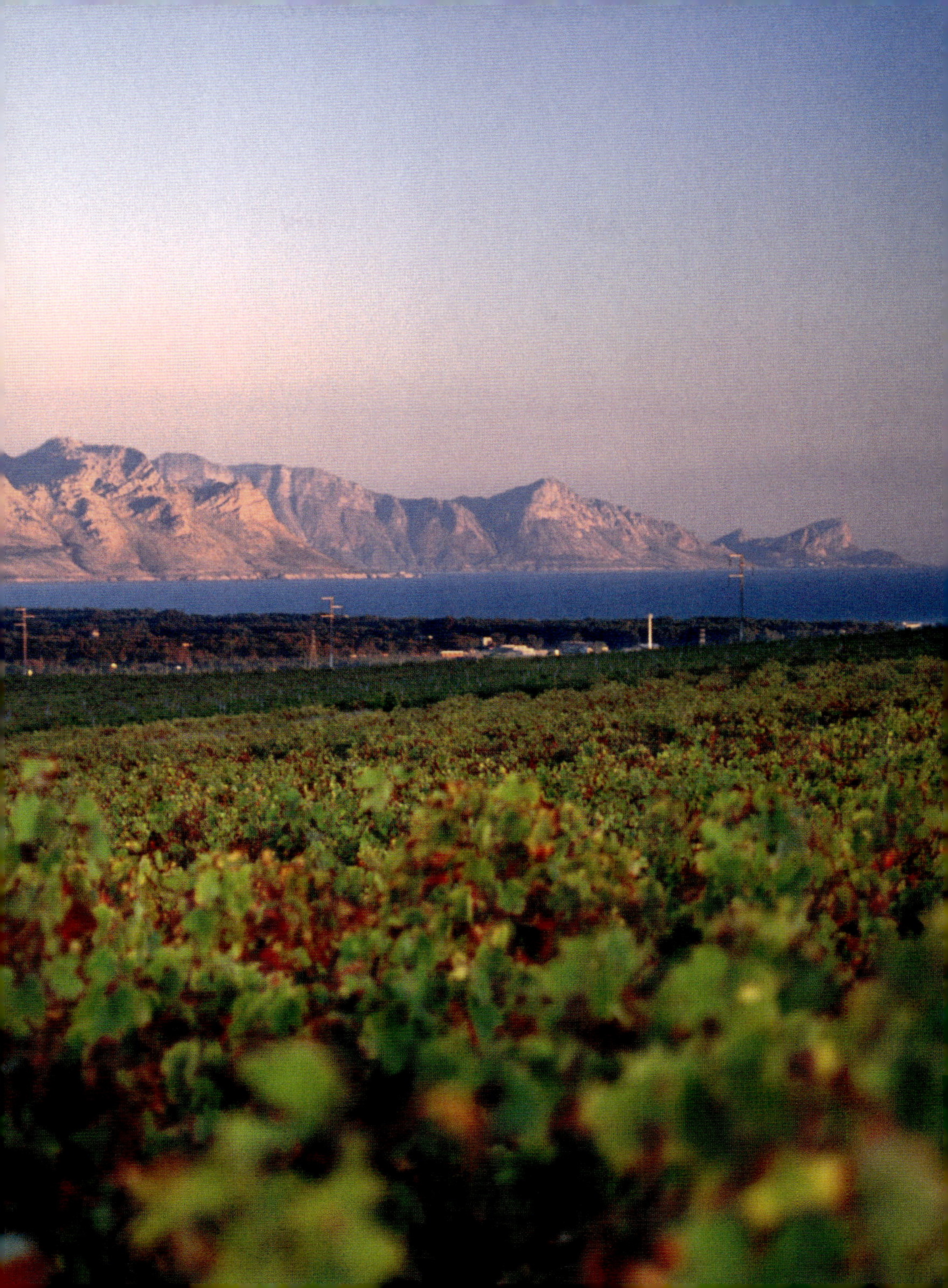

Chambers *Rosewood Old Liqueur Tokay*
チャンバーズ　ローズウッド・オールド・リキュール・トケイ

産地 オーストラリア、ヴィクトリア、ラザグレン
特徴 アルコール度数18度
葡萄品種 ミュスカデル

　1858年の創立以来、ローズウッドは6世代にわたってチャンバーズ家によって受け継がれてきた。輸出用ラベルには、チャンバーズ・ローズウッド・レア・ミュスカデルと記されているが、このワインは本当に、オーストラリア産の最も稀少な酒精強化ワインの1つである。

　チャンバーズとモーリスがラザグレン・トケイの双璧をなしているが、両者の間にはいくつかの重要な違いがある。チャンバーズのミュスカデルの2区画のうち1区画は、必要なときだけ「生育を促進するのではなく、維持するために」潅漑されると、スティーヴンは言う。乾燥した区画は、湿度を保つため藁が敷かれている。ワイナリーの近くの畑は、粘土層の上をロームが被い、石英が多く散らばっている。もう一方は粘土だけの畑である。当然、両方の畑から生まれるワインは大きく異なった性質を持っている。チャンバーズ・トケイのスタイルは、一般に"ミステラ"といわれている。それは発酵させない葡萄果汁にアルコールを加え、それを直接オーク樽——最初は大樽に、次に小樽へと熟成の過程で移される——に詰める方法である。それらの樽はすべて年代もので、100年以上使い込まれている樽もある。

　毎年ブレンドされるわけではないトケイの古酒は、"円熟されたソレラ"から取り出される。最も古いものは、20世紀初めのものである。チャンバー自体も平均熟成年がどのくらいかを知らない。スティーヴンはチャンバーズのスタイルを評して、発酵も果皮浸漬も行っていないので、モーリスよりも軽くて澄んでいると言う。オールド・トケイもスペシャル・トケイも信じられないほど凝縮されていて、深みがあり、ランシオ、モルト、糖蜜、バタースコッチのアロマが広がる。スペシャルのほうが若い材料を多く含み、果実味がかすかに勝っている。**HH**

⑤⑤⑤⑤⑤　飲み頃：リリース後少なくとも20年

追加推薦情報
チャンバーズのその他の偉大なワイン
レア・マスカット、レア・ミュスカデル（トケイ）
ラザグレンのその他のトカイ/ミュスカデル
キャンベルズ、モーリス・ワインズ、ラザグレン・エステーツ、スタントン＆キルリーン

独特のフレーヴァーを育んでいるチャンバーズ・ラザグレン・ワインの様々な大きさの木樽。

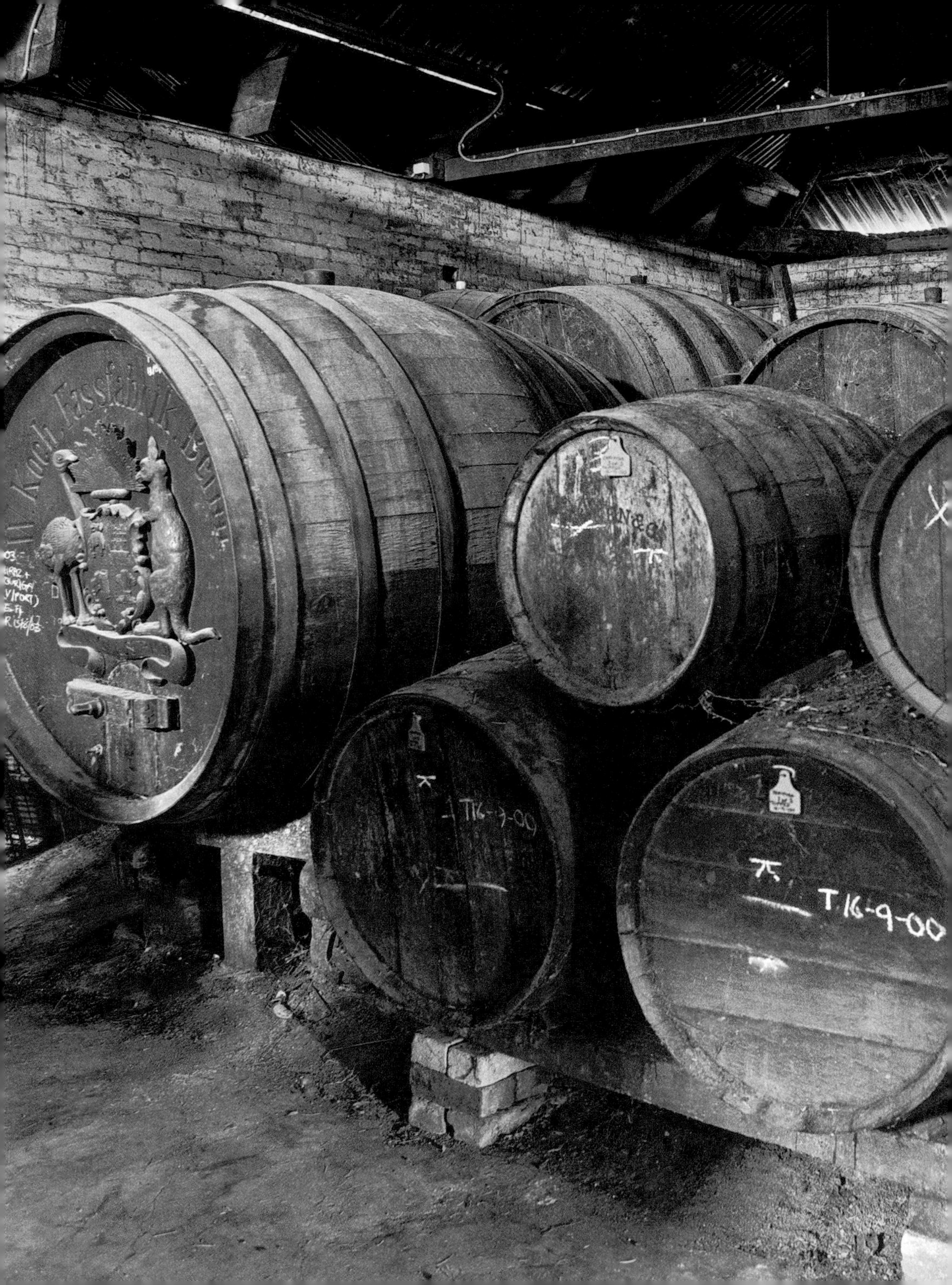
T16-9-00
T16-9-00

Cossart Gordon
Malmsey Madeira 1920

コサート・ゴードン
マルムジー・マデイラ 1920

産地　ポルトガル、マデイラ
特徴　アルコール度数21度
葡萄品種　マルヴァージア

　マデイラの葡萄品種の中で最も良く知られているマルヴァージア（英語ではマルムジー）は、多くの亜種からなる包括的品種名である。そのなかで最も賞賛されているのが、マルヴァージア・カンディダである。クレタ島が原産地とみられ、15世紀頃にマデイラに持ち込まれたと伝えられている。この葡萄は育てるのがかなり難しく、海面とほぼ同じ標高の、風から守られている地形で、日照の良い土地を好む。そのような土地では、収穫前、葡萄はしぼみ、ほぼレーズン状態になる。18世紀の後半、フランシス・ニュートンはしばしばロンドンの恋人の元へ、マルヴァージア・ワインが造れなくなったことを嘆く手紙を送っている。というのは、1850年代には多くのマルヴァージア・カンディダがウドンコ病の犠牲となり、その30年後のフィロキセラの災禍の後、植え替えはほとんど行われなかったからである。もし20世紀初頭に、島の南側ファハ・ドス・パドレスでわずかに生き残っていた樹が見つからなかったら、この種は絶滅していたかもしれない。
　ノエル・コサート（同族企業の共同経営者の1人で、『葡萄の島マデイラ』の著者）によれば、コサート・ゴードン・マルムジー 1920は、マルヴァージア・カンディダから造られた最後のヴィンテージで、彼は"真のマルムジー"と述べている。それ以後のマルムジーは、マルヴァージア・バボーサ（レイジー・マルムジー）、マルヴァージア・フィナ、マルヴァージア・ホーシャ、そして公式にはマルヴァージアと認定されたことはないが、収量の高い、いわゆるマルヴァージア・デ・サオ・ジョルジから造られている。
　緑がかった黄褐色で、香りが高く、花のような馥郁とした香りはまさに純粋なマルヴァージア・カンディダならではのものである。このワインはほぼ完璧に近いバランスを示し、カラメルの芳醇さと特有の鋭い酸がよく調和している。**RM**
😊😊😊😊😊　飲み頃：2050年過ぎまで

Cossart Gordon
Verdelho Madeira 1934

コサート・ゴードン
ヴェルデーリョ・マデイラ 1934

産地　ポルトガル、マデイラ
特徴　アルコール度数21度
葡萄品種　ヴェルデーリョ

　コサート・ゴードンは、2人のスコットランド人、フランシス・ニュートンとウィリアム・ゴードンによって1745年に創立されたマデイラで最も古いシッパーで、現在も操業を続けている。1808年、ユグノーの系譜を持つアイルランド人ウィリアム・コサートが事業に参加し、1861年に彼の名前を加えて、現在の社名となった。19世紀半ばには、コサート・ゴードンは北米市場で大きな市場を確保し、当時マデイラ島で生産されたワインの半量を支配していたと書かれている。このような事情にもかかわらず、会社はイギリス国籍を保持し続け、1748年から1980年代末までロンドンに支社を置いていた。
　コサート・ゴードンは1920年の禁酒法施行により、マデイラのどの業者よりも大きな打撃を被ったが、その後もシッパーとして独立を保ち続け、ようやく1953年にマデイラ・ワイン・カンパニーの一員となった。コサート・ゴードンは現在、マデイラ・ワイン・カンパニーのなかで、ブレンディーに次ぐ2番目に大きなブランドとなっている。そのワインは、伝統的にイギリスが主な市場であるブレンディーに比べるとやや辛口で、この差別化は、両者が同じ企業の傘下に入った今も続いている。
　会社がまだコサート家によって経営されていたときのことを思い出しながら、ノエル・コサートは、1934年は素晴らしい年で、特にヴェルデーリョにとっては最高の年だったと述懐している。ゴードン・ヴェルデーリョ 1934（壜詰めされたのは1986年）は、独特のワインで、ヴェルデーリョにしては非常に芳醇で、色は中庸の琥珀色、灯油や木の煙のようなアロマがあり、凝縮されたスパイシーな豊潤さが、旺盛な酸によって均衡させられている。サッパリとしたあとくちで、透明な、共鳴する余韻が長く続く。**RM**
😊😊😊😊😊　飲み頃：2030年過ぎまで

Croft
Vintage Port 2003

クロフト
ヴィンテージ・ポート 2003

産地 ポルトガル、ドウロ・ヴァレー
特徴 アルコール度数20.5度
葡萄品種 ティンタ・ロリス、T・フランカ、T・ナシオナル、その他

　クロフトは現在残っているポート・ハウスの中で最も古い歴史を誇るハウスの1つで、1678年にジョン・クロフトによって設立された。クロフト家が1920年代まで所有を続けたが、ギルビー社に買収され、その後インターナショナル・ディスティラーズ＆ヴィントナーズ（IDV）社を経て、多国籍企業ディアジオの一部となった。その結果、20世紀後半には必要な資金が投入されず、1970年代から1980年代にかけて、クロフト・ポートはポートの悪い見本のようになっていた。しかし21世紀の到来とともに息を吹き返し、2000ヴィンテージは佳品で、2003年は秀逸なワインとなった――所有者が変わり、細部にまで注意が向けられるようになった結果であった。

　クロフト・ヴィンテージは伝統的にピニャオンのキンタ・ダ・ロエダのワインをベースにしている。この葡萄畑は、比較的緩やかな、すり鉢状の畑で、昔からドウロの宝石と讃えられている。それは1875年にテイラー・フラッドゲート＆イートマンからクロフトが買い入れたものであったが、1999年にディアジオがクロフトとデルフォースを売却する際に、ふさわしくも、再びテイラー家のものとなった。テイラー家は葡萄畑を精力的に改修し、ワイナリーを再建した。古いコンクリート製の醸造槽は壊され、機械式のプランジャー（櫂入れ機）が導入された。また最上のポルトを生み出すために、花崗岩製の角を丸めたラガーが新造されたが、それはクロフトが1963年に廃棄したものの復刻版であった。その結果、ヴィンテージ・ポートと呼ぶにふさわしいワインが造りだされるようになった。色は不透明な紫色で、黒い果実の震えるようなアロマが広がり、タンニンはしっかりした骨格を形作っている。
GS

🍷🍷🍷 飲み頃：2050年まで

De Bartoli
Vecchio Samperi Ventennale Marsala

デ・バルトリ
ヴェッキオ・サンペリ・ヴェンテッナーレ・マルサラ

産地 イタリア、シチリア、マルサラ
特徴 アルコール度数17.5度
葡萄品種 グリッロ

　かつての栄光あるワインの地位から、仔牛のソテー用の料理酒にまで堕落したマルサラの工業品的規格に失望したマルコ・デ・バルトリは、1970年代後半、シチリア・ワインの名誉を回復すべく、本格的なワイン造りを始めた。彼は一家の歴史あるバグリオ（西シチリア語で農場）を母親のジョゼフィーヌから譲り受け、"シチリアの伝統"を細かく分析し、価値があると思われるものは残し、大量生産と商業主義に関係のあるものは切り捨てていった。

　彼の流儀は明確で、たとえばグリッロのような、マルサラ・ブレンドの葡萄の中では最も優れているが、独特の個性を持っていて扱いにくく、そのため多くの生産者が栽培を諦めていた品種を復活させた。グリッロ種は高い糖分濃度を達成する力を秘めており、高いアルコール度数（マルサラの生産にとっては好ましい）をもたらすが、ブッシュ仕立てでしか育てられず、そのため大規模生産には向かないとされてきた。

　デ・バルトリの品質へのこだわりは、ヴェッキオ・サンペリ・ヴェンテッナーレを飲むとよく理解できる。そのワインは、彼がいかに上手に気難しいグリッロを手なずけているかを如実に示している。色は豊かな琥珀色で、胡桃から濃い蜂蜜、ミントやバルサミコの芳香からサフランやシナモンの微香まで、華やかなアロマが広がる。口に含むと、フル・ボディで芳醇だが、強烈過ぎることはなく、高いアルコール度数から自然に生まれる温かさがフレーヴァーの輪郭をはっきりさせ、それは洗練されていて長く残る。単独で、あるいは上等な葉巻、できればドミニカ産のものと一緒に味わいたい。完璧に瞑想のためのワインである。**AS**

🍷🍷🍷 飲み頃：リリースから30年まで

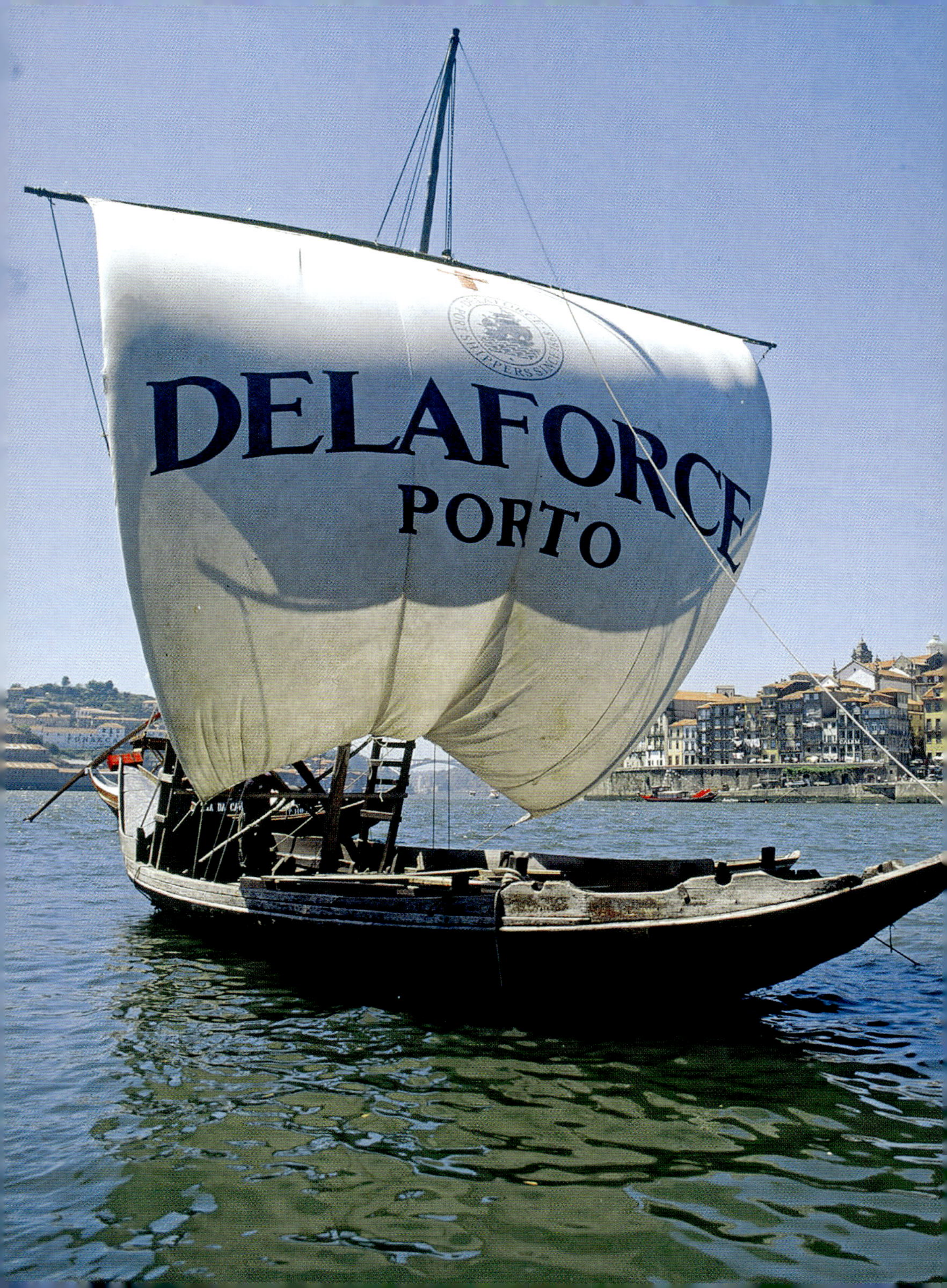
DELAFORCE
PORTO

Delaforce *Curious and Ancient 20 Year Old Tawny Port*
デラフォース　キュリアス・アンド・エインシェント・20イヤー・オールド・トゥニー・ポート

産地　ポルトガル、ドウロ・ヴァレー
特徴　アルコール度数20度
葡萄品種　ティンタ・ロリス、T・フランカ、T・ナシオナル、その他

　デラフォース家がポート卸商を始めたのは、1834年のことであった。その年、ジョン・デラフォースはマルティネス・ガシノーのためにポート卸会社を設立した。そしてその息子のジョージ・デラフォースが、彼自身の名前を冠したポート卸会社を1868年に設立した。

　1930年代に始めてリリースされた、木樽で熟成させたキュリアス・アンド・エインシェント・20イヤー・オールドと、その妹分に当たるエミネンシーズ・チョイスは、現在彼らが取り扱っているポート・ワインの中では最も古いものにあたる。

　デラフォース家は自家の葡萄畑をドウロには持たない。彼らは現在でも、かつてどのポート卸会社もやっていたように、栽培農家から葡萄やワインを買い入れている――大半がシマ・コルゴの中心部、リオ・トルトのキンタ・ダ・コルテの壮観な段々畑のもの。

　木樽での長い熟成と、精確な酸化によって、琥珀色と黄褐色の中間のような、他のポートと比べるとかなり淡い色をしたワインが生まれる。熟成された香りは洗練され、トフィーやファッジのような甘い香りがし、古い木樽由来の干しイチジクやレーズンの香りもある。甘いが、適度な酸によって完璧に中和されている。寝かしておくためではなく、リリースと同時に味わいたいワインだ。**GS**

ⓢⓢ　飲み頃：リリースと同時

Delgado Zuleta *Quo Vadis? Amontillado Sherry*
デルガト・スレタ　クオ・ヴァディス？・アモンティリャート・シェリー

産地　スペイン、サンルカール・デ・バラメーダ
特徴　アルコール度数20度
葡萄品種　パロミノ・フィノ

　デルガト・スレタはマルコ・デ・ヘレス地区の最も古いワイン名家の1つで、1744年に創立された。その葡萄畑はパゴ・デ・ミラフローレスにあり、大部分その畑の葡萄を使って年間2,000樽のワインを造りだしている。マンサニーリャ・ラ・ゴヤが主力商品で、よく知られているが、ロドリゲス・ラ・カヴァに積まれている年代物のマンサニーリャ・バルビアーナのソレラも、彼らの資産の重要な一部であることを忘れてはならない。

　ワインの大部分は、市の郊外にある現代的工場で造られているが、サンルカールの中心部にもいくつかの古いボデガを所有しており、それらは今存続の危機に瀕している。バッリオ・アルトの狭い通りの奥に、その1つが隠れるように立っており、そこに一家の最後のアモンティリャード300樽が貯蔵されている。その一画に、この地方の名家が秘蔵する宝石が隠されている――アモンティリャード・クオ・ヴァディス――である。

　40年熟成してきたクオ・ヴァディス？は、偉大な個性を持ったワインである。塩味があり、"フロール"の下で熟成したことを示唆する馥郁とした香りがある。香木、ヴァニラ、ミント、レモン、ラベンダー、甘草などの風味が、口に含む前も後も豊かに広がる。深く、芳醇で、しなやかで、酸は素晴らしく、腰はしっかりとし、独特のタンニンを有している。**JB**

ⓢⓢⓢ　飲み頃：リリース後10年過ぎまで

Pedro Domecq
Capuchino Palo Cortado VORS Sherry

ペドロ・ドメック
カプチーノ・パロ・コルタド・VORSシェリー

産地　スペイン、ヘレス・デ・ラ・フロンテラ
特徴　アルコール度数20度
葡萄品種　パロミノ・フィノ

　ペドロ・ドメックから出されているヴェリィ・オールド・レア・シェリー（VORS）の品質は非常に高い。シバリータ・オロロソはバランスの良く取れたオロロソで、かすかな甘みがあり、フルで凝縮された味わいがある。アモンティリャードはフィネスと年齢の比類なき融合を示している。両方に関して消費者の目から見て問題があるとすれば、ドメックの"普通の"オロロソ（リオ・ヴィエホ、ラ・ラサ）やアモンティリャード（ボタイナ）の品質が良すぎて、その兄貴分のワインとあまり差がないということであろうか。

　それと対比して、ヴェネラブル・ペドロ・ヒメネスとカプチーノ・パロ・コルタドは、質と凝縮の両方で一歩抜きん出ている。両者ともそれぞれのスタイルを生かした壮麗なワインである。カプチーノは想像力を喚起する複雑なワインで、強烈であり、パロ・コルタドの真髄を示している。香りはフィネスに包まれており、オレンジ・ピール、香木などを感じさせ、優雅に熟成したことを示す。口に含むとかなり大胆かつ膨張的で、力強いが、優れた酸のおかげで新鮮さが保たれている。

　ペドロ・ドメックに買収される前のアグスティン・ブラスケス家のワイン（カルタ・ブランカ、カルタ・ロハ、カルタ・アスール）を知っている者にとっては、カプチーノ・パロ・コルタドはそれらの記憶を呼び覚ますてるワインだ。**JB**

🍷🍷🍷 飲み頃：リリース後20年過ぎまで

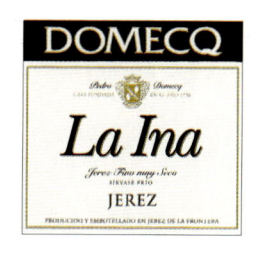

Pedro Domecq
La Ina Fino Sherry

ペドロ・ドメック
ラ・イナ・フィノ・シェリー

産地　スペイン、ヘレス・デ・ラ・フロンテラ
特徴　アルコール度数15度
葡萄品種　パロミノ・フィノ

　2006年に起きた所有者の交代は、数百年の歴史を誇るこのシェリーの名家の名前までも変えてしまった。ボデガス・ペドロ・ドメックは、ビーム・グローバル社の傘下に入ったが、同社はすでに、世界で最も名の通ったシェリー・ラベル、ハーヴィーズ・ブリストル・クリームの独占的販売権を掌握していた。しかしラ・イナ・フィノの場合、それをビーム・グローバル・ラ・イナ・フィノと呼ぶことは、シャンパンのクリュッグが突然モエ・ヘネシー・ルイ・ヴィトンに変わるくらい、おかしなことになる。しかし幸いなことに、ボタイナ・アモンティリャードやラ・イナ・フィノ、リオ・ヴィエホ・オロロソなどの古くからあるワインのラベルには、どうやらペドロ・ドメックの名前が残りそうだ。

　ラ・イナには、何十年もの間、威信と人気を賭けて戦ってきたティオ・ペペというライバルがいる。この両者の健全な競争は、特にアンダルシア地方では有名で、愛好者を二分している。鑑定士は伝統的に、その古典的味わい、非妥協性、アセトアルデヒド的な性質で、ラ・イナ・フィノに軍配を上げている。ラ・イナ・フィノはスペインの最も信頼できるワイン雑誌の評価では、毎年変わらず上位に挙げられている。**JB**

🍷 飲み頃：リリース後1年以内

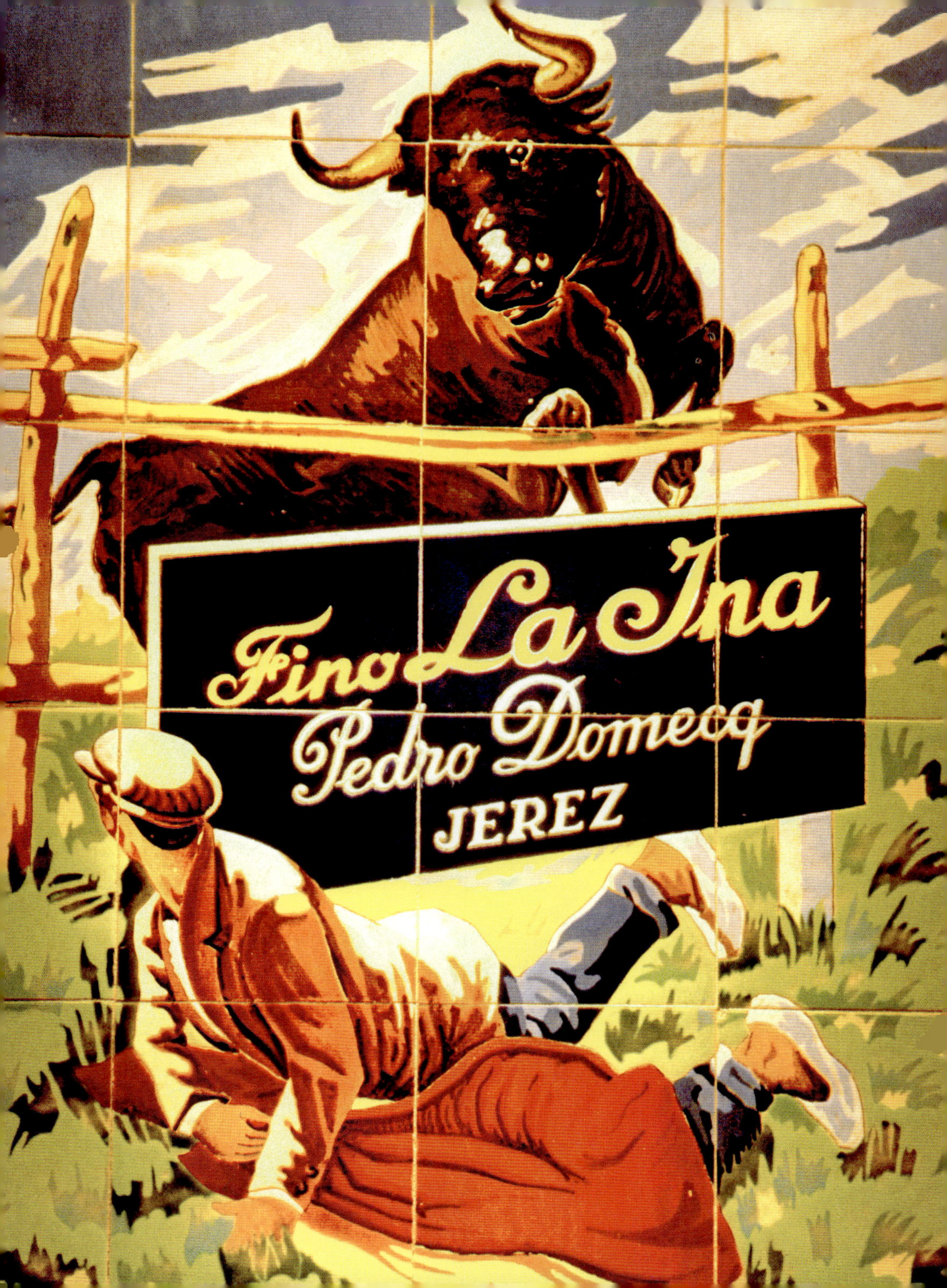
Fino La Ina
Pedro Domecq
JEREZ

Dow's *Quinta Senhora da Ribeira Single Quinta Port* 1998

ダウズ
キンタ・センホラ・ダ・リベイラ・シングル・キンタ・ポート 1998

産地 ポルトガル、ドウロ・ヴァレー
特徴 アルコール度数20度
葡萄品種 伝統的品種の混合

　このワインは20世紀後半のポートの栄光を体現している。センホラ・ダ・リベイラ葡萄畑は、ジョージ・アチソン・ワレがシルヴァ＆コーセンス（ダウズ・ポートの生産者）のために購入した3つの畑のうちの1つである。それはシミントン家のものであったが、1950年代の半ばに売りに出された。1954年5月21日のダウのビジターズ・ブックには、その出来事について書かれた記述がある。「売却を決心するために、センホラ・ダ・リベイラに行ってきた…。それは今までで最も悲しい時間であった。われわれは最も幸せな記憶、多くの親愛なる友人と別れなければならない」と。

　それにもかかわらず、センホラ・ダ・リベイラは、ダウズ・ヴィンテージ・ポートのための重要な葡萄供給源であり続け、1998年には、シミントン家によって買い戻された。その畑はいくらか荒廃してはいたが、不気味なほどに彼らが別れを告げたときと変わっていなかった。1998は非常に難しいヴィンテージであったけれども、量は少ないが上質のワインが生まれた。暖かい天候に続いて、暑い日と寒い日が交互に続き、最後に7月から9月初めまで、暑く乾燥した状態が続いた。

　収量は記録的な低さを記録したが、9月の半ばには、小粒ながら例年になく凝縮された葡萄が実った。収穫は9月14日、ドウロ・スペリオール地区から始まったが、その1週間後には天気は大きく崩れ、多くの葡萄が土砂降りのなか摘み取られた。偉大な可能性を持った年で、ただ品質の中だけに現れた。雨の降る前に摘み取られた葡萄から生まれたこのワインは、このヴィンテージで最も鮮烈なワインとなった。深く、暗く、濃い色をし、愛らしく、しなやかで、様々な果実味がよく熟したタンニンによって支えられている。あらゆる意味で、成功物語のワインである。**RM**

🍷🍷🍷　飲み頃：2040年過ぎまで

Dow's *Vintage Port* 1908

ダウズ
ヴィンテージ・ポート 1908

産地 ポルトガル、ドウロ・ヴァレー
特徴 アルコール度数20度
葡萄品種 古い混植畑からの品種混合

　ダウはヴィンテージ・ポートで当時高い評判を得ていたが、ジェームズ・ラムゼイ・ダウは1877年、自分の会社をシルヴァ＆コーセンス社と合併させることに決めた。シルヴァ＆コーセンス社は当時それ自体大きな会社であったが、すべての製品にダウのブランドを被せることにした。エドワード・シルヴァの金融的明敏さと、ジェームズ・ラムゼイ・ダウの営業力、それにジョージ・ワレのワイン造りの技が合体し、ダウは当時最強のポート生産者の1つになった。現代史の教授ジョージ・センツベリーはこう書いている。「ダウの最上のもの以上に素晴らしいシッパーのワインを私は知らない。」

　合併は、ポートの凋落の時期と一致していた。フィロキセラがドウロの葡萄畑を襲い、収量は激減していった。多くの葡萄栽培家が去り、ポートの醸造所は競売にかけられた。そんな時、ジョージ・ワレは先見の明よろしく、当時葡萄畑を所有しているシッパーなどほとんどいないときに、このポートの主要な生産地の3つの畑を購入した。まずキンタ・ド・シンブロ、次いでキンタ・センホラ・ダ・リベイラ、キンタ・ド・ボンフィンと続いた。彼はこの3つの畑の再植樹に乗り出し、フィロキセラ耐性のあるアメリカ産台木に伝統的なポルトガル種を接木した先駆者となった。

　生産が完全に回復し軌道に乗ったのはそれから10年後で、1908年はその"新時代"が最高潮に達した年であった。ダウズ1908は、基準となるワインで、今なお美しい色をし、完熟した、柔らかい、瑞々しい果実味を湛えている。かすかにカラメルと、上等なミルク・チョコレートの芳醇で滑らかな味わいがあり、美しく均整が取れ、新鮮で、年代を感じさせないしなやかさと質感がある。秀逸なポートだ。**RM**

🍷🍷🍷🍷🍷　飲み頃：2020年過ぎまで

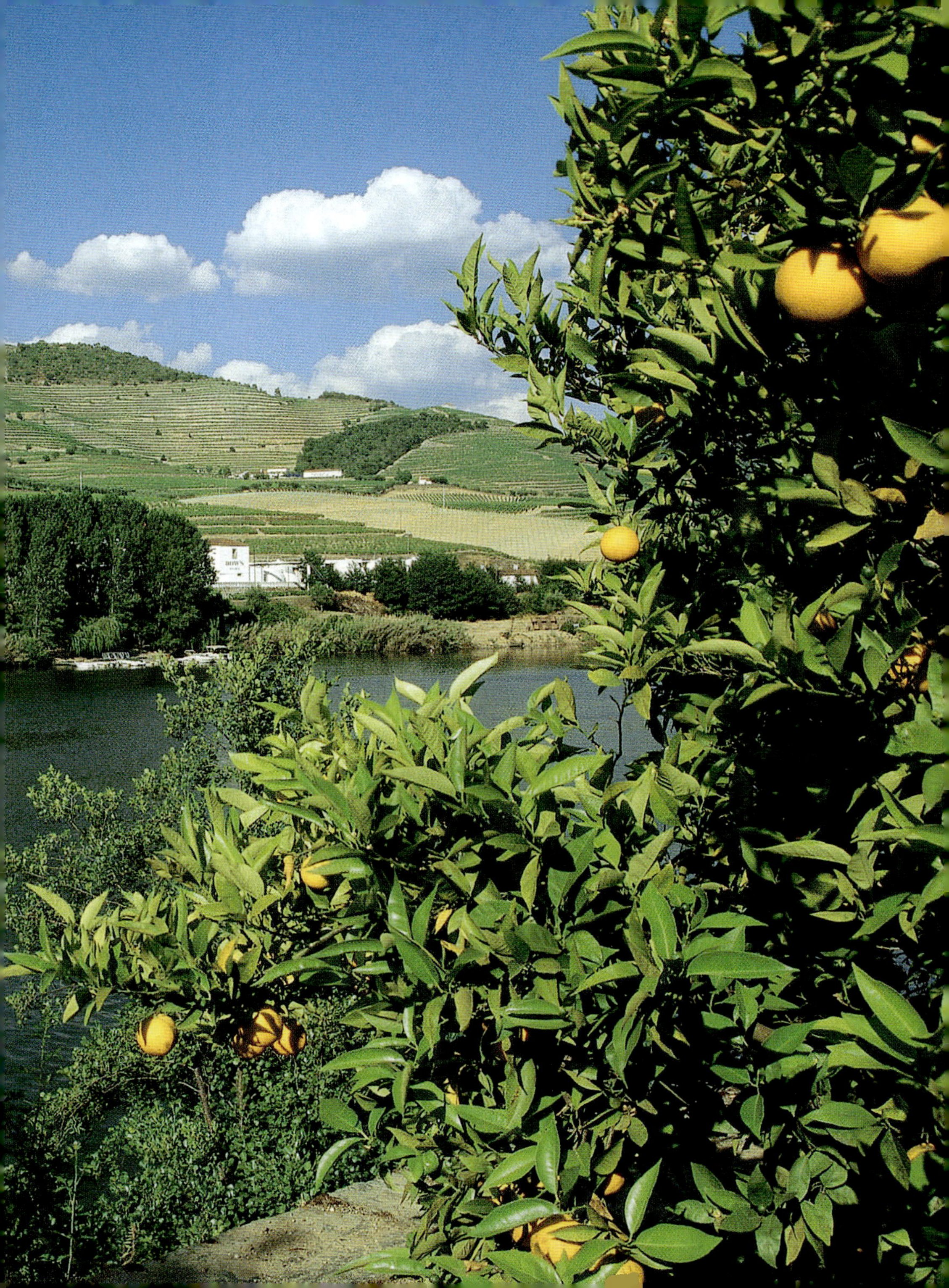

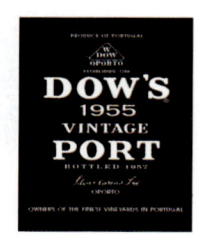

Dow's
Vintage Port 1955

ダウズ
ヴィンテージ・ポート 1955

産地　ポルトガル、ドウロ・ヴァレー
特徴　アルコール度数20度
葡萄品種　古い混植畑からの品種混合

　今では信じがたいことであるが、1955年頃、ポート業界は存亡の危機を迎えていた。第二次世界大戦は業界に大きな打撃を与え、第一次世界大戦に続く好景気も基盤固めに結実化することはなかった。1950年代、ダウのオーナーであったシミントン家は、生き残りのため2つの畑を売却した。キンタ・ド・シンブロとキンタ・センホラ・ダ・リベイラであった。

　この悲しい出来事とは裏腹に、1955年は素晴らしいヴィンテージとなった。早くも8月13日にロナルド・シミントンは書いている。「葡萄の実りは最高だ…果房も果粒も去年よりはるかに大きい。今から収穫までの間に数回雨が降れば、1955年は素晴らしいヴィンテージになるだろう。」予想は的中し、9月の初めに雨が降り、9月19日に摘み取りが始まった。再びロナルド・シミントンは書いている。「ワインの色は全般に良く、味も香りも申し分ない。」

　それから50年が過ぎ、ポート業界は再び賑わいを見せているが、ダウズ1955は今なお深いルビー色で、驚くほど新鮮で若々しく、ミントの香りがし、凝縮されている。フルで、力強く芳醇であるが、巨大なタンニンの構造に支えられてバランスが良く、輪郭もはっきりしている。ずっとずっと生き続けるポートだ。RM

🍷🍷🍷🍷🍷　飲み頃：2050年まで

El Grifo
Canari 1997

エル・グリフォ
カナリ 1997

産地　スペイン、カナリア諸島、ランサローテ
特徴　アルコール度数17度
葡萄品種　マルヴァージア

　シェークスピア劇の陽気な騎士フォルスタッフに、そのワインのためなら魂を悪魔に売り渡してもかまわんと言わせたマルヴァージアは、今ではもはやカナリア諸島で最も多く栽培されている品種の1つではない。しかしカナリア諸島の最東端の島ランサローテには、現在も1,490haの畑が残存している。それらは1730年のティマンファヤ火山の噴火のすぐ後に植えられたものである。

　エル・グリフォは1775年に創立された島最古のボデガである。そのボデガは島に初めてステンレスのタンクを導入し、自生のイスタン・ネグロ種の代わりにマルヴァージアを植えるなど、島内で先駆者的役割を果たしてきた。しかしエル・グリフォは島に古くから伝わる伝統的なソレラ甘口ワイン造りは放棄しなかった。今なお少量であるがそれは造られている。

　稀少なポートのようなG・グラス1997やマルヴァージア1956は別にして、往時の崇敬されていた甘口ワインを彷彿とさせるのが、グリフォ・カナリ——1956,1970,1997ヴィンテージのブレンド——であろう。この甘口ソレラ・ワインは、非常に完熟した葡萄から造られ、軽く酒精強化されている。琥珀色で、アーモンド、甘草、オレンジ・ピールの甘い香りが口いっぱいに広がり、芳醇で、複雑な甘いあとくちがあり、魅惑的な古き良き時代に連れて行かれる。JMB

🍷🍷　飲み頃：2025年まで

エル・グリフォのグリフィン（鷲の頭と翼、ライオンの胴体を持つ怪獣）が、ボデガの入り口、乾燥したランサローテ島の上空に舞っている。

BODEGAS
EL GRIFO

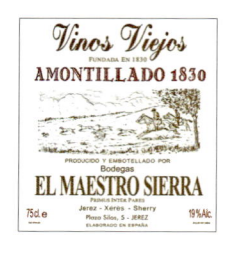

El Maestro Sierra
1830 Amontillado VORS Sherry
エル・マエストロ・シエラ
1830アモンティリャード・VORSシェリー

産地 スペイン、ヘレス・デ・ラ・フロンテラ
特徴 アルコール度数19度
葡萄品種 パロミノ・フィノ

　伝統的なアンダルシア・ワインの数多くあるスタイルの中で、アモンティリャードは試金石となるものである。それは最高の調和、フィネス、そして特に最高の深みを表現する。古いアモンティリャードは根源的なワインで、難しく、深遠であるが、その中でも最高の水準を示すのが、伝統あるアルマセニスタ・ボデガであるエル・マエストロ・シエラのアモンティリャードである。とはいえ、同社が自身の名前でシェリーを壜詰めし始めたのは、1992年になってからのことである。それまでは、エミリオ・ルスタウの一家はエル・マエストラ・シエラのワインの1つ――印象的なオロロソ・アルマセニスタ・Vda・デ・アントニオ・ボレゴ――で、イギリス・アメリカ市場に販路を広げていた。

　エル・マエストロ・シエラは伝統的な職人気質の名家で、ソレラ・システムでの抜き出しや注ぎ足しは、匠の技を受け継ぐカパタス（親方）であるフアン・クラヴィホが監督している。彼は今でも、昔から代々伝わってきたハッラ（壺）、カノア（樋）、シフォン（サイホン）、ロシアドール（霧吹き）などの容器や道具を使っている。オーナーはピラール・プラで、今なお先頭に立って取り仕切っているが、歴史家である娘のカルメン・ボレゴが手伝っている。ボデガはヘレスの町の標識のすぐ上に位置し、ワインは海風を気持ち良く受けながら熟成を続けている。**JB**

$, $, $　飲み頃：リリース後15年過ぎまで

Florio
Terre Arse Marsala 1998
フローリオ
テッレ・アルセ・マルサラ 1998

産地 イタリア、シチリア島、マルサラ
特徴 アルコール度数19度
葡萄品種 グリッロ

　1773年のこと、リヴァプール出身の富裕な実業家ジョン・ウッドハウスは航海の途中大嵐にあい、船を急遽マルサラに繋留した。そこで彼は供されたペルペトゥームという地元の強いワインを試飲してみると、それが非常に美味しく、すぐにこれを大々的に売り出すことに決めた。彼はそのワインを購入すると、航海の途中劣化しないようにアルコールを加えて、帰路に着いた。こうして出来たマルサラ・ワインはイギリスで大評判となり、ウッドハウスはシチリア島に本拠を定めることにした。その後1832年に、初のイタリア人所有のマルサラ・セラーが、ヴィンチェンツォ・フローリオの手によって開かれた。今日、古びた飾り額の掛かるフローリオ・セラーを訪れると、時間が遡ったような錯覚に襲われる。

　テッレ・アルセは最上のマルサラがどんなものかを知るための最適なワインである。そのワインは"ヴェルジネ"と呼ばれているが、意味は、ワインが完全に辛口で、ただアルコールだけが添加されているということを意味する。色は落ち着いた金色で、キャラメルにした蜂蜜、焦がしたヘーゼルナッツの甘い香りがする。辛口で、ヴェルヴェットのような芳醇な質感があり、とても深い味わいがある。なぜ今までマルサラをいつも手元に置いておかなかったのだろうと考えさせられる1本である。**AS**

$, $　飲み頃：リリース後25年まで

1926
1931
1930
FLORIO
MARSALA
MARSALA
TRAVECCHIO
FLORIO
MARSALA

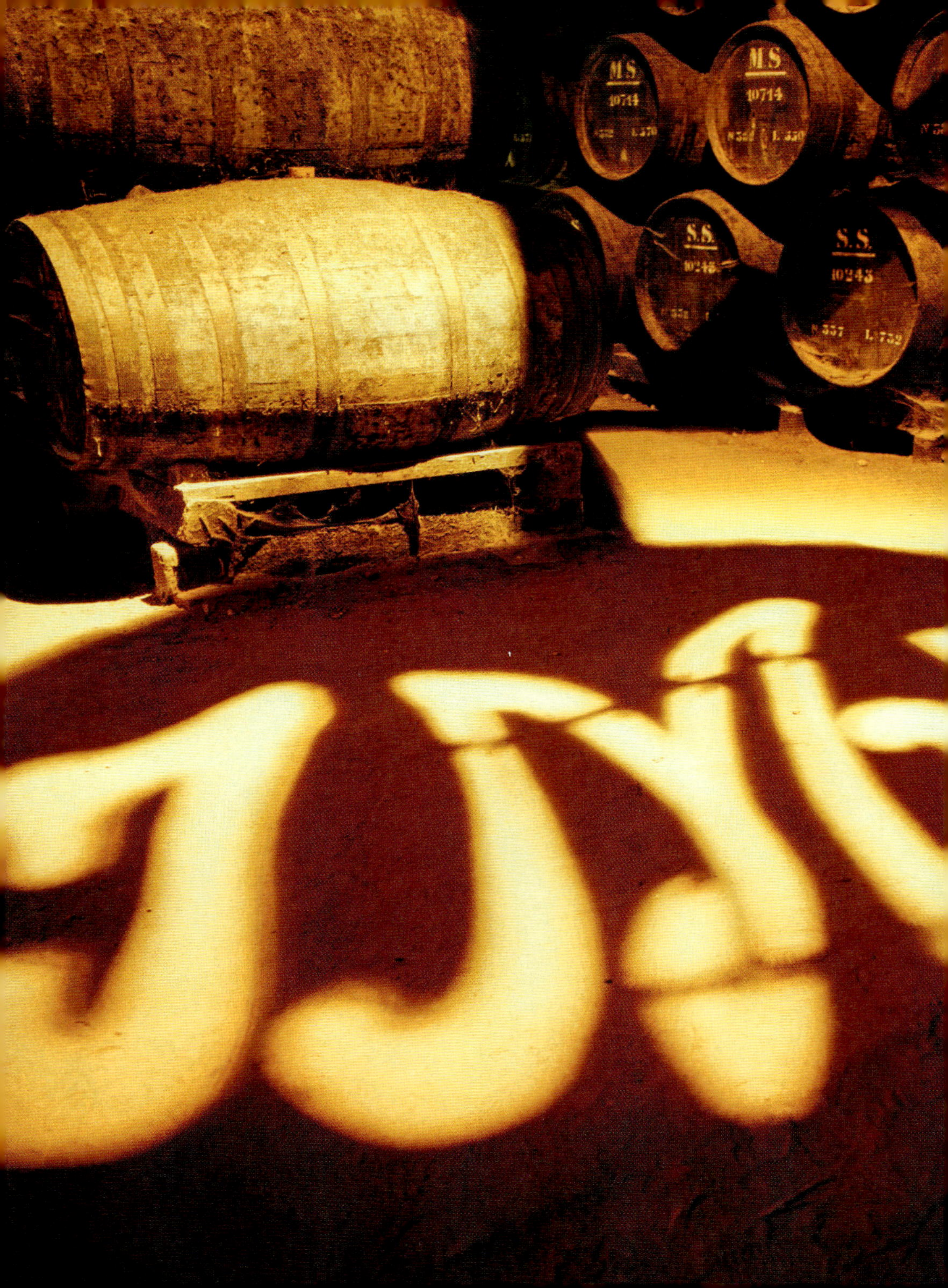
M.S
10714
M.S
10714
S.S.
10243
S.S.
10243

José Maria da Fonseca
Setúbal Moscatel Roxo 20 Years

ジョゼ・マリア・ダ・フォンセカ
セトゥーバル・モスカテル・ロホ・20イヤーズ

産地　ポルトガル、セトゥーバル
特徴　アルコール度数18度
葡萄品種　モスカテル・ロホ

　イベリア半島には、その市場に余るほどの素晴らしい酒精強化ワインがある。ポート、シェリー、マデイラが有名であるが、リスボンのすぐ南で造られるセトゥーバルも忘れてはならない。その生産者のなかで最も大きく、最も重要な地位を占めているのがジョゼ・マリア・ダ・フォンセカで、まもなく創業200年を迎える。

　セトゥーバル・モスカテルは、南仏のヴァン・ドゥー・ナチュレルとほぼ同じ方法で造られる。モスカテルを発酵させている途中で、アルコール度数の高い、強い蒸留酒を加え、酵母を殺すことによって発酵を止めさせ、高い濃度で葡萄の自然な糖を残す。セトゥーバル半島の暑い気候から生まれるワインは酸が少なく、そのため多くのモスカテル・ダ・セトゥーバルはブレンド・ワインとなり、ラベルにはただ"セトゥーバル"としか記載されない。しかしモスカテル100%のワインも造られており、フォンセカの上級ワインのいくつかも含まれている。

　モスカテル・ロホ・20イヤーズはセトゥーバルの典型であり、真髄である。鮮烈な濃くも薄くもない琥珀色で、熟成に由来する緑色の輝きも見られ、魅惑的なレーズンの香りが漂い、カラメルや焦がした果物の皮の微香も感じられる。口に含むと甘く感じるが、程好い酸味のせいで新鮮さがあり、食前酒としても、食後のデザートと一緒に飲んでも美味しく頂ける。**GS**
🍷🍷🍷　飲み頃：最近リリースされたもの

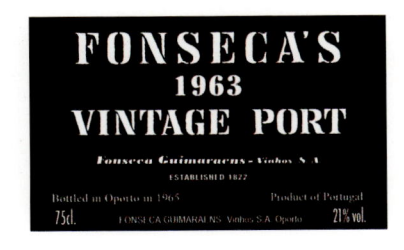

Fonseca
Vintage Port 1963

フォンセカ
ヴィンテージ・ポート 1963

産地　ポルトガル、ドウロ・ヴァレー
特徴　アルコール度数21度
葡萄品種　古い混植畑からの品種混合

　1963年は一生に一度あるかどうかの完璧なポート・ヴィンテージで、多くのシッパーが秀逸なポートを造りだした。そのなかでも特別優れているのが、このフォンセカである。フォンセカの創業は18世紀末と古く、創業者のマヌエル・ペドロ・ギマラエンスは衣類や食料品をポルトガルからブラジルに輸出していた。所有者は次々と替わっていったが、ポート造りに関しては、ギマラエンス家が代々受け継いできた。フランク・ギマラエンスから、1950年代半ばには、ドロシー・ギマラエンスへと移り、1896年から1991年までのすべてのフォンセカの優れたヴィンテージを生み出したのが、ブルース・ギマラエンスである。

　ブルース・ギマラエンスによって生み出されたフォンセカ1963は、20世紀のポートの最高傑作の1つである。40年以上も熟成しているにもかかわらず、いまだに若々しく、純粋な、花のようなアロマ（バラの花弁を潰したような）を美しく熟成させ、グラスで歌っているようである。最初まったく辛口で、繊細に感じられるが、ゆっくり味わうと豊饒な果実の純粋さが保たれ、フィネスがあり、長く力強い、そして明確でしかも優美なあとくちが残る。1963年生まれの人は、このワインと共に最後まで一生を過ごすことができる。**RM**
🍷🍷🍷🍷🍷　飲み頃：2050年まで

Garvey
San Patricio Fino Sherry

ガルヴェイ
サン・パトリシオ・フィノ・シェリー

産地 スペイン、ヘレス・デ・ラ・フロンテラ
特徴 アルコール度数15度
葡萄品種 パロミノ・フィノ

　18世紀後半のこと、ウィリアム・ガルヴェイは、一家が所有するアイルランドの緑の牧場に育つ牧羊のために、交配羊を購入する目的で航路スペインへ向かっていた。しかし途中船は難破し、彼はあるスペイン船に救助された。そして船長の娘の黒い瞳が彼の心を虜にし、彼は故郷を捨てる決心をした。彼はそれまでまったく経験のなかったワイン商人として身を立てることを決意する。

　こんなわけで、ボデガス・ガルヴェイ（ここ数十年間はルイス・マテオス家によって所有されていた）の主力商品の名前がサン・パトリシオ（セント・パトリック、アイルランドの守護聖人）であり、またそれが最重要のセラーの名前でもあるのは少しも不思議ではない。そのセラーは、貴重なシェリーの殿堂として今も訪れる人に畏敬の念を起こさせている。他の多くの記念碑的なセラーが、都市化の波の中で壊されていくなかで、そのセラーはいまもヘレス・デ・ラ・フロンテラの中心部に建っている。しかしガルヴェイのボデガは今、コンプレホ・ベッラヴィスタに移り、その建物が元の用途とは関係のない用途に使われているのを見るのは悲しい。

　フィノ・サン・パトリシオが変わっているところは、いま壜詰めの直前であるにもかかわらず、それが醸造家のルイス・アローヨに見守られながら、"フロール"の下で第2次生物学的熟成──短いが強烈な──を行い、アロマを膨らませていることである。他のいくつかのフィノ・シェリー同様に、サン・パトリシオは手頃な値段で秀逸な味を提供してくれる消費者を泣かせる1本である。**JB**

飲み頃：リリース後1年以内

ヘレス・デ・ラ・フロンテラ郊外のパロミノ種に最適な乾燥した大地。

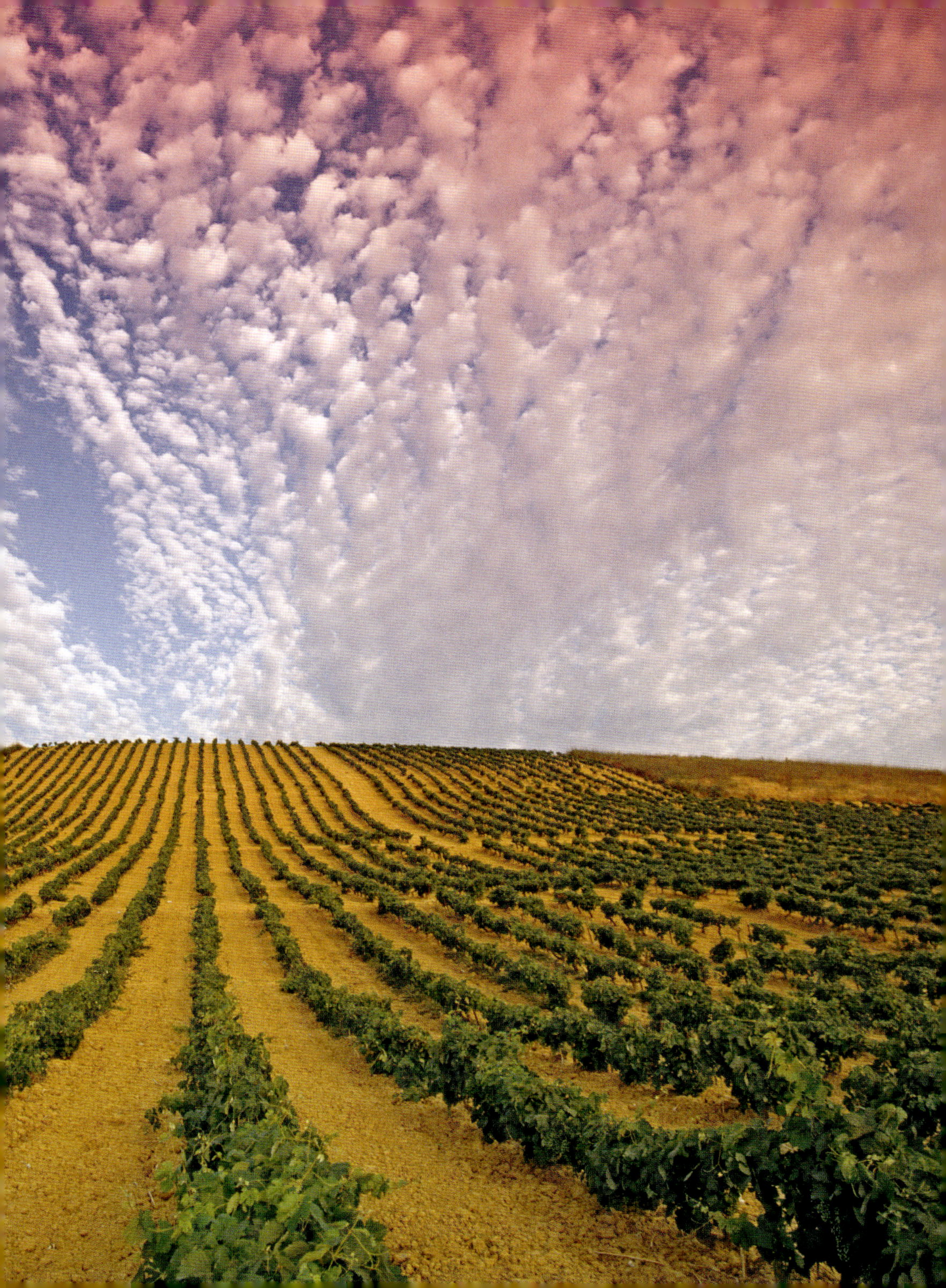

González Byass
Oloroso Vintage Sherry 1963

ゴンザレス・ビアス
オロロソ・ヴィンテージ・シェリー 1963

産地　スペイン、ヘレス・デ・ラ・フロンテラ
特徴　アルコール度数22度
葡萄品種　パロミノ・フィノ

　ゴンザレス家は間違いなくワイン界の貴族の一員であり、その栄光の歴史は、シェリー造りの名手であるフリアン・フェフスによって雄弁に語られている。その地位は、人が一生を捧げるに足る高貴な仕事に裏付けられている。170年以上にもわたって、ゴンザレス家は素晴らしい商品を造り続け、伝説的なフィノ・ティオ・ペペを含む彼らの宝石は、世界の隅々まで船でもたらされ、喜びを分け与えている。

　しかしその一方で、ゴンザレス社のレア・デ・アニャーダ（ヴィンテージ）・オロロソやパロ・コルタドは入手が極めて困難である。リリースされる量が不可避的に少ないためしかたのないことではある。というのは、ゴンザレス・ビアスの創業以来ほとんど毎年、伝統的なソレラ・クリアデラス・システムとは別に、造られるワインの少量だけがヴィンテージ・ワインのために熟成されているからである。

　それらのワインは、ティオ・ペペのイギリス進出150周年を記念して1994年に始めて壜詰めされた。その時以来、1963から1979までの10ヴィンテージがオロロソまたはパロ・コルタドとして壜詰めされた。何年も寝かせた後に壜詰めされた辛口シェリーを十分に味わうためには、ワインの澱を取り除くため、デキャンティングして飲むことが必要である。**JB**

🍷🍷🍷🍷　飲み頃：リリース後30年過ぎまで

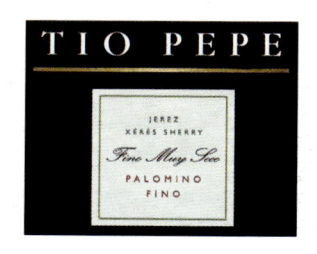

González Byass
Tío Pepe Fino Sherry

ゴンザレス・ビアス
ティオ・ペペ・フィノ・シェリー

産地　スペイン、ヘレス・デ・ラ・フロンテラ
特徴　アルコール度数15度
葡萄品種　パロミノ・フィノ

　1830年代半ば、サンルカール生まれのマヌエル・マリア・ゴンザレス・アンヘルは、叔父のホセ・アンヘル・デ・ラ・ペーニャの助けを借りて、今日のゴンザレス・ビアスの基を築いた。彼は造りだしたワインに、叔父の名前を取ってティオ・ペペ（アンクル・ジョー）と名付けたが、そのワインはそれから今日まで、シェリー界で最も重要なラベルとなっている。ラ・ギータやラ・ヒターナなどのいくつかのマンサニーリャが、市場でのティオ・ペペの首位の座を脅かしていようとも、またラ・イナやイノセンテなどの他のフィノが、歴史や品質の意味において、愛好家の心の中で同様の地位を占めていたとしても、さらには、オズボーンの雄牛などのトレードマークが同様の視覚的なインパクトを持っていたとしても、170年以上にわたって最高品質を維持し続け、シェリー市場の首位の座に君臨してきた偉業を持つものは、ヘレスはもとより世界中探しても、ティオ・ペペ以外には見当たらない。

　実際、ティオ・ペペのラベルほど世界中に知れ渡っているものはなく、もしあったとしても、これほど一貫した品質と伝統を維持しているものは他にはないだろう。価格も一貫して低く保たれていることはいうまでもないが、それは流行やイメージが消費の流れを左右する市場にあっては、やや不利な条件となっているかもしれない。**JB**

🍷　飲み頃：直近のリリースを1年以内

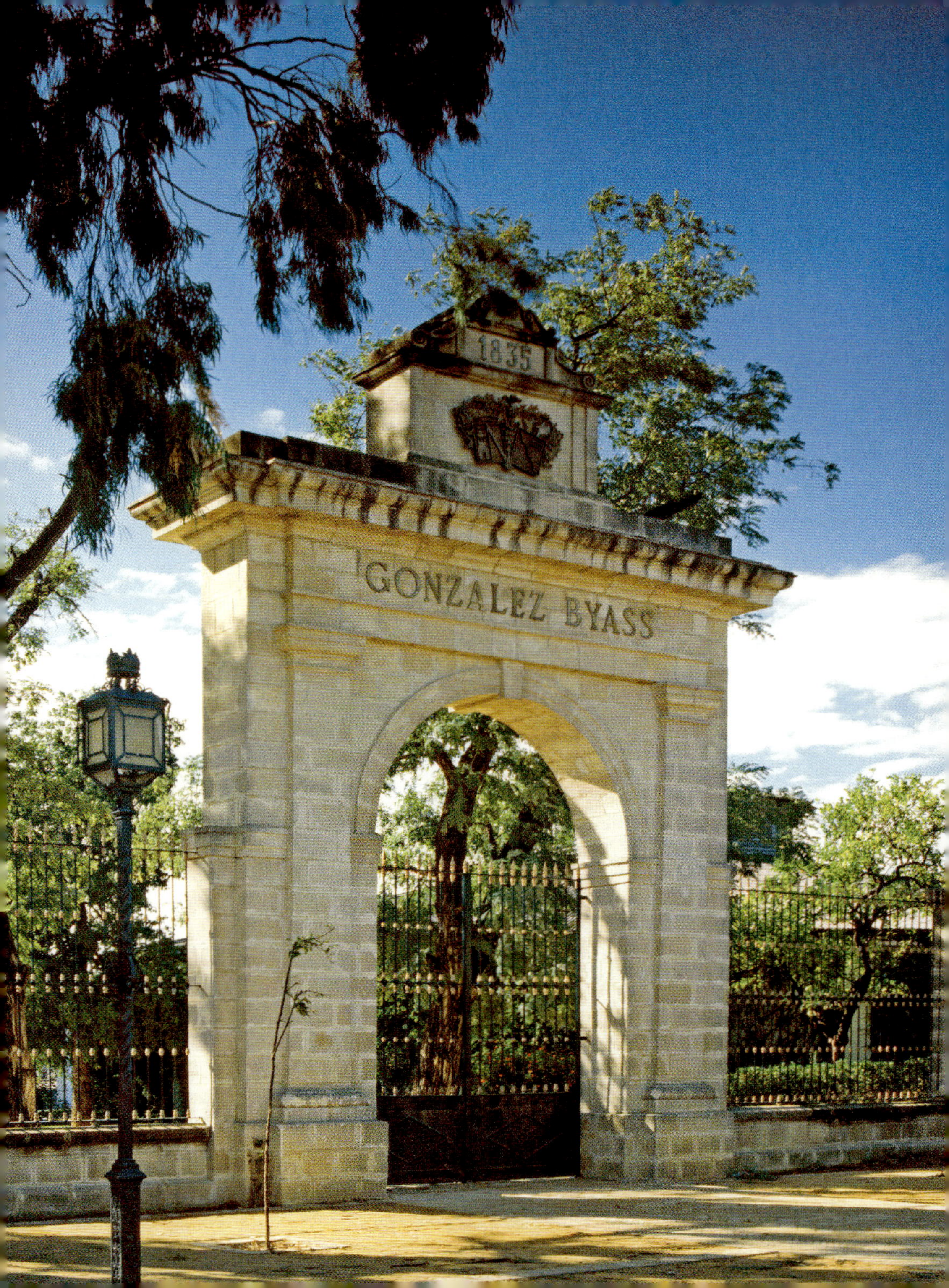
1835
GONZALEZ BYASS

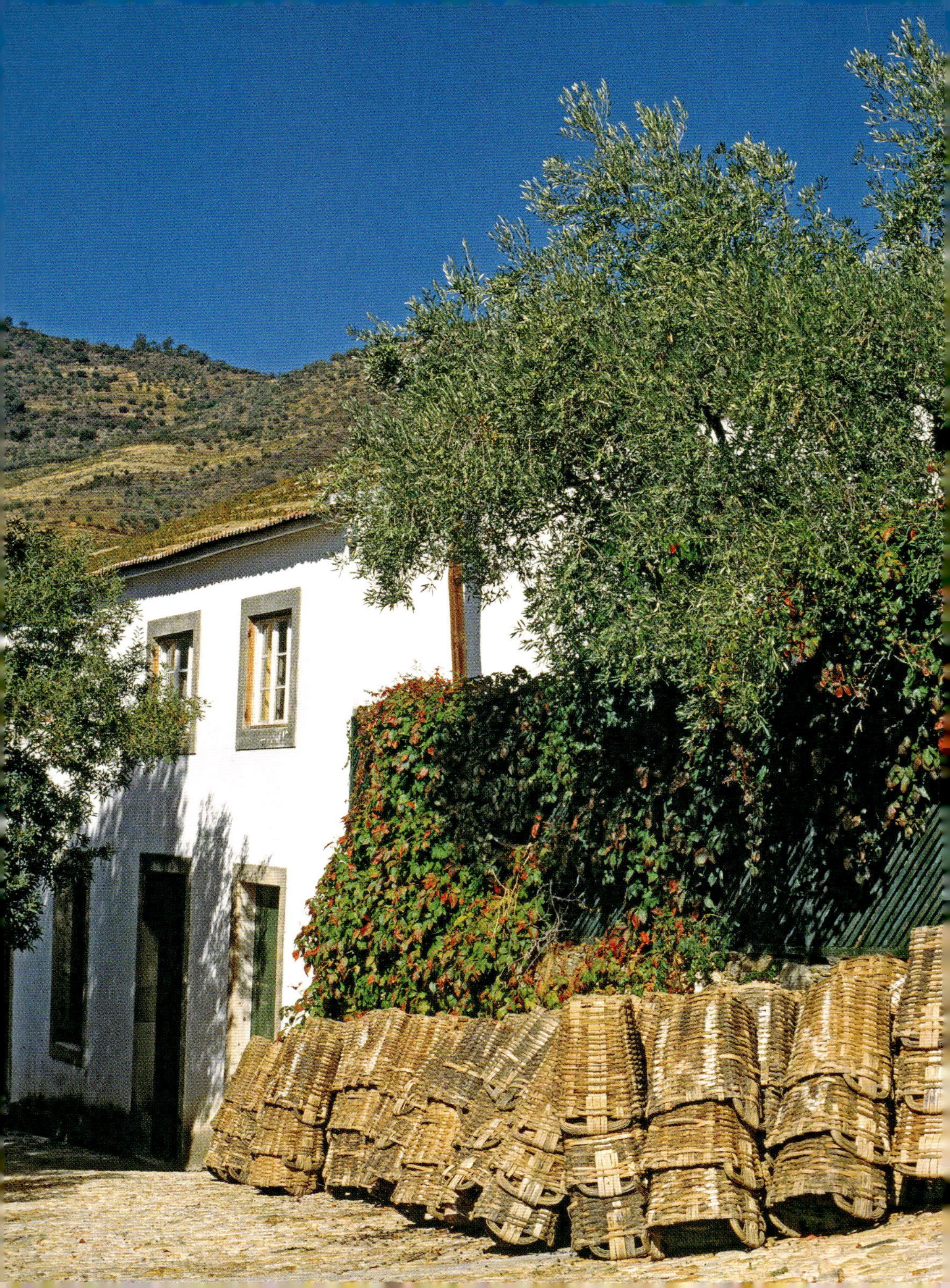

Graham's
Malvedos Single Quinta Port 1996

グラハム
マルヴェデス・シングル・キンタ・ポート 1996

産地　ポルトガル、ドウロ・ヴァレー
特徴　アルコール度数20度
葡萄品種　T・ナシオナル、T・フランカ、ティンタ・ロリス、その他

　ポートの名門、グラハム社は、元々はグラスゴーを拠点とする繊維製造会社であったが、不良債権の代わりとしてポートの販売権を手に入れたことから、半ば偶然的にワイン業界に参入することになった。ドウロ川を見下ろすシマ・コルゴのトゥアにあるマルヴェデス葡萄畑から生まれるワインは、1世紀以上に渡ってグラハム・ヴィンテージ・ポートの原料となってきた。グラハム・マルヴェデスは、単一畑ポートの最新世代の草分け的存在で、1950年代からのフル・ヴィンテージ宣言の良い年だけに造られる。

　一般に1996年は、主力製品であるルビーとレイト・ボトルド・ヴィンテージ（LBV）・ポートの継ぎ足しワインの生産に最適な年であったが、素晴らしく魅力的なシングル・キンタ・ポートの生産にとっても最高の年であった。1996年は、長期熟成用の大物ワインに適した年ではなかったが、グラハム・マルヴェデス1996は、10年も経たないうちに、芳醇な果実味にあふれたポートとして花開いた（本物のヴィンテージ・ワインは20年以上必要である）。上品な、薫り高い、花のアロマ、スミレの香り、愛らしく純粋なベリー・フルーツのフレーヴァーを持つマルヴェデス1996は、シングル・キンタ・ヴィンテージ・ポートの象徴的表現である。
RM
🍷🍷🍷　飲み頃：2020年過ぎまで

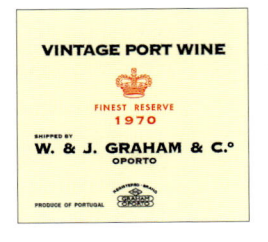

Graham's
Vintage Port 1970

グラハム
ヴィンテージ・ポート 1970

産地　ポルトガル、ドウロ・ヴァレー
特徴　アルコール度数20度
葡萄品種　伝統的品種混合

　グラハム社はオポルトで非常に強力な存在となったため、今でも市内にはグラハムと呼ばれている一角がある。会社はグラハム家によって維持されてきたが、業績悪化に伴い1970年にシミントン家に売却された。

　グラハム・ヴィンテージ・ポートの中核をなしてきたのが、キンタ・ドス・マルヴェデスの古い葡萄樹である。1970年はグラハム家の最後を告げる年だったかもしれないが、偶然にもその年は素晴らしいヴィンテージであった。いつもどおり、9月秋分の日に摘み取りは始まったが、気温は異常なほど高かった。

　早い試飲は、この1970年の真価を誤らせることとなった。このワインが最上のものを表現し始めるまでに、少なくとも30年は必要であった。全般的な酒質は1963年ほど高くはないが、グラハム1970は、間違いなく20世紀の偉大なヴィンテージ・ポートの1つに数えられる。いまだに深く若々しい色をしており、ブラック・チェリー、ブラック・チョコレートのアロマが強烈で、大きく肩幅の広いタンニンが、まだ本当の芳醇さと優美さを隠しているようだ。あとくちは、孔雀の羽のように七色に輝き、力強さとフィネスを均等に結合させたこのワインは、まだまだ熟成し続ける。**RM**
🍷🍷🍷🍷　飲み頃：2020年過ぎまで

◀　グラハムのキンタ・ドス・マルヴェデスに積まれている伝統的な収穫籠。

Gutiérrez Colosía
Palo Cortado Viejísimo Sherry
グティエレス・コロシア
パロ・コルタド・ヴィエヒシモ・シェリー

産地　スペイン、エル・プエルト・デ・サンタ・マリア
特徴　アルコール度数22度
葡萄品種　パロミノ・フィノ

　20世紀の初頭にホセ・グティエレス・ドサルが購入して以来、グティエレス・コロシア家が代々この古いエステートを所有してきた。シェリー・"カテドラル"を建設するという壮大なプランのもとに1838年に建てられた主要なボデガの周りに、同家は新しいセラーを建て増しした。そこはカンブレエルモサ侯爵の宮殿の跡地で、以前カルガドール・デ・インディアス（スペイン・アメリカ貿易商社）があったところである。

　敷地は、グアダレーテ川がカデイス湾に注ぐ河口近くにある。プエルト・デ・サンタ・マリアの産業的発展は、1830年代半ばからこの地に始まり、現在でもほとんどのワイン生産工場がここに立ち並んでいる。そのなかでもグティエレス・コロシアはグアダレーテ川の河岸に直に接する位置にある唯一のボデガで、川がもたらす高い湿度は、"フロール"の下でワインが発酵を続けるのに最適な条件をもたらす。

　グティエレス・コロシアはあらゆる種類のシェリーを生産しているが、パロ・コルタド・ヴィエヒシモはそのなかでも最も稀少な宝石のようなワインである。この精妙で強烈なワインの中で、パロ・コルタドの2つの魂――アモンティリャードとオロロソ――が主導権をめぐって戦いを繰り広げているようなワインだ。**JB**

🍷🍷🍷　飲み頃：リリース後少なくとも10年

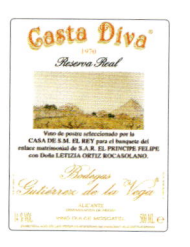

Gutiérrez de la Vega *Casta Diva Cosecha Miel / Reserva Real* 1970
グティエレス・デ・ラ・ヴェガ　カスタ・ディーヴァ・コセチャ・ミエル／レセルヴァ・レアル 1970

産地　スペイン、アリカンテ
特徴　アルコール度数14度
葡萄品種　モスカテル・ロマーノ（マスカット・オブ・アレキサンドリア）

　グティエレス・デ・ラ・ヴェガは、アリカンテDOの小地区マリナ・アルタにある家族経営のワイナリーで、フェリペと妻のピラール、それに彼らの3人の子供が、パーセント村の古くて美しい2軒の家屋を使ってワインを造っている。葡萄は村の周りに点在する15haの畑で採れる。船乗りであったフェリペは1973年からワイン造りを始めたが、1984年までそれを市場に出すことはしなかった。現在彼は14種のワインを送り出しているが、それらはウィリアム・ブレイク、マリア・カラス、ドニゼッティ、ジェイムズ・ジョイスなど文学やオペラをテーマに名付けられている。ヴィーニャ・ユリシーズ、ロホ・イ・ネグロ（赤と黒）、ウーナ・フルティヴァ・ラグリーマ、カスタ・ディーヴァ等々。

　ヴィクトール・デ・ラ・セルナが書いているように、グティエレス・デ・ラ・ヴェガは「スペイン・モスカテルの伝統を非常に美しい方法で現代的に解釈した。」カスタ・ディーヴァのコセチャ・ミエルはスペイン・ワインの白眉であり、レセルヴァ・レアルと記されたこの秀逸なモスカテルは、コレクターなら是非とも揃えたい1本となっている。魅惑的な黄金色で、蜂蜜、リンゴジュース、スパイス、干しイチジクの強いアロマがあり、口に含むと、甘く、芳醇で、ヴェルヴェットのような質感があり、長く、力強い、官能的なあとくちがある。世界に誇れるデザート・ワインであり、制作者が言うように「人を幸せにするために造られたワイン」である。**JMB**

🍷🍷　飲み頃：2015年まで

Henriques & Henriques
Century Malmsey 1900 Solera
エンリケシュ&エンリケシュ
センチュリー・マルムジー・1900 ソレラ

産地 ポルトガル、マデイラ
特徴 アルコール度数21度
葡萄品種 マルヴァージア

この島に古くから伝わる民謡に、「マデイラには2つの名前しかない」というのがあるが、エンリケシュ家は、元はマデイラの大土地所有者で、15世紀半ばにピコ・デ・トッレに葡萄畑を拓いた。しかしそれから数年後、マデイラ島はポルトガルの植民地となった。

1986年にポルトガルのEU加盟が決まると、マデイラのソレラは、誤った定義と偽造によって、瞬く間に台無しにされてしまった。しかし1998年、専門家によって厳密な再定義が行われ、ソレラは再導入された。今日では、壜詰めされるソレラの基礎となるワインは単一年のワインでなければならず、毎年10％以下しか壜詰めのために抜き取りしてはならないという規則が定められている。

エンリケシュ&エンリケシュはこの新しい規則を有効に利用し、ミレニアムに間に合うように、1899年に積まれたソレラを壜詰めすることができた。そのワインは飛び抜けた質を持っている。色はマホガニーのような深紅で、グラスの縁にオリーヴの緑色の輝きもある。高潔なアロマがあり、緑茶や花の香りもする。信じられないほど芳醇で、ねっとりとしたイチジクの甘みがあるが、それが力強く活発な酸によって均衡させられ、ワインを新鮮な生き生きとしたものにしている。力強い壮健な余韻が残る。**RM**

🟢🟢🟢🟢🟢 飲み頃：2050年過ぎまで

Henriques & Henriques
W. S. Boal Madeira
エンリケシュ&エンリケシュ
W.S.ボアル・マデイラ

産地 ポルトガル、マデイラ
特徴 アルコール度数21度
葡萄品種 ボアル（ブアル）

1850年のこと、ジョアン・ジョアキム・エンリケシュ（後にジョアン・デ・ベレンと呼ばれるようになった）はワイン製造会社を設立した。葡萄は、島の南側、カマラ・デ・ロボス漁港の周りの自家の葡萄畑のものを使った。当初ワインは、他のシッパーに全量売っていたが、ジョアン・デ・ベレンの2人の息子は、1912年に会社をエンリケシュ&エンリケシュと改名し、ワインを自ら販売することにした。

W.S.ボアルは、彼らがエンリケシュ&エンリケシュの"天国の四重奏"と呼ぶ非常に古いリザーブ・ワインの1つである（他は、グランド・オールド・ボアル、ア・マルヴァージア、セルシアル）。このワインはヴィンテージを持たないが、エンリケシュ&エンリケシュの専務であるジョーン・コサートはその理由を次のように説明する。「ジョアン・デ・ベレンが1850年に会社を設立したとき、W.S.ボアルはすでに50年前後経っており、1927年から壜詰めを始めたが、1957年、1975年、2000年と3回にわたってコルク栓の付け替えを行ったからだ。」薄めのマホガニー色で、アロマは抑制されているが、洗練されていて優雅である。ボアルにしては驚くほど辛口で、甘苦いマーマレードのフレーヴァーによって均衡され、魅惑的で、細身の剣のような凝縮感と深みがある。**RM**

🟢🟢🟢🟢🟢 飲み頃：2030年過ぎまで

Emilio Hidalgo *1860 Privilegio Palo Cortado VORS Sherry*

エミリオ・イダルゴ
1860プリヴィレヒオ・パロ・コルタド・VORSシェリー

産地 スペイン、ヘレス・デ・ラ・フロンテラ
特徴 アルコール度数20度
葡萄品種 パロミノ・フィノ

　プリヴィレヒオ・パロ・コルタド1860はサンタ・アナ・ペドロ・ヒメネス1861と並んで、ボデガス・エミリオ・イダルゴの双頭の鷲である。この小規模なシェリー・ボデガは、現在4代目と5代目によって運営されており、自家の葡萄畑を所有し、ソレラ・システムは1860年と1861年に遡る。

　古くからあるアンダルシア・ワインのラベルには、時々消費者がヴィンテージの日付と間違える日付が記載されていることがあるが、ヴィンテージである場合は非常にまれである。というのはほとんど例外なく、アンダルシア・ワイン（シェリー）は次のようなソレラ・システムによって造られているからである。ワイン蔵の中で、樽は3～4段に積まれていて、1番若いワインは最上段の樽（クリアデラ）に入れられ、徐々に樽を下っていき、最下段のソレラに到達する。

　ソレラの樽では様々なヴィンテージのワインがブレンド、均質化されており、古いヴィンテージのワインは徐々に含有比率が下がってくる。プリヴィレヒオ・パロ・コルタドの場合、"1860"というのは、ソレラの最下段のワインが最初に造られた年を表し、時にボデガの創設の年よりもずっと前の場合もある。こんなわけで、現在壜詰めされているワインの中に含まれているその年にできたワインの比率は、非常に小さいということになる。**JB**

🍷🍷🍷🍷　飲み頃：リリースから5年まで

Emilio Hidalgo *1861 Santa Ana Pedro Ximénez VORS Sherry*

エミリオ・イダルゴ
1861サンタ・アナ・ペドロ・ヒメネス・VORSシェリー

産地 スペイン、ヘレス・デ・ラ・フロンテラ
特徴 アルコール度数15度
葡萄品種 ペドロ・ヒメネス

　エミリオ・イダルゴは、創立者の家系によって代々家族経営が受け継がれてきた数少ないシェリー名家の1つである。このボデガは1874年、エミリオ・イダルゴによって創立され、彼が1人で、一連のソレラ・ワインを選び出したことから歴史が始まった。

　いまやヘレスの甘口ワインの伝説と化しているサンタ・アナ・ペドロ・ヒメネスのソレラが造られたのは、創業よりも前の1861年のことである。エミリオ・イダルゴはこのワインと、プリヴィレヒオ・パロ・コルタド1860で名声を謳歌する一方で、ワイン愛好家たちは、フィノ・エスペシアル・ラ・パネサの秀逸さも見逃さなかった。実際、ろ過しないフィノが、このワイン地域の未来を握っているような気がする。それは個性的で、複雑で、手頃で、生産に適しているように思える。

　サンタ・アナ・ペドロ・ヒメネス1861は、イダルゴ家の記念碑的ワインである。それはこのシェリー地区の4大テロワール（他は、マチャルヌード、カラスカル、バルバイナ）の1つで、現在は消失してしまっているパゴス・デ・アニーナのペドロ・ヒメネス葡萄畑から生まれた。そのワインは、光を通さず、非常に濃く、異常なほどに新鮮で、軽く、年代の割には驚くほど果実味が豊かである。ソレラの歴史と深さを薄めないように少量ずつしか出荷されないが、本物の喜びがここにはある。**JB**

🍷🍷🍷🍷　飲み頃：リリース後30年まで

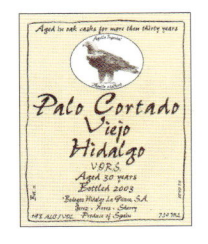

Hidalgo-La Gitana
Palo Cortado Viejo VORS Sherry

イダルゴ・ラ・ヒターナ
パロ・コルタド・ヴィエホ・VORSシェリー

産地 スペイン、サンルカール・デ・バラメーダ
特徴 アルコール度数19度
葡萄品種 パロミノ・フィノ

　現在最も多く売れているマンサニーリャのオーナーであるイダルゴ・ラ・ヒターナ家は、サンルカールで多く見られるスペイン北部カンタブリア出身の商人によって設立されたボデガの1つである。その古いワインは、地下に半分埋められたようなセラーに貯蔵されているが、そのセラーはマンサニーリャの熟成に不思議な力を及ぼしている。酸素が不足する分は換気で補われる一方で、グアダルキヴィル川の河口に近接していることから、その地下の深さが、マンサニーリャの熟成に欠かせないフローラの成長を促進する最適な湿度をもたらしている。

　またこの湿度の高さのおかげで、古いワインの蒸発が抑制され、樽のワインの減る量が少なくなり、これがまたアルコール度数の上昇を抑える結果となっている。これがイダルゴ・ラ・ヒターナの古酒の独特の感覚的特性、風味を生み出す。その香りは、しばしば最初は閉じられているが、デキャンターやグラスで静かに空気に触れさせると、ふんわりと花開いてくる。

　2000年に例外的に、マタドール・シリーズの一部としてパロ・コルタド・スカリーがリリースされたが、それは真の愛好家ならけっして見逃すことのできない、稀少で比類なき質を持つシェリーの宝石である。

JB

Ⓢ Ⓢ Ⓢ Ⓢ 飲み頃：リリース後10年過ぎまで

Hidalgo-La Gitana
Pastrana Manzanilla Pasada

イダルゴ・ラ・ヒターナ
パストラナ・マンサニーリャ・パサダ

産地 スペイン、サンルカール・デ・バラメーダ
特徴 アルコール度数15.5度
葡萄品種 パロミノ・フィノ

　シェリーの生産地を訪れたことがある愛好者なら、アモンティリャードやオロロソ、ペドロ・ヒメネスを樽から直接試飲したとき、その味が壜詰めされたものとほとんど変わらないことを知っている。しかしフィノとマンサニーリャの場合、壜と樽とでは色も香りも、味わいも感知できるほどに違っている。

　この違いの理由は、生物学的熟成に支配されているワインが受ける、強度のろ過工程によって説明できる。ろ過は2つの側面から正当化されている。第1に、消費者が色の淡いフィノやマンサニーリャを好み、少しでも色が濃いと拒絶反応を示すということ。そして第2に、ろ過をきつくすることによってワインが極度に安定し、1年か2年であれば、まったく新鮮さを損なわずに輸送、保管することができるということである。

　ほとんどどこでも行われているこうした強度のろ過工程とは対照的に、イダルゴはそのパストラナ・マンサニーリャ・パサダで大胆な、画期的な実験を行っている。そのワインは美しい黄金色をしており、事実上ろ過しないでも輸送に耐える熟成と構造を持ち、樽から直接グラスに注いだような、本物のマンサニーリャ・パサダを味わえる機会を提供している。JB

Ⓢ 飲み頃：直近にリリースされたもの数年以内

KWV
Muscadel Jerepigo 1953
KWV
ミュスカデル・ジェレピゴ 1953

産地 南アフリカ、ボバーグ
特徴 アルコール度数18.2度
葡萄品種 ミュスカデル（ミュスカ・ブラン・ア・プティ・グラン）

　1990年代の初めにポート・スタイルのワインが導入されるまで、ケープの酒精強化ワインといえば、甘口のジェレピゴであった――果醪が発酵を始める前に大量のアルコールを加えた"ミステル"で、正確には"ワイン"（ヴァン・ドゥー・ナチュレル）の範疇には入らない。1つの範疇としてみた場合、ジェレピゴは現在不当にも流行遅れと見なされ、衰退している。

　KWVは当時国立の協同組合で、法制的な保護を受けていた企業であったが、いくつかの優れたジェレピゴを造りだしている。1953は、KWVがまだジェレピゴのための専用のセラーを建てる前に造られたもので、いくつかのジェレピゴをブレンドしたものである。ボバーグという生産地名は、酒精強化ワインの範疇の中だけに登場する地名である。

　壜詰め出荷されたのは1981年で、それ以降このジェレピゴ1953は、骨董趣味のワイン鑑定家の間で半ば神話的な存在になっている。それが彼らの目に留まったのは、時折オークションに出されたためであった。芳醇な量塊的な甘さが、適度な酸、少量のタンニン、しっかりしたアルコールによって調和され、古いマデイラに似た感じで、レーズンというよりは、糖蜜の香りがし、フレーヴァーは本物の複雑さを持っている。熟成に伴って色は暗くなり、濃い黄褐色となるが、いつまでも壮健な腰をしている。TJ

🍷🍷 飲み頃：2050年過ぎまで

Domaine de La Rectorie
Cuvée Leon Parcé Banyuls 2000
ドメーヌ・ド・ラ・レクトリ
キュヴェ・レオン・パルセ・バニュルス 2000

産地 フランス、バニュルス
特徴 アルコール度数16度
葡萄品種 グルナッシュ・ノワール、時にムールヴェドル

　マルクとティエリーはドメーヌ・デュ・マス・ブランのパルセ家の又従兄弟同士で、バニュルスという小さな港町のワイン貴族の一員であった。マルクは私立学校の教員免許を持っているが、1984年に、一家の20haの葡萄畑を管理しながらワイン造りをすることを決意する。他の兄弟たちは独学でワイン造りを身につけていったが、ティエリーは、バニュルスの英雄的な醸造家でルーション・ワインの現代化の指導者的存在であったアンドレ・ブリュジラールに師事した。パルセ家は旧ドイツ軍が造った防空壕を持っており、それがこの暑い南フランスとしては例外的に冷涼なセラーとして役立っている。彼らは当初から、ろ過を廃止し、有機農法に取り組み、スロー・フード・ムーヴメントの指導的存在であり続けている。

　ドメーヌの最上のバニュルスが、キュヴェ・レオン・パルセである。2000年は、ルビー色で、バイオレットの輝きもある。しっかりした骨格を持ち、チェリーや甘いイチゴの香りがする。前世界最優秀ソムリエのオリヴィエ・プシエは「柔らかなスパイス」が感じられると述べ、14℃で供することを勧めている。キュヴェ・レオン・パルセは、ロックフォールのようなブルー・チーズか、デザートと一緒に飲むと合うだろう。プシエは赤い果実のクランブルと共に味わうことを推奨している。GM

🍷🍷🍷 飲み頃：2025年まで

Leacock's
Sercial Madeira 1963
リアコックス
セルシアル・マデイラ 1963

産地 ポルトガル、マデイラ
特徴 アルコール度数20.5度
葡萄品種 セルシアル

　リアコックはマデイラの名家の1つで、18世紀半ばにジョン・リアコックがワイン・シッパーとして設立した。家系の中で最も有名なのが、創立者の孫に当たるトーマス・スラップ・リアコックである。彼はフンシャル郊外のサン・ジョアンに葡萄畑を所有していたが、1873年、彼の葡萄畑がフィロキセラに襲われると、松脂から採ったテレピン油やタールを根に塗布して、全身全霊を賭けて葡萄樹を守った。彼は1883年にはフィロキセラを制圧し、現在マデイラ島に多くの伝統的品種が残存しているのは彼のおかげである。

　セルシアルは、たぶんそれらの伝統的品種の中ではあまり高く評価されていない品種であり、かなり厳しい、簡単には受け入れられない辛口のマデイラとなる。1994年に壜詰めされたリアコック・セルシアル1963は、まだまだ若輩であるが、この葡萄品種の個性を最も鮮烈に表現している。色は美しい琥珀色で、繊細な、青葉のようなアロマがあり、かすかにスモーキーで花の香りもする。厳しいが、繊細で、口笛のような澄明さもあり、きめ細やかで、美しく研磨されたステンレスのようなあとくちがある。まだまだ熟成を続けるワインだ。**RM**
🍷🍷🍷 飲み頃：2050年過ぎまで

M. Gil Luque *De Bandera Palo Cortado VORS Sherry*
M.ヒル・ルケ
デ・バンデーラ・パロ・コルタド・VORSシェリー

産地 スペイン、ヘレス・デ・ラ・フロンテラ
特徴 アルコール度数19度
葡萄品種 パロミノ・フィノ

　本物のシェリーを熱愛する同好の士の小さなサークルでは、フェルナンド・カラスコ・サガスティサバルの古酒は垂涎の的である。リンコン・マリージョやコルドバ通りの彼の古いセラーで熟成させられていたソレラは、1995年にM.ヒル・ルケの会社に買い受けられ、パゴ・カラスカルのヴィーニャ・エル・テレグラフォに移された。その12年後、今度はエステヴェス・グループがM.ヒル・ルケを買収し、これらのワインはデ・バンデーラ・シリーズで新しい舞台に登場することになった。新居への引越しは必要だったかもしれないが、これらのワインにとってはけっして受け入れられないこともあった。しかし、エデュアルド・オヘーダによって指揮されたエステヴェス・チームは、すでに引越しを完了しており、伝説的なヴァルデスピノ家の多くの樽は再構築され、改修された。

　2007年にごく少量であったが特別リリースが行われ、パロ・コルタドのソレラを構成する7つの樽の最上のものから選ばれたワインが壜詰めされた。ボータ・プンタとは、シェリーのソレラの中で、熟成、深み、バランスの点で最高のものに与えられる称号である。その結果、このボータ・プンタは伝統的に、抜き取りと補填が最も厳しく管理され、熟成と差別化が何十年にもわたって強化されていくのである。**JB**
🍷🍷🍷 飲み頃：リリース後30年過ぎまで

Fortified wines | 887

Lustau *Almacenista Cuevas Jurado Manzanilla Amontillada*

ルスタウ　アルマセニスタ・クエヴァス・フラード・マンサニーリャ・アモンティリャーダ

産地 スペイン、サンルカール・デ・バラメーダ
特徴 アルコール度数17.5度
葡萄品種 パロミノ・フィノ

アルマセニスタというのは、ワインや果醪を生産者から購入し、ボデガでそれを熟成させている人々のことを指す。彼らのなかには、マヌエル・クエヴァス・フラードのように、自分の葡萄畑を所有しているものもある。しかし規制委員会にシッパーとして登録されていない場合、彼らはそのワインを自分で壜詰めして販売することができないことになっている。彼らがストックしているワインは、大きなシッパーによって購入され、ブレンドされ、そのシッパーのブランド名で販売される。

1980年代、ラファエル・バラオ(現代シェリーの歴史の大立者)がまだ指揮を取っていたときのこと、ボデガス・ルスタウは彼らアルマセニスタが保有しているソレラに大きな可能性があることに気がついた。彼は彼の基準を満たすソレラを、個々のアルマセニスタの名前をラベルに記載して売り出すことにした。

ルスタウが壜詰めして売り出す50人近くのアルマセニスタのワインのなかでも飛び抜けて高い質を持つのが、このマンサニーリャ・アモンティリャーダである。それは唯一ではないにしても、現在手に入れることができる本物の質を持った数少ないマンサニーリャ・アモンティリャーダの1つである。ラベルに記載されている1/21という数字は、そのワインのソレラが21個の樽でできていることを示している。JB

❤❤ 飲み頃：リリース後5年過ぎまで

Lustau *Almacenista García Jarana Pata de Gallina Oloroso Sherry*

ルスタウ　アルマセニスタ・ガルシア・ハラーナ・パタ・デ・ガリーナ・オロロソ・シェリー

産地 スペイン、ヘレス・デ・ラ・フロンテラ
特徴 アルコール度数20度
葡萄品種 パロミノ・フィノ

強い個性の持ち主である実業家ルイス・カバレロ・フロリダは、エル・プエルト・デ・サンタ・マリアにあるボデガ、ルイス・カバレロの主要株主である。そのボデガはパヴォン・プエルト・フィノ・シェリーや、ドン・ルイス・アモンティリャード、パードレ・レルチュンディ・モスカテルを生産している。しかしシェリーに関して言うならば、彼の資産の最高の宝は、1990年に買収したルスタウであり、現在マヌエル・アルシラが工場長をしている。

エレガントでスパイシーなパタ・デ・ガリーナ・オロロソ1/38は、サンティアゴの有名な一角にホアン・ガルシア・ハラーナが所有している1世紀前の古いボデガにある300個の樽から生まれる。彼はオートバイ販売会社の社長で、大のシェリー好きである。現在の経済状況の下では、彼はそのボデガを趣味として維持して行かざるを得ない。というのはシェリーの市場は、1970年代に始まった危機をまだ脱していないからである。

パタ・デ・ガリーナというのは、"雌鶏の足"という意味だが、それはワインの樽の質を鑑定するときに、カパタス(工場長)が樽に付けていくチョークの印のことをさしている。最初に付けられた1本の直線の後、ワインが特有のアロマを身に付けていく度に1本ずつ曲線が加えられ、それがワインの質を表す"雌鶏の足"になるというわけだ。JB

❤❤ 飲み頃：リリース後10年過ぎまで

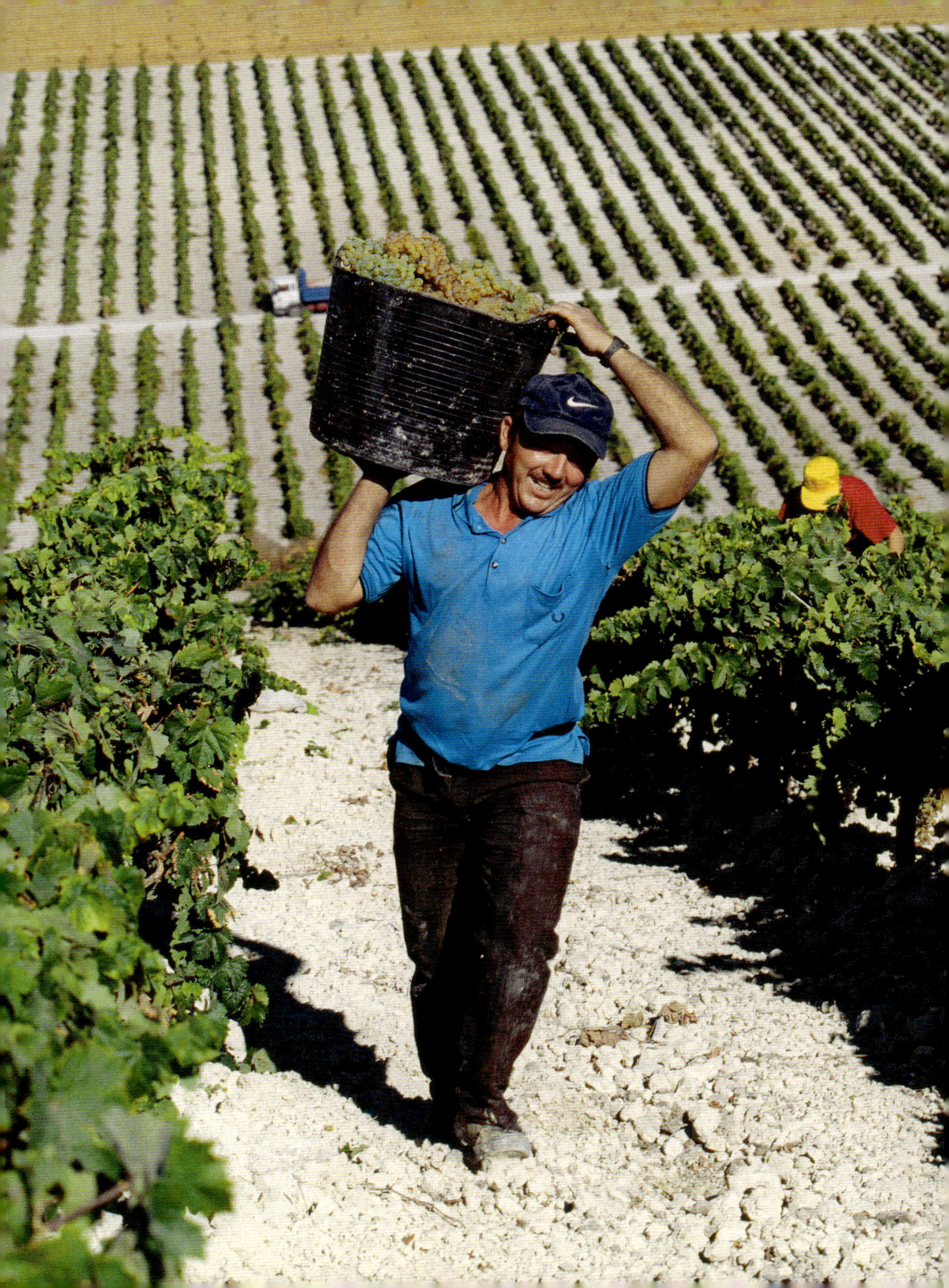

BODEGAS
MARQUES del REAL TESORO

Marqués del Real Tesoro
Covadonga Oloroso VORS Sherry
マルケス・デル・レアル・テソロ
コヴァドンガ・オロロソ・VORSシェリー

産地 スペイン、ヘレス・デ・ラ・フロンテラ
特徴 アルコール度数19.5度
葡萄品種 パロミノ・フィノ

マルケス・デル・レアル・テソロは、ホセ・エステヴェスによって行われた大規模な買収劇の第1弾で、1984年に彼の所有となった。それ以来、すでに第2世代によって統帥されているグルーポ・エステヴェスは、シェリー業界で売上高、利益高で最も重要な企業の1つに成長した。2006年から2007年にかけて、彼らはライネラ・ペレス・マリーン（ラ・ヒータ）とM.ヒル・ルケも買収した。

グルーポ・エステヴェスは手頃な価格の大量生産ワインを多く生産しているが、ワイン造りのチーム（エドゥアルド・オヘダとマリベル・エステヴェスに指揮された）は、世界レベルの最高級シェリーにも取り組んでいる。その1つが、このコヴァドンガ・オロロソ・VORSである。

このワインの伝統的なラベルは、シェリーの中でも最も卑猥なラベルの1つに挙げられている。そこには、創世記の記述に基づいて、葡萄樹の下で酔って裸体をさらけ出しているノア（彼の3人の息子と大いに関係のある出来事）が描かれている。その絵は明らかに、16世紀中央ヨーロッパのある彫刻をモデルとしている。またラベルの字体が、恥ずかしくもノアによって曝された体の一部を暗示しているという批評家もいる。**JB**

🍷🍷🍷🍷 飲み頃：リリース後20年過ぎまで

Mas Amiel
Maury 2003
マス・アミエル
モーリー 2003

産地 フランス、モーリー
特徴 アルコール度数16度
葡萄品種 グルナッシュ・ノワール

岩の多い乾燥したモーリーの谷の端に、豪華な大聖堂のような建物があるが、それは20世紀初めに、酒精強化ワインに捧げられて建設されたものである。ルーションはフランスで最も温暖な地域であるが、このエステートはそのなかでも最も暑い地区にあり、年間の快晴日数は260日である。エステートの歴史は古く、1816年に遡り、この壮大な建物を建てたのはデュプイ家である。後にデュプイ家はこの大規模エステートに対する興味をなくし、1997年、オリヴィエ・デセルに売却した。

155haもの葡萄畑には、平均樹齢35年のグルナッシュが植えられている。多くのワインが、ポートほどには度数は高くないが酒精強化され、オークの大樽またはガラスのドゥミジョンで貯蔵される。その"ヴィンテージ"ワインは1990年代以降のものしかないが、木樽で寝かせ6〜10年後に壜詰めされるより伝統的なワインよりも、凝縮度が高く、瑞々しい果実味がある。

2003ヴィンテージ・モーリーは、グルナッシュ100%である。色は、この地の焼け付くような太陽に曝された葡萄から想像できるとおりの濃い色をし、チョコレートや干しイチジクのアロマがある。口に含むとクリームのような質感があり、胡椒やラズベリーを連想させる味がする。**GM**

🍷🍷🍷 飲み頃：2020年過ぎまで

◀ ヘレスのマルケス・デル・レアル・テソロのボデガ。

Mas Blanc
La Coume Banyuls 2003
マス・ブラン
ラ・クーム・バニュルス 2003

産地 フランス、バニュルス
特徴 アルコール度数16.5度
葡萄品種 グルナッシュ・ノワール

　スペインとの国境沿いの静かな港町バニュルスは、昔からピレネー山脈の麓、片岩の大地に育つ葡萄を使った赤と白の酒精強化ワインで有名である。マス・ブランの創立者Dr.アンドレ・パルセは地元の協同組合の理事長をしていたが、ある小さなスキャンダルでその地位を失った。収入が少なく、メンバーに必要な支払いをすることができなかったのである。しかしパルセの評判は、バニュルスを超越していた。彼はまた、多くの国政委員会にも参加していた。彼についていろいろ悪口を言う人もいるが、アンドレ・パルセは賞賛に値する人物である。彼はこの地にポートに似た酒精強化ワインの生産を定着させただけでなく、酒精強化しない本格派ワイン、コリウールも開発した。彼はパリのINAO全国原産地呼称統制機関で枢要な地位を占め、彼の意見には何者も反対することが許されなかったほどであった。

　ドメーヌ・マス・ブランの20haの畑から生まれるワインは、現在アンドレの息子のジャン・ミシェルとベルナールによって造られている。マス・ブランは現在もまだ革新の途上にある。秀逸な酒精強化されていないコリウール、ソレラ・システムのワイン、そして90%のグルナッシュ・ノワールと少量のシラーとムールヴェドルを加えたラ・クームなどが豊富な商品群を構成している。ヴィンテージ・ワインのラベルの多くに記載されている"rimage"というのは、カタラン語で葡萄の熟成を意味する。

　ラ・クーム2003は美しくバランスの取れた、高貴でエレガントなワインで、10年目の誕生日を迎えても、まだ美味しいデザート・ワインのままであろう。残糖率は軽めの80g/ℓで、ブルー・チーズやこの地特産の黒干しイチジクと合わせて飲むと最高だ。**GM**

🍷🍷🍷　飲み頃：2025年まで

リオン湾を見下ろすバニュルスの葡萄畑。➡

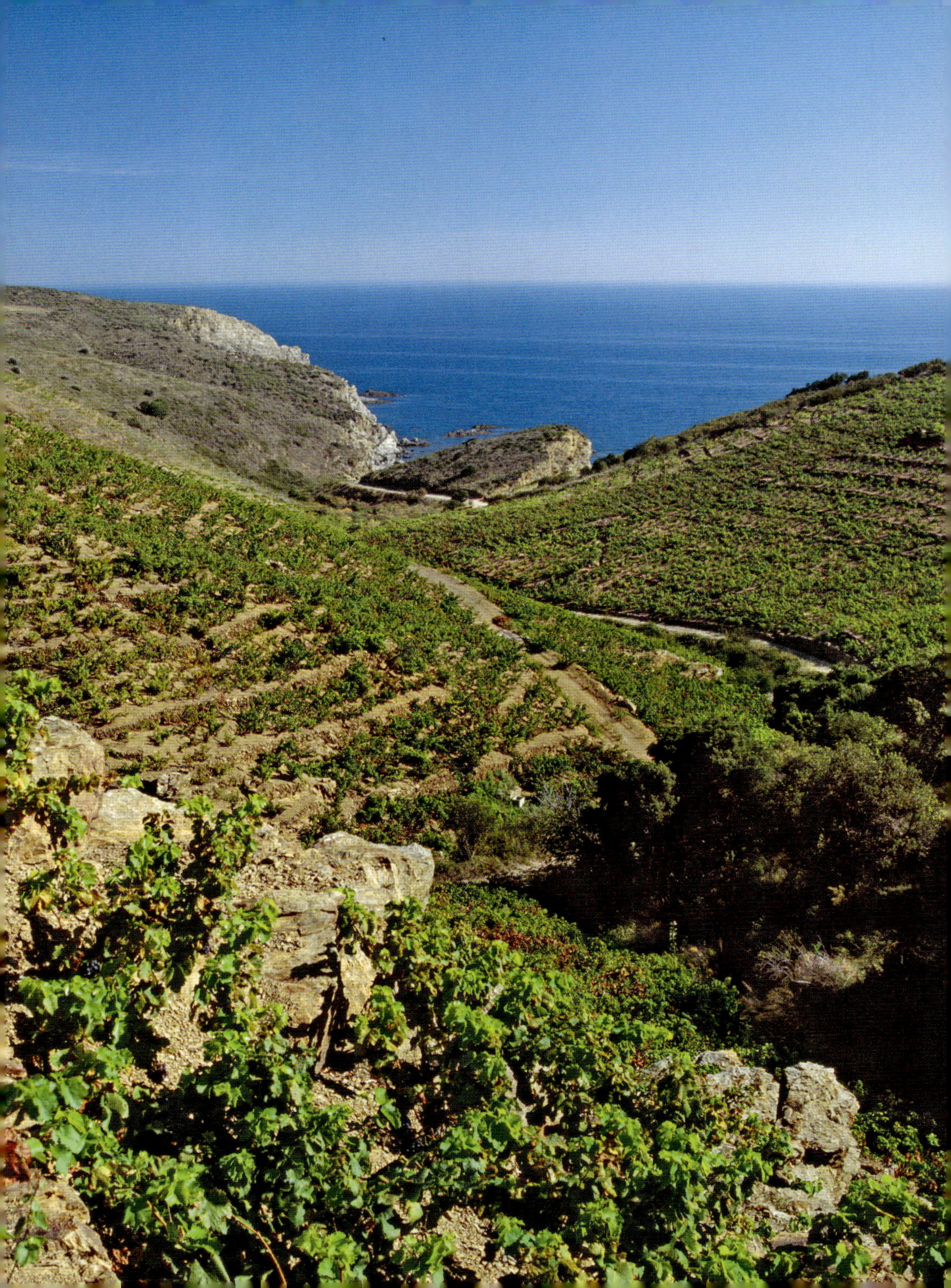

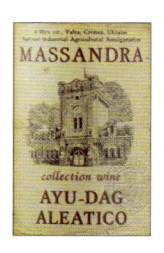

Massandra Collection
Ayu-Dag Aleatico 1945
マサンドラ・コレクション
アユ・ダーク・アレアティコ 1945

産地 ウクライナ、マサンドラ、アユ・ダーク
特徴 アルコール度数15.5度
葡萄品種 アレアチコ

　黒海、ヤルタの近く、マサンドラに19世紀半ばから存在するワイナリーがある。それは同じくヤルタ近郊にあるツアーの夏の宮殿、リヴァディアにワインを供給するために造られたもので、ツアーが好みそうなありとあらゆるワインを取り揃えていた。高い品質を維持するために、ツアーはレフ・セルゲヴィッチ・ゴリツィン王子を生産の監督に当たらせた。ワインは今もマサンドラ公団によって造られ、メンバーの畑は合わせると1,780haもの広さになる。

　保管庫にはこれまで造ったすべてのワインが1本以上保管されており、時折そのうちの数本が限定的に売りに出されることがある。2007年11月27日、ロンドンのオークション・ハウス、ボーナムズは特別なワイン・オークションを開催したが、その前にこのアユ・ダーク・アレアティコ1945の試飲会があった。アユ・ダークというのは"熊の住む山"を意味し、アレアティコはイタリアの赤ワイン品種で、ミュスカ・ブラン・ア・プティ・グランに近い品種である。香りはそれほど高いというほどでもないが、糖と酸のバランスが非常に良く、そのため飽きることがない。**SG**

🍷🍷🍷🍷　飲み頃：2040年まで

Morris Wines
Old Premium Liqueur Muscat
モーリス・ワインズ
オールド・プレミアム・リキュール・マスカット

産地 オーストラリア、ヴィクトリア、ラザグレン
特徴 アルコール度数18度
葡萄品種 ミュスカ・ア・プティ・グラン（ブラウン・マスカット）

　オーストラリアではめずらしい、この"突き刺さるような"酒精強化デザート・ワインは、ヴィクトリア州北部、ラザグレンの暑い地方に育つブラウン・マスカットから造られる。故ミック・モーリスはこの地では伝説的人物で、現在その息子のデヴィッドがワイン造りを行っている。

　この快楽主義的な液体を造るため、葡萄は最大限の糖度が確保されるよう、ほとんどレーズン状態になるまで樹になったまま放っておかれる。ワイナリーに到着すると、葡萄は破砕され、ある程度まで発酵が進められるが、途中で高い度数の純粋な蒸留酒が加えられて発酵は止められ、アルコール度数18度まで強化される。ワインはその後、オーク樽に移され、溶鉱炉のように熱い貯蔵庫で何年間も熟成させられる。ブレンドの過程で、古いワインの持つ焦がしたシュガー・シロップやラムの風味と、若いワインの新鮮な果実味が融合される。

　このワインは思わず笑みがこぼれるようなワインだ。ハーブのような香りの後、非常に強い甘みが訪れ、レーズンや焼きリンゴを想起させる。心をとろけさせるようなワインだが、誰にとっても、というわけではなさそうだ。**SG**

🍷🍷　飲み頃：最近リリースされたもの

Morris Wines
Old Premium Liqueur Tokay

モーリス・ワインズ
オールド・プレミアム・リキュール・トケイ

産地 オーストラリア、ヴィクトリア、ラザグレン
特徴 アルコール度数18度
葡萄品種 ミュスカデル

　1859年創立のモーリスは、現在パーノッド・リカルドの所有になっているが、この原稿を書いている最中に、売りに出された。これまではずっと、モーリス家によって運営されてきた。オールド・プレミアムは、モーリスで最も古くから販売されているトケイとマスカットに付けられたラベル表示で、毎年非常に限られた量しかリリースされない。ミュスカデルは全部自社の葡萄畑でできたものを使っている。その畑は、赤と黄色の粘土の上を赤いロームが覆っている土壌で、水持ちが良く、この地域ではめずらしく潅漑の必要がまったくない。これもまためずらしいことであるが、葡萄は少し発酵させられるが、デヴィッド・モーリス（1990年半ばからワイン造りを担当）によれば、それによってワインは微妙に、しかし最も効果的にフレーヴァーを変化させるという。

　オールド・プレミアム・トケイは1年に1回ブレンドされ、平均20年間熟成させられる。最も古いものは60年近く経っている。トケイは完熟した葡萄から造られているが、マスカットよりは甘さが控えめで、非常に精妙で、芳醇である。オールド・プレミアムはブレンドによって、麦芽、蜂蜜、果実、若いワインのフレーヴァーと、バタースコッチ、トフィーの濃厚な風味との間のバランスが絶妙で、非常に複雑な"ランシオ"がかすかに感じられる。モーリスは言う。「ワインは果実味がないとね。ただ歳を取るだけでは美しくない。」**HH**

❂❂❂　飲み頃：リリース後少なくとも20年

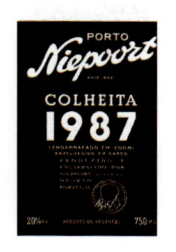

Niepoort
Colheita Port 1987

ニーポート
コルヘイタ・ポート 1987

産地 ポルトガル、ドウロ・ヴァレー
特徴 アルコール度数20度
葡萄品種 混植葡萄畑からの伝統的品種の混合

　コルヘイタはポートの中で最も誤解されやすく、また最も正しく説明されていない範疇である。コルヘイタというのはポルトガル語で、"収穫"を意味するが、時々"ヴィンテージ"と誤解されている。コルヘイタのラベルには、2つの年代が表示されている。1つは収穫の年代であり、もう1つは壜詰めされた年代である。後の年代のほうが重要である。というのは、30年前後の壜熟を必要とするヴィンテージ・ポートとは違い、コルヘイタはすぐ飲めるように壜詰めされているからである。

　ニーポートは1935年からのコルヘイタを貯蔵している。それらの非常に古いシングル・ヴィンテージ・ワインは、疑いもなく強烈な印象を持ち、注文に応じて壜詰めされるが、より手頃なコルヘイタもリリースされている。それは若いワインの果実味と、オーク樽での熟成によって生まれる複雑さを融合させている。そのワインはリリース後すぐ飲むこともできるが、壜の中でゆっくり熟成していく力も秘めている。ニーポート1987コルヘイタ（壜詰めは2005年）は、まだ若者で、樽の中で18年しか過ごしていない。淡い琥珀のような黄褐色をし、非常に新鮮で香りが強く、アロマもフレーヴァーも洗練されている。美しく調和が取れ、完全で、柔らかく、絹のように滑らかで、非常に繊細な、それでいて風味豊かな余韻が残る。**RM**

❂❂❂　飲み頃：2012年まで

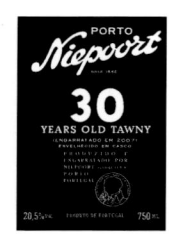

Niepoort
30 Years Old Tawny Port
ニーポート
30イヤーズ・オールド・トゥニー・ポート

産地 ポルトガル、ドウロ・ヴァレー
特徴 アルコール度数20度
葡萄品種 混植葡萄畑からの伝統的品種の混合

　ニーポートは非常に秀逸なヴィンテージ・ポートも出しているが、その長い間の評判は、3年物、4年物から10、20、30年物までの良く出来たブレンドであるトゥニーによって築かれてきた。それらはどれも各範疇内で最も優れたものに入る。

　一般にトゥニー・ブレンドを構成する各ワインは、樽の中で熟成させられることによって凝縮されていき、蒸発を通して強い甘みを獲得していく。その味は、どこで、どのように熟成させられるかによって決まる。気温が高く（それゆえ蒸発も早く進む）ドウロ・ヴァレーの内陸部で熟成させられたワインは、海岸近くのヴィラ・ノーヴァ・デ・ガイアの冷涼で、湿度の高い場所で熟成させられたものよりも、熟成が早く進む。

　ニーポート・30イヤーズ・オールド・トゥニーは、熟成年数8～100年までのワインをブレンドしている。色は淡い琥珀のような黄褐色で、グラスの縁に暗示するようなオリーヴの緑色の輝きがあるが、それはワインの高い平均熟成年数を物語っている。アロマは上品で、繊細で、香り高く、煎りたてのアーモンドや干しアプリコット、黄褐色のマーマレードのフレーヴァーがある。全体として、甘く、絹のように滑らかで、洗練されていて、美しく燃え上がるようなあとくちがあり、ブレンドの巧みさに感心させられる。**RM**

😊😊😊 飲み頃：直近のリリースから10年過ぎまで

Niepoort
Vintage Port 2005
ニーポート
ヴィンテージ・ポート 2005

産地 ポルトガル、ドウロ・ヴァレー
特徴 アルコール度数20度
葡萄品種 混植葡萄畑からの伝統的品種の混合

　ポルトガルは2005年に、今も傷跡が生々しく残る激しい旱魃を経験した。若い葡萄畑は、極限状態に耐えることができず、葡萄はレーズン状になり、焼けたバランスの悪いワインを生み出した。収量は平均を大きく下回ったが、葡萄樹が深く根を張り、旱魃に耐えることができた古い畑からは、少量の、非常に凝縮された、芳醇なワインが生み出された。ほとんどのポート・シッパーにとっては、2005年は"ノン・クラシック"の単なる収穫年にすぎず、2007年春にいくつかのシッパーが、「力強い、緊密なワインの年」という宣言を出したに過ぎなかったが、フル・ヴィンテージ宣言を出した生産者もいた。

　ディルク・ニーポートはただフル・ヴィンテージ宣言を出すだけでは、熱狂を伝えきれなかったのだろう。「2005年は、私がこれまで造ったワインの中でも最高で、おそらく1945年以来の最高の出来だろう」と熱く語った。ニーポートは2005年の素晴らしさを「ハーモニーとバランス」と表現した。それはあのような極限状態からは想像できない言葉だった。そのワインは今長い人生の端緒についたばかりだ。色は深く、不透明で、まだ閉じられていて、荒々しいが、その凝縮度と鮮烈さはすでに明らかである。けっして最大のニーポート・ヴィンテージというわけではないが、果実味の驚くべき純粋さが、しっかりしたタンニンの背骨に支えられ、まっすぐ立っている。**RM**

😊😊😊 飲み頃：2015年から2050年過ぎまで

ヴィラ・ノーヴァ・デ・ガイアのニーポートの酒蔵で熟成させられているデミジョンのポート。→

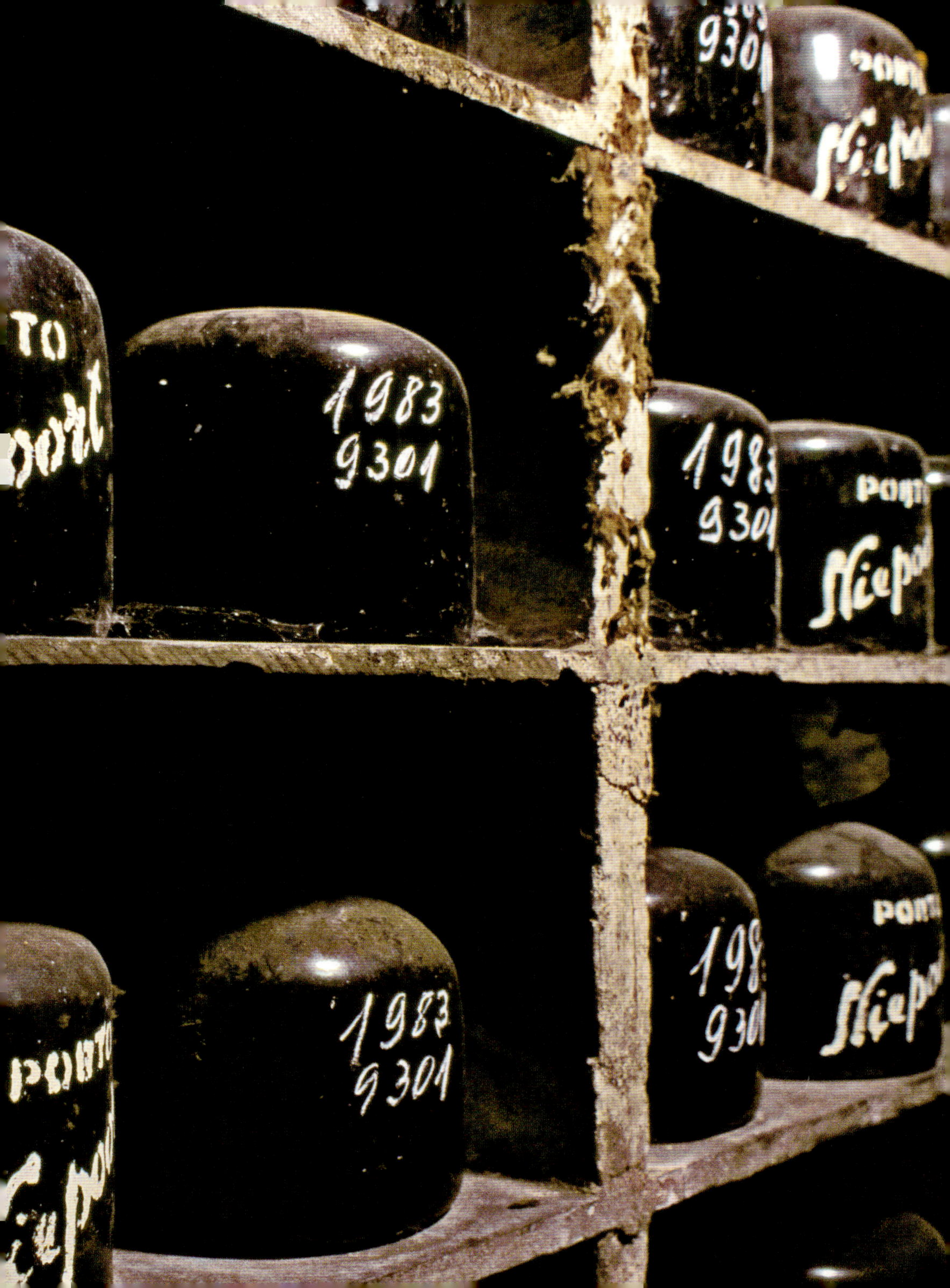
1983
9301
1983
9301
PORTO

Quinta do Noval *Vintage Port* 1997
キンタ・ド・ノヴァル ヴィンテージ・ポート 1997

産地 ポルトガル、ドウロ・ヴァレー
特徴 アルコール度数19.5度
葡萄品種 伝統的品種の混合

ピニャオン川とドウロ・ヴァレーを眼下に納め広がるキンタ・ド・ノヴァルほど美しい葡萄畑は、ドウロのなかでも他にないのではないだろうか？それはレベロ・ヴァレンテ家によって1715年の土地台帳に初めて記載され、それ以降代々受け継がれたのち、ヴィラル・ダレン子爵の手に渡り、フィロキセラによって荒廃させられ、1894年、ポート・シッパーのアントニオ・ホセ・ダ・シルヴァの所有となった。畑は全面的に改修され、大部分の葡萄樹が、フィロキセラに耐性のあるアメリカ産台木に植え替えられた。

1981年、ノヴァルは大火に見舞われ、貯蔵していたワインともども多くの酒蔵を消失してしまった。この事故と、長い間続いてきた家族内の諍いの結果、会社はとうとう窮地に陥り、1993年クリスティアーノとテレサ・ヴァン・ゼラーの兄妹は、ノヴァルをアクサ・ミレジムに売却した。それ以降現在まで、葡萄畑の約半分が再植樹され、名高い段々畑は改修された。新しいオーナーの最初のヴィンテージである1994年以降、出荷量は過去に比べてかなり減少し、1,000ケースに満たない年もある。

1997は広くヴィンテージ宣言が行われた年であったが、ノヴァルも最上のワインを造りだした。しかしそのワインは、その前のヴィンテージであった1994ほど早熟ではない。ノヴァル1997は豊潤なワインで、深い果実味、ビターチョコレートの強烈さがあり、熟したタンニンが爆発的なフィニッシュを導く。それはその本当の真価を発揮するまでに20年はかかるだろう。ノヴァル1997は、このランドマーク的な畑の新時代を告げるワインだ。**RM**

❺❺❺❺ 飲み頃：2050年過ぎまで

追加推薦情報
その他の偉大なヴィンテージ
1931・1963・1966・1970・1994・2000・2003
キンタ・ド・ノヴァルのその他のポート
エイジド・トゥニー、コルヘイタ、レイト・ボトルド・ヴィンテージ、ナシオナル、シルヴァル

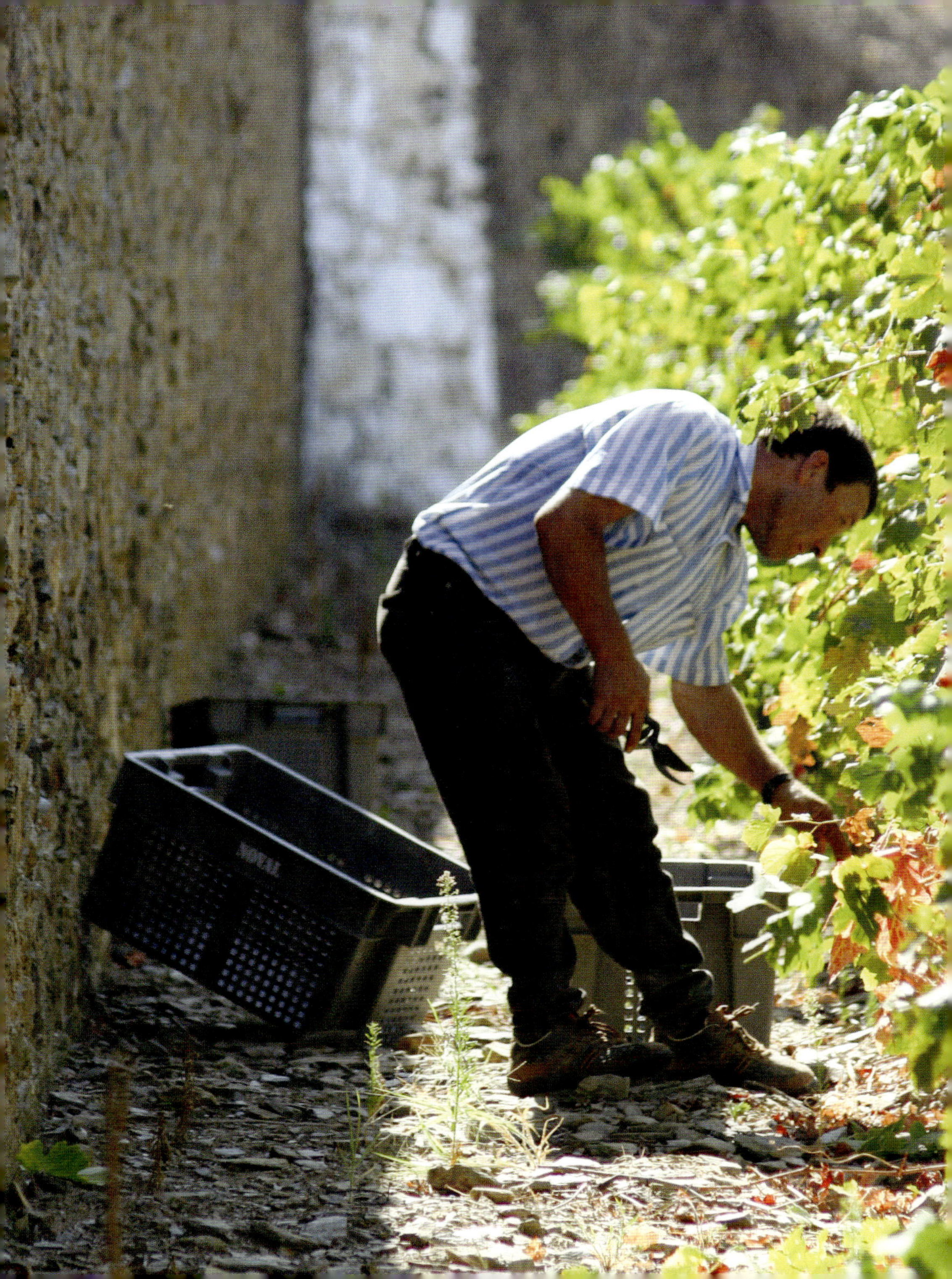

Quinta do Noval *Nacional Vintage Port* 1963
キンタ・ド・ノヴァル　ナシオナル・ヴィンテージ・ポート 1963

産地　ポルトガル、ドウロ・ヴァレー
特徴　アルコール度数20.5度
葡萄品種　トゥーリガ・ナシオナル、ティンタ・フランシスカ、ソーザオ

1963年のポートは全域で素晴らしい作柄に恵まれ、ほとんどすべてのシッパーが非常に鮮烈なヴィンテージ・ポートを造りだした。そのヴィンテージの中で、やや精彩がなかったのがキンタ・ド・ノヴァルであったが、それを補って余りある出来栄えを示したのが、キンタ・ド・ノヴァル・ナシオナルであった。それはこれまで造りだされたヴィンテージ・ポートの中でも疑いもなく五指に入る逸品である。

"ナシオナル"というのは、キンタ・ド・ノヴァルへ向かう主要道路の両側に広がる、6,000本あまりの接木されていない葡萄樹が育つ区画を指す。1920年代に植えられたそれらの葡萄樹は、自らの根でこの国の大地に踏ん張って生きていることから、こう呼ばれるようになった。ナシオナル葡萄畑は、標高350mの、いわゆるメイア・エンコスタ（斜面の中腹）にあり、南西向きで完璧に直射日光の恩恵に浴する。収量は低く、1haあたり15hℓほどで、他のノヴァルの平均収量30～35hℓのほぼ半分である。

ポート批評家のリチャード・メイソンはこの10年間に、ナシオナル1963を4回試飲しているが、彼はこのワインを、「これまで生まれたポートの中で最も完成されたもの」と評した。2001年3月にポルトガルで開かれたナシオナルの垂直テイスティング──その時このワインは38年目に突入していた──での彼のノートにはこう記されている。「信じられないほどの深い色、グラスの縁は紫からピンク色で、褐色はちらと垣間見えるだけだ。硬いが強烈なブラック・チェリーのアロマがある。圧倒的な凝縮感、輪郭がはっきりしており、ビターチョコレート、果実の味がする。最高の品質。非常に、非常に、非常に美味しい。愛すべき長さ──言葉を失う──、余韻は永遠に続く。」SG

🍷🍷🍷🍷🍷　飲み頃：2050年過ぎまで

追加推薦情報
その他の偉大なヴィンテージ
1931・1934・1945・1958・1966・1970・1994・2000
その他の1963ポート
コバーン、クロフト、デラフォース、フォンセカ、グラハム、テイラー、ワレ

ピニャオン川の斜面に広がるキンタ・ド・ノヴァルの段々畑。

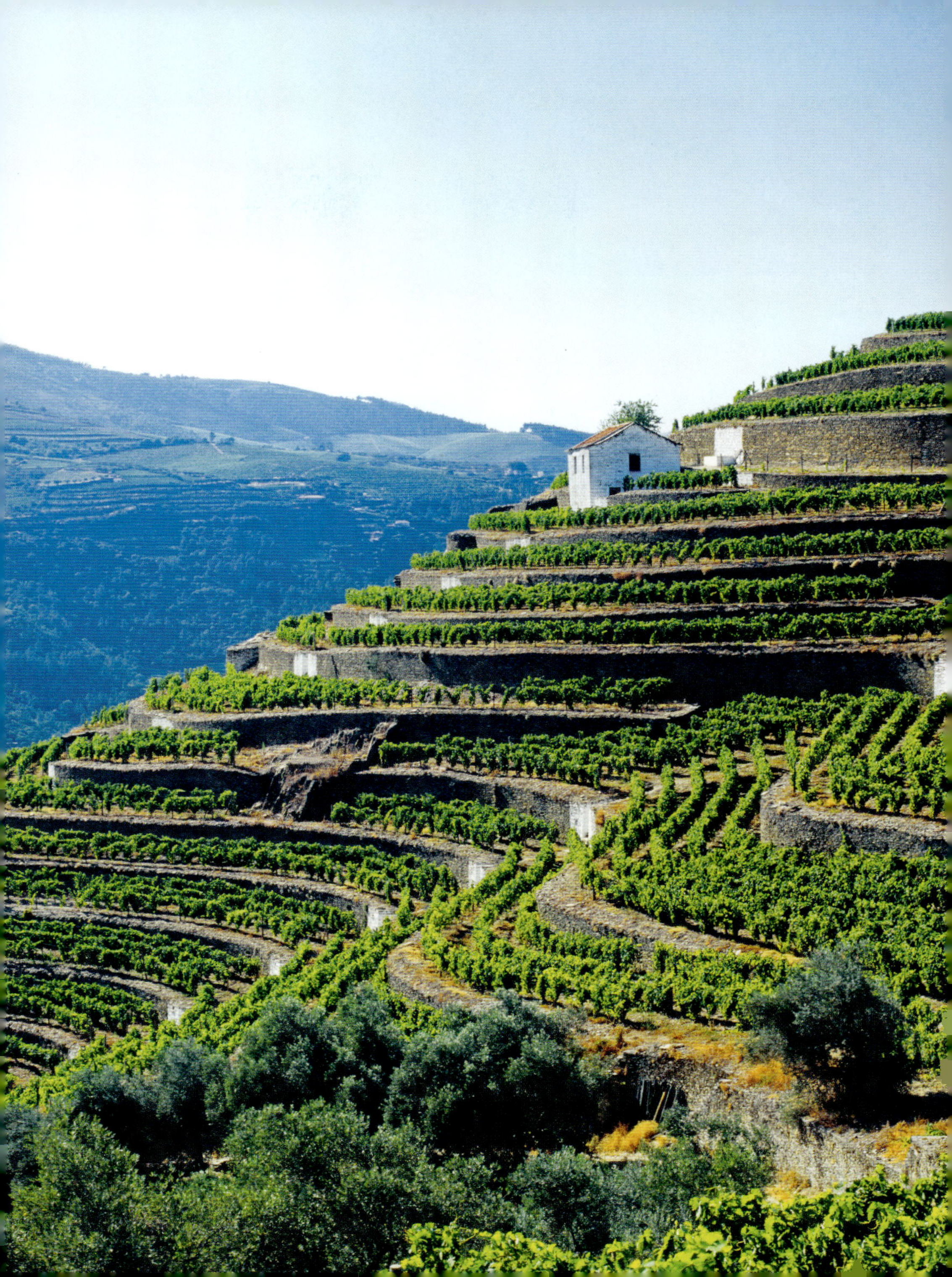

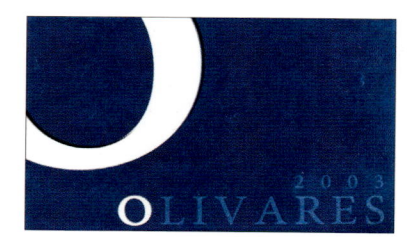

Olivares Dulce
Monastrell Jumilla 2003

オリヴァレス・ドゥルセ

モナストル・フミーリャ 2003

産地 スペイン、フミーリャ
特徴 アルコール度数16度
葡萄品種 モナストル

　ボデガス・オリヴァレスは1930年に設立された家族経営の企業で、ムルシア州の地中海アペラシオン、フミーリャに202haの畑を所有し、モナストル、シラー、テンプラニーリョを栽培している。しかしこのワイナリーは、デノミナシオン・デ・オリヘンには属していない。というのはこの会社の主な事業はバルク・ワインの生産だからである。

　ボデガス・オリヴァレスの広い葡萄畑の中に、接木していない、非常に樹齢の高いモナストルがオリーブの木立（オリヴァレスというのはその木立のことをさす）の間に植わっている一画がある。標高792mの高地である。これらの葡萄を使って、一家は甘口の赤ワイン、オリヴァレスを造っている。不思議なことに、何らかの方法で、おそらくある種の生物学的注入が行われていると思われるが、オリーヴの香りがこのワインには感じられる。

　2003年は非常に暖かい年で、甘口ワインには最適の超完熟の葡萄が実った。長時間の浸漬によって、色は非常に濃く、オリーヴ、トマト・ジュースの香りが顕著で、ブラインド・テイスティングでもすぐにそれと分かるほどである。花のような、あるいは干しイチジクやナツメヤシなどの贅沢な乾燥果実の香りがし、芳醇で、若い時にはタンニンが強いが、重厚な質感があり、非常に長い余韻が続く。**LG**

　$ $ 飲み頃：2020年まで

Osborne
Pedro Ximénez Viejo VORS Sherry

オズボーン

ペドロ・ヒメネス・ヴィエホ・VORSシェリー

産地 スペイン、アンダルシア、エル・プエルト・デ・サンタ・マリア
特徴 アルコール度数17度
葡萄品種 ペドロ・ヒメネス

　ヴィエホ・ペドロ・ヒメネス・レア・シェリーは、非常に古い甘口PXワインの天空に輝く星である。ほとんど黒色に近い濃い色で、グラスの内側をコーティングするほど粘性があり、香りも味も、究極の甘さ、精妙さ、持続性を示し、レーズン、ナツメヤシ、ヨウ素、塩、トースト、香が感じられる。

　オズボーン家のワインはどれも秀逸で、対価格品質に優れた入門者用のものから、世界的に有名なサクリスティア・リザーヴ――レア・シェリーで、このヴィエホ・ペドロ・ヒメネスVORSもその1つ――まである。

　レア・シェリーの商品群は、同家の保有する非常に古いソレラから生まれ、大半がボデガ・ラ・オンダに寝かされている。それらは元来、オズボーン家が私的に楽しむために貯蔵されていたものであるが、1990年代に商業的にリリースされた。そのなかには現在売られていないが、同様に素晴らしいシェリーが他にもあった（ヴェリィ・オールド・ドライ・オロロソ、アロンソ・エル・サビオ・オロロソ、ラ・オンダ・フィノ・アモンティリャード、エル・シド・アモンティリャード）。とはいえ、これらの宝石のようなソレラはまだ保存されていて、一家のエノロゴであるイグナシオ・ロサーノと一緒に古びたオーク樽の列の間を歩く幸運に恵まれた人は、まだそれを味わうことができる。**JB**

　$ $ $ $ 飲み頃：リリース後50年まで

Osborne
Solera P△P Palo Cortado Sherry
オズボーン
ソレラ・P△P・パロ・コルタド・シェリー

産地 スペイン、アンダルシア、エル・プエルト・デ・サンタ・マリア
特徴 アルコール度数22度
葡萄品種 パロミノ・フィノ

　ソレラ・P△P・パロ・コルタドはオフ・ドライのオールド・シェリーで、凝縮感、滑らかさ、アロマの芳醇さをブレンドさせた他に類のないワインである。スペインの伝統的技法に基づいて、ワインは、辛口（アモンティリャード、オロロソ、パロ・コルタド）と、甘口（ペドロ・ヒメネスが大半だが、モスカテルもある）のどちらかのソレラ・システムで酸化熟成させられる。それゆえ、このオフ・ドライのシェリーは、これとは少し異なった比率、方法でブレンドされることによって造りだされる。

　このブレンドによって、古いワインの渋みと厳しさが和らげられ、より魅惑的な繊細な味わいのワインとなる。しかし少量であっても、ペドロ・ヒメネスを古い辛口ワインに加えることによって、偉大なパロ・コルタドやオロロソの独特の香り、切れの良さが失われることが多々ある。

　このソレラ・P△P・パロ・コルタドの香りの秘密は、まさにそのブレンドの瞬間にある。といっても、壜詰めのすぐ前のブレンドではなく、その最初の段階のブレンドのことである。クリアデラスの樽の中に注入される段階で、このパロ・コルタドはごく少量のペドロ・ヒメネスがブレンドされていて、それが何十年もの時を経て、完全に融合し、古くて、個性的だが、芳醇な味わいのシェリーとなる。**JB**

🄢🄢🄢　飲み頃：リリース後10年まで

Paternina *Fino Imperial Amontillado VORS Sherry*
パテルニーナ
フィノ・インペリアル・アモンティリャード・VORSシェリー

産地 スペイン、ヘレス・デ・ラ・フロンテラ
特徴 アルコール度数18度
葡萄品種 パロミノ・フィノ

　最も風変わりなシェリーを1つ選べと言われたら、数奇な運命に翻弄されながらも独特の個性で輝くパテルニーナ・フィノ・インペリアル・アモンティリャードが最有力候補に挙げられるだろう。多くの人がこれを支持し、その意見のどれもが重みを持っている。

　それはディエス・エルマーノス（1876）の生きた歴史的遺産である。そのボデガは20世紀後半にオーナーの交代を数回経験し、最終的にリオハのパテルニーナ・グループに吸収された。またそのシェリーは、もう1つの伝説的アモンティリャードであるヴァルデスピノのコリセオ同様に、ヘレス生まれであるが、サンルカルのマンサニーリャによって活力を注入されたアモンティリャードである。それゆえ、このワインは幼年期と青年期をグアダルキヴィル川で過ごし、成熟してからは内陸部に移り、そこでパテルニーナ家の熟練したエノロゴであるエンリケ・ペロスの愛情あふれる庇護の下でさらに熟成を重ねているということができる。

　このワインはまた"ナチュラル"なアモンティリャードである。というのはこのワインは、フィノがアルコールの補填なしに、自然にフロールのベールを消費し、酸化熟成の第2段階に進んだ結果生まれたものだからである。フィノ・インペリアルというのは、それゆえこのワインの生物学的特徴を言い表したネーミングなのである。**JB**

🄢🄢🄢　飲み頃：リリース後10年過ぎまで

Fortified wines | 903

Carlo Pellegrino
Marsala Vergine Vintage 1980

カルロ・ペッレグリーノ
マルサラ・ヴェルジネ・ヴィンテージ 1980

産地 イタリア、シチリア、マルサラ
特徴 アルコール度数18度
葡萄品種 グリッロ

　1960年代までの1世紀以上もの間、マルサラはシチリア島から最も多く輸出されるワインであり、イギリスではシェリーやマデイラと人気を争うほどであった。マルサラを"発明"したのは、リヴァプール出身の英国人海運業者ジョン・ウッドハウスで、マルサラというのは、彼がワイン貯蔵庫、バグリオを建てた島の西側の町の名前である。ウッドハウスは、長い航海に耐えるようにマルサラ・ワインにアルコールを添加したが、それによってこのワインは英国海軍の間に広まっていった。ネルソン提督もその愛好者の1人であった。

　19世紀末まで、シチリアの2つのボデガ、ヴィンチェンツォ・フローリオとカルロ・ペッレグリーノが、質の高いマルサラを造ることで高い評判を獲得していた──しかし強く、かっと熱くなるような酒を欲しがるヴィクトリア朝の風潮に押されて、両ボデガとも、マルサラのアルコール度数を20度まで上げざるを得なくなった。しかし本当に自然で、美味しく、精妙な味わいのマルサラは、ヴァージン（イタリア語ではヴェルジネ）であり、それがアルコール度数16度を超えることはめったにない。ここに残念なことが起こった。1986年に、善意からであったがDOCは規則を改正し、厳しい生産基準を定めた。それはすべてのマルサラはアルコール度数を18度以上にしなければならないと宣告することによって、公式なDOCの認定から最上のワインを締め出してしまったのである。

　幸運にも、ここに栄光あるペレグリーノ・マルサラ・ヴェルジネ・ヴィンテージ1980が残っている。色は淡い琥珀色で、独特の香りはナッツと22年もの樽熟成によって生まれた優しく酸化されたランシオを融合させ、口に含むと絹のように滑らかで、完璧なバランスを示し、長く続く味わいがある。本物の地中海ワインがここにある。**ME**

🍷🍷🍷🍷 飲み頃：2050年過ぎまで

カルロ・ペッレグリーノのセラーに積まれた古いシチリア・マルサラの樽。➡

L'IMPERAT

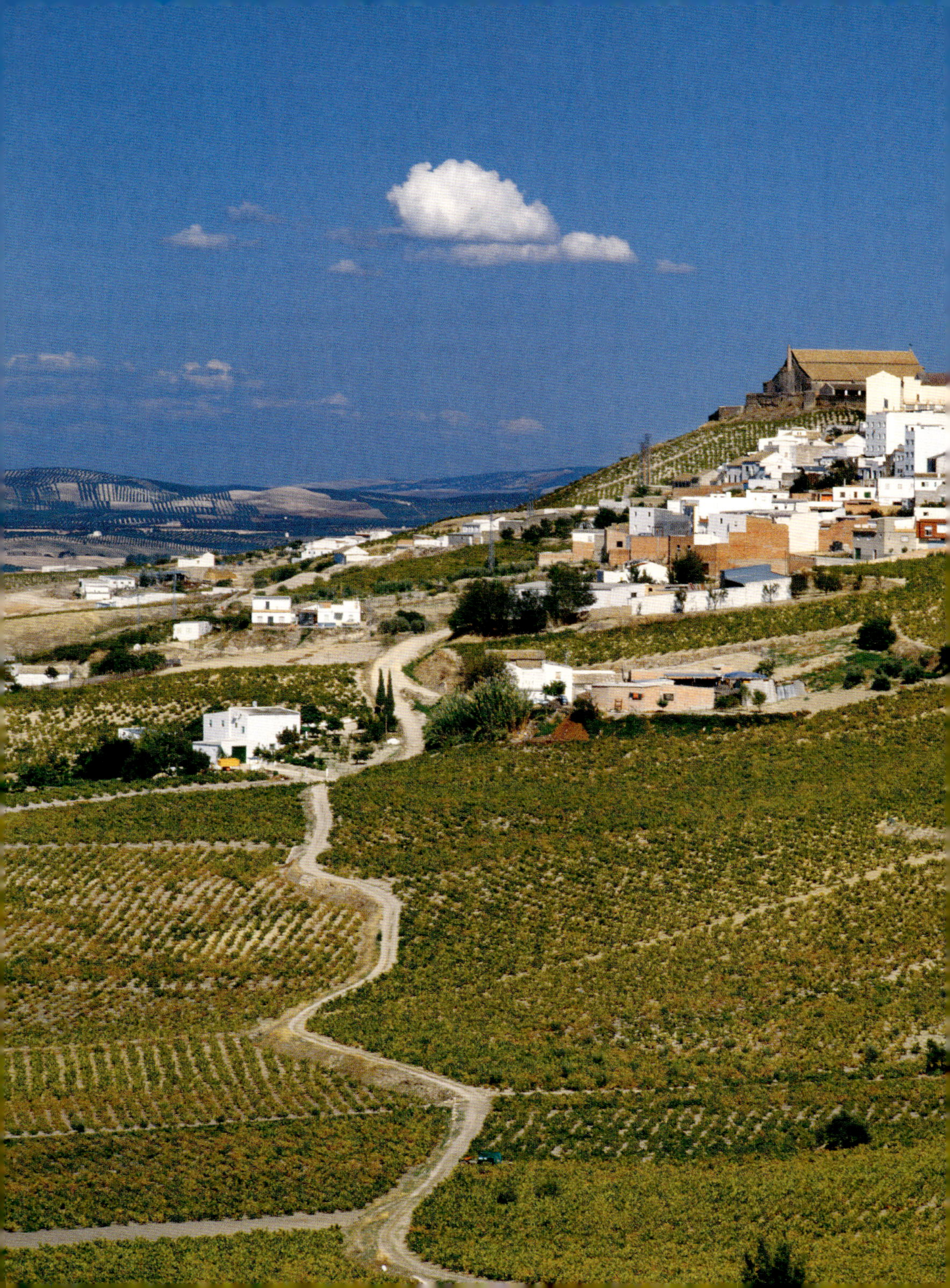

Pérez Barquero
1905 Amontillado Montilla
ペレス・バルケロ
1905アモンティリャード・モンティーリャ

産地 スペイン、モンティーリャ・モリレス、モンティーリャ
特徴 アルコール度数21度
葡萄品種 ペドロ・ヒメネス

　消費者の意識のなかでは、ペドロ・ヒメネス種は、シェリーやモンティーリャ・モリレス地域で干し葡萄から造られる甘く濃いワインと関連付けられることが多い。それらのワインは甘口ワインの範疇であることをはっきり示すために、"PX"(ペドロ・ヒメネスの頭文字)とラベルに記載されることが多い。しかしPXは必ずしも甘口と同義ではない。PXはモンティーリャ・モリレス地区で最も広く栽培されている品種で、この地のすべてのワインがそれから造られているのである(フィノ、アモンティリャード、オロロソ、若い白辛口等々)。そしてそのなかに、このソレラ・フンダシオナル・アモンティリャード1905も含まれている。

　アンダルシアの他の多くのボデガ同様、このアモンティリャードの存在は、何世代にも渡ってワインメーカーの間に積み重ねられてきたワイン造りの知恵と熟練の結実であり、彼らはそのソレラの伝統を代々引き継いで行ったのである。その葡萄はどれも、シエラ・デ・モンティーリャの優れたチョーク質土壌から生まれる。

　ペレス・バルケロの場合、1905はソレラが最初に組まれた年を示していると同時に、ボデガの誕生の年も表している。このワインが生み出されたソレラ(同じ系統の甘口PX同様に)は、まさにこのボデガの創立者によって築かれたものなのである。**JB**

🍷🍷🍷🍷🍷　飲み頃：リリース後10年まで

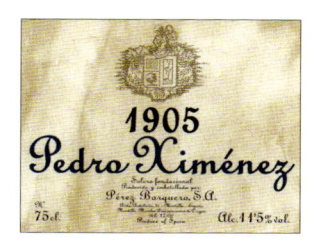

Pérez Barquero
1905 Pedro Ximénez Montilla
ペレス・バルケロ
1905ペドロ・ヒメネス・モンティーリャ

産地 スペイン、モンティーリャ・モリレス、モンティーリャ
特徴 アルコール度数11.5度
葡萄品種 ペドロ・ヒメネス

　ペレス・バルケロは、その造りだすワインのすべてにおいて、一貫して驚異的な質の高さを維持しているハウスである。そのワインには、フロールを滲みださせている若いフィノから、深い味わいのオロロソ、そして甘口のPXがある。そのPXは、滑らかな質感とバランスの良さ、切れの良い酸を統合し、干し葡萄になる過程における凝縮と、何十年にもわたる熟成の過程で生まれる凝縮を融合して体現している。

　いまアンダルシア地方で熟成させられているほとんどすべての甘口ペドロ・ヒメネスが、モンティーリャ・モリレス生まれである。この地域のPX生産は、1世紀以上の伝統を持ち、法律的な特例を与えられている。シェリー生産地域において、この品種の生産に捧げられている面積は20世紀後半以降、縮小の傾向にある。実際ヘレス、サンルカール、エル・プエルトのPXワインは、すべてモンティーリャ・モリレスの若いPXで活性化されている。

　このワインは、ペレス・バルケロの1905ソレラ・フンダシオナルPXのなかに注ぎ込まれた何十年間ものワインの集大成である。ここでも鍵を握っているのは、その抜き出しが非常に少量であること、そして同様に古いクリアデラス──もちろん当然のことながらソレラよりは若い──からの補填が時宜を得ていることである。**JB**

🍷🍷🍷🍷🍷　飲み頃：リリース後50年まで

◀ モンティーリャの町を囲むように広がるペドロ・ヒメネスの畑

Pérez Marín
La Guita Manzanilla

ペレス・マリン

ラ・ギータ・マンサニーリャ

産地 スペイン、サンルカール・デ・バラメーダ
特徴 アルコール度数15度
葡萄品種 パロミノ・フィノ

19世紀初頭、ヘレスのワインが販路を広げ始めていた頃、多くの起業家がイギリスから、そして北部スペイン、特にサンタンデール周辺の高地からやってきた。その山岳育ちの男たちは、サンルカール・デ・バラメーダやカディスで商店を開いた。そして彼らこそが、フロールの下でのワインの生物学的熟成の発見者であり、それゆえ、マンサニーリャやフィノの発見者だったのである。このボデガを1852年に創立したドミンゴ・ペレス・マリンも、そのような山岳育ちの男の1人で、彼のボデガはラ・ギータというブランド名を生み出す幸運にも恵まれた。ギータというのは、彼が客に、「つけではなく現金で」といつも言っていたことに由来する（"ギータ"というのはバハ・アンダルシアの方言で、"現金"を意味する）。

ラ・ギータは今最も多く売れているマンサニーリャで、1990年代後半に大きな成功を収めた。現在名匠エドゥアルド・オヘーダによって率いられているホセ・エステヴェス・S.A.の醸造チームは、大衆から支持されている軽さと飲みやすさを維持していく一方で、かつてこのマンサニーリャを地元の愛好家と鑑定家から最も好まれたワインにした澄明さと精妙さのレベルを再度取り戻すべく努力している。**JB**

Ⓢ **飲み頃：最近のリリースを1年以内に**

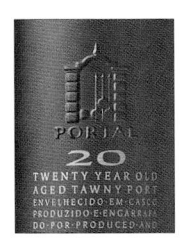

Quinta do Portal
20 Year Old Tawny Port

キンタ・ド・ポルタル

20イヤー・オールド・トゥニー・ポート

産地 ポルトガル、ドウロ・ヴァレー
特徴 アルコール度数20度
葡萄品種 ティンタ・ロリス、T・フランカ、T・ナシオナル、その他

キンタ・ド・ポルタルは近年ドウロを席巻しているワイン革命の指導的存在の1つである。何世紀もの間、この地のワイン生産は明確に2つの立場に分断されていた。すなわち、オポルトを基盤とする少数のシッパーが、自社の畑の不足分を補うために、何千という生産者から葡萄やワインを買うという構図であった。しかし現在、これまでのように原料を売り、他の業者がそれに価値を付加していくのを黙って見ているだけではなく、独自のワインを自ら造りだし、それを最終的な商品にまで仕上げて自らの手で販売する人々が増えてきた。

ポルタル畑自体は、シマ・コルゴのピニャオン渓谷の頂上に位置しているが、会社はそれ以外にも近くに3つの畑を所有し、面積は合わせて95haになる。ポルタル畑はドウロの基準からすれば全般に平坦で、それを含めて4つの畑はすべてかなり標高の高いところにある。そのワインは、新鮮さと軽い飲み口が特徴で、熟成されたトゥニーの中で最も飲みやすいワインである。

長い間の熟成の結果、この鮮やかなオレンジがかった琥珀色をしたワインは、マジパンや焦がしたアーモンドの美しいナッツの風味があり、乾燥させたオレンジの皮や年代物のコニャックの香りもする。口に含むと甘く感じるが、わりと軽めで、多くの単一畑トゥニーほど無骨ではなく、長く複雑な余韻が残る。**GS**

ⓈⓈ **飲み頃：リリース直後**

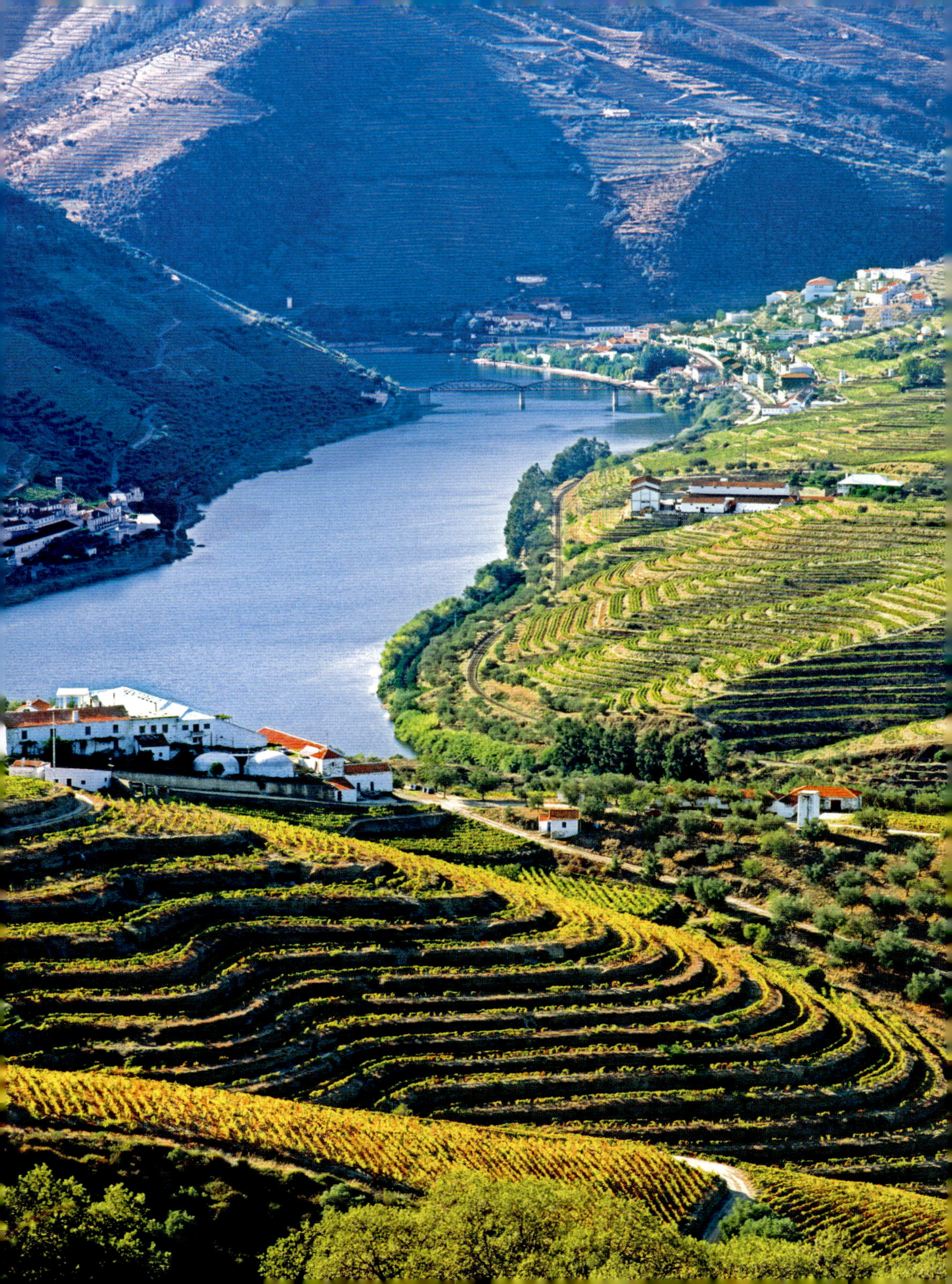

Quady *Essensia* 2005
クアディ　エッセンシア 2005

産地　アメリカ、カリフォルニア、マデラ・カウンティ
特徴　アルコール度数15度
葡萄品種　オレンジ・マスカット

　アンドリュー・クアディは不幸なことに、カリフォルニア・セントラル・ヴァレーを基盤とする野心的なワイン生産者の1人であった――「不幸なことに」というのは、この地は州内のほとんどすべての惨めなバルク・ワインの原料供給先となっていたからである。しかしセントラル・ヴァレーは、一種風変わりなワイン、たとえば質の高いポート・スタイルのワインや濃いインク色のアリカンテ・ブーシェなどを生み出す能力を備えていた。うだるような暑さのマデラ・カウンティを本拠地としながらも、クアディはシエラ山脈の麓のアマドア・カウンティからジンファンデルを購入し、非常に魅力的なポート・スタイル・ワインを造っていた。

　しかし残念なことに、そのポートはあまり売れなかった。そんな時彼は、カリフォルニア大学デイヴィス校のワイン科の学生だったときに味わった魅惑的なオレンジ・マスカットの味を思い出した。早速彼は地元の栽培家からその葡萄を買い、彼自身の手でそのワインを造ってみた。葡萄は8月半ばに完熟する。葡萄を破砕するときに、酸が調整される。数日間発酵させたあと、アルコールを添加して発酵を停止させる。その段階で、残糖は120g/ℓある。クアディは最後に、そのエッセンシアをフランス産オーク樽に入れ、3ヵ月間最後の磨きをかける。

　クアディはこのワインを、非常に個性的なラベルのハーフ・ボトルに詰めた。ワインはすぐに大成功を収めたが、その理由はおそらく、このワインが食前酒やデザート・ワイン、あるいはカクテルにと、何にでも適応できるしなやかさを有していたからであろう。エッセンシアのオレンジやマンダリンの繊細なアロマの誘惑には抗いがたく、生き生きとした酸は、いつまでも新鮮な飲み口を与えてくれる。**SBr**

⑤⑤　飲み頃：リリース後5年以内

追加推薦情報
その他の偉大なヴィンテージ
2000・2001・2002・2003・2004
クアディのその他のワイン
エレクトラ、レッド・エレクトラ、エレジアム、パロミノ・フィノ、スターボード・バッチ88、スターボード・ヴィンテージ

クアディのラベルは、地元の様々なスタイルの芸術家によって描かれている。

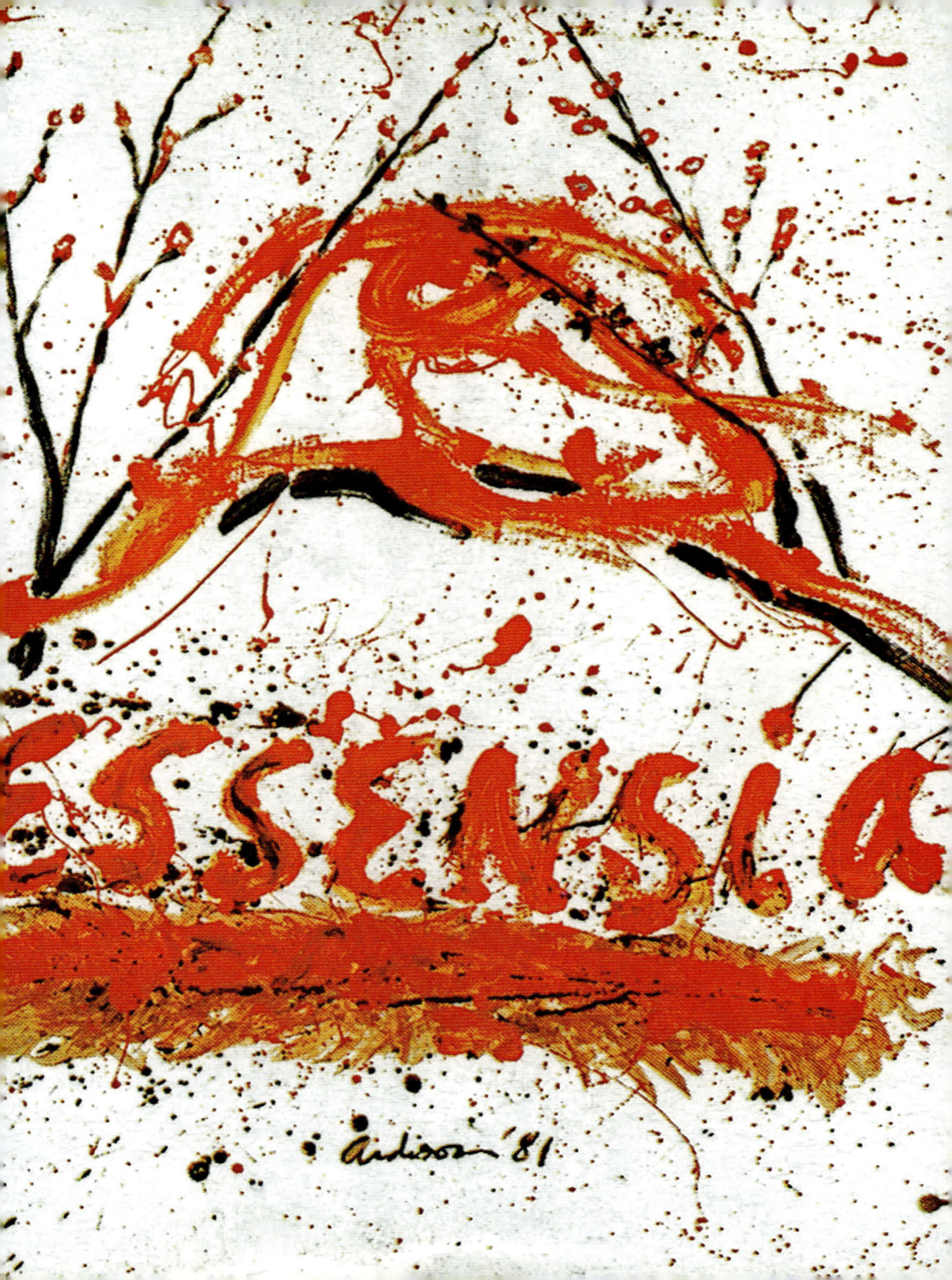
ESSENSIA

RAMOS PINTO

VINHOS DO PORTO

Ramos Pinto
20 Year Old Tawny Port

ラモス・ピント
20イヤー・オールド・トゥニー・ポート

産地	ポルトガル、ドウロ・ヴァレー
特徴	アルコール度数20度
葡萄品種	T・ナシオナル、T・フランカ、ティンタ・ロリス、その他

　アドリアーノ・ラモス・ピントによって1880年に設立されたこのハウスは、これまで長い間、壜熟ヴィンテージよりもウッド・ポート（樽で熟成させ、すぐ飲める段階で壜詰めされたポート）で有名であった。ラモス・ピントのヴィンテージ・ポートは非常に柔らかく、早期熟成型である一方、長期熟成トゥニーはその分野では最も秀逸なワインである。ラベルに記載されている数字は、熟成期間の一応の目安に過ぎない。というのは、長期熟成トゥニーは、10〜50年まで様々な期間熟成させたワインのブレンドであり、若いワインの果実味が、古い熟成したワインの複雑さや樽由来の甘さと融合して独特の味わいを生み出すものだからである。

　この20イヤー・オールド・トゥニーほどうまく調合されたトゥニーはあまりない。それは最も美味しく、最も優美に出来上がったポートを別に取り出し、ヴィンテージ・ポートになるように仕立てた後、樽に詰め熟成させたものを絶妙にブレンドさせたものである。それは精妙さと優雅さを備え、色は淡く、黄褐色とピンク色のきらめきがあり、上質なフルーツ・ケーキのアロマが香り、芳醇であるが、非常に洗練されている。口に含むと、驚くほど滑らかで官能的、甘いが繊細で瑞々しく、焦がしたアーモンド、ブラジル・ナッツのフレーヴァーが感じられ、あとくちは非常にさっぱりしている。**RM**

🍷🍷🍷　飲み頃：リリース後3年以内

◀ ラモス・ピントはトゥニー・ポートで有名である。

Rey Fernando de Castilla
Antique Palo Cortado Sherry

レイ・フェルナンド・デ・カスティーリャ
アンティーク・パロ・コルタド・シェリー

産地	スペイン、ヘレス・デ・ラ・フロンテラ
特徴	アルコール度数20度
葡萄品種	パロミノ・フィノ

　テロワールは、もしそれが洞察力のある職人によって解釈、翻訳されないならば、あまり大きな意味を持たないであろう。ボデガス・レイ・フェルナンド・デ・カスティーリャのアンティーク・パロ・コルタドの場合、その洞察は、1人のスカンジナヴィア人（ジャン・パターセン）と1人のヘレスっ子（アンドレス・ソート）によってもたらされた。ヘレスの偉大な2つのハウスで長い間多くの経験を積んだ2人（それぞれオズボーンとゴンサレス・ビアス）は、フェルナンド・アンドラーダ・ヴァンデルワイルドによって1972年に設立されたこの小さなボデガの運営を依頼された。そのボデガは現在、4人の株主によって所有され、パターセンもその1人である。

　アンティーク・パロ・コルタドは比類なきフィネスとバランスを示し、熟成曲線の半分ほどしか進んでいないワインの中では最も秀逸なものである。それは疑いもなく古酒ではあるが、他のいくつかのシェリーと比べると、それほど古いというわけではない。それはたったの14樽しかないソレラと、同数のクリアデラから、本当に少しずつしか壜詰めされない。このクリアデラを補填するために購入されるワインは、かなり厳しい基準で選ばれた、ボデガの設立と同じくらい古い、あるアルマセニスタ・ハウスからのものと、"真っ直ぐな"道から逸れたフィノ・アンティークのはぐれ樽からのものである。**JB**

🍷🍷🍷　飲み頃：リリース後10年過ぎまで

Pedro Romero
Aurora en Rama Manzanilla

ペドロ・ロメロ

アウロラ・エン・ラーマ・マンサニーリャ

産地　スペイン、サンルカール・デ・バラメーダ
特徴　アルコール度数15度
葡萄品種　パロミノ・フィノ

　今も創業者一族の手によって営まれているペドロ・ロメロは、その最も良く知られたフラッグシップ・ワインに誇りを持っている。それがマンサニーリャ・アウロラで、独特の生物学的熟成によって生まれる個性が際立つ逸品である。このマンサニーリャは昔からの伝統的製法を今に伝えている古典的ワインであるが、非常に壊れやすいエン・ラーマ（ろ過しない）で、注文があってはじめて壜詰めされる。そのため残念なことに非常に入手が困難で、ボデガと直接交渉する必要があるが、その繊細な味わいと、優美さ、精妙さと深さは、選ばれる少数者になるだけの価値あるものである。

　ペドロ・ロメロは現在の悲しむべき風潮に毅然として背を向け、サンルカールの町の中心部にセラーを維持しているだけでなく、その隣のボデガであるミューラー・アンブロッセも買収して守りを固めている。サンルカールの低地にある戦略的意義を持つそのセラーは、グアダルキヴィル川の河口に位置しているため常に高い湿度を維持することができ、また西からの海風を受けやすい方向に開かれ、こうしてマンサニーリャの生産に欠かせないフロールの発生と成熟を助ける理想的な環境となっている。**JB**

🍷 飲み頃：直近のリリース

Quinta de la Rosa
Vale do Inferno Vintage Port 1999

キンタ・デ・ラ・ローザ

ヴァレ・ド・インフェルノ・ヴィンテージ・ポート 1999

産地　ポルトガル、ドウロ・ヴァレー
特徴　アルコール度数20度
葡萄品種　古い混植葡萄畑からの品種混合

　標高300m前後に広がるキンタ・デ・ラ・ローザは様々な微気象を享受し、ワインメーカーであるジョルジ・モレイラが多様なスタイルのワインを造るのを可能にしている。そのなかでも最も聖なる区画が、ドウロ川の流れのすぐ上、窪地で陰になったところである。古くからある石組の段々畑に古木が根を張るその一角は、この葡萄畑の中でも最も暑いところで、ヴァレ・ド・インフェルノ（地獄谷）と呼ばれている。

　1999年、オーナーであるベルグヴィスタ家は、ヴァレ・ド・インフェルノからできたワインを、他とは別に貯蔵することにした。その年は、ヴィンテージ・ポート造りにはまたとない気候であった。寒く乾燥した冬に続いて、強烈に暑い夏がやってきた。全地域で井戸が涸れ、多くの畑の灌漑用水が果てた。9月初め、ドウロの人々は、量は少ないが、非常に上質な葡萄の実に胸を高鳴らせた。摘果は9月15日に始まり、ハリケーン・フロイドが襲う前にすべての古木の葡萄を摘み終えることができた。この少ない収量から造られたヴァレ・ド・インフェルノ・ヴィンテージ・ポートは、深く、濃密で、強烈に完熟し、力強く、自然な収量の低さと夏の暑熱をワインの中に存分に生かしきった。はらはらするようなヴィンテージが生み出した稀有なワインだ。**RM**

🍷🍷🍷 飲み頃：2050年まで

長い歳月をかけて築かれたドウロ・ヴァレーの石積みの葡萄畑。➡

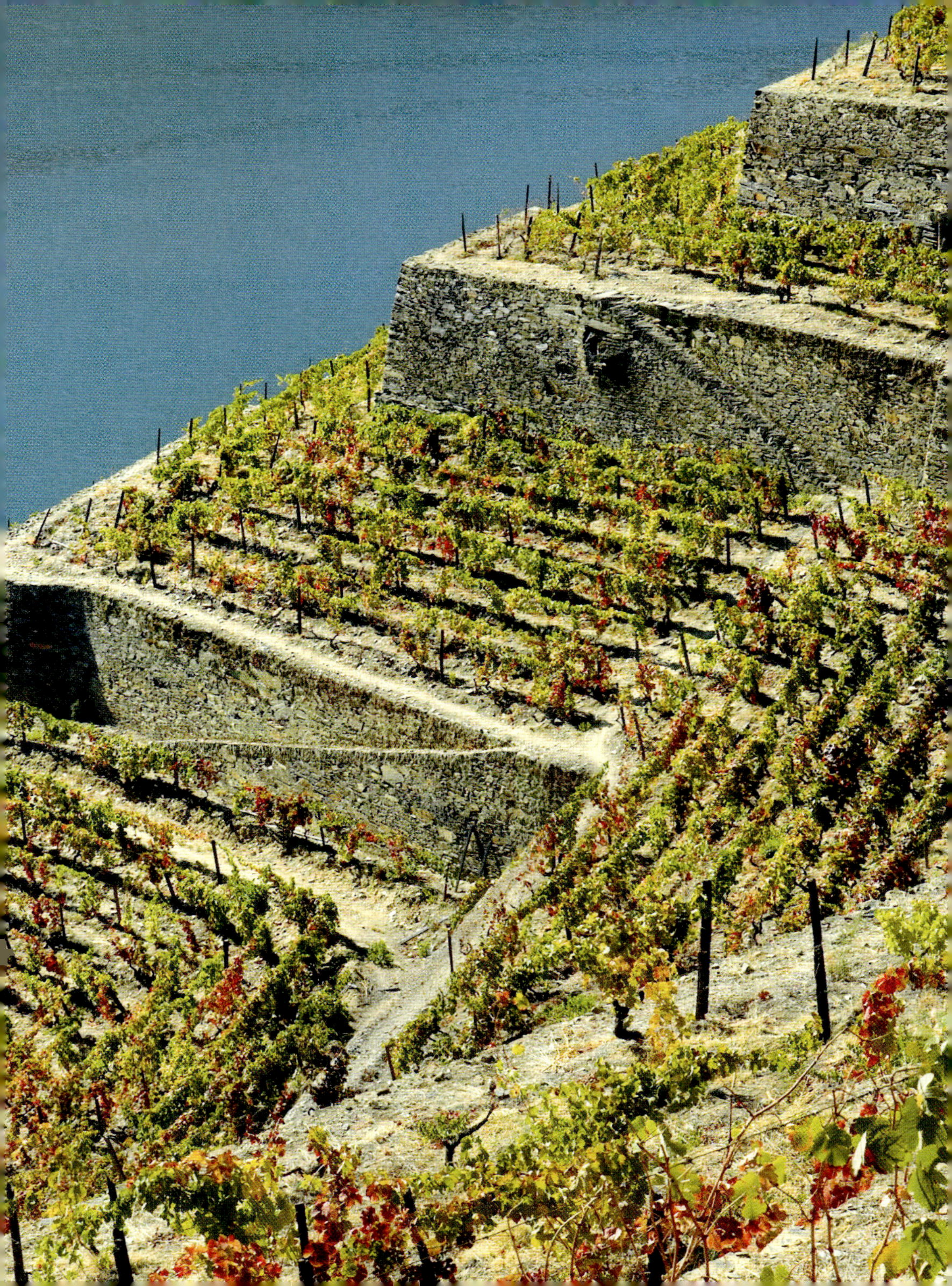

BODEGA DE SAN PEDRO

Sánchez Ayala
Navazos Amontillado Sherry

サンチェス・アヤラ
ナヴァソス・アモンティリャード・シェリー

産地 スペイン、サンルカール・デ・バラメーダ
特徴 アルコール度数15度
葡萄品種 パロミノ・フィノ

　マンサニーリャの品質で鑑定家の間で高い評判を得ているサンチェス・アヤラのボデガは、サンルカール・デ・バラメーダの伝統的な一角にある。その地域は、ずっと昔からグアダルキヴィル川の河口の埋め立てが行われてきたところで、最近までそのボデガは、農家が下の地層の水を汲み出すために掘り起こしたナヴァソス（湿土）に囲まれていた。

　18世紀の後半、マルケス・デ・アリソンは、海難事故のためボデガ・サン・ペドロをカディスの司祭に売らざるを得なくなった。その古いセラーには、サンチェス・アヤラがその20年前から手をつけずに保存していた古いアモンティリャードの数ダースの樽が貯蔵されていた。それらのワインは今でも、非常に長い歳月を経ているにもかかわらず、驚くべき新鮮さと、マンサニーリャの特徴をよく保持している。時々その樽から、エキポ・ナヴァソスに選ばれて抜き出されるワインが、同じナヴァソスという名のアモンティリャードである。

　この小さなひっそりとした佇まいのボデガに秘蔵されているワインの真さを管理しているのが、最近カパタス（工場長）になったルイス・ガレゴである。彼はこのシェリー地区の中ではまだまだ若輩であるが、この非常に価値の高いワインの将来は、彼の手にゆだねられている。**JB**

💰💰💰 飲み頃：リリース後20年過ぎまで

◀ アモンティリャードの古酒を貯蔵している歴史的なボデガ、サンチェス・アヤラのセラー。

Sánchez Romate *La Sacristía de Romate Oloroso VORS Sherry*

サンチェス・ロマテ　ラ・サクリスティア・デ・ロマテ・オロロソ・VORSシェリー

産地 スペイン、ヘレス・デ・ラ・フロンテラ
特徴 アルコール度数20度
葡萄品種 パロミノ・フィノ

　シェリーの歴史に燦然と輝く2人のホアン・サンチェスがいる。1人は、19世紀前半に多くの重要なボデガを飛び回りシェリー造りに関わってきたサンタンデール生まれの伝説的ワインメーカーであり、もう1人は、慈善家で、1781年にサンチェス・ロマテを開いたホアン・サンチェス・デ・ラ・トーレである。

　このハウスの華々しい時代は、それが5人の仲良しグループによって購入された1950年代の半ばにようやく始まった。現在もその子孫が経営を引き継いでいる。サンチェス・ロマテは、今でもヘレスの街中にその設備を維持している数少ない大規模ハウスの1つである。21世紀の始めに危うく移設するところだったが、隣接するウィズダム＆ウォーターの古いセラーを購入して、何とかその街の限られた面積のなかに必要な空間を確保することができた。

　このワインはオロロソらしく非常に端正な味わいで、典型的な揮発性の香りがあり、口に含むと骨格とボディはしっかりしており、長く続く味わいがある。これ以外のサンチェス・ロマテのワインも秀逸である――VOS、VORSだけでなく、洗練されたマリスメーニョ・フィノやカーディナル・シスネロス・ペドロ・ヒメネスも。
JB

💰💰💰 飲み頃：リリース後10年過ぎまで

Sandeman *40 Years Old Tawny Port*
サンデマン　40イヤーズ・オールド・トゥニー・ポート

産地　ポルトガル、ドウロ・ヴァレー
特徴　アルコール度数20度
葡萄品種　古い混植葡萄畑からの品種混合

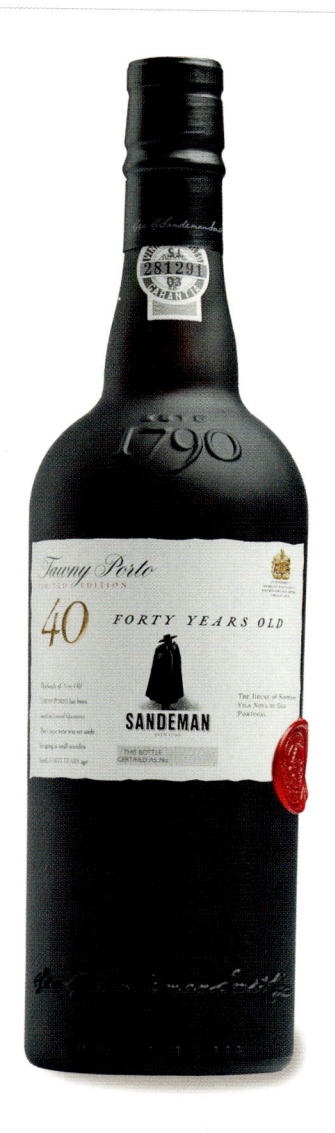

サンデマン・ドン（紳士）ほど、すぐにそれと分かるワインの意匠はないだろう。1928年にジョージ・マッショット・ブラウンによって考え出されたそのデザインは、サンデマンをポート界の大立者にするのに非常に役立った。その会社の創立は今から138年前のことで、スコットランド人ジョージ・サンデマンがロンドン、シティーのトムズ・コーヒー・ハウスでポートを販売したことに始まる。次いで彼の孫の下でサンデマンは、ポートを壜詰めし、ラベルを貼って輸出するオポルトで最初のシッパーとなった。ポルトガルの大学生のケープを身にまとい、つばの広いハットを被ったサンデマン・ドンが有名なロンドンの赤バスの側面に描かれ、大々的な宣伝活動が繰り広げられた。

サンデマン家は1952年に経営権をなくし、会社は2001年に、ポルトガル最大のワイン企業ソグラペのものとなった。何十年間にも及ぶオーナーの交代劇にもかかわらず、けっして変わることのなかった１つのスタイルが、長期熟成トゥニーである。サンデマンはインペリアルと、10、20、30、40イヤーズ・オールドの秀逸な長熟トゥニーを造っている。他社の40イヤーズ・オールドが甘すぎて、しばしばバランスの悪いものになり、ランシオ（熟成味）や甘美さ以上のしつこいものになっているのに対して、サンデマンは際立った新鮮さとバランスを保っている。淡い琥珀の黄褐色をしたこの40イヤーズ・オールド・トゥニーは、澄明で繊細、他の多くの同レベルのワインに比べて、かすかに高音が強く、芳醇さと豪華さではかなり控えめである。甘さは抑制され、フレーヴァーはめだって繊細で、長く滑らかな、キャンディーを口の中で溶かすようなあと口があり、しかもそれに優美な刺激が加わる。RM

$$$$ 飲み頃：直近のリリースを3年以内に

追加推薦情報
その他の偉大なサンデマン・トゥニー・ポート
インペリアル、10イヤーズ・オールド、20イヤーズ・オールド・30イヤーズ・オールド
その他の40イヤーズ・オールド・トゥニー・ポート
カレム、ダウ、ファイスト、フォンセカ、グラハム、コプケ、ノヴァル、テイラー

謎の紳士サンデマン・ドンがトゥニー・ポートを飲んでいる1934年のポスター。

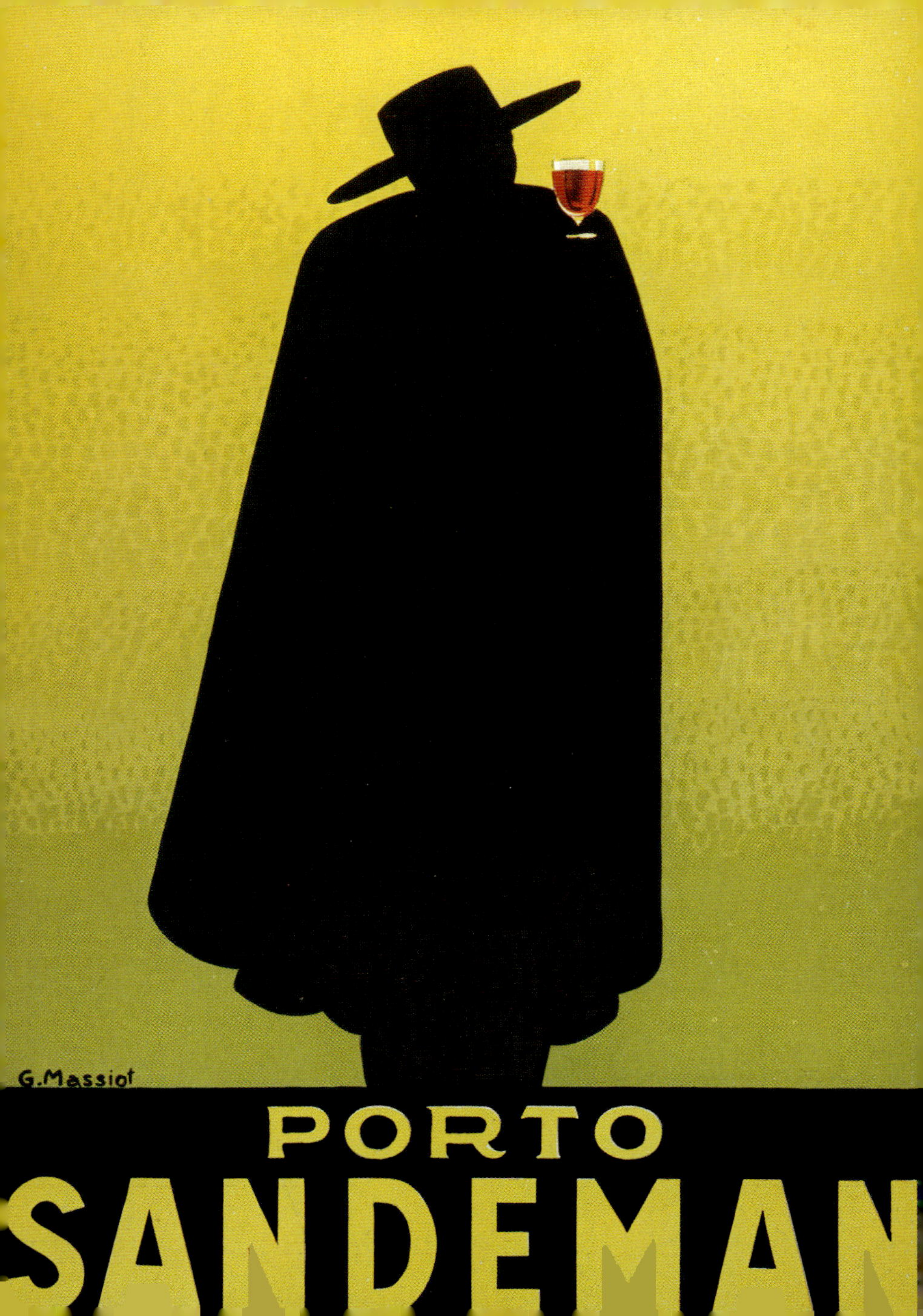
G. Massiot
PORTO
SANDEMAN

Smith Woodhouse
Vintage Port 1977
スミス・ウッドハウス
ヴィンテージ・ポート 1977

産地 ポルトガル、ドウロ・ヴァレー
特徴 アルコール度数20度
葡萄品種 ティンタ・ロリス、T・フランカ、T・ナシオナル、その他

　スミス・ウッドハウスは、ポートの謎の1つである。それは2級品の商標であり、以前はオーナーであるシミントン家によって、安価な販売店ブランド商品用に使われていたが、同時に非常に質の高い、しかも多くが手頃な価格のヴィンテージ・ポートになる可能性を持っていた。

　1784年、英国議会の議員であり、ロンドン市長も務めたことがあるクリストファー・スミスの手によって創立されたスミス・ウッドハウスは、現在シミントン家が所有する3つの2級シッパーズ・ブランドの1つである。同家の1級ポートは、グラハム、ワレ、ダウであり、2級はこのスミス・ウッドハウスと、グールド・キャンベル、クォールズ・ハリスである。しかし会社における低い位置づけにもかかわらず、スミス・ウッドハウスはブラインド・テイスティングや品評会で格上のポートと互角に勝負している。

　1977年はドウロにとって非常に恵まれたヴィンテージであった。リリース時に多くのポートが高い評価を受けたが、最近になってその最初に与えた点数を下げている鑑定家もいる。それらの多くが熟成しきっており、色は薄くなり、香りも希薄になっているが、この低収量の畑から生まれたスミス・ウッドハウスは、依然として深いルビー色をし、濃い紫色の輝きを持っている。香りも口当たりもフルで、芳醇であり、30年経っているとは信じられないくらいだ。**GS**
🍷🍷🍷　飲み頃：2020年過ぎまで

Stanton & Killeen
Rare Muscat
スタントン＆キリーン
レア・マスカット

産地 オーストラリア、ヴィクトリア、ラザグレン
特徴 アルコール度数19度
葡萄品種 レッド・フロンティニャン（ラザグレン・ブラウン・マスカット）

　ラザグレンの酒精強化ワインでは、リキュール・マスカットとリキュール・トケイ（ミュスカデル）が有名であるが、スタントン＆キリーンはマスカットのほうに主眼を置き、4つのクラス（標準品ラザグレン、クラシック、グランド、レア）でそれぞれ質の高いものを出している。1875年に創立され、今なお家族経営を続けている同社は、経済性を度外視してヴィンテージ・ポートに深く傾斜しており、また秀逸な辛口赤ワインも造っている。そのマスカットのスタイルは、他のメーカーのものとは少し違っている。糖度は幾分低めで、若い樽由来のやや強い木のタンニンのおかげで、チャンバーズやモリスなどと比べ、さっぱりとしたあと口となっている。

　ワインは酒精強化されると同時に格付けされるが、最高クラスに選ばれる鍵となる指標は、色がオレンジや茶色が感じられない明るいクリムソンであること、バラの花弁のアロマを持ち、糖度が高いことである。ここでは熟成にシェリー同様のソレラ・システムを使っている。クラシックは平均12年、グランドは25年、レアは30〜35年熟成させる。標準品のラザグレンは500mlボトルで年間24,000本、クラシックは1,000本、グランドは100本で、レアはハーフ・ボトルでわずかに350本である。確かにレアである。**HH**
🍷🍷🍷🍷　飲み頃：リリース後少なくとも20年

19世紀に建てられたままのラザグレン、スタントン＆キリーンのワイナリー。

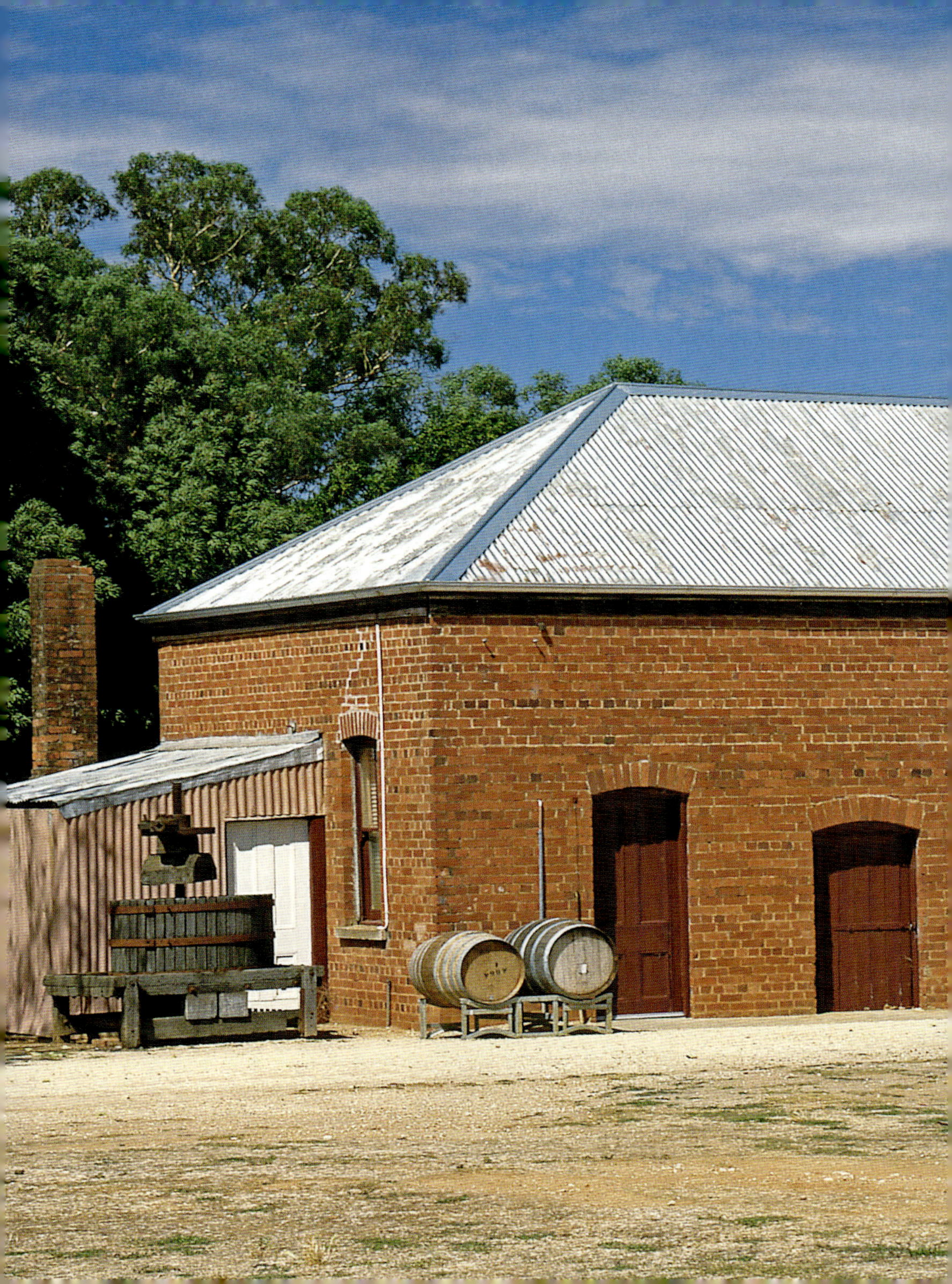

Taylor's
Quinta de Vargellas Vinha Velha 1995

テイラーズ
キンタ・デ・ヴァルジュラス・ヴィーニャ・ヴェーリャ 1995

産地 ポルトガル、ドウロ・ヴァレー
特徴 アルコール度数20度
葡萄品種 古い混植葡萄畑からの品種混合

　1世紀以上も前からキンタ・デ・ヴァルジュラスは、テイラーズ・ヴィンテージ・ポートの骨格を形成してきた。ドウロ・スペリオールの高台、人里離れた場所にあるこの畑は、1800年代に開かれ、1830年代にはその質の高さで評判になった。1893年から1896年にかけて、テイラー、フラッドゲート、イートマンがそれぞれ所有していたヴァルジュラスという名前を持つ3つの畑が統合され、さらに1世紀後、その横のサオン・シストも加わり、現在155haの広さになっている。

　テイラーはドウロで最初にヴィンテージ・ポートを出したシッパーの1つで、1995年には、その畑の最も古い葡萄樹だけを使ったポートを送り出し、さらなる新機軸を打ち出した。キンタ・デ・ヴァルジュラス・ヴィーニャ・ヴェーリャ（古木という意味）は、1920年代に、テイラーの現会長アリステア・ロバートソンの大叔父ディック・ヤットマンによって植えられた古木から造られる。古くからある段々畑に根を張るそれらの古木は、収量が驚くほど低く、1本の葡萄樹から200gほどしか採れない。そのため、それから造られるワインは、自然に凝縮されている。

　テイラーズ・キンタ・デ・ヴァルジュラス・ヴィーニャ・ヴェーリャ 1995は、記念碑的スケールを持つワインで、今でも深い不透明な色をし、鼻を突くアロマは消えているが、ヴァルジュラス特有の花の香気がほのかに広がる。口に含むと印象はさらに鮮烈で、大きく、芳醇で、複合的で、豊満で、完熟した果実や甘草の濃縮した味わいがある。間違いなく凝縮され、力強いワインであるにもかかわらず、きわめて洗練され、優美で、ドウロの特級畑の精髄そのものである。**RM**

🍷🍷🍷🍷🍷　飲み頃：2100年まで

ウィリアム・ラストンの漫画に描かれた
キンタ・デ・ヴァルジュラス専用駅。➡

the Empire Nº 207 - VARGELLAS Station.

Taylor's
Vintage Port 1970

テイラーズ
ヴィンテージ・ポート 1970

産地 ポルトガル、ドウロ・ヴァレー
特徴 アルコール度数20度
葡萄品種 ティンタ・ロリス、T・フランカ、T・ナシオナル、その他

　ラトゥールやマルゴーがボルドーの1級であるならば、テイラー（アメリカではテイラー・フラッドゲート）はヴィンテージ・ポートの1級である。それはオークションでは常にライバルを凌駕する高値を付けられている。ハウスは、以前はテイラー・フラッドゲート・イートマンと呼ばれていたが、現在正式名はフラッド・ゲート・パートナーシップである。

　テイラー・ヴィンテージ・ポートの背骨を形成しているのは、ドウロ・スペリオールの断崖のような畑から採取され、人の足により破砕されて生まれるワインである。大半が北向きのこの畑は、小地区シマ・コルゴに隣接し、暑いが、焼けるほどではない気候を享受している。暑熱によって造りだされる圧倒的な凝縮感は、ピニャオン・ヴァレーのテッラ・フェイタ畑からのワインをブレンドすることによって、巧妙に薄められる。ヴィンテージ・ポートは最上のシャンパンと同じく、2つ以上のテロワールのブレンドである。

　1970年は典型的なヴィンテージ・ポートの気候であった。冬には平均以上の降水量があり、開花時期は乾燥し、雨の降らない長い成熟期が8月いっぱい続いた。この申し分ない気候と、ヴァルジュラスで今も使われている花崗岩のラガーを使った足踏み破砕によって、非常に深い、芳醇なワインが生まれ、それはまだ熟成を続けている。やや淡くなったが、深いレンガ色の赤で、40年も経ったワインとは思えない色をしている。乾燥果実の甘い香りがし、赤い果実や愛らしい花の微香もする。精妙でバランスの取れた口当たりで、タンニンは柔らかく、甘草のスパイシーやチョコレートも感じられる。**GS**

🍷🍷🍷🍷 飲み頃：2020年過ぎまで

ヴァルジュラスで今なお伝承されている足踏み破砕。➔

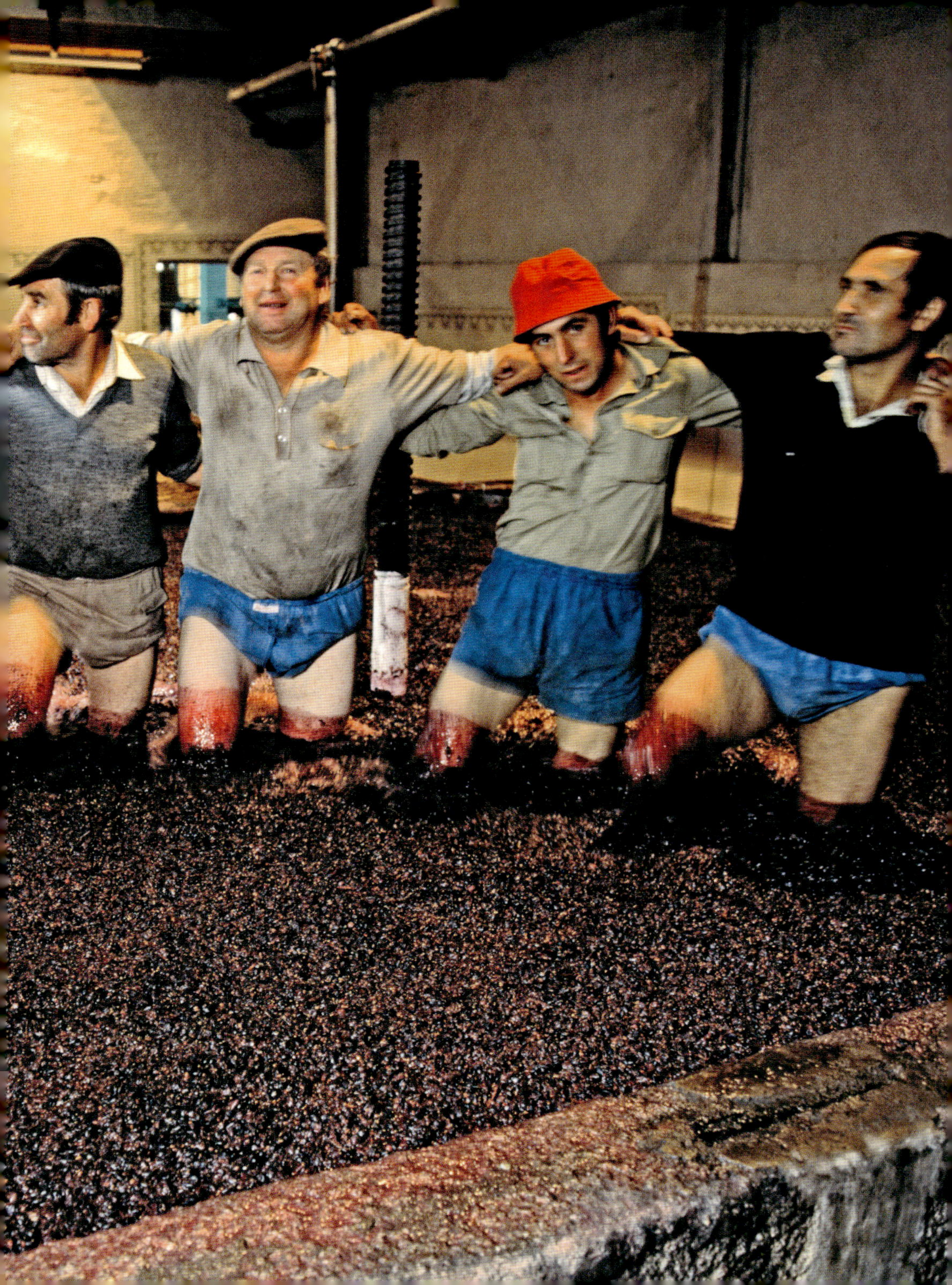

Toro Albalá
1922 Solera Amontillado Montilla

トロ・アルバラ

1922ソレラ・アモンティリャード・モンティーリャ

産地 スペイン、モンティーリャ・モリレス、アグイラール・デ・ラ・フロンテラ
特徴 アルコール度数21度
葡萄品種 パロミノ・フィノ

　トロ・アルバラの遠い起源は、1844年、アントニオ・サンチェスがカスティーリョ・デ・アグイラールの麓のラ・ノリア村に小さなボデガを開いたことに始まる。しかし現在のオーナーがそのボデガを購入し、それ以後途切れることなく今日まで経営を続けてきた起源はといえば、1922年ホセ・マリア・トロ・アルバラが、そのボデガと共に隣接するアグイラールの古い発電所の付属建物を購入したことに始まる。

　現オーナーで、エノロゴであるアントニオ・サンチェス・ロメロは、ラ・ノリアの創設者であったアントニオ・サンチェスの直系の子孫であると同時に、ホセ・マリアの甥に当たり、彼の相続人でもある。実はアントニオは幼い頃に孤児となり、叔父の養子となっていたのだった。この飽くなき知的探究心を持つ男アントニオは、すでにアモンティリャードやペドロ・ヒメネスで有名になっているが、実はアンダルシアのワイン造りの真の栄光はフィノにあると心ひそかに思っている。

　このハウスの多くのワイン同様に、このワインのラベルに記載されている年号はヴィンテージを表すのではなく、ボデガにとって重要な意味を持つ年に敬意を表して載せている。本当に大切なのは年号ではなくワインの質なのだが、1922ソレラ・アモンティリャードはまさにそれを実証している。**JB**

🅢🅢 飲み頃：リリース後10年過ぎまで

Valdespino
Cardenal Palo Cortado VORS Sherry

ヴァルデスピノ

カルデナル・パロ・コルタド・VORSシェリー

産地 スペイン、ヘレス・デ・ラ・フロンテラ
特徴 アルコール度数20度
葡萄品種 パロミノ・フィノ

　カルデナル・パロ・コルタド・VORSの熟成の深さは、その濃い緑色の色調と、驚くほど複雑な香りからすぐに察知できる。その香りは試飲者を香とスパイスの終わりなき饗宴へと引きずり込む。口に含むと、力強く、塩味があり、非常に古いものであることを感じさせるが、輪郭は澄みきっている。その深みと凝縮度のため、手ほどきを受けてない人にとっては手ごわい相手かもしれないが、シェリー愛好家にとっては、夢がいっぱい詰まっている逸品である。

　世紀の変わり目に、ヴァルデスピノをエステヴェス・グループが買収したとき、愛好者の間には、この傷つきやすいワインの行く末を案じる声が多くあった。会社の混乱のせいで多くの個性豊かなソレラが破壊されてしまったことは、これまでも多くあったからである。しかし今回は幸せなことにまったく杞憂であった。ホセ・エステヴェスは優秀なワインメーカーのチームを構成し、ボデガの特徴をそのまま保存することに努めた。その結果、本物のシェリーの素晴らしい商品群が出来上がった。カルデナル・パロ・コルタド・VORSはそのなかでも独特の個性を持ったワインで、現在ヘレス郊外の新しい施設でまだまだ熟成を続けている。ただ1つ残念なことは、市の中心部にあった元のヴァルデスピノ・ボデガの魅力的な建物が取引の材料にされたことだ。**JB**

🅢🅢🅢🅢 飲み頃：リリース後30年まで

Valdespino
Coliseo Amontillado VORS Sherry

ヴァルデスピノ
コリセオ・アモンティリャード・VORSシェリー

産地 スペイン、ヘレス・デ・ラ・フロンテラ
特徴 アルコール度数22度
葡萄品種 パロミノ・フィノ

　コリセオ・アモンティリャード・VORSは、エステヴェス・ファミリーとその製造責任者エドゥアルド・オヘーダの掌中に運命が握られている世界レベルのワインの中でも、最も貴重なものかもしれない。その他、M.ヒル・ルケからは、カルデナル・パロ・コルタド、ニーニョスPX、レアル・テソロ・コヴァドンガ・オロロソ、ソレラス・デ・ス・マヘスタード・オロロソ、トネレス・モスカテル・ヴィエヒシモ、そして最近買収したデ・バンデラ・VORSがある。

　このワインの入手が非常に困難である理由は、その信じがたい年齢にある。コリセオの場合、毎年全量の1%が壜詰めされ、それに対して蒸発（天使の分け前）のため、2〜3%が補填される。このようなわけで、最下段のソレラの樽に入っているワインの平均年齢は、VORSの認定の基準となる30年をはるかに上回っている。

　コリセオの独自性——塩味と切れの良さ——を生み出しているものの1つは、その1番若いクリアデラ（養育段）が、ヴァルデスピノが所有している同じように優れたパゴ・マチャルヌード葡萄畑からのフル・ボディの古いフィノによって補填されるのではなく、サンルカールの最上のアルマセニスタから選ばれたマンサニーリャ・パサーダによって新鮮さを注入されているからである。JB

🍷🍷🍷🍷　飲み頃：リリース後30年まで

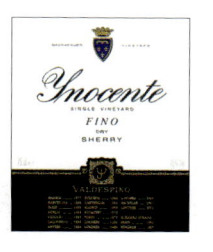

Valdespino
Inocente Fino Sherry

ヴァルデスピノ
イノセンテ・フィノ・シェリー

産地 スペイン、ヘレス・デ・ラ・フロンテラ
特徴 アルコール度数15度
葡萄品種 パロミノ・フィノ

　イノセンテ・フィノ（字体のため紛らわしいが、ラベル表記の頭文字はYではなくI）は、スペインで最も偉大な白ワインの1つであり、多くの愛好者にとって、現在販売されているもののなかで最も純粋な、最も個性的なフィノである。この荘厳なソレラは、12段のソレラ・システム（1段のソブレタブラ、10段のクリアデラ、1段のソレラで構成され、各段に70の樽が並べられている）を経て、最後の段に凝縮されたものである。ワインはフロールの層によって酸化から守られながら、平均10年間熟成される。

　ヴァルデスピノは今でも伝統的な方法でフィノを造り続けている数少ないシェリー・ハウスの1つである。しかもイノセンテはテロワール、すなわち単一畑から生まれるフィノである。そのシステムには、パゴ・マチャルヌード葡萄畑の葡萄、もっと細かく言えば、マチャルヌード・アルト葡萄畑のチョーク質の土壌に育つ葡萄から生まれるワインだけが補充される。それはヘレスの北側の最も恵まれた畑で、長い間ヴァルデスピノ家によって維持されてきたものである。

　イノセンテは愛好者のためのワインで、その独特の個性が最大限に強調される熟成度で壜詰めされる。ソレラから出して壜詰めした直後から楽しむことができるが、適切な保管がなされるならば、壜詰め後数十年経った時でさえ、とてつもない喜びを与えてくれるはずだ。JB

🍷　飲み頃：リリース後30年まで

Valdespino
Moscatel Toneles Sherry
ヴァルデスピノ
モスカテル・トネレス・シェリー

産地 スペイン、ヘレス・デ・ラ・フロンテラ
特徴 アルコール度数18度
葡萄品種 マスカット

　モスカテル・トネレスは世界で最も偉大なワインの1つであり、その比類なき上品さ、滑らかな力強さ、魔法のような酸で、どんなに高い基準を掲げる人でも魅了してやまないスペインが誇る至宝である。それがたとえコート・ドールの最も卓越したクリュであれ、ボルドーの名門シャトーであれ、また最も古いヴィンテージ・ポートであれ、世界レベルのワイン試飲会でこのシェリーを最後の締めくくりとして提供することは理想的な選択といえる。

　このワインは、ただ1個の樽に集約される6個の樽からなるソレラ・システムによって造られる。そのワインの平均年齢は正確には分からないが、味わった感覚やソレラの歴史からすると、70歳は優に超えているように思われる。

　アルコール度数15度以下でこの酒精強化ワインを壜詰めすることは、現在の基準から外れているように見えるが、ソレラの樽のなかのモスカテル・トネレスのアルコール度数は、比較的穏やかな12度である。毎年このソレラから100本だけが壜詰めされる。この凝縮度と甘さが際立つワインは、水分含有量が少なく（糖分含有量が50％を超える場合もある）、そのため木でできた樽はあまり液体を滲出させない。その結果、酸化熟成に曝される辛口ワインとは異なり、蒸発によるエタノールの減少は、浸透圧（樽の板を通した）による水分の減少を大きく上回る。このプロセスの結果、たぶん予想とは違っていると思うが、アルコール度数は自然の均衡状態になるまで、年数と共に上昇せずに低下していく。**JB**

⑤⑤⑤⑤⑤　飲み頃：リリース後100年まで

600年以上シェリーを造り続けてきたヴァルデスピノのハウス。➡

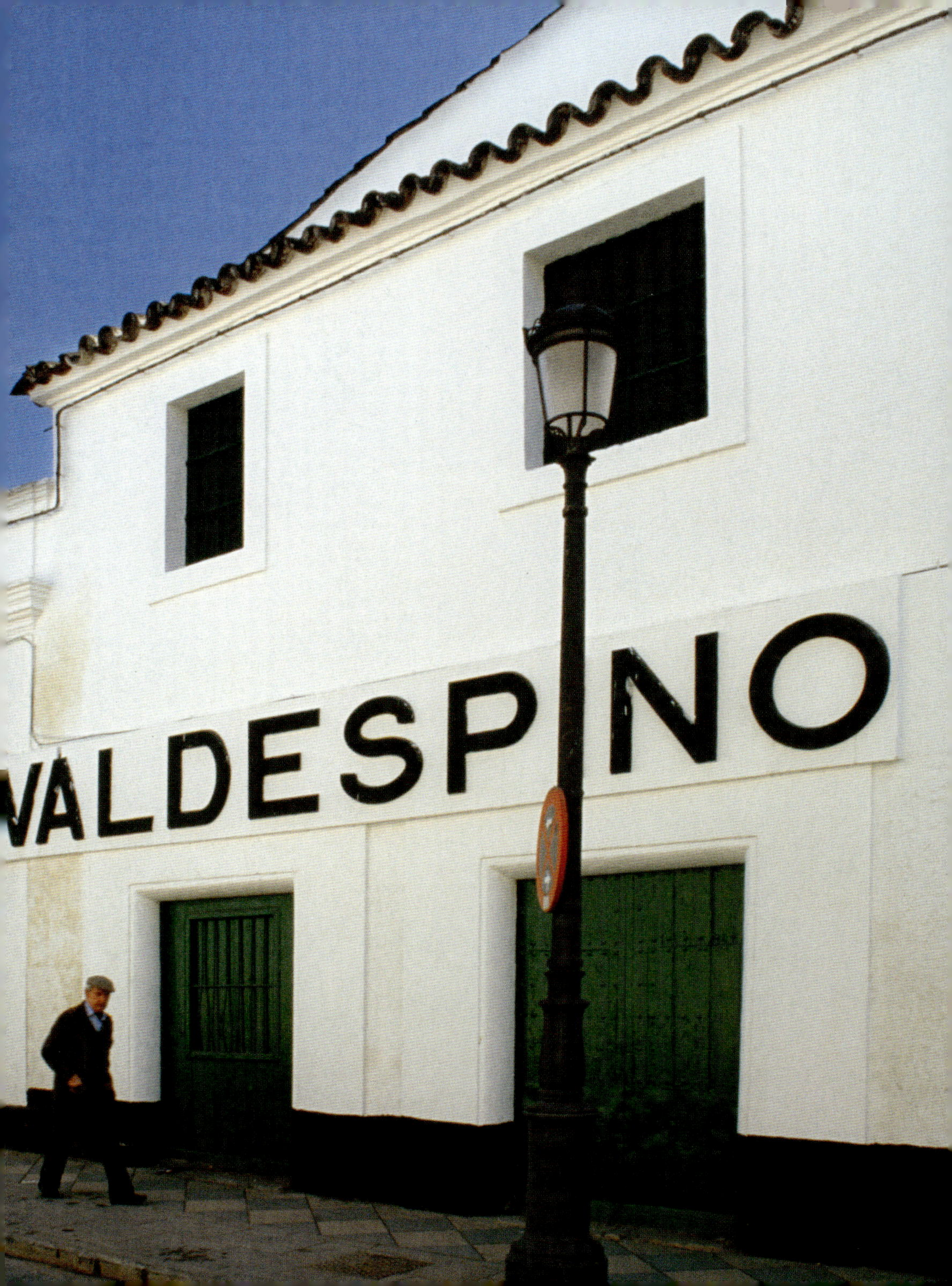
VALDESPINO

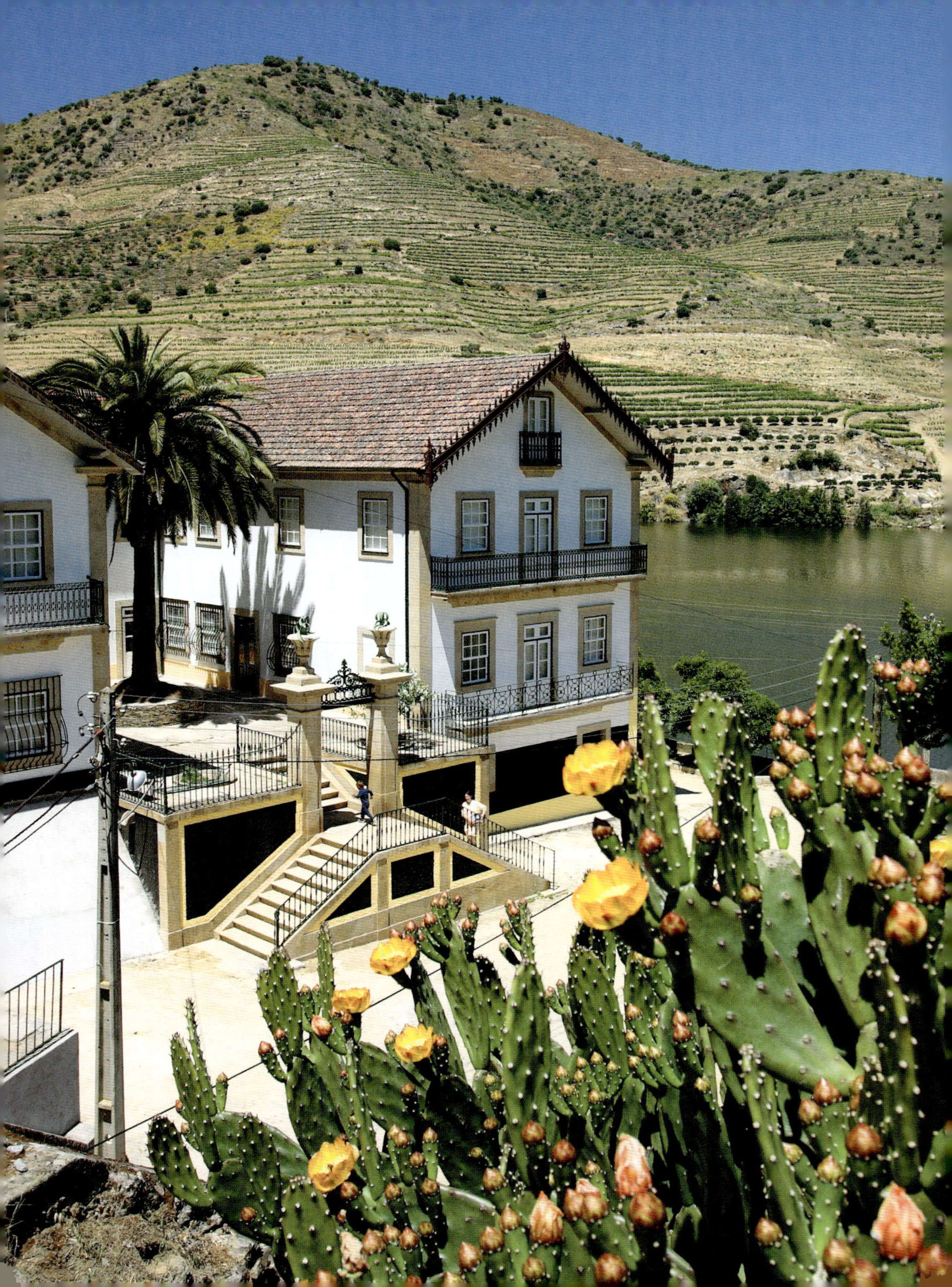

Quinta do Vesuvio
Vintage Port 1994

キンタ・ド・ヴェスヴィオ
ヴィンテージ・ポート 1994

産地　ポルトガル、ドウロ・ヴァレー
特徴　アルコール度数20度
葡萄品種　古い混植葡萄畑からの品種混合

　キンタ・ド・ヴェスヴィオは間違いなくドウロで最も威厳があり、最も美しいエステートである。それは町から遠いドウロ・スペリオールに位置しており、設立されたのは19世紀初め、アントニオ・ベルナード・フェジレイラの手によってであった。その後フェッレイラ家によって代々受け継がれてきたが、1989年、シミントン社に売却された。

　シミントン社に買い取られたとき、ヴェスヴィオ葡萄畑はかなり荒れ果て、大規模な改修が必要であった。ほぼ全体が北向きの408haの葡萄畑の改修作業は現在もまだ続けられており、現在その4分の1の面積に葡萄樹が植えられている。葡萄は温度調節機能を備えた8基のラガーの中で、足踏み破砕される。

　普通10年に3回ほどしか宣言されないシッパーズのヴィンテージ・ポートと違い、キンタ・ド・ヴェスヴィオは、ほぼ毎年ヴィンテージ・ポートを造りだしている。1994年は最初から偉大なヴィンテージになることが明らかだった。ドウロ全地区でヴィンテージ宣言がなされたが、ヴェスヴィオはその中でも出色の出来だった。そのワインはリリース後の早い段階で非常に飲みやすいが、同時に厳粛さも備えている。キンタ・ド・ヴェスヴィオ1994は、芳醇で豊満、堂々としており、かすかにジャムの香りがするが、鷹揚な完熟したタンニンに支えられ、上質の果実味も壮健である。**RM**

◐◐◐　飲み頃：2050年過ぎまで

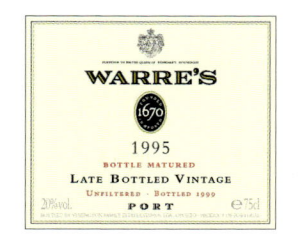

◀ 元は会社の事務所であったキンタ・ド・ヴェスヴィオのゲストハウス。

Warre's
Late Bottled Vintage Port 1995

ワレズ
レイト・ボトルド・ヴィンテージ・ポート 1995

産地　ポルトガル、ドウロ・ヴァレー
特徴　アルコール度数20度
葡萄品種　ティンタ・ロリス、T・フランカ、T・ナシオナル、その他

　レイト・ボトルド・ヴィンテージ（LBV）・ポートというのは、まさにその言葉通りのワインである。1ヴィンテージの、普通よりも遅く壜詰めした、上質のポートである。壜の外から見るかぎり、スタイルはヴィンテージ・ポートと変わりないが、大半のLBVの色は、明るいルビー色に近い。法律的にそのワインは1ヴィンテージでなければならないが、本当のヴィンテージ・ワインに比べ、スタイルはずっと軽めで、味の複雑さもそれほど重層的ではない。

　しかしここによく知られている例外がある。参加するほとんどの品評会で最優秀に選ばれるワレのLBVが、それである。多くの大量生産LBVと異なり、ワレのLBVはヴィラ・ノーヴァ・デ・ガイアの貯蔵庫の奥、木樽で4年間熟成させられ（規則では、LBVは最短4年間、最長6年間木樽での熟成が必要とされている）、その後ろ過されずに壜詰めされる。さらにリリース前に壜熟させられる。それによって、本物のヴィンテージ・ポートに求められる味の複雑さと優雅さを身に付ける。またろ過されていないため、他の同類とは異なり、セラーの中でも熟成を続ける。

　その結果生まれるワインは、色はあくまでも深く、繊細な花の香りがした後、新鮮なカシスのジャムのようなアロマが広がり、口に含むと、フィネスがたっぷりと感じられ、その奥にしっかりしたタンニンの脊柱が通っている。**GS**

◐◐　飲み頃：2020年過ぎまで

Williams & Humbert *Dos Cortados Palo Cortado VOS Sherry*
ウィリアムズ＆ハンバート　ドス・コルタドス・パロ・コルタド・VORSシェリー

産地　スペイン、ヘレス・デ・ラ・フロンテラ
特徴　アルコール度数19.5度
葡萄品種　パロミノ・フィノ

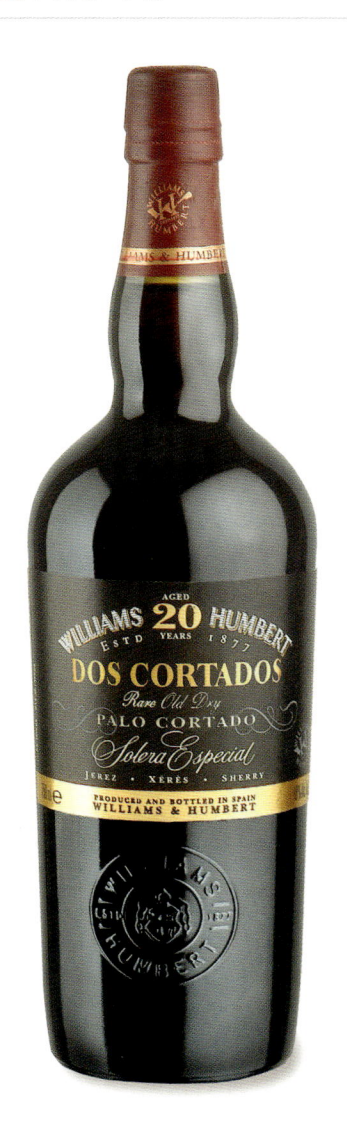

　ウィリアムズ＆ハンバートは、30年以上も続く危機がシェリー生産地に生み出している逆説的状況をよく示している。この歴史的ハウスは、うらやましいほどの市場を獲得し、人がシェリー・ハウスに期待する全てのもの――素晴らしい品質のワイン、世界的な名声を誇る商品群（ドライ・サック、ドン・ソイロ、ハリファ）、そして緻密で有能なカパタス（工場長）であるアントニオ・フェルナンデス・ヴァスケスという人物――を持っている。しかしそれにもかかわらず、他の生産者同様このハウスも、ヨーロッパの巨大商社による大量販売、価格競争、独自商標などの独裁に苦しんでいる。

　ヘレスにとって最も大切なワイン・ライターである大御所ジュリアン・ジェフズを最初にこの地に惹きつけたのが、このハウスであった。彼はシェリーに関する古典的著作の中で、このハウスの歴史を詳細に描き出している。その起源は19世紀後半、ウィズダム＆ウォーター社の社員であったアレキサンダー・ウィリアムズとエイミー・ハンバートのロマンスにさかのぼる。現在でも非常に影響力の大きいこのワインは、ヘレス・ケレス・ブランディという分類区分が設立される契機となった。

　このパロ・コルタドは特別なフィネスの横顔を持っている。端正で、表現力があり、新鮮なハーブや卵黄の精髄のような香りがある。それは疑いもなく本物のパロ・コルタドであるが、その長い歴史の中で、ある時期オロロソとして壜詰めされたことがあった。しかしそうした不確定性が愛好者を驚かすことはない。なぜならパロ・コルタドは、アモンティリャードの繊細で上品なアロマと、オロロソの骨格と円熟を融合させたワインとして定義されているからである。**JB**

⑤⑤⑤　飲み頃：リリース後10年過ぎまで

追加推薦情報
ウィリアムズ＆ハンバートのその他の偉大なワイン
ハリファ・アモンティリャード・VORSシェリー、ドン・グイド、ペドロ・ヒメネス・VOSシェリー、ドン・ソイロ・フィノ・シェリー
パロ・コルタドのその他の生産者
バルバディーリョ、エミリオ・イダルゴ、ボデガス・トラディシオン

シェリー片手に車を運転していたスペインの古き良き時代。

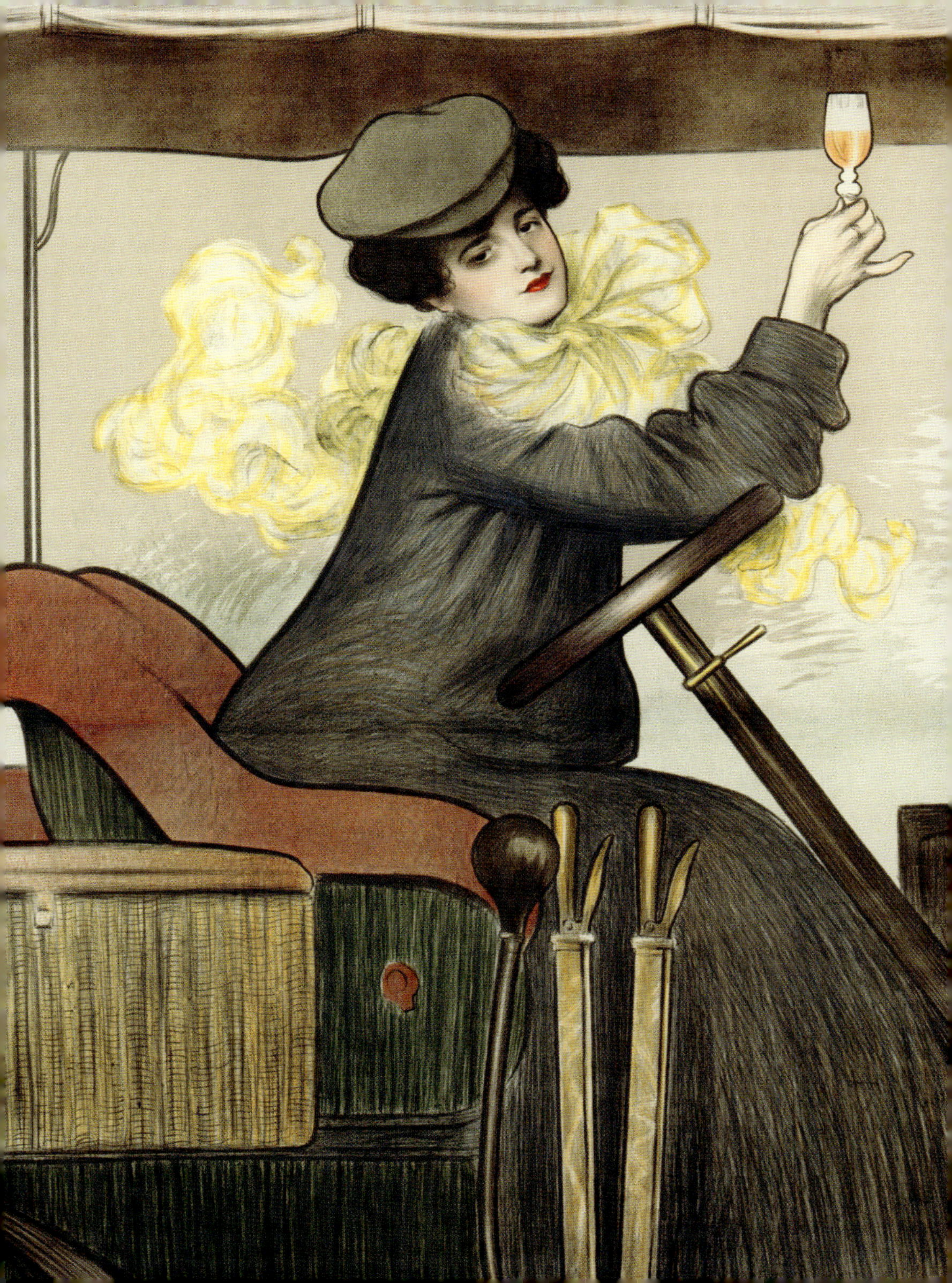

用語集

アイスヴァイン（Eiswein）
ドイツとオーストリアで氷結葡萄から造られる非常に甘口のワイン。アイスワインの項参照。

アイスワイン（Icewine）
氷結葡萄から造られる非常に甘いカナダ・ワイン。アイスヴァインの項参照。

アウスブルッフ（Ausbruch）
トカイと同じ方法で造られるオーストリアのワイン。

アウスレーゼ（Auslese）
"房選り"を意味するドイツ語。完熟した葡萄だけから造られるドイツ・ワインの等級。オーストリアではドイツよりもさらに完熟した葡萄が使われる。

アシエンダ・アグリコラ（Azienda Agricola）
自家畑の葡萄だけからワインを造っているイタリアのワイナリーのこと。

アスー（Aszú）
ハンガリー語で"乾燥した"を意味する。トカイを造るために使用される貴腐葡萄を指す。

アッサンブラージュ（Assemblage）
1種類のグラン・ヴァンを造るために、数種類のワインをブレンドすること。

アペラシオン・ドリジーヌ・コントロレ（Appellation d'Origine Contrôlée [AOC]）
フランスの原産地規制呼称制度。認定されるためには、葡萄の産出地域、品種構成、収量、アルコール度数を遵守することが義務付けられる。品質を保証するものではない。

アメリカ政府認定葡萄栽培地域（American Viticultural Area [AVA]）
アメリカ版原産地規制呼称制度。

アモンティリャード（Amontillado）
シェリーの1種で、フィノをさらに熟成させフロール酵母がなくなったもの。酸化熟成により、芳醇でナッツ風味のワインとなる。フィノ、フロールの項参照。

アルタ・エクスプレシオン（Alta Expresión）
スペイン語で、"強い抽出"を意味する。強烈で、高いアルコール度数、現代的スタイルのリオハの赤ワインを評するときによく使われる。

アン・プリムール（En primeur）
"将来のワイン"を意味するフランス語。主にボルドーで瓶詰めする前のワインを買うこと。

インディカチオーネ・ディ・ジオグラフィカ・ティピカ（Indicazione di Geografica Tipica [IGT]）
ヴァン・ド・ペイのイタリア版。

右岸（Right Bank）
愛好家の用語で、ボルドー地域のうち、特にガロンヌ川右岸を指す。サンテミリオン、ポムロールが含まれる。左岸の項参照。

エクスレ（Oechsle）
ドイツ語で（果実が熟したかをみるための）糖度計のこと。ドイツではワインの分類に使用される。

エシェル・デ・クリュ（échelle des crus）
フランス語で"畑の等級"を意味する。シャンパーニュを生産する村の格付け。

エストゥファージェン（Estufagem）
"熱い家"を意味するポルトガル語。マデイラの熟成を早めるために熱することを指す。

エッセンシア（Essencia）
アスー葡萄のフリーラン果汁から造られるワイン。アスーおよびフリーラン・ワインの項参照。

エデシュ（Edes）
ハンガリー語で"甘口"。

澱攪拌（Lees stirring）
特別なフレーバーを出すために、澱や沈殿物を攪拌すること。バトナージュの項参照。

澱引き（Racking）
ワインを別の容器に移し変えることによって、澱を除去する工程。

オロロソ（Oloroso）
酒精強化によってフロールの活性が抑制された辛口でナッツ風味のシェリー。フィノ、フロールの項参照。

カビネット（Kabinett）
ドイツ・ワインの等級の1つで、シュペトレーゼ用葡萄の前に摘み取られた葡萄から造られるワイン。

カーボニック・マセレーション（Carbonic maceration）
醸造技法の1つで、破砕しない葡萄を房のまま炭酸ガスを充填した容器の中に入れ、発酵させる。果実味にあふれたワインができる。

ガラジスト（Garagiste）
ボルドー右岸で少量の高価なワインを造っていたワイナリーを指して生まれた言葉。ガレージのような場所で造っているに違いないということから、こう呼ばれるようになった。右岸の項参照。

カルト・ワイン（Cult wine）
（主に）カリフォルニア産赤ワインのなかで、少量しか生産されず、高値で販売されるものを指す。

カンティーナ（Cantina）
イタリア語で"ワイナリー"のこと。

揮発酸（Volatile acidity）
酢酸や酢酸エチルのアロマ。少量であればワインの特徴となるが、多すぎるとヴィネガーや除光液の匂いのするワインとなる。

貴腐菌：ボトリティス（Botrytis）
カビの一種で、好条件の下では葡萄の糖と酸を凝縮させ、世界最高級の甘口ワインを造りだす。英語ではノーブル・ロット。

旧世界（Old World）
ヨーロッパの伝統的なワイン生産地域の総称。新世界の項参照。

キュヴェ（Cuvée）
フランス語で"ブレンド"のこと。

キンタ（Quinta）
"農園"を意味するポルトガル語。シャトー、ドメーヌと同義。

グラン・クリュ（Grand Cru）
"偉大な畑"を意味するフランス語。ブルゴーニュでは34の最高級の葡萄畑が認定されている。アルザスでは51が認定。ボルドーでは、サンテミリオンの2番目の格付け。シャンパーニュでは、エシェル・デ・クリュ100％の村を指す。エシェル・デ・クリュ、プルミエ・クリュの項を参照。

グラン・ヴァン (Grand Vin)
ボルドーのシャトーで生産される主力ワインを指す言葉。セカンド・ワインに対して使われる。セカンド・ワインの項参照。

グランド・マルク (Grandes Marques)
"大手ブランド"を表すフランス語。シャンパーニュの大手生産者を指す。

グラン・レセルヴァ (Gran Reserva)
スペイン産赤ワインの一等級で、5年間熟成(そのうち木樽で最低2年、残りは瓶熟)させてリリースされるもの。

クリアンサ (Crianza)
スペインの赤ワインの等級で、2年間、そのうち少なくとも樽で6ヵ月間熟成させた赤ワインを指す。レセルヴァ、グラン・レセルヴァの項を参照。

クリオ・エクストラクション (Cryo-extraction)
ワイン醸造技法の1つで、葡萄を凍らせて糖と酸を凝縮させる。

クリマ (Climat)
フランス語で"気候風土"。ブルゴーニュでは特に優れた葡萄畑を指す。

クリュ (Cru)
フランス語で"畑"を意味する。ワイン用語では、ブルゴーニュやボルドーの優れた葡萄畑を指すときに使われる。

クリュ・クラッセ (Cru Classé)
1855年に確立されたボルドー赤ワインの格付けで、5級に分かれる。

クリュ・ブルジョワ (Cru Bourgeois)
ボルドーの赤ワインの格付けで、クリュ・クラッセの下にあたる。

グリーン・ハーベスト (Green harvest)
収量を減らし、上質な葡萄を確保するために、夏の盛りに剪定して果房の数を減らすこと。収量の項参照。

クレマン (Crémant)
フランス語で"クリームのような"の意味。シャンパーニュ以外の地域で伝統的な技法で造られる発泡性のワインを指す。

クロ (Clos)
"囲われた土地"という意味のフランス語。特にブルゴーニュやシャンパーニュで壁に囲まれた葡萄畑を指す。

クローン (Clone)
特定の目的に添って選ばれた分岐種の株。

コークト (Corked)
トリクロロアニソールに汚染されたコルクによってワインの質が低下すること。コルクの細かい砕片が浮いているだけではコークトとは言わない。トリクロロアニソールの項参照。

コート (Côte)
フランス語で"斜面"または"丘"。斜面の葡萄畑を指す。

コルヘイタ (Colheita)
単一ヴィンテージのトゥニー・ポートのこと。

左岸 (Left Bank)
ボルドーでガロンヌ川の左側に位置する地区を総称する愛好家の用語。マルゴー、ポイヤックなどの地区が含まれる。右岸の項参照。

酸 (Acidity)
ワインの重要な構成要素の1つで、口中で酸っぱく感じる成分。多すぎると酸っぱく感じられ、少なすぎると締まりのないワインになる。1ℓ当たりのグラム数で表示される。

残糖 (Residual sugar)
アルコール発酵が停止した後、ワインに残留したアルコールに変えられていない糖分のこと。

ジェレピゴ (Jerepigo)
南アフリカ版ヴァン・ド・ナチュレル。

自己融解 (Autolysis)
発泡性ワインの第二次発酵において、死んだ酵母の細胞が崩壊していくこと。ビスケットやパンのアロマやフレーヴァーの元になる。

シャトー (Château)
フランス語で"大邸宅"。フランス、特にボルドーのワイナリーのこと。

収量 (Yield)
葡萄畑から造られるワインの量で、通常hℓ/haで表す。

酒精強化 (Fortification)
ワインに蒸留酒を添加してアルコール度数を高める一方で、発酵を停止させ、糖度を高めるためにも行う工程。

シュペトレーゼ (Spätlese)
ドイツとオーストリアで用いられるワインの格付けで、遅摘みの葡萄から造られ、葡萄の成熟度の点で、カビネットより上、アウスレーゼより下。

シュール・リー (Sur lie)
"澱の上"という意味のフランス語。主に白ワインを造るとき、ワインに風味を付与するため澱とワインをしばらく一緒にしておくこと。澱攪拌の項参照。

除梗 (Destemming)
葡萄房から果梗を取り除くこと。

新世界 (New World)
ヨーロッパの伝統的なワイン生産地域以外の地域を総称する言葉。特にオーストラリア、アルゼンチン、カナダ、チリ、ニュージーランド、南アフリカ、アメリカを指す。旧世界の項参照。

スプマンテ (Spumante)
"泡"を意味するイタリア語。発泡性ワインのこと。

セカンド・ワイン (Second wine)
葡萄や果汁の質により、主力ワインとは成りえないと判断されて出来たワイン。特にボルドーで使われる用語。

セック (Sec)
フランス語で"辛口"。

セニエ (Saignée)
フランス語で"血抜き"を意味する。赤ワインを造るとき、果皮と合わせて浸漬されている果汁の一部を短時間で取り出し、ロゼ・ワインにすること。

セレクシオン・ド・グラン・ノーブル (Sélection de Grains Nobles [SGN])
芳醇と完熟味が特徴のアルザス・ワイン。

空飛ぶワインメーカー (Flying winemaker)
ワイン造りを指導するため各国を飛行機で飛び回るワイン醸造家のこと。1980年代に定着した言葉で、オーストラリア出身の醸造家に多い。

ソレラ (Solera)
シェリーを造るときに樽を数段積み重ね、徐々にブレンドしていく方法。

第1級 (First Growth)
1855年と1973年の格付けで、"プルミエ・クリュ"に選ばれたボルドー左岸の5つのシャトーのこと。左岸、プルミエ・クリュの項を参照。

樽発酵 (Barrel fermentation)
ステンレスやコンクリートの発酵槽では

なく、木樽で発酵させること。しばしばワインにオークの強いフレーヴァーを付与する。

中気候（Mesoclimate）
個々の葡萄畑や斜面の気象を表す語。微気候の項参照。

抽出（Extraction）
果皮からタンニンと色素を抽出する過程。

地理的表示（Geographical Indication [GI]）
オーストラリア版原産地呼称制度。

デゴルジュマン（Dégorgement）
フランス語で"澱抜き"のこと。特に発泡性ワインで、澱を凍らせて壜から除去する技法。メトード・トラディシオネルの項参照。

テート・ド・キュヴェ（Tête de Cuvée）
"最高級品"を表すフランス語。特にシャンパーニュで使われる。

デノミナサン・デ・オリジェン・コントロラーダ（Denominação de Origem Controlada : DOC）
ポルトガルにおける原産地呼称規制。

デノミナシオン・デ・オリヘン（Denominación de Origen [DO]）
スペインにおける原産地呼称規制。

デノミナシオン・デ・オリヘン・カリフィカーダ（Denominación de Origen Calificada）
スペインにおける特選原産地呼称規制。特に厳しい基準が設けられている地域。

デノミナツィオーネ・ディ・オリジネ・コントロッラータ（Denominazione di Origine Controllata [DOC]）
イタリアにおける原産地呼称規制。

デノミナツィオーネ・ディ・オリジネ・コントロッラータ・エ・ガランティータ（Denominazione di Origine Controllata e Garantita [DOCG]）
最高品質を保証されたイタリア・ワイン。現在までに36銘柄のワインしか選ばれていない。

テロワール（Terroir）
葡萄畑の自然環境を表すフランス語で、土壌、中気候、微気候を含む。

ドゥー（Doux）
フランス語で"甘口"。

トゥニー・ポート（Tawny Port）
木樽で10、20、30、40年間熟成させたワインをブレンドして造るポートで、平均熟成年数がラベルに表示される。コルヘイタの項参照。

ドミ・セック（Demi-Sec）
フランス語で"中辛口"のこと。

ドゥルチェ（Dulce）
スペイン語で"甘口"。

ドザージュ（Dosage）
発泡性ワインのデゴルジュマンの後、糖を加え最終的な甘さを調節すること。

ドメーヌ（Domaine）
フランス語で醸造までする葡萄栽培農家のこと。

トリクロロアニソール（Trichloroanisole [TCA]）
コークト・ワイン（汚れ、かび臭さ）の原因となる化学物質。コークトの項参照。

ドルチェ（Dolce）
イタリア語で"甘口"。

トロッケン（Trocken）
"辛口"を表すドイツ語。

トロッケンベーレンアウスレーゼ（Trockenbeerenauslese [TBA]）
"干し葡萄選り"という意味のドイツ語。超完熟で希少な葡萄から造られるドイツやオーストリアの白ワイン。

長さ（Length）
ワインを飲み下したり吐き出したりした後、フレーヴァーが持続する時間。

ノーブル・ロット（Noble Rot）
貴腐菌の項参照。

ノン・ヴィンテージ（Non-Vintage [NV]）
いくつかのヴィンテージをブレンドして造るワイン。特にシャンパンなどの発泡性ワインについて言う。

ヴァイングート（weingut）
"ワイナリー"を表すドイツ語。

ヴァンダンジュ・タルディヴ（Vendange tardive）
"遅摘み"を意味するフランス語。アルザ

スワインの一つで、セレクシオン・ド・グラン・ノーブルよりも甘さは控えめ。

ヴァン・ドゥ・ナチュレル（Vin doux naturel）
"天然甘口ワイン"という意味のフランス語。発酵途中の葡萄果汁に蒸留酒を加えて造る甘く強いワイン。

ヴァン・ドゥ・ギャルド（Vin de garde）
熟成向きに造られたワインを表すフランス語。

ヴァン・ドゥ・ペイ（Vin de Pays）
AOC格付けに入らないワイン。

バイオダイナミック農法（Biodynamic）
フランス語でビオディナミ。有機栽培をさらに一歩推し進めた栽培法で、ルドルフ・シュナイダーが提唱した理論にもとづく。有機栽培の項参照。

パッシート（Passito）
アマローネやレチョート・ディ・ヴァルポリチェッラの製造に用いられるイタリアの伝統的ワイン製造法の1つで、発酵前に葡萄果実を乾燥させる。

バトナージュ（Bâtonnage）
フランス語で澱をかき回すことを意味する。攪拌の項参照。

バリック（Barrique）
225ℓ入りの標準タイプの樽。

ハルプトロッケン（Halbtrocken）
"中辛口"を意味するドイツ語。トロッケンの項参照。

パロ・コルタド（Palo Cortado）
偶然的要素によりフロールが成長しなかったシェリー。

ヴィエイユ・ヴィーニュ（Vieilles vignes）
"古い葡萄樹"を意味するフランス語。

微気候（Microclimate）
葡萄樹の周りの気象状態を指す言葉。微気象の項参照。

ヴィティス・ヴィニフェラ（Vitis vinifera）
ワインとなる葡萄品種を総称してこう呼ぶ。

フィノ（Fino）
フロールの影響の強い、軽い辛口のシェリー。フロール、マンサニーリャの項参照。

フィロキセラ（Phylloxera）
アメリカ原産の害虫で、18世紀後半にヨーロッパの葡萄畑に壊滅的な被害を及ぼした。

プットニョシュ（Puttonyos）
トカイ・ワインの甘さの単位で、3～6まであり、6プットニョシュが最も甘い。

ブラインド・テイスティング（Blind tasting）
ワイン名や生産者名を伏せたまま試飲すること。

ブラン・ド・ブラン（Blanc de Blancs）
フランス語で"白による白"。白葡萄だけから造られる白ワイン、特にシャンパンを指す。

ブラン・ド・ノワール（Blanc de Noirs）
"黒による白"という意味のフランス語。黒葡萄だけから造られる白ワイン、特にシャンパンを指す。

ブリュット（Brut）
フランス語で"辛口"。シャンパンに使われる。

フリーラン・ワイン（Free-run wine）
圧力をかけずに分離抽出された葡萄果汁やワインのこと。上質のワインを造るときに使用される。

プルミエ・グラン・クリュ・クラッセ A/B（Premiers Grands Crus Classé A/B）
ボルドー、サンテミリオンの格付けの最上位。

プルミエ・クリュ（Premier Cru）
"第一級"という意味のフランス語。ブルゴーニュの格付けでグラン・クリュの下に位置し、数100の葡萄畑が含まれる。ボルドーでは、1855年と1973年の格付けで、左岸の5つのシャトーが"プルミエ・クリュ"に選ばれ、ソーテルヌでは11のシャトーが選ばれた。シャンパーニュでは、エシェル・デ・クリュの90～99%の村が該当する。クリュ、エシェル・デ・クリュ、グラン・クリュ、左岸の項参照。

ブレタノマイセス（Brettanomyces [Brett]）
カビの1種。少量であれば、ワインにアロマを付け加える。増殖しすぎると、農家の庭先を連想させる不快な匂いやフレーヴァーを生み出す。

フロール（Flor）
ワインの表面に厚い膜を作る酵母で、特にフィノやマンサニーリャを造るときに重要な働きをする。

ペドロ・ヒメネス（Pedro Ximénez [PX]）
スペインの超甘口酒精強化ワインを造る葡萄。ワイン名も同じ。

ペティアン（Pétillant）
"発泡"を意味するフランス語。

ヘレス（Jerez）
スペイン語で"シェリー"のこと。

ベーレンアウスレーゼ（Beerenauslese）
ドイツ語で"粒選り"を意味する。貴腐葡萄から造られるドイツやオーストリアの甘口ワイン。貴腐菌の項参照。

ホッグスヘッド（hogshead）
オーストラリアで用いられる300ℓ入りの木樽。バリックの項参照。

ボデガ（Bodega）
スペイン語で、"ワイナリー"。

補糖：シャプタリゼーション（Chaptalization）
発酵中の果汁に糖を加え、アルコール度数を高める技法。

ポンピング・オーバー（Pumping over）
発酵途中の赤ワインを循環させる工程。

マスター・オブ・ワイン（Master of Wine [MW]）
マスター・オブ・ワイン協会が実施する試験に合格した人に与えられる称号。

マセレーション（Maceration）
果皮、種子、果梗などから葡萄の成分（タンニン、フレーヴァー、色素）を抽出する工程。日本語では浸漬。

マロラクティック発酵（Malolactic fermentation）
アルコール発酵の後に起こる過程で、厳しいリンゴ酸を柔らかな乳酸に変える。

マンサニーリャ（Manzanilla）
辛口のシェリー。フィノに類似。フィノの項参照。

メトード・トラディシオネル（Méthode Traditionelle）
壜内2次発酵で発泡を生じさせる、発泡性ワインの造り方の一つ。シャンパーニュ地方では、メトード・シャンプノワーズと言われる。

モワルー（Moelleux）
"メロー"にあたるフランス語。中甘口のこと。

有機栽培（Organic）
肥料、殺虫剤その他の化学薬品を極力使用しないようにした栽培方法。バイオダイナミック農法の項参照。

ラガー（Lagar）
ポルトガル語で主にポートの生産に使われる石でできた浅い槽。その中で葡萄を足踏み破砕し発酵させる。

ルミアージュ（Remuage）
フランス語で"動かすこと"を意味し、メトード・トラディシオネル方式で発泡性ワインを造るときの工程の1つで、壜をゆっくり傾けながら、澱を壜口に溜めることを指す。その後、デゴルジュマンする。デゴルジュマン、メトード・トラディシオネルの項参照。

リュディ（Lieu-dit）
"名付けられた場所"を意味するフランス語。主にブルゴーニュで、特に優れた畑を呼ぶときに使われる言葉。

レイト・ボトルド・ヴィンテージ（Late Bottled Vintage [LBV]）
木樽で最長6年熟成させたシングル・ヴィンテージ・ポート。

レセルヴァ（Reserva）
スペイン赤ワインの等級で、3年間、そのうち少なくとも1年は木樽で熟成させ、リリースされたもの。クリアンサ、グラン・レセルヴァの項参照。

レチョート（Recioto）
葡萄を乾燥させて造るイタリア・ワイン。レチョート・ディ・ヴァルポリチェッラが有名。パッシートの項参照。

ロバート・パーカー（Robert Parker）
大きな影響力を持つアメリカのワイン評論家で、ワイン評価に100点制を最初に導入した。

ワイン・オブ・オリジン（Wine of Origin [WO]）
南アフリカの原産地規制呼称制度。

Index of producers

Aalto, Bodegas 412
Abbazia di Novacella 125
Accornero 414
Achával Ferrer 416
Adami 22
Agrapart 22
Alión 416
Allegrini 417
Allende 417
Alta Vista 418
Altare, Elio 418
Altos Las Hormigas 419
Alvear 855
Alzinger 125
Angélus, Château 419
Angerville,
   Domaine Marquis d' 420
Angludet, Château d' 420
Ànima Negra 422
Anselmi, Roberto 126
Antinori 422, 425
Antiyal 426
Araujo 426
Arghyros, Yannis 126
Argiano 429
Argiolas 429
Argüeso 855
Arlay, Château d' 129
Armand, Domaine du Comte 430
Artadi 430
Ata Rangi 432
Atauta, Dominio de 434
Au Bon Climat 434
Ausone, Château 436
Auvenay, Domaine d' 129
Avignonesi 131
Azelia 438
Bachelet, Domaine
   Denis 438
Balnaves 439
Banfi 439
Barbadillo 857
Barbeito 857–8

Barca Velha 440
Barry, Jim 131, 440
Barthod, Domaine
   Ghislaine 441
Bass Phillip 441
Bassermann-Jordan, Dr. von 132
Battle of Bosworth 442
Baudouin, Domaine
   Patrick 134
Baumard,
   Domaine des 134
Beaucastel,
   Château de 135, 442
Beaulieu Vineyards 443
Beaumont des Crayères 24
Beauséjour Duffau-Lagarrosse,
   Ch. 443
Beau-Séjour Bécot,
   Château 444
Beaux Frères 446
Bélair, Château 446
Bellavista 24
Belondrade y Lurton 135
Beringer 447
Berliquet, Château 447
Billecart-Salmon 26, 28
Billiot, Henri 28
Biondi Santi 448
Bisol 30
Blanck, Paul 136
Blandy's 861
Blue Nun 136
Bodegas Tradición 861
Boekenhoutskloof 450
Boillot,
   Domaine Jean-Marc 138
Bollinger 32, 35
Bon Pasteur, Château 452
Bonneau du Martray,
   Domaine 141
Bonneau, Henri 454
Bonny Doon 141, 143, 456
Borgo del Tiglio 143
Borie de Maurel 457
Borsao 457
Boscarelli 458
Bott Geyl, Domaine 144
Bouchard Père & Fils
   146, 458

Bouchard-Finlayson 460
Boulard, Raymond 35
Bourgeois,
   Domaine Henri 148
Bouvet-Ladubay 36
Braida 460
Branaire-Ducru,
   Château 462
Brane-Cantenac,
   Château 462
Bredell's 862
Breuer, Georg 148
Brokenwood 465
Bruce, David 465
Brumont 466
Bründlmayer 149
Bucci 149
Buhl, Reichsrat von 150
Burge, Grant 466
Buring, Leo 150
Bürklin-Wolf, Dr. 151
Busch, Clemens 151
Bussola, Tommaso 467
Cà del Bosco 36
Calon-Ségur, Château 468
Calvente 152
Ca'Marcanda 467
Can Ràfols dels Caus 152
Candido 469
Canon, Château 469
Canon-La-Gaffelière,
   Château 471
Canopy 471
Capçanes, Celler de 472
Cape Point Vineyards 153
Capezzana, Villa di 472
Capichera 153
Caprai, Arnaldo 473
Carillon, Domaine 154
Carmes-Haut-Brion,
   Château Les 473
Carrau, Bodegas 474
Casa Castillo 474
Casa Gualda 475
Casa Lapostolle 475
Casablanca, Viña 476
Cascina Corte 476
Castaño 477
Castel de Paolis 154

Castello di Ama 480
Castello dei Rampolla 477
Castello del Terriccio 478
Castelluccio 480
Castillo de Perelada 481
Catena Alta 481
Cathiard,
    Domaine Sylvain 482
Cattier 38
Cauhapé, Domaine 155
Cavalleri 38
Cavallotto 482
Ca'Viola 468
Caymus 483
Cayron, Domaine du 483
Cazals, Claude 40
Cèdre, Château du 484
Cellars, Kalin 247
Cesani, Vincenzo 155
Chambers 864
Chamonix 157
Champalou, Didier et
    Catherine 157
Chandon, Domaine 40
Channing Daughters 158
Chapoutier,
    Domaine 158, 159, 486
Chapoutier, M. 484
Chappellet 486
Chateau Montelena 159
Chateau Ste. Michelle 161
Chave, Domaine 487
Chave, Domaine J.-L. 161
Cheval Blanc, Château 487
Chevalier, Domaine de
    162, 488
Chidaine, Domaine
    François 162
Chimney Rock 491
Chivite 163
Christmann 163
Christoffel 164
Chryseia 491
Clape,
    Domaine Auguste 492
Clerico, Domenico 492
Climens, Château 166
Clonakilla 493
Clos de l'Oratoire 493

Clos de la Coulée de
    Serrant 169
Clos de Los Siete 494
Clos de Tart 494
Clos des Papes 495
Clos Erasmus 495
Clos Floridène 169
Clos Mogador 496
Clos Naudin,
    Domaine du 170
Clos Uroulat 170
Cloudy Bay 171
Clouet, André 42
Cluver, Paul 171
Coche-Dury, Domaine 172
Col Vetoraz 44
Coldstream Hills 498
Colet 44
Colgin Cellars 501
Collard, René 45
Colle Duga 172
Colli di Lapio 173
Colomé, Bodega 501
Concha y Toro 502
Conseillante,
    Château La 502
Contador 504
Contat Frères 174
Conterno Fantino 505
Conterno, Giacomo 504
Còntini, Attilio 173
Contino 505
Coppo 506
Cordoníu, Jaume 42
Coriole Lloyd 506
Corison 507
Correggia, Matteo 507
Cortes de Cima 508
COS 508
Cos d'Estournel,
    Château 509
Cossart Gordon 866
Costanti, Andrea 509
Costers del Siurana 510
Couly-Dutheil 510
Cousiño Macul, Viña 511
Coutet, Château 174
Craggy Range 511
Crochet, Lucien 176

Croft 867
Cullen 512
Cuomo, Marisa 176
CVNE 178, 514
Dagueneau, Didier 180
Dal Forno, Romano 516
Dalla Valle 516
Dampierre,
    Comte Audoin de 45
D'Angelo 517
D'Arenberg 517
Darviot-Perrin,
    Domaine 180
Dauvissat, Domaine
    René & Vincent 181
De Bartoli 867
De Bortoli 181
De Meric 47
De Sousa 47
De Trafford 518
Deiss, Domaine Marcel 182
Delaforce 869
Delamotte 48
Delgado Zuleta 869
DeLille Cellars 518
Dettori,
    Azienda Agricola 520
Deutz 51
Diamond Creek 520
Diebolt-Vallois 51
Diel, Schlossgut 182
Disznókö 185
Dogliotti, Romano 52
Doisy-Daëne, Château 185
Dom Pérignon 52, 54
Dom Ruinart 56–7
Domaine A 522
Domaine de l'A 522
Domecq, Pedro 870
Dominus 523
Donnafugata 186
Dönnhoff, Hermann 188
Dow's 872, 874
Drappier 59
Droin, Domaine 188
Drouhin, Domaine 523
Drouhin,
    Domaine Joseph 189, 524
Druet, Pierre-Jacques 524

Index of producers | 939

Dry River 190, 526
Duas Quintas 528
Duboeuf, Georges 530
Duckhorn Vineyards 532
Ducru-Beaucaillou,
    Château 532
Dugat,
    Domaine Claude 534
Dugat, Domaine-Pÿ 534
Duhr, Mme. Aly, et Fils 192
Dujac, Domaine 535
Dunn Vineyards 535
Dupasquier, Domaine 194
Durfort-Vivens,
    Château 537
Dutton Goldfield 194
Ecu, Domaine de l' 195
Eglise-Clinet,
    Château L' 537
Egly-Ouriet 59
El Grifo 195
El Maestro Sierra 876
El Nido 538
El Principal, Viña 538
Els, Ernie 539
Emrich-Schönleber 197
Engel, Domaine René 539
Errázuriz/Mondavi,
    Viña 540
Evangile, Château L' 540
Eyrie Vineyards 542
Fairview 542
Falesco 544
Falfas, Château 544
Far Niente 546
Fargues, Château de 197
Fattoria La Massa 548
Feiler-Artinger 198
Fèlsina Berardenga 548
Felton Road 549
Ferrara, Benito 201
Ferrari, Giulio 60
Ferreiro, Do 201
Feudi di San Gregorio 202
Fèvre, William 202
Fiddlehead 549
Figeac, Château 550
Filhot, Château 204
Fillaboa Selección 206

Finca Luzón 550
Finca Sandoval 551
Fiorano 206
Florio 876
Flowers 208, 551
Fonseca 879
Fonseca, José Maria da 879
Fontodi 552
Foradori 552
Fourcas-Hosten,
    Château 553
Fourrier,
    Domaine Jean-Claude 553
Framingham 211
Frank, Dr. Konstantin 211
Freemark Abbey 554
Freie Weingärtner
    Wachau 212
Freixenet 60
Frog's Leap 554
Fromm Winery 556
Fucci, Elena 556
Fuissé, Château de 212
Gago Pago La Jara 557
Gaia Estate 213, 557
Gaja 558
Garvey 880
Gauby, Domaine 559
Gazin, Château 561
Germanier, Jean-René 561
Gerovassiliou 562
Giaconda 213, 565
Giacosa, Bruno 565
Gilette, Château 214
Gimonnet, Pierre 62
Giraud, Henri 64
Giscours, Château 566
Gloria Ferrer 66
Goldwater 568
González Byass 882
Gosset 68
Gouges, Domaine Henri 568
Gourt de Mautens,
    Domaine 214
Grace Family Vineyards 570
Graf Hardegg V 215
Graham's 885
Graillot, Alain 573
Gramona 70

Grand-Puy-Lacoste,
    Château 574
Grange des Pères 576
Grans-Fassian 215
Grasso, Elio 576
Grasso, Silvio 577
Gratien & Meyer 71
Gratien, Alfred 70
Grattamacco 577
Gravner, Josko 216
Greenock Creek 578
Grgić, Miljenko 578
Grillet, Château 216
Grivot, Domaine Jean 579
Gróf Dégenfeld 219
Gross, Domaine Anne 579
Grosset 219
Gruaud-Larose, Château 581
GS 581
Guelbenzu, Bodegas 582
Guffens-Heynen,
    Domaine 220
Guigal 582
Guiraud, Château 220
Guitián 222
Gunderloch 224
Gutiérrez Colosía 886
Gutiérrez de la Vega 886
Haag, Fritz 224
Hacienda Monasterio 583
Hamilton Russell
    Vineyards 226
Hanzell 228
Haras de Pirque, Viña 583
Hardys 584
Harlan Estate 586
Haut-Bailly, Château 588
Haut-Brion,
    Château 230, 590
Haut-Marbuzet,
    Château 592
Heidler 235
Heidsieck, Charles 71
Heitz Wine Cellars 592
Henriot 72
Henriques & Henriques 887
Henschke 593
Herdade de Cartuxa 593
Herdade de Mouchão 594

Herdade do Esporão 594
Herzog 595
Hétsölö 233
Heyl zu Herrnsheim,
    Freiherr 233
Heymann-Löwenstein 235
Hidalgo, Emilio 888
Hidalgo-La Gitana 889
Hirsch Vineyards 595
Hirtzberger 236
Hosanna, Château 596
Hövel, Weingut von 236
Howard Park 237
Huet, Domaine 72, 237
Hugel 239
Hunter's 239
Inama, Stefana 240
Inniskillin 240
Iron Horse 74
Isabel 242
Isole e Olena 596
Itsasmendi 242
Izadi, Viña 597
Jaboulet Aîné, Paul 597
Jackson Estate 243
Jacob's Creek 243
Jacquesson 77
Jade Mountain 598
Jasper Hill 598
Jayer, Domaine Henri 599
Jobard,
    Domaine François 244
Josmeyer 244
K Vintners 599
Kanonkop 601
Karthäuserhof 247
Katnook Estate 602
Kefraya, Château 604
Keller, Weingut 249
Kesselstatt, Reichsgraf
    von 249
Királyudvar 250
Kistler 252
Klein Constantia 252
Klein Constantia/
    Anwilka Estate 606
Kloster Eberbach
    Staatsweingüter 253, 608
Knoll 253

Koehler-Ruprecht, Weingut 254
Kogl Estate 256
Kracher 256
Kreydenweiss, Marc 258
Krug 78–83
Ksara, Château 609
Kumeu River 258
Künstler, Franz 260
KWV 890
La Dominique,
    Château 611
La Fleur-Pétrus,
    Château 611
La Gomerie, Château 613
La Jota Vineyard
    Company 613
La Louvière, Château 260
La Mission-Haut-Brion,
    Château 615
La Monacesca 263
La Mondote 615
La Morandina 84
La Rame, Château 263
La Rectorie,
    Domaine de 890
La Rioja Alta 616
La Spinetta 616
Labet, Domaine 264
Lafarge,
    Domaine Michel 617
Lafaurie-Peyraguey, Château 266
Lafite Rothschild,
    Château 617
Lafleur, Château 618
Lafon, Domaine des Comtes
    268–9, 618
Lafon,
    Héritiers du Comte 268
Lageder, Alois 269
Lagrange, Château 621
Lagrézette, Château 621
Lake's Folly 270
Lamarche, Domaine 622
Lambrays,
    Domaine des 624
Landmark 624
Langlois Château 84
Larmandier-Bernier 86
Latour, Château 626

Latour-à-Pomerol,
    Château 628
Laurent-Perrier 86
Laville Haut-Brion,
    Château 270
Le Dôme 628
Le Due Terre 629
Le Macchiole 629
Le Pin 631
Le Riche 632
Le Soula 271
Leacock's 891
L'Ecole No. 41 634
Leeuwin Estate 271
Leflaive, Domaine 273
Lehmann, Peter 637
Lenz 273
Leonetti Cellars 637
Léoville-Barton,
    Château 638
Léoville-Las Cases,
    Château 640
Léoville-Poyferré,
    Château 640
Leroy, Domaine 642
Lezongars,
    L'Enclos de Château 642
Liger-Belair,
    Domaine du Vicomte 644
Lilbert-Fils 88
Lisini 644
Littorai Wines 646
Livio Felluga 198
Llano Estacado 274
Loimer 277
Long-Depaquit,
    Domaine 277
Loosen, Dr. 279
López de Heredia 279, 646
L'Origan 96
Luque, M. Gil 891
Lusco do Miño 280
Lustau 892
Lynch-Bages, Château 647
Macari Vineyard 647
Macle, Jean 280
Maculan 282
McWilliam's 282
Magdelaine, Château 648

Index of producers | 941

Majella 648
Malartic-Lagravière, Château 284
Malle, Château de 284
Malvirà 88, 286, 649
Marcarini 649
Marcassin 286
Margaux, Château 289, 651
Marimar Torres Estate 380
Marionnet, Henri 289
Marqués de Griñón 652
Marqués de Murrieta 652
Marqués de Riscal 653
Marqués del Real
 Tesoro 895
Martínez-Bujanda 653
Mas Amiel 895
Mas Blanc 896
Mas de Daumas
 Gassac 654
Mas Doix 654
Mas Martinet 655
Más Que Vinos 655
Mascarello, Bartolo 656
Mascarello, Giuseppe 656
Massandra Collection 898
Mastroberardino 659
Matassa, Domaine 293
Matetic 659
Mateus 89
Mathieu, Serge 89
Maume, Domaine 660
Mauro 660
Maurodos 661
Maximin Grünhauser 293
Mayacamas 661
Mayr, Josephus 662
Medici Ermete 90
Meerlust 664
Meín, Viña 294
Mellot, Alphonse 294
Melton, Charles 666
Mendoza, Abel 668
Mendoza, E. 668
Méo-Camuzet,
 Domaine 669
Mercier, Denis 669
Meyer-Näkel 670
Miani 296, 670
Michael, Peter 296, 671

Michel, Bruno 90
Millton Vineyard 298
Mission Hill 300
Mitchelton 300
Moccagatta 671
Molettieri, Salvatore 672
Mondavi, Robert 301, 672
Montaiguillon,
 Château 675
Montana 91
Montelena, Château 675
Montes 676–7
Montevertine 679
Montevetrano 679
Montille, Domaine Hubert de 680
Montrose, Château 682
Montus, Château 682
Mordorée,
 Domaine de la 683
Morgenster 683
Moris Farms 684
Moro, Bodegas Emilio 687
Morris Wines 898–9
Moss Wood 687
Mount Difficulty 689
Mount Eden 301
Mount Horrocks 302
Mount Hurtle 689
Mount Langi Ghiran 691
Mount Mary 691
Mountadam 305
Moutard 91
Mouton Rothschild, Château 693
Muga 693
Mugnier, Domaine J.-F. 695
Müller, Egon 306
Müller-Catoir 306
Mumm 92
Murana, Salvatore 307
Muré, René 307, 695
Murietta, Marqués de 290
Musar, Château 697
Mustiguillo, Bodega 697
Nada, Fiorenzo 698
Nairac, Château 308
Nardello, Daniele 308
Nederburg 309
Négly, Château de la 698
Negri, Nino 699

Neudorf 309
Newton Vineyards 310
Niebaum-Coppola
 Estate 699
Niedrist, Ignaz 700
Niepoort 310, 700, 702, 899–900
Nigl 311
Nikolaihof 311
Noemía de Patagonia,
 Bodega 702
Nyetimber 95
Oak Valley 312
Oberto, Andrea 703
Ojai Vineyard 703
Olivares Dulce 906
Omar Khayyam 95
Opitz, Willi 704
Opus One 704
Ordoñez, Jorge, & Co 906
Oremus 314
Osborne 907
Ossian 314
Ostertag, André 315
Pacenti, Siro 706
Pagos de los
 Capellanes 706
Pahlmeyer 707
Paitin 707
Palacio de Bornos 315
Palacio de Fefiñanes,
 Bodega del 316
Palacios, Alvaro 709
Palacios, Descendientes
 de J. 709
Palacios, Rafa 316
Palari Faro 710
Palmer, Château 710
Pape-Clément,
 Château 712
Parker 714
Parusso 716
Paternina 908
Paternoster 716
Pato, Luís 717
Paul Bruno, Domaine 717
Paumanok 718
Pavie, Château 718
Pavie-Macquin,
 Château 720

942 | Index of producers

Pazo de Señoras 317
Peay Vineyards 723
Pelissero, Giorgio 723
Pellé, Domaine Henry 317
Pellegrino, Carlo 908
Penfolds 724–5
Penley Estate 726
Peregrine 319
Péres Barquero 911
Péres Marín 912
Perret, André 319
Perrier-Jouët 96
Pesquera, Tinto 726
Peters, Pierre 98
Petit-Village, Château 729
Petrolo 729
Pétrus 730
Pez, Château de 733
Pfaffl, R & A 320
Phelps, Joseph 734
Philipponnat 98
Piaggia 734
Pichler, F.X. 320
Pichon-Longueville, Château 735
Pieropan 323
Pierre-Bise, Château 323
Pierro 324
Pieve di Santa
    Restituta 737
Pinard, Vincent 325
Pingus, Dominio del 737
Pintia 738
Pithon, Domaine Jo 326
Plageoles, Robert & Bernard 326
Podere 738
Pol Roger 101
Poliziano 739
Polz, E & W 327
Pommery 103
Ponsot, Domaine 327, 739
Pontet-Canet, Château 740
Pouillon, Roger 103
Poujeaux, Château 740
Prager 328
Prévost, Jérôme 104
Pride Mountain 742
Prieler 742
Prieuré de St.-Jean de
    Bébian 743

Prieuré St.-Christophe,
    Domaine 743
Produttori del
    Barbaresco 744
Providence, Château La 744
Prüm, J.J. 328–9
Puffeney, Jacques 329
Quady 914
Quenard, André
    et Michel 330
Querciabella, Agricola 746
Quilceda Creek 748
Quinta do Côtto 748
Quinta do Mouro 749
Quinta do Noval 902, 904
Quinta do Portal 912
Quinta do Vale Meão 749
Quinta dos Roques 750
Quintarelli 752
Quintessa 752
Qupé 330, 753
Rabaud-Promis,
    Château 332
Radio-Coteau 753
Ramey Hyde Vineyard 334
Ramonet, Domaine 334
Ramos Pinto 917
Rauzan-Ségla, Château 754
Raveneau, Domaine 335
Ravenswood 756
Raventós i Blanc 107
Rayas, Château 758
Rayne-Vigneau,
    Château 335
Rebholz, Ökonomierat 336
Redríguez, Telmo 343
Remelluri 338
Remirez de Ganuza 758
Rémy, Louis 759
Rey Fernando de
    Castilla 917
Richter, Max Ferd. 341
Ridge 759
Riessec, Château 341
Rinaldi, Giuseppe 760
Ringland, Chris 760
Rippon 761
Robert, Alain 107
Roc de Cambes, Château 761

Rochioli, J. 762
Rockford 762
Roda, Bodegas 763
Roederer Estate 109
Roederer, Louis 109
Rojo, Emilio 343
Rollin Père & Fils,
    Domaine 763
Rolly-Gassmann 344
Romanée-Conti,
    Domaine de la 347, 765–6
Romero, Pedro 918
Rosa, Quinta de la 918
Rostaing, René 766
Roulot, Domaine 347
Roumier,
    Domaine Georges 767
Roure, Celler del 767
Rousseau,
    Domaine Armand 768–9
Royal Tokaji Wine Co. 348
Rudera Robusto 350
Rust en Vrede 771
Rustenberg 771
Sadie Family 350, 772
St. Hallett 772
Salomon-Undhof 351
Salon 111
Salvioni 774
San Alejandro 774
San Vicente 775
Sánchez Ayala 921
Sánchez Romate 921
Sandeman 922
Sandrone, Luciano 775
Sanford 776
Santa Rita, Viña 776
Santadi 777
Sastre, Viña 777
Satta, Michele 778
Sauer 351
Sauzet, Domaine
    Etienne 352
Scavino, Paolo 778
Schaefer, Willi 352
Schiopetto 355
Schloss Gobelsburg 355
Schloss Lieser 356
Schloss Vollrads 356

Index of producers | 943

Schlumberger 359
Schram, J. 111
Schröck, Heidi 359
Screaming Eagle 779
Seghesio 779
Selbach-Oster 360
Selosse, Jacques 112
Seppelt Great Western 112
Serafini e Vidotto 780
Seresin 362
Shafer 780
Shaw + Smith 362
Silos, Cillar de 782
Simčič, Edi 363
Simone, Château 782
Smith Woodhouse 924
Smith-Haut-Lafitte,
 Château 363
Soalheiro 364
Sociando-Mallet,
 Château 784
Soldati La Scolca 114
Soldera 784
Solms-Hegewisch 786
Sorrel, Marc 786
Sot 787
Stadlmann, Johann 364
Stag's Leap Wine
 Cellars 787
Stanton & Killeen 924
Steenberg 367
Stonier Estate 367, 788
Stony Hill 369
Stonyridge 791
Suduiraut, Château 369–70
Swan, Joseph 791
Szepsy 372
Tahbilk 374
Taille aux Loups,
 Domaine de la 376
Taittinger 114
Talbot, Château 792
Tamellini 376
Tapanappa Whalebone
 Vineyard 794
Tares, Dominio de 796
Tarlant 116
Tasca d'Almerita 796
Taylor's 926, 928

Te Mata 798
Te Motu 800
Tement, Manfred 377
Tempier, Domaine 800
Tenuta di Valgiano 802
Tenuta delle Terre Nere 802
Tenuta dell'Ornellaia 801
Tenuta Le Querce 803
Tenuta San Guido 803
Tenuta Sette Ponti 804
Terlano, Cantina di 377–8
Terrazas/Cheval Blanc 804
Tertre-Roteboeuf,
 Château 807
Thackrey, Sean 807
Thelema 809
Thévenet, Jean 378
Tilenus 809
Tirecul, Château 379
Tissot, André &
 Mireille 379
Torbreck 810
Torelló, Agustí 116
Toro Albalá 930
Torres 813
Tour Vieille,
 Domaine La 813
Tour Vlanche,
 Château La 382
Traeger, David 384
Trévallon,
 Domaine de 814
Trimbach 387
Trinity Hill 816
Troplong-Mondot,
 Château 818
Trotanoy, Château 820
Tua Rita 822
Turkey Flat 822
Turley Wine Cellars 823
Tyrrell's 389
Umathum 823
Vajra, Azienda Agricola G.D. 824
Valandraud, Château 824
Valdespino 930–2
Valdipiatta 826
Valentini 389, 826
Vall Llach 828
Valtuille 828

Vasse Felix 829
Vecchie Terre di
 Montefili 829
Vega de Toro 830
Vega Sicilia 830
Venus 832
Vergelegen 392, 832
Verget 392
Vernay, Georges 393
Verset, Noël 834
Vesúvio, Quinta do 935
Veuve Clicquot 118
Veuve Fourny 120
Vie di Romans 393
Vieux Château Certan 834
Vieux Télégraphe,
 Domaine du 835
Vigneti Massa 394
Villaine,
 Domaine A. et P. de 394
Vilmart 120
Viñas del Vero 835
Viñedos Orgánicos
 Emiliana 836
Voerzio, Roberto 838
Vogüé, Domaine Comte
 Georges de 397
Vollenweider 397
Volxem, Weingut van 390
Warre's 935
Weil, Robert 398
Weinbach, Domaine 400
Wendouree 838
Wild Duck Creek 841
Williams & Humbert 936
Williams Selyem 841
Wittmann, Weingut 402
Wynn's 842
Yacochuya de Michel
 Rolland 844
Yalumba 844
Yarra Yering 845
Yerro, Alonso del 845
Yquem, Chateau d' 405
Zerbina, Fattoria 846
Zilliken 406
Zind-Humbrecht,
 Domaine 406-7

Index by price

$

Adami
    Prosecco di Valdobbiadene 22
Argüeso
    San León Reserva de Familia Manzanilla 855
Auvenay, Domaine d'
    Chevalier-Montrachet 129
Blue Nun 136
Borsao *Tres Picos* 457
Calvente
    Guindalera Vendimia Seleccionada Moscatel 152
Canopy *Malpaso* 471
Casa Gualda *Selección C&J* 475
Casa Lapostolle *Clos Apalta* 475
Castaño
    Hécula Monastrell 477
Castillo de Perelada
    Gran Claustro 481
Cathiard, Domaine Sylvain
    Romanée-St.-Vivant GC 482
Col Vetoraz *Prosecco Extra Dry* 44
Costers del Siurana
    Clos de l'Obac Priorat 510
Darviot-Perrin, Domaine
    Chassagne-Montrachet PC Blanchots-Dessus 180
Dauvissat, Domaine René & Vincent
    Chablis GC Le Clos 181
Dogliotti, Romano
    Moscato d'Asti La Galesia 52
Domecq, Pedro
    La Ina Fino Sherry 870
Drouhin, Joseph
    Marquis de Laguiche 189
Dupasquier, Domaine
    Marestel Roussette de Savoie 194
El Grifo
    Malvasia Dulce Canarias 195
El Principal *Cabernet Sauvignon* 538
Fèvre, William
    Chablis GC Bougros Côte Bouguerots 202
Finca Luzón *Altos de Luzón* 550
Fourrier, Domaine Jean-Claude
    Charmes-Chambertin GC 553
Frank, Dr. Konstantin
    Dry Riesling 211
Gaia *Ritinitis Nobilis Retsina* 213
Garvey *San Patricio Fino Sherry* 880
González Byass
    Tío Pepe Fino Sherry 882
Grace Family
    Cabernet Sauvignon 570
Guelbenzu, Bodegas
    Lautus Navarra 582
Guitián *Valdeorras Godello* 222
Haras de Pirque
    Haras Style Syrah 583
Hidalgo-La Gitana
    Pastrana Manzanilla Pasada 889
Itsasmendi *Txakolí* 242
Jacob's Creek *Chardonnay* 243
Latour-à-Pomerol, Château 628
Le Macchiole *Paleo Rosso* 629
Lenz *Gewürztraminer* 273
Leroy, Domaine
    Romanée-St.-Vivant Grand Cru 642
Liger-Belair, Domaine du Vicomte
    La Romanée 644
Malvirà *Birbét Brachetto* 88
Mateus *Rosé* 89
Maume, Domaine
    Chambertin GC 660
Medici Ermete
    Lambrusco Reggiano Concerto 90
Meín, Viña 294
Mendoza, Abel
    Tempranillo Grano a Grano 668
Méo-Camuzet, Domaine
    Richebourg Grand Cru 669
Millton
    Te Arai Vineyard Chenin Blanc 298
Murietta, Marqués de
    Rioja Blanco Reserva 290
Niepoort *Vintage Port* 900
Ordoñez, Jorge, & Co *No. 3* 906
Palacio de Bornos
    Verdejo Fermentado en Barrica Rueda 315
Palacio de Fefiñanes, Bodega del
    Rías Baixas Albariño 316
Peregrine *Ratasburn Riesling* 319
Péres Marín
    La Guita Manzanilla 912
Perret, André *Condrieu Chéry* 319
Quenard, André et Michel
    Chignin-Bergeron Les Terrasses 330
Remirez de Ganuza
    Tioja Reserva 758
Remy, Louis 759
Rollin Père & Fils, Domaine
    Pernand-Vergelesses PC Ile de Vergelesses 763
Romero, Pedro
    Aurora en Rama Manzanilla 918
Rostaing, René
    Romanée-Conti GC 766
Roulot, Domaine
    Meursault PC Les Charmes 347
Rousseau, Domaine Armand
    Chambertin Clos de Bèze 768
San Alejandro *Baltasar Gracián Garnacha Viñas Viejas* 774
Sastre, Viña *Pesus* 777
Tamellini
    Soave Classico Le Bine 376
Tenuta San Guido *Sassicaia* 803
Valdespino
    Inocente Fino Sherry 931
Vall Llach 828
Verget
    St.-Véran Les Terres Noires 392
Vie di Romans
    Chardonnay 393

$$

Abbazia di Novacella
    Praepositus Kerner 125
Antiyal 426
Barbeito
    Single Cask Colheita Madeira 857
Barry, Jim *The Florida Riesling* 131
Bassermann-Jordan, Dr. von
    Forster Pechstein Riesling 132
Belondrade y Lurton *Rueda* 135
Bisol *Cartizze Prosecco* 30
Bonny Doon
    Vin Gris de Cigare 456
Borie de Maurel *Cuvée Sylla* 457
Boulard, Raymond

Les Rachais 35
Bourgeois, Domaine Henri
    Sancerre d'Antan 148
Bründlmayer
    Zöbinger Heiligenstein
    Riesling Alte Reben 149
Bucci
    Verdicchio dei Castelli di Jesi
    Riserva Villa Bucci 149
Buhl, Reichsrat von
    Forster Ungeheuer
    Riesling ST 150
Buring, Leo
    Leonay Eden Valley Riesling 150
Can Ràfols dels Caus
    Vinya La Calma 152
Cape Point Vineyards *Semillon* 153
Carrau, Bodegas *Amat* 474
Casa Castillo *Pie Franco* 474
Casablanca, Viña *Neblus* 476
Castel de Paolis *Muffa Nobile* 154
Catena Alta *Malbec* 481
Cellars, Kalin *Semillon* 247
Cesani, Vincenzo
    Vernaccia di San Gimignanao
    Sanice 155
Chamonix *Chardonnay Reserve* 157
Chandon, Domaine *Green Point* 40
Channing Daughters
    Tocai Friulano 158
Chateau Ste. Michelle
    Eroica Riesling 161
Chidaine, Domaine François
    Montlouis-sur-Loire Les Lys 162
Clos de l'Oratoire 493
Clos de Los Siete 494
Clos Floridène 169
Clos Uroulat
    Jurançon Cuvée Marie 170
Cloudy Bay *Sauvignon Blanc* 171
Cluver, Paul
    Noble Late Harvest Weisser
    Riesling 171
Coche-Dury, Domaine
    Corton-Charlemagne GC 172
Colet
    Assemblage Extra Brut 44
Colle Duga *Tocai Friulano* 172
Colli di Lapio *Fiano di Avellino* 173
Cordoníu, Jaume *Brut* 42
Cortes de Cima *Incógnito* 508

COS *Cerasuolo di Vittoria* 508
Cousiño Macul, Viña
    Antiguas Reservas Cabernet
    Sauvignon 511
Cullen *Diana Madeline Cabernet*
    Sauvignon Merlot 512
D'Angelo
    Aglianico del Vulture Riserva
    Vigna Caselle 517
Delaforce
    Curious and Ancient 20 Years
    Old Tawny Port 869
Donnafugata *Ben Ryé* 186
Duboeuf, Georges
    Fleurie La Madone 530
Duhr, Mme. Aly, et Fils
    Ahn Palmberg Riesling 192
Dutton Goldfield *Rued Vineyard*
    Chardonnay 194
Ecu, Domaine de l'
    S. & M. Expression
    d'Orthogneiss 195
El Nido *Clio Jumilla* 538
Fairview *Caldera* 542
Falesco *Montiano* 544
Falfas, Château 544
Ferrara, Benito
    Greco di Tufo Vigna Cicogna 201
Ferreiro, Do
    Cepas Vellas Albariño 201
Fillaboa Selección
    Finca Monte Alto 206
Florio *Terre Arse Marsala* 876
Fourcas-Hosten, Château 553
Framingham *Select Riesling* 211
Freie Weingärtner Wachau
    Achleiten G. Veltliner
    Smaragd 212
Gerovassiliou *Avaton* 562
Gloria Ferrer *Royal Cuvée* 66
Gramona *III Lustros Gran Reserva* 70
Grosset *Watervale Riesling* 219
Gutiérrez de la Vega *Casta Diva*
    Cosecha Miel / Reserva Real 886
Herdade do Esporão
    Esporão Reserva 594
Heyl zu Herrnsheim, Freiherr
    Niersteiner Pettental Riesling 233
Heymann-Löwenstein
    Riesling Gaisberg 235
Howard Park *Riesling* 237

Hunter's *Sauvignon Blanc* 239
Inama, Stefana
    Vulcaia Fumé Sauvignon
    Blanc 240
Iron Horse *Vrais Amis* 74
Isabel *Sauvignon Blanc* 242
Jackson Estate
    Sauvignon Blanc 243
K Vintners *Milbrandt Syrah* 599
Katnook Estate
    Odyssey Cabernet Sauvignon 602
Királyudvar *Furmint* 250
Kogl Estate *Traminic* 256
Künstler, Franz
    Hochheimer Kirchenstück Riesling
    Spätlese 260
KWV *Muscadel Jerepigo* 890
La Louvière, Château 260
La Morandina *Moscato d'Asti* 84
La Rame, Château *Réserve* 263
Lafon, Héritiers du Comte
    Mâcon-Milly-Lamartine 268
Lageder, Alois
    Löwengang Chardonnay 269
Le Riche
    Cabernet Sauvignon Reserve 632
Lehmann, Peter *Stonewell Shiraz* 637
Lezongars, L'Enclos de Château 642
Lilbert-Fils
    Cramant GC Brut Perle 88
Llano Estacado *Cellar Reserve*
    Chardonnay 274
Loimer *Steinmassl Riesling* 277
L'Origan *L'O Cava Brut Nature* 96
Lusco do Miño
    Pazo Piñeiro Albariño 280
Lustau *Almacenista Cuevas Jurado*
    Manzanilla Amontillada,
    Almacenista García Jarana Pata
    de Gallina Oloroso Sherry 892
Macari Vineyard *Merlot Reserve* 647
McWilliam's *Mount Pleasant*
    Lovedale Semillon 282
Malvira' *Roero Arneis Saglietto* 286
Marimar Torres Estate
    Chardonnay Dobles Lias 380
Marqués de Griñón
    Dominio de Valdepusa Syrah 652
Matassa, Domaine
    Blanc Vin de Pays des Côtes
    Catalanes 293

Matetic *EQ Pinot Noir* 659
Mathieu, Serge
   Cuvée Tradition Blanc de Noirs
     Brut 89
Mendoza, E. *Estrecho* 668
Michel, Bruno *Cuvée Blanche* 90
Montaiguillon, Château 675
Montana
   Deutz Marlborough Cuvée
     Blanc de Blancs 91
Morris Wines
   Old Premium Liqueur
     Muscat 898
Mount Horrocks
   Cordon Cut Riesling 302
Mount Hurtle
   Grenache Rosé 689
Mumm *De Cramant* 92
Newton Vineyards
   Unfiltered Chardonnay 310
Niedrist, Ignaz
   Lagrein Berger Gei 700
Oak Valley *Mountain Reserve*
   Sauvignon Blanc 312
Olivares Dulce
   Monastrell Jumilla 906
Omar Khayyam 95
Ossian 314
Palacios, Rafa *As Sortes* 316
Paternoster
   Aglianico del Vulture Don
     Anselmo 716
Pfaffl, R & A
   Grüner Veltliner Hundsleiten 320
Piaggia *Carmignano Riserva* 734
Pierre-Bise
   Quarts-de-Chaume 323
Pintia *Toro* 738
Pithon, Domaine Jo *Coteaux du*
   Layon Les Bonnes Blanches 326
Polz, E & W *Hochgrassnitzberg*
   Sauvignon Blanc 327
Pouillon, Roger
   Cuvée de Réserve Brut 103
Poujeaux, Château 740
Prüm, J.J.
   Wehlener Sonnenuhr Riesling
     Spätlese No. 16 329
Quady *Essensia* 914
Quinta do Côtto
   Grande Escolha 748

Quinta do Mouro *Alentjo* 749
Quinta do Portal
   20 Year Old Tawny Port 912
Quinta do Vale Meão 749
Quinta dos Roques
   Dão Touriga Nacional 750
Qupé
   Marsanne Santa Ynez Valley 330
Raventós i Blanc
   Gran Reserva de la Finca
     Brut Nature 107
Remelluri *Blanco* 338
Rojo, Emilio *Ribeiro* 343
Roure, Celler del
   Maduresa Valencia 767
Rudera Robusto
   Chenin Blanc 350
Rustenberg *John X Merriman* 771
St. Hallett *Old Block Shiraz* 772
Salomon-Undhof
   Riesling Kögl 351
Sanford
   Sanford & Benedict Vineyard
     Pinot Noir 776
Seresin
   Marama Sauvignon Blanc 362
Silos, Cillar de *Torresilo* 782
Simone, Château
   Palette Rosé 782
Soalheiro
   Alvarinho Primeiras Vinhas 364
Solms-Hegewisch *Africana* 786
Stadlmann, Johann
   Ziefandler Mandel-Höh 364
Steenberg
   Sauvignon Blanc Reserve 367
Stonier Estate
   Pinot Noir Reserve 788
   Reserve Chardonnay 367
Suduiraut, Château
   S de Suduiraut 369
Tahbilk *Marsanne* 374
Tares, Dominio de
   Cepas Viejas Bierzo 796
Tissot, André & Mireille *Arbois*
   Chardonnay Le Mailloche 379
Toro Albalá
   1922 Solera Amontillado
     Montilla 930
Tyrrell's *Vat 1 Semillon* 389
Vergelegen *White* 392

Viñas del Vero *Secastilla* 835
Vogüé, Domaine Comte Georges
   de *Bourgogne Blanc* 397
Warre's
   Late Bottled Vintage Port 935

$$$
Accornero
   Barbera del Monferrato
     Superiore Bricco Battista 414
Achával Ferrer
   Finca Altamira Malbec 416
Agrapart *L'Avizeoise* 22
Alión 416
Allegrini *La Poja* 417
Alta Vista *Alto* 418
Altos Las Hormigas
   Malbec Reserva Viña
     Hormigas 419
Alzinger
   Loibenberg Riesling
     Smaragd 125
Angludet, Château d' 420
Ànima Negra
   Vinyes de Son Negre 422
Anselmi, Roberto
   I Capitelli Veneto Passito
     Bianco 126
Antinori *Guado al Tasso* 422
   Tignanello 425
Argiano *Barolo di Montalcino* 429
Argiolas *Turriga* 429
Arlay, Château d'
   Côtes du Jura Vin Jaune 129
Armand, Domaine du Comte
   Pommard Clos des Epeneaux 430
Atauta, Dominio de
   Ribera del Duero 434
Au Bon Climat *Pinot Noir* 434
Azelia
   Barolo San Rocco 438
Balnaves
   Tally Cabernet Sauvignon 439
Barbadillo
   Palo Cortado VORS Sherry 857
Barbeito
   20 Years Old Malmsey
     Madeira 857
Barry, Jim *The Armagh Shiraz* 440
Barthod, Domaine Ghislaine
   Chambolle-Musigny PC
     Les Cras 441

Battle of Bosworth *White Boar* 442
Baudouin, Domaine Patrick
   Après Minuit Coteaux du
   Layon 134
Baumard, Domaine des
   Quarts-de-Chaume 134
Beaumont des Crayères
   Fleur de Prestige 24
Beaux Frères *Pinot Noir* 446
Bellavista *Gran Cuvée Brut* 24
Berliquet, Château 447
Blanck, Paul
   Schlossberg Grand Cru
   Riesling 136
Bodegas Tradición
   Olorosos VORS Sherry 861
Boekenhoutskloof *Syrah* 450
Bonny Doon
   Le Cigare Blanc 141
   Le Cigare Volant 456
   Muscat Vin de Glacière 143
Borgo del Tiglio
   Malvasia Selezioni 143
Boscarelli
   Vino Nobile Nocio dei
   Boscarelli 458
Bott Geyl, Domaine
   Sonnenglanz GC Tokay
   Pinot Gris VT 144
Bouchard-Finlayson
   Galpin Peak Tête de Cuvée
   Pinot Noir 460
Braida *Bricco dell'Uccellone*
   Barbera d'Asti 460
Brane-Cantenac, Château 462
Bredell's *Cape Vintage Reserve* 862
Breuer, Georg
   Rüdesheimer Berg Schlossberg
   Riesling Trocken 148
Brokenwood *Graveyard Shiraz* 465
Bruce, David
   Santa Cruz Mountains
   Pinot Noir 465
Brumont
   Madiran Montus Prestige 466
Bürklin-Wolf, Dr.
   Forster Kirchenstück Riesling
   Trocken 151
Ca'Marcanda *IGT Toscana* 467
Candido *Capello di Prete* 469
Canon, Château 469

Canon-La-Gaffelière, Château 471
Capçanes, Celler de
   Montsant Cabrida 472
Capezzana, Villa di
   Carmignano 472
Capichera *Vermentino di Gallura*
   Vendemmia Tardiva 153
Caprai, Arnaldo *Sagrantino di*
   Montefalco 473
Carmes-Haut-Brion,
   Château Les 473
Cascina Corte
   Dolcetto di Dogliani Vigna
   Pirochetta 476
Castelluccio *Ronco dei Ciliegi* 480
Cavalleri
   Brut Satèn Blanc de Blancs
   Franciacorta 38
Cavallotto
   Barolo Riserva Bricco Boschis
   Vigna San Giuseppe 482
Ca'Viola *Bric du Luv* 468
Cayron, Domaine du
   Gigondas 483
Cazals, Claude *Clos Cazals* 40
Cèdre, Château du *Le Cèdre* 484
Chappellet
   Signature Cabernet
   Sauvignon 486
Chateau Montelena
   Chardonnay 159
Chevalier, Domaine de 488
Chimney Rock
   Stags Leap Cabernet Sauvignon
   Reserve 491
Chivite
   Blanco Fermentado en Barrica
   Colección 163
Christmann *Königsbacher Idig*
   Riesling Grosses Gewächs 163
Christoffel
   Ürziger Würzgarten Riesling
   Auslese 164
Chryseia 491
Clonakilla *Shiraz/Viognier* 493
Clos de la Coulée de Serrant
   Savennières 169
Clos Mogador 496
Clos Naudin, Domaine du
   Vouvray Goutte d'Or 170
Coldstream Hills

   Reserve Pinot Noir 498
Collard, René
   Cuvée Réservée Brut 45
Colomé, Bodega
   Colomé Tinto Reserva 501
Conseillante, Château La 502
Contat Frères
   Sancerre La Grande Côte 174
Conterno Fantino
   Barolo Parussi 505
Còntini, Attilio
   Antico Gregori 173
Coppo
   Barbera d'Asti Pomorosso 506
Coriole Lloyd *Reserve Shiraz* 506
Cos d'Estournel, Château 509
Costanti, Andrea
   Brunello di Montalcino 509
Couly-Dutheil
   Chinon Clos de l'Echo 510
Coutet, Château *Sauternes* 174
Craggy Range
   Syrah Block 14 Gimblett
   Gravels 511
Crochet, Lucien
   Sancerre Cuvée Prestige 176
Croft *Vintage Port* 867
Cuomo, Marisa
   Costi d'Amalfi Furore Bianco
   Fiorduva 176
CVNE
   Real De Asúa Rioja Reserva 514
Dagueneau, Didier *Silex* 180
Dampierre, Comte Audoin de
   Family Reserve GC Blanc
   de Blancs 45
De Bartoli *Vecchio Samperi*
   Ventennale Marsala 867
De Meric *Cuvée Catherine* 47
De Sousa
   Cuvée des Caudalies 47
De Trafford *Elevation* 518
Deiss, Domaine Marcel
   Altenberg de Bergheim 182
Delamotte *Blanc des Blancs* 48
Delgado Zuleta
   Quo Vadis? Amontillado
   Sherry 869
DeLille Cellars *Chaleur Estate* 518
Diel, Schlossgut *Dorsheimer*
   Goldloch Riesling Spätlese 182

Doisy-Daëne, Château 185
Domaine A
   Cabernet Sauvignon 522
Domaine de l'A 522
Domecq, Pedro
   Capuchino Palo Cortado VORS
   Sherry 870
Dow's
   Quinta Senhora da Ribeira
   Single Quinta Port 874
Droin, Domaine
   Chablis Grand Cru Le Clos 188
Drouhin, Domaine *Oregon Pinot*
   Noir Cuvée Laurène 523
Dry River
   Pinot Gris 190
   Pinot Noir 526
Duas Quintas *Reserva Especial* 528
Duckhorn Vineyards
   Three Palms Merlot 532
Durfort-Vivens, Château 537
El Maestro Sierra
   1830 Amontillado VORS
   Sherry 876
Errázuriz/Mondavi, Viña *Seña* 540
Feiler-Artinger
   Ruster Ausbruch Pinot Cuvée 198
Felton Road
   Block 3 Pinot Noir 549
Feudi di San Gregorio
   Fiano di Avellino 202
Fiddlehead
   Lollapalooza Pinot Noir 549
Figeac, Château 550
Filhot, Château 204
Finca Sandoval 551
Flowers
   Camp Meeting Ridge
   Chardonnay 208
   Sonoma Coast Pinot Noir 551
Fonseca, José Maria da
   Serúbal Moscatel Roxo
   20 Years 879
Freemark Abbey
   Sycamore Cabernet
   Sauvignon 554
Frog's Leap *Rutherford* 554
Fromm Winery
   Clayvin Vineyard Pinot Noir 556
Fucci, Elena
   Aglianico del Vulture Titolo 556

Fuissé, Château de *Le Clos* 212
Gago Pago La Jara 557
Gazin, Château 561
Germanier, Jean-René
   Cayas Syrah du Valais
   Réserve 561
Giaconda *Chardonnay* 213
   Warner Vineyard Shiraz 565
Goldwater *Goldie* 568
Gourt de Mautens, Domaine
   Rasteau Blanc 214
Graf Hardegg V *Viognier* 215
Graham's
   Malvedos Single Quinta Port 885
Graillot, Alain
   Crozes-Hermitage 573
Grand-Puy-Lacoste, Château 574
Grange des Pères 576
Gratien & Meyer
   Cuvée Flamme Brut 71
Gravner, Josko *Breg* 216
Grgić, Miljenko *Plavac Mali* 578
Gruaud-Larose, Château 581
GS *Cabernet* 581
Guffens-Heynen, Domaine
   Pouilly-Fuissé La Roche 220
Guiraud, Château 220
Gutiérrez Colosía
   Palo Cortado Viehísimo
   Sherry 886
Hacienda Monasterio
   Ribera del Duero Reserva 583
Hamilton Russell *Chardonnay* 226
Hanzell *Chardonnay* 228
Hardys *Eileen Hardy Shiraz* 584
Haut-Bailly, Château 588
Haut-Marbuzet, Château 592
Heidsieck, Charles
   Brut Réserve Mis en Cave 71
Herdade de Mouchão 594
Herzog *Montepulciano* 595
Hirsch Vineyards *Pinot Noir* 595
Hirtzberger
   Singerriedel Riesling
   Smaragd 236
Jacquesson *Cuvée 730* 77
Jade Mountain
   Paras Vineyard Syrah 598
Jasper Hill
   Emily's Paddock Shiraz 598
Josmeyer

   Grand Cru Hengst Riesling 244
Kanonkop
   Paul Sauer 601
   Pinotage 601
Karthäuserhof
   Eitelsbacher Karthäuserhofberg
   Riesling ALG 247
Kefraya, Château *Comte de M* 604
Klein Constantia/Anwilka Estate
   Anwilka 606
Knoll
   Kellerberg Riesling Smaragd 253
Kreydenweiss, Marc *Les Charmes*
   Gewurztraminer 258
Ksara, Château
   Cuvée du Troisième
   Millénaire 609
Kumeu River
   Mate's Vineyard Chardonnay 258
La Dominique, Château 611
La Monacesca
   Verdicchio di Matelica Riserva
   Mirum 263
La Rectorie, Domaine de
   Cuvée Leon Parcé Banyuls 890
Labet, Domaine
   Côtes du Jura Vin de Paille 264
Lafaurie-Peyraguey, Château 266
Lagrange, Château 621
Lake's Folly *Chardonnay* 270
Landmark
   Kastania Vineyard Sonoma
   Pinot Noir 624
Langlois Château
   Crémant de Loire Brut 84
Le Due Terre *Sacrisassi* 629
L'Ecole No. 41
   Walla Walla Seven Hills Vineyard
   Syrah 634
Leonetti Cellars *Merlot* 637
Léoville-Poyferré, Château 640
Lisini
   Brunello di Montalcino
   Ugolaia 644
Loosen, Dr.
   Ürzinger Würzgarten Riesling
   Auslese Goldkapsel 279
Luque, M. Gil
   De Bandera Palo Cortado
   VORS Sherry 891
Macle, Jean *Château-Chalon* 280

Maculan *Torcolato* 282
Majella
   Malleea Cabernet/Shiraz 648
Malartic-Lagravière, Château 284
Malle, Château de 284
Malvirà
   Roeo Superiore Mombeltrano 649
Marcarini *Barolo Brunate* 649
Marcassin *Chardonnay* 286
Martínez-Bujanda
   Finca Valpiedra Rioja
   Reserva 653
Mas Amiel *Maury* 895
Mas Blanc *La Coume Banyuls* 896
Mas de Daumas Gassac 654
Mas Doix
   Costers de Vinyes Velles 654
Mas Martinet
   Clos Martinet Priorat 655
Más Que Vinos
   Más Que Vinos 655
Mascarello, Giuseppe
   Barolo Monprivato 656
Mastroberardino
   Taurasi Riserva Radici 659
Maurodos *San Román Toro* 661
Maximin Grünhauser *Abtsberg*
   Riesling Auslese 293
Mayr, Josephus
   Maso Unterganzner
   Lamarein 662
Meerlust *Rubicon* 664
Mellot, Alphonse
   Sancerre Cuvée Edmond 294
Melton, Charles *Nine Popes* 666
Mercier, Denis *Cornalin* 669
Michael, Peter *L'Après-Midi*
   Sauvignon Blanc 296
Mitchelton
   Aistrip Marsanne Roussanne
   Viognier 300
Molettieri, Salvatore
   Taurasi Riserva Vigna Cinque
   Querce 672
Mondavi, Robert
   Fumé Blanc I Block Reserve 301
Montille, Domaine Hubert de
   Volnay PC Les Taillepieds 680
Montus, Château *Cuvée Prestige* 682
Morgenster 683
Morris Farms *Avvoltore* 684
   Old Premium Liqueur Tokay 899

Moro, Bodegas Emilio
   Malleolus 687
Moss Wood
   Cabernet Sauvignon 687
Mount Difficulty
   Long Gully Pinot Noir 689
Mount Langi Ghiran *Shiraz* 691
Mount Mary *Quintet Cabernet* 691
Mountadam *Chardonnay* 305
Moutard *Cuvée des 6 Cépages* 91
Muga *Prado Enea Gran*
   Reserva Rioja 693
Muré, René *Pinot Noir Cuvée "V"* 695
Musar, Château 697
Mustiguillo, Bodega
   Quincha Corral 697
Nairac, Château 308
Nardello, Daniele
   Recioto di Soave Suavissimus 308
Nederburg *Nederburg* 309
Négly, Château de la
   La Porte du Ciel 698
Neudorf *Moutere Chardonnay* 309
Niepoort
   30 Year Old Tawny Port 900
   Batuta 700 *Charme* 702
   Colheita 899
   Redoma Branco Reserva 310
Nigl *Riesling Privat* 311
Nikolaihof
   Vom Stein Riesling Smaragd 311
Nyetimber
   Premier Cuvée Blanc de Blancs
   Brut 95
Ojai Vineyard *Thompson Syrah* 703
Ostertag, André
   Muenchberg Grand Cru
   Riesling 315
Pacenti, Siro
   Brunello di Montalcino 706
Palacios, Descendientes de J.
   Corullón 709
Palari *Faro* 710
Parker *Coonawarra Estate Terra*
   Rossa First Growth 714
Paternina
   Fino Imperial Amontillado
   VORS Sherry 908
Pato, Luís
   Quinto do Ribeirinho Pé Franco
   Bairrada 717

Paumanok
   Cabernet Sauvignon Grand
   Vintage 718
Pavie-Macquin, Château 720
Pazo de Señoras
   Albariño Selección de Añada 317
Peay Vineyards *Pinot Noir* 723
Pelissero, Giorgio
   Barbaresco Vanuto 723
Pellé, Domaine Henry
   Menetou-Salon Clos des
   Blanchais 317
Penley Estate
   Phoenix Cabernet Sauvignon 726
Petit-Village, Château 729
Pez, Château de 733
Pichler, F.X.
   Grüner Veltliner Smaragd M 320
Pieropan *Vigneto La Rocca* 323
Pierro *Chardonnay* 324
Pinard, Vincent *Harmonie* 325
Plageoles, Robert & Bernard
   Gaillac Vin d'Autan 326
Pol Roger *Blanc de Blancs* 101
Poliziano *Vino Nobile di*
   Montepulciano Asinone 739
Ponsot, Domaine
   Moray St.-Denis PC 327
Pontet-Canet, Château 740
Prager
   Achleiten Riesling Smaragd 328
Prévost, Jérôme
   La Closerie Cuvée
   Les Béguines 104
Prieuré de St.-Jean de Bébian
   Mondeuse Prestige 743
Prieuré St.-Christophe,
   Domaine 743
Produttori del Barbaresco
   Barbaresco Riserva Rabajà 744
Providence, Château La 744
Puffeney, Jacques
   Arbois Vin Jaune 329
Querciabella, Agricola
   Chianti Classico 746
Qupé *20th Anniversary Syrah* 753
Rabaud-Promis, Château 332
Radio-Coteau
   Cherry Camp Syrah 753
Ramey Hyde Vineyard
   Carneros Chardonnay 334

Ramos Pinto
  20 Year Old Tawny Port 917
Ravenswood *County Old Hill
  Vineyard Zinfandel* 756
Rayne-Vigneau, Château 335
Rebholz, Ökonomierat
  *Birkweiler Kastanienbusch
  Riesling Spätlese Trocken
  Grosses Gewächs* 336
Redríguez, Telmo
  Molino Real Mountain Wine 343
Rey Fernando de Castilla
  Antique Palo Cortado Sherry 917
Riessec, Château 341
Rippon *Pinot Noir* 761
Roc de Cambes, Château 761
Rochioli, J.
  West Block Pinot Noir 762
Rockford *Basket Press Shiraz* 762
Roederer Estate *L'Ermitage* 109
Rolly-Gassmann
  Muscat Moenchreben 344
  *Riesling de Rorschwihr Cuvée
  Yves* 344
Rosa, Quinta de la
  Vale do Inferno Vintage Port 918
Rust en Vrede *Estate Wine* 771
Sadie Family
  Columella 772
  Palladius 350
San Vicente 775
Sánchez Ayala
  Navazos Amontillado Sherry 921
Sánchez Romate
  *La Sacristía de Romate Oloroso
  VORS Sherry* 921
Santadi
  *Terre Brune Carignano
  del Sulcis* 777
Satta, Michele *Piastraia* 778
Sauer
  *Escherndorfer Lump Silvaner
  TBA* 351
Schiopetto *Pinot Grigio* 355
Schlumberger
  *Gewurztraminer SGN
  Cuvée Anne* 359
Schram, J. 111
Schröck, Heidi
  *Ruster Ausbruch Auf den Flügeln
  der Morgenröte* 359

Seghesio
  Home Ranch Zinfandel 779
Seppelt Great Western
  Show Sparkling Shiraz 112
Serafini e Vidotto
  Rosso dell'Abazia 780
Shaw + Smith *M3 Chardonnay* 362
Simčič, Edi *Sauvignon Blanc* 363
Smith Woodhouse
  Vintage Port 924
Sociando-Mallet, Château 784
Soldati La Scolca
  *Gavi dei Gavi La Scolca
  d'Antan* 114
Sot *Lefriec* 787
Stony Hill *Chardonnay* 369
Stonyridge *Larose* 791
Suduiraut, Château 370
Swan, Joseph
  *Stellwagen Vineyard
  Zinfandel* 791
Taille aux Loups, Domaine de la
  Romulus Plus 376
Talbot, Château 792
Tapanappa *Whalebone Vineyard
  Cabernet/Shiraz* 794
Tarlant*Cuvée Louis* 116
Te Mata *Coleraine* 798
Te Motu *Cabernet/Merlot* 800
Tement, Manfred
  *Sauvignon Blanc Reserve
  Zieregg* 377
Tenuta di Valgiano
  Rosso Colline Lucchesi 802
Tenuta delle Terre Nere *Etna
  Rosso Feudo di Mezzo* 802
Tenuta Sette Ponti
  Crognolo 804
Terlano, Cantina di
  Sauvignon Blanc Quarz 378
Terrazas/Cheval Blanc
  Cheval des Andes 804
Thelema *Merlot Reserve* 809
Thévenet, Jean *Domaine de la
  BonGran Cuvée EJ Thévenet* 378
Tilenus *Pagos de Posada Reserva* 809
Tirecul, Château
  La Gravière Cuvée Madame 379
Torelló, Agustí *Kripta* 116
Tour Vieille, Domaine La
  Cuvée Puig Oriol 813

Tour Vlanche, Château La
  Sauternes 382
Traeger, David *Verdelho* 384
Trimbach *Cuvée des Seigneurs
  de Ribeaupierre* 387
Trinity Hill *Homage Syrah* 816
Troplong-Mondot, Château 818
Turkey Flat *Shiraz* 822
Turley Wine Cellars
  Dragon Vineyard Zinfandel 823
Umathum *Zweigelt Hallebühl* 823
Valdipiatta
  *Vino Nobile di Montepulciano
  Vigna d'Alfiero* 826
Valentini
  di Montepulciano d'Abruzzo 826
Valtuille *Cep Centenarias* 828
Vasse Felix
  *Heytesbury Cabernet
  Sauvignon* 829
Vega de Toro *Numanthia* 830
Venus *La Universal* 832
Vergelegen 832
Vernay, Georges
  Coteaux de Vernon 393
Vesúvio, Quinta do *Vintage Port* 935
Veuve Fourny *Cuvée du Clos
  Faubourg Notre Dame* 120
Vieux Télégraphe, Domaine du
  Châteauneuf-du-Pape 835
Vigneti Massa
  Timorasso Costa del Vento 394
Villaine, Domaine A. et P. de
  Bouzeron 394
Viñedos Orgánicos Emiliana
  Coyam 836
Volxem, Weingut van
  *Scharzhofberger Pergentsknopp
  Riesling* 390
Wendouree *Shiraz* 838
Williams & Humbert
  *Dos Cortados Palo Cortado
  VOS Sherry* 936
Williams Selyem
  Rochioli Vineyard Pinot Noir 841
Wittmann, Weingut
  *Westhofener Morstein Riesling
  Trocken* 402
Wynn's
  *Coonawarra Estate John Riddoch
  Cabernet Sauvignon* 842

Index by price | 951

Yacochuya de Michel Rolland 844
Yalumba *The Octavius* 844
Yarra Yering
    Dry Red No. 1 Shiraz 845
Yerro, Alonso del *María* 845

❸❸❸❸

D'Arenberg *Dead Arm Shiraz* 517
Allende *Aurus* 417
Altare, Elio *Barolo* 418
Alvear
    Pedro Ximénez 1830 Solera Montilla 855
Angerville, Domaine Marquis d'
    Volnay PC Clos des Ducs 420
Antinori *Solaia* 425
Arghyros, Yannis *Visanto* 126
Artadi *Viña El Pisón* 430
Ata Rangi *Pinot Noir* 432
Banfi *Brunello di Montalcino Poggio all'Oro* 439
Bass Phillip *Premium Pinot Noir* 441
Beaucastel, Château de
    Châteauneuf-du-Pape Roussanne 135
Beaulieu Vineyards *Georges de Latour Cabernet Sauvignon* 443
Beau-Séjour Bécot, Château 444
Bélair, Château 446
Beringer *Private Reserve Cabernet Sauvignon* 447
Billecart-Salmon *Cuvée Nicolas François Billecart* 28
Billiot, Henri *Cuvée Laetitia* 28
Boillot, Domaine Jean-Marc *Puligny-Montrachet PC Les Folatières* 138
Bon Pasteur, Château 452
Bonneau du Martray, Domaine
    Corton-Charlemagne GC 141
Bouchard Père & Fils
    Clos de Vougeot Grand Cru 458
Bouchard Père et Fils *Corton-Charlemagne Grand Cru* 146
Bouvet-Ladubay
    Cuvée Trésor Brut 36
Branaire-Ducru, Château 462
Burge, Grant *Meshach Shiraz* 466
Cà del Bosco*Annamaria Clementi* 36
Calon-Ségur, Château 468
Castello di Ama *Chianti Classico Vigneto Bellavista* 480

Cattier *Clos du Moulin* 38
Chevalier Blanc, Domaine de 162
Clerico, Domenico
    Barolo Percristina 492
Clos de Tart 494
Clos des Papes 495
Clos Erasmus 495
Clouet, André *Cuvée 1911* 42
Concha y Toro *Almaviva* 502
Contino *Viña del Olivo* 505
Corison *Cabernet Sauvignon Kronos Vineyard* 507
Correggia, Matteo
    Roero Ròche d'Ampsèj 507
CVNE Corona
    Reserva Blanco Semi Dulce 178
De Bortoli *Noble One* 181
Dettori, Azienda Agricola
    Cannonau Dettori Romangia 520
Deutz *Cuvée William Deutz* 51
Diamond Creek Vineyards
    Gravelly Meadow 520
Diebolt-Vallois *Fleur de Passion* 51
Disznókö *Tokaji Aszú 6 Puttonyos* 185
Dom Pérignon 52
Dominus 523
Drappier *Grande Sendée* 59
Drouhin, Joseph
    Beaune PC Clos des Mouches 189
Druet, Pierre-Jacques
    Bourgueil Vaumoreau 524
Ducru-Beaucaillou, Château 532
Eglise-Clinet, Château L' 537
Egly-Ouriet
    Les Crayères Blanc de Noirs Vieilles Vignes 59
Els, Ernie 539
Evangile, Château L' 540
Far Niente *Cabernet Sauvignon* 546
Fattoria La Massa *Chianti Classico Giorgio Primo* 548
Fèlsina Berardenga *Chianti Classico Riserva Rancia* 548
Fiorano *Semillon Vino da Tavola* 206
Fontodi *Flaccianello delle Pieve* 552
Foradori *Granato* 552
Freixenet *Cuvée DS* 60
Gaia Estate *Agiorghitiko* 557
Gauby, Domaine
    Côtes de Roussillon Villages Rouge Muntada 559

Gimonnet, Pierre
    Millésime de Collection Blanc des Blancs 62
González Byass
    Oloroso Vintage Sherry 882
Gosset *Célébris* 68
Gouges, Domaine Henri
    Nuits-St.-Georges PC Les St.-Georges 568
Grasso, Elio *Barolo Runcot* 576
Grasso, Silvio
    Barolo Bricco Luciani 577
Gratien, Alfred 70
Grattamacco 577
Grillet, Château
    Cuvée Renaissance 216
Gróf Dégenfeld
    Tokaji Aszú 6 Puttonyos 219
Gunderloch *Nackenheimer Rothenberg Riesling* 224
Haag, Fritz
    Brauneberger Juffer-Sonnenuhr Riesling ALG 224
Henriot *Cuvée des Enchanteleurs* 72
Hétsölö *Tokaji Aszú 6 Puttonyos* 233
Hidalgo-La Gitana *Palo Cortado Viejo VORS Sherry* 889
Huet, Domaine *Vouvray Brut* 72
Inniskillin *Okanagan Valley Vidal Icewine* 240
Isole e Olena
    Cepparello Toscana IGT 596
Izadi, Viña *Rioja Expresión* 597
Jobard, Domaine François
    Meursault PC Les Poruzots 244
Keller, Weingut
    Riesling Trocken G Max 249
Kesselstatt, Reichsgraf von
    Josephshöfer Riesling AG 249
Kistler *Chardonnay* 252
Klein Constantia
    Vin de Constance 252
Koehler-Ruprecht, Weingut
    Kallstadter Saumagen Riesling Auslese Trocken "R" 254
Kracher
    Nouvelle Vague Welschriesling 256
Krug *Grande Cuvée* 82
La Gomerie, Château 613
La Jota *20th Anniversary* 613

La Rioja Alta
    Rioja Gran Reserva 890 616
La Spinetta
    Barbaresco Vigneto Starderi 616
Lafarge, Domaine Michel
    Volnay PC Clos des Chênes 617
Lafon, Domaine des Comtes *Volnay
    PC Santenots-du-Milieu* 618
Lambrays, Domaine des
    Clos des Lambrays 624
Larmandier-Bernier
    Cramant GC Extra Brut 86
Laurent-Perrier
    Grand Siècle La Cuvée 86
Leacock's *Sercial Madeira* 891
Leeuwin Estate
    Art Series Chardonnay 271
Léoville-Barton, Château 638
Littorai Wines
    The Haven Pinot Noir 646
Livio Felluga *Picolit* 198
Long-Depaquit, Domaine
    Chablis GC La Moutonne 277
López de Heredia
    Viña Tondonia 279
Magdelaine, Château 648
Margaux, Château
    Pavillon Blanc 289
Marionnet, Henri *Provignage
    Romorantin Vin de Pays* 289
Marqués de Murrieta
    *Castiloo Ygay Rioja GR
    Especial* 652
Marqués del Real Tesoro
    *Covadonga Oloroso
    VORS Sherry* 895
Mauro
    Terreus Pago de Cueva Baja 660
Mayacamas
    Cabernet Sauvignon 661
Meyer-Näkel *Dernau Pfarrwingert
    Spätburgunder ATG* 670
Miana *Tocai* 296
Michael, Peter, Winery
    Les Pavots 671
Mission Hill
    S.L.C. Riesling Icewine 300
Moccagatta *Barbaresco Basarin* 671
Montelena, Château
    Cabernet Sauvignon 675
Montes *Folly* 676–7

Montevetrano 679
Mount Eden *Chardonnay* 301
Mumm *Cuvée R. Lalou* 92
Murana, Salvatore *Passito di
    Pantelleria Martingana* 307
Muré, René *Vorbourg Grand Cru
    Clos St.-Landelin Riesling* 307
Nada, Fiorenzo
    Barbaresco Rombone 698
Negri, Nino *Sfursat 5 Stelle* 699
Noemía de Patagonia *Noemía* 702
Oberto, Andrea *Barbera Giada* 703
Opitz, Willi *Optiz One* 704
Oremus *Tokaji Aszú 6 Puttonyos* 314
Osborne
    *Pedro Ximénez Viejo VORS
    Sherry* 907
    *Solera PΔP Palo Cortado
    Sherry* 907
Pagos de los Capellanes *El Picón
    Ribera del Duero* 706
Paitin *Barbaresco Sorè Paitin* 707
Pape-Clément, Château 712
Parusso *Barolo Bussia* 716
Paul Bruno, Domaine
    *Viña Aquitania Cabernet
    Sauvignon* 717
Pellegrino, Carlo
    Marsala Vergine Vintage 908
Pesquera, Tinto
    Janus Gran Reserva 726
Peters, Pierre
    *Cuvée Speciale Grand Cru
    Blanc de Blancs* 98
Phelps, Joseph *Insignia* 734
Pichon-Longueville, Château 735
Pieve di Santa Restituta *Brunello di
    Montalcini Sugarille* 737
Podere *Salicutti Brunello di
    Montalcino Piaggione* 738
Pol Roger
    Cuvée Sir Winston Churchill 101
Pommery *Cuvée Louise* 103
Pride Mountain
    Reserve Cabernet Sauvignon 742
Prieler *Blaufränkisch Goldberg* 742
Quilceda Creek
    Cabernet Sauvignon 748
Quinta do Noval *Vintage Port* 902
Quintessa 752
Rauzan-Ségla, Château 754

Raveneau, Domaine
    *Chablis PC Montée de
    Tonnerre* 335
Ridge *Monte Bello* 759
Rinaldi, Giuseppe
    Barolo Brunate-Le Coste 760
Roda, Bodegas *Rioja Cirsión* 763
Roumier, Domaine Georges
    Bonnes Mares Grand Cru 767
Royal Tokaji Wine Co. *Mézes Mály
    Tokaji Aszú 6 Puttonyos* 348
Salvioni *Brunello di Montalcino* 774
Sandeman
    40 Year Old Tawny Port 922
Sandrone, Luciano
    Barolo Cannubi Boschis 775
Santa Rita, Viña
    *Casa Real Cabernet
    Sauvignon* 776
Schloss Gobelsburg
    Ried Lamm Grüner Veltliner 355
Schloss Lieser *Lieser Nederberg
    Helden Riesling Auslese Gold* 356
Selbach-Oster *Zeltinger Schlossberg
    Riesling Auslese Schmitt* 360
Selosse, Jacques
    Cuvée Substance 112
Smith-Haut-Lafitte, Château
    Pessac-Léognan 363
Stanton & Killeen *Rare Muscat* 924
Tasca d'Almerita
    Rosso del Conte 796
Taylor's *Vintage Port* 928
Tempier, Domaine
    Bandol Cuvée Cabassaou 800
Tenuta Le Querce *Aglianico del
    Vulture Vigna della Corona* 803
Terlano, Cantina di
    Chardonnay Rarità 377
Tertre-Roteboeuf, Château 807
Thackrey, Sean *Orion* 807
Torres
    Gran Coronas Mas La Plana 813
Trévallon, Domaine de
    *Vin de Table des Bouches du
    Rhône* 814
Trimbach
    Clos Ste.-Hune Riesling 387
Tua Rita *Redigaffi IGT Toscana* 822
Vajra, Azienda Agricola G.D.
    Barolo Bricco delle Viole 824

Valdespino
　Cardenal Palo Cortado VORS Sherry 930
　Coliseo Amontillado VORS Sherry 931
Valentini *Trebbiano d'Arbruzzo* 389
Vecchie Terre di Montefili
　Bruno di Rocca 829
Vieux Château Certan 834
Vollenweider
　Wolfer Goldgrube Riesling ALG 397
Weinbach, Domaine
　Cuvée Théo Gewurztraminer 400
　Schlossberg GC Riesling 400
Wild Duck Creek *Duck Muck* 841
Yquem, Y de Château d' 405
Zerbina, Fattoria *Sangiovese di Romagna Pietramora* 846
Zind-Humbrecht, Domaine
　Clos Jebsal Pinot Gris 406
　Rangel Clos St-Urbain Riesling 408

✪✪✪✪✪

Aalto, Bodegas *PS* 412
Angélus, Château 419
Araujo *Eisele State Vineyard* 426
Ausone, Château 436
Avignonesi *Occio di Pernice Vin Santo di Montepulcano* 131
Bachelet, Domaine Denis
　Charmes-Chambertin GC 438
Barbeito *Terrantez Madeira* 857
Barca Velha 440
Beaucastel, Château de
　Hommage à Jacques Perrin 442
Beauséjour Duffau-Lagarrosse 443
Billecart-Salmon *Clos S.-Hilaire* 26
Biondi Santi *Tenuta Greppo Brunello di Montalcino DOCG Riserva* 448
Blandy's *1863 Bual Madeira* 861
Bollinger *R.D. 32 Vieilles Vignes* 35
Bonneau, Henri *Châteauneuf-du-Pape Reserve des Célestins* 454
Busch, Clemens *Pünderichter Marienburg Riesling* 151
Bussola, Tommaso *Recioto della Valpolicella Classico* 467
Carillon, Domaine *Bienvenues-Bâtard-Montrachet GC* 154
Castello dei Rampolla
　Vigna d'Alceo 477

Castello del Terriccio *Lupicaia* 478
Cauhapé, Domaine *Quintessence du Petit Manseng* 155
Caymus *Cabernet Sauvignon Special Selection* 483
Chambers
　Rosewood Old Liqueur Tokay 864
Champalou, Didier et Catherine
　Vouvray Cuvée CC Moelleux 157
Chapoutier, Domaine
　Ermitage L'Ermite Blanc 158
　Ermitage Le Pavillon 486
　Ermitage Vin de Paille 159
Chapoutier, M. *Châteauneuf-du-Pape, Barbe Rac* 484
Chave, Domaine
　Hermitage Cuvée Cathelin 487
Chave, Domaine J.-L.
　Hermitage Blanc 161
Cheval Blanc, Château 487
Clape, Domaine Auguste
　Cornas 492
Climens, Château 166
Colgin Cellars *Herb Lamb Vineyard Cabernet Sauvignon* 501
Contador 504
Conterno, Giacomo
　Barolo Monfortino Riserva 504
Cossart Gordon *Malmsey Madeira* 866 *Verdelho Madeira* 866
Dal Forno, Romano
　Amarone della Valpolicella 516
Dalla Valle *Maya* 516
Dom Pérignon *Rosé* 54
Dom Ruinart 56 *Rosé* 57
Dönnhoff, Hermann
　Oberhäuser Brücke Riesling AG 188
Dow's *1908 Vintage Port* 872
　Vintage Port 872
Drouhin, Domaine Joseph
　Musigny Grand Cru 524
Dugat, Domaine Claude
　Griottes-Chambertin GC 534
Dugat, Domaine-Py *Mazis-Chambertin Grand Cru* 534
Dujac, Domaine
　Gevrey-Chambertin PC Aux Combottes 535
Dunn Vineyards
　Howell Mountain Cabernet Sauvignon 535

Emrich-Schönleber *Monzinger Halenberg Riesling Eiswein* 197
Engel, Domaine René *Clos de Vougeot Grand Cru* 539
Eyrie Vineyards *South Block Reserve Pinot Noir* 542
Fargues, Château de *Sauternes* 197
Ferrari, Giulio
　Riserva del Fondatore 60
Fonseca *Vintage Port* 879
Gaja *Barbaresco* 558
Giacosa, Bruno
　Asili di Barbaresco 565
Gilette, Château *Crème de Tête* 214
Giraud, Henri *Cru Aÿ Fût de Chêne* 64
Giscours, Château 566
Gosset *Cuvée Célébris Blanc* 68
Graham's *Vintage Port* 885
Grans-Fassian
　Leiwener Riesling Eiswein 215
Greenock Creek
　Roenenfeldt Road Shiraz 578
Grivot, Domaine Jean
　Richebourg Grand Cru 579
Gross, Domaine Anne
　Richebourg 579
Guigal *Côte-Rôtie La Mouline* 582
Harlan Estate
　Proprietary Red Wine 586
Haut-Brion, Château 590 *Blanc* 230
Heidler
　Riesling Von Blauem Schiefer 235
Heitz Wine Cellars *Martha's Vineyard Cabernet Sauvignon* 592
Henriques & Henriques
　Century Malmsey 1900 Solera 887
　W.S. Boal Madeira 887
Henschke *Hill of Grace* 593
Herdade de Cartuxa *Pera Manca* 593
Hidalgo, Emilio
　1860 Privilegio Palo Cortado VORS Sherry 888
　1861 Santa Ana Pedro Ximénez VORS Sherry 888
Hosanna, Château 596
Hövel, Weingut von
　Oberemmeler Hütte Riesling 236
Huet, Domaine
　Le Haut Lieu Moelleux 237
Hugel *Riesling Sélection de Grains Nobles* 239

Jaboulet Aîné, Paul
  Hermitage La Chapelle 597
Jacquesson
  Grand Cru Aÿ Vauzelle Terme 77
Jayer, Domaine Henri *Vosne-Romanée PC Cros Parentoux* 599
Kloster Eberbach Assmannshäuser, Staatsweingüter *Höllenberg Spätburgunder Cabinet* 608
  Steinburger Riesling 253
Krug
  Clos d'Ambonnay 78
  Clos du Mesnil 80
  Collection 82
La Fleur-Pétrus, Château 611
La Mission-Haut-Brion, Château 615
La Mondote 615
Lafite Rothschild, Château 617
Lafleur, Château 618
Lafon, Domaine des Comtes
  Le Montrachet Grand Cru 269
  Meursault PC Genevrières 268
Lagrézette, Château
  Cuvée Pigeonnier 621
Lamarche, Domaine
  La Grande Rue GC 622
Latour, Château 626
Laville Haut-Brion, Château 270
Le Dôme 628
Le Pin 631
Le Soula *Vin de Pays de Côtes Catalanes Blanc* 271
Leflaive, Domaine
  Puligny-Montrachet PC Les Pucelles 273
Léoville-Las Cases, Château 640
López de Heredia
  Viña Tondonia Rioja GR 646
Lynch-Bages, Château 647
Margaux, Château 651
Marqués de Riscal
  Rioja RM (Reserva Médoc) 653
Mascarello, Bartolo *Barolo* 656
Massandra Collection
  Ayu Dag Aleatico 898
Miani *Merlot* 670
Mondavi, Robert
  Cabernet Sauvignon Reserve 672
Montevertine
  Le Pergole Torte Vino da Tavola 679

Montrose, Château 682
Mordorée, Domaine de la
  Cuvée de la Reine des Bois 683
Mouton Rothschild, Château 693
Mugnier, Domaine Jacques-Frédéric
  Le Musigny 695
Müller, Egon
  Scharzhofberger Riesling Auslese 306
Müller-Catoir
  Mussbacher Eselshaut Rieslaner 306
Niebaum-Coppola Estate
  Rubicon 699
Opus One 704
Pahlmeyer *Proprietary Red* 707
Palacios, Alvaro *L'Ermita* 709
Palmer, Château 710
Pavie, Château 718
Penfolds *Bin 95 Grange* 724
  Bin 707 Cabernet Sauvignon 725
Péres Barquero
  Amontillado Montilla 911
Pedro Ximénez Montilla 911
Perrier-Jouët *La Belle Epoque* 96
Petrolo *Galatrona* 729
Pétrus 730
Philipponnat *Clos des Goisses* 98
Pichon-Longueville, Château
  Comtesse de Lalande 735
Pingus, Dominio del 737
Ponsot, Domaine
  Clos de la Roche Vieilles Vignes 739
Prüm, J.J. *Wehlener Sonnenuhr Riesling AG* 328
Quinta do Noval
  Nacional Vintage Port 904
Quintarelli
  Amarone della Valpolicella 752
Ramonet, Domaine
  Bâtard-Montrache GC 334
Rayas, Château 758
Richter, Max Ferd.
  Helenenkloster Riesling Eiswein 341
Ringland, Chris
  Three Rivers Shiraz 760
Robert, Alain *Réserve La Mesnil Tête de Cuvée* 107
Roederer, Louis *Cristal* 109

Romanée-Conti, Domaine de la
  La Tâche 765–6
  Le Montrachet GC 347
Rousseau, Domaine Armand
  Gevery-Chambertin Premier Cru Clos St.-Jacques 769
Royal Tokaji Wine Co. *Szent Tamás Tokaji Aszú Esszencia* 348
Salon 111
Sauzet, Domaine Etienne
  Bâtard-Montrachet GC 352
Scavino, Paolo
  Barolo Bric dël Fiasc 778
Schaefer, Willi *Graacher Domprobst Riesling BA* 352
Schloss Vollrads *Riesling TBA* 356
Screaming Eagle 779
Shafer *Cabernet Sauvignon Hillside Select* 780
Soldera *Case Basse Brunello di Montalcino* 784
Sorrel, Marc *Hermitage Le Gréal* 786
Stag's Leap Wine Cellars
  Cabernet Sauvignon 787
Szepsy *Tokaji Esszencia* 372
Taittinger
  Comtes de Champagne 114
Taylor's *Quinta de Vargellas Vinha Velha* 926
Tenuta dell'Ornellaia
  Masseto IGT Toscana 801
Torbreck *Runrig Shiraz* 810
Trotanoy, Château 820
Valandraud, Château 824
Valdespino *Moscatel Viejísimo Toneles Sherry* 932
Vega Sicilia *Único* 830
Verset, Noël *Cornas* 834
Veuve Clicquot
  La Grande Dame 118
  La Grande Dame Rosé 118
Vilmart *Coeur de Cuvée* 120
Voerzio, Roberto
  Barolo Cerequio 838
Weil, Robert
  Kiedricher Gräfenberg Riesling TBA G 316 398
Yquem, Château d' 405
Zilliken
  Saarburger Rausch Riesling TBA A.P. #2 406

執筆者

Sarah Ahmed（SA） 2000年に弁護士からワイン・ライターへ転進。2003年にルイエ・ギレ・カップおよびヴィントナーズ・スカラーシップを受賞。世界中を旅行しながら、ワインに対する情熱を、講演、テイスティング、ウェブサイトwww.thewinedetective.co.ukで表現。

Katrina Alloway（KA） 主にロワール渓谷のワインと食べ物について執筆。必要なときはトレッキングや登山も辞さず、アルプス、ヒマラヤ、そして生まれ故郷のヨークシャーを歩き回る。

Jesús Barquin（JB） 4歳のとき祖父にスプーン一杯の甘いマラガを与えられて以来、ワインを愛するようになる。『Elmundovino.com』や『メトロポリ』誌にワインと食べ物についてのコラムを定期的に発表。刑法学教授でもあり、グラナダ大学刑法研究所の所長を務める。

Juan Manuel Bellver（JMB） 『エル・ムンド』紙の編集員であり、最近では週末発行の『メトロポリ』誌の編集長も兼ねる。アカデミア・エスパニョーラ・デ・ガストロノミアの一員であり、マドリッド支部長を務める。1999年に、アルザック・ガストロノミック・ジャーナリズム賞を受賞。2001年には史上最年少で、スペイン・ナショナル・ガストロノミー賞を受賞。

Sara Basra（SB） 最近、『ザ・ワールド・オブ・ファイン・ワイン』誌の責任編集者となる。オックスフォード大学で現代史を学んだ後、ワイン商社に勤め、その後フリーのライターとして、『ハーパーズ』、『デキャンター』誌に寄稿。2003年に、ワイン＆スピリット・エデュケーション・トラスト・ディプロマ（WSET）の専門家コースを主席で修了し、ルイエ・ギレ・カップを受賞。ジェフリー・ジェムソン・メモリアル・アワード、ヴィントナーズ・スカラーシップも受賞。

Neil Beckett（NB） セント・アンドリュース大学で英語学および中世史の最優秀学士となり、オックスフォード大学マグダレン校で中世史の博士号を取得。またロンドン大学で英国歴史学会員となる。その傍ら常にワインに対する情熱を持ち続け、イギリスのシッパーであるリチャード・ウォーフォード社、次にレイ＆ウィーラー社に勤務、その間WSETを優秀な成績で修了する。『ハーパーズ・ワイン＆スピリット・ウィークリー』誌の編集員となり、定期的にコラムを執筆。2004年に『ザ・ワールド・オブ・ファイン・ワイン』誌の編集長となる。ヨーロッパ特級審査会の2名のイギリス代表者のうちの1人。

Nicolas Belfrage MW（NBel） 英国系米国人のマスター・オブ・ワイン（1980年に資格取得）。特にイタリア・ワインに造詣が深く、偉大なネッビオーロ・ダルバに心酔している。イタリア・ワインについて数冊の著作がある。

Stephen Brook（SBr） 執筆活動でアンドレ・シモン、グレンフィディック、ランソン、ヴーヴ・クリコなどの各賞を受賞。またイギリスの階級差別に鋭く切り込んだ『Class』、救世軍に関する研究をまとめた『God's Army』などの著作もある。旅行、オペラ、演劇鑑賞が趣味。

Bob Campbell MW（BC） ニュージーランドで2人目のマスター・オブ・ワインとなる。ACPパブリケーションのワイン・ライターの1人で、ACPを含め5冊の雑誌のワイン寄稿者となっている。7カ国でワインに関する執筆活動を行っており、彼の主催で1986年から行っているワイン講習会には、ニュージーランド、アジア、ヨーロッパから2万人以上の人が参加、修了書を取得している。

Clive Coates MW（CC） 単独で本格ワインに関する雑誌、『ザ・ヴァイン』を20年以上にわたって発行し続け、数冊の著作もある。執筆活動に入る前は、ワイン商として20年の経歴を持ち、イギリス・トランスポート・ホテルのワイン部門最高責任者を務め、マルメゾン・ワインクラブの設立者でもある。

Daniel Duane（DD） アメリカ文学の博士号を持ち、小説『ア・マウス・ライク・ユアーズ』を含む5冊の著作がある。『ザ・ワールド・オブ・ファイン・ワイン』、『ボナペティ』、『アウトサイド・マガジン』、『ザ・ロサンジェルス・タイムズ』、『メンズ・ジャーナル』の各誌にワインと食べ物に関して寄稿。

Michael Edwards（ME） 1968年にロンドンのワイン・シッパー、レイトン社に入社。1984年にレストラン評論家となり、エゴン・ロネイ・ガイドの主任調査員となる。『ザ・ワールド・オブ・ファイン・ワイン』、『ワイン王国』（日本）、にシャンパーニュとブルゴーニュに関して定期的に寄稿。2005年には、アルシコンフレリ・サン・ヴァンサン・デ・ヴィニュロン・ド・シャンパーニュから、イギリス大使に任命される。

Stuart George（SG） ウォーリック大学で英語学とヨーロッパ文学を学んだ後、ワイン商社ヘインズ・ハンソン・クラークに就職。2003年に、ウェブスター・ヤング・ワイン・ライター・オブ・ザ・イヤー賞を受賞。フリウリやプロヴァンスで収穫を手伝ったりしながら、ヨーロッパ、南アフリカ、オーストラリア、ニュージーランドのワイン地域を幅広く踏査。

Jamie Goode（JG） 植物生理学で博士号を取得。出版社で編集者として数年間勤務。現在、『ザ・サンデー・エクスプレス』誌のワイン特派員を務めながら、『ザ・ワールド・オブ・ファイン・ワイン』、『ハーパーズ・ワイン＆スピリット・ウィークリー』、『ホンコン・タトラー』『ウェスタン・メイル』の各誌に定期的に寄稿。2005年には最初の著作『ワインの科学』（河出書房新社刊）が出版される。2007年にはグレンフィディック・ワイン・ライター・オブ・ザ・イヤーにノミネート。彼のウェブサイトは、www.wineanorak.com。

Lisa Granik MW（LGr） ワイン・コンサルタントおよび講師としてニューヨークを基盤に活動。エール法科大学で博士号取得。フルブライト奨学生としてロシアに渡り、その後ワインを天職と定める。ニューヨークで、ワイン＆スピリット・エデュケーション・トラスト・ディプロマ（WSET）の専門家

コース受講希望者のための講習会を開いている。

Luis Gutiérrez (LG) スペインの『Elmundovino.com』や『エル・ムンド』紙のその他の出版物、ポルトガルの『ブルーワイン』誌に定期的に寄稿。その他、スペイン、プエルトリコ、イギリスの出版物にワインと料理に関するコラムを掲載。

Huon Hooke (HH) 代表的なフリーのワイン・ライターで、ワインに関する執筆、鑑定、講義、講習で生計を立てる。『シドニー・モーニング・ヘラルド』紙のグッド・リビングのコーナーと、『グッド・ウィークエンド』誌に毎週コラムを掲載。『オーストラリアン・グルメ・トラヴェラー・ワイン』誌にも定期的に記事を載せ、現在編集にも参画。

Tim James (TJ) ケープタウン在住。英文学の博士号を取得しているが、現在のところ定職はない。空いた時間をワインに関する執筆に当て、ドンキホーテ的なワイン雑誌『グレープ』を編集。ケープ・ワインに関する、広告なしの辛口批評の独立ウェブサイトwww.grape.co.zaを立ち上げている。

Andrew Jefford (AJ) レディング大学で英語学を学んだ後、イースト・アングリア大学でマルカム・ブラッドブリーと共にロバート・ルイス・スティーヴンソンの短編小説を研究。1980年代にワインに対する情熱と作家への願望を結合させ、以来フリーのワイン評論家、コメンテーターとして活躍中。2006、2007年のルイ・ロデレール・インターナショナル・ワイン・ライター・オブ・ザ・イヤー賞など多くの賞を受賞。

Hugh Johnson's (HJ) 1966年に出版された『ワイン』で、英語圏でのワイン・ライターの第一人者となる。1960年代末に『地図で見る世界のワイン』(産調出版刊)のために世界中を旅行。その本は世界でベストセラーとなり、現在第6版が発売中。2007年の新年叙勲で「園芸とワイン醸造に関する奉仕」によって大英帝国勲章を授与される。現在『ザ・ワールド・オブ・ファイン・ワイン』の編集アドバイザーを務める。

Frank Kämmer MS (FK) シュトゥットガルトのミシュラン1つ星レストラン、デリスで長い間ソムリエを務め、1966年にマスター・ソムリエの資格を取得。その後イギリス・ソムリエ協会の理事に就任。ワインと蒸留酒に関する数冊の著書がある。リヒャルト・ワーグナーの音楽に造詣が深い。

Chandra Kurt (CK) スイスを拠点に活動するフリーのワイン・ライター。ヒュー・ジョンソン、ジャンシス・ロビンソン、トム・スティーヴンソン、スチュアート・ピゴットの書籍やウェブサイトに寄稿。スイス国際航空やその他の小売業のワイン・コンサルタントとして活躍。彼女のウェブサイトは、www.chandrakurt.com。

Gareth Lawrence (GL) クロアチア、スロヴァニア、ギリシャなどバルカン地域の葡萄畑を多く取材。WESTロンドン・ワイン・アンド・スピリット・スクールで講師を務める傍ら、中・南欧関連の様々な出版物で、制作アドバイザーを務める。

Helen Gabriella Lenarduzzi (HL) 彼女のワイン好きはイタリア生まれと関係しているかもしれない。コモで生まれ、ロンバルディで育った彼女は、イギリスに移り住んだ今でもイタリアを深く愛してやまない。祖父の家のテラスで、モンターズィオ・チーズとサン・ダニエーレ・ハムをつまみにラベルの貼ってないボッテリオーネ(大瓶)を飲んでいるときが一番幸せと語る。

John Livingstone-Learmonth (JL-L) フランス・ローヌ川流域のワインに関しては第一人者。1973年出版の『ザ・ワインズ・オブ・ザ・ローヌ』のために彼が資料を収集するまでは、この地域はあまり知られていなかった。2005年、カリフォルニア大学出版会から『ザ・ワインズ・オブ・ザ・ノーザン・ローヌ』、『ザ・ワインズ・オブ・ザ・サザン・ローヌ』を出版。ロアール、ボジョレ、ボルドーのワインについても執筆、イギリスのワイン雑誌にも多く寄稿。シャトーヌフ・デュ・パープのローヌ・ヴィレッジの名誉市民でもある。

Wink Lorch (WL) ワインに関する評論家、講師、編集者として、ロンドン、オート・サヴォワ、フランスで活動。トム・スティーヴンソンの年鑑『ワイン・レポート』では、ジュラ地域やサヴォワ地域を担当。2007年に、主にフランスをワイン旅行する個人のためのウェブサイトwww.winetravelguides.comを立ち上げる。

Giles MacDonogh (GM) ロンドンで生まれ、ロンドンおよびサフォーク州で育ち、オックスフォードおよびパリ大学で学ぶ。20年以上も前からワインに関する執筆活動を始め、4冊の著書がある。イギリスを始め、多くの国の新聞、雑誌にワインに関する記事を発表。

Patrick Matthews (PM) フリー・ジャーナリスト、ライターで、『インディペンデンス』、『ザ・ガーディアン』、『タイム・アウト』の各誌紙に寄稿。ワインに関する2冊の著書『リアル・ワイン』と『ザ・ワイルド・バンチ:グレート・ワインズ・フロム・スモール・プロデューサーズ』は賞を獲得。

Richard Mayson (RM) ポート、シェリー、マデイラについては世界的権威者の1人。ワイン協会で5年間務めた後、『ポルトガルズ・ワインズ』、『ワインメーカーズ、ポート・アンド・ドウロ』『ザ・ストーリーズ・オブ・ダウズ・ポート』を出版。最新の著書『ザ・ワインズ・アンド・ヴァインヤーズ・オブ・ポルトガル』でアンドレ・シモン賞を受賞。ポルトガル、アレンテージョのペドラ・バスタ・エステートで自らワインを造っている。

Jasper Morris MW (JM) オックスフォード大学在学中にワインの世界に魅了される。1981年に有名なブルゴーニュ・ワイン専門商社モリス&ヴァーディン社を設立。2003年モリス&ヴァーディン社はベリィ・ブロス&ラッド社に買収され、モリスは彼の故郷ベイジングストークを拠点に、同社のバイヤーとして活動。1985年にマスター・オブ・ザ・ワインの資格を取得し、『ホワイト・ブルゴーニュ』、『ザ・ロワール』の2冊の著書を出版。『ザ・オックスフォード・コンパニオン・トゥ・ワイン』誌にブルゴーニュに関する記事を発表。2005年には、フ

Contributors | 957

ランス国家農事功労賞シュヴァリエ賞を授与される。

Kerin O'Keefe (KO) アマーストのマサチューセッツ大学英文学部を優等生として卒業。1989年にイタリアに移住し、同国のワインメーカーを訪問しながら、葡萄畑で働く。2005年に最初の著書『フランコ・ビオンディ・サンティ─ザ・ジェントルマン・オブ・ブルネッロ』を出版。

Michael Palij MW (MP) トロントに生まれ、トロント大学で英文学と哲学を学ぶ。1989年にイギリスに移住。1995年に、ワインの個人輸入会社ワイントレーダーズを設立。同年、マスター・オブ・ワインの資格を、口述試験最優秀賞を得て取得。ザ・ワイン・アンド・スピリット・エデュケーション・トラストで講義をしながら、多くの雑誌や本に寄稿。

Joel B. Payne (JP) アメリカに生まれるが、成人後は多くヨーロッパで過ごす。フランスのマルセル・ギガルの下で7ヴィンテージを過ごした後、1982年ドイツに移住し、ワインに関する執筆を始め、ドイツの二大ワイン雑誌『アーレス・ウーバー・ヴァイン』、『ヴィヌム』を初め多く雑誌のレギュラー寄稿者として活躍。

Margaret Rand (MR) 15年ほど前、ワインの呪縛から逃れようと『オペラ・ナウ』の編集者となるが、やはりワインの世界に引き戻される。ワインに関する文章を多くの雑誌に寄稿する傍ら、ミッチェル・ビーズリー社の『クラッシック・ワイン・ライブラリー』の責任編集者を務める。

David Schildknecht (DS) オハイオ州シンシナティーを基盤とするヴィントナー・セレクト社に入社し、ワインの哲学を学びながら料理店店長を務める。その後ワイン取引を始める。オーストリアとドイツからの彼のワイン・レポートは、ステファン・タンザーの『インターナショナル・ワイン・セラー』や、最近ではロバート・パーカーの『ワイン・アドヴォケイト』の両誌に掲載されている。

Michael Schuster (MS) ワイン・ライターであり、ロンドンに自身のワイン・スクールを開講している。ボルドーで2年間働きながら生活したことがあり、ボルドー大学のテイスティング修了書を取得。多くの著書があり、なかでも『エッセンシャル・ワインテイスティング』は2001年のグレンフィディック賞とランソン賞を受賞。

Godfrey Spence (GS) 1983年からワイン取引に関わり、最初はロンドンとケントの小売業を担当。『ポート・コンパニオン』の著者であり、カヴァレイロ・ド・コンフラリア・ド・ヴィーニョ・ド・ポルトの称号を与えられている。ワイン産業新聞にポートに関する記事を定期的に発表。

Tom Stevenson (TS) 30年以上も前からワインに関する記事を執筆し、特にシャンパーニュとアルザス地域に詳しい。23冊の著書があり、31の賞を受賞している。その中には、アメリカでただ1つワイン・ライターに贈られる賞であるワイン文学賞がある。著書とは別に、年鑑『ワイン・レポート』を起案。

Andrea Sturniolo (AS) ロンドン在住のイタリア人ワイン・ジャーナリスト。イタリアの新聞にコラムを毎週掲載し、イタリアを初め多くの国のワイン関係出版物に寄稿。

Jonathan Swinchatt (JS) 『ザ・ワインメーカーズ・ダンス：エクスプロアリング・テロワール・イン・ザ・ナパ・ヴァレー』をデヴィッド・ハウエルと共に出版。エールとハーバードの両大学で地理学を専攻。有名な葡萄畑の詳細な地質学的研究を実施。顧客には、スタッグス・リープ・ワイン・セラーズやオーパス・ワン、ハーラン・エステートがある。

Terry Theise (TT) ドイツ、オーストリア、シャンパーニュを主に取り扱うワイン商。『フード・アンド・ワイン』誌2005年インポーター・オブ・ザ・イヤー賞を受賞し、『ワイン＆スピリッツ』誌マン・オブ・ザ・イヤー、『ワイン・アドヴォケイト』誌「過去25年で最も影響力の大きかったワイン界の人物」にも選ばれる。

Monty Waldin (MW) 10代の頃ボルドーのシャトーで働きながら、葡萄畑に化学物質を多く注入すればするほど、矯正措置がますます多く必要になることを確認。著書に『ディスカヴァリング・ワイン・カントリー──ボルドー』、『ディスカヴァリング・ワイン・カントリー──トスカーナ』、『ワインズ・オブ・サウス・アメリカ』、『バイオダイナミック・ワインズ』などがある。2007年に、18ヵ月のプロジェクトでバイオダイナミックにもとづき彼自身のワインを製造する過程がイギリスのテレビ局で放映された。

Stuart Walton (SW) 1991年からワインや料理について執筆を始め、『ジ・オブザーバー』、『ザ・ヨーロピアン』、『BBCマガジン』、『フード・アンド・トラベル』などに寄稿。1994年から、イギリスの『グッド・フード・ガイド』の主要寄稿者となっている。

Jeremy Wilkinson (JW) ロンドン大学、エマニュエル大学、ケンブリッジ大学で化学を専攻した後、教師となる。その後シェルで18年間勤務。2007年にWSETの修了書を取得し、成績優秀によりIWSC／ウェイトローズ奨学金を授与される。『ザ・ワールド・オブ・ファイン・ワイン』誌で働いた後、ロンドンのワイン商ジェロボーム社に入社。

Picture credits

Every effort has been made to credit the copyright holders of the images used in this book. We apologise for any unintentional omissions or errors and will insert the appropriate acknowledgment to any companies or individuals in any subsequent editions of the work. Unless otherwise stated, images are courtesy of the relevant winery.

2 © Danita Delimont/Alamy 23 Comité Interprofessionnel du Vin de Champagne 25 Cephas/Mick Rock 26-27 courtesy of Billecart-Salmon 29 Comité Interprofessionnel du Vin de Champagne 31 www.bisol.it 33 Cephas/Mick Rock 34 Panoramic Images/Getty Images 37 Cephas/Mick Rock 39 © Cephas Picture Library/Alamy 41 © Cephas Picture Library/Alamy 43 © Cephas Picture Library/Alamy 46 Comité Interprofessionnel du Vin de Champagne 48 © Lordprice Collection/Alamy 49 © Lordprice Collection/Alamy 53 © Cephas Picture Library/Alamy 55 © Corbis 58 © WinePix/Alamy 61 © Bon Appetit/Alamy 63 Comité Interprofessionnel du Vin de Champagne 65 © Lordprice Collection/Alamy 67 Cephas/Bruce Fleming 69 Champagne Gosset 73 Domaine Huet 75 Cephas/Mick Rock 76 © Corbis 79 Champagne Krug 80-81 Champagne Krug 85 © Lordprice Collection/Alamy 87 © Lordprice Collection/Alamy 93 Champagne Mumm 94 © Cephas Picture Library/Alamy 97 © Lordprice Collection/Alamy 99 Pekka Nuikki 100 © Cephas 102 © Lordprice Collection/Alamy 105 Comité Interprofessionnel du Vin de Champagne 106 Cephas/Mick Rock 108 akg-images 110 Cephas/Clay McLachlan 113 The Art Archive/Global Book Publishing 115 Cephas/Mick Rock 116 © Greg Balfour Evans/Alamy 119 Art Archive/Château de Brissac/Gianni Dagli Orti 121 Cephas/Mick Rock 124 Cephas/Mick Rock 127 Cephas/Mick Rock 128 Cephas Picture Library/Alamy/Mick Rock 130 Cephas/Mick Rock 137 Cephas/Mick Rock 139 Cephas/Ian Shaw 140 Photolibrary/Cephas Picture Library/Mick Rock 142 Photolibrary/Cephas Picture Library/R & K Muschenetz 145 © JLImages/Alamy 147 Cephas/Mick Rock 156 © Robert Hollingworth/Alamy 160 Cephas/Mick Rock 165 Photolibrary/Cephas Picture Library/Mick Rock 167 Cephas/Nigel Blythe 168 © Per Karlsson– BKWine.com/Alamy 175 Château Coutet 177 Cephas/Herbert Lehmann 179 Cephas Picture Library/Alamy/Mick Rock 183 Schlossgut Diel 184 © Per Karlsson–BKWine.com/Alamy 187 Cephas/R.A.Beatty 191 Dry River 192 Mme. Aly Duhr et Fils 195 Cephas/Mick Rock 196 © StockFood.com/Armin Faber 200 © CuboImages srl/Alamy/Alfio Giannotti 203 William Fèvre 205 Cephas/Mick Rock 206 Cephas/Mick Rock 209 Cephas/Mick Rock 210 © WinePix/Alamy 217 Cephas Picture Library/Alamy/Mick Rock 218 © Per Karlsson–BKWine.com/Alamy 221 Cephas/Mick Rock 223 Cephas Picture Library/Alamy/Mick Rock 225 Cephas/Nigel Blythe 227 © Cephas Picture Library/Alamy/Alain Proust 229 © Corbis All Right Reserved 231 Cephas/Mick Rock 232 © Bon Appetit/Alamy/Armin Faber 234 © Bon Appetit/Alamy/Feig/Feig 238 Cephas/Mick Rock 241 Cephas Picture Library/Alamy/Kevin Argue 245 © Cephas Picture Library/Alamy/Nigel Blythe 247 Karthäuserhof 248 © Bildarchiv Monheim GmbH/Alamy/Florian Monheim 251 © Per Karlsson–BKWine.com/Alamy 255 Cephas/Nigel Blyth 257 Cephas/Herbert Lehmann 259 Cephas/Kevin Judd 261 © Cephas Picture Library/Alamy/Mick Rock 262 Azienda Agricola La Monacesca 265 © isifa Image Service s.r.o./Alamy/PHB 267 Château Lafaurie-Peyraguey 272 © Cephas Picture Library/Alamy/Ian Shaw 275 © Bill Heinsohn/Alamy 276 Loimer 279 Panoramic Images/Getty Images 281 Cephas/Mick Rock 283 McWilliam's 285 Cephas/Mick Rock 287 Photolibrary/Steven Morris Photography 288 Cephas/Nigel Blythe 291 © Cephas Picture Library/Alamy/Nigel Blythe 295 © Cephas Picture Library/Alamy/Ian Shaw 297 © Cephas Picture Library/Alamy/Jerry Alexander 299 © D. H. Webster/Robert Harding World Imagery/Corbis 303 Cephas/Mick Rock 304 © Cephas Picture Library/Alamy/Kevin Judd 312 © Peter Titmuss/Alamy 318 Cephas/Mick Rock 321 © StockFood.com/Armin Faber 325 Cephas Picture Library/Alamy/Mick Rock 331 © Cephas Picture Library/Alamy/Mick Rock 333 Château Rabaud-Promis 337 © Cephas Picture Library/Alamy/Mick Rock 339 Cephas/Mick Rock 340 Cephas/Andy Christodolo 342 © Michael Busselle/CORBIS 345 Cephas/Mick Rock 346 Cephas/Ian Shaw 349 © Per Karlsson –BKWine.com/Alamy 353 © Cephas Picture Library/Alamy/Nigel Blythe 354 Cephas/Mick Rock 357 © Cephas Picture Library/Alamy/Mick Rock 358 © Corbis All Right Reserved 361 Cephas/Nigel Blythe 365 Cephas/Mick Rock 366 Cephas/Peter Titmuss 369 Château Suduiraut 371 Cephas/Mick Rock 373 © Cephas Picture Library/Alamy 375 Cephas/Mick Rock 381 Cephas/Ted Stefanski 383 Cephas/Mick Rock 385 © Bill Bachman/Alamy 386 Cephas/Mick Rock 388 © StockFood.com/Hendrik Holler 391 Van Volxem 395 Cephas/Clay McLachlan 396 © Malcolm Park wine and vineyards/Alamy 399 © Cephas Picture Library/Alamy/Nigel Blythe 401 Cephas/Nigel Blythe 403 Weingut Wittmann 404 © Cephas Picture Library/Alamy/Mick Rock 407 © Cephas Picture Library/Alamy/Kevin Judd 409 Cephas/Mick Rock 412 Cephas Picture Library/Alamy 415 © CuboImages srl/Alamy 420 Cephas/Mick Rock 423 Cephas Picture Library/Alamy 424 © Corbis 427 Cephas/Ted Stefanski 428 © Cephas Picture Library/Alamy 431 Artadi 433 Cephas/Bruce Jenkins 435 © Cephas Picture Library/Alamy 437 Pekka Nuikki 445 © AM Corporation/Alamy 449 Pekka Nuikki 451 Photolibrary/Cephas Picture Library/Graeme Robinson 453 © Per Karlsson–BKWine.com/Alamy 455 Cephas/Mick Rock 459 Photolibrary/Cephas Picture Library/Mick Rock 461 © CuboImages srl/Alamy 463 Cephas/Ian Shaw 464 Brokenwood 470 Cephas/Ian Shaw 478 Cephas/Mick Rock 485 Cephas/Mick Rock 489 Pekka Nuikki 490 Chimney Rock 497 Cephas/Mick Rock 499 © Cephas Picture Library/Alamy 500 © Corbis 503 Château La Conseillante 513 Cephas/Kevin Judd 515 CVNE 519 © Bon Appetit/Alamy 521 Cephas/Ted Stefanski 524 Domaine Drouhin 527 Cephas/Kevin Judd 529 © LOOK Die Bildagentur der Fotografen GmbH/Alamy 531 © David Hansford/Alamy 533 Cephas/Stephen Wolfenden 537 David Eley 541 Cephas/Stephen Wolfenden 543 © Images of Africa Photobank/Alamy 545 Cephas/Mick Rock 547 © Brad Perks Lightscapes/Alamy 555 Cephas/Ted Stefanski 560 Château Gazin 563 Cephas/Herbert Lehmann 565 © imagebroker/Alamy 567 Cephas/Mick Rock 568 Cephas/Kevin Judd 571 Cephas/Bruce Fleming 572 Cephas/Kjell Karlsson 575 Château Grand-Puy-Lacoste 580 © Cephas Picture Library/Alamy 585 Hardys 587 Cephas/Clay McLachlan 589 Cephas/Stephen Wolfenden 591 Pekka Nuikki 600 © Bon Appetit/Alamy 603 © Cephas Picture Library/Alamy 605 © Cephas Picture Library/Alamy 607 Klein Constantia 614 Cephas/Kjell Karlsson 619 Cephas/Mick Rock 620 Cephas/Mick Rock 622 © Per Karlsson–BKWine.com/Alamy 625 Cephas/Steve Elphick 627 Pekka Nuikki 630 Pekka Nuikki 635 © Joseph Becker/Alamy 636 Cephas/Mick Rock 639 David Eley 641 © Cephas Picture Library/Alamy 643 Château Lezongars 645 Consorzio del Vino Brunello di Montalcino 650 Cephas/Kjell Karlsson657 Consorzio Tutela Barolo Barbaresco Alba Langhe e Roero 658 Cephas/Ian Shaw 665 Meerlust 667 Cephas/Andy Christodolo 673 Cephas/Mick Rock 674 Cephas/Nigel Blythe 678 Cephas/Mick Rock 681 Cephas/Mick Rock 685 Cephas/Herbert Lehmann 686 Cephas/Mick Rock 688 Cephas/Kevin Judd 690 © Cephas Picture Library/Alamy/Andy Christodolo 692 Christie's 694 Cephas/Mick Rock 696 Cephas/Char Abu Mansoor 701 Cephas/Pierre Mosca 705 Opus One 708 © StockFood.com/Hans-Peter Siffert 711 Cephas/Mick Rock 713 Cephas/Mick Rock 715 Cephas/Kevin Judd 719 © Cephas Picture Library/Alamy/Mick Rock 721 Château Pavie Macquin/ANAKA 722 Cephas/Herbert Lehmann 727 Cephas/Mick Rock 728 Cephas/Mick Rock 733 © Corbis All Right Reserved 736 © Cephas Picture Library/Alamy/Mick Rock 741 Château Poujeaux 744 Cephas/Mick Rock 746 Cephas/Mick Rock 751 Cephas/Mick Rock 755 Cephas/Stephen Wolfenden 757 Cephas/Ravenswood 764 Cephas/Mick Rock 770 © Chad Ehlers/Alamy 773 Cephas/Andy Christodolo 781 © Bon Appetit/Alamy/Hendrik Holler 783 Cephas/Andy Christodolo 785 Consorzio del Vino Brunello di Montalcino 789 © James Osmond/Alamy 790 © Cephas Picture Library/Alamy/Kevin Judd 793 © Bon Appetit/Alamy/Joerg Lehmann 795 Tapanappa 797 Cephas/Mick Rock 799 Cephas/Mick Rock 805 Cephas/Mick Rock 806 © Per Karlsson–BKWine.com/Alamy 808 Cephas/Alain Proust 811 Torbreck 812 Cephas/Matt Wilson 815 Cephas/Mick Rock 817 Trinity Hill Wines 819 Cephas/Ian Shaw 821 Cephas Picture Library/Alamy/Stephen Wolfenden 825 Pekka Nuikki 827 Cephas/Mick Rock 831 Pekka Nuikki 833 Cephas/Alain Proust 837 © David R. Frazier Photolibrary, Inc./Alamy 839 Cephas/Kevin Judd 840 Cephas/Ian Shaw 843 Cephas/Andy Christodolo 847 Cephas/Mick Rock 850 Cephas/Mick Rock 852 © Gordon Sinclair/Alamy 855 © Bon Appetit/Alamy 856 © Ian Dagnall/Alamy 861 Chambers 864 The Fladgate Partnership 867 © Peter Horree/Alamy 869 The Fladgate Partnership 871 Cephas/Ian Shaw 873 © CuboImages srl/Alamy 874 © Bon Appetit/Alamy 877 Cephas/Mick Rock 879 © Cephas Picture Library/Alamy/Roy Stedall-Humphryes 880 © Cephas Picture Library/Alamy/Mick Rock 889 Cephas/Mick Rock 890 Cephas/Ian Shaw 893 Cephas/Mick Rock 897 Cephas/Herbert Lehmann 899 David Eley 901 © Cephas Picture Library/Alamy 903 David Eley 905 © Cephas Picture Library/Alamy 906 © Cephas Picture Library/Alamy 909 © Cephas Picture Library/Alamy 910 Quady 912 Ramos Pinto 915 Quinta da la Rosa 916 © Mirjam Letsch/Alamy 919 © Mary Evans Picture Library/Alamy 921 Cephas/Mick Rock 923 The Fladgate Partnership 925 Cephas/Mick Rock 929 © Cephas Picture Library/Alamy/Ian Shaw 933 Corbis 934 The Symington Group 937 © Corbis

1001 WINES YOU MUST TRY BEFORE YOU DIE
死ぬ前に飲むべき1001ワイン

監 修：
ニール・ベケット（NEIL BECKETT）
世界的に有名なワイン評論誌『The World of Fine Wine』の編集者。ワインに関する著作で数々の賞を受賞し、the Grand Jury Européen（ヨーロッパ特級審査会）のイギリス人鑑定士の1人である。『The World of Fine Wine』誌は2004年に創刊され、その内容の質の高さ、独立性、独創性で世界的な注目を集め、ワイン評論誌として世界のトップに君臨する。世界35カ国以上に定期購読者を持つ。

日本語版監修：
渋谷 康弘（しぶや やすひろ）
新潟出身。フランスから帰国後、1991年にヨコハマ グランド インターコンチネンタル ホテル入社、ホテル インターコンチネンタル東京ベイにてシェフソムリエ、銀座シャネルの「ベージュ 東京」総支配人を経て、現在は（株）マドレーヌ代表として、青山の「ピエール・ガニエール・ア・東京」取締役として経営参加しながら、麻布台「ル セップ」、下北沢「グラン クリュ」、赤坂「ラ プロシェット」3店舗のワインレストランを経営。

中本 聡文（なかもと としふみ）
ミシュランガイド三ツ星のレストラン「ロオジェ」のシェフソムリエ。第9回フランスワイン＆スピリッツ全国最優秀技術賞ソムリエコンクールに優勝。第6回フランスワイン＆スピリッツ世界大会ソペクサグランプリ、25ヵ国中第5位。コマンドリー・デュ・ボンタン・ドゥ・メドック‐グラーヴ・エ・ソーテルヌ‐バルサック就任。ワインスクール・セミナー講師としても、日本におけるワイン文化の 普及に精力的に努めている。

柳 忠之（やなぎ ただゆき）
ワイン専門誌記者を経て、1997年からフリーのワインジャーナリストとなり、各誌に執筆。現在、「Brutus」、「GQ Japan」、「アエラ」～など各誌に執筆。『名ソムリエの、ふだんワイン』（朝日新聞社）を渋谷康弘氏とともに監修。『ワインの事典』（柴田書店）の執筆、『地図で見る世界のワイン』（産調出版）の部分翻訳など。

大越 基裕（おおこし もとひろ）
バーテンダーとしてサービス業界入り、数年後ワインに強く興味を持ち渡仏。帰国後2001年に銀座「レカン」にソムリエとして入社、若手ソムリエの第一人者として活躍している。第1回JALUX ワインアワード優勝、第4回ルイーズ・ポメリーソムリエコンテスト第2位。

編集協力：
遠藤 誠（えんどう まこと）

翻 訳：
乙須 敏紀（おとす としのり）／大田 直子（おおた なおこ）

発　　　行	2009年2月20日
発 行 者	平野　陽三
発 行 元	ガイアブックス

〒169-0074 東京都新宿区北新宿3-14-8／TEL.03 (3366) 1411　FAX.03 (3366) 3503
http://www.gaiajapan.co.jp

発 売 元　産調出版株式会社

Copyright GAIA BOOKS INC. JAPAN2009
ISBN978-4-88282-690-3 C0077
Printed in China

落丁本・乱丁本はお取り替えいたします。
本書を許可なく複製することは、かたくお断わりします。

75 cl 1998   L 98 PE1

CHÂTEAU
BOUSQUET

ST-EMILION GRAND CRU

12 x 75 cl

LA CONSEILLANTE
N
HÉRITIERS NICOLAS
POMEROL 97

CIVILE DU DOMAINE
DE LA
ROMANÉE-CONTI
ROMANÉE — CÔTE D'OR

Château
La Tour
SAINT-EM

PETR

6 x 75 cl

Les Gran
St-Emilion G
Vignobles Yva